KSEA 731-12

H형강 구조설계매뉴얼

설계도움표

사단법인 한국건축구조기술사회
THE KOREAN STRUCTURAL ENGINEERS ASSOCIATION

발간사

건축구조기준 KBC2009의 강구조설계기준은 이전에 사용하던 허용응력도설계법을 제외시키고 한계상태설계법에 의해 설계하도록 하고 있습니다. 한계상태설계법에 의한 구조설계는 허용응력도설계법에 비해 매우 복잡하고 많은 시간이 소요되지만 설계자에게 더 많은 융통성, 합리성, 가능성 및 가능한 한 전반적인 경제성을 부여하기 위해 개발되었습니다. 그러나 강구조기준은 새로운 내용으로 빠르게 바뀌고 있으며, 이전의 기준에는 구체적인 설계모델이 포함되어 있어 구조설계의 적용이 쉬웠으나 근래의 기준에는 구체적인 설계모델들이 포함되어 있지 않아 구조설계의 적용이 용이하지 않습니다. 이에 대한 대책의 일환으로 KBC2009의 한계상태설계법에 따른 구조설계모델을 제시하고, 설계도움표를 이용하여 간편하게 설계할 수 있도록 'H형강 구조설계매뉴얼'을 발간하게 되었습니다.

이 'H형강 구조설계매뉴얼'은 현대제철의 의뢰에 의해 우리회가 '한계상태설계법에 따른 H형강구조설계편람'을 집필하는 과정에서, 현대제철은 국내에도 AISC의 강구조매뉴얼(Steel Construction Manual)처럼 강구조 설계, 제작, 시공 및 감리 등에 유용하게 이용할 수 있는 국내 실정에 적합한 '강구조매뉴얼'의 필요성을 서로 공감하여 앞으로의 지속적인 후원을 약속하면서 우리회가 출판권을 갖도록 하여 책이름을 'H형강 구조설계매뉴얼'로 바꾸게 되었습니다.

앞으로 이 매뉴얼은 추후 H형강의 접합부설계와 H형강단면 이외의 부재설계와 접합부설계를 보완하고, 제작, 시공, 감리 등의 내용을 점차적으로 추가하면서 '강구조매뉴얼'로 완성될 것입니다.

'H형강 구조설계매뉴얼'의 출간을 축하하며, 앞으로 지속적으로 보완하여 유용하고 풍부한 '강구조매뉴얼'로 거듭나길 기원합니다.

끝으로 'H형강 구조설계매뉴얼'의 출간을 위해 소중한 시간과 노력을 아끼지 않고 수고해주신 여러 집필연구위원, 자문위원과 후원해주신 현대제철의 관계자 여러분께 깊은 감사를 드립니다.

2012년 12월

(사)한국건축구조기술사회 제12대 회장 이 문 곤

제13대 회장 김 승 철

머리말

이번에 발간되는 'H형강 구조설계매뉴얼'은 AISC의 'Steel Construction Manual'과 같은 한국의 '강구조매뉴얼'로 발전시키기 위한 초석으로 집필되었습니다.

AISC의 강구조매뉴얼은 장기간의 노력과 투자에 의해 다양한 부재단면과 접합부에 대한 방대한 도움말과 설계도움표가 제공되어 있습니다. 이번에 출간한 KSEA의 'H형강 구조설계매뉴얼'은 한정된 기간 안에 집필해야 하므로 우선 현재 국내의 강구조건축물에 주로 사용하고 있는 H형강을 이용한 부재설계와 접합설계를 다루었습니다.

이 매뉴얼에는 복잡하고 반복적인 계산과정을 최소화하여 H형강을 이용한 부재와 접합부를 설계할 수 있도록 보, 기둥, 가새, 노출형 합성보, 매입형 합성기둥, 접합 및 이음 등에 대한 도움말과 설계도움표들이 포함되어 있고, 설계도움표에 의한 설계방법을 쉽게 익힐 수 있도록 설계흐름도, 설계흐름표, 설계예제, 건물설계 예 등이 포함되어 있습니다. 또한 각 장에는 불분명하고 미흡한 현행 기준들을 보완한 설명과 지침이 포함되어 있고, 예제를 통하여 이해를 돕도록 하였습니다.

강구조설계기준이 복잡하고 빠르게 변화하고 있어 국내의 상용설계프로그램은 기준에 적합한 부재설계와 접합부설계를 지원해주지 못하고 있는 실정이므로 이 매뉴얼의 설계도움표는 실무 설계자에게 유용하게 활용될 것입니다.

한정된 시간과 지면관계로 설계조건과 구성방법이 다양한 각종 접합부, 조합력을 받는 합성기둥 등에 대한 설계도움표들을 충분히 제공하지 못하였으나, 우리 건축구조기술사회에서는 앞으로도 계속 부족한 부분을 추가하고 보완하여 유용하고 풍부한 내용을 가진 '강구조매뉴얼'로 계속 발전시켜 나갈 것입니다.

집필기간 동안 참여하신 모든 집필위원, 소중한 의견을 주신 자문위원, 특히 끝까지 헌신적으로 애써주신 통독위원, 그리고 집필활동에 아낌없는 지원을 해주신 우리회 회장님과 후원사 현대제철의 관계자 여러분에게 감사드립니다.

2012년 12월

집필위원장 김 승 원

집필진

집필위원장

김 승 원 뉴테크구조기술사사무소 대표

집필부위원장

남 정 국 삼정이엠에스(주) 대표

집필위원

권 영 부 세창구조기술사사무소 대표
김 영 민 (주)보성구조기술사 그룹 대표
김 희 동 인하공업전문대학 교수
박 대 영 (주)옥타곤엔지니어링, 기술연구소 소장
오 봉 환 티섹그룹(주) 소장
이 재 석 현대제철(주) 과장
우 운 택 (주)동양구조안전기술, 기술연구소 소장
정 석 재 (주)3D엔지니어링 소장
최 선 규 선영구조기술사건축사사무소 대표
최 준 식 (주)단이엔씨 대표
황 인 규 한국구조공학IT연구소(주) 소장

검토 및 자문위원

김 종 락 숭실대학교 교수, (사)한국강구조학회 회장
김 종 호 창민우구조컨설탄트 대표
이 문 곤 티섹그룹(주) 대표
이 명 재 중앙대학교 교수
이 철 호 서울대학교 교수, (사)한국강구조학회 부회장

차 례

제1편 해설 및 예제

제1장 강 재

제2장 재 료

제 3 장 구조해석

제 4 장 설계 요구사항

제 5 장 안정성 설계

제 6 장 H형강 보

제 7 장 H형강 노출형 합성보

제 8 장 H형강 기둥

제 9 장 H형강 매입형 합성기둥

제 10 장 H형강 가새

제 11 장 H형강 이음 및 접합부

제 12 장 사무소건물 설계 예 – 합성구조

제 13 장 사무소건물 설계 예 – 모멘트골조

제 14 장 공장건물 설계 예

제 2 편 설계도움표

제6장 H형강 보

제 7 장 H형강 노출형 합성보

제 8 장 H형강 기둥

제 9 장 H형강 매입형 합성기둥

제 11 장 H형강 이음 및 접합부

제 6 장 H형강 보

제 7 장 H형강 노출형 합성보

제 8 장 H형강 기둥

제 9 장 H형강 매입형 합성기둥

제 11 장 H형강 이음 및 접합부

6장

H형강 보

도움표 6.1-400 H형강보의 강축 설계휨강도 $\phi_b M_{nx}$ (kN.m)

SHN400 (F_y = 235[1] MPa) C_b[4] = 1.00

H형강 치수	단위중량	I_x	ϕM_{px}	L_p	L_r	ϕM_{n1}[2]	횡지지길이 L_b[3] (m)에 따른 설계휨강도 ϕM_{n2}																		설계전단강도 $\phi_v V_{nx}$
	kg/m	×10⁶mm⁴	kN.m	mm	mm	kN.m	1.0	1.5	2.0	2.5	3.0	3.5	4.0	4.5	5.0	5.5	6.0	6.5	7.0	7.5	8.0	8.5	9.0	9.5	kN
H-150x75x5x7	14.0	6.66	21.5	867	3520	21.5	21.1	19.5	17.9	16.4	14.8	13.2	11.3	9.95	8.86	8.00	7.29	6.70	6.20	5.77	5.40	5.00	5.00	5.00	106
H-148x100x6x9	21.1	10.2	33.2	1620	6070	33.2	33.2	32.5	31.2	29.8	28.5	27.2	25.9	24.6	23.2	21.9	20.6	19.0	17.6	16.3	15.3	14.0	14.0	13.0	125
H-198x99x4.5x7	18.2	15.8	38.0	1150	3860	38.0	38.0	36.2	33.5	30.8	28.2	25.5	22.5	19.4	17.0	15.2	13.7	12.5	11.5	10.6	9.91	9.00	9.00	8.00	126
H-200x100x5.5x8	21.3	18.4	44.3	1880	4200	44.3	44.3	42.4	39.6	36.8	34.0	31.2	28.4	25.0	22.1	19.8	17.9	16.3	15.1	14.0	13.0	12.0	11.0	11.0	155
H-194x150x6x9	30.6	26.9	65.3	2280	7140	65.3	65.3	65.3	64.7	62.4	60.1	57.8	55.5	53.2	50.9	48.6	46.3	44.0	41.7	38.8	36.0	34.0	32.0	30.0	164
H-248x124x5x8	25.7	35.4	67.5	3110	4570	67.5	67.5	67.1	63.1	59.0	55.0	50.9	46.8	42.8	37.2	32.8	29.3	26.4	24.1	22.2	20.6	19.0	18.0	17.0	175
H-250x125x6x9	29.6	40.5	77.4	3270	4860	77.4	77.4	77.0	72.7	68.3	64.0	59.7	55.4	51.1	46.2	40.9	36.6	33.2	30.4	28.0	26.0	24.0	23.0	21.0	212
H-244x175x7x11	44.1	61.2	118	2180	8110	118	118	118	118	116	112	108	105	101	97.2	93.5	89.8	86.2	82.5	78.8	75.1	70.0	66.0	62.0	241
H-298x149x5.5x8	32.0	63.2	100	1710	5090	100	100	100	97.3	91.7	86.1	80.5	75.0	69.4	63.8	55.9	49.3	44.0	39.7	36.2	33.3	31.0	29.0	27.0	231
H-300x150x6.5x9	36.7	72.1	115	3900	5350	115	115	115	111	105	99.2	93.3	87.3	81.3	75.3	68.3	60.4	54.2	49.1	44.9	41.4	38.0	36.0	33.0	275
H-294x200x8x12	56.8	113	182	3160	8630	182	182	182	182	181	176	170	165	159	154	148	143	137	132	127	121	116	108	102	332
H-298x201x9x14	65.4	133	211	2480	9510	211	211	211	211	211	206	200	194	189	183	177	172	166	160	155	149	144	138	132	378
H-346x174x6x9	41.4	111	151	2020	5880	151	151	151	151	144	137	130	122	115	108	100	91.8	81.3	72.9	65.9	60.2	55.0	51.0	48.0	293
H-350x175x7x11	49.6	136	184	2050	6320	184	184	184	184	176	168	160	152	144	136	128	120	110	99.1	90.1	82.6	76.0	71.0	66.0	345
H-354x176x8x13	57.8	161	216	4430	6820	216	216	216	216	209	200	192	183	175	166	157	149	140	130	119	109	101	94.0	88.0	399
H-336x249x8x12	69.2	185	257	3860	9950	257	257	257	257	257	257	251	244	238	231	224	217	210	203	197	190	183	176	169	379
H-340x250x9x14	79.7	217	299	3860	10800	299	299	299	299	299	299	293	286	279	272	265	257	250	243	236	229	222	214	207	431
H-396x199x7x11	56.6	200	239	5020	6860	239	239	239	239	235	225	216	206	196	186	176	167	157	145	131	119	109	101	94.0	391
H-400x200x8x13	66.0	237	281	5020	7320	281	281	281	281	278	267	256	246	235	225	214	203	193	182	169	155	142	132	123	451
H-404x201x9x15	75.5	275	323	5070	7830	323	323	323	323	321	310	298	287	276	265	254	242	231	220	209	196	181	168	157	513

1) SHN400, SHN490 이외의 강종은 판두께에 따른 강도저하를 고려하여야 한다. (KS규격 참조)
2) ϕM_{n1} : 국부좌굴강도
3) 횡지지길이 L_b가 구간 사이인 경우는 직선보간하거나 안전측으로 표의 우측(작은)값을 선택할 수 있다.
4) C_b = 1.0인 경우 설계휨강도 $\phi_b M_{nx} = \phi M_{n2}$
C_b > 1.0인 경우 설계휨강도 $\phi_b M_{nx} = \min(\phi M_{n1},\ C_b \times \phi M_{n2},\ \phi M_{px})$

도움표 6.1-400 H형강보의 강축 설계휨강도 $\phi_b M_{nx}$ (kN.m)

SHN400 (F_y = 235[1] MPa) C_b[4] = 1.00

H형강 치수	단위중량 kg/m	I_x ×10⁶mm⁴	ϕM_{px} kN.m	L_p mm	L_r mm	ϕM_{n1}[2] kN.m	횡지지길이 L_b[3] (m)에 따른 설계휨강도 ϕM_{n2} 1.0	1.5	2.0	2.5	3.0	3.5	4.0	4.5	5.0	5.5	6.0	6.5	7.0	7.5	8.0	8.5	9.0	9.5	설계 전단 강도 $\phi_v V_{nx}$ kN
H-386x299x9x14	94.3	337	406	3750	12000	406	406	406	406	406	406	406	401	392	383	374	365	356	347	339	330	321	312	303	490
H-390x300x10x16	107.0	387	463	4960	12900	463	463	463	463	463	463	463	459	449	440	431	421	412	403	394	384	375	366	356	550
H-446x199x8x12	66.2	287	307	5430	6730	307	307	307	307	300	287	274	261	248	235	222	210	197	179	162	147	135	125	116	503
H-450x200x9x14	76.0	335	355	5430	7140	355	355	355	355	349	335	321	307	293	280	266	252	238	224	205	187	172	159	148	571
H-434x299x10x15	106.0	468	504	5430	11700	504	504	504	504	504	504	504	496	485	473	462	450	439	427	415	404	392	381	369	612
H-440x300x11x18	124.0	561	597	5430	12800	597	597	597	597	597	597	597	591	579	567	554	542	530	518	506	493	481	469	457	682
H-496x199x9x14	79.5	419	405	2220	6790	405	405	405	405	395	378	361	344	328	311	294	277	260	239	216	197	181	167	155	629
H-500x200x10x16	89.6	478	460	2250	7160	460	460	460	460	451	433	415	397	379	361	343	325	307	289	265	243	224	207	193	705
H-506x201x11x19	103.0	565	537	2310	7760	537	537	537	537	530	511	492	473	454	435	416	397	378	359	341	317	293	273	255	785
H-482x300x11x15	114.0	604	590	3730	11100	590	590	590	590	590	590	590	577	563	548	534	519	505	490	476	461	447	432	418	748
H-488x300x11x18	128.0	710	683	3730	12000	683	683	683	683	683	683	683	672	657	642	627	612	596	581	566	551	536	520	505	757
H-596x199x10x15	94.6	687	561	3590	6410	561	561	561	561	541	515	490	464	439	413	388	362	334	298	269	244	224	207	192	840
H-600x200x11x17	106.0	776	630	3590	6700	630	630	630	630	611	583	556	529	502	475	448	421	394	359	325	296	272	252	234	931
H-606x201x12x20	120.0	904	726	3590	7160	726	726	726	726	709	680	651	623	594	565	537	508	479	451	414	378	349	323	302	1030
H-612x202x13x23	134.0	1030	823	3590	7660	823	823	823	823	808	778	748	719	689	659	629	599	570	540	510	472	436	405	379	1120
H-582x300x12x17	137.0	1030	838	3660	10600	838	838	838	838	838	838	836	814	792	770	748	726	704	682	660	639	617	595	573	985
H-588x300x12x20	151.0	1180	949	3660	11300	949	949	949	949	949	949	949	929	906	883	861	838	815	792	769	746	723	700	677	995
H-594x302x14x23	175.0	1370	1100	3590	12200	1100	1100	1100	1100	1100	1100	1100	1080	1060	1030	1010	983	958	934	910	886	862	838	813	1170
H-692x300x13x20	166.0	1720	1190	3400	10400	1190	1190	1190	1190	1190	1190	1180	1150	1120	1090	1050	1020	989	957	925	892	860	828	795	1270
H-700x300x13x24	185.0	2010	1370	3520	11100	1370	1370	1370	1370	1370	1370	1370	1330	1300	1270	1230	1200	1170	1130	1100	1060	1030	996	962	1280

1) SHN400, SHN490 이외의 강종은 판두께에 따른 강도저하를 고려하여야 한다. (KS규격 참조)
2) ϕM_{n1} : 국부좌굴강도
3) 횡지지길이 L_b가 구간 사이인 경우는 직선보간하거나 안전측으로 표의 우측(작은)값을 선택할 수 있다.
4) $C_b = 1.0$인 경우 설계휨강도 $\phi_b M_{nx} = \phi M_{n2}$
$C_b > 1.0$인 경우 설계휨강도 $\phi_b M_{nx} = \min(\phi M_{n1},\ C_b \times \phi M_{n2},\ \phi M_{px})$

도움표 6.1-400 H형강보의 강축 설계휨강도 $\phi_b M_{nx}$ (kN.m)

SHN400 (F_y = 235[1] MPa) C_b[4] = 1.00

H형강 치수	단위중량	I_x	ϕM_{px}	L_p	L_r	ϕM_{n1}[2]	횡지지길이 L_b[3] (m)에 따른 설계휨강도 ΦM_{n2}																		설계전단강도 $\phi_v V_{nx}$
	kg/m	$\times 10^6 mm^4$	kN.m	mm	mm	kN.m	1.0	1.5	2.0	2.5	3.0	3.5	4.0	4.5	5.0	5.5	6.0	6.5	7.0	7.5	8.0	8.5	9.0	9.5	kN
H-708x302x15x28	215.0	2370	1600	3570	12000	1600	1600	1600	1600	1600	1600	1600	1570	1530	1500	1460	1420	1390	1350	1320	1280	1250	1210	1170	1500
H-792x300x14x22	191.0	2540	1540	3320	10100	1540	1540	1540	1540	1540	1540	1530	1480	1440	1390	1350	1310	1260	1220	1180	1130	1090	1040	1000	1560
H-800x300x14x26	210.0	2920	1740	3440	10700	1740	1740	1740	1740	1740	1740	1740	1690	1650	1600	1560	1510	1460	1420	1370	1330	1280	1240	1190	1580
H-808x302x16x30	241.0	3390	2020	3480	11500	2020	2020	2020	2020	2020	2020	2010	1970	1920	1870	1820	1770	1720	1680	1630	1580	1530	1480	1430	1820
H-890x299x15x23	213.0	3450	1890	3200	9690	1890	1890	1890	1890	1890	1890	1850	1790	1740	1680	1620	1570	1510	1450	1400	1340	1280	1230	1170	1880
H-900x300x16x28	243.0	4110	2210	3320	10400	2210	2210	2210	2210	2210	2210	2190	2130	2070	2010	1950	1890	1820	1760	1700	1640	1580	1520	1460	2030
H-912x302x18x34	286.0	4980	2640	3410	11300	2640	2640	2640	2640	2640	2640	2630	2570	2500	2440	2370	2310	2240	2180	2110	2050	1980	1920	1850	2310
H-918x303x19x37	307.0	5420	2860	3450	11900	2860	2860	2860	2860	2860	2860	2860	2790	2720	2660	2590	2530	2460	2390	2330	2260	2190	2130	2060	2460
H-100x100x6x8	17.2	3.83	18.5	1290	8440	18.5	18.5	18.3	17.8	17.3	16.8	16.3	15.8	15.3	14.8	14.3	13.8	13.3	12.8	12.3	11.8	11.0	11.0	10.0	84.6
H-125x125x6.5x9	23.8	8.47	32.5	1290	9080	32.5	32.5	32.5	31.8	31.0	30.2	29.3	28.5	27.7	26.8	26.0	25.2	24.4	23.5	22.7	21.9	21.0	20.0	19.0	115
H-150x150x7x10	31.5	16.4	52.0	1620	9930	52.0	52.0	52.0	51.9	50.7	49.5	48.2	47.0	45.8	44.5	43.3	42.1	40.8	39.6	38.4	37.1	36.0	35.0	33.0	148
H-200x200x8x12	49.9	47.2	111	2610	11700	111	111	111	111	111	109	107	105	103	100	98.1	95.8	93.6	91.3	89.0	86.8	85.0	82.0	80.0	226
H-200x204x12x12	56.2	49.8	120	2540	13000	120	120	120	120	120	118	115	113	111	109	107	104	102	100	97.9	95.7	94.0	91.0	89.0	338
H-208x202x10x16	65.7	65.3	150	2670	15100	150	150	150	150	150	149	146	144	142	139	137	135	133	130	128	126	123	121	119	293
H-244x252x11x11	64.4	87.9	170	3110	12400	169	169	169	169	169	169	168	164	161	157	154	151	147	144	140	137	133	130	127	378
H-248x249x8x13	66.5	99.3	187	3270	12900	187	187	187	187	187	187	185	182	178	174	171	167	164	160	157	153	150	146	143	280
H-250x250x9x14	72.4	108	203	3270	13700	203	203	203	203	203	203	201	198	194	191	187	184	180	176	173	169	166	162	159	317
H-250x255x14x14	82.2	115	220	3160	15200	220	220	220	220	220	220	217	214	210	207	203	200	196	193	190	186	183	179	176	494
H-294x302x12x12	84.5	169	270	3160	13700	263	263	263	263	263	263	263	263	262	257	252	247	242	237	232	227	222	217	212	497
H-298x299x9x14	87.0	188	294	3900	14200	294	294	294	294	294	294	294	293	288	282	277	272	267	262	257	251	246	241	236	378

1) SHN400, SHN490 이외의 강종은 판두께에 따른 강도저하를 고려하여야 한다. (KS규격 참조)
2) ϕM_{n1} : 국부좌굴강도
3) 횡지지길이 L_b가 구간 사이인 경우는 직선보간하거나 안전측으로 표의 우측(작은)값을 선택할 수 있다.
4) $C_b = 1.0$인 경우 설계휨강도 $\phi_b M_{nx} = \phi M_{n2}$
$C_b > 1.0$인 경우 설계휨강도 $\phi_b M_{nx} = \min(\phi M_{n1},\ C_b \times \phi M_{n2},\ \phi M_{px})$

도움표 6.1-400 H형강보의 강축 설계휨강도 $\phi_b M_{nx}$ (kN.m)

SHN400 (F_y = 235[1] MPa) C_b[4] = 1.00

H형강 치수	단위중량	I_x	ϕM_{px}	L_p	L_r	ϕM_{n1}[2]	횡지지길이 L_b[3] (m)에 따른 설계휨강도 ϕM_{n2}																		설계전단강도 $\phi_v V_{nx}$
	kg/m	$\times10^6 mm^4$	kN.m	mm	mm	kN.m	1.0	1.5	2.0	2.5	3.0	3.5	4.0	4.5	5.0	5.5	6.0	6.5	7.0	7.5	8.0	8.5	9.0	9.5	kN
H-300x300x10x15	94.0	204	317	3900	15000	317	317	317	317	317	317	317	316	311	306	301	295	290	285	280	275	269	264	259	423
H-300x305x15x15	106.0	215	341	3770	16300	341	341	341	341	341	341	341	339	334	329	324	318	313	308	303	298	293	288	282	635
H-304x301x11x17	106.0	234	361	3940	16400	361	361	361	361	361	361	361	360	355	349	344	339	333	328	323	317	312	307	301	472
H-310x305x15x20	130.0	286	440	3930	19400	440	440	440	440	440	440	440	439	434	428	423	417	412	407	401	396	391	385	380	656
H-310x310x20x20	142.0	299	465	3860	21200	465	465	465	465	465	465	465	464	458	453	448	443	438	432	427	422	417	412	406	874
H-338x351x13x13	106.0	282	392	3860	15300	374	374	374	374	374	374	374	374	374	374	374	370	363	356	350	343	337	330	323	620
H-344x348x10x16	115.0	333	449	3860	16300	449	449	449	449	449	449	449	449	449	443	436	429	422	415	408	401	394	388	381	485
H-344x354x16x16	131.0	353	486	3860	17700	486	486	486	486	486	486	486	486	485	478	471	464	457	451	444	437	430	423	416	776
H-350x350x12x19	137.0	403	538	4600	18500	538	538	538	538	538	538	538	538	538	533	525	518	511	504	497	490	483	476	469	592
H-350x357x19x19	156.0	428	584	4430	20500	584	584	584	584	584	584	584	584	583	576	569	562	555	548	541	534	527	521	514	938
H-388x402x15x15	140.0	490	593	4960	17500	567	567	567	567	567	567	567	567	567	567	567	567	566	557	548	540	531	522	514	821
H-394x398x11x18	147.0	561	660	5230	18400	660	660	660	660	660	660	660	660	660	660	655	646	637	628	618	609	600	591	582	611
H-394x405x18x18	168.0	597	717	5020	19900	717	717	717	717	717	717	717	717	717	717	708	699	690	681	672	663	654	645	636	1000
H-400x400x13x21	172.0	666	777	5260	20500	777	777	777	777	777	777	777	777	777	777	772	763	754	744	735	726	717	707	698	733
H-400x408x21x21	197.0	709	844	5070	22600	844	844	844	844	844	844	844	844	844	844	837	827	818	809	800	791	782	773	764	1180
H-406x403x16x24	200.0	780	905	5270	23100	905	905	905	905	905	905	905	905	905	905	901	891	882	872	863	854	844	835	825	916
H-414x405x18x28	232.0	928	1060	5330	26300	1060	1060	1060	1060	1060	1060	1060	1060	1060	1060	1060	1050	1040	1030	1020	1010	1000	993	983	1050
H-428x407x20x35	283.0	1190	1330	5430	31900	1330	1330	1330	1330	1330	1330	1330	1330	1330	1330	1330	1320	1310	1300	1290	1290	1280	1270	1260	1210
H-458x417x30x50	415.0	1870	2020	5560	45800	2020	2020	2020	2020	2020	2020	2020	2020	2020	2020	2020	2010	2000	1990	1980	1970	1960	1950	1940	1940
H-498x432x45x70	605.0	2980	3060	2220	65700	3060	3060	3060	3060	3060	3060	3060	3060	3060	3060	3060	3050	3040	3030	3020	3010	3000	2990	2980	3160

1) SHN400, SHN490 이외의 강종은 판두께에 따른 강도저하를 고려하여야 한다. (KS규격 참조)
2) ϕM_{n1} : 국부좌굴강도
3) 횡지지길이 L_b가 구간 사이인 경우는 직선보간하거나 안전측으로 표의 우측(작은)값을 선택할 수 있다.
4) $C_b = 1.0$인 경우 설계휨강도 $\phi_b M_{nx} = \phi M_{n2}$
$C_b > 1.0$인 경우 설계휨강도 $\phi_b M_{nx} = \min(\phi M_{n1},\ C_b \times \phi M_{n2},\ \phi M_{px})$

도움표 6.1-490 H형강보의 강축 설계휨강도 $\phi_b M_{nx}$ (kN.m)

SHN490 (F_y = 325[1] MPa) C_b[4] = 1.00

H형강 치수	단위중량	I_x	ϕM_{px}	L_p	L_r	ϕM_{n1}[2]	횡지지길이 L_b[3] (m)에 따른 설계휨강도 ΦM_{n2}																		설계전단강도 $\phi_v V_{nx}$
	kg/m	×10⁶mm⁴	kN.m	mm	mm	kN.m	1.0	1.5	2.0	2.5	3.0	3.5	4.0	4.5	5.0	5.5	6.0	6.5	7.0	7.5	8.0	8.5	9.0	9.5	kN
H-150x75x5x7	14.0	6.66	29.8	737	2680	29.8	28.2	25.2	22.3	19.3	15.8	13.2	11.3	9.95	8.86	8.00	7.29	6.70	6.20	5.77	5.40	5.00	5.00	5.00	146
H-148x100x6x9	21.1	10.2	45.9	1380	4500	45.9	45.9	43.6	41.0	38.5	35.9	33.4	30.8	28.3	25.2	22.7	20.7	19.0	17.6	16.3	15.3	14.0	14.0	13.0	173
H-198x99x4.5x7	18.2	15.8	52.6	978	3040	52.6	52.4	47.6	42.7	37.9	33.1	26.9	22.5	19.4	17.0	15.2	13.7	12.5	11.5	10.6	9.91	9.00	9.00	8.00	174
H-200x100x5.5x8	21.3	18.4	61.3	1590	3260	61.3	61.1	55.9	50.8	45.6	40.5	34.4	29.0	25.0	22.1	19.8	17.9	16.3	15.1	14.0	13.0	12.0	11.0	11.0	215
H-194x150x6x9	30.6	26.9	90.3	1940	5460	90.3	90.3	90.3	86.7	82.4	78.1	73.8	69.4	65.1	60.8	56.2	50.5	45.9	42.0	38.8	36.0	34.0	32.0	30.0	227
H-248x124x5x8	25.7	35.4	93.4	2640	3650	93.4	93.4	89.6	82.3	75.1	67.9	60.6	51.0	43.0	37.2	32.8	29.3	26.4	24.1	22.2	20.6	19.0	18.0	17.0	242
H-250x125x6x9	29.6	40.5	107	2780	3840	107	107	103	95.1	87.3	79.5	71.7	62.6	53.2	46.2	40.9	36.6	33.2	30.4	28.0	26.0	24.0	23.0	21.0	293
H-244x175x7x11	44.1	61.2	163	1850	6230	163	163	163	161	154	147	140	134	127	120	113	106	97.2	88.6	81.5	75.4	70.0	66.0	62.0	333
H-298x149x5.5x8	32.0	63.2	139	1460	4140	139	139	138	128	119	109	99.3	89.6	75.9	64.5	55.9	49.3	44.0	39.7	36.2	33.3	31.0	29.0	27.0	320
H-300x150x6.5x9	33.7	72.1	159	3320	4300	159	159	158	147	137	126	115	105	91.8	78.4	68.3	60.4	54.2	49.1	44.9	41.4	38.0	36.0	33.0	380
H-294x200x8x12	56.8	113	251	2690	6710	251	251	251	251	243	233	223	213	202	192	182	172	162	149	136	125	116	108	102	459
H-298x201x9x14	65.4	133	292	2110	7270	292	292	292	292	284	274	263	252	242	231	221	210	199	189	176	162	151	141	132	523
H-346x174x6x9	41.4	111	209	1710	4800	209	209	209	202	190	177	164	152	139	123	105	91.8	81.3	72.9	65.9	60.2	55.0	51.0	48.0	405
H-350x175x7x11	49.6	136	254	1750	5090	254	254	254	247	232	218	204	190	175	161	141	124	110	99.1	90.1	82.6	76.0	71.0	66.0	478
H-354x176x8x13	57.8	161	299	3770	5410	299	299	299	292	276	261	245	230	214	199	182	161	144	130	119	109	101	94.0	88.0	552
H-336x249x8x12	69.2	185	355	3280	7860	348	348	348	348	348	346	333	321	309	296	284	272	259	247	234	220	202	186	173	524
H-340x250x9x14	79.7	217	413	3280	8400	413	413	413	413	413	404	391	377	364	351	338	324	311	298	285	272	257	238	222	597
H-396x199x7x11	56.6	200	330	4260	5580	330	330	330	329	312	295	278	261	244	227	210	184	163	145	131	119	109	101	94.0	541
H-400x200x8x13	66.0	237	388	4260	5880	388	388	388	388	369	351	332	313	294	276	257	235	208	187	169	155	142	132	123	624
H-404x201x9x15	75.5	275	447	4310	6210	447	447	447	447	428	408	388	368	347	327	307	287	260	235	213	196	181	168	157	709

1) SHN400, SHN490 이외의 강종은 판두께에 따른 강도저하를 고려하여야 한다. (KS규격 참조)
2) ϕM_{n1} : 국부좌굴강도
3) 횡지지길이 L_b가 구간 사이인 경우는 직선보간하거나 안전측으로 표의 우측(작은)값을 선택할 수 있다.
4) $C_b = 1.0$인 경우 설계휨강도 $\phi_b M_{nx} = \phi M_{n2}$
   $C_b > 1.0$인 경우 설계휨강도 $\phi_b M_{nx} = \min(\phi M_{n1},\ C_b \times \phi M_{n2},\ \phi M_{px})$

도움표 6.1-490 H형강보의 강축 설계휨강도 $\phi_b M_{nx}$ (kN.m)

SHN490 (F_y = 325[1] MPa) C_b[4] = 1.00

H형강 치수	단위중량 kg/m	I_x $\times 10^6 mm^4$	ϕM_{px} kN.m	L_p mm	L_r mm	ϕM_{n1}[2] kN.m	횡지지길이 L_b[3] (m)에 따른 설계휨강도 ΦM_{n2} 1.0	1.5	2.0	2.5	3.0	3.5	4.0	4.5	5.0	5.5	6.0	6.5	7.0	7.5	8.0	8.5	9.0	9.5	설계전단강도 $\phi_v V_{nx}$ kN
H-386x299x9x14	94.3	337	561	3190	9480	546	546	546	546	546	546	546	535	518	502	486	470	454	437	421	405	389	373	356	677
H-390x300x10x16	107.0	387	640	4220	10000	640	640	640	640	640	640	630	613	596	579	562	545	527	510	493	476	459	442	424	761
H-446x199x8x12	66.2	287	424	4620	5480	424	424	424	420	398	375	353	330	308	285	262	228	201	179	162	147	135	125	116	696
H-450x200x9x14	76.0	335	491	4620	5740	491	491	491	488	464	439	415	390	366	341	316	284	252	226	205	187	172	159	148	790
H-434x299x10x15	106.0	468	697	4620	9250	691	691	691	691	691	691	681	660	640	619	598	577	556	535	514	494	473	452	424	846
H-440x300x11x18	124.0	561	826	4620	9960	826	826	826	826	826	826	812	789	767	744	722	699	677	655	632	610	587	565	542	944
H-496x199x9x14	79.5	419	560	1890	5510	560	560	560	553	524	494	464	435	405	376	346	301	267	239	216	197	181	167	155	870
H-500x200x10x16	89.6	478	636	1910	5750	636	636	636	631	599	567	535	503	472	440	408	367	326	293	265	243	224	207	193	975
H-506x201x11x19	103.0	565	743	1960	6140	743	743	743	741	706	672	638	604	570	535	501	467	421	380	346	317	293	273	255	1090
H-482x300x11x15	114.0	604	816	3170	8900	808	808	808	808	808	808	791	766	740	714	688	662	637	611	585	559	533	503	465	1030
H-488x300x11x18	128.0	710	944	3170	9450	944	944	944	944	944	944	923	895	868	840	813	785	758	730	703	675	647	620	590	1050
H-596x199x10x15	94.6	687	775	3050	5240	775	775	775	757	713	669	625	581	537	493	435	379	334	298	269	244	224	207	192	1160
H-600x200x11x17	106.0	776	871	3050	5440	871	871	871	854	807	760	713	665	618	571	520	453	401	359	325	296	272	252	234	1290
H-606x201x12x20	120.0	904	1000	3050	5740	1000	1000	1000	990	940	889	838	787	737	686	635	571	507	456	414	378	349	323	302	1420
H-612x202x13x23	134.0	1030	1140	3050	6070	1140	1140	1140	1130	1080	1020	968	914	861	807	753	700	627	565	514	472	436	405	379	1550
H-582x300x12x17	137.0	1030	1160	3110	8580	1160	1160	1160	1160	1160	1150	1120	1080	1040	999	960	922	883	845	806	767	729	670	617	1360
H-588x300x12x20	151.0	1180	1310	3110	9010	1310	1310	1310	1310	1310	1310	1270	1230	1190	1150	1110	1070	1030	988	947	906	865	824	760	1380
H-594x302x14x23	175.0	1370	1520	3050	9570	1520	1520	1520	1520	1520	1520	1480	1440	1390	1350	1300	1260	1220	1170	1130	1080	1040	997	953	1620
H-692x300x13x20	166.0	1720	1650	2890	8410	1650	1650	1650	1650	1650	1630	1580	1520	1460	1410	1350	1290	1240	1180	1120	1070	1000	916	843	1750
H-700x300x13x24	185.0	2010	1890	3000	8900	1890	1890	1890	1890	1890	1890	1830	1770	1710	1650	1590	1530	1470	1410	1350	1290	1230	1160	1070	1770

1) SHN400, SHN490 이외의 강종은 판두께에 따른 강도저하를 고려하여야 한다. (KS규격 참조)
2) ϕM_{n1} : 국부좌굴강도
3) 횡지지길이 L_b가 구간 사이인 경우는 직선보간하거나 안전측으로 표의 우측(작은)값을 선택할 수 있다.
4) C_b = 1.0인 경우 설계휨강도 $\phi_b M_{nx} = \phi M_{n2}$
C_b > 1.0인 경우 설계휨강도 $\phi_b M_{nx} = \min(\phi M_{n1},\ C_b \times \phi M_{n2},\ \phi M_{px})$

도움표 6.1-490 H형강보의 강축 설계휨강도 $\phi_b M_{nx}$ (kN.m)

SHN490 (F_y = 325[1] MPa) C_b[4] = 1.00

H형강 치수	단위중량	I_x	ϕM_{px}	L_p	L_r	ϕM_{n1}[2]	횡지지길이 L_b[3] (m)에 따른 설계휨강도 ΦM_{n2}																		설계전단강도 $\phi_v V_{nx}$
	kg/m	$\times 10^6 mm^4$	kN.m	mm	mm	kN.m	1.0	1.5	2.0	2.5	3.0	3.5	4.0	4.5	5.0	5.5	6.0	6.5	7.0	7.5	8.0	8.5	9.0	9.5	kN
H-708x302x15x28	215.0	2370	2210	3030	9480	2210	2210	2210	2210	2210	2210	2150	2090	2020	1960	1890	1830	1760	1690	1630	1560	1500	1430	1370	2070
H-792x300x14x22	191.0	2540	2130	2820	8210	2130	2130	2130	2130	2130	2100	2030	1950	1880	1800	1720	1650	1570	1500	1420	1340	1240	1130	1040	2160
H-800x300x14x26	210.0	2920	2410	2930	8630	2410	2410	2410	2410	2410	2400	2320	2240	2160	2080	2000	1920	1840	1760	1670	1590	1510	1400	1290	2180
H-808x302x16x30	241.0	3390	2790	2960	9110	2790	2790	2790	2790	2790	2780	2700	2610	2520	2430	2350	2260	2170	2090	2000	1910	1830	1740	1620	2520
H-890x299x15x23	213.0	3450	2610	2720	7930	2610	2610	2610	2610	2610	2550	2460	2360	2260	2160	2060	1970	1870	1770	1670	1560	1420	1290	1180	2600
H-900x300x16x28	243.0	4110	3060	2820	8400	3060	3060	3060	3060	3060	3020	2910	2810	2700	2590	2490	2380	2280	2170	2060	1960	1830	1680	1540	2810
H-912x302x18x34	283.0	4980	3660	2900	9020	3660	3660	3660	3660	3660	3630	3520	3400	3280	3170	3050	2940	2820	2700	2590	2470	2360	2240	2070	3200
H-918x303x19x37	307.0	5420	3960	2930	9360	3960	3960	3960	3960	3960	3940	3820	3700	3580	3460	3340	3220	3100	2980	2860	2740	2620	2500	2360	3400
H-100x100x6x8	17.2	3.83	25.6	1090	6150	25.6	25.6	24.8	23.8	22.9	21.9	20.9	19.9	18.9	17.9	17.0	16.0	14.8	13.7	12.8	12.0	11.0	11.0	10.0	117
H-125x125x6.5x9	23.8	8.47	44.9	1090	6660	44.9	44.9	44.5	42.9	41.3	39.6	38.0	36.4	34.8	33.1	31.5	29.9	28.3	26.3	24.5	22.9	21.0	20.0	19.0	158
H-150x150x7x10	31.5	16.4	72.0	1380	7330	72.0	72.0	72.0	70.3	67.9	65.5	63.1	60.8	58.4	56.0	53.6	51.2	48.8	46.4	43.7	40.7	38.0	36.0	34.0	205
H-200x200x8x12	49.9	47.2	154	2220	8770	154	154	154	154	151	147	143	138	134	129	125	121	116	112	108	103	99.0	94.0	88.0	312
H-200x204x12x12	56.2	49.8	165	2160	9620	165	165	165	165	162	158	154	150	146	141	137	133	129	124	120	116	112	107	103	468
H-208x202x10x16	65.7	65.3	208	2270	11100	208	208	208	208	206	201	197	192	188	183	179	174	170	165	161	156	152	147	143	406
H-244x252x11x11	64.4	87.9	235	2640	9450	225	225	225	225	225	225	224	218	211	205	199	192	186	179	173	166	160	153	146	523
H-248x249x8x13	66.5	99.3	258	2780	9770	258	258	258	258	258	255	249	242	235	228	222	215	208	201	195	188	181	174	168	387
H-250x250x9x14	72.4	108	281	2780	10300	281	281	281	281	281	278	271	264	257	250	244	237	230	223	216	209	202	196	189	439
H-250x255x14x14	82.2	115	304	2690	11300	304	304	304	304	304	300	293	286	279	273	266	259	253	246	239	232	226	219	212	683
H-294x302x12x12	84.5	169	374	2690	10600	346	346	346	346	346	346	346	346	346	339	330	321	311	302	293	283	274	264	255	688
H-298x299x9x14	87.0	188	406	3320	10900	396	396	396	396	396	396	396	393	383	374	364	354	344	335	325	315	306	296	286	523

1) SHN400, SHN490 이외의 강종은 판두께에 따른 강도저하를 고려하여야 한다. (KS규격 참조)
2) ϕM_{n1} : 국부좌굴강도
3) 횡지지길이 L_b가 그간 사이인 경우는 직선보간하거나 안전측으로 표의 우측(작은)값을 선택할 수 있다.
4) C_b = 1.0인 경우 설계휨강도 $\phi_b M_{nx} = \phi M_{n2}$
C_b > 1.0인 경우 설계휨강도 $\phi_b M_{nx} = \min(\phi M_{n1},\ C_b \times \phi M_{n2},\ \phi M_{px})$

도움표 6.1-490 H형강보의 강축 설계휨강도 $\phi_b M_{nx}$ (kN.m)

SHN490 (F_y = 325[1) MPa) C_b[4) = 1.00

H형강 치수	단위중량	I_x	ϕM_{px}	L_p	L_r	ϕM_{n1}[2)	횡지지길이 L_b[3) (m)에 따른 설계휨강도 ϕM_{n2}																		설계전단강도 $\phi_v V_{nx}$
	kg/m	×10⁶mm⁴	kN.m	mm	mm	kN.m	1.0	1.5	2.0	2.5	3.0	3.5	4.0	4.5	5.0	5.5	6.0	6.5	7.0	7.5	8.0	8.5	9.0	9.5	kN
H-300x300x10x15	94.0	204	439	3320	11400	434	434	434	434	434	434	434	426	416	406	396	386	376	366	356	346	336	326	316	585
H-300x305x15x15	106.0	215	472	3210	12300	465	465	465	465	465	465	465	456	447	437	427	417	407	397	388	378	368	358	348	878
H-304x301x11x17	106.0	234	499	3350	12400	499	499	499	499	499	499	496	486	475	465	455	445	435	424	414	404	394	383	373	652
H-310x305x15x20	130.0	286	608	3350	14400	608	608	608	608	608	608	605	594	584	574	563	553	542	532	521	511	500	490	480	907
H-310x310x20x20	142.0	299	643	3280	15600	643	643	643	643	643	643	639	629	619	608	598	588	578	568	558	548	538	527	517	1210
H-338x351x13x13	106.0	282	542	3280	11900	491	491	491	491	491	491	491	491	491	491	491	485	473	460	448	436	424	412	399	857
H-344x348x10x16	115.0	333	621	3280	12600	601	601	601	601	601	601	601	601	601	592	579	566	553	540	527	514	501	488	475	671
H-344x354x16x16	131.0	353	673	3280	13500	648	648	648	648	648	648	648	648	648	640	627	614	601	588	575	562	549	536	523	1070
H-350x350x12x19	137.0	403	744	3910	14000	744	744	744	744	744	744	744	742	728	715	701	688	674	661	647	634	620	607	593	819
H-350x357x19x19	156.0	428	807	3770	15300	807	807	807	807	807	807	807	801	788	774	761	748	735	721	708	695	681	668	655	1300
H-388x402x15x15	140.0	490	820	4220	13600	745	745	745	745	745	745	745	745	745	745	745	745	745	730	714	698	682	665	649	1130
H-394x398x11x18	147.0	561	912	4450	14200	880	880	880	880	880	880	880	880	880	880	877	860	843	826	809	792	775	758	742	845
H-394x405x18x18	168.0	597	992	4260	15200	951	951	951	951	951	951	951	951	951	951	950	933	916	899	882	865	848	831	814	1380
H-400x400x13x21	172.0	666	1070	4480	15600	1070	1070	1070	1070	1070	1070	1070	1070	1070	1060	1040	1020	1000	985	967	950	932	914	897	1010
H-400x408x21x21	197.0	709	1170	4310	17000	1160	1160	1160	1160	1160	1160	1160	1160	1160	1140	1130	1110	1090	1070	1060	1040	1020	1000	986	1640
H-406x403x16x24	200.0	780	1250	4480	17300	1250	1250	1250	1250	1250	1250	1250	1250	1250	1230	1210	1200	1180	1160	1140	1120	1110	1090	1070	1270
H-414x405x18x28	232.0	928	1470	4530	19400	1470	1470	1470	1470	1470	1470	1470	1470	1470	1450	1430	1420	1400	1380	1360	1340	1320	1310	1290	1450
H-428x407x20x35	283.0	1190	1850	4620	23300	1850	1850	1850	1850	1850	1850	1850	1850	1850	1830	1810	1790	1780	1760	1740	1720	1700	1680	1660	1670
H-458x417x30x50	415.0	1870	2790	4730	33200	2790	2790	2790	2790	2790	2790	2790	2790	2790	2780	2760	2740	2720	2700	2680	2660	2640	2620	2600	2680
H-498x432x45x70	605.0	2980	4230	1890	47600	4230	4230	4230	4230	4230	4230	4230	4230	4230	4220	4200	4180	4160	4140	4120	4100	4080	4060	4040	4370

1) SHN400, SHN490 이외의 강종은 판두께에 따른 강도저하를 고려하여야 한다. (KS규격 참조)
2) ϕM_{n1} : 국부좌굴강도
3) 횡지지길이 L_b가 구간 사이인 경우는 직선보간하거나 안전측으로 표의 우측(작은)값을 선택할 수 있다.
4) C_b = 1.0인 경우 설계휨강도 $\phi_b M_{nx} = \phi M_{n2}$
C_b > 1.0인 경우 설계휨강도 $\phi_b M_{nx} = \min(\phi M_{n1},\ C_b \times \phi M_{n2},\ \phi M_{px})$

도움표 6.2-400 H형강보의 강축 설계휨강도 $\phi_b M_{nx}$ (kN.m)

등분포하중 / 양단부횡지지 — SHN400 (F_y = 235[1] MPa) — C_b = 1.14

H형강 치수	단위중량	I_x	$\phi_b M_{px}$	L_p	L_r	경간 L_n[2] (m)																			설계전단강도 $\phi_v V_{nx}$
	kg/m	×$10^6$$mm^4$	kN.m	mm	mm	2.0	3.0	4.0	5.0	6.0	7.0	8.0	9.0	10.0	11.0	12.0	13.0	14.0	15.0	16.0	17.0	18.0	19.0	20.0	kN
H-150x75x5x7	14.0	6.66	21.5	867	3520	20.5	16.9	12.9	10.1	8.31	7.07	6.15	5.45	4.89	4.44	4.00	4.00	3.00	3.00	3.00	3.00	3.00	3.00	2.00	106
H-148x100x6x9	21.1	10.2	33.2	1230	6070	33.2	32.5	29.5	26.5	23.5	20.0	17.4	15.4	13.8	12.5	11.0	11.0	10.0	9.00	9.00	8.00	8.00	7.00	7.00	125
H-198x99x4.5x7	18.2	15.8	38.0	1150	3860	38.0	32.1	25.7	19.4	15.6	13.1	11.3	9.93	8.87	8.02	7.00	7.00	6.00	6.00	5.00	5.00	5.00	5.00	4.00	126
H-200x100x5.5x8	21.3	18.4	44.3	1150	4200	44.3	38.7	32.4	25.2	20.4	17.2	14.8	13.1	11.7	10.6	10.0	9.00	8.00	8.00	7.00	7.00	6.00	6.00	6.00	155
H-194x150x6x9	30.6	26.9	65.3	1880	7140	65.3	65.3	63.3	58.0	52.8	47.5	41.0	36.0	32.0	28.9	26.0	24.0	22.0	21.0	19.0	18.0	17.0	16.0	15.0	164
H-248x124x5x8	25.7	35.4	67.5	1450	4570	67.5	62.6	53.4	42.4	33.4	27.5	23.4	20.4	18.1	16.3	15.0	14.0	13.0	12.0	11.0	10.0	10.0	9.00	9.00	175
H-250x125x6x9	29.6	40.5	77.4	1450	4860	77.4	73.0	63.2	52.7	41.8	34.7	29.7	25.9	23.1	20.8	19.0	17.0	16.0	15.0	14.0	13.0	12.0	12.0	11.0	212
H-244x175x7x11	44.1	61.2	118	2180	8110	118	118	118	111	102	94.0	85.6	74.9	66.4	59.7	54.0	50.0	46.0	43.0	40.0	37.0	35.0	33.0	32.0	241
H-298x149x5.5x8	32.0	63.2	100	1710	5090	100	98.2	85.5	72.8	56.1	45.3	37.9	32.6	28.6	25.5	23.0	21.0	19.0	18.0	17.0	16.0	15.0	14.0	13.0	231
H-300x150x6.5x9	36.7	72.1	115	1710	5350	115	113	99.5	85.9	68.9	56.0	47.1	40.8	35.9	32.1	29.0	27.0	24.0	23.0	21.0	20.0	19.0	18.0	17.0	275
H-294x200x8x12	56.8	113	182	2450	8630	182	182	182	175	163	150	138	124	109	97.4	88.0	81.0	74.0	69.0	64.0	60.0	56.0	53.0	50.0	332
H-298x201x9x14	65.4	133	211	2480	9510	211	211	211	209	196	183	170	157	142	127	116	106	98.0	91.0	84.0	79.0	75.0	70.0	67.0	378
H-346x174x6x9	41.4	111	151	2020	5880	151	151	140	123	105	83.1	68.6	58.4	50.8	45.0	40.0	37.0	34.0	31.0	29.0	27.0	25.0	24.0	22.0	293
H-350x175x7x11	49.6	136	184	2050	6320	184	184	173	155	137	113	94.2	80.8	70.7	63.0	57.0	52.0	47.0	44.0	41.0	38.0	36.0	34.0	32.0	345
H-354x176x8x13	57.8	161	216	2080	6820	216	216	209	189	170	148	125	107	94.5	84.5	76.0	70.0	64.0	59.0	55.0	52.0	49.0	46.0	44.0	399
H-336x249x8x12	69.2	185	257	3080	9950	257	257	257	257	247	232	216	201	184	163	146	132	121	112	104	97.0	91.0	85.0	80.0	379
H-340x250x9x14	79.7	217	299	3120	10800	299	299	299	299	293	277	261	244	228	210	189	172	157	145	135	126	118	112	106	431
H-396x199x7x11	56.6	200	239	2330	6860	239	239	235	212	190	165	136	115	99.7	87.9	79.0	71.0	65.0	60.0	56.0	52.0	49.0	46.0	43.0	391
H-400x200x8x13	66.0	237	281	2360	7320	281	281	280	256	232	208	176	150	131	116	104	95.0	87.0	80.0	75.0	70.0	65.0	62.0	58.0	451
H-404x201x9x15	75.5	275	323	2390	7830	323	323	323	302	276	251	223	191	167	149	134	122	112	104	97.0	90.0	85.0	80.0	76.0	513

1) SHN400, SHN490 이외의 강종은 판두께에 따른 강도저하를 고려하여야 한다. (KS규격 참조)
2) 주어진 경간 사이는 직선보간하거나 안전측으로 표의 우측(작은)값을 선택할 수 있다.

도움표 6.2-400 H형강보의 강축 설계휨강도 $\phi_b M_{nx}$ (kN.m)

등분포하중 / 양단부횡지지 — SHN400 (F_y = 235[1] MPa) — C_b = 1.14

H형강 치수	단위중량 kg/m	I_x ×10^6mm^4	ϕM_{px} kN.m	L_p mm	L_r mm	경간 L_n[2] (m) 2.0	3.0	4.0	5.0	6.0	7.0	8.0	9.0	10.0	11.0	12.0	13.0	14.0	15.0	16.0	17.0	18.0	19.0	20.0	설계전단강도 $\phi_v V_{nx}$ kN
H-386x299x9x14	94.3	337	406	3750	12000	406	406	406	406	406	396	376	355	335	315	294	265	241	221	204	190	177	166	157	490
H-390x300x10x16	107.0	387	463	3780	12900	463	463	463	463	463	459	438	417	396	374	353	330	301	277	256	239	224	210	198	550
H-446x199x8x12	66.2	287	307	2250	6730	307	307	298	268	239	205	168	142	123	109	97.0	88.0	81.0	74.0	69.0	64.0	60.0	57.0	53.0	503
H-450x200x9x14	76.0	335	355	2290	7140	355	355	350	319	287	255	213	182	158	140	126	114	105	97.0	90.0	84.0	79.0	74.0	70.0	571
H-434x299x10x15	106.0	468	504	3660	11700	504	504	504	504	504	487	460	434	408	381	350	315	286	262	242	225	210	197	186	612
H-440x300x11x18	124.0	561	597	3730	12800	597	597	597	597	597	590	562	535	507	479	451	420	383	352	326	304	284	267	252	682
H-496x199x9x14	79.5	419	405	2220	6790	405	405	393	354	315	272	224	190	165	146	131	119	109	100	93.0	87.0	81.0	77.0	72.0	629
H-500x200x10x16	89.6	478	460	2250	7160	460	460	453	412	371	330	277	236	206	183	164	149	137	127	118	110	103	97.0	92.0	705
H-506x201x11x19	103.0	565	537	2310	7760	537	537	537	496	453	410	362	311	272	243	219	199	183	170	158	148	139	131	124	785
H-482x300x11x15	114.0	604	590	3540	11100	590	590	590	590	590	559	526	493	460	427	381	342	310	284	262	243	227	213	201	748
H-488x300x11x18	128.0	710	683	3660	12000	683	683	683	683	683	663	628	593	559	524	488	440	401	368	340	316	296	277	262	757
H-596x199x10x15	94.6	687	561	2110	6410	561	561	529	471	413	340	279	236	204	180	161	146	133	123	114	106	99.0	93.0	88.0	840
H-600x200x11x17	106.0	776	630	2140	6700	630	630	603	542	480	409	338	287	250	221	198	180	164	152	141	131	123	116	110	931
H-606x201x12x20	120.0	904	726	2200	7160	726	726	710	645	579	514	431	369	322	286	257	234	215	198	184	172	162	152	144	1030
H-612x202x13x23	134.0	1030	823	2240	7660	823	823	819	751	683	615	538	462	405	361	326	297	273	252	235	220	206	195	184	1120
H-582x300x12x17	137.0	1030	838	3450	10600	838	838	838	838	828	778	728	678	628	568	502	450	408	373	343	318	297	278	261	985
H-588x300x12x20	151.0	1180	949	3560	11300	949	949	949	949	949	903	850	798	746	694	624	561	510	467	431	400	374	350	330	995
H-594x302x14x23	175.0	1370	1100	3590	12200	1100	1100	1100	1100	1100	1070	1010	955	900	845	790	716	653	600	555	516	483	454	428	1170
H-692x300x13x20	166.0	1720	1190	3400	10400	1190	1190	1190	1190	1160	1090	1020	943	870	772	682	610	552	503	463	429	399	374	351	1270
H-700x300x13x24	185.0	2010	1370	3520	11100	1370	1370	1370	1370	1370	1290	1210	1140	1060	981	873	784	711	651	600	557	520	487	459	1280

1) SHN400, SHN490 이외의 강종은 판두께에 따른 강도저하를 고려하여야 한다. (KS규격 참조)
2) 주어진 경간 사이는 직선보간하거나 안전측으로 표의 우측(작은)값을 선택할 수 있다.

도움표 6.2-400 H형강보의 강축 설계휨강도 $\phi_b M_{nx}$ (kN.m)

등분포하중 / 양단부횡지지 SHN400 (F_y = 235[1] MPa) C_b = 1.14

H형강 치수	단위중량	I_x	ϕM_{px}	L_p	L_r	경간 L_n[2] (m)																			설계 전단 강도 $\phi_v V_{nx}$
	kg/m	$\times10^6mm^4$	kN.m	mm	mm	2.0	3.0	4.0	5.0	6.0	7.0	8.0	9.0	10.0	11.0	12.0	13.0	14.0	15.0	16.0	17.0	18.0	19.0	20.0	kN
H-708x302x15x28	215.0	2370	1600	3570	12000	1600	1600	1600	1600	1600	1540	1460	1380	1300	1210	1130	1020	930	854	790	735	687	645	609	1500
H-792x300x14x22	191.0	2540	1540	3320	10100	1540	1540	1540	1540	1490	1390	1290	1190	1090	949	836	746	674	614	564	522	485	454	426	1560
H-800x300x14x26	210.0	2920	1740	3440	10700	1740	1740	1740	1740	1720	1620	1510	1410	1300	1180	1050	937	849	775	714	662	617	578	543	1580
H-808x302x16x30	241.0	3390	2020	3480	11500	2020	2020	2020	2020	2020	1910	1800	1690	1580	1470	1330	1200	1090	997	921	856	799	750	706	1820
H-890x299x15x23	213.0	3450	1890	3200	9690	1890	1890	1890	1890	1790	1660	1530	1400	1250	1080	947	844	760	692	635	586	545	509	477	1880
H-900x300x16x28	243.0	4110	2210	3320	10400	2210	2210	2210	2210	2150	2010	1870	1730	1600	1420	1250	1120	1010	925	852	789	735	688	647	2030
H-912x302x18x34	286.0	4980	2640	3410	11300	2640	2640	2640	2640	2630	2480	2340	2190	2040	1890	1700	1530	1390	1280	1180	1100	1020	960	905	2310
H-918x303x19x37	307.0	5420	2860	3450	11900	2860	2860	2860	2860	2860	2730	2580	2430	2270	2120	1960	1770	1610	1480	1370	1270	1190	1120	1050	2460
H-100x100x6x8	17.2	3.83	18.5	1290	8440	18.5	18.5	18.0	16.9	15.7	14.6	13.4	12.1	10.9	9.86	9.00	8.00	8.00	7.00	7.00	6.00	6.00	6.00	5.00	84.6
H-125x125x6.5x9	23.8	8.47	32.5	1620	9080	32.5	32.5	32.5	30.6	28.7	26.8	24.9	23.0	20.7	18.8	17.0	16.0	15.0	14.0	13.0	12.0	11.0	11.0	10.0	115
H-150x150x7x10	31.5	16.4	52.0	1950	9930	52.0	52.0	52.0	50.8	48.0	45.2	42.3	39.5	36.6	33.2	30.0	28.0	26.0	24.0	23.0	21.0	20.0	19.0	18.0	148
H-200x200x8x12	49.9	47.2	111	2610	11700	111	111	111	111	109	104	98.9	93.8	88.6	83.5	78.0	71.0	66.0	61.0	57.0	54.0	51.0	48.0	45.0	226
H-200x204x12x12	56.2	49.8	120	2540	13000	120	120	120	120	119	114	109	104	99.1	94.1	89.0	84.0	78.0	72.0	68.0	64.0	60.0	57.0	54.0	338
H-208x202x10x16	65.7	65.3	150	2670	15100	150	150	150	150	150	148	143	138	133	127	122	117	112	106	100	94.0	88.0	84.0	79.0	293
H-244x252x11x11	64.4	87.9	169	3110	12400	169	169	169	169	169	164	156	148	140	133	125	115	106	98.0	92.0	86.0	81.0	76.0	72.0	378
H-248x249x8x13	66.5	99.3	187	3270	12900	187	187	187	187	187	183	175	167	159	150	142	134	123	114	106	100	94.0	88.0	84.0	280
H-250x250x9x14	72.4	108	203	3270	13700	203	203	203	203	203	201	193	185	177	169	160	152	143	133	124	116	109	103	98.0	317
H-250x255x14x14	82.2	115	220	3160	15200	220	220	220	220	220	220	212	204	196	188	180	172	164	157	147	137	129	122	116	494
H-294x302x12x12	84.5	169	263	3720	13700	263	263	263	263	263	263	259	248	236	225	214	202	189	174	162	151	142	133	126	497
H-298x299x9x14	87.0	188	294	3900	14200	294	294	294	294	294	294	287	275	263	251	239	228	216	200	185	173	162	153	144	378

1) SHN400, SHN490 이외의 강종은 판두께에 따른 강도저하를 고려하여야 한다. (KS규격 참조)
2) 주어진 경간 사이는 직선보간하거나 안전측으로 표의 우측(작은)값을 선택할 수 있다.

도움표 6.2-400 H형강보의 강축 설계휨강도 $\phi_b M_{nx}$ (kN.m)

등분포하중 / 양단부횡지지 SHN400 (F_y = 235[1] MPa) C_b = 1.14

H형강 치수	단위중량 kg/m	I_x ×10⁶mm⁴	ϕM_{px} kN.m	L_p mm	L_r mm	경간 L_n[2] (m) 2.0	3.0	4.0	5.0	6.0	7.0	8.0	9.0	10.0	11.0	12.0	13.0	14.0	15.0	16.0	17.0	18.0	19.0	20.0	설계전단강도 $\phi_v V_{nx}$ kN
H-300x300x10x15	94.0	204	317	3900	15000	317	317	317	317	317	317	313	301	289	277	265	253	241	229	213	199	186	175	166	423
H-300x305x15x15	106.0	215	341	3770	16300	341	341	341	341	341	341	340	328	316	304	293	281	269	257	246	231	217	205	194	635
H-304x301x11x17	106.0	234	361	3940	16400	361	361	361	361	361	361	361	350	338	325	313	301	289	277	265	250	235	221	209	472
H-310x305x15x20	130.0	286	440	3930	19400	440	440	440	440	440	440	440	439	427	415	402	390	378	365	353	341	329	316	301	656
H-310x310x20x20	142.0	299	465	3860	21200	465	465	465	465	465	465	465	465	457	446	434	422	410	398	386	374	363	351	339	874
H-338x351x13x13	106.0	282	374	4330	15300	374	374	374	374	374	374	374	374	361	346	331	316	301	286	266	247	231	217	205	620
H-344x348x10x16	115.0	333	449	4560	16300	449	449	449	449	449	449	449	442	426	410	395	379	363	347	332	311	291	273	258	485
H-344x354x16x16	131.0	353	486	4380	17700	486	486	486	486	486	486	486	483	467	451	436	420	405	389	374	358	341	320	303	776
H-350x350x12x19	137.0	403	538	4600	18500	538	538	538	538	538	538	538	538	526	510	494	478	462	446	429	413	397	378	357	592
H-350x357x19x19	156.0	428	584	4430	20500	584	584	584	584	584	584	584	584	578	562	546	530	515	499	483	468	452	436	420	938
H-388x402x15x15	140.0	490	567	4960	17500	567	567	567	567	567	567	567	567	567	556	536	516	496	476	456	436	412	386	363	821
H-394x398x11x18	147.0	561	660	5230	18400	660	660	660	660	660	660	660	660	654	633	612	592	571	550	530	509	488	461	434	611
H-394x405x18x18	168.0	597	717	5020	19900	717	717	717	717	717	717	717	717	715	695	674	654	633	613	592	572	551	531	510	1000
H-400x400x13x21	172.0	666	777	5260	20500	777	777	777	777	777	777	777	777	777	764	743	721	700	679	658	637	615	594	573	733
H-400x408x21x21	197.0	709	844	5070	22600	844	844	844	844	844	844	844	844	844	840	819	798	777	757	736	715	694	674	653	1180
H-406x403x16x24	200.0	780	905	5270	23100	905	905	905	905	905	905	905	905	905	905	887	865	844	822	801	779	758	736	715	916
H-414x405x18x28	232.0	928	1060	5330	26300	1060	1060	1060	1060	1060	1060	1060	1060	1060	1060	1060	1050	1020	1000	980	958	936	915	893	1050
H-428x407x20x35	283.0	1190	1330	5430	31900	1330	1330	1330	1330	1330	1330	1330	1330	1330	1330	1340	1340	1330	1310	1290	1270	1250	1220	1200	1210
H-458x417x30x50	415.0	1870	2020	5560	45800	2020	2020	2020	2020	2020	2020	2020	2020	2020	2020	2020	2020	2020	2020	2020	2020	2020	1990	1970	1940
H-498x432x45x70	605.0	2980	3060	5750	65700	3060	3060	3060	3060	3060	3060	3060	3060	3060	3060	3060	3060	3060	3060	3060	3060	3060	3060	3060	3160

1) SHN400, SHN490 이외의 강종은 판두께에 따른 강도저하를 고려하여야 한다. (KS규격 참조)
2) 주어진 경간 사이는 직선보간하거나 안전측으로 표의 우측(작은)값을 선택할 수 있다.

도움표 6.2-490 H형강보의 강축 설계휨강도 $\phi_b M_{nx}$ (kN.m)

등분포하중 / 양단부횡지지 SHN490 (F_y = 325[1] MPa) C_b = 1.14

H형강 치수	단위중량 kg/m	I_x ×10⁶mm⁴	ϕM_{px} kN.m	L_p mm	L_r mm	경간 L_n[2] (m) 2.0	3.0	4.0	5.0	6.0	7.0	8.0	9.0	10.0	11.0	12.0	13.0	14.0	15.0	16.0	17.0	18.0	19.0	20.0	설계전단강도 $\phi_v V_{nx}$ kN
H-150x75x5x7	14.0	6.66	25.4	737	2680	20.5	16.9	12.9	10.1	8.31	7.07	6.15	5.45	4.89	4.44	4.00	4.00	3.00	3.00	3.00	3.00	3.00	3.00	2.00	146
H-148x100x6x9	21.1	10.2	45.9	1050	4500	33.2	32.5	29.5	26.5	23.5	20.0	17.4	15.4	13.8	12.5	11.0	11.0	10.0	9.00	9.00	8.00	8.00	7.00	7.00	173
H-198x99x4.5x7	18.2	15.8	48.7	978	3040	38.0	32.1	25.7	19.4	15.6	13.1	11.3	9.93	8.87	8.02	7.00	7.00	6.00	6.00	5.00	5.00	5.00	5.00	4.00	174
H-200x100x5.5x8	21.3	18.4	57.9	981	3260	44.3	38.7	32.4	25.2	20.4	17.2	14.8	13.1	11.7	10.6	10.0	9.00	8.00	8.00	7.00	7.00	6.00	6.00	6.00	215
H-194x150x6x9	30.6	26.9	90.3	1590	5460	65.3	65.3	63.3	58.0	52.8	47.5	41.0	36.0	32.0	28.9	26.0	24.0	22.0	21.0	19.0	18.0	17.0	16.0	15.0	227
H-248x124x5x8	25.7	35.4	93.4	1230	3650	67.5	62.6	53.4	42.4	33.4	27.5	23.4	20.4	18.1	16.3	15.0	14.0	13.0	12.0	11.0	10.0	10.0	9.00	9.00	242
H-250x125x6x9	29.6	40.5	107	1230	3840	77.4	73.0	63.2	52.7	41.8	34.7	29.7	25.9	23.1	20.8	19.0	17.0	16.0	15.0	14.0	13.0	12.0	12.0	11.0	293
H-244x175x7x11	44.1	61.2	163	1850	6230	118	118	118	111	102	94.0	85.6	74.9	66.4	59.7	54.0	50.0	46.0	43.0	40.0	37.0	35.0	33.0	32.0	333
H-298x149x5.5x8	32.0	63.2	139	1460	4140	100	98.2	85.5	72.8	56.1	45.3	37.9	32.6	28.6	25.5	23.0	21.0	19.0	18.0	17.0	16.0	15.0	14.0	13.0	320
H-300x150x6.5x9	36.7	72.1	159	1460	4300	115	113	99.5	85.9	68.9	56.0	47.1	40.8	35.9	32.1	29.0	27.0	24.0	23.0	21.0	20.0	19.0	18.0	17.0	380
H-294x200x8x12	56.8	113	251	2080	6710	182	182	182	175	163	150	138	124	109	97.4	88.0	81.0	74.0	69.0	64.0	60.0	56.0	53.0	50.0	459
H-298x201x9x14	65.4	133	292	2110	7270	211	211	211	209	196	183	170	157	142	127	116	106	98.0	91.0	84.0	79.0	75.0	70.0	67.0	523
H-346x174x6x9	41.4	111	209	1710	4800	151	151	140	123	105	83.1	68.6	58.4	50.8	45.0	40.0	37.0	34.0	31.0	29.0	27.0	25.0	24.0	22.0	405
H-350x175x7x11	49.6	136	254	1750	5090	184	184	173	155	137	113	94.2	80.8	70.7	63.0	57.0	52.0	47.0	44.0	41.0	38.0	36.0	34.0	32.0	478
H-354x176x8x13	57.8	161	299	1770	5410	216	216	209	189	170	148	125	107	94.5	84.5	76.0	70.0	64.0	59.0	55.0	52.0	49.0	46.0	44.0	552
H-336x249x8x12	69.2	185	348	2620	7860	257	257	257	257	247	232	216	201	184	163	146	132	121	112	104	97.0	91.0	85.0	80.0	524
H-340x250x9x14	79.7	217	413	2650	8400	299	299	299	299	293	277	261	244	228	210	189	172	157	145	135	126	118	112	106	597
H-396x199x7x11	56.6	200	330	1980	5580	239	239	235	212	190	165	136	115	99.7	87.9	79.0	71.0	65.0	60.0	56.0	52.0	49.0	46.0	43.0	541
H-400x200x8x13	66.0	237	388	2010	5880	281	281	280	256	232	208	176	150	131	116	104	95.0	87.0	80.0	75.0	70.0	65.0	62.0	58.0	624
H-404x201x9x15	75.5	275	447	2030	6210	323	323	323	302	276	251	223	191	167	149	134	122	112	104	97.0	90.0	85.0	80.0	76.0	709

1) SHN400, SHN490 이외의 강종은 판두께에 따른 강도저하를 고려하여야 한다. (KS규격 참조)
2) 주어진 경간 사이는 직선보간하거나 안전측으로 표의 우측(작은)값을 선택할 수 있다.

도움표 6.2-490 H형강보의 강축 설계휨강도 $\phi_b M_{nx}$ (kN.m)

등분포하중 / 양단부횡지지 SHN490 (F_y = 325[1] MPa) C_b = 1.14

H형강 치수	단위중량	I_x	ϕM_{px}	L_p	L_r	경간 L_n[2] (m)																			설계 전단 강도 $\phi_v V_{nx}$
	kg/m	$\times 10^6 mm^4$	kN.m	mm	mm	2.0	3.0	4.0	5.0	6.0	7.0	8.0	9.0	10.0	11.0	12.0	13.0	14.0	15.0	16.0	17.0	18.0	19.0	20.0	kN
H-386x299x9x14	94.3	337	546	3190	9480	406	406	406	406	406	396	376	355	335	315	294	265	241	221	204	190	177	166	157	677
H-390x300x10x16	107.0	387	640	3220	10000	463	463	463	463	463	459	438	417	396	374	353	330	301	277	256	239	224	210	198	761
H-446x199x8x12	66.2	287	424	1910	5480	307	307	298	268	239	205	168	142	123	109	97.0	88.0	81.0	74.0	69.0	64.0	60.0	57.0	53.0	696
H-450x200x9x14	76.0	335	491	1940	5740	355	355	350	319	287	255	213	182	158	140	126	114	105	97.0	90.0	84.0	79.0	74.0	70.0	790
H-434x299x10x15	106.0	468	691	3110	9250	504	504	504	504	504	487	460	434	408	381	350	315	286	262	242	225	210	197	186	846
H-440x300x11x18	124.0	561	826	3170	9960	597	597	597	597	597	590	562	535	507	479	451	420	383	352	326	304	284	267	252	944
H-496x199x9x14	79.5	419	560	1890	5510	405	405	393	354	315	272	224	190	165	146	131	119	109	100	93.0	87.0	81.0	77.0	72.0	870
H-500x200x10x16	89.6	478	636	1910	5750	460	460	453	412	371	330	277	236	206	183	164	149	137	127	118	110	103	97.0	92.0	975
H-506x201x11x19	103.0	565	743	1960	6140	537	537	537	496	453	410	362	311	272	243	219	199	183	170	158	148	139	131	124	1090
H-482x300x11x15	114.0	604	808	3010	8900	590	590	590	590	590	559	526	493	460	427	381	342	310	284	262	243	227	213	201	1030
H-488x300x11x18	128.0	710	944	3110	9450	683	683	683	683	683	663	628	593	559	524	488	440	401	368	340	316	296	277	262	1050
H-596x199x10x15	94.6	687	775	1790	5240	561	561	529	471	413	340	279	236	204	180	161	146	133	123	114	106	99.0	93.0	88.0	1160
H-600x200x11x17	106.0	776	871	1820	5440	630	630	603	542	480	409	338	287	250	221	198	180	164	152	141	131	123	116	110	1290
H-606x201x12x20	120.0	904	1000	1870	5740	726	726	710	645	579	514	431	369	322	286	257	234	215	198	184	172	162	152	144	1420
H-612x202x13x23	134.0	1030	1140	1910	6070	823	823	819	751	683	615	538	462	405	361	326	297	273	252	235	220	206	195	184	1550
H-582x300x12x17	137.0	1030	1160	2930	8580	838	838	838	838	828	778	728	678	628	568	502	450	408	373	343	318	297	278	261	1360
H-588x300x12x20	151.0	1180	1310	3030	9010	949	949	949	949	949	903	850	798	746	694	624	561	510	467	431	400	374	350	330	1380
H-594x302x14x23	175.0	1370	1520	3050	9570	1100	1100	1100	1100	1100	1070	1010	955	900	845	790	716	653	600	555	516	483	454	428	1620
H-692x300x13x20	166.0	1720	1650	2890	8410	1190	1190	1190	1190	1160	1090	1020	943	870	772	682	610	552	503	463	429	399	374	351	1750
H-700x300x13x24	185.0	2010	1890	3000	8900	1370	1370	1370	1370	1370	1290	1210	1140	1060	981	873	784	711	651	600	557	520	487	459	1770

1) SHN400, SHN490 이외의 강종은 판두께에 따른 강도저하를 고려하여야 한다. (KS규격 참조)
2) 주어진 경간 사이는 직선보간하거나 안전측으로 표의 우측(작은)값을 선택할 수 있다.

도움표 6.2-490 H형강보의 강축 설계휨강도 $\phi_b M_{nx}$ (kN.m)

등분포하중 / 양단부횡지지 SHN490 (F_y = 325[1] MPa) C_b = 1.14

H형강 치수	단위중량	I_x	ϕM_{px}	L_p	L_r	경간 L_n[2] (m)																			설계 전단 강도 $\phi_v V_{nx}$
	kg/m	$\times 10^6 mm^4$	kN.m	mm	mm	2.0	3.0	4.0	5.0	6.0	7.0	8.0	9.0	10.0	11.0	12.0	13.0	14.0	15.0	16.0	17.0	18.0	19.0	20.0	kN
H-708x302x15x28	215.0	2370	2210	3030	9480	1600	1600	1600	1600	1600	1540	1460	1380	1300	1210	1130	1020	930	854	790	735	687	645	609	2070
H-792x300x14x22	191.0	2540	2130	2820	8210	1540	1540	1540	1540	1490	1390	1290	1190	1090	949	836	746	674	614	564	522	485	454	426	2160
H-800x300x14x26	210.0	2920	2410	2930	8630	1740	1740	1740	1740	1720	1620	1510	1410	1300	1180	1050	937	849	775	714	662	617	578	543	2180
H-808x302x16x30	241.0	3390	2790	2960	9110	2020	2020	2020	2020	2020	1910	1800	1690	1580	1470	1330	1200	1090	997	921	856	799	750	706	2520
H-890x299x15x23	213.0	3450	2610	2720	7930	1890	1890	1890	1890	1790	1660	1530	1400	1250	1080	947	844	760	692	635	586	545	509	477	2600
H-900x300x16x28	243.0	4110	3060	2820	8400	2210	2210	2210	2210	2150	2010	1870	1730	1600	1420	1250	1120	1010	925	852	789	735	688	647	2810
H-912x302x18x34	286.0	4980	3660	2900	9020	2640	2640	2640	2640	2630	2480	2340	2190	2040	1890	1700	1530	1390	1280	1180	1100	1020	960	905	3200
H-918x303x19x37	307.0	5420	3960	2930	9360	2860	2860	2860	2860	2860	2730	2580	2430	2270	2120	1960	1770	1610	1480	1370	1270	1190	1120	1050	3400
H-100x100x6x8	17.2	3.83	25.6	1090	6150	18.5	18.5	18.0	16.9	15.7	14.6	13.4	12.1	10.9	9.86	9.00	8.00	8.00	7.00	7.00	6.00	6.00	6.00	5.00	117
H-125x125x6.5x9	23.8	8.47	44.9	1380	6660	32.5	32.5	32.5	30.6	28.7	26.8	24.9	23.0	20.7	18.8	17.0	16.0	15.0	14.0	13.0	12.0	11.0	11.0	10.0	158
H-150x150x7x10	31.5	16.4	72.0	1660	7330	52.0	52.0	52.0	50.8	48.0	45.2	42.3	39.5	36.6	33.2	30.0	28.0	26.0	24.0	23.0	21.0	20.0	19.0	18.0	205
H-200x200x8x12	49.9	47.2	154	2220	8770	111	111	111	111	109	104	98.9	93.8	88.6	83.5	78.0	71.0	66.0	61.0	57.0	54.0	51.0	48.0	45.0	312
H-200x204x12x12	56.2	49.8	165	2160	9620	120	120	120	120	119	114	109	104	99.1	94.1	89.0	84.0	78.0	72.0	68.0	64.0	60.0	57.0	54.0	468
H-208x202x10x16	65.7	65.3	208	2270	11100	150	150	150	150	150	148	143	138	133	127	122	117	112	106	100	94.0	88.0	84.0	79.0	406
H-244x252x11x11	64.4	87.9	225	2640	9450	169	169	169	169	169	164	156	148	140	133	125	115	106	98.0	92.0	86.0	81.0	76.0	72.0	523
H-248x249x8x13	66.5	99.3	258	2780	9770	187	187	187	187	187	183	175	167	159	150	142	134	123	114	106	100	94.0	88.0	84.0	387
H-250x250x9x14	72.4	108	281	2780	10300	203	203	203	203	203	201	193	185	177	169	160	152	143	133	124	116	109	103	98.0	439
H-250x255x14x14	82.2	115	304	2690	11300	220	220	220	220	220	220	212	204	196	188	180	172	164	157	147	137	129	122	116	683
H-294x302x12x12	84.5	169	346	3160	10600	263	263	263	263	263	263	259	248	236	225	214	202	189	174	162	151	142	133	126	688
H-298x299x9x14	87.0	188	396	3320	10900	294	294	294	294	294	294	287	275	263	251	239	228	216	200	185	173	162	153	144	523

1) SHN400, SHN490 이외의 강종은 판두께에 따른 강도저하를 고려하여야 한다. (KS규격 참조)

2) 주어진 경간 사이는 직선보간하거나 안전측으로 표의 우측(작은)값을 선택할 수 있다.

도움표 6.2-490 H형강보의 강축 설계휨강도 $\phi_b M_{nx}$ (kN.m)

등분포하중 / 양단부횡지지 — SHN490 (F_y = 325[1] MPa) — C_b = 1.14

H형강 치수	단위중량	I_x	ϕM_{px}	L_p	L_r	경간 L_n[2] (m)																			설계 전단 강도 $\phi_v V_{nx}$
	kg/m	$\times 10^6 mm^4$	kN.m	mm	mm	2.0	3.0	4.0	5.0	6.0	7.0	8.0	9.0	10.0	11.0	12.0	13.0	14.0	15.0	16.0	17.0	18.0	19.0	20.0	kN
H-300x300x10x15	94.0	204	434	3320	11400	317	317	317	317	317	317	313	301	289	277	265	253	241	229	213	199	186	175	166	585
H-300x305x15x15	106.0	215	465	3210	12300	341	341	341	341	341	341	340	328	316	304	293	281	269	257	246	231	217	205	194	878
H-304x301x11x17	106.0	234	499	3350	12400	361	361	361	361	361	361	361	350	338	325	313	301	289	277	265	250	235	221	209	652
H-310x305x15x20	130.0	286	608	3350	14400	440	440	440	440	440	440	440	439	427	415	402	390	378	365	353	341	329	316	301	907
H-310x310x20x20	142.0	299	643	3280	15600	465	465	465	465	465	465	465	465	457	446	434	422	410	398	386	374	363	351	339	1210
H-338x351x13x13	106.0	282	491	3680	11900	374	374	374	374	374	374	374	374	361	346	331	316	301	286	266	247	231	217	205	857
H-344x348x10x16	115.0	333	601	3880	12600	449	449	449	449	449	449	449	442	426	410	395	379	363	347	332	311	291	273	258	671
H-344x354x16x16	131.0	353	648	3730	13500	486	486	486	486	486	486	486	483	467	451	436	420	405	389	374	358	341	320	303	1070
H-350x350x12x19	137.0	403	744	3910	14000	538	538	538	538	538	538	538	538	526	510	494	478	462	446	429	413	397	378	357	819
H-350x357x19x19	156.0	428	807	3770	15300	584	584	584	584	584	584	584	584	578	562	546	530	515	499	483	468	452	436	420	1300
H-388x402x15x15	140.0	490	745	4220	13600	567	567	567	567	567	567	567	567	567	556	536	516	496	476	456	436	412	386	363	1130
H-394x398x11x18	147.0	561	880	4450	14200	660	660	660	660	660	660	660	660	654	633	612	592	571	550	530	509	488	461	434	845
H-394x405x18x18	168.0	597	951	4260	15200	717	717	717	717	717	717	717	717	715	695	674	654	633	613	592	572	551	531	510	1380
H-400x400x13x21	172.0	666	1070	4480	15600	777	777	777	777	777	777	777	777	777	764	743	721	700	679	658	637	615	594	573	1010
H-400x408x21x21	197.0	709	1160	4310	17000	844	844	844	844	844	844	844	844	844	840	819	798	777	757	736	715	694	674	653	1640
H-406x403x16x24	200.0	780	1250	4480	17300	905	905	905	905	905	905	905	905	905	905	887	865	844	822	801	779	758	736	715	1270
H-414x405x18x28	232.0	928	1470	4530	19400	1060	1060	1060	1060	1060	1060	1060	1060	1060	1060	1060	1050	1020	1000	980	958	936	915	893	1450
H-428x407x20x35	283.0	1190	1850	4620	23300	1330	1330	1330	1330	1330	1330	1330	1330	1330	1330	1340	1340	1330	1310	1290	1270	1250	1220	1200	1670
H-458x417x30x50	415.0	1870	2790	4730	33200	2020	2020	2020	2020	2020	2020	2020	2020	2020	2020	2020	2020	2020	2020	2020	2020	2020	1990	1970	2680
H-498x432x45x70	605.0	2980	4230	4890	47600	3060	3060	3060	3060	3060	3060	3060	3060	3060	3060	3060	3060	3060	3060	3060	3060	3060	3060	3060	4370

1) SHN400, SHN490 이외의 강종은 판두께에 따른 강도저하를 고려하여야 한다. (KS규격 참조)

2) 주어진 경간 사이는 직선보간하거나 안전측으로 표의 우측(작은)값을 선택할 수 있다.

도움표 6.3-400 H형강보의 강축 설계휨강도 $\phi_b M_{nx}$ (kN.m)

등분포하중 / 2등분점횡지지 SHN400 (F_y = 235[1] MPa) C_b = 1.30

H형강 치수	단우 중량	I_x	ϕM_{px}	L_p	L_r	경간 L_n[2] (m)																			설계 전단 강도 $\phi_v V_{nx}$
	kg/m	×10⁶mm⁴	kN.m	mm	mm	2.0	3.0	4.0	5.0	6.0	7.0	8.0	9.0	10.0	11.0	12.0	13.0	14.0	15.0	16.0	17.0	18.0	19.0	20.0	kN
H-150x75x5x7	14.0	6.66	21.5	867	3520	21.5	21.5	21.5	21.3	19.2	17.2	14.7	12.9	11.5	10.4	9.48	8.71	8.06	7.50	7.01	6.59	6.21	5.88	5.58	106
H-148x100x6x9	21.1	10.2	33.2	1230	6070	33.2	33.2	33.2	33.2	33.2	33.2	33.2	31.9	30.2	28.5	26.8	24.7	22.8	21.2	19.9	18.6	17.6	16.6	15.8	125
H-198x99x4.5x7	18.2	15.8	38.0	1150	3860	38.0	38.0	38.0	38.0	36.7	33.2	29.3	25.2	22.1	19.7	17.8	16.2	14.9	13.8	12.9	12.1	11.3	10.7	10.1	126
H-200x100x5.5x8	21.3	18.4	44.3	1150	4200	44.3	44.3	44.3	44.3	44.2	40.5	36.9	32.6	28.7	25.7	23.2	21.2	19.6	18.2	16.9	15.9	14.9	14.1	13.3	155
H-194x150x6x9	30.6	26.9	65.3	1880	7140	65.3	65.3	65.3	65.3	65.3	65.3	65.3	65.3	65.3	63.2	60.2	57.2	54.2	50.4	46.8	43.7	41.0	38.6	36.5	164
H-248x124x5x8	25.7	35.4	67.5	1450	4570	67.5	67.5	67.5	67.5	67.5	66.2	60.9	55.6	48.4	42.6	38.0	34.4	31.4	28.9	26.7	24.9	23.3	21.9	20.7	175
H-250x125x6x9	29.6	40.5	77.4	1450	4860	77.4	77.4	77.4	77.4	77.4	77.4	72.0	66.5	60.1	53.1	47.6	43.2	39.5	36.4	33.8	31.6	29.6	27.8	26.3	212
H-244x175x7x11	44.1	61.2	118	2180	8110	118	118	118	118	118	118	118	118	118	118	117	112	107	102	97.6	91.3	85.4	80.3	75.7	241
H-298x149x5.5x8	32.0	63.2	100	1710	5090	100	100	100	100	100	100	97.5	90.2	83.0	72.7	64.0	57.2	51.6	47.1	43.2	40.0	37.2	34.8	32.7	231
H-300x150x6.5x9	36.7	72.1	115	1710	5350	115	115	115	115	115	115	113	106	97.9	88.7	78.5	70.4	63.8	58.4	53.8	49.8	46.5	43.5	41.0	275
H-294x200x8x12	56.8	113	182	2450	8630	182	182	182	182	182	182	182	182	182	182	182	179	172	164	157	150	141	132	124	332
H-298x201x9x14	65.4	133	211	2480	9510	211	211	211	211	211	211	211	211	211	211	211	211	209	201	194	187	179	172	162	378
H-346x174x6x9	41.4	111	151	2020	5880	151	151	151	151	151	151	151	150	140	131	119	106	94.7	85.7	78.2	72.0	66.6	62.0	57.9	293
H-350x175x7x11	49.6	136	184	2050	6320	184	184	184	184	184	184	184	184	177	166	156	143	129	117	107	99.2	92.1	86.0	80.7	345
H-354x176x8x13	57.8	161	216	2080	6820	216	216	216	216	216	216	216	216	216	205	193	182	169	154	142	132	122	115	108	399
H-336x249x8x12	69.2	185	257	3080	9950	257	257	257	257	257	257	257	257	257	257	257	257	257	255	247	238	229	220	210	379
H-340x250x9x14	79.7	217	299	3120	10800	299	299	299	299	299	299	299	299	299	299	299	299	299	299	297	288	279	269	260	431
H-396x199x7x11	56.6	200	239	2330	6860	239	239	239	239	239	239	239	239	239	229	217	204	189	170	155	142	131	122	114	391
H-400x200x8x13	66.0	237	281	2360	7320	281	281	281	281	281	281	281	281	281	278	264	251	237	220	201	185	171	160	149	451
H-404x201x9x15	75.5	275	323	2390	7830	323	323	323	323	323	323	323	323	323	323	315	301	286	272	254	235	218	204	191	513

1) SHN400, SHN490 이외의 강종은 판두께에 따른 강도저하를 고려하여야 한다. (KS규격 참조)
2) 주어진 경간 사이는 직선보간하거나 안전측으로 표의 우측(작은)값을 선택할 수 있다.

도움표 6.3-400 H형강보의 강축 설계휨강도 $\phi_b M_{nx}$ (kN.m)

등분포하중 / 2등분점횡지지

SHN400 (F_y = 235[1] MPa) C_b = 1.30

H형강 치수	단위중량	I_x	ϕM_{px}	L_p	L_r	경간 L_n[2] (m)																			설계전단강도 $\phi_v V_{nx}$
	kg/m	×$10^6$$mm^4$	kN.m	mm	mm	2.0	3.0	4.0	5.0	6.0	7.0	8.0	9.0	10.0	11.0	12.0	13.0	14.0	15.0	16.0	17.0	18.0	19.0	20.0	kN
H-386x299x9x14	94.3	337	406	3750	12000	406	406	406	406	406	406	406	406	406	406	406	406	406	406	406	406	405	394	382	490
H-390x300x10x16	107.0	387	463	3780	12900	463	463	463	463	463	463	463	463	463	463	463	463	463	463	463	463	463	463	451	550
H-446x199x8x12	66.2	287	307	2250	6730	307	307	307	307	307	307	307	307	306	289	272	256	233	211	192	176	162	151	141	503
H-450x200x9x14	76.0	335	355	2290	7140	355	355	355	355	355	355	355	355	355	345	327	309	291	266	243	224	207	193	181	571
H-434x299x10x15	106.0	468	504	3660	11700	504	504	504	504	504	504	504	504	504	504	504	504	504	504	504	504	495	480	465	612
H-440x300x11x18	124.0	561	597	3730	12800	597	597	597	597	597	597	597	597	597	597	597	597	597	597	597	597	597	594	578	682
H-496x199x9x14	79.5	419	405	2220	6790	405	405	405	405	405	405	405	405	404	382	360	338	310	280	256	235	217	202	189	629
H-500x200x10x16	89.6	478	460	2250	7160	460	460	460	460	460	460	460	460	460	446	423	399	376	345	315	291	269	251	235	705
H-506x201x11x19	103.0	565	537	2310	7760	537	537	537	537	537	537	537	537	537	537	517	492	467	443	413	381	354	331	311	785
H-482x300x11x15	114.0	604	590	3540	11100	590	590	590	590	590	590	590	590	590	590	590	590	590	590	590	581	562	543	525	748
H-488x300x11x18	128.0	710	683	3660	12000	683	683	683	683	683	683	683	683	683	683	683	683	683	683	683	683	677	657	637	757
H-596x199x10x15	94.6	687	561	2110	6410	561	561	561	561	561	561	561	561	537	504	471	434	387	349	318	291	269	250	233	840
H-600x200x11x17	106.0	776	630	2140	6700	630	630	630	630	630	630	630	630	618	583	548	512	467	422	385	354	327	304	285	931
H-606x201x12x20	120.0	904	726	2200	7160	726	726	726	726	726	726	726	726	726	698	661	623	586	538	492	453	420	392	367	1030
H-612x202x13x23	134.0	1030	823	2240	7660	823	823	823	823	823	823	823	823	823	818	779	741	702	663	614	567	527	492	462	1120
H-582x300x12x17	137.0	1030	838	3450	10600	838	838	838	838	838	838	838	838	838	838	838	838	838	838	830	802	773	745	716	985
H-588x300x12x20	151.0	1180	949	3560	11300	949	949	949	949	949	949	949	949	949	949	949	949	949	949	949	940	910	881	851	995
H-594x302x14x23	175.0	1370	1100	3590	12200	1100	1100	1100	1100	1100	1100	1100	1100	1100	1100	1100	1100	1100	1100	1100	1100	1090	1060	1030	1170
H-692x300x13x20	166.0	1720	1190	3400	10400	1190	1190	1190	1190	1190	1190	1190	1190	1190	1190	1190	1190	1190	1190	1160	1120	1080	1030	992	1270
H-700x300x13x24	185.0	2010	1370	3520	11100	1370	1370	1370	1370	1370	1370	1370	1370	1370	1370	1370	1370	1370	1370	1370	1340	1290	1250	1210	1280

1) SHN400, SHN490 이외의 강종은 판두께에 따른 강도저하를 고려하여야 한다. (KS규격 참조)
2) 주어진 경간 사이는 직선보간하거나 안전측으로 표의 우측(작은)값을 선택할 수 있다.

도움표 6.3-400 H형강보의 강축 설계휨강도 $\phi_b M_{nx}$ (kN.m)

등분포하중 / 2등분점횡지지 SHN400 (F_y = 235[1] MPa) C_b = 1.30

H형강 치수	단위중량	I_x	ϕM_{px}	L_p	L_r	경간 L_n[2] (m)																			설계전단강도 $\phi_v V_{nx}$
	kg/m	$\times 10^6 mm^4$	kN.m	mm	mm	2.0	3.0	4.0	5.0	6.0	7.0	8.0	9.0	10.0	11.0	12.0	13.0	14.0	15.0	16.0	17.0	18.0	19.0	20.0	kN
H-708x302x15x28	215.0	2370	1600	3570	12000	1600	1600	1600	1600	1600	1600	1600	1600	1600	1600	1600	1600	1600	1600	1600	1600	1570	1530	1480	1500
H-792x300x14x22	191.0	2540	1540	3320	10100	1540	1540	1540	1540	1540	1540	1540	1540	1540	1540	1540	1540	1540	1530	1470	1410	1360	1300	1240	1560
H-800x300x14x26	210.0	2920	1740	3440	10700	1740	1740	1740	1740	1740	1740	1740	1740	1740	1740	1740	1740	1740	1740	1730	1670	1610	1550	1490	1580
H-808x302x16x30	241.0	3390	2020	3480	11500	2020	2020	2020	2020	2020	2020	2020	2020	2020	2020	2020	2020	2020	2020	2020	1990	1930	1860	1800	1820
H-890x299x15x23	213.0	3450	1890	3200	9690	1890	1890	1890	1890	1890	1890	1890	1890	1890	1890	1890	1890	1890	1820	1740	1670	1600	1520	1420	1880
H-900x300x16x28	243.0	4110	2210	3320	10400	2210	2210	2210	2210	2210	2210	2210	2210	2210	2210	2210	2210	2210	2210	2140	2060	1980	1900	1820	2030
H-912x302x18x34	286.0	4980	2640	3410	11300	2640	2640	2640	2640	2640	2640	2640	2640	2640	2640	2640	2640	2640	2640	2640	2580	2490	2410	2330	2310
H-918x303x19x37	307.0	5420	2860	3450	11900	2860	2860	2860	2860	2860	2860	2860	2860	2860	2860	2860	2860	2860	2860	2860	2850	2770	2680	2590	2460
H-100x100x6x8	17.2	3.83	18.5	1290	8440	18.5	18.5	18.5	18.5	18.5	18.5	18.5	18.5	18.5	18.5	17.9	17.3	16.6	16.0	15.3	14.6	13.8	13.0	12.4	84.6
H-125x125x6.5x9	23.8	8.47	32.5	1620	9080	32.5	32.5	32.5	32.5	32.5	32.5	32.5	32.5	32.5	32.5	32.5	31.7	30.6	29.5	28.4	27.3	26.3	24.9	23.6	115
H-150x150x7x10	31.5	16.4	52.0	1950	9930	52.0	52.0	52.0	52.0	52.0	52.0	52.0	52.0	52.0	52.0	52.0	52.0	51.5	49.9	48.3	46.7	45.1	43.5	41.8	148
H-200x200x8x12	49.9	47.2	111	2610	11700	111	111	111	111	111	111	111	111	111	111	111	111	111	111	111	110	107	104	101	226
H-200x204x12x12	56.2	49.8	120	2540	13000	120	120	120	120	120	120	120	120	120	120	120	120	120	120	120	120	119	116	113	338
H-208x202x10x16	65.7	65.3	150	2670	15100	150	150	150	150	150	150	150	150	150	150	150	150	150	150	150	150	150	150	150	293
H-244x252x11x11	64.4	87.9	169	3110	12400	169	169	169	169	169	169	169	169	169	169	169	169	169	169	169	169	169	165	160	378
H-248x249x8x13	66.5	99.3	187	3270	12900	187	187	187	187	187	187	187	187	187	187	187	187	187	187	187	187	187	185	181	280
H-250x250x9x14	72.4	108	203	3270	13700	203	203	203	203	203	203	203	203	203	203	203	203	203	203	203	203	203	203	201	317
H-250x255x14x14	82.2	115	220	3160	15200	220	220	220	220	220	220	220	220	220	220	220	220	220	220	220	220	220	220	220	494
H-294x302x12x12	84.5	169	263	3720	13700	263	263	263	263	263	263	263	263	263	263	263	263	263	263	263	263	263	263	263	497
H-298x299x9x14	87.0	188	294	3900	14200	294	294	294	294	294	294	294	294	294	294	294	294	294	294	294	294	294	294	294	378

1) SHN400, SHN490 이외의 강종은 판두께에 따른 강도저하를 고려하여야 한다. (KS규격 참조)
2) 주어진 경간 사이는 직선보간하거나 안전측으로 표의 우측(작은)값을 선택할 수 있다.

도움표 6.3-400 H형강보의 강축 설계휨강도 $\phi_b M_{nx}$ (kN.m)

등분포하중 / 2등분점횡지지 SHN400 (F_y = 235[1] MPa) C_b = 1.30

H형강 치수	단위중량 kg/m	I_x ×10⁶mm⁴	ϕM_{px} kN.m	L_p mm	L_r mm	경간 L_n[2] (m) 2.0	3.0	4.0	5.0	6.0	7.0	8.0	9.0	10.0	11.0	12.0	13.0	14.0	15.0	16.0	17.0	18.0	19.0	20.0	설계전단강도 $\phi_v V_{nx}$ kN
H-300x300x10x15	94.0	204	317	3900	15000	317	317	317	317	317	317	317	317	317	317	317	317	317	317	317	317	317	317	317	423
H-300x305x15x15	106.0	215	341	3770	16300	341	341	341	341	341	341	341	341	341	341	341	341	341	341	341	341	341	341	341	635
H-304x301x11x17	106.0	234	361	3940	16400	361	361	361	361	361	361	361	361	361	361	361	361	361	361	361	361	361	361	361	472
H-310x305x15x20	130.0	286	440	3930	19400	440	440	440	440	440	440	440	440	440	440	440	440	440	440	440	440	440	440	440	656
H-310x310x20x20	142.0	299	465	3860	21200	465	465	465	465	465	465	465	465	465	465	465	465	465	465	465	465	465	465	465	874
H-338x351x13x13	106.0	282	374	4330	15300	374	374	374	374	374	374	374	374	374	374	374	374	374	374	374	374	374	374	374	620
H-344x348x10x16	115.0	333	449	4560	16300	449	449	449	449	449	449	449	449	449	449	449	449	449	449	449	449	449	449	449	485
H-344x354x16x16	131.0	353	486	4380	17700	486	486	486	486	486	486	486	486	486	486	486	486	486	486	486	486	486	486	486	776
H-350x350x12x19	137.0	403	538	4600	18500	538	538	538	538	538	538	538	538	538	538	538	538	538	538	538	538	538	538	538	592
H-350x357x19x19	156.0	428	584	4430	20500	584	584	584	584	584	584	584	584	584	584	584	584	584	584	584	584	584	584	584	938
H-388x402x15x15	140.0	490	567	4960	17500	567	567	567	567	567	567	567	567	567	567	567	567	567	567	567	567	567	567	567	821
H-394x398x11x18	147.0	561	660	5230	18400	660	660	660	660	660	660	660	660	660	660	660	660	660	660	660	660	660	660	660	611
H-394x405x18x18	168.0	597	717	5020	19900	717	717	717	717	717	717	717	717	717	717	717	717	717	717	717	717	717	717	717	1000
H-400x400x13x21	172.0	666	777	5260	20500	777	777	777	777	777	777	777	777	777	777	777	777	777	777	777	777	777	777	777	733
H-400x408x21x21	197.0	709	844	5070	22600	844	844	844	844	844	844	844	844	844	844	844	844	844	844	844	844	844	844	844	1180
H-406x403x16x24	200.0	780	905	5270	23100	905	905	905	905	905	905	905	905	905	905	905	905	905	905	905	905	905	905	905	916
H-414x405x18x28	232.0	928	1060	5330	26300	1060	1060	1060	1060	1060	1060	1060	1060	1060	1060	1060	1060	1060	1060	1060	1060	1060	1060	1060	1050
H-428x407x20x35	283.0	1190	1330	5430	31900	1330	1330	1330	1330	1330	1330	1330	1330	1330	1330	1330	1330	1330	1330	1330	1330	1330	1330	1330	1210
H-458x417x30x50	415.0	1870	2020	5560	45800	2020	2020	2020	2020	2020	2020	2020	2020	2020	2020	2020	2020	2020	2020	2020	2020	2020	2020	2020	1940
H-498x432x45x70	605.0	2980	3060	5750	65700	3060	3060	3060	3060	3060	3060	3060	3060	3060	3060	3060	3060	3060	3060	3060	3060	3060	3060	3060	3160

1) SHN400, SHN490 이외의 강종은 판두께에 따른 강도저하를 고려하여야 한다. (KS규격 참조)
2) 주어진 경간 사이는 직선보간하거나 안전측으로 표의 우측(작은)값을 선택할 수 있다.

도움표 6.3-490 H형강보의 강축 설계휨강도 $\phi_b M_{nx}$ (kN.m)

등분포하중 / 2등분점횡지지 SHN490 (F_y = 325[1] MPa) C_b = 1.30

H형강 치수	단위중량	I_x	ϕM_{px}	L_p	L_r	경간 L_n[2] (m)																			설계전단강도 $\phi_v V_{nx}$
	kg/m	×10⁶mm⁴	kN.m	mm	mm	2.0	3.0	4.0	5.0	6.0	7.0	8.0	9.0	10.0	11.0	12.0	13.0	14.0	15.0	16.0	17.0	18.0	19.0	20.0	kN
H-150x75x5x7	14.0	6.66	29.8	737	2680	29.8	29.8	28.9	25.1	20.6	17.2	14.7	12.9	11.5	10.4	9.48	8.71	8.06	7.50	7.01	6.59	6.21	5.88	5.58	146
H-148x100x6x9	21.1	10.2	45.9	1050	4500	45.9	45.9	45.9	45.9	45.9	43.4	40.1	36.7	32.7	29.5	26.9	24.7	22.8	21.2	19.9	18.6	17.6	16.6	15.8	173
H-198x99x4.5x7	18.2	15.8	52.6	978	3040	52.6	52.6	52.6	49.3	43.1	35.0	29.3	25.2	22.1	19.7	17.8	16.2	14.9	13.8	12.9	12.1	11.3	10.7	10.1	174
H-200x100x5.5x8	21.3	18.4	61.3	981	3260	61.3	61.3	61.3	59.3	52.6	44.7	37.6	32.6	28.7	25.7	23.2	21.2	19.6	18.2	16.9	15.9	14.9	14.1	13.3	215
H-194x150x6x9	30.6	26.9	90.3	1590	5460	90.3	90.3	90.3	90.3	90.3	90.3	90.3	84.6	79.0	73.1	65.7	59.6	54.6	50.4	46.8	43.7	41.0	38.6	36.5	227
H-248x124x5x8	25.7	35.4	93.4	1230	3650	93.4	93.4	93.4	93.4	88.2	78.8	66.3	56.0	48.4	42.6	38.0	34.4	31.4	28.9	26.7	24.9	23.3	21.9	20.7	242
H-250x125x6x9	29.6	40.5	107	1230	3840	107	107	107	107	103	93.2	81.4	69.2	60.1	53.1	47.6	43.2	39.5	36.4	33.8	31.6	29.6	27.8	26.3	293
H-244x175x7x11	44.1	61.2	163	1850	6230	163	163	163	163	163	163	163	163	156	147	138	126	115	106	98.0	91.3	85.4	80.3	75.7	333
H-298x149x5.5x8	32.0	63.2	139	1460	4140	139	139	139	139	139	129	116	98.7	83.8	72.7	64.0	57.2	51.6	47.1	43.2	40.0	37.2	34.8	32.7	320
H-300x150x6.5x9	36.7	72.1	159	1460	4300	159	159	159	159	159	150	136	119	102	88.7	78.5	70.4	63.8	58.4	53.8	49.8	46.5	43.5	41.0	380
H-294x200x8x12	56.8	113	251	2080	6710	251	251	251	251	251	251	251	251	250	237	224	211	194	177	163	151	141	132	124	459
H-298x201x9x14	65.4	133	292	2110	7270	292	292	292	292	292	292	292	292	292	287	273	259	245	229	211	196	183	172	162	523
H-346x174x6x9	41.4	111	209	1710	4800	209	209	209	209	209	209	197	181	159	137	119	106	94.7	85.7	78.2	72.0	66.6	62.0	57.9	405
H-350x175x7x11	49.6	136	254	1750	5090	254	254	254	254	254	254	246	228	209	183	161	143	129	117	107	99.2	92.1	86.0	80.7	478
H-354x176x8x13	57.8	161	299	1770	5410	299	299	299	299	299	299	299	279	259	236	209	187	169	154	142	132	122	115	108	552
H-336x249x8x12	69.2	185	348	2620	7860	348	348	348	348	348	348	348	348	348	348	348	337	321	305	285	262	242	225	210	524
H-340x250x9x14	79.7	217	413	2650	8400	413	413	413	413	413	413	413	413	413	413	413	405	387	370	353	334	309	288	270	597
H-396x199x7x11	56.6	200	330	1980	5580	330	330	330	330	330	330	330	317	295	273	240	211	189	170	155	142	131	122	114	541
H-400x200x8x13	66.0	237	388	2010	5880	388	388	388	388	388	388	388	383	358	334	305	271	243	220	201	185	171	160	149	624
H-404x201x9x15	75.5	275	447	2030	6210	447	447	447	447	447	447	447	447	425	399	373	339	305	277	254	235	218	204	191	709

1) SHN400, SHN490 이외의 강종은 판두께에 따른 강도저하를 고려하여야 한다. (KS규격 참조)
2) 주어진 경간 사이는 직선보간하거나 안전측으로 표의 우측(작은)값을 선택할 수 있다.

도움표 6.3-490 H형강보의 강축 설계휨강도 $\phi_b M_{nx}$ (kN.m)

등분포하중 / 2등분점횡지지 SHN490 (F_y = 325[1] MPa) C_b = 1.30

H형강 치수	단위중량	I_x	ϕM_{px}	L_p	L_r	경간 L_n[2] (m)																			설계 전단 강도 $\phi_v V_{nx}$
	kg/m	×10⁶mm⁴	kN.m	mm	mm	2.0	3.0	4.0	5.0	6.0	7.0	8.0	9.0	10.0	11.0	12.0	13.0	14.0	15.0	16.0	17.0	18.0	19.0	20.0	kN
H-386x299x9x14	94.3	337	546	3190	9480	546	546	546	546	546	546	546	546	546	546	546	546	546	546	527	506	485	462	430	677
H-390x300x10x16	107.0	387	640	3220	10000	640	640	640	640	640	640	640	640	640	640	640	640	640	640	619	596	574	552	530	761
H-446x199x8x12	66.2	287	424	1910	5480	424	424	424	424	424	424	424	400	371	340	296	261	233	211	192	176	162	151	141	696
H-450x200x9x14	76.0	335	491	1940	5740	491	491	491	491	491	491	491	475	443	411	370	328	294	266	243	224	207	193	181	790
H-434x299x10x15	106.0	468	691	3110	9250	691	691	691	691	691	691	691	691	691	691	691	691	691	669	642	615	587	551	512	846
H-440x300x11x18	124.0	561	826	3170	9960	826	826	826	826	826	826	826	826	826	826	826	826	826	822	793	763	734	705	674	944
H-496x199x9x14	79.5	419	560	1890	5510	560	560	560	560	560	560	560	527	488	450	392	347	310	280	256	235	217	202	189	870
H-500x200x10x16	89.6	478	636	1910	5750	636	636	636	636	636	636	636	613	572	530	477	424	380	345	315	291	269	251	235	975
H-506x201x11x19	103.0	565	743	1960	6140	743	743	743	743	743	743	743	740	696	651	607	548	494	450	413	381	354	331	311	1090
H-482x300x11x15	114.0	604	808	3010	8900	808	808	808	808	808	808	808	808	808	808	808	808	794	760	727	693	654	604	561	1030
H-488x300x11x18	128.0	710	944	3110	9450	944	944	944	944	944	944	944	944	944	944	944	944	944	913	878	842	806	767	713	1050
H-596x199x10x15	94.6	687	775	1790	5240	775	775	775	775	775	775	756	698	641	566	492	434	387	349	318	291	269	250	233	1160
H-600x200x11x17	106.0	776	871	1820	5440	871	871	871	871	871	871	865	804	742	675	589	521	467	422	385	354	327	304	285	1290
H-606x201x12x20	120.0	904	1000	1870	5740	1000	1000	1000	1000	1000	1000	1000	958	892	826	742	659	592	538	492	453	420	392	367	1420
H-612x202x13x23	134.0	1030	1140	1910	6070	1140	1140	1140	1140	1140	1140	1140	1120	1050	979	910	815	735	669	614	567	527	492	462	1550
H-582x300x12x17	137.0	1030	1160	2930	8580	1160	1160	1160	1160	1160	1160	1160	1160	1160	1160	1160	1150	1100	1050	997	947	871	803	744	1360
H-588x300x12x20	151.0	1180	1310	3030	9010	1310	1310	1310	1310	1310	1310	1310	1310	1310	1310	1310	1310	1280	1230	1180	1120	1070	989	918	1380
H-594x302x14x23	175.0	1370	1520	3050	9570	1520	1520	1520	1520	1520	1520	1520	1520	1520	1520	1520	1520	1520	1470	1410	1350	1300	1240	1160	1620
H-692x300x13x20	166.0	1720	1650	2890	8410	1650	1650	1650	1650	1650	1650	1650	1650	1650	1650	1650	1610	1530	1460	1390	1300	1190	1100	1010	1750
H-700x300x13x24	185.0	2010	1890	3000	8900	1890	1890	1890	1890	1890	1890	1890	1890	1890	1890	1890	1890	1830	1750	1670	1590	1500	1390	1290	1770

1) SHN400, SHN490 이외의 강종은 판두께에 따른 강도저하를 고려하여야 한다. (KS규격 참조)
2) 주어진 경간 사이는 직선보간하거나 안전측으로 표의 우측(작은)값을 선택할 수 있다.

도움표 6.3-490 H형강보의 강축 설계휨강도 $\phi_b M_{nx}$ (kN.m)

등분포하중 / 2등분점횡지지 SHN490 (F_y = 325[1] MPa) C_b = 1.30

H형강 치수	단위중량 kg/m	I_x ×10⁶mm⁴	ϕM_{px} kN.m	L_p mm	L_r mm	경간 L_n[2] (m) 2.0	3.0	4.0	5.0	6.0	7.0	8.0	9.0	10.0	11.0	12.0	13.0	14.0	15.0	16.0	17.0	18.0	19.0	20.0	설계전단강도 $\phi_v V_{nx}$ kN
H-708x302x15x28	215.0	2370	2210	3030	9480	2210	2210	2210	2210	2210	2210	2210	2210	2210	2210	2210	2210	2200	2120	2030	1950	1860	1780	1650	2070
H-792x300x14x22	191.0	2540	2130	2820	8210	2130	2130	2130	2130	2130	2130	2130	2130	2130	2130	2130	2040	1940	1850	1750	1610	1470	1350	1250	2160
H-800x300x14x26	210.0	2920	2410	2930	8630	2410	2410	2410	2410	2410	2410	2410	2410	2410	2410	2410	2390	2280	2180	2070	1970	1820	1670	1550	2180
H-808x302x16x30	241.0	3390	2790	2960	9110	2790	2790	2790	2790	2790	2790	2790	2790	2790	2790	2790	2790	2710	2600	2490	2370	2260	2100	1950	2520
H-890x299x15x23	213.0	3450	2610	2720	7930	2610	2610	2610	2610	2610	2610	2610	2610	2610	2610	2560	2430	2300	2180	2030	1840	1680	1540	1420	2600
H-900x300x16x28	243.0	4110	3060	2820	8400	3060	3060	3060	3060	3060	3060	3060	3060	3060	3060	3060	2960	2820	2680	2540	2380	2180	2010	1860	2810
H-912x302x18x34	286.0	4980	3660	2900	9020	3660	3660	3660	3660	3660	3660	3660	3660	3660	3660	3660	3660	3520	3360	3210	3060	2910	2690	2500	3200
H-918x303x19x37	307.0	5420	3960	2930	9360	3960	3960	3960	3960	3960	3960	3960	3960	3960	3960	3960	3960	3880	3720	3570	3410	3260	3070	2860	3400
H-100x100x6x8	17.2	3.83	25.6	1090	6150	25.6	25.6	25.6	25.6	25.6	25.6	25.6	24.6	23.3	22.0	20.8	19.2	17.8	16.6	15.5	14.6	13.8	13.0	12.4	117
H-125x125x6.5x9	23.8	8.47	44.9	1380	6660	44.9	44.9	44.9	44.9	44.9	44.9	44.9	44.9	43.1	41.0	38.9	36.8	34.2	31.8	29.7	27.9	26.3	24.9	23.6	158
H-150x150x7x10	31.5	16.4	72.0	1660	7330	72.0	72.0	72.0	72.0	72.0	72.0	72.0	72.0	72.0	69.6	66.5	63.4	60.3	56.8	53.0	49.6	46.7	44.1	41.8	205
H-200x200x8x12	49.9	47.2	154	2220	8770	154	154	154	154	154	154	154	154	154	154	154	151	146	140	134	129	122	115	108	312
H-200x204x12x12	56.2	49.8	165	2160	9620	165	165	165	165	165	165	165	165	165	165	165	165	162	156	151	145	139	134	127	468
H-208x202x10x16	65.7	65.3	208	2270	11100	208	208	208	208	208	208	208	208	208	208	208	208	208	208	203	197	191	185	180	406
H-244x252x11x11	64.4	87.9	225	2640	9450	225	225	225	225	225	225	225	225	225	225	225	225	225	224	216	208	199	190	179	523
H-248x249x8x13	66.5	99.3	258	2780	9770	258	258	258	258	258	258	258	258	258	258	258	258	258	253	244	235	227	218	207	387
H-250x250x9x14	72.4	108	281	2780	10300	281	281	281	281	281	281	281	281	281	281	281	281	281	281	272	263	254	245	236	439
H-250x255x14x14	82.2	115	304	2690	11300	304	304	304	304	304	304	304	304	304	304	304	304	304	304	302	293	285	276	267	683
H-294x302x12x12	84.5	169	346	3160	10600	346	346	346	346	346	346	346	346	346	346	346	346	346	346	346	346	344	332	320	688
H-298x299x9x14	87.0	188	396	3320	10900	396	396	396	396	396	396	396	396	396	396	396	396	396	396	396	396	385	372	359	523

1) SHN400, SHN490 이외의 강종은 판두께에 따른 강도저하를 고려하여야 한다. (KS규격 참조)
2) 주어진 경간 사이는 직선보간하거나 안전측으로 표의 우측(작은)값을 선택할 수 있다.

도움표 6.3-490 H형강보의 강축 설계휨강도 $\phi_b M_{nx}$ (kN.m)

등분포하중 / 2등분점횡지지 　 SHN490 (F_y = 325[1] MPa) 　 C_b = 1.30

H형강 치수	단위중량	I_x	ϕM_{px}	L_p	L_r	경간 L_n[2] (m)																			설계전단강도 $\phi_v V_{nx}$
	kg/m	×10⁶mm⁴	kN.m	mm	mm	2.0	3.0	4.0	5.0	6.0	7.0	8.0	9.0	10.0	11.0	12.0	13.0	14.0	15.0	16.0	17.0	18.0	19.0	20.0	kN
H-300x300x10x15	94.0	204	434	3320	11400	434	434	434	434	434	434	434	434	434	434	434	434	434	434	434	434	424	411	398	585
H-300x305x15x15	106.0	215	465	3210	12300	465	465	465	465	465	465	465	465	465	465	465	465	465	465	465	465	465	453	440	878
H-304x301x11x17	106.0	234	499	3350	12400	499	499	499	499	499	499	499	499	499	499	499	499	499	499	499	499	499	485	472	652
H-310x305x15x20	130.0	286	608	3350	14400	608	608	608	608	608	608	608	608	608	608	608	608	608	608	608	608	608	608	608	907
H-310x310x20x20	142.0	299	643	3280	15600	643	643	643	643	643	643	643	643	643	643	643	643	643	643	643	643	643	643	643	1210
H-338x351x13x13	106.0	282	491	3680	11900	491	491	491	491	491	491	491	491	491	491	491	491	491	491	491	491	491	491	491	857
H-344x348x10x16	115.0	333	601	3880	12600	601	601	601	601	601	601	601	601	601	601	601	601	601	601	601	601	601	601	601	671
H-344x354x16x16	131.0	353	648	3730	13500	648	648	648	648	648	648	648	648	648	648	648	648	648	648	648	648	648	648	648	1070
H-350x350x12x19	137.0	403	744	3910	14000	744	744	744	744	744	744	744	744	744	744	744	744	744	744	744	744	744	744	744	819
H-350x357x19x19	156.0	428	807	3770	15300	807	807	807	807	807	807	807	807	807	807	807	807	807	807	807	807	807	807	807	1300
H-388x402x15x15	140.0	490	745	4220	13600	745	745	745	745	745	745	745	745	745	745	745	745	745	745	745	745	745	745	745	1130
H-394x398x11x18	147.0	561	880	4450	14200	880	880	880	880	880	880	880	880	880	880	880	880	880	880	880	880	880	880	880	845
H-394x405x18x18	168.0	597	951	4260	15200	951	951	951	951	951	951	951	951	951	951	951	951	951	951	951	951	951	951	951	1380
H-400x400x13x21	172.0	666	1070	4480	15600	1070	1070	1070	1070	1070	1070	1070	1070	1070	1070	1070	1070	1070	1070	1070	1070	1070	1070	1070	1010
H-400x408x21x21	197.0	709	1160	4310	17000	1160	1160	1160	1160	1160	1160	1160	1160	1160	1160	1160	1160	1160	1160	1160	1160	1160	1160	1160	1640
H-406x403x16x24	200.0	780	1250	4480	17300	1250	1250	1250	1250	1250	1250	1250	1250	1250	1250	1250	1250	1250	1250	1250	1250	1250	1250	1250	1270
H-414x405x18x28	232.0	928	1470	4530	19400	1470	1470	1470	1470	1470	1470	1470	1470	1470	1470	1470	1470	1470	1470	1470	1470	1470	1470	1470	1450
H-428x407x20x35	283.0	1190	1850	4620	23300	1850	1850	1850	1850	1850	1850	1850	1850	1850	1850	1850	1850	1850	1850	1850	1850	1850	1850	1850	1670
H-458x417x30x50	415.0	1870	2790	4730	33200	2790	2790	2790	2790	2790	2790	2790	2790	2790	2790	2790	2790	2790	2790	2790	2790	2790	2790	2790	2680
H-498x432x45x70	605.0	2980	4230	4890	47600	4230	4230	4230	4230	4230	4230	4230	4230	4230	4230	4230	4230	4230	4230	4230	4230	4230	4230	4230	4370

1) SHN400, SHN490 이외의 강종은 판두께에 따른 강도저하를 고려하여야 한다. (KS규격 참조)
2) 주어진 경간 사이는 직선보간하거나 안전측으로 표의 우측(작은)값을 선택할 수 있다.

도움표 6.4-400 H형강보의 강축 설계휨강도 $\phi_b M_{nx}$ (kN.m)

등분포하중 / 3등분점횡지지 　 SHN400 (F_y = 235[1] MPa) 　 C_b = 1.01

H형강 치수	단위중량	I_x	ϕM_{px}	L_p	L_r	경간 L_n[2] (m)																			설계전단강도 $\phi_v V_{nx}$
	kg/m	×10⁶mm⁴	kN.m	mm	mm	2.0	3.0	4.0	5.0	6.0	7.0	8.0	9.0	10.0	11.0	12.0	13.0	14.0	15.0	16.0	17.0	18.0	19.0	20.0	kN
H-150x75x5x7	14.0	6.66	21.5	867	3520	21.5	21.3	20.3	19.2	18.1	17.1	16.0	14.9	13.9	12.6	11.5	10.5	9.65	8.95	8.35	7.83	7.36	6.96	6.59	106
H-148x100x6x9	21.1	10.2	33.2	1230	6070	33.2	33.2	33.2	32.4	31.5	30.6	29.7	28.8	27.9	27.0	26.1	25.3	24.4	23.5	22.6	21.7	20.8	19.7	18.7	125
H-198x99x4.5x7	18.2	15.8	38.0	1150	3860	38.0	38.0	37.4	35.6	33.8	32.1	30.3	28.5	26.7	24.9	22.7	20.5	18.7	17.2	15.9	14.8	13.8	13.0	12.3	126
H-200x100x5.5x8	21.3	18.4	44.3	1150	4200	44.3	44.3	43.7	41.8	40.0	38.1	36.2	34.3	32.4	30.6	28.7	26.5	24.2	22.3	20.7	19.3	18.1	17.0	16.1	155
H-194x150x6x9	30.6	26.9	65.3	1880	7140	65.3	65.3	65.3	65.3	65.3	63.8	62.2	60.7	59.1	57.6	56.1	54.5	53.0	51.4	49.9	48.3	46.8	45.2	43.7	164
H-248x124x5x8	25.7	35.4	67.5	1450	4570	67.5	67.5	67.5	66.5	63.7	61.0	58.2	55.5	52.8	50.0	47.3	44.6	41.3	37.6	34.5	31.8	29.6	27.6	25.9	175
H-250x125x6x9	29.6	40.5	77.4	1450	4860	77.4	77.4	77.4	76.3	73.4	70.5	67.6	64.7	61.8	58.9	56.0	53.1	50.2	46.7	42.9	39.8	37.0	34.6	32.5	212
H-244x175x7x11	44.1	61.2	118	2180	8110	118	118	118	118	118	118	116	113	111	108	106	103	101	98.2	95.7	93.2	90.7	88.3	85.8	241
H-298x149x5.5x8	32.0	63.2	100	1710	5090	100	100	100	100	98.2	94.5	90.7	87.0	83.2	79.5	75.7	72.0	68.2	64.5	59.1	54.0	49.7	46.1	42.9	231
H-300x150x6.5x9	36.7	72.1	115	1710	5350	115	115	115	115	112	108	104	100	96.2	92.2	88.1	84.1	80.1	76.1	72.0	66.1	61.0	56.7	52.9	275
H-294x200x8x12	56.8	113	182	2450	8630	182	182	182	182	182	182	181	177	174	170	166	163	159	155	152	148	144	141	137	332
H-298x201x9x14	65.4	133	211	2480	9510	211	211	211	211	211	211	211	208	204	200	196	192	189	185	181	177	173	170	166	378
H-346x174x6x9	41.4	111	151	2020	5880	151	151	151	151	151	148	143	138	133	129	124	119	114	109	104	99.0	92.7	85.4	79.1	293
H-350x175x7x11	49.6	136	184	2050	6320	184	184	184	184	184	181	175	170	165	159	154	148	143	137	132	126	121	115	107	345
H-354x176x8x13	57.8	161	216	2080	6820	216	216	216	216	216	214	208	202	197	191	185	179	173	168	162	156	150	145	139	399
H-336x249x8x12	69.2	185	257	3080	9950	257	257	257	257	257	257	257	257	256	251	247	242	238	233	228	224	219	215	210	379
H-340x250x9x14	79.7	217	299	3120	10800	299	299	299	299	299	299	299	299	299	294	289	284	279	274	270	265	260	255	250	431
H-396x199x7x11	56.6	200	239	2330	6860	239	239	239	239	239	239	234	228	221	214	208	201	195	188	181	175	168	162	155	391
H-400x200x8x13	66.0	237	281	2360	7320	281	281	281	281	281	281	277	270	263	255	248	241	234	227	220	213	205	198	191	451
H-404x201x9x15	75.5	275	323	2390	7830	323	323	323	323	323	323	320	313	305	298	290	282	275	267	260	252	245	237	230	513

1) SHN400, SHN490 이외의 강종은 판두께에 따른 강도저하를 고려하여야 한다. (KS규격 참조)
2) 주어진 경간 사이는 직선보간하거나 안전측으로 표의 우측(작은)값을 선택할 수 있다.

도움표 6.4-400 H형강보의 강축 설계휨강도 $\phi_b M_{nx}$ (kN.m)

등분포하중 / 3등분점횡지지 SHN400 (F_y = 235[1] MPa) C_b = 1.01

H형강 치수	단위중량 kg/m	I_x ×10^6mm^4	ϕM_{px} kN.m	L_p mm	L_r mm	경간 L_n[2] (m) 2.0	3.0	4.0	5.0	6.0	7.0	8.0	9.0	10.0	11.0	12.0	13.0	14.0	15.0	16.0	17.0	18.0	19.0	20.0	설계전단강도 $\phi_v V_{nx}$ kN
H-386x299x9x14	94.3	337	406	3750	12000	406	406	406	406	406	406	406	406	406	406	405	399	393	387	381	375	369	363	357	490
H-390x300x10x16	107.0	387	463	3780	12900	463	463	463	463	463	463	463	463	463	463	463	457	451	444	438	432	426	419	413	550
H-446x199x8x12	66.2	287	307	2250	6730	307	307	307	307	307	307	299	290	281	273	264	255	247	238	229	220	212	203	194	503
H-450x200x9x14	76.0	335	355	2290	7140	355	355	355	355	355	355	348	339	329	320	310	301	292	282	273	264	254	245	236	571
H-434x299x10x15	106.0	468	504	3660	11700	504	504	504	504	504	504	504	504	504	504	501	494	486	478	470	462	455	447	439	612
H-440x300x11x18	124.0	561	597	3730	12800	597	597	597	597	597	597	597	597	597	597	597	589	580	572	564	556	548	539	531	682
H-496x199x9x14	79.5	419	405	2220	6790	405	405	405	405	405	405	394	382	371	359	348	337	325	314	302	291	279	268	257	629
H-500x200x10x16	89.6	478	460	2250	7160	460	460	460	460	460	460	450	437	425	413	401	389	377	365	353	341	328	316	304	705
H-506x201x11x19	103.0	565	537	2310	7760	537	537	537	537	537	537	529	516	503	491	478	465	452	440	427	414	401	389	376	785
H-482x300x11x15	114.0	604	590	3540	11100	590	590	590	590	590	590	590	590	590	590	583	573	563	554	544	534	524	515	505	748
H-488x300x11x18	128.0	710	683	3660	12000	683	683	683	683	683	683	683	683	683	683	679	669	659	648	638	628	618	608	597	757
H-596x199x10x15	94.6	687	561	2110	6410	561	561	561	561	561	555	537	520	503	486	469	452	435	417	400	383	366	349	324	840
H-600x200x11x17	106.0	776	630	2140	6700	630	630	630	630	630	626	608	589	571	553	535	516	498	480	462	444	425	407	389	931
H-606x201x12x20	120.0	904	726	2200	7160	726	726	726	726	726	725	706	687	667	648	629	610	590	571	552	532	513	494	475	1030
H-612x202x13x23	134.0	1030	823	2240	7660	823	823	823	823	823	823	806	786	766	746	726	706	686	666	646	626	605	585	565	1120
H-582x300x12x17	137.0	1030	838	3450	10600	838	838	838	838	838	838	838	838	838	837	822	807	792	778	763	748	733	719	704	985
H-588x300x12x20	151.0	1180	949	3560	11300	949	949	949	949	949	949	949	949	949	949	938	923	908	892	877	861	846	831	815	995
H-594x302x14x23	175.0	1370	1100	3590	12200	1100	1100	1100	1100	1100	1100	1100	1100	1100	1100	1090	1070	1060	1040	1020	1010	992	976	960	1170
H-692x300x13x20	166.0	1720	1190	3400	10400	1190	1190	1190	1190	1190	1190	1190	1190	1190	1180	1160	1140	1120	1100	1080	1050	1030	1010	988	1270
H-700x300x13x24	185.0	2010	1370	3520	11100	1370	1370	1370	1370	1370	1370	1370	1370	1370	1370	1350	1330	1300	1280	1260	1230	1210	1190	1170	1280

1) SHN400, SHN490 이외의 강종은 판두께에 따른 강도저하를 고려하여야 한다. (KS규격 참조)
2) 주어진 경간 사이는 직선보간하거나 안전측으로 표의 우측(작은)값을 선택할 수 있다.

도움표 6.4-400 H형강보의 강축 설계휨강도 $\phi_b M_{nx}$ (kN.m)

등분포하중 / 3등분점횡지지 SHN400 (F_y = 235[1] MPa) C_b = 1.01

H형강 치수	단위중량	I_x	ϕM_{px}	L_p	L_r	경간 L_n[2] (m)																			설계전단강도 $\phi_v V_{nx}$
	kg/m	×10⁶mm⁴	kN.m	mm	mm	2.0	3.0	4.0	5.0	6.0	7.0	8.0	9.0	10.0	11.0	12.0	13.0	14.0	15.0	16.0	17.0	18.0	19.0	20.0	kN
H-708x302x15x28	215.0	2370	1600	3570	12000	1600	1600	1600	1600	1600	1600	1600	1600	1600	1600	1580	1560	1540	1510	1490	1460	1440	1410	1390	1500
H-792x300x14x22	191.0	2540	1540	3320	10100	1540	1540	1540	1540	1540	1540	1540	1540	1540	1530	1500	1470	1440	1410	1380	1350	1320	1290	1260	1560
H-800x300x14x26	210.0	2920	1740	3440	10700	1740	1740	1740	1740	1740	1740	1740	1740	1740	1740	1710	1680	1650	1620	1590	1560	1520	1490	1460	1580
H-808x302x16x30	241.0	3390	2020	3480	11500	2020	2020	2020	2020	2020	2020	2020	2020	2020	2020	1990	1950	1920	1890	1860	1820	1790	1760	1720	1820
H-890x299x15x23	213.0	3450	1890	3200	9690	1890	1890	1890	1890	1890	1890	1890	1890	1890	1850	1810	1770	1740	1700	1660	1620	1580	1550	1510	1880
H-900x300x16x28	243.0	4110	2210	3320	10400	2210	2210	2210	2210	2210	2210	2210	2210	2210	2190	2150	2110	2070	2030	1990	1950	1900	1860	1820	2030
H-912x302x18x34	286.0	4980	2640	3410	11300	2640	2640	2640	2640	2640	2640	2640	2640	2640	2640	2590	2550	2510	2460	2420	2370	2330	2290	2240	2310
H-918x303x19x37	307.0	5420	2860	3450	11900	2860	2860	2860	2860	2860	2860	2860	2860	2860	2860	2820	2770	2730	2680	2640	2600	2550	2510	2460	2460
H-100x100x6x8	17.2	3.83	18.5	1290	8440	18.5	18.5	18.5	18.3	18.0	17.6	17.3	17.0	16.6	16.3	16.0	15.6	15.3	14.9	14.6	14.3	13.9	13.6	13.2	84.6
H-125x125x6.5x9	23.8	8.47	32.5	1620	9080	32.5	32.5	32.5	32.5	32.1	31.6	31.0	30.5	29.9	29.4	28.8	28.2	27.7	27.1	26.6	26.0	25.4	24.9	24.3	115
H-150x150x7x10	31.5	16.4	52.0	1950	9930	52.0	52.0	52.0	52.0	52.0	51.6	50.8	49.9	49.1	48.3	47.5	46.6	45.8	45.0	44.1	43.3	42.5	41.7	40.8	148
H-200x200x8x12	49.9	47.2	111	2610	11700	111	111	111	111	111	111	111	110	109	107	106	104	103	101	99.8	98.3	96.8	95.3	93.7	226
H-200x204x12x12	56.2	49.8	120	2540	13000	120	120	120	120	120	120	120	119	117	116	114	113	111	110	108	107	105	104	103	338
H-208x202x10x16	65.7	65.3	150	2670	15100	150	150	150	150	150	150	150	150	149	147	146	144	142	141	139	138	136	135	133	293
H-244x252x11x11	64.4	87.9	169	3110	12400	169	169	169	169	169	169	169	169	169	168	166	164	161	159	157	154	152	150	147	378
H-248x249x8x13	66.5	99.3	187	3270	12900	187	187	187	187	187	187	187	187	187	186	183	181	179	176	174	171	169	167	164	280
H-250x250x9x14	72.4	108	203	3270	13700	203	203	203	203	203	203	203	203	203	202	200	197	195	193	190	188	185	183	181	317
H-250x255x14x14	82.2	115	220	3160	15200	220	220	220	220	220	220	220	220	220	218	216	214	211	209	207	204	202	200	197	494
H-294x302x12x12	84.5	169	263	3720	13700	263	263	263	263	263	263	263	263	263	263	263	263	263	260	257	253	250	246	243	497
H-298x299x9x14	87.0	188	294	3900	14200	294	294	294	294	294	294	294	294	294	294	294	292	289	285	282	278	275	271	268	378

1) SHN400, SHN490 이외의 강종은 판두께에 따른 강도저하를 고려하여야 한다. (KS규격 참조)
2) 주어진 경간 사이는 직선보간하거나 안전측으로 표의 우측(작은)값을 선택할 수 있다.

도움표 6.4-400 H형강보의 강축 설계휨강도 $\phi_b M_{nx}$ (kN.m)

등분포하중 / 3등분점횡지지 SHN400 (F_y = 235[1] MPa) C_b = 1.01

H형강 치수	단위중량 kg/m	I_x ×10⁶mm⁴	ϕM_{px} kN.m	L_p mm	L_r mm	경간 L_n[2] (m) 2.0	3.0	4.0	5.0	6.0	7.0	8.0	9.0	10.0	11.0	12.0	13.0	14.0	15.0	16.0	17.0	18.0	19.0	20.0	설계전단강도 $\phi_v V_{nx}$ kN
H-300x300x10x15	94.0	204	317	3900	15000	317	317	317	317	317	317	317	317	317	317	317	316	313	309	306	302	298	295	291	423
H-300x305x15x15	106.0	215	341	3770	16300	341	341	341	341	341	341	341	341	341	341	341	339	335	332	329	325	322	318	315	635
H-304x301x11x17	106.0	234	361	3940	16400	361	361	361	361	361	361	361	361	361	361	361	360	356	353	349	346	342	339	335	472
H-310x305x15x20	130.0	286	440	3930	19400	440	440	440	440	440	440	440	440	440	440	440	440	436	432	429	425	422	418	414	656
H-310x310x20x20	142.0	299	465	3860	21200	465	465	465	465	465	465	465	465	465	465	465	465	461	458	454	451	447	444	440	874
H-338x351x13x13	106.0	282	374	4330	15300	374	374	374	374	374	374	374	374	374	374	374	374	374	374	374	374	373	369	364	620
H-344x348x10x16	115.0	333	449	4560	16300	449	449	449	449	449	449	449	449	449	449	449	449	449	447	442	438	433	429	424	485
H-344x354x16x16	131.0	353	486	4380	17700	486	486	486	486	486	486	486	486	486	486	486	486	486	483	478	473	469	464	460	776
H-350x350x12x19	137.0	403	538	4600	18500	538	538	538	538	538	538	538	538	538	538	538	538	538	538	533	528	524	519	514	592
H-350x357x19x19	156.0	428	584	4430	20500	584	584	584	584	584	584	584	584	584	584	584	584	584	582	577	572	568	563	558	938
H-388x402x15x15	140.0	490	567	4960	17500	567	567	567	567	567	567	567	567	567	567	567	567	567	567	567	567	567	567	567	821
H-394x398x11x18	147.0	561	660	5230	18400	660	660	660	660	660	660	660	660	660	660	660	660	660	660	660	658	652	646	640	611
H-394x405x18x18	168.0	597	717	5020	19900	717	717	717	717	717	717	717	717	717	717	717	717	717	717	717	712	706	700	694	1000
H-400x400x13x21	172.0	666	777	5260	20500	777	777	777	777	777	777	777	777	777	777	777	777	777	777	777	777	771	764	758	733
H-400x408x21x21	197.0	709	844	5070	22600	844	844	844	844	844	844	844	844	844	844	844	844	844	844	844	842	836	830	823	1180
H-406x403x16x24	200.0	780	905	5270	23100	905	905	905	905	905	905	905	905	905	905	905	905	905	905	905	905	900	894	888	916
H-414x405x18x28	232.0	928	1060	5330	26300	1060	1060	1060	1060	1060	1060	1060	1060	1060	1060	1060	1060	1060	1060	1060	1060	1060	1050	1050	1050
H-428x407x20x35	283.0	1190	1330	5430	31900	1330	1330	1330	1330	1330	1330	1330	1330	1330	1330	1330	1330	1330	1330	1330	1330	1330	1330	1320	1210
H-458x417x30x50	415.0	1870	2020	5560	45800	2020	2020	2020	2020	2020	2020	2020	2020	2020	2020	2020	2020	2020	2020	2020	2020	2020	2020	2020	1940
H-498x432x45x70	605.0	2980	3060	5750	65700	3060	3060	3060	3060	3060	3060	3060	3060	3060	3060	3060	3060	3060	3060	3060	3060	3060	3060	3060	3160

1) SHN400, SHN490 이외의 강종은 판두께에 따른 강도저하를 고려하여야 한다. (KS규격 참조)
2) 주어진 경간 사이는 직선보간하거나 안전측으로 표의 우측(작은)값을 선택할 수 있다.

도움표 6.4-490 H형강보의 강축 설계휨강도 $\phi_b M_{nx}$ (kN.m)

등분포하중 / 3등분점횡지지　　SHN490 (F_y = 325[1] MPa)　　C_b = 1.01

H형강 치수	단위중량	I_x	ϕM_{px}	L_p	L_r	경간 L_n[2] (m)																			설계 전단 강도 $\phi_v V_{nx}$
	kg/m	×10⁶mm⁴	kN.m	mm	mm	2.0	3.0	4.0	5.0	6.0	7.0	8.0	9.0	10.0	11.0	12.0	13.0	14.0	15.0	16.0	17.0	18.0	19.0	20.0	kN
H-150x75x5x7	14.0	6.66	29.8	737	2680	29.8	28.5	26.5	24.5	22.5	20.5	18.5	16.0	14.1	12.6	11.5	10.5	9.65	8.95	8.35	7.83	7.36	6.96	6.59	146
H-148x100x6x9	21.1	10.2	45.9	1050	4500	45.9	45.9	44.9	43.2	41.5	39.7	38.0	36.3	34.6	32.8	31.1	29.4	27.4	25.4	23.7	22.2	20.9	19.7	18.7	173
H-198x99x4.5x7	18.2	15.8	52.6	978	3040	52.6	52.6	49.7	46.4	43.2	39.9	36.7	33.5	29.0	25.5	22.7	20.5	18.7	17.2	15.9	14.8	13.8	13.0	12.3	174
H-200x100x5.5x8	21.3	18.4	61.3	981	3260	61.3	61.3	58.2	54.7	51.3	47.8	44.3	40.9	37.0	32.7	29.2	26.5	24.2	22.3	20.7	19.3	18.1	17.0	16.1	215
H-194x150x6x9	30.6	26.9	90.3	1590	5460	90.3	90.3	90.3	90.3	87.6	84.7	81.8	78.9	76.0	73.0	70.1	67.2	64.3	61.4	58.5	54.7	51.0	47.8	44.9	227
H-248x124x5x8	25.7	35.4	93.4	1230	3650	93.4	93.4	92.9	88.0	83.2	78.3	73.4	68.5	63.7	58.6	51.5	45.9	41.3	37.6	34.5	31.8	29.6	27.6	25.9	242
H-250x125x6x9	29.6	40.5	107	1230	3840	107	107	107	101	96.0	90.8	85.6	80.3	75.1	69.8	63.3	56.6	51.2	46.7	42.9	39.8	37.0	34.6	32.5	293
H-244x175x7x11	44.1	61.2	163	1850	6230	163	163	163	163	163	158	154	149	144	140	135	130	126	121	116	112	107	101	95.1	333
H-298x149x5.5x8	32.0	63.2	139	1460	4140	139	139	139	136	130	123	117	110	104	97.0	90.5	81.4	72.4	65.1	59.1	54.0	49.7	46.1	42.9	320
H-300x150x6.5x9	36.7	72.1	159	1460	4300	159	159	159	156	149	141	134	127	120	113	106	98.2	87.7	79.1	72.1	66.1	61.0	56.7	52.9	380
H-294x200x8x12	56.8	113	251	2080	6710	251	251	251	251	251	249	242	235	228	221	215	208	201	194	187	181	174	167	160	459
H-298x201x9x14	65.4	133	292	2110	7270	292	292	292	292	292	291	283	276	269	262	255	248	241	233	226	219	212	205	198	523
H-346x174x6x9	41.4	111	209	1710	4800	209	209	209	209	204	196	187	179	170	162	153	145	136	124	112	101	92.7	85.4	79.1	405
H-350x175x7x11	49.6	136	254	1750	5090	254	254	254	254	249	239	230	220	211	201	191	182	172	163	149	136	125	115	107	478
H-354x176x8x13	57.8	161	299	1770	5410	299	299	299	299	295	284	274	264	253	243	232	222	211	201	191	176	162	150	140	552
H-336x249x8x12	69.2	185	348	2620	7860	348	348	348	348	348	348	348	348	341	333	324	316	308	299	291	283	274	266	258	524
H-340x250x9x14	79.7	217	413	2650	8400	413	413	413	413	413	413	413	408	399	390	381	372	363	354	346	337	328	319	310	597
H-396x199x7x11	56.6	200	330	1980	5580	330	330	330	330	330	321	310	298	287	275	264	252	241	229	218	204	186	171	158	541
H-400x200x8x13	66.0	237	388	2010	5880	388	388	388	388	388	380	367	354	342	329	316	304	291	278	266	253	237	219	203	624
H-404x201x9x15	75.5	275	447	2030	6210	447	447	447	447	447	439	426	412	398	385	371	358	344	331	317	303	290	273	254	709

1) SHN400, SHN490 이외의 강종은 판두께에 따른 강도저하를 고려하여야 한다. (KS규격 참조)
2) 주어진 경간 사이는 직선보간하거나 안전측으로 표의 우측(작은)값을 선택할 수 있다.

도움표 6.4-490 H형강보의 강축 설계휨강도 $\phi_b M_{nx}$ (kN.m)

등분포하중 / 3등분점횡지지 SHN490 (F_y = 325[1] MPa) C_b = 1.01

H형강 치수	단위중량	I_x	ϕM_{px}	L_p	L_r	경간 L_n[2] (m)																			설계 전단 강도 $\phi_v V_{nx}$
	kg/m	×10⁶mm⁴	kN.m	mm	mm	2.0	3.0	4.0	5.0	6.0	7.0	8.0	9.0	10.0	11.0	12.0	13.0	14.0	15.0	16.0	17.0	18.0	19.0	20.0	kN
H-386x299x9x14	94.3	337	546	3190	9480	546	546	546	546	546	546	546	546	546	546	540	529	518	507	496	485	475	464	453	677
H-390x300x10x16	107.0	387	640	3220	10000	640	640	640	640	640	640	640	640	640	631	619	608	596	585	573	562	550	538	527	761
H-446x199x8x12	66.2	287	424	1910	5480	424	424	424	424	424	409	394	379	364	349	334	318	303	288	273	252	230	211	195	696
H-450x200x9x14	76.0	335	491	1940	5740	491	491	491	491	491	477	460	444	427	411	394	377	361	344	328	311	287	265	245	790
H-434x299x10x15	106.0	468	691	3110	9250	691	691	691	691	691	691	691	691	691	681	667	653	639	625	611	597	583	569	555	846
H-440x300x11x18	124.0	561	826	3170	9960	826	826	826	826	826	826	826	826	826	812	797	782	767	752	737	722	706	691	676	944
H-496x199x9x14	79.5	419	560	1890	5510	560	560	560	560	559	539	519	499	479	459	439	419	399	379	359	333	304	280	259	870
H-500x200x10x16	89.6	478	636	1910	5750	636	636	636	636	636	616	594	573	551	530	508	487	466	444	423	401	371	342	317	975
H-506x201x11x19	103.0	565	743	1960	6140	743	743	743	743	743	725	702	679	656	633	610	587	564	541	518	495	472	441	411	1090
H-482x300x11x15	114.0	604	808	3010	8900	808	808	808	808	808	808	808	808	808	791	773	756	738	721	704	686	669	652	634	1030
H-488x300x11x18	128.0	710	944	3110	9450	944	944	944	944	944	944	944	944	941	923	904	886	867	849	830	812	793	774	756	1050
H-596x199x10x15	94.6	687	775	1790	5240	775	775	775	775	765	735	705	676	646	617	587	557	528	498	463	419	382	351	324	1160
H-600x200x11x17	106.0	776	871	1820	5440	871	871	871	871	863	831	799	767	736	704	672	640	609	577	545	500	458	421	390	1290
H-606x201x12x20	120.0	904	1000	1870	5740	1000	1000	1000	1000	1000	966	932	898	864	829	795	761	727	693	659	624	576	532	494	1420
H-612x202x13x23	134.0	1030	1140	1910	6070	1140	1140	1140	1140	1140	1100	1070	1030	996	959	923	887	851	815	779	743	707	657	611	1550
H-582x300x12x17	137.0	1030	1160	2930	8580	1160	1160	1160	1160	1160	1160	1160	1160	1140	1110	1090	1060	1040	1010	983	957	931	905	879	1360
H-588x300x12x20	151.0	1180	1310	3030	9010	1310	1310	1310	1310	1310	1310	1310	1310	1300	1270	1250	1220	1190	1160	1140	1110	1080	1050	1020	1380
H-594x302x14x23	175.0	1370	1520	3050	9570	1520	1520	1520	1520	1520	1520	1520	1520	1510	1480	1450	1420	1390	1360	1330	1300	1270	1240	1210	1620
H-692x300x13x20	166.0	1720	1650	2890	8410	1650	1650	1650	1650	1650	1650	1650	1650	1610	1570	1540	1500	1460	1420	1380	1340	1310	1270	1230	1750
H-700x300x13x24	185.0	2010	1890	3000	8900	1890	1890	1890	1890	1890	1890	1890	1890	1870	1830	1790	1750	1710	1670	1620	1580	1540	1500	1460	1770

1) SHN400, SHN490 이외의 강종은 판두께에 따른 강도저하를 고려하여야 한다. (KS규격 참조)
2) 주어진 경간 사이는 직선보간하거나 안전측으로 표의 우측(작은)값을 선택할 수 있다.

도움표 6.4-490 H형강보의 강축 설계휨강도 $\phi_b M_{nx}$ (kN.m)

등분포하중 / 3등분점횡지지 SHN490 (F_y = 325[1] MPa) C_b = 1.01

H형강 치수	단위중량	I_x	ϕM_{px}	L_p	L_r	경간 L_n[2] (m)																			설계 전단 강도 $\phi_v V_{nx}$
	kg/m	$\times 10^6 mm^4$	kN.m	mm	mm	2.0	3.0	4.0	5.0	6.0	7.0	8.0	9.0	10.0	11.0	12.0	13.0	14.0	15.0	16.0	17.0	18.0	19.0	20.0	kN
H-708x302x15x28	215.0	2370	2210	3030	9480	2210	2210	2210	2210	2210	2210	2210	2210	2190	2150	2110	2060	2020	1970	1930	1890	1840	1800	1760	2070
H-792x300x14x22	191.0	2540	2130	2820	8210	2130	2130	2130	2130	2130	2130	2130	2130	2070	2020	1970	1920	1870	1820	1770	1720	1660	1610	1560	2160
H-800x300x14x26	210.0	2920	2410	2930	8630	2410	2410	2410	2410	2410	2410	2410	2410	2370	2320	2260	2210	2150	2100	2040	1990	1940	1880	1830	2180
H-808x302x16x30	241.0	3390	2790	2960	9110	2790	2790	2790	2790	2790	2790	2790	2790	2750	2690	2630	2580	2520	2460	2400	2340	2280	2220	2170	2520
H-890x299x15x23	213.0	3450	2610	2720	7930	2610	2610	2610	2610	2610	2610	2610	2580	2510	2450	2380	2320	2250	2180	2120	2050	1990	1920	1850	2600
H-900x300x16x28	243.0	4110	3060	2820	8400	3060	3060	3060	3060	3060	3060	3060	3050	2980	2910	2840	2760	2690	2620	2550	2480	2410	2330	2260	2810
H-912x302x18x34	286.0	4980	3660	2900	9020	3660	3660	3660	3660	3660	3660	3660	3660	3590	3510	3430	3360	3280	3200	3120	3040	2970	2890	2810	3200
H-918x303x19x37	307.0	5420	3960	2930	9360	3960	3960	3960	3960	3960	3960	3960	3960	3900	3820	3740	3660	3580	3500	3420	3340	3260	3180	3090	3400
H-100x100x6x8	17.2	3.83	25.6	1090	6150	25.6	25.6	25.4	24.7	24.1	23.4	22.7	22.1	21.4	20.8	20.1	19.4	18.8	18.1	17.5	16.8	16.1	15.3	14.6	117
H-125x125x6.5x9	23.8	8.47	44.9	1380	6660	44.9	44.9	44.9	44.4	43.3	42.2	41.1	40.0	38.9	37.8	36.8	35.7	34.6	33.5	32.4	31.3	30.2	29.1	28.0	158
H-150x150x7x10	31.5	16.4	72.0	1660	7330	72.0	72.0	72.0	72.0	71.0	69.4	67.8	66.2	64.6	63.0	61.4	59.7	58.1	56.5	54.9	53.3	51.7	50.1	48.5	205
H-200x200x8x12	49.9	47.2	154	2220	8770	154	154	154	154	154	154	151	148	145	142	140	137	134	131	128	125	122	119	116	312
H-200x204x12x12	56.2	49.8	165	2160	9620	165	165	165	165	165	165	163	160	157	154	151	148	146	143	140	137	134	131	128	468
H-208x202x10x16	65.7	65.3	208	2270	11100	208	208	208	208	208	208	206	203	200	197	194	191	188	185	182	179	176	173	170	406
H-244x252x11x11	64.4	87.9	225	2640	9450	225	225	225	225	225	225	225	225	225	224	220	216	211	207	203	198	194	190	185	523
H-248x249x8x13	66.5	99.3	258	2780	9770	258	258	258	258	258	258	258	258	253	249	244	240	235	231	226	221	217	212	208	387
H-250x250x9x14	72.4	108	281	2780	10300	281	281	281	281	281	281	281	281	276	271	267	262	258	253	248	244	239	235	230	439
H-250x255x14x14	82.2	115	304	2690	11300	304	304	304	304	304	304	304	303	298	294	289	285	280	275	271	266	262	257	253	683
H-294x302x12x12	84.5	169	346	3160	10600	346	346	346	346	346	346	346	346	346	346	346	346	346	343	336	330	324	317	311	688
H-298x299x9x14	87.0	188	396	3320	10900	396	396	396	396	396	396	396	396	396	396	396	390	384	377	371	364	358	351	345	523

1) SHN400, SHN490 이외의 강종은 판두께에 따른 강도저하를 고려하여야 한다. (KS규격 참조)
2) 주어진 경간 사이는 직선보간하거나 안전측으로 표의 우측(작은)값을 선택할 수 있다.

도움표 6.4-490 H형강보의 강축 설계휨강도 $\phi_b M_{nx}$ (kN.m)

등분포하중 / 3등분점횡지지 SHN490 (F_y = 325[1] MPa) C_b = 1.01

H형강 치수	단위중량	I_x	ϕM_{px}	L_p	L_r	경간 L_n[2] (m)																			설계 전단 강도 $\phi_v V_{nx}$
	kg/m	×10⁶mm⁴	kN.m	mm	mm	2.0	3.0	4.0	5.0	6.0	7.0	8.0	9.0	10.0	11.0	12.0	13.0	14.0	15.0	16.0	17.0	18.0	19.0	20.0	kN
H-300x300x10x15	94.0	204	434	3320	11400	434	434	434	434	434	434	434	434	434	434	430	423	416	410	403	396	390	383	376	585
H-300x305x15x15	106.0	215	465	3210	12300	465	465	465	465	465	465	465	465	465	465	461	454	448	441	434	428	421	415	408	878
H-304x301x11x17	106.0	234	499	3350	12400	499	499	499	499	499	499	499	499	499	497	490	484	477	470	463	456	449	442	435	652
H-310x305x15x20	130.0	286	608	3350	14400	608	608	608	608	608	608	608	608	608	607	600	593	586	579	572	565	558	551	544	907
H-310x310x20x20	142.0	299	643	3280	15600	643	643	643	643	643	643	643	643	643	642	635	628	621	614	608	601	594	587	580	1210
H-338x351x13x13	106.0	282	491	3680	11900	491	491	491	491	491	491	491	491	491	491	491	491	491	491	491	491	490	482	473	857
H-344x348x10x16	115.0	333	601	3880	12600	601	601	601	601	601	601	601	601	601	601	601	601	601	598	589	580	571	563	554	671
H-344x354x16x16	131.0	353	648	3730	13500	648	648	648	648	648	648	648	648	648	648	648	648	648	646	637	629	620	611	602	1070
H-350x350x12x19	137.0	403	744	3910	14000	744	744	744	744	744	744	744	744	744	744	744	740	731	722	713	704	695	686	677	819
H-350x357x19x19	156.0	428	807	3770	15300	807	807	807	807	807	807	807	807	807	807	807	800	791	782	773	764	755	746	737	1300
H-388x402x15x15	140.0	490	745	4220	13600	745	745	745	745	745	745	745	745	745	745	745	745	745	745	745	745	745	745	745	1130
H-394x398x11x18	147.0	561	880	4450	14200	880	880	880	880	880	880	880	880	880	880	880	880	880	880	880	880	868	857	846	845
H-394x405x18x18	168.0	597	951	4260	15200	951	951	951	951	951	951	951	951	951	951	951	951	951	951	951	951	942	930	919	1380
H-400x400x13x21	172.0	666	1070	4480	15600	1070	1070	1070	1070	1070	1070	1070	1070	1070	1070	1070	1070	1070	1070	1050	1040	1030	1020	1010	1010
H-400x408x21x21	197.0	709	1160	4310	17000	1160	1160	1160	1160	1160	1160	1160	1160	1160	1160	1160	1160	1160	1160	1140	1130	1120	1110	1100	1640
H-406x403x16x24	200.0	780	1250	4480	17300	1250	1250	1250	1250	1250	1250	1250	1250	1250	1250	1250	1250	1250	1250	1230	1220	1210	1200	1180	1270
H-414x405x18x28	232.0	928	1470	4530	19400	1470	1470	1470	1470	1470	1470	1470	1470	1470	1470	1470	1470	1470	1470	1450	1440	1430	1420	1400	1450
H-428x407x20x35	283.0	1190	1850	4620	23300	1850	1850	1850	1850	1850	1850	1850	1850	1850	1850	1850	1850	1850	1850	1840	1820	1810	1800	1790	1670
H-458x417x30x50	415.0	1870	2790	4730	33200	2790	2790	2790	2790	2790	2790	2790	2790	2790	2790	2790	2790	2790	2790	2790	2780	2770	2750	2740	2680
H-498x432x45x70	605.0	2980	4230	4890	47600	4230	4230	4230	4230	4230	4230	4230	4230	4230	4230	4230	4230	4230	4230	4230	4230	4220	4210	4200	4370

1) SHN400, SHN490 이외의 강종은 판두께에 따른 강도저하를 고려하여야 한다. (KS규격 참조)
2) 주어진 경간 사이는 직선보간하거나 안전측으로 표의 우측(작은)값을 선택할 수 있다.

도움표 6.5-400 H형강보의 강축 설계휨강도 $\phi_b M_{nx}$ (kN.m)

등분포하중 / 4등분점횡지지 　　SHN400 (F_y = 235[1] MPa) 　　C_b = 1.06

H형강 치수	단위중량	I_x	ϕM_{px}	L_p	L_r	경간 L_n[2] (m)																			설계 전단 강도 $\phi_v V_{nx}$
	kg/m	$\times 10^6 mm^4$	kN.m	mm	mm	2.0	3.0	4.0	5.0	6.0	7.0	8.0	9.0	10.0	11.0	12.0	13.0	14.0	15.0	16.0	17.0	18.0	19.0	20.0	kN
H-150x75x5x7	14.0	6.66	21.5	867	3520	21.5	21.5	21.5	21.5	20.7	19.9	19.0	18.2	17.3	16.5	15.7	14.8	14.0	12.9	12.0	11.2	10.5	9.94	9.40	106
H-148x100x6x9	21.1	10.2	33.2	1230	6070	33.2	33.2	33.2	33.2	33.2	33.2	33.0	32.3	31.6	30.9	30.2	29.5	28.8	28.1	27.4	26.7	26.0	25.3	24.6	125
H-198x99x4.5x7	18.2	15.8	38.0	1150	3860	38.0	38.0	38.0	38.0	38.0	36.9	35.5	34.1	32.7	31.3	29.9	28.5	27.1	25.7	23.9	22.1	20.5	19.2	18.0	126
H-200x100x5.5x8	21.3	18.4	44.3	1150	4200	44.3	44.3	44.3	44.3	44.3	43.4	41.9	40.5	39.0	37.5	36.0	34.5	33.1	31.6	30.1	28.5	26.5	24.9	23.4	155
H-194x150x6x9	30.6	26.9	65.3	1880	7140	65.3	65.3	65.3	65.3	65.3	65.3	65.3	65.3	65.3	64.9	63.7	62.5	61.3	60.0	58.8	57.6	56.4	55.2	54.0	164
H-248x124x5x8	25.7	35.4	67.5	1450	4570	67.5	67.5	67.5	67.5	67.5	67.5	66.9	64.7	62.6	60.4	58.3	56.1	53.9	51.8	49.6	47.5	45.3	42.3	39.4	175
H-250x125x6x9	29.6	40.5	77.4	1450	4860	77.4	77.4	77.4	77.4	77.4	77.4	77.0	74.7	72.4	70.2	67.9	65.6	63.3	61.0	58.7	56.5	54.2	51.9	49.0	212
H-244x175x7x11	44.1	61.2	118	2180	8110	118	118	118	118	118	118	118	118	118	118	118	117	115	113	111	109	107	105	103	241
H-298x149x5.5x8	32.0	63.2	100	1710	5090	100	100	100	100	100	100	100	100	97.2	94.2	91.3	88.3	85.4	82.4	79.5	76.5	73.6	70.6	67.6	231
H-300x150x6.5x9	36.7	72.1	115	1710	5350	115	115	115	115	115	115	115	115	112	108	105	102	98.9	95.7	92.5	89.3	86.2	83.0	79.8	275
H-294x200x8x12	56.8	113	182	2450	8630	182	182	182	182	182	182	182	182	182	182	182	182	180	178	175	172	169	166	163	332
H-298x201x9x14	65.4	133	211	2480	9510	211	211	211	211	211	211	211	211	211	211	211	211	211	209	206	203	200	197	194	378
H-346x174x6x9	41.4	111	151	2020	5880	151	151	151	151	151	151	151	151	151	149	145	141	138	134	130	126	122	118	114	293
H-350x175x7x11	49.6	136	184	2050	6320	184	184	184	184	184	184	184	184	184	183	178	174	170	166	161	157	153	148	144	345
H-354x176x8x13	57.8	161	216	2080	6820	216	216	216	216	216	216	216	216	216	216	212	208	203	199	194	190	185	181	176	399
H-336x249x8x12	69.2	185	257	3080	9950	257	257	257	257	257	257	257	257	257	257	257	257	257	257	257	255	252	248	245	379
H-340x250x9x14	79.7	217	299	3120	10800	299	299	299	299	299	299	299	299	299	299	299	299	299	299	299	299	296	292	288	431
H-396x199x7x11	56.6	200	239	2330	6860	239	239	239	239	239	239	239	239	239	239	239	234	229	223	218	213	208	203	197	391
H-400x200x8x13	66.0	237	281	2360	7320	281	281	281	281	281	281	281	281	281	281	281	277	272	266	261	255	249	244	238	451
H-404x201x9x15	75.5	275	323	2390	7830	323	323	323	323	323	323	323	323	323	323	323	322	316	310	304	298	293	287	281	513

1) SHN400, SHN490 이외의 강종은 판두께에 따른 강도저하를 고려하여야 한다. (KS규격 참조)
2) 주어진 경간 사이는 직선보간하거나 안전측으로 표의 우측(작은)값을 선택할 수 있다.

도움표 6.5-400 H형강보의 강축 설계휨강도 $\phi_b M_{nx}$ (kN.m)

등분포하중 / 4등분점횡지지 — SHN400 (F_y = 235[1] MPa) — C_b = 1.06

H형강 치수	단위중량	I_x	ϕM_{px}	L_p	L_r	경간 L_n[2] (m)																			설계 전단 강도 $\phi_v V_{nx}$
	kg/m	$\times10^6 mm^4$	kN.m	mm	mm	2.0	3.0	4.0	5.0	6.0	7.0	8.0	9.0	10.0	11.0	12.0	13.0	14.0	15.0	16.0	17.0	18.0	19.0	20.0	kN
H-386x299x9x14	94.3	337	406	3750	12000	406	406	406	406	406	406	406	406	406	406	406	406	406	406	406	406	406	406	406	490
H-390x300x10x16	107.0	387	463	3780	12900	463	463	463	463	463	463	463	463	463	463	463	463	463	463	463	463	463	463	463	550
H-446x199x8x12	66.2	287	307	2250	6730	307	307	307	307	307	307	307	307	307	307	305	298	291	284	277	270	263	256	250	503
H-450x200x9x14	76.0	335	355	2290	7140	355	355	355	355	355	355	355	355	355	355	355	348	341	333	326	318	311	304	296	571
H-434x299x10x15	106.0	468	504	3660	11700	504	504	504	504	504	504	504	504	504	504	504	504	504	504	504	504	504	504	502	612
H-440x300x11x18	124.0	561	597	3730	12800	597	597	597	597	597	597	597	597	597	597	597	597	597	597	597	597	597	597	597	682
H-496x199x9x14	79.5	419	405	2220	6790	405	405	405	405	405	405	405	405	405	405	401	392	383	374	365	356	347	338	329	629
H-500x200x10x16	89.6	478	460	2250	7160	460	460	460	460	460	460	460	460	460	460	459	450	440	431	421	411	402	392	383	705
H-506x201x11x19	103.0	565	537	2310	7760	537	537	537	537	537	537	537	537	537	537	537	532	522	512	502	492	481	471	461	785
H-482x300x11x15	114.0	604	590	3540	11100	590	590	590	590	590	590	590	590	590	590	590	590	590	590	590	590	590	589	581	748
H-488x300x11x18	128.0	710	683	3660	12000	683	683	683	683	683	683	683	683	683	683	683	683	683	683	683	683	683	683	681	757
H-596x199x10x15	94.6	687	561	2110	6410	561	561	561	561	561	561	561	561	561	560	546	533	519	506	492	479	465	452	438	840
H-600x200x11x17	106.0	776	630	2140	6700	630	630	630	630	630	630	630	630	630	630	618	604	590	575	561	547	532	518	504	931
H-606x201x12x20	120.0	904	726	2200	7160	726	726	726	726	726	726	726	726	726	726	721	706	690	675	660	645	630	614	599	1030
H-612x202x13x23	134.0	1030	823	2240	7660	823	823	823	823	823	823	823	823	823	823	823	809	793	778	762	746	730	714	699	1120
H-582x300x12x17	137.0	1030	838	3450	10600	838	838	838	838	838	838	838	838	838	838	838	838	838	838	838	838	838	828	816	985
H-588x300x12x20	151.0	1180	949	3560	11300	949	949	949	949	949	949	949	949	949	949	949	949	949	949	949	949	949	949	936	995
H-594x302x14x23	175.0	1370	1100	3590	12200	1100	1100	1100	1100	1100	1100	1100	1100	1100	1100	1100	1100	1100	1100	1100	1100	1100	1100	1090	1170
H-692x300x13x20	166.0	1720	1190	3400	10400	1190	1190	1190	1190	1190	1190	1190	1190	1190	1190	1190	1190	1190	1190	1190	1190	1190	1170	1150	1270
H-700x300x13x24	185.0	2010	1370	3520	11100	1370	1370	1370	1370	1370	1370	1370	1370	1370	1370	1370	1370	1370	1370	1370	1370	1370	1360	1340	1280

1) SHN400, SHN490 이외의 강종은 판두께에 따른 강도저하를 고려하여야 한다. (KS규격 참조)

2) 주어진 경간 사이는 직선보간하거나 안전측으로 표의 우측(작은)값을 선택할 수 있다.

도움표 6.5-400 H형강보의 강축 설계휨강도 $\phi_b M_{nx}$ (kN.m)

등분포하중 / 4등분점횡지지 SHN400 (F_y = 235[1] MPa) C_b = 1.06

H형강 치수	단위중량	I_x	ϕM_{px}	L_p	L_r	경간 L_n[2] (m)																			설계 전단 강도 $\phi_v V_{nx}$
	kg/m	×10^6mm^4	kN.m	mm	mm	2.0	3.0	4.0	5.0	6.0	7.0	8.0	9.0	10.0	11.0	12.0	13.0	14.0	15.0	16.0	17.0	18.0	19.0	20.0	kN
H-708x302x15x28	215.0	2370	1600	3570	12000	1600	1600	1600	1600	1600	1600	1600	1600	1600	1600	1600	1600	1600	1600	1600	1600	1600	1600	1590	1500
H-792x300x14x22	191.0	2540	1540	3320	10100	1540	1540	1540	1540	1540	1540	1540	1540	1540	1540	1540	1540	1540	1540	1540	1540	1520	1500	1480	1560
H-800x300x14x26	210.0	2920	1740	3440	10700	1740	1740	1740	1740	1740	1740	1740	1740	1740	1740	1740	1740	1740	1740	1740	1740	1740	1720	1700	1580
H-808x302x16x30	241.0	3390	2020	3480	11500	2020	2020	2020	2020	2020	2020	2020	2020	2020	2020	2020	2020	2020	2020	2020	2020	2020	2010	1980	1820
H-890x299x15x23	213.0	3450	1890	3200	9690	1890	1890	1890	1890	1890	1890	1890	1890	1890	1890	1890	1890	1890	1890	1890	1870	1840	1810	1780	1880
H-900x300x16x28	243.0	4110	2210	3320	10400	2210	2210	2210	2210	2210	2210	2210	2210	2210	2210	2210	2210	2210	2210	2210	2210	2190	2160	2130	2030
H-912x302x18x34	283.0	4980	2640	3410	11300	2640	2640	2640	2640	2640	2640	2640	2640	2640	2640	2640	2640	2640	2640	2640	2640	2640	2620	2580	2310
H-918x303x19x37	307.0	5420	2860	3450	11900	2860	2860	2860	2860	2860	2860	2860	2860	2860	2860	2860	2860	2860	2860	2860	2860	2860	2850	2820	2460
H-100x100x6x8	17.2	3.83	18.5	1290	8440	18.5	18.5	18.5	18.5	18.5	18.5	18.5	18.5	18.3	18.1	17.8	17.5	17.3	17.0	16.7	16.5	16.2	15.9	15.7	84.6
H-125x125x6.5x9	23.8	8.47	32.5	1620	9080	32.5	32.5	32.5	32.5	32.5	32.5	32.5	32.5	32.5	32.4	32.0	31.5	31.1	30.7	30.2	29.8	29.3	28.9	28.5	115
H-150x150x7x10	31.5	16.4	52.0	1950	9930	52.0	52.0	52.0	52.0	52.0	52.0	52.0	52.0	52.0	52.0	52.0	51.8	51.1	50.5	49.8	49.2	48.5	47.9	47.2	148
H-200x200x8x12	49.9	47.2	111	2610	11700	111	111	111	111	111	111	111	111	111	111	111	111	111	111	111	110	109	108	106	226
H-200x204x12x12	56.2	49.8	120	2540	13000	120	120	120	120	120	120	120	120	120	120	120	120	120	120	120	119	118	117	115	338
H-208x202x10x16	65.7	65.3	150	2670	15100	150	150	150	150	150	150	150	150	150	150	150	150	150	150	150	150	150	149	148	293
H-244x252x11x11	64.4	87.9	169	3110	12400	169	169	169	169	169	169	169	169	169	169	169	169	169	169	169	169	169	169	167	378
H-248x249x8x13	66.5	99.3	187	3270	12900	187	187	187	187	187	187	187	187	187	187	187	187	187	187	187	187	187	187	185	280
H-250X250x9x14	72.4	108	203	3270	13700	203	203	203	203	203	203	203	203	203	203	203	203	203	203	203	203	203	203	202	317
H-250x255x14x14	82.2	115	220	3160	15200	220	220	220	220	220	220	220	220	220	220	220	220	220	220	220	220	220	220	219	494
H-294x302x12x12	84.5	169	263	3720	13700	263	263	263	263	263	263	263	263	263	263	263	263	263	263	263	263	263	263	263	497
H-298x299x9x14	87.0	188	294	3900	14200	294	294	294	294	294	294	294	294	294	294	294	294	294	294	294	294	294	294	294	378

1) SHN400, SHN490 이외의 강종은 판두께에 따른 강도저하를 고려하여야 한다. (KS규격 참조)
2) 주어진 경간 사이는 직선보간하거나 안전측으로 표의 우측(작은)값을 선택할 수 있다.

제6장

도움표 6.5-400 H형강보의 강축 설계휨강도 $\phi_b M_{nx}$ (kN.m)

등분포하중 / 4등분점횡지지 SHN400 (F_y = 235[1] MPa) C_b = 1.06

H형강 치수	단위중량	I_x	ϕM_{px}	L_p	L_r	경간 L_n[2] (m)																			설계 전단 강도 $\phi_v V_{nx}$
	kg/m	×10⁶mm⁴	kN.m	mm	mm	2.0	3.0	4.0	5.0	6.0	7.0	8.0	9.0	10.0	11.0	12.0	13.0	14.0	15.0	16.0	17.0	18.0	19.0	20.0	kN
H-300x300x10x15	94.0	204	317	3900	15000	317	317	317	317	317	317	317	317	317	317	317	317	317	317	317	317	317	317	317	423
H-300x305x15x15	106.0	215	341	3770	16300	341	341	341	341	341	341	341	341	341	341	341	341	341	341	341	341	341	341	341	635
H-304x301x11x17	106.0	234	361	3940	16400	361	361	361	361	361	361	361	361	361	361	361	361	361	361	361	361	361	361	361	472
H-310x305x15x20	130.0	286	440	3930	19400	440	440	440	440	440	440	440	440	440	440	440	440	440	440	440	440	440	440	440	656
H-310x310x20x20	142.0	299	465	3860	21200	465	465	465	465	465	465	465	465	465	465	465	465	465	465	465	465	465	465	465	874
H-338x351x13x13	106.0	282	374	4330	15300	374	374	374	374	374	374	374	374	374	374	374	374	374	374	374	374	374	374	374	620
H-344x348x10x16	115.0	333	449	4560	16300	449	449	449	449	449	449	449	449	449	449	449	449	449	449	449	449	449	449	449	485
H-344x354x16x16	131.0	353	486	4380	17700	486	486	486	486	486	486	486	486	486	486	486	486	486	486	486	486	486	486	486	776
H-350x350x12x19	137.0	403	538	4600	18500	538	538	538	538	538	538	538	538	538	538	538	538	538	538	538	538	538	538	538	592
H-350x357x19x19	156.0	428	584	4430	20500	584	584	584	584	584	584	584	584	584	584	584	584	584	584	584	584	584	584	584	938
H-388x402x15x15	140.0	490	567	4960	17500	567	567	567	567	567	567	567	567	567	567	567	567	567	567	567	567	567	567	567	821
H-394x398x11x18	147.0	561	660	5230	18400	660	660	660	660	660	660	660	660	660	660	660	660	660	660	660	660	660	660	660	611
H-394x405x18x18	168.0	597	717	5020	19900	717	717	717	717	717	717	717	717	717	717	717	717	717	717	717	717	717	717	717	1000
H-400x400x13x21	172.0	666	777	5260	20500	777	777	777	777	777	777	777	777	777	777	777	777	777	777	777	777	777	777	777	733
H-400x408x21x21	197.0	709	844	5070	22600	844	844	844	844	844	844	844	844	844	844	844	844	844	844	844	844	844	844	844	1180
H-406x403x16x24	200.0	780	905	5270	23100	905	905	905	905	905	905	905	905	905	905	905	905	905	905	905	905	905	905	905	916
H-414x405x18x28	232.0	928	1060	5330	26300	1060	1060	1060	1060	1060	1060	1060	1060	1060	1060	1060	1060	1060	1060	1060	1060	1060	1060	1060	1050
H-428x407x20x35	283.0	1190	1330	5430	31900	1330	1330	1330	1330	1330	1330	1330	1330	1330	1330	1330	1330	1330	1330	1330	1330	1330	1330	1330	1210
H-458x417x30x50	415.0	1870	2020	5560	45800	2020	2020	2020	2020	2020	2020	2020	2020	2020	2020	2020	2020	2020	2020	2020	2020	2020	2020	2020	1940
H-498x432x45x70	605.0	2980	3060	5750	65700	3060	3060	3060	3060	3060	3060	3060	3060	3060	3060	3060	3060	3060	3060	3060	3060	3060	3060	3060	3160

1) SHN400, SHN490 이외의 강종은 판두께에 따른 강도저하를 고려하여야 한다. (KS규격 참조)

2) 주어진 경간 사이는 직선보간하거나 안전측으로 표의 우측(작은)값을 선택할 수 있다.

도움표 6.5-490 H형강보의 강축 설계휨강도 $\phi_b M_{nx}$ (kN.m)

등분포하중 / 4등분점횡지지　　SHN490 (F_y = 325[1] MPa)　　C_b = 1.06

H형강 치수	단위중량	I_x	ϕM_{px}	L_p	L_r	경간 L_n[2] (m)																			설계 전단 강도 $\phi_v V_{nx}$
	kg/m	×10^6mm^4	kN.m	mm	mm	2.0	3.0	4.0	5.0	6.0	7.0	8.0	9.0	10.0	11.0	12.0	13.0	14.0	15.0	16.0	17.0	18.0	19.0	20.0	kN
H-150x75x5x7	14.0	6.66	29.8	737	2680	29.8	29.8	29.8	28.3	26.7	25.2	23.6	22.0	20.4	18.7	16.8	15.3	14.0	12.9	12.0	11.2	10.5	9.94	9.40	146
H-148x100x6x9	21.1	10.2	45.9	1050	4500	45.9	45.9	45.9	45.9	45.9	44.9	43.5	42.1	40.8	39.4	38.1	36.7	35.4	34.0	32.7	31.3	30.0	28.2	26.7	173
H-198x99x4.5x7	18.2	15.8	52.6	978	3040	52.6	52.6	52.6	52.6	50.4	47.9	45.3	42.8	40.2	37.7	35.1	31.6	28.5	26.0	23.9	22.1	20.5	19.2	18.0	174
H-200x100x5.5x8	21.3	18.4	61.3	981	3260	61.3	61.3	61.3	61.3	59.3	56.5	53.8	51.1	48.3	45.6	42.9	40.2	36.4	33.3	30.7	28.5	26.5	24.9	23.4	215
H-194x150x6x9	30.6	26.9	90.3	1590	5460	90.3	90.3	90.3	90.3	90.3	90.3	90.3	89.7	87.4	85.1	82.8	80.5	78.2	75.9	73.6	71.3	69.0	66.7	64.4	227
H-248x124x5x8	25.7	35.4	93.4	1230	3650	93.4	93.4	93.4	93.4	93.4	91.1	87.3	83.4	79.6	75.8	71.9	68.1	64.3	59.5	54.0	49.5	45.6	42.3	39.4	242
H-250x125x6x9	29.6	40.5	107	1230	3840	107	107	107	107	107	105	101	96.7	92.5	88.4	84.3	80.2	76.0	71.9	66.4	61.0	56.4	52.4	49.0	293
H-244x175x7x11	44.1	61.2	163	1850	6230	163	163	163	163	163	163	163	163	163	160	156	153	149	145	142	138	134	131	127	333
H-298x149x5.5x8	32.0	63.2	139	1460	4140	139	139	139	139	139	139	136	131	126	121	116	110	105	100	94.9	88.1	80.5	74.0	68.4	320
H-300x150x6.5x9	36.7	72.1	159	1460	4300	159	159	159	159	159	159	156	150	145	139	133	128	122	117	111	105	97.3	89.6	83.1	380
H-294x200x8x12	56.8	113	251	2080	6710	251	251	251	251	251	251	251	251	251	251	247	241	236	231	225	220	215	209	204	459
H-298x201x9x14	65.4	133	292	2110	7270	292	292	292	292	292	292	292	292	292	292	290	284	279	273	267	262	256	251	245	523
H-346x174x6x9	41.4	111	209	1710	4800	209	209	209	209	209	209	209	208	201	194	187	181	174	167	161	154	147	140	130	405
H-350x175x7x11	49.6	136	254	1750	5090	254	254	254	254	254	254	254	254	246	239	231	224	216	209	201	193	186	178	171	478
H-354x176x8x13	57.8	161	299	1770	5410	299	299	299	299	299	299	299	299	293	285	277	268	260	252	244	236	227	219	211	552
H-336x249x8x12	69.2	185	348	2620	7860	348	348	348	348	348	348	348	348	348	348	348	348	348	347	340	334	327	321	314	524
H-340x250x9x14	79.7	217	413	2650	8400	413	413	413	413	413	413	413	413	413	413	413	413	413	407	400	393	386	379	372	597
H-396x199x7x11	56.6	200	330	1980	5580	330	330	330	330	330	330	330	330	330	322	313	304	295	286	277	268	259	250	241	541
H-400x200x8x13	66.0	237	388	2010	5880	388	388	388	388	388	388	388	388	388	382	372	362	352	342	332	322	312	302	292	624
H-404x201x9x15	75.5	275	447	2030	6210	447	447	447	447	447	447	447	447	447	443	432	422	411	400	390	379	368	358	347	709

1) SHN400, SHN490 이외의 강종은 판두께에 따른 강도저하를 고려하여야 한다. (KS규격 참조)
2) 주어진 경간 사이는 직선보간하거나 안전측으로 표의 우측(작은)값을 선택할 수 있다.

도움표 6.5-490 H형강보의 강축 설계휨강도 $\phi_b M_{nx}$ (kN.m)

등분포하중 / 4등분점횡지지 SHN490 (F_y = 325[1] MPa) C_b = 1.06

H형강 치수	단위중량 kg/m	I_x ×10⁶mm⁴	ϕM_{px} kN.m	L_p mm	L_r mm	경간 L_n[2] (m) 2.0	3.0	4.0	5.0	6.0	7.0	8.0	9.0	10.0	11.0	12.0	13.0	14.0	15.0	16.0	17.0	18.0	19.0	20.0	설계전단강도 $\phi_v V_{nx}$ kN
H-386x299x9x14	94.3	337	546	3190	9480	546	546	546	546	546	546	546	546	546	546	546	546	546	546	546	546	546	541	532	677
H-390x300x10x16	107.0	387	640	3220	10000	640	640	640	640	640	640	640	640	640	640	640	640	640	640	640	640	632	623	614	761
H-446x199x8x12	66.2	287	424	1910	5480	424	424	424	424	424	424	424	424	422	410	398	386	374	362	350	338	326	314	302	696
H-450x200x9x14	76.0	335	491	1940	5740	491	491	491	491	491	491	491	491	491	479	466	453	440	427	414	400	387	374	361	790
H-434x299x10x15	106.0	468	691	3110	9250	691	691	691	691	691	691	691	691	691	691	691	691	691	691	691	689	678	667	656	846
H-440x300x11x18	124.0	561	826	3170	9960	826	826	826	826	826	826	826	826	826	826	826	826	826	826	826	825	813	801	789	944
H-496x199x9x14	79.5	419	560	1890	5510	560	560	560	560	560	560	560	560	555	539	524	508	492	477	461	445	430	414	398	870
H-500x200x10x16	89.6	478	636	1910	5750	636	636	636	636	636	636	636	636	635	618	601	584	567	550	534	517	500	483	466	975
H-506x201x11x19	103.0	565	743	1960	6140	743	743	743	743	743	743	743	743	743	731	712	694	676	658	640	622	604	586	567	1090
H-482x300x11x15	114.0	604	808	3010	8900	808	808	808	808	808	808	808	808	808	808	808	808	808	808	808	798	784	770	757	1030
H-488x300x11x18	128.0	710	944	3110	9450	944	944	944	944	944	944	944	944	944	944	944	944	944	944	944	934	920	905	891	1050
H-596x199x10x15	94.6	687	775	1790	5240	775	775	775	775	775	775	775	775	756	733	709	686	663	639	616	593	569	546	523	1160
H-600x200x11x17	106.0	776	871	1820	5440	871	871	871	871	871	871	871	871	856	830	805	780	755	730	705	680	655	630	605	1290
H-606x201x12x20	120.0	904	1000	1870	5740	1000	1000	1000	1000	1000	1000	1000	1000	996	969	942	915	888	862	835	808	781	754	727	1420
H-612x202x13x23	134.0	1030	1140	1910	6070	1140	1140	1140	1140	1140	1140	1140	1140	1140	1110	1080	1050	1030	997	969	941	912	884	855	1550
H-582x300x12x17	137.0	1030	1160	2930	8580	1160	1160	1160	1160	1160	1160	1160	1160	1160	1160	1160	1160	1160	1160	1140	1120	1100	1080	1060	1360
H-588x300x12x20	151.0	1180	1310	3030	9010	1310	1310	1310	1310	1310	1310	1310	1310	1310	1310	1310	1310	1310	1310	1310	1290	1260	1240	1220	1380
H-594x302x14x23	175.0	1370	1520	3050	9570	1520	1520	1520	1520	1520	1520	1520	1520	1520	1520	1520	1520	1520	1520	1520	1500	1480	1450	1430	1620
H-692x300x13x20	166.0	1720	1650	2890	8410	1650	1650	1650	1650	1650	1650	1650	1650	1650	1650	1650	1650	1650	1640	1610	1580	1550	1520	1490	1750
H-700x300x13x24	185.0	2010	1890	3000	8900	1890	1890	1890	1890	1890	1890	1890	1890	1890	1890	1890	1890	1890	1890	1880	1840	1810	1780	1750	1770

1) SHN400, SHN490 이외의 강종은 판두께에 따른 강도저하를 고려하여야 한다. (KS규격 참조)
2) 주어진 경간 사이는 직선보간하거나 안전측으로 표의 우측(작은)값을 선택할 수 있다.

도움표 6.5-490 H형강보의 강축 설계휨강도 $\phi_b M_{nx}$ (kN.m)

등분포하중 / 4등분점횡지지 SHN490 (F_y = 325[1] MPa) C_b = 1.06

H형강 치수	단위중량 kg/m	I_x ×10⁶mm⁴	ϕM_{px} kN.m	L_p mm	L_r mm	경간 L_n[2] (m) 2.0	3.0	4.0	5.0	6.0	7.0	8.0	9.0	10.0	11.0	12.0	13.0	14.0	15.0	16.0	17.0	18.0	19.0	20.0	설계전단강도 $\phi_v V_{nx}$ kN
H-708x302x15x28	215.0	2370	2210	3030	9480	2210	2210	2210	2210	2210	2210	2210	2210	2210	2210	2210	2210	2210	2210	2210	2180	2140	2110	2070	2070
H-792x300x14x22	191.0	2540	2130	2820	8210	2130	2130	2130	2130	2130	2130	2130	2130	2130	2130	2130	2130	2130	2110	2070	2030	1990	1950	1910	2160
H-800x300x14x26	210.0	2920	2410	2930	8630	2410	2410	2410	2410	2410	2410	2410	2410	2410	2410	2410	2410	2410	2410	2370	2330	2290	2240	2200	2180
H-808x302x16x30	241.0	3390	2790	2960	9110	2790	2790	2790	2790	2790	2790	2790	2790	2790	2790	2790	2790	2790	2790	2760	2720	2670	2630	2580	2520
H-890x299x15x23	213.0	3450	2610	2720	7930	2610	2610	2610	2610	2610	2610	2610	2610	2610	2610	2610	2610	2600	2550	2500	2450	2400	2340	2290	2600
H-900x300x16x28	243.0	4110	3060	2820	8400	3060	3060	3060	3060	3060	3060	3060	3060	3060	3060	3060	3060	3060	3030	2980	2920	2860	2810	2750	2810
H-912x302x18x34	286.0	4980	3660	2900	9020	3660	3660	3660	3660	3660	3660	3660	3660	3660	3660	3660	3660	3660	3660	3600	3540	3480	3420	3360	3200
H-918x303x19x37	307.0	5420	3960	2930	9360	3960	3960	3960	3960	3960	3960	3960	3960	3960	3960	3960	3960	3960	3960	3930	3860	3800	3740	3670	3400
H-100x100x6x8	17.2	3.83	25.6	1090	6150	25.6	25.6	25.6	25.6	25.6	25.6	25.3	24.7	24.2	23.7	23.2	22.7	22.1	21.6	21.1	20.6	20.1	19.5	19.0	117
H-125x125x6.5x9	23.8	8.47	44.9	1380	6660	44.9	44.9	44.9	44.9	44.9	44.9	44.9	44.6	43.7	42.9	42.0	41.2	40.3	39.4	38.6	37.7	36.9	36.0	35.1	158
H-150x150x7x10	31.5	16.4	72.0	1660	7330	72.0	72.0	72.0	72.0	72.0	72.0	72.0	72.0	72.0	70.7	69.5	68.2	66.9	65.7	64.4	63.1	61.9	60.6	59.3	205
H-200x200x8x12	49.9	47.2	154	2220	8770	154	154	154	154	154	154	154	154	154	154	154	153	151	149	146	144	142	140	137	312
H-200x204x12x12	56.2	49.8	165	2160	9620	165	165	165	165	165	165	165	165	165	165	165	165	163	161	159	156	154	152	150	468
H-208x202x10x16	65.7	65.3	208	2270	11100	208	208	208	208	208	208	208	208	208	208	208	208	208	206	204	201	199	197	194	406
H-244x252x11x11	64.4	87.9	225	2640	9450	225	225	225	225	225	225	225	225	225	225	225	225	225	225	225	225	224	221	217	523
H-248x249x8x13	66.5	99.3	258	2780	9770	258	258	258	258	258	258	258	258	258	258	258	258	258	258	256	253	249	246	242	387
H-250x250x9x14	72.4	108	281	2780	10300	281	281	281	281	281	281	281	281	281	281	281	281	281	281	280	276	273	269	266	439
H-250x255x14x14	82.2	115	304	2690	11300	304	304	304	304	304	304	304	304	304	304	304	304	304	304	303	300	296	293	289	683
H-294x302x12x12	84.5	169	346	3160	10600	346	346	346	346	346	346	346	346	346	346	346	346	346	346	346	346	346	346	346	688
H-298x299x9x14	87.0	188	396	3320	10900	396	396	396	396	396	396	396	396	396	396	396	396	396	396	396	396	396	396	396	523

1) SHN400, SHN490 이외의 강종은 판두께에 따른 강도저하를 고려하여야 한다. (KS규격 참조)
2) 주어진 경간 사이 는 직선보간하거나 안전측으로 표의 우측(작은)값을 선택할 수 있다.

도움표 6.5-490 H형강보의 강축 설계휨강도 $\phi_b M_{nx}$ (kN.m)

등분포하중 / 4등분점횡지지 SHN490 (F_y = 325[1] MPa) C_b = 1.06

H형강 치수	단위중량 kg/m	I_x $\times10^6mm^4$	ϕM_{px} kN.m	L_p mm	L_r mm	경간 L_n[2] (m) 2.0	3.0	4.0	5.0	6.0	7.0	8.0	9.0	10.0	11.0	12.0	13.0	14.0	15.0	16.0	17.0	18.0	19.0	20.0	설계 전단 강도 $\phi_v V_{nx}$ kN
H-300x300x10x15	94.0	204	434	3320	11400	434	434	434	434	434	434	434	434	434	434	434	434	434	434	434	434	434	434	430	585
H-300x305x15x15	106.0	215	465	3210	12300	465	465	465	465	465	465	465	465	465	465	465	465	465	465	465	465	465	465	463	878
H-304x301x11x17	106.0	234	499	3350	12400	499	499	499	499	499	499	499	499	499	499	499	499	499	499	499	499	499	498	493	652
H-310x305x15x20	130.0	286	608	3350	14400	608	608	608	608	608	608	608	608	608	608	608	608	608	608	608	608	608	608	608	907
H-310x310x20x20	142.0	299	643	3280	15600	643	643	643	643	643	643	643	643	643	643	643	643	643	643	643	643	643	643	643	1210
H-338x351x13x13	106.0	282	491	3680	11900	491	491	491	491	491	491	491	491	491	491	491	491	491	491	491	491	491	491	491	857
H-344x348x10x16	115.0	333	601	3880	12600	601	601	601	601	601	601	601	601	601	601	601	601	601	601	601	601	601	601	601	671
H-344x354x16x16	131.0	353	648	3730	13500	648	648	648	648	648	648	648	648	648	648	648	648	648	648	648	648	648	648	648	1070
H-350x350x12x19	137.0	403	744	3910	14000	744	744	744	744	744	744	744	744	744	744	744	744	744	744	744	744	744	744	744	819
H-350x357x19x19	156.0	428	807	3770	15300	807	807	807	807	807	807	807	807	807	807	807	807	807	807	807	807	807	807	807	1300
H-388x402x15x15	140.0	490	745	4220	13600	745	745	745	745	745	745	745	745	745	745	745	745	745	745	745	745	745	745	745	1130
H-394x398x11x18	147.0	561	880	4450	14200	880	880	880	880	880	880	880	880	880	880	880	880	880	880	880	880	880	880	880	845
H-394x405x18x18	168.0	597	951	4260	15200	951	951	951	951	951	951	951	951	951	951	951	951	951	951	951	951	951	951	951	1380
H-400x400x13x21	172.0	666	1070	4480	15600	1070	1070	1070	1070	1070	1070	1070	1070	1070	1070	1070	1070	1070	1070	1070	1070	1070	1070	1070	1010
H-400x408x21x21	197.0	709	1160	4310	17000	1160	1160	1160	1160	1160	1160	1160	1160	1160	1160	1160	1160	1160	1160	1160	1160	1160	1160	1160	1640
H-406x403x16x24	200.0	780	1250	4480	17300	1250	1250	1250	1250	1250	1250	1250	1250	1250	1250	1250	1250	1250	1250	1250	1250	1250	1250	1250	1270
H-414x405x18x28	232.0	928	1470	4530	19400	1470	1470	1470	1470	1470	1470	1470	1470	1470	1470	1470	1470	1470	1470	1470	1470	1470	1470	1470	1450
H-428x407x20x35	283.0	1190	1850	4620	23300	1850	1850	1850	1850	1850	1850	1850	1850	1850	1850	1850	1850	1850	1850	1850	1850	1850	1850	1850	1670
H-458x417x30x50	415.0	1870	2790	4730	33200	2790	2790	2790	2790	2790	2790	2790	2790	2790	2790	2790	2790	2790	2790	2790	2790	2790	2790	2790	2680
H-498x432x45x70	605.0	2980	4230	4890	47600	4230	4230	4230	4230	4230	4230	4230	4230	4230	4230	4230	4230	4230	4230	4230	4230	4230	4230	4230	4370

1) SHN400, SHN490 이외의 강종은 판두께에 따른 강도저하를 고려하여야 한다. (KS규격 참조)
2) 주어진 경간 사이는 직선보간하거나 안전측으로 표의 우측(작은)값을 선택할 수 있다.

도움표 6.6-400 H형강보의 강축 설계휨강도 $\phi_b M_{nx}$ (kN.m)

등분포하중 / 5등분점횡지지　　SHN400 (F_y = 235[1] MPa)　　C_b = 1.00

H형강 치수	단위중량 kg/m	I_x ×10⁶mm⁴	ϕM_{px} kN.m	L_p mm	L_r mm	경간 L_n[2] (m) 2.0	3.0	4.0	5.0	6.0	7.0	8.0	9.0	10.0	11.0	12.0	13.0	14.0	15.0	16.0	17.0	18.0	19.0	20.0	설계 전단 강도 $\phi_v V_{nx}$ kN
H-150x75x5x7	14.0	6.66	21.5	867	3520	21.5	21.5	21.5	21.1	20.5	19.8	19.2	18.6	17.9	17.3	16.7	16.0	15.4	14.8	14.1	13.5	12.8	12.0	11.3	106
H-148x100x6x9	21.1	10.2	33.2	1230	6070	33.2	33.2	33.2	33.2	33.2	32.8	32.2	31.7	31.2	30.6	30.1	29.6	29.1	28.5	28.0	27.5	26.9	26.4	25.4	125
H-198x99x4.5x7	18.2	15.8	38.0	1150	3860	38.0	38.0	38.0	37.8	36.7	35.6	34.6	33.5	32.4	31.4	30.3	29.3	28.2	27.1	26.1	25.0	23.9	22.5	21.1	126
H-200x100x5.5x8	21.3	18.4	44.3	1150	4200	44.3	44.3	44.3	44.0	42.9	41.8	40.7	39.6	38.5	37.3	36.2	35.1	34.0	32.9	31.7	30.6	29.5	28.4	27.2	155
H-194x150x6x9	30.6	26.9	65.3	1880	7140	65.3	65.3	65.3	65.3	65.3	65.3	65.3	64.7	63.8	62.8	61.9	61.0	60.1	59.2	58.3	57.3	56.4	55.5	54.6	164
H-248x124x5x8	25.7	35.4	67.5	1450	4570	67.5	67.5	67.5	67.5	67.5	66.3	64.7	63.1	61.5	59.8	58.2	56.6	55.0	53.3	51.7	50.1	48.5	46.8	45.2	175
H-250x125x6x9	29.6	40.5	77.4	1450	4860	77.4	77.4	77.4	77.4	77.4	76.1	74.4	72.7	70.9	69.2	67.5	65.8	64.0	62.3	60.6	58.9	57.1	55.4	53.7	212
H-244x175x7x11	44.1	61.2	118	2180	8110	118	118	118	118	118	118	118	118	118	116	115	113	112	111	109	108	106	105	103	241
H-298x149x5.5x8	32.0	63.2	100	1710	5090	100	100	100	100	100	100	99.5	97.3	95.0	92.8	90.6	88.3	86.1	83.9	81.6	79.4	77.2	75.0	72.7	231
H-300x150x6.5x9	36.7	72.1	115	1710	5350	115	115	115	115	115	115	114	111	109	106	104	102	99.2	96.8	94.5	92.1	89.7	87.3	84.9	275
H-294x200x8x12	56.8	113	182	2450	8630	182	182	182	182	182	182	182	182	182	182	180	178	176	173	171	169	167	165	163	332
H-298x201x9x14	65.4	133	211	2480	9510	211	211	211	211	211	211	211	211	211	211	210	208	206	203	201	199	197	194	192	378
H-346x174x6x9	41.4	111	151	2020	5880	151	151	151	151	151	151	151	151	149	146	143	140	137	134	131	128	125	122	119	293
H-350x175x7x11	49.6	136	184	2050	6320	184	184	184	184	184	184	184	184	181	178	175	172	168	165	162	159	155	152	149	345
H-354x176x8x13	57.8	161	216	2080	6820	216	216	216	216	216	216	216	216	214	211	207	204	200	197	194	190	187	183	180	399
H-336x249x8x12	69.2	185	257	3080	9950	257	257	257	257	257	257	257	257	257	257	257	257	257	255	253	250	247	244	242	379
H-340x250x9x14	79.7	217	299	3120	10800	299	299	299	299	299	299	299	299	299	299	299	299	299	297	295	292	289	286	283	431
H-396x199x7x11	56.6	200	239	2330	6860	239	239	239	239	239	239	239	239	239	237	233	229	225	221	218	214	210	206	202	391
H-400x200x8x13	66.0	237	281	2360	7320	281	281	281	281	281	281	281	281	281	280	275	271	267	263	259	254	250	246	242	451
H-404x201x9x15	75.5	275	323	2390	7830	323	323	323	323	323	323	323	323	323	323	318	314	310	305	301	296	292	287	283	513

1) SHN400, SHN490 이외의 강종은 판두께에 따른 강도저하를 고려하여야 한다. (KS규격 참조)

2) 주어진 경간 사이는 직선보간하거나 안전측으로 표의 우측(작은)값을 선택할 수 있다.

도움표 6.6-400 H형강보의 강축 설계휨강도 $\phi_b M_{nx}$ (kN.m)

등분포하중 / 5등분점횡지지 SHN400 (F_y = 235[1] MPa) C_b = 1.00

H형강 치수	단위중량	I_x	ϕM_{px}	L_p	L_r	경간 L_n[2] (m)																			설계 전단 강도 $\phi_v V_{nx}$
	kg/m	$\times 10^6 mm^4$	kN.m	mm	mm	2.0	3.0	4.0	5.0	6.0	7.0	8.0	9.0	10.0	11.0	12.0	13.0	14.0	15.0	16.0	17.0	18.0	19.0	20.0	kN
H-386x299x9x14	94.3	337	406	3750	12000	406	406	406	406	406	406	406	406	406	406	406	406	406	406	406	406	405	401	398	490
H-390x300x10x16	107.0	387	463	3780	12900	463	463	463	463	463	463	463	463	463	463	463	463	463	463	463	463	462	459	455	550
H-446x199x8x12	66.2	287	307	2250	6730	307	307	307	307	307	307	307	307	307	303	298	292	287	282	277	272	267	261	256	503
H-450x200x9x14	76.0	335	355	2290	7140	355	355	355	355	355	355	355	355	355	352	346	341	335	330	324	319	313	307	302	571
H-434x299x10x15	106.0	468	504	3660	11700	504	504	504	504	504	504	504	504	504	504	504	504	504	504	504	504	501	496	492	612
H-440x300x11x18	124.0	561	597	3730	12800	597	597	597	597	597	597	597	597	597	597	597	597	597	597	597	597	596	591	586	682
H-496x199x9x14	79.5	419	405	2220	6790	405	405	405	405	405	405	405	405	405	399	392	385	378	372	365	358	351	344	338	629
H-500x200x10x16	89.6	478	460	2250	7160	460	460	460	460	460	460	460	460	460	455	447	440	433	426	419	412	404	397	390	705
H-506x201x11x19	103.0	565	537	2310	7760	537	537	537	537	537	537	537	537	537	534	526	519	511	503	496	488	481	473	466	785
H-482x300x11x15	114.0	604	590	3540	11100	590	590	590	590	590	590	590	590	590	590	590	590	590	590	590	589	583	577	571	748
H-488x300x11x18	128.0	710	683	3660	12000	683	683	683	683	683	683	683	683	683	683	683	683	683	683	683	683	678	672	666	757
H-596x199x10x15	94.6	687	561	2110	6410	561	561	561	561	561	561	561	561	556	546	536	525	515	505	495	485	474	464	454	840
H-600x200x11x17	106.0	776	630	2140	6700	630	630	630	630	630	630	630	630	627	616	605	594	583	573	562	551	540	529	519	931
H-606x201x12x20	120.0	904	726	2200	7160	726	726	726	726	726	726	726	726	726	714	703	691	680	668	657	646	634	623	611	1030
H-612x202x13x23	134.0	1030	823	2240	7660	823	823	823	823	823	823	823	823	823	814	802	790	778	766	754	742	731	719	707	1120
H-582x300x12x17	137.0	1030	838	3450	10600	838	838	838	838	838	838	838	838	838	838	838	838	838	838	838	831	823	814	805	985
H-588x300x12x20	151.0	1180	949	3560	11300	949	949	949	949	949	949	949	949	949	949	949	949	949	949	949	948	938	929	920	995
H-594x302x14x23	175.0	1370	1100	3590	12200	1100	1100	1100	1100	1100	1100	1100	1100	1100	1100	1100	1100	1100	1100	1100	1100	1090	1080	1070	1170
H-692x300x13x20	166.0	1720	1190	3400	10400	1190	1190	1190	1190	1190	1190	1190	1190	1190	1190	1190	1190	1190	1190	1190	1180	1160	1150	1140	1270
H-700x300x13x24	185.0	2010	1370	3520	11100	1370	1370	1370	1370	1370	1370	1370	1370	1370	1370	1370	1370	1370	1370	1370	1360	1350	1330	1320	1280

1) SHN400, SHN490 이외의 강종은 판두께에 따른 강도저하를 고려하여야 한다. (KS규격 참조)
2) 주어진 경간 사이는 직선보간하거나 안전측으로 표의 우측(작은)값을 선택할 수 있다.

도움표 6.6-400 H형강보의 강축 설계휨강도 $\phi_b M_{nx}$ (kN.m)

등분포하중 / 5등분점횡지지 SHN400 (F_y = 235[1] MPa) C_b = 1.00

H형강 치수	단위중량	I_x	ϕM_{px}	L_p	L_r	경간 L_n[2] (m)																			설계전단강도 $\phi_v V_{nx}$
	kg/m	×10⁶mm⁴	kN.m	mm	mm	2.0	3.0	4.0	5.0	6.0	7.0	8.0	9.0	10.0	11.0	12.0	13.0	14.0	15.0	16.0	17.0	18.0	19.0	20.0	kN
H-708x302x15x28	215.0	2370	1600	3570	12000	1600	1600	1600	1600	1600	1600	1600	1600	1600	1600	1600	1600	1600	1600	1600	1600	1580	1570	1550	1500
H-792x300x14x22	191.0	2540	1540	3320	10100	1540	1540	1540	1540	1540	1540	1540	1540	1540	1540	1540	1540	1540	1540	1530	1520	1500	1480	1460	1560
H-800x300x14x26	210.0	2920	1740	3440	10700	1740	1740	1740	1740	1740	1740	1740	1740	1740	1740	1740	1740	1740	1740	1740	1730	1710	1690	1670	1580
H-808x302x16x30	241.0	3390	2020	3480	11500	2020	2020	2020	2020	2020	2020	2020	2020	2020	2020	2020	2020	2020	2020	2020	2010	1990	1970	1950	1820
H-890x299x15x23	213.0	3450	1890	3200	9690	1890	1890	1890	1890	1890	1890	1890	1890	1890	1890	1890	1890	1890	1890	1860	1840	1820	1790	1770	1880
H-900x300x16x28	243.0	4110	2210	3320	10400	2210	2210	2210	2210	2210	2210	2210	2210	2210	2210	2210	2210	2210	2210	2200	2180	2150	2130	2100	2030
H-912x302x18x34	286.0	4980	2640	3410	11300	2640	2640	2640	2640	2640	2640	2640	2640	2640	2640	2640	2640	2640	2640	2640	2620	2590	2570	2540	2310
H-918x303x19x37	307.0	5420	2860	3450	11900	2860	2860	2860	2860	2860	2860	2860	2860	2860	2860	2860	2860	2860	2860	2860	2840	2820	2790	2760	2460
H-100x100x6x8	17.2	3.83	18.5	1290	8440	18.5	18.5	18.5	18.5	18.4	18.2	18.0	17.8	17.6	17.4	17.2	17.0	16.8	16.6	16.4	16.2	16.0	15.8	15.6	84.6
H-125x125x6.5x9	23.8	8.47	32.5	1620	9080	32.5	32.5	32.5	32.5	32.5	32.5	32.2	31.8	31.5	31.2	30.8	30.5	30.2	29.8	29.5	29.2	28.8	28.5	28.2	115
H-150x150x7x10	31.5	16.4	52.0	1950	9930	52.0	52.0	52.0	52.0	52.0	52.0	52.0	51.9	51.4	50.9	50.4	49.9	49.5	49.0	48.5	48.0	47.5	47.0	46.5	148
H-200x200x8x12	49.9	47.2	111	2610	11700	111	111	111	111	111	111	111	111	111	111	111	110	109	108	108	107	106	105	104	226
H-200x204x12x12	56.2	49.8	120	2540	13000	120	120	120	120	120	120	120	120	120	120	119	118	118	117	116	115	114	113	112	338
H-208x202x10x16	65.7	65.3	150	2670	15100	150	150	150	150	150	150	150	150	150	150	150	150	149	148	147	146	145	144	143	293
H-244x252x11x11	64.4	87.9	169	3110	12400	169	169	169	169	169	169	169	169	169	169	169	169	169	169	168	167	166	164	163	378
H-248x249x8x13	66.5	99.3	187	3270	12900	187	187	187	187	187	187	187	187	187	187	187	187	187	187	186	184	183	182	180	280
H-250x250x9x14	72.4	108	203	3270	13700	203	203	203	203	203	203	203	203	203	203	203	203	203	203	202	201	199	198	196	317
H-250x255x14x14	82.2	115	220	3160	15200	220	220	220	220	220	220	220	220	220	220	220	220	220	219	218	217	215	214	212	494
H-294x302x12x12	84.5	169	263	3720	13700	263	263	263	263	263	263	263	263	263	263	263	263	263	263	263	263	263	263	263	497
H-298x299x9x14	87.0	188	294	3900	14200	294	294	294	294	294	294	294	294	294	294	294	294	294	294	294	294	294	293	291	378

1) SHN400, SHN490 이외의 강종은 판두께에 따른 강도저하를 고려하여야 한다. (KS규격 참조)
2) 주어진 경간 사이는 직선보간하거나 안전측으로 표의 우측(작은)값을 선택할 수 있다.

도움표 6.6-400 H형강보의 강축 설계휨강도 $\phi_b M_{nx}$ (kN.m)

등분포하중 / 5등분점횡지지 SHN400 (F_y = 235[1] MPa) C_b = 1.00

H형강 치수	단위중량	I_x	ϕM_{px}	L_p	L_r	경간 L_n[2] (m)																			설계전단강도 $\phi_v V_{nx}$
	kg/m	×10^6mm^4	kN.m	mm	mm	2.0	3.0	4.0	5.0	6.0	7.0	8.0	9.0	10.0	11.0	12.0	13.0	14.0	15.0	16.0	17.0	18.0	19.0	20.0	kN
H-300x300x10x15	94.0	204	317	3900	15000	317	317	317	317	317	317	317	317	317	317	317	317	317	317	317	317	317	316	314	423
H-300x305x15x15	106.0	215	341	3770	16300	341	341	341	341	341	341	341	341	341	341	341	341	341	341	341	341	341	339	337	635
H-304x301x11x17	106.0	234	361	3940	16400	361	361	361	361	361	361	361	361	361	361	361	361	361	361	361	361	361	360	358	472
H-310x305x15x20	130.0	286	440	3930	19400	440	440	440	440	440	440	440	440	440	440	440	440	440	440	440	440	440	439	437	656
H-310x310x20x20	142.0	299	465	3860	21200	465	465	465	465	465	465	465	465	465	465	465	465	465	465	465	465	465	464	462	874
H-338x351x13x13	106.0	282	374	4330	15300	374	374	374	374	374	374	374	374	374	374	374	374	374	374	374	374	374	374	374	620
H-344x348x10x16	115.0	333	449	4560	16300	449	449	449	449	449	449	449	449	449	449	449	449	449	449	449	449	449	449	449	485
H-344x354x16x16	131.0	353	486	4380	17700	486	486	486	486	486	486	486	486	486	486	486	486	486	486	486	486	486	486	486	776
H-350x350x12x19	137.0	403	538	4600	18500	538	538	538	538	538	538	538	538	538	538	538	538	538	538	538	538	538	538	538	592
H-350x357x19x19	156.0	428	584	4430	20500	584	584	584	584	584	584	584	584	584	584	584	584	584	584	584	584	584	584	584	938
H-388x402x15x15	140.0	490	567	4960	17500	567	567	567	567	567	567	567	567	567	567	567	567	567	567	567	567	567	567	567	821
H-394x398x11x18	147.0	561	660	5230	18400	660	660	660	660	660	660	660	660	660	660	660	660	660	660	660	660	660	660	660	611
H-394x405x18x18	168.0	597	717	5020	19900	717	717	717	717	717	717	717	717	717	717	717	717	717	717	717	717	717	717	717	1000
H-400x400x13x21	172.0	666	777	5260	20500	777	777	777	777	777	777	777	777	777	777	777	777	777	777	777	777	777	777	777	733
H-400x408x21x21	197.0	709	844	5070	22600	844	844	844	844	844	844	844	844	844	844	844	844	844	844	844	844	844	844	844	1180
H-406x403x16x24	200.0	780	905	5270	23100	905	905	905	905	905	905	905	905	905	905	905	905	905	905	905	905	905	905	905	916
H-414x405x18x28	232.0	928	1060	5330	26300	1060	1060	1060	1060	1060	1060	1060	1060	1060	1060	1060	1060	1060	1060	1060	1060	1060	1060	1060	1050
H-428x407x20x35	283.0	1190	1330	5430	31900	1330	1330	1330	1330	1330	1330	1330	1330	1330	1330	1330	1330	1330	1330	1330	1330	1330	1330	1330	1210
H-458x417x30x50	415.0	1870	2020	5560	45800	2020	2020	2020	2020	2020	2020	2020	2020	2020	2020	2020	2020	2020	2020	2020	2020	2020	2020	2020	1940
H-498x432x45x70	605.0	2980	3060	5750	65700	3060	3060	3060	3060	3060	3060	3060	3060	3060	3060	3060	3060	3060	3060	3060	3060	3060	3060	3060	3160

1) SHN400, SHN490 이외의 강종은 판두께에 따른 강도저하를 고려하여야 한다. (KS규격 참조)

2) 주어진 경간 사이는 직선보간하거나 안전측으로 표의 우측(작은)값을 선택할 수 있다.

도움표 6.6-490 H형강보의 강축 설계휨강도 $\phi_b M_{nx}$ (kN.m)

등분포하중 / 5등분점횡지지 SHN490 (F_y = 325[1] MPa) C_b = 1.00

H형강 치수	단위중량 kg/m	I_x ×10⁶mm⁴	ϕM_{px} kN.m	L_p mm	L_r mm	경간 L_n[2] (m) 2.0	3.0	4.0	5.0	6.0	7.0	8.0	9.0	10.0	11.0	12.0	13.0	14.0	15.0	16.0	17.0	18.0	19.0	20.0	설계전단강도 ϕV_{nx} kN
H-150x75x5x7	14.0	6.66	29.8	737	2680	29.8	29.8	29.4	28.2	27.0	25.8	24.6	23.4	22.3	21.1	19.9	18.7	17.2	15.8	14.7	13.7	12.8	12.0	11.3	146
H-148x100x6x9	21.1	10.2	45.9	1050	4500	45.9	45.9	45.9	45.9	45.1	44.1	43.1	42.1	41.0	40.0	39.0	38.0	37.0	35.9	34.9	33.9	32.9	31.8	30.8	173
H-198x99x4.5x7	18.2	15.8	52.6	978	3040	52.6	52.6	52.6	52.4	50.4	48.5	46.6	44.7	42.7	40.8	38.9	37.0	35.0	33.1	30.4	28.0	25.9	24.1	22.5	174
H-200x100x5.5x8	21.3	18.4	61.3	981	3260	61.3	61.3	61.3	61.1	59.0	56.9	54.9	52.8	50.8	48.7	46.6	44.6	42.5	40.5	38.4	35.7	33.1	30.9	29.0	215
H-194x150x6x9	30.6	26.9	90.3	1590	5460	90.3	90.3	90.3	90.3	90.3	90.3	90.2	88.5	86.7	85.0	83.3	81.5	79.8	78.1	76.4	74.6	72.9	71.2	69.4	227
H-248x124x5x8	25.7	35.4	93.4	1230	3650	93.4	93.4	93.4	93.4	93.4	91.0	88.1	85.2	82.3	79.4	76.5	73.7	70.8	67.9	65.0	62.1	59.2	55.0	51.0	242
H-250x125x6x9	29.6	40.5	107	1230	3840	107	107	107	107	107	104	101	98.2	95.1	92.0	88.9	85.7	82.6	79.5	76.4	73.3	70.2	67.1	62.6	293
H-244x175x7x11	44.1	61.2	163	1850	6230	163	163	163	163	163	163	163	163	161	158	156	153	150	147	145	142	139	136	134	333
H-298x149x5.5x8	32.0	63.2	139	1460	4140	139	139	139	139	139	139	136	132	128	124	121	117	113	109	105	101	97.3	93.4	89.6	320
H-300x150x6.5x9	36.7	72.1	159	1460	4300	159	159	159	159	159	159	156	151	147	143	139	134	130	126	122	117	113	109	105	380
H-294x200x8x12	56.8	113	251	2080	6710	251	251	251	251	251	251	251	251	251	249	245	241	237	233	229	225	221	217	213	459
H-298x201x9x14	65.4	133	292	2110	7270	292	292	292	292	292	292	292	292	292	290	286	282	278	274	269	265	261	257	252	523
H-346x174x6x9	41.4	111	209	1710	4800	209	209	209	209	209	209	209	207	202	197	192	187	182	177	172	167	162	157	152	405
H-350x175x7x11	49.6	136	254	1750	5090	254	254	254	254	254	254	254	252	247	241	235	230	224	218	212	207	201	195	190	478
H-354x176x8x13	57.8	161	299	1770	5410	299	299	299	299	299	299	299	298	292	286	280	273	267	261	255	249	242	236	230	552
H-336x249x8x12	69.2	185	348	2620	7860	348	348	348	348	348	348	348	348	348	348	348	348	348	346	341	336	331	326	321	524
H-340x250x9x14	79.7	217	413	2650	8400	413	413	413	413	413	413	413	413	413	413	413	413	409	404	399	393	388	383	377	597
H-396x199x7x11	56.6	200	330	1980	5580	330	330	330	330	330	330	330	330	329	322	316	309	302	295	288	281	275	268	261	541
H-400x200x8x13	66.0	237	388	2010	5880	388	388	388	388	388	388	388	388	388	381	373	366	358	351	343	336	328	321	313	624
H-404x201x9x15	75.5	275	447	2030	6210	447	447	447	447	447	447	447	447	447	440	432	424	416	408	400	392	384	376	368	709

1) SHN400, SHN490 이외의 강종은 판두께에 따른 강도저하를 고려하여야 한다. (KS규격 참조)

2) 주어진 경간 사이는 직선보간하거나 안전측으로 표의 우측(작은)값을 선택할 수 있다.

도움표 6.6-490 H형강보의 강축 설계휨강도 $\phi_b M_{nx}$ (kN.m)

등분포하중 / 5등분점횡지지 | SHN490 (F_y = 325[1] MPa) | C_b = 1.00

H형강 치수	단위중량	I_x	ϕM_{px}	L_p	L_r	경간 L_n[2] (m)																			설계 전단 강도 $\phi_v V_{nx}$
	kg/m	×10⁶mm⁴	kN.m	mm	mm	2.0	3.0	4.0	5.0	6.0	7.0	8.0	9.0	10.0	11.0	12.0	13.0	14.0	15.0	16.0	17.0	18.0	19.0	20.0	kN
H-386x299x9x14	94.3	337	546	3190	9480	546	546	546	546	546	546	546	546	546	546	546	546	546	546	546	546	546	541	535	677
H-390x300x10x16	107.0	387	640	3220	10000	640	640	640	640	640	640	640	640	640	640	640	640	640	640	640	634	627	620	613	761
H-446x199x8x12	66.2	287	424	1910	5480	424	424	424	424	424	424	424	424	420	411	402	393	384	375	366	357	348	339	330	696
H-450x200x9x14	76.0	335	491	1940	5740	491	491	491	491	491	491	491	491	488	479	469	459	449	439	429	420	410	400	390	790
H-434x299x10x15	106.0	468	691	3110	9250	691	691	691	691	691	691	691	691	691	691	691	691	691	691	691	685	677	669	660	846
H-440x300x11x18	124.0	561	826	3170	9960	826	826	826	826	826	826	826	826	826	826	826	826	826	826	825	816	807	798	789	944
H-496x199x9x14	79.5	419	560	1890	5510	560	560	560	560	560	560	560	560	553	541	530	518	506	494	482	470	459	447	435	870
H-500x200x10x16	89.6	478	636	1910	5750	636	636	636	636	636	636	636	636	631	618	605	593	580	567	554	542	529	516	503	975
H-506x201x11x19	103.0	565	743	1960	6140	743	743	743	743	743	743	743	743	741	727	713	699	686	672	658	645	631	617	604	1090
H-482x300x11x15	114.0	604	808	3010	8900	808	808	808	808	808	808	808	808	808	808	808	808	808	808	807	796	786	776	766	1030
H-488x300x11x18	128.0	710	944	3110	9450	944	944	944	944	944	944	944	944	944	944	944	944	944	944	939	928	917	906	895	1050
H-596x199x10x15	94.6	687	775	1790	5240	775	775	775	775	775	775	775	775	757	739	722	704	687	669	652	634	616	599	581	1160
H-600x200x11x17	106.0	776	871	1820	5440	871	871	871	871	871	871	871	871	854	835	817	798	779	760	741	722	703	684	665	1290
H-606x201x12x20	120.0	904	1000	1870	5740	1000	1000	1000	1000	1000	1000	1000	1000	990	970	950	930	909	889	869	848	828	808	787	1420
H-612x202x13x23	134.0	1030	1140	1910	6070	1140	1140	1140	1140	1140	1140	1140	1140	1130	1110	1090	1060	1040	1020	1000	979	957	936	914	1550
H-582x300x12x17	137.0	1030	1160	2930	8580	1160	1160	1160	1160	1160	1160	1160	1160	1160	1160	1160	1160	1160	1150	1140	1120	1110	1090	1080	1360
H-588x300x12x20	151.0	1180	1310	3030	9010	1310	1310	1310	1310	1310	1310	1310	1310	1310	1310	1310	1310	1310	1310	1300	1280	1270	1250	1230	1380
H-594x302x14x23	175.0	1370	1520	3050	9570	1520	1520	1520	1520	1520	1520	1520	1520	1520	1520	1520	1520	1520	1520	1510	1490	1470	1450	1440	1620
H-692x300x13x20	166.0	1720	1650	2890	8410	1650	1650	1650	1650	1650	1650	1650	1650	1650	1650	1650	1650	1650	1630	1610	1590	1570	1540	1520	1750
H-700x300x13x24	185.0	2010	1890	3000	8900	1890	1890	1890	1890	1890	1890	1890	1890	1890	1890	1890	1890	1890	1890	1870	1840	1820	1790	1770	1770

1) SHN400, SHN490 이외의 강종은 판두께에 따른 강도저하를 고려하여야 한다. (KS규격 참조)
2) 주어진 경간 사이는 직선보간하거나 안전측으로 표의 우측(작은)값을 선택할 수 있다.

도움표 6.6-490 H형강보의 강축 설계휨강도 $\phi_b M_{nx}$ (kN.m)

등분포하중 / 5등분점횡지지 SHN490 (F_y = 325[1] MPa) C_b = 1.00

H형강 치수	단위중량	I_x	ϕM_{px}	L_p	L_r	경간 L_n[2] (m)																			설계전단강도 $\phi_v V_{nx}$
	kg/m	×10^6mm^4	kN.m	mm	mm	2.0	3.0	4.0	5.0	6.0	7.0	8.0	9.0	10.0	11.0	12.0	13.0	14.0	15.0	16.0	17.0	18.0	19.0	20.0	kN
H-708x302x15x28	215.0	2370	2210	3030	9480	2210	2210	2210	2210	2210	2210	2210	2210	2210	2210	2210	2210	2210	2210	2190	2160	2140	2110	2090	2070
H-792x300x14x22	191.0	2540	2130	2820	8210	2130	2130	2130	2130	2130	2130	2130	2130	2130	2130	2130	2130	2130	2100	2070	2040	2010	1980	1950	2160
H-800x300x14x26	210.0	2920	2410	2930	8630	2410	2410	2410	2410	2410	2410	2410	2410	2410	2410	2410	2410	2410	2400	2370	2340	2300	2270	2240	2180
H-808x302x16x30	241.0	3390	2790	2960	9110	2790	2790	2790	2790	2790	2790	2790	2790	2790	2790	2790	2790	2790	2780	2750	2710	2680	2640	2610	2520
H-890x299x15x23	213.0	3450	2610	2720	7930	2610	2610	2610	2610	2610	2610	2610	2610	2610	2610	2610	2610	2590	2550	2510	2470	2440	2400	2360	2600
H-900x300x16x28	243.0	4110	3060	2820	8400	3060	3060	3060	3060	3060	3060	3060	3060	3060	3060	3060	3060	3060	3020	2980	2940	2890	2850	2810	2810
H-912x302x18x34	286.0	4980	3660	2900	9020	3660	3660	3660	3660	3660	3660	3660	3660	3660	3660	3660	3660	3660	3630	3590	3540	3490	3450	3400	3200
H-918x303x19x37	307.0	5420	3960	2930	9360	3960	3960	3960	3960	3960	3960	3960	3960	3960	3960	3960	3960	3960	3940	3900	3850	3800	3750	3700	3400
H-100x100x6x8	17.2	3.83	25.6	1090	6150	25.6	25.6	25.6	25.6	25.4	25.0	24.6	24.2	23.8	23.4	23.0	22.7	22.3	21.9	21.5	21.1	20.7	20.3	19.9	117
H-125x125x6.5x9	23.8	8.47	44.9	1380	6660	44.9	44.9	44.9	44.9	44.9	44.8	44.2	43.5	42.9	42.2	41.6	40.9	40.3	39.6	39.0	38.3	37.7	37.0	36.4	158
H-150x150x7x10	31.5	16.4	72.0	1660	7330	72.0	72.0	72.0	72.0	72.0	72.0	72.0	71.3	70.3	69.4	68.4	67.5	66.5	65.5	64.6	63.6	62.7	61.7	60.8	205
H-200x200x8x12	49.9	47.2	154	2220	8770	154	154	154	154	154	154	154	154	154	154	152	150	149	147	145	143	142	140	138	312
H-200x204x12x12	56.2	49.8	165	2160	9620	165	165	165	165	165	165	165	165	165	165	163	162	160	158	157	155	153	151	150	468
H-208x202x10x16	65.7	65.3	208	2270	11100	208	208	208	208	208	208	208	208	208	208	207	205	203	201	199	198	196	194	192	406
H-244x252x11x11	64.4	87.9	225	2640	9450	225	225	225	225	225	225	225	225	225	225	225	225	225	225	225	225	223	221	218	523
H-248x249x8x13	66.5	99.3	258	2780	9770	258	258	258	258	258	258	258	258	258	258	258	258	258	255	253	250	247	244	242	387
H-250x250x9x14	72.4	108	281	2780	10300	281	281	281	281	281	281	281	281	281	281	281	281	281	278	275	272	270	267	264	439
H-250x255x14x14	82.2	115	304	2690	11300	304	304	304	304	304	304	304	304	304	304	304	304	302	300	297	294	292	289	286	683
H-294x302x12x12	84.5	169	346	3160	10600	346	346	346	346	346	346	346	346	346	346	346	346	346	346	346	346	346	346	346	688
H-298x299x9x14	87.0	188	396	3320	10900	396	396	396	396	396	396	396	396	396	396	396	396	396	396	396	396	396	396	393	523

1) SHN400, SHN490 이외의 강종은 판두께에 따른 강도저하를 고려하여야 한다. (KS규격 참조)

2) 주어진 경간 사이는 직선보간하거나 안전측으로 표의 우측(작은)값을 선택할 수 있다.

도움표 6.6-490 H형강보의 강축 설계휨강도 $\phi_b M_{nx}$ (kN.m)

등분포하중 / 5등분점횡지지 SHN490 (F_y = 325[1] MPa) C_b = 1.00

H형강 치수	단위중량	I_x	ϕM_{px}	L_p	L_r	경간 L_n[2] (m)																			설계 전단 강도 $\phi_v V_{nx}$
	kg/m	×10⁶mm⁴	kN.m	mm	mm	2.0	3.0	4.0	5.0	6.0	7.0	8.0	9.0	10.0	11.0	12.0	13.0	14.0	15.0	16.0	17.0	18.0	19.0	20.0	kN
H-300x300x10x15	94.0	204	434	3320	11400	434	434	434	434	434	434	434	434	434	434	434	434	434	434	434	434	434	430	426	585
H-300x305x15x15	106.0	215	465	3210	12300	465	465	465	465	465	465	465	465	465	465	465	465	465	465	465	465	464	460	456	878
H-304x301x11x17	106.0	234	499	3350	12400	499	499	499	499	499	499	499	499	499	499	499	499	499	499	499	498	494	490	486	652
H-310x305x15x20	130.0	286	608	3350	14400	608	608	608	608	608	608	608	608	608	608	608	608	608	608	608	607	603	599	594	907
H-310x310x20x20	142.0	299	643	3280	15600	643	643	643	643	643	643	643	643	643	643	643	643	643	643	643	641	637	633	629	1210
H-338x351x13x13	106.0	282	491	3680	11900	491	491	491	491	491	491	491	491	491	491	491	491	491	491	491	491	491	491	491	857
H-344x348x10x16	115.0	333	601	3880	12600	601	601	601	601	601	601	601	601	601	601	601	601	601	601	601	601	601	601	601	671
H-344x354x16x16	131.0	353	648	3730	13500	648	648	648	648	648	648	648	648	648	648	648	648	648	648	648	648	648	648	648	1070
H-350x350x12x19	137.0	403	744	3910	14000	744	744	744	744	744	744	744	744	744	744	744	744	744	744	744	744	744	744	742	819
H-350x357x19x19	156.0	428	807	3770	15300	807	807	807	807	807	807	807	807	807	807	807	807	807	807	807	807	807	806	801	1300
H-388x402x15x15	140.0	490	745	4220	13600	745	745	745	745	745	745	745	745	745	745	745	745	745	745	745	745	745	745	745	1130
H-394x398x11x18	147.0	561	880	4450	14200	880	880	880	880	880	880	880	880	880	880	880	880	880	880	880	880	880	880	880	845
H-394x405x18x18	168.0	597	951	4260	15200	951	951	951	951	951	951	951	951	951	951	951	951	951	951	951	951	951	951	951	1380
H-400x400x13x21	172.0	666	1070	4480	15600	1070	1070	1070	1070	1070	1070	1070	1070	1070	1070	1070	1070	1070	1070	1070	1070	1070	1070	1070	1010
H-400x408x21x21	197.0	709	1160	4310	17000	1160	1160	1160	1160	1160	1160	1160	1160	1160	1160	1160	1160	1160	1160	1160	1160	1160	1160	1160	1640
H-406x403x16x24	200.0	780	1250	4480	17300	1250	1250	1250	1250	1250	1250	1250	1250	1250	1250	1250	1250	1250	1250	1250	1250	1250	1250	1250	1270
H-414x405x18x28	232.0	928	1470	4530	19400	1470	1470	1470	1470	1470	1470	1470	1470	1470	1470	1470	1470	1470	1470	1470	1470	1470	1470	1470	1450
H-428x407x20x35	283.0	1190	1850	4620	23300	1850	1850	1850	1850	1850	1850	1850	1850	1850	1850	1850	1850	1850	1850	1850	1850	1850	1850	1850	1670
H-458x417x30x50	415.0	1870	2790	4730	33200	2790	2790	2790	2790	2790	2790	2790	2790	2790	2790	2790	2790	2790	2790	2790	2790	2790	2790	2790	2680
H-498x432x45x70	605.0	2980	4230	4890	47600	4230	4230	4230	4230	4230	4230	4230	4230	4230	4230	4230	4230	4230	4230	4230	4230	4230	4230	4230	4370

1) SHN400, SHN490 이외의 강종은 판두께에 따른 강도저하를 고려하여야 한다. (KS규격 참조)
2) 주어진 경간 사이는 직선보간하거나 안전측으로 표의 우측(작은)값을 선택할 수 있다.

도움표 6.7-400 H형강보의 강축 설계휨강도 $\phi_b M_{nx}$ (kN.m)

중앙부집중하중 / 양단부횡지지 SHN400 (F_y = 235[1] MPa) C_b = 1.32

H형강 치수	단위중량	I_x	ϕM_{px}	L_p	L_r	경간 L_n[2] (m)																			설계전단강도 $\phi_v V_{nx}$
	kg/m	$\times 10^6 mm^4$	kN.m	mm	mm	2.0	3.0	4.0	5.0	6.0	7.0	8.0	9.0	10.0	11.0	12.0	13.0	14.0	15.0	16.0	17.0	18.0	19.0	20.0	kN
H-150x75x5x7	14.0	6.66	21.5	867	3520	21.5	19.5	15.0	11.7	9.62	8.18	7.12	6.31	5.66	5.14	4.70	4.34	4.02	3.75	3.51	3.31	3.12	2.96	2.81	106
H-148x100x6x9	21.1	10.2	33.2	1230	6070	33.2	33.2	33.2	30.7	27.2	23.2	20.2	17.8	16.0	14.5	13.3	12.3	11.4	10.6	9.94	9.35	8.82	8.35	7.93	125
H-198x99x4.5x7	18.2	15.8	38.0	1150	3860	38.0	37.2	29.7	22.4	18.1	15.2	13.1	11.5	10.3	9.29	8.48	7.80	7.22	6.73	6.30	5.92	5.58	5.28	5.01	126
H-200x100x5.5x8	21.3	18.4	44.3	1150	4200	44.3	44.3	37.5	29.1	23.6	19.9	17.2	15.1	13.6	12.3	11.2	10.3	9.56	8.90	8.33	7.83	7.39	7.00	6.64	155
H-194x150x6x9	30.6	26.9	65.3	1880	7140	65.3	65.3	65.3	65.3	61.1	55.1	47.5	41.6	37.1	33.4	30.4	28.0	25.9	24.1	22.5	21.1	19.9	18.8	17.9	164
H-248x124x5x8	25.7	35.4	67.5	1450	4570	67.5	67.5	61.8	49.1	38.6	31.9	27.1	23.7	21.0	18.9	17.2	15.7	14.5	13.5	12.6	11.8	11.2	10.6	10.0	175
H-250x125x6x9	29.6	40.5	77.4	1450	4860	77.4	77.4	73.2	61.0	48.4	40.1	34.3	30.0	26.7	24.1	21.9	20.1	18.6	17.3	16.2	15.2	14.3	13.5	12.8	212
H-244x175x7x11	44.1	61.2	118	2180	8110	118	118	118	118	118	109	99.1	86.7	76.9	69.1	62.8	57.6	53.2	49.4	46.1	43.3	40.8	38.5	36.5	241
H-298x149x5.5x8	32.0	63.2	100	1710	5090	100	100	98.9	84.2	65.0	52.4	43.9	37.8	33.2	29.6	26.7	24.4	22.4	20.7	19.3	18.1	17.0	16.0	15.2	231
H-300x150x6.5x9	36.7	72.1	115	1710	5350	115	115	115	99.4	79.8	64.8	54.6	47.2	41.6	37.2	33.7	30.8	28.4	26.3	24.5	23.0	21.6	20.4	19.3	275
H-294x200x8x12	56.8	113	182	2450	8630	182	182	182	182	182	174	160	143	126	113	102	93.2	85.8	79.6	74.2	69.5	65.4	61.7	58.5	332
H-298x201x9x14	65.4	133	211	2480	9510	211	211	211	211	211	211	197	182	164	148	134	122	113	105	97.8	91.7	86.3	81.6	77.3	378
H-346x174x6x9	41.4	111	151	2020	5880	151	151	151	142	121	96.2	79.4	67.6	58.8	52.1	46.8	42.4	38.8	35.8	33.3	31.1	29.1	27.4	25.9	293
H-350x175x7x11	49.6	136	184	2050	6320	184	184	184	179	158	131	109	93.5	81.9	72.9	65.7	59.8	55.0	50.8	47.3	44.2	41.6	39.2	37.1	345
H-354x176x8x13	57.8	161	216	2080	6820	216	216	216	216	196	172	144	124	109	97.8	88.4	80.7	74.3	68.9	64.2	60.1	56.5	53.4	50.5	399
H-336x249x8x12	69.2	185	257	3080	9950	257	257	257	257	257	257	250	232	214	189	169	153	140	129	120	112	105	98.6	93.2	379
H-340x250x9x14	79.7	217	299	3120	10800	299	299	299	299	299	299	299	283	264	243	219	199	182	168	156	146	137	129	122	431
H-396x199x7x11	56.6	200	239	2330	6860	239	239	239	239	220	192	157	133	115	102	91.1	82.5	75.3	69.4	64.3	60.0	56.2	52.8	49.9	391
H-400x200x8x13	66.0	237	281	2360	7320	281	281	281	281	269	241	204	174	152	135	121	110	101	92.9	86.3	80.6	75.6	71.2	67.3	451
H-404x201x9x15	75.5	275	323	2390	7830	323	323	323	323	320	290	258	221	194	173	156	142	130	120	112	105	98.3	92.7	87.8	513

1) SHN400, SHN490 이외의 강종은 판두께에 따른 강도저하를 고려하여야 한다. (KS규격 참조)
2) 주어진 경간 사이는 직선보간하거나 안전측으로 표의 우측(작은)값을 선택할 수 있다.

도움표 6.7-400 H형강보의 강축 설계휨강도 $\phi_b M_{nx}$ (kN.m)

중앙부집중하중 / 양단부횡지지　　SHN400 (F_y = 235[1] MPa)　　C_b = 1.32

H형강 치수	단위중량	I_x	ϕM_{px}	L_p	L_r	경간 L_n[2] (m)																			설계 전단 강도 $\phi_v V_{nx}$
	kg/m	×10⁶mm⁴	kN.m	mm	mm	2.0	3.0	4.0	5.0	6.0	7.0	8.0	9.0	10.0	11.0	12.0	13.0	14.0	15.0	16.0	17.0	18.0	19.0	20.0	kN
H-386x299x9x14	94.3	337	406	3750	12000	406	406	406	406	406	406	406	406	388	364	340	306	279	256	236	220	205	193	182	490
H-390x300x10x16	107.0	387	463	3780	12900	463	463	463	463	463	463	463	463	458	433	409	382	349	321	297	277	259	243	230	550
H-446x199x8x12	66.2	287	307	2250	6730	307	307	307	307	277	237	195	165	143	126	113	102	93.4	86.0	79.8	74.4	69.7	65.6	61.9	503
H-450x200x9x14	76.0	335	355	2290	7140	355	355	355	355	332	296	247	210	183	163	146	133	121	112	104	97.3	91.3	86.0	81.3	571
H-434x299x10x15	106.0	468	504	3660	11700	504	504	504	504	504	504	504	502	472	441	405	364	331	304	281	261	244	229	215	612
H-440x300x11x18	124.0	561	597	3730	12800	597	597	597	597	597	597	597	597	587	555	522	486	443	408	378	352	329	309	292	682
H-496x199x9x14	79.5	419	405	2220	6790	405	405	405	405	365	315	260	221	192	169	152	138	126	116	108	101	94.3	88.8	83.9	629
H-500x200x10x16	89.6	478	460	2250	7160	460	460	460	460	429	382	320	273	239	212	190	173	159	147	136	127	119	113	106	705
H-506x201x11x19	103.0	565	537	2310	7760	537	537	537	537	525	475	419	360	315	281	253	231	212	196	183	171	161	152	143	785
H-482x300x11x15	114.0	604	590	3540	11100	590	590	590	590	590	590	590	571	533	494	441	396	360	329	304	282	263	247	232	748
H-488x300x11x18	128.0	710	683	3660	12000	683	683	683	683	683	683	683	683	647	607	565	510	464	426	394	366	342	321	303	757
H-596x199x10x15	94.6	687	561	2110	6410	561	561	561	546	478	393	323	273	236	208	186	169	154	142	131	123	115	108	102	840
H-600x200x11x17	106.0	776	630	2140	6700	630	630	630	627	556	474	391	332	289	256	229	208	190	176	163	152	143	134	127	931
H-606x201x12x20	120.0	904	726	2200	7160	726	726	726	726	671	595	500	427	373	331	298	271	249	230	213	200	187	177	167	1030
H-612x202x13x23	134.0	1030	823	2240	7660	823	823	823	823	791	713	623	535	469	418	377	344	316	292	272	254	239	225	213	1120
H-582x300x12x17	137.0	1030	838	3450	10600	838	838	838	838	838	838	838	785	727	657	582	521	472	432	398	369	344	322	303	985
H-588x300x12x20	151.0	1180	949	3560	11300	949	949	949	949	949	949	949	924	864	803	723	650	590	541	499	463	433	406	382	995
H-594x302x14x23	175.0	1370	1100	3590	12200	1100	1100	1100	1100	1100	1100	1100	1100	1040	978	914	829	756	694	642	598	559	525	496	1170
H-692x300x13x20	166.0	1720	1190	3400	10400	1190	1190	1190	1190	1190	1190	1180	1090	1010	894	789	706	639	583	536	496	462	433	407	1270
H-700x300x13x24	185.0	2010	1370	3520	11100	1370	1370	1370	1370	1370	1370	1370	1310	1220	1140	1010	908	824	754	695	645	602	564	531	1280

1) SHN400, SHN490 이외의 강종은 판두께에 따른 강도저하를 고려하여야 한다. (KS규격 참조)
2) 주어진 경간 사이는 직선보간하거나 안전측으로 표의 우측(작은)값을 선택할 수 있다.

도움표 6.7-400 H형강보의 강축 설계휨강도 $\phi_b M_{nx}$ (kN.m)

중앙부집중하중 / 양단부횡지지 SHN400 (F_y = 235[1] MPa) C_b = 1.32

H형강 치수	단위중량	I_x	ϕM_{px}	L_p	L_r	경간 L_n[2] (m)																			설계전단강도 $\phi_v V_{nx}$
	kg/m	×10^6mm^4	kN.m	mm	mm	2.0	3.0	4.0	5.0	6.0	7.0	8.0	9.0	10.0	11.0	12.0	13.0	14.0	15.0	16.0	17.0	18.0	19.0	20.0	kN
H-708x302x15x28	215.0	2370	1600	3570	12000	1600	1600	1600	1600	1600	1600	1600	1600	1500	1410	1310	1180	1080	989	915	851	796	747	705	1500
H-792x300x14x22	191.0	2540	1540	3320	10100	1540	1540	1540	1540	1540	1540	1490	1380	1260	1100	968	864	780	711	653	604	562	525	493	1560
H-800x300x14x26	210.0	2920	1740	3440	10700	1740	1740	1740	1740	1740	1740	1740	1630	1510	1370	1210	1080	983	898	827	766	714	669	629	1580
H-808x302x16x30	241.0	3390	2020	3480	11500	2020	2020	2020	2020	2020	2020	2020	1960	1830	1700	1540	1390	1260	1150	1070	991	925	868	818	1820
H-890x299x15x23	213.0	3450	1890	3200	9690	1890	1890	1890	1890	1890	1890	1770	1620	1440	1250	1100	977	881	801	735	679	631	589	552	1880
H-900x300x16x28	243.0	4110	2210	3320	10400	2210	2210	2210	2210	2210	2210	2170	2010	1850	1640	1450	1300	1170	1070	986	913	851	796	749	2030
H-912x302x18x34	286.0	4980	2640	3410	11300	2640	2640	2640	2640	2640	2640	2640	2530	2360	2190	1970	1770	1610	1480	1370	1270	1190	1110	1050	2310
H-918x303x19x37	307.0	5420	2860	3450	11900	2860	2860	2860	2860	2860	2860	2860	2810	2630	2460	2270	2050	1860	1710	1580	1470	1380	1290	1220	2460
H-100x100x6x8	17.2	3.83	18.5	1290	8440	18.5	18.5	18.5	18.5	18.2	16.9	15.5	14.0	12.6	11.4	10.5	9.65	8.95	8.35	7.83	7.36	6.95	6.59	6.25	84.6
H-125x125x6.5x9	23.8	8.47	32.5	1620	9080	32.5	32.5	32.5	32.5	32.5	31.1	28.9	26.7	24.0	21.7	19.9	18.3	17.0	15.8	14.8	14.0	13.2	12.5	11.9	115
H-150x150x7x10	31.5	16.4	52.0	1950	9930	52.0	52.0	52.0	52.0	52.0	52.0	49.0	45.8	42.4	38.4	35.1	32.3	29.9	27.9	26.1	24.5	23.2	21.9	20.8	148
H-200x200x8x12	49.9	47.2	111	2610	11700	111	111	111	111	111	111	111	109	103	96.6	90.0	82.6	76.4	71.0	66.4	62.3	58.7	55.5	52.7	226
H-200x204x12x12	56.2	49.8	120	2540	13000	120	120	120	120	120	120	120	120	115	109	103	97.5	90.1	83.9	78.4	73.7	69.5	65.7	62.3	338
H-208x202x10x16	65.7	65.3	150	2670	15100	150	150	150	150	150	150	150	150	150	148	141	135	129	123	115	108	102	96.8	91.8	293
H-244x252x11x11	64.4	87.9	169	3110	12400	169	169	169	169	169	169	169	169	163	154	145	134	123	114	106	99.3	93.4	88.2	83.5	378
H-248x249x8x13	66.5	99.3	187	3270	12900	187	187	187	187	187	187	187	187	184	174	165	155	143	132	123	115	108	102	96.8	280
H-250x250x9x14	72.4	108	203	3270	13700	203	203	203	203	203	203	203	203	203	195	186	176	166	154	143	134	126	119	113	317
H-250x255x14x14	82.2	115	220	3160	15200	220	220	220	220	220	220	220	220	220	218	209	200	190	181	170	159	150	142	134	494
H-294x302x12x12	84.5	169	263	3720	13700	263	263	263	263	263	263	263	263	263	260	247	234	219	202	187	175	164	154	146	497
H-298x299x9x14	87.0	188	294	3900	14200	294	294	294	294	294	294	294	294	294	291	277	263	250	231	215	200	188	177	167	378

1) SHN400, SHN490 이외의 강종은 판두께에 따른 강도저하를 고려하여야 한다. (KS규격 참조)
2) 주어진 경간 사이는 직선보간하거나 안전측으로 표의 우측(작은)값을 선택할 수 있다.

도움표 6.7-400 H형강보의 강축 설계휨강도 $ø_b M_{nx}$ (kN.m)

중앙부집중하중 / 양단부횡지지 SHN400 (F_y = 235[1] MPa) C_b = 1.32

H형강 치수	단위중량 kg/m	I_x ×10⁶mm⁴	$øM_{px}$ kN.m	L_p mm	L_r mm	경간 L_n[2] (m) 2.0	3.0	4.0	5.0	6.0	7.0	8.0	9.0	10.0	11.0	12.0	13.0	14.0	15.0	16.0	17.0	18.0	19.0	20.0	설계전단강도 $ø_v V_{nx}$ kN
H-300x300x10x15	94.0	204	317	3900	15000	317	317	317	317	317	317	317	317	317	317	307	293	279	265	246	230	216	203	192	423
H-300x305x15x15	106.0	215	341	3770	16300	341	341	341	341	341	341	341	341	341	341	339	325	312	298	285	268	251	237	224	635
H-304x301x11x17	106.0	234	361	3940	16400	361	361	361	361	361	361	361	361	361	361	361	349	335	321	307	289	272	256	242	472
H-310x305x15x20	130.0	286	440	3930	19400	440	440	440	440	440	440	440	440	440	440	440	440	437	423	409	395	381	366	349	656
H-310x310x20x20	142.0	299	465	3860	21200	465	465	465	465	465	465	465	465	465	465	465	465	465	461	447	434	420	406	392	874
H-338x351x13x13	106.0	282	374	4330	15300	374	374	374	374	374	374	374	374	374	374	374	366	349	331	308	287	268	251	237	620
H-344x348x10x16	115.0	333	449	4560	16300	449	449	449	449	449	449	449	449	449	449	449	439	421	402	384	360	337	316	298	485
H-344x354x16x16	131.0	353	486	4380	17700	486	486	486	486	486	486	486	486	486	486	486	486	469	451	433	415	394	371	350	776
H-350x350x12x19	137.0	403	538	4600	18500	538	538	538	538	538	538	538	538	538	538	538	538	535	516	497	479	460	437	413	592
H-350x357x19x19	156.0	428	584	4430	20500	584	584	584	584	584	584	584	584	584	584	584	584	584	578	560	541	523	505	487	938
H-388x402x15x15	140.0	490	567	4960	17500	567	567	567	567	567	567	567	567	567	567	567	567	567	551	528	505	477	447	420	821
H-394x398x11x18	147.0	561	660	5230	18400	660	660	660	660	660	660	660	660	660	660	660	660	660	637	613	589	566	534	502	611
H-394x405x18x18	168.0	597	717	5020	19900	717	717	717	717	717	717	717	717	717	717	717	717	717	710	686	662	638	615	590	1000
H-400x400x13x21	172.0	666	777	5260	20500	777	777	777	777	777	777	777	777	777	777	777	777	777	777	762	737	713	688	663	733
H-400x408x21x21	197.0	709	844	5070	22600	844	844	844	844	844	844	844	844	844	844	844	844	844	844	844	828	804	780	756	1180
H-406x403x16x24	200.0	780	905	5270	23100	905	905	905	905	905	905	905	905	905	905	905	905	905	905	905	902	877	853	828	916
H-414x405x18x28	232.0	928	1060	5330	26300	1060	1060	1060	1060	1060	1060	1060	1060	1060	1060	1060	1060	1060	1060	1060	1060	1060	1060	1030	1050
H-428x407x20x35	283.0	1190	1330	5430	31900	1330	1330	1330	1330	1330	1330	1330	1330	1330	1330	1330	1330	1330	1330	1330	1330	1330	1330	1330	1210
H-458x417x30x50	415.0	1870	2020	5560	45800	2020	2020	2020	2020	2020	2020	2020	2020	2020	2020	2020	2020	2020	2020	2020	2020	2020	2020	2020	1940
H-498x432x45x70	605.0	2980	3060	5750	65700	3060	3060	3060	3060	3060	3060	3060	3060	3060	3060	3060	3060	3060	3060	3060	3060	3060	3060	3060	3160

1) SHN400, SHN490 이외의 강종은 판두께에 따른 강도저하를 고려하여야 한다. (KS규격 참조)
2) 주어진 경간 사이는 직선보간하거나 안전측으로 표의 우측(작은)값을 선택할 수 있다.

도움표 6.7-490 H형강보의 강축 설계휨강도 $\phi_b M_{nx}$ (kN.m)

중앙부집중하중 / 양단부횡지지 SHN490 (F_y = 325[1] MPa) C_b = 1.32

H형강 치수	단위중량	I_x	ϕM_{px}	L_p	L_r	경간 L_n[2] (m)																			설계전단강도 $\phi_v V_{nx}$
	kg/m	×10⁶mm⁴	kN.m	mm	mm	2.0	3.0	4.0	5.0	6.0	7.0	8.0	9.0	10.0	11.0	12.0	13.0	14.0	15.0	16.0	17.0	18.0	19.0	20.0	kN
H-150x75x5x7	14.0	6.66	29.4	737	2680	29.4	20.9	15.0	11.7	9.62	8.18	7.12	6.31	5.66	5.14	4.70	4.34	4.02	3.75	3.51	3.31	3.12	2.96	2.81	146
H-148x100x6x9	21.1	10.2	45.9	1050	4500	45.9	45.9	40.7	33.2	27.3	23.2	20.2	17.8	16.0	14.5	13.3	12.3	11.4	10.6	9.94	9.35	8.82	8.35	7.93	173
H-198x99x4.5x7	13.2	15.8	52.6	978	3040	52.6	43.7	29.7	22.4	18.1	15.2	13.1	11.5	10.3	9.29	8.48	7.80	7.22	6.73	6.30	5.92	5.58	5.28	5.01	174
H-200x100x5.5x8	21.3	18.4	61.3	981	3260	61.3	53.4	38.2	29.1	23.6	19.9	17.2	15.1	13.6	12.3	11.2	10.3	9.56	8.90	8.33	7.83	7.39	7.00	6.64	215
H-194x150x6x9	30.6	26.9	90.3	1590	5460	90.3	90.3	90.3	80.2	66.7	55.4	47.5	41.6	37.1	33.4	30.4	28.0	25.9	24.1	22.5	21.1	19.9	18.8	17.9	227
H-248x124x5x8	25.7	35.4	93.4	1230	3650	93.4	89.6	67.3	49.1	38.6	31.9	27.1	23.7	21.0	18.9	17.2	15.7	14.5	13.5	12.6	11.8	11.2	10.6	10.0	242
H-250x125x6x9	29.6	40.5	107	1230	3840	107	105	82.7	61.0	48.4	40.1	34.3	30.0	26.7	24.1	21.9	20.1	18.6	17.3	16.2	15.2	14.3	13.5	12.8	293
H-244x175x7x11	44.1	61.2	163	1850	6230	163	163	163	158	140	117	99.5	86.7	76.9	69.1	62.8	57.6	53.2	49.4	46.1	43.3	40.8	38.5	36.5	333
H-298x149x5.5x8	32.0	63.2	139	1460	4140	139	139	118	85.1	65.0	52.4	43.9	37.8	33.2	29.6	26.7	24.4	22.4	20.7	19.3	18.1	17.0	16.0	15.2	320
H-300x150x6.5x9	36.7	72.1	159	1460	4300	159	159	138	103	79.8	64.8	54.6	47.2	41.6	37.2	33.7	30.8	28.4	26.3	24.5	23.0	21.6	20.4	19.3	380
H-294x200x8x12	56.8	113	251	2080	6710	251	251	251	251	227	197	166	143	126	113	102	93.2	85.8	79.6	74.2	69.5	65.4	61.7	58.5	459
H-298x201x9x14	65.4	133	292	2110	7270	292	292	292	292	277	249	214	186	164	148	134	122	113	105	97.8	91.7	86.3	81.6	77.3	523
H-346x174x6x9	41.4	111	209	1710	4800	209	209	200	162	121	96.2	79.4	67.6	58.8	52.1	46.8	42.4	38.8	35.8	33.3	31.1	29.1	27.4	25.9	405
H-350x175x7x11	49.6	136	254	1750	5090	254	254	250	213	163	131	109	93.5	81.9	72.9	65.7	59.8	55.0	50.8	47.3	44.2	41.6	39.2	37.1	478
H-354x176x8x13	57.8	161	299	1770	5410	299	299	299	263	212	172	144	124	109	97.8	88.4	80.7	74.3	68.9	64.2	60.1	56.5	53.4	50.5	552
H-336x249x8x12	69.2	185	348	2620	7860	348	348	348	348	348	326	290	246	214	189	169	153	140	129	120	112	105	98.6	93.2	524
H-340x250x9x14	79.7	217	413	2650	8400	413	413	413	413	413	393	359	314	274	243	219	199	182	168	156	146	137	129	122	597
H-396x199x7x11	56.6	200	330	1980	5580	330	330	330	299	243	192	157	133	115	102	91.1	82.5	75.3	69.4	64.3	60.0	56.2	52.8	49.9	541
H-400x200x8x13	66.0	237	388	2010	5880	388	388	388	364	310	247	204	174	152	135	121	110	101	92.9	86.3	80.6	75.6	71.2	67.3	624
H-404x201x9x15	75.5	275	447	2030	6210	447	447	447	432	379	310	258	221	194	173	156	142	130	120	112	105	98.3	92.7	87.8	709

1) SHN400, SHN490 이외의 강종은 판두께에 따른 강도저하를 고려하여야 한다. (KS규격 참조)
2) 주어진 경간 사이는 직선보간하거나 안전측으로 표의 우측(작은)값을 선택할 수 있다.

도움표 6.7-490 H형강보의 강축 설계휨강도 $\phi_b M_{nx}$ (kN.m)

중앙부집중하중 / 양단부횡지지 SHN490 (F_y = 325[1] MPa) C_b = 1.32

H형강 치수	단위중량	I_x	ϕM_{px}	L_p	L_r	경간 L_n[2] (m)																			설계전단강도 $\phi_v V_{nx}$
	kg/m	×10⁶mm⁴	kN.m	mm	mm	2.0	3.0	4.0	5.0	6.0	7.0	8.0	9.0	10.0	11.0	12.0	13.0	14.0	15.0	16.0	17.0	18.0	19.0	20.0	kN
H-386x299x9x14	94.3	337	546	3190	9480	546	546	546	546	546	546	535	492	436	382	340	306	279	256	236	220	205	193	182	677
H-390x300x10x16	107.0	387	640	3220	10000	640	640	640	640	640	640	628	583	538	474	423	382	349	321	297	277	259	243	230	761
H-446x199x8x12	66.2	287	424	1910	5480	424	424	424	376	300	237	195	165	143	126	113	102	93.4	86.0	79.8	74.4	69.7	65.6	61.9	696
H-450x200x9x14	76.0	335	491	1940	5740	491	491	491	450	375	298	247	210	183	163	146	133	121	112	104	97.3	91.3	86.0	81.3	790
H-434x299x10x15	106.0	468	691	3110	9250	691	691	691	691	691	691	652	596	520	455	405	364	331	304	281	261	244	229	215	846
H-440x300x11x18	124.0	561	826	3170	9960	826	826	826	826	826	826	805	745	684	602	538	486	443	408	378	352	329	309	292	944
H-496x199x9x14	79.5	419	560	1890	5510	560	560	560	496	398	315	260	221	192	169	152	138	126	116	108	101	94.3	88.8	83.9	870
H-500x200x10x16	89.6	478	636	1910	5750	636	636	636	580	485	386	320	273	239	212	190	173	159	147	136	127	119	113	106	975
H-506x201x11x19	103.0	565	743	1960	6140	743	743	743	707	616	501	419	360	315	281	253	231	212	196	183	171	161	152	143	1090
H-482x300x11x15	114.0	604	808	3010	8900	808	808	808	808	808	806	738	665	569	497	441	396	360	329	304	282	263	247	232	1030
H-488x300x11x18	128.0	710	944	3110	9450	944	944	944	944	944	944	891	818	724	635	565	510	464	426	394	366	342	321	303	1050
H-596x199x10x15	94.6	687	775	1790	5240	775	775	767	651	500	393	323	273	236	208	186	169	154	142	131	123	115	108	102	1160
H-600x200x11x17	106.0	776	871	1820	5440	871	871	871	754	598	474	391	332	289	256	229	208	190	176	163	152	143	134	127	1290
H-606x201x12x20	120.0	904	1000	1870	5740	1000	1000	1000	905	753	601	500	427	373	331	298	271	249	230	213	200	187	177	167	1420
H-612x202x13x23	134.0	1030	1140	1910	6070	1140	1140	1140	1070	924	746	623	535	469	418	377	344	316	292	272	254	239	225	213	1550
H-582x300x12x17	137.0	1030	1160	2930	8580	1160	1160	1160	1160	1160	1110	1010	885	755	657	582	521	472	432	398	369	344	322	303	1360
H-588x300x12x20	151.0	1180	1310	3030	9010	1310	1310	1310	1310	1310	1300	1200	1090	932	814	723	650	590	541	499	463	433	406	382	1380
H-594x302x14x23	175.0	1370	1520	3050	9570	1520	1520	1520	1520	1520	1520	1430	1320	1170	1030	919	829	756	694	642	598	559	525	496	1620
H-692x300x13x20	166.0	1720	1650	2890	8410	1650	1650	1650	1650	1650	1560	1410	1210	1030	894	789	706	639	583	536	496	462	433	407	1750
H-700x300x13x24	185.0	2010	1890	3000	8900	1890	1890	1890	1890	1890	1860	1700	1530	1310	1140	1010	908	824	754	695	645	602	564	531	1770

1) SHN400, SHN490 이외의 강종은 판두께에 따른 강도저하를 고려하여야 한다. (KS규격 참조)

2) 주어진 경간 사이는 직선보간하거나 안전측으로 표의 우측(작은)값을 선택할 수 있다.

도움표 6.7-490 H형강보의 강축 설계휨강도 $\phi_b M_{nx}$ (kN.m)

중앙부집중하중 / 양단부횡지지 SHN490 (F_y = 325[1] MPa) C_b = 1.32

H형강 치수	단위중량	I_x	ϕM_{px}	L_p	L_r	경간 L_n[2] (m)																			설계전단강도 $\phi_v V_{nx}$
	kg/m	×10⁶mm⁴	kN.m	mm	mm	2.0	3.0	4.0	5.0	6.0	7.0	8.0	9.0	10.0	11.0	12.0	13.0	14.0	15.0	16.0	17.0	18.0	19.0	20.0	kN
H-708x302x15x28	215.0	2370	2210	3030	9480	2210	2210	2210	2210	2210	2210	2070	1890	1680	1470	1310	1180	1080	989	915	851	796	747	705	2070
H-792x300x14x22	191.0	2540	2130	2820	8210	2130	2130	2130	2130	2130	1970	1770	1490	1270	1100	968	864	780	711	653	604	562	525	493	2160
H-800x300x14x26	210.0	2920	2410	2930	8630	2410	2410	2410	2410	2410	2320	2100	1840	1570	1370	1210	1080	983	898	827	766	714	669	629	2180
H-808x302x16x30	241.0	3390	2790	2960	9110	2790	2790	2790	2790	2790	2750	2520	2300	1980	1730	1540	1390	1260	1150	1070	991	925	868	818	2520
H-890x299x15x23	213.0	3450	2610	2720	7930	2610	2610	2610	2610	2600	2340	2060	1700	1440	1250	1100	977	881	801	735	679	631	589	552	2600
H-900x300x16x28	243.0	4110	3060	2820	8400	3060	3060	3060	3060	3060	2860	2580	2210	1890	1640	1450	1300	1170	1070	986	913	851	796	749	2810
H-912x302x18x34	286.0	4980	3660	2900	9020	3660	3660	3660	3660	3660	3570	3260	2960	2540	2220	1970	1770	1610	1480	1370	1270	1190	1110	1050	3200
H-918x303x19x37	307.0	5420	3960	2930	9360	3960	3960	3960	3960	3960	3940	3620	3310	2900	2550	2270	2050	1860	1710	1580	1470	1380	1290	1220	3400
H-100x100x6x8	17.2	3.83	25.6	1090	6150	25.6	25.6	25.6	23.7	21.1	18.1	15.8	14.0	12.6	11.4	10.5	9.65	8.95	8.35	7.83	7.36	6.95	6.59	6.25	117
H-125x125x6.5x9	23.8	8.47	44.9	1380	6660	44.9	44.9	44.9	43.8	39.5	34.7	30.2	26.7	24.0	21.7	19.9	18.3	17.0	15.8	14.8	14.0	13.2	12.5	11.9	158
H-150x150x7x10	31.5	16.4	72.0	1660	7330	72.0	72.0	72.0	72.0	67.5	61.2	53.8	47.4	42.4	38.4	35.1	32.3	29.9	27.9	26.1	24.5	23.2	21.9	20.8	205
H-200x200x8x12	49.9	47.2	154	2220	8770	154	154	154	154	154	148	136	124	110	98.9	90.0	82.6	76.4	71.0	66.4	62.3	58.7	55.5	52.7	312
H-200x204x12x12	56.2	49.8	165	2160	9620	165	165	165	165	165	164	153	142	129	116	106	97.4	90.1	83.9	78.4	73.7	69.5	65.7	62.3	468
H-208x202x10x16	65.7	65.3	208	2270	11100	208	208	208	208	208	208	206	194	182	170	156	143	132	123	115	108	102	96.8	91.8	406
H-244x252x11x11	64.4	87.9	225	2640	9450	225	225	225	225	225	225	219	202	182	162	146	134	123	114	106	99.3	93.4	88.2	83.5	523
H-248x249x8x13	66.5	99.3	258	2780	9770	258	258	258	258	258	258	248	230	210	188	170	155	143	132	123	115	108	102	96.8	387
H-250x250x9x14	72.4	108	281	2780	10300	281	281	281	281	281	281	276	258	240	217	197	180	166	154	143	134	126	119	113	439
H-250x255x14x14	82.2	115	304	2690	11300	304	304	304	304	304	304	304	289	271	253	232	212	196	182	170	159	150	142	134	683
H-294x302x12x12	84.5	169	346	3160	10600	346	346	346	346	346	346	346	346	324	295	264	240	219	202	187	175	164	154	146	688
H-298x299x9x14	87.0	188	396	3320	10900	396	396	396	396	396	396	396	391	365	338	303	274	251	231	215	200	188	177	167	523

1) SHN400, SHN490 이외의 강종은 판두께에 따른 강도저하를 고려하여야 한다. (KS규격 참조)
2) 주어진 경간 사이는 직선보간하거나 안전측으로 표의 우측(작은)값을 선택할 수 있다.

도움표 6.7-490 H형강보의 강축 설계휨강도 $\phi_b M_{nx}$ (kN.m)

중앙부집중하중 / 양단부횡지지 SHN490 (F_y = 325[1] MPa) C_b = 1.32

H형강 치수	단위중량 kg/m	I_x ×$10^6$$mm^4$	ϕM_{px} kN.m	L_p mm	L_r mm	경간 L_n[2] (m) 2.0	3.0	4.0	5.0	6.0	7.0	8.0	9.0	10.0	11.0	12.0	13.0	14.0	15.0	16.0	17.0	18.0	19.0	20.0	설계전단강도 $\phi_v V_{nx}$ kN
H-300x300x10x15	94.0	204	434	3320	11400	434	434	434	434	434	434	434	431	404	378	345	313	287	265	246	230	216	203	192	585
H-300x305x15x15	106.0	215	465	3210	12300	465	465	465	465	465	465	465	465	447	421	395	362	332	307	286	268	251	237	224	878
H-304x301x11x17	106.0	234	499	3350	12400	499	499	499	499	499	499	499	499	479	452	425	392	359	332	309	289	272	256	242	652
H-310x305x15x20	130.0	286	608	3350	14400	608	608	608	608	608	608	608	608	608	592	564	536	509	475	443	415	390	368	349	907
H-310x310x20x20	142.0	299	643	3280	15600	643	643	643	643	643	643	643	643	643	643	616	589	563	536	506	474	446	421	399	1210
H-338x351x13x13	106.0	282	491	3680	11900	491	491	491	491	491	491	491	491	491	479	444	400	364	334	308	287	268	251	237	857
H-344x348x10x16	115.0	333	601	3880	12600	601	601	601	601	601	601	601	601	601	576	542	500	456	419	387	360	337	316	298	671
H-344x354x16x16	131.0	353	648	3730	13500	648	648	648	648	648	648	648	648	648	639	605	571	529	487	452	421	394	371	350	1070
H-350x350x12x19	137.0	403	744	3910	14000	744	744	744	744	744	744	744	744	744	729	694	658	622	573	532	496	465	437	413	819
H-350x357x19x19	156.0	428	807	3770	15300	807	807	807	807	807	807	807	807	807	807	776	741	706	671	627	586	550	518	490	1300
H-388x402x15x15	140.0	490	745	4220	13600	745	745	745	745	745	745	745	745	745	745	745	708	656	600	552	512	477	447	420	1130
H-394x398x11x18	147.0	561	880	4450	14200	880	880	880	880	880	880	880	880	880	880	867	823	778	716	659	611	570	534	502	845
H-394x405x18x18	168.0	597	951	4260	15200	951	951	951	951	951	951	951	951	951	951	951	917	872	827	767	713	667	626	590	1380
H-400x400x13x21	172.0	666	1070	4480	15600	1070	1070	1070	1070	1070	1070	1070	1070	1070	1070	1070	1020	974	927	870	809	757	710	670	1010
H-400x408x21x21	197.0	709	1160	4310	17000	1160	1160	1160	1160	1160	1160	1160	1160	1160	1160	1160	1140	1090	1050	1000	954	894	841	794	1640
H-406x403x16x24	200.0	780	1250	4480	17300	1250	1250	1250	1250	1250	1250	1250	1250	1250	1250	1250	1240	1200	1150	1100	1050	990	931	879	1270
H-414x405x18x28	232.0	928	1470	4530	19400	1470	1470	1470	1470	1470	1470	1470	1470	1470	1470	1470	1470	1470	1430	1380	1330	1280	1230	1170	1450
H-428x407x20x35	283.0	1190	1850	4620	23300	1850	1850	1850	1850	1850	1850	1850	1850	1850	1850	1850	1850	1850	1850	1850	1820	1770	1720	1670	1670
H-458x417x30x50	415.0	1870	2790	4730	33200	2790	2790	2790	2790	2790	2790	2790	2790	2790	2790	2790	2790	2790	2790	2790	2790	2790	2790	2790	2680
H-498x432x45x70	605.0	2980	4230	4890	47600	4230	4230	4230	4230	4230	4230	4230	4230	4230	4230	4230	4230	4230	4230	4230	4230	4230	4230	4230	4370

1) SHN400, SHN490 이외의 강종은 판두께에 따른 강도저하를 고려하여야 한다. (KS규격 참조)
2) 주어진 경간 사이는 직선보간하거나 안전측으로 표의 우측(작은)값을 선택할 수 있다.

도움표 6.8-400 H형강보의 강축 설계휨강도 $\phi_b M_{nx}$ (kN.m)

중앙부집중하중 / 2등분점횡지지 SHN400 (F_y = 235[1] MPa) C_b = 1.67

H형강 치수	단위중량	I_x	ϕM_{px}	L_p	L_r	경간 L_n[2] (m)																			설계전단강도 $\phi_v V_{nx}$
	kg/m	×10⁶mm⁴	kN.m	mm	mm	2.0	3.0	4.0	5.0	6.0	7.0	8.0	9.0	10.0	11.0	12.0	13.0	14.0	15.0	16.0	17.0	18.0	19.0	20.0	kN
H-150x75x5x7	14.0	6.66	21.5	867	3520	21.5	21.5	21.5	21.5	21.5	21.5	18.9	16.6	14.8	13.4	12.2	11.2	10.4	9.64	9.01	8.46	7.98	7.55	7.16	106
H-148x100x6x9	21.1	10.2	33.2	1230	6070	33.2	33.2	33.2	33.2	33.2	33.2	33.2	33.2	33.2	33.2	33.2	31.7	29.3	27.3	25.5	24.0	22.6	21.4	20.3	125
H-198x99x4.5x7	18.2	15.8	38.0	1150	3860	38.0	38.0	38.0	38.0	38.0	38.0	37.6	32.3	28.4	25.3	22.9	20.9	19.2	17.8	16.5	15.5	14.6	13.7	13.0	126
H-200x100x5.5x8	21.3	18.4	44.3	1150	4200	44.3	44.3	44.3	44.3	44.3	44.3	44.3	41.8	36.9	33.0	29.9	27.3	25.1	23.3	21.7	20.4	19.2	18.1	17.1	155
H-194x150x6x9	30.6	26.9	65.3	1880	7140	65.3	65.3	65.3	65.3	65.3	65.3	65.3	65.3	65.3	65.3	65.3	65.3	65.3	64.7	60.1	56.1	52.7	49.6	46.9	164
H-248x124x5x8	25.7	35.4	67.5	1450	4570	67.5	67.5	67.5	67.5	67.5	67.5	67.5	67.5	62.1	54.7	48.9	44.2	40.3	37.1	34.3	32.0	29.9	28.2	26.6	175
H-250x125x6x9	29.6	40.5	77.4	1450	4860	77.4	77.4	77.4	77.4	77.4	77.4	77.4	77.4	77.2	68.3	61.2	55.5	50.8	46.8	43.4	40.5	38.0	35.8	33.8	212
H-244x175x7x11	44.1	61.2	118	2180	8110	118	118	118	118	118	118	118	118	118	118	118	118	118	118	118	117	110	103	97.3	241
H-298x149x5.5x8	32.0	63.2	100	1710	5090	100	100	100	100	100	100	100	100	100	93.4	82.3	73.5	66.3	60.5	55.5	51.4	47.8	44.7	42.0	231
H-300x150x6.5x9	36.7	72.1	115	1710	5350	115	115	115	115	115	115	115	115	115	114	101	90.5	82.0	75.0	69.1	64.0	59.7	55.9	52.6	275
H-294x200x8x12	56.8	113	182	2450	8630	182	182	182	182	182	182	182	182	182	182	182	182	182	182	182	182	181	170	159	332
H-298x201x9x14	65.4	133	211	2480	9510	211	211	211	211	211	211	211	211	211	211	211	211	211	211	211	211	211	211	208	378
H-346x174x6x9	41.4	111	151	2020	5880	151	151	151	151	151	151	151	151	151	151	151	136	122	110	101	92.4	85.5	79.6	74.4	293
H-350x175x7x11	49.6	136	184	2050	6320	184	184	184	184	184	184	184	184	184	184	184	184	165	151	138	127	118	110	104	345
H-354x176x8x13	57.8	161	216	2080	6820	216	216	216	216	216	216	216	216	216	216	216	216	216	198	182	169	157	147	138	399
H-336x249x8x12	69.2	185	257	3080	9950	257	257	257	257	257	257	257	257	257	257	257	257	257	257	257	257	257	257	257	379
H-340x250x9x14	79.7	217	299	3120	10800	299	299	299	299	299	299	299	299	299	299	299	299	299	299	299	299	299	299	299	431
H-396x199x7x11	56.6	200	239	2330	6860	239	239	239	239	239	239	239	239	239	239	239	239	239	219	199	183	169	156	146	391
H-400x200x8x13	66.0	237	281	2360	7320	281	281	281	281	281	281	281	281	281	281	281	281	281	281	258	238	220	205	192	451
H-404x201x9x15	75.5	275	323	2390	7830	323	323	323	323	323	323	323	323	323	323	323	323	323	323	323	302	280	262	245	513

1) SHN400, SHN490 이외의 강종은 판두께에 따른 강도저하를 고려하여야 한다. (KS규격 참조)

2) 주어진 경간 사이는 직선보간하거나 안전측으로 표의 우측(작은)값을 선택할 수 있다.

제6장

도움표 6.8-400 H형강보의 강축 설계휨강도 $\phi_b M_{nx}$ (kN.m)

중앙부집중하중 / 2등분점횡지지 — SHN400 (F_y = 235[1] MPa) — C_b = 1.67

H형강 치수	단위중량 kg/m	I_x ×10⁶mm⁴	ϕM_{px} kN.m	L_p mm	L_r mm	경간 L_n[2] (m) 2.0	3.0	4.0	5.0	6.0	7.0	8.0	9.0	10.0	11.0	12.0	13.0	14.0	15.0	16.0	17.0	18.0	19.0	20.0	설계전단강도 $\phi_v V_{nx}$ kN
H-386x299x9x14	94.3	337	406	3750	12000	406	406	406	406	406	406	406	406	406	406	406	406	406	406	406	406	406	406	406	490
H-390x300x10x16	107.0	387	463	3780	12900	463	463	463	463	463	463	463	463	463	463	463	463	463	463	463	463	463	463	463	550
H-446x199x8x12	66.2	287	307	2250	6730	307	307	307	307	307	307	307	307	307	307	307	307	300	270	246	226	209	194	181	503
H-450x200x9x14	76.0	335	355	2290	7140	355	355	355	355	355	355	355	355	355	355	355	355	355	342	312	288	266	248	232	571
H-434x299x10x15	106.0	468	504	3660	11700	504	504	504	504	504	504	504	504	504	504	504	504	504	504	504	504	504	504	504	612
H-440x300x11x18	124.0	561	597	3730	12800	597	597	597	597	597	597	597	597	597	597	597	597	597	597	597	597	597	597	597	682
H-496x199x9x14	79.5	419	405	2220	6790	405	405	405	405	405	405	405	405	405	405	405	405	398	360	328	302	279	259	242	629
H-500x200x10x16	89.6	478	460	2250	7160	460	460	460	460	460	460	460	460	460	460	460	460	460	443	405	373	346	322	302	705
H-506x201x11x19	103.0	565	537	2310	7760	537	537	537	537	537	537	537	537	537	537	537	537	537	537	530	490	455	425	399	785
H-482x300x11x15	114.0	604	590	3540	11100	590	590	590	590	590	590	590	590	590	590	590	590	590	590	590	590	590	590	590	748
H-488x300x11x18	128.0	710	683	3660	12000	683	683	683	683	683	683	683	683	683	683	683	683	683	683	683	683	683	683	683	757
H-596x199x10x15	94.6	687	561	2110	6410	561	561	561	561	561	561	561	561	561	561	561	557	498	449	408	374	345	321	299	840
H-600x200x11x17	106.0	776	630	2140	6700	630	630	630	630	630	630	630	630	630	630	630	630	599	542	495	455	420	391	366	931
H-606x201x12x20	120.0	904	726	2200	7160	726	726	726	726	726	726	726	726	726	726	726	726	726	691	632	582	540	504	472	1030
H-612x202x13x23	134.0	1030	823	2240	7660	823	823	823	823	823	823	823	823	823	823	823	823	823	823	788	728	677	632	594	1120
H-582x300x12x17	137.0	1030	838	3450	10600	838	838	838	838	838	838	838	838	838	838	838	838	838	838	838	838	838	838	838	985
H-588x300x12x20	151.0	1180	949	3560	11300	949	949	949	949	949	949	949	949	949	949	949	949	949	949	949	949	949	949	949	995
H-594x302x14x23	175.0	1370	1100	3590	12200	1100	1100	1100	1100	1100	1100	1100	1100	1100	1100	1100	1100	1100	1100	1100	1100	1100	1100	1100	1170
H-692x300x13x20	166.0	1720	1190	3400	10400	1190	1190	1190	1190	1190	1190	1190	1190	1190	1190	1190	1190	1190	1190	1190	1190	1190	1190	1190	1270
H-700x300x13x24	185.0	2010	1370	3520	11100	1370	1370	1370	1370	1370	1370	1370	1370	1370	1370	1370	1370	1370	1370	1370	1370	1370	1370	1370	1280

1) SHN400, SHN490 이외의 강종은 판두께에 따른 강도저하를 고려하여야 한다. (KS규격 참조)

2) 주어진 경간 사이는 직선보간하거나 안전측으로 표의 우측(작은)값을 선택할 수 있다.

도움표 6.8-400 H형강보의 강축 설계휨강도 $\phi_b M_{nx}$ (kN.m)

중앙부집중하중 / 2등분점횡지지 SHN400 (F_y = 235[1] MPa) C_b = 1.67

H형강 치수	단위중량 kg/m	I_x ×10^{6}mm^4	ϕM_{px} kN.m	L_p mm	L_r mm	경간 L_n[2] (m) 2.0	3.0	4.0	5.0	6.0	7.0	8.0	9.0	10.0	11.0	12.0	13.0	14.0	15.0	16.0	17.0	18.0	19.0	20.0	설계전단강도 $\phi_v V_{nx}$ kN
H-708x302x15x28	215.0	2370	1600	3570	12000	1600	1600	1600	1600	1600	1600	1600	1600	1600	1600	1600	1600	1600	1600	1600	1600	1600	1600	1600	1500
H-792x300x14x22	191.0	2540	1540	3320	10100	1540	1540	1540	1540	1540	1540	1540	1540	1540	1540	1540	1540	1540	1540	1540	1540	1540	1540	1540	1560
H-800x300x14x26	210.0	2920	1740	3440	10700	1740	1740	1740	1740	1740	1740	1740	1740	1740	1740	1740	1740	1740	1740	1740	1740	1740	1740	1740	1580
H-808x302x16x30	241.0	3390	2020	3480	11500	2020	2020	2020	2020	2020	2020	2020	2020	2020	2020	2020	2020	2020	2020	2020	2020	2020	2020	2020	1820
H-890x299x15x23	213.0	3450	1890	3200	9690	1890	1890	1890	1890	1890	1890	1890	1890	1890	1890	1890	1890	1890	1890	1890	1890	1890	1890	1830	1880
H-900x300x16x28	243.0	4110	2210	3320	10400	2210	2210	2210	2210	2210	2210	2210	2210	2210	2210	2210	2210	2210	2210	2210	2210	2210	2210	2210	2030
H-912x302x18x34	286.0	4980	2640	3410	11300	2640	2640	2640	2640	2640	2640	2640	2640	2640	2640	2640	2640	2640	2640	2640	2640	2640	2640	2640	2310
H-918x303x19x37	307.0	5420	2860	3450	11900	2860	2860	2860	2860	2860	2860	2860	2860	2860	2860	2860	2860	2860	2860	2860	2860	2860	2860	2860	2460
H-100x100x6x8	17.2	3.83	18.5	1290	8440	18.5	18.5	18.5	18.5	18.5	18.5	18.5	18.5	18.5	18.5	18.5	18.5	18.5	18.5	18.5	18.5	17.7	16.8	15.9	84.6
H-125x125x6.5x9	23.8	8.47	32.5	1620	9080	32.5	32.5	32.5	32.5	32.5	32.5	32.5	32.5	32.5	32.5	32.5	32.5	32.5	32.5	32.5	32.5	32.5	32.0	30.3	115
H-150x150x7x10	31.5	16.4	52.0	1950	9930	52.0	52.0	52.0	52.0	52.0	52.0	52.0	52.0	52.0	52.0	52.0	52.0	52.0	52.0	52.0	52.0	52.0	52.0	52.0	148
H-200x200x8x12	49.9	47.2	111	2610	11700	111	111	111	111	111	111	111	111	111	111	111	111	111	111	111	111	111	111	111	226
H-200x204x12x12	56.2	49.8	120	2540	13000	120	120	120	120	120	120	120	120	120	120	120	120	120	120	120	120	120	120	120	338
H-208x202x10x16	65.7	65.3	150	2670	15100	150	150	150	150	150	150	150	150	150	150	150	150	150	150	150	150	150	150	150	293
H-244x252x11x11	64.4	87.9	169	3110	12400	169	169	169	169	169	169	169	169	169	169	169	169	169	169	169	169	169	169	169	378
H-248x249x8x13	66.5	99.3	187	3270	12900	187	187	187	187	187	187	187	187	187	187	187	187	187	187	187	187	187	187	187	280
H-250x250x9x14	72.4	108	203	3270	13700	203	203	203	203	203	203	203	203	203	203	203	203	203	203	203	203	203	203	203	317
H-250x255x14x14	82.2	115	220	3160	15200	220	220	220	220	220	220	220	220	220	220	220	220	220	220	220	220	220	220	220	494
H-294x302x12x12	84.5	169	263	3720	13700	263	263	263	263	263	263	263	263	263	263	263	263	263	263	263	263	263	263	263	497
H-298x299x9x14	87.0	188	294	3900	14200	294	294	294	294	294	294	294	294	294	294	294	294	294	294	294	294	294	294	294	378

1) SHN400, SHN490 이외의 강종은 판두께에 따른 강도저하를 고려하여야 한다. (KS규격 참조)
2) 주어진 경간 사이는 직선보간하거나 안전측으로 표의 우측(작은)값을 선택할 수 있다.

도움표 6.8-400 H형강보의 강축 설계휨강도 $\phi_b M_{nx}$ (kN.m)

중앙부집중하중 / 2등분점횡지지 SHN400 (F_y = 235[1] MPa) C_b = 1.67

H형강 치수	단위중량	I_x	ϕM_{px}	L_p	L_r	경간 L_n[2] (m)																			설계전단강도 $\phi_v V_{nx}$
	kg/m	$\times 10^6 mm^4$	kN.m	mm	mm	2.0	3.0	4.0	5.0	6.0	7.0	8.0	9.0	10.0	11.0	12.0	13.0	14.0	15.0	16.0	17.0	18.0	19.0	20.0	kN
H-300x300x10x15	94.0	204	317	3900	15000	317	317	317	317	317	317	317	317	317	317	317	317	317	317	317	317	317	317	317	423
H-300x305x15x15	106.0	215	341	3770	16300	341	341	341	341	341	341	341	341	341	341	341	341	341	341	341	341	341	341	341	635
H-304x301x11x17	106.0	234	361	3940	16400	361	361	361	361	361	361	361	361	361	361	361	361	361	361	361	361	361	361	361	472
H-310x305x15x20	130.0	286	440	3930	19400	440	440	440	440	440	440	440	440	440	440	440	440	440	440	440	440	440	440	440	656
H-310x310x20x20	142.0	299	465	3860	21200	465	465	465	465	465	465	465	465	465	465	465	465	465	465	465	465	465	465	465	874
H-338x351x13x13	106.0	282	374	4330	15300	374	374	374	374	374	374	374	374	374	374	374	374	374	374	374	374	374	374	374	620
H-344x348x10x16	115.0	333	449	4560	16300	449	449	449	449	449	449	449	449	449	449	449	449	449	449	449	449	449	449	449	485
H-344x354x16x16	131.0	353	486	4380	17700	486	486	486	486	486	486	486	486	486	486	486	486	486	486	486	486	486	486	486	776
H-350x350x12x19	137.0	403	538	4600	18500	538	538	538	538	538	538	538	538	538	538	538	538	538	538	538	538	538	538	538	592
H-350x357x19x19	156.0	428	584	4430	20500	584	584	584	584	584	584	584	584	584	584	584	584	584	584	584	584	584	584	584	938
H-388x402x15x15	140.0	490	567	4960	17500	567	567	567	567	567	567	567	567	567	567	567	567	567	567	567	567	567	567	567	821
H-394x398x11x18	147.0	561	660	5230	18400	660	660	660	660	660	660	660	660	660	660	660	660	660	660	660	660	660	660	660	611
H-394x405x18x18	168.0	597	717	5020	19900	717	717	717	717	717	717	717	717	717	717	717	717	717	717	717	717	717	717	717	1000
H-400x400x13x21	172.0	666	777	5260	20500	777	777	777	777	777	777	777	777	777	777	777	777	777	777	777	777	777	777	777	733
H-400x408x21x21	197.0	709	844	5070	22600	844	844	844	844	844	844	844	844	844	844	844	844	844	844	844	844	844	844	844	1180
H-406x403x16x24	200.0	780	905	5270	23100	905	905	905	905	905	905	905	905	905	905	905	905	905	905	905	905	905	905	905	916
H-414x405x18x28	232.0	928	1060	5330	26300	1060	1060	1060	1060	1060	1060	1060	1060	1060	1060	1060	1060	1060	1060	1060	1060	1060	1060	1060	1050
H-428x407x20x35	283.0	1190	1330	5430	31900	1330	1330	1330	1330	1330	1330	1330	1330	1330	1330	1330	1330	1330	1330	1330	1330	1330	1330	1330	1210
H-458x417x30x50	415.0	1870	2020	5560	45800	2020	2020	2020	2020	2020	2020	2020	2020	2020	2020	2020	2020	2020	2020	2020	2020	2020	2020	2020	1940
H-498x432x45x70	605.0	2980	3060	5750	65700	3060	3060	3060	3060	3060	3060	3060	3060	3060	3060	3060	3060	3060	3060	3060	3060	3060	3060	3060	3160

1) SHN400, SHN490 이외의 강종은 판두께에 따른 강도저하를 고려하여야 한다. (KS규격 참조)

2) 주어진 경간 사이는 직선보간하거나 안전측으로 표의 우측(작은)값을 선택할 수 있다.

도움표 6.8-490 H형강보의 강축 설계휨강도 $\phi_b M_{nx}$ (kN.m)

중앙부집중하중 / 2등분점횡지지 SHN490 (F_y = 325[1] MPa) C_b = 1.67

H형강 치수	단위중량	I_x	ϕM_{px}	L_p	L_r	경간 L_n[2] (m)																			설계 전단 강도 $\phi_v V_{nx}$
	kg/m	×10⁶mm⁴	kN.m	mm	mm	2.0	3.0	4.0	5.0	6.0	7.0	8.0	9.0	10.0	11.0	12.0	13.0	14.0	15.0	16.0	17.0	18.0	19.0	20.0	kN
H-150x75x5x7	14.0	6.66	29.8	737	2680	29.8	29.8	29.8	29.8	26.5	22.1	18.9	16.6	14.8	13.4	12.2	11.2	10.4	9.64	9.01	8.46	7.98	7.55	7.16	146
H-148x100x6x9	21.1	10.2	45.9	1050	4500	45.9	45.9	45.9	45.9	45.9	45.9	45.9	45.9	42.0	37.9	34.5	31.7	29.3	27.3	25.5	24.0	22.6	21.4	20.3	173
H-198x99x4.5x7	18.2	15.8	52.6	978	3040	52.6	52.6	52.6	52.6	52.6	44.9	37.6	32.3	28.4	25.3	22.9	20.9	19.2	17.8	16.5	15.5	14.6	13.7	13.0	174
H-200x100x5.5x8	21.3	18.4	61.3	981	3260	61.3	61.3	61.3	61.3	61.3	57.4	48.4	41.8	36.9	33.0	29.9	27.3	25.1	23.3	21.7	20.4	19.2	18.1	17.1	215
H-194x150x6x9	30.6	26.9	90.3	1590	5460	90.3	90.3	90.3	90.3	90.3	90.3	90.3	90.3	90.3	90.3	84.3	76.6	70.1	64.7	60.1	56.1	52.7	49.6	46.9	227
H-248x124x5x8	25.7	35.4	93.4	1230	3650	93.4	93.4	93.4	93.4	93.4	93.4	85.2	71.9	62.1	54.7	48.9	44.2	40.3	37.1	34.3	32.0	29.9	28.2	26.6	242
H-250x125x6x9	29.6	40.5	107	1230	3840	107	107	107	107	107	107	105	88.9	77.2	68.3	61.2	55.5	50.8	46.8	43.4	40.5	38.0	35.8	33.8	293
H-244x175x7x11	44.1	61.2	163	1850	6230	163	163	163	163	163	163	163	163	163	163	163	162	148	136	126	117	110	103	97.3	333
H-298x149x5.5x8	32.0	63.2	139	1460	4140	139	139	139	139	139	139	139	127	108	93.4	82.3	73.5	66.3	60.5	55.5	51.4	47.8	44.7	42.0	320
H-300x150x6.5x9	36.7	72.1	159	1460	4300	159	159	159	159	159	159	159	153	131	114	101	90.5	82.0	75.0	69.1	64.0	59.7	55.9	52.6	380
H-294x200x8x12	56.8	113	251	2080	6710	251	251	251	251	251	251	251	251	251	251	251	251	249	227	210	194	181	170	159	459
H-298x201x9x14	65.4	133	292	2110	7270	292	292	292	292	292	292	292	292	292	292	292	292	292	292	271	252	235	221	208	523
H-346x174x6x9	41.4	111	209	1710	4800	209	209	209	209	209	209	209	209	205	176	153	136	122	110	101	92.4	85.5	79.6	74.4	405
H-350x175x7x11	49.6	136	254	1750	5090	254	254	254	254	254	254	254	254	254	235	206	184	165	151	138	127	118	110	104	478
H-354x176x8x13	57.8	161	299	1770	5410	299	299	299	299	299	299	299	299	299	299	268	240	217	198	182	169	157	147	138	552
H-336x249x8x12	69.2	185	348	2620	7860	348	348	348	348	348	348	348	348	348	348	348	348	348	348	348	337	311	289	270	524
H-340x250x9x14	79.7	217	413	2650	8400	413	413	413	413	413	413	413	413	413	413	413	413	413	413	413	413	397	370	347	597
H-396x199x7x11	56.6	200	330	1980	5580	330	330	330	330	330	330	330	330	330	330	308	271	242	219	199	183	169	156	146	541
H-400x200x8x13	66.0	237	388	2010	5880	388	388	388	388	388	388	388	388	388	388	388	348	312	283	258	238	220	205	192	624
H-404x201x9x15	75.5	275	447	2030	6210	447	447	447	447	447	447	447	447	447	447	447	435	392	356	327	302	280	262	245	709

1) SHN400, SHN490 이외의 강종은 판두께에 따른 강도저하를 고려하여야 한다. (KS규격 참조)
2) 주어진 경간 사이는 직선보간하거나 안전측으로 표의 우측(작은)값을 선택할 수 있다.

도움표 6.8-490 H형강보의 강축 설계휨강도 $\phi_b M_{nx}$ (kN.m)

중앙부집중하중 / 2등분점횡지지 SHN490 (F_y = 325[1] MPa) C_b = 1.67

H형강 치수	단위중량	I_x	ϕM_{px}	L_p	L_r	경간 L_n[2] (m)																			설계 전단 강도 $\phi_v V_{nx}$
	kg/m	×10^6mm^4	kN.m	mm	mm	2.0	3.0	4.0	5.0	6.0	7.0	8.0	9.0	10.0	11.0	12.0	13.0	14.0	15.0	16.0	17.0	18.0	19.0	20.0	kN
H-386x299x9x14	94.3	337	546	3190	9480	546	546	546	546	546	546	546	546	546	546	546	546	546	546	546	546	546	546	546	677
H-390x300x10x16	107.0	387	640	3220	10000	640	640	640	640	640	640	640	640	640	640	640	640	640	640	640	640	640	640	640	761
H-446x199x8x12	66.2	287	424	1910	5480	424	424	424	424	424	424	424	424	424	424	380	335	300	270	246	226	209	194	181	696
H-450x200x9x14	76.0	335	491	1940	5740	491	491	491	491	491	491	491	491	491	491	475	421	378	342	312	288	266	248	232	790
H-434x299x10x15	106.0	468	691	3110	9250	691	691	691	691	691	691	691	691	691	691	691	691	691	691	691	691	691	691	658	846
H-440x300x11x18	124.0	561	826	3170	9960	826	826	826	826	826	826	826	826	826	826	826	826	826	826	826	826	826	826	826	944
H-496x199x9x14	79.5	419	560	1890	5510	560	560	560	560	560	560	560	560	560	560	503	445	398	360	328	302	279	259	242	870
H-500x200x10x16	89.6	478	636	1910	5750	636	636	636	636	636	636	636	636	636	636	613	544	489	443	405	373	346	322	302	975
H-506x201x11x19	103.0	565	743	1960	6140	743	743	743	743	743	743	743	743	743	743	743	704	634	577	530	490	455	425	399	1090
H-482x300x11x15	114.0	604	808	3010	8900	808	808	808	808	808	808	808	808	808	808	808	808	808	808	808	808	808	776	720	1030
H-488x300x11x18	128.0	710	944	3110	9450	944	944	944	944	944	944	944	944	944	944	944	944	944	944	944	944	944	944	916	1050
H-596x199x10x15	94.6	687	775	1790	5240	775	775	775	775	775	775	775	775	775	727	632	557	498	449	408	374	345	321	299	1160
H-600x200x11x17	106.0	776	871	1820	5440	871	871	871	871	871	871	871	871	871	868	757	670	599	542	495	455	420	391	366	1290
H-606x201x12x20	120.0	904	1000	1870	5740	1000	1000	1000	1000	1000	1000	1000	1000	1000	1000	953	847	761	691	632	582	540	504	472	1420
H-612x202x13x23	134.0	1030	1140	1910	6070	1140	1140	1140	1140	1140	1140	1140	1140	1140	1140	1140	1050	944	859	788	728	677	632	594	1550
H-582x300x12x17	137.0	1030	1160	2930	8580	1160	1160	1160	1160	1160	1160	1160	1160	1160	1160	1160	1160	1160	1160	1160	1160	1120	1030	955	1360
H-588x300x12x20	151.0	1180	1310	3030	9010	1310	1310	1310	1310	1310	1310	1310	1310	1310	1310	1310	1310	1310	1310	1310	1310	1310	1270	1180	1380
H-594x302x14x23	175.0	1370	1520	3050	9570	1520	1520	1520	1520	1520	1520	1520	1520	1520	1520	1520	1520	1520	1520	1520	1520	1520	1520	1490	1620
H-692x300x13x20	166.0	1720	1650	2890	8410	1650	1650	1650	1650	1650	1650	1650	1650	1650	1650	1650	1650	1650	1650	1650	1650	1530	1410	1300	1750
H-700x300x13x24	185.0	2010	1890	3000	8900	1890	1890	1890	1890	1890	1890	1890	1890	1890	1890	1890	1890	1890	1890	1890	1890	1890	1780	1650	1770

1) SHN400, SHN490 이외의 강종은 판두께에 따른 강도저하를 고려하여야 한다. (KS규격 참조)
2) 주어진 경간 사이는 직선보간하거나 안전측으로 표의 우측(작은)값을 선택할 수 있다.

도움표 6.8-490 H형강보의 강축 설계휨강도 $\phi_b M_{nx}$ (kN.m)

중앙부집중하중 / 2등분점횡지지 — SHN490 (F_y = 325[1] MPa) — C_b = 1.67

H형강 치수	단위중량	I_x	ϕM_{px}	L_p	L_r	경간 L_n[2] (m)																			설계 전단 강도 $\phi_v V_{nx}$
	kg/m	$\times 10^6 mm^4$	kN.m	mm	mm	2.0	3.0	4.0	5.0	6.0	7.0	8.0	9.0	10.0	11.0	12.0	13.0	14.0	15.0	16.0	17.0	18.0	19.0	20.0	kN
H-708x302x15x28	215.0	2370	2210	3030	9480	2210	2210	2210	2210	2210	2210	2210	2210	2210	2210	2210	2210	2210	2210	2210	2210	2210	2210	2120	2070
H-792x300x14x22	191.0	2540	2130	2820	8210	2130	2130	2130	2130	2130	2130	2130	2130	2130	2130	2130	2130	2130	2130	2130	2070	1890	1740	1600	2160
H-800x300x14x26	210.0	2920	2410	2930	8630	2410	2410	2410	2410	2410	2410	2410	2410	2410	2410	2410	2410	2410	2410	2410	2410	2330	2150	1990	2180
H-808x302x16x30	241.0	3390	2790	2960	9110	2790	2790	2790	2790	2790	2790	2790	2790	2790	2790	2790	2790	2790	2790	2790	2790	2790	2700	2510	2520
H-890x299x15x23	213.0	3450	2610	2720	7930	2610	2610	2610	2610	2610	2610	2610	2610	2610	2610	2610	2610	2610	2610	2610	2360	2160	1980	1830	2600
H-900x300x16x28	243.0	4110	3060	2820	8400	3060	3060	3060	3060	3060	3060	3060	3060	3060	3060	3060	3060	3060	3060	3060	3060	2800	2580	2390	2810
H-912x302x18x34	236.0	4980	3660	2900	9020	3660	3660	3660	3660	3660	3660	3660	3660	3660	3660	3660	3660	3660	3660	3660	3660	3660	3460	3210	3200
H-918x303x19x37	307.0	5420	3960	2930	9360	3960	3960	3960	3960	3960	3960	3960	3960	3960	3960	3960	3960	3960	3960	3960	3960	3960	3950	3670	3400
H-100x100x6x8	17.2	3.83	25.6	1090	6150	25.6	25.6	25.6	25.6	25.6	25.6	25.6	25.6	25.6	25.6	25.6	24.7	22.9	21.3	20.0	18.8	17.7	16.8	15.9	117
H-125x125x6.5x9	23.8	8.47	44.9	1380	6660	44.9	44.9	44.9	44.9	44.9	44.9	44.9	44.9	44.9	44.9	44.9	44.9	44.0	40.9	38.2	35.9	33.8	32.0	30.3	158
H-150x150x7x10	31.5	16.4	72.0	1660	7330	72.0	72.0	72.0	72.0	72.0	72.0	72.0	72.0	72.0	72.0	72.0	72.0	72.0	72.0	68.0	63.7	60.0	56.6	53.7	205
H-200x200x8x12	49.9	47.2	154	2220	8770	154	154	154	154	154	154	154	154	154	154	154	154	154	154	154	154	154	147	139	312
H-200x204x12x12	56.2	49.8	165	2160	9620	165	165	165	165	165	165	165	165	165	165	165	165	165	165	165	165	165	165	163	468
H-208x202x10x16	65.7	65.3	208	2270	11100	208	208	208	208	208	208	208	208	208	208	208	208	208	208	208	208	208	208	208	406
H-244x252x11x11	64.4	87.9	225	2640	9450	225	225	225	225	225	225	225	225	225	225	225	225	225	225	225	225	225	225	225	523
H-248x249x8x13	66.5	99.3	258	2780	9770	258	258	258	258	258	258	258	258	258	258	258	258	258	258	258	258	258	258	258	387
H-250x250x9x14	72.4	108	281	2780	10300	281	281	281	281	281	281	281	281	281	281	281	281	281	281	281	281	281	281	281	439
H-250x255x14x14	82.2	115	304	2690	11300	304	304	304	304	304	304	304	304	304	304	304	304	304	304	304	304	304	304	304	683
H-294x302x12x12	84.5	169	346	3160	10600	346	346	346	346	346	346	346	346	346	346	346	346	346	346	346	346	346	346	346	688
H-298x299x9x14	87.0	188	396	3320	10900	396	396	396	396	396	396	396	396	396	396	396	396	396	396	396	396	396	396	396	523

1) SHN400, SHN490 이외의 강종은 판두께에 따른 강도저하를 고려하여야 한다. (KS규격 참조)
2) 주어진 경간 사이는 직선보간하거나 안전측으로 표의 우측(작은)값을 선택할 수 있다.

도움표 6.8-490 H형강보의 강축 설계휨강도 $\phi_b M_{nx}$ (kN.m)

중앙부집중하중 / 2등분점횡지지 SHN490 (F_y = 325[1] MPa) C_b = 1.67

H형강 치수	단위중량	I_x	ϕM_{px}	L_p	L_r	경간 L_n[2] (m)																			설계전단강도 $\phi_v V_{nx}$
	kg/m	×10⁶mm⁴	kN.m	mm	mm	2.0	3.0	4.0	5.0	6.0	7.0	8.0	9.0	10.0	11.0	12.0	13.0	14.0	15.0	16.0	17.0	18.0	19.0	20.0	kN
H-300x300x10x15	94.0	204	434	3320	11400	434	434	434	434	434	434	434	434	434	434	434	434	434	434	434	434	434	434	434	585
H-300x305x15x15	106.0	215	465	3210	12300	465	465	465	465	465	465	465	465	465	465	465	465	465	465	465	465	465	465	465	878
H-304x301x11x17	106.0	234	499	3350	12400	499	499	499	499	499	499	499	499	499	499	499	499	499	499	499	499	499	499	499	652
H-310x305x15x20	130.0	286	608	3350	14400	608	608	608	608	608	608	608	608	608	608	608	608	608	608	608	608	608	608	608	907
H-310x310x20x20	142.0	299	643	3280	15600	643	643	643	643	643	643	643	643	643	643	643	643	643	643	643	643	643	643	643	1210
H-338x351x13x13	106.0	282	491	3680	11900	491	491	491	491	491	491	491	491	491	491	491	491	491	491	491	491	491	491	491	857
H-344x348x10x16	115.0	333	601	3880	12600	601	601	601	601	601	601	601	601	601	601	601	601	601	601	601	601	601	601	601	671
H-344x354x16x16	131.0	353	648	3730	13500	648	648	648	648	648	648	648	648	648	648	648	648	648	648	648	648	648	648	648	1070
H-350x350x12x19	137.0	403	744	3910	14000	744	744	744	744	744	744	744	744	744	744	744	744	744	744	744	744	744	744	744	819
H-350x357x19x19	156.0	428	807	3770	15300	807	807	807	807	807	807	807	807	807	807	807	807	807	807	807	807	807	807	807	1300
H-388x402x15x15	140.0	490	745	4220	13600	745	745	745	745	745	745	745	745	745	745	745	745	745	745	745	745	745	745	745	1130
H-394x398x11x18	147.0	561	880	4450	14200	880	880	880	880	880	880	880	880	880	880	880	880	880	880	880	880	880	880	880	845
H-394x405x18x18	168.0	597	951	4260	15200	951	951	951	951	951	951	951	951	951	951	951	951	951	951	951	951	951	951	951	1380
H-400x400x13x21	172.0	666	1070	4480	15600	1070	1070	1070	1070	1070	1070	1070	1070	1070	1070	1070	1070	1070	1070	1070	1070	1070	1070	1070	1010
H-400x408x21x21	197.0	709	1160	4310	17000	1160	1160	1160	1160	1160	1160	1160	1160	1160	1160	1160	1160	1160	1160	1160	1160	1160	1160	1160	1640
H-406x403x16x24	200.0	780	1250	4480	17300	1250	1250	1250	1250	1250	1250	1250	1250	1250	1250	1250	1250	1250	1250	1250	1250	1250	1250	1250	1270
H-414x405x18x28	232.0	928	1470	4530	19400	1470	1470	1470	1470	1470	1470	1470	1470	1470	1470	1470	1470	1470	1470	1470	1470	1470	1470	1470	1450
H-428x407x20x35	283.0	1190	1850	4620	23300	1850	1850	1850	1850	1850	1850	1850	1850	1850	1850	1850	1850	1850	1850	1850	1850	1850	1850	1850	1670
H-458x417x30x50	415.0	1870	2790	4730	33200	2790	2790	2790	2790	2790	2790	2790	2790	2790	2790	2790	2790	2790	2790	2790	2790	2790	2790	2790	2680
H-498x432x45x70	605.0	2980	4230	4890	47600	4230	4230	4230	4230	4230	4230	4230	4230	4230	4230	4230	4230	4230	4230	4230	4230	4230	4230	4230	4370

1) SHN400, SHN490 이외의 강종은 판두께에 따른 강도저하를 고려하여야 한다. (KS규격 참조)
2) 주어진 경간 사이는 직선보간하거나 안전측으로 표의 우측(작은)값을 선택할 수 있다.

도움표 6.9-400 H형강보의 강축 설계휨강도 $\phi_b M_{nx}$ (kN.m)

2점집중하중 / 양단부횡지지 SHN400 (F_y = 235[1] MPa) C_b = 1.14

H형강 치수	단위중량	I_x	ϕM_{px}	L_p	L_r	경간 L_n[2] (m)																			설계전단강도 $\phi_v V_{nx}$
	kg/m	$\times 10^6 mm^4$	kN.m	mm	mm	2.0	3.0	4.0	5.0	6.0	7.0	8.0	9.0	10.0	11.0	12.0	13.0	14.0	15.0	16.0	17.0	18.0	19.0	20.0	kN
H-150x75x5x7	14.0	6.66	20.5	867	3520	20.5	16.9	12.9	10.1	8.31	7.07	6.15	5.45	4.89	4.44	4.06	3.74	3.47	3.24	3.04	2.86	2.70	2.55	2.42	106
H-148x100x6x9	21.1	10.2	33.2	1230	6070	33.2	32.5	29.5	26.5	23.5	20.0	17.4	15.4	13.8	12.5	11.5	10.6	9.82	9.16	8.58	8.07	7.62	7.22	6.85	125
H-198x99x4.5x7	18.2	15.8	38.0	1150	3860	38.0	32.1	25.7	19.4	15.6	13.1	11.3	9.93	8.87	8.02	7.32	6.74	6.24	5.81	5.44	5.11	4.82	4.56	4.33	126
H-200x100x5.5x8	21.3	18.4	44.3	1150	4200	44.3	38.7	32.4	25.2	20.4	17.2	14.8	13.1	11.7	10.6	9.68	8.91	8.25	7.69	7.20	6.77	6.38	6.04	5.74	155
H-194x150x6x9	30.6	26.9	65.3	1880	7140	65.3	65.3	63.3	58.0	52.8	47.5	41.0	36.0	32.0	28.9	26.3	24.2	22.3	20.8	19.4	18.3	17.2	16.3	15.4	164
H-248x124x5x8	25.7	35.4	67.5	1450	4570	67.5	62.6	53.4	42.4	33.4	27.5	23.4	20.4	18.1	16.3	14.8	13.6	12.6	11.7	10.9	10.2	9.64	9.11	8.64	175
H-250x125x6x9	29.6	40.5	77.4	1450	4860	77.4	73.0	63.2	52.7	41.8	34.7	29.7	25.9	23.1	20.8	18.9	17.4	16.1	14.9	14.0	13.1	12.4	11.7	11.1	212
H-244x175x7x11	44.1	61.2	118	2180	8110	118	118	118	111	102	94.0	85.6	74.9	66.4	59.7	54.2	49.7	45.9	42.7	39.8	37.4	35.2	33.3	31.6	241
H-298x149x5.5x8	32.0	63.2	100	1710	5090	100	98.2	85.5	72.8	56.1	45.3	37.9	32.6	28.6	25.5	23.1	21.0	19.3	17.9	16.7	15.6	14.7	13.8	13.1	231
H-300x150x6.5x9	36.7	72.1	115	1710	5350	115	113	99.5	85.9	68.9	56.0	47.1	40.8	35.9	32.1	29.1	26.6	24.5	22.7	21.2	19.8	18.7	17.6	16.7	275
H-294x200x8x12	56.8	113	182	2450	8630	182	182	182	175	163	150	138	124	109	97.4	88.1	80.5	74.1	68.7	64.1	60.0	56.5	53.3	50.5	332
H-298x201x9x14	65.4	133	211	2480	9510	211	211	211	209	196	183	170	157	142	127	116	106	97.5	90.5	84.5	79.2	74.6	70.4	66.8	378
H-346x174x6x9	41.4	111	151	2020	5880	151	151	140	123	105	83.1	68.6	58.4	50.8	45.0	40.4	36.6	33.6	31.0	28.7	26.8	25.2	23.7	22.4	293
H-350x175x7x11	49.6	136	184	2050	6320	184	184	173	155	137	113	94.2	80.8	70.7	63.0	56.8	51.7	47.5	43.9	40.9	38.2	35.9	33.9	32.0	345
H-354x176x8x13	57.8	161	216	2080	6820	216	216	209	189	170	148	125	107	94.5	84.5	76.4	69.7	64.2	59.5	55.4	51.9	48.8	46.1	43.6	399
H-336x249x8x12	69.2	185	257	3080	9950	257	257	257	257	247	232	216	201	184	163	146	132	121	112	104	96.6	90.5	85.2	80.5	379
H-340x250x9x14	79.7	217	299	3120	10800	299	299	299	299	293	277	261	244	228	210	189	172	157	145	135	126	118	112	106	431
H-396x199x7x11	56.6	200	239	2330	6860	239	239	235	212	190	165	136	115	99.7	87.9	78.7	71.2	65.1	59.9	55.5	51.8	48.5	45.6	43.1	391
H-400x200x8x13	66.0	237	281	2360	7320	281	281	280	256	232	208	176	150	131	116	104	94.8	86.9	80.2	74.5	69.6	65.3	61.5	58.1	451
H-404x201x9x15	75.5	275	323	2390	7830	323	323	323	302	276	251	223	191	167	149	134	122	112	104	96.7	90.4	84.9	80.1	75.8	513

1) SHN400, SHN490 이외의 강종은 판두께에 따른 강도저하를 고려하여야 한다. (KS규격 참조)
2) 주어진 경간 사이는 직선보간하거나 안전측으로 표의 우측(작은)값을 선택할 수 있다.

도움표 6.9-400 H형강보의 강축 설계휨강도 $\phi_b M_{nx}$ (kN.m)

2점집중하중 / 양단부횡지지 — SHN400 (F_y = 235[1] MPa) — C_b = 1.14

H형강 치수	단위중량 kg/m	I_x ×10^{6}mm^4	ϕM_{px} kN.m	L_p mm	L_r mm	경간 L_n[2] (m) 2.0	3.0	4.0	5.0	6.0	7.0	8.0	9.0	10.0	11.0	12.0	13.0	14.0	15.0	16.0	17.0	18.0	19.0	20.0	설계전단강도 $\phi_v V_{nx}$ kN
H-386x299x9x14	94.3	337	406	3750	12000	406	406	406	406	406	396	376	355	335	315	294	265	241	221	204	190	177	166	157	490
H-390x300x10x16	107.0	387	463	3780	12900	463	463	463	463	463	459	438	417	396	374	353	330	301	277	256	239	224	210	198	550
H-446x199x8x12	66.2	287	307	2250	6730	307	307	298	268	239	205	168	142	123	109	97.5	88.3	80.7	74.3	68.9	64.2	60.2	56.6	53.5	503
H-450x200x9x14	76.0	335	355	2290	7140	355	355	350	319	287	255	213	182	158	140	126	114	105	96.8	89.9	84.0	78.8	74.2	70.2	571
H-434x299x10x15	106.0	468	504	3660	11700	504	504	504	504	504	487	460	434	408	381	350	315	286	262	242	225	210	197	186	612
H-440x300x11x18	124.0	561	597	3730	12800	597	597	597	597	597	590	562	535	507	479	451	420	383	352	326	304	284	267	252	682
H-496x199x9x14	79.5	419	405	2220	6790	405	405	393	354	315	272	224	190	165	146	131	119	109	100	93.1	86.9	81.4	76.7	72.4	629
H-500x200x10x16	89.6	478	460	2250	7160	460	460	453	412	371	330	277	236	206	183	164	149	137	127	118	110	103	97.2	91.9	705
H-506x201x11x19	103.0	565	537	2310	7760	537	537	537	496	453	410	362	311	272	243	219	199	183	170	158	148	139	131	124	785
H-482x300x11x15	114.0	604	590	3540	11100	590	590	590	590	590	559	526	493	460	427	381	342	310	284	262	243	227	213	201	748
H-488x300x11x18	128.0	710	683	3660	12000	683	683	683	683	683	663	628	593	559	524	488	440	401	368	340	316	296	277	262	757
H-596x199x10x15	94.6	687	561	2110	6410	561	561	529	471	413	340	279	236	204	180	161	146	133	123	114	106	99.1	93.3	88.0	840
H-600x200x11x17	106.0	776	630	2140	6700	630	630	603	542	480	409	338	287	250	221	198	180	164	152	141	131	123	116	110	931
H-606x201x12x20	120.0	904	726	2200	7160	726	726	710	645	579	514	431	369	322	286	257	234	215	198	184	172	162	152	144	1030
H-612x202x13x23	134.0	1030	823	2240	7660	823	823	819	751	683	615	538	462	405	361	326	297	273	252	235	220	206	195	184	1120
H-582x300x12x17	137.0	1030	838	3450	10600	838	838	838	838	828	778	728	678	628	568	502	450	408	373	343	318	297	278	261	985
H-588x300x12x20	151.0	1180	949	3560	11300	949	949	949	949	949	903	850	798	746	694	624	561	510	467	431	400	374	350	330	995
H-594x302x14x23	175.0	1370	1100	3590	12200	1100	1100	1100	1100	1100	1070	1010	955	900	845	790	716	653	600	555	516	483	454	428	1170
H-692x300x13x20	166.0	1720	1190	3400	10400	1190	1190	1190	1190	1160	1090	1020	943	870	772	682	610	552	503	463	429	399	374	351	1270
H-700x300x13x24	185.0	2010	1370	3520	11100	1370	1370	1370	1370	1370	1290	1210	1140	1060	981	873	784	711	651	600	557	520	487	459	1280

1) SHN400, SHN490 이외의 강종은 판두께에 따른 강도저하를 고려하여야 한다. (KS규격 참조)
2) 주어진 경간 사이는 직선보간하거나 안전측으로 표의 우측(작은)값을 선택할 수 있다.

도움표 6.9-400 H형강보의 강축 설계휨강도 $\phi_b M_{nx}$ (kN.m)

2점집중하중 / 양단부횡지지 — SHN400 (F_y = 235[1] MPa) — C_b = 1.14

H형강 치수	단위중량 kg/m	I_x ×10⁶mm⁴	ϕM_{px} kN.m	L_p mm	L_r mm	2.0	3.0	4.0	5.0	6.0	7.0	8.0	9.0	10.0	11.0	12.0	13.0	14.0	15.0	16.0	17.0	18.0	19.0	20.0	설계전단강도 $\phi_v V_{nx}$ kN
						경간 L_n[2] (m)																			
H-708x302x15x28	215.0	2370	1600	3570	12000	1600	1600	1600	1600	1600	1540	1460	1380	1300	1210	1130	1020	930	854	790	735	687	645	609	1500
H-792x300x14x22	191.0	2540	1540	3320	10100	1540	1540	1540	1540	1490	1390	1290	1190	1090	949	836	746	674	614	564	522	485	454	426	1560
H-800x300x14x26	210.0	2920	1740	3440	10700	1740	1740	1740	1740	1720	1620	1510	1410	1300	1180	1050	937	849	775	714	662	617	578	543	1580
H-808x302x16x30	241.0	3390	2020	3480	11500	2020	2020	2020	2020	2020	1910	1800	1690	1580	1470	1330	1200	1090	997	921	856	799	750	706	1820
H-890x299x15x23	213.0	3450	1890	3200	9690	1890	1890	1890	1890	1790	1660	1530	1400	1250	1080	947	844	760	692	635	586	545	509	477	1880
H-900x300x16x28	243.0	4110	2210	3320	10400	2210	2210	2210	2210	2150	2010	1870	1730	1600	1420	1250	1120	1010	925	852	789	735	688	647	2030
H-912x302x18x34	286.0	4980	2640	3410	11300	2640	2640	2640	2640	2630	2480	2340	2190	2040	1890	1700	1530	1390	1280	1180	1100	1020	960	905	2310
H-918x303x19x37	307.0	5420	2860	3450	11900	2860	2860	2860	2860	2860	2730	2580	2430	2270	2120	1960	1770	1610	1480	1370	1270	1190	1120	1050	2460
H-100x100x6x8	17.2	3.83	18.5	1290	8440	18.5	18.5	18.0	16.9	15.7	14.6	13.4	12.1	10.9	9.86	9.03	8.33	7.73	7.21	6.76	6.36	6.00	5.69	5.40	84.6
H-125x125x6.5x9	23.8	8.47	32.5	1620	9080	32.5	32.5	32.5	30.6	28.7	26.8	24.9	23.0	20.7	18.8	17.2	15.8	14.7	13.7	12.8	12.1	11.4	10.8	10.2	115
H-150x150x7x10	31.5	16.4	52.0	1950	9930	52.0	52.0	52.0	50.8	48.0	45.2	42.3	39.5	36.6	33.2	30.3	27.9	25.8	24.1	22.5	21.2	20.0	18.9	18.0	148
H-200x200x8x12	49.9	47.2	111	2610	11700	111	111	111	111	109	104	98.9	93.8	88.6	83.5	77.7	71.4	65.9	61.3	57.3	53.8	50.7	47.9	45.5	226
H-200x204x12x12	56.2	49.8	120	2540	13000	120	120	120	120	119	114	109	104	99.1	94.1	89.2	84.2	77.8	72.4	67.7	63.6	60.0	56.7	53.8	338
H-208x202x10x16	65.7	65.3	150	2670	15100	150	150	150	150	150	148	143	138	133	127	122	117	112	106	99.7	93.6	88.3	83.6	79.3	293
H-244x252x11x11	64.4	87.9	169	3110	12400	169	169	169	169	169	164	156	148	140	133	125	115	106	98.4	91.6	85.8	80.7	76.1	72.1	378
H-248x249x8x13	66.5	99.3	187	3270	12900	187	187	187	187	187	183	175	167	159	150	142	134	123	114	106	99.5	93.6	88.3	83.6	280
H-250x250x9x14	72.4	108	203	3270	13700	203	203	203	203	203	201	193	185	177	169	160	152	143	133	124	116	109	103	97.5	317
H-250x255x14x14	82.2	115	220	3160	15200	220	220	220	220	220	220	212	204	196	188	180	172	164	157	147	137	129	122	116	494
H-294x302x12x12	84.5	169	263	3720	13700	263	263	263	263	263	263	259	248	236	225	214	202	189	174	162	151	142	133	126	497
H-298x299x9x14	87.0	188	294	3900	14200	294	294	294	294	294	294	287	275	263	251	239	228	216	200	185	173	162	153	144	378

1) SHN400, SHN490 이외의 강종은 판두께에 따른 강도저하를 고려하여야 한다. (KS규격 참조)
2) 주어진 경간 사이는 직선보간하거나 안전측으로 표의 우측(작은)값을 선택할 수 있다.

도움표 6.9-400 H형강보의 강축 설계휨강도 $\phi_b M_{nx}$ (kN.m)

2점집중하중 / 양단부횡지지 — SHN400 (F_y = 235[1] MPa) — C_b = 1.14

H형강 치수	단위중량 kg/m	I_x ×10⁶mm⁴	ϕM_{px} kN.m	L_p mm	L_r mm	경간 L_n[2] (m) 2.0	3.0	4.0	5.0	6.0	7.0	8.0	9.0	10.0	11.0	12.0	13.0	14.0	15.0	16.0	17.0	18.0	19.0	20.0	설계 전단 강도 $\phi_v V_{nx}$ kN
H-300x300x10x15	94.0	204	317	3900	15000	317	317	317	317	317	317	313	301	289	277	265	253	241	229	213	199	186	175	166	423
H-300x305x15x15	106.0	215	341	3770	16300	341	341	341	341	341	341	340	328	316	304	293	281	269	257	246	231	217	205	194	635
H-304x301x11x17	106.0	234	361	3940	16400	361	361	361	361	361	361	361	350	338	325	313	301	289	277	265	250	235	221	209	472
H-310x305x15x20	130.0	286	440	3930	19400	440	440	440	440	440	440	440	439	427	415	402	390	378	365	353	341	329	316	301	656
H-310x310x20x20	142.0	299	465	3860	21200	465	465	465	465	465	465	465	465	457	446	434	422	410	398	386	374	363	351	339	874
H-338x351x13x13	106.0	282	374	4330	15300	374	374	374	374	374	374	374	374	361	346	331	316	301	286	266	247	231	217	205	620
H-344x348x10x16	115.0	333	449	4560	16300	449	449	449	449	449	449	449	442	426	410	395	379	363	347	332	311	291	273	258	485
H-344x354x16x16	131.0	353	486	4380	17700	486	486	486	486	486	486	486	483	467	451	436	420	405	389	374	358	341	320	303	776
H-350x350x12x19	137.0	403	538	4600	18500	538	538	538	538	538	538	538	538	526	510	494	478	462	446	429	413	397	378	357	592
H-350x357x19x19	156.0	428	584	4430	20500	584	584	584	584	584	584	584	584	578	562	546	530	515	499	483	468	452	436	420	938
H-388x402x15x15	140.0	490	567	4960	17500	567	567	567	567	567	567	567	567	567	556	536	516	496	476	456	436	412	386	363	821
H-394x398x11x18	147.0	561	660	5230	18400	660	660	660	660	660	660	660	660	654	633	612	592	571	550	530	509	488	461	434	611
H-394x405x18x18	168.0	597	717	5020	19900	717	717	717	717	717	717	717	717	715	695	674	654	633	613	592	572	551	531	510	1000
H-400x400x13x21	172.0	666	777	5260	20500	777	777	777	777	777	777	777	777	777	764	743	721	700	679	658	637	615	594	573	733
H-400x408x21x21	197.0	709	844	5070	22600	844	844	844	844	844	844	844	844	844	840	819	798	777	757	736	715	694	674	653	1180
H-406x403x16x24	200.0	780	905	5270	23100	905	905	905	905	905	905	905	905	905	905	887	865	844	822	801	779	758	736	715	916
H-414x405x18x28	232.0	928	1060	5330	26300	1060	1060	1060	1060	1060	1060	1060	1060	1060	1060	1060	1050	1020	1000	980	958	936	915	893	1050
H-428x407x20x35	283.0	1190	1330	5430	31900	1330	1330	1330	1330	1330	1330	1330	1330	1330	1330	1330	1330	1330	1310	1290	1270	1250	1220	1200	1210
H-458x417x30x50	415.0	1870	2020	5560	45800	2020	2020	2020	2020	2020	2020	2020	2020	2020	2020	2020	2020	2020	2020	2020	2020	2020	1990	1970	1940
H-498x432x45x70	605.0	2980	3060	5750	65700	3060	3060	3060	3060	3060	3060	3060	3060	3060	3060	3060	3060	3060	3060	3060	3060	3060	3060	3060	3160

1) SHN400, SHN490 이외의 강종은 판두께에 따른 강도저하를 고려하여야 한다. (KS규격 참조)
2) 주어진 경간 사이는 직선보간하거나 안전측으로 표의 우측(작은)값을 선택할 수 있다.

도움표 6.9-490 H형강보의 강축 설계휨강도 $\phi_b M_{nx}$ (kN.m)

2점집중하중 / 양단부횡지지 SHN490 (F_y = 325[1] MPa) C_b = 1.14

H형강 치수	단위중량	I_x	ϕM_{px}	L_p	L_r	경간 L_n[2] (m)																			설계전단강도 $\phi_v V_{nx}$
	kg/m	$\times 10^6 mm^4$	kN.m	mm	mm	2.0	3.0	4.0	5.0	6.0	7.0	8.0	9.0	10.0	11.0	12.0	13.0	14.0	15.0	16.0	17.0	18.0	19.0	20.0	kN
H-150x75x5x7	14.0	6.66	25.4	737	2680	25.4	18.1	12.9	10.1	8.31	7.07	6.15	5.45	4.89	4.44	4.06	3.74	3.47	3.24	3.04	2.86	2.70	2.55	2.42	146
H-148x100x6x9	21.1	10.2	45.9	1050	4500	45.9	41.0	35.1	28.7	23.6	20.0	17.4	15.4	13.8	12.5	11.5	10.6	9.82	9.16	8.58	8.07	7.62	7.22	6.85	173
H-198x99x4.5x7	18.2	15.8	48.7	978	3040	48.7	37.8	25.7	19.4	15.6	13.1	11.3	9.93	8.87	8.02	7.32	6.74	6.24	5.81	5.44	5.11	4.82	4.56	4.33	174
H-200x100x5.5x8	21.3	18.4	57.9	981	3260	57.9	46.1	33.0	25.2	20.4	17.2	14.8	13.1	11.7	10.6	9.68	8.91	8.25	7.69	7.20	6.77	6.38	6.04	5.74	215
H-194x150x6x9	30.6	26.9	90.3	1590	5460	90.3	89.0	79.1	69.3	57.6	47.9	41.0	36.0	32.0	28.9	26.3	24.2	22.3	20.8	19.4	18.3	17.2	16.3	15.4	227
H-248x124x5x8	25.7	35.4	93.4	1230	3650	93.4	77.4	58.1	42.4	33.4	27.5	23.4	20.4	18.1	16.3	14.8	13.6	12.6	11.7	10.9	10.2	9.64	9.11	8.64	242
H-250x125x6x9	29.6	40.5	107	1230	3840	107	90.6	71.4	52.7	41.8	34.7	29.7	25.9	23.1	20.8	18.9	17.4	16.1	14.9	14.0	13.1	12.4	11.7	11.1	293
H-244x175x7x11	44.1	61.2	163	1850	6230	163	163	152	136	121	101	86.0	74.9	66.4	59.7	54.2	49.7	45.9	42.7	39.8	37.4	35.2	33.3	31.6	333
H-298x149x5.5x8	32.0	63.2	139	1460	4140	139	124	102	73.5	56.1	45.3	37.9	32.6	28.6	25.5	23.1	21.0	19.3	17.9	16.7	15.6	14.7	13.8	13.1	320
H-300x150x6.5x9	33.7	72.1	159	1460	4300	159	144	119	89.3	68.9	56.0	47.1	40.8	35.9	32.1	29.1	26.6	24.5	22.7	21.2	19.8	18.7	17.6	16.7	380
H-294x200x8x12	53.8	113	251	2080	6710	251	251	242	219	196	170	143	124	109	97.4	88.1	80.5	74.1	68.7	64.1	60.0	56.5	53.3	50.5	459
H-298x201x9x14	65.4	133	292	2110	7270	292	292	288	263	239	215	185	161	142	127	116	106	97.5	90.5	84.5	79.2	74.6	70.4	66.8	523
H-346x174x6x9	41.4	111	209	1710	4800	209	202	173	140	105	83.1	68.6	58.4	50.8	45.0	40.4	36.6	33.6	31.0	28.7	26.8	25.2	23.7	22.4	405
H-350x175x7x11	49.6	136	254	1750	5090	254	249	216	184	141	113	94.2	80.8	70.7	63.0	56.8	51.7	47.5	43.9	40.9	38.2	35.9	33.9	32.0	478
H-354x176x8x13	57.8	161	299	1770	5410	299	298	262	227	183	148	125	107	94.5	84.5	76.4	69.7	64.2	59.5	55.4	51.9	48.8	46.1	43.6	552
H-336x249x8x12	69.2	185	348	2620	7860	348	348	348	338	310	281	250	212	184	163	146	132	121	112	104	96.6	90.5	85.2	80.5	524
H-340x250x9x14	79.7	217	413	2650	8400	413	413	413	400	370	340	310	271	237	210	189	172	157	145	135	126	118	112	106	597
H-396x199x7x11	56.6	200	330	1980	5580	330	330	298	259	210	165	136	115	99.7	87.9	78.7	71.2	65.1	59.9	55.5	51.8	48.5	45.6	43.1	541
H-400x200x8x13	66.0	237	388	2010	5880	388	388	357	314	268	213	176	150	131	116	104	94.8	86.9	80.2	74.5	69.6	65.3	61.5	58.1	624
H-404x201x9x15	75.5	275	447	2030	6210	447	447	419	373	327	267	223	191	167	149	134	122	112	104	96.7	90.4	84.9	80.1	75.8	709

1) SHN400, SHN490 이외의 강종은 판두께에 따른 강도저하를 고려하여야 한다. (KS규격 참조)
2) 주어진 경간 사이는 직선보간하거나 안전측으로 표의 우측(작은)값을 선택할 수 있다.

도움표 6.9-490 H형강보의 강축 설계휨강도 $\phi_b M_{nx}$ (kN.m)

2점집중하중 / 양단부횡지지 **SHN490 (F_y = 325[1] MPa)** **C_b = 1.14**

H형강 치수	단위중량	I_x	ϕM_{px}	L_p	L_r	경간 L_n[2] (m)																			설계 전단 강도 $\phi_v V_{nx}$
	kg/m	$\times 10^6 mm^4$	kN.m	mm	mm	2.0	3.0	4.0	5.0	6.0	7.0	8.0	9.0	10.0	11.0	12.0	13.0	14.0	15.0	16.0	17.0	18.0	19.0	20.0	kN
H-386x299x9x14	94.3	337	546	3190	9480	546	546	546	546	536	499	462	425	377	330	294	265	241	221	204	190	177	166	157	677
H-390x300x10x16	107.0	387	640	3220	10000	640	640	640	640	621	582	543	503	464	409	365	330	301	277	256	239	224	210	198	761
H-446x199x8x12	66.2	287	424	1910	5480	424	424	376	325	259	205	168	142	123	109	97.5	88.3	80.7	74.3	68.9	64.2	60.2	56.6	53.5	696
H-450x200x9x14	76.0	335	491	1940	5740	491	491	445	389	324	258	213	182	158	140	126	114	105	96.8	89.9	84.0	78.8	74.2	70.2	790
H-434x299x10x15	106.0	468	691	3110	9250	691	691	691	691	658	610	563	515	449	393	350	315	286	262	242	225	210	197	186	846
H-440x300x11x18	124.0	561	826	3170	9960	826	826	826	826	797	746	695	644	591	520	464	420	383	352	326	304	284	267	252	944
H-496x199x9x14	79.5	419	560	1890	5510	560	560	496	428	344	272	224	190	165	146	131	119	109	100	93.1	86.9	81.4	76.7	72.4	870
H-500x200x10x16	89.6	478	636	1910	5750	636	636	574	501	418	334	277	236	206	183	164	149	137	127	118	110	103	97.2	91.9	975
H-506x201x11x19	103.0	565	743	1960	6140	743	743	688	610	532	433	362	311	272	243	219	199	183	170	158	148	139	131	124	1090
H-482x300x11x15	114.0	604	808	3010	8900	808	808	808	808	755	696	637	574	492	429	381	342	310	284	262	243	227	213	201	1030
H-488x300x11x18	128.0	710	944	3110	9450	944	944	944	944	895	832	770	707	626	549	488	440	401	368	340	316	296	277	262	1050
H-596x199x10x15	94.6	687	775	1790	5240	775	763	663	562	432	340	279	236	204	180	161	146	133	123	114	106	99.1	93.3	88.0	1160
H-600x200x11x17	106.0	776	871	1820	5440	871	866	759	651	517	409	338	287	250	221	198	180	164	152	141	131	123	116	110	1290
H-606x201x12x20	120.0	904	1000	1870	5740	1000	1000	898	782	651	519	431	369	322	286	257	234	215	198	184	172	162	152	144	1420
H-612x202x13x23	134.0	1030	1140	1910	6070	1140	1140	1040	920	798	644	538	462	405	361	326	297	273	252	235	220	206	195	184	1550
H-582x300x12x17	137.0	1030	1160	2930	8580	1160	1160	1160	1140	1050	963	875	764	652	568	502	450	408	373	343	318	297	278	261	1360
H-588x300x12x20	151.0	1180	1310	3030	9010	1310	1310	1310	1310	1220	1130	1030	939	805	703	624	561	510	467	431	400	374	350	330	1380
H-594x302x14x23	175.0	1370	1520	3050	9570	1520	1520	1520	1520	1440	1340	1240	1140	1010	890	794	716	653	600	555	516	483	454	428	1620
H-692x300x13x20	166.0	1720	1650	2890	8410	1650	1650	1650	1600	1470	1350	1220	1040	889	772	682	610	552	503	463	429	399	374	351	1750
H-700x300x13x24	185.0	2010	1890	3000	8900	1890	1890	1890	1880	1740	1600	1470	1320	1130	985	873	784	711	651	600	557	520	487	459	1770

1) SHN400, SHN490 이외의 강종은 판두께에 따른 강도저하를 고려하여야 한다. (KS규격 참조)
2) 주어진 경간 사이는 직선보간하거나 안전측으로 표의 우측(작은)값을 선택할 수 있다.

도움표 6.9-490 H형강보의 강축 설계휨강도 $\phi_b M_{nx}$ (kN.m)

2점집중하중 / 양단부횡지지 SHN490 (F_y = 325[1] MPa) C_b = 1.14

H형강 치수	단위중량	I_x	ϕM_{px}	L_p	L_r	경간 L_n[2] (m)																			설계전단강도 $\phi_v V_{nx}$
	kg/m	$\times 10^6 mm^4$	kN.m	mm	mm	2.0	3.0	4.0	5.0	6.0	7.0	8.0	9.0	10.0	11.0	12.0	13.0	14.0	15.0	16.0	17.0	18.0	19.0	20.0	kN
H-708x302x15x28	215.0	2370	2210	3030	9480	2210	2210	2210	2210	2080	1930	1780	1640	1450	1270	1130	1020	930	854	790	735	687	645	609	2070
H-792x300x14x22	191.0	2540	2130	2820	8210	2130	2130	2130	2050	1880	1710	1530	1290	1090	949	836	746	674	614	564	522	485	454	426	2160
H-800x300x14x26	210.0	2920	2410	2930	8630	2410	2410	2410	2370	2180	2000	1820	1590	1360	1180	1050	937	849	775	714	662	617	578	543	2180
H-808x302x16x30	241.0	3390	2790	2960	9110	2790	2790	2790	2780	2580	2380	2180	1980	1710	1500	1330	1200	1090	997	921	856	799	750	706	2520
H-890x299x15x23	213.0	3450	2610	2720	7930	2610	2610	2610	2460	2240	2020	1780	1470	1250	1080	947	844	760	692	635	586	545	509	477	2600
H-900x300x16x28	243.0	4110	3060	2820	8400	3060	3060	3060	2960	2720	2470	2230	1910	1630	1420	1250	1120	1010	925	852	789	735	688	647	2810
H-912x302x18x34	286.0	4980	3660	2900	9020	3660	3660	3660	3610	3350	3080	2820	2550	2190	1920	1700	1530	1390	1280	1180	1100	1020	960	905	3200
H-918x303x19x37	307.0	5420	3960	2930	9360	3960	3960	3960	3950	3680	3400	3130	2850	2510	2200	1960	1770	1610	1480	1370	1270	1190	1120	1050	3400
H-100x100x6x8	17.2	3.83	25.6	1090	6150	25.6	24.9	22.7	20.4	18.2	15.6	13.6	12.1	10.9	9.86	9.03	8.33	7.73	7.21	6.76	6.36	6.00	5.69	5.40	117
H-125x125x6.5x9	23.8	8.47	44.9	1380	6660	44.9	44.9	41.5	37.8	34.1	30.0	26.1	23.1	20.7	18.8	17.2	15.8	14.7	13.7	12.8	12.1	11.4	10.8	10.2	158
H-150x150x7x10	31.5	16.4	72.0	1660	7330	72.0	72.0	69.3	63.8	58.3	52.9	46.4	40.9	36.6	33.2	30.3	27.9	25.8	24.1	22.5	21.2	20.0	18.9	18.0	205
H-200x200x8x12	49.9	47.2	154	2220	8770	154	154	154	148	138	128	118	107	94.9	85.4	77.7	71.4	65.9	61.3	57.3	53.8	50.7	47.9	45.5	312
H-200x204x12x12	56.2	49.8	165	2160	9620	165	165	165	161	151	142	132	122	111	101	91.6	84.2	77.8	72.4	67.7	63.6	60.0	56.7	53.8	468
H-208x202x10x16	65.7	65.3	208	2270	11100	208	208	208	208	199	188	178	168	157	147	134	124	114	107	99.7	93.6	88.3	83.6	79.3	406
H-244x252x11x11	64.4	87.9	225	2640	9450	225	225	225	225	219	204	189	175	157	140	126	115	106	98.4	91.6	85.8	80.7	76.1	72.1	523
H-248x249x8x13	66.5	99.3	258	2780	9770	258	258	258	258	245	229	214	199	182	162	147	134	123	114	106	99.5	93.6	88.3	83.6	387
H-250x250x9x14	72.4	108	281	2780	10300	281	281	281	281	270	254	239	223	207	188	170	155	143	133	124	116	109	103	97.5	439
H-250x255x14x14	82.2	115	304	2690	11300	304	304	304	304	296	280	265	250	234	219	200	183	169	157	147	137	129	122	116	683
H-294x302x12x12	84.5	169	346	3160	10600	346	346	346	346	346	344	323	302	280	255	228	207	189	174	162	151	142	133	126	688
H-298x299x9x14	87.0	188	396	3320	10900	396	396	396	396	396	382	359	337	315	291	261	237	217	200	185	173	162	153	144	523

1) SHN400, SHN490 이외의 강종은 판두께에 따른 강도저하를 고려하여야 한다. (KS규격 참조)
2) 주어진 경간 사이는 직선보간하거나 안전측으로 표의 우측(작은)값을 선택할 수 있다.

도움표 6.9-490 H형강보의 강축 설계휨강도 $\phi_b M_{nx}$ (kN.m)

2점집중하중 / 양단부횡지지 　 SHN490 (F_y = 325[1] MPa) 　 C_b = 1.14

H형강 치수	단위중량	I_x	ϕM_{px}	L_p	L_r	경간 L_n[2] (m)																			설계 전단 강도 $\phi_v V_{nx}$
	kg/m	$\times 10^6 mm^4$	kN.m	mm	mm	2.0	3.0	4.0	5.0	6.0	7.0	8.0	9.0	10.0	11.0	12.0	13.0	14.0	15.0	16.0	17.0	18.0	19.0	20.0	kN
H-300x300x10x15	94.0	204	434	3320	11400	434	434	434	434	434	417	395	372	349	327	298	271	248	229	213	199	186	175	166	585
H-300x305x15x15	106.0	215	465	3210	12300	465	465	465	465	465	453	431	408	386	363	341	313	287	266	247	231	217	205	194	878
H-304x301x11x17	106.0	234	499	3350	12400	499	499	499	499	499	484	460	437	414	391	367	338	310	287	267	250	235	221	209	652
H-310x305x15x20	130.0	286	608	3350	14400	608	608	608	608	608	606	582	559	535	511	487	463	440	410	383	358	337	318	301	907
H-310x310x20x20	142.0	299	643	3280	15600	643	643	643	643	643	643	624	601	578	555	532	509	486	463	437	409	385	364	345	1210
H-338x351x13x13	106.0	282	491	3680	11900	491	491	491	491	491	491	491	469	441	414	384	345	314	288	266	247	231	217	205	857
H-344x348x10x16	115.0	333	601	3880	12600	601	601	601	601	601	601	586	557	527	498	468	432	394	362	334	311	291	273	258	671
H-344x354x16x16	131.0	353	648	3730	13500	648	648	648	648	648	648	641	611	581	552	522	493	457	421	390	364	341	320	303	1070
H-350x350x12x19	137.0	403	744	3910	14000	744	744	744	744	744	744	722	692	661	630	599	568	537	495	459	428	401	378	357	819
H-350x357x19x19	156.0	428	807	3770	15300	807	807	807	807	807	807	792	761	731	701	670	640	610	579	542	506	475	448	423	1300
H-388x402x15x15	140.0	490	745	4220	13600	745	745	745	745	745	745	745	745	722	685	648	611	567	518	477	442	412	386	363	1130
H-394x398x11x18	147.0	561	880	4450	14200	880	880	880	880	880	880	880	865	826	788	749	711	672	618	569	528	492	461	434	845
H-394x405x18x18	168.0	597	951	4260	15200	951	951	951	951	951	951	951	947	908	869	830	792	753	714	663	616	576	541	510	1380
H-400x400x13x21	172.0	666	1070	4480	15600	1070	1070	1070	1070	1070	1070	1070	1040	1000	962	921	881	841	801	752	699	653	613	578	1010
H-400x408x21x21	197.0	709	1160	4310	17000	1160	1160	1160	1160	1160	1160	1160	1140	1100	1060	1020	985	945	905	865	824	772	726	685	1640
H-406x403x16x24	200.0	780	1250	4480	17300	1250	1250	1250	1250	1250	1250	1250	1240	1200	1160	1120	1070	1030	991	950	908	855	804	759	1270
H-414x405x18x28	232.0	928	1470	4530	19400	1470	1470	1470	1470	1470	1470	1470	1470	1440	1400	1360	1320	1280	1230	1190	1150	1110	1060	1010	1450
H-428x407x20x35	283.0	1190	1850	4620	23300	1850	1850	1850	1850	1850	1850	1850	1850	1850	1830	1790	1740	1700	1660	1620	1570	1530	1490	1440	1670
H-458x417x30x50	415.0	1870	2790	4730	33200	2790	2790	2790	2790	2790	2790	2790	2790	2790	2790	2790	2790	2770	2720	2680	2630	2590	2540	2500	2680
H-498x432x45x70	605.0	2980	4230	4890	47600	4230	4230	4230	4230	4230	4230	4230	4230	4230	4230	4230	4230	4230	4230	4230	4230	4200	4150	4100	4370

1) SHN400, SHN490 이외의 강종은 판두께에 따른 강도저하를 고려하여야 한다. (KS규격 참조)

2) 주어진 경간 사이는 직선보간하거나 안전측으로 표의 우측(작은)값을 선택할 수 있다.

도움표 6.10-400 H형강보의 강축 설계휨강도 $\phi_b M_{nx}$ (kN.m)

2점집중하중 / 3등분점횡지지 　　 SHN400 (F_y = 235[1] MPa) 　　 C_b = 1.00

H형강 치수	단우 중량	I_x	ϕM_{px}	L_p	L_r	경간 L_n[2] (m)																			설계 전단 강도 $\phi_v V_{nx}$
	kg/m	×10^{6}mm^4	kN.m	mm	mm	2.0	3.0	4.0	5.0	6.0	7.0	8.0	9.0	10.0	11.0	12.0	13.0	14.0	15.0	16.0	17.0	18.0	19.0	20.0	kN
H-150x75x5x7	14.0	6.66	21.5	867	3520	21.5	21.1	20.1	19.0	17.9	16.9	15.8	14.8	13.7	12.5	11.3	10.4	9.56	8.86	8.27	7.75	7.29	6.89	6.52	106
H-148x100x6x9	21.1	10.2	33.2	1230	6070	33.2	33.2	32.9	32.0	31.2	30.3	29.4	28.5	27.6	26.8	25.9	25.0	24.1	23.2	22.4	21.5	20.6	19.5	18.5	125
H-198x99x4.5x7	18.2	15.8	38.0	1150	3860	38.0	38.0	37.0	35.3	33.5	31.7	30.0	28.2	26.4	24.7	22.5	20.3	18.5	17.0	15.7	14.6	13.7	12.9	12.1	126
H-200x100x5.5x8	21.3	18.4	44.3	1150	4200	44.3	44.3	43.3	41.4	39.6	37.7	35.8	34.0	32.1	30.3	28.4	26.2	24.0	22.1	20.5	19.1	17.9	16.8	15.9	155
H-194x150x6x9	30.6	26.9	65.3	1880	7140	65.3	65.3	65.3	65.3	64.7	63.2	61.6	60.1	58.6	57.0	55.5	54.0	52.4	50.9	49.4	47.8	46.3	44.8	43.2	164
H-248x124x5x8	25.7	35.4	67.5	1450	4570	67.5	67.5	67.5	65.8	63.1	60.4	57.7	55.0	52.2	49.5	46.8	44.1	40.9	37.2	34.1	31.5	29.3	27.3	25.6	175
H-250x125x6x9	29.6	40.5	77.4	1450	4860	77.4	77.4	77.4	75.5	72.7	69.8	66.9	64.0	61.2	58.3	55.4	52.6	49.7	46.2	42.5	39.4	36.6	34.3	32.2	212
H-244x175x7x11	44.1	61.2	118	2180	8110	118	118	118	118	118	117	114	112	110	107	105	102	99.7	97.2	94.8	92.3	89.8	87.4	84.9	241
H-298x149x5.5x8	32.0	63.2	100	1710	5090	100	100	100	100	97.3	93.5	89.8	86.1	82.4	78.7	75.0	71.2	67.5	63.8	58.5	53.5	49.3	45.6	42.5	231
H-300x150x6.5x9	36.7	72.1	115	1710	5350	115	115	115	115	111	107	103	99.2	95.3	91.3	87.3	83.3	79.3	75.3	71.3	65.4	60.4	56.1	52.4	275
H-294x200x8x12	56.8	113	182	2450	8630	182	182	182	182	182	182	179	176	172	168	165	161	157	154	150	147	143	139	136	332
H-298x201x9x14	65.4	133	211	2480	9510	211	211	211	211	211	211	209	206	202	198	194	191	187	183	179	176	172	168	164	378
H-346x174x6x9	41.4	111	151	2020	5880	151	151	151	151	151	147	142	137	132	127	122	118	113	108	103	98.0	91.8	84.5	78.3	293
H-350x175x7x11	49.6	136	184	2050	6320	184	184	184	184	184	179	174	168	163	158	152	147	141	136	131	125	120	114	106	345
H-354x176x8x13	57.8	161	216	2080	6820	216	216	216	216	216	212	206	200	195	189	183	178	172	166	160	155	149	143	137	399
H-336x249x8x12	69.2	185	257	3080	9950	257	257	257	257	257	257	257	257	253	249	244	240	235	231	226	222	217	212	208	379
H-340x250x9x14	79.7	217	299	3120	10800	299	299	299	299	299	299	299	299	296	291	286	281	276	272	267	262	257	253	248	431
H-396x199x7x11	56.6	200	239	2330	6860	239	239	239	239	239	238	232	225	219	212	206	199	193	186	180	173	167	160	154	391
H-400x200x8x13	66.0	237	281	2360	7320	281	281	281	281	281	281	274	267	260	253	246	239	232	225	218	210	203	196	189	451
H-404x201x9x15	75.5	275	323	2390	7830	323	323	323	323	323	323	317	310	302	295	287	280	272	265	257	250	242	235	227	513

1) SHN400, SHN490 이외의 강종은 판두께에 따른 강도저하를 고려하여야 한다. (KS규격 참조)
2) 주어진 경간 사이에는 직선보간하거나 안전측으로 표의 우측(작은)값을 선택할 수 있다.

도움표 6.10-400 H형강보의 강축 설계휨강도 $\phi_b M_{nx}$ (kN.m)

2점집중하중 / 3등분점횡지지 SHN400 (F_y = 235[1] MPa) C_b = 1.00

H형강 치수	단위중량 kg/m	I_x ×10⁶mm⁴	ϕM_{px} kN.m	L_p mm	L_r mm	경간 L_n[2] (m) 2.0	3.0	4.0	5.0	6.0	7.0	8.0	9.0	10.0	11.0	12.0	13.0	14.0	15.0	16.0	17.0	18.0	19.0	20.0	설계전단강도 $\phi_v V_{nx}$ kN
H-386x299x9x14	94.3	337	406	3750	12000	406	406	406	406	406	406	406	406	406	406	401	395	389	383	377	371	365	359	353	490
H-390x300x10x16	107.0	387	463	3780	12900	463	463	463	463	463	463	463	463	463	463	459	453	446	440	434	428	421	415	409	550
H-446x199x8x12	66.2	287	307	2250	6730	307	307	307	307	307	305	296	287	279	270	261	253	244	235	227	218	210	201	192	503
H-450x200x9x14	76.0	335	355	2290	7140	355	355	355	355	355	354	345	335	326	317	307	298	289	280	270	261	252	242	233	571
H-434x299x10x15	106.0	468	504	3660	11700	504	504	504	504	504	504	504	504	504	504	496	489	481	473	466	458	450	442	435	612
H-440x300x11x18	124.0	561	597	3730	12800	597	597	597	597	597	597	597	597	597	597	591	583	575	567	558	550	542	534	526	682
H-496x199x9x14	79.5	419	405	2220	6790	405	405	405	405	405	401	390	378	367	356	344	333	322	311	299	288	277	265	254	629
H-500x200x10x16	89.6	478	460	2250	7160	460	460	460	460	460	457	445	433	421	409	397	385	373	361	349	337	325	313	301	705
H-506x201x11x19	103.0	565	537	2310	7760	537	537	537	537	537	536	524	511	498	486	473	461	448	435	423	410	397	385	372	785
H-482x300x11x15	114.0	604	590	3540	11100	590	590	590	590	590	590	590	590	590	587	577	567	558	548	539	529	519	510	500	748
H-488x300x11x18	128.0	710	683	3660	12000	683	683	683	683	683	683	683	683	683	682	672	662	652	642	632	622	612	601	591	757
H-596x199x10x15	94.6	687	561	2110	6410	561	561	561	561	561	549	532	515	498	481	464	447	430	413	396	379	362	345	321	840
H-600x200x11x17	106.0	776	630	2140	6700	630	630	630	630	630	620	602	583	565	547	529	511	493	475	457	439	421	403	385	931
H-606x201x12x20	120.0	904	726	2200	7160	726	726	726	726	726	718	699	680	661	642	623	604	584	565	546	527	508	489	470	1030
H-612x202x13x23	134.0	1030	823	2240	7660	823	823	823	823	823	818	798	778	758	739	719	699	679	659	639	619	599	580	560	1120
H-582x300x12x17	137.0	1030	838	3450	10600	838	838	838	838	838	838	838	838	838	828	814	799	785	770	755	741	726	712	697	985
H-588x300x12x20	151.0	1180	949	3560	11300	949	949	949	949	949	949	949	949	949	944	929	914	899	883	868	853	838	822	807	995
H-594x302x14x23	175.0	1370	1100	3590	12200	1100	1100	1100	1100	1100	1100	1100	1100	1100	1100	1080	1060	1050	1030	1010	999	983	966	950	1170
H-692x300x13x20	166.0	1720	1190	3400	10400	1190	1190	1190	1190	1190	1190	1190	1190	1190	1170	1150	1130	1110	1090	1070	1040	1020	1000	979	1270
H-700x300x13x24	185.0	2010	1370	3520	11100	1370	1370	1370	1370	1370	1370	1370	1370	1370	1360	1330	1310	1290	1270	1240	1220	1200	1180	1150	1280

1) SHN400, SHN490 이외의 강종은 판두께에 따른 강도저하를 고려하여야 한다. (KS규격 참조)
2) 주어진 경간 사이는 직선보간하거나 안전측으로 표의 우측(작은)값을 선택할 수 있다.

도움표 6.10-400 H형강보의 강축 설계휨강도 $\phi_b M_{nx}$ (kN.m)

2점집중하중 / 3등분점횡지지 SHN400 (F_y = 235[1] MPa) C_b = 1.00

H형강 치수	단위중량	I_x	ϕM_{px}	L_p	L_r	경간 L_n[2] (m)																			설계 전단 강도 $\phi_v V_{nx}$
	kg/m	$\times 10^6 mm^4$	kN.m	mm	mm	2.0	3.0	4.0	5.0	6.0	7.0	8.0	9.0	10.0	11.0	12.0	13.0	14.0	15.0	16.0	17.0	18.0	19.0	20.0	kN
H-708x302x15x28	215.0	2370	1600	3570	12000	1600	1600	1600	1600	1600	1600	1600	1600	1600	1590	1570	1540	1520	1500	1470	1450	1420	1400	1380	1500
H-792x300x14x22	191.0	2540	1540	3320	10100	1540	1540	1540	1540	1540	1540	1540	1540	1540	1510	1480	1450	1420	1390	1370	1340	1310	1280	1250	1560
H-800x300x14x26	210.0	2920	1740	3440	10700	1740	1740	1740	1740	1740	1740	1740	1740	1740	1720	1690	1660	1630	1600	1570	1540	1510	1480	1450	1580
H-808x302x16x30	241.0	3390	2020	3480	11500	2020	2020	2020	2020	2020	2020	2020	2020	2020	2000	1970	1930	1900	1870	1840	1800	1770	1740	1710	1820
H-890x299x15x23	213.0	3450	1890	3200	9690	1890	1890	1890	1890	1890	1890	1890	1890	1870	1830	1790	1760	1720	1680	1640	1610	1570	1530	1490	1880
H-900x300x16x28	243.0	4110	2210	3320	10400	2210	2210	2210	2210	2210	2210	2210	2210	2210	2170	2130	2090	2050	2010	1970	1930	1890	1850	1800	2030
H-912x302x18x34	286.0	4980	2640	3410	11300	2640	2640	2640	2640	2640	2640	2640	2640	2640	2610	2570	2520	2480	2440	2390	2350	2310	2260	2220	2310
H-918x303x19x37	307.0	5420	2860	3450	11900	2860	2860	2860	2860	2860	2860	2860	2860	2860	2830	2790	2750	2700	2660	2610	2570	2530	2480	2440	2460
H-100x100x6x8	17.2	3.83	18.5	1290	8440	18.5	18.5	18.5	18.1	17.8	17.5	17.1	16.8	16.5	16.1	15.8	15.5	15.1	14.8	14.5	14.1	13.8	13.4	13.1	84.6
H-125x125x6.5x9	23.8	8.47	32.5	1620	9080	32.5	32.5	32.5	32.4	31.8	31.3	30.7	30.2	29.6	29.1	28.5	28.0	27.4	26.8	26.3	25.7	25.2	24.6	24.1	115
H-150x150x7x10	31.5	16.4	52.0	1950	9930	52.0	52.0	52.0	52.0	51.9	51.1	50.3	49.5	48.6	47.8	47.0	46.2	45.4	44.5	43.7	42.9	42.1	41.2	40.4	148
H-200x200x8x12	49.9	47.2	111	2610	11700	111	111	111	111	111	111	111	109	108	106	105	103	102	100	98.8	97.3	95.8	94.3	92.8	226
H-200x204x12x12	56.2	49.8	120	2540	13000	120	120	120	120	120	120	119	118	116	115	113	112	110	109	107	106	104	103	102	338
H-208x202x10x16	65.7	65.3	150	2670	15100	150	150	150	150	150	150	150	149	147	146	144	143	141	139	138	136	135	133	132	293
H-244x252x11x11	64.4	87.9	169	3110	12400	169	169	169	169	169	169	169	169	169	166	164	162	160	157	155	153	151	148	146	378
H-248x249x8x13	66.5	99.3	187	3270	12900	187	187	187	187	187	187	187	187	186	184	182	179	177	174	172	170	167	165	163	280
H-250x250x9x14	72.4	108	203	3270	13700	203	203	203	203	203	203	203	203	203	200	198	196	193	191	188	186	184	181	179	317
H-250x255x14x14	82.2	115	220	3160	15200	220	220	220	220	220	220	220	220	218	216	214	212	209	207	205	202	200	198	195	494
H-294x302x12x12	84.5	169	263	3720	13700	263	263	263	263	263	263	263	263	263	263	263	263	261	257	254	251	247	244	241	497
H-298x299x9x14	87.0	188	294	3900	14200	294	294	294	294	294	294	294	294	294	294	293	289	286	282	279	276	272	269	265	378

1) SHN400, SHN490 이외의 강종은 판두께에 따른 강도저하를 고려하여야 한다. (KS규격 참조)
2) 주어진 경간 사이는 직선보간하거나 안전측으로 표의 우측(작은)값을 선택할 수 있다.

도움표 6.10-400 H형강보의 강축 설계휨강도 $\phi_b M_{nx}$ (kN.m)

2점집중하중 / 3등분점횡지지　　SHN400 (F_y = 235[1] MPa)　　C_b = 1.00

H형강 치수	단위중량	I_x	ϕM_{px}	L_p	L_r	경간 L_n[2] (m)																			설계전단강도 $\phi_v V_{nx}$
	kg/m	×$10^6$$mm^4$	kN.m	mm	mm	2.0	3.0	4.0	5.0	6.0	7.0	8.0	9.0	10.0	11.0	12.0	13.0	14.0	15.0	16.0	17.0	18.0	19.0	20.0	kN
H-300x300x10x15	94.0	204	317	3900	15000	317	317	317	317	317	317	317	317	317	317	316	313	309	306	302	299	295	292	289	423
H-300x305x15x15	106.0	215	341	3770	16300	341	341	341	341	341	341	341	341	341	341	339	336	332	329	325	322	318	315	312	635
H-304x301x11x17	106.0	234	361	3940	16400	361	361	361	361	361	361	361	361	361	361	360	356	353	349	346	342	339	335	332	472
H-310x305x15x20	130.0	286	440	3930	19400	440	440	440	440	440	440	440	440	440	440	439	435	432	428	425	421	417	414	410	656
H-310x310x20x20	142.0	299	465	3860	21200	465	465	465	465	465	465	465	465	465	465	464	460	457	453	450	446	443	439	436	874
H-338x351x13x13	106.0	282	374	4330	15300	374	374	374	374	374	374	374	374	374	374	374	374	374	374	374	374	370	365	361	620
H-344x348x10x16	115.0	333	449	4560	16300	449	449	449	449	449	449	449	449	449	449	449	449	447	443	438	434	429	424	420	485
H-344x354x16x16	131.0	353	486	4380	17700	486	486	486	486	486	486	486	486	486	486	486	486	482	478	473	469	464	460	455	776
H-350x350x12x19	137.0	403	538	4600	18500	538	538	538	538	538	538	538	538	538	538	538	538	537	533	528	523	518	514	509	592
H-350x357x19x19	156.0	428	584	4430	20500	584	584	584	584	584	584	584	584	584	584	584	584	580	576	571	567	562	557	553	938
H-388x402x15x15	140.0	490	567	4960	17500	567	567	567	567	567	567	567	567	567	567	567	567	567	567	567	567	567	567	563	821
H-394x398x11x18	147.0	561	660	5230	18400	660	660	660	660	660	660	660	660	660	660	660	660	660	660	658	652	646	640	634	611
H-394x405x18x18	168.0	597	717	5020	19900	717	717	717	717	717	717	717	717	717	717	717	717	717	717	711	705	699	693	687	1000
H-400x400x13x21	172.0	666	777	5260	20500	777	777	777	777	777	777	777	777	777	777	777	777	777	777	775	769	763	757	751	733
H-400x408x21x21	197.0	709	844	5070	22600	844	844	844	844	844	844	844	844	844	844	844	844	844	844	840	833	827	821	815	1180
H-406x403x16x24	200.0	780	905	5270	23100	905	905	905	905	905	905	905	905	905	905	905	905	905	905	904	898	891	885	879	916
H-414x405x18x28	232.0	928	1060	5330	26300	1060	1060	1060	1060	1060	1060	1060	1060	1060	1060	1060	1060	1060	1060	1060	1060	1050	1040	1040	1050
H-428x407x20x35	283.0	1190	1330	5430	31900	1330	1330	1330	1330	1330	1330	1330	1330	1330	1330	1330	1330	1330	1330	1330	1330	1320	1320	1310	1210
H-458x417x30x50	415.0	1870	2020	5560	45800	2020	2020	2020	2020	2020	2020	2020	2020	2020	2020	2020	2020	2020	2020	2020	2020	2010	2000	2000	1940
H-498x432x45x70	605.0	2980	3060	5750	65700	3060	3060	3060	3060	3060	3060	3060	3060	3060	3060	3060	3060	3060	3060	3060	3060	3050	3050	3040	3160

1) SHN400, SHN490 이외의 강종은 판두께에 따른 강도저하를 고려하여야 한다. (KS규격 참조)

2) 주어진 경간 사이는 직선보간하거나 안전측으로 표의 우측(작은)값을 선택할 수 있다.

도움표 6.10-490 H형강보의 강축 설계휨강도 $\phi_b M_{nx}$ (kN.m)

2점집중하중 / 3등분점횡지지 SHN490 (F_y = 325[1] MPa) C_b = 1.00

H형강 치수	단위중량 kg/m	I_x ×10⁶mm⁴	ϕM_{px} kN.m	L_p mm	L_r mm	경간 L_n[2] (m) 2.0	3.0	4.0	5.0	6.0	7.0	8.0	9.0	10.0	11.0	12.0	13.0	14.0	15.0	16.0	17.0	18.0	19.0	20.0	설계전단강도 $\phi_v V_{nx}$ kN
H-150x75x5x7	14.0	6.66	29.8	737	2680	29.8	28.2	26.2	24.2	22.3	20.3	18.3	15.8	14.0	12.5	11.3	10.4	9.56	8.86	8.27	7.75	7.29	6.89	6.52	146
H-148x100x6x9	21.1	10.2	45.9	1050	4500	45.9	45.9	44.4	42.7	41.0	39.3	37.6	35.9	34.2	32.5	30.8	29.1	27.1	25.2	23.4	22.0	20.7	19.5	18.5	173
H-198x99x4.5x7	18.2	15.8	52.6	978	3040	52.6	52.4	49.2	46.0	42.7	39.5	36.3	33.1	28.7	25.3	22.5	20.3	18.5	17.0	15.7	14.6	13.7	12.9	12.1	174
H-200x100x5.5x8	21.3	18.4	61.3	981	3260	61.3	61.1	57.6	54.2	50.8	47.3	43.9	40.5	36.6	32.3	29.0	26.2	24.0	22.1	20.5	19.1	17.9	16.8	15.9	215
H-194x150x6x9	30.6	26.9	90.3	1590	5460	90.3	90.3	90.3	89.6	86.7	83.9	81.0	78.1	75.2	72.3	69.4	66.5	63.7	60.8	57.9	54.2	50.5	47.3	44.5	227
H-248x124x5x8	25.7	35.4	93.4	1230	3650	93.4	93.4	92.0	87.2	82.3	77.5	72.7	67.9	63.0	58.0	51.0	45.4	40.9	37.2	34.1	31.5	29.3	27.3	25.6	242
H-250x125x6x9	29.6	40.5	107	1230	3840	107	107	105	100	95.1	89.9	84.7	79.5	74.3	69.1	62.6	56.0	50.7	46.2	42.5	39.4	36.6	34.3	32.2	293
H-244x175x7x11	44.1	61.2	163	1850	6230	163	163	163	163	161	157	152	147	143	138	134	129	124	120	115	110	106	100	94.1	333
H-298x149x5.5x8	32.0	63.2	139	1460	4140	139	139	139	135	128	122	115	109	102	96.0	89.6	80.6	71.7	64.5	58.5	53.5	49.3	45.6	42.5	320
H-300x150x6.5x9	36.7	72.1	159	1460	4300	159	159	159	154	147	140	133	126	119	112	105	97.2	86.8	78.4	71.3	65.4	60.4	56.1	52.4	380
H-294X200x8x12	56.8	113	251	2080	6710	251	251	251	251	251	246	239	233	226	219	213	206	199	192	186	179	172	165	159	459
H-298x201x9x14	65.4	133	292	2110	7270	292	292	292	292	292	288	281	274	266	259	252	245	238	231	224	217	210	203	196	523
H-346x174x6x9	41.4	111	209	1710	4800	209	209	209	209	202	194	185	177	168	160	152	143	135	123	110	100	91.8	84.5	78.3	405
H-350x175x7x11	49.6	136	254	1750	5090	254	254	254	254	247	237	228	218	209	199	190	180	171	161	147	134	124	114	106	478
H-354x176x8x13	57.8	161	299	1770	5410	299	299	299	299	292	282	271	261	251	240	230	220	209	199	189	174	161	149	139	552
H-336x249x8x12	69.2	185	348	2620	7860	348	348	348	348	348	348	348	346	338	329	321	313	305	296	288	280	272	263	255	524
H-340x250x9x14	79.7	217	413	2650	8400	413	413	413	413	413	413	413	404	395	386	377	369	360	351	342	333	324	316	307	597
H-396x199x7x11	56.6	200	330	1980	5580	330	330	330	330	329	318	306	295	284	272	261	250	238	227	216	202	184	169	156	541
H-400x200x8x13	66.0	237	388	2010	5880	388	388	388	388	388	376	363	351	338	326	313	301	288	276	263	251	235	217	201	624
H-404x201x9x15	75.5	275	447	2030	6210	447	447	447	447	447	435	421	408	394	381	368	354	341	327	314	300	287	270	251	709

1) SHN400, SHN490 이외의 강종은 판두께에 따른 강도저하를 고려하여야 한다. (KS규격 참조)
2) 주어진 경간 사이는 직선보간하거나 안전측으로 표의 우측(작은)값을 선택할 수 있다.

도움표 6.10-490 H형강보의 강축 설계휨강도 $\phi_b M_{nx}$ (kN.m)

2점집중하중 / 3등분점횡지지 SHN490 (F_y = 325[1] MPa) C_b = 1.00

H형강 치수	단위중량	I_x	ϕM_{px}	L_p	L_r	경간 L_n[2] (m)																			설계 전단 강도 $\phi_v V_{nx}$
	kg/m	$\times10^6$mm^4	kN.m	mm	mm	2.0	3.0	4.0	5.0	6.0	7.0	8.0	9.0	10.0	11.0	12.0	13.0	14.0	15.0	16.0	17.0	18.0	19.0	20.0	kN
H-386x299x9x14	94.3	337	546	3190	9480	546	546	546	546	546	546	546	546	546	545	535	524	513	502	491	481	470	459	448	677
H-390x300x10x16	107.0	387	640	3220	10000	640	640	640	640	640	640	640	640	636	625	613	602	590	579	567	556	545	533	522	761
H-446x199x8x12	66.2	287	424	1910	5480	424	424	424	424	420	405	390	375	360	345	330	315	300	285	270	249	228	209	193	696
H-450x200x9x14	76.0	335	491	1940	5740	491	491	491	491	488	472	456	439	423	406	390	374	357	341	325	308	284	262	243	790
H-434x299x10x15	106.0	468	691	3110	9250	691	691	691	691	691	691	691	691	688	674	660	647	633	619	605	591	577	563	549	846
H-440x300x11x18	124.0	561	826	3170	9960	826	826	826	826	826	826	826	826	819	804	789	774	759	744	729	714	699	684	669	944
H-496x199x9x14	79.5	419	560	1890	5510	560	560	560	560	553	533	514	494	474	455	435	415	395	376	356	330	301	277	257	870
H-500x200x10x16	89.6	478	636	1910	5750	636	636	636	636	631	610	588	567	546	525	503	482	461	440	419	397	367	339	314	975
H-506x201x11x19	103.0	565	743	1960	6140	743	743	743	743	741	718	695	672	649	627	604	581	558	535	513	490	467	437	407	1090
H-482x300x11x15	114.0	604	808	3010	8900	808	808	808	808	808	808	808	808	800	783	766	748	731	714	697	680	662	645	628	1030
H-488x300x11x18	128.0	710	944	3110	9450	944	944	944	944	944	944	944	944	932	914	895	877	859	840	822	804	785	767	748	1050
H-596x199x10x15	94.6	687	775	1790	5240	775	775	775	775	757	728	698	669	640	610	581	552	523	493	458	415	379	348	321	1160
H-600x200x11x17	106.0	776	871	1820	5440	871	871	871	871	854	823	791	760	728	697	665	634	603	571	540	496	453	417	386	1290
H-606x201x12x20	120.0	904	1000	1870	5740	1000	1000	1000	1000	990	957	923	889	855	821	787	754	720	686	652	618	571	527	489	1420
H-612x202x13x23	134.0	1030	1140	1910	6070	1140	1140	1140	1140	1130	1090	1060	1020	986	950	914	878	843	807	771	735	700	650	605	1550
H-582x300x12x17	137.0	1030	1160	2930	8580	1160	1160	1160	1160	1160	1160	1160	1150	1130	1100	1080	1050	1020	999	973	948	922	896	870	1360
H-588x300x12x20	151.0	1180	1310	3030	9010	1310	1310	1310	1310	1310	1310	1310	1310	1290	1260	1230	1210	1180	1150	1120	1100	1070	1040	1010	1380
H-594x302x14x23	175.0	1370	1520	3050	9570	1520	1520	1520	1520	1520	1520	1520	1520	1500	1470	1440	1410	1380	1350	1320	1290	1260	1230	1200	1620
H-692x300x13x20	166.0	1720	1650	2890	8410	1650	1650	1650	1650	1650	1650	1650	1630	1600	1560	1520	1480	1440	1410	1370	1330	1290	1260	1220	1750
H-700x300x13x24	185.0	2010	1890	3000	8900	1890	1890	1890	1890	1890	1890	1890	1890	1850	1810	1770	1730	1690	1650	1610	1570	1530	1490	1450	1770

1) SHN400, SHN490 이외의 강종은 판두께에 따른 강도저하를 고려하여야 한다. (KS규격 참조)
2) 주어진 경간 사이는 직선보간하거나 안전측으로 표의 우측(작은)값을 선택할 수 있다.

도움표 6.10-490 H형강보의 강축 설계휨강도 $\phi_b M_{nx}$ (kN.m)

2점집중하중 / 3등분점횡지지 SHN490 (F_y = 325[1] MPa) C_b = 1.00

H형강 치수	단위중량	I_x	ϕM_{px}	L_p	L_r	경간 L_n[2] (m)																			설계 전단 강도 $\phi_v V_{nx}$
	kg/m	×10⁶mm⁴	kN.m	mm	mm	2.0	3.0	4.0	5.0	6.0	7.0	8.0	9.0	10.0	11.0	12.0	13.0	14.0	15.0	16.0	17.0	18.0	19.0	20.0	kN
H-708x302x15x28	215.0	2370	2210	3030	9480	2210	2210	2210	2210	2210	2210	2210	2210	2170	2130	2090	2040	2000	1960	1910	1870	1830	1780	1740	2070
H-792x300x14x22	191.0	2540	2130	2820	8210	2130	2130	2130	2130	2130	2130	2130	2100	2050	2000	1950	1900	1850	1800	1750	1700	1650	1600	1550	2160
H-800x300x14x26	210.0	2920	2410	2930	8630	2410	2410	2410	2410	2410	2410	2410	2400	2350	2290	2240	2180	2130	2080	2020	1970	1920	1860	1810	2180
H-808x302x16x30	241.0	3390	2790	2960	9110	2790	2790	2790	2790	2790	2790	2790	2780	2720	2670	2610	2550	2490	2430	2380	2320	2260	2200	2140	2520
H-890x299x15x23	213.0	3450	2610	2720	7930	2610	2610	2610	2610	2610	2610	2610	2550	2490	2420	2360	2290	2230	2160	2100	2030	1970	1900	1840	2600
H-900x300x16x28	243.0	4110	3060	2820	8400	3060	3060	3060	3060	3060	3060	3060	3020	2950	2880	2810	2740	2670	2590	2520	2450	2380	2310	2240	2810
H-912x302x18x34	236.0	4980	3660	2900	9020	3660	3660	3660	3660	3660	3660	3660	3630	3560	3480	3400	3320	3250	3170	3090	3010	2940	2860	2780	3200
H-918x303x19x37	307.0	5420	3960	2930	9360	3960	3960	3960	3960	3960	3960	3960	3940	3860	3780	3700	3620	3540	3460	3380	3300	3220	3140	3060	3400
H-100x100x6x8	17.2	3.83	25.6	1090	6150	25.6	25.6	25.1	24.5	23.8	23.2	22.5	21.9	21.2	20.6	19.9	19.2	18.6	17.9	17.3	16.6	16.0	15.2	14.4	117
H-125x125x6.5x9	23.8	8.47	44.9	1380	6660	44.9	44.9	44.9	44.0	42.9	41.8	40.7	39.6	38.6	37.5	36.4	35.3	34.2	33.1	32.1	31.0	29.9	28.8	27.7	158
H-150x150x7x10	31.5	16.4	72.0	1660	7330	72.0	72.0	72.0	71.9	70.3	68.7	67.1	65.5	63.9	62.3	60.8	59.2	57.6	56.0	54.4	52.8	51.2	49.6	48.0	205
H-200x200x8x12	49.9	47.2	154	2220	8770	154	154	154	154	154	153	150	147	144	141	138	135	132	129	127	124	121	118	115	312
H-200x204x12x12	56.2	49.8	165	2160	9620	165	165	165	165	165	164	161	158	155	153	150	147	144	141	138	136	133	130	127	468
H-208x202x10x16	65.7	65.3	208	2270	11100	208	208	208	208	208	207	204	201	198	195	192	189	186	183	180	177	174	171	168	406
H-244x252x11x11	64.4	87.9	225	2640	9450	225	225	225	225	225	225	225	225	225	222	218	214	209	205	201	196	192	188	183	523
H-248x249x8x13	66.5	99.3	258	2780	9770	258	258	258	258	258	258	258	255	251	246	242	237	233	228	224	219	215	210	206	387
H-250x250x9x14	72.4	108	281	2780	10300	281	281	281	281	281	281	281	278	273	269	264	260	255	250	246	241	237	232	228	439
H-250x255x14x14	82.2	115	304	2690	11300	304	304	304	304	304	304	304	300	295	291	286	282	277	273	268	264	259	255	250	683
H-294x302x12x12	84.5	169	346	3160	10600	346	346	346	346	346	346	346	346	346	346	346	346	345	339	333	327	321	314	308	688
H-298x299x9x14	87.0	188	396	3320	10900	396	396	396	396	396	396	396	396	396	396	393	387	380	374	367	361	354	348	341	523

1) SHN400, SHN490 이외의 강종은 판두께에 따른 강도저하를 고려하여야 한다. (KS규격 참조)
2) 주어진 경간 사이는 직선보간하거나 안전측으로 표의 우측(작은)값을 선택할 수 있다.

도움표 6.10-490 H형강보의 강축 설계휨강도 $\phi_b M_{nx}$ (kN.m)

2점집중하중 / 3등분점횡지지 　 SHN490 (F_y = 325[1] MPa) 　 C_b = 1.00

H형강 치수	단위중량	I_x	ϕM_{px}	L_p	L_r	경간 L_n[2] (m)																			설계 전단 강도 $\phi_v V_{nx}$
	kg/m	×10⁶mm⁴	kN.m	mm	mm	2.0	3.0	4.0	5.0	6.0	7.0	8.0	9.0	10.0	11.0	12.0	13.0	14.0	15.0	16.0	17.0	18.0	19.0	20.0	kN
H-300x300x10x15	94.0	204	434	3320	11400	434	434	434	434	434	434	434	434	434	432	426	419	412	406	399	392	386	379	373	585
H-300x305x15x15	106.0	215	465	3210	12300	465	465	465	465	465	465	465	465	465	463	456	450	443	437	430	424	417	411	404	878
H-304x301x11x17	106.0	234	499	3350	12400	499	499	499	499	499	499	499	499	499	492	486	479	472	465	458	452	445	438	431	652
H-310x305x15x20	130.0	286	608	3350	14400	608	608	608	608	608	608	608	608	608	601	594	587	580	574	567	560	553	546	539	907
H-310x310x20x20	142.0	299	643	3280	15600	643	643	643	643	643	643	643	643	642	635	629	622	615	608	602	595	588	581	575	1210
H-338x351x13x13	106.0	282	491	3680	11900	491	491	491	491	491	491	491	491	491	491	491	491	491	491	491	491	485	477	469	857
H-344x348x10x16	115.0	333	601	3880	12600	601	601	601	601	601	601	601	601	601	601	601	601	600	592	583	574	566	557	549	671
H-344x354x16x16	131.0	353	648	3730	13500	648	648	648	648	648	648	648	648	648	648	648	648	648	640	631	622	614	605	596	1070
H-350x350x12x19	137.0	403	744	3910	14000	744	744	744	744	744	744	744	744	744	744	742	733	724	715	706	697	688	679	670	819
H-350x357x19x19	156.0	428	807	3770	15300	807	807	807	807	807	807	807	807	807	807	801	792	783	774	766	757	748	739	730	1300
H-388x402x15x15	140.0	490	745	4220	13600	745	745	745	745	745	745	745	745	745	745	745	745	745	745	745	745	745	745	741	1130
H-394x398x11x18	147.0	561	880	4450	14200	880	880	880	880	880	880	880	880	880	880	880	880	880	880	880	871	860	849	837	845
H-394x405x18x18	168.0	597	951	4260	15200	951	951	951	951	951	951	951	951	951	951	951	951	951	951	951	944	933	921	910	1380
H-400x400x13x21	172.0	666	1070	4480	15600	1070	1070	1070	1070	1070	1070	1070	1070	1070	1070	1070	1070	1070	1060	1040	1030	1020	1010	997	1010
H-400x408x21x21	197.0	709	1160	4310	17000	1160	1160	1160	1160	1160	1160	1160	1160	1160	1160	1160	1160	1160	1140	1130	1120	1110	1100	1090	1640
H-406x403x16x24	200.0	780	1250	4480	17300	1250	1250	1250	1250	1250	1250	1250	1250	1250	1250	1250	1250	1250	1230	1220	1210	1200	1180	1170	1270
H-414x405x18x28	232.0	928	1470	4530	19400	1470	1470	1470	1470	1470	1470	1470	1470	1470	1470	1470	1470	1470	1450	1440	1430	1420	1400	1390	1450
H-428x407x20x35	283.0	1190	1850	4620	23300	1850	1850	1850	1850	1850	1850	1850	1850	1850	1850	1850	1850	1840	1830	1820	1810	1790	1780	1770	1670
H-458x417x30x50	415.0	1870	2790	4730	33200	2790	2790	2790	2790	2790	2790	2790	2790	2790	2790	2790	2790	2790	2780	2770	2750	2740	2730	2710	2680
H-498x432x45x70	605.0	2980	4230	4890	47600	4230	4230	4230	4230	4230	4230	4230	4230	4230	4230	4230	4230	4230	4220	4210	4200	4180	4170	4150	4370

1) SHN400, SHN490 이외의 강종은 판두께에 따른 강도저하를 고려하여야 한다. (KS규격 참조)
2) 주어진 경간 사이는 직선보간하거나 안전측으로 표의 우측(작은)값을 선택할 수 있다.

도움표 6.11-400 H형강보의 강축 설계휨강도 $\phi_b M_{nx}$ (kN.m)

3점집중하중 / 양단부횡지지 SHN400 (F_y = 235[1] MPa) C_b = 1.14

H형강 치수	단위중량 kg/m	I_x ×10⁶mm⁴	ϕM_{px} kN.m	L_p mm	L_r mm	경간 L_n[2] (m) 2.0	3.0	4.0	5.0	6.0	7.0	8.0	9.0	10.0	11.0	12.0	13.0	14.0	15.0	16.0	17.0	18.0	19.0	20.0	설계 전단 강도 $\phi_v V_{nx}$ kN
H-150x75x5x7	14.0	6.66	20.5	867	3520	20.5	16.9	12.9	10.1	8.31	7.07	6.15	5.45	4.89	4.44	4.06	3.74	3.47	3.24	3.04	2.86	2.70	2.55	2.42	106
H-148x100x6x9	21.1	10.2	33.2	1230	6070	33.2	32.5	29.5	26.5	23.5	20.0	17.4	15.4	13.8	12.5	11.5	10.6	9.82	9.16	8.58	8.07	7.62	7.22	6.85	125
H-198x99x4.5x7	18.2	15.8	38.0	1150	3860	38.0	32.1	25.7	19.4	15.6	13.1	11.3	9.93	8.87	8.02	7.32	6.74	6.24	5.81	5.44	5.11	4.82	4.56	4.33	126
H-200x100x5.5x8	21.3	18.4	44.3	1150	4200	44.3	38.7	32.4	25.2	20.4	17.2	14.8	13.1	11.7	10.6	9.68	8.91	8.25	7.69	7.20	6.77	6.38	6.04	5.74	155
H-194x150x6x9	30.6	26.9	65.3	1880	7140	65.3	65.3	63.3	58.0	52.8	47.5	41.0	36.0	32.0	28.9	26.3	24.2	22.3	20.8	19.4	18.3	17.2	16.3	15.4	164
H-248x124x5x8	25.7	35.4	67.5	1450	4570	67.5	62.6	53.4	42.4	33.4	27.5	23.4	20.4	18.1	16.3	14.8	13.6	12.6	11.7	10.9	10.2	9.64	9.11	8.64	175
H-250x125x6x9	29.6	40.5	77.4	1450	4860	77.4	73.0	63.2	52.7	41.8	34.7	29.7	25.9	23.1	20.8	18.9	17.4	16.1	14.9	14.0	13.1	12.4	11.7	11.1	212
H-244x175x7x11	44.1	61.2	118	2180	8110	118	118	118	111	102	94.0	85.6	74.9	66.4	59.7	54.2	49.7	45.9	42.7	39.8	37.4	35.2	33.3	31.6	241
H-298x149x5.5x8	32.0	63.2	100	1710	5090	100	98.2	85.5	72.8	56.1	45.3	37.9	32.6	28.6	25.5	23.1	21.0	19.3	17.9	16.7	15.6	14.7	13.8	13.1	231
H-300x150x6.5x9	36.7	72.1	115	1710	5350	115	113	99.5	85.9	68.9	56.0	47.1	40.8	35.9	32.1	29.1	26.6	24.5	22.7	21.2	19.8	18.7	17.6	16.7	275
H-294x200x8x12	56.8	113	182	2450	8630	182	182	182	175	163	150	138	124	109	97.4	88.1	80.5	74.1	68.7	64.1	60.0	56.5	53.3	50.5	332
H-298x201x9x14	65.4	133	211	2480	9510	211	211	211	209	196	183	170	157	142	127	116	106	97.5	90.5	84.5	79.2	74.6	70.4	66.8	378
H-346x174x6x9	41.4	111	151	2020	5880	151	151	140	123	105	83.1	68.6	58.4	50.8	45.0	40.4	36.6	33.6	31.0	28.7	26.8	25.2	23.7	22.4	293
H-350x175x7x11	49.6	136	184	2050	6320	184	184	173	155	137	113	94.2	80.8	70.7	63.0	56.8	51.7	47.5	43.9	40.9	38.2	35.9	33.9	32.0	345
H-354x176x8x13	57.8	161	216	2080	6820	216	216	209	189	170	148	125	107	94.5	84.5	76.4	69.7	64.2	59.5	55.4	51.9	48.8	46.1	43.6	399
H-336x249x8x12	69.2	185	257	3080	9950	257	257	257	257	247	232	216	201	184	163	146	132	121	112	104	96.6	90.5	85.2	80.5	379
H-340x250x9x14	79.7	217	299	3120	10800	299	299	299	299	293	277	261	244	228	210	189	172	157	145	135	126	118	112	106	431
H-396x199x7x11	56.6	200	239	2330	6860	239	239	235	212	190	165	136	115	99.7	87.9	78.7	71.2	65.1	59.9	55.5	51.8	48.5	45.6	43.1	391
H-400x200x8x13	66.0	237	281	2360	7320	281	281	280	256	232	208	176	150	131	116	104	94.8	86.9	80.2	74.5	69.6	65.3	61.5	58.1	451
H-404x201x9x15	75.5	275	323	2390	7830	323	323	323	302	276	251	223	191	167	149	134	122	112	104	96.7	90.4	84.9	80.1	75.8	513

1) SHN400, SHN490 이외의 강종은 판두께에 따른 강도저하를 고려하여야 한다. (KS규격 참조)
2) 주어진 경간 사이는 직선보간하거나 안전측으로 표의 우측(작은)값을 선택할 수 있다.

도움표 6.11-400 H형강보의 강축 설계휨강도 $\phi_b M_{nx}$ (kN.m)

3점집중하중 / 양단부횡지지 SHN400 (F_y = 235[1] MPa) C_b = 1.14

H형강 치수	단위중량 kg/m	I_x ×10⁶mm⁴	ϕM_{px} kN.m	L_p mm	L_r mm	경간 L_n[2] (m) 2.0	3.0	4.0	5.0	6.0	7.0	8.0	9.0	10.0	11.0	12.0	13.0	14.0	15.0	16.0	17.0	18.0	19.0	20.0	설계전단강도 $\phi_v V_{nx}$ kN
H-386x299x9x14	94.3	337	406	3750	12000	406	406	406	406	406	396	376	355	335	315	294	265	241	221	204	190	177	166	157	490
H-390x300x10x16	107.0	387	463	3780	12900	463	463	463	463	463	459	438	417	396	374	353	330	301	277	256	239	224	210	198	550
H-446x199x8x12	66.2	287	307	2250	6730	307	307	298	268	239	205	168	142	123	109	97.5	88.3	80.7	74.3	68.9	64.2	60.2	56.6	53.5	503
H-450x200x9x14	76.0	335	355	2290	7140	355	355	350	319	287	255	213	182	158	140	126	114	105	96.8	89.9	84.0	78.8	74.2	70.2	571
H-434x299x10x15	106.0	468	504	3660	11700	504	504	504	504	504	487	460	434	408	381	350	315	286	262	242	225	210	197	186	612
H-440x300x11x18	124.0	561	597	3730	12800	597	597	597	597	597	590	562	535	507	479	451	420	383	352	326	304	284	267	252	682
H-496x199x9x14	79.5	419	405	2220	6790	405	405	393	354	315	272	224	190	165	146	131	119	109	100	93.1	86.9	81.4	76.7	72.4	629
H-500x200x10x16	89.6	478	460	2250	7160	460	460	453	412	371	330	277	236	206	183	164	149	137	127	118	110	103	97.2	91.9	705
H-506x201x11x19	103.0	565	537	2310	7760	537	537	537	496	453	410	362	311	272	243	219	199	183	170	158	148	139	131	124	785
H-482x300x11x15	114.0	604	590	3540	11100	590	590	590	590	590	559	526	493	460	427	381	342	310	284	262	243	227	213	201	748
H-488x300x11x18	128.0	710	683	3660	12000	683	683	683	683	683	663	628	593	559	524	488	440	401	368	340	316	296	277	262	757
H-596x199x10x15	94.6	687	561	2110	6410	561	561	529	471	413	340	279	236	204	180	161	146	133	123	114	106	99.1	93.3	88.0	840
H-600x200x11x17	106.0	776	630	2140	6700	630	630	603	542	480	409	338	287	250	221	198	180	164	152	141	131	123	116	110	931
H-606x201x12x20	120.0	904	726	2200	7160	726	726	710	645	579	514	431	369	322	286	257	234	215	198	184	172	162	152	144	1030
H-612x202x13x23	134.0	1030	823	2240	7660	823	823	819	751	683	615	538	462	405	361	326	297	273	252	235	220	206	195	184	1120
H-582x300x12x17	137.0	1030	838	3450	10600	838	838	838	838	828	778	728	678	628	568	502	450	408	373	343	318	297	278	261	985
H-588x300x12x20	151.0	1180	949	3560	11300	949	949	949	949	949	903	850	798	746	694	624	561	510	467	431	400	374	350	330	995
H-594x302x14x23	175.0	1370	1100	3590	12200	1100	1100	1100	1100	1100	1070	1010	955	900	845	790	716	653	600	555	516	483	454	428	1170
H-692x300x13x20	166.0	1720	1190	3400	10400	1190	1190	1190	1190	1160	1090	1020	943	870	772	682	610	552	503	463	429	399	374	351	1270
H-700x300x13x24	185.0	2010	1370	3520	11100	1370	1370	1370	1370	1370	1290	1210	1140	1060	981	873	784	711	651	600	557	520	487	459	1280

1) SHN400, SHN490 이외의 강종은 판두께에 따른 강도저하를 고려하여야 한다. (KS규격 참조)
2) 주어진 경간 사이는 직선보간하거나 안전측으로 표의 우측(작은)값을 선택할 수 있다.

도움표 6.11-400 H형강보의 강축 설계휨강도 $\phi_b M_{nx}$ (kN.m)

3점집중하중 / 양단부횡지지 — SHN400 (F_y = 235[1] MPa) — C_b = 1.14

H형강 치수	단위중량 kg/m	I_x ×10⁶mm⁴	ϕM_{px} kN.m	L_p mm	L_r mm	경간 L_n[2] (m) 2.0	3.0	4.0	5.0	6.0	7.0	8.0	9.0	10.0	11.0	12.0	13.0	14.0	15.0	16.0	17.0	18.0	19.0	20.0	설계전단강도 $\phi_v V_{nx}$ kN
H-708x302x15x28	215.0	2370	1600	3570	12000	1600	1600	1600	1600	1600	1540	1460	1380	1300	1210	1130	1020	930	854	790	735	687	645	609	1500
H-792x300x14x22	191.0	2540	1540	3320	10100	1540	1540	1540	1540	1490	1390	1290	1190	1090	949	836	746	674	614	564	522	485	454	426	1560
H-800x300x14x26	210.0	2920	1740	3440	10700	1740	1740	1740	1740	1720	1620	1510	1410	1300	1180	1050	937	849	775	714	662	617	578	543	1580
H-808x302x16x30	241.0	3390	2020	3480	11500	2020	2020	2020	2020	2020	1910	1800	1690	1580	1470	1330	1200	1090	997	921	856	799	750	706	1820
H-890x299x15x23	213.0	3450	1890	3200	9690	1890	1890	1890	1890	1790	1660	1530	1400	1250	1080	947	844	760	692	635	586	545	509	477	1880
H-900x300x16x28	243.0	4110	2210	3320	10400	2210	2210	2210	2210	2150	2010	1870	1730	1600	1420	1250	1120	1010	925	852	789	735	688	647	2030
H-912x302x18x34	286.0	4980	2640	3410	11300	2640	2640	2640	2640	2630	2480	2340	2190	2040	1890	1700	1530	1390	1280	1180	1100	1020	960	905	2310
H-918x303x19x37	307.0	5420	2860	3450	11900	2860	2860	2860	2860	2860	2730	2580	2430	2270	2120	1960	1770	1610	1480	1370	1270	1190	1120	1050	2460
H-100x100x6x8	17.2	3.83	18.5	1290	8440	18.5	18.5	18.0	16.9	15.7	14.6	13.4	12.1	10.9	9.86	9.03	8.33	7.73	7.21	6.76	6.36	6.00	5.69	5.40	84.6
H-125x125x6.5x9	23.8	8.47	32.5	1620	9080	32.5	32.5	32.5	30.6	28.7	26.8	24.9	23.0	20.7	18.8	17.2	15.8	14.7	13.7	12.8	12.1	11.4	10.8	10.2	115
H-150x150x7x10	31.5	16.4	52.0	1950	9930	52.0	52.0	52.0	50.8	48.0	45.2	42.3	39.5	36.6	33.2	30.3	27.9	25.8	24.1	22.5	21.2	20.0	18.9	18.0	148
H-200x200x8x12	49.9	47.2	111	2610	11700	111	111	111	111	109	104	98.9	93.8	88.6	83.5	77.7	71.4	65.9	61.3	57.3	53.8	50.7	47.9	45.5	226
H-200x204x12x12	56.2	49.8	120	2540	13000	120	120	120	120	119	114	109	104	99.1	94.1	89.2	84.2	77.8	72.4	67.7	63.6	60.0	56.7	53.8	338
H-208x202x10x16	65.7	65.3	150	2670	15100	150	150	150	150	150	148	143	138	133	127	122	117	112	106	99.7	93.6	88.3	83.6	79.3	293
H-244x252x11x11	64.4	87.9	169	3110	12400	169	169	169	169	169	164	156	148	140	133	125	115	106	98.4	91.6	85.8	80.7	76.1	72.1	378
H-248x249x8x13	63.5	99.3	187	3270	12900	187	187	187	187	187	183	175	167	159	150	142	134	123	114	106	99.5	93.6	88.3	83.6	280
H-250x250x9x14	72.4	108	203	3270	13700	203	203	203	203	203	201	193	185	177	169	160	152	143	133	124	116	109	103	97.5	317
H-250x255x14x14	82.2	115	220	3160	15200	220	220	220	220	220	220	212	204	196	188	180	172	164	157	147	137	129	122	116	494
H-294x302x12x12	84.5	169	263	3720	13700	263	263	263	263	263	263	259	248	236	225	214	202	189	174	162	151	142	133	126	497
H-298x299x9x14	87.0	188	294	3900	14200	294	294	294	294	294	294	287	275	263	251	239	228	216	200	185	173	162	153	144	378

1) SHN400, SHN490 이외의 강종은 판두께에 따른 강도저하를 고려하여야 한다. (KS규격 참조)
2) 주어진 경간 사이는 직선보간하거나 안전측으로 표의 우측(작은)값을 선택할 수 있다.

도움표 6.11-400 H형강보의 강축 설계휨강도 $\phi_b M_{nx}$ (kN.m)

3점집중하중 / 양단부횡지지 — SHN400 (F_y = 235[1] MPa) — C_b = 1.14

H형강 치수	단위중량 kg/m	I_x ×10^6mm^4	ϕM_{px} kN.m	L_p mm	L_r mm	경간 L_n[2] (m) 2.0	3.0	4.0	5.0	6.0	7.0	8.0	9.0	10.0	11.0	12.0	13.0	14.0	15.0	16.0	17.0	18.0	19.0	20.0	설계전단강도 $\phi_v V_{nx}$ kN
H-300x300x10x15	94.0	204	317	3900	15000	317	317	317	317	317	317	313	301	289	277	265	253	241	229	213	199	186	175	166	423
H-300x305x15x15	106.0	215	341	3770	16300	341	341	341	341	341	341	340	328	316	304	293	281	269	257	246	231	217	205	194	635
H-304x301x11x17	106.0	234	361	3940	16400	361	361	361	361	361	361	361	350	338	325	313	301	289	277	265	250	235	221	209	472
H-310x305x15x20	130.0	286	440	3930	19400	440	440	440	440	440	440	440	439	427	415	402	390	378	365	353	341	329	316	301	656
H-310x310x20x20	142.0	299	465	3860	21200	465	465	465	465	465	465	465	465	457	446	434	422	410	398	386	374	363	351	339	874
H-338x351x13x13	106.0	282	374	4330	15300	374	374	374	374	374	374	374	374	361	346	331	316	301	286	266	247	231	217	205	620
H-344x348x10x16	115.0	333	449	4560	16300	449	449	449	449	449	449	449	442	426	410	395	379	363	347	332	311	291	273	258	485
H-344x354x16x16	131.0	353	486	4380	17700	486	486	486	486	486	486	486	483	467	451	436	420	405	389	374	358	341	320	303	776
H-350x350x12x19	137.0	403	538	4600	18500	538	538	538	538	538	538	538	538	526	510	494	478	462	446	429	413	397	378	357	592
H-350x357x19x19	156.0	428	584	4430	20500	584	584	584	584	584	584	584	584	578	562	546	530	515	499	483	468	452	436	420	938
H-388x402x15x15	140.0	490	567	4960	17500	567	567	567	567	567	567	567	567	567	556	536	516	496	476	456	436	412	386	363	821
H-394x398x11x18	147.0	561	660	5230	18400	660	660	660	660	660	660	660	660	654	633	612	592	571	550	530	509	488	461	434	611
H-394x405x18x18	168.0	597	717	5020	19900	717	717	717	717	717	717	717	717	715	695	674	654	633	613	592	572	551	531	510	1000
H-400x400x13x21	172.0	666	777	5260	20500	777	777	777	777	777	777	777	777	777	764	743	721	700	679	658	637	615	594	573	733
H-400x408x21x21	197.0	709	844	5070	22600	844	844	844	844	844	844	844	844	844	840	819	798	777	757	736	715	694	674	653	1180
H-406x403x16x24	200.0	780	905	5270	23100	905	905	905	905	905	905	905	905	905	905	887	865	844	822	801	779	758	736	715	916
H-414x405x18x28	232.0	928	1060	5330	26300	1060	1060	1060	1060	1060	1060	1060	1060	1060	1060	1060	1050	1020	1000	980	958	936	915	893	1050
H-428x407x20x35	283.0	1190	1330	5430	31900	1330	1330	1330	1330	1330	1330	1330	1330	1330	1330	1330	1330	1330	1310	1290	1270	1250	1220	1200	1210
H-458x417x30x50	415.0	1870	2020	5560	45800	2020	2020	2020	2020	2020	2020	2020	2020	2020	2020	2020	2020	2020	2020	2020	2020	2020	1990	1970	1940
H-498x432x45x70	605.0	2980	3060	5750	65700	3060	3060	3060	3060	3060	3060	3060	3060	3060	3060	3060	3060	3060	3060	3060	3060	3060	3060	3060	3160

1) SHN400, SHN490 이외의 강종은 판두께에 따른 강도저하를 고려하여야 한다. (KS규격 참조)

2) 주어진 경간 사이는 직선보간하거나 안전측으로 표의 우측(작은)값을 선택할 수 있다.

도움표 6.11-490 H형강보의 강축 설계휨강도 $\phi_b M_{nx}$ (kN.m)

3점집중하중 / 양단부횡지지 SHN490 (F_y = 325[1] MPa) C_b = 1.14

H형강 치수	단위중량	I_x	ϕM_{px}	L_p	L_r	경간 L_n[2] (m)																			설계 전단 강도 $\phi_v V_{nx}$
	kg/m	×10^{6}mm^4	kN.m	mm	mm	2.0	3.0	4.0	5.0	6.0	7.0	8.0	9.0	10.0	11.0	12.0	13.0	14.0	15.0	16.0	17.0	18.0	19.0	20.0	kN
H-150x75x5x7	14.0	6.66	25.4	737	2680	25.4	18.1	12.9	10.1	8.31	7.07	6.15	5.45	4.89	4.44	4.06	3.74	3.47	3.24	3.04	2.86	2.70	2.55	2.42	146
H-148x100x6x9	21.1	10.2	45.9	1050	4500	45.9	41.0	35.1	28.7	23.6	20.0	17.4	15.4	13.8	12.5	11.5	10.6	9.82	9.16	8.58	8.07	7.62	7.22	6.85	173
H-198x99x4.5x7	18.2	15.8	48.7	978	3040	48.7	37.8	25.7	19.4	15.6	13.1	11.3	9.93	8.87	8.02	7.32	6.74	6.24	5.81	5.44	5.11	4.82	4.56	4.33	174
H-200x100x5.5x8	21.3	18.4	57.9	981	3260	57.9	46.1	33.0	25.2	20.4	17.2	14.8	13.1	11.7	10.6	9.68	8.91	8.25	7.69	7.20	6.77	6.38	6.04	5.74	215
H-194x150x6x9	30.6	26.9	90.3	1590	5460	90.3	89.0	79.1	69.3	57.6	47.9	41.0	36.0	32.0	28.9	26.3	24.2	22.3	20.8	19.4	18.3	17.2	16.3	15.4	227
H-248x124x5x8	25.7	35.4	93.4	1230	3650	93.4	77.4	58.1	42.4	33.4	27.5	23.4	20.4	18.1	16.3	14.8	13.6	12.6	11.7	10.9	10.2	9.64	9.11	8.64	242
H-250x125x6x9	29.6	40.5	107	1230	3840	107	90.6	71.4	52.7	41.8	34.7	29.7	25.9	23.1	20.8	18.9	17.4	16.1	14.9	14.0	13.1	12.4	11.7	11.1	293
H-244x175x7x11	44.1	61.2	163	1850	6230	163	163	152	136	121	101	86.0	74.9	66.4	59.7	54.2	49.7	45.9	42.7	39.8	37.4	35.2	33.3	31.6	333
H-298x149x5.5x8	32.0	63.2	139	1460	4140	139	124	102	73.5	56.1	45.3	37.9	32.6	28.6	25.5	23.1	21.0	19.3	17.9	16.7	15.6	14.7	13.8	13.1	320
H-300x150x6.5x9	36.7	72.1	159	1460	4300	159	144	119	89.3	68.9	56.0	47.1	40.8	35.9	32.1	29.1	26.6	24.5	22.7	21.2	19.8	18.7	17.6	16.7	380
H-294x200x8x12	56.8	113	251	2080	6710	251	251	242	219	196	170	143	124	109	97.4	88.1	80.5	74.1	68.7	64.1	60.0	56.5	53.3	50.5	459
H-298x201x9x14	65.4	133	292	2110	7270	292	292	288	263	239	215	185	161	142	127	116	106	97.5	90.5	84.5	79.2	74.6	70.4	66.8	523
H-346x174x6x9	41.4	111	209	1710	4800	209	202	173	140	105	83.1	68.6	58.4	50.8	45.0	40.4	36.6	33.6	31.0	28.7	26.8	25.2	23.7	22.4	405
H-350x175x7x11	49.6	136	254	1750	5090	254	249	216	184	141	113	94.2	80.8	70.7	63.0	56.8	51.7	47.5	43.9	40.9	38.2	35.9	33.9	32.0	478
H-354x176x8x13	57.8	161	299	1770	5410	299	298	262	227	183	148	125	107	94.5	84.5	76.4	69.7	64.2	59.5	55.4	51.9	48.8	46.1	43.6	552
H-336x249x8x12	69.2	185	348	2620	7860	348	348	348	338	310	281	250	212	184	163	146	132	121	112	104	96.6	90.5	85.2	80.5	524
H-340x250x9x14	79.7	217	413	2650	8400	413	413	413	400	370	340	310	271	237	210	189	172	157	145	135	126	118	112	106	597
H-396x199x7x11	56.6	200	330	1980	5580	330	330	298	259	210	165	136	115	99.7	87.9	78.7	71.2	65.1	59.9	55.5	51.8	48.5	45.6	43.1	541
H-400x200x8x13	66.0	237	388	2010	5880	388	388	357	314	268	213	176	150	131	116	104	94.8	86.9	80.2	74.5	69.6	65.3	61.5	58.1	624
H-404x201x9x15	75.5	275	447	2030	6210	447	447	419	373	327	267	223	191	167	149	134	122	112	104	96.7	90.4	84.9	80.1	75.8	709

1) SHN400, SHN490 이외의 강종은 판두께에 따른 강도저하를 고려하여야 한다. (KS규격 참조)
2) 주어진 경간 사이는 직선보간하거나 안전측으로 표의 우측(작은)값을 선택할 수 있다.

도움표 6.11-490 H형강보의 강축 설계휨강도 $\phi_b M_{nx}$ (kN.m)

3점집중하중 / 양단부횡지지 | SHN490 (F_y = 325[1] MPa) | C_b = 1.14

H형강 치수	단위중량	I_x	ϕM_{px}	L_p	L_r	경간 L_n[2] (m)																			설계 전단 강도 $\phi_v V_{nx}$
	kg/m	×10⁶mm⁴	kN.m	mm	mm	2.0	3.0	4.0	5.0	6.0	7.0	8.0	9.0	10.0	11.0	12.0	13.0	14.0	15.0	16.0	17.0	18.0	19.0	20.0	kN
H-386x299x9x14	94.3	337	546	3190	9480	546	546	546	546	536	499	462	425	377	330	294	265	241	221	204	190	177	166	157	677
H-390x300x10x16	107.0	387	640	3220	10000	640	640	640	640	621	582	543	503	464	409	365	330	301	277	256	239	224	210	198	761
H-446x199x8x12	66.2	287	424	1910	5480	424	424	376	325	259	205	168	142	123	109	97.5	88.3	80.7	74.3	68.9	64.2	60.2	56.6	53.5	696
H-450x200x9x14	76.0	335	491	1940	5740	491	491	445	389	324	258	213	182	158	140	126	114	105	96.8	89.9	84.0	78.8	74.2	70.2	790
H-434x299x10x15	106.0	468	691	3110	9250	691	691	691	691	658	610	563	515	449	393	350	315	286	262	242	225	210	197	186	846
H-440x300x11x18	124.0	561	826	3170	9960	826	826	826	826	797	746	695	644	591	520	464	420	383	352	326	304	284	267	252	944
H-496x199x9x14	79.5	419	560	1890	5510	560	560	496	428	344	272	224	190	165	146	131	119	109	100	93.1	86.9	81.4	76.7	72.4	870
H-500x200x10x16	89.6	478	636	1910	5750	636	636	574	501	418	334	277	236	206	183	164	149	137	127	118	110	103	97.2	91.9	975
H-506x201x11x19	103.0	565	743	1960	6140	743	743	688	610	532	433	362	311	272	243	219	199	183	170	158	148	139	131	124	1090
H-482x300x11x15	114.0	604	808	3010	8900	808	808	808	808	755	696	637	574	492	429	381	342	310	284	262	243	227	213	201	1030
H-488x300x11x18	128.0	710	944	3110	9450	944	944	944	944	895	832	770	707	626	549	488	440	401	368	340	316	296	277	262	1050
H-596x199x10x15	94.6	687	775	1790	5240	775	763	663	562	432	340	279	236	204	180	161	146	133	123	114	106	99.1	93.3	88.0	1160
H-600x200x11x17	106.0	776	871	1820	5440	871	866	759	651	517	409	338	287	250	221	198	180	164	152	141	131	123	116	110	1290
H-606x201x12x20	120.0	904	1000	1870	5740	1000	1000	898	782	651	519	431	369	322	286	257	234	215	198	184	172	162	152	144	1420
H-612x202x13x23	134.0	1030	1140	1910	6070	1140	1140	1040	920	798	644	538	462	405	361	326	297	273	252	235	220	206	195	184	1550
H-582x300x12x17	137.0	1030	1160	2930	8580	1160	1160	1160	1140	1050	963	875	764	652	568	502	450	408	373	343	318	297	278	261	1360
H-588x300x12x20	151.0	1180	1310	3030	9010	1310	1310	1310	1310	1220	1130	1030	939	805	703	624	561	510	467	431	400	374	350	330	1380
H-594x302x14x23	175.0	1370	1520	3050	9570	1520	1520	1520	1520	1440	1340	1240	1140	1010	890	794	716	653	600	555	516	483	454	428	1620
H-692x300x13x20	166.0	1720	1650	2890	8410	1650	1650	1650	1600	1470	1350	1220	1040	889	772	682	610	552	503	463	429	399	374	351	1750
H-700x300x13x24	185.0	2010	1890	3000	8900	1890	1890	1890	1880	1740	1600	1470	1320	1130	985	873	784	711	651	600	557	520	487	459	1770

1) SHN400, SHN490 이외의 강종은 판두께에 따른 강도저하를 고려하여야 한다. (KS규격 참조)

2) 주어진 경간 사이는 직선보간하거나 안전측으로 표의 우측(작은)값을 선택할 수 있다.

도움표 6.11-490 H형강보의 강축 설계휨강도 $\phi_b M_{nx}$ (kN.m)

3점집중하중 / 양단부횡지지 　 SHN490 (F_y = 325[1] MPa) 　 C_b = 1.14

H형강 치수	단위중량	I_x	ϕM_{px}	L_p	L_r	경간 L_n[2] (m)																			설계 전단 강도 $\phi_v V_{nx}$
	kg/m	×10^{6}mm^4	kN.m	mm	mm	2.0	3.0	4.0	5.0	6.0	7.0	8.0	9.0	10.0	11.0	12.0	13.0	14.0	15.0	16.0	17.0	18.0	19.0	20.0	kN
H-708x302x15x28	215.0	2370	2210	3030	9480	2210	2210	2210	2210	2080	1930	1780	1640	1450	1270	1130	1020	930	854	790	735	687	645	609	2070
H-792x300x14x22	191.0	2540	2130	2820	8210	2130	2130	2130	2050	1880	1710	1530	1290	1090	949	836	746	674	614	564	522	485	454	426	2160
H-800x300x14x26	210.0	2920	2410	2930	8630	2410	2410	2410	2370	2180	2000	1820	1590	1360	1180	1050	937	849	775	714	662	617	578	543	2180
H-808x302x16x30	241.0	3390	2790	2960	9110	2790	2790	2790	2780	2580	2380	2180	1980	1710	1500	1330	1200	1090	997	921	856	799	750	706	2520
H-890x299x15x23	213.0	3450	2610	2720	7930	2610	2610	2610	2460	2240	2020	1780	1470	1250	1080	947	844	760	692	635	586	545	509	477	2600
H-900x300x16x28	243.0	4110	3060	2820	8400	3060	3060	3060	2960	2720	2470	2230	1910	1630	1420	1250	1120	1010	925	852	789	735	688	647	2810
H-912x302x18x34	286.0	4980	3660	2900	9020	3660	3660	3660	3610	3350	3080	2820	2550	2190	1920	1700	1530	1390	1280	1180	1100	1020	960	905	3200
H-918x303x19x37	307.0	5420	3960	2930	9360	3960	3960	3960	3950	3680	3400	3130	2850	2510	2200	1960	1770	1610	1480	1370	1270	1190	1120	1050	3400
H-100x100x6x8	17.2	3.83	25.6	1090	6150	25.6	24.9	22.7	20.4	18.2	15.6	13.6	12.1	10.9	9.86	9.03	8.33	7.73	7.21	6.76	6.36	6.00	5.69	5.40	117
H-125x125x6.5x9	23.8	8.47	44.9	1380	6660	44.9	44.9	41.5	37.8	34.1	30.0	26.1	23.1	20.7	18.8	17.2	15.8	14.7	13.7	12.8	12.1	11.4	10.8	10.2	158
H-150x150x7x10	31.5	16.4	72.0	1660	7330	72.0	72.0	69.3	63.8	58.3	52.9	46.4	40.9	36.6	33.2	30.3	27.9	25.8	24.1	22.5	21.2	20.0	18.9	18.0	205
H-200x200x8x12	49.9	47.2	154	2220	8770	154	154	154	148	138	128	118	107	94.9	85.4	77.7	71.4	65.9	61.3	57.3	53.8	50.7	47.9	45.5	312
H-200x204x12x12	56.2	49.8	165	2160	9620	165	165	165	161	151	142	132	122	111	101	91.6	84.2	77.8	72.4	67.7	63.6	60.0	56.7	53.8	468
H-208x202x10x16	65.7	65.3	208	2270	11100	208	208	208	208	199	188	178	168	157	147	134	124	114	107	99.7	93.6	88.3	83.6	79.3	406
H-244x252x11x11	64.4	87.9	225	2640	9450	225	225	225	225	219	204	189	175	157	140	126	115	106	98.4	91.6	85.8	80.7	76.1	72.1	523
H-248x249x8x13	66.5	99.3	258	2780	9770	258	258	258	258	245	229	214	199	182	162	147	134	123	114	106	99.5	93.6	88.3	83.6	387
H-250x250x9x14	72.4	108	281	2780	10300	281	281	281	281	270	254	239	223	207	188	170	155	143	133	124	116	109	103	97.5	439
H-250x255x14x14	82.2	115	304	2690	11300	304	304	304	304	296	280	265	250	234	219	200	183	169	157	147	137	129	122	116	683
H-294x302x12x12	84.5	169	346	3160	10600	346	346	346	346	346	344	323	302	280	255	228	207	189	174	162	151	142	133	126	688
H-298x299x9x14	87.0	188	396	3320	10900	396	396	396	396	396	382	359	337	315	291	261	237	217	200	185	173	162	153	144	523

1) SHN400, SHN490 이외의 강종은 판두께에 따른 강도저하를 고려하여야 한다. (KS규격 참조)
2) 주어진 경간 사0 는 직선보간하거나 안전측으로 표의 우측(작은)값을 선택할 수 있다.

도움표 6.11-490 H형강보의 강축 설계휨강도 $\phi_b M_{nx}$ (kN.m)

3점집중하중 / 양단부횡지지 — SHN490 (F_y = 325[1] MPa) — C_b = 1.14

H형강 치수	단위중량	I_x	ϕM_{px}	L_p	L_r	경간 L_n[2] (m)																			설계전단강도 $\phi_v V_{nx}$
	kg/m	$\times 10^6 mm^4$	kN.m	mm	mm	2.0	3.0	4.0	5.0	6.0	7.0	8.0	9.0	10.0	11.0	12.0	13.0	14.0	15.0	16.0	17.0	18.0	19.0	20.0	kN
H-300x300x10x15	94.0	204	434	3320	11400	434	434	434	434	434	417	395	372	349	327	298	271	248	229	213	199	186	175	166	585
H-300x305x15x15	106.0	215	465	3210	12300	465	465	465	465	465	453	431	408	386	363	341	313	287	266	247	231	217	205	194	878
H-304x301x11x17	106.0	234	499	3350	12400	499	499	499	499	499	484	460	437	414	391	367	338	310	287	267	250	235	221	209	652
H-310x305x15x20	130.0	286	608	3350	14400	608	608	608	608	608	606	582	559	535	511	487	463	440	410	383	358	337	318	301	907
H-310x310x20x20	142.0	299	643	3280	15600	643	643	643	643	643	643	624	601	578	555	532	509	486	463	437	409	385	364	345	1210
H-338x351x13x13	106.0	282	491	3680	11900	491	491	491	491	491	491	491	469	441	414	384	345	314	288	266	247	231	217	205	857
H-344x348x10x16	115.0	333	601	3880	12600	601	601	601	601	601	601	586	557	527	498	468	432	394	362	334	311	291	273	258	671
H-344x354x16x16	131.0	353	648	3730	13500	648	648	648	648	648	648	641	611	581	552	522	493	457	421	390	364	341	320	303	1070
H-350x350x12x19	137.0	403	744	3910	14000	744	744	744	744	744	744	722	692	661	630	599	568	537	495	459	428	401	378	357	819
H-350x357x19x19	156.0	428	807	3770	15300	807	807	807	807	807	807	792	761	731	701	670	640	610	579	542	506	475	448	423	1300
H-388x402x15x15	140.0	490	745	4220	13600	745	745	745	745	745	745	745	745	722	685	648	611	567	518	477	442	412	386	363	1130
H-394x398x11x18	147.0	561	880	4450	14200	880	880	880	880	880	880	880	865	826	788	749	711	672	618	569	528	492	461	434	845
H-394x405x18x18	168.0	597	951	4260	15200	951	951	951	951	951	951	951	947	908	869	830	792	753	714	663	616	576	541	510	1380
H-400x400x13x21	172.0	666	1070	4480	15600	1070	1070	1070	1070	1070	1070	1070	1040	1000	962	921	881	841	801	752	699	653	613	578	1010
H-400x408x21x21	197.0	709	1160	4310	17000	1160	1160	1160	1160	1160	1160	1160	1140	1100	1060	1020	985	945	905	865	824	772	726	685	1640
H-406x403x16x24	200.0	780	1250	4480	17300	1250	1250	1250	1250	1250	1250	1250	1240	1200	1160	1120	1070	1030	991	950	908	855	804	759	1270
H-414x405x18x28	232.0	928	1470	4530	19400	1470	1470	1470	1470	1470	1470	1470	1470	1440	1400	1360	1320	1280	1230	1190	1150	1110	1060	1010	1450
H-428x407x20x35	283.0	1190	1850	4620	23300	1850	1850	1850	1850	1850	1850	1850	1850	1850	1830	1790	1740	1700	1660	1620	1570	1530	1490	1440	1670
H-458x417x30x50	415.0	1870	2790	4730	33200	2790	2790	2790	2790	2790	2790	2790	2790	2790	2790	2790	2790	2770	2720	2680	2630	2590	2540	2500	2680
H-498x432x45x70	605.0	2980	4230	4890	47600	4230	4230	4230	4230	4230	4230	4230	4230	4230	4230	4230	4230	4230	4230	4230	4230	4200	4150	4100	4370

1) SHN400, SHN490 이외의 강종은 판두께에 따른 강도저하를 고려하여야 한다. (KS규격 참조)
2) 주어진 경간 사이는 직선보간하거나 안전측으로 표의 우측(작은)값을 선택할 수 있다.

도움표 6.12-400 H형강보의 강축 설계휨강도 $\phi_b M_{nx}$ (kN.m)

3점집중하중 / 4등분점횡지지 — SHN400 (F_y = 235[1] MPa) — C_b = 1.11

H형강 치수	단위중량	I_x	ϕM_{px}	L_p	L_r	경간 L_n[2] (m)																			설계전단강도 $\phi_v V_{nx}$
	kg/m	$\times 10^6 mm^4$	kN.m	mm	mm	2.0	3.0	4.0	5.0	6.0	7.0	8.0	9.0	10.0	11.0	12.0	13.0	14.0	15.0	16.0	17.0	18.0	19.0	20.0	kN
H-150x75x5x7	14.0	6.66	21.5	867	3520	21.5	21.5	21.5	21.5	21.5	20.8	19.9	19.0	18.2	17.3	16.4	15.5	14.7	13.5	12.6	11.8	11.0	10.4	9.84	106
H-148x100x6x9	21.1	10.2	33.2	1230	6070	33.2	33.2	33.2	33.2	33.2	33.2	33.2	33.2	33.1	32.4	31.7	30.9	30.2	29.5	28.7	28.0	27.3	26.5	25.8	125
H-198x99x4.5x7	18.2	15.8	38.0	1150	3860	38.0	38.0	38.0	38.0	38.0	38.0	37.2	35.7	34.2	32.8	31.3	29.8	28.3	26.9	25.0	23.1	21.5	20.1	18.9	126
H-200x100x5.5x8	21.3	18.4	44.3	1150	4200	44.3	44.3	44.3	44.3	44.3	44.3	43.9	42.4	40.8	39.3	37.7	36.2	34.6	33.1	31.5	29.8	27.8	26.0	24.5	155
H-194x150x6x9	30.6	26.9	65.3	1880	7140	65.3	65.3	65.3	65.3	65.3	65.3	65.3	65.3	65.3	65.3	65.3	65.3	64.2	62.9	61.6	60.3	59.0	57.8	56.5	164
H-248x124x5x8	25.7	35.4	67.5	1450	4570	67.5	67.5	67.5	67.5	67.5	67.5	67.5	67.5	65.5	63.3	61.0	58.7	56.5	54.2	52.0	49.7	47.5	44.3	41.3	175
H-250x125x6x9	29.6	40.5	77.4	1450	4860	77.4	77.4	77.4	77.4	77.4	77.4	77.4	77.4	75.9	73.5	71.1	68.7	66.3	63.9	61.5	59.1	56.7	54.3	51.3	212
H-244x175x7x11	44.1	61.2	118	2180	8110	118	118	118	118	118	118	118	118	118	118	118	118	118	118	116	114	112	110	108	241
H-298x149x5.5x8	32.0	63.2	100	1710	5090	100	100	100	100	100	100	100	100	100	98.7	95.6	92.5	89.4	86.3	83.2	80.1	77.0	73.9	70.8	231
H-300x150x6.5x9	36.7	72.1	115	1710	5350	115	115	115	115	115	115	115	115	115	113	110	107	104	100	96.9	93.6	90.2	86.9	83.6	275
H-294x200x8x12	56.8	113	182	2450	8630	182	182	182	182	182	182	182	182	182	182	182	182	182	182	182	180	177	174	171	332
H-298x201x9x14	65.4	133	211	2480	9510	211	211	211	211	211	211	211	211	211	211	211	211	211	211	211	211	209	206	203	378
H-346x174x6x9	41.4	111	151	2020	5880	151	151	151	151	151	151	151	151	151	151	151	148	144	140	136	132	128	124	120	293
H-350x175x7x11	49.6	136	184	2050	6320	184	184	184	184	184	184	184	184	184	184	184	182	178	173	169	164	160	155	151	345
H-354x176x8x13	57.8	161	216	2080	6820	216	216	216	216	216	216	216	216	216	216	216	216	213	208	203	199	194	189	184	399
H-336x249x8x12	69.2	185	257	3080	9950	257	257	257	257	257	257	257	257	257	257	257	257	257	257	257	257	257	257	256	379
H-340x250x9x14	79.7	217	299	3120	10800	299	299	299	299	299	299	299	299	299	299	299	299	299	299	299	299	299	299	299	431
H-396x199x7x11	56.6	200	239	2330	6860	239	239	239	239	239	239	239	239	239	239	239	239	239	234	228	223	218	212	207	391
H-400x200x8x13	66.0	237	281	2360	7320	281	281	281	281	281	281	281	281	281	281	281	281	281	279	273	267	261	255	249	451
H-404x201x9x15	75.5	275	323	2390	7830	323	323	323	323	323	323	323	323	323	323	323	323	323	323	319	313	306	300	294	513

1) SHN400, SHN490 이외의 강종은 판두께에 따른 강도저하를 고려하여야 한다. (KS규격 참조)
2) 주어진 경간 사이는 직선보간하거나 안전측으로 표의 우측(작은)값을 선택할 수 있다.

도움표 6.12-400 H형강보의 강축 설계휨강도 $\phi_b M_{nx}$ (kN.m)

3점집중하중 / 4등분점횡지지 | SHN400 (F_y = 235[1] MPa) | C_b = 1.11

H형강 치수	단위중량 kg/m	I_x ×10^6mm^4	ϕM_{px} kN.m	L_p mm	L_r mm	경간 L_n[2] (m) 2.0	3.0	4.0	5.0	6.0	7.0	8.0	9.0	10.0	11.0	12.0	13.0	14.0	15.0	16.0	17.0	18.0	19.0	20.0	설계전단강도 $\phi_v V_{nx}$ kN
H-386x299x9x14	94.3	337	406	3750	12000	406	406	406	406	406	406	406	406	406	406	406	406	406	406	406	406	406	406	406	490
H-390x300x10x16	107.0	387	463	3780	12900	463	463	463	463	463	463	463	463	463	463	463	463	463	463	463	463	463	463	463	550
H-446x199x8x12	66.2	287	307	2250	6730	307	307	307	307	307	307	307	307	307	307	307	307	304	297	290	283	276	269	261	503
H-450x200x9x14	76.0	335	355	2290	7140	355	355	355	355	355	355	355	355	355	355	355	355	355	349	341	333	326	318	310	571
H-434x299x10x15	106.0	468	504	3660	11700	504	504	504	504	504	504	504	504	504	504	504	504	504	504	504	504	504	504	504	612
H-440x300x11x18	124.0	561	597	3730	12800	597	597	597	597	597	597	597	597	597	597	597	597	597	597	597	597	597	597	597	682
H-496x199x9x14	79.5	419	405	2220	6790	405	405	405	405	405	405	405	405	405	405	405	405	401	392	382	373	364	354	345	629
H-500x200x10x16	89.6	478	460	2250	7160	460	460	460	460	460	460	460	460	460	460	460	460	460	451	441	431	421	411	401	705
H-506x201x11x19	103.0	565	537	2310	7760	537	537	537	537	537	537	537	537	537	537	537	537	537	536	525	515	504	494	483	785
H-482x300x11x15	114.0	604	590	3540	11100	590	590	590	590	590	590	590	590	590	590	590	590	590	590	590	590	590	590	590	748
H-488x300x11x18	128.0	710	683	3660	12000	683	683	683	683	683	683	683	683	683	683	683	683	683	683	683	683	683	683	683	757
H-596x199x10x15	94.6	687	561	2110	6410	561	561	561	561	561	561	561	561	561	561	561	558	544	529	515	501	487	473	459	840
H-600x200x11x17	106.0	776	630	2140	6700	630	630	630	630	630	630	630	630	630	630	630	630	618	603	588	573	558	543	528	931
H-606x201x12x20	120.0	904	726	2200	7160	726	726	726	726	726	726	726	726	726	726	726	726	723	707	691	675	659	643	628	1030
H-612x202x13x23	134.0	1030	823	2240	7660	823	823	823	823	823	823	823	823	823	823	823	823	823	814	798	781	765	748	732	1120
H-582x300x12x17	137.0	1030	838	3450	10600	838	838	838	838	838	838	838	838	838	838	838	838	838	838	838	838	838	838	838	985
H-588x300x12x20	151.0	1180	949	3560	11300	949	949	949	949	949	949	949	949	949	949	949	949	949	949	949	949	949	949	949	995
H-594x302x14x23	175.0	1370	1100	3590	12200	1100	1100	1100	1100	1100	1100	1100	1100	1100	1100	1100	1100	1100	1100	1100	1100	1100	1100	1100	1170
H-692x300x13x20	166.0	1720	1190	3400	10400	1190	1190	1190	1190	1190	1190	1190	1190	1190	1190	1190	1190	1190	1190	1190	1190	1190	1190	1190	1270
H-700x300x13x24	185.0	2010	1370	3520	11100	1370	1370	1370	1370	1370	1370	1370	1370	1370	1370	1370	1370	1370	1370	1370	1370	1370	1370	1370	1280

1) SHN400, SHN490 이외의 강종은 판두께에 따른 강도저하를 고려하여야 한다. (KS규격 참조)
2) 주어진 경간 사이는 직선보간하거나 안전측으로 표의 우측(작은)값을 선택할 수 있다.

도움표 6.12-400 H형강보의 강축 설계휨강도 $\phi_b M_{nx}$ (kN.m)

3점집중하중 / 4등분점횡지지 SHN400 (F_y = 235[1] MPa) C_b = 1.11

H형강 치수	단위중량 kg/m	I_x ×10⁶mm⁴	ϕM_{px} kN.m	L_p mm	L_r mm	경간 L_n[2] (m) 2.0	3.0	4.0	5.0	6.0	7.0	8.0	9.0	10.0	11.0	12.0	13.0	14.0	15.0	16.0	17.0	18.0	19.0	20.0	설계전단강도 $\phi_v V_{nx}$ kN
H-708x302x15x28	191.0	2540	1540	3320	10100	1600	1600	1600	1600	1600	1600	1600	1600	1600	1600	1600	1600	1600	1600	1600	1600	1600	1600	1600	1560
H-792x300x14x22	210.0	2920	1740	3440	10700	1540	1540	1540	1540	1540	1540	1540	1540	1540	1540	1540	1540	1540	1540	1540	1540	1540	1540	1540	1580
H-800x300x14x26	241.0	3390	2020	3480	11500	1740	1740	1740	1740	1740	1740	1740	1740	1740	1740	1740	1740	1740	1740	1740	1740	1740	1740	1740	1820
H-808x302x16x30	213.0	3450	1890	3200	9690	2020	2020	2020	2020	2020	2020	2020	2020	2020	2020	2020	2020	2020	2020	2020	2020	2020	2020	2020	1880
H-890x299x15x23	243.0	4110	2210	3320	10400	1890	1890	1890	1890	1890	1890	1890	1890	1890	1890	1890	1890	1890	1890	1890	1890	1890	1890	1870	2030
H-900x300x16x28	286.0	4980	2640	3410	11300	2210	2210	2210	2210	2210	2210	2210	2210	2210	2210	2210	2210	2210	2210	2210	2210	2210	2210	2210	2310
H-912x302x18x34	307.0	5420	2860	3450	11900	2640	2640	2640	2640	2640	2640	2640	2640	2640	2640	2640	2640	2640	2640	2640	2640	2640	2640	2640	2460
H-918x303x19x37	17.2	3.83	18.5	1290	8440	2860	2860	2860	2860	2860	2860	2860	2860	2860	2860	2860	2860	2860	2860	2860	2860	2860	2860	2860	84.6
H-100x100x6x8	23.8	8.47	32.5	1620	9080	18.5	18.5	18.5	18.5	18.5	18.5	18.5	18.5	18.5	18.5	18.5	18.4	18.1	17.8	17.5	17.3	17.0	16.7	16.4	115
H-125x125x6.5x9	31.5	16.4	52.0	1950	9930	32.5	32.5	32.5	32.5	32.5	32.5	32.5	32.5	32.5	32.5	32.5	32.5	32.5	32.1	31.6	31.2	30.7	30.3	29.8	148
H-150x150x7x10	49.9	47.2	111	2610	11700	52.0	52.0	52.0	52.0	52.0	52.0	52.0	52.0	52.0	52.0	52.0	52.0	52.0	52.0	52.0	51.5	50.8	50.1	49.4	226
H-200x200x8x12	56.2	49.8	120	2540	13000	111	111	111	111	111	111	111	111	111	111	111	111	111	111	111	111	111	111	111	338
H-200x204x12x12	65.7	65.3	150	2670	15100	120	120	120	120	120	120	120	120	120	120	120	120	120	120	120	120	120	120	120	293
H-208x202x10x16	64.4	87.9	169	3110	12400	150	150	150	150	150	150	150	150	150	150	150	150	150	150	150	150	150	150	150	378
H-244x252x11x11	66.5	99.3	187	3270	12900	169	169	169	169	169	169	169	169	169	169	169	169	169	169	169	169	169	169	169	280
H-248x249x8x13	72.4	108	203	3270	13700	187	187	187	187	187	187	187	187	187	187	187	187	187	187	187	187	187	187	187	317
H-250x250x9x14	82.2	115	220	3160	15200	203	203	203	203	203	203	203	203	203	203	203	203	203	203	203	203	203	203	203	494
H-250x255x14x14	84.5	169	263	3720	13700	220	220	220	220	220	220	220	220	220	220	220	220	220	220	220	220	220	220	220	497
H-294x302x12x12	87.0	188	294	3900	14200	263	263	263	263	263	263	263	263	263	263	263	263	263	263	263	263	263	263	263	378
H-298x299x9x14	87.0	188	294	3900	14200	294	294	294	294	294	294	294	294	294	294	294	294	294	294	294	294	294	294	294	378

1) SHN400, SHN490 이외의 강종은 판두께에 따른 강도저하를 고려하여야 한다. (KS규격 참조)
2) 주어진 경간 사이는 직선보간하거나 안전측으로 표의 우측(작은)값을 선택할 수 있다.

도움표 6.12-400 H형강보의 강축 설계휨강도 $\phi_b M_{nx}$ (kN.m)

3점집중하중 / 4등분점횡지지 SHN400 (F_y = 235[1] MPa) C_b = 1.11

H형강 치수	단위중량	I_x	ϕM_{px}	L_p	L_r	경간 L_n[2] (m)																	설계 전단 강도 $\phi_v V_{nx}$
	kg/m	×10⁶mm⁴	kN.m	mm	mm	2.0	3.0	4.0	5.0	6.0	7.0	8.0	9.0	10.0	11.0	12.0	13.0	14.0	15.0	16.0	17.0	18.0	19.0	20.0	kN
H-300x300x10x15	94.0	204	317	3900	15000	317	317	317	317	317	317	317	317	317	317	317	317	317	317	317	317	317	317	317	423
H-300x305x15x15	106.0	215	341	3770	16300	341	341	341	341	341	341	341	341	341	341	341	341	341	341	341	341	341	341	341	635
H-304x301x11x17	106.0	234	361	3940	16400	361	361	361	361	361	361	361	361	361	361	361	361	361	361	361	361	361	361	361	472
H-310x305x15x20	130.0	286	440	3930	19400	440	440	440	440	440	440	440	440	440	440	440	440	440	440	440	440	440	440	440	656
H-310x310x20x20	142.0	299	465	3860	21200	465	465	465	465	465	465	465	465	465	465	465	465	465	465	465	465	465	465	465	874
H-338x351x13x13	106.0	282	374	4330	15300	374	374	374	374	374	374	374	374	374	374	374	374	374	374	374	374	374	374	374	620
H-344x348x10x16	115.0	333	449	4560	16300	449	449	449	449	449	449	449	449	449	449	449	449	449	449	449	449	449	449	449	485
H-344x354x16x16	131.0	353	486	4380	17700	486	486	486	486	486	486	486	486	486	486	486	486	486	486	486	486	486	486	486	776
H-350x350x12x19	137.0	403	538	4600	18500	538	538	538	538	538	538	538	538	538	538	538	538	538	538	538	538	538	538	538	592
H-350x357x19x19	156.0	428	584	4430	20500	584	584	584	584	584	584	584	584	584	584	584	584	584	584	584	584	584	584	584	938
H-388x402x15x15	140.0	490	567	4960	17500	567	567	567	567	567	567	567	567	567	567	567	567	567	567	567	567	567	567	567	821
H-394x398x11x18	147.0	561	660	5230	18400	660	660	660	660	660	660	660	660	660	660	660	660	660	660	660	660	660	660	660	611
H-394x405x18x18	168.0	597	717	5020	19900	717	717	717	717	717	717	717	717	717	717	717	717	717	717	717	717	717	717	717	1000
H-400x400x13x21	172.0	666	777	5260	20500	777	777	777	777	777	777	777	777	777	777	777	777	777	777	777	777	777	777	777	733
H-400x408x21x21	197.0	709	844	5070	22600	844	844	844	844	844	844	844	844	844	844	844	844	844	844	844	844	844	844	844	1180
H-406x403x16x24	200.0	780	905	5270	23100	905	905	905	905	905	905	905	905	905	905	905	905	905	905	905	905	905	905	905	916
H-414x405x18x28	232.0	928	1060	5330	26300	1060	1060	1060	1060	1060	1060	1060	1060	1060	1060	1060	1060	1060	1060	1060	1060	1060	1060	1060	1050
H-428x407x20x35	283.0	1190	1330	5430	31900	1330	1330	1330	1330	1330	1330	1330	1330	1330	1330	1330	1330	1330	1330	1330	1330	1330	1330	1330	1210
H-458x417x30x50	415.0	1870	2020	5560	45800	2020	2020	2020	2020	2020	2020	2020	2020	2020	2020	2020	2020	2020	2020	2020	2020	2020	2020	2020	1940
H-498x432x45x70	605.0	2980	3060	5750	65700	3060	3060	3060	3060	3060	3060	3060	3060	3060	3060	3060	3060	3060	3060	3060	3060	3060	3060	3060	3160

1) SHN400, SHN490 이외의 강종은 판두께에 따른 강도저하를 고려하여야 한다. (KS규격 참조)
2) 주어진 경간 사이는 직선보간하거나 안전측으로 표의 우측(작은)값을 선택할 수 있다.

도움표 6.12-490 H형강보의 강축 설계휨강도 $\phi_b M_{nx}$ (kN.m)

3점집중하중 / 4등분점횡지지 SHN490 (F_y = 325[1] MPa) C_b = 1.11

H형강 치수	단위중량	I_x	ϕM_{px}	L_p	L_r	경간 L_n[2] (m)																			설계전단강도 $\phi_v V_{nx}$
	kg/m	×10⁶mm⁴	kN.m	mm	mm	2.0	3.0	4.0	5.0	6.0	7.0	8.0	9.0	10.0	11.0	12.0	13.0	14.0	15.0	16.0	17.0	18.0	19.0	20.0	kN
H-150x75x5x7	14.0	6.66	29.8	737	2680	29.8	29.8	29.8	29.7	28.0	26.4	24.7	23.0	21.4	19.6	17.6	16.0	14.7	13.5	12.6	11.8	11.0	10.4	9.84	146
H-148x100x6x9	21.1	10.2	45.9	1050	4500	45.9	45.9	45.9	45.9	45.9	45.9	45.6	44.1	42.7	41.3	39.9	38.5	37.0	35.6	34.2	32.8	31.4	29.5	27.9	173
H-198x99x4.5x7	18.2	15.8	52.6	978	3040	52.6	52.6	52.6	52.6	52.6	50.1	47.4	44.8	42.1	39.4	36.8	33.1	29.8	27.2	25.0	23.1	21.5	20.1	18.9	174
H-200x100x5.5x8	21.3	18.4	61.3	981	3260	61.3	61.3	61.3	61.3	61.3	59.2	56.3	53.5	50.6	47.8	44.9	42.1	38.1	34.9	32.1	29.8	27.8	26.0	24.5	215
H-194x150x6x9	30.6	26.9	90.3	1590	5460	90.3	90.3	90.3	90.3	90.3	90.3	90.3	90.3	90.3	89.1	86.7	84.3	81.9	79.5	77.1	74.7	72.3	69.9	67.5	227
H-248x124x5x8	25.7	35.4	93.4	1230	3650	93.4	93.4	93.4	93.4	93.4	93.4	91.4	87.4	83.4	79.3	75.3	71.3	67.3	62.3	56.6	51.8	47.8	44.3	41.3	242
H-250x125x6x9	29.6	40.5	107	1230	3840	107	107	107	107	107	107	106	101	96.9	92.6	88.3	83.9	79.6	75.3	69.5	63.9	59.1	54.9	51.3	293
H-244x175x7x11	44.1	61.2	163	1850	6230	163	163	163	163	163	163	163	163	163	163	163	160	156	152	148	144	141	137	133	333
H-298x149x5.5x8	32.0	63.2	139	1460	4140	139	139	139	139	139	139	139	137	132	126	121	116	110	105	99.4	92.3	84.3	77.5	71.6	320
H-300x150x6.5x9	36.7	72.1	159	1460	4300	159	159	159	159	159	159	159	157	152	146	140	134	128	122	116	110	102	93.9	87.0	380
H-294x200x8x12	56.8	113	251	2080	6710	251	251	251	251	251	251	251	251	251	251	251	251	247	241	236	230	225	219	213	459
H-298x201x9x14	65.4	133	292	2110	7270	292	292	292	292	292	292	292	292	292	292	292	292	292	286	280	274	268	262	257	523
H-346x174x6x9	41.4	111	209	1710	4800	209	209	209	209	209	209	209	209	209	203	196	189	182	175	168	161	154	147	136	405
H-350x175x7x11	49.6	136	254	1750	5090	254	254	254	254	254	254	254	254	254	250	242	234	226	218	210	203	195	187	179	478
H-354x176x8x13	57.8	161	299	1770	5410	299	299	299	299	299	299	299	299	299	298	290	281	272	264	255	247	238	229	221	552
H-336x249x8x12	69.2	185	348	2620	7860	348	348	348	348	348	348	348	348	348	348	348	348	348	348	348	348	343	336	329	524
H-340x250x9x14	79.7	217	413	2650	8400	413	413	413	413	413	413	413	413	413	413	413	413	413	413	413	412	404	397	390	597
H-396x199x7x11	56.6	200	330	1980	5580	330	330	330	330	330	330	330	330	330	330	328	318	309	299	290	280	271	261	252	541
H-400x200x8x13	66.0	237	388	2010	5880	388	388	388	388	388	388	388	388	388	388	388	379	368	358	348	337	327	316	306	624
H-404x201x9x15	75.5	275	447	2030	6210	447	447	447	447	447	447	447	447	447	447	447	442	430	419	408	397	386	374	363	709

1) SHN400, SHN490 이외의 강종은 판두께에 따른 강도저하를 고려하여야 한다. (KS규격 참조)
2) 주어진 경간 사이는 직선보간하거나 안전측으로 표의 우측(작은)값을 선택할 수 있다.

도움표 6.12-490 H형강보의 강축 설계휨강도 $\phi_b M_{nx}$ (kN.m)

3점집중하중 / 4등분점횡지지 SHN490 (F_y = 325[1] MPa) C_b = 1.11

H형강 치수	단위중량 kg/m	I_x ×10⁶mm⁴	ϕM_{px} kN.m	L_p mm	L_r mm	경간 L_n[2] (m) 2.0	3.0	4.0	5.0	6.0	7.0	8.0	9.0	10.0	11.0	12.0	13.0	14.0	15.0	16.0	17.0	18.0	19.0	20.0	설계전단강도 $\phi_v V_{nx}$ kN
H-386x299x9x14	94.3	337	546	3190	9480	546	546	546	546	546	546	546	546	546	546	546	546	546	546	546	546	546	546	546	677
H-390x300x10x16	107.0	387	640	3220	10000	640	640	640	640	640	640	640	640	640	640	640	640	640	640	640	640	640	640	640	761
H-446x199x8x12	66.2	287	424	1910	5480	424	424	424	424	424	424	424	424	424	424	417	404	392	379	367	354	342	329	317	696
H-450x200x9x14	76.0	335	491	1940	5740	491	491	491	491	491	491	491	491	491	491	488	474	460	447	433	419	406	392	378	790
H-434x299x10x15	106.0	468	691	3110	9250	691	691	691	691	691	691	691	691	691	691	691	691	691	691	691	691	691	691	687	846
H-440x300x11x18	124.0	561	826	3170	9960	826	826	826	826	826	826	826	826	826	826	826	826	826	826	826	826	826	826	826	944
H-496x199x9x14	79.5	419	560	1890	5510	560	560	560	560	560	560	560	560	560	560	548	532	516	499	483	466	450	433	417	870
H-500x200x10x16	89.6	478	636	1910	5750	636	636	636	636	636	636	636	636	636	636	629	612	594	576	559	541	523	506	488	975
H-506x201x11x19	103.0	565	743	1960	6140	743	743	743	743	743	743	743	743	743	743	743	727	708	689	670	651	632	613	594	1090
H-482x300x11x15	114.0	604	808	3010	8900	808	808	808	808	808	808	808	808	808	808	808	808	808	808	808	808	808	807	792	1030
H-488x300x11x18	128.0	710	944	3110	9450	944	944	944	944	944	944	944	944	944	944	944	944	944	944	944	944	944	944	933	1050
H-596x199x10x15	94.6	687	775	1790	5240	775	775	775	775	775	775	775	775	775	767	743	718	694	670	645	621	596	572	547	1160
H-600x200x11x17	106.0	776	871	1820	5440	871	871	871	871	871	871	871	871	871	870	843	817	791	765	739	712	686	660	634	1290
H-606x201x12x20	120.0	904	1000	1870	5740	1000	1000	1000	1000	1000	1000	1000	1000	1000	1000	987	959	930	902	874	846	818	790	761	1420
H-612x202x13x23	134.0	1030	1140	1910	6070	1140	1140	1140	1140	1140	1140	1140	1140	1140	1140	1130	1100	1070	1040	1010	985	955	925	896	1550
H-582x300x12x17	137.0	1030	1160	2930	8580	1160	1160	1160	1160	1160	1160	1160	1160	1160	1160	1160	1160	1160	1160	1160	1160	1150	1130	1110	1360
H-588x300x12x20	151.0	1180	1310	3030	9010	1310	1310	1310	1310	1310	1310	1310	1310	1310	1310	1310	1310	1310	1310	1310	1310	1310	1300	1280	1380
H-594x302x14x23	175.0	1370	1520	3050	9570	1520	1520	1520	1520	1520	1520	1520	1520	1520	1520	1520	1520	1520	1520	1520	1520	1520	1520	1500	1620
H-692x300x13x20	166.0	1720	1650	2890	8410	1650	1650	1650	1650	1650	1650	1650	1650	1650	1650	1650	1650	1650	1650	1650	1650	1620	1590	1560	1750
H-700x300x13x24	185.0	2010	1890	3000	8900	1890	1890	1890	1890	1890	1890	1890	1890	1890	1890	1890	1890	1890	1890	1890	1890	1890	1860	1830	1770

1) SHN400, SHN490 이외의 강종은 판두께에 따른 강도저하를 고려하여야 한다. (KS규격 참조)
2) 주어진 경간 사이는 직선보간하거나 안전측으로 표의 우측(작은)값을 선택할 수 있다.

도움표 6.12-490 H형강보의 강축 설계휨강도 $\phi_b M_{nx}$ (kN.m)

3점집중하중 / 4등분점횡지지 — SHN490 (F_y = 325[1] MPa) — C_b = 1.11

H형강 치수	단위중량 kg/m	I_x ×10⁶mm⁴	ϕM_{px} kN.m	L_p mm	L_r mm	경간 L_n[2] (m) 2.0	3.0	4.0	5.0	6.0	7.0	8.0	9.0	10.0	11.0	12.0	13.0	14.0	15.0	16.0	17.0	18.0	19.0	20.0	설계전단강도 $\phi_v V_{nx}$ kN
H-708x302x15x28	215.0	2370	2210	3030	9480	2210	2210	2210	2210	2210	2210	2210	2210	2210	2210	2210	2210	2210	2210	2210	2210	2210	2210	2170	2070
H-792x300x14x22	191.0	2540	2130	2820	8210	2130	2130	2130	2130	2130	2130	2130	2130	2130	2130	2130	2130	2130	2130	2130	2130	2080	2040	2000	2160
H-800x300x14x26	210.0	2920	2410	2930	8630	2410	2410	2410	2410	2410	2410	2410	2410	2410	2410	2410	2410	2410	2410	2410	2410	2400	2350	2310	2180
H-808x302x16x30	241.0	3390	2790	2960	9110	2790	2790	2790	2790	2790	2790	2790	2790	2790	2790	2790	2790	2790	2790	2790	2790	2790	2750	2700	2520
H-890x299x15x23	213.0	3450	2610	2720	7930	2610	2610	2610	2610	2610	2610	2610	2610	2610	2610	2610	2610	2610	2610	2610	2560	2510	2450	2400	2600
H-900x300x16x28	243.0	4110	3060	2820	8400	3060	3060	3060	3060	3060	3060	3060	3060	3060	3060	3060	3060	3060	3060	3060	3060	3000	2940	2880	2810
H-912x302x18x34	286.0	4980	3660	2900	9020	3660	3660	3660	3660	3660	3660	3660	3660	3660	3660	3660	3660	3660	3660	3660	3660	3650	3580	3520	3200
H-918x303x19x37	337.0	5420	3960	2930	9360	3960	3960	3960	3960	3960	3960	3960	3960	3960	3960	3960	3960	3960	3960	3960	3960	3960	3910	3850	3400
H-100x100x6x8	17.2	3.83	25.6	1090	6150	25.6	25.6	25.6	25.6	25.6	25.6	25.6	25.6	25.4	24.8	24.3	23.7	23.2	22.6	22.1	21.5	21.0	20.5	19.9	117
H-125x125x6.5x9	23.8	8.47	44.9	1380	6660	44.9	44.9	44.9	44.9	44.9	44.9	44.9	44.9	44.9	44.9	44.0	43.1	42.2	41.3	40.4	39.5	38.6	37.7	36.8	158
H-150x150x7x10	31.5	16.4	72.0	1660	7330	72.0	72.0	72.0	72.0	72.0	72.0	72.0	72.0	72.0	72.0	72.0	71.4	70.1	68.8	67.4	66.1	64.8	63.4	62.1	205
H-200x200x8x12	49.9	47.2	154	2220	8770	154	154	154	154	154	154	154	154	154	154	154	154	154	154	153	151	149	146	144	312
H-200x204x12x12	56.2	49.8	165	2160	9620	165	165	165	165	165	165	165	165	165	165	165	165	165	165	165	164	162	159	157	468
H-208x202x10x16	65.7	65.3	208	2270	11100	208	208	208	208	208	208	208	208	208	208	208	208	208	208	208	208	208	206	203	406
H-244x252x11x11	64.4	87.9	225	2640	9450	225	225	225	225	225	225	225	225	225	225	225	225	225	225	225	225	225	225	225	523
H-248x249x8x13	66.5	99.3	258	2780	9770	258	258	258	258	258	258	258	258	258	258	258	258	258	258	258	258	258	257	253	387
H-250x250x9x14	72.4	108	281	2780	10300	281	281	281	281	281	281	281	281	281	281	281	281	281	281	281	281	281	281	278	439
H-250x255x14x14	82.2	115	304	2690	11300	304	304	304	304	304	304	304	304	304	304	304	304	304	304	304	304	304	304	303	683
H-294x302x12x12	84.5	169	346	3160	10600	346	346	346	346	346	346	346	346	346	346	346	346	346	346	346	346	346	346	346	688
H-298x299x9x14	87.0	188	396	3320	10900	396	396	396	396	396	396	396	396	396	396	396	396	396	396	396	396	396	396	396	523

1) SHN400, SHN490 이외의 강종은 판두께에 따른 강도저하를 고려하여야 한다. (KS규격 참조)
2) 주어진 경간 사이는 직선보간하거나 안전측으로 표의 우측(작은)값을 선택할 수 있다.

도움표 6.12-490 H형강보의 강축 설계휨강도 $\phi_b M_{nx}$ (kN.m)

3점집중하중 / 4등분점횡지지 SHN490 (F_y = 325[1] MPa) C_b = 1.11

H형강 치수	단위중량	I_x	ϕM_{px}	L_p	L_r	경간 L_n[2] (m)																			설계 전단 강도 $\phi_v V_{nx}$
	kg/m	×10^6mm^4	kN.m	mm	mm	2.0	3.0	4.0	5.0	6.0	7.0	8.0	9.0	10.0	11.0	12.0	13.0	14.0	15.0	16.0	17.0	18.0	19.0	20.0	kN
H-300x300x10x15	94.0	204	434	3320	11400	434	434	434	434	434	434	434	434	434	434	434	434	434	434	434	434	434	434	434	585
H-300x305x15x15	106.0	215	465	3210	12300	465	465	465	465	465	465	465	465	465	465	465	465	465	465	465	465	465	465	465	878
H-304x301x11x17	106.0	234	499	3350	12400	499	499	499	499	499	499	499	499	499	499	499	499	499	499	499	499	499	499	499	652
H-310x305x15x20	130.0	286	608	3350	14400	608	608	608	608	608	608	608	608	608	608	608	608	608	608	608	608	608	608	608	907
H-310x310x20x20	142.0	299	643	3280	15600	643	643	643	643	643	643	643	643	643	643	643	643	643	643	643	643	643	643	643	1210
H-338x351x13x13	106.0	282	491	3680	11900	491	491	491	491	491	491	491	491	491	491	491	491	491	491	491	491	491	491	491	857
H-344x348x10x16	115.0	333	601	3880	12600	601	601	601	601	601	601	601	601	601	601	601	601	601	601	601	601	601	601	601	671
H-344x354x16x16	131.0	353	648	3730	13500	648	648	648	648	648	648	648	648	648	648	648	648	648	648	648	648	648	648	648	1070
H-350x350x12x19	137.0	403	744	3910	14000	744	744	744	744	744	744	744	744	744	744	744	744	744	744	744	744	744	744	744	819
H-350x357x19x19	156.0	428	807	3770	15300	807	807	807	807	807	807	807	807	807	807	807	807	807	807	807	807	807	807	807	1300
H-388x402x15x15	140.0	490	745	4220	13600	745	745	745	745	745	745	745	745	745	745	745	745	745	745	745	745	745	745	745	1130
H-394x398x11x18	147.0	561	880	4450	14200	880	880	880	880	880	880	880	880	880	880	880	880	880	880	880	880	880	880	880	845
H-394x405x18x18	168.0	597	951	4260	15200	951	951	951	951	951	951	951	951	951	951	951	951	951	951	951	951	951	951	951	1380
H-400x400x13x21	172.0	666	1070	4480	15600	1070	1070	1070	1070	1070	1070	1070	1070	1070	1070	1070	1070	1070	1070	1070	1070	1070	1070	1070	1010
H-400x408x21x21	197.0	709	1160	4310	17000	1160	1160	1160	1160	1160	1160	1160	1160	1160	1160	1160	1160	1160	1160	1160	1160	1160	1160	1160	1640
H-406x403x16x24	200.0	780	1250	4480	17300	1250	1250	1250	1250	1250	1250	1250	1250	1250	1250	1250	1250	1250	1250	1250	1250	1250	1250	1250	1270
H-414x405x18x28	232.0	928	1470	4530	19400	1470	1470	1470	1470	1470	1470	1470	1470	1470	1470	1470	1470	1470	1470	1470	1470	1470	1470	1470	1450
H-428x407x20x35	283.0	1190	1850	4620	23300	1850	1850	1850	1850	1850	1850	1850	1850	1850	1850	1850	1850	1850	1850	1850	1850	1850	1850	1850	1670
H-458x417x30x50	415.0	1870	2790	4730	33200	2790	2790	2790	2790	2790	2790	2790	2790	2790	2790	2790	2790	2790	2790	2790	2790	2790	2790	2790	2680
H-498x432x45x70	605.0	2980	4230	4890	47600	4230	4230	4230	4230	4230	4230	4230	4230	4230	4230	4230	4230	4230	4230	4230	4230	4230	4230	4230	4370

1) SHN400, SHN490 이외의 강종은 판두께에 따른 강도저하를 고려하여야 한다. (KS규격 참조)

2) 주어진 경간 사이는 직선보간하거나 안전측으로 표의 우측(작은)값을 선택할 수 있다.

도움표 6.13-400 H형강보의 강축 최대계수등분포하중[3] w_u (kN/m)

등분포하중 / 양단부횡지지 SHN400 (F_y = 235[1] MPa) C_b = 1.14

H형강 치수	단위중량	I_x	$øM_{px}$	L_p	L_r	경간 L_n[2] (m)																			설계 전단강도 $ø_vV_{nx}$
	kg/m	×10⁶mm⁴	kN.m	mm	mm	2.0	3.0	4.0	5.0	6.0	7.0	8.0	9.0	10.0	11.0	12.0	13.0	14.0	15.0	16.0	17.0	18.0	19.0	20.0	kN
H-150x75x5x7	14.0	6.66	21.5	867	3520	40.9	15.0	6.46	3.23	1.85	1.15	0.769	0.538	0.391	0.293	0.226	0.177	0.142	0.115	0.0949	0.0790	0.0666	0.0566	0.0485	106
H-148x100x6x9	21.1	10.2	33.2	1230	6070	66.4	28.9	14.8	8.48	5.22	3.27	2.18	1.52	1.11	0.830	0.638	0.501	0.401	0.326	0.268	0.223	0.188	0.160	0.137	125
H-198x99x4.5x7	18.2	15.8	38.0	1150	3860	76.0	28.6	12.8	6.20	3.47	2.14	1.41	0.981	0.710	0.530	0.407	0.319	0.255	0.207	0.170	0.141	0.119	0.101	0.0866	126
H-200x100x5.5x8	21.3	18.4	44.3	1150	4200	88.6	34.4	16.2	8.05	4.53	2.80	1.86	1.29	0.936	0.700	0.538	0.422	0.337	0.273	0.225	0.187	0.158	0.134	0.115	155
H-194x150x6x9	30.6	26.9	65.3	1880	7140	131	58.0	31.6	18.6	11.7	7.76	5.13	3.55	2.56	1.91	1.46	1.14	0.912	0.739	0.607	0.505	0.425	0.361	0.309	164
H-248x124x5x8	25.7	35.4	67.5	1450	4570	135	55.7	26.7	13.6	7.41	4.49	2.93	2.02	1.45	1.08	0.824	0.644	0.513	0.415	0.341	0.283	0.238	0.202	0.173	175
H-250x125x6x9	29.6	40.5	77.4	1450	4860	155	64.9	31.6	16.9	9.28	5.66	3.71	2.56	1.85	1.37	1.05	0.823	0.656	0.531	0.436	0.363	0.305	0.259	0.222	212
H-244x175x7x11	44.1	61.2	118	2180	8110	236	105	59.0	35.5	22.8	15.3	10.7	7.40	5.31	3.95	3.01	2.35	1.87	1.52	1.25	1.03	0.870	0.738	0.631	241
H-298x149x5.5x8	32.0	63.2	100	1710	5090	201	87.3	42.7	23.3	12.5	7.39	4.74	3.22	2.29	1.69	1.28	0.996	0.790	0.637	0.521	0.432	0.362	0.307	0.262	231
H-300x150x6.5x9	36.7	72.1	115	1710	5350	229	101	49.7	27.5	15.3	9.14	5.89	4.03	2.87	2.12	1.62	1.26	0.999	0.807	0.662	0.549	0.461	0.390	0.334	275
H-294x200x8x12	56.8	113	182	2450	8630	363	161	90.8	56.1	36.2	24.6	17.3	12.2	8.71	6.44	4.89	3.81	3.03	2.44	2.00	1.66	1.39	1.18	1.01	332
H-298x201x9x14	65.4	133	211	2480	9510	423	188	106	66.8	43.5	29.9	21.3	15.5	11.4	8.42	6.42	5.01	3.98	3.22	2.64	2.19	1.84	1.56	1.34	378
H-346x174x6x9	41.4	111	151	2020	5880	303	135	69.8	39.3	23.3	13.6	8.58	5.77	4.06	2.97	2.24	1.73	1.37	1.10	0.898	0.743	0.621	0.525	0.448	293
H-350x175x7x11	49.6	136	184	2050	6320	367	163	86.7	49.6	30.4	18.4	11.8	7.98	5.66	4.16	3.15	2.45	1.94	1.56	1.28	1.06	0.886	0.750	0.641	345
H-354x176x8x13	57.8	161	216	2080	6820	432	192	104	60.6	37.7	24.2	15.6	10.6	7.56	5.58	4.24	3.30	2.62	2.11	1.73	1.44	1.21	1.02	0.873	399
H-336x249x8x12	69.2	185	257	3080	9950	514	228	128	82.2	55.0	37.8	27.0	19.8	14.8	10.8	8.11	6.26	4.94	3.97	3.23	2.67	2.23	1.89	1.61	379
H-340x250x9x14	79.7	217	299	3120	10800	597	265	149	95.6	65.2	45.2	32.6	24.1	18.2	13.9	10.5	8.12	6.42	5.17	4.22	3.49	2.92	2.47	2.11	431
H-396x199x7x11	56.6	200	239	2330	6860	477	212	117	67.9	42.2	27.0	17.0	11.4	7.97	5.81	4.37	3.37	2.66	2.13	1.74	1.43	1.20	1.01	0.862	391
H-400x200x8x13	66.0	237	281	2360	7320	561	249	140	81.9	51.5	33.9	22.0	14.9	10.5	7.68	5.80	4.49	3.55	2.85	2.33	1.93	1.61	1.36	1.16	451
H-404x201x9x15	75.5	275	323	2390	7830	646	287	162	96.6	61.4	41.0	27.9	18.9	13.4	9.85	7.46	5.79	4.58	3.69	3.02	2.50	2.10	1.77	1.52	513

1) SHN400, SHN490 이외의 강종은 판두께에 따른 강도저하를 고려하여야 한다. (KS규격 참조)
2) 주어진 경간 사이는 직선보간한다.
3) 최대계수하중은 휨에 대하여 산정된 값으로 경간이 짧은 경우 전단강도를 검토해야 한다.

도움표 6.13-400 H형강보의 강축 최대계수등분포하중[3] w_u (kN/m)

등분포하중 / 양단부횡지지 SHN400 (F_y = 235[1] MPa) C_b = 1.14

H형강 치수	단위중량 kg/m	I_x ×10⁶mm⁴	$øM_{px}$ kN.m	L_p mm	L_r mm	경간 L_n[2] (m) 2.0	3.0	4.0	5.0	6.0	7.0	8.0	9.0	10.0	11.0	12.0	13.0	14.0	15.0	16.0	17.0	18.0	19.0	20.0	설계 전단 강도 $ø_vV_{nx}$ kN
H-386x299x9x14	94.3	337	406	3750	12000	811	361	203	130	90.1	64.7	47.0	35.1	26.8	20.8	16.3	12.5	9.83	7.85	6.38	5.25	4.38	3.69	3.14	490
H-390x300x10x16	107.0	387	463	3780	12900	925	411	231	148	103	75.0	54.7	41.2	31.6	24.7	19.6	15.6	12.3	9.85	8.01	6.61	5.52	4.66	3.97	550
H-446x199x8x12	66.2	287	307	2250	6730	613	273	149	85.9	53.1	33.4	21.0	14.1	9.87	7.20	5.42	4.18	3.29	2.64	2.15	1.78	1.49	1.25	1.07	503
H-450x200x9x14	76.0	335	355	2290	7140	710	316	175	102	63.8	41.7	26.7	18.0	12.7	9.28	7.00	5.42	4.28	3.44	2.81	2.33	1.95	1.65	1.40	571
H-434x299x10x15	106.0	468	504	3660	11700	1010	448	252	161	112	79.5	57.5	42.9	32.6	25.2	19.4	14.9	11.7	9.33	7.57	6.23	5.19	4.37	3.72	612
H-440x300x11x18	124.0	561	597	3730	12800	1190	531	299	191	133	96.4	70.3	52.8	40.5	31.7	25.1	19.9	15.6	12.5	10.2	8.41	7.02	5.92	5.04	682
H-496x199x9x14	79.5	419	405	2220	6790	810	360	196	113	70.1	44.4	28.0	18.8	13.2	9.67	7.29	5.63	4.44	3.57	2.91	2.40	2.01	1.70	1.45	629
H-500x200x10x16	89.6	478	460	2250	7160	920	409	226	132	82.4	53.8	34.6	23.3	16.5	12.1	9.14	7.08	5.59	4.50	3.68	3.04	2.55	2.15	1.84	705
H-506x201x11x19	103.0	565	537	2310	7760	1070	478	269	159	101	66.9	45.2	30.7	21.8	16.0	12.2	9.44	7.48	6.03	4.93	4.09	3.43	2.90	2.48	785
H-482x300x11x15	114.0	604	590	3540	11100	1180	525	295	189	131	91.3	65.7	48.7	36.8	28.2	21.2	16.2	12.7	10.1	8.20	6.74	5.61	4.72	4.01	748
H-488x300x11x18	128.0	710	683	3660	12000	1370	607	341	218	152	108	78.5	58.6	44.7	34.7	27.1	20.8	16.4	13.1	10.6	8.75	7.30	6.15	5.23	757
H-596x199x10x15	94.6	687	561	2110	6410	1120	498	265	151	91.8	55.5	34.8	23.3	16.3	11.9	8.95	6.90	5.43	4.36	3.55	2.93	2.45	2.07	1.76	840
H-600x200x11x17	106.0	776	630	2140	6700	1260	560	302	173	107	66.8	42.2	28.4	20.0	14.6	11.0	8.50	6.71	5.39	4.40	3.64	3.04	2.57	2.19	931
H-606x201x12x20	120.0	904	726	2200	7160	1450	645	355	206	129	83.9	53.9	36.4	25.8	18.9	14.3	11.1	8.76	7.05	5.76	4.77	3.99	3.38	2.88	1030
H-612x202x13x23	134.0	1030	823	2240	7660	1650	732	410	240	152	100	67.3	45.6	32.4	23.9	18.1	14.0	11.1	8.97	7.34	6.08	5.10	4.32	3.69	1120
H-582x300x12x17	137.0	1030	838	3450	10600	1680	745	419	268	184	127	91.0	67.0	50.2	37.5	27.9	21.3	16.7	13.3	10.7	8.81	7.33	6.16	5.23	985
H-588x300x12x20	151.0	1180	949	3560	11300	1900	844	475	304	211	147	106	78.8	59.7	45.9	34.7	26.6	20.8	16.6	13.5	11.1	9.22	7.76	6.60	995
H-594x302x14x23	175.0	1370	1100	3590	12200	2200	977	550	352	244	174	126	94.3	72.0	55.8	43.9	33.9	26.6	21.3	17.3	14.3	11.9	10.1	8.56	1170
H-692x300x13x20	166.0	1720	1190	3400	10400	2380	1060	595	381	259	178	127	93.2	69.6	51.1	37.9	28.9	22.5	17.9	14.5	11.9	9.86	8.28	7.02	1270
H-700x300x13x24	185.0	2010	1370	3520	11100	2730	1220	684	437	304	211	152	112	84.6	64.8	48.5	37.1	29.0	23.1	18.8	15.4	12.8	10.8	9.17	1280

1) SHN400, SHN490 이외의 강종은 판두께에 따른 강도저하를 고려하여야 한다. (KS규격 참조)
2) 주어진 경간 사이는 직선보간한다.
3) 최대계수하중은 휨에 대하여 산정된 값으로 경간이 짧은 경우 전단강도를 검토해야 한다.

도움표 6.13-400 H형강보의 강축 최대계수등분포하중[3] w_u (kN/m)

등분포하중 / 양단부횡지지

SHN400 (F_y = 235[1] MPa) C_b = 1.14

H형강 치수	단위중량	I_x	ϕM_{px}	L_p	L_r	경간 L_n[2] (m)																			설계전단강도
	kg/m	×10⁶mm⁴	kN.m	mm	mm	2.0	3.0	4.0	5.0	6.0	7.0	8.0	9.0	10.0	11.0	12.0	13.0	14.0	15.0	16.0	17.0	18.0	19.0	20.0	$\phi_v V_{nx}$ kN
H-708x302x15x28	215.0	2370	1600	3570	12000	3200	1420	799	512	355	252	183	136	104	80.3	62.9	48.4	38.0	30.4	24.7	20.3	17.0	14.3	12.2	1500
H-792x300x14x22	191.0	2540	1540	3320	10100	3080	1370	771	493	331	227	161	118	87.2	62.7	46.4	35.3	27.5	21.8	17.6	14.4	12.0	10.1	8.52	1560
H-800x300x14x26	210.0	2920	1740	3440	10700	3490	1550	872	558	382	264	189	139	104	78.2	58.1	44.4	34.6	27.6	22.3	18.3	15.2	12.8	10.9	1580
H-808x302x16x30	241.0	3390	2020	3480	11500	4030	1790	1010	645	448	312	225	167	126	97.1	73.9	56.7	44.4	35.5	28.8	23.7	19.7	16.6	14.1	1820
H-890x299x15x23	213.0	3450	1890	3200	9690	3770	1680	943	603	397	271	191	138	99.7	71.2	52.6	39.9	31.0	24.6	19.8	16.2	13.4	11.3	9.54	1880
H-900x300x16x28	243.0	4110	2210	3320	10400	4420	1970	1110	708	478	328	234	171	128	93.6	69.5	53.0	41.4	32.9	26.6	21.8	18.1	15.2	12.9	2030
H-912x302x18x34	286.0	4980	2640	3410	11300	5290	2350	1320	846	585	405	292	216	163	125	94.7	72.6	56.9	45.4	36.9	30.3	25.3	21.3	18.1	2310
H-918x303x19x37	307.0	5420	2860	3450	11900	5730	2550	1430	916	636	445	322	240	182	140	109	83.6	65.7	52.5	42.7	35.2	29.3	24.7	21.0	2460
H-100x100x6x8	17.2	3.83	18.5	1290	8440	37.1	16.5	9.00	5.39	3.49	2.38	1.68	1.19	0.869	0.652	0.502	0.394	0.316	0.256	0.211	0.176	0.148	0.126	0.108	84.6
H-125x125x6.5x9	23.8	8.47	32.5	1620	9080	64.9	28.9	16.2	9.79	6.38	4.38	3.12	2.27	1.66	1.24	0.954	0.749	0.599	0.487	0.401	0.334	0.281	0.239	0.205	115
H-150x150x7x10	31.5	16.4	52.0	1950	9930	104	46.3	26.0	16.2	10.7	7.37	5.29	3.91	2.93	2.19	1.68	1.32	1.05	0.856	0.705	0.587	0.494	0.420	0.359	148
H-200x200x8x12	49.9	47.2	111	2610	11700	222	98.8	55.6	35.6	24.3	17.0	12.4	9.26	7.09	5.52	4.32	3.38	2.69	2.18	1.79	1.49	1.25	1.06	0.909	226
H-200x204x12x12	56.2	49.8	120	2540	13000	239	106	59.8	38.3	26.5	18.6	13.6	10.3	7.93	6.22	4.95	3.98	3.18	2.58	2.12	1.76	1.48	1.26	1.08	338
H-208x202x10x16	65.7	65.3	150	2670	15100	300	134	75.1	48.1	33.4	24.2	17.9	13.6	10.6	8.43	6.79	5.54	4.56	3.78	3.11	2.59	2.18	1.85	1.59	293
H-244x252x11x11	64.4	87.9	169	3110	12400	339	151	84.7	54.2	37.7	26.7	19.5	14.6	11.2	8.77	6.94	5.46	4.33	3.50	2.86	2.37	1.99	1.69	1.44	378
H-248x249x8x13	66.5	99.3	187	3270	12900	373	166	93.4	59.8	41.5	29.8	21.8	16.5	12.7	9.95	7.91	6.33	5.03	4.06	3.32	2.75	2.31	1.96	1.67	280
H-250x250x9x14	72.4	108	203	3270	13700	406	181	102	65.0	45.1	32.8	24.1	18.3	14.1	11.1	8.91	7.20	5.84	4.72	3.86	3.21	2.69	2.28	1.95	317
H-250x255x14x14	82.2	115	220	3160	15200	439	195	110	70.3	48.8	35.9	26.5	20.2	15.7	12.4	10.0	8.16	6.71	5.57	4.58	3.81	3.20	2.71	2.32	494
H-294x302x12x12	84.5	169	263	3720	13700	525	233	131	84.1	58.4	42.9	32.4	24.5	18.9	14.9	11.9	9.57	7.73	6.20	5.06	4.18	3.50	2.95	2.52	497
H-298x299x9x14	87.0	188	294	3900	14200	588	261	147	94.0	65.3	48.0	35.8	27.1	21.0	16.6	13.3	10.8	8.81	7.11	5.80	4.79	4.01	3.38	2.89	378

1) SHN400, SHN490 이외의 강종은 판두께에 따른 강도저하를 고려하여야 한다. (KS규격 참조)
2) 주어진 경간 사이는 직선보간한다.
3) 최대계수하중은 휨에 대하여 산정된 값으로 경간이 짧은 경우 전단강도를 검토해야 한다.

도움표 6.13-400 H형강보의 강축 최대계수등분포하중[3] w_u (kN/m)

등분포하중 / 양단부횡지지 — SHN400 (F_y = 235[1] MPa) — C_b = 1.14

H형강 치수	단위중량 kg/m	I_x $\times 10^6 mm^4$	ϕM_{px} kN.m	L_p mm	L_r mm	경간 L_n[2] (m) 2.0	3.0	4.0	5.0	6.0	7.0	8.0	9.0	10.0	11.0	12.0	13.0	14.0	15.0	16.0	17.0	18.0	19.0	20.0	설계전단강도 $\phi_v V_{nx}$ kN
H-300x300x10x15	94.0	204	317	3900	15000	635	282	159	102	70.6	51.8	39.1	29.7	23.1	18.3	14.7	12.0	9.84	8.14	6.64	5.50	4.60	3.89	3.32	423
H-300x305x15x15	106.0	215	341	3770	16300	683	303	171	109	75.8	55.7	42.4	32.4	25.3	20.1	16.3	13.3	11.0	9.15	7.68	6.40	5.36	4.54	3.87	635
H-304x301x11x17	106.0	234	361	3940	16400	721	321	180	115	80.2	58.9	45.1	34.5	27.0	21.5	17.4	14.3	11.8	9.84	8.27	6.91	5.79	4.90	4.18	472
H-310x305x15x20	130.0	286	440	3930	19400	879	391	220	141	97.7	71.8	55.0	43.4	34.1	27.4	22.3	18.5	15.4	13.0	11.0	9.44	8.12	7.01	6.03	656
H-310x310x20x20	142.0	299	465	3860	21200	930	413	233	149	103	75.9	58.1	45.9	36.6	29.5	24.1	20.0	16.7	14.2	12.1	10.4	8.95	7.77	6.78	874
H-338x351x13x13	106.0	282	374	4330	15300	747	332	187	120	83.0	61.0	46.7	36.9	28.9	22.9	18.4	15.0	12.3	10.2	8.32	6.85	5.71	4.81	4.09	620
H-344x348x10x16	115.0	333	449	4560	16300	897	399	224	144	99.7	73.3	56.1	43.6	34.1	27.1	21.9	17.9	14.8	12.4	10.4	8.61	7.18	6.06	5.15	485
H-344x354x16x16	131.0	353	486	4380	17700	973	432	243	156	108	79.4	60.8	47.7	37.4	29.8	24.2	19.9	16.5	13.8	11.7	9.91	8.41	7.10	6.05	776
H-350x350x12x19	137.0	403	538	4600	18500	1080	478	269	172	120	87.9	67.3	53.2	42.1	33.7	27.4	22.6	18.8	15.8	13.4	11.4	9.81	8.37	7.13	592
H-350x357x19x19	156.0	428	584	4430	20500	1170	519	292	187	130	95.3	73.0	57.6	46.2	37.2	30.3	25.1	21.0	17.7	15.1	12.9	11.2	9.66	8.41	938
H-388x402x15x15	140.0	490	567	4960	17500	1130	504	283	181	126	92.5	70.8	56.0	45.3	36.7	29.8	24.4	20.2	16.9	14.3	12.1	10.2	8.55	7.26	821
H-394x398x11x18	147.0	561	660	5230	18400	1320	586	330	211	147	108	82.4	65.1	52.3	41.8	34.0	28.0	23.3	19.6	16.6	14.1	12.1	10.2	8.68	611
H-394x405x18x18	168.0	597	717	5020	19900	1430	637	358	229	159	117	89.6	70.8	57.2	45.9	37.5	30.9	25.8	21.8	18.5	15.8	13.6	11.8	10.2	1000
H-400x400x13x21	172.0	666	777	5260	20500	1550	690	388	249	173	127	97.1	76.7	62.1	50.5	41.3	34.2	28.6	24.1	20.6	17.6	15.2	13.2	11.5	733
H-400x408x21x21	197.0	709	844	5070	22600	1690	751	422	270	188	138	106	83.4	67.6	55.5	45.5	37.8	31.7	26.9	23.0	19.8	17.1	14.9	13.1	1180
H-406x403x16x24	200.0	780	905	5270	23100	1810	805	453	290	201	148	113	89.4	72.4	59.8	49.3	41.0	34.4	29.2	25.0	21.6	18.7	16.3	14.3	916
H-414x405x18x28	232.0	928	1060	5330	26300	2130	945	532	340	236	174	133	105	85.0	70.3	59.1	49.5	41.8	35.6	30.6	26.5	23.1	20.3	17.9	1050
H-428x407x20x35	283.0	1190	1330	5430	31900	2670	1190	667	427	297	218	167	132	107	88.3	74.2	63.2	54.4	46.6	40.3	35.1	30.7	27.1	24.0	1210
H-458x417x30x50	415.0	1870	2020	5560	45800	4040	1790	1010	646	448	329	252	199	161	133	112	95.5	82.4	71.7	63.1	55.9	49.8	44.2	39.4	1940
H-498x432x45x70	605.0	2980	3060	5750	65700	6120	2720	1530	978	679	499	382	302	245	202	170	145	125	109	95.6	84.6	75.5	67.8	61.2	3160

1) SHN400, SHN490 이외의 강종은 판두께에 따른 강도저하를 고려하여야 한다. (KS규격 참조)
2) 주어진 경간 사이는 직선보간한다.
3) 최대계수하중은 휨에 대하여 산정된 값으로 경간이 짧은 경우 전단강도를 검토해야 한다.

도움표 6.13-490 H형강보의 강축 최대계수등분포하중[3] w_u (kN/m)

등분포하중 / 양단부횡지지

SHN490 (F_y = 325[1] MPa) C_b = 1.14

H형강 치수	단위중량	I_x	ϕM_{px}	L_p	L_r	경간 L_n[2] (m)																			설계전단강도 $\phi_v V_{nx}$
	kg/m	$\times10^6 mm^4$	kN.m	mm	mm	2.0	3.0	4.0	5.0	6.0	7.0	8.0	9.0	10.0	11.0	12.0	13.0	14.0	15.0	16.0	17.0	18.0	19.0	20.0	kN
H-150x75x5x7	14.0	6.66	25.4	737	2680	50.7	16.1	6.46	3.23	1.85	1.15	0.769	0.538	0.391	0.293	0.226	0.177	0.142	0.115	0.0949	0.0790	0.0666	0.0566	0.0485	146
H-148x100x6x9	21.1	10.2	45.9	1050	4500	91.8	36.4	17.6	9.17	5.23	3.27	2.18	1.52	1.11	0.830	0.638	0.501	0.401	0.326	0.268	0.223	0.188	0.160	0.137	173
H-198x99x4.5x7	18.2	15.8	48.7	978	3040	97.5	33.6	12.8	6.20	3.47	2.14	1.41	0.981	0.710	0.530	0.407	0.319	0.255	0.207	0.170	0.141	0.119	0.101	0.0866	174
H-200x100x5.5x8	21.3	18.4	57.9	981	3260	116	41.0	16.5	8.05	4.53	2.80	1.86	1.29	0.936	0.700	0.538	0.422	0.337	0.273	0.225	0.187	0.158	0.134	0.115	215
H-194x150x6x9	30.6	26.9	90.3	1590	5460	181	79.1	39.6	22.2	12.8	7.82	5.13	3.55	2.56	1.91	1.46	1.14	0.912	0.739	0.607	0.505	0.425	0.361	0.309	227
H-248x124x5x8	25.7	35.4	93.4	1230	3650	187	68.8	29.1	13.6	7.41	4.49	2.93	2.02	1.45	1.08	0.824	0.644	0.513	0.415	0.341	0.283	0.238	0.202	0.173	242
H-250x125x6x9	29.6	40.5	107	1230	3840	214	80.6	35.7	16.9	9.28	5.66	3.71	2.56	1.85	1.37	1.05	0.823	0.656	0.531	0.436	0.363	0.305	0.259	0.222	293
H-244x175x7x11	44.1	61.2	163	1850	6230	327	145	76.1	43.7	26.8	16.5	10.7	7.40	5.31	3.95	3.01	2.35	1.87	1.52	1.25	1.03	0.870	0.738	0.631	333
H-298x149x5.5x8	32.0	63.2	139	1460	4140	278	110	51.0	23.5	12.5	7.39	4.74	3.22	2.29	1.69	1.28	0.996	0.790	0.637	0.521	0.432	0.362	0.307	0.262	320
H-300x150x6.5x9	36.7	72.1	159	1460	4300	317	128	59.7	28.6	15.3	9.14	5.89	4.03	2.87	2.12	1.62	1.26	0.999	0.807	0.662	0.549	0.461	0.390	0.334	380
H-294x200x8x12	56.8	113	251	2080	6710	503	223	121	70.2	43.6	27.7	17.9	12.2	8.71	6.44	4.89	3.81	3.03	2.44	2.00	1.66	1.39	1.18	1.01	459
H-298x201x9x14	65.4	133	292	2110	7270	585	260	144	84.3	53.2	35.1	23.1	15.9	11.4	8.42	6.42	5.01	3.98	3.22	2.64	2.19	1.84	1.56	1.34	523
H-346x174x6x9	41.4	111	209	1710	4800	418	179	86.4	44.7	23.3	13.6	8.58	5.77	4.06	2.97	2.24	1.73	1.37	1.10	0.898	0.743	0.621	0.525	0.448	405
H-350x175x7x11	49.6	136	254	1750	5090	508	221	108	58.8	31.3	18.4	11.8	7.98	5.66	4.16	3.15	2.45	1.94	1.56	1.28	1.06	0.886	0.750	0.641	478
H-354x176x8x13	57.8	161	299	1770	5410	598	264	131	72.6	40.7	24.2	15.6	10.6	7.56	5.58	4.24	3.30	2.62	2.11	1.73	1.44	1.21	1.02	0.873	552
H-336x249x8x12	69.2	185	348	2620	7860	697	310	174	108	68.8	45.9	31.3	21.0	14.8	10.8	8.11	6.26	4.94	3.97	3.23	2.67	2.23	1.89	1.61	524
H-340x250x9x14	79.7	217	413	2650	8400	826	367	207	128	82.2	55.5	38.7	26.8	18.9	13.9	10.5	8.12	6.42	5.17	4.22	3.49	2.92	2.47	2.11	597
H-396x199x7x11	56.6	200	330	1980	5580	660	293	149	82.8	46.7	27.0	17.0	11.4	7.97	5.81	4.37	3.37	2.66	2.13	1.74	1.43	1.20	1.01	0.862	541
H-400x200x8x13	66.0	237	388	2010	5880	776	345	179	101	59.5	34.8	22.0	14.9	10.5	7.68	5.80	4.49	3.55	2.85	2.33	1.93	1.61	1.36	1.16	624
H-404x201x9x15	75.5	275	447	2030	6210	894	397	210	119	72.7	43.7	27.9	18.9	13.4	9.85	7.46	5.79	4.58	3.69	3.02	2.50	2.10	1.77	1.52	709

1) SHN400, SHN490 이외의 강종은 판두께에 따른 강도저하를 고려하여야 한다. (KS규격 참조)
2) 주어진 경간 사이는 직선보간한다.
3) 최대계수하중은 휨에 대하여 산정된 값으로 경간이 짧은 경우 전단강도를 검토해야 한다.

도움표 6.13-490 H형강보의 강축 최대계수등분포하중[3] w_u (kN/m)

등분포하중 / 양단부횡지지 — SHN490 (F_y = 325[1] MPa) — C_b = 1.14

H형강 치수	단위중량	I_x	$øM_{px}$	L_p	L_r	경간 L_n[2] (m)																			설계 전단 강도 $ø_vV_{nx}$
	kg/m	$\times10^6mm^4$	kN.m	mm	mm	2.0	3.0	4.0	5.0	6.0	7.0	8.0	9.0	10.0	11.0	12.0	13.0	14.0	15.0	16.0	17.0	18.0	19.0	20.0	kN
H-386x299x9x14	94.3	337	546	3190	9480	1090	485	273	175	119	81.4	57.7	42.0	30.2	21.8	16.3	12.5	9.83	7.85	6.38	5.25	4.38	3.69	3.14	677
H-390x300x10x16	107.0	387	640	3220	10000	1280	569	320	205	138	95.0	67.8	49.7	37.1	27.0	20.3	15.6	12.3	9.85	8.01	6.61	5.52	4.66	3.97	761
H-446x199x8x12	66.2	287	424	1910	5480	848	377	188	104	57.7	33.4	21.0	14.1	9.87	7.20	5.42	4.18	3.29	2.64	2.15	1.78	1.49	1.25	1.07	696
H-450x200x9x14	76.0	335	491	1940	5740	982	437	222	124	72.0	42.1	26.7	18.0	12.7	9.28	7.00	5.42	4.28	3.44	2.81	2.33	1.95	1.65	1.40	790
H-434x299x10x15	106.0	468	691	3110	9250	1380	614	345	221	146	99.6	70.3	50.9	35.9	26.0	19.4	14.9	11.7	9.33	7.57	6.23	5.19	4.37	3.72	846
H-440x300x11x18	124.0	561	826	3170	9960	1650	734	413	264	177	122	86.9	63.6	47.3	34.4	25.8	19.9	15.6	12.5	10.2	8.41	7.02	5.92	5.04	944
H-496x199x9x14	79.5	419	560	1890	5510	1120	498	248	137	76.4	44.4	28.0	18.8	13.2	9.67	7.29	5.63	4.44	3.57	2.91	2.40	2.01	1.70	1.45	870
H-500x200x10x16	89.6	478	636	1910	5750	1270	566	287	160	93.0	54.5	34.6	23.3	16.5	12.1	9.14	7.08	5.59	4.50	3.68	3.04	2.55	2.15	1.84	975
H-506x201x11x19	103.0	565	743	1960	6140	1490	661	344	195	118	70.7	45.2	30.7	21.8	16.0	12.2	9.44	7.48	6.03	4.93	4.09	3.43	2.90	2.48	1090
H-482x300x11x15	114.0	604	808	3010	8900	1620	718	404	258	168	114	79.7	56.7	39.3	28.4	21.2	16.2	12.7	10.1	8.20	6.74	5.61	4.72	4.01	1030
H-488x300x11x18	128.0	710	944	3110	9450	1890	839	472	302	199	136	96.2	69.8	50.0	36.3	27.1	20.8	16.4	13.1	10.6	8.75	7.30	6.15	5.23	1050
H-596x199x10x15	94.6	687	775	1790	5240	1550	678	331	180	95.9	55.5	34.8	23.3	16.3	11.9	8.95	6.90	5.43	4.36	3.55	2.93	2.45	2.07	1.76	1160
H-600x200x11x17	106.0	776	871	1820	5440	1740	770	379	208	115	66.8	42.2	28.4	20.0	14.6	11.0	8.50	6.71	5.39	4.40	3.64	3.04	2.57	2.19	1290
H-606x201x12x20	120.0	904	1000	1870	5740	2010	892	449	250	145	84.8	53.9	36.4	25.8	18.9	14.3	11.1	8.76	7.05	5.76	4.77	3.99	3.38	2.88	1420
H-612x202x13x23	134.0	1030	1140	1910	6070	2280	1010	521	294	177	105	67.3	45.6	32.4	23.9	18.1	14.0	11.1	8.97	7.34	6.08	5.10	4.32	3.69	1550
H-582x300x12x17	137.0	1030	1160	2930	8580	2320	1030	580	364	234	157	109	75.4	52.2	37.5	27.9	21.3	16.7	13.3	10.7	8.81	7.33	6.16	5.23	1360
H-588x300x12x20	151.0	1180	1310	3030	9010	2630	1170	657	420	271	184	129	92.7	64.4	46.5	34.7	26.6	20.8	16.6	13.5	11.1	9.22	7.76	6.60	1380
H-594x302x14x23	175.0	1370	1520	3050	9570	3040	1350	760	486	319	218	155	112	81.1	58.9	44.1	33.9	26.6	21.3	17.3	14.3	11.9	10.1	8.56	1620
H-692x300x13x20	166.0	1720	1650	2890	8410	3290	1460	823	513	328	220	152	103	71.1	51.1	37.9	28.9	22.5	17.9	14.5	11.9	9.86	8.28	7.02	1750
H-700x300x13x24	185.0	2010	1890	3000	8900	3780	1680	945	602	387	262	183	130	90.3	65.1	48.5	37.1	29.0	23.1	18.8	15.4	12.8	10.8	9.17	1770

1) SHN400, SHN490 이외의 강종은 판두께에 따른 강도저하를 고려하여야 한다. (KS규격 참조)
2) 주어진 경간 사이는 직선보간한다.
3) 최대계수하중은 휨에 대하여 산정된 값으로 경간이 짧은 경우 전단강도를 검토해야 한다.

도움표 6.13-490 H형강보의 강축 최대계수등분포하중[3] w_u (kN/m)

등분포하중 / 양단부횡지지 SHN490 (F_y = 325[1] MPa) C_b = 1.14

H형강 치수	단위중량	I_x	ϕM_{px}	L_p	L_r	경간 L_n[2] (m)																			설계 전단 강도 $\phi_v V_{nx}$
	kg/m	×10^6mm^4	kN.m	mm	mm	2.0	3.0	4.0	5.0	6.0	7.0	8.0	9.0	10.0	11.0	12.0	13.0	14.0	15.0	16.0	17.0	18.0	19.0	20.0	kN
H-708x302x15x28	215.0	2370	2210	3030	9480	4420	1970	1110	708	462	315	223	162	116	84.1	63.0	48.4	38.0	30.4	24.7	20.3	17.0	14.3	12.2	2070
H-792x300x14x22	191.0	2540	2130	2820	8210	4260	1890	1070	657	417	278	191	127	87.6	62.7	46.4	35.3	27.5	21.8	17.6	14.4	12.0	10.1	8.52	2160
H-800x300x14x26	210.0	2920	2410	2930	8630	4820	2140	1210	758	485	327	227	157	109	78.2	58.1	44.4	34.6	27.6	22.3	18.3	15.2	12.8	10.9	2180
H-808x302x16x30	241.0	3390	2790	2960	9110	5580	2480	1390	888	573	388	273	196	137	99.0	73.9	56.7	44.4	35.5	28.8	23.7	19.7	16.6	14.1	2520
H-890x299x15x23	213.0	3450	2610	2720	7930	5210	2320	1300	789	498	330	223	145	99.7	71.2	52.6	39.9	31.0	24.6	19.8	16.2	13.4	11.3	9.54	2600
H-900x300x16x28	243.0	4110	3060	2820	8400	6120	2720	1530	947	603	404	279	189	130	93.6	69.5	53.0	41.4	32.9	26.6	21.8	18.1	15.2	12.9	2810
H-912x302x18x34	286.0	4980	3660	2900	9020	7310	3250	1830	1160	744	503	352	252	175	127	94.7	72.6	56.9	45.4	36.9	30.3	25.3	21.3	18.1	3200
H-918x303x19x37	307.0	5420	3960	2930	9360	7920	3520	1980	1260	817	555	391	282	201	145	109	83.6	65.7	52.5	42.7	35.2	29.3	24.7	21.0	3400
H-100x100x6x8	17.2	3.83	25.6	1090	6150	51.2	22.2	11.3	6.54	4.04	2.55	1.70	1.19	0.869	0.652	0.502	0.394	0.316	0.256	0.211	0.176	0.148	0.126	0.108	117
H-125x125x6.5x9	23.8	8.47	44.9	1380	6660	89.8	39.9	20.7	12.1	7.58	4.90	3.26	2.28	1.66	1.24	0.954	0.749	0.599	0.487	0.401	0.334	0.281	0.239	0.205	158
H-150x150x7x10	31.5	16.4	72.0	1660	7330	144	64.0	34.6	20.4	13.0	8.63	5.80	4.04	2.93	2.19	1.68	1.32	1.05	0.856	0.705	0.587	0.494	0.420	0.359	205
H-200x200x8x12	49.9	47.2	154	2220	8770	307	137	76.9	47.2	30.6	20.8	14.7	10.5	7.59	5.65	4.32	3.38	2.69	2.18	1.79	1.49	1.25	1.06	0.909	312
H-200x204x12x12	56.2	49.8	165	2160	9620	331	147	82.7	51.5	33.6	23.1	16.5	12.1	8.92	6.65	5.09	3.98	3.18	2.58	2.12	1.76	1.48	1.26	1.08	468
H-208x202x10x16	65.7	65.3	208	2270	11100	416	185	104	66.5	44.1	30.7	22.2	16.6	12.6	9.73	7.47	5.85	4.67	3.79	3.11	2.59	2.18	1.85	1.59	406
H-244x252x11x11	64.4	87.9	225	2640	9450	449	200	112	71.9	48.7	33.3	23.7	17.3	12.5	9.25	7.03	5.46	4.33	3.50	2.86	2.37	1.99	1.69	1.44	523
H-248x249x8x13	66.5	99.3	258	2780	9770	516	229	129	82.6	54.4	37.5	26.8	19.6	14.5	10.7	8.14	6.33	5.03	4.06	3.32	2.75	2.31	1.96	1.67	387
H-250x250x9x14	72.4	108	281	2780	10300	562	250	140	89.9	60.0	41.5	29.8	22.0	16.6	12.4	9.44	7.35	5.84	4.72	3.86	3.21	2.69	2.28	1.95	439
H-250x255x14x14	82.2	115	304	2690	11300	608	270	152	97.2	65.7	45.8	33.1	24.7	18.7	14.5	11.1	8.68	6.91	5.58	4.58	3.81	3.20	2.71	2.32	683
H-294x302x12x12	84.5	169	346	3160	10600	693	308	173	111	77.0	56.2	40.4	29.8	22.4	16.8	12.7	9.79	7.73	6.20	5.06	4.18	3.50	2.95	2.52	688
H-298x299x9x14	87.0	188	396	3320	10900	791	352	198	127	87.9	62.3	44.9	33.3	25.2	19.3	14.5	11.2	8.85	7.11	5.80	4.79	4.01	3.38	2.89	523

1) SHN400, SHN490 이외의 강종은 판두께에 따른 강도저하를 고려하여야 한다. (KS규격 참조)
2) 주어진 경간 사이는 직선보간한다.
3) 최대계수하중은 휨에 대하여 산정된 값으로 경간이 짧은 경우 전단강도를 검토해야 한다.

도움표 6.13-490 H형강보의 강축 최대계수등분포하중[3] w_u (kN/m)

등분포하중 / 양단부횡지지 SHN490 (F_y = 325[1] MPa) C_b = 1.14

H형강 치수	단위중량	I_x	$øM_{px}$	L_p	L_r	경간 L_n[2] (m)																			설계 전단 강도 $ø_vV_{nx}$
	kg/m	×$10^6$$mm^4$	kN.m	mm	mm	2.0	3.0	4.0	5.0	6.0	7.0	8.0	9.0	10.0	11.0	12.0	13.0	14.0	15.0	16.0	17.0	18.0	19.0	20.0	kN
H-300x300x10x15	94.0	204	434	3320	11400	869	386	217	139	96.5	68.1	49.3	36.7	27.9	21.6	16.6	12.8	10.1	8.14	6.64	5.50	4.60	3.89	3.32	585
H-300x305x15x15	106.0	215	465	3210	12300	930	413	232	149	103	74.0	53.8	40.3	30.9	24.0	18.9	14.8	11.7	9.44	7.72	6.40	5.36	4.54	3.87	878
H-304x301x11x17	106.0	234	499	3350	12400	998	443	249	160	111	79.0	57.6	43.2	33.1	25.8	20.4	16.0	12.7	10.2	8.35	6.91	5.79	4.90	4.18	652
H-310x305x15x20	130.0	286	608	3350	14400	1220	540	304	195	135	99.0	72.8	55.2	42.8	33.8	27.1	21.9	17.9	14.6	12.0	9.92	8.32	7.05	6.03	907
H-310x310x20x20	142.0	299	643	3280	15600	1290	572	322	206	143	105	78.0	59.4	46.3	36.7	29.6	24.1	19.8	16.5	13.6	11.3	9.51	8.06	6.89	1210
H-338x351x13x13	106.0	282	491	3680	11900	981	436	245	157	109	80.1	61.3	46.4	35.3	27.4	21.3	16.3	12.8	10.2	8.32	6.85	5.71	4.81	4.09	857
H-344x348x10x16	115.0	333	601	3880	12600	1200	535	301	192	134	98.2	73.3	55.0	42.2	32.9	26.0	20.5	16.1	12.9	10.4	8.61	7.18	6.06	5.15	671
H-344x354x16x16	131.0	353	648	3730	13500	1300	576	324	207	144	106	80.1	60.3	46.5	36.5	29.0	23.3	18.6	15.0	12.2	10.1	8.41	7.10	6.05	1070
H-350x350x12x19	137.0	403	744	3910	14000	1490	662	372	238	165	122	90.3	68.3	52.9	41.7	33.3	26.9	21.9	17.6	14.3	11.9	9.91	8.37	7.13	819
H-350x357x19x19	156.0	428	807	3770	15300	1610	717	404	258	179	132	99.0	75.2	58.5	46.3	37.2	30.3	24.9	20.6	16.9	14.0	11.7	9.92	8.46	1300
H-388x402x15x15	140.0	490	745	4220	13600	1490	662	372	238	165	122	93.1	73.5	57.7	45.3	36.0	28.9	23.1	18.4	14.9	12.2	10.2	8.55	7.26	1130
H-394x398x11x18	147.0	561	880	4450	14200	1760	782	440	282	196	144	110	85.4	66.1	52.1	41.6	33.6	27.4	22.0	17.8	14.6	12.2	10.2	8.68	845
H-394x405x18x18	168.0	597	951	4260	15200	1900	845	475	304	211	155	119	93.5	72.6	57.5	46.1	37.5	30.7	25.4	20.7	17.1	14.2	12.0	10.2	1380
H-400x400x13x21	172.0	666	1070	4480	15600	2150	955	537	344	239	175	134	103	80.2	63.6	51.2	41.7	34.3	28.5	23.5	19.3	16.1	13.6	11.6	1010
H-400x408x21x21	197.0	709	1160	4310	17000	2330	1030	581	372	258	190	145	113	88.4	70.4	56.9	46.6	38.6	32.2	27.0	22.8	19.1	16.1	13.7	1640
H-406x403x16x24	200.0	780	1250	4480	17300	2500	1110	626	401	278	204	156	122	95.9	76.5	62.0	50.8	42.1	35.2	29.7	25.1	21.1	17.8	15.2	1270
H-414x405x18x28	232.0	928	1470	4530	19400	2940	1310	735	470	327	240	184	145	116	92.7	75.6	62.4	52.1	43.9	37.2	31.8	27.3	23.6	20.3	1450
H-428x407x20x35	283.0	1190	1850	4620	23300	3690	1640	923	591	410	301	231	182	148	121	99.3	82.6	69.4	59.0	50.5	43.5	37.8	32.9	28.9	1670
H-458x417x30x50	415.0	1870	2790	4730	33200	5580	2480	1400	893	620	456	349	276	223	184	155	132	113	96.8	83.7	72.9	63.9	56.4	50.0	2680
H-498x432x45x70	605.0	2980	4230	4890	47600	8460	3760	2110	1350	940	690	529	418	338	280	235	200	173	150	132	117	104	92.0	82.0	4370

1) SHN400, SHN490 이외의 강종은 판두께에 따른 강도저하를 고려하여야 한다. (KS규격 참조)
2) 주어진 경간 사이는 직선보간한다.
3) 최대계수하중은 휨에 대하여 산정된 값으로 경간이 짧은 경우 전단강도를 검토해야 한다.

도움표 6.14-400 H형강보의 강축 최대계수등분포하중[3] w_u (kN/m)

등분포하중 / 2등분점횡지지 SHN400 (F_y = 235[1] MPa) C_b = 1.30

H형강 치수	단위중량	I_x	$øM_{px}$	L_p	L_r	경간 L_n[2] (m)																			설계전단강도 $ø_vV_{nx}$
	kg/m	$\times10^6mm^4$	kN.m	mm	mm	2.0	3.0	4.0	5.0	6.0	7.0	8.0	9.0	10.0	11.0	12.0	13.0	14.0	15.0	16.0	17.0	18.0	19.0	20.0	kN
H-150x75x5x7	14.0	6.66	21.5	867	3520	43.1	19.1	10.8	6.81	4.27	2.80	1.84	1.28	0.922	0.688	0.527	0.412	0.329	0.267	0.219	0.182	0.153	0.130	0.112	106
H-148x100x6x9	21.1	10.2	33.2	1230	6070	66.4	29.5	16.6	10.6	7.38	5.42	4.15	3.15	2.42	1.88	1.49	1.17	0.932	0.755	0.620	0.516	0.434	0.368	0.315	125
H-198x99x4.5x7	18.2	15.8	38.0	1150	3860	76.0	33.8	19.0	12.2	8.14	5.42	3.66	2.49	1.77	1.30	0.989	0.769	0.610	0.492	0.402	0.334	0.280	0.237	0.202	126
H-200x100x5.5x8	21.3	18.4	44.3	1150	4200	88.6	39.4	22.1	14.2	9.82	6.62	4.61	3.22	2.30	1.70	1.29	1.01	0.799	0.645	0.529	0.439	0.368	0.312	0.267	155
H-194x150x6x9	30.6	26.9	65.3	1880	7140	131	58.0	32.6	20.9	14.5	10.7	8.16	6.45	5.22	4.18	3.34	2.71	2.21	1.79	1.46	1.21	1.01	0.856	0.730	164
H-248x124x5x8	25.7	35.4	67.5	1450	4570	135	60.0	33.8	21.6	15.0	10.8	7.61	5.49	3.87	2.82	2.11	1.63	1.28	1.03	0.835	0.689	0.576	0.486	0.414	175
H-250x125x6x9	29.6	40.5	77.4	1450	4860	155	68.8	38.7	24.8	17.2	12.6	9.01	6.56	4.81	3.51	2.65	2.04	1.61	1.30	1.06	0.873	0.730	0.617	0.526	212
H-244x175x7x11	44.1	61.2	118	2180	8110	236	105	59.0	37.8	26.2	19.3	14.8	11.7	9.45	7.81	6.49	5.30	4.38	3.64	3.05	2.53	2.11	1.78	1.51	241
H-298x149x5.5x8	32.0	63.2	100	1710	5090	201	89.3	50.2	32.2	22.3	16.4	12.2	8.91	6.64	4.80	3.56	2.71	2.11	1.67	1.35	1.11	0.918	0.771	0.653	231
H-300x150x6.5x9	36.7	72.1	115	1710	5350	229	102	57.3	36.7	25.5	18.7	14.2	10.4	7.83	5.87	4.36	3.33	2.61	2.07	1.68	1.38	1.15	0.965	0.819	275
H-294x200x8x12	56.8	113	182	2450	8630	363	161	90.8	58.1	40.4	29.7	22.7	17.9	14.5	12.0	10.1	8.46	7.00	5.85	4.92	4.16	3.48	2.92	2.48	332
H-298x201x9x14	65.4	133	211	2480	9510	423	188	106	67.7	47.0	34.5	26.4	20.9	16.9	14.0	11.7	10.0	8.52	7.16	6.06	5.17	4.43	3.81	3.24	378
H-346x174x6x9	41.4	111	151	2020	5880	303	135	75.7	48.5	33.7	24.7	18.9	14.8	11.2	8.63	6.63	5.00	3.87	3.05	2.45	1.99	1.64	1.37	1.16	293
H-350x175x7x11	49.6	136	184	2050	6320	367	163	91.8	58.7	40.8	30.0	22.9	18.1	14.1	11.0	8.65	6.77	5.26	4.17	3.36	2.75	2.27	1.91	1.61	345
H-354x176x8x13	57.8	161	216	2080	6820	432	192	108	69.2	48.1	35.3	27.0	21.4	17.3	13.5	10.7	8.63	6.90	5.49	4.44	3.64	3.02	2.54	2.16	399
H-336x249x8x12	69.2	185	257	3080	9950	514	228	128	82.2	57.1	41.9	32.1	25.4	20.6	17.0	14.3	12.2	10.5	9.08	7.71	6.58	5.65	4.87	4.21	379
H-340x250x9x14	79.7	217	299	3120	10800	597	265	149	95.6	66.4	48.8	37.3	29.5	23.9	19.7	16.6	14.1	12.2	10.6	9.29	7.97	6.88	5.97	5.20	431
H-396x199x7x11	56.6	200	239	2330	6860	477	212	119	76.3	53.0	38.9	29.8	23.6	19.1	15.2	12.0	9.65	7.70	6.05	4.84	3.93	3.24	2.70	2.27	391
H-400x200x8x13	66.0	237	281	2360	7320	561	249	140	89.8	62.3	45.8	35.1	27.7	22.4	18.4	14.7	11.9	9.67	7.83	6.29	5.12	4.23	3.54	2.99	451
H-404x201x9x15	75.5	275	323	2390	7830	646	287	162	103	71.8	52.8	40.4	31.9	25.9	21.4	17.5	14.2	11.7	9.65	7.95	6.50	5.38	4.51	3.82	513

1) SHN400, SHN490 이외의 강종은 판두께에 따른 강도저하를 고려하여야 한다. (KS규격 참조)
2) 주어진 경간 사이는 직선보간한다.
3) 최대계수하중은 휨에 대하여 산정된 값으로 경간이 짧은 경우 전단강도를 검토해야 한다.

도움표 6.14-400 H형강보의 강축 최대계수등분포하중[3] w_u (kN/m)

등분포하중 / 2등분점횡지지 SHN400 (F_y = 235[1] MPa) C_b = 1.30

H형강 치수	단위중량 kg/m	I_x ×10⁶mm⁴	$øM_{px}$ kN.m	L_p mm	L_r mm	경간 L_n[2] (m) 2.0	3.0	4.0	5.0	6.0	7.0	8.0	9.0	10.0	11.0	12.0	13.0	14.0	15.0	16.0	17.0	18.0	19.0	20.0	설계전단강도 $ø_vV_{nx}$ kN
H-386x299x9x14	94.3	337	406	3750	12000	811	361	203	130	90.1	66.2	50.7	40.1	32.5	26.8	22.5	19.2	16.6	14.4	12.7	11.2	10.0	8.72	7.64	490
H-390x300x10x16	107.0	387	463	3780	12900	925	411	231	148	103	75.6	57.8	45.7	37.0	30.6	25.7	21.9	18.9	16.5	14.5	12.8	11.4	10.3	9.02	550
H-446x199x8x12	66.2	287	307	2250	6730	613	273	153	98.1	68.2	50.1	38.3	30.3	24.5	19.1	15.1	12.1	9.52	7.49	5.99	4.87	4.01	3.34	2.81	503
H-450x200x9x14	76.0	335	355	2290	7140	710	316	178	114	78.9	58.0	44.4	35.1	28.4	22.8	18.2	14.6	11.9	9.47	7.60	6.20	5.12	4.28	3.61	571
H-434x299x10x15	106.0	468	504	3660	11700	1010	448	252	161	112	82.3	63.0	49.8	40.3	33.3	28.0	23.9	20.6	17.9	15.8	14.0	12.2	10.6	9.30	612
H-440x300x11x18	124.0	561	597	3730	12800	1190	531	299	191	133	97.5	74.7	59.0	47.8	39.5	33.2	28.3	24.4	21.2	18.7	16.5	14.8	13.2	11.6	682
H-496x199x9x14	79.5	419	405	2220	6790	810	360	202	130	90.0	66.1	50.6	40.0	32.3	25.2	20.0	16.0	12.7	9.97	7.99	6.50	5.36	4.47	3.77	629
H-500x200x10x16	89.6	478	460	2250	7160	920	409	230	147	102	75.1	57.5	45.4	36.8	29.5	23.5	18.9	15.3	12.3	9.86	8.04	6.65	5.56	4.70	705
H-506x201x11x19	103.0	565	537	2310	7760	1070	478	269	172	119	87.7	67.2	53.1	43.0	35.5	28.7	23.3	19.1	15.7	12.9	10.6	8.75	7.33	6.21	785
H-482x300x11x15	114.0	604	590	3540	11100	1180	525	295	189	131	96.4	73.8	58.3	47.2	39.0	32.8	27.9	24.1	21.0	18.4	16.1	13.9	12.0	10.5	748
H-488x300x11x18	128.0	710	683	3660	12000	1370	607	341	218	152	111	85.3	67.4	54.6	45.1	37.9	32.3	27.9	24.3	21.3	18.9	16.7	14.6	12.7	757
H-596x199x10x15	94.6	687	561	2110	6410	1120	498	280	179	125	91.5	70.1	55.4	43.0	33.3	26.2	20.5	15.8	12.4	9.93	8.07	6.64	5.53	4.66	840
H-600x200x11x17	106.0	776	630	2140	6700	1260	560	315	202	140	103	78.7	62.2	49.4	38.5	30.4	24.3	19.0	15.0	12.0	9.80	8.08	6.75	5.69	931
H-606x201x12x20	120.0	904	726	2200	7160	1450	645	363	232	161	119	90.7	71.7	58.1	46.1	36.7	29.5	23.9	19.1	15.4	12.6	10.4	8.69	7.34	1030
H-612x202x13x23	134.0	1030	823	2240	7660	1650	732	412	263	183	134	103	81.3	65.9	54.1	43.3	35.1	28.6	23.6	19.2	15.7	13.0	10.9	9.24	1120
H-582x300x12x17	137.0	1030	838	3450	10600	1680	745	419	268	186	137	105	82.8	67.0	55.4	46.6	39.7	34.2	29.8	25.9	22.2	19.1	16.5	14.3	985
H-588x300x12x20	151.0	1180	949	3560	11300	1900	844	475	304	211	155	119	93.8	76.0	62.8	52.7	44.9	38.8	33.8	29.7	26.0	22.5	19.5	17.0	995
H-594x302x14x23	175.0	1370	1100	3590	12200	2200	977	550	352	244	179	137	109	87.9	72.7	61.1	52.0	44.9	39.1	34.4	30.4	26.9	23.4	20.5	1170
H-692x300x13x20	166.0	1720	1190	3400	10400	2380	1060	595	381	265	194	149	118	95.2	78.7	66.1	56.4	48.6	42.3	36.3	30.9	26.6	22.9	19.8	1270
H-700x300x13x24	185.0	2010	1370	3520	11100	2730	1220	684	437	304	223	171	135	109	90.4	76.0	64.7	55.8	48.6	42.7	37.1	32.0	27.7	24.1	1280

1) SHN400, SHN490 이외의 강종은 판두께에 따른 강도저하를 고려하여야 한다. (KS규격 참조)
2) 주어진 경간 사이는 직선보간한다.
3) 최대계수하중은 휨에 대하여 산정된 값으로 경간이 짧은 경우 전단강도를 검토해야 한다.

도움표 6.14-400 H형강보의 강축 최대계수등분포하중[3] w_u (kN/m)

등분포하중 / 2등분점횡지지

SHN400 (F_y = 235[1] MPa) C_b = 1.30

H형강 치수	단위중량 kg/m	I_x ×10^6mm^4	ϕM_{px} kN.m	L_p mm	L_r mm	경간 L_n[2] (m) 2.0	3.0	4.0	5.0	6.0	7.0	8.0	9.0	10.0	11.0	12.0	13.0	14.0	15.0	16.0	17.0	18.0	19.0	20.0	설계전단강도 $\phi_v V_{nx}$ kN
H-708x302x15x28	215.0	2370	1600	3570	12000	635	282	159	102	70.6	51.8	39.7	31.4	25.4	21.0	17.6	15.0	13.0	11.3	9.92	8.79	7.84	7.04	6.35	423
H-792x300x14x22	191 0	2540	1540	3320	10100	683	303	171	109	75.8	55.7	42.7	33.7	27.3	22.6	19.0	16.2	13.9	12.1	10.7	9.45	8.43	7.56	6.83	635
H-800x300x14x26	210 0	2920	1740	3440	10700	721	321	180	115	80.2	58.9	45.1	35.6	28.9	23.8	20.0	17.1	14.7	12.8	11.3	9.99	8.91	7.99	7.21	472
H-808x302x16x30	241.0	3390	2020	3480	11500	879	391	220	141	97.7	71.8	55.0	43.4	35.2	29.1	24.4	20.8	17.9	15.6	13.7	12.2	10.9	9.74	8.79	656
H-890x299x15x23	213.0	3450	1890	3200	9690	930	413	233	149	103	75.9	58.1	45.9	37.2	30.7	25.8	22.0	19.0	16.5	14.5	12.9	11.5	10.3	9.30	874
H-900x300x16x28	243.0	4110	2210	3320	10400	747	332	187	120	83.0	61.0	46.7	36.9	29.9	24.7	20.8	17.7	15.2	13.3	11.7	10.3	9.22	8.28	7.47	620
H-912x302x18x34	286.0	4980	2640	3410	11300	897	399	224	144	99.7	73.3	56.1	44.3	35.9	29.7	24.9	21.2	18.3	16.0	14.0	12.4	11.1	9.94	8.97	485
H-918x303x19x37	307.0	5420	2860	3450	11900	973	432	243	156	108	79.4	60.8	48.0	38.9	32.2	27.0	23.0	19.8	17.3	15.2	13.5	12.0	10.8	9.73	776
H-100x100x6x8	17 2	3.83	18.5	1290	8440	1080	478	269	172	120	87.9	67.3	53.2	43.1	35.6	29.9	25.5	22.0	19.1	16.8	14.9	13.3	11.9	10.8	592
H-125x125x6.5x9	23 8	8.47	32.5	1620	9080	1170	519	292	187	130	95.3	73.0	57.6	46.7	38.6	32.4	27.6	23.8	20.8	18.2	16.2	14.4	12.9	11.7	938
H-150x150x7x10	31.5	16.4	52.0	1950	9930	1130	504	283	181	126	92.5	70.8	56.0	45.3	37.5	31.5	26.8	23.1	20.1	17.7	15.7	14.0	12.6	11.3	821
H-200x200x8x12	49.9	47.2	111	2610	11700	1320	586	330	211	147	108	82.4	65.1	52.8	43.6	36.6	31.2	26.9	23.5	20.6	18.3	16.3	14.6	13.2	611
H-200x204x12x12	56.2	49.8	120	2540	13000	1430	637	358	229	159	117	89.6	70.8	57.3	47.4	39.8	33.9	29.2	25.5	22.4	19.8	17.7	15.9	14.3	1000
H-208x202x10x16	65.7	65.3	150	2670	15100	1550	690	388	249	173	127	97.1	76.7	62.1	51.4	43.2	36.8	31.7	27.6	24.3	21.5	19.2	17.2	15.5	733
H-244x252x11x11	64.4	87.9	169	3110	12400	1690	751	422	270	188	138	106	83.4	67.6	55.8	46.9	40.0	34.5	30.0	26.4	23.4	20.8	18.7	16.9	1180
H-248x249x8x13	66.5	99.3	187	3270	12900	1810	805	453	290	201	148	113	89.4	72.4	59.8	50.3	42.8	36.9	32.2	28.3	25.1	22.3	20.1	18.1	916
H-250x250x9x14	72.4	108	203	3270	13700	2130	945	532	340	236	174	133	105	85.0	70.3	59.1	50.3	43.4	37.8	33.2	29.4	26.2	23.6	21.3	1050
H-250x255x14x14	82.2	115	220	3160	15200	2670	1190	667	427	297	218	167	132	107	88.3	74.2	63.2	54.5	47.5	41.7	37.0	33.0	29.6	26.7	1210
H-294x302x12x12	84.5	169	263	3720	13700	4040	1790	1010	646	448	329	252	199	161	133	112	95.5	82.4	71.7	63.1	55.9	49.8	44.7	40.4	1940
H-298x299x9x14	87.0	188	294	3900	14200	6120	2720	1530	978	679	499	382	302	245	202	170	145	125	109	95.6	84.6	75.5	67.8	61.2	3160

1) SHN400, SHN490 이외의 강종은 판두께에 따른 강도저하를 고려하여야 한다. (KS규격 참조)

2) 주어진 경간 사이는 직선보간한다.

3) 최대계수하중은 휨에 대하여 산정된 값으로 경간이 짧은 경우 전단강도를 검토해야 한다.

도움표 6.14-400 H형강보의 강축 최대계수등분포하중[3] w_u (kN/m)

등분포하중 / 2등분점횡지지 SHN400 (F_y = 235[1] MPa) C_b = 1.30

H형강 치수	단위중량	I_x	ϕM_{px}	L_p	L_r	경간 L_n[2] (m)																			설계전단강도 $\phi_v V_{nx}$
	kg/m	×10⁶mm⁴	kN.m	mm	mm	2.0	3.0	4.0	5.0	6.0	7.0	8.0	9.0	10.0	11.0	12.0	13.0	14.0	15.0	16.0	17.0	18.0	19.0	20.0	kN
H-300x300x10x15	94.0	204	317	3900	15000	59.6	26.5	14.5	8.02	4.58	2.80	1.84	1.28	0.922	0.688	0.527	0.412	0.329	0.267	0.219	0.182	0.153	0.130	0.112	146
H-300x305x15x15	106.0	215	341	3770	16300	91.8	40.8	23.0	14.7	10.2	7.08	5.01	3.63	2.62	1.95	1.49	1.17	0.932	0.755	0.620	0.516	0.434	0.368	0.315	173
H-304x301x11x17	106.0	234	361	3940	16400	105	46.7	26.3	15.8	9.57	5.71	3.66	2.49	1.77	1.30	0.989	0.769	0.610	0.492	0.402	0.334	0.280	0.237	0.202	174
H-310x305x15x20	130.0	286	440	3930	19400	123	54.5	30.6	19.0	11.7	7.29	4.71	3.22	2.30	1.70	1.29	1.01	0.799	0.645	0.529	0.439	0.368	0.312	0.267	215
H-310x310x20x20	142.0	299	465	3860	21200	181	80.2	45.1	28.9	20.1	14.7	11.3	8.36	6.32	4.83	3.65	2.82	2.23	1.79	1.46	1.21	1.01	0.856	0.730	227
H-338x351x13x13	106.0	282	374	4330	15300	187	83.0	46.7	29.9	19.6	12.9	8.29	5.53	3.87	2.82	2.11	1.63	1.28	1.03	0.835	0.689	0.576	0.486	0.414	242
H-344x348x10x16	115.0	333	449	4560	16300	214	95.1	53.5	34.2	23.0	15.2	10.2	6.83	4.81	3.51	2.65	2.04	1.61	1.30	1.06	0.873	0.730	0.617	0.526	293
H-344x354x16x16	131.0	353	486	4380	17700	327	145	81.7	52.3	36.3	26.7	20.4	16.1	12.4	9.69	7.64	5.98	4.70	3.77	3.06	2.53	2.11	1.78	1.51	333
H-350x350x12x19	137.0	403	538	4600	18500	278	124	69.5	44.5	30.9	21.1	14.6	9.75	6.71	4.80	3.56	2.71	2.11	1.67	1.35	1.11	0.918	0.771	0.653	320
H-350x357x19x19	156.0	428	584	4430	20500	317	141	79.3	50.7	35.2	24.5	17.0	11.8	8.15	5.87	4.36	3.33	2.61	2.07	1.68	1.38	1.15	0.965	0.819	380
H-388x402x15x15	140.0	490	567	4960	17500	503	223	126	80.4	55.8	41.0	31.4	24.8	20.0	15.7	12.4	9.97	7.91	6.30	5.10	4.18	3.48	2.92	2.48	459
H-394x398x11x18	147.0	561	660	5230	18400	585	260	146	93.6	65.0	47.7	36.5	28.9	23.4	19.0	15.2	12.3	10.0	8.13	6.60	5.43	4.52	3.81	3.24	523
H-394x405x18x18	168.0	597	717	5020	19900	418	186	104	66.8	46.4	34.1	24.6	17.8	12.7	9.04	6.63	5.00	3.87	3.05	2.45	1.99	1.64	1.37	1.16	405
H-400x400x13x21	172.0	666	777	5260	20500	508	226	127	81.2	56.4	41.4	30.8	22.5	16.8	12.1	8.92	6.77	5.26	4.17	3.36	2.75	2.27	1.91	1.61	478
H-400x408x21x21	197.0	709	844	5070	22600	598	266	150	95.7	66.5	48.8	37.4	27.5	20.7	15.6	11.6	8.84	6.90	5.49	4.44	3.64	3.02	2.54	2.16	552
H-406x403x16x24	200.0	780	905	5270	23100	697	310	174	111	77.4	56.9	43.6	34.4	27.9	23.0	19.4	15.9	13.1	10.8	8.92	7.26	5.98	4.99	4.21	524
H-414x405x18x28	232.0	928	1060	5330	26300	826	367	207	132	91.8	67.4	51.6	40.8	33.0	27.3	22.9	19.2	15.8	13.2	11.0	9.24	7.64	6.39	5.40	597
H-428x407x20x35	283.0	1190	1330	5430	31900	660	293	165	106	73.3	53.9	41.2	31.3	23.6	18.0	13.3	10.0	7.70	6.05	4.84	3.93	3.24	2.70	2.27	541
H-458x417x30x50	415.0	1870	2020	5560	45800	776	345	194	124	86.2	63.3	48.5	37.8	28.7	22.1	17.0	12.8	9.92	7.83	6.29	5.12	4.23	3.54	2.99	624
H-498x432x45x70	605.0	2980	3060	5750	65700	894	397	223	143	99.3	73.0	55.9	44.1	34.0	26.4	20.7	16.0	12.4	9.86	7.95	6.50	5.38	4.51	3.82	709

1) SHN400, SHN490 이외의 강종은 판두께에 따른 강도저하를 고려하여야 한다. (KS규격 참조)
2) 주어진 경간 사이는 직선보간한다.
3) 최대계수하중은 휨에 대하여 산정된 값으로 경간이 짧은 경우 전단강도를 검토해야 한다.

도움표 6.14-490 H형강보의 강축 최대계수등분포하중[3] w_u (kN/m)

등분포하중 / 2등분점횡지지 SHN490 (F_y = 325[1] MPa) C_b = 1.30

H형강 치수	단위중량 kg/m	I_x ×10^6mm^4	$øM_{px}$ kN.m	L_p mm	L_r mm	경간 L_n[2] (m) 2.0	3.0	4.0	5.0	6.0	7.0	8.0	9.0	10.0	11.0	12.0	13.0	14.0	15.0	16.0	17.0	18.0	19.0	20.0	설계 전단 강도 $ø_vV_{nx}$ kN
H-150x75x5x7	14.0	6.66	25.4	737	2680	1090	485	273	175	121	89.2	68.3	53.9	43.7	36.1	30.3	25.9	22.3	19.4	16.5	14.0	12.0	10.2	8.60	677
H-148x100x6x9	21.1	10.2	45.9	1050	4500	1280	569	320	205	142	104	80.0	63.2	51.2	42.3	35.6	30.3	26.1	22.8	19.3	16.5	14.2	12.2	10.6	761
H-198x99x4.5x7	18.2	15.8	48.7	978	3040	848	377	212	136	94.3	69.3	53.0	39.5	29.7	22.5	16.4	12.4	9.52	7.49	5.99	4.87	4.01	3.34	2.81	696
H-200x100x5.5x8	21.3	18.4	57.9	981	3260	982	437	246	157	109	80.2	61.4	46.9	35.5	27.2	20.5	15.5	12.0	9.47	7.60	6.20	5.12	4.28	3.61	790
H-194x150x6x9	30.6	26.9	90.3	1590	5460	1380	614	345	221	153	113	86.3	68.2	55.2	45.7	38.4	32.7	28.2	23.8	20.1	17.0	14.5	12.2	10.2	846
H-248x124x5x8	25.7	35.4	93.4	1230	3650	1650	734	413	264	184	135	103	81.6	66.1	54.6	45.9	39.1	33.7	29.2	24.8	21.1	18.1	15.6	13.5	944
H-250x125x6x9	29.6	40.5	107	1230	3840	1120	498	280	179	124	91.4	70.0	52.0	39.1	29.7	21.8	16.4	12.7	9.97	7.99	6.50	5.36	4.47	3.77	870
H-244x175x7x11	44.1	61.2	163	1850	6230	1270	566	318	204	141	104	79.5	60.5	45.7	35.1	26.5	20.1	15.5	12.3	9.86	8.04	6.65	5.56	4.70	975
H-298x149x5.5x8	32.0	63.2	139	1460	4140	1490	661	372	238	165	121	92.9	73.1	55.7	43.1	33.7	25.9	20.2	16.0	12.9	10.6	8.75	7.33	6.21	1090
H-300x150x6.5x9	36.7	72.1	159	1460	4300	1620	718	404	258	179	132	101	79.8	64.6	53.4	44.9	38.2	32.4	27.0	22.7	19.2	16.2	13.4	11.2	1030
H-294x200x8x12	56.8	113	251	2080	6710	1890	839	472	302	210	154	118	93.2	75.5	62.4	52.4	44.7	38.5	32.5	27.4	23.3	19.9	17.0	14.3	1050
H-298x201x9x14	65.4	133	292	2110	7270	1550	689	388	248	172	127	94.4	69.0	51.3	37.4	27.3	20.5	15.8	12.4	9.93	8.07	6.64	5.53	4.66	1160
H-346x174x6x9	41.4	111	209	1710	4800	1740	774	436	279	194	142	108	79.4	59.4	44.7	32.7	24.7	19.0	15.0	12.0	9.80	8.08	6.75	5.69	1290
H-350x175x7x11	49.6	136	254	1750	5090	2010	892	502	321	223	164	125	94.6	71.3	54.6	41.2	31.2	24.2	19.1	15.4	12.6	10.4	8.69	7.34	1420
H-354x176x8x13	57.8	161	299	1770	5410	2280	1010	569	364	253	186	142	110	83.9	64.7	50.5	38.6	30.0	23.8	19.2	15.7	13.0	10.9	9.24	1550
H-336x249x8x12	69.2	185	348	2620	7860	2320	1030	580	371	258	189	145	114	92.7	76.6	64.4	54.3	44.8	37.2	31.2	26.2	21.5	17.8	14.9	1360
H-340x250x9x14	79.7	217	413	2650	8400	2630	1170	657	420	292	214	164	130	105	86.8	72.9	62.2	52.4	43.8	36.8	31.1	26.4	21.9	18.4	1380
H-396x199x7x11	56.6	200	330	1980	5580	3040	1350	760	486	338	248	190	150	122	101	84.5	72.0	62.1	52.2	44.1	37.4	32.0	27.4	23.1	1620
H-400x200x8x13	66.0	237	388	2010	5880	3290	1460	823	527	366	269	206	163	132	109	91.5	76.1	62.6	51.9	43.3	36.1	29.4	24.3	20.3	1750
H-404x201x9x15	75.5	275	447	2030	6210	3780	1680	945	605	420	309	236	187	151	125	105	89.5	74.7	62.3	52.3	44.1	37.1	30.8	25.7	1770

1) SHN400, SHN490 이외의 강종은 판두께에 따른 강도저하를 고려하여야 한다. (KS규격 참조)
2) 주어진 경간 사이는 직선보간한다.
3) 최대계수하중은 휨에 대하여 산정된 값으로 경간이 짧은 경우 전단강도를 검토해야 한다.

도움표 6.14-490 H형강보의 강축 최대계수등분포하중[3] w_u (kN/m)

등분포하중 / 2등분점횡지지

SHN490 (F_y = 325[1] MPa) C_b = 1.30

H형강 치수	단위중량	I_x	$øM_{px}$	L_p	L_r	경간 L_n[2] (m)																			설계 전단 강도 $ø_vV_{nx}$
	kg/m	×10⁶mm⁴	kN.m	mm	mm	2.0	3.0	4.0	5.0	6.0	7.0	8.0	9.0	10.0	11.0	12.0	13.0	14.0	15.0	16.0	17.0	18.0	19.0	20.0	kN
H-386x299x9x14	94.3	337	546	3190	9480	4420	1970	1110	708	491	361	276	218	177	146	123	105	89.9	75.3	63.6	54.0	46.0	39.4	33.1	2070
H-390x300x10x16	107.0	387	640	3220	10000	4260	1890	1070	682	474	348	266	211	171	141	118	96.7	79.4	65.6	54.6	44.6	36.3	29.9	25.0	2160
H-446x199x8x12	66.2	287	424	1910	5480	4820	2140	1210	772	536	394	301	238	193	159	134	113	93.1	77.4	64.8	54.5	44.8	37.1	31.0	2180
H-450x200x9x14	76.0	335	491	1940	5740	5580	2480	1390	892	620	455	349	275	223	184	155	132	111	92.4	77.7	65.7	55.8	46.6	39.0	2520
H-434x299x10x15	106.0	468	691	3110	9250	5210	2320	1300	834	579	426	326	257	209	172	142	115	94.0	77.3	63.5	50.9	41.4	34.1	28.4	2600
H-440x300x11x18	124.0	561	826	3170	9960	6120	2720	1530	978	680	499	382	302	245	202	170	140	115	95.3	79.5	66.0	53.8	44.5	37.2	2810
H-496x199x9x14	79.5	419	560	1890	5510	7310	3250	1830	1170	813	597	457	361	293	242	203	173	143	120	100	84.8	71.9	59.6	50.0	3200
H-500x200x10x16	89.6	478	636	1910	5750	7920	3520	1980	1270	880	647	495	391	317	262	220	187	158	132	111	94.4	80.4	68.1	57.2	3400
H-506x201x11x19	103.0	565	743	1960	6140	51.2	22.8	12.8	8.20	5.69	4.18	3.20	2.43	1.87	1.46	1.15	0.910	0.727	0.590	0.486	0.404	0.340	0.289	0.248	117
H-482x300x11x15	114.0	604	808	3010	8900	89.8	39.9	22.5	14.4	9.98	7.33	5.61	4.43	3.45	2.71	2.16	1.74	1.40	1.13	0.929	0.773	0.650	0.551	0.472	158
H-488x300x11x18	128.0	710	944	3110	9450	144	64.0	36.0	23.0	16.0	11.8	9.00	7.11	5.76	4.60	3.70	3.00	2.46	2.02	1.65	1.37	1.15	0.977	0.836	205
H-596x199x10x15	94.6	687	775	1790	5240	307	137	76.9	49.2	34.2	25.1	19.2	15.2	12.3	10.2	8.54	7.16	5.94	4.97	4.19	3.56	3.01	2.54	2.16	312
H-600x200x11x17	106.0	776	871	1820	5440	331	147	82.7	52.9	36.8	27.0	20.7	16.3	13.2	10.9	9.19	7.83	6.59	5.55	4.70	4.01	3.44	2.97	2.54	468
H-606x201x12x20	120.0	904	1000	1870	5740	416	185	104	66.5	46.2	33.9	26.0	20.5	16.6	13.7	11.5	9.84	8.48	7.39	6.34	5.46	4.72	4.11	3.59	406
H-612x202x13x23	134.0	1030	1140	1910	6070	449	200	112	71.9	49.9	36.7	28.1	22.2	18.0	14.9	12.5	10.6	9.17	7.98	6.75	5.75	4.92	4.22	3.58	523
H-582x300x12x17	137.0	1030	1160	2930	8580	516	229	129	82.6	57.3	42.1	32.3	25.5	20.6	17.1	14.3	12.2	10.5	8.99	7.63	6.52	5.60	4.83	4.14	387
H-588x300x12x20	151.0	1180	1310	3030	9010	562	250	140	89.9	62.4	45.9	35.1	27.7	22.5	18.6	15.6	13.3	11.5	9.99	8.50	7.29	6.28	5.44	4.73	439
H-594x302x14x23	175.0	1370	1520	3050	9570	608	270	152	97.2	67.5	49.6	38.0	30.0	24.3	20.1	16.9	14.4	12.4	10.8	9.44	8.12	7.03	6.11	5.34	683
H-692x300x13x20	166.0	1720	1650	2890	8410	693	308	173	111	77.0	56.6	43.3	34.2	27.7	22.9	19.2	16.4	14.1	12.3	10.8	9.59	8.49	7.35	6.39	688
H-700x300x13x24	185.0	2010	1890	3000	8900	791	352	198	127	87.9	64.6	49.5	39.1	31.6	26.2	22.0	18.7	16.1	14.1	12.4	11.0	9.50	8.24	7.19	523

1) SHN400, SHN490 이외의 강종은 판두께에 따른 강도저하를 고려하여야 한다. (KS규격 참조)
2) 주어진 경간 사이는 직선보간한다.
3) 최대계수하중은 휨에 대하여 산정된 값으로 경간이 짧은 경우 전단강도를 검토해야 한다.

도움표 6.14-490 H형강보의 강축 최대계수등분포하중[3] w_u (kN/m)

등분포하중 / 2등분점횡지지　　SHN490 (F_y = 325[1] MPa)　　C_b = 1.30

H형강 치수	단위중량 kg/m	I_x ×10⁶mm⁴	ϕM_{px} kN.m	L_p mm	L_r mm	경간 L_n[2] (m) 2.0	3.0	4.0	5.0	6.0	7.0	8.0	9.0	10.0	11.0	12.0	13.0	14.0	15.0	16.0	17.0	18.0	19.0	20.0	설계전단강도 $\phi_v V_{nx}$ kN
H-708x302x15x28	215.0	2370	2210	3030	9480	869	386	217	139	96.5	70.9	54.3	42.9	34.8	28.7	24.1	20.6	17.7	15.4	13.6	12.0	10.5	9.11	7.97	585
H-792x300x14x22	191.0	2540	2130	2820	8210	930	413	232	149	103	75.9	58.1	45.9	37.2	30.7	25.8	22.0	19.0	16.5	14.5	12.9	11.5	10.0	8.80	878
H-800x300x14x26	210.0	2920	2410	2930	8630	998	443	249	160	111	81.4	62.4	49.3	39.9	33.0	27.7	23.6	20.4	17.7	15.6	13.8	12.3	10.8	9.44	652
H-808x302x16x30	241.0	3390	2790	2960	9110	1220	540	304	195	135	99.3	76.0	60.1	48.6	40.2	33.8	28.8	24.8	21.6	19.0	16.8	15.0	13.5	12.2	907
H-890x299x15x23	213.0	3450	2610	2720	7930	1290	572	322	206	143	105	80.4	63.5	51.5	42.5	35.7	30.4	26.3	22.9	20.1	17.8	15.9	14.3	12.9	1210
H-900x300x16x28	243.0	4110	3060	2820	8400	981	436	245	157	109	80.1	61.3	48.5	39.3	32.4	27.3	23.2	20.0	17.4	15.3	13.6	12.1	10.9	9.81	857
H-912x302x18x34	286.0	4980	3660	2900	9020	1200	535	301	192	134	98.2	75.2	59.4	48.1	39.8	33.4	28.5	24.5	21.4	18.8	16.6	14.8	13.3	12.0	671
H-918x303x19x37	307.0	5420	3960	2930	9360	1300	576	324	207	144	106	81.0	64.0	51.8	42.8	36.0	30.7	26.4	23.0	20.2	17.9	16.0	14.4	13.0	1070
H-100x100x6x8	17.2	3.83	25.6	1090	6150	1490	662	372	238	165	122	93.1	73.5	59.6	49.2	41.4	35.2	30.4	26.5	23.3	20.6	18.4	16.5	14.9	819
H-125x125x6.5x9	23.8	8.47	44.9	1380	6660	1610	717	404	258	179	132	101	79.7	64.6	53.4	44.8	38.2	32.9	28.7	25.2	22.3	19.9	17.9	16.1	1300
H-150x150x7x10	31.5	16.4	72.0	1660	7330	1490	662	372	238	165	122	93.1	73.5	59.6	49.2	41.4	35.2	30.4	26.5	23.3	20.6	18.4	16.5	14.9	1130
H-200x200x8x12	49.9	47.2	154	2220	8770	1760	782	440	282	196	144	110	86.9	70.4	58.2	48.9	41.7	35.9	31.3	27.5	24.4	21.7	19.5	17.6	845
H-200x204x12x12	56.2	49.8	165	2160	9620	1900	845	475	304	211	155	119	93.9	76.1	62.9	52.8	45.0	38.8	33.8	29.7	26.3	23.5	21.1	19.0	1380
H-208x202x10x16	65.7	65.3	208	2270	11100	2150	955	537	344	239	175	134	106	85.9	71.0	59.7	50.8	43.8	38.2	33.6	29.7	26.5	23.8	21.5	1010
H-244x252x11x11	64.4	87.9	225	2640	9450	2330	1030	581	372	258	190	145	115	93.0	76.9	64.6	55.1	47.5	41.3	36.3	32.2	28.7	25.8	23.3	1640
H-248x249x8x13	66.5	99.3	258	2780	9770	2500	1110	626	401	278	204	156	124	100	82.8	69.5	59.3	51.1	44.5	39.1	34.7	30.9	27.7	25.0	1270
H-250x250x9x14	72.4	108	281	2780	10300	2940	1310	735	470	327	240	184	145	118	97.2	81.7	69.6	60.0	52.3	45.9	40.7	36.3	32.6	29.4	1450
H-250x255x14x14	82.2	115	304	2690	11300	3690	1640	923	591	410	301	231	182	148	122	103	87.4	75.4	65.6	57.7	51.1	45.6	40.9	36.9	1670
H-294x302x12x12	84.5	169	346	3160	10600	5580	2480	1400	893	620	456	349	276	223	184	155	132	114	99.2	87.2	77.2	68.9	61.8	55.8	2680
H-298x299x9x14	87.0	188	396	3320	10900	8460	3760	2110	1350	940	690	529	418	338	280	235	200	173	150	132	117	104	93.7	84.6	4370

1) SHN400, SHN490 이외의 강종은 판두께에 따른 강도저하를 고려하여야 한다. (KS규격 참조)
2) 주어진 경간 사이는 직선보간한다.
3) 최대계수하중은 휨에 대하여 산정된 값으로 경간이 짧은 경우 전단강도를 검토해야 한다.

도움표 6.14-490 H형강보의 강축 최대계수등분포하중[3] w_u (kN/m)

등분포하중 / 2등분점횡지지 SHN490 (F_y = 325[1] MPa) C_b = 1.30

H형강 치수	단위중량	I_x	$øM_{px}$	L_p	L_r	경간 L_n[2] (m)																			설계 전단 강도 $ø_vV_{nx}$
	kg/m	$\times10^6mm^4$	kN.m	mm	mm	2.0	3.0	4.0	5.0	6.0	7.0	8.0	9.0	10.0	11.0	12.0	13.0	14.0	15.0	16.0	17.0	18.0	19.0	20.0	kN
H-300x300x10x15	94.0	204	434	3320	11400	869	434	4250	156	108	78.8	54.3	48.2	390	32.3	27.1	22.8	17.7	17.3	100	13.5	12.0	10.7	8.69	585
H-300x305x15x15	106.0	215	465	3210	12300	930	466	4270	168	117	84.3	58.1	51.8	394	34.7	29.1	24.5	19.0	18.6	101	14.5	12.9	11.4	9.30	878
H-304x301x11x17	106.0	234	499	3350	12400	998	493	4360	177	123	90.5	62.4	54.7	402	36.6	30.8	26.2	20.4	19.7	104	15.3	13.7	12.3	9.98	652
H-310x305x15x20	130.0	286	608	3350	14400	1220	601	4550	216	150	110	76.0	66.7	423	44.7	37.5	32.0	24.8	24.0	110	18.7	16.7	15.0	12.2	907
H-310x310x20x20	142.0	299	643	3280	15600	1290	635	4620	229	159	117	80.4	70.6	432	47.2	39.7	33.8	26.3	25.4	113	19.8	17.6	15.8	12.9	1210
H-338x351x13x13	106.0	282	491	3680	11900	981	535	5430	193	134	89.0	61.3	59.4	494	39.8	33.4	25.8	20.0	21.4	125	16.7	14.9	12.1	9.81	857
H-344x348x10x16	115.0	333	601	3880	12600	1200	613	5670	221	153	109	75.2	68.1	517	45.6	38.3	31.6	24.5	24.5	131	19.1	17.0	14.8	12.0	671
H-344x354x16x16	131.0	353	648	3730	13500	1300	664	5650	239	166	118	81.0	73.8	517	49.4	41.5	34.1	26.4	26.6	132	20.7	18.5	16.0	13.0	1070
H-350x350x12x19	137.0	403	744	3910	14000	1490	735	5840	265	184	135	93.1	81.7	535	54.7	46.0	39.2	30.4	29.4	137	22.9	20.4	18.3	14.9	819
H-350x357x19x19	156.0	428	807	3770	15300	1610	797	5880	287	199	146	101	88.6	541	59.3	49.8	42.5	32.9	31.9	139	24.8	22.1	19.9	16.1	1300
H-388x402x15x15	140.0	490	745	4220	13600	1490	810	7110	291	202	135	93.1	89.9	645	60.2	50.6	39.2	30.4	32.4	163	25.2	22.5	18.3	14.9	1130
H-394x398x11x18	147.0	561	880	4450	14200	1760	901	7390	324	225	160	110	100	671	67.0	56.3	46.3	35.9	36.0	170	28.1	25.0	21.7	17.6	845
H-394x405x18x18	168.0	597	951	4260	15200	1900	979	7350	353	245	173	119	109	670	72.8	61.2	50.0	38.8	39.2	170	30.5	27.2	23.4	19.0	1380
H-400x400x13x21	172.0	666	1070	4480	15600	2150	1060	7570	382	265	195	134	118	690	78.9	66.3	56.5	43.8	42.4	175	33.0	29.5	26.4	21.5	1010
H-400x408x21x21	197.0	709	1160	4310	17000	2330	1150	7600	415	288	211	145	128	695	85.8	72.1	61.2	47.5	46.1	177	35.9	32.0	28.6	23.3	1640
H-406x403x16x24	200.0	780	1250	4480	17300	2500	1240	7770	445	309	227	156	137	710	92.0	77.3	65.8	51.1	49.5	181	38.5	34.3	30.8	25.0	1270
H-414x405x18x28	232.0	928	1470	4530	19400	2940	1450	8020	523	363	267	184	161	736	108	90.8	77.3	60.0	58.1	188	45.2	40.3	36.2	29.4	1450
H-428x407x20x35	283.0	1190	1850	4620	23300	3690	1820	8420	656	456	335	231	203	778	136	114	97.1	75.4	72.9	201	56.8	50.6	45.5	36.9	1670
H-458x417x30x50	415.0	1870	2790	4730	33200	5580	2760	9410	992	689	506	349	306	885	205	172	147	114	110	233	85.8	76.6	68.7	55.8	2680
H-498x432x45x70	605.0	2980	4230	4890	47600	8460	4180	10900	1500	1040	767	529	464	1050	311	261	222	173	167	283	130	116	104	84.6	4370

1) SHN400, SHN490 이외의 강종은 판두께에 따른 강도저하를 고려하여야 한다. (KS규격 참조)
2) 주어진 경간 사이는 직선보간한다.
3) 최대계수하중은 휨에 대하여 산정된 값으로 경간이 짧은 경우 전단강도를 검토해야 한다.

도움표 6.15-400 H형강보의 강축 최대계수등분포하중[3] w_u (kN/m)

등분포하중 / 3등분점횡지지 SHN400 (F_y = 235[1] MPa) C_b = 1.01

H형강 치수	단위중량 kg/m	I_x ×$10^6$$mm^4$	$øM_{px}$ kN.m	L_p mm	L_r mm	경간 L_n[2] (m) 2.0	3.0	4.0	5.0	6.0	7.0	8.0	9.0	10.0	11.0	12.0	13.0	14.0	15.0	16.0	17.0	18.0	19.0	20.0	설계 전단 강도 $ø_vV_{nx}$ kN
H-150x75x5x7	14.0	6.66	21.5	867	3520	43.1	19.0	10.1	6.14	4.03	2.79	2.00	1.47	1.11	0.836	0.636	0.496	0.394	0.318	0.261	0.217	0.182	0.154	0.132	106
H-148x100x6x9	21.1	10.2	33.2	1230	6070	66.4	29.5	16.6	10.4	7.00	4.99	3.71	2.85	2.23	1.79	1.45	1.20	0.995	0.835	0.706	0.601	0.514	0.437	0.373	125
H-198x99x4.5x7	18.2	15.8	38.0	1150	3860	76.0	33.8	18.7	11.4	7.52	5.23	3.78	2.81	2.13	1.65	1.26	0.971	0.763	0.611	0.497	0.409	0.342	0.288	0.245	126
H-200x100x5.5x8	21.3	18.4	44.3	1150	4200	88.6	39.4	21.9	13.4	8.88	6.22	4.53	3.39	2.60	2.02	1.59	1.25	0.988	0.793	0.646	0.534	0.446	0.377	0.321	155
H-194x150x6x9	30.6	26.9	65.3	1880	7140	131	58.0	32.6	20.9	14.5	10.4	7.78	5.99	4.73	3.81	3.11	2.58	2.16	1.83	1.56	1.34	1.15	1.00	0.873	164
H-248x124x5x8	25.7	35.4	67.5	1450	4570	135	60.0	33.8	21.3	14.2	9.96	7.28	5.48	4.22	3.31	2.63	2.11	1.69	1.34	1.08	0.881	0.730	0.612	0.518	175
H-250x125x6x9	29.6	40.5	77.4	1450	4860	155	68.8	38.7	24.4	16.3	11.5	8.45	6.39	4.94	3.89	3.11	2.51	2.05	1.66	1.34	1.10	0.914	0.768	0.651	212
H-244x175x7x11	44.1	61.2	118	2180	8110	236	105	59.0	37.8	26.2	19.3	14.5	11.2	8.85	7.15	5.87	4.88	4.11	3.49	2.99	2.58	2.24	1.96	1.72	241
H-298x149x5.5x8	32.0	63.2	100	1710	5090	201	89.3	50.2	32.2	21.8	15.4	11.3	8.59	6.66	5.25	4.21	3.41	2.78	2.29	1.85	1.50	1.23	1.02	0.858	231
H-300x150x6.5x9	36.7	72.1	115	1710	5350	229	102	57.3	36.7	25.0	17.7	13.0	9.90	7.70	6.09	4.90	3.98	3.27	2.70	2.25	1.83	1.51	1.26	1.06	275
H-294x200x8x12	56.8	113	182	2450	8630	363	161	90.8	58.1	40.4	29.7	22.6	17.5	13.9	11.2	9.24	7.70	6.49	5.52	4.74	4.10	3.56	3.12	2.74	332
H-298x201x9x14	65.4	133	211	2480	9510	423	188	106	67.7	47.0	34.5	26.4	20.5	16.3	13.2	10.9	9.11	7.70	6.57	5.66	4.91	4.28	3.76	3.32	378
H-346x174x6x9	41.4	111	151	2020	5880	303	135	75.7	48.5	33.7	24.2	17.9	13.7	10.7	8.50	6.87	5.62	4.64	3.87	3.25	2.74	2.29	1.89	1.58	293
H-350x175x7x11	49.6	136	184	2050	6320	367	163	91.8	58.7	40.8	29.5	21.9	16.8	13.2	10.5	8.54	7.02	5.83	4.88	4.12	3.50	2.99	2.56	2.14	345
H-354x176x8x13	57.8	161	216	2080	6820	432	192	108	69.2	48.1	34.9	26.0	20.0	15.7	12.6	10.3	8.49	7.08	5.96	5.06	4.32	3.71	3.20	2.77	399
H-336x249x8x12	69.2	185	257	3080	9950	514	228	128	82.2	57.1	41.9	32.1	25.4	20.5	16.6	13.7	11.5	9.70	8.28	7.14	6.19	5.41	4.76	4.20	379
H-340x250x9x14	79.7	217	299	3120	10800	597	265	149	95.6	66.4	48.8	37.3	29.5	23.9	19.4	16.0	13.4	11.4	9.76	8.42	7.33	6.42	5.65	5.01	431
H-396x199x7x11	56.6	200	239	2330	6860	477	212	119	76.3	53.0	38.9	29.3	22.5	17.7	14.2	11.5	9.53	7.94	6.69	5.67	4.84	4.15	3.58	3.10	391
H-400x200x8x13	66.0	237	281	2360	7320	561	249	140	89.8	62.3	45.8	34.6	26.6	21.0	16.9	13.8	11.4	9.55	8.07	6.87	5.88	5.07	4.39	3.82	451
H-404x201x9x15	75.5	275	323	2390	7830	646	287	162	103	71.8	52.8	40.0	30.9	24.4	19.7	16.1	13.4	11.2	9.51	8.12	6.99	6.05	5.26	4.60	513

1) SHN400, SHN490 이외의 강종은 판두께에 따른 강도저하를 고려하여야 한다. (KS규격 참조)
2) 주어진 경간 사이는 직선보간한다.
3) 최대계수하중은 휨에 대하여 산정된 값으로 경간이 짧은 경우 전단강도를 검토해야 한다.

도움표 6.15-400 H형강보의 강축 최대계수등분포하중[3] w_u (kN/m)

등분포하중 / 3등분점횡지지 SHN400 (F_y = 235[1] MPa) C_b = 1.01

H형강 치수	단위중량	I_x	$øM_{px}$	L_p	L_r	경간 L_n[2] (m)																			설계 전단 강도 $ø_vV_{nx}$
	kg/m	$\times10^6mm^4$	kN.m	mm	mm	2.0	3.0	4.0	5.0	6.0	7.0	8.0	9.0	10.0	11.0	12.0	13.0	14.0	15.0	16.0	17.0	18.0	19.0	20.0	kN
H-386x299x9x14	94.3	337	406	3750	12000	811	361	203	130	90.1	66.2	50.7	40.1	32.5	26.8	22.5	18.9	16.0	13.8	11.9	10.4	9.11	8.04	7.14	490
H-390x300x10x16	107.0	387	463	3780	12900	925	411	231	148	103	75.6	57.8	45.7	37.0	30.6	25.7	21.6	18.4	15.8	13.7	12.0	10.5	9.29	8.26	550
H-446x199x8x12	66.2	287	307	2250	6730	613	273	153	98.1	68.2	50.1	37.4	28.7	22.5	18.0	14.7	12.1	10.1	8.45	7.16	6.10	5.23	4.50	3.88	503
H-450x200x9x14	76.0	335	355	2290	7140	710	316	178	114	78.9	58.0	43.5	33.4	26.3	21.1	17.2	14.3	11.9	10.0	8.53	7.30	6.28	5.43	4.71	571
H-434x299x10x15	106.0	468	504	3660	11700	1010	448	252	161	112	82.3	63.0	49.8	40.3	33.3	27.9	23.4	19.8	17.0	14.7	12.8	11.2	9.90	8.78	612
H-440x300x11x18	124.0	561	597	3730	12800	1190	531	299	191	133	97.5	74.7	59.0	47.8	39.5	33.2	27.9	23.7	20.3	17.6	15.4	13.5	12.0	10.6	682
H-496x199x9x14	79.5	419	405	2220	6790	810	360	202	130	90.0	66.1	49.2	37.7	29.7	23.8	19.3	15.9	13.3	11.2	9.45	8.05	6.90	5.94	5.13	629
H-500x200x10x16	89.6	478	460	2250	7160	920	409	230	147	102	75.1	56.2	43.2	34.0	27.3	22.3	18.4	15.4	13.0	11.0	9.43	8.11	7.01	6.08	705
H-506x201x11x19	103.0	565	537	2310	7760	1070	478	269	172	119	87.7	66.1	51.0	40.3	32.4	26.6	22.0	18.5	15.6	13.3	11.5	9.91	8.61	7.52	785
H-482x300x11x15	114.0	604	590	3540	11100	1180	525	295	189	131	96.4	73.8	58.3	47.2	39.0	32.4	27.1	23.0	19.7	17.0	14.8	12.9	11.4	10.1	748
H-488x300x11x18	128.0	710	683	3660	12000	1370	607	341	218	152	111	85.3	67.4	54.6	45.1	37.7	31.7	26.9	23.1	19.9	17.4	15.3	13.5	11.9	757
H-596x199x10x15	94.6	687	561	2110	6410	1120	498	280	179	125	90.5	67.2	51.4	40.3	32.1	26.0	21.4	17.7	14.8	12.5	10.6	9.04	7.73	6.48	840
H-600x200x11x17	106.0	776	630	2140	6700	1260	560	315	202	140	102	75.9	58.2	45.7	36.6	29.7	24.4	20.3	17.1	14.4	12.3	10.5	9.02	7.78	931
H-606x201x12x20	120.0	904	726	2200	7160	1450	645	363	232	161	118	88.2	67.8	53.4	42.9	34.9	28.9	24.1	20.3	17.2	14.7	12.7	10.9	9.49	1030
H-612x202x13x23	134.0	1030	823	2240	7660	1650	732	412	263	183	134	101	77.6	61.3	49.3	40.3	33.4	28.0	23.7	20.2	17.3	15.0	13.0	11.3	1120
H-582x300x12x17	137.0	1030	838	3450	10600	1680	745	419	268	186	137	105	82.8	67.0	55.3	45.7	38.2	32.3	27.7	23.8	20.7	18.1	15.9	14.1	985
H-588x300x12x20	151.0	1180	949	3560	11300	1900	844	475	304	211	155	119	93.8	76.0	62.8	52.1	43.7	37.0	31.7	27.4	23.8	20.9	18.4	16.3	995
H-594x302x14x23	175.0	1370	1100	3590	12200	2200	977	550	352	244	179	137	109	87.9	72.7	60.6	50.8	43.2	37.0	32.0	27.9	24.5	21.6	19.2	1170
H-692x300x13x20	166.0	1720	1190	3400	10400	2380	1060	595	381	265	194	149	118	95.2	78.3	64.6	54.0	45.7	39.0	33.6	29.2	25.5	22.4	19.8	1270
H-700x300x13x24	185.0	2010	1370	3520	11100	2730	1220	684	437	304	223	171	135	109	90.4	74.9	62.7	53.2	45.5	39.3	34.2	29.9	26.3	23.3	1280

1) SHN400, SHN490 이외의 강종은 판두께에 따른 강도저하를 고려하여야 한다. (KS규격 참조)
2) 주어진 경간 사이는 직선보간한다.
3) 최대계수하중은 휨에 대하여 산정된 값으로 경간이 짧은 경우 전단강도를 검토해야 한다.

도움표 6.15-400 H형강보의 강축 최대계수등분포하중[3] w_u (kN/m)

등분포하중 / 3등분점횡지지 SHN400 (F_y = 235[1] MPa) C_b = 1.01

H형강 치수	단위중량	I_x	$øM_{px}$	L_p	L_r	경간 L_n[2] (m)																			설계 전단 강도 $ø_vV_{nx}$
	kg/m	×10⁶mm⁴	kN.m	mm	mm	2.0	3.0	4.0	5.0	6.0	7.0	8.0	9.0	10.0	11.0	12.0	13.0	14.0	15.0	16.0	17.0	18.0	19.0	20.0	kN
H-708x302x15x28	215.0	2370	1600	3570	12000	3200	1420	799	512	355	261	200	158	128	106	88.0	73.8	62.7	53.7	46.5	40.5	35.5	31.3	27.8	1500
H-792x300x14x22	191.0	2540	1540	3320	10100	3080	1370	771	493	343	252	193	152	123	101	83.1	69.5	58.7	50.1	43.1	37.3	32.6	28.6	25.2	1560
H-800x300x14x26	210.0	2920	1740	3440	10700	3490	1550	872	558	387	285	218	172	139	115	95.0	79.5	67.3	57.5	49.6	43.1	37.6	33.1	29.3	1580
H-808x302x16x30	241.0	3390	2020	3480	11500	4030	1790	1010	645	448	329	252	199	161	133	110	92.5	78.4	67.1	58.0	50.5	44.2	38.9	34.5	1820
H-890x299x15x23	213.0	3450	1890	3200	9690	3770	1680	943	603	419	308	236	186	151	122	101	84.0	70.9	60.4	51.9	44.9	39.1	34.2	30.1	1880
H-900x300x16x28	243.0	4110	2210	3320	10400	4420	1970	1110	708	491	361	276	218	177	145	119	99.8	84.4	72.1	62.1	53.8	47.0	41.3	36.5	2030
H-912x302x18x34	286.0	4980	2640	3410	11300	5290	2350	1320	846	588	432	330	261	212	174	144	121	102	87.5	75.6	65.7	57.6	50.7	44.9	2310
H-918x303x19x37	307.0	5420	2860	3450	11900	5730	2550	1430	916	636	468	358	283	229	189	157	131	111	95.5	82.5	71.8	63.0	55.5	49.2	2460
H-100x100x6x8	17.2	3.83	18.5	1290	8440	37.1	16.5	9.26	5.86	4.00	2.88	2.16	1.68	1.33	1.08	0.886	0.739	0.623	0.531	0.456	0.395	0.344	0.301	0.265	84.6
H-125x125x6.5x9	23.8	8.47	32.5	1620	9080	64.9	28.9	16.2	10.4	7.14	5.16	3.88	3.01	2.39	1.94	1.60	1.34	1.13	0.964	0.830	0.720	0.628	0.551	0.486	115
H-150x150x7x10	31.5	16.4	52.0	1950	9930	104	46.3	26.0	16.7	11.6	8.43	6.35	4.93	3.93	3.19	2.64	2.21	1.87	1.60	1.38	1.20	1.05	0.923	0.817	148
H-200x200x8x12	49.9	47.2	111	2610	11700	222	98.8	55.6	35.6	24.7	18.1	13.9	10.9	8.72	7.10	5.88	4.94	4.20	3.60	3.12	2.72	2.39	2.11	1.87	226
H-200x204x12x12	56.2	49.8	120	2540	13000	239	106	59.8	38.3	26.6	19.5	15.0	11.7	9.38	7.66	6.35	5.34	4.55	3.91	3.39	2.96	2.60	2.31	2.05	338
H-208x202x10x16	65.7	65.3	150	2670	15100	300	134	75.1	48.1	33.4	24.5	18.8	14.8	11.9	9.72	8.08	6.81	5.81	5.01	4.35	3.81	3.36	2.98	2.66	293
H-244x252x11x11	64.4	87.9	169	3110	12400	339	151	84.7	54.2	37.7	27.7	21.2	16.7	13.6	11.1	9.21	7.74	6.58	5.65	4.89	4.27	3.75	3.32	2.95	378
H-248x249x8x13	66.5	99.3	187	3270	12900	373	166	93.4	59.8	41.5	30.5	23.3	18.4	14.9	12.3	10.2	8.57	7.29	6.27	5.43	4.75	4.17	3.69	3.29	280
H-250x250x9x14	72.4	108	203	3270	13700	406	181	102	65.0	45.1	33.2	25.4	20.1	16.3	13.4	11.1	9.35	7.96	6.85	5.95	5.20	4.58	4.06	3.61	317
H-250x255x14x14	82.2	115	220	3160	15200	439	195	110	70.3	48.8	35.9	27.5	21.7	17.6	14.4	12.0	10.1	8.62	7.43	6.46	5.65	4.99	4.42	3.95	494
H-294x302x12x12	84.5	169	263	3720	13700	525	233	131	84.1	58.4	42.9	32.8	25.9	21.0	17.4	14.6	12.4	10.7	9.24	8.02	7.01	6.17	5.46	4.86	497
H-298x299x9x14	87.0	188	294	3900	14200	588	261	147	94.0	65.3	48.0	36.7	29.0	23.5	19.4	16.3	13.8	11.8	10.1	8.81	7.70	6.79	6.01	5.36	378

1) SHN400, SHN490 이외의 강종은 판두께에 따른 강도저하를 고려하여야 한다. (KS규격 참조)
2) 주어진 경간 사이는 직선보간한다.
3) 최대계수하중은 휨에 대하여 산정된 값으로 경간이 짧은 경우 전단강도를 검토해야 한다.

도움표 6.15-400 H형강보의 강축 최대계수등분포하중[3)] w_u (kN/m)

등분포하중 / 3등분점횡지지 SHN400 (F_y = 235[1)] MPa) C_b = 1.01

H형강 치수	단위중량	I_x	$øM_{px}$	L_p	L_r	경간 L_n[2)] (m)																			설계전단강도 $ø_vV_{nx}$
	kg/m	×10⁶mm⁴	kN.m	mm	mm	2.0	3.0	4.0	5.0	6.0	7.0	8.0	9.0	10.0	11.0	12.0	13.0	14.0	15.0	16.0	17.0	18.0	19.0	20.0	kN
H-300x300x10x15	94.0	204	317	3900	15000	635	282	159	102	70.6	51.8	39.7	31.4	25.4	21.0	17.6	15.0	12.8	11.0	9.55	8.36	7.37	6.54	5.83	423
H-300x305x15x15	106.0	215	341	3770	16300	683	303	171	109	75.8	55.7	42.7	33.7	27.3	22.6	19.0	16.0	13.7	11.8	10.3	9.00	7.94	7.05	6.29	635
H-304x301x11x17	106.0	234	361	3940	16400	721	321	180	115	80.2	58.9	45.1	35.6	28.9	23.8	20.0	17.0	14.5	12.5	10.9	9.57	8.45	7.50	6.70	472
H-310x305x15x20	130.0	286	440	3930	19400	879	391	220	141	97.7	71.8	55.0	43.4	35.2	29.1	24.4	20.8	17.8	15.4	13.4	11.8	10.4	9.26	8.29	656
H-310x310x20x20	142.0	299	465	3860	21200	930	413	233	149	103	75.9	58.1	45.9	37.2	30.7	25.8	22.0	18.8	16.3	14.2	12.5	11.0	9.83	8.80	874
H-338x351x13x13	106.0	282	374	4330	15300	747	332	187	120	83.0	61.0	46.7	36.9	29.9	24.7	20.8	17.7	15.2	13.3	11.7	10.3	9.22	8.17	7.29	620
H-344x348x10x16	115.0	333	449	4560	16300	897	399	224	144	99.7	73.3	56.1	44.3	35.9	29.7	24.9	21.2	18.3	15.9	13.8	12.1	10.7	9.50	8.48	485
H-344x354x16x16	131.0	353	486	4380	17700	973	432	243	156	108	79.4	60.8	48.0	38.9	32.2	27.0	23.0	19.8	17.2	14.9	13.1	11.6	10.3	9.19	776
H-350x350x12x19	137.0	403	538	4600	18500	1080	478	269	172	120	87.9	67.3	53.2	43.1	35.6	29.9	25.5	22.0	19.1	16.7	14.6	12.9	11.5	10.3	592
H-350x357x19x19	156.0	428	584	4430	20500	1170	519	292	187	130	95.3	73.0	57.6	46.7	38.6	32.4	27.6	23.8	20.7	18.0	15.8	14.0	12.5	11.2	938
H-388x402x15x15	140.0	490	567	4960	17500	1130	504	283	181	126	92.5	70.8	56.0	45.3	37.5	31.5	26.8	23.1	20.1	17.7	15.7	14.0	12.6	11.3	821
H-394x398x11x18	147.0	561	660	5230	18400	1320	586	330	211	147	108	82.4	65.1	52.8	43.6	36.6	31.2	26.9	23.5	20.6	18.2	16.1	14.3	12.8	611
H-394x405x18x18	168.0	597	717	5020	19900	1430	637	358	229	159	117	89.6	70.8	57.3	47.4	39.8	33.9	29.2	25.5	22.4	19.7	17.4	15.5	13.9	1000
H-400x400x13x21	172.0	666	777	5260	20500	1550	690	388	249	173	127	97.1	76.7	62.1	51.4	43.2	36.8	31.7	27.6	24.3	21.5	19.0	16.9	15.2	733
H-400x408x21x21	197.0	709	844	5070	22600	1690	751	422	270	188	138	106	83.4	67.6	55.8	46.9	40.0	34.5	30.0	26.4	23.3	20.6	18.4	16.5	1180
H-406x403x16x24	200.0	780	905	5270	23100	1810	805	453	290	201	148	113	89.4	72.4	59.8	50.3	42.8	36.9	32.2	28.3	25.1	22.2	19.8	17.8	916
H-414x405x18x28	232.0	928	1060	5330	26300	2130	945	532	340	236	174	133	105	85.0	70.3	59.1	50.3	43.4	37.8	33.2	29.4	26.2	23.4	21.0	1050
H-428x407x20x35	283.0	1190	1330	5430	31900	2670	1190	667	427	297	218	167	132	107	88.3	74.2	63.2	54.5	47.5	41.7	37.0	33.0	29.5	26.5	1210
H-458x417x30x50	415.0	1870	2020	5560	45800	4040	1790	1010	646	448	329	252	199	161	133	112	95.5	82.4	71.7	63.1	55.9	49.8	44.7	40.3	1940
H-498x432x45x70	605.0	2980	3060	5750	65700	6120	2720	1530	978	679	499	382	302	245	202	170	145	125	109	95.6	84.6	75.5	67.8	61.2	3160

1) SHN400, SHN490 이외의 강종은 판두께에 따른 강도저하를 고려하여야 한다. (KS규격 참조)
2) 주어진 경간 사이는 직선보간한다.
3) 최대계수하중은 휨에 대하여 산정된 값으로 경간이 짧은 경우 전단강도를 검토해야 한다.

도움표 6.15-490 H형강보의 강축 최대계수등분포하중[3] w_u (kN/m)

등분포하중 / 3등분점횡지지 SHN490 (F_y = 325[1] MPa) C_b = 1.01

H형강 치수	단위중량	I_x	$øM_{px}$	L_p	L_r	경간 L_n[2] (m)																			설계전단강도 $ø_vV_{nx}$
	kg/m	×10⁶mm⁴	kN.m	mm	mm	2.0	3.0	4.0	5.0	6.0	7.0	8.0	9.0	10.0	11.0	12.0	13.0	14.0	15.0	16.0	17.0	18.0	19.0	20.0	kN
H-150x75x5x7	14.0	6.66	25.4	737	2680	59.6	25.3	13.2	7.83	4.99	3.34	2.31	1.58	1.13	0.836	0.636	0.496	0.394	0.318	0.261	0.217	0.182	0.154	0.132	146
H-148x100x6x9	21.1	10.2	45.9	1050	4500	91.8	40.8	22.4	13.8	9.21	6.49	4.75	3.58	2.77	2.17	1.73	1.39	1.12	0.903	0.740	0.614	0.515	0.437	0.373	173
H-198x99x4.5x7	18.2	15.8	48.7	978	3040	105	46.7	24.8	14.9	9.59	6.52	4.59	3.30	2.32	1.69	1.26	0.971	0.763	0.611	0.497	0.409	0.342	0.288	0.245	174
H-200x100x5.5x8	21.3	18.4	57.9	981	3260	123	54.5	29.1	17.5	11.4	7.80	5.54	4.04	2.96	2.16	1.62	1.25	0.988	0.793	0.646	0.534	0.446	0.377	0.321	215
H-194x150x6x9	30.6	26.9	90.3	1590	5460	181	80.2	45.1	28.9	19.5	13.8	10.2	7.79	6.08	4.83	3.90	3.18	2.62	2.18	1.83	1.51	1.26	1.06	0.899	227
H-248x124x5x8	25.7	35.4	93.4	1230	3650	187	83.0	46.4	28.2	18.5	12.8	9.18	6.77	5.09	3.88	2.86	2.17	1.69	1.34	1.08	0.881	0.730	0.612	0.518	242
H-250x125x6x9	29.6	40.5	107	1230	3840	214	95.1	53.3	32.4	21.3	14.8	10.7	7.93	6.01	4.62	3.51	2.68	2.09	1.66	1.34	1.10	0.914	0.768	0.651	293
H-244x175x7x11	44.1	61.2	163	1850	6230	327	145	81.7	52.3	36.2	25.8	19.2	14.7	11.5	9.23	7.49	6.16	5.12	4.30	3.63	3.09	2.64	2.25	1.90	333
H-298x149x5.5x8	32.0	63.2	139	1460	4140	278	124	69.5	43.6	28.8	20.1	14.6	10.9	8.28	6.41	5.03	3.85	2.96	2.32	1.85	1.50	1.23	1.02	0.858	320
H-300x150x6.5x9	36.7	72.1	159	1460	4300	317	141	79.3	49.8	33.0	23.1	16.8	12.6	9.61	7.47	5.88	4.65	3.58	2.81	2.25	1.83	1.51	1.26	1.06	380
H-294x200x8x12	56.8	113	251	2080	6710	503	223	126	80.4	55.8	40.6	30.2	23.2	18.3	14.6	11.9	9.84	8.21	6.91	5.86	5.00	4.29	3.70	3.21	459
H-298x201x9x14	65.4	133	292	2110	7270	585	260	146	93.6	65.0	47.4	35.4	27.3	21.5	17.3	14.2	11.7	9.82	8.30	7.07	6.07	5.24	4.54	3.95	523
H-346x174x6x9	41.4	111	209	1710	4800	418	186	104	66.8	45.4	32.0	23.4	17.6	13.6	10.7	8.50	6.84	5.55	4.40	3.49	2.81	2.29	1.89	1.58	405
H-350x175x7x11	49.6	136	254	1750	5090	508	226	127	81.2	55.4	39.1	28.7	21.8	16.9	13.3	10.6	8.61	7.03	5.79	4.65	3.76	3.08	2.56	2.14	478
H-354x176x8x13	57.8	161	299	1770	5410	598	266	150	95.7	65.5	46.4	34.3	26.0	20.3	16.0	12.9	10.5	8.63	7.15	5.95	4.87	4.00	3.33	2.80	552
H-336x249x8x12	69.2	185	348	2620	7860	697	310	174	111	77.4	56.9	43.6	34.4	27.3	22.0	18.0	15.0	12.6	10.6	9.09	7.82	6.77	5.89	5.15	524
H-340x250x9x14	79.7	217	413	2650	8400	826	367	207	132	91.8	67.4	51.6	40.3	31.9	25.8	21.2	17.6	14.8	12.6	10.8	9.32	8.09	7.07	6.20	597
H-396x199x7x11	56.6	200	330	1980	5580	660	293	165	106	73.3	52.4	38.7	29.4	22.9	18.2	14.6	11.9	9.82	8.15	6.80	5.64	4.59	3.79	3.16	541
H-400x200x8x13	66.0	237	388	2010	5880	776	345	194	124	86.2	62.0	45.9	35.0	27.3	21.7	17.6	14.4	11.9	9.90	8.30	7.01	5.86	4.85	4.05	624
H-404x201x9x15	75.5	275	447	2030	6210	894	397	223	143	99.3	71.7	53.2	40.7	31.9	25.4	20.6	16.9	14.0	11.8	9.91	8.40	7.16	6.05	5.08	709

1) SHN400, SHN490 이외의 강종은 판두께에 따른 강도저하를 고려하여야 한다. (KS규격 참조)
2) 주어진 경간 사이는 직선보간한다.
3) 최대계수하중은 휨에 대하여 산정된 값으로 경간이 짧은 경우 전단강도를 검토해야 한다.

도움표 6.15-490 H형강보의 강축 최대계수등분포하중[3] w_u (kN/m)

등분포하중 / 3등분점횡지지 SHN490 (F_y = 325[1] MPa) C_b = 1.01

H형강 치수	단위중량 kg/m	I_x ×10^6mm^4	$øM_{px}$ kN.m	L_p mm	L_r mm	경간 L_n[2] (m) 2.0	3.0	4.0	5.0	6.0	7.0	8.0	9.0	10.0	11.0	12.0	13.0	14.0	15.0	16.0	17.0	18.0	19.0	20.0	설계전단강도 $ø_vV_{nx}$ kN
H-386x299x9x14	94.3	337	546	3190	9480	1090	485	273	175	121	89.2	68.3	53.9	43.7	36.1	30.0	25.0	21.2	18.0	15.5	13.4	11.7	10.3	9.06	677
H-390x300x10x16	107.0	387	640	3220	10000	1280	569	320	205	142	104	80.0	63.2	51.2	41.7	34.4	28.8	24.3	20.8	17.9	15.5	13.6	11.9	10.5	761
H-446x199x8x12	66.2	287	424	1910	5480	848	377	212	136	94.3	66.8	49.3	37.4	29.1	23.1	18.5	15.1	12.4	10.2	8.53	6.97	5.68	4.68	3.90	696
H-450x200x9x14	76.0	335	491	1940	5740	982	437	246	157	109	77.8	57.5	43.8	34.2	27.1	21.9	17.9	14.7	12.2	10.2	8.62	7.09	5.86	4.90	790
H-434x299x10x15	106.0	468	691	3110	9250	1380	614	345	221	153	113	86.3	68.2	55.2	45.0	37.1	30.9	26.1	22.2	19.1	16.5	14.4	12.6	11.1	846
H-440x300x11x18	124.0	561	826	3170	9960	1650	734	413	264	184	135	103	81.6	66.1	53.7	44.3	37.0	31.3	26.7	23.0	20.0	17.4	15.3	13.5	944
H-496x199x9x14	79.5	419	560	1890	5510	1120	498	280	179	124	88.0	64.9	49.3	38.3	30.4	24.4	19.8	16.3	13.5	11.2	9.22	7.52	6.21	5.18	870
H-500x200x10x16	89.6	478	636	1910	5750	1270	566	318	204	141	101	74.3	56.6	44.1	35.0	28.2	23.1	19.0	15.8	13.2	11.1	9.15	7.58	6.34	975
H-506x201x11x19	103.0	565	743	1960	6140	1490	661	372	238	165	118	87.7	67.0	52.5	41.8	33.9	27.8	23.0	19.2	16.2	13.7	11.6	9.78	8.21	1090
H-482x300x11x15	114.0	604	808	3010	8900	1620	718	404	258	179	132	101	79.8	64.6	52.3	43.0	35.8	30.1	25.6	22.0	19.0	16.5	14.4	12.7	1030
H-488x300x11x18	128.0	710	944	3110	9450	1890	839	472	302	210	154	118	93.2	75.3	61.0	50.2	41.9	35.4	30.2	25.9	22.5	19.6	17.2	15.1	1050
H-596x199x10x15	94.6	687	775	1790	5240	1550	689	388	248	170	120	88.2	66.7	51.7	40.8	32.6	26.4	21.5	17.7	14.5	11.6	9.44	7.78	6.48	1160
H-600x200x11x17	106.0	776	871	1820	5440	1740	774	436	279	192	136	99.9	75.8	58.9	46.5	37.3	30.3	24.8	20.5	17.0	13.9	11.3	9.33	7.80	1290
H-606x201x12x20	120.0	904	1000	1870	5740	2010	892	502	321	222	158	117	88.7	69.1	54.8	44.2	36.0	29.7	24.6	20.6	17.3	14.2	11.8	9.87	1420
H-612x202x13x23	134.0	1030	1140	1910	6070	2280	1010	569	364	253	180	133	102	79.6	63.4	51.3	42.0	34.7	29.0	24.3	20.6	17.4	14.6	12.2	1550
H-582x300x12x17	137.0	1030	1160	2930	8580	2320	1030	580	371	258	189	145	114	91.1	73.6	60.4	50.2	42.3	35.9	30.7	26.5	23.0	20.1	17.6	1360
H-588x300x12x20	151.0	1180	1310	3030	9010	2630	1170	657	420	292	214	164	130	104	84.2	69.2	57.7	48.6	41.3	35.5	30.7	26.7	23.3	20.5	1380
H-594x302x14x23	175.0	1370	1520	3050	9570	3040	1350	760	486	338	248	190	150	121	97.9	80.6	67.3	56.8	48.4	41.6	36.1	31.4	27.6	24.3	1620
H-692x300x13x20	166.0	1720	1650	2890	8410	3290	1460	823	527	366	269	206	163	129	104	85.3	70.9	59.6	50.5	43.2	37.2	32.3	28.1	24.6	1750
H-700x300x13x24	185.0	2010	1890	3000	8900	3780	1680	945	605	420	309	236	187	149	121	99.3	82.7	69.6	59.2	50.8	43.9	38.1	33.3	29.2	1770

1) SHN400, SHN490 이외의 강종은 판두께에 따른 강도저하를 고려하여야 한다. (KS규격 참조)
2) 주어진 경간 사이는 직선보간한다.
3) 최대계수하중은 휨에 대하여 산정된 값으로 경간이 짧은 경우 전단강도를 검토해야 한다.

도움표 6.15-490 H형강보의 강축 최대계수등분포하중[3] w_u (kN/m)

등분포하중 / 3등분점횡지지 SHN490 (F_y = 325[1] MPa) C_b = 1.01

H형강 치수	단위중량	I_x	ϕM_{px}	L_p	L_r	경간 L_n[2] (m)																			설계전단강도 $\phi_v V_{nx}$
	kg/m	$\times 10^6 mm^4$	kN.m	mm	mm	2.0	3.0	4.0	5.0	6.0	7.0	8.0	9.0	10.0	11.0	12.0	13.0	14.0	15.0	16.0	17.0	18.0	19.0	20.0	kN
H-708x302x15x28	215.0	2370	2210	3030	9480	4420	1970	1110	708	491	361	276	218	176	142	117	97.6	82.4	70.2	60.3	52.2	45.5	39.9	35.1	2070
H-792x300x14x22	191 0	2540	2130	2820	8210	4260	1890	1070	682	474	348	266	210	166	134	110	90.9	76.3	64.6	55.2	47.5	41.1	35.8	31.2	2160
H-800x300x14x26	210.0	2920	2410	2930	8630	4820	2140	1210	772	536	394	301	238	190	153	126	104	87.8	74.6	63.9	55.1	47.8	41.7	36.5	2180
H-808x302x16x30	241.0	3390	2790	2960	9110	5580	2480	1390	892	620	455	349	275	220	178	146	122	103	87.4	75.0	64.8	56.4	49.3	43.3	2520
H-890x299x15x23	213.0	3450	2610	2720	7930	5210	2320	1300	834	579	426	326	255	201	162	132	110	91.8	77.6	66.2	56.8	49.0	42.6	37.1	2600
H-900x300x16x28	243.0	4110	3060	2820	8400	6120	2720	1530	978	680	499	382	301	238	192	158	131	110	93.2	79.7	68.6	59.4	51.7	45.2	2810
H-912x302x18x34	286.0	4980	3660	2900	9020	7310	3250	1830	1170	813	597	457	361	287	232	191	159	134	114	97.6	84.3	73.2	64.0	56.2	3200
H-918x303x19x37	307.0	5420	3960	2930	9360	7920	3520	1980	1270	880	647	495	391	312	253	208	173	146	124	107	92.4	80.4	70.4	61.9	3400
H-100x100x6x8	17.2	3.83	25.6	1090	6150	51.2	22.8	12.7	7.92	5.35	3.82	2.84	2.18	1.71	1.37	1.12	0.920	0.766	0.644	0.545	0.465	0.398	0.340	0.291	117
H-125x125x6.5x9	23 8	8.47	44.9	1380	6660	89.8	39.9	22.5	14.2	9.62	6.89	5.14	3.95	3.12	2.50	2.04	1.69	1.41	1.19	1.01	0.866	0.746	0.645	0.560	158
H-150x150x7x10	31.5	16.4	72.0	1660	7330	144	64.0	36.0	23.0	15.8	11.3	8.48	6.54	5.17	4.16	3.41	2.83	2.37	2.01	1.72	1.48	1.28	1.11	0.969	205
H-200x200x8x12	49.9	47.2	154	2220	8770	307	137	76.9	49.2	34.2	25.1	18.9	14.7	11.6	9.42	7.75	6.47	5.46	4.65	3.99	3.46	3.01	2.64	2.32	312
H-200x204x12x12	56.2	49.8	165	2160	9620	331	147	82.7	52.9	36.8	27.0	20.3	15.8	12.6	10.2	8.40	7.02	5.94	5.07	4.37	3.79	3.31	2.91	2.57	468
H-208x202x10x16	65.7	65.3	208	2270	11100	416	185	104	66.5	46.2	33.9	25.8	20.1	16.0	13.0	10.8	9.04	7.67	6.58	5.69	4.95	4.34	3.83	3.40	406
H-244x252x11x11	64.4	87.9	225	2640	9450	449	200	112	71.9	49.9	36.7	28.1	22.2	18.0	14.8	12.2	10.2	8.63	7.36	6.33	5.49	4.79	4.20	3.71	523
H-248x249x8x13	66.5	99.3	258	2780	9770	516	229	129	82.6	57.3	42.1	32.3	25.5	20.3	16.4	13.6	11.3	9.60	8.20	7.06	6.13	5.36	4.71	4.16	387
H-250x250x9x14	72.4	108	281	2780	10300	562	250	140	89.9	62.4	45.9	35.1	27.7	22.1	17.9	14.8	12.4	10.5	9.00	7.76	6.75	5.90	5.20	4.60	439
H-250x255x14x14	82.2	115	304	2690	11300	608	270	152	97.2	67.5	49.6	38.0	29.9	23.8	19.4	16.1	13.5	11.4	9.79	8.47	7.37	6.47	5.70	5.06	683
H-294x302x12x12	84.5	169	346	3160	10600	693	308	173	111	77.0	56.6	43.3	34.2	27.7	22.9	19.2	16.4	14.1	12.2	10.5	9.14	7.99	7.03	6.22	688
H-298x299x9x14	87.0	188	396	3320	10900	791	352	198	127	87.9	64.6	49.5	39.1	31.6	26.2	22.0	18.5	15.7	13.4	11.6	10.1	8.83	7.78	6.89	523

1) SHN400, SHN490 이외의 강종은 판두께에 따른 강도저하를 고려하여야 한다. (KS규격 참조)
2) 주어진 경간 사이는 직선보간한다.
3) 최대계수하중은 휨에 대하여 산정된 값으로 경간이 짧은 경우 전단강도를 검토해야 한다.

도움표 6.15-490 H형강보의 강축 최대계수등분포하중3) w_u (kN/m)

등분포하중 / 3등분점횡지지 SHN490 (F_y = 325[1] MPa) C_b = 1.01

H형강 치수	단위중량	I_x	$øM_{px}$	L_p	L_r	경간 L_n[2] (m)																			설계 전단 강도 $ø_vV_{nx}$
	kg/m	×10^{6}mm^4	kN.m	mm	mm	2.0	3.0	4.0	5.0	6.0	7.0	8.0	9.0	10.0	11.0	12.0	13.0	14.0	15.0	16.0	17.0	18.0	19.0	20.0	kN
H-300x300x10x15	94.0	204	434	3320	11400	869	386	217	139	96.5	70.9	54.3	42.9	34.8	28.7	23.9	20.0	17.0	14.6	12.6	11.0	9.62	8.49	7.53	585
H-300x305x15x15	106.0	215	465	3210	12300	930	413	232	149	103	75.9	58.1	45.9	37.2	30.7	25.6	21.5	18.3	15.7	13.6	11.8	10.4	9.19	8.16	878
H-304x301x11x17	106.0	234	499	3350	12400	998	443	249	160	111	81.4	62.4	49.3	39.9	32.9	27.2	22.9	19.5	16.7	14.5	12.6	11.1	9.80	8.71	652
H-310x305x15x20	130.0	286	608	3350	14400	1220	540	304	195	135	99.3	76.0	60.1	48.6	40.2	33.4	28.1	23.9	20.6	17.9	15.6	13.8	12.2	10.9	907
H-310x310x20x20	142.0	299	643	3280	15600	1290	572	322	206	143	105	80.4	63.5	51.5	42.4	35.3	29.7	25.4	21.8	19.0	16.6	14.7	13.0	11.6	1210
H-338x351x13x13	106.0	282	491	3680	11900	981	436	245	157	109	80.1	61.3	48.5	39.3	32.4	27.3	23.2	20.0	17.4	15.3	13.6	12.1	10.7	9.47	857
H-344x348x10x16	115.0	333	601	3880	12600	1200	535	301	192	134	98.2	75.2	59.4	48.1	39.8	33.4	28.5	24.5	21.2	18.4	16.1	14.1	12.5	11.1	671
H-344x354x16x16	131.0	353	648	3730	13500	1300	576	324	207	144	106	81.0	64.0	51.8	42.8	36.0	30.7	26.4	23.0	19.9	17.4	15.3	13.5	12.0	1070
H-350x350x12x19	137.0	403	744	3910	14000	1490	662	372	238	165	122	93.1	73.5	59.6	49.2	41.4	35.0	29.8	25.7	22.3	19.5	17.2	15.2	13.5	819
H-350x357x19x19	156.0	428	807	3770	15300	1610	717	404	258	179	132	101	79.7	64.6	53.4	44.8	37.9	32.3	27.8	24.2	21.2	18.6	16.5	14.7	1300
H-388x402x15x15	140.0	490	745	4220	13600	1490	662	372	238	165	122	93.1	73.5	59.6	49.2	41.4	35.2	30.4	26.5	23.3	20.6	18.4	16.5	14.9	1130
H-394x398x11x18	147.0	561	880	4450	14200	1760	782	440	282	196	144	110	86.9	70.4	58.2	48.9	41.7	35.9	31.3	27.5	24.4	21.4	19.0	16.9	845
H-394x405x18x18	168.0	597	951	4260	15200	1900	845	475	304	211	155	119	93.9	76.1	62.9	52.8	45.0	38.8	33.8	29.7	26.3	23.3	20.6	18.4	1380
H-400x400x13x21	172.0	666	1070	4480	15600	2150	955	537	344	239	175	134	106	85.9	71.0	59.7	50.8	43.8	37.9	32.9	28.9	25.4	22.6	20.1	1010
H-400x408x21x21	197.0	709	1160	4310	17000	2330	1030	581	372	258	190	145	115	93.0	76.9	64.6	55.1	47.5	41.1	35.7	31.3	27.6	24.6	21.9	1640
H-406x403x16x24	200.0	780	1250	4480	17300	2500	1110	626	401	278	204	156	124	100	82.8	69.5	59.3	51.1	44.3	38.5	33.8	29.8	26.5	23.7	1270
H-414x405x18x28	232.0	928	1470	4530	19400	2940	1310	735	470	327	240	184	145	118	97.2	81.7	69.6	60.0	52.2	45.5	39.9	35.3	31.4	28.1	1450
H-428x407x20x35	283.0	1190	1850	4620	23300	3690	1640	923	591	410	301	231	182	148	122	103	87.4	75.4	65.6	57.4	50.5	44.7	39.9	35.7	1670
H-458x417x30x50	415.0	1870	2790	4730	33200	5580	2480	1400	893	620	456	349	276	223	184	155	132	114	99.2	87.2	77.0	68.3	61.1	54.8	2680
H-498x432x45x70	605.0	2980	4230	4890	47600	8460	3760	2110	1350	940	690	529	418	338	280	235	200	173	150	132	117	104	93.3	83.9	4370

1) SHN400, SHN490 이외의 강종은 판두께에 따른 강도저하를 고려하여야 한다. (KS규격 참조)
2) 주어진 경간 사이는 직선보간한다.
3) 최대계수하중은 휨에 대하여 산정된 값으로 경간이 짧은 경우 전단강도를 검토해야 한다.

도움표 6.16-400 H형강보의 강축 최대계수등분포하중[3] w_u (kN/m)

등분포하중 / 4등분점횡지지 SHN400 (F_y = 235[1] MPa) C_b = 1.06

H형강 치수	단위중량	I_x	ϕM_{px}	L_p	L_r	경간 L_n[2] (m)																			설계 전단 강도 $\phi_v V_{nx}$
	kg/m	×10⁶mm⁴	kN.m	mm	mm	2.0	3.0	4.0	5.0	6.0	7.0	8.0	9.0	10.0	11.0	12.0	13.0	14.0	15.0	16.0	17.0	18.0	19.0	20.0	kN
H-150x75x5x7	14.0	6.66	21.5	867	3520	43.1	19.1	10.8	6.89	4.60	3.24	2.38	1.80	1.39	1.09	0.871	0.702	0.571	0.460	0.376	0.311	0.260	0.220	0.188	106
H-148x100x6x9	21.1	10.2	33.2	1230	6070	66.4	29.5	16.6	10.6	7.38	5.42	4.13	3.19	2.53	2.05	1.68	1.40	1.18	1.00	0.858	0.740	0.643	0.562	0.493	125
H-198x99x4.5x7	18.2	15.8	38.0	1150	3860	76.0	33.8	19.0	12.2	8.45	6.03	4.44	3.37	2.62	2.07	1.66	1.35	1.10	0.912	0.746	0.611	0.507	0.425	0.361	126
H-200x100x5.5x8	21.3	18.4	44.3	1150	4200	88.6	39.4	22.1	14.2	9.84	7.09	5.24	4.00	3.12	2.48	2.00	1.64	1.35	1.12	0.941	0.788	0.655	0.551	0.468	155
H-194x150x6x9	30.6	26.9	65.3	1880	7140	131	58.0	32.6	20.9	14.5	10.7	8.16	6.45	5.22	4.29	3.54	2.96	2.50	2.13	1.84	1.59	1.39	1.22	1.08	164
H-248x124x5x8	25.7	35.4	67.5	1450	4570	135	60.0	33.8	21.6	15.0	11.0	8.36	6.39	5.00	3.99	3.24	2.66	2.20	1.84	1.55	1.31	1.12	0.938	0.789	175
H-250x125x6x9	29.6	40.5	77.4	1450	4860	155	68.8	38.7	24.8	17.2	12.6	9.63	7.38	5.80	4.64	3.77	3.11	2.58	2.17	1.84	1.56	1.34	1.15	0.980	212
H-244x175x7x11	44.1	61.2	118	2180	8110	236	105	59.0	37.8	26.2	19.3	14.8	11.7	9.45	7.81	6.56	5.53	4.69	4.01	3.47	3.02	2.64	2.33	2.06	241
H-298x149x5.5x8	32.0	63.2	100	1710	5090	201	89.3	50.2	32.2	22.3	16.4	12.6	9.89	7.77	6.23	5.07	4.18	3.48	2.93	2.48	2.12	1.82	1.56	1.35	231
H-300x150x6.5x9	36.7	72.1	115	1710	5350	229	102	57.3	36.7	25.5	18.7	14.3	11.3	8.92	7.16	5.84	4.83	4.03	3.40	2.89	2.47	2.13	1.84	1.60	275
H-294x200x8x12	56.8	113	182	2450	8630	363	161	90.8	58.1	40.4	29.7	22.7	17.9	14.5	12.0	10.1	8.60	7.36	6.31	5.46	4.75	4.17	3.68	3.26	332
H-298x201x9x14	65.4	133	211	2480	9510	423	188	106	67.7	47.0	34.5	26.4	20.9	16.9	14.0	11.7	10.0	8.63	7.43	6.44	5.62	4.94	4.37	3.88	378
H-346x174x6x9	41.4	111	151	2020	5880	303	135	75.7	48.5	33.7	24.7	18.9	15.0	12.1	9.86	8.07	6.69	5.61	4.75	4.05	3.48	3.01	2.62	2.28	293
H-350x175x7x11	49.6	136	184	2050	6320	367	163	91.8	58.7	40.8	30.0	22.9	18.1	14.7	12.1	9.91	8.24	6.93	5.89	5.04	4.35	3.77	3.29	2.88	345
H-354x176x8x13	57.8	161	216	2080	6820	432	192	108	69.2	48.1	35.3	27.0	21.4	17.3	14.3	11.8	9.84	8.30	7.07	6.07	5.25	4.57	4.00	3.52	399
H-336x249x8x12	69.2	185	257	3080	9950	514	228	128	82.2	57.1	41.9	32.1	25.4	20.6	17.0	14.3	12.2	10.5	9.14	8.03	7.07	6.22	5.50	4.89	379
H-340x250x9x14	79.7	217	299	3120	10800	597	265	149	95.6	66.4	48.8	37.3	29.5	23.9	19.7	16.6	14.1	12.2	10.6	9.33	8.27	7.30	6.47	5.76	431
H-396x199x7x11	56.6	200	239	2330	6860	477	212	119	76.3	53.0	38.9	29.8	23.6	19.1	15.8	13.3	11.1	9.33	7.94	6.82	5.89	5.13	4.49	3.95	391
H-400x200x8x13	66.0	237	281	2360	7320	561	249	140	89.8	62.3	45.8	35.1	27.7	22.4	18.5	15.6	13.1	11.1	9.46	8.14	7.06	6.16	5.40	4.76	451
H-404x201x9x15	75.5	275	323	2390	7830	646	287	162	103	71.8	52.8	40.4	31.9	25.9	21.4	18.0	15.2	12.9	11.0	9.51	8.26	7.22	6.35	5.61	513

1) SHN400, SHN490 이외의 강종은 판두께에 따른 강도저하를 고려하여야 한다. (KS규격 참조)

2) 주어진 경간 사이는 직선보간한다.

3) 최대계수하중은 휨에 대하여 산정된 값으로 경간이 짧은 경우 전단강도를 검토해야 한다.

도움표 6.16-400 H형강보의 강축 최대계수등분포하중[3] w_u (kN/m)

등분포하중 / 4등분점횡지지 SHN400 (F_y = 235[1] MPa) C_b = 1.06

H형강 치수	단위중량 kg/m	I_x $\times 10^6 mm^4$	$øM_{px}$ kN.m	L_p mm	L_r mm	경간 L_n[2] (m) 2.0	3.0	4.0	5.0	6.0	7.0	8.0	9.0	10.0	11.0	12.0	13.0	14.0	15.0	16.0	17.0	18.0	19.0	20.0	설계전단강도 $ø_vV_{nx}$ kN
H-386x299x9x14	94.3	337	406	3750	12000	811	361	203	130	90.1	66.2	50.7	40.1	32.5	26.8	22.5	19.2	16.6	14.4	12.7	11.2	10.0	8.99	8.11	490
H-390x300x10x16	107.0	387	463	3780	12900	925	411	231	148	103	75.6	57.8	45.7	37.0	30.6	25.7	21.9	18.9	16.5	14.5	12.8	11.4	10.3	9.25	550
H-446x199x8x12	66.2	287	307	2250	6730	613	273	153	98.1	68.2	50.1	38.3	30.3	24.5	20.3	16.9	14.1	11.9	10.1	8.66	7.48	6.50	5.68	4.99	503
H-450x200x9x14	76.0	335	355	2290	7140	710	316	178	114	78.9	58.0	44.4	35.1	28.4	23.5	19.7	16.5	13.9	11.8	10.2	8.82	7.68	6.73	5.93	571
H-434x299x10x15	106.0	468	504	3660	11700	1010	448	252	161	112	82.3	63.0	49.8	40.3	33.3	28.0	23.9	20.6	17.9	15.8	14.0	12.5	11.2	10.0	612
H-440x300x11x18	124.0	561	597	3730	12800	1190	531	299	191	133	97.5	74.7	59.0	47.8	39.5	33.2	28.3	24.4	21.2	18.7	16.5	14.8	13.2	11.9	682
H-496x199x9x14	79.5	419	405	2220	6790	810	360	202	130	90.0	66.1	50.6	40.0	32.4	26.8	22.3	18.6	15.6	13.3	11.4	9.86	8.57	7.50	6.58	629
H-500x200x10x16	89.6	478	460	2250	7160	920	409	230	147	102	75.1	57.5	45.4	36.8	30.4	25.5	21.3	18.0	15.3	13.2	11.4	9.92	8.70	7.66	705
H-506x201x11x19	103.0	565	537	2310	7760	1070	478	269	172	119	87.7	67.2	53.1	43.0	35.5	29.9	25.2	21.3	18.2	15.7	13.6	11.9	10.4	9.23	785
H-482x300x11x15	114.0	604	590	3540	11100	1180	525	295	189	131	96.4	73.8	58.3	47.2	39.0	32.8	27.9	24.1	21.0	18.4	16.3	14.6	13.0	11.6	748
H-488x300x11x18	128.0	710	683	3660	12000	1370	607	341	218	152	111	85.3	67.4	54.6	45.1	37.9	32.3	27.9	24.3	21.3	18.9	16.9	15.1	13.6	757
H-596x199x10x15	94.6	687	561	2110	6410	1120	498	280	179	125	91.5	70.1	55.4	44.9	37.0	30.3	25.2	21.2	18.0	15.4	13.2	11.5	10.0	8.76	840
H-600x200x11x17	106.0	776	630	2140	6700	1260	560	315	202	140	103	78.7	62.2	50.4	41.7	34.4	28.6	24.1	20.5	17.5	15.1	13.1	11.5	10.1	931
H-606x201x12x20	120.0	904	726	2200	7160	1450	645	363	232	161	119	90.7	71.7	58.1	48.0	40.0	33.4	28.2	24.0	20.6	17.8	15.5	13.6	12.0	1030
H-612x202x13x23	134.0	1030	823	2240	7660	1650	732	412	263	183	134	103	81.3	65.9	54.4	45.7	38.3	32.4	27.6	23.8	20.7	18.0	15.8	14.0	1120
H-582x300x12x17	137.0	1030	838	3450	10600	1680	745	419	268	186	137	105	82.8	67.0	55.4	46.6	39.7	34.2	29.8	26.2	23.2	20.7	18.3	16.3	985
H-588x300x12x20	151.0	1180	949	3560	11300	1900	844	475	304	211	155	119	93.8	76.0	62.8	52.7	44.9	38.8	33.8	29.7	26.3	23.4	21.0	18.7	995
H-594x302x14x23	175.0	1370	1100	3590	12200	2200	977	550	352	244	179	137	109	87.9	72.7	61.1	52.0	44.9	39.1	34.4	30.4	27.1	24.4	21.9	1170
H-692x300x13x20	166.0	1720	1190	3400	10400	2380	1060	595	381	265	194	149	118	95.2	78.7	66.1	56.4	48.6	42.3	37.2	33.0	29.3	25.9	23.0	1270
H-700x300x13x24	185.0	2010	1370	3520	11100	2730	1220	684	437	304	223	171	135	109	90.4	76.0	64.7	55.8	48.6	42.7	37.8	33.8	30.2	26.9	1280

1) SHN400, SHN490 이외의 강종은 판두께에 따른 강도저하를 고려하여야 한다. (KS규격 참조)
2) 주어진 경간 사이는 직선보간한다.
3) 최대계수하중은 휨에 대하여 산정된 값으로 경간이 짧은 경우 전단강도를 검토해야 한다.

도움표 6.16-400 H형강보의 강축 최대계수등분포하중[3] w_u (kN/m)

등분포하중 / 4등분점횡지지 | SHN400 (F_y = 235[1] MPa) | C_b = 1.06

H형강 치수	단위중량	I_x	ϕM_{px}	L_p	L_r	경간 L_n[2] (m)																			설계전단강도 $\phi_v V_{nx}$
	kg/m	$\times10^6 mm^4$	kN.m	mm	mm	2.0	3.0	4.0	5.0	6.0	7.0	8.0	9.0	10.0	11.0	12.0	13.0	14.0	15.0	16.0	17.0	18.0	19.0	20.0	kN
H-708x302x15x28	215.0	2370	1600	3570	12000	3200	1420	799	512	355	261	200	158	128	106	88.8	75.7	65.3	56.8	50.0	44.3	39.5	35.4	31.7	1500
H-792x300x14x22	191.0	2540	1540	3320	10100	3080	1370	771	493	343	252	193	152	123	102	85.6	73.0	62.9	54.8	48.2	42.7	37.6	33.3	29.6	1560
H-800x300x14x26	210.0	2920	1740	3440	10700	3490	1550	872	558	387	285	218	172	139	115	96.9	82.5	71.2	62.0	54.5	48.3	43.0	38.1	33.9	1580
H-808x302x16x30	241.0	3390	2020	3480	11500	4030	1790	1010	645	448	329	252	199	161	133	112	95.5	82.3	71.7	63.0	55.8	49.8	44.5	39.6	1820
H-890x299x15x23	213.0	3450	1890	3200	9690	3770	1680	943	603	419	308	236	186	151	125	105	89.2	76.9	67.0	58.9	51.8	45.5	40.2	35.6	1880
H-900x300x16x28	243.0	4110	2210	3320	10400	4420	1970	1110	708	491	361	276	218	177	146	123	105	90.2	78.6	69.1	61.2	54.1	47.9	42.5	2030
H-912x302x18x34	236.0	4980	2640	3410	11300	5290	2350	1320	846	588	432	330	261	212	175	147	125	108	94.0	82.6	73.2	65.3	58.0	51.7	2310
H-918x303x19x37	307.0	5420	2860	3450	11900	5730	2550	1430	916	636	468	358	283	229	189	159	136	117	102	89.5	79.3	70.7	63.2	56.3	2460
H-100x100x6x8	17.2	3.83	18.5	1290	8440	37.1	16.5	9.26	5.93	4.12	3.02	2.32	1.83	1.47	1.20	0.989	0.830	0.705	0.605	0.523	0.456	0.400	0.353	0.314	84.6
H-125x125x6.5x9	23.8	8.47	32.5	1620	9080	64.9	28.9	16.2	10.4	7.21	5.30	4.06	3.21	2.60	2.14	1.78	1.49	1.27	1.09	0.944	0.824	0.724	0.640	0.569	115
H-150x150x7x10	31.5	16.4	52.0	1950	9930	104	46.3	26.0	16.7	11.6	8.50	6.51	5.14	4.16	3.44	2.89	2.45	2.09	1.79	1.56	1.36	1.20	1.06	0.944	148
H-200x200x8x12	49.9	47.2	111	2610	11700	222	98.8	55.6	35.6	24.7	18.1	13.9	11.0	8.89	7.35	6.17	5.26	4.54	3.95	3.47	3.04	2.69	2.38	2.13	226
H-200x204x12x12	56.2	49.8	120	2540	13000	239	106	59.8	38.3	26.6	19.5	15.0	11.8	9.57	7.91	6.64	5.66	4.88	4.25	3.74	3.29	2.91	2.58	2.31	338
H-208x202x10x16	65.7	65.3	150	2670	15100	300	134	75.1	48.1	33.4	24.5	18.8	14.8	12.0	9.93	8.35	7.11	6.13	5.34	4.69	4.16	3.71	3.30	2.96	293
H-244x252x11x11	64.4	87.9	169	3110	12400	339	151	84.7	54.2	37.7	27.7	21.2	16.7	13.6	11.2	9.41	8.02	6.92	6.03	5.30	4.69	4.18	3.74	3.34	378
H-248x249x8x13	66.5	99.3	187	3270	12900	373	166	93.4	59.8	41.5	30.5	23.3	18.4	14.9	12.3	10.4	8.84	7.62	6.64	5.84	5.17	4.61	4.14	3.70	280
H-250x250x9x14	72.4	108	203	3270	13700	406	181	102	65.0	45.1	33.2	25.4	20.1	16.3	13.4	11.3	9.62	8.29	7.22	6.35	5.62	5.02	4.50	4.04	317
H-250x255x14x14	82.2	115	220	3160	15200	439	195	110	70.3	48.8	35.9	27.5	21.7	17.6	14.5	12.2	10.4	8.97	7.81	6.86	6.08	5.42	4.87	4.39	494
H-294x302x12x12	84.5	169	263	3720	13700	525	233	131	84.1	58.4	42.9	32.8	25.9	21.0	17.4	14.6	12.4	10.7	9.34	8.21	7.27	6.49	5.82	5.25	497
H-298x299x9x14	87.0	188	294	3900	14200	588	261	147	94.0	65.3	48.0	36.7	29.0	23.5	19.4	16.3	13.9	12.0	10.4	9.18	8.13	7.26	6.51	5.88	378

1) SHN400, SHN490 이외의 강종은 판두께에 따른 강도저하를 고려하여야 한다. (KS규격 참조)
2) 주어진 경간 사이는 직선보간한다.
3) 최대계수하중은 휨에 대하여 산정된 값으로 경간이 짧은 경우 전단강도를 검토해야 한다.

도움표 6.16-400 H형강보의 강축 최대계수등분포하중[3] w_u (kN/m)

등분포하중 / 4등분점횡지지 — SHN400 (F_y = 235[1] MPa) — C_b = 1.06

H형강 치수	단위중량 kg/m	I_x ×10^6mm^4	ϕM_{px} kN.m	L_p mm	L_r mm	경간 L_n[2] (m) 2.0	3.0	4.0	5.0	6.0	7.0	8.0	9.0	10.0	11.0	12.0	13.0	14.0	15.0	16.0	17.0	18.0	19.0	20.0	설계전단강도 $\phi_v V_{nx}$ kN
H-300x300x10x15	94.0	204	317	3900	15000	635	282	159	102	70.6	51.8	39.7	31.4	25.4	21.0	17.6	15.0	13.0	11.3	9.92	8.79	7.84	7.04	6.35	423
H-300x305x15x15	106.0	215	341	3770	16300	683	303	171	109	75.8	55.7	42.7	33.7	27.3	22.6	19.0	16.2	13.9	12.1	10.7	9.45	8.43	7.56	6.83	635
H-304x301x11x17	106.0	234	361	3940	16400	721	321	180	115	80.2	58.9	45.1	35.6	28.9	23.8	20.0	17.1	14.7	12.8	11.3	9.99	8.91	7.99	7.21	472
H-310x305x15x20	130.0	286	440	3930	19400	879	391	220	141	97.7	71.8	55.0	43.4	35.2	29.1	24.4	20.8	17.9	15.6	13.7	12.2	10.9	9.74	8.79	656
H-310x310x20x20	142.0	299	465	3860	21200	930	413	233	149	103	75.9	58.1	45.9	37.2	30.7	25.8	22.0	19.0	16.5	14.5	12.9	11.5	10.3	9.30	874
H-338x351x13x13	106.0	282	374	4330	15300	747	332	187	120	83.0	61.0	46.7	36.9	29.9	24.7	20.8	17.7	15.2	13.3	11.7	10.3	9.22	8.28	7.47	620
H-344x348x10x16	115.0	333	449	4560	16300	897	399	224	144	99.7	73.3	56.1	44.3	35.9	29.7	24.9	21.2	18.3	16.0	14.0	12.4	11.1	9.94	8.97	485
H-344x354x16x16	131.0	353	486	4380	17700	973	432	243	156	108	79.4	60.8	48.0	38.9	32.2	27.0	23.0	19.8	17.3	15.2	13.5	12.0	10.8	9.73	776
H-350x350x12x19	137.0	403	538	4600	18500	1080	478	269	172	120	87.9	67.3	53.2	43.1	35.6	29.9	25.5	22.0	19.1	16.8	14.9	13.3	11.9	10.8	592
H-350x357x19x19	156.0	428	584	4430	20500	1170	519	292	187	130	95.3	73.0	57.6	46.7	38.6	32.4	27.6	23.8	20.8	18.2	16.2	14.4	12.9	11.7	938
H-388x402x15x15	140.0	490	567	4960	17500	1130	504	283	181	126	92.5	70.8	56.0	45.3	37.5	31.5	26.8	23.1	20.1	17.7	15.7	14.0	12.6	11.3	821
H-394x398x11x18	147.0	561	660	5230	18400	1320	586	330	211	147	108	82.4	65.1	52.8	43.6	36.6	31.2	26.9	23.5	20.6	18.3	16.3	14.6	13.2	611
H-394x405x18x18	168.0	597	717	5020	19900	1430	637	358	229	159	117	89.6	70.8	57.3	47.4	39.8	33.9	29.2	25.5	22.4	19.8	17.7	15.9	14.3	1000
H-400x400x13x21	172.0	666	777	5260	20500	1550	690	388	249	173	127	97.1	76.7	62.1	51.4	43.2	36.8	31.7	27.6	24.3	21.5	19.2	17.2	15.5	733
H-400x408x21x21	197.0	709	844	5070	22600	1690	751	422	270	188	138	106	83.4	67.6	55.8	46.9	40.0	34.5	30.0	26.4	23.4	20.8	18.7	16.9	1180
H-406x403x16x24	200.0	780	905	5270	23100	1810	805	453	290	201	148	113	89.4	72.4	59.8	50.3	42.8	36.9	32.2	28.3	25.1	22.3	20.1	18.1	916
H-414x405x18x28	232.0	928	1060	5330	26300	2130	945	532	340	236	174	133	105	85.0	70.3	59.1	50.3	43.4	37.8	33.2	29.4	26.2	23.6	21.3	1050
H-428x407x20x35	283.0	1190	1330	5430	31900	2670	1190	667	427	297	218	167	132	107	88.3	74.2	63.2	54.5	47.5	41.7	37.0	33.0	29.6	26.7	1210
H-458x417x30x50	415.0	1870	2020	5560	45800	4040	1790	1010	646	448	329	252	199	161	133	112	95.5	82.4	71.7	63.1	55.9	49.8	44.7	40.4	1940
H-498x432x45x70	605.0	2980	3060	5750	65700	6120	2720	1530	978	679	499	382	302	245	202	170	145	125	109	95.6	84.6	75.5	67.8	61.2	3160

1) SHN400, SHN490 이외의 강종은 판두께에 따른 강도저하를 고려하여야 한다. (KS규격 참조)
2) 주어진 경간 사이는 직선보간한다.
3) 최대계수하중은 휨에 대하여 산정된 값으로 경간이 짧은 경우 전단강도를 검토해야 한다.

도움표 6.16-490 H형강보의 강축 최대계수등분포하중[3] w_u (kN/m)

등분포하중 / 4등분점횡지지 SHN490 (F_y = 325[1] MPa) C_b = 1.06

H형강 치수	단위중량 kg/m	I_x ×10⁶mm⁴	$øM_{px}$ kN.m	L_p mm	L_r mm	경간 L_n[2] (m) 2.0	3.0	4.0	5.0	6.0	7.0	8.0	9.0	10.0	11.0	12.0	13.0	14.0	15.0	16.0	17.0	18.0	19.0	20.0	설계전단강도 $ø_vV_{nx}$ kN
H-150x75x5x7	14.0	6.66	25.4	737	2680	59.6	26.5	14.9	9.07	5.94	4.11	2.95	2.17	1.63	1.23	0.933	0.723	0.571	0.460	0.376	0.311	0.260	0.220	0.188	146
H-148x100x6x9	21.1	10.2	45.9	1050	4500	91.8	40.8	23.0	14.7	10.2	7.32	5.44	4.16	3.26	2.61	2.12	1.74	1.44	1.21	1.02	0.867	0.740	0.625	0.533	173
H-198x99x4.5x7	18.2	15.8	48.7	978	3040	105	46.7	26.3	16.8	11.2	7.81	5.66	4.22	3.22	2.49	1.95	1.49	1.16	0.924	0.746	0.611	0.507	0.425	0.361	174
H-200x100x5.5x8	21.3	18.4	57.9	981	3260	123	54.5	30.6	19.6	13.2	9.23	6.73	5.04	3.87	3.02	2.38	1.90	1.49	1.18	0.959	0.788	0.655	0.551	0.468	215
H-194x150x6x9	30.6	26.9	90.3	1590	5460	181	80.2	45.1	28.9	20.1	14.7	11.3	8.85	6.99	5.62	4.60	3.81	3.19	2.70	2.30	1.97	1.70	1.48	1.29	227
H-248x124x5x8	25.7	35.4	93.4	1230	3650	187	83.0	46.7	29.9	20.8	14.9	10.9	8.24	6.37	5.01	4.00	3.22	2.62	2.11	1.69	1.37	1.13	0.938	0.789	242
H-250x125x6x9	29.6	40.5	107	1230	3840	214	95.1	53.5	34.2	23.8	17.1	12.6	9.55	7.40	5.85	4.68	3.79	3.10	2.56	2.08	1.69	1.39	1.16	0.980	293
H-244x175x7x11	44.1	61.2	163	1850	6230	327	145	81.7	52.3	36.3	26.7	20.4	16.1	13.1	10.6	8.68	7.22	6.08	5.16	4.42	3.82	3.31	2.89	2.54	333
H-298x149x5.5x8	32.0	63.2	139	1460	4140	278	124	69.5	44.5	30.9	22.7	17.0	12.9	10.1	7.98	6.42	5.22	4.29	3.56	2.97	2.44	1.99	1.64	1.37	320
H-300x150x6.5x9	36.7	72.1	159	1460	4300	317	141	79.3	50.7	35.2	25.9	19.5	14.8	11.6	9.20	7.42	6.05	4.99	4.15	3.47	2.92	2.40	1.99	1.66	380
H-294x200x8x12	56.8	113	251	2080	6710	503	223	126	80.4	55.8	41.0	31.4	24.8	20.1	16.6	13.7	11.4	9.63	8.20	7.04	6.09	5.30	4.64	4.08	459
H-298x201x9x14	65.4	133	292	2110	7270	585	260	146	93.6	65.0	47.7	36.5	28.9	23.4	19.3	16.1	13.5	11.4	9.71	8.36	7.25	6.33	5.55	4.90	523
H-346x174x6x9	41.4	111	209	1710	4800	418	186	104	66.8	46.4	34.1	26.1	20.5	16.1	12.8	10.4	8.56	7.10	5.95	5.02	4.26	3.63	3.11	2.60	405
H-350x175x7x11	49.6	136	254	1750	5090	508	226	127	81.2	56.4	41.4	31.7	25.1	19.7	15.8	12.8	10.6	8.82	7.41	6.28	5.35	4.59	3.95	3.42	478
H-354x176x8x13	57.8	161	299	1770	5410	598	266	150	95.7	66.5	48.8	37.4	29.5	23.4	18.8	15.4	12.7	10.6	8.96	7.62	6.52	5.61	4.86	4.22	552
H-336x249x8x12	69.2	185	348	2620	7860	697	310	174	111	77.4	56.9	43.6	34.4	27.9	23.0	19.4	16.5	14.2	12.3	10.6	9.24	8.08	7.11	6.28	524
H-340x250x9x14	79.7	217	413	2650	8400	826	367	207	132	91.8	67.4	51.6	40.8	33.0	27.3	22.9	19.6	16.9	14.5	12.5	10.9	9.53	8.40	7.44	597
H-396x199x7x11	56.6	200	330	1980	5580	660	293	165	106	73.3	53.9	41.2	32.6	26.4	21.3	17.4	14.4	12.0	10.2	8.65	7.41	6.38	5.53	4.81	541
H-400x200x8x13	66.0	237	388	2010	5880	776	345	194	124	86.2	63.3	48.5	38.3	31.0	25.2	20.7	17.1	14.4	12.2	10.4	8.91	7.71	6.70	5.84	624
H-404x201x9x15	75.5	275	447	2030	6210	894	397	223	143	99.3	73.0	55.9	44.1	35.8	29.3	24.0	20.0	16.8	14.2	12.2	10.5	9.09	7.93	6.94	709

1) SHN400, SHN490 이외의 강종은 판두께에 따른 강도저하를 고려하여야 한다. (KS규격 참조)
2) 주어진 경간 사이는 직선보간한다.
3) 최대계수하중은 휨에 대하여 산정된 값으로 경간이 짧은 경우 전단강도를 검토해야 한다.

도움표 6.16-490 H형강보의 강축 최대계수등분포하중[3] w_u (kN/m)

등분포하중 / 4등분점횡지지 SHN490 (F_y = 325[1] MPa) C_b = 1.06

H형강 치수	단위중량	I_x	$øM_{px}$	L_p	L_r	경간 L_n[2] (m)																			설계 전단 강도 $ø_vV_{nx}$
	kg/m	×10⁶mm⁴	kN.m	mm	mm	2.0	3.0	4.0	5.0	6.0	7.0	8.0	9.0	10.0	11.0	12.0	13.0	14.0	15.0	16.0	17.0	18.0	19.0	20.0	kN
H-386x299x9x14	94.3	337	546	3190	9480	1090	485	273	175	121	89.2	68.3	53.9	43.7	36.1	30.3	25.9	22.3	19.4	17.1	15.1	13.5	12.0	10.6	677
H-390x300x10x16	107.0	387	640	3220	10000	1280	569	320	205	142	104	80.0	63.2	51.2	42.3	35.6	30.3	26.1	22.8	20.0	17.7	15.6	13.8	12.3	761
H-446x199x8x12	66.2	287	424	1910	5480	848	377	212	136	94.3	69.3	53.0	41.9	33.7	27.1	22.1	18.3	15.3	12.9	10.9	9.36	8.05	6.96	6.05	696
H-450x200x9x14	76.0	335	491	1940	5740	982	437	246	157	109	80.2	61.4	48.5	39.3	31.6	25.9	21.4	17.9	15.2	12.9	11.1	9.57	8.30	7.23	790
H-434x299x10x15	106.0	468	691	3110	9250	1380	614	345	221	153	113	86.3	68.2	55.2	45.7	38.4	32.7	28.2	24.6	21.6	19.1	16.7	14.8	13.1	846
H-440x300x11x18	124.0	561	826	3170	9960	1650	734	413	264	184	135	103	81.6	66.1	54.6	45.9	39.1	33.7	29.4	25.8	22.8	20.1	17.7	15.8	944
H-496x199x9x14	79.5	419	560	1890	5510	1120	498	280	179	124	91.4	70.0	55.3	44.4	35.7	29.1	24.0	20.1	16.9	14.4	12.3	10.6	9.17	7.96	870
H-500x200x10x16	89.6	478	636	1910	5750	1270	566	318	204	141	104	79.5	62.8	50.8	40.9	33.4	27.7	23.2	19.6	16.7	14.3	12.3	10.7	9.32	975
H-506x201x11x19	103.0	565	743	1960	6140	1490	661	372	238	165	121	92.9	73.4	59.5	48.3	39.6	32.9	27.6	23.4	20.0	17.2	14.9	13.0	11.3	1090
H-482x300x11x15	114.0	604	808	3010	8900	1620	718	404	258	179	132	101	79.8	64.6	53.4	44.9	38.2	33.0	28.7	25.2	22.1	19.4	17.1	15.1	1030
H-488x300x11x18	128.0	710	944	3110	9450	1890	839	472	302	210	154	118	93.2	75.5	62.4	52.4	44.7	38.5	33.6	29.5	25.9	22.7	20.1	17.8	1050
H-596x199x10x15	94.6	687	775	1790	5240	1550	689	388	248	172	127	96.9	76.6	60.5	48.4	39.4	32.5	27.0	22.7	19.3	16.4	14.1	12.1	10.5	1160
H-600x200x11x17	106.0	776	871	1820	5440	1740	774	436	279	194	142	109	86.1	68.4	54.9	44.7	36.9	30.8	26.0	22.0	18.8	16.2	14.0	12.1	1290
H-606x201x12x20	120.0	904	1000	1870	5740	2010	892	502	321	223	164	125	99.2	79.7	64.1	52.3	43.3	36.3	30.6	26.1	22.4	19.3	16.7	14.5	1420
H-612x202x13x23	134.0	1030	1140	1910	6070	2280	1010	569	364	253	186	142	112	91.1	73.5	60.2	49.9	41.9	35.5	30.3	26.0	22.5	19.6	17.1	1550
H-582x300x12x17	137.0	1030	1160	2930	8580	2320	1030	580	371	258	189	145	114	92.7	76.6	64.4	54.9	47.3	41.2	35.7	31.0	27.2	23.9	21.2	1360
H-588x300x12x20	151.0	1180	1310	3030	9010	2630	1170	657	420	292	214	164	130	105	86.8	72.9	62.2	53.6	46.7	40.9	35.6	31.2	27.5	24.4	1380
H-594x302x14x23	175.0	1370	1520	3050	9570	3040	1350	760	486	338	248	190	150	122	101	84.5	72.0	62.1	54.1	47.5	41.5	36.4	32.2	28.6	1620
H-692x300x13x20	166.0	1720	1650	2890	8410	3290	1460	823	527	366	269	206	163	132	109	91.5	77.9	67.2	58.4	50.4	43.8	38.3	33.7	29.8	1750
H-700x300x13x24	185.0	2010	1890	3000	8900	3780	1680	945	605	420	309	236	187	151	125	105	89.5	77.2	67.2	58.6	51.0	44.7	39.4	35.0	1770

1) SHN400, SHN490 이외의 강종은 판두께에 따른 강도저하를 고려하여야 한다. (KS규격 참조)
2) 주어진 경간 사이는 직선보간한다.
3) 최대계수하중은 휨에 대하여 산정된 값으로 경간이 짧은 경우 전단강도를 검토해야 한다.

도움표 6.16-490 H형강보의 강축 최대계수등분포하중[3)] w_u (kN/m)

등분포하중 / 4등분점횡지지 — SHN490 (F_y = 325[1)] MPa) — C_b = 1.06

H형강 치수	단위중량 kg/m	I_x ×10⁶mm⁴	ϕM_{px} kN.m	L_p mm	L_r mm	경간 L_n[2)] (m) 2.0	3.0	4.0	5.0	6.0	7.0	8.0	9.0	10.0	11.0	12.0	13.0	14.0	15.0	16.0	17.0	18.0	19.0	20.0	설계전단강도 $\phi_v V_{nx}$ kN
H-708x302x15x28	215.0	2370	2210	3030	9480	4420	1970	1110	708	491	361	276	218	177	146	123	105	90.3	78.6	69.1	60.2	52.9	46.7	41.5	2070
H-792x300x14x22	191.0	2540	2130	2820	8210	4260	1890	1070	682	474	348	266	211	171	141	118	101	87.0	75.0	64.7	56.2	49.1	43.2	38.2	2160
H-800x300x14x26	210.0	2920	2410	2930	8630	4820	2140	1210	772	536	394	301	238	193	159	134	114	98.4	85.7	74.1	64.5	56.5	49.7	44.0	2180
H-808x302x16x30	241.0	3390	2790	2960	9110	5580	2480	1390	892	620	455	349	275	223	184	155	132	114	99.2	86.4	75.3	66.0	58.2	51.6	2520
H-890x299x15x23	213.0	3450	2610	2720	7930	5210	2320	1300	834	579	426	326	257	209	172	145	123	106	90.7	78.1	67.7	59.1	51.9	45.8	2600
H-900x300x16x28	243.0	4110	3060	2820	8400	6120	2720	1530	978	680	499	382	302	245	202	170	145	125	108	93.0	80.8	70.7	62.2	55.0	2810
H-912x302x18x34	286.0	4980	3660	2900	9020	7310	3250	1830	1170	813	597	457	361	293	242	203	173	149	130	113	98.1	86.0	75.8	67.2	3200
H-918x303x19x37	307.0	5420	3960	2930	9360	7920	3520	1980	1270	880	647	495	391	317	262	220	187	162	141	123	107	93.8	82.8	73.4	3400
H-100x100x6x8	17.2	3.83	25.6	1090	6150	51.2	22.8	12.8	8.20	5.69	4.18	3.16	2.44	1.94	1.57	1.29	1.07	0.904	0.769	0.659	0.570	0.495	0.433	0.380	117
H-125x125x6.5x9	23.8	8.47	44.9	1380	6660	89.8	39.9	22.5	14.4	9.98	7.33	5.61	4.40	3.50	2.83	2.33	1.95	1.64	1.40	1.21	1.04	0.910	0.798	0.703	158
H-150x150x7x10	31.5	16.4	72.0	1660	7330	144	64.0	36.0	23.0	16.0	11.8	9.00	7.11	5.76	4.68	3.86	3.23	2.73	2.33	2.01	1.75	1.53	1.34	1.19	205
H-200x200x8x12	49.9	47.2	154	2220	8770	307	137	76.9	49.2	34.2	25.1	19.2	15.2	12.3	10.2	8.54	7.26	6.17	5.29	4.58	3.99	3.50	3.09	2.74	312
H-200x204x12x12	53.2	49.8	165	2160	9620	331	147	82.7	52.9	36.8	27.0	20.7	16.3	13.2	10.9	9.19	7.83	6.66	5.72	4.96	4.33	3.81	3.37	2.99	468
H-208x202x10x16	65.7	65.3	208	2270	11100	416	185	104	66.5	46.2	33.9	26.0	20.5	16.6	13.7	11.5	9.84	8.48	7.33	6.37	5.57	4.91	4.36	3.88	406
H-244x252x11x11	64.4	87.9	225	2640	9450	449	200	112	71.9	49.9	36.7	28.1	22.2	18.0	14.9	12.5	10.6	9.17	7.99	7.02	6.22	5.53	4.89	4.35	523
H-248x249x8x13	63.5	99.3	258	2780	9770	516	229	129	82.6	57.3	42.1	32.3	25.5	20.6	17.1	14.3	12.2	10.5	9.17	8.01	7.00	6.15	5.44	4.84	387
H-250x250x9x14	72.4	108	281	2780	10300	562	250	140	89.9	62.4	45.9	35.1	27.7	22.5	18.6	15.6	13.3	11.5	9.99	8.75	7.65	6.74	5.96	5.31	439
H-250x255x14x14	82.2	115	304	2690	11300	608	270	152	97.2	67.5	49.6	38.0	30.0	24.3	20.1	16.9	14.4	12.4	10.8	9.48	8.30	7.31	6.49	5.78	683
H-294x302x12x12	84.5	169	346	3160	10600	693	308	173	111	77.0	56.6	43.3	34.2	27.7	22.9	19.2	16.4	14.1	12.3	10.8	9.59	8.56	7.68	6.93	688
H-298x299x9x14	87.0	188	396	3320	10900	791	352	198	127	87.9	64.6	49.5	39.1	31.6	26.2	22.0	18.7	16.1	14.1	12.4	11.0	9.77	8.77	7.91	523

1) SHN400, SHN490 이외의 강종은 판두께에 따른 강도저하를 고려하여야 한다. (KS규격 참조)
2) 주어진 경간 사이는 직선보간한다.
3) 최대계수하중은 휨에 대하여 산정된 값으로 경간이 짧은 경우 전단강도를 검토해야 한다.

도움표 6.16-490 H형강보의 강축 최대계수등분포하중[3] w_u (kN/m)

등분포하중 / 4등분점횡지지 — SHN490 (F_y = 325[1] MPa) — C_b = 1.06

H형강 치수	단위중량	I_x	$øM_{px}$	L_p	L_r	경간 L_n[2] (m)																			설계전단강도 $ø_vV_{nx}$
	kg/m	$\times10^6mm^4$	kN.m	mm	mm	2.0	3.0	4.0	5.0	6.0	7.0	8.0	9.0	10.0	11.0	12.0	13.0	14.0	15.0	16.0	17.0	18.0	19.0	20.0	kN
H-300x300x10x15	94.0	204	434	3320	11400	869	386	217	139	96.5	70.9	54.3	42.9	34.8	28.7	24.1	20.6	17.7	15.4	13.6	12.0	10.7	9.63	8.60	585
H-300x305x15x15	106.0	215	465	3210	12300	930	413	232	149	103	75.9	58.1	45.9	37.2	30.7	25.8	22.0	19.0	16.5	14.5	12.9	11.5	10.3	9.26	878
H-304x301x11x17	106.0	234	499	3350	12400	998	443	249	160	111	81.4	62.4	49.3	39.9	33.0	27.7	23.6	20.4	17.7	15.6	13.8	12.3	11.0	9.86	652
H-310x305x15x20	130.0	286	608	3350	14400	1220	540	304	195	135	99.3	76.0	60.1	48.6	40.2	33.8	28.8	24.8	21.6	19.0	16.8	15.0	13.5	12.2	907
H-310x310x20x20	142.0	299	643	3280	15600	1290	572	322	206	143	105	80.4	63.5	51.5	42.5	35.7	30.4	26.3	22.9	20.1	17.8	15.9	14.3	12.9	1210
H-338x351x13x13	106.0	282	491	3680	11900	981	436	245	157	109	80.1	61.3	48.5	39.3	32.4	27.3	23.2	20.0	17.4	15.3	13.6	12.1	10.9	9.81	857
H-344x348x10x16	115.0	333	601	3880	12600	1200	535	301	192	134	98.2	75.2	59.4	48.1	39.8	33.4	28.5	24.5	21.4	18.8	16.6	14.8	13.3	12.0	671
H-344x354x16x16	131.0	353	648	3730	13500	1300	576	324	207	144	106	81.0	64.0	51.8	42.8	36.0	30.7	26.4	23.0	20.2	17.9	16.0	14.4	13.0	1070
H-350x350x12x19	137.0	403	744	3910	14000	1490	662	372	238	165	122	93.1	73.5	59.6	49.2	41.4	35.2	30.4	26.5	23.3	20.6	18.4	16.5	14.9	819
H-350x357x19x19	156.0	428	807	3770	15300	1610	717	404	258	179	132	101	79.7	64.6	53.4	44.8	38.2	32.9	28.7	25.2	22.3	19.9	17.9	16.1	1300
H-388x402x15x15	140.0	490	745	4220	13600	1490	662	372	238	165	122	93.1	73.5	59.6	49.2	41.4	35.2	30.4	26.5	23.3	20.6	18.4	16.5	14.9	1130
H-394x398x11x18	147.0	561	880	4450	14200	1760	782	440	282	196	144	110	86.9	70.4	58.2	48.9	41.7	35.9	31.3	27.5	24.4	21.7	19.5	17.6	845
H-394x405x18x18	168.0	597	951	4260	15200	1900	845	475	304	211	155	119	93.9	76.1	62.9	52.8	45.0	38.8	33.8	29.7	26.3	23.5	21.1	19.0	1380
H-400x400x13x21	172.0	666	1070	4480	15600	2150	955	537	344	239	175	134	106	85.9	71.0	59.7	50.8	43.8	38.2	33.6	29.7	26.5	23.8	21.5	1010
H-400x408x21x21	197.0	709	1160	4310	17000	2330	1030	581	372	258	190	145	115	93.0	76.9	64.6	55.1	47.5	41.3	36.3	32.2	28.7	25.8	23.3	1640
H-406x403x16x24	200.0	780	1250	4480	17300	2500	1110	626	401	278	204	156	124	100	82.8	69.5	59.3	51.1	44.5	39.1	34.7	30.9	27.7	25.0	1270
H-414x405x18x28	232.0	928	1470	4530	19400	2940	1310	735	470	327	240	184	145	118	97.2	81.7	69.6	60.0	52.3	45.9	40.7	36.3	32.6	29.4	1450
H-428x407x20x35	283.0	1190	1850	4620	23300	3690	1640	923	591	410	301	231	182	148	122	103	87.4	75.4	65.6	57.7	51.1	45.6	40.9	36.9	1670
H-458x417x30x50	415.0	1870	2790	4730	33200	5580	2480	1400	893	620	456	349	276	223	184	155	132	114	99.2	87.2	77.2	68.9	61.8	55.8	2680
H-498x432x45x70	605.0	2980	4230	4890	47600	8460	3760	2110	1350	940	690	529	418	338	280	235	200	173	150	132	117	104	93.7	84.6	4370

1) SHN400, SHN490 이외의 강종은 판두께에 따른 강도저하를 고려하여야 한다. (KS규격 참조)
2) 주어진 경간 사이는 직선보간한다.
3) 최대계수하중은 휨에 대하여 산정된 값으로 경간이 짧은 경우 전단강도를 검토해야 한다.

도움표 6.17-400 H형강보의 강축 최대계수등분포하중[3] w_u (kN/m)

등분포하중 / 5등분점횡지지 SHN400 (F_y = 235[1] MPa) C_b = 1.00

H형강 치수	단위중량	I_x	$øM_{px}$	L_p	L_r	경간 L_n[2] (m)																			설계 전단 강도 $ø_vV_{nx}$
	kg/m	$\times10^6mm^4$	kN.m	mm	mm	2.0	3.0	4.0	5.0	6.0	7.0	8.0	9.0	10.0	11.0	12.0	13.0	14.0	15.0	16.0	17.0	18.0	19.0	20.0	kN
H-150x75x5x7	14.0	6.66	21.5	867	3520	43.1	19.1	10.8	6.76	4.55	3.24	2.40	1.84	1.44	1.14	0.927	0.760	0.629	0.526	0.442	0.374	0.316	0.266	0.227	106
H-148x100x6x9	21.1	10.2	33.2	1230	6070	66.4	29.5	16.6	10.6	7.38	5.35	4.03	3.13	2.49	2.03	1.67	1.40	1.19	1.01	0.875	0.760	0.665	0.585	0.518	125
H-198x99x4.5x7	18.2	15.8	38.0	1150	3860	76.0	33.8	19.0	12.2	8.39	5.99	4.45	3.41	2.68	2.14	1.74	1.44	1.19	1.00	0.848	0.722	0.617	0.531	0.450	126
H-200x100x5.5x8	21.3	18.4	44.3	1150	4200	88.6	39.4	22.1	14.2	9.79	7.01	5.23	4.02	3.17	2.54	2.07	1.71	1.43	1.21	1.03	0.879	0.756	0.654	0.568	155
H-194x150x6x9	30.6	26.9	65.3	1880	7140	131	58.0	32.6	20.9	14.5	10.7	8.16	6.45	5.17	4.22	3.49	2.93	2.49	2.14	1.85	1.61	1.42	1.25	1.11	164
H-248x124x5x8	25.7	35.4	67.5	1450	4570	135	60.0	33.8	21.6	15.0	11.0	8.29	6.39	5.05	4.06	3.32	2.76	2.31	1.95	1.67	1.43	1.24	1.07	0.936	175
H-250x125x6x9	29.6	40.5	77.4	1450	4860	155	68.8	38.7	24.8	17.2	12.6	9.51	7.35	5.81	4.69	3.84	3.19	2.68	2.28	1.95	1.68	1.45	1.27	1.11	212
H-244x175x7x11	44.1	61.2	118	2180	8110	236	105	59.0	37.8	26.2	19.3	14.8	11.7	9.45	7.80	6.47	5.44	4.63	3.98	3.45	3.02	2.66	2.35	2.09	241
H-298x149x5.5x8	32.0	63.2	100	1710	5090	201	89.3	50.2	32.2	22.3	16.4	12.6	9.83	7.78	6.28	5.16	4.29	3.61	3.06	2.62	2.26	1.96	1.71	1.50	231
H-300x150x6.5x9	36.7	72.1	115	1710	5350	229	102	57.3	36.7	25.5	18.7	14.3	11.2	8.90	7.19	5.91	4.92	4.15	3.53	3.03	2.61	2.27	1.99	1.75	275
H-294x200x8x12	56.8	113	182	2450	8630	363	161	90.8	58.1	40.4	29.7	22.7	17.9	14.5	12.0	10.1	8.52	7.26	6.24	5.42	4.74	4.18	3.70	3.29	332
H-298x201x9x14	65.4	133	211	2480	9510	423	188	106	67.7	47.0	34.5	26.4	20.9	16.9	14.0	11.7	9.94	8.48	7.31	6.35	5.57	4.91	4.36	3.89	378
H-346x174x6x9	41.4	111	151	2020	5880	303	135	75.7	48.5	33.7	24.7	18.9	15.0	12.1	9.84	8.10	6.76	5.71	4.87	4.19	3.63	3.17	2.78	2.45	293
H-350x175x7x11	49.6	136	184	2050	6320	367	163	91.8	58.7	40.8	30.0	22.9	18.1	14.7	12.0	9.89	8.27	7.00	5.98	5.16	4.48	3.92	3.44	3.04	345
H-354x176x8x13	57.8	161	216	2080	6820	432	192	108	69.2	48.1	35.3	27.0	21.4	17.3	14.2	11.7	9.82	8.32	7.13	6.16	5.36	4.69	4.14	3.66	399
H-336x249x8x12	69.2	185	257	3080	9950	514	228	128	82.2	57.1	41.9	32.1	25.4	20.6	17.0	14.3	12.2	10.5	9.14	7.98	6.99	6.17	5.48	4.89	379
H-340x250x9x14	79.7	217	299	3120	10800	597	265	149	95.6	66.4	48.8	37.3	29.5	23.9	19.7	16.6	14.1	12.2	10.6	9.30	8.16	7.20	6.40	5.72	431
H-396x199x7x11	56.6	200	239	2330	6860	477	212	119	76.3	53.0	38.9	29.8	23.6	19.1	15.8	13.2	11.0	9.36	8.01	6.92	6.02	5.27	4.65	4.12	391
H-400x200x8x13	66.0	237	281	2360	7320	561	249	140	89.8	62.3	45.8	35.1	27.7	22.4	18.5	15.5	13.0	11.1	9.49	8.21	7.16	6.28	5.54	4.92	451
H-404x201x9x15	75.5	275	323	2390	7830	646	287	162	103	71.8	52.8	40.4	31.9	25.9	21.4	17.9	15.1	12.8	11.0	9.53	8.32	7.31	6.46	5.74	513

1) SHN400, SHN490 이외의 강종은 판두께에 따른 강도저하를 고려하여야 한다. (KS규격 참조)
2) 주어진 경간 사이는 직선보간한다.
3) 최대계수하중은 휨에 대하여 산정된 값으로 경간이 짧은 경우 전단강도를 검토해야 한다.

도움표 6.17-400 H형강보의 강축 최대계수등분포하중[3] w_u (kN/m)

등분포하중 / 5등분점횡지지 — SHN400 (F_y = 235[1] MPa) — C_b = 1.00

H형강 치수	단위중량 kg/m	I_x ×10⁶mm⁴	$øM_{px}$ kN.m	L_p mm	L_r mm	경간 L_n[2] (m) 2.0	3.0	4.0	5.0	6.0	7.0	8.0	9.0	10.0	11.0	12.0	13.0	14.0	15.0	16.0	17.0	18.0	19.0	20.0	설계전단강도 $ø_vV_{nx}$ kN
H-386x299x9x14	94.3	337	406	3750	12000	811	361	203	130	90.1	66.2	50.7	40.1	32.5	26.8	22.5	19.2	16.6	14.4	12.7	11.2	10.0	8.97	8.02	490
H-390x300x10x16	107.0	387	463	3780	12900	925	411	231	148	103	75.6	57.8	45.7	37.0	30.6	25.7	21.9	18.9	16.5	14.5	12.8	11.4	10.2	9.17	550
H-446x199x8x12	66.2	287	307	2250	6730	613	273	153	98.1	68.2	50.1	38.3	30.3	24.5	20.3	16.8	14.1	11.9	10.2	8.82	7.67	6.71	5.91	5.23	503
H-450x200x9x14	76.0	335	355	2290	7140	710	316	178	114	78.9	58.0	44.4	35.1	28.4	23.5	19.6	16.4	13.9	11.9	10.3	8.97	7.87	6.94	6.15	571
H-434x299x10x15	106.0	468	504	3660	11700	1010	448	252	161	112	82.3	63.0	49.8	40.3	33.3	28.0	23.9	20.6	17.9	15.8	14.0	12.5	11.1	9.93	612
H-440x300x11x18	124.0	561	597	3730	12800	1190	531	299	191	133	97.5	74.7	59.0	47.8	39.5	33.2	28.3	24.4	21.2	18.7	16.5	14.8	13.2	11.8	682
H-496x199x9x14	79.5	419	405	2220	6790	810	360	202	130	90.0	66.1	50.6	40.0	32.4	26.8	22.2	18.6	15.7	13.5	11.6	10.1	8.84	7.78	6.89	629
H-500x200x10x16	89.6	478	460	2250	7160	920	409	230	147	102	75.1	57.5	45.4	36.8	30.4	25.3	21.2	18.0	15.4	13.3	11.6	10.2	8.96	7.94	705
H-506x201x11x19	103.0	565	537	2310	7760	1070	478	269	172	119	87.7	67.2	53.1	43.0	35.5	29.7	24.9	21.2	18.2	15.7	13.7	12.1	10.7	9.46	785
H-482x300x11x15	114.0	604	590	3540	11100	1180	525	295	189	131	96.4	73.8	58.3	47.2	39.0	32.8	27.9	24.1	21.0	18.4	16.3	14.5	12.9	11.5	748
H-488x300x11x18	128.0	710	683	3660	12000	1370	607	341	218	152	111	85.3	67.4	54.6	45.1	37.9	32.3	27.9	24.3	21.3	18.9	16.9	15.0	13.4	757
H-596x199x10x15	94.6	687	561	2110	6410	1120	498	280	179	125	91.5	70.1	55.4	44.9	36.8	30.3	25.3	21.4	18.3	15.8	13.7	12.0	10.5	9.28	840
H-600x200x11x17	106.0	776	630	2140	6700	1260	560	315	202	140	103	78.7	62.2	50.4	41.4	34.2	28.6	24.3	20.7	17.9	15.6	13.6	12.0	10.6	931
H-606x201x12x20	120.0	904	726	2200	7160	1450	645	363	232	161	119	90.7	71.7	58.1	48.0	39.7	33.3	28.2	24.2	20.9	18.2	15.9	14.1	12.5	1030
H-612x202x13x23	134.0	1030	823	2240	7660	1650	732	412	263	183	134	103	81.3	65.9	54.4	45.2	38.0	32.3	27.7	23.9	20.9	18.3	16.2	14.4	1120
H-582x300x12x17	137.0	1030	838	3450	10600	1680	745	419	268	186	137	105	82.8	67.0	55.4	46.6	39.7	34.2	29.8	26.2	23.2	20.5	18.2	16.3	985
H-588x300x12x20	151.0	1180	949	3560	11300	1900	844	475	304	211	155	119	93.8	76.0	62.8	52.7	44.9	38.8	33.8	29.7	26.3	23.4	20.8	18.6	995
H-594x302x14x23	175.0	1370	1100	3590	12200	2200	977	550	352	244	179	137	109	87.9	72.7	61.1	52.0	44.9	39.1	34.4	30.4	27.1	24.1	21.6	1170
H-692x300x13x20	166.0	1720	1190	3400	10400	2380	1060	595	381	265	194	149	118	95.2	78.7	66.1	56.4	48.6	42.3	37.2	32.9	29.1	25.8	23.0	1270
H-700x300x13x24	185.0	2010	1370	3520	11100	2730	1220	684	437	304	223	171	135	109	90.4	76.0	64.7	55.8	48.6	42.7	37.8	33.6	29.9	26.7	1280

1) SHN400, SHN490 이외의 강종은 판두께에 따른 강도저하를 고려하여야 한다. (KS규격 참조)
2) 주어진 경간 사이는 직선보간한다.
3) 최대계수하중은 휨에 대하여 산정된 값으로 경간이 짧은 경우 전단강도를 검토해야 한다.

도움표 6.17-400 H형강보의 강축 최대계수등분포하중[3)] w_u (kN/m)

등분포하중 / 5등분점횡지지 SHN400 (F_y = 235[1)] MPa) C_b = 1.00

H형강 치수	단위중량	I_x	ϕM_{px}	L_p	L_r	경간 L_n[2)] (m)																			설계 전단 강도 $\phi_v V_{nx}$
	kg/m	×10⁶mm⁴	kN.m	mm	mm	2.0	3.0	4.0	5.0	6.0	7.0	8.0	9.0	10.0	11.0	12.0	13.0	14.0	15.0	16.0	17.0	18.0	19.0	20.0	kN
H-708x302x15x28	215.0	2370	1600	3570	12000	3200	1420	799	512	355	261	200	158	128	106	88.8	75.7	65.3	56.8	50.0	44.3	39.4	35.1	31.4	1500
H-792x300x14x22	191.0	2540	1540	3320	10100	3080	1370	771	493	343	252	193	152	123	102	85.6	73.0	62.9	54.8	48.2	42.5	37.5	33.2	29.6	1560
H-800x300x14x26	210.0	2920	1740	3440	10700	3490	1550	872	558	387	285	218	172	139	115	96.9	82.5	71.2	62.0	54.5	48.3	42.7	37.9	33.8	1580
H-808x302x16x30	241.0	3390	2020	3480	11500	4030	1790	1010	645	448	329	252	199	161	133	112	95.5	82.3	71.7	63.0	55.8	49.5	44.0	39.3	1820
H-890x299x15x23	213.0	3450	1890	3200	9690	3770	1680	943	603	419	308	236	186	151	125	105	89.2	76.9	67.0	58.9	51.6	45.4	40.3	35.9	1880
H-900x300x16x28	243.0	4110	2210	3320	10400	4420	1970	1110	708	491	361	276	218	177	146	123	105	90.2	78.6	69.1	60.9	53.8	47.7	42.6	2030
H-912x302x18x34	286.0	4980	2640	3410	11300	5290	2350	1320	846	588	432	330	261	212	175	147	125	108	94.0	82.6	73.2	64.7	57.5	51.3	2310
H-918x303x19x37	307.0	5420	2860	3450	11900	5730	2550	1430	916	636	468	358	283	229	189	159	136	117	102	89.5	79.3	70.2	62.4	55.8	2460
H-100x100x6x8	17.2	3.83	18.5	1290	8440	37.1	16.5	9.26	5.93	4.12	3.01	2.28	1.78	1.42	1.16	0.967	0.814	0.694	0.597	0.519	0.454	0.400	0.354	0.316	84.6
H-125x125x6.5x9	23.8	8.47	32.5	1620	9080	64.9	28.9	16.2	10.4	7.21	5.30	4.06	3.18	2.55	2.08	1.73	1.46	1.24	1.07	0.932	0.817	0.720	0.639	0.570	115
H-150x150x7x10	31.5	16.4	52.0	1950	9930	104	46.3	26.0	16.7	11.6	8.50	6.51	5.14	4.15	3.40	2.83	2.39	2.04	1.76	1.53	1.34	1.18	1.05	0.940	148
H-200x200x8x12	49.9	47.2	111	2610	11700	222	98.8	55.6	35.6	24.7	18.1	13.9	11.0	8.89	7.35	6.17	5.26	4.50	3.89	3.39	2.98	2.63	2.34	2.10	226
H-200x204x12x12	56.2	49.8	120	2540	13000	239	106	59.8	38.3	26.6	19.5	15.0	11.8	9.57	7.91	6.64	5.65	4.83	4.18	3.65	3.21	2.84	2.53	2.26	338
H-208x202x10x16	65.7	65.3	150	2670	15100	300	134	75.1	48.1	33.4	24.5	18.8	14.8	12.0	9.93	8.35	7.11	6.11	5.29	4.62	4.06	3.60	3.21	2.88	293
H-244x252x11x11	64.4	87.9	169	3110	12400	339	151	84.7	54.2	37.7	27.7	21.2	16.7	13.6	11.2	9.41	8.02	6.92	6.03	5.30	4.66	4.12	3.67	3.28	378
H-248x249x8x13	66.5	99.3	187	3270	12900	373	166	93.4	59.8	41.5	30.5	23.3	18.4	14.9	12.3	10.4	8.84	7.62	6.64	5.84	5.14	4.55	4.05	3.63	280
H-250X250x9x14	72.4	108	203	3270	13700	406	181	102	65.0	45.1	33.2	25.4	20.1	16.3	13.4	11.3	9.62	8.29	7.22	6.35	5.60	4.96	4.42	3.96	317
H-250x255x14x14	82.2	115	220	3160	15200	439	195	110	70.3	48.8	35.9	27.5	21.7	17.6	14.5	12.2	10.4	8.97	7.81	6.86	6.04	5.35	4.77	4.28	494
H-294x302x12x12	84.5	169	263	3720	13700	525	233	131	84.1	58.4	42.9	32.8	25.9	21.0	17.4	14.6	12.4	10.7	9.34	8.21	7.27	6.49	5.82	5.25	497
H-298x299x9x14	87.0	188	294	3900	14200	588	261	147	94.0	65.3	48.0	36.7	29.0	23.5	19.4	16.3	13.9	12.0	10.4	9.18	8.13	7.26	6.51	5.86	378

1) SHN400, SHN490 이외의 강종은 판두께에 따른 강도저하를 고려하여야 한다. (KS규격 참조)
2) 주어진 경간 사이는 직선보간한다.
3) 최대계수하중은 휨에 대하여 산정된 값으로 경간이 짧은 경우 전단강도를 검토해야 한다.

도움표 6.17-400 H형강보의 강축 최대계수등분포하중[3] w_u (kN/m)

등분포하중 / 5등분점횡지지　　SHN400 (F_y = 235[1] MPa)　　C_b = 1.00

H형강 치수	단위중량	I_x	$øM_{px}$	L_p	L_r	경간 L_n[2] (m)																			설계전단강도 $ø_vV_{nx}$
	kg/m	×10^6mm^4	kN.m	mm	mm	2.0	3.0	4.0	5.0	6.0	7.0	8.0	9.0	10.0	11.0	12.0	13.0	14.0	15.0	16.0	17.0	18.0	19.0	20.0	kN
H-300x300x10x15	94.0	204	317	3900	15000	635	282	159	102	70.6	51.8	39.7	31.4	25.4	21.0	17.6	15.0	13.0	11.3	9.92	8.79	7.84	7.04	6.33	423
H-300x305x15x15	106.0	215	341	3770	16300	683	303	171	109	75.8	55.7	42.7	33.7	27.3	22.6	19.0	16.2	13.9	12.1	10.7	9.45	8.43	7.56	6.78	635
H-304x301x11x17	106.0	234	361	3940	16400	721	321	180	115	80.2	58.9	45.1	35.6	28.9	23.8	20.0	17.1	14.7	12.8	11.3	9.99	8.91	7.99	7.20	472
H-310x305x15x20	130.0	286	440	3930	19400	879	391	220	141	97.7	71.8	55.0	43.4	35.2	29.1	24.4	20.8	17.9	15.6	13.7	12.2	10.9	9.74	8.78	656
H-310x310x20x20	142.0	299	465	3860	21200	930	413	233	149	103	75.9	58.1	45.9	37.2	30.7	25.8	22.0	19.0	16.5	14.5	12.9	11.5	10.3	9.27	874
H-338x351x13x13	106.0	282	374	4330	15300	747	332	187	120	83.0	61.0	46.7	36.9	29.9	24.7	20.8	17.7	15.2	13.3	11.7	10.3	9.22	8.28	7.47	620
H-344x348x10x16	115.0	333	449	4560	16300	897	399	224	144	99.7	73.3	56.1	44.3	35.9	29.7	24.9	21.2	18.3	16.0	14.0	12.4	11.1	9.94	8.97	485
H-344x354x16x16	131.0	353	486	4380	17700	973	432	243	156	108	79.4	60.8	48.0	38.9	32.2	27.0	23.0	19.8	17.3	15.2	13.5	12.0	10.8	9.73	776
H-350x350x12x19	137.0	403	538	4600	18500	1080	478	269	172	120	87.9	67.3	53.2	43.1	35.6	29.9	25.5	22.0	19.1	16.8	14.9	13.3	11.9	10.8	592
H-350x357x19x19	156.0	428	584	4430	20500	1170	519	292	187	130	95.3	73.0	57.6	46.7	38.6	32.4	27.6	23.8	20.8	18.2	16.2	14.4	12.9	11.7	938
H-388x402x15x15	140.0	490	567	4960	17500	1130	504	283	181	126	92.5	70.8	56.0	45.3	37.5	31.5	26.8	23.1	20.1	17.7	15.7	14.0	12.6	11.3	821
H-394x398x11x18	147.0	561	660	5230	18400	1320	586	330	211	147	108	82.4	65.1	52.8	43.6	36.6	31.2	26.9	23.5	20.6	18.3	16.3	14.6	13.2	611
H-394x405x18x18	168.0	597	717	5020	19900	1430	637	358	229	159	117	89.6	70.8	57.3	47.4	39.8	33.9	29.2	25.5	22.4	19.8	17.7	15.9	14.3	1000
H-400x400x13x21	172.0	666	777	5260	20500	1550	690	388	249	173	127	97.1	76.7	62.1	51.4	43.2	36.8	31.7	27.6	24.3	21.5	19.2	17.2	15.5	733
H-400x408x21x21	197.0	709	844	5070	22600	1690	751	422	270	188	138	106	83.4	67.6	55.8	46.9	40.0	34.5	30.0	26.4	23.4	20.8	18.7	16.9	1180
H-406x403x16x24	200.0	780	905	5270	23100	1810	805	453	290	201	148	113	89.4	72.4	59.8	50.3	42.8	36.9	32.2	28.3	25.1	22.3	20.1	18.1	916
H-414x405x18x28	232.0	928	1060	5330	26300	2130	945	532	340	236	174	133	105	85.0	70.3	59.1	50.3	43.4	37.8	33.2	29.4	26.2	23.6	21.3	1050
H-428x407x20x35	283.0	1190	1330	5430	31900	2670	1190	667	427	297	218	167	132	107	88.3	74.2	63.2	54.5	47.5	41.7	37.0	33.0	29.6	26.7	1210
H-458x417x30x50	415.0	1870	2020	5560	45800	4040	1790	1010	646	448	329	252	199	161	133	112	95.5	82.4	71.7	63.1	55.9	49.8	44.7	40.4	1940
H-498x432x45x70	605.0	2980	3060	5750	65700	6120	2720	1530	978	679	499	382	302	245	202	170	145	125	109	95.6	84.6	75.5	67.8	61.2	3160

1) SHN400, SHN490 이외의 강종은 판두께에 따른 강도저하를 고려하여야 한다. (KS규격 참조)
2) 주어진 경간 사이는 직선보간한다.
3) 최대계수하중은 휨에 대하여 산정된 값으로 경간이 짧은 경우 전단강도를 검토해야 한다.

도움표 6.17-490 H형강보의 강축 최대계수등분포하중[3] w_u (kN/m)

등분포하중 / 5등분점횡지지 　 SHN490 (F_y = 325[1] MPa) 　 C_b = 1.00

H형강 치수	단위중량	I_x	$øM_{px}$	L_p	L_r	경간 L_n[2] (m)																			설계전단강도 $ø_vV_{nx}$
	kg/m	×10⁶mm⁴	kN.m	mm	mm	2.0	3.0	4.0	5.0	6.0	7.0	8.0	9.0	10.0	11.0	12.0	13.0	14.0	15.0	16.0	17.0	18.0	19.0	20.0	kN
H-150x75x5x7	14.0	6.66	25.4	737	2680	59.6	26.5	14.7	9.03	6.01	4.22	3.08	2.32	1.78	1.39	1.10	0.884	0.703	0.563	0.458	0.378	0.316	0.266	0.227	146
H-148x100x6x9	21.1	10.2	45.9	1050	4500	91.8	40.8	23.0	14.7	10.0	7.20	5.39	4.15	3.28	2.65	2.17	1.80	1.51	1.28	1.09	0.938	0.811	0.706	0.616	173
H-198x99x4.5x7	18.2	15.8	48.7	978	3040	105	46.7	26.3	16.8	11.2	7.92	5.82	4.41	3.42	2.70	2.16	1.75	1.43	1.18	0.951	0.774	0.639	0.534	0.450	174
H-200x100x5.5x8	21.3	18.4	57.9	981	3260	123	54.5	30.6	19.5	13.1	9.30	6.86	5.22	4.06	3.22	2.59	2.11	1.74	1.44	1.20	0.988	0.818	0.685	0.579	215
H-194x150x6x9	30.6	26.9	90.3	1590	5460	181	80.2	45.1	28.9	20.1	14.7	11.3	8.74	6.94	5.62	4.63	3.86	3.26	2.78	2.39	2.07	1.80	1.58	1.39	227
H-248x124x5x8	25.7	35.4	93.4	1230	3650	187	83.0	46.7	29.9	20.8	14.9	11.0	8.42	6.59	5.25	4.25	3.49	2.89	2.41	2.03	1.72	1.46	1.22	1.02	242
H-250x125x6x9	29.6	40.5	107	1230	3840	214	95.1	53.5	34.2	23.8	17.0	12.7	9.70	7.61	6.08	4.94	4.06	3.37	2.83	2.39	2.03	1.73	1.49	1.25	293
H-244x175x7x11	44.1	61.2	163	1850	6230	327	145	81.7	52.3	36.3	26.7	20.4	16.1	12.9	10.5	8.65	7.24	6.13	5.24	4.52	3.93	3.43	3.02	2.67	333
H-298x149x5.5x8	32.0	63.2	139	1460	4140	278	124	69.5	44.5	30.9	22.7	17.0	13.1	10.3	8.23	6.70	5.53	4.61	3.87	3.28	2.80	2.40	2.07	1.79	320
H-300x150x6.5x9	36.7	72.1	159	1460	4300	317	141	79.3	50.7	35.2	25.9	19.4	14.9	11.8	9.44	7.70	6.36	5.31	4.48	3.80	3.25	2.80	2.42	2.10	380
H-294x200x8x12	56.8	113	251	2080	6710	503	223	126	80.4	55.8	41.0	31.4	24.8	20.1	16.5	13.6	11.4	9.66	8.27	7.15	6.22	5.45	4.80	4.25	459
H-298x201x9x14	65.4	133	292	2110	7270	585	260	146	93.6	65.0	47.7	36.5	28.9	23.4	19.2	15.9	13.3	11.3	9.72	8.41	7.34	6.44	5.69	5.05	523
H-346x174x6x9	41.4	111	209	1710	4800	418	186	104	66.8	46.4	34.1	26.1	20.5	16.2	13.0	10.7	8.85	7.43	6.29	5.37	4.62	3.99	3.47	3.03	405
H-350x175x7x11	49.6	136	254	1750	5090	508	226	127	81.2	56.4	41.4	31.7	24.9	19.7	15.9	13.1	10.9	9.14	7.76	6.64	5.72	4.96	4.33	3.79	478
H-354x176x8x13	57.8	161	299	1770	5410	598	266	150	95.7	66.5	48.8	37.4	29.4	23.4	18.9	15.5	12.9	10.9	9.28	7.96	6.88	5.98	5.23	4.60	552
H-336x249x8x12	69.2	185	348	2620	7860	697	310	174	111	77.4	56.9	43.6	34.4	27.9	23.0	19.4	16.5	14.2	12.3	10.7	9.30	8.17	7.23	6.42	524
H-340x250x9x14	79.7	217	413	2650	8400	826	367	207	132	91.8	67.4	51.6	40.8	33.0	27.3	22.9	19.6	16.7	14.4	12.5	10.9	9.58	8.48	7.55	597
H-396x199x7x11	56.6	200	330	1980	5580	660	293	165	106	73.3	53.9	41.2	32.6	26.3	21.3	17.5	14.6	12.3	10.5	9.01	7.79	6.78	5.93	5.22	541
H-400x200x8x13	66.0	237	388	2010	5880	776	345	194	124	86.2	63.3	48.5	38.3	31.0	25.2	20.7	17.3	14.6	12.5	10.7	9.29	8.10	7.11	6.26	624
H-404x201x9x15	75.5	275	447	2030	6210	894	397	223	143	99.3	73.0	55.9	44.1	35.8	29.1	24.0	20.1	17.0	14.5	12.5	10.8	9.47	8.33	7.35	709

1) SHN400, SHN490 이외의 강종은 판두께에 따른 강도저하를 고려하여야 한다. (KS규격 참조)
2) 주어진 경간 사이는 직선보간한다.
3) 최대계수하중은 휨에 대하여 산정된 값으로 경간이 짧은 경우 전단강도를 검토해야 한다.

도움표 6.17-490 H형강보의 강축 최대계수등분포하중[3] w_u (kN/m)

등분포하중 / 5등분점횡지지 — SHN490 (F_y = 325[1] MPa) — C_b = 1.00

H형강 치수	단위중량 kg/m	I_x ×10⁶mm⁴	$øM_{px}$ kN.m	L_p mm	L_r mm	경간 L_n[2] (m) 2.0	3.0	4.0	5.0	6.0	7.0	8.0	9.0	10.0	11.0	12.0	13.0	14.0	15.0	16.0	17.0	18.0	19.0	20.0	설계전단강도 $ø_vV_{nx}$ kN
H-386x299x9x14	94.3	337	546	3190	9480	1090	485	273	175	121	89.2	68.3	53.9	43.7	36.1	30.3	25.9	22.3	19.4	17.1	15.1	13.5	12.0	10.7	677
H-390x300x10x16	107.0	387	640	3220	10000	1280	569	320	205	142	104	80.0	63.2	51.2	42.3	35.6	30.3	26.1	22.8	20.0	17.5	15.5	13.7	12.3	761
H-446x199x8x12	66.2	287	424	1910	5480	848	377	212	136	94.3	69.3	53.0	41.9	33.6	27.2	22.3	18.6	15.7	13.3	11.4	9.89	8.60	7.52	6.60	696
H-450x200x9x14	76.0	335	491	1940	5740	982	437	246	157	109	80.2	61.4	48.5	39.1	31.6	26.0	21.7	18.3	15.6	13.4	11.6	10.1	8.86	7.80	790
H-434x299x10x15	106.0	468	691	3110	9250	1380	614	345	221	153	113	86.3	68.2	55.2	45.7	38.4	32.7	28.2	24.6	21.6	19.0	16.7	14.8	13.2	846
H-440x300x11x18	124.0	561	826	3170	9960	1650	734	413	264	184	135	103	81.6	66.1	54.6	45.9	39.1	33.7	29.4	25.8	22.6	19.9	17.7	15.8	944
H-496x199x9x14	79.5	419	560	1890	5510	1120	498	280	179	124	91.4	70.0	55.3	44.3	35.8	29.4	24.5	20.6	17.6	15.1	13.0	11.3	9.90	8.70	870
H-500x200x10x16	89.6	478	636	1910	5750	1270	566	318	204	141	104	79.5	62.8	50.5	40.9	33.6	28.1	23.7	20.2	17.3	15.0	13.1	11.4	10.1	975
H-506x201x11x19	103.0	565	743	1960	6140	1490	661	372	238	165	121	92.9	73.4	59.2	48.1	39.6	33.1	28.0	23.9	20.6	17.8	15.6	13.7	12.1	1090
H-482x300x11x15	114.0	604	808	3010	8900	1620	718	404	258	179	132	101	79.8	64.6	53.4	44.9	38.2	33.0	28.7	25.2	22.0	19.4	17.2	15.3	1030
H-488x300x11x18	128.0	710	944	3110	9450	1890	839	472	302	210	154	118	93.2	75.5	62.4	52.4	44.7	38.5	33.6	29.4	25.7	22.6	20.1	17.9	1050
H-596x199x10x15	94.6	687	775	1790	5240	1550	689	388	248	172	127	96.9	76.5	60.6	48.9	40.1	33.3	28.0	23.8	20.4	17.5	15.2	13.3	11.6	1160
H-600x200x11x17	106.0	776	871	1820	5440	1740	774	436	279	194	142	109	86.1	68.3	55.2	45.4	37.8	31.8	27.0	23.2	20.0	17.4	15.2	13.3	1290
H-606x201x12x20	120.0	904	1000	1870	5740	2010	892	502	321	223	164	125	99.2	79.2	64.1	52.8	44.0	37.1	31.6	27.1	23.5	20.4	17.9	15.7	1420
H-612x202x13x23	134.0	1030	1140	1910	6070	2280	1010	569	364	253	186	142	112	90.3	73.2	60.3	50.4	42.6	36.3	31.3	27.1	23.6	20.7	18.3	1550
H-582x300x12x17	137.0	1030	1160	2930	8580	2320	1030	580	371	258	189	145	114	92.7	76.6	64.4	54.9	47.3	41.0	35.6	31.1	27.3	24.2	21.5	1360
H-588x300x12x20	151.0	1180	1310	3030	9010	2630	1170	657	420	292	214	164	130	105	86.8	72.9	62.2	53.6	46.7	40.6	35.5	31.3	27.7	24.7	1380
H-594x302x14x23	175.0	1370	1520	3050	9570	3040	1350	760	486	338	248	190	150	122	101	84.5	72.0	62.1	54.1	47.1	41.2	36.3	32.2	28.7	1620
H-692x300x13x20	166.0	1720	1650	2890	8410	3290	1460	823	527	366	269	206	163	132	109	91.5	77.9	67.2	58.1	50.3	44.0	38.7	34.2	30.4	1750
H-700x300x13x24	185.0	2010	1890	3000	8900	3780	1680	945	605	420	309	236	187	151	125	105	89.5	77.2	67.2	58.3	51.0	44.9	39.8	35.4	1770

1) SHN400, SHN490 이외의 강종은 판두께에 따른 강도저하를 고려하여야 한다. (KS규격 참조)
2) 주어진 경간 사이는 직선보간한다.
3) 최대계수하중은 휨에 대하여 산정된 값으로 경간이 짧은 경우 전단강도를 검토해야 한다.

도움표 6.17-490 H형강보의 강축 최대계수등분포하중[3] w_u (kN/m)

등분포하중 / 5등분점횡지지 　 SHN490 (F_y = 325[1] MPa) 　 C_b = 1.00

H형강 치수	단위중량	I_x	ϕM_{px}	L_p	L_r	경간 L_n[2] (m)																			설계 전단 강도 $\phi_v V_{nx}$
	kg/m	×10⁶mm⁴	kN.m	mm	mm	2.0	3.0	4.0	5.0	6.0	7.0	8.0	9.0	10.0	11.0	12.0	13.0	14.0	15.0	16.0	17.0	18.0	19.0	20.0	kN
H-708x302x15x28	215.0	2370	2210	3030	9480	4420	1970	1110	708	491	361	276	218	177	146	123	105	90.3	78.6	68.4	59.9	52.8	46.8	41.7	2070
H-792x300x14x22	191.0	2540	2130	2820	8210	4260	1890	1070	682	474	348	266	211	171	141	118	101	87.0	74.8	64.8	56.6	49.7	43.9	39.0	2160
H-800x300x14x26	210.0	2920	2410	2930	8630	4820	2140	1210	772	536	394	301	238	193	159	134	114	98.4	85.3	74.0	64.6	56.9	50.3	44.8	2180
H-808x302x16x30	241.0	3390	2790	2960	9110	5580	2480	1390	892	620	455	349	275	223	184	155	132	114	98.9	85.9	75.1	66.1	58.6	52.2	2520
H-890x299x15x23	213.0	3450	2610	2720	7930	5210	2320	1300	834	579	426	326	257	209	172	145	123	106	90.8	78.6	68.5	60.1	53.1	47.2	2600
H-900x300x16x28	243.0	4110	3060	2820	8400	6120	2720	1530	978	680	499	382	302	245	202	170	145	125	107	93.1	81.3	71.4	63.2	56.1	2810
H-912x302x18x34	286.0	4980	3660	2900	9020	7310	3250	1830	1170	813	597	457	361	293	242	203	173	149	129	112	98.0	86.3	76.4	68.0	3200
H-918x303x19x37	307.0	5420	3960	2930	9360	7920	3520	1980	1270	880	647	495	391	317	262	220	187	162	140	122	107	93.8	83.2	74.1	3400
H-100x100x6x8	17.2	3.83	25.6	1090	6150	51.2	22.8	12.8	8.20	5.65	4.08	3.08	2.39	1.91	1.55	1.28	1.07	0.909	0.778	0.671	0.584	0.511	0.450	0.398	117
H-125x125x6.5x9	23.8	8.47	44.9	1380	6660	89.8	39.9	22.5	14.4	9.98	7.32	5.52	4.30	3.43	2.79	2.31	1.94	1.64	1.41	1.22	1.06	0.931	0.821	0.728	158
H-150x150x7x10	31.5	16.4	72.0	1660	7330	144	64.0	36.0	23.0	16.0	11.8	9.00	7.04	5.63	4.59	3.80	3.19	2.71	2.33	2.02	1.76	1.55	1.37	1.22	205
H-200x200x8x12	49.9	47.2	154	2220	8770	307	137	76.9	49.2	34.2	25.1	19.2	15.2	12.3	10.2	8.45	7.12	6.07	5.22	4.54	3.97	3.50	3.10	2.76	312
H-200x204x12x12	56.2	49.8	165	2160	9620	331	147	82.7	52.9	36.8	27.0	20.7	16.3	13.2	10.9	9.07	7.65	6.53	5.63	4.89	4.29	3.78	3.36	3.00	468
H-208x202x10x16	65.7	65.3	208	2270	11100	416	185	104	66.5	46.2	33.9	26.0	20.5	16.6	13.7	11.5	9.69	8.28	7.15	6.23	5.47	4.83	4.30	3.84	406
H-244x252x11x11	64.4	87.9	225	2640	9450	449	200	112	71.9	49.9	36.7	28.1	22.2	18.0	14.9	12.5	10.6	9.17	7.99	7.02	6.22	5.51	4.89	4.36	523
H-248x249x8x13	66.5	99.3	258	2780	9770	516	229	129	82.6	57.3	42.1	32.3	25.5	20.6	17.1	14.3	12.2	10.5	9.08	7.89	6.92	6.10	5.42	4.84	387
H-250x250x9x14	72.4	108	281	2780	10300	562	250	140	89.9	62.4	45.9	35.1	27.7	22.5	18.6	15.6	13.3	11.5	9.88	8.60	7.54	6.66	5.92	5.28	439
H-250x255x14x14	82.2	115	304	2690	11300	608	270	152	97.2	67.5	49.6	38.0	30.0	24.3	20.1	16.9	14.4	12.3	10.7	9.28	8.15	7.20	6.40	5.72	683
H-294x302x12x12	84.5	169	346	3160	10600	693	308	173	111	77.0	56.6	43.3	34.2	27.7	22.9	19.2	16.4	14.1	12.3	10.8	9.59	8.56	7.68	6.93	688
H-298x299x9x14	87.0	188	396	3320	10900	791	352	198	127	87.9	64.6	49.5	39.1	31.6	26.2	22.0	18.7	16.1	14.1	12.4	11.0	9.77	8.77	7.86	523

1) SHN400, SHN490 이외의 강종은 판두께에 따른 강도저하를 고려하여야 한다. (KS규격 참조)
2) 주어진 경간 사이는 직선보간한다.
3) 최대계수하중은 휨에 대하여 산정된 값으로 경간이 짧은 경우 전단강도를 검토해야 한다.

도움표 6.17-490 H형강보의 강축 최대계수등분포하중[3] w_u (kN/m)

등분포하중 / 5등분점횡지지 — SHN490 (F_y = 325[1] MPa) — C_b = 1.00

H형강 치수	단위중량	I_x	ϕM_{px}	L_p	L_r	경간 L_n[2] (m)																			설계 전단 강도 $\phi_v V_{nx}$
	kg/m	×10⁶mm⁴	kN.m	mm	mm	2.0	3.0	4.0	5.0	6.0	7.0	8.0	9.0	10.0	11.0	12.0	13.0	14.0	15.0	16.0	17.0	18.0	19.0	20.0	kN
H-300x300x10x15	94.0	204	434	3320	11400	869	386	217	139	96.5	70.9	54.3	42.9	34.8	28.7	24.1	20.6	17.7	15.4	13.6	12.0	10.7	9.52	8.51	585
H-300x305x15x15	106.0	215	465	3210	12300	930	413	232	149	103	75.9	58.1	45.9	37.2	30.7	25.8	22.0	19.0	16.5	14.5	12.9	11.5	10.2	9.13	878
H-304x301x11x17	106.0	234	499	3350	12400	998	443	249	160	111	81.4	62.4	49.3	39.9	33.0	27.7	23.6	20.4	17.7	15.6	13.8	12.2	10.9	9.71	652
H-310x305x15x20	130.0	286	608	3350	14400	1220	540	304	195	135	99.3	76.0	60.1	48.6	40.2	33.8	28.8	24.8	21.6	19.0	16.8	14.9	13.3	11.9	907
H-310x310x20x20	142.0	299	643	3280	15600	1290	572	322	206	143	105	80.4	63.5	51.5	42.5	35.7	30.4	26.3	22.9	20.1	17.7	15.7	14.0	12.6	1210
H-338x351x13x13	106.0	282	491	3680	11900	981	436	245	157	109	80.1	61.3	48.5	39.3	32.4	27.3	23.2	20.0	17.4	15.3	13.6	12.1	10.9	9.81	857
H-344x348x10x16	115.0	333	601	3880	12600	1200	535	301	192	134	98.2	75.2	59.4	48.1	39.8	33.4	28.5	24.5	21.4	18.8	16.6	14.8	13.3	12.0	671
H-344x354x16x16	131.0	353	648	3730	13500	1300	576	324	207	144	106	81.0	64.0	51.8	42.8	36.0	30.7	26.4	23.0	20.2	17.9	16.0	14.4	13.0	1070
H-350x350x12x19	137.0	403	744	3910	14000	1490	662	372	238	165	122	93.1	73.5	59.6	49.2	41.4	35.2	30.4	26.5	23.3	20.6	18.4	16.5	14.8	819
H-350x357x19x19	156.0	428	807	3770	15300	1610	717	404	258	179	132	101	79.7	64.6	53.4	44.8	38.2	32.9	28.7	25.2	22.3	19.9	17.9	16.0	1300
H-388x402x15x15	140.0	490	745	4220	13600	1490	662	372	238	165	122	93.1	73.5	59.6	49.2	41.4	35.2	30.4	26.5	23.3	20.6	18.4	16.5	14.9	1130
H-394x398x11x18	147.0	561	880	4450	14200	1760	782	440	282	196	144	110	86.9	70.4	58.2	48.9	41.7	35.9	31.3	27.5	24.4	21.7	19.5	17.6	845
H-394x405x18x18	168.0	597	951	4260	15200	1900	845	475	304	211	155	119	93.9	76.1	62.9	52.8	45.0	38.8	33.8	29.7	26.3	23.5	21.1	19.0	1380
H-400x400x13x21	172.0	666	1070	4480	15600	2150	955	537	344	239	175	134	106	85.9	71.0	59.7	50.8	43.8	38.2	33.6	29.7	26.5	23.8	21.5	1010
H-400x408x21x21	197.0	709	1160	4310	17000	2330	1030	581	372	258	190	145	115	93.0	76.9	64.6	55.1	47.5	41.3	36.3	32.2	28.7	25.8	23.3	1640
H-406x403x16x24	200.0	780	1250	4480	17300	2500	1110	626	401	278	204	156	124	100	82.8	69.5	59.3	51.1	44.5	39.1	34.7	30.9	27.7	25.0	1270
H-414x405x18x28	232.0	928	1470	4530	19400	2940	1310	735	470	327	240	184	145	118	97.2	81.7	69.6	60.0	52.3	45.9	40.7	36.3	32.6	29.4	1450
H-428x407x20x35	283.0	1190	1850	4620	23300	3690	1640	923	591	410	301	231	182	148	122	103	87.4	75.4	65.6	57.7	51.1	45.6	40.9	36.9	1670
H-458x417x30x50	415.0	1870	2790	4730	33200	5580	2480	1400	893	620	456	349	276	223	184	155	132	114	99.2	87.2	77.2	68.9	61.8	55.8	2680
H-498x432x45x70	605.0	2980	4230	4890	47600	8460	3760	2110	1350	940	690	529	418	338	280	235	200	173	150	132	117	104	93.7	84.6	4370

1) SHN400, SHN490 이외의 강종은 판두께에 따른 강도저하를 고려하여야 한다. (KS규격 참조)
2) 주어진 경간 사이는 직선보간한다.
3) 최대계수하중은 휨에 대하여 산정된 값으로 경간이 짧은 경우 전단강도를 검토해야 한다.

도움표 6.18-400 H형강보의 강축 최대계수집중하중[3] p_u (kN)

중앙부집중하중 / 양단부횡지지 SHN400 (F_y = 235[1] MPa) C_b = 1.32

H형강 치수	단위중량 kg/m	I_x ×$10^6$$mm^4$	$øM_{px}$ kN.m	L_p mm	L_r mm	경간 L_n[2] (m) 2.0	3.0	4.0	5.0	6.0	7.0	8.0	9.0	10.0	11.0	12.0	13.0	14.0	15.0	16.0	17.0	18.0	19.0	20.0	설계 전단 강도 $ø_vV_{nx}$ kN
H-150x75x5x7	14.0	6.66	21.5	867	3520	43.1	26.0	15.0	9.36	6.42	4.68	3.56	2.80	2.26	1.87	1.57	1.33	1.15	1.00	0.879	0.778	0.694	0.622	0.561	106
H-148x100x6x9	21.1	10.2	33.2	1230	6070	66.4	44.3	33.2	24.5	18.1	13.2	10.1	7.93	6.41	5.28	4.43	3.77	3.25	2.83	2.48	2.20	1.96	1.76	1.59	125
H-198x99x4.5x7	18.2	15.8	38.0	1150	3860	76.0	49.6	29.7	18.0	12.1	8.67	6.54	5.11	4.11	3.38	2.83	2.40	2.06	1.79	1.57	1.39	1.24	1.11	1.00	126
H-200x100x5.5x8	21.3	18.4	44.3	1150	4200	88.6	59.1	37.5	23.3	15.7	11.4	8.59	6.73	5.42	4.46	3.73	3.17	2.73	2.37	2.08	1.84	1.64	1.47	1.33	155
H-194x150x6x9	30.6	26.9	65.3	1880	7140	131	87.0	65.3	52.2	40.7	31.5	23.8	18.5	14.8	12.2	10.1	8.61	7.39	6.42	5.63	4.97	4.43	3.97	3.58	164
H-248x124x5x8	25.7	35.4	67.5	1450	4570	135	90.1	61.8	39.3	25.8	18.2	13.6	10.5	8.40	6.87	5.72	4.85	4.16	3.60	3.16	2.79	2.48	2.22	2.00	175
H-250x125x6x9	29.6	40.5	77.4	1450	4860	155	103	73.2	48.8	32.2	22.9	17.2	13.3	10.7	8.75	7.30	6.19	5.31	4.61	4.04	3.57	3.18	2.85	2.57	212
H-244x175x7x11	44.1	61.2	118	2180	8110	236	157	118	94.5	78.7	62.2	49.5	38.5	30.8	25.1	20.9	17.7	15.2	13.2	11.5	10.2	9.06	8.12	7.31	241
H-298x149x5.5x8	32.0	63.2	100	1710	5090	201	134	98.9	67.4	43.3	30.0	21.9	16.8	13.3	10.8	8.90	7.50	6.40	5.53	4.83	4.25	3.78	3.38	3.04	231
H-300x150x6.5x9	36.7	72.1	115	1710	5350	229	153	115	79.5	53.2	37.0	27.3	21.0	16.6	13.5	11.2	9.47	8.10	7.01	6.13	5.40	4.80	4.29	3.86	275
H-294x200x8x12	56.8	113	182	2450	8630	363	242	182	145	121	99.6	79.9	63.6	50.4	41.0	34.0	28.7	24.5	21.2	18.5	16.4	14.5	13.0	11.7	332
H-298x201x9x14	65.4	133	211	2480	9510	423	282	211	169	141	121	98.5	80.9	65.8	53.6	44.6	37.7	32.3	28.0	24.5	21.6	19.2	17.2	15.5	378
H-346x174x6x9	41.4	111	151	2020	5880	303	202	151	114	80.8	55.0	39.7	30.0	23.5	18.9	15.6	13.1	11.1	9.56	8.32	7.31	6.48	5.78	5.19	293
H-350x175x7x11	49.6	136	184	2050	6320	367	245	184	144	105	74.7	54.5	41.6	32.8	26.5	21.9	18.4	15.7	13.6	11.8	10.4	9.24	8.25	7.42	345
H-354x176x8x13	57.8	161	216	2080	6820	432	288	216	173	131	98.1	72.1	55.3	43.8	35.6	29.5	24.8	21.2	18.4	16.0	14.1	12.6	11.2	10.1	399
H-336x249x8x12	69.2	185	257	3080	9950	514	343	257	206	171	147	125	103	85.4	68.6	56.4	47.2	40.0	34.5	30.0	26.3	23.3	20.8	18.6	379
H-340x250x9x14	79.7	217	299	3120	10800	597	398	299	239	199	171	149	126	106	88.4	72.9	61.1	52.0	44.9	39.1	34.4	30.5	27.2	24.4	431
H-396x199x7x11	56.6	200	239	2330	6860	477	318	239	191	147	109	78.7	59.2	46.2	37.0	30.4	25.4	21.5	18.5	16.1	14.1	12.5	11.1	9.98	391
H-400x200x8x13	66.0	237	281	2360	7320	561	374	281	224	179	137	102	77.4	60.7	48.9	40.3	33.8	28.7	24.8	21.6	19.0	16.8	15.0	13.5	451
H-404x201x9x15	75.5	275	323	2390	7830	646	431	323	259	213	166	129	98.4	77.5	62.7	51.8	43.6	37.2	32.1	28.0	24.6	21.9	19.5	17.6	513

1) SHN400, SHN490 이외의 강종은 판두께에 따른 강도저하를 고려하여야 한다. (KS규격 참조)
2) 주어진 경간 사이는 직선보간한다.
3) 최대계수하중은 휨에 대하여 산정된 값으로 경간이 짧은 경우 전단강도를 검토해야 한다.

도움표 6.18-400 H형강보의 강축 최대계수집중하중[3] p_u (kN)

중앙부집중하중 / 양단부횡지지 SHN400 (F_y = 235[1] MPa) C_b = 1.32

H형강 치수	단위중량	I_x	$øM_{px}$	L_p	L_r	경간 L_n[2] (m)																			설계전단강도
	kg/m	×10⁶mm⁴	kN.m	mm	mm	2.0	3.0	4.0	5.0	6.0	7.0	8.0	9.0	10.0	11.0	12.0	13.0	14.0	15.0	16.0	17.0	18.0	19.0	20.0	$ø_vV_{nx}$ kN
H-386x299x9x14	94.3	337	406	3750	12000	811	541	406	325	270	232	203	180	155	132	113	94.3	79.6	68.2	59.1	51.7	45.6	40.6	36.3	490
H-390x300x10x16	107.0	387	463	3780	12900	925	617	463	370	308	264	231	206	183	158	136	118	99.6	85.5	74.2	65.1	57.5	51.2	45.9	550
H-446x199x8x12	66.2	287	307	2250	6730	613	409	307	245	184	135	97.3	73.3	57.2	45.9	37.6	31.4	26.7	22.9	19.9	17.5	15.5	13.8	12.4	503
H-450x200x9x14	76.0	335	355	2290	7140	710	473	355	284	222	169	123	93.5	73.4	59.1	48.7	40.8	34.7	29.9	26.0	22.9	20.3	18.1	16.3	571
H-434x299x10x15	106.0	468	504	3660	11700	1010	672	504	403	336	288	252	223	189	161	135	112	94.6	81.0	70.1	61.3	54.1	48.1	43.1	612
H-440x300x11x18	124.0	561	597	3730	12800	1190	797	597	478	398	341	299	266	235	202	174	149	127	109	94.4	82.7	73.1	65.1	58.4	682
H-496x199x9x14	79.5	419	405	2220	6790	810	540	405	324	243	180	130	98.0	76.6	61.6	50.6	42.4	36.0	31.0	26.9	23.7	21.0	18.7	16.8	629
H-500x200x10x16	89.6	478	460	2250	7160	920	613	460	368	286	218	160	122	95.5	77.0	63.5	53.3	45.3	39.1	34.1	29.9	26.5	23.7	21.3	705
H-506x201x11x19	103.0	565	537	2310	7760	1070	717	537	430	350	271	209	160	126	102	84.5	71.1	60.6	52.4	45.7	40.2	35.7	31.9	28.7	785
H-482x300x11x15	114.0	604	590	3540	11100	1180	787	590	472	394	337	295	254	213	180	147	122	103	87.8	75.9	66.3	58.5	51.9	46.5	748
H-488x300x11x18	128.0	710	683	3660	12000	1370	910	683	546	455	390	341	303	259	221	188	157	133	114	98.4	86.1	76.0	67.6	60.6	757
H-596x199x10x15	94.6	687	561	2110	6410	1120	748	561	436	319	225	161	121	94.6	75.8	62.2	51.9	44.0	37.8	32.9	28.8	25.5	22.7	20.4	840
H-600x200x11x17	106.0	776	630	2140	6700	1260	840	630	502	371	271	195	148	116	93.0	76.4	64.0	54.4	46.8	40.7	35.8	31.7	28.3	25.4	931
H-606x201x12x20	120.0	904	726	2200	7160	1450	968	726	581	447	340	250	190	149	120	99.3	83.4	71.0	61.2	53.4	46.9	41.6	37.2	33.4	1030
H-612x202x13x23	134.0	1030	823	2240	7660	1650	1100	823	659	528	407	312	238	188	152	126	106	90.2	77.9	68.0	59.9	53.1	47.5	42.7	1120
H-582x300x12x17	137.0	1030	838	3450	10600	1680	1120	838	670	559	479	419	349	291	239	194	160	135	115	99.4	86.7	76.4	67.8	60.6	985
H-588x300x12x20	151.0	1180	949	3560	11300	1900	1270	949	760	633	543	475	411	346	292	241	200	169	144	125	109	96.1	85.4	76.4	995
H-594x302x14x23	175.0	1370	1100	3590	12200	2200	1470	1100	879	733	628	550	489	417	356	305	255	216	185	161	141	124	111	99.1	1170
H-692x300x13x20	166.0	1720	1190	3400	10400	2380	1590	1190	952	794	680	589	485	403	325	263	217	182	155	134	117	103	91.1	81.3	1270
H-700x300x13x24	185.0	2010	1370	3520	11100	2730	1820	1370	1090	911	781	684	584	490	413	337	279	235	201	174	152	134	119	106	1280

1) SHN400, SHN490 이외의 강종은 판두께에 따른 강도저하를 고려하여야 한다. (KS규격 참조)

2) 주어진 경간 사이는 직선보간한다.

3) 최대계수하중은 휨에 대하여 산정된 값으로 경간이 짧은 경우 전단강도를 검토해야 한다.

도움표 6.18-400 H형강보의 강축 최대계수집중하중[3] p_u (kN)

중앙부집중하중 / 양단부횡지지

SHN400 (F_y = 235[1] MPa) C_b = 1.32

H형강 치수	단위중량	I_x	$øM_{px}$	L_p	L_r	경간 L_n[2] (m)																			설계 전단 강도 $ø_vV_{nx}$
	kg/m	×10⁶mm⁴	kN.m	mm	mm	2.0	3.0	4.0	5.0	6.0	7.0	8.0	9.0	10.0	11.0	12.0	13.0	14.0	15.0	16.0	17.0	18.0	19.0	20.0	kN
H-708x302x15x28	215.0	2370	1600	3570	12000	3200	2130	1600	1280	1070	914	799	709	600	511	437	364	308	264	229	200	177	157	141	1500
H-792x300x14x22	191.0	2540	1540	3320	10100	3080	2060	1540	1230	1030	881	747	612	505	400	323	266	223	190	163	142	125	111	98.7	1560
H-800x300x14x26	210.0	2920	1740	3440	10700	3490	2320	1740	1390	1160	996	872	725	604	498	404	334	281	239	207	180	159	141	126	1580
H-808x302x16x30	241.0	3390	2020	3480	11500	4030	2690	2020	1610	1340	1150	1010	869	731	618	514	426	360	308	267	233	206	183	164	1820
H-890x299x15x23	213.0	3450	1890	3200	9690	3770	2510	1890	1510	1260	1080	885	720	577	454	365	301	252	214	184	160	140	124	110	1880
H-900x300x16x28	243.0	4110	2210	3320	10400	4420	2950	2210	1770	1470	1260	1080	892	739	596	483	399	335	286	246	215	189	168	150	2030
H-912x302x18x34	286.0	4980	2640	3410	11300	5290	3530	2640	2120	1760	1510	1320	1130	945	796	658	546	461	394	341	299	263	234	210	2310
H-918x303x19x37	307.0	5420	2860	3450	11900	5730	3820	2860	2290	1910	1640	1430	1250	1050	894	756	630	532	456	395	346	306	272	244	2460
H-100x100x6x8	17.2	3.83	18.5	1290	8440	37.1	24.7	18.5	14.8	12.1	9.64	7.77	6.22	5.03	4.15	3.49	2.97	2.56	2.23	1.96	1.73	1.55	1.39	1.25	84.6
H-125x125x6.5x9	23.8	8.47	32.5	1620	9080	64.9	43.3	32.5	26.0	21.6	17.7	14.4	11.9	9.59	7.90	6.63	5.64	4.86	4.23	3.71	3.28	2.93	2.63	2.37	115
H-150x150x7x10	31.5	16.4	52.0	1950	9930	104	69.4	52.0	41.6	34.7	29.7	24.5	20.3	17.0	14.0	11.7	9.94	8.55	7.44	6.53	5.77	5.15	4.61	4.16	148
H-200x200x8x12	49.9	47.2	111	2610	11700	222	148	111	88.9	74.1	63.5	55.6	48.3	41.0	35.1	30.0	25.4	21.8	18.9	16.6	14.7	13.0	11.7	10.5	226
H-200x204x12x12	56.2	49.8	120	2540	13000	239	159	120	95.7	79.7	68.3	59.8	53.2	45.9	39.6	34.4	30.0	25.8	22.4	19.6	17.3	15.4	13.8	12.5	338
H-208x202x10x16	65.7	65.3	150	2670	15100	300	200	150	120	100	85.8	75.1	66.8	60.1	53.7	47.2	41.7	36.9	32.9	28.9	25.5	22.7	20.4	18.4	293
H-244x252x11x11	64.4	87.9	169	3110	12400	339	226	169	136	113	96.8	84.7	75.3	65.1	55.9	48.2	41.1	35.1	30.4	26.5	23.4	20.8	18.6	16.7	378
H-248x249x8x13	66.5	99.3	187	3270	12900	373	249	187	149	124	107	93.4	83.0	73.4	63.3	54.9	47.7	40.7	35.2	30.8	27.1	24.1	21.5	19.4	280
H-250x250x9x14	72.4	108	203	3270	13700	406	271	203	163	135	116	102	90.3	81.3	71.0	61.9	54.2	47.3	41.0	35.8	31.6	28.0	25.1	22.6	317
H-250x255x14x14	82.2	115	220	3160	15200	439	293	220	176	146	126	110	97.6	87.9	79.3	69.6	61.4	54.4	48.3	42.4	37.5	33.3	29.8	26.8	494
H-294x302x12x12	84.5	169	263	3720	13700	525	350	263	210	175	150	131	117	105	94.7	82.4	72.0	62.6	53.9	46.9	41.2	36.4	32.5	29.2	497
H-298x299x9x14	87.0	188	294	3900	14200	588	392	294	235	196	168	147	131	118	106	92.4	81.1	71.4	61.7	53.7	47.1	41.7	37.2	33.4	378

1) SHN400, SHN490 이외의 강종은 판두께에 따른 강도저하를 고려하여야 한다. (KS규격 참조)
2) 주어진 경간 사이는 직선보간한다.
3) 최대계수하중은 휨에 대하여 산정된 값으로 경간이 짧은 경우 전단강도를 검토해야 한다.

도움표 6.18-490 H형강보의 강축 최대계수집중하중[3] p_u (kN)

중앙부집중하중 / 양단부횡지지 SHN490 (F_y = 325[1] MPa) C_b = 1.32

H형강 치수	단위중량 kg/m	I_x ×10^6mm^4	$øM_{px}$ kN.m	L_p mm	L_r mm	경간 L_n[2] (m) 2.0	3.0	4.0	5.0	6.0	7.0	8.0	9.0	10.0	11.0	12.0	13.0	14.0	15.0	16.0	17.0	18.0	19.0	20.0	설계 전단 강도 $ø_vV_{nx}$ kN
H-300x300x10x15	94.0	204	317	3900	15000	635	423	317	254	212	181	159	141	127	115	102	90.2	79.8	70.7	61.5	54.1	47.9	42.8	38.4	423
H-300x305x15x15	106.0	215	341	3770	16300	683	455	341	273	228	195	171	152	137	124	113	100	89.1	79.5	71.1	63.0	55.9	49.9	44.9	635
H-304x301x11x17	106.0	234	361	3940	16400	721	481	361	289	240	206	180	160	144	131	120	107	95.6	85.5	76.6	68.0	60.4	53.9	48.5	472
H-310x305x15x20	130.0	286	440	3930	19400	879	586	440	352	293	251	220	195	176	160	147	135	125	113	102	92.9	84.6	77.1	69.8	656
H-310x310x20x20	142.0	299	465	3860	21200	930	620	465	372	310	266	233	207	186	169	155	143	133	123	112	102	93.3	85.5	78.5	874
H-338x351x13x13	106.0	282	374	4330	15300	747	498	374	299	249	213	187	166	149	136	125	113	99.6	88.3	77.1	67.4	59.5	52.9	47.4	620
H-344x348x10x16	115.0	333	449	4560	16300	897	598	449	359	299	256	224	199	179	163	150	135	120	107	96.0	84.7	74.8	66.6	59.7	485
H-344x354x16x16	131.0	353	486	4380	17700	973	648	486	389	324	278	243	216	195	177	162	150	134	120	108	97.6	87.7	78.1	70.1	776
H-350x350x12x19	137.0	403	538	4600	18500	1080	718	538	431	359	308	269	239	215	196	179	166	153	138	124	113	102	92.0	82.6	592
H-350x357x19x19	156.0	428	584	4430	20500	1170	778	584	467	389	334	292	259	233	212	195	180	167	154	140	127	116	106	97.3	938
H-388x402x15x15	140.0	490	567	4960	17500	1130	755	567	453	378	324	283	252	227	206	189	174	162	147	132	119	106	94.1	84.0	821
H-394x398x11x18	147.0	561	660	5230	18400	1320	879	660	528	440	377	330	293	264	240	220	203	188	170	153	139	126	112	100	611
H-394x405x18x18	168.0	597	717	5020	19900	1430	955	717	573	478	409	358	318	287	261	239	220	205	189	171	156	142	129	118	1000
H-400x400x13x21	172.0	666	777	5260	20500	1550	1040	777	621	518	444	388	345	311	282	259	239	222	207	190	173	158	145	133	733
H-400x408x21x21	197.0	709	844	5070	22600	1690	1130	844	676	563	483	422	375	338	307	281	260	241	225	211	195	179	164	151	1180
H-406x403x16x24	200.0	780	905	5270	23100	1810	1210	905	724	603	517	453	402	362	329	302	279	259	241	226	212	195	179	166	916
H-414x405x18x28	232.0	928	1060	5330	26300	2130	1420	1060	850	709	607	532	472	425	387	354	327	304	283	266	250	236	223	207	1050
H-428x407x20x35	283.0	1190	1330	5430	31900	2670	1780	1330	1070	890	763	667	593	534	485	445	411	381	356	334	314	297	281	267	1210
H-458x417x30x50	415.0	1870	2020	5560	45800	4040	2690	2020	1610	1350	1150	1010	897	807	734	673	621	577	538	504	475	448	425	404	1940
H-498x432x45x70	605.0	2980	3060	5750	65700	6120	4080	3060	2450	2040	1750	1530	1360	1220	1110	1020	941	874	815	764	719	679	644	612	3160

1) SHN400, SHN490 이외의 강종은 판두께에 따른 강도저하를 고려하여야 한다. (KS규격 참조)
2) 주어진 경간 사이는 직선보간한다.
3) 최대계수하중은 휨에 대하여 산정된 값으로 경간이 짧은 경우 전단강도를 검토해야 한다.

도움표 6.18-490 H형강보의 강축 최대계수집중하중[3)] p_u (kN)

중앙부집중하중 / 양단부횡지지 SHN490 (F_y = 325[1)] MPa) C_b = 1.32

H형강 치수	단위중량 kg/m	I_x ×10⁶mm⁴	$øM_{px}$ kN.m	L_p mm	L_r mm	경간 L_n[2)] (m) 2.0	3.0	4.0	5.0	6.0	7.0	8.0	9.0	10.0	11.0	12.0	13.0	14.0	15.0	16.0	17.0	18.0	19.0	20.0	설계 전단 강도 $ø_vV_{nx}$ kN
H-150x75x5x7	14.0	6.66	25.4	737	2680	58.7	27.9	15.0	9.36	6.42	4.68	3.56	2.80	2.26	1.87	1.57	1.33	1.15	1.00	0.879	0.778	0.694	0.622	0.561	146
H-148x100x6x9	21.1	10.2	45.9	1050	4500	91.8	61.2	40.7	26.6	18.2	13.2	10.1	7.93	6.41	5.28	4.43	3.77	3.25	2.83	2.48	2.20	1.96	1.76	1.59	173
H-198x99x4.5x7	18.2	15.8	48.7	978	3040	105	58.3	29.7	18.0	12.1	8.67	6.54	5.11	4.11	3.38	2.83	2.40	2.06	1.79	1.57	1.39	1.24	1.11	1.00	174
H-200x100x5.5x8	21.3	18.4	57.9	981	3260	123	71.2	38.2	23.3	15.7	11.4	8.59	6.73	5.42	4.46	3.73	3.17	2.73	2.37	2.08	1.84	1.64	1.47	1.33	215
H-194x150x6x9	30.6	26.9	90.3	1590	5460	181	120	90.3	64.2	44.4	31.7	23.8	18.5	14.8	12.2	10.1	8.61	7.39	6.42	5.63	4.97	4.43	3.97	3.58	227
H-248x124x5x8	25.7	35.4	93.4	1230	3650	187	119	67.3	39.3	25.8	18.2	13.6	10.5	8.40	6.87	5.72	4.85	4.16	3.60	3.16	2.79	2.48	2.22	2.00	242
H-250x125x6x9	29.6	40.5	107	1230	3840	214	140	82.7	48.8	32.2	22.9	17.2	13.3	10.7	8.75	7.30	6.19	5.31	4.61	4.04	3.57	3.18	2.85	2.57	293
H-244x175x7x11	44.1	61.2	163	1850	6230	327	218	163	126	93.1	66.8	49.8	38.5	30.8	25.1	20.9	17.7	15.2	13.2	11.5	10.2	9.06	8.12	7.31	333
H-298x149x5.5x8	32.0	63.2	139	1460	4140	278	185	118	68.1	43.3	30.0	21.9	16.8	13.3	10.8	8.90	7.50	6.40	5.53	4.83	4.25	3.78	3.38	3.04	320
H-300x150x6.5x9	36.7	72.1	159	1460	4300	317	211	138	82.8	53.2	37.0	27.3	21.0	16.6	13.5	11.2	9.47	8.10	7.01	6.13	5.40	4.80	4.29	3.86	380
H-294x200x8x12	56.8	113	251	2080	6710	503	335	251	201	151	112	82.8	63.6	50.4	41.0	34.0	28.7	24.5	21.2	18.5	16.4	14.5	13.0	11.7	459
H-298x201x9x14	65.4	133	292	2110	7270	585	390	292	234	185	142	107	82.7	65.8	53.6	44.6	37.7	32.3	28.0	24.5	21.6	19.2	17.2	15.5	523
H-346x174x6x9	41.4	111	209	1710	4800	418	278	200	129	80.8	55.0	39.7	30.0	23.5	18.9	15.6	13.1	11.1	9.56	8.32	7.31	6.48	5.78	5.19	405
H-350x175x7x11	49.6	136	254	1750	5090	508	338	250	170	109	74.7	54.5	41.6	32.8	26.5	21.9	18.4	15.7	13.6	11.8	10.4	9.24	8.25	7.42	478
H-354x176x8x13	57.8	161	299	1770	5410	598	399	299	210	141	98.1	72.1	55.3	43.8	35.6	29.5	24.8	21.2	18.4	16.0	14.1	12.6	11.2	10.1	552
H-336x249x8x12	69.2	185	348	2620	7860	697	465	348	279	232	186	145	109	85.4	68.6	56.4	47.2	40.0	34.5	30.0	26.3	23.3	20.8	18.6	524
H-340x250x9x14	79.7	217	413	2650	8400	826	551	413	330	275	225	179	140	110	88.4	72.9	61.1	52.0	44.9	39.1	34.4	30.5	27.2	24.4	597
H-396x199x7x11	56.6	200	330	1980	5580	660	440	330	240	162	109	78.7	59.2	46.2	37.0	30.4	25.4	21.5	18.5	16.1	14.1	12.5	11.1	9.98	541
H-400x200x8x13	66.0	237	388	2010	5880	776	517	388	291	207	141	102	77.4	60.7	48.9	40.3	33.8	28.7	24.8	21.6	19.0	16.8	15.0	13.5	624
H-404x201x9x15	75.5	275	447	2030	6210	894	596	447	346	253	177	129	98.4	77.5	62.7	51.8	43.6	37.2	32.1	28.0	24.6	21.9	19.5	17.6	709

1) SHN400, SHN490 이외의 강종은 판두께에 따른 강도저하를 고려하여야 한다. (KS규격 참조)
2) 주어진 경간 사이는 직선보간한다.
3) 최대계수하중은 휨에 대하여 산정된 값으로 경간이 짧은 경우 전단강도를 검토해야 한다.

도움표 6.18-490 H형강보의 강축 최대계수집중하중[3] p_u (kN)

중앙부집중하중 / 양단부횡지지 SHN490 (F_y = 325[1] MPa) C_b = 1.32

H형강 치수	단위중량	I_x	$øM_{px}$	L_p	L_r	경간 L_n[2] (m)																			설계전단강도 $ø_vV_{nx}$
	kg/m	×10⁶mm⁴	kN.m	mm	mm	2.0	3.0	4.0	5.0	6.0	7.0	8.0	9.0	10.0	11.0	12.0	13.0	14.0	15.0	16.0	17.0	18.0	19.0	20.0	kN
H-386x299x9x14	94.3	337	546	3190	9480	1090	728	546	437	364	312	267	219	175	139	113	94.3	79.6	68.2	59.1	51.7	45.6	40.6	36.3	677
H-390x300x10x16	107.0	387	640	3220	10000	1280	853	640	512	427	366	314	259	215	172	141	118	99.6	85.5	74.2	65.1	57.5	51.2	45.9	761
H-446x199x8x12	66.2	287	424	1910	5480	848	566	424	301	200	135	97.3	73.3	57.2	45.9	37.6	31.4	26.7	22.9	19.9	17.5	15.5	13.8	12.4	696
H-450x200x9x14	76.0	335	491	1940	5740	982	655	491	360	250	171	123	93.5	73.4	59.1	48.7	40.8	34.7	29.9	26.0	22.9	20.3	18.1	16.3	790
H-434x299x10x15	106.0	468	691	3110	9250	1380	921	691	552	460	395	326	265	208	166	135	112	94.6	81.0	70.1	61.3	54.1	48.1	43.1	846
H-440x300x11x18	124.0	561	826	3170	9960	1650	1100	826	661	551	472	402	331	274	219	179	149	127	109	94.4	82.7	73.1	65.1	58.4	944
H-496x199x9x14	79.5	419	560	1890	5510	1120	747	560	397	265	180	130	98.0	76.6	61.6	50.6	42.4	36.0	31.0	26.9	23.7	21.0	18.7	16.8	870
H-500x200x10x16	89.6	478	636	1910	5750	1270	848	636	464	323	221	160	122	95.5	77.0	63.5	53.3	45.3	39.1	34.1	29.9	26.5	23.7	21.3	975
H-506x201x11x19	103.0	565	743	1960	6140	1490	991	743	565	411	287	209	160	126	102	84.5	71.1	60.6	52.4	45.7	40.2	35.7	31.9	28.7	1090
H-482x300x11x15	114.0	604	808	3010	8900	1620	1080	808	646	538	461	369	295	228	181	147	122	103	87.8	75.9	66.3	58.5	51.9	46.5	1030
H-488x300x11x18	128.0	710	944	3110	9450	1890	1260	944	755	629	539	446	364	290	231	188	157	133	114	98.4	86.1	76.0	67.6	60.6	1050
H-596x199x10x15	94.6	687	775	1790	5240	1550	1030	767	521	333	225	161	121	94.6	75.8	62.2	51.9	44.0	37.8	32.9	28.8	25.5	22.7	20.4	1160
H-600x200x11x17	106.0	776	871	1820	5440	1740	1160	871	603	399	271	195	148	116	93.0	76.4	64.0	54.4	46.8	40.7	35.8	31.7	28.3	25.4	1290
H-606x201x12x20	120.0	904	1000	1870	5740	2010	1340	1000	724	502	344	250	190	149	120	99.3	83.4	71.0	61.2	53.4	46.9	41.6	37.2	33.4	1420
H-612x202x13x23	134.0	1030	1140	1910	6070	2280	1520	1140	852	616	426	312	238	188	152	126	106	90.2	77.9	68.0	59.9	53.1	47.5	42.7	1550
H-582x300x12x17	137.0	1030	1160	2930	8580	2320	1550	1160	927	773	637	506	393	302	239	194	160	135	115	99.4	86.7	76.4	67.8	60.6	1360
H-588x300x12x20	151.0	1180	1310	3030	9010	2630	1750	1310	1050	875	745	598	483	373	296	241	200	169	144	125	109	96.1	85.4	76.4	1380
H-594x302x14x23	175.0	1370	1520	3050	9570	3040	2030	1520	1220	1010	869	716	585	470	375	306	255	216	185	161	141	124	111	99.1	1620
H-692x300x13x20	166.0	1720	1650	2890	8410	3290	2200	1650	1320	1100	890	704	537	412	325	263	217	182	155	134	117	103	91.1	81.3	1750
H-700x300x13x24	185.0	2010	1890	3000	8900	3780	2520	1890	1510	1260	1060	849	679	523	415	337	279	235	201	174	152	134	119	106	1770

1) SHN400, SHN490 이외의 강종은 판두께에 따른 강도저하를 고려하여야 한다. (KS규격 참조)
2) 주어진 경간 사이는 직선보간한다.
3) 최대계수하중은 휨에 대하여 산정된 값으로 경간이 짧은 경우 전단강도를 검토해야 한다.

도움표 6.18-490 H형강보의 강축 최대계수집중하중[3] p_u (kN)

중앙부집중하중 / 양단부횡지지

SHN490 (F_y = 325[1] MPa) C_b = 1.32

H형강 치수	단위중량	I_x	$øM_{px}$	L_p	L_r	경간 L_n[2] (m)																			설계 전단 강도 $ø_vV_{nx}$
	kg/m	×10⁶mm⁴	kN.m	mm	mm	2.0	3.0	4.0	5.0	6.0	7.0	8.0	9.0	10.0	11.0	12.0	13.0	14.0	15.0	16.0	17.0	18.0	19.0	20.0	kN
H-708x302x15x28	215.0	2370	2210	3030	9480	4420	2950	2210	1770	1470	1260	1030	842	671	536	437	364	308	264	229	200	177	157	141	2070
H-792x300x14x22	191.0	2540	2130	2820	8210	4260	2840	2130	1710	1420	1130	887	664	507	400	323	266	223	190	163	142	125	111	98.7	2160
H-800x300x14x26	210.0	2920	2410	2930	8630	4820	3210	2410	1930	1610	1320	1050	820	629	498	404	334	281	239	207	180	159	141	126	2180
H-808x302x16x30	241.0	3390	2790	2960	9110	5580	3720	2790	2230	1860	1570	1260	1020	793	631	514	426	360	308	267	233	206	183	164	2520
H-890x299x15x23	213.0	3450	2610	2720	7930	5210	3480	2610	2090	1730	1340	1030	757	577	454	365	301	252	214	184	160	140	124	110	2600
H-900x300x16x28	243.0	4110	3060	2820	8400	6120	4080	3060	2450	2040	1640	1290	984	755	596	483	399	335	286	246	215	189	168	150	2810
H-912x302x18x34	286.0	4980	3660	2900	9020	7310	4880	3660	2930	2440	2040	1630	1310	1020	807	658	546	461	394	341	299	263	234	210	3200
H-918x303x19x37	307.0	5420	3960	2930	9360	7920	5280	3960	3170	2640	2250	1810	1470	1160	927	756	630	532	456	395	346	306	272	244	3400
H-100x100x6x8	17.2	3.83	25.6	1090	6150	51.2	34.2	25.6	18.9	14.1	10.3	7.89	6.22	5.03	4.15	3.49	2.97	2.56	2.23	1.96	1.73	1.55	1.39	1.25	117
H-125x125x6.5x9	23.8	8.47	44.9	1380	6660	89.8	59.9	44.9	35.0	26.3	19.9	15.1	11.9	9.59	7.90	6.63	5.64	4.86	4.23	3.71	3.28	2.93	2.63	2.37	158
H-150x150x7x10	31.5	16.4	72.0	1660	7330	144	96.0	72.0	57.6	45.0	35.0	26.9	21.1	17.0	14.0	11.7	9.94	8.55	7.44	6.53	5.77	5.15	4.61	4.16	205
H-200x200x8x12	49.9	47.2	154	2220	8770	307	205	154	123	102	84.5	68.1	54.9	43.9	36.0	30.0	25.4	21.8	18.9	16.6	14.7	13.0	11.7	10.5	312
H-200x204x12x12	56.2	49.8	165	2160	9620	331	221	165	132	110	93.7	76.4	62.9	51.6	42.3	35.4	30.0	25.8	22.4	19.6	17.3	15.4	13.8	12.5	468
H-208x202x10x16	65.7	65.3	208	2270	11100	416	277	208	166	139	119	103	86.3	72.9	62.0	51.9	44.0	37.9	32.9	28.9	25.5	22.7	20.4	18.4	406
H-244x252x11x11	64.4	87.9	225	2640	9450	449	300	225	180	150	128	110	89.9	72.6	58.9	48.8	41.1	35.1	30.4	26.5	23.4	20.8	18.6	16.7	523
H-248x249x8x13	66.5	99.3	258	2780	9770	516	344	258	206	172	147	124	102	84.1	68.3	56.6	47.7	40.7	35.2	30.8	27.1	24.1	21.5	19.4	387
H-250x250x9x14	72.4	108	281	2780	10300	562	375	281	225	187	161	138	115	96.0	79.0	65.6	55.3	47.3	41.0	35.8	31.6	28.0	25.1	22.6	439
H-250x255x14x14	82.2	115	304	2690	11300	608	405	304	243	203	174	152	128	108	92.2	77.3	65.3	56.0	48.5	42.4	37.5	33.3	29.8	26.8	683
H-294x302x12x12	84.5	169	346	3160	10600	693	462	346	277	231	198	173	154	130	107	88.1	73.7	62.6	53.9	46.9	41.2	36.4	32.5	29.2	688
H-298x299x9x14	87.0	188	396	3320	10900	791	527	396	316	264	226	198	174	146	123	101	84.4	71.7	61.7	53.7	47.1	41.7	37.2	33.4	523

1) SHN400, SHN490 이외의 강종은 판두께에 따른 강도저하를 고려하여야 한다. (KS규격 참조)
2) 주어진 경간 사이는 직선보간한다.
3) 최대계수하중은 휨에 대하여 산정된 값으로 경간이 짧은 경우 전단강도를 검토해야 한다.

도움표 6.18-490 H형강보의 강축 최대계수집중하중[3] p_u (kN)

중앙부집중하중 / 양단부횡지지 — SHN490 (F_y = 325[1] MPa) — C_b = 1.32

H형강 치수	단위중량 kg/m	I_x ×10⁶mm⁴	$øM_{px}$ kN.m	L_p mm	L_r mm	경간 L_n[2] (m) 2.0	3.0	4.0	5.0	6.0	7.0	8.0	9.0	10.0	11.0	12.0	13.0	14.0	15.0	16.0	17.0	18.0	19.0	20.0	설계 전단 강도 $ø_vV_{nx}$ kN
H-300x300x10x15	94.0	204	434	3320	11400	869	579	434	348	290	248	217	191	162	138	115	96.4	82.0	70.7	61.5	54.1	47.9	42.8	38.4	585
H-300x305x15x15	106.0	215	465	3210	12300	930	620	465	372	310	266	232	207	179	153	132	111	95.0	82.0	71.5	63.0	55.9	49.9	44.9	878
H-304x301x11x17	106.0	234	499	3350	12400	998	665	499	399	333	285	249	222	192	164	142	120	103	88.6	77.3	68.0	60.4	53.9	48.5	652
H-310x305x15x20	130.0	286	608	3350	14400	1220	811	608	486	405	347	304	270	243	215	188	165	145	127	111	97.6	86.7	77.6	69.8	907
H-310x310x20x20	142.0	299	643	3280	15600	1290	858	643	515	429	368	322	286	257	234	205	181	161	143	126	111	99.1	88.7	79.8	1210
H-338x351x13x13	106.0	282	491	3680	11900	981	654	491	393	327	280	245	218	196	174	148	123	104	89.0	77.1	67.4	59.5	52.9	47.4	857
H-344x348x10x16	115.0	333	601	3880	12600	1200	802	601	481	401	344	301	267	241	210	181	154	130	112	96.8	84.7	74.8	66.6	59.7	671
H-344x354x16x16	131.0	353	648	3730	13500	1300	864	648	518	432	370	324	288	259	232	202	176	151	130	113	99.1	87.7	78.1	70.1	1070
H-350x350x12x19	137.0	403	744	3910	14000	1490	993	744	596	496	425	372	331	298	265	231	202	178	153	133	117	103	92.0	82.6	819
H-350x357x19x19	156.0	428	807	3770	15300	1610	1080	807	646	538	461	404	359	323	294	259	228	202	179	157	138	122	109	98.0	1300
H-388x402x15x15	140.0	490	745	4220	13600	1490	993	745	596	496	426	372	331	298	271	248	218	188	160	138	120	106	94.1	84.0	1130
H-394x398x11x18	147.0	561	880	4450	14200	1760	1170	880	704	587	503	440	391	352	320	289	253	222	191	165	144	127	112	100	845
H-394x405x18x18	168.0	597	951	4260	15200	1900	1270	951	761	634	543	475	423	380	346	317	282	249	221	192	168	148	132	118	1380
H-400x400x13x21	172.0	666	1070	4480	15600	2150	1430	1070	859	716	614	537	477	430	391	356	314	278	247	218	190	168	150	134	1010
H-400x408x21x21	197.0	709	1160	4310	17000	2330	1550	1160	930	775	665	581	517	465	423	388	351	313	280	251	225	199	177	159	1640
H-406x403x16x24	200.0	780	1250	4480	17300	2500	1670	1250	1000	835	715	626	556	501	455	417	383	342	306	275	247	220	196	176	1270
H-414x405x18x28	232.0	928	1470	4530	19400	2940	1960	1470	1180	980	840	735	653	588	535	490	452	420	381	345	313	285	260	235	1450
H-428x407x20x35	283.0	1190	1850	4620	23300	3690	2460	1850	1480	1230	1050	923	820	738	671	615	568	527	492	462	428	393	362	334	1670
H-458x417x30x50	415.0	1870	2790	4730	33200	5580	3720	2790	2230	1860	1590	1400	1240	1120	1010	930	859	797	744	698	657	620	587	558	2680
H-498x432x45x70	605.0	2980	4230	4890	47600	8460	5640	4230	3380	2820	2420	2110	1880	1690	1540	1410	1300	1210	1130	1060	995	940	890	846	4370

1) SHN400, SHN490 이외의 강종은 판두께에 따른 강도저하를 고려하여야 한다. (KS규격 참조)
2) 주어진 경간 사이는 직선보간한다.
3) 최대계수하중은 휨에 대하여 산정된 값으로 경간이 짧은 경우 전단강도를 검토해야 한다.

도움표 6.19-400 H형강보의 강축 최대계수집중하중[3] p_u (kN)

중앙부집중하중 / 2등분점횡지지 — SHN400 (F_y = 235[1] MPa) — C_b = 1.67

H형강 치수	단위중량	I_x	$øM_{px}$	L_p	L_r	경간 L_n[2] (m)																			설계 전단 강도 $ø_vV_{nx}$
	kg/m	×10⁶mm⁴	kN.m	mm	mm	2.0	3.0	4.0	5.0	6.0	7.0	8.0	9.0	10.0	11.0	12.0	13.0	14.0	15.0	16.0	17.0	18.0	19.0	20.0	kN
H-150x75x5x7	14.0	6.66	21.5	867	3520	43.1	28.7	21.5	17.2	14.4	12.3	9.47	7.38	5.92	4.86	4.06	3.44	2.96	2.57	2.25	1.99	1.77	1.59	1.43	106
H-148x100x6x9	21.1	10.2	33.2	1230	6070	66.4	44.3	33.2	26.6	22.1	19.0	16.6	14.8	13.3	12.1	11.1	9.75	8.38	7.27	6.38	5.64	5.02	4.50	4.05	125
H-198x99x4.5x7	18.2	15.8	38.0	1150	3860	76.0	50.7	38.0	30.4	25.3	21.7	18.8	14.4	11.4	9.21	7.62	6.42	5.48	4.74	4.14	3.64	3.23	2.89	2.60	126
H-200x100x5.5x8	21.3	18.4	44.3	1150	4200	88.6	59.1	44.3	35.4	29.5	25.3	22.1	18.6	14.7	12.0	9.96	8.40	7.18	6.22	5.44	4.79	4.26	3.81	3.43	155
H-194x150x6x9	30.6	26.9	65.3	1880	7140	131	87.0	65.3	52.2	43.5	37.3	32.6	29.0	26.1	23.7	21.8	20.1	18.6	17.3	15.0	13.2	11.7	10.4	9.38	164
H-248x124x5x8	25.7	35.4	67.5	1450	4570	135	90.1	67.5	54.0	45.0	38.6	33.8	30.0	24.9	19.9	16.3	13.6	11.5	9.89	8.58	7.53	6.65	5.93	5.31	175
H-250x125x6x9	29.6	40.5	77.4	1450	4860	155	103	77.4	61.9	51.6	44.2	38.7	34.4	30.9	24.8	20.4	17.1	14.5	12.5	10.9	9.54	8.44	7.53	6.76	212
H-244x175x7x11	44.1	61.2	118	2180	8110	236	157	118	94.5	78.7	67.5	59.0	52.5	47.2	42.9	39.4	36.3	33.7	31.5	29.5	27.6	24.4	21.7	19.5	241
H-298x149x5.5x8	32.0	63.2	100	1710	5090	201	134	100	80.4	67.0	57.4	50.2	44.7	40.2	33.9	27.4	22.6	19.0	16.1	13.9	12.1	10.6	9.41	8.39	231
H-300x150x6.5x9	36.7	72.1	115	1710	5350	229	153	115	91.7	76.4	65.5	57.3	51.0	45.9	41.5	33.6	27.8	23.4	20.0	17.3	15.1	13.3	11.8	10.5	275
H-294x200x8x12	56.8	113	182	2450	8630	363	242	182	145	121	104	90.8	80.7	72.7	66.1	60.6	55.9	51.9	48.4	45.4	42.7	40.2	35.7	31.9	332
H-298x201x9x14	65.4	133	211	2480	9510	423	282	211	169	141	121	106	94.0	84.6	76.9	70.5	65.1	60.4	56.4	52.9	49.7	47.0	44.5	41.6	378
H-346x174x6x9	41.4	111	151	2020	5880	303	202	151	121	101	86.6	75.7	67.3	60.6	55.1	50.5	41.8	34.8	29.4	25.1	21.7	19.0	16.8	14.9	293
H-350x175x7x11	49.6	136	184	2050	6320	367	245	184	147	122	105	91.8	81.6	73.4	66.8	61.2	56.5	47.3	40.1	34.5	30.0	26.3	23.3	20.7	345
H-354x176x8x13	57.8	161	216	2080	6820	432	288	216	173	144	124	108	96.1	86.5	78.6	72.1	66.5	61.8	52.9	45.6	39.8	35.0	31.0	27.7	399
H-336x249x8x12	69.2	185	257	3080	9950	514	343	257	206	171	147	128	114	103	93.4	85.6	79.1	73.4	68.5	64.2	60.5	57.1	54.1	51.4	379
H-340x250x9x14	79.7	217	299	3120	10800	597	398	299	239	199	171	149	133	119	109	99.5	91.9	85.3	79.6	74.7	70.3	66.4	62.9	59.7	431
H-396x199x7x11	56.6	200	239	2330	6860	477	318	239	191	159	136	119	106	95.4	86.7	79.5	73.4	68.2	58.3	49.8	43.0	37.4	32.9	29.2	391
H-400x200x8x13	66.0	237	281	2360	7320	561	374	281	224	187	160	140	125	112	102	93.5	86.3	80.1	74.8	64.6	56.0	49.0	43.2	38.4	451
H-404x201x9x15	75.5	275	323	2390	7830	646	431	323	259	215	185	162	144	129	118	108	99.4	92.3	86.2	80.8	71.0	62.2	55.1	49.1	513

1) SHN400, SHN490 이외의 강종은 판두께에 따른 강도저하를 고려하여야 한다. (KS규격 참조)
2) 주어진 경간 사이는 직선보간한다.
3) 최대계수하중은 휨에 대하여 산정된 값으로 경간이 짧은 경우 전단강도를 검토해야 한다.

제6장

도움표 6.19-400 H형강보의 강축 최대계수집중하중[3] p_u (kN)

중앙부집중하중 / 2등분점횡지지 SHN400 (F_y = 235[1] MPa) C_b = 1.67

H형강 치수	단위중량	I_x	ϕM_{px}	L_p	L_r	경간 L_n[2] (m)																			설계 전단 강도 $\phi_v V_{nx}$
	kg/m	×10⁶mm⁴	kN.m	mm	mm	2.0	3.0	4.0	5.0	6.0	7.0	8.0	9.0	10.0	11.0	12.0	13.0	14.0	15.0	16.0	17.0	18.0	19.0	20.0	kN
H-386x299x9x14	94.3	337	406	3750	12000	811	541	406	325	270	232	203	180	162	148	135	125	116	108	101	95.4	90.1	85.4	81.1	490
H-390x300x10x16	107.0	387	463	3780	12900	925	617	463	370	308	264	231	206	185	168	154	142	132	123	116	109	103	97.4	92.5	550
H-446x199x8x12	66.2	287	307	2250	6730	613	409	307	245	204	175	153	136	123	112	102	94.4	85.6	72.1	61.6	53.2	46.4	40.8	36.2	503
H-450x200x9x14	76.0	335	355	2290	7140	710	473	355	284	237	203	178	158	142	129	118	109	101	91.2	78.1	67.7	59.2	52.2	46.4	571
H-434x299x10x15	106.0	468	504	3660	11700	1010	672	504	403	336	288	252	224	202	183	168	155	144	134	126	119	112	106	101	612
H-440x300x11x18	124.0	561	597	3730	12800	1190	797	597	478	398	341	299	266	239	217	199	184	171	159	149	141	133	126	119	682
H-496x199x9x14	79.5	419	405	2220	6790	810	540	405	324	270	231	202	180	162	147	135	125	114	96.0	82.1	71.0	62.0	54.6	48.5	629
H-500x200x10x16	89.6	478	460	2250	7160	920	613	460	368	307	263	230	204	184	167	153	142	131	118	101	87.8	76.9	67.9	60.4	705
H-506x201x11x19	103.0	565	537	2310	7760	1070	717	537	430	358	307	269	239	215	195	179	165	154	143	132	115	101	89.5	79.8	785
H-482x300x11x15	114.0	604	590	3540	11100	1180	787	590	472	394	337	295	262	236	215	197	182	169	157	148	139	131	124	118	748
H-488x300x11x18	128.0	710	683	3660	12000	1370	910	683	546	455	390	341	303	273	248	228	210	195	182	171	161	152	144	137	757
H-596x199x10x15	94.6	687	561	2110	6410	1120	748	561	449	374	320	280	249	224	204	187	172	142	120	102	88.1	76.8	67.5	59.8	840
H-600x200x11x17	106.0	776	630	2140	6700	1260	840	630	504	420	360	315	280	252	229	210	194	171	145	124	107	93.4	82.3	73.1	931
H-606x201x12x20	120.0	904	726	2200	7160	1450	968	726	581	484	415	363	323	290	264	242	223	207	184	158	137	120	106	94.4	1030
H-612x202x13x23	134.0	1030	823	2240	7660	1650	1100	823	659	549	471	412	366	329	299	274	253	235	220	197	171	150	133	119	1120
H-582x300x12x17	137.0	1030	838	3450	10600	1680	1120	838	670	559	479	419	372	335	305	279	258	239	223	210	197	186	176	168	985
H-588x300x12x20	151.0	1180	949	3560	11300	1900	1270	949	760	633	543	475	422	380	345	316	292	271	253	237	223	211	200	190	995
H-594x302x14x23	175.0	1370	1100	3590	12200	2200	1470	1100	879	733	628	550	489	440	400	366	338	314	293	275	259	244	231	220	1170
H-692x300x13x20	166.0	1720	1190	3400	10400	2380	1590	1190	952	794	680	595	529	476	433	397	366	340	317	298	280	265	251	238	1270
H-700x300x13x24	185.0	2010	1370	3520	11100	2730	1820	1370	1090	911	781	684	608	547	497	456	421	391	365	342	322	304	288	273	1280

1) SHN400, SHN490 이외의 강종은 판두께에 따른 강도저하를 고려하여야 한다. (KS규격 참조)
2) 주어진 경간 사이는 직선보간한다.
3) 최대계수하중은 휨에 대하여 산정된 값으로 경간이 짧은 경우 전단강도를 검토해야 한다.

도움표 6.19-400 H형강보의 강축 최대계수집중하중[3] p_u (kN)

중앙부집중하중 / 2등분점횡지지 SHN400 (F_y = 235[1] MPa) C_b = 1.67

H형강 치수	단위중량 kg/m	I_x ×10^6mm^4	ϕM_{px} kN.m	L_p mm	L_r mm	경간 L_n[2] (m) 2.0	3.0	4.0	5.0	6.0	7.0	8.0	9.0	10.0	11.0	12.0	13.0	14.0	15.0	16.0	17.0	18.0	19.0	20.0	설계전단강도 $\phi_v V_{nx}$ kN
H-708x302x15x28	215.0	2370	1600	3570	12000	3200	2130	1600	1280	1070	914	799	711	640	581	533	492	457	426	400	376	355	337	320	1500
H-792x300x14x22	191.0	2540	1540	3320	10100	3080	2060	1540	1230	1030	881	771	685	617	560	514	474	440	411	385	363	343	324	308	1560
H-800x300x14x26	210.0	2920	1740	3440	10700	3490	2320	1740	1390	1160	996	872	775	697	634	581	536	498	465	436	410	387	367	349	1580
H-808x302x16x30	241.0	3390	2020	3480	11500	4030	2690	2020	1610	1340	1150	1010	896	807	733	672	620	576	538	504	474	448	425	403	1820
H-890x299x15x23	213.0	3450	1890	3200	9690	3770	2510	1890	1510	1260	1080	943	838	754	686	628	580	539	503	471	444	419	397	365	1880
H-900x300x16x28	243.0	4110	2210	3320	10400	4420	2950	2210	1770	1470	1260	1110	983	884	804	737	680	632	590	553	520	491	465	442	2030
H-912x302x18x34	286.0	4980	2640	3410	11300	5290	3530	2640	2120	1760	1510	1320	1180	1060	961	881	814	755	705	661	622	588	557	529	2310
H-918x303x19x37	307.0	5420	2860	3450	11900	5730	3820	2860	2290	1910	1640	1430	1270	1150	1040	955	881	818	764	716	674	636	603	573	2460
H-100x100x6x8	17.2	3.83	18.5	1290	8440	37.1	24.7	18.5	14.8	12.4	10.6	9.26	8.23	7.41	6.74	6.18	5.70	5.29	4.94	4.63	4.36	3.93	3.53	3.18	84.6
H-125x125x6.5x9	23.8	8.47	32.5	1620	9080	64.9	43.3	32.5	26.0	21.6	18.6	16.2	14.4	13.0	11.8	10.8	9.99	9.28	8.66	8.12	7.64	7.21	6.73	6.06	115
H-150x150x7x10	31.5	16.4	52.0	1950	9930	104	69.4	52.0	41.6	34.7	29.7	26.0	23.1	20.8	18.9	17.3	16.0	14.9	13.9	13.0	12.2	11.6	11.0	10.4	148
H-200x200x8x12	49.9	47.2	111	2610	11700	222	148	111	88.9	74.1	63.5	55.6	49.4	44.5	40.4	37.0	34.2	31.8	29.6	27.8	26.2	24.7	23.4	22.2	226
H-200x204x12x12	56.2	49.8	120	2540	13000	239	159	120	95.7	79.7	68.3	59.8	53.2	47.8	43.5	39.9	36.8	34.2	31.9	29.9	28.1	26.6	25.2	23.9	338
H-208x202x10x16	65.7	65.3	150	2670	15100	300	200	150	120	100	85.8	75.1	66.8	60.1	54.6	50.1	46.2	42.9	40.1	37.6	35.3	33.4	31.6	30.0	293
H-244x252x11x11	64.4	87.9	169	3110	12400	339	226	169	136	113	96.8	84.7	75.3	67.8	61.6	56.5	52.1	48.4	45.2	42.4	39.9	37.7	35.7	33.9	378
H-248x249x8x13	66.5	99.3	187	3270	12900	373	249	187	149	124	107	93.4	83.0	74.7	67.9	62.2	57.5	53.4	49.8	46.7	43.9	41.5	39.3	37.3	280
H-250x250x9x14	72.4	108	203	3270	13700	406	271	203	163	135	116	102	90.3	81.3	73.9	67.7	62.5	58.0	54.2	50.8	47.8	45.1	42.8	40.6	317
H-250x255x14x14	82.2	115	220	3160	15200	439	293	220	176	146	126	110	97.6	87.9	79.9	73.2	67.6	62.8	58.6	54.9	51.7	48.8	46.2	43.9	494
H-294x302x12x12	84.5	169	263	3720	13700	525	350	263	210	175	150	131	117	105	95.5	87.6	80.8	75.0	70.0	65.7	61.8	58.4	55.3	52.5	497
H-298x299x9x14	87.0	188	294	3900	14200	588	392	294	235	196	168	147	131	118	107	97.9	90.4	84.0	78.4	73.5	69.1	65.3	61.9	58.8	378

1) SHN400, SHN490 이외의 강종은 판두께에 따른 강도저하를 고려하여야 한다. (KS규격 참조)
2) 주어진 경간 사이는 직선보간한다.
3) 최대계수하중은 휨에 대하여 산정된 값으로 경간이 짧은 경우 전단강도를 검토해야 한다.

도움표 6.19-400 H형강보의 강축 최대계수집중하중[3] p_u (kN)

중앙부집중하중 / 2등분점횡지지 SHN400 (F_y = 235[1] MPa) C_b = 1.67

H형강 치수	단위중량	I_x	ϕM_{px}	L_p	L_r	경간 L_n[2] (m)																			설계 전단 강도 $\phi_v V_{nx}$
	kg/m	×10^6mm^4	kN.m	mm	mm	2.0	3.0	4.0	5.0	6.0	7.0	8.0	9.0	10.0	11.0	12.0	13.0	14.0	15.0	16.0	17.0	18.0	19.0	20.0	kN
H-300x300x10x15	94.0	204	317	3900	15000	635	423	317	254	212	181	159	141	127	115	106	97.7	90.7	84.7	79.4	74.7	70.6	66.8	63.5	423
H-300x305x15x15	106.0	215	341	3770	16300	683	455	341	273	228	195	171	152	137	124	114	105	97.5	91.0	85.3	80.3	75.8	71.9	68.3	635
H-304x301x11x17	106.0	234	361	3940	16400	721	481	361	289	240	206	180	160	144	131	120	111	103	96.2	90.2	84.9	80.2	75.9	72.1	472
H-310x305x15x20	130.0	286	440	3930	19400	879	586	440	352	293	251	220	195	176	160	147	135	126	117	110	103	97.7	92.6	87.9	656
H-310x310x20x20	142.0	299	465	3860	21200	930	620	465	372	310	266	233	207	186	169	155	143	133	124	116	109	103	97.9	93.0	874
H-338x351x13x13	106.0	282	374	4330	15300	747	498	374	299	249	213	187	166	149	136	125	115	107	99.6	93.4	87.9	83.0	78.7	74.7	620
H-344x348x10x16	115.0	333	449	4560	16300	897	598	449	359	299	256	224	199	179	163	150	138	128	120	112	106	99.7	94.5	89.7	485
H-344x354x16x16	131.0	353	486	4380	17700	973	648	486	389	324	278	243	216	195	177	162	150	139	130	122	114	108	102	97.3	776
H-350x350x12x19	137.0	403	538	4600	18500	1080	718	538	431	359	308	269	239	215	196	179	166	154	144	135	127	120	113	108	592
H-350x357x19x19	156.0	428	584	4430	20500	1170	778	584	467	389	334	292	259	233	212	195	180	167	156	146	137	130	123	117	938
H-388x402x15x15	140.0	490	567	4960	17500	1130	755	567	453	378	324	283	252	227	206	189	174	162	151	142	133	126	119	113	821
H-394x398x11x18	147.0	561	660	5230	18400	1320	879	660	528	440	377	330	293	264	240	220	203	188	176	165	155	147	139	132	611
H-394x405x18x18	168.0	597	717	5020	19900	1430	955	717	573	478	409	358	318	287	261	239	220	205	191	179	169	159	151	143	1000
H-400x400x13x21	172.0	666	777	5260	20500	1550	1040	777	621	518	444	388	345	311	282	259	239	222	207	194	183	173	164	155	733
H-400x408x21x21	197.0	709	844	5070	22600	1690	1130	844	676	563	483	422	375	338	307	281	260	241	225	211	199	188	178	169	1180
H-406x403x16x24	200.0	780	905	5270	23100	1810	1210	905	724	603	517	453	402	362	329	302	279	259	241	226	213	201	191	181	916
H-414x405x18x28	232.0	928	1060	5330	26300	2130	1420	1060	850	709	607	532	472	425	387	354	327	304	283	266	250	236	224	213	1050
H-428x407x20x35	283.0	1190	1330	5430	31900	2670	1780	1330	1070	890	763	667	593	534	485	445	411	381	356	334	314	297	281	267	1210
H-458x417x30x50	415.0	1870	2020	5560	45800	4040	2690	2020	1610	1350	1150	1010	897	807	734	673	621	577	538	504	475	448	425	404	1940
H-498x432x45x70	605.0	2980	3060	5750	65700	6120	4080	3060	2450	2040	1750	1530	1360	1220	1110	1020	941	874	815	764	719	679	644	612	3160

1) SHN400, SHN490 이외의 강종은 판두께에 따른 강도저하를 고려하여야 한다. (KS규격 참조)
2) 주어진 경간 사이는 직선보간한다.
3) 최대계수하중은 휨에 대하여 산정된 값으로 경간이 짧은 경우 전단강도를 검토해야 한다.

도움표 6.19-490 H형강보의 강축 최대계수집중하중[3] p_u (kN)

중앙부집중하중 / 2등분점횡지지　　SHN490 (F_y = 325[1] MPa)　　C_b = 1.67

H형강 치수	단위중량	I_x	$øM_{px}$	L_p	L_r	경간 L_n[2] (m)																			설계 전단 강도 $ø_vV_{nx}$
	kg/m	×10⁶mm⁴	kN.m	mm	mm	2.0	3.0	4.0	5.0	6.0	7.0	8.0	9.0	10.0	11.0	12.0	13.0	14.0	15.0	16.0	17.0	18.0	19.0	20.0	kN
H-150x75x5x7	14.0	6.66	25.4	737	2680	59.6	39.7	29.8	23.8	17.6	12.6	9.47	7.38	5.92	4.86	4.06	3.44	2.96	2.57	2.25	1.99	1.77	1.59	1.43	146
H-148x100x6x9	21.1	10.2	45.9	1050	4500	91.8	61.2	45.9	36.7	30.6	26.2	23.0	20.4	16.8	13.8	11.5	9.75	8.38	7.27	6.38	5.64	5.02	4.50	4.05	173
H-198x99x4.5x7	18.2	15.8	48.7	978	3040	105	70.1	52.6	42.1	35.1	25.7	18.8	14.4	11.4	9.21	7.62	6.42	5.48	4.74	4.14	3.64	3.23	2.89	2.60	174
H-200x100x5.5x8	21.3	18.4	57.9	981	3260	123	81.7	61.3	49.0	40.8	32.8	24.2	18.6	14.7	12.0	9.96	8.40	7.18	6.22	5.44	4.79	4.26	3.81	3.43	215
H-194x150x6x9	30.6	26.9	90.3	1590	5460	181	120	90.3	72.2	60.2	51.6	45.1	40.1	36.1	32.8	28.1	23.6	20.0	17.3	15.0	13.2	11.7	10.4	9.38	227
H-248x124x5x8	25.7	35.4	93.4	1230	3650	187	125	93.4	74.7	62.3	53.4	42.6	32.0	24.9	19.9	16.3	13.6	11.5	9.89	8.58	7.53	6.65	5.93	5.31	242
H-250x125x6x9	29.6	40.5	107	1230	3840	214	143	107	85.6	71.3	61.2	52.3	39.5	30.9	24.8	20.4	17.1	14.5	12.5	10.9	9.54	8.44	7.53	6.76	293
H-244x175x7x11	44.1	61.2	163	1850	6230	327	218	163	131	109	93.3	81.7	72.6	65.3	59.4	54.4	49.9	42.3	36.3	31.5	27.6	24.4	21.7	19.5	333
H-298x149x5.5x8	32.0	63.2	139	1460	4140	278	185	139	111	92.6	79.4	69.5	56.4	43.1	33.9	27.4	22.6	19.0	16.1	13.9	12.1	10.6	9.41	8.39	320
H-300x150x6.5x9	36.7	72.1	159	1460	4300	317	211	159	127	106	90.6	79.3	68.1	52.3	41.5	33.6	27.8	23.4	20.0	17.3	15.1	13.3	11.8	10.5	380
H-294x200x8x12	56.8	113	251	2080	6710	503	335	251	201	168	144	126	112	101	91.4	83.8	77.3	71.1	60.7	52.4	45.7	40.2	35.7	31.9	459
H-298x201x9x14	65.4	133	292	2110	7270	585	390	292	234	195	167	146	130	117	106	97.5	90.0	83.5	78.0	67.8	59.3	52.3	46.5	41.6	523
H-346x174x6x9	41.4	111	209	1710	4800	418	278	209	167	139	119	104	92.8	81.9	63.9	51.1	41.8	34.8	29.4	25.1	21.7	19.0	16.8	14.9	405
H-350x175x7x11	49.6	136	254	1750	5090	508	338	254	203	169	145	127	113	102	85.4	68.8	56.5	47.3	40.1	34.5	30.0	26.3	23.3	20.7	478
H-354x176x8x13	57.8	161	299	1770	5410	598	399	299	239	199	171	150	133	120	109	89.4	73.8	62.0	52.9	45.6	39.8	35.0	31.0	27.7	552
H-336x249x8x12	69.2	185	348	2620	7860	697	465	348	279	232	199	174	155	139	127	116	107	99.5	92.9	87.1	79.2	69.2	60.9	54.0	524
H-340x250x9x14	79.7	217	413	2650	8400	826	551	413	330	275	236	207	184	165	150	138	127	118	110	103	97.2	88.3	77.9	69.3	597
H-396x199x7x11	56.6	200	330	1980	5580	660	440	330	264	220	189	165	147	132	120	103	83.5	69.3	58.3	49.8	43.0	37.4	32.9	29.2	541
H-400x200x8x13	66.0	237	388	2010	5880	776	517	388	310	259	222	194	172	155	141	129	107	89.2	75.4	64.6	56.0	49.0	43.2	38.4	624
H-404x201x9x15	75.5	275	447	2030	6210	894	596	447	358	298	255	223	199	179	163	149	134	112	95.0	81.7	71.0	62.2	55.1	49.1	709

1) SHN400, SHN490 이외의 강종은 판두께에 따른 강도저하를 고려하여야 한다. (KS규격 참조)
2) 주어진 경간 사이는 직선보간한다.
3) 최대계수하중은 휨에 대하여 산정된 값으로 경간이 짧은 경우 전단강도를 검토해야 한다.

도움표 6.19-490 H형강보의 강축 최대계수집중하중[3] p_u (kN)

중앙부집중하중 / 2등분점횡지지 — SHN490 (F_y = 325[1] MPa) — C_b = 1.67

H형강 치수	단위중량 kg/m	I_x ×10^6mm^4	$øM_{px}$ kN.m	L_p mm	L_r mm	경간 L_n[2] (m) 2.0	3.0	4.0	5.0	6.0	7.0	8.0	9.0	10.0	11.0	12.0	13.0	14.0	15.0	16.0	17.0	18.0	19.0	20.0	설계전단강도 $ø_vV_{nx}$ kN
H-386x299x9x14	94.3	337	546	3190	9480	1090	728	546	437	364	312	273	243	218	199	182	168	156	146	137	129	121	115	109	677
H-390x300x10x16	107.0	387	640	3220	10000	1280	853	640	512	427	366	320	284	256	233	213	197	183	171	160	151	142	135	128	761
H-446x199x8x12	66.2	287	424	1910	5480	848	566	424	339	283	242	212	189	170	154	127	103	85.6	72.1	61.6	53.2	46.4	40.8	36.2	696
H-450x200x9x14	76.0	335	491	1940	5740	982	655	491	393	327	281	246	218	196	179	158	130	108	91.2	78.1	67.7	59.2	52.2	46.4	790
H-434x299x10x15	106.0	468	691	3110	9250	1380	921	691	552	460	395	345	307	276	251	230	212	197	184	173	162	153	145	132	846
H-440x300x11x18	124.0	561	826	3170	9960	1650	1100	826	661	551	472	413	367	331	300	275	254	236	220	207	194	184	174	165	944
H-496x199x9x14	79.5	419	560	1890	5510	1120	747	560	448	373	320	280	249	224	204	168	137	114	96.0	82.1	71.0	62.0	54.6	48.5	870
H-500x200x10x16	89.6	478	636	1910	5750	1270	848	636	509	424	364	318	283	254	231	204	167	140	118	101	87.8	76.9	67.9	60.4	975
H-506x201x11x19	103.0	565	743	1960	6140	1490	991	743	595	495	425	372	330	297	270	248	216	181	154	132	115	101	89.5	79.8	1090
H-482x300x11x15	114.0	604	808	3010	8900	1620	1080	808	646	538	461	404	359	323	294	269	248	231	215	202	190	179	163	144	1030
H-488x300x11x18	128.0	710	944	3110	9450	1890	1260	944	755	629	539	472	420	378	343	315	290	270	252	236	222	210	199	183	1050
H-596x199x10x15	94.6	687	775	1790	5240	1550	1030	775	620	517	443	388	345	310	264	211	172	142	120	102	88.1	76.8	67.5	59.8	1160
H-600x200x11x17	106.0	776	871	1820	5440	1740	1160	871	697	581	498	436	387	349	315	252	206	171	145	124	107	93.4	82.3	73.1	1290
H-606x201x12x20	120.0	904	1000	1870	5740	2010	1340	1000	803	669	574	502	446	402	365	318	261	217	184	158	137	120	106	94.4	1420
H-612x202x13x23	134.0	1030	1140	1910	6070	2280	1520	1140	911	759	651	569	506	456	414	380	322	270	229	197	171	150	133	119	1550
H-582x300x12x17	137.0	1030	1160	2930	8580	2320	1550	1160	927	773	662	580	515	464	421	386	357	331	309	290	273	249	217	191	1360
H-588x300x12x20	151.0	1180	1310	3030	9010	2630	1750	1310	1050	875	750	657	584	525	477	438	404	375	350	328	309	292	267	236	1380
H-594x302x14x23	175.0	1370	1520	3050	9570	3040	2030	1520	1220	1010	869	760	676	608	553	507	468	434	405	380	358	338	320	297	1620
H-692x300x13x20	166.0	1720	1650	2890	8410	3290	2200	1650	1320	1100	941	823	732	659	599	549	507	470	439	412	387	340	296	260	1750
H-700x300x13x24	185.0	2010	1890	3000	8900	3780	2520	1890	1510	1260	1080	945	840	756	688	630	582	540	504	473	445	420	375	331	1770

1) SHN400, SHN490 이외의 강종은 판두께에 따른 강도저하를 고려하여야 한다. (KS규격 참조)
2) 주어진 경간 사이는 직선보간한다.
3) 최대계수하중은 휨에 대하여 산정된 값으로 경간이 짧은 경우 전단강도를 검토해야 한다.

도움표 6.19-490 H형강보의 강축 최대계수집중하중[3] p_u (kN)

중앙부집중하중 / 2등분점횡지지 SHN490 (F_y = 325[1] MPa) C_b = 1.67

H형강 치수	단위중량	I_x	ϕM_{px}	L_p	L_r	경간 L_n[2] (m)																			설계전단강도 $\phi_v V_{nx}$
	kg/m	×10⁶mm⁴	kN.m	mm	mm	2.0	3.0	4.0	5.0	6.0	7.0	8.0	9.0	10.0	11.0	12.0	13.0	14.0	15.0	16.0	17.0	18.0	19.0	20.0	kN
H-708x302x15x28	215.0	2370	2210	3030	9480	4420	2950	2210	1770	1470	1260	1110	983	884	804	737	680	632	590	553	520	491	466	425	2070
H-792x300x14x22	191.0	2540	2130	2820	8210	4260	2840	2130	1710	1420	1220	1070	947	853	775	711	656	609	568	533	487	420	365	321	2160
H-800x300x14x26	210.0	2920	2410	2930	8630	4820	3210	2410	1930	1610	1380	1210	1070	964	877	804	742	689	643	603	567	518	452	398	2180
H-808x302x16x30	241.0	3390	2790	2960	9110	5580	3720	2790	2230	1860	1590	1390	1240	1120	1010	930	858	797	744	697	656	620	568	501	2520
H-890x299x15x23	213.0	3450	2610	2720	7930	5210	3480	2610	2090	1740	1490	1300	1160	1040	948	869	802	745	695	652	556	479	416	365	2600
H-900x300x16x28	243.0	4110	3060	2820	8400	6120	4080	3060	2450	2040	1750	1530	1360	1220	1110	1020	941	874	815	764	719	622	543	477	2810
H-912x302x18x34	283.0	4980	3660	2900	9020	7310	4880	3660	2930	2440	2090	1830	1630	1460	1330	1220	1130	1040	975	914	860	813	728	642	3200
H-918x303x19x37	307.0	5420	3960	2930	9360	7920	5280	3960	3170	2640	2260	1980	1760	1580	1440	1320	1220	1130	1060	990	932	880	831	735	3400
H-100x100x6x8	17.2	3.83	25.6	1090	6150	51.2	34.2	25.6	20.5	17.1	14.6	12.8	11.4	10.2	9.32	8.54	7.60	6.54	5.69	4.99	4.42	3.93	3.53	3.18	117
H-125x125x6.5x9	23.8	8.47	44.9	1380	6660	89.8	59.9	44.9	35.9	29.9	25.7	22.5	20.0	18.0	16.3	15.0	13.8	12.6	10.9	9.55	8.44	7.51	6.73	6.06	158
H-150x150x7x10	31.5	16.4	72.0	1660	7330	144	96.0	72.0	57.6	48.0	41.1	36.0	32.0	28.8	26.2	24.0	22.1	20.6	19.2	17.0	15.0	13.3	11.9	10.7	205
H-200x200x8x12	49.9	47.2	154	2220	8770	307	205	154	123	102	87.8	76.9	68.3	61.5	55.9	51.2	47.3	43.9	41.0	38.4	36.2	34.2	31.0	27.8	312
H-200x204x12x12	56.2	49.8	165	2160	9620	331	221	165	132	110	94.5	82.7	73.5	66.2	60.1	55.1	50.9	47.3	44.1	41.4	38.9	36.8	34.8	32.6	468
H-208x202x10x16	65.7	65.3	208	2270	11100	416	277	208	166	139	119	104	92.3	83.1	75.6	69.3	63.9	59.4	55.4	51.9	48.9	46.2	43.7	41.6	406
H-244x252x11x11	64.4	87.9	225	2640	9450	449	300	225	180	150	128	112	99.9	89.9	81.7	74.9	69.1	64.2	59.9	56.2	52.9	49.9	47.3	44.9	523
H-248x249x8x13	66.5	99.3	258	2780	9770	516	344	258	206	172	147	129	115	103	93.8	86.0	79.4	73.7	68.8	64.5	60.7	57.3	54.3	51.6	387
H-250x250x9x14	72.4	108	281	2780	10300	562	375	281	225	187	161	140	125	112	102	93.6	86.4	80.3	74.9	70.2	66.1	62.4	59.1	56.2	439
H-250x255x14x14	82.2	115	304	2690	11300	608	405	304	243	203	174	152	135	122	110	101	93.5	86.8	81.0	75.9	71.5	67.5	64.0	60.8	683
H-294x302x12x12	84.5	169	346	3160	10600	693	462	346	277	231	198	173	154	139	126	115	107	99.0	92.4	86.6	81.5	77.0	72.9	69.3	688
H-298x299x9x14	87.0	188	396	3320	10900	791	527	396	316	264	226	198	176	158	144	132	122	113	105	98.9	93.1	87.9	83.3	79.1	523

1) SHN400, SHN490 이외의 강종은 판두께에 따른 강도저하를 고려하여야 한다. (KS규격 참조)
2) 주어진 경간 사이는 직선보간한다.
3) 최대계수하중은 휨에 대하여 산정된 값으로 경간이 짧은 경우 전단강도를 검토해야 한다.

도움표 6.19-490 H형강보의 강축 최대계수집중하중[3] p_u (kN)

중앙부집중하중 / 2등분점횡지지 SHN490 (F_y = 325[1] MPa) C_b = 1.67

H형강 치수	단위중량 kg/m	I_x ×10⁶mm⁴	$øM_{px}$ kN.m	L_p mm	L_r mm	경간 L_n[2] (m) 2.0	3.0	4.0	5.0	6.0	7.0	8.0	9.0	10.0	11.0	12.0	13.0	14.0	15.0	16.0	17.0	18.0	19.0	20.0	설계전단강도 $ø_vV_{nx}$ kN
H-300x300x10x15	94.0	204	434	3320	11400	869	579	434	348	290	248	217	193	174	158	145	134	124	116	109	102	96.5	91.5	86.9	585
H-300x305x15x15	106.0	215	465	3210	12300	930	620	465	372	310	266	232	207	186	169	155	143	133	124	116	109	103	97.9	93.0	878
H-304x301x11x17	106.0	234	499	3350	12400	998	665	499	399	333	285	249	222	200	181	166	153	143	133	125	117	111	105	99.8	652
H-310x305x15x20	130.0	286	608	3350	14400	1220	811	608	486	405	347	304	270	243	221	203	187	174	162	152	143	135	128	122	907
H-310x310x20x20	142.0	299	643	3280	15600	1290	858	643	515	429	368	322	286	257	234	214	198	184	172	161	151	143	135	129	1210
H-338x351x13x13	106.0	282	491	3680	11900	981	654	491	393	327	280	245	218	196	178	164	151	140	131	123	115	109	103	98.1	857
H-344x348x10x16	115.0	333	601	3880	12600	1200	802	601	481	401	344	301	267	241	219	200	185	172	160	150	142	134	127	120	671
H-344x354x16x16	131.0	353	648	3730	13500	1300	864	648	518	432	370	324	288	259	236	216	199	185	173	162	152	144	136	130	1070
H-350x350x12x19	137.0	403	744	3910	14000	1490	993	744	596	496	425	372	331	298	271	248	229	213	199	186	175	165	157	149	819
H-350x357x19x19	156.0	428	807	3770	15300	1610	1080	807	646	538	461	404	359	323	294	269	248	231	215	202	190	179	170	161	1300
H-388x402x15x15	140.0	490	745	4220	13600	1490	993	745	596	496	426	372	331	298	271	248	229	213	199	186	175	165	157	149	1130
H-394x398x11x18	147.0	561	880	4450	14200	1760	1170	880	704	587	503	440	391	352	320	293	271	251	235	220	207	196	185	176	845
H-394x405x18x18	168.0	597	951	4260	15200	1900	1270	951	761	634	543	475	423	380	346	317	293	272	254	238	224	211	200	190	1380
H-400x400x13x21	172.0	666	1070	4480	15600	2150	1430	1070	859	716	614	537	477	430	391	358	331	307	286	269	253	239	226	215	1010
H-400x408x21x21	197.0	709	1160	4310	17000	2330	1550	1160	930	775	665	581	517	465	423	388	358	332	310	291	274	258	245	233	1640
H-406x403x16x24	200.0	780	1250	4480	17300	2500	1670	1250	1000	835	715	626	556	501	455	417	385	358	334	313	295	278	264	250	1270
H-414x405x18x28	232.0	928	1470	4530	19400	2940	1960	1470	1180	980	840	735	653	588	535	490	452	420	392	368	346	327	310	294	1450
H-428x407x20x35	283.0	1190	1850	4620	23300	3690	2460	1850	1480	1230	1050	923	820	738	671	615	568	527	492	462	434	410	389	369	1670
H-458x417x30x50	415.0	1870	2790	4730	33200	5580	3720	2790	2230	1860	1590	1400	1240	1120	1010	930	859	797	744	698	657	620	587	558	2680
H-498x432x45x70	605.0	2980	4230	4890	47600	8460	5640	4230	3380	2820	2420	2110	1880	1690	1540	1410	1300	1210	1130	1060	995	940	890	846	4370

1) SHN400, SHN490 이외의 강종은 판두께에 따른 강도저하를 고려하여야 한다. (KS규격 참조)
2) 주어진 경간 사이는 직선보간한다.
3) 최대계수하중은 휨에 대하여 산정된 값으로 경간이 짧은 경우 전단강도를 검토해야 한다.

도움표 6.20-400 H형강보의 강축 최대계수집중하중[3] p_u (kN)

2점집중하중 / 양단부횡지지 **SHN400 (F_y = 235[1] MPa)** **C_b = 1.14**

H형강 치수	단위중량	I_x	$øM_{px}$	L_p	L_r	경간 L_n[2] (m)																			설계 전단 강도 $ø_vV_{nx}$
	kg/m	×10^6mm^4	kN.m	mm	mm	2.0	3.0	4.0	5.0	6.0	7.0	8.0	9.0	10.0	11.0	12.0	13.0	14.0	15.0	16.0	17.0	18.0	19.0	20.0	kN
H-150x75x5x7	14.0	6.66	21.5	867	3520	30.7	16.9	9.70	6.06	4.16	3.03	2.31	1.82	1.47	1.21	1.02	0.864	0.744	0.648	0.569	0.504	0.449	0.403	0.364	106
H-148x100x6x9	21.1	10.2	33.2	1230	6070	49.8	32.5	22.1	15.9	11.7	8.58	6.53	5.14	4.15	3.42	2.87	2.44	2.10	1.83	1.61	1.42	1.27	1.14	1.03	125
H-198x99x4.5x7	18.2	15.8	38.0	1150	3860	57.0	32.1	19.2	11.6	7.81	5.61	4.23	3.31	2.66	2.19	1.83	1.55	1.34	1.16	1.02	0.902	0.803	0.720	0.649	126
H-200x100x5.5x8	21.3	18.4	44.3	1150	4200	66.4	38.7	24.3	15.1	10.2	7.36	5.57	4.36	3.51	2.89	2.42	2.06	1.77	1.54	1.35	1.19	1.06	0.954	0.860	155
H-194x150x6x9	30.6	26.9	65.3	1880	7140	97.9	65.3	47.4	34.8	26.4	20.4	15.4	12.0	9.60	7.87	6.57	5.57	4.79	4.16	3.64	3.22	2.87	2.57	2.32	164
H-248x124x5x8	25.7	35.4	67.5	1450	4570	101	62.6	40.0	25.5	16.7	11.8	8.79	6.81	5.44	4.45	3.71	3.14	2.69	2.33	2.04	1.81	1.61	1.44	1.30	175
H-250x125x6x9	29.6	40.5	77.4	1450	4860	116	73.0	47.4	31.6	20.9	14.9	11.1	8.65	6.92	5.67	4.73	4.01	3.44	2.99	2.62	2.31	2.06	1.85	1.66	212
H-244x175x7x11	44.1	61.2	118	2180	8110	177	118	88.6	66.5	51.2	40.3	32.1	25.0	19.9	16.3	13.6	11.5	9.84	8.53	7.47	6.60	5.87	5.26	4.73	241
H-298x149x5.5x8	32.0	63.2	100	1710	5090	151	98.2	64.1	43.7	28.1	19.4	14.2	10.9	8.59	6.97	5.77	4.86	4.15	3.58	3.13	2.76	2.45	2.19	1.97	231
H-300x150x6.5x9	36.7	72.1	115	1710	5350	172	113	74.6	51.5	34.4	24.0	17.7	13.6	10.8	8.76	7.27	6.13	5.25	4.54	3.97	3.50	3.11	2.78	2.50	275
H-294x200x8x12	56.8	113	182	2450	8630	273	182	136	105	81.5	64.5	51.8	41.2	32.7	26.6	22.0	18.6	15.9	13.7	12.0	10.6	9.41	8.42	7.57	332
H-298x201x9x14	65.4	133	211	2480	9510	317	211	159	125	97.9	78.4	63.8	52.4	42.6	34.7	28.9	24.4	20.9	18.1	15.8	14.0	12.4	11.1	10.0	378
H-346x174x6x9	41.4	111	151	2020	5880	227	151	105	73.7	52.3	35.6	25.7	19.5	15.2	12.3	10.1	8.46	7.19	6.19	5.39	4.73	4.19	3.74	3.36	293
H-350x175x7x11	49.6	136	184	2050	6320	275	184	130	93.0	68.3	48.4	35.3	26.9	21.2	17.2	14.2	11.9	10.2	8.78	7.66	6.74	5.98	5.35	4.81	345
H-354x176x8x13	57.8	161	216	2080	6820	324	216	157	114	84.8	63.5	46.7	35.8	28.4	23.0	19.1	16.1	13.8	11.9	10.4	9.16	8.14	7.28	6.55	399
H-336x249x8x12	69.2	185	257	3080	9950	385	257	193	154	124	99.3	81.1	66.9	55.3	44.4	36.5	30.5	25.9	22.3	19.4	17.0	15.1	13.5	12.1	379
H-340x250x9x14	79.7	217	299	3120	10800	448	299	224	179	147	119	97.8	81.5	68.4	57.3	47.2	39.6	33.7	29.1	25.3	22.3	19.7	17.6	15.8	431
H-396x199x7x11	56.6	200	239	2330	6860	358	239	176	127	95.0	70.9	51.0	38.3	29.9	24.0	19.7	16.4	13.9	12.0	10.4	9.14	8.08	7.21	6.46	391
H-400x200x8x13	66.0	237	281	2360	7320	421	281	210	154	116	89.0	66.1	50.1	39.3	31.7	26.1	21.9	18.6	16.0	14.0	12.3	10.9	9.71	8.72	451
H-404x201x9x15	75.5	275	323	2390	7830	485	323	242	181	138	108	83.6	63.7	50.2	40.6	33.6	28.2	24.1	20.8	18.1	16.0	14.2	12.6	11.4	513

1) SHN400, SHN490 이외의 강종은 판두께에 따른 강도저하를 고려하여야 한다. (KS규격 참조)
2) 주어진 경간 사이는 직선보간한다.
3) 최대계수하중은 휨에 대하여 산정된 값으로 경간이 짧은 경우 전단강도를 검토해야 한다.

도움표 6.20-400 H형강보의 강축 최대계수집중하중[3] p_u (kN)

2점집중하중 / 양단부횡지지 — SHN400 (F_y = 235[1] MPa) — C_b = 1.14

H형강 치수	단위중량	I_x	ϕM_{px}	L_p	L_r	경간 L_n[2] (m)																			설계 전단 강도 $\phi_v V_{nx}$
	kg/m	×10⁶mm⁴	kN.m	mm	mm	2.0	3.0	4.0	5.0	6.0	7.0	8.0	9.0	10.0	11.0	12.0	13.0	14.0	15.0	16.0	17.0	18.0	19.0	20.0	kN
H-386x299x9x14	94.3	337	406	3750	12000	608	406	304	243	203	170	141	118	100	85.8	73.4	61.1	51.6	44.2	38.3	33.5	29.6	26.3	23.5	490
H-390x300x10x16	107.0	387	463	3780	12900	694	463	347	278	231	197	164	139	119	102	88.3	76.2	64.5	55.4	48.1	42.1	37.3	33.2	29.7	550
H-446x199x8x12	66.2	287	307	2250	6730	460	307	223	161	119	87.7	63.0	47.5	37.0	29.7	24.4	20.4	17.3	14.9	12.9	11.3	10.0	8.94	8.02	503
H-450x200x9x14	76.0	335	355	2290	7140	533	355	263	191	143	109	80.0	60.6	47.5	38.3	31.5	26.4	22.5	19.4	16.9	14.8	13.1	11.7	10.5	571
H-434x299x10x15	106.0	468	504	3660	11700	756	504	378	303	252	209	173	145	122	104	87.4	72.6	61.3	52.5	45.4	39.7	35.1	31.2	27.9	612
H-440x300x11x18	124.0	561	597	3730	12800	896	597	448	358	299	253	211	178	152	131	113	96.8	82.0	70.4	61.1	53.6	47.4	42.2	37.8	682
H-496x199x9x14	79.5	419	405	2220	6790	607	405	295	212	158	117	84.1	63.5	49.6	39.9	32.8	27.4	23.3	20.1	17.5	15.3	13.6	12.1	10.9	629
H-500x200x10x16	89.6	478	460	2250	7160	690	460	340	247	185	141	104	78.7	61.8	49.9	41.1	34.5	29.4	25.3	22.1	19.4	17.2	15.3	13.8	705
H-506x201x11x19	103.0	565	537	2310	7760	806	537	403	298	227	176	136	104	81.7	66.2	54.7	46.0	39.3	33.9	29.6	26.1	23.1	20.7	18.6	785
H-482x300x11x15	114.0	604	590	3540	11100	885	590	443	354	295	240	197	164	138	116	95.2	78.9	66.5	56.9	49.2	43.0	37.9	33.6	30.1	748
H-488x300x11x18	128.0	710	683	3660	12000	1020	683	512	410	341	284	235	198	168	143	122	102	85.8	73.5	63.7	55.8	49.3	43.8	39.2	757
H-596x199x10x15	94.6	687	561	2110	6410	841	561	397	283	207	146	105	78.6	61.3	49.1	40.3	33.6	28.5	24.5	21.3	18.7	16.5	14.7	13.2	840
H-600x200x11x17	106.0	776	630	2140	6700	945	630	453	325	240	175	127	95.7	74.9	60.2	49.5	41.5	35.2	30.3	26.4	23.2	20.5	18.3	16.4	931
H-606x201x12x20	120.0	904	726	2200	7160	1090	726	532	387	290	220	162	123	96.6	78.0	64.3	54.0	46.0	39.7	34.6	30.4	27.0	24.1	21.6	1030
H-612x202x13x23	134.0	1030	823	2240	7660	1240	823	614	451	342	264	202	154	122	98.4	81.4	68.5	58.4	50.5	44.0	38.8	34.4	30.7	27.6	1120
H-582x300x12x17	137.0	1030	838	3450	10600	1260	838	629	503	414	333	273	226	188	155	126	104	87.4	74.6	64.4	56.2	49.5	43.9	39.2	985
H-588x300x12x20	151.0	1180	949	3560	11300	1420	949	712	570	475	387	319	266	224	189	156	129	109	93.4	80.8	70.6	62.3	55.3	49.5	995
H-594x302x14x23	175.0	1370	1100	3590	12200	1650	1100	824	660	550	456	379	318	270	230	197	165	140	120	104	91.1	80.5	71.6	64.2	1170
H-692x300x13x20	166.0	1720	1190	3400	10400	1790	1190	893	714	582	468	381	314	261	211	170	141	118	101	86.8	75.7	66.5	59.0	52.7	1270
H-700x300x13x24	185.0	2010	1370	3520	11100	2050	1370	1030	820	684	553	455	378	317	267	218	181	152	130	113	98.3	86.6	76.9	68.8	1280

1) SHN400, SHN490 이외의 강종은 판두께에 따른 강도저하를 고려하여야 한다. (KS규격 참조)
2) 주어진 경간 사이는 직선보간한다.
3) 최대계수하중은 휨에 대하여 산정된 값으로 경간이 짧은 경우 전단강도를 검토해야 한다.

도움표 6.20-400 H형강보의 강축 최대계수집중하중[3] p_u (kN)

2점집중하중 / 양단부횡지지 — SHN400 (F_y = 235[1] MPa) — C_b = 1.14

H형강 치수	단위중량	I_x	ϕM_{px}	L_p	L_r	경간 L_n[2] (m)																			설계전단강도 $\phi_v V_{nx}$
	kg/m	×10⁶mm⁴	kN.m	mm	mm	2.0	3.0	4.0	5.0	6.0	7.0	8.0	9.0	10.0	11.0	12.0	13.0	14.0	15.0	16.0	17.0	18.0	19.0	20.0	kN
H-708x302x15x28	215.0	2370	1600	3570	12000	2400	1600	1200	959	799	661	548	459	389	331	283	236	199	171	148	130	115	102	91.3	1500
H-792x300x14x22	191.0	2540	1540	3320	10100	2310	1540	1160	925	745	596	484	397	327	259	209	172	144	123	106	92.1	80.9	71.7	63.9	1560
H-800x300x14x26	210.0	2920	1740	3440	10700	2620	1740	1310	1050	861	693	567	470	391	323	261	216	182	155	134	117	103	91.2	81.5	1580
H-808x302x16x30	241.0	3390	2020	3480	11500	3020	2020	1510	1210	1010	819	675	563	474	400	333	276	233	199	173	151	133	118	106	1820
H-890x299x15x23	213.0	3450	1890	3200	9690	2830	1890	1410	1130	894	711	573	466	374	294	237	195	163	138	119	103	90.8	80.3	71.6	1880
H-900x300x16x28	243.0	4110	2210	3320	10400	3320	2210	1660	1330	1070	862	702	578	479	386	313	258	217	185	160	139	122	109	97.0	2030
H-912x302x18x34	286.0	4980	2640	3410	11300	3970	2640	1980	1590	1320	1060	876	729	612	516	426	354	299	255	221	193	171	152	136	2310
H-918x303x19x37	307.0	5420	2860	3450	11900	4300	2860	2150	1720	1430	1170	966	808	682	579	490	408	345	295	256	224	198	176	158	2460
H-100x100x6x8	17.2	3.83	18.5	1290	8440	27.8	18.5	13.5	10.1	7.86	6.24	5.03	4.03	3.26	2.69	2.26	1.92	1.66	1.44	1.27	1.12	1.00	0.898	0.810	84.6
H-125x125x6.5x9	23.8	8.47	32.5	1620	9080	48.7	32.5	24.3	18.4	14.4	11.5	9.35	7.68	6.21	5.12	4.29	3.65	3.15	2.74	2.40	2.13	1.90	1.70	1.54	115
H-150x150x7x10	31.5	16.4	52.0	1950	9930	78.1	52.0	39.0	30.5	24.0	19.4	15.9	13.2	11.0	9.04	7.57	6.44	5.54	4.82	4.23	3.74	3.33	2.99	2.70	148
H-200x200x8x12	49.9	47.2	111	2610	11700	167	111	83.4	66.7	54.6	44.6	37.1	31.3	26.6	22.8	19.4	16.5	14.1	12.3	10.7	9.49	8.45	7.57	6.82	226
H-200x204x12x12	56.2	49.8	120	2540	13000	179	120	89.7	71.8	59.5	48.9	40.9	34.7	29.7	25.7	22.3	19.4	16.7	14.5	12.7	11.2	10.00	8.96	8.07	338
H-208x202x10x16	65.7	65.3	150	2670	15100	225	150	113	90.1	75.1	63.6	53.7	46.0	39.8	34.8	30.5	27.0	23.9	21.3	18.7	16.5	14.7	13.2	11.9	293
H-244x252x11x11	64.4	87.9	169	3110	12400	254	169	127	102	84.7	70.2	58.5	49.4	42.1	36.2	31.2	26.6	22.8	19.7	17.2	15.1	13.4	12.0	10.8	378
H-248x249x8x13	66.5	99.3	187	3270	12900	280	187	140	112	93.4	78.3	65.5	55.5	47.6	41.0	35.6	30.9	26.4	22.8	19.9	17.6	15.6	13.9	12.5	280
H-250x250x9x14	72.4	108	203	3270	13700	305	203	152	122	102	86.2	72.4	61.6	53.0	46.0	40.1	35.1	30.7	26.5	23.2	20.4	18.2	16.3	14.6	317
H-250x255x14x14	82.2	115	220	3160	15200	330	220	165	132	110	94.1	79.5	68.0	58.9	51.3	45.1	39.8	35.2	31.3	27.5	24.3	21.6	19.3	17.4	494
H-294x302x12x12	84.5	169	263	3720	13700	394	263	197	158	131	113	97.2	82.6	70.9	61.3	53.4	46.6	40.6	34.9	30.4	26.7	23.6	21.0	18.9	497
H-298x299x9x14	87.0	188	294	3900	14200	441	294	220	176	147	126	107	91.6	78.9	68.5	59.8	52.5	46.2	40.0	34.8	30.5	27.0	24.1	21.6	378

1) SHN400, SHN490 이외의 강종은 판두께에 따른 강도저하를 고려하여야 한다. (KS규격 참조)
2) 주어진 경간 사이는 직선보간한다.
3) 최대계수하중은 휨에 대하여 산정된 값으로 경간이 짧은 경우 전단강도를 검토해야 한다.

도움표 6.20-400 H형강보의 강축 최대계수집중하중[3] p_u (kN)

2점집중하중 / 양단부횡지지 — SHN400 (F_y = 235[1] MPa) — C_b = 1.14

H형강 치수	단위중량 kg/m	I_x $\times 10^6 mm^4$	ϕM_{px} kN.m	L_p mm	L_r mm	경간 L_n[2] (m) 2.0	3.0	4.0	5.0	6.0	7.0	8.0	9.0	10.0	11.0	12.0	13.0	14.0	15.0	16.0	17.0	18.0	19.0	20.0	설계전단강도 $\phi_v V_{nx}$ kN
H-300x300x10x15	94.0	204	317	3900	15000	476	317	238	190	159	136	117	100	86.7	75.6	66.3	58.4	51.7	45.8	39.9	35.0	31.0	27.7	24.9	423
H-300x305x15x15	106.0	215	341	3770	16300	512	341	256	205	171	146	127	109	94.8	83.0	73.2	64.8	57.7	51.5	46.1	40.8	36.2	32.3	29.1	635
H-304x301x11x17	106.0	234	361	3940	16400	541	361	271	216	180	155	135	117	101	88.8	78.3	69.5	61.9	55.4	49.6	44.1	39.1	34.9	31.4	472
H-310x305x15x20	130.0	286	440	3930	19400	660	440	330	264	220	188	165	146	128	113	101	90.0	80.9	73.1	66.2	60.2	54.8	50.0	45.2	656
H-310x310x20x20	142.0	299	465	3860	21200	698	465	349	279	233	199	174	155	137	122	108	97.4	87.9	79.6	72.4	66.1	60.4	55.4	50.8	874
H-338x351x13x13	106.0	282	374	4330	15300	560	374	280	224	187	160	140	125	108	94.4	82.8	72.9	64.5	57.2	49.9	43.7	38.5	34.3	30.7	620
H-344x348x10x16	115.0	333	449	4560	16300	673	449	337	269	224	192	168	147	128	112	98.7	87.4	77.8	69.5	62.2	54.9	48.5	43.1	38.6	485
H-344x354x16x16	131.0	353	486	4380	17700	729	486	365	292	243	208	182	161	140	123	109	97.0	86.7	77.8	70.1	63.2	56.8	50.6	45.4	776
H-350x350x12x19	137.0	403	538	4600	18500	807	538	404	323	269	231	202	179	158	139	124	110	98.9	89.1	80.5	72.9	66.2	59.6	53.5	592
H-350x357x19x19	156.0	428	584	4430	20500	875	584	438	350	292	250	219	195	173	153	137	122	110	99.8	90.6	82.5	75.3	68.8	63.0	938
H-388x402x15x15	140.0	490	567	4960	17500	850	567	425	340	283	243	212	189	170	152	134	119	106	95.2	85.6	77.0	68.7	60.9	54.4	821
H-394x398x11x18	147.0	561	660	5230	18400	989	660	495	396	330	283	247	220	196	173	153	137	122	110	99.3	89.8	81.4	72.8	65.1	611
H-394x405x18x18	168.0	597	717	5020	19900	1070	717	537	430	358	307	269	239	215	189	169	151	136	123	111	101	91.9	83.8	76.4	1000
H-400x400x13x21	172.0	666	777	5260	20500	1170	777	583	466	388	333	291	259	233	208	186	166	150	136	123	112	103	93.8	86.0	733
H-400x408x21x21	197.0	709	844	5070	22600	1270	844	633	507	422	362	317	281	253	229	205	184	167	151	138	126	116	106	97.9	1180
H-406x403x16x24	200.0	780	905	5270	23100	1360	905	679	543	453	388	339	302	272	247	222	200	181	164	150	138	126	116	107	916
H-414x405x18x28	232.0	928	1060	5330	26300	1590	1060	797	638	532	456	399	354	319	290	266	241	219	200	184	169	156	144	134	1050
H-428x407x20x35	283.0	1190	1330	5430	31900	2000	1330	1000	801	667	572	501	445	400	364	334	308	286	262	242	224	208	193	180	1210
H-458x417x30x50	415.0	1870	2020	5560	45800	3030	2020	1510	1210	1010	865	757	673	605	550	504	466	432	404	378	356	336	315	295	1940
H-498x432x45x70	605.0	2980	3060	5750	65700	4590	3060	2290	1830	1530	1310	1150	1020	917	834	764	706	655	612	573	540	510	483	459	3160

1) SHN400, SHN490 이외의 강종은 판두께에 따른 강도저하를 고려하여야 한다. (KS규격 참조)
2) 주어진 경간 사이는 직선보간한다.
3) 최대계수하중은 휨에 대하여 산정된 값으로 경간이 짧은 경우 전단강도를 검토해야 한다.

도움표 6.20-490 H형강보의 강축 최대계수집중하중[3] p_u (kN)

2점집중하중 / 양단부횡지지 SHN490 (F_y = 325[1] MPa) C_b = 1.14

H형강 치수	단위중량	I_x	$øM_{px}$	L_p	L_r	경간 L_n[2] (m)																			설계전단강도 $ø_vV_{nx}$
	kg/m	×10⁶mm⁴	kN.m	mm	mm	2.0	3.0	4.0	5.0	6.0	7.0	8.0	9.0	10.0	11.0	12.0	13.0	14.0	15.0	16.0	17.0	18.0	19.0	20.0	kN
H-150x75x5x7	14.0	6.66	25.4	737	2680	38.1	18.1	9.70	6.06	4.16	3.03	2.31	1.82	1.47	1.21	1.02	0.864	0.744	0.648	0.569	0.504	0.449	0.403	0.364	146
H-148x100x6x9	21.1	10.2	45.9	1050	4500	68.9	41.0	26.3	17.2	11.8	8.58	6.53	5.14	4.15	3.42	2.87	2.44	2.10	1.83	1.61	1.42	1.27	1.14	1.03	173
H-198x99x4.5x7	18.2	15.8	48.7	978	3040	73.1	37.8	19.2	11.6	7.81	5.61	4.23	3.31	2.66	2.19	1.83	1.55	1.34	1.16	1.02	0.902	0.803	0.720	0.649	174
H-200x100x5.5x8	21.3	18.4	57.9	981	3260	86.8	46.1	24.8	15.1	10.2	7.36	5.57	4.36	3.51	2.89	2.42	2.06	1.77	1.54	1.35	1.19	1.06	0.954	0.860	215
H-194x150x6x9	30.6	26.9	90.3	1590	5460	135	89.0	59.4	41.6	28.8	20.5	15.4	12.0	9.60	7.87	6.57	5.57	4.79	4.16	3.64	3.22	2.87	2.57	2.32	227
H-248x124x5x8	25.7	35.4	93.4	1230	3650	140	77.4	43.6	25.5	16.7	11.8	8.79	6.81	5.44	4.45	3.71	3.14	2.69	2.33	2.04	1.81	1.61	1.44	1.30	242
H-250x125x6x9	29.6	40.5	107	1230	3840	161	90.6	53.6	31.6	20.9	14.9	11.1	8.65	6.92	5.67	4.73	4.01	3.44	2.99	2.62	2.31	2.06	1.85	1.66	293
H-244x175x7x11	44.1	61.2	163	1850	6230	245	163	114	81.9	60.3	43.3	32.2	25.0	19.9	16.3	13.6	11.5	9.84	8.53	7.47	6.60	5.87	5.26	4.73	333
H-298x149x5.5x8	32.0	63.2	139	1460	4140	208	124	76.6	44.1	28.1	19.4	14.2	10.9	8.59	6.97	5.77	4.86	4.15	3.58	3.13	2.76	2.45	2.19	1.97	320
H-300x150x6.5x9	36.7	72.1	159	1460	4300	238	144	89.6	53.6	34.4	24.0	17.7	13.6	10.8	8.76	7.27	6.13	5.25	4.54	3.97	3.50	3.11	2.78	2.50	380
H-294x200x8x12	56.8	113	251	2080	6710	377	251	182	132	98.1	72.8	53.6	41.2	32.7	26.6	22.0	18.6	15.9	13.7	12.0	10.6	9.41	8.42	7.57	459
H-298x201x9x14	65.4	133	292	2110	7270	439	292	216	158	120	92.2	69.4	53.6	42.6	34.7	28.9	24.4	20.9	18.1	15.8	14.0	12.4	11.1	10.0	523
H-346x174x6x9	41.4	111	209	1710	4800	313	202	130	83.8	52.3	35.6	25.7	19.5	15.2	12.3	10.1	8.46	7.19	6.19	5.39	4.73	4.19	3.74	3.36	405
H-350x175x7x11	49.6	136	254	1750	5090	381	249	162	110	70.4	48.4	35.3	26.9	21.2	17.2	14.2	11.9	10.2	8.78	7.66	6.74	5.98	5.35	4.81	478
H-354x176x8x13	57.8	161	299	1770	5410	449	298	197	136	91.5	63.5	46.7	35.8	28.4	23.0	19.1	16.1	13.8	11.9	10.4	9.16	8.14	7.28	6.55	552
H-336x249x8x12	69.2	185	348	2620	7860	523	348	261	203	155	121	93.9	70.8	55.3	44.4	36.5	30.5	25.9	22.3	19.4	17.0	15.1	13.5	12.1	524
H-340x250x9x14	79.7	217	413	2650	8400	620	413	310	240	185	146	116	90.4	71.0	57.3	47.2	39.6	33.7	29.1	25.3	22.3	19.7	17.6	15.8	597
H-396x199x7x11	56.6	200	330	1980	5580	495	330	223	155	105	70.9	51.0	38.3	29.9	24.0	19.7	16.4	13.9	12.0	10.4	9.14	8.08	7.21	6.46	541
H-400x200x8x13	66.0	237	388	2010	5880	582	388	268	189	134	91.3	66.1	50.1	39.3	31.7	26.1	21.9	18.6	16.0	14.0	12.3	10.9	9.71	8.72	624
H-404x201x9x15	75.5	275	447	2030	6210	670	447	314	224	164	115	83.6	63.7	50.2	40.6	33.6	28.2	24.1	20.8	18.1	16.0	14.2	12.6	11.4	709

1) SHN400, SHN490 이외의 강종은 판두께에 따른 강도저하를 고려하여야 한다. (KS규격 참조)
2) 주어진 경간 사이는 직선보간한다.
3) 최대계수하중은 휨에 대하여 산정된 값으로 경간이 짧은 경우 전단강도를 검토해야 한다.

도움표 6.20-490 H형강보의 강축 최대계수집중하중[3] p_u (kN)

2점집중하중 / 양단부횡지지 — SHN490 (F_y = 325[1] MPa) — C_b = 1.14

H형강 치수	단위중량	I_x	$øM_{px}$	L_p	L_r	경간 L_n[2] (m)																			설계 전단 강도 $ø_vV_{nx}$
	kg/m	×10⁶mm⁴	kN.m	mm	mm	2.0	3.0	4.0	5.0	6.0	7.0	8.0	9.0	10.0	11.0	12.0	13.0	14.0	15.0	16.0	17.0	18.0	19.0	20.0	kN
H-386x299x9x14	94.3	337	546	3190	9480	819	546	410	328	268	214	173	142	113	90.1	73.4	61.1	51.6	44.2	38.3	33.5	29.6	26.3	23.5	677
H-390x300x10x16	107.0	387	640	3220	10000	960	640	480	384	310	249	203	168	139	112	91.3	76.2	64.5	55.4	48.1	42.1	37.3	33.2	29.7	761
H-446x199x8x12	66.2	287	424	1910	5480	636	424	282	195	130	87.7	63.0	47.5	37.0	29.7	24.4	20.4	17.3	14.9	12.9	11.3	10.0	8.94	8.02	696
H-450x200x9x14	76.0	335	491	1940	5740	737	491	334	233	162	110	80.0	60.6	47.5	38.3	31.5	26.4	22.5	19.4	16.9	14.8	13.1	11.7	10.5	790
H-434x299x10x15	106.0	468	691	3110	9250	1040	691	518	414	329	262	211	172	135	107	87.4	72.6	61.3	52.5	45.4	39.7	35.1	31.2	27.9	846
H-440x300x11x18	124.0	561	826	3170	9960	1240	826	620	496	399	320	261	215	177	142	116	96.8	82.0	70.4	61.1	53.6	47.4	42.2	37.8	944
H-496x199x9x14	79.5	419	560	1890	5510	840	560	372	257	172	117	84.1	63.5	49.6	39.9	32.8	27.4	23.3	20.1	17.5	15.3	13.6	12.1	10.9	870
H-500x200x10x16	89.6	478	636	1910	5750	954	636	430	301	209	143	104	78.7	61.8	49.9	41.1	34.5	29.4	25.3	22.1	19.4	17.2	15.3	13.8	975
H-506x201x11x19	103.0	565	743	1960	6140	1110	743	516	366	266	186	136	104	81.7	66.2	54.7	46.0	39.3	33.9	29.6	26.1	23.1	20.7	18.6	1090
H-482x300x11x15	114.0	604	808	3010	8900	1210	808	606	485	378	298	239	191	147	117	95.2	78.9	66.5	56.9	49.2	43.0	37.9	33.6	30.1	1030
H-488x300x11x18	128.0	710	944	3110	9450	1420	944	708	566	448	357	289	236	188	150	122	102	85.8	73.5	63.7	55.8	49.3	43.8	39.2	1050
H-596x199x10x15	94.6	687	775	1790	5240	1160	763	497	337	216	146	105	78.6	61.3	49.1	40.3	33.6	28.5	24.5	21.3	18.7	16.5	14.7	13.2	1160
H-600x200x11x17	106.0	776	871	1820	5440	1310	866	569	391	258	175	127	95.7	74.9	60.2	49.5	41.5	35.2	30.3	26.4	23.2	20.5	18.3	16.4	1290
H-606x201x12x20	120.0	904	1000	1870	5740	1510	1000	673	469	325	223	162	123	96.6	78.0	64.3	54.0	46.0	39.7	34.6	30.4	27.0	24.1	21.6	1420
H-612x202x13x23	134.0	1030	1140	1910	6070	1710	1140	782	552	399	276	202	154	122	98.4	81.4	68.5	58.4	50.5	44.0	38.8	34.4	30.7	27.6	1550
H-582x300x12x17	137.0	1030	1160	2930	8580	1740	1160	869	683	525	413	328	255	196	155	126	104	87.4	74.6	64.4	56.2	49.5	43.9	39.2	1360
H-588x300x12x20	151.0	1180	1310	3030	9010	1970	1310	985	788	610	482	387	313	241	192	156	129	109	93.4	80.8	70.6	62.3	55.3	49.5	1380
H-594x302x14x23	175.0	1370	1520	3050	9570	2280	1520	1140	912	719	573	464	379	304	243	198	165	140	120	104	91.1	80.5	71.6	64.2	1620
H-692x300x13x20	166.0	1720	1650	2890	8410	2470	1650	1230	962	737	577	456	348	267	211	170	141	118	101	86.8	75.7	66.5	59.0	52.7	1750
H-700x300x13x24	185.0	2010	1890	3000	8900	2840	1890	1420	1130	871	688	550	440	339	269	218	181	152	130	113	98.3	86.6	76.9	68.8	1770

1) SHN400, SHN490 이외의 강종은 판두께에 따른 강도저하를 고려하여야 한다. (KS규격 참조)
2) 주어진 경간 사이는 직선보간한다.
3) 최대계수하중은 휨에 대하여 산정된 값으로 경간이 짧은 경우 전단강도를 검토해야 한다.

도움표 6.20-490 H형강보의 강축 최대계수집중하중[3] p_u (kN)

2점집중하중 / 양단부횡지지 — **SHN490 (F_y = 325[1] MPa)** — C_b = 1.14

H형강 치수	단위중량	I_x	$øM_{px}$	L_p	L_r	경간 L_n[2] (m)																			설계전단강도 $ø_vV_{nx}$
	kg/m	$\times10^6 mm^4$	kN.m	mm	mm	2.0	3.0	4.0	5.0	6.0	7.0	8.0	9.0	10.0	11.0	12.0	13.0	14.0	15.0	16.0	17.0	18.0	19.0	20.0	kN
H-708x302x15x28	215.0	2370	2210	3030	9480	3320	2210	1660	1330	1040	828	669	545	435	347	283	236	199	171	148	130	115	102	91.3	2070
H-792x300x14x22	191.0	2540	2130	2820	8210	3200	2130	1600	1230	939	731	574	430	328	259	209	172	144	123	106	92.1	80.9	71.7	63.9	2160
H-800x300x14x26	210.0	2920	2410	2930	8630	3620	2410	1810	1420	1090	858	681	531	408	323	261	216	182	155	134	117	103	91.2	81.5	2180
H-808x302x16x30	241.0	3390	2790	2960	9110	4180	2790	2090	1670	1290	1020	818	661	513	408	333	276	233	199	173	151	133	118	106	2520
H-890x299x15x23	213.0	3450	2610	2720	7930	3910	2610	1960	1480	1120	865	669	491	374	294	237	195	163	138	119	103	90.8	80.3	71.6	2600
H-900x300x16x28	243.0	4110	3060	2820	8400	4590	3060	2290	1770	1360	1060	836	637	489	386	313	258	217	185	160	139	122	109	97.0	2810
H-912x302x18x34	286.0	4980	3660	2900	9020	5480	3660	2740	2170	1670	1320	1060	851	657	523	426	354	299	255	221	193	171	152	136	3200
H-918x303x19x37	307.0	5420	3960	2930	9360	5940	3960	2970	2370	1840	1460	1170	952	752	600	490	408	345	295	256	224	198	176	158	3400
H-100x100x6x8	17.2	3.83	25.6	1090	6150	38.4	24.9	17.0	12.3	9.10	6.70	5.11	4.03	3.26	2.69	2.26	1.92	1.66	1.44	1.27	1.12	1.00	0.898	0.810	117
H-125x125x6.5x9	23.8	8.47	44.9	1380	6660	67.4	44.9	31.1	22.7	17.0	12.9	9.78	7.69	6.21	5.12	4.29	3.65	3.15	2.74	2.40	2.13	1.90	1.70	1.54	158
H-150x150x7x10	31.5	16.4	72.0	1660	7330	108	72.0	51.9	38.3	29.2	22.7	17.4	13.6	11.0	9.04	7.57	6.44	5.54	4.82	4.23	3.74	3.33	2.99	2.70	205
H-200x200x8x12	49.9	47.2	154	2220	8770	231	154	115	88.5	68.8	54.7	44.1	35.6	28.5	23.3	19.4	16.5	14.1	12.3	10.7	9.49	8.45	7.57	6.82	312
H-200x204x12x12	56.2	49.8	165	2160	9620	248	165	124	96.6	75.7	60.7	49.5	40.8	33.4	27.4	22.9	19.4	16.7	14.5	12.7	11.2	10.00	8.96	8.07	468
H-208x202x10x16	65.7	65.3	208	2270	11100	312	208	156	125	99.3	80.7	66.7	55.9	47.2	40.1	33.6	28.5	24.5	21.3	18.7	16.5	14.7	13.2	11.9	406
H-244x252x11x11	64.4	87.9	225	2640	9450	337	225	169	135	109	87.5	71.0	58.2	47.0	38.2	31.6	26.6	22.8	19.7	17.2	15.1	13.4	12.0	10.8	523
H-248x249x8x13	66.5	99.3	258	2780	9770	387	258	194	155	122	98.4	80.3	66.2	54.5	44.2	36.6	30.9	26.4	22.8	19.9	17.6	15.6	13.9	12.5	387
H-250x250x9x14	72.4	108	281	2780	10300	421	281	211	169	135	109	89.5	74.3	62.2	51.2	42.5	35.8	30.7	26.5	23.2	20.4	18.2	16.3	14.6	439
H-250x255x14x14	82.2	115	304	2690	11300	456	304	228	182	148	120	99.3	83.2	70.3	59.7	50.1	42.3	36.3	31.4	27.5	24.3	21.6	19.3	17.4	683
H-294x302x12x12	84.5	169	346	3160	10600	520	346	260	208	173	147	121	101	84.1	69.4	57.1	47.7	40.6	34.9	30.4	26.7	23.6	21.0	18.9	688
H-298x299x9x14	87.0	188	396	3320	10900	593	396	297	237	198	164	135	112	94.5	79.5	65.3	54.7	46.5	40.0	34.8	30.5	27.0	24.1	21.6	523

1) SHN400, SHN490 이외의 강종은 판두께에 따른 강도저하를 고려하여야 한다. (KS규격 참조)
2) 주어진 경간 사이는 직선보간한다.
3) 최대계수하중은 휨에 대하여 산정된 값으로 경간이 짧은 경우 전단강도를 검토해야 한다.

도움표 6.20-490 H형강보의 강축 최대계수집중하중[3] p_u (kN)

2점집중하중 / 양단부횡지지 　　SHN490 (F_y = 325[1] MPa) 　　C_b = 1.14

H형강 치수	단위중량	I_x	ϕM_{px}	L_p	L_r	경간 L_n[2] (m)																			설계 전단 강도 $\phi_v V_{nx}$
	kg/m	$\times10^6 mm^4$	kN.m	mm	mm	2.0	3.0	4.0	5.0	6.0	7.0	8.0	9.0	10.0	11.0	12.0	13.0	14.0	15.0	16.0	17.0	18.0	19.0	20.0	kN
H-300x300x10x15	94.0	204	434	3320	11400	652	434	326	261	217	179	148	124	105	89.1	74.5	62.4	53.1	45.8	39.9	35.0	31.0	27.7	24.9	585
H-300x305x15x15	106.0	215	465	3210	12300	697	465	349	279	232	194	161	136	116	99.1	85.2	72.1	61.5	53.1	46.3	40.8	36.2	32.3	29.1	878
H-304x301x11x17	106.0	234	499	3350	12400	748	499	374	299	249	207	173	146	124	107	91.8	78.0	66.5	57.4	50.1	44.1	39.1	34.9	31.4	652
H-310x305x15x20	130.0	286	608	3350	14400	912	608	456	365	304	260	218	186	160	139	122	107	94.2	82.1	71.7	63.2	56.2	50.2	45.2	907
H-310x310x20x20	142.0	299	643	3280	15600	965	643	482	386	322	276	234	200	173	151	133	117	104	92.6	81.9	72.2	64.2	57.4	51.7	1210
H-338x351x13x13	106.0	282	491	3680	11900	736	491	368	294	245	210	184	156	132	113	95.9	79.7	67.3	57.6	49.9	43.7	38.5	34.3	30.7	857
H-344x348x10x16	115.0	333	601	3880	12600	902	601	451	361	301	258	220	186	158	136	117	99.7	84.3	72.3	62.7	54.9	48.5	43.1	38.6	671
H-344x354x16x16	131.0	353	648	3730	13500	972	648	486	389	324	278	240	204	174	151	131	114	97.9	84.1	73.1	64.2	56.8	50.6	45.4	1070
H-350x350x12x19	137.0	403	744	3910	14000	1120	744	558	447	372	319	271	231	198	172	150	131	115	99.0	86.1	75.6	66.9	59.6	53.5	819
H-350x357x19x19	156.0	428	807	3770	15300	1210	807	605	484	404	346	297	254	219	191	168	148	131	116	102	89.3	79.2	70.7	63.5	1300
H-388x402x15x15	140.0	490	745	4220	13600	1120	745	558	447	372	319	279	248	217	187	162	141	121	104	89.4	78.0	68.7	60.9	54.4	1130
H-394x398x11x18	147.0	561	880	4450	14200	1320	880	660	528	440	377	330	288	248	215	187	164	144	124	107	93.2	82.0	72.8	65.1	845
H-394x405x18x18	168.0	597	951	4260	15200	1430	951	713	571	475	408	357	316	272	237	208	183	161	143	124	109	96.0	85.4	76.4	1380
H-400x400x13x21	172.0	666	1070	4480	15600	1610	1070	806	645	537	460	403	347	301	262	230	203	180	160	141	123	109	96.9	86.7	1010
H-400x408x21x21	197.0	709	1160	4310	17000	1740	1160	872	698	581	498	436	381	331	290	256	227	203	181	162	145	129	115	103	1640
H-406x403x16x24	200.0	780	1250	4480	17300	1880	1250	939	751	626	536	469	413	359	315	279	248	221	198	178	160	142	127	114	1270
H-414x405x18x28	232.0	928	1470	4530	19400	2210	1470	1100	882	735	630	551	490	433	383	340	304	273	247	223	203	185	168	152	1450
H-428x407x20x35	283.0	1190	1850	4620	23300	2770	1850	1380	1110	923	791	692	615	554	499	447	402	365	332	303	277	255	235	216	1670
H-458x417x30x50	415.0	1870	2790	4730	33200	4190	2790	2090	1670	1400	1200	1050	930	837	761	698	644	593	544	502	465	431	402	375	2680
H-498x432x45x70	605.0	2980	4230	4890	47600	6340	4230	3170	2540	2110	1810	1590	1410	1270	1150	1060	976	906	846	793	746	700	655	615	4370

1) SHN400, SHN490 이외의 강종은 판두께에 따른 강도저하를 고려하여야 한다. (KS규격 참조)
2) 주어진 경간 사이는 직선보간한다.
3) 최대계수하중은 휨에 대하여 산정된 값으로 경간이 짧은 경우 전단강도를 검토해야 한다.

도움표 6.21-400 H형강보의 강축 최대계수집중하중[3] p_u (kN)

2점집중하중 / 3등분점횡지지 — SHN400 (F_y = 235[1] MPa) — C_b = 1.00

H형강 치수	단위중량 kg/m	I_x ×10⁶mm⁴	$øM_{px}$ kN.m	L_p mm	L_r mm	경간 L_n[2] (m) 2.0	3.0	4.0	5.0	6.0	7.0	8.0	9.0	10.0	11.0	12.0	13.0	14.0	15.0	16.0	17.0	18.0	19.0	20.0	설계전단강도 $ø_vV_{nx}$ kN
H-150x75x5x7	14.0	6.66	21.5	867	3520	32.3	21.1	15.0	11.4	8.97	7.24	5.94	4.93	4.12	3.41	2.75	2.31	2.05	1.77	1.55	1.37	1.22	1.09	0.979	106
H-148x100x6x9	21.1	10.2	33.2	1230	6070	49.8	33.2	24.7	19.2	15.6	13.0	11.0	9.51	8.29	7.30	6.50	5.77	5.17	4.65	4.19	3.79	3.43	3.08	2.77	125
H-198x99x4.5x7	18.2	15.8	38.0	1150	3860	57.0	38.0	27.8	21.2	16.8	13.6	11.2	9.40	7.93	6.72	5.75	4.62	3.97	3.40	2.95	2.58	2.28	2.03	1.82	126
H-200x100x5.5x8	21.3	18.4	44.3	1150	4200	66.4	44.3	32.5	24.9	19.8	16.2	13.4	11.3	9.64	8.25	7.00	6.00	5.14	4.42	3.84	3.37	2.98	2.66	2.38	155
H-194x150x6x9	30.6	26.9	65.3	1880	7140	97.9	65.3	48.9	39.2	32.3	27.1	23.1	20.0	17.6	15.6	13.8	12.5	11.2	10.2	9.26	8.44	7.72	7.07	6.49	164
H-248x124x5x8	25.7	35.4	67.5	1450	4570	101	67.5	50.7	39.5	31.5	25.9	21.6	18.3	15.7	13.5	11.8	10.2	8.77	7.44	6.40	5.56	4.88	4.31	3.84	175
H-250x125x6x9	29.6	40.5	77.4	1450	4860	116	77.4	58.0	45.3	36.3	29.9	25.1	21.3	18.3	15.9	13.8	12.2	10.6	9.25	7.97	6.95	6.11	5.41	4.83	212
H-244x175x7x11	44.1	61.2	118	2180	8110	177	118	88.6	70.9	59.0	50.1	42.9	37.3	32.9	29.2	26.3	23.5	21.4	19.4	17.8	16.3	15.0	13.8	12.7	241
H-298x149x5.5x8	32.0	63.2	100	1710	5090	151	100	75.4	60.3	48.6	40.1	33.7	28.7	24.7	21.5	18.8	16.4	14.5	12.8	11.0	9.44	8.21	7.20	6.37	231
H-300x150x6.5x9	36.7	72.1	115	1710	5350	172	115	86.0	68.8	55.6	46.0	38.7	33.1	28.6	24.9	21.8	19.2	17.0	15.1	13.4	11.5	10.1	8.86	7.86	275
H-294x200x8x12	56.8	113	182	2450	8630	273	182	136	109	90.8	77.9	67.2	58.5	51.6	45.9	41.3	37.2	33.7	30.8	28.2	25.9	23.8	22.0	20.3	332
H-298x201x9x14	65.4	133	211	2480	9510	317	211	159	127	106	90.6	78.5	68.5	60.5	54.0	48.5	44.1	40.0	36.6	33.6	31.0	28.6	26.5	24.6	378
H-346x174x6x9	41.4	111	151	2020	5880	227	151	114	90.9	75.7	62.9	53.2	45.7	39.7	34.7	30.5	27.2	24.1	21.6	19.3	17.3	15.3	13.3	11.7	293
H-350x175x7x11	49.6	136	184	2050	6320	275	184	138	110	91.8	76.7	65.1	56.1	48.9	43.0	38.0	33.9	30.3	27.2	24.5	22.1	20.0	18.0	15.9	345
H-354x176x8x13	57.8	161	216	2080	6820	324	216	162	130	108	90.8	77.3	66.8	58.4	51.5	45.8	41.1	36.8	33.2	30.1	27.3	24.8	22.6	20.6	399
H-336x249x8x12	69.2	185	257	3080	9950	385	257	193	154	128	110	96.4	85.6	76.0	67.9	61.0	55.4	50.4	46.1	42.4	39.1	36.2	33.5	31.2	379
H-340x250x9x14	79.7	217	299	3120	10800	448	299	224	179	149	128	112	99.5	88.7	79.3	71.5	64.8	59.2	54.3	50.0	46.3	42.9	39.9	37.2	431
H-396x199x7x11	56.6	200	239	2330	6860	358	239	179	143	119	102	87.0	75.1	65.6	57.9	51.5	45.9	41.3	37.2	33.7	30.6	27.8	25.3	23.0	391
H-400x200x8x13	66.0	237	281	2360	7320	421	281	210	168	140	120	103	89.0	78.0	69.0	61.5	55.2	49.6	44.9	40.8	37.1	33.9	31.0	28.4	451
H-404x201x9x15	75.5	275	323	2390	7830	485	323	242	194	162	138	119	103	90.6	80.3	71.8	64.6	58.3	53.0	48.2	44.1	40.4	37.1	34.1	513

1) SHN400, SHN490 이외의 강종은 판두께에 따른 강도저하를 고려하여야 한다. (KS규격 참조)
2) 주어진 경간 사이는 직선보간한다.
3) 최대계수하중은 휨에 대하여 산정된 값으로 경간이 짧은 경우 전단강도를 검토해야 한다.

도움표 6.21-400 H형강보의 강축 최대계수집중하중[3] p_u (kN)

2점집중하중 / 3등분점횡지지 SHN400 (F_y = 235[1] MPa) C_b = 1.00

H형강 치수	단위중량 kg/m	I_x ×10⁶mm⁴	$øM_{px}$ kN.m	L_p mm	L_r mm	경간 L_n[2] (m) 2.0	3.0	4.0	5.0	6.0	7.0	8.0	9.0	10.0	11.0	12.0	13.0	14.0	15.0	16.0	17.0	18.0	19.0	20.0	설계전단강도 $ø_vV_{nx}$ kN
H-386x299x9x14	94.3	337	406	3750	12000	608	406	304	243	203	174	152	135	122	111	100	91.2	83.4	76.6	70.7	65.5	60.9	56.7	53.0	490
H-390x300x10x16	107.0	387	463	3780	12900	694	463	347	278	231	198	174	154	139	126	115	105	95.6	88.0	81.4	75.5	70.2	65.6	61.4	550
H-446x199x8x12	66.2	287	307	2250	6730	460	307	230	184	153	131	111	95.8	83.6	73.6	65.3	58.4	52.3	47.1	42.5	38.5	34.9	31.7	28.8	503
H-450x200x9x14	76.0	335	355	2290	7140	533	355	266	213	178	152	129	112	97.8	86.4	76.8	68.8	61.9	55.9	50.7	46.1	42.0	38.3	35.0	571
H-434x299x10x15	106.0	468	504	3660	11700	756	504	378	303	252	216	189	168	151	137	124	113	103	94.7	87.3	80.8	75.0	69.9	65.2	612
H-440x300x11x18	124.0	561	597	3730	12800	896	597	448	358	299	256	224	199	179	163	148	135	123	113	105	97.1	90.4	84.3	78.9	682
H-496x199x9x14	79.5	419	405	2220	6790	607	405	304	243	202	172	146	126	110	97.0	86.0	76.8	69.0	62.1	56.1	50.8	46.1	41.9	38.1	629
H-500x200x10x16	89.6	478	460	2250	7160	690	460	345	276	230	196	167	144	126	112	99.3	88.8	80.0	72.2	65.5	59.5	54.2	49.5	45.2	705
H-506x201x11x19	103.0	565	537	2310	7760	806	537	403	322	269	230	196	170	150	132	118	106	96.0	87.1	79.2	72.4	66.2	60.7	55.8	785
H-482x300x11x15	114.0	604	590	3540	11100	885	590	443	354	295	253	221	197	177	160	144	131	120	110	101	93.3	86.5	80.5	75.0	748
H-488x300x11x18	128.0	710	683	3660	12000	1020	683	512	410	341	293	256	228	205	186	168	153	140	128	118	110	102	95.0	88.7	757
H-596x199x10x15	94.6	687	561	2110	6410	841	561	420	336	280	235	200	172	149	131	116	103	92.2	82.7	74.3	66.9	60.4	54.5	48.1	840
H-600x200x11x17	106.0	776	630	2140	6700	945	630	472	378	315	266	226	194	170	149	132	118	106	95.1	85.7	77.5	70.2	63.7	57.8	931
H-606x201x12x20	120.0	904	726	2200	7160	1090	726	544	436	363	308	262	227	198	175	156	139	125	113	102	93.0	84.7	77.2	70.5	1030
H-612x202x13x23	134.0	1030	823	2240	7660	1240	823	618	494	412	351	299	259	228	201	180	161	145	132	120	109	99.9	91.5	84.0	1120
H-582x300x12x17	137.0	1030	838	3450	10600	1260	838	629	503	419	359	314	279	251	226	204	184	168	154	142	131	121	112	105	985
H-588x300x12x20	151.0	1180	949	3560	11300	1420	949	712	570	475	407	356	316	285	258	232	211	193	177	163	151	140	130	121	995
H-594x302x14x23	175.0	1370	1100	3590	12200	1650	1100	824	660	550	471	412	366	330	299	270	245	224	206	190	176	164	153	143	1170
H-692x300x13x20	166.0	1720	1190	3400	10400	1790	1190	893	714	595	510	446	397	357	320	288	261	237	217	200	184	170	158	147	1270
H-700x300x13x24	185.0	2010	1370	3520	11100	2050	1370	1030	820	684	586	513	456	410	370	334	303	276	253	233	216	200	186	173	1280

1) SHN400, SHN490 이외의 강종은 판두께에 따른 강도저하를 고려하여야 한다. (KS규격 참조)
2) 주어진 경간 사이는 직선보간한다.
3) 최대계수하중은 휨에 대하여 산정된 값으로 경간이 짧은 경우 전단강도를 검토해야 한다.

도움표 6.21-400 H형강보의 강축 최대계수집중하중[3] p_u (kN)

2점집중하중 / 3등분점횡지지 SHN400 (F_y = 235[1] MPa) C_b = 1.00

H형강 치수	단위중량 kg/m	I_x ×10⁶mm⁴	$øM_{px}$ kN.m	L_p mm	L_r mm	경간 L_n[2] (m) 2.0	3.0	4.0	5.0	6.0	7.0	8.0	9.0	10.0	11.0	12.0	13.0	14.0	15.0	16.0	17.0	18.0	19.0	20.0	설계전단강도 $ø_vV_{nx}$ kN
H-708x302x15x28	215.0	2370	1600	3570	12000	2400	1600	1200	959	799	685	600	533	480	434	392	356	326	299	276	256	237	221	206	1500
H-792x300x14x22	191.0	2540	1540	3320	10100	2310	1540	1160	925	771	661	578	514	462	412	371	335	305	279	256	236	218	202	187	1560
H-800x300x14x26	210.0	2920	1740	3440	10700	2620	1740	1310	1050	872	747	654	581	523	470	423	384	350	320	294	272	252	234	217	1580
H-808x302x16x30	241.0	3390	2020	3480	11500	3020	2020	1510	1210	1010	864	756	672	605	545	492	446	408	374	344	318	295	275	256	1820
H-890x299x15x23	213.0	3450	1890	3200	9690	2830	1890	1410	1130	943	808	707	628	561	500	449	405	368	336	308	283	261	242	224	1880
H-900x300x16x28	243.0	4110	2210	3320	10400	3320	2210	1660	1330	1110	948	829	737	663	592	532	482	439	401	369	340	314	291	271	2030
H-912x302x18x34	286.0	4980	2640	3410	11300	3970	2640	1980	1590	1320	1130	991	881	793	712	642	582	532	488	449	415	385	358	333	2310
H-918x303x19x37	307.0	5420	2860	3450	11900	4300	2860	2150	1720	1430	1230	1070	955	859	773	698	634	579	532	490	453	421	392	366	2460
H-100x100x6x8	17.2	3.83	18.5	1290	8440	27.8	18.5	13.9	10.9	8.90	7.49	6.43	5.60	4.94	4.40	4.00	3.46	3.24	2.96	2.71	2.49	2.30	2.12	1.97	84.6
H-125x125x6.5x9	23.8	8.47	32.5	1620	9080	48.7	32.5	24.3	19.4	15.9	13.4	11.5	10.1	8.88	7.93	7.25	6.46	5.87	5.37	4.93	4.54	4.20	3.89	3.61	115
H-150x150x7x10	31.5	16.4	52.0	1950	9930	78.1	52.0	39.0	31.2	26.0	21.9	18.9	16.5	14.6	13.0	11.8	10.6	9.72	8.91	8.20	7.57	7.01	6.51	6.06	148
H-200x200x8x12	49.9	47.2	111	2610	11700	167	111	83.4	66.7	55.6	47.6	41.6	36.5	32.4	29.0	26.3	23.8	21.8	20.1	18.5	17.2	16.0	14.9	13.9	226
H-200x204x12x12	56.2	49.8	120	2540	13000	179	120	89.7	71.8	59.8	51.3	44.6	39.2	34.8	31.3	28.3	25.8	23.6	21.8	20.1	18.7	17.4	16.3	15.2	338
H-208x202x10x16	65.7	65.3	150	2670	15100	225	150	113	90.1	75.1	64.4	56.3	49.6	44.1	39.7	36.0	33.0	30.2	27.9	25.9	24.1	22.5	21.0	19.8	293
H-244x252x11x11	64.4	87.9	169	3110	12400	254	169	127	102	84.7	72.6	63.5	56.5	50.6	45.4	41.0	37.4	34.2	31.5	29.1	27.0	25.1	23.4	21.9	378
H-248x249x8x13	66.5	99.3	187	3270	12900	280	187	140	112	93.4	80.0	70.0	62.2	55.9	50.2	45.5	41.3	37.9	34.9	32.3	30.0	27.9	26.1	24.4	280
H-250x250x9x14	72.4	108	203	3270	13700	305	203	152	122	102	87.1	76.2	67.7	60.8	54.6	49.5	45.2	41.4	38.2	35.3	32.8	30.6	28.6	26.8	317
H-250x255x14x14	82.2	115	220	3160	15200	330	220	165	132	110	94.1	82.4	73.2	65.5	59.0	53.5	48.9	44.8	41.4	38.4	35.7	33.3	31.2	29.3	494
H-294x302x12x12	84.5	169	263	3720	13700	394	263	197	158	131	113	98.5	87.6	78.8	71.6	65.8	60.7	55.9	51.5	47.6	44.2	41.2	38.5	36.1	497
H-298x299x9x14	87.0	188	294	3900	14200	441	294	220	176	147	126	110	97.9	88.1	80.1	73.3	66.7	61.3	56.5	52.3	48.6	45.3	42.4	39.8	378

1) SHN400, SHN490 이외의 강종은 판두께에 따른 강도저하를 고려하여야 한다. (KS규격 참조)
2) 주어진 경간 사이는 직선보간한다.
3) 최대계수하중은 휨에 대하여 산정된 값으로 경간이 짧은 경우 전단강도를 검토해야 한다.

도움표 6.21-400 H형강보의 강축 최대계수집중하중3) p_u (kN)

2점집중하중 / 3등분점횡지지 SHN400 (F_y = 2351) MPa) C_b = 1.00

H형강 치수	단위중량 kg/m	I_x ×10^6mm^4	$øM_{px}$ kN.m	L_p mm	L_r mm	경간 L_n2) (m) 2.0	3.0	4.0	5.0	6.0	7.0	8.0	9.0	10.0	11.0	12.0	13.0	14.0	15.0	16.0	17.0	18.0	19.0	20.0	설계 전단 강도 $ø_vV_{nx}$ kN
H-300x300x10x15	94.0	204	317	3900	15000	476	317	238	190	159	136	119	106	95.2	86.6	79.0	72.2	66.3	61.2	56.7	52.8	49.2	46.1	43.3	423
H-300x305x15x15	106.0	215	341	3770	16300	512	341	256	205	171	146	128	114	102	93.1	84.8	77.5	71.2	65.7	61.0	56.8	53.1	49.7	46.7	635
H-304x301x11x17	106.0	234	361	3940	16400	541	361	271	216	180	155	135	120	108	98.4	90.0	82.2	75.6	69.9	64.8	60.4	56.5	52.9	49.7	472
H-310x305x15x20	130.0	286	440	3930	19400	660	440	330	264	220	188	165	147	132	120	110	100	92.5	85.6	79.6	74.3	69.6	65.3	61.5	656
H-310x310x20x20	142.0	299	465	3860	21200	698	465	349	279	233	199	174	155	140	127	116	106	97.9	90.6	84.3	78.8	73.8	69.4	65.4	874
H-338x351x13x13	106.0	282	374	4330	15300	560	374	280	224	187	160	140	125	112	102	93.5	86.3	80.1	74.7	70.0	65.9	61.6	57.7	54.1	620
H-344x348x10x16	115.0	333	449	4560	16300	673	449	337	269	224	192	168	150	135	122	112	104	95.8	88.5	82.1	76.5	71.5	67.0	63.0	485
H-344x354x16x16	131.0	353	486	4380	17700	729	486	365	292	243	208	182	162	146	133	122	112	103	95.6	88.7	82.7	77.4	72.6	68.3	776
H-350x350x12x19	137.0	403	538	4600	18500	807	538	404	323	269	231	202	179	161	147	135	124	115	107	99.0	92.3	86.4	81.1	76.3	592
H-350x357x19x19	156.0	428	584	4430	20500	875	584	438	350	292	250	219	195	175	159	146	135	124	115	107	100.0	93.7	88.0	82.9	938
H-388x402x15x15	140.0	490	567	4960	17500	850	567	425	340	283	243	212	189	170	155	142	131	121	113	106	100.0	94.4	89.5	84.4	821
H-394x398x11x18	147.0	561	660	5230	18400	989	660	495	396	330	283	247	220	198	180	165	152	141	132	123	115	108	101	95.0	611
H-394x405x18x18	168.0	597	717	5020	19900	1070	717	537	430	358	307	269	239	215	195	179	165	154	143	133	124	117	109	103	1000
H-400x400x13x21	172.0	666	777	5260	20500	1170	777	583	466	388	333	291	259	233	212	194	179	166	155	145	136	127	119	113	733
H-400x408x21x21	197.0	709	844	5070	22600	1270	844	633	507	422	362	317	281	253	230	211	195	181	169	157	147	138	130	122	1180
H-406x403x16x24	200.0	780	905	5270	23100	1360	905	679	543	453	388	339	302	272	247	226	209	194	181	169	158	149	140	132	916
H-414x405x18x28	232.0	928	1060	5330	26300	1590	1060	797	638	532	456	399	354	319	290	266	245	228	213	199	186	175	165	156	1050
H-428x407x20x35	283.0	1190	1330	5430	31900	2000	1330	1000	801	667	572	501	445	400	364	334	308	286	267	250	235	221	208	197	1210
H-458x417x30x50	415.0	1870	2020	5560	45800	3030	2020	1510	1210	1010	865	757	673	605	550	505	466	432	404	378	356	335	316	299	1940
H-498x432x45x70	605.0	2980	3060	5750	65700	4590	3060	2290	1830	1530	1310	1150	1020	917	834	765	706	655	612	573	540	509	481	456	3160

1) SHN400, SHN490 이외의 강종은 판두께에 따른 강도저하를 고려하여야 한다. (KS규격 참조)
2) 주어진 경간 사이는 직선보간한다.
3) 최대계수하중은 휨에 대하여 산정된 값으로 경간이 짧은 경우 전단강도를 검토해야 한다.

도움표 6.21-490 H형강보의 강축 최대계수집중하중[3] p_u (kN)

2점집중하중 / 3등분점횡지지 SHN490 (F_y = 325[1] MPa) C_b = 1.00

H형강 치수	단위중량	I_x	$øM_{px}$	L_p	L_r	경간 L_n[2] (m)																			설계전단강도 $ø_vV_{nx}$
	kg/m	×10⁶mm⁴	kN.m	mm	mm	2.0	3.0	4.0	5.0	6.0	7.0	8.0	9.0	10.0	11.0	12.0	13.0	14.0	15.0	16.0	17.0	18.0	19.0	20.0	kN
H-150x75x5x7	14.0	6.66	25.4	737	2680	44.7	28.2	19.7	14.5	11.1	8.68	6.85	5.28	4.19	3.41	2.75	2.31	2.05	1.77	1.55	1.37	1.22	1.09	0.979	146
H-148x100x6x9	21.1	10.2	45.9	1050	4500	68.9	45.9	33.3	25.6	20.5	16.9	14.1	12.0	10.3	8.87	7.75	6.69	5.81	5.03	4.40	3.88	3.44	3.08	2.77	173
H-198x99x4.5x7	18.2	15.8	48.7	978	3040	78.9	52.4	36.9	27.6	21.4	16.9	13.6	11.0	8.62	6.89	5.75	4.62	3.97	3.40	2.95	2.58	2.28	2.03	1.82	174
H-200x100x5.5x8	21.3	18.4	57.9	981	3260	91.9	61.1	43.2	32.5	25.4	20.3	16.5	13.5	11.0	8.82	7.25	6.00	5.14	4.42	3.84	3.37	2.98	2.66	2.38	215
H-194x150x6x9	30.6	26.9	90.3	1590	5460	135	90.3	67.7	53.8	43.4	35.9	30.4	26.0	22.6	19.7	17.3	15.5	13.6	12.2	10.9	9.56	8.42	7.47	6.67	227
H-248x124x5x8	25.7	35.4	93.4	1230	3650	140	93.4	69.0	52.3	41.2	33.2	27.3	22.6	18.9	15.8	12.8	10.4	8.77	7.44	6.40	5.56	4.88	4.31	3.84	242
H-250x125x6x9	29.6	40.5	107	1230	3840	161	107	79.1	60.2	47.5	38.5	31.8	26.5	22.3	18.9	15.8	12.9	10.9	9.25	7.97	6.95	6.11	5.41	4.83	293
H-244x175x7x11	44.1	61.2	163	1850	6230	245	163	122	98.0	80.6	67.1	57.0	49.1	42.8	37.7	33.5	29.8	26.6	23.9	21.6	19.5	17.6	15.9	14.1	333
H-298x149x5.5x8	32.0	63.2	139	1460	4140	208	139	104	80.9	64.2	52.2	43.3	36.3	30.7	26.2	22.5	18.7	15.4	12.9	11.0	9.44	8.21	7.20	6.37	320
H-300x150x6.5x9	36.7	72.1	159	1460	4300	238	159	119	92.5	73.5	60.0	49.9	42.0	35.7	30.5	26.3	22.4	18.6	15.7	13.4	11.5	10.1	8.86	7.86	380
H-294x200x8x12	56.8	113	251	2080	6710	377	251	188	151	126	105	89.8	77.6	67.8	59.8	53.3	47.5	42.7	38.5	34.8	31.6	28.7	26.1	23.8	459
H-298x201x9x14	65.4	133	292	2110	7270	439	292	219	175	146	123	105	91.2	79.9	70.7	63.0	56.5	51.0	46.2	42.0	38.3	35.0	32.0	29.4	523
H-346x174x6x9	41.4	111	209	1710	4800	313	209	157	125	101	83.0	69.5	59.0	50.5	43.6	38.0	33.0	28.9	24.5	20.7	17.7	15.3	13.3	11.7	405
H-350x175x7x11	49.6	136	254	1750	5090	381	254	190	152	123	102	85.4	72.7	62.6	54.3	47.5	41.5	36.6	32.2	27.6	23.7	20.6	18.0	15.9	478
H-354x176x8x13	57.8	161	299	1770	5410	449	299	224	179	146	121	102	87.0	75.2	65.5	57.5	50.8	44.9	39.8	35.4	30.7	26.8	23.5	20.8	552
H-336x249x8x12	69.2	185	348	2620	7860	523	348	261	209	174	149	131	115	101	89.8	80.3	72.2	65.3	59.3	54.0	49.4	45.3	41.6	38.3	524
H-340x250x9x14	79.7	217	413	2650	8400	620	413	310	248	207	177	155	135	118	105	94.3	85.2	77.1	70.2	64.1	58.8	54.1	49.8	46.0	597
H-396x199x7x11	56.6	200	330	1980	5580	495	330	247	198	165	136	115	98.4	85.1	74.3	65.3	57.7	51.1	45.4	40.4	35.6	30.7	26.7	23.4	541
H-400x200x8x13	66.0	237	388	2010	5880	582	388	291	233	194	161	136	117	101	88.8	78.3	69.5	61.7	55.1	49.3	44.2	39.2	34.2	30.1	624
H-404x201x9x15	75.5	275	447	2030	6210	670	447	335	268	223	186	158	136	118	104	92.0	81.7	73.0	65.5	58.8	53.0	47.8	42.7	37.7	709

1) SHN400, SHN490 이외의 강종은 판두께에 따른 강도저하를 고려하여야 한다. (KS규격 참조)
2) 주어진 경간 사이는 직선보간한다.
3) 최대계수하중은 휨에 대하여 산정된 값으로 경간이 짧은 경우 전단강도를 검토해야 한다.

도움표 6.21-490 H형강보의 강축 최대계수집중하중[3] p_u (kN)

2점집중하중 / 3등분점횡지지 SHN490 (F_y = 325[1] MPa) C_b = 1.00

H형강 치수	단위중량	I_x	$øM_{px}$	L_p	L_r	경간 L_n[2] (m)																			설계전단강도 $ø_vV_{nx}$
	kg/m	×10^6mm^4	kN.m	mm	mm	2.0	3.0	4.0	5.0	6.0	7.0	8.0	9.0	10.0	11.0	12.0	13.0	14.0	15.0	16.0	17.0	18.0	19.0	20.0	kN
H-386x299x9x14	94.3	337	546	3190	9480	819	546	410	328	273	234	205	182	164	149	134	121	110	100	92.1	84.8	78.3	72.5	67.2	677
H-390x300x10x16	107.0	387	640	3220	10000	960	640	480	384	320	274	240	213	191	170	153	139	126	116	106	98.1	90.8	84.2	78.2	761
H-446x199x8x12	66.2	287	424	1910	5480	636	424	318	254	210	174	146	125	108	94.1	82.5	72.7	64.3	57.0	50.7	44.0	37.9	33.0	29.0	696
H-450x200x9x14	76.0	335	491	1940	5740	737	491	368	295	244	202	171	146	127	111	97.5	86.3	76.6	68.2	60.9	54.4	47.4	41.4	36.4	790
H-434x299x10x15	106.0	468	691	3110	9250	1040	691	518	414	345	296	259	230	206	184	165	149	136	124	113	104	96.2	88.9	82.4	846
H-440x300x11x18	124.0	561	826	3170	9960	1240	826	620	496	413	354	310	275	246	219	197	179	163	149	137	126	117	108	100	944
H-496x199x9x14	79.5	419	560	1890	5510	840	560	420	336	277	229	193	165	142	124	109	95.8	84.7	75.1	66.7	58.2	50.2	43.8	38.5	870
H-500x200x10x16	89.6	478	636	1910	5750	954	636	477	382	315	261	221	189	164	143	126	111	98.8	87.9	78.5	70.1	61.2	53.5	47.1	975
H-506x201x11x19	103.0	565	743	1960	6140	1110	743	557	446	370	308	261	224	195	171	151	134	120	107	96.1	86.4	77.8	69.0	61.0	1090
H-482x300x11x15	114.0	604	808	3010	8900	1210	808	606	485	404	346	303	269	240	213	192	173	157	143	131	120	110	102	94.2	1030
H-488x300x11x18	128.0	710	944	3110	9450	1420	944	708	566	472	405	354	315	280	249	224	202	184	168	154	142	131	121	112	1050
H-596x199x10x15	94.6	687	775	1790	5240	1160	775	581	465	379	312	262	223	192	166	145	127	112	98.6	85.9	73.2	63.1	54.9	48.1	1160
H-600x200x11x17	106.0	776	871	1820	5440	1310	871	653	523	427	353	297	253	219	190	166	146	129	114	101	87.4	75.5	65.8	57.9	1290
H-606x201x12x20	120.0	904	1000	1870	5740	1510	1000	753	602	495	410	346	296	257	224	197	174	154	137	122	109	95.1	83.2	73.3	1420
H-612x202x13x23	134.0	1030	1140	1910	6070	1710	1140	854	683	564	468	396	340	296	259	229	203	181	161	145	130	117	103	90.7	1550
H-582x300x12x17	137.0	1030	1160	2930	8580	1740	1160	869	695	580	497	435	385	338	301	269	243	220	200	183	167	154	141	131	1360
H-588x300x12x20	151.0	1180	1310	3030	9010	1970	1310	985	788	657	563	492	438	386	344	308	278	253	230	211	194	178	165	152	1380
H-594x302x14x23	175.0	1370	1520	3050	9570	2280	1520	1140	912	760	652	570	507	449	400	359	325	295	270	247	228	210	194	180	1620
H-692x300x13x20	166.0	1720	1650	2890	8410	2470	1650	1230	988	823	706	617	545	479	425	380	342	310	281	257	235	216	198	183	1750
H-700x300x13x24	185.0	2010	1890	3000	8900	2840	1890	1420	1130	945	810	709	630	555	494	443	399	362	330	302	277	255	235	217	1770

1) SHN400, SHN490 이외의 강종은 판두께에 따른 강도저하를 고려하여야 한다. (KS규격 참조)
2) 주어진 경간 사이는 직선보간한다.
3) 최대계수하중은 휨에 대하여 산정된 값으로 경간이 짧은 경우 전단강도를 검토해야 한다.

도움표 6.21-490 H형강보의 강축 최대계수집중하중[3] p_u (kN)

2점집중하중 / 3등분점횡지지 **SHN490 (F_y = 325[1] MPa)** **C_b = 1.00**

H형강 치수	단위중량	I_x	ϕM_{px}	L_p	L_r	경간 L_n[2] (m)																			설계전단강도
	kg/m	×10⁶mm⁴	kN.m	mm	mm	2.0	3.0	4.0	5.0	6.0	7.0	8.0	9.0	10.0	11.0	12.0	13.0	14.0	15.0	16.0	17.0	18.0	19.0	20.0	$\phi_v V_{nx}$ kN
H-708x302x15x28	215.0	2370	2210	3030	9480	3320	2210	1660	1330	1110	948	829	737	652	581	521	471	428	391	358	330	304	281	261	2070
H-792x300x14x22	191.0	2540	2130	2820	8210	3200	2130	1600	1280	1070	914	799	702	616	546	488	439	397	360	328	300	275	252	232	2160
H-800x300x14x26	210.0	2920	2410	2930	8630	3620	2410	1810	1450	1210	1030	904	800	704	625	560	504	457	415	379	348	319	294	271	2180
H-808x302x16x30	241.0	3390	2790	2960	9110	4180	2790	2090	1670	1390	1200	1050	927	817	727	652	588	534	487	446	409	377	348	322	2520
H-890x299x15x23	213.0	3450	2610	2720	7930	3910	2610	1960	1560	1300	1120	978	851	746	661	590	529	477	432	393	359	328	300	275	2600
H-900x300x16x28	243.0	4110	3060	2820	8400	4590	3060	2290	1830	1530	1310	1150	1010	885	785	702	631	571	519	473	433	397	365	336	2810
H-912x302x18x34	286.0	4980	3660	2900	9020	5480	3660	2740	2190	1830	1570	1370	1210	1070	949	850	767	696	634	580	532	489	451	417	3200
H-918x303x19x37	307.0	5420	3960	2930	9360	5940	3960	2970	2380	1980	1700	1490	1310	1160	1030	926	836	759	693	635	583	537	496	460	3400
H-100x100x6x8	17.2	3.83	25.6	1090	6150	38.4	25.6	18.9	14.7	11.9	9.93	8.45	7.29	6.36	5.61	5.00	4.38	3.98	3.59	3.24	2.93	2.66	2.40	2.16	117
H-125x125x6.5x9	23.8	8.47	44.9	1380	6660	67.4	44.9	33.7	26.4	21.4	17.9	15.3	13.2	11.6	10.2	9.00	8.08	7.33	6.63	6.01	5.47	4.98	4.55	4.16	158
H-150x150x7x10	31.5	16.4	72.0	1660	7330	108	72.0	54.0	43.2	35.2	29.5	25.2	21.8	19.2	17.0	15.3	13.6	12.3	11.2	10.2	9.31	8.53	7.83	7.20	205
H-200x200x8x12	49.9	47.2	154	2220	8770	231	154	115	92.2	76.9	65.5	56.2	49.0	43.2	38.5	34.5	31.2	28.4	25.9	23.7	21.8	20.1	18.6	17.2	312
H-200x204x12x12	56.2	49.8	165	2160	9620	248	165	124	99.2	82.7	70.2	60.4	52.7	46.6	41.6	37.5	33.9	30.9	28.3	26.0	23.9	22.1	20.5	19.1	468
H-208x202x10x16	65.7	65.3	208	2270	11100	312	208	156	125	104	88.8	76.6	67.1	59.4	53.2	48.0	43.6	39.9	36.6	33.8	31.3	29.0	27.0	25.2	406
H-244x252x11x11	64.4	87.9	225	2640	9450	337	225	169	135	112	96.3	84.3	74.9	67.4	60.6	54.5	49.4	44.9	41.0	37.6	34.7	32.0	29.6	27.5	523
H-248x249x8x13	66.5	99.3	258	2780	9770	387	258	194	155	129	111	96.8	85.1	75.2	67.2	60.5	54.7	49.9	45.7	42.0	38.7	35.8	33.2	30.9	387
H-250x250x9x14	72.4	108	281	2780	10300	421	281	211	169	140	120	105	92.6	82.0	73.3	66.0	60.0	54.7	50.1	46.1	42.6	39.5	36.7	34.1	439
H-250x255x14x14	82.2	115	304	2690	11300	456	304	228	182	152	130	114	99.9	88.5	79.3	71.5	65.1	59.4	54.5	50.3	46.5	43.2	40.2	37.5	683
H-294x302x12x12	84.5	169	346	3160	10600	520	346	260	208	173	148	130	115	104	94.5	86.5	79.8	74.0	67.8	62.4	57.7	53.4	49.6	46.2	688
H-298x299x9x14	87.0	188	396	3320	10900	593	396	297	237	198	170	148	132	119	108	98.3	89.3	81.5	74.7	68.8	63.7	59.0	54.9	51.2	523

1) SHN400, SHN490 이외의 강종은 판두께에 따른 강도저하를 고려하여야 한다. (KS규격 참조)
2) 주어진 경간 사이는 직선보간한다.
3) 최대계수하중은 휨에 대하여 산정된 값으로 경간이 짧은 경우 전단강도를 검토해야 한다.

도움표 6.21-490 H형강보의 강축 최대계수집중하중[3] p_u (kN)

2점집중하중 / 3등분점횡지지 — SHN490 (F_y = 325[1] MPa) — C_b = 1.00

H형강 치수	단위중량 kg/m	I_x ×10⁶mm⁴	$øM_{px}$ kN.m	L_p mm	L_r mm	경간 L_n[2] (m) 2.0	3.0	4.0	5.0	6.0	7.0	8.0	9.0	10.0	11.0	12.0	13.0	14.0	15.0	16.0	17.0	18.0	19.0	20.0	설계전단강도 $ø_vV_{nx}$ kN
H-300x300x10x15	94.0	204	434	3320	11400	652	434	326	261	217	186	163	145	130	118	107	96.7	88.4	81.1	74.8	69.3	64.3	59.9	55.9	585
H-300x305x15x15	106.0	215	465	3210	12300	697	465	349	279	232	199	174	155	139	126	114	104	95.0	87.3	80.7	74.8	69.5	64.8	60.6	878
H-304x301x11x17	106.0	234	499	3350	12400	748	499	374	299	249	214	187	166	150	134	122	111	101	93.0	85.9	79.7	74.1	69.1	64.7	652
H-310x305x15x20	130.0	286	608	3350	14400	912	608	456	365	304	261	228	203	182	164	149	135	124	115	106	98.8	92.1	86.2	80.8	907
H-310x310x20x20	142.0	299	643	3280	15600	965	643	482	386	322	276	241	214	193	173	157	144	132	122	113	105	98.0	91.8	86.2	1210
H-338x351x13x13	106.0	282	491	3680	11900	736	491	368	294	245	210	184	164	147	134	123	113	105	98.1	92.0	86.6	80.8	75.3	70.3	857
H-344x348x10x16	115.0	333	601	3880	12600	902	601	451	361	301	258	226	200	180	164	150	139	129	118	109	101	94.3	88.0	82.3	671
H-344x354x16x16	131.0	353	648	3730	13500	972	648	486	389	324	278	243	216	194	177	162	150	139	128	118	110	102	95.5	89.5	1070
H-350x350x12x19	137.0	403	744	3910	14000	1120	744	558	447	372	319	279	248	223	203	186	169	155	143	132	123	115	107	100	819
H-350x357x19x19	156.0	428	807	3770	15300	1210	807	605	484	404	346	303	269	242	220	200	183	168	155	144	134	125	117	110	1300
H-388x402x15x15	140.0	490	745	4220	13600	1120	745	558	447	372	319	279	248	223	203	186	172	160	149	140	131	124	118	111	1130
H-394x398x11x18	147.0	561	880	4450	14200	1320	880	660	528	440	377	330	293	264	240	220	203	189	176	165	154	143	134	126	845
H-394x405x18x18	168.0	597	951	4260	15200	1430	951	713	571	475	408	357	317	285	259	238	219	204	190	178	167	155	145	136	1380
H-400x400x13x21	172.0	666	1070	4480	15600	1610	1070	806	645	537	460	403	358	322	293	269	248	229	211	196	182	170	159	150	1010
H-400x408x21x21	197.0	709	1160	4310	17000	1740	1160	872	698	581	498	436	388	349	317	291	268	248	229	212	198	185	173	163	1640
H-406x403x16x24	200.0	780	1250	4480	17300	1880	1250	939	751	626	536	469	417	376	341	313	289	267	247	229	213	199	187	176	1270
H-414x405x18x28	232.0	928	1470	4530	19400	2210	1470	1100	882	735	630	551	490	441	401	368	339	314	291	270	252	236	222	209	1450
H-428x407x20x35	283.0	1190	1850	4620	23300	2770	1850	1380	1110	923	791	692	615	554	503	462	426	395	366	341	319	299	281	265	1670
H-458x417x30x50	415.0	1870	2790	4730	33200	4190	2790	2090	1670	1400	1200	1050	930	837	761	698	644	598	556	519	486	457	431	407	2680
H-498x432x45x70	605.0	2980	4230	4890	47600	6340	4230	3170	2540	2110	1810	1590	1410	1270	1150	1060	976	906	845	789	741	697	658	623	4370

1) SHN400, SHN490 이외의 강종은 판두께에 따른 강도저하를 고려하여야 한다. (KS규격 참조)
2) 주어진 경간 사이는 직선보간한다.
3) 최대계수하중은 휨에 대하여 산정된 값으로 경간이 짧은 경우 전단강도를 검토해야 한다.

도움표 6.22-400 H형강보의 강축 최대계수집중하중[3] p_u (kN)

3점집중하중 / 양단부횡지지 SHN400 (F_y = 235[1] MPa) C_b = 1.14

H형강 치수	단위중량	I_x	$øM_{px}$	L_p	L_r	경간 L_n[2] (m)																			설계전단강도 $ø_vV_{nx}$
	kg/m	×10⁶mm⁴	kN.m	mm	mm	2.0	3.0	4.0	5.0	6.0	7.0	8.0	9.0	10.0	11.0	12.0	13.0	14.0	15.0	16.0	17.0	18.0	19.0	20.0	kN
H-150x75x5x7	14.0	6.66	21.5	867	3520	20.5	11.2	6.46	4.04	2.77	2.02	1.54	1.21	0.978	0.807	0.677	0.576	0.496	0.432	0.379	0.336	0.300	0.269	0.242	106
H-148x100x6x9	21.1	10.2	33.2	1230	6070	33.2	21.7	14.8	10.6	7.83	5.72	4.35	3.43	2.77	2.28	1.91	1.63	1.40	1.22	1.07	0.950	0.847	0.760	0.685	125
H-198x99x4.5x7	18.2	15.8	38.0	1150	3860	38.0	21.4	12.8	7.76	5.20	3.74	2.82	2.21	1.77	1.46	1.22	1.04	0.891	0.775	0.680	0.601	0.535	0.480	0.433	126
H-200x100x5.5x8	21.3	18.4	44.3	1150	4200	44.3	25.8	16.2	10.1	6.80	4.90	3.71	2.91	2.34	1.93	1.61	1.37	1.18	1.03	0.900	0.796	0.709	0.636	0.574	155
H-194x150x6x9	30.6	26.9	65.3	1880	7140	65.3	43.5	31.6	23.2	17.6	13.6	10.3	7.99	6.40	5.25	4.38	3.72	3.19	2.77	2.43	2.15	1.91	1.71	1.54	164
H-248x124x5x8	25.7	35.4	67.5	1450	4570	67.5	41.8	26.7	17.0	11.1	7.86	5.86	4.54	3.63	2.97	2.47	2.09	1.79	1.56	1.36	1.20	1.07	0.959	0.864	175
H-250x125x6x9	29.6	40.5	77.4	1450	4860	77.4	48.7	31.6	21.1	13.9	9.90	7.41	5.76	4.61	3.78	3.15	2.67	2.29	1.99	1.75	1.54	1.37	1.23	1.11	212
H-244x175x7x11	44.1	61.2	118	2180	8110	118	78.7	59.0	44.3	34.1	26.9	21.4	16.6	13.3	10.9	9.04	7.65	6.56	5.69	4.98	4.40	3.91	3.50	3.16	241
H-298x149x5.5x8	32.0	63.2	100	1710	5090	100	65.4	42.7	29.1	18.7	12.9	9.48	7.25	5.73	4.64	3.84	3.24	2.76	2.39	2.09	1.84	1.63	1.46	1.31	231
H-300x150x6.5x9	36.7	72.1	115	1710	5350	115	75.4	49.7	34.3	23.0	16.0	11.8	9.06	7.18	5.84	4.85	4.09	3.50	3.03	2.65	2.33	2.07	1.85	1.67	275
H-294x200x8x12	56.8	113	182	2450	8630	182	121	90.8	70.1	54.3	43.0	34.5	27.5	21.8	17.7	14.7	12.4	10.6	9.16	8.01	7.06	6.27	5.61	5.05	332
H-298x201x9x14	65.4	133	211	2480	9510	211	141	106	83.5	65.3	52.3	42.5	35.0	28.4	23.2	19.3	16.3	13.9	12.1	10.6	9.32	8.29	7.42	6.68	378
H-346x174x6x9	41.4	111	151	2020	5880	151	101	69.8	49.1	34.9	23.7	17.2	13.0	10.2	8.18	6.73	5.64	4.79	4.13	3.59	3.16	2.80	2.49	2.24	293
H-350x175x7x11	49.6	136	184	2050	6320	184	122	86.7	62.0	45.5	32.3	23.6	18.0	14.1	11.4	9.46	7.95	6.78	5.85	5.11	4.50	3.99	3.56	3.20	345
H-354x176x8x13	57.8	161	216	2080	6820	216	144	104	75.7	56.5	42.3	31.1	23.9	18.9	15.4	12.7	10.7	9.17	7.93	6.93	6.11	5.42	4.85	4.36	399
H-336x249x8x12	69.2	185	257	3080	9950	257	171	128	103	82.5	66.2	54.1	44.6	36.9	29.6	24.3	20.4	17.3	14.9	12.9	11.4	10.1	8.97	8.05	379
H-340x250x9x14	79.7	217	299	3120	10800	299	199	149	119	97.8	79.2	65.2	54.3	45.6	38.2	31.5	26.4	22.5	19.4	16.9	14.8	13.2	11.7	10.6	431
H-396x199x7x11	56.6	200	239	2330	6860	239	159	117	84.9	63.3	47.3	34.0	25.6	19.9	16.0	13.1	11.0	9.29	7.99	6.94	6.09	5.39	4.80	4.31	391
H-400x200x8x13	66.0	237	281	2360	7320	281	187	140	102	77.3	59.4	44.1	33.4	26.2	21.1	17.4	14.6	12.4	10.7	9.31	8.19	7.25	6.47	5.81	451
H-404x201x9x15	75.5	275	323	2390	7830	323	215	162	121	92.1	71.7	55.8	42.5	33.5	27.1	22.4	18.8	16.0	13.9	12.1	10.6	9.44	8.43	7.58	513

1) SHN400, SHN490 이외의 강종은 판두께에 따른 강도저하를 고려하여야 한다. (KS규격 참조)
2) 주어진 경간 사이는 직선보간한다.
2) 최대계수하중은 휨에 대하여 산정된 값으로 경간이 짧은 경우 전단강도를 검토해야 한다.

도움표 6.22-400 H형강보의 강축 최대계수집중하중[3] p_u (kN)

3점집중하중 / 양단부횡지지 SHN400 (F_y = 235[1] MPa) C_b = 1.14

H형강 치수	단위중량 kg/m	I_x ×10⁶mm⁴	$øM_{px}$ kN.m	L_p mm	L_r mm	경간 L_n[2] (m) 2.0	3.0	4.0	5.0	6.0	7.0	8.0	9.0	10.0	11.0	12.0	13.0	14.0	15.0	16.0	17.0	18.0	19.0	20.0	설계전단강도 $ø_vV_{nx}$ kN
H-386x299x9x14	94.3	337	406	3750	12000	406	270	203	162	135	113	93.9	79.0	67.0	57.2	49.0	40.7	34.4	29.4	25.5	22.3	19.7	17.5	15.7	490
H-390x300x10x16	107.0	387	463	3780	12900	463	308	231	185	154	131	109	92.6	79.1	68.0	58.8	50.8	43.0	36.9	32.0	28.1	24.8	22.1	19.8	550
H-446x199x8x12	66.2	287	307	2250	6730	307	204	149	107	79.6	58.4	42.0	31.6	24.7	19.8	16.2	13.6	11.5	9.91	8.61	7.56	6.69	5.96	5.35	503
H-450x200x9x14	76.0	335	355	2290	7140	355	237	175	127	95.7	72.9	53.3	40.4	31.7	25.5	21.0	17.6	15.0	12.9	11.2	9.88	8.76	7.81	7.02	571
H-434x299x10x15	106.0	468	504	3660	11700	504	336	252	202	168	139	115	96.4	81.5	69.3	58.3	48.4	40.9	35.0	30.3	26.5	23.4	20.8	18.6	612
H-440x300x11x18	124.0	561	597	3730	12800	597	398	299	239	199	169	141	119	101	87.1	75.2	64.6	54.7	46.9	40.8	35.7	31.6	28.1	25.2	682
H-496x199x9x14	79.5	419	405	2220	6790	405	270	196	142	105	77.7	56.1	42.3	33.1	26.6	21.9	18.3	15.5	13.4	11.6	10.2	9.05	8.07	7.24	629
H-500x200x10x16	89.6	478	460	2250	7160	460	307	226	165	124	94.2	69.2	52.5	41.2	33.3	27.4	23.0	19.6	16.9	14.7	12.9	11.5	10.2	9.19	705
H-506x201x11x19	103.0	565	537	2310	7760	537	358	269	198	151	117	90.4	69.0	54.5	44.1	36.5	30.7	26.2	22.6	19.7	17.4	15.4	13.8	12.4	785
H-482x300x11x15	114.0	604	590	3540	11100	590	394	295	236	197	160	131	110	92.0	77.6	63.5	52.6	44.4	37.9	32.8	28.6	25.2	22.4	20.1	748
H-488x300x11x18	128.0	710	683	3660	12000	683	455	341	273	228	189	157	132	112	95.3	81.4	67.7	57.2	49.0	42.5	37.2	32.8	29.2	26.2	757
H-596x199x10x15	94.6	687	561	2110	6410	561	374	265	188	138	97.0	69.7	52.4	40.8	32.7	26.8	22.4	19.0	16.3	14.2	12.5	11.0	9.82	8.80	840
H-600x200x11x17	106.0	776	630	2140	6700	630	420	302	217	160	117	84.4	63.8	49.9	40.1	33.0	27.6	23.5	20.2	17.6	15.5	13.7	12.2	11.0	931
H-606x201x12x20	120.0	904	726	2200	7160	726	484	355	258	193	147	108	81.9	64.4	52.0	42.9	36.0	30.7	26.4	23.0	20.3	18.0	16.0	14.4	1030
H-612x202x13x23	134.0	1030	823	2240	7660	823	549	410	301	228	176	135	103	81.0	65.6	54.3	45.6	38.9	33.6	29.4	25.8	22.9	20.5	18.4	1120
H-582x300x12x17	137.0	1030	838	3450	10600	838	559	419	335	276	222	182	151	126	103	83.7	69.3	58.3	49.7	42.9	37.5	33.0	29.3	26.1	985
H-588x300x12x20	151.0	1180	949	3560	11300	949	633	475	380	316	258	213	177	149	126	104	86.3	72.8	62.3	53.9	47.1	41.5	36.9	33.0	995
H-594x302x14x23	175.0	1370	1100	3590	12200	1100	733	550	440	366	304	252	212	180	154	132	110	93.2	80.0	69.3	60.7	53.7	47.8	42.8	1170
H-692x300x13x20	166.0	1720	1190	3400	10400	1190	794	595	476	388	312	254	210	174	140	114	93.8	78.8	67.1	57.9	50.4	44.4	39.3	35.1	1270
H-700x300x13x24	185.0	2010	1370	3520	11100	1370	911	684	547	456	369	303	252	212	178	146	121	102	86.8	75.0	65.5	57.8	51.3	45.9	1280

1) SHN400, SHN490 이외의 강종은 판두께에 따른 강도저하를 고려하여야 한다. (KS규격 참조)
2) 주어진 경간 사이는 직선보간한다.
3) 최대계수하중은 휨에 대하여 산정된 값으로 경간이 짧은 경우 전단강도를 검토해야 한다.

도움표 6.22-400 H형강보의 강축 최대계수집중하중[3] p_u (kN)

3점집중하중 / 양단부횡지지 | SHN400 (F_y = 235[1] MPa) | C_b = 1.14

H형강 치수	단위중량 kg/m	I_x ×10^6mm^4	$øM_{px}$ kN.m	L_p mm	L_r mm	경간 L_n[2] (m) 2.0	3.0	4.0	5.0	6.0	7.0	8.0	9.0	10.0	11.0	12.0	13.0	14.0	15.0	16.0	17.0	18.0	19.0	20.0	설계전단강도 $ø_vV_{nx}$ kN
H-708x302x15x28	215.0	2370	1600	3570	12000	1600	1070	799	640	533	441	365	306	259	221	189	157	133	114	98.7	86.5	76.3	67.9	60.9	1500
H-792x300x14x22	191.0	2540	1540	3320	10100	1540	1030	771	617	497	397	322	264	218	173	139	115	96.3	81.9	70.5	61.4	53.9	47.8	42.6	1560
H-800x300x14x26	210.0	2920	1740	3440	10700	1740	1160	872	697	574	462	378	313	261	215	174	144	121	103	89.2	77.8	68.5	60.8	54.3	1580
H-808x302x16x30	241.0	3390	2020	3480	11500	2020	1340	1010	807	672	546	450	375	316	267	222	184	155	133	115	101	88.8	78.9	70.6	1820
H-890x299x15x23	213.0	3450	1890	3200	9690	1890	1260	943	754	596	474	382	311	249	196	158	130	109	92.3	79.3	69.0	60.5	53.5	47.7	1880
H-900x300x16x28	243.0	4110	2210	3320	10400	2210	1470	1110	884	717	575	468	385	319	258	209	172	145	123	106	92.8	81.6	72.4	64.7	2030
H-912x302x18x34	286.0	4980	2640	3410	11300	2640	1760	1320	1060	877	709	584	486	408	344	284	236	199	170	147	129	114	101	90.5	2310
H-918x303x19x37	307.0	5420	2860	3450	11900	2860	1910	1430	1150	955	779	644	539	455	386	327	272	230	197	171	150	132	117	105	2460
H-100x100x6x8	17.2	3.83	18.5	1290	8440	18.5	12.4	9.00	6.74	5.24	4.16	3.35	2.69	2.17	1.79	1.51	1.28	1.10	0.962	0.845	0.748	0.667	0.599	0.540	84.6
H-125x125x6.5x9	23.8	8.47	32.5	1620	9080	32.5	21.6	16.2	12.2	9.57	7.66	6.23	5.12	4.14	3.41	2.86	2.43	2.10	1.82	1.60	1.42	1.26	1.13	1.02	115
H-150x150x7x10	31.5	16.4	52.0	1950	9930	52.0	34.7	26.0	20.3	16.0	12.9	10.6	8.79	7.33	6.03	5.05	4.29	3.69	3.21	2.82	2.49	2.22	1.99	1.80	148
H-200x200x8x12	49.9	47.2	111	2610	11700	111	74.1	55.6	44.5	36.4	29.7	24.7	20.8	17.7	15.2	13.0	11.0	9.42	8.18	7.16	6.33	5.63	5.05	4.55	226
H-200x204x12x12	56.2	49.8	120	2540	13000	120	79.7	59.8	47.8	39.7	32.6	27.3	23.1	19.8	17.1	14.9	12.9	11.1	9.66	8.47	7.48	6.66	5.97	5.38	338
H-208x202x10x16	65.7	65.3	150	2670	15100	150	100	75.1	60.1	50.1	42.4	35.8	30.7	26.5	23.2	20.4	18.0	16.0	14.2	12.5	11.0	9.81	8.80	7.93	293
H-244x252x11x11	64.4	87.9	169	3110	12400	169	113	84.7	67.8	56.5	46.8	39.0	32.9	28.1	24.1	20.8	17.8	15.2	13.1	11.5	10.1	8.96	8.01	7.21	378
H-248x249x8x13	66.5	99.3	187	3270	12900	187	124	93.4	74.7	62.2	52.2	43.7	37.0	31.7	27.4	23.7	20.6	17.6	15.2	13.3	11.7	10.4	9.30	8.36	280
H-250x250x9x14	72.4	108	203	3270	13700	203	135	102	81.3	67.7	57.5	48.2	41.1	35.3	30.6	26.7	23.4	20.4	17.7	15.5	13.6	12.1	10.8	9.75	317
H-250x255x14x14	82.2	115	220	3160	15200	220	146	110	87.9	73.2	62.8	53.0	45.4	39.2	34.2	30.1	26.5	23.5	20.9	18.3	16.2	14.4	12.9	11.6	494
H-294x302x12x12	84.5	169	263	3720	13700	263	175	131	105	87.6	75.0	64.8	55.0	47.3	40.9	35.6	31.1	27.0	23.3	20.2	17.8	15.7	14.0	12.6	497
H-298x299x9x14	87.0	188	294	3900	14200	294	196	147	118	97.9	84.0	71.6	61.1	52.6	45.7	39.9	35.0	30.8	26.6	23.2	20.4	18.0	16.1	14.4	378

1) SHN400, SHN490 이외의 강종은 판두께에 따른 강도저하를 고려하여야 한다. (KS규격 참조)
2) 주어진 경간 사이는 직선보간한다.
3) 최대계수하중은 휨에 대하여 산정된 값으로 경간이 짧은 경우 전단강도를 검토해야 한다.

도움표 6.22-400 H형강보의 강축 최대계수집중하중[3] p_u (kN)

3점집중하중 / 양단부횡지지

SHN400 (F_y = 235[1] MPa) C_b = 1.14

H형강 치수	단위중량 kg/m	I_x ×10^6mm^4	$øM_{px}$ kN.m	L_p mm	L_r mm	경간 L_n[2] (m) 2.0	3.0	4.0	5.0	6.0	7.0	8.0	9.0	10.0	11.0	12.0	13.0	14.0	15.0	16.0	17.0	18.0	19.0	20.0	설계 전단 강도 $ø_vV_{nx}$ kN
H-300x300x10x15	94.0	204	317	3900	15000	317	212	159	127	106	90.7	78.2	66.9	57.8	50.4	44.2	38.9	34.5	30.5	26.6	23.4	20.7	18.5	16.6	423
H-300x305x15x15	106.0	215	341	3770	16300	341	228	171	137	114	97.5	84.9	72.8	63.2	55.3	48.8	43.2	38.5	34.3	30.7	27.2	24.1	21.5	19.4	635
H-304x301x11x17	106.0	234	361	3940	16400	361	240	180	144	120	103	90.2	77.7	67.5	59.2	52.2	46.3	41.3	36.9	33.1	29.4	26.1	23.3	20.9	472
H-310x305x15x20	130.0	286	440	3930	19400	440	293	220	176	147	126	110	97.6	85.4	75.4	67.0	60.0	54.0	48.7	44.2	40.1	36.5	33.3	30.1	656
H-310x310x20x20	142.0	299	465	3860	21200	465	310	233	186	155	133	116	103	91.5	81.0	72.3	64.9	58.6	53.1	48.3	44.1	40.3	36.9	33.9	874
H-338x351x13x13	106.0	282	374	4330	15300	374	249	187	149	125	107	93.4	83.0	72.2	62.9	55.2	48.6	43.0	38.1	33.3	29.1	25.7	22.8	20.5	620
H-344x348x10x16	115.0	333	449	4560	16300	449	299	224	179	150	128	112	98.2	85.2	74.6	65.8	58.3	51.9	46.3	41.5	36.6	32.3	28.8	25.8	485
H-344x354x16x16	131.0	353	486	4380	17700	486	324	243	195	162	139	122	107	93.4	82.1	72.6	64.7	57.8	51.9	46.7	42.1	37.8	33.7	30.3	776
H-350x350x12x19	137.0	403	538	4600	18500	538	359	269	215	179	154	135	120	105	92.8	82.3	73.5	66.0	59.4	53.7	48.6	44.1	39.7	35.7	592
H-350x357x19x19	156.0	428	584	4430	20500	584	389	292	233	195	167	146	130	116	102	91.0	81.6	73.5	66.5	60.4	55.0	50.2	45.9	42.0	938
H-388x402x15x15	140.0	490	567	4960	17500	567	378	283	227	189	162	142	126	113	101	89.3	79.4	70.9	63.5	57.0	51.3	45.8	40.6	36.3	821
H-394x398x11x18	147.0	561	660	5230	18400	660	440	330	264	220	188	165	147	131	115	102	91.0	81.6	73.4	66.2	59.9	54.3	48.6	43.4	611
H-394x405x18x18	168.0	597	717	5020	19900	717	478	358	287	239	205	179	159	143	126	112	101	90.5	81.7	74.0	67.3	61.3	55.9	51.0	1000
H-400x400x13x21	172.0	666	777	5260	20500	777	518	388	311	259	222	194	173	155	139	124	111	100	90.5	82.2	74.9	68.4	62.5	57.3	733
H-400x408x21x21	197.0	709	844	5070	22600	844	563	422	338	281	241	211	188	169	153	136	123	111	101	92.0	84.1	77.1	70.9	65.3	1180
H-406x403x16x24	200.0	780	905	5270	23100	905	603	453	362	302	259	226	201	181	165	148	133	121	110	100	91.7	84.2	77.5	71.5	916
H-414x405x18x28	232.0	928	1060	5330	26300	1060	709	532	425	354	304	266	236	213	193	177	161	146	134	122	113	104	96.3	89.3	1050
H-428x407x20x35	283.0	1190	1330	5430	31900	1330	890	667	534	445	381	334	297	267	243	222	205	190	175	161	149	138	129	120	1210
H-458x417x30x50	415.0	1870	2020	5560	45800	2020	1350	1010	807	673	577	504	448	404	367	336	310	288	269	252	237	224	210	197	1940
H-498x432x45x70	605.0	2980	3060	5750	65700	3060	2040	1530	1220	1020	874	764	679	612	556	510	470	437	408	382	360	340	322	306	3160

1) SHN400, SHN490 이외의 강종은 판두께에 따른 강도저하를 고려하여야 한다. (KS규격 참조)
2) 주어진 경간 사이는 직선보간한다.
3) 최대계수하중은 휨에 대하여 산정된 값으로 경간이 짧은 경우 전단강도를 검토해야 한다.

도움표 6.22-490 H형강보의 강축 최대계수집중하중[3] p_u (kN)

3점집중하중 / 양단부횡지지 SHN490 (F_y = 325[1] MPa) C_b = 1.14

H형강 치수	단위중량	I_x	ϕM_{px}	L_p	L_r	경간 L_n[2] (m)																			설계전단강도 $\phi_v V_{nx}$
	kg/m	×10⁶mm⁴	kN.m	mm	mm	2.0	3.0	4.0	5.0	6.0	7.0	8.0	9.0	10.0	11.0	12.0	13.0	14.0	15.0	16.0	17.0	18.0	19.0	20.0	kN
H-150x75x5x7	14.0	6.66	25.4	737	2680	25.4	12.0	6.46	4.04	2.77	2.02	1.54	1.21	0.978	0.807	0.677	0.576	0.496	0.432	0.379	0.336	0.300	0.269	0.242	146
H-148x100x6x9	21.1	10.2	45.9	1050	4500	45.9	27.3	17.6	11.5	7.85	5.72	4.35	3.43	2.77	2.28	1.91	1.63	1.40	1.22	1.07	0.950	0.847	0.760	0.685	173
H-198x99x4.5x7	13.2	15.8	48.7	978	3040	48.7	25.2	12.8	7.76	5.20	3.74	2.82	2.21	1.77	1.46	1.22	1.04	0.891	0.775	0.680	0.601	0.535	0.480	0.433	174
H-200x100x5.5x8	21.3	18.4	57.9	981	3260	57.9	30.8	16.5	10.1	6.80	4.90	3.71	2.91	2.34	1.93	1.61	1.37	1.18	1.03	0.900	0.796	0.709	0.636	0.574	215
H-194x150x6x9	30.6	26.9	90.3	1590	5460	90.3	59.3	39.6	27.7	19.2	13.7	10.3	7.99	6.40	5.25	4.38	3.72	3.19	2.77	2.43	2.15	1.91	1.71	1.54	227
H-248x124x5x8	25.7	35.4	93.4	1230	3650	93.4	51.6	29.1	17.0	11.1	7.86	5.86	4.54	3.63	2.97	2.47	2.09	1.79	1.56	1.36	1.20	1.07	0.959	0.864	242
H-250x125x6x9	29.6	40.5	107	1230	3840	107	60.4	35.7	21.1	13.9	9.90	7.41	5.76	4.61	3.78	3.15	2.67	2.29	1.99	1.75	1.54	1.37	1.23	1.11	293
H-244x175x7x11	44.1	61.2	163	1850	6230	163	109	76.1	54.6	40.2	28.9	21.5	16.6	13.3	10.9	9.04	7.65	6.56	5.69	4.98	4.40	3.91	3.50	3.16	333
H-298x149x5.5x8	32.0	63.2	139	1460	4140	139	82.8	51.0	29.4	18.7	12.9	9.48	7.25	5.73	4.64	3.84	3.24	2.76	2.39	2.09	1.84	1.63	1.46	1.31	320
H-300x150x6.5x9	36.7	72.1	159	1460	4300	159	95.7	59.7	35.7	23.0	16.0	11.8	9.06	7.18	5.84	4.85	4.09	3.50	3.03	2.65	2.33	2.07	1.85	1.67	380
H-294x200x8x12	56.8	113	251	2080	6710	251	168	121	87.7	65.4	48.5	35.8	27.5	21.8	17.7	14.7	12.4	10.6	9.16	8.01	7.06	6.27	5.61	5.05	459
H-298x201x9x14	65.4	133	292	2110	7270	292	195	144	105	79.8	61.5	46.3	35.7	28.4	23.2	19.3	16.3	13.9	12.1	10.6	9.32	8.29	7.42	6.68	523
H-346x174x6x9	41.4	111	209	1710	4800	209	134	86.4	55.9	34.9	23.7	17.2	13.0	10.2	8.18	6.73	5.64	4.79	4.13	3.59	3.16	2.80	2.49	2.24	405
H-350x175x7x11	49.6	136	254	1750	5090	254	166	108	73.5	46.9	32.3	23.6	18.0	14.1	11.4	9.46	7.95	6.78	5.85	5.11	4.50	3.99	3.56	3.20	478
H-354x176x8x13	57.8	161	299	1770	5410	299	198	131	90.7	61.0	42.3	31.1	23.9	18.9	15.4	12.7	10.7	9.17	7.93	6.93	6.11	5.42	4.85	4.36	552
H-336x249x8x12	69.2	185	348	2620	7860	348	232	174	135	103	80.4	62.6	47.2	36.9	29.6	24.3	20.4	17.3	14.9	12.9	11.4	10.1	8.97	8.05	524
H-340x250x9x14	79.7	217	413	2650	8400	413	275	207	160	123	97.1	77.4	60.3	47.3	38.2	31.5	26.4	22.5	19.4	16.9	14.8	13.2	11.7	10.6	597
H-396x199x7x11	56.6	200	330	1980	5580	330	220	149	103	70.0	47.3	34.0	25.6	19.9	16.0	13.1	11.0	9.29	7.99	6.94	6.09	5.39	4.80	4.31	541
H-400x200x8x13	66.0	237	388	2010	5880	388	259	179	126	89.3	60.9	44.1	33.4	26.2	21.1	17.4	14.6	12.4	10.7	9.31	8.19	7.25	6.47	5.81	624
H-404x201x9x15	75.5	275	447	2030	6210	447	298	210	149	109	76.4	55.8	42.5	33.5	27.1	22.4	18.8	16.0	13.9	12.1	10.6	9.44	8.43	7.58	709

1) SHN400, SHN490 이외의 강종은 판두께에 따른 강도저하를 고려하여야 한다. (KS규격 참조)
2) 주어진 경간 사이는 직선보간한다.
3) 최대계수하중은 휨에 대하여 산정된 값으로 경간이 짧은 경우 전단강도를 검토해야 한다.

도움표 6.22-490 H형강보의 강축 최대계수집중하중[3] p_u (kN)

3점집중하중 / 양단부횡지지 SHN490 (F_y = 325[1] MPa) C_b = 1.14

H형강 치수	단위중량	I_x	$øM_{px}$	L_p	L_r	경간 L_n[2] (m)																			설계 전단 강도 $ø_vV_{nx}$
	kg/m	×10^6mm^4	kN.m	mm	mm	2.0	3.0	4.0	5.0	6.0	7.0	8.0	9.0	10.0	11.0	12.0	13.0	14.0	15.0	16.0	17.0	18.0	19.0	20.0	kN
H-386x299x9x14	94.3	337	546	3190	9480	546	364	273	218	179	142	115	94.4	75.4	60.0	49.0	40.7	34.4	29.4	25.5	22.3	19.7	17.5	15.7	677
H-390x300x10x16	107.0	387	640	3220	10000	640	427	320	256	207	166	136	112	92.9	74.4	60.9	50.8	43.0	36.9	32.0	28.1	24.8	22.1	19.8	761
H-446x199x8x12	66.2	287	424	1910	5480	424	283	188	130	86.5	58.4	42.0	31.6	24.7	19.8	16.2	13.6	11.5	9.91	8.61	7.56	6.69	5.96	5.35	696
H-450x200x9x14	76.0	335	491	1940	5740	491	327	222	155	108	73.6	53.3	40.4	31.7	25.5	21.0	17.6	15.0	12.9	11.2	9.88	8.76	7.81	7.02	790
H-434x299x10x15	106.0	468	691	3110	9250	691	460	345	276	219	174	141	114	89.9	71.5	58.3	48.4	40.9	35.0	30.3	26.5	23.4	20.8	18.6	846
H-440x300x11x18	124.0	561	826	3170	9960	826	551	413	331	266	213	174	143	118	94.5	77.4	64.6	54.7	46.9	40.8	35.7	31.6	28.1	25.2	944
H-496x199x9x14	79.5	419	560	1890	5510	560	373	248	171	115	77.7	56.1	42.3	33.1	26.6	21.9	18.3	15.5	13.4	11.6	10.2	9.05	8.07	7.24	870
H-500x200x10x16	89.6	478	636	1910	5750	636	424	287	201	139	95.3	69.2	52.5	41.2	33.3	27.4	23.0	19.6	16.9	14.7	12.9	11.5	10.2	9.19	975
H-506x201x11x19	103.0	565	743	1960	6140	743	495	344	244	177	124	90.4	69.0	54.5	44.1	36.5	30.7	26.2	22.6	19.7	17.4	15.4	13.8	12.4	1090
H-482x300x11x15	114.0	604	808	3010	8900	808	538	404	323	252	199	159	128	98.3	78.0	63.5	52.6	44.4	37.9	32.8	28.6	25.2	22.4	20.1	1030
H-488x300x11x18	128.0	710	944	3110	9450	944	629	472	378	298	238	192	157	125	99.7	81.4	67.7	57.2	49.0	42.5	37.2	32.8	29.2	26.2	1050
H-596x199x10x15	94.6	687	775	1790	5240	775	509	331	225	144	97.0	69.7	52.4	40.8	32.7	26.8	22.4	19.0	16.3	14.2	12.5	11.0	9.82	8.80	1160
H-600x200x11x17	106.0	776	871	1820	5440	871	578	379	260	172	117	84.4	63.8	49.9	40.1	33.0	27.6	23.5	20.2	17.6	15.5	13.7	12.2	11.0	1290
H-606x201x12x20	120.0	904	1000	1870	5740	1000	669	449	313	217	148	108	81.9	64.4	52.0	42.9	36.0	30.7	26.4	23.0	20.3	18.0	16.0	14.4	1420
H-612x202x13x23	134.0	1030	1140	1910	6070	1140	759	521	368	266	184	135	103	81.0	65.6	54.3	45.6	38.9	33.6	29.4	25.8	22.9	20.5	18.4	1550
H-582x300x12x17	137.0	1030	1160	2930	8580	1160	773	580	456	350	275	219	170	130	103	83.7	69.3	58.3	49.7	42.9	37.5	33.0	29.3	26.1	1360
H-588x300x12x20	151.0	1180	1310	3030	9010	1310	875	657	525	406	322	258	209	161	128	104	86.3	72.8	62.3	53.9	47.1	41.5	36.9	33.0	1380
H-594x302x14x23	175.0	1370	1520	3050	9570	1520	1010	760	608	479	382	309	252	203	162	132	110	93.2	80.0	69.3	60.7	53.7	47.8	42.8	1620
H-692x300x13x20	166.0	1720	1650	2890	8410	1650	1100	823	642	492	384	304	232	178	140	114	93.8	78.8	67.1	57.9	50.4	44.4	39.3	35.1	1750
H-700x300x13x24	185.0	2010	1890	3000	8900	1890	1260	945	752	581	458	367	293	226	179	146	121	102	86.8	75.0	65.5	57.8	51.3	45.9	1770

1) SHN400, SHN490 이외의 강종은 판두께에 따른 강도저하를 고려하여야 한다. (KS규격 참조)
2) 주어진 경간 사이는 직선보간한다.
3) 최대계수하중은 휨에 대하여 산정된 값으로 경간이 짧은 경우 전단강도를 검토해야 한다.

도움표 6.22-490 H형강보의 강축 최대계수집중하중[3] p_u (kN)

3점집중하중 / 양단부횡지지　　SHN490 (F_y = 325[1] MPa)　　C_b = 1.14

H형강 치수	단위중량	I_x	$øM_{px}$	L_p	L_r	경간 L_n[2] (m)																			설계 전단 강도 $ø_vV_{nx}$
	kg/m	×10⁶mm⁴	kN.m	mm	mm	2.0	3.0	4.0	5.0	6.0	7.0	8.0	9.0	10.0	11.0	12.0	13.0	14.0	15.0	16.0	17.0	18.0	19.0	20.0	kN
H-708x302x15x28	215.0	2370	2210	3030	9480	2210	1470	1110	884	694	552	446	363	290	231	189	157	133	114	98.7	86.5	76.3	67.9	60.9	2070
H-792x300x14x22	191.0	2540	2130	2820	8210	2130	1420	1070	821	626	487	383	287	219	173	139	115	96.3	81.9	70.5	61.4	53.9	47.8	42.6	2160
H-800x300x14x26	210.0	2920	2410	2930	8630	2410	1610	1210	947	728	572	454	354	272	215	174	144	121	103	89.2	77.8	68.5	60.8	54.3	2180
H-808x302x16x30	241.0	3390	2790	2960	9110	2790	1860	1390	1110	859	680	545	441	342	272	222	184	155	133	115	101	88.8	78.9	70.6	2520
H-890x299x15x23	213.0	3450	2610	2720	7930	2610	1740	1300	986	747	577	446	327	249	196	158	130	109	92.3	79.3	69.0	60.5	53.5	47.7	2600
H-900x300x16x28	243.0	4110	3060	2820	8400	3060	2040	1530	1180	905	706	557	425	326	258	209	172	145	123	106	92.8	81.6	72.4	64.7	2810
H-912x302x18x34	286.0	4980	3660	2900	9020	3660	2440	1830	1440	1120	881	704	567	438	349	284	236	199	170	147	129	114	101	90.5	3200
H-918x303x19x37	307.0	5420	3960	2930	9360	3960	2640	1980	1580	1230	972	782	634	502	400	327	272	230	197	171	150	132	117	105	3400
H-100x100x6x8	17.2	3.83	25.6	1090	6150	25.6	16.6	11.3	8.18	6.07	4.46	3.41	2.69	2.17	1.79	1.51	1.28	1.10	0.962	0.845	0.748	0.667	0.599	0.540	117
H-125x125x6.5x9	23.8	8.47	44.9	1380	6660	44.9	29.9	20.7	15.1	11.4	8.57	6.52	5.13	4.14	3.41	2.86	2.43	2.10	1.82	1.60	1.42	1.26	1.13	1.02	158
H-150x150x7x10	31.5	16.4	72.0	1660	7330	72.0	48.0	34.6	25.5	19.4	15.1	11.6	9.10	7.33	6.03	5.05	4.29	3.69	3.21	2.82	2.49	2.22	1.99	1.80	205
H-200x200x8x12	49.9	47.2	154	2220	8770	154	102	76.9	59.0	45.9	36.5	29.4	23.7	19.0	15.5	13.0	11.0	9.42	8.18	7.16	6.33	5.63	5.05	4.55	312
H-200x204x12x12	56.2	49.8	165	2160	9620	165	110	82.7	64.4	50.5	40.5	33.0	27.2	22.3	18.3	15.3	12.9	11.1	9.66	8.47	7.48	6.66	5.97	5.38	468
H-208x202x10x16	65.7	65.3	208	2270	11100	208	139	104	83.1	66.2	53.8	44.5	37.3	31.5	26.8	22.4	19.0	16.3	14.2	12.5	11.0	9.81	8.80	7.93	406
H-244x252x11x11	64.4	87.9	225	2640	9450	225	150	112	89.9	73.0	58.3	47.4	38.8	31.4	25.4	21.1	17.8	15.2	13.1	11.5	10.1	8.96	8.01	7.21	523
H-248x249x8x13	66.5	99.3	258	2780	9770	258	172	129	103	81.6	65.6	53.5	44.2	36.3	29.5	24.4	20.6	17.6	15.2	13.3	11.7	10.4	9.30	8.36	387
H-250x250x9x14	72.4	108	281	2780	10300	281	187	140	112	90.0	72.6	59.7	49.5	41.5	34.1	28.3	23.9	20.4	17.7	15.5	13.6	12.1	10.8	9.75	439
H-250x255x14x14	82.2	115	304	2690	11300	304	203	152	122	98.5	80.1	66.2	55.5	46.9	39.8	33.4	28.2	24.2	20.9	18.3	16.2	14.4	12.9	11.6	683
H-294x302x12x12	84.5	169	346	3160	10600	346	231	173	139	115	98.3	80.7	67.0	56.0	46.3	38.0	31.8	27.0	23.3	20.2	17.8	15.7	14.0	12.6	688
H-298x299x9x14	87.0	188	396	3320	10900	396	264	198	158	132	109	89.9	75.0	63.0	53.0	43.6	36.5	31.0	26.6	23.2	20.4	18.0	16.1	14.4	523

1) SHN400, SHN490 이외의 강종은 판두께에 따른 강도저하를 고려하여야 한다. (KS규격 참조)
2) 주어진 경간 사이는 직선보간한다.
3) 최대계수하중은 휨에 대하여 산정된 값으로 경간이 짧은 경우 전단강도를 검토해야 한다.

도움표 6.22-490 H형강보의 강축 최대계수집중하중[3] p_u (kN)

3점집중하중 / 양단부횡지지 SHN490 (F_y = 325[1] MPa) C_b = 1.14

H형강 치수	단위중량	I_x	$øM_{px}$	L_p	L_r	경간 L_n[2] (m)																			설계 전단 강도 $ø_vV_{nx}$
	kg/m	×10⁶mm⁴	kN.m	mm	mm	2.0	3.0	4.0	5.0	6.0	7.0	8.0	9.0	10.0	11.0	12.0	13.0	14.0	15.0	16.0	17.0	18.0	19.0	20.0	kN
H-300x300x10x15	94.0	204	434	3320	11400	434	290	217	174	145	119	98.6	82.6	69.8	59.4	49.7	41.6	35.4	30.5	26.6	23.4	20.7	18.5	16.6	585
H-300x305x15x15	106.0	215	465	3210	12300	465	310	232	186	155	129	108	90.7	77.1	66.0	56.8	48.1	41.0	35.4	30.9	27.2	24.1	21.5	19.4	878
H-304x301x11x17	106.0	234	499	3350	12400	499	333	249	200	166	138	115	97.1	82.8	71.0	61.2	52.0	44.4	38.3	33.4	29.4	26.1	23.3	20.9	652
H-310x305x15x20	130.0	286	608	3350	14400	608	405	304	243	203	173	146	124	107	92.9	81.2	71.3	62.8	54.7	47.8	42.2	37.4	33.5	30.1	907
H-310x310x20x20	142.0	299	643	3280	15600	643	429	322	257	214	184	156	134	116	101	88.7	78.3	69.4	61.7	54.6	48.1	42.8	38.3	34.5	1210
H-338x351x13x13	106.0	282	491	3680	11900	491	327	245	196	164	140	123	104	88.3	75.2	63.9	53.1	44.9	38.4	33.3	29.1	25.7	22.8	20.5	857
H-344x348x10x16	115.0	333	601	3880	12600	601	401	301	241	200	172	147	124	105	90.5	78.1	66.5	56.2	48.2	41.8	36.6	32.3	28.8	25.8	671
H-344x354x16x16	131.0	353	648	3730	13500	648	432	324	259	216	185	160	136	116	100	87.1	75.8	65.2	56.1	48.7	42.8	37.8	33.7	30.3	1070
H-350x350x12x19	137.0	403	744	3910	14000	744	496	372	298	248	213	181	154	132	115	99.9	87.4	76.8	66.0	57.4	50.4	44.6	39.7	35.7	819
H-350x357x19x19	156.0	428	807	3770	15300	807	538	404	323	269	231	198	169	146	127	112	98.5	87.1	77.3	67.7	59.5	52.8	47.1	42.3	1300
H-388x402x15x15	140.0	490	745	4220	13600	745	496	372	298	248	213	186	165	144	125	108	94.1	81.0	69.1	59.6	52.0	45.8	40.6	36.3	1130
H-394x398x11x18	147.0	561	880	4450	14200	880	587	440	352	293	251	220	192	165	143	125	109	96.0	82.4	71.2	62.1	54.7	48.6	43.4	845
H-394x405x18x18	168.0	597	951	4260	15200	951	634	475	380	317	272	238	210	182	158	138	122	108	95.2	82.8	72.5	64.0	56.9	51.0	1380
H-400x400x13x21	172.0	666	1070	4480	15600	1070	716	537	430	358	307	269	232	200	175	154	136	120	107	94.0	82.2	72.6	64.6	57.8	1010
H-400x408x21x21	197.0	709	1160	4310	17000	1160	775	581	465	388	332	291	254	221	194	171	152	135	121	108	97.0	85.8	76.4	68.5	1640
H-406x403x16x24	200.0	780	1250	4480	17300	1250	835	626	501	417	358	313	275	240	210	186	165	147	132	119	107	95.0	84.6	75.9	1270
H-414x405x18x28	232.0	928	1470	4530	19400	1470	980	735	588	490	420	368	327	289	255	227	203	182	165	149	135	123	112	101	1450
H-428x407x20x35	283.0	1190	1850	4620	23300	1850	1230	923	738	615	527	462	410	369	333	298	268	243	221	202	185	170	156	144	1670
H-458x417x30x50	415.0	1870	2790	4730	33200	2790	1860	1400	1120	930	797	698	620	558	507	465	429	395	363	335	310	288	268	250	2680
H-498x432x45x70	605.0	2980	4230	4890	47600	4230	2820	2110	1690	1410	1210	1060	940	846	769	705	651	604	564	529	497	466	437	410	4370

1) SHN400, SHN490 이외의 강종은 판두께에 따른 강도저하를 고려하여야 한다. (KS규격 참조)
2) 주어진 경간 사이는 직선보간한다.
3) 최대계수하중은 휨에 대하여 산정된 값으로 경간이 짧은 경우 전단강도를 검토해야 한다.

도움표 6.23-400 H형강보의 강축 최대계수집중하중[3] p_u (kN)

3점집중하중 / 4등분점횡지지 SHN400 (F_y = 235[1] MPa) C_b = 1.11

H형강 치수	단위중량	I_x	$øM_{px}$	L_p	L_r	경간 L_n[2] (m)																			설계 전단 강도 $ø_vV_{nx}$
	kg/m	×10⁶mm⁴	kN.m	mm	mm	2.0	3.0	4.0	5.0	6.0	7.0	8.0	9.0	10.0	11.0	12.0	13.0	14.0	15.0	16.0	17.0	18.0	19.0	20.0	kN
H-150x75x5x7	14.0	6.66	21.5	867	3520	21.5	14.4	10.8	8.62	7.18	5.94	4.98	4.23	3.63	3.14	2.73	2.39	2.09	1.81	1.57	1.38	1.23	1.10	0.984	106
H-148x100x6x9	21.1	10.2	33.2	1230	6070	33.2	22.1	16.6	13.3	11.1	9.48	8.30	7.38	6.63	5.89	5.28	4.76	4.31	3.93	3.59	3.29	3.03	2.79	2.58	125
H-198x99x4.5x7	18.2	15.8	38.0	1150	3860	38.0	25.3	19.0	15.2	12.7	10.9	9.30	7.94	6.85	5.96	5.22	4.59	4.05	3.58	3.12	2.72	2.39	2.12	1.89	126
H-200x100x5.5x8	21.3	18.4	44.3	1150	4200	44.3	29.5	22.1	17.7	14.8	12.7	11.0	9.42	8.16	7.14	6.29	5.56	4.95	4.41	3.94	3.51	3.09	2.74	2.45	155
H-194x150x6x9	30.6	26.9	65.3	1880	7140	65.3	43.5	32.6	26.1	21.8	18.6	16.3	14.5	13.1	11.9	10.9	10.0	9.16	8.38	7.70	7.10	6.56	6.08	5.65	164
H-248x124x5x8	25.7	35.4	67.5	1450	4570	67.5	45.0	33.8	27.0	22.5	19.3	16.9	15.0	13.1	11.5	10.2	9.04	8.07	7.23	6.50	5.85	5.27	4.66	4.13	175
H-250x125x6x9	29.6	40.5	77.4	1450	4860	77.4	51.6	38.7	31.0	25.8	22.1	19.3	17.2	15.2	13.4	11.8	10.6	9.47	8.52	7.69	6.96	6.30	5.72	5.13	212
H-244x175x7x11	44.1	61.2	118	2180	8110	118	78.7	59.0	47.2	39.4	33.7	29.5	26.2	23.6	21.5	19.7	18.2	16.9	15.7	14.5	13.4	12.4	11.6	10.8	241
H-298x149x5.5x8	32.0	63.2	100	1710	5090	100	67.0	50.2	40.2	33.5	28.7	25.1	22.3	20.1	17.9	15.9	14.2	12.8	11.5	10.4	9.43	8.56	7.78	7.08	231
H-300x150x6.5x9	36.7	72.1	115	1710	5350	115	76.4	57.3	45.9	38.2	32.8	28.7	25.5	22.9	20.6	18.4	16.4	14.8	13.4	12.1	11.0	10.0	9.15	8.36	275
H-294x200x8x12	56.8	113	182	2450	8630	182	121	90.8	72.7	60.6	51.9	45.4	40.4	36.3	33.0	30.3	28.0	26.0	24.2	22.7	21.2	19.6	18.3	17.1	332
H-298x201x9x14	65.4	133	211	2480	9510	211	141	106	84.6	70.5	60.4	52.9	47.0	42.3	38.4	35.2	32.5	30.2	28.2	26.4	24.9	23.3	21.7	20.3	378
H-346x174x6x9	41.4	111	151	2020	5880	151	101	75.7	60.6	50.5	43.3	37.9	33.7	30.3	27.5	25.2	22.8	20.6	18.7	17.0	15.5	14.2	13.0	12.0	293
H-350x175x7x11	49.6	136	184	2050	6320	184	122	91.8	73.4	61.2	52.4	45.9	40.8	36.7	33.4	30.6	28.0	25.4	23.1	21.1	19.3	17.8	16.4	15.1	345
H-354x176x8x13	57.8	161	216	2080	6820	216	144	108	86.5	72.1	61.8	54.1	48.1	43.2	39.3	36.0	33.3	30.4	27.8	25.4	23.4	21.5	19.9	18.4	399
H-336x249x8x12	69.2	185	257	3080	9950	257	171	128	103	85.6	73.4	64.2	57.1	51.4	46.7	42.8	39.5	36.7	34.3	32.1	30.2	28.5	27.0	25.6	379
H-340x250x9x14	79.7	217	299	3120	10800	299	199	149	119	99.5	85.3	74.7	66.4	59.7	54.3	49.8	45.9	42.7	39.8	37.3	35.1	33.2	31.4	29.9	431
H-396x199x7x11	56.6	200	239	2330	6860	239	159	119	95.4	79.5	68.2	59.6	53.0	47.7	43.4	39.8	36.7	34.1	31.2	28.6	26.2	24.2	22.3	20.7	391
H-400x200x8x13	66.0	237	281	2360	7320	281	187	140	112	93.5	80.1	70.1	62.3	56.1	51.0	46.8	43.2	40.1	37.2	34.1	31.4	29.0	26.9	24.9	451
H-404x201x9x15	75.5	275	323	2390	7830	323	215	162	129	108	92.3	80.8	71.8	64.6	58.8	53.9	49.7	46.2	43.1	39.8	36.8	34.0	31.6	29.4	513

1) SHN400, SHN490 이외의 강종은 판두께에 따른 강도저하를 고려하여야 한다. (KS규격 참조)
2) 주어진 경간 사이는 직선보간한다.
3) 최대계수하중은 휨에 대하여 산정된 값으로 경간이 짧은 경우 전단강도를 검토해야 한다.

도움표 6.23-400 H형강보의 강축 최대계수집중하중[3] p_u (kN)

3점집중하중 / 4등분점횡지지

SHN400 (F_y = 235[1] MPa) C_b = 1.11

H형강 치수	단위중량 kg/m	I_x $\times 10^6 mm^4$	ϕM_{px} kN.m	L_p mm	L_r mm	경간 L_n[2] (m) 2.0	3.0	4.0	5.0	6.0	7.0	8.0	9.0	10.0	11.0	12.0	13.0	14.0	15.0	16.0	17.0	18.0	19.0	20.0	설계 전단 강도 $\phi_v V_{nx}$ kN
H-386x299x9x14	94.3	337	406	3750	12000	406	270	203	162	135	116	101	90.1	81.1	73.8	67.6	62.4	57.9	54.1	50.7	47.7	45.1	42.7	40.6	490
H-390x300x10x16	107.0	387	463	3780	12900	463	308	231	185	154	132	116	103	92.5	84.1	77.1	71.2	66.1	61.7	57.8	54.4	51.4	48.7	46.3	550
H-446x199x8x12	66.2	287	307	2250	6730	307	204	153	123	102	87.6	76.7	68.2	61.3	55.8	51.1	47.2	43.5	39.6	36.3	33.3	30.6	28.3	26.1	503
H-450x200x9x14	76.0	335	355	2290	7140	355	237	178	142	118	101	88.8	78.9	71.0	64.6	59.2	54.6	50.7	46.5	42.7	39.2	36.2	33.5	31.0	571
H-434x299x10x15	106.0	468	504	3660	11700	504	336	252	202	168	144	126	112	101	91.7	84.1	77.6	72.0	67.2	63.0	59.3	56.0	53.1	50.4	612
H-440x300x11x18	124.0	561	597	3730	12800	597	398	299	239	199	171	149	133	119	109	99.6	91.9	85.4	79.7	74.7	70.3	66.4	62.9	59.7	682
H-496x199x9x14	79.5	419	405	2220	6790	405	270	202	162	135	116	101	90.0	81.0	73.6	67.5	62.3	57.3	52.2	47.8	43.9	40.4	37.3	34.5	629
H-500x200x10x16	89.6	478	460	2250	7160	460	307	230	184	153	131	115	102	92.0	83.6	76.7	70.8	65.7	60.1	55.1	50.7	46.8	43.3	40.1	705
H-506x201x11x19	103.0	565	537	2310	7760	537	358	269	215	179	154	134	119	107	97.7	89.6	82.7	76.8	71.4	65.7	60.6	56.0	52.0	48.3	785
H-482x300x11x15	114.0	604	590	3540	11100	590	394	295	236	197	169	148	131	118	107	98.4	90.8	84.3	78.7	73.8	69.4	65.6	62.1	59.0	748
H-488x300x11x18	128.0	710	683	3660	12000	683	455	341	273	228	195	171	152	137	124	114	105	97.5	91.0	85.3	80.3	75.8	71.9	68.3	757
H-596x199x10x15	94.6	687	561	2110	6410	561	374	280	224	187	160	140	125	112	102	93.4	85.8	77.6	70.6	64.4	59.0	54.1	49.8	45.9	840
H-600x200x11x17	106.0	776	630	2140	6700	630	420	315	252	210	180	157	140	126	115	105	96.9	88.2	80.4	73.5	67.4	62.0	57.1	52.8	931
H-606x201x12x20	120.0	904	726	2200	7160	726	484	363	290	242	207	181	161	145	132	121	112	103	94.3	86.4	79.4	73.3	67.7	62.8	1030
H-612x202x13x23	134.0	1030	823	2240	7660	823	549	412	329	274	235	206	183	165	150	137	127	118	109	99.7	91.9	85.0	78.7	73.2	1120
H-582x300x12x17	137.0	1030	838	3450	10600	838	559	419	335	279	239	210	186	168	152	140	129	120	112	105	98.6	93.1	88.2	83.8	985
H-588x300x12x20	151.0	1180	949	3560	11300	949	633	475	380	316	271	237	211	190	173	158	146	136	127	119	112	105	99.9	94.9	995
H-594x302x14x23	175.0	1370	1100	3590	12200	1100	733	550	440	366	314	275	244	220	200	183	169	157	147	137	129	122	116	110	1170
H-692x300x13x20	166.0	1720	1190	3400	10400	1190	794	595	476	397	340	298	265	238	216	198	183	170	159	149	140	132	125	119	1270
H-700x300x13x24	185.0	2010	1370	3520	11100	1370	911	684	547	456	391	342	304	273	249	228	210	195	182	171	161	152	144	137	1280

1) SHN400, SHN490 이외의 강종은 판두께에 따른 강도저하를 고려하여야 한다. (KS규격 참조)

2) 주어진 경간 사이는 직선보간한다.

3) 최대계수하중은 휨에 대하여 산정된 값으로 경간이 짧은 경우 전단강도를 검토해야 한다.

도움표 6.23-400 H형강보의 강축 최대계수집중하중[3] p_u (kN)

3점집중하중 / 4등분점횡지지 SHN400 (F_y = 235[1] MPa) C_b = 1.11

H형강 치수	단위중량	I_x	$øM_{px}$	L_p	L_r	경간 L_n[2] (m)																			설계 전단 강도 $ø_vV_{nx}$
	kg/m	×10⁶mm⁴	kN.m	mm	mm	2.0	3.0	4.0	5.0	6.0	7.0	8.0	9.0	10.0	11.0	12.0	13.0	14.0	15.0	16.0	17.0	18.0	19.0	20.0	kN
H-708x302x15x28	215.0	2370	1600	3570	12000	1600	1070	799	640	533	457	400	355	320	291	266	246	228	213	200	188	178	168	160	1500
H-792x300x14x22	191.0	2540	1540	3320	10100	1540	1030	771	617	514	440	385	343	308	280	257	237	220	206	193	181	171	162	154	1560
H-800x300x14x26	210.0	2920	1740	3440	10700	1740	1160	872	697	581	498	436	387	349	317	291	268	249	232	218	205	194	184	174	1580
H-808x302x16x30	241.0	3390	2020	3480	11500	2020	1340	1010	807	672	576	504	448	403	367	336	310	288	269	252	237	224	212	202	1820
H-890x299x15x23	213.0	3450	1890	3200	9690	1890	1260	943	754	628	539	471	419	377	343	314	290	269	251	236	222	209	198	187	1880
H-900x300x16x28	243.0	4110	2210	3320	10400	2210	1470	1110	884	737	632	553	491	442	402	369	340	316	295	276	260	246	233	221	2030
H-912x302x18x34	286.0	4980	2640	3410	11300	2640	1760	1320	1060	881	755	661	588	529	481	441	407	378	353	330	311	294	278	264	2310
H-918x303x19x37	307.0	5420	2860	3450	11900	2860	1910	1430	1150	955	818	716	636	573	521	477	441	409	382	358	337	318	301	286	2460
H-100x100x6x8	17.2	3.83	18.5	1290	8440	18.5	12.4	9.26	7.41	6.18	5.29	4.63	4.12	3.71	3.37	3.09	2.83	2.58	2.37	2.19	2.03	1.89	1.76	1.64	84.6
H-125x125x6.5x9	23.8	8.47	32.5	1620	9080	32.5	21.6	16.2	13.0	10.8	9.28	8.12	7.21	6.49	5.90	5.41	4.99	4.64	4.28	3.96	3.67	3.41	3.19	2.98	115
H-150x150x7x10	31.5	16.4	52.0	1950	9930	52.0	34.7	26.0	20.8	17.3	14.9	13.0	11.6	10.4	9.46	8.67	8.01	7.43	6.94	6.51	6.06	5.64	5.28	4.94	148
H-200x200x8x12	49.9	47.2	111	2610	11700	111	74.1	55.6	44.5	37.0	31.8	27.8	24.7	22.2	20.2	18.5	17.1	15.9	14.8	13.9	13.1	12.3	11.7	11.1	226
H-200x204x12x12	56.2	49.8	120	2540	13000	120	79.7	59.8	47.8	39.9	34.2	29.9	26.6	23.9	21.7	19.9	18.4	17.1	15.9	15.0	14.1	13.3	12.6	12.0	338
H-208x202x10x16	65.7	65.3	150	2670	15100	150	100	75.1	60.1	50.1	42.9	37.6	33.4	30.0	27.3	25.0	23.1	21.5	20.0	18.8	17.7	16.7	15.8	15.0	293
H-244x252x11x11	64.4	87.9	169	3110	12400	169	113	84.7	67.8	56.5	48.4	42.4	37.7	33.9	30.8	28.2	26.1	24.2	22.6	21.2	19.9	18.8	17.8	16.9	378
H-248x249x8x13	66.5	99.3	187	3270	12900	187	124	93.4	74.7	62.2	53.4	46.7	41.5	37.3	34.0	31.1	28.7	26.7	24.9	23.3	22.0	20.7	19.7	18.7	280
H-250x250x9x14	72.4	108	203	3270	13700	203	135	102	81.3	67.7	58.0	50.8	45.1	40.6	36.9	33.9	31.3	29.0	27.1	25.4	23.9	22.6	21.4	20.3	317
H-250x255x14x14	82.2	115	220	3160	15200	220	146	110	87.9	73.2	62.8	54.9	48.8	43.9	39.9	36.6	33.8	31.4	29.3	27.5	25.8	24.4	23.1	22.0	494
H-294x302x12x12	84.5	169	263	3720	13700	263	175	131	105	87.6	75.0	65.7	58.4	52.5	47.8	43.8	40.4	37.5	35.0	32.8	30.9	29.2	27.6	26.3	497
H-298x299x9x14	87.0	188	294	3900	14200	294	196	147	118	97.9	84.0	73.5	65.3	58.8	53.4	49.0	45.2	42.0	39.2	36.7	34.6	32.6	30.9	29.4	378

1) SHN400, SHN490 이외의 강종은 판두께에 따른 강도저하를 고려하여야 한다. (KS규격 참조)
2) 주어진 경간 사이는 직선보간한다.
3) 최대계수하중은 휨에 대하여 산정된 값으로 경간이 짧은 경우 전단강도를 검토해야 한다.

도움표 6.23-400 H형강보의 강축 최대계수집중하중[3] p_u (kN)

3점집중하중 / 4등분점횡지지 SHN400 (F_y = 235[1] MPa) C_b = 1.11

H형강 치수	단위중량 kg/m	I_x ×10^{6}mm^4	$øM_{px}$ kN.m	L_p mm	L_r mm	경간 L_n[2] (m) 2.0	3.0	4.0	5.0	6.0	7.0	8.0	9.0	10.0	11.0	12.0	13.0	14.0	15.0	16.0	17.0	18.0	19.0	20.0	설계 전단 강도 $ø_vV_{nx}$ kN
H-300x300x10x15	94.0	204	317	3900	15000	317	212	159	127	106	90.7	79.4	70.6	63.5	57.7	52.9	48.8	45.4	42.3	39.7	37.4	35.3	33.4	31.7	423
H-300x305x15x15	106.0	215	341	3770	16300	341	228	171	137	114	97.5	85.3	75.8	68.3	62.1	56.9	52.5	48.8	45.5	42.7	40.2	37.9	35.9	34.1	635
H-304x301x11x17	106.0	234	361	3940	16400	361	240	180	144	120	103	90.2	80.2	72.1	65.6	60.1	55.5	51.5	48.1	45.1	42.4	40.1	38.0	36.1	472
H-310x305x15x20	130.0	286	440	3930	19400	440	293	220	176	147	126	110	97.7	87.9	79.9	73.3	67.6	62.8	58.6	55.0	51.7	48.9	46.3	44.0	656
H-310x310x20x20	142.0	299	465	3860	21200	465	310	233	186	155	133	116	103	93.0	84.6	77.5	71.5	66.4	62.0	58.1	54.7	51.7	49.0	46.5	874
H-338x351x13x13	106.0	282	374	4330	15300	374	249	187	149	125	107	93.4	83.0	74.7	67.9	62.3	57.5	53.4	49.8	46.7	44.0	41.5	39.3	37.4	620
H-344x348x10x16	115.0	333	449	4560	16300	449	299	224	179	150	128	112	99.7	89.7	81.6	74.8	69.0	64.1	59.8	56.1	52.8	49.9	47.2	44.9	485
H-344x354x16x16	131.0	353	486	4380	17700	486	324	243	195	162	139	122	108	97.3	88.4	81.0	74.8	69.5	64.8	60.8	57.2	54.0	51.2	48.6	776
H-350x350x12x19	137.0	403	538	4600	18500	538	359	269	215	179	154	135	120	108	97.9	89.7	82.8	76.9	71.8	67.3	63.3	59.8	56.7	53.8	592
H-350x357x19x19	156.0	428	584	4430	20500	584	389	292	233	195	167	146	130	117	106	97.3	89.8	83.4	77.8	73.0	68.7	64.9	61.4	58.4	938
H-388x402x15x15	140.0	490	567	4960	17500	567	378	283	227	189	162	142	126	113	103	94.4	87.2	80.9	75.5	70.8	66.7	63.0	59.6	56.7	821
H-394x398x11x18	147.0	561	660	5230	18400	660	440	330	264	220	188	165	147	132	120	110	101	94.2	87.9	82.4	77.6	73.3	69.4	66.0	611
H-394x405x18x18	168.0	597	717	5020	19900	717	478	358	287	239	205	179	159	143	130	119	110	102	95.5	89.6	84.3	79.6	75.4	71.7	1000
H-400x400x13x21	172.0	666	777	5260	20500	777	518	388	311	259	222	194	173	155	141	129	119	111	104	97.1	91.4	86.3	81.8	77.7	733
H-400x408x21x21	197.0	709	844	5070	22600	844	563	422	338	281	241	211	188	169	154	141	130	121	113	106	99.3	93.8	88.9	84.4	1180
H-406x403x16x24	200.0	780	905	5270	23100	905	603	453	362	302	259	226	201	181	165	151	139	129	121	113	106	101	95.3	90.5	916
H-414x405x18x28	232.0	928	1060	5330	26300	1060	709	532	425	354	304	266	236	213	193	177	164	152	142	133	125	118	112	106	1050
H-428x407x20x35	283.0	1190	1330	5430	31900	1330	890	667	534	445	381	334	297	267	243	222	205	191	178	167	157	148	141	133	1210
H-458x417x30x50	415.0	1870	2020	5560	45800	2020	1350	1010	807	673	577	504	448	404	367	336	310	288	269	252	237	224	212	202	1940
H-498x432x45x70	605.0	2980	3060	5750	65700	3060	2040	1530	1220	1020	874	764	679	612	556	510	470	437	408	382	360	340	322	306	3160

1) SHN400, SHN490 이외의 강종은 판두께에 따른 강도저하를 고려하여야 한다. (KS규격 참조)
2) 주어진 경간 사이는 직선보간한다.
3) 최대계수하중은 휨에 대하여 산정된 값으로 경간이 짧은 경우 전단강도를 검토해야 한다.

도움표 6.23-490 H형강보의 강축 최대계수집중하중[3] p_u (kN)

3점집중하중 / 4등분점횡지지 SHN490 (F_y = 325[1] MPa) C_b = 1.11

H형강 치수	단위중량	I_x	$øM_{px}$	L_p	L_r	경간 L_n[2] (m)																			설계 전단 강도 $ø_vV_{nx}$
	kg/m	×10⁶mm⁴	kN.m	mm	mm	2.0	3.0	4.0	5.0	6.0	7.0	8.0	9.0	10.0	11.0	12.0	13.0	14.0	15.0	16.0	17.0	18.0	19.0	20.0	kN
H-150x75x5x7	14.0	6.66	25.4	737	2680	29.8	19.9	14.9	11.9	9.34	7.53	6.18	5.12	4.28	3.56	2.93	2.46	2.09	1.81	1.57	1.38	1.23	1.10	0.984	146
H-148x100x6x9	21.1	10.2	45.9	1050	4500	45.9	30.6	23.0	18.4	15.3	13.1	11.4	9.81	8.54	7.51	6.65	5.92	5.29	4.75	4.28	3.86	3.49	3.11	2.79	173
H-198x99x4.5x7	18.2	15.8	48.7	978	3040	52.6	35.1	26.3	21.0	17.5	14.3	11.9	9.95	8.42	7.17	6.13	5.09	4.26	3.63	3.12	2.72	2.39	2.12	1.89	174
H-200x100x5.5x8	21.3	18.4	57.9	981	3260	61.3	40.8	30.6	24.5	20.4	16.9	14.1	11.9	10.1	8.69	7.49	6.47	5.45	4.65	4.02	3.51	3.09	2.74	2.45	215
H-194x150x6x9	30.6	26.9	90.3	1590	5460	90.3	60.2	45.1	36.1	30.1	25.8	22.6	20.1	18.1	16.2	14.4	13.0	11.7	10.6	9.63	8.78	8.03	7.35	6.75	227
H-248x124x5x8	25.7	35.4	93.4	1230	3650	93.4	62.3	46.7	37.4	31.1	26.7	22.8	19.4	16.7	14.4	12.6	11.0	9.61	8.30	7.07	6.10	5.31	4.66	4.13	242
H-250x125x6x9	29.6	40.5	107	1230	3840	107	71.3	53.5	42.8	35.7	30.6	26.4	22.5	19.4	16.8	14.7	12.9	11.4	10.0	8.69	7.52	6.56	5.78	5.13	293
H-244x175x7x11	44.1	61.2	163	1850	6230	163	109	81.7	65.3	54.4	46.7	40.8	36.3	32.7	29.7	27.2	24.6	22.3	20.3	18.5	17.0	15.6	14.4	13.3	333
H-298x149x5.5x8	32.0	63.2	139	1460	4140	139	92.6	69.5	55.6	46.3	39.7	34.7	30.5	26.3	23.0	20.2	17.8	15.7	14.0	12.4	10.9	9.37	8.15	7.16	320
H-300x150x6.5x9	36.7	72.1	159	1460	4300	159	106	79.3	63.4	52.9	45.3	39.6	35.0	30.3	26.5	23.3	20.6	18.3	16.3	14.5	13.0	11.3	9.88	8.70	380
H-294x200x8x12	56.8	113	251	2080	6710	251	168	126	101	83.8	71.8	62.8	55.8	50.3	45.7	41.9	38.7	35.3	32.2	29.5	27.1	25.0	23.1	21.3	459
H-298x201x9x14	65.4	133	292	2110	7270	292	195	146	117	97.5	83.5	73.1	65.0	58.5	53.2	48.7	45.0	41.7	38.1	35.0	32.3	29.8	27.6	25.7	523
H-346x174x6x9	41.4	111	209	1710	4800	209	139	104	83.5	69.6	59.7	52.2	46.4	41.8	37.0	32.7	29.1	26.0	23.4	21.0	19.0	17.1	15.5	13.6	405
H-350x175x7x11	49.6	136	254	1750	5090	254	169	127	102	84.6	72.5	63.5	56.4	50.8	45.5	40.4	36.0	32.3	29.1	26.3	23.8	21.6	19.7	17.9	478
H-354x176x8x13	57.8	161	299	1770	5410	299	199	150	120	99.7	85.4	74.8	66.5	59.8	54.2	48.3	43.2	38.9	35.2	31.9	29.0	26.5	24.2	22.1	552
H-336x249x8x12	69.2	185	348	2620	7860	348	232	174	139	116	99.5	87.1	77.4	69.7	63.3	58.1	53.6	49.8	46.5	43.6	41.0	38.1	35.3	32.9	524
H-340x250x9x14	79.7	217	413	2650	8400	413	275	207	165	138	118	103	91.8	82.6	75.1	68.8	63.5	59.0	55.1	51.6	48.4	44.9	41.8	39.0	597
H-396x199x7x11	53.6	200	330	1980	5580	330	220	165	132	110	94.3	82.5	73.3	66.0	60.0	54.6	48.9	44.1	39.9	36.2	33.0	30.1	27.5	25.2	541
H-400x200x8x13	63.0	237	388	2010	5880	388	259	194	155	129	111	97.0	86.2	77.6	70.5	64.7	58.3	52.6	47.7	43.5	39.7	36.3	33.3	30.6	624
H-404x201x9x15	75.5	275	447	2030	6210	447	298	223	179	149	128	112	99.3	89.4	81.3	74.5	67.9	61.5	55.9	51.0	46.7	42.9	39.4	36.3	709

1) SHN400, SHN490 이외의 강종은 판두께에 따른 강도저하를 고려하여야 한다. (KS규격 참조)
2) 주어진 경간 사이는 직선보간한다.
3) 최대계수하중은 휨에 대하여 산정된 값으로 경간이 짧은 경우 전단강도를 검토해야 한다.

도움표 6.23-490 H형강보의 강축 최대계수집중하중[3] p_u (kN)

3점집중하중 / 4등분점횡지지 SHN490 (F_y = 325[1] MPa) C_b = 1.11

H형강 치수	단위중량	I_x	$øM_{px}$	L_p	L_r	경간 L_n[2] (m)																			설계 전단 강도 $ø_vV_{nx}$
	kg/m	×10⁶mm⁴	kN.m	mm	mm	2.0	3.0	4.0	5.0	6.0	7.0	8.0	9.0	10.0	11.0	12.0	13.0	14.0	15.0	16.0	17.0	18.0	19.0	20.0	kN
H-386x299x9x14	94.3	337	546	3190	9480	546	364	273	218	182	156	137	121	109	99.3	91.0	84.0	78.0	72.8	68.3	64.3	60.7	57.5	54.6	677
H-390x300x10x16	107.0	387	640	3220	10000	640	427	320	256	213	183	160	142	128	116	107	98.5	91.4	85.3	80.0	75.3	71.1	67.4	64.0	761
H-446x199x8x12	66.2	287	424	1910	5480	424	283	212	170	141	121	106	94.3	84.8	77.1	69.4	62.2	55.9	50.5	45.8	41.6	37.9	34.6	31.7	696
H-450x200x9x14	76.0	335	491	1940	5740	491	327	246	196	164	140	123	109	98.2	89.3	81.3	72.9	65.8	59.6	54.1	49.3	45.1	41.3	37.8	790
H-434x299x10x15	106.0	468	691	3110	9250	691	460	345	276	230	197	173	153	138	126	115	106	98.6	92.1	86.3	81.2	76.7	72.7	68.7	846
H-440x300x11x18	124.0	561	826	3170	9960	826	551	413	331	275	236	207	184	165	150	138	127	118	110	103	97.2	91.8	87.0	82.6	944
H-496x199x9x14	79.5	419	560	1890	5510	560	373	280	224	187	160	140	124	112	102	91.4	81.8	73.6	66.5	60.3	54.9	50.0	45.6	41.7	870
H-500x200x10x16	89.6	478	636	1910	5750	636	424	318	254	212	182	159	141	127	116	105	94.1	84.9	76.9	69.8	63.7	58.2	53.2	48.8	975
H-506x201x11x19	103.0	565	743	1960	6140	743	495	372	297	248	212	186	165	149	135	124	112	101	91.9	83.8	76.6	70.2	64.5	59.4	1090
H-482x300x11x15	114.0	604	808	3010	8900	808	538	404	323	269	231	202	179	162	147	135	124	115	108	101	95.0	89.7	84.9	79.2	1030
H-488x300x11x18	128.0	710	944	3110	9450	944	629	472	378	315	270	236	210	189	172	157	145	135	126	118	111	105	99.4	93.3	1050
H-596x199x10x15	94.6	687	775	1790	5240	775	517	388	310	258	222	194	172	155	139	124	111	99.1	89.3	80.6	73.0	66.3	60.2	54.7	1160
H-600x200x11x17	106.0	776	871	1820	5440	871	581	436	349	290	249	218	194	174	158	141	126	113	102	92.3	83.8	76.3	69.5	63.4	1290
H-606x201x12x20	120.0	904	1000	1870	5740	1000	669	502	402	335	287	251	223	201	183	164	147	133	120	109	99.5	90.9	83.1	76.1	1420
H-612x202x13x23	134.0	1030	1140	1910	6070	1140	759	569	456	380	325	285	253	228	207	189	170	153	139	127	116	106	97.4	89.6	1550
H-582x300x12x17	137.0	1030	1160	2930	8580	1160	773	580	464	386	331	290	258	232	211	193	178	166	155	145	136	128	119	111	1360
H-588x300x12x20	151.0	1180	1310	3030	9010	1310	875	657	525	438	375	328	292	263	239	219	202	188	175	164	154	146	137	128	1380
H-594x302x14x23	175.0	1370	1520	3050	9570	1520	1010	760	608	507	434	380	338	304	276	253	234	217	203	190	179	169	160	150	1620
H-692x300x13x20	166.0	1720	1650	2890	8410	1650	1100	823	659	549	470	412	366	329	299	274	253	235	220	206	194	181	168	156	1750
H-700x300x13x24	185.0	2010	1890	3000	8900	1890	1260	945	756	630	540	473	420	378	344	315	291	270	252	236	222	210	196	183	1770

1) SHN400, SHN490 이외의 강종은 판두께에 따른 강도저하를 고려하여야 한다. (KS규격 참조)
2) 주어진 경간 사이는 직선보간한다.
3) 최대계수하중은 휨에 대하여 산정된 값으로 경간이 짧은 경우 전단강도를 검토해야 한다.

도움표 6.23-490 H형강보의 강축 최대계수집중하중[3] p_u (kN)

3점집중하중 / 4등분점횡지지 SHN490 (F_y = 325[1] MPa) C_b = 1.11

H형강 치수	단위중량	I_x	$øM_{px}$	L_p	L_r	경간 L_n[2] (m)																			설계 전단 강도 $ø_vV_{nx}$
	kg/m	×10⁶mm⁴	kN.m	mm	mm	2.0	3.0	4.0	5.0	6.0	7.0	8.0	9.0	10.0	11.0	12.0	13.0	14.0	15.0	16.0	17.0	18.0	19.0	20.0	kN
H-708x302x15x28	215.0	2370	2210	3030	9480	2210	1470	1110	884	737	632	553	491	442	402	369	340	316	295	276	260	246	232	217	2070
H-792x300x14x22	191.0	2540	2130	2820	8210	2130	1420	1070	853	711	609	533	474	426	388	355	328	305	284	266	250	231	215	200	2160
H-800x300x14x26	210.0	2920	2410	2930	8630	2410	1610	1210	964	804	689	603	536	482	438	402	371	344	321	301	284	266	247	231	2180
H-808x302x16x30	241.0	3390	2790	2960	9110	2790	1860	1390	1120	930	797	697	620	558	507	465	429	398	372	349	328	310	290	270	2520
H-890x299x15x23	213.0	3450	2610	2720	7930	2610	1740	1300	1040	869	745	652	579	521	474	435	401	372	348	326	301	279	258	240	2600
H-900x300x16x28	243.0	4110	3060	2820	8400	3060	2040	1530	1220	1020	874	764	680	612	556	510	470	437	408	382	360	333	309	288	2810
H-912x302x18x34	286.0	4980	3660	2900	9020	3660	2440	1830	1460	1220	1040	914	813	731	665	609	563	522	488	457	430	405	377	352	3200
H-918x303x19x37	307.0	5420	3960	2930	9360	3960	2640	1980	1580	1320	1130	990	880	792	720	660	609	566	528	495	466	440	412	385	3400
H-100x100x6x8	17.2	3.83	25.6	1090	6150	25.6	17.1	12.8	10.2	8.54	7.32	6.41	5.69	5.07	4.51	4.05	3.65	3.31	3.02	2.76	2.53	2.33	2.15	1.99	117
H-125x125x6.5x9	23.8	8.47	44.9	1380	6660	44.9	29.9	22.5	18.0	15.0	12.8	11.2	9.98	8.98	8.16	7.33	6.63	6.03	5.51	5.05	4.65	4.29	3.97	3.68	158
H-150x150x7x10	31.5	16.4	72.0	1660	7330	72.0	48.0	36.0	28.8	24.0	20.6	18.0	16.0	14.4	13.1	12.0	11.0	10.0	9.17	8.43	7.78	7.20	6.68	6.21	205
H-200x200x8x12	49.9	47.2	154	2220	8770	154	102	76.9	61.5	51.2	43.9	38.4	34.2	30.7	27.9	25.6	23.6	22.0	20.5	19.2	17.8	16.5	15.4	14.4	312
H-200x204x12x12	53.2	49.8	165	2160	9620	165	110	82.7	66.2	55.1	47.3	41.4	36.8	33.1	30.1	27.6	25.4	23.6	22.1	20.7	19.3	17.9	16.8	15.7	468
H-208x202x10x16	65.7	65.3	208	2270	11100	208	139	104	83.1	69.3	59.4	51.9	46.2	41.6	37.8	34.6	32.0	29.7	27.7	26.0	24.4	23.1	21.7	20.3	406
H-244x252x11x11	64.4	87.9	225	2640	9450	225	150	112	89.9	74.9	64.2	56.2	49.9	44.9	40.8	37.4	34.6	32.1	30.0	28.1	26.4	25.0	23.6	22.5	523
H-248x249x8x13	63.5	99.3	258	2780	9770	258	172	129	103	86.0	73.7	64.5	57.3	51.6	46.9	43.0	39.7	36.9	34.4	32.3	30.4	28.7	27.1	25.3	387
H-250X250x9x14	72.4	108	281	2780	10300	281	187	140	112	93.6	80.3	70.2	62.4	56.2	51.1	46.8	43.2	40.1	37.5	35.1	33.1	31.2	29.6	27.8	439
H-250x255x14x14	82.2	115	304	2690	11300	304	203	152	122	101	86.8	75.9	67.5	60.8	55.2	50.6	46.7	43.4	40.5	38.0	35.7	33.8	32.0	30.3	683
H-294x302x12x12	84.5	169	346	3160	10600	346	231	173	139	115	99.0	86.6	77.0	69.3	63.0	57.7	53.3	49.5	46.2	43.3	40.8	38.5	36.5	34.6	688
H-298x299x9x14	87.0	188	396	3320	10900	396	264	198	158	132	113	98.9	87.9	79.1	71.9	65.9	60.9	56.5	52.7	49.5	46.5	44.0	41.6	39.6	523

1) SHN400, SHN490 이외의 강종은 판두께에 따른 강도저하를 고려하여야 한다. (KS규격 참조)
2) 주어진 경간 사이는 직선보간한다.
3) 최대계수하중은 휨에 대하여 산정된 값으로 경간이 짧은 경우 전단강도를 검토해야 한다.

도움표 6.23-490 H형강보의 강축 최대계수집중하중[3] p_u (kN)

3점집중하중 / 4등분점횡지지　　SHN490 (F_y = 325[1] MPa)　　C_b = 1.11

H형강 치수	단위중량	I_x	$øM_{px}$	L_p	L_r	경간 L_n[2] (m)																			설계 전단 강도 $ø_vV_{nx}$
	kg/m	×10^6mm^4	kN.m	mm	mm	2.0	3.0	4.0	5.0	6.0	7.0	8.0	9.0	10.0	11.0	12.0	13.0	14.0	15.0	16.0	17.0	18.0	19.0	20.0	kN
H-300x300x10x15	94.0	204	434	3320	11400	434	290	217	174	145	124	109	96.5	86.9	79.0	72.4	66.8	62.1	57.9	54.3	51.1	48.3	45.7	43.4	585
H-300x305x15x15	106.0	215	465	3210	12300	465	310	232	186	155	133	116	103	93.0	84.5	77.5	71.5	66.4	62.0	58.1	54.7	51.7	48.9	46.5	878
H-304x301x11x17	106.0	234	499	3350	12400	499	333	249	200	166	143	125	111	99.8	90.7	83.1	76.7	71.3	66.5	62.4	58.7	55.4	52.5	49.9	652
H-310x305x15x20	130.0	286	608	3350	14400	608	405	304	243	203	174	152	135	122	111	101	93.5	86.9	81.1	76.0	71.5	67.6	64.0	60.8	907
H-310x310x20x20	142.0	299	643	3280	15600	643	429	322	257	214	184	161	143	129	117	107	99.0	91.9	85.8	80.4	75.7	71.5	67.7	64.3	1210
H-338x351x13x13	106.0	282	491	3680	11900	491	327	245	196	164	140	123	109	98.1	89.2	81.8	75.5	70.1	65.4	61.3	57.7	54.5	51.7	49.1	857
H-344x348x10x16	115.0	333	601	3880	12600	601	401	301	241	200	172	150	134	120	109	100	92.5	85.9	80.2	75.2	70.8	66.8	63.3	60.1	671
H-344x354x16x16	131.0	353	648	3730	13500	648	432	324	259	216	185	162	144	130	118	108	99.7	92.6	86.4	81.0	76.2	72.0	68.2	64.8	1070
H-350x350x12x19	137.0	403	744	3910	14000	744	496	372	298	248	213	186	165	149	135	124	115	106	99.3	93.1	87.6	82.7	78.4	74.4	819
H-350x357x19x19	156.0	428	807	3770	15300	807	538	404	323	269	231	202	179	161	147	135	124	115	108	101	95.0	89.7	85.0	80.7	1300
H-388x402x15x15	140.0	490	745	4220	13600	745	496	372	298	248	213	186	165	149	135	124	115	106	99.3	93.1	87.6	82.7	78.4	74.5	1130
H-394x398x11x18	147.0	561	880	4450	14200	880	587	440	352	293	251	220	196	176	160	147	135	126	117	110	104	97.8	92.7	88.0	845
H-394x405x18x18	168.0	597	951	4260	15200	951	634	475	380	317	272	238	211	190	173	158	146	136	127	119	112	106	100	95.1	1380
H-400x400x13x21	172.0	666	1070	4480	15600	1070	716	537	430	358	307	269	239	215	195	179	165	153	143	134	126	119	113	107	1010
H-400x408x21x21	197.0	709	1160	4310	17000	1160	775	581	465	388	332	291	258	233	211	194	179	166	155	145	137	129	122	116	1640
H-406x403x16x24	200.0	780	1250	4480	17300	1250	835	626	501	417	358	313	278	250	228	209	193	179	167	156	147	139	132	125	1270
H-414x405x18x28	232.0	928	1470	4530	19400	1470	980	735	588	490	420	368	327	294	267	245	226	210	196	184	173	163	155	147	1450
H-428x407x20x35	283.0	1190	1850	4620	23300	1850	1230	923	738	615	527	462	410	369	336	308	284	264	246	231	217	205	194	185	1670
H-458x417x30x50	415.0	1870	2790	4730	33200	2790	1860	1400	1120	930	797	698	620	558	507	465	429	399	372	349	328	310	294	279	2680
H-498x432x45x70	605.0	2980	4230	4890	47600	4230	2820	2110	1690	1410	1210	1060	940	846	769	705	651	604	564	529	497	470	445	423	4370

1) SHN400, SHN490 이외의 강종은 판두께에 따른 강도저하를 고려하여야 한다. (KS규격 참조)
2) 주어진 경간 사이는 직선보간한다.
3) 최대계수하중은 휨에 대하여 산정된 값으로 경간이 짧은 경우 전단강도를 검토해야 한다.

도움표 6.24-400 H형강보의 약축 설계휨강도

SHN400 (F_y = 235[1) MPa) C_b = 1.00

H형강 치수	단위중량 kg/m	I_y ×10³mm⁴	설계 휨강도 $\phi_b M_{ny}$ (kN.m)	설계 전단강도 $\phi_v V_{ny}$ (kN)	H형강 치수	단위중량 kg/m	I_y ×10³mm⁴	설계 휨강도 $\phi_b M_{ny}$ (kN.m)	설계 전단강도 $\phi_v V_{ny}$ (kN)
H-150x75x5x7	14.0	4.95	4.39	133	H-386x299x9x14	94.3	624	135	1060
H-148x100x6x9	21.1	15.1	9.88	228	H-390x300x10x16	107.0	721	155	1220
H-198x99x4.5x7	18.2	11.4	7.56	176	H-446x199x8x12	66.2	158	52.2	606
H-200x100x5.5x8	21.3	13.4	8.87	203	H-450x200x9x14	76.0	187	61.5	711
H-194x150x6x9	30.6	50.7	21.9	343	H-434x299x10x15	106.0	669	145	1140
H-248x124x5x8	25.7	25.5	13.5	252	H-440x300x11x18	124.0	811	175	1370
H-250x125x6x9	29.6	29.4	15.5	286	H-496x199x9x14	79.5	184	61.3	707
H-244x175x7x11	44.1	98.4	36.5	489	H-500x200x10x16	89.6	214	70.8	812
H-298x149x5.5x8	32.0	44.2	19.4	303	H-506x201x11x19	103.0	258	84.9	969
H-300x150x6.5x9	36.7	50.8	22.2	343	H-482x300x11x15	114.0	676	147	1140
H-294x200x8x12	56.8	160	52.1	609	H-488x300x11x18	128.0	811	176	1370
H-298x201x9x14	65.4	190	61.5	714	H-596x199x10x15	94.6	198	66.7	758
H-346x174x6x9	41.4	79.2	29.7	397	H-600x200x11x17	106.0	228	76.4	863
H-350x175x7x11	49.6	98.4	36.7	489	H-606x201x12x20	120.0	272	90.7	1020
H-354x176x8x13	57.8	118	43.9	581	H-612x202x13x23	134.0	318	105	1180
H-336x249x8x12	69.2	309	80.4	758	H-582x300x12x17	137.0	767	168	1290
H-340x250x9x14	79.7	365	94.5	888	H-588x300x12x20	151.0	902	196	1520
H-396x199x7x11	56.6	145	47.4	556	H-594x302x14x23	175.0	1,060	229	1760
H-400x200x8x13	66.0	174	56.6	660	H-692x300x13x20	166.0	902	198	1520
H-404x201x9x15	75.5	203	66.1	765	H-700x300x13x24	185.0	1,080	236	1830

1) SHN400, SHN490 이외의 강종은 판두께에 따른 강도저하를 고려하여야 한다. (KS규격 참조)

도움표 6.24-400 H형강보의 약축 설계휨강도

SHN400 (F_y = 235[1] MPa) C_b = 1.00

H형강 치수	단위중량 kg/m	I_y ×10³mm⁴	설계 휨강도 $ø_bM_{ny}$ (kN.m)	설계 전단강도 $ø_vV_{ny}$ (kN)	H형강 치수	단위중량 kg/m	I_y ×10³mm⁴	설계 휨강도 $ø_bM_{ny}$ (kN.m)	설계 전단강도 $ø_vV_{ny}$ (kN)
H-708x302x15x28	215.0	1290	280	2150	H-300x300x10x15	94.0	675	145	1140
H-792x300x14x22	191.0	993	219	1680	H-300x305x15x15	106.0	710	151	1160
H-800x300x14x26	210.0	1170	257	1980	H-304x301x11x17	106.0	773	165	1300
H-808x302x16x30	241.0	1380	301	2300	H-310x305x15x20	130.0	947	201	1550
H-890x299x15x23	213.0	1030	229	1750	H-310x310x20x20	142.0	995	210	1570
H-900x300x16x28	243.0	1260	280	2130	H-338x351x13x13	106.0	938	161	1160
H-912x302x18x34	286.0	1570	345	2610	H-344x348x10x16	115.0	1120	207	1410
H-918x303x19x37	307.0	1720	378	2850	H-344x354x16x16	131.0	1180	217	1440
H-100x100x6x8	17.2	13.4	8.71	203	H-350x350x12x19	137.0	1360	249	1690
H-125x125x6.5x9	23.8	29.4	15.2	286	H-350x357x19x19	156.0	1440	263	1720
H-150x150x7x10	31.5	56.3	24.3	381	H-388x402x15x15	140.0	1630	245	1530
H-200x200x8x12	49.9	160	51.6	609	H-394x398x11x18	147.0	1890	305	1820
H-200x204x12x12	56.2	170	54.4	621	H-394x405x18x18	168.0	2000	319	1850
H-208x202x10x16	65.7	220	70.2	820	H-400x400x13x21	172.0	2240	360	2130
H-244x252x11x11	64.4	294	75.2	704	H-400x408x21x21	197.0	2380	379	2170
H-248x249x8x13	66.5	335	86.3	822	H-406x403x16x24	200.0	2620	418	2450
H-250x250x9x14	72.4	365	93.9	888	H-414x405x18x28	232.0	3100	493	2880
H-250x255x14x14	82.2	388	99.1	906	H-428x407x20x35	283.0	3940	622	3620
H-294x302x12x12	84.5	552	114	920	H-458x417x30x50	415.0	6050	938	5290
H-298x299x9x14	87.0	624	134	1060	H-498x432x45x70	605.0	9440	1420	7670

1) SHN400, SHN490 이외의 강종은 판두께에 따른 강도저하를 고려하여야 한다. (KS규격 참조)

도움표 6.24-490 H형강보의 약축 설계휨강도

SHN490 (F_y = 325[1] MPa) C_b = 1.00

H형강 치수	단위중량 kg/m	I_y $\times 10^3 mm^4$	설계 휨강도 $\phi_b M_{ny}$ (kN.m)	설계 전단강도 $\phi_v V_{ny}$ (kN)	H형강 치수	단위중량 kg/m	I_y $\times 10^3 mm^4$	설계 휨강도 $\phi_b M_{ny}$ (kN.m)	설계 전단강도 $\phi_v V_{ny}$ (kN)
H-150x75x5x7	14.0	4.95	6.08	184	H-386x299x9x14	94.3	624	179	1470
H-148x100x6x9	21.1	15.1	13.7	316	H-390x300x10x16	107.0	721	214	1680
H-198x99x4.5x7	18.2	11.4	10.4	243	H-446x199x8x12	66.2	158	72.1	838
H-200x100x5.5x8	21.3	13.4	12.3	281	H-450x200x9x14	76.0	187	85.1	983
H-194x150x6x9	30.6	50.7	30.3	474	H-434x299x10x15	106.0	669	198	1570
H-248x124x5x8	25.7	25.5	18.6	348	H-440x300x11x18	124.0	811	242	1900
H-250x125x6x9	29.6	29.4	21.4	395	H-496x199x9x14	79.5	184	84.8	978
H-244x175x7x11	44.1	98.4	50.5	676	H-500x200x10x16	89.6	214	98.0	1120
H-298x149x5.5x8	32.0	44.2	26.8	418	H-506x201x11x19	103.0	258	117	1340
H-300x150x6.5x9	36.7	50.8	30.7	474	H-482x300x11x15	114.0	676	200	1580
H-294X200x8x12	56.8	160	72.1	842	H-488x300x11x18	128.0	811	243	1900
H-298x201x9x14	65.4	190	85.0	988	H-596x199x10x15	94.6	198	92.2	1050
H-346x174x6x9	41.4	79.2	40.8	550	H-600x200x11x17	106.0	228	106	1190
H-350x175x7x11	49.6	98.4	50.8	676	H-606x201x12x20	120.0	272	125	1410
H-354x176x8x13	57.8	118	60.8	803	H-612x202x13x23	134.0	318	146	1630
H-336x249x8x12	69.2	309	108	1050	H-582x300x12x17	137.0	767	232	1790
H-340x250x9x14	79.7	365	131	1230	H-588x300x12x20	151.0	902	271	2110
H-396x199x7x11	56.6	145	65.5	768	H-594x302x14x23	175.0	1060	317	2440
H-400x200x8x13	66.0	174	78.3	913	H-692x300x13x20	166.0	902	274	2110
H-404x201x9x15	75.5	203	91.4	1060	H-700x300x13x24	185.0	1080	326	2530

1) SHN400, SHN490 이외의 강종은 판두께에 따른 강도저하를 고려하여야 한다. (KS규격 참조)

도움표 6.24-490 H형강보의 약축 설계휨강도

SHN490 (F_y = 325[1] MPa) C_b = 1.00

H형강 치수	단위중량 kg/m	I_y $\times 10^3 mm^4$	설계 휨강도 $\phi_b M_{ny}$ (kN.m)	설계 전단강도 $\phi_v V_{ny}$ (kN)	H형강 치수	단위중량 kg/m	I_y $\times 10^3 mm^4$	설계 휨강도 $\phi_b M_{ny}$ (kN.m)	설계 전단강도 $\phi_v V_{ny}$ (kN)
H-708x302x15x28	215.0	1290	387	2970	H-300x300x10x15	94.0	675	197	1580
H-792x300x14x22	191.0	993	303	2320	H-300x305x15x15	106.0	710	205	1610
H-800x300x14x26	210.0	1170	356	2740	H-304x301x11x17	106.0	773	228	1800
H-808x302x16x30	241.0	1380	417	3180	H-310x305x15x20	130.0	947	277	2140
H-890x299x15x23	213.0	1030	317	2410	H-310x310x20x20	142.0	995	290	2180
H-900x300x16x28	243.0	1260	387	2950	H-338x351x13x13	106.0	938	206	1600
H-912x302x18x34	286.0	1570	477	3600	H-344x348x10x16	115.0	1120	273	1950
H-918x303x19x37	307.0	1720	522	3940	H-344x354x16x16	131.0	1180	284	1990
H-100x100x6x8	17.2	13.4	12.1	281	H-350x350x12x19	137.0	1360	345	2330
H-125x125x6.5x9	23.8	29.4	21.0	395	H-350x357x19x19	156.0	1440	364	2380
H-150x150x7x10	31.5	56.3	33.6	527	H-388x402x15x15	140.0	1630	313	2120
H-200x200x8x12	49.9	160	71.3	842	H-394x398x11x18	147.0	1890	399	2510
H-200x204x12x12	56.2	170	75.3	859	H-394x405x18x18	168.0	2000	416	2560
H-208x202x10x16	65.7	220	97.1	1130	H-400x400x13x21	172.0	2240	497	2950
H-244x252x11x11	64.4	294	97.7	973	H-400x408x21x21	197.0	2380	522	3010
H-248x249x8x13	66.5	335	119	1140	H-406x403x16x24	200.0	2620	578	3390
H-250x250x9x14	72.4	365	130	1230	H-414x405x18x28	232.0	3100	682	3980
H-250x255x14x14	82.2	388	137	1250	H-428x407x20x35	283.0	3940	860	5000
H-294x302x12x12	84.5	552	146	1270	H-458x417x30x50	415.0	6050	1300	7320
H-298x299x9x14	87.0	624	178	1470	H-498x432x45x70	605.0	9440	1970	10600

1) SHN400, SHN490 이외의 강종은 판두께에 따른 강도저하를 고려하여야 한다. (KS규격 참조)

도움표 6.25-400 비대칭H형강보의 강축 설계휨강도 $\phi_b M_{nx}$ (kN.m)

SHN400 (F_y = 235[1] MPa)　　C_b[3] = 1.00

H형강 치수	단위중량	I_x	ϕM_{px}	L_p	L_r	횡지지길이 L_b[2] (m)에 따른 설계휨강도 ΦM_{n2}																			설계전단강도 $\phi_v V_{nx}$
	kg/m	×10⁶mm⁴	kN.m	mm	mm	1.0	1.5	2.0	2.5	3.0	3.5	4.0	4.5	5.0	5.5	6.0	6.5	7.0	7.5	8.0	8.5	9.0	9.5	10.0	kN
H-312x234x344x12x18	110.9	248	366	2180	14500	366	366	366	362	356	349	343	336	330	324	317	311	304	298	291	285	279	272	266	528
H-320x236x346x14x22	134.1	309	449	2210	17200	449	449	449	446	439	433	426	419	413	406	400	393	387	380	374	367	361	354	347	632
H-328x238x348x16x26	157.5	374	536	2250	20100	536	536	536	532	526	519	512	506	499	492	486	479	472	466	459	453	446	439	433	740
H-336x240x350x18x30	181.2	444	625	2280	23000	625	625	625	622	615	609	602	595	588	582	575	568	561	555	548	541	534	528	521	853

1) SHN400, SHN490 이외의 강종은 판두께에 따른 강도저하를 고려하여야 한다. (KS규격 참조)
2) 횡지지길이 L_b가 구간 사이인 경우는 직선보간하거나 안전측으로 표의 우측(작은)값을 선택할 수 있다.
3) C_b =1.0인 경우 설계휨강도 $\phi_b M_{nx} = \phi M_{n2}$
C_b >1.0인 경우 설계휨강도 $\phi_b M_{nx} = \min(C_b \times \phi M_{n2},\ \phi M_{px})$

도움표 6.25-490 비대칭H형강보의 강축 설계휨강도 $\phi_b M_{nx}$ (kN.m)

SHN490 (F_y = 325[1] MPa)　　C_b[3] = 1.00

H형강 치수	단위중량	I_x	ϕM_{px}	L_p	L_r	횡지지길이 L_b[2] (m)에 따른 설계휨강도 ΦM_{n2}																			설계전단강도 $\phi_v V_{nx}$
	kg/m	×10⁶mm⁴	kN.m	mm	mm	1.0	1.5	2.0	2.5	3.0	3.5	4.0	4.5	5.0	5.5	6.0	6.5	7.0	7.5	8.0	8.5	9.0	9.5	10.0	kN
H-312x234x344x12x18	110.9	248	506	1850	10800	506	506	503	491	478	466	454	441	429	417	405	392	380	368	356	343	331	319	307	730
H-320x236x346x14x22	134.1	309	622	1880	12700	622	622	619	606	593	581	568	555	543	530	518	505	492	480	467	454	442	429	417	874
H-328x238x348x16x26	157.5	374	741	1910	14600	741	741	739	726	713	700	687	674	661	648	636	623	610	597	584	571	558	545	533	1020
H-336x240x350x18x30	181.2	444	864	1940	16700	864	864	863	850	837	824	810	797	784	771	758	745	732	719	706	693	680	667	653	1180

1) SHN400, SHN490 이외의 강종은 판두께에 따른 강도저하를 고려하여야 한다. (KS규격 참조)
2) 횡지지길이 L_b가 구간 사이인 경우는 직선보간하거나 안전측으로 표의 우측(작은)값을 선택할 수 있다.
3) C_b =1.0인 경우 설계휨강도 $\phi_b M_{nx} = \phi M_{n2}$
C_b >1.0인 경우 설계휨강도 $\phi_b M_{nx} = \min(C_b \times \phi M_{n2},\ \phi M_{px})$

7장

H형강 노출형 합성보

도움표 7.1-400 노출형 합성보의 설계휨강도 $\phi_b M_n$ (kN.m)

SHN400 (F_y = 235 MPa)

H형강 치수	PNA[3] 위치	Y_1[1] mm	ΣQ_n kN	Y_2[2], mm 60	70	80	90	100	110	120	130	140	150	160	170	180	190	200	210	220	230	240
H-248x124x5x8																						
	TFL	0.00	768	127	134	141	148	155	162	169	176	182	189	196	203	210	217	224	231	238	245	252
w= 25.7 kg/m	2	2.00	651	121	127	132	138	144	150	156	162	168	174	179	185	191	197	203	209	215	220	226
I_s= 35.4x10^6 mm^4	3	4.00	535	114	119	124	129	133	138	143	148	153	157	162	167	172	177	182	186	191	196	201
ϕM_p= 68.0 kN·m	4	6.00	418	107	111	115	119	122	126	130	134	137	141	145	149	153	156	160	164	168	171	175
ϕV_n= 175 kN	BFL	8.00	302	100	103	106	108	111	114	117	119	122	125	127	130	133	136	138	141	144	146	149
	6	19.5	247	96.7	98.9	101	103	106	108	110	112	114	117	119	121	123	126	128	130	132	134	137
	7	42.3	192	92.2	93.9	95.6	97.2.2	99.1	101	103	104	106	108	109	111	113	115	116	118	120	122	123
H-250x125x6x9																						
	TFL	0.00	885	147	155	163	171	179	187	195	203	211	219	227	235	243	251	259	267	275	283	291
w= 29.6 kg/m	2	2.25	753	140	147	154	160	167	174	181	187	194	201	208	215	221	228	235	242	248	255	262
I_s= 40.5x10^6 mm^4	3	4.50	621	133	138	144	149	155	160	166	172	177	183	188	194	200	205	211	216	222	227	233
ϕM_p= 77.0 kN·m	4	6.75	488	125	129	134	138	142	147	151	155	160	164	169	173	177	182	186	191	195	199	204
ϕV_n= 212 kN	BFL	9.00	356	117	120	123	126	129	133	136	139	142	145	149	152	155	158	162	165	168	171	174
	6	22.6	289	112	115	117	120	122	125	128	130	133	135	138	141	143	146	148	151	154	156	159
	7	46.5	221	106	108	110	112	114	116	118	120	122	124	126	128	130	132	134	136	138	140	142
H-244x175x7x11																						
	TFL	0.00	1320	216	228	240	252	264	276	288	300	312	324	335	347	359	371	383	395	407	419	431
w= 44.1 kg/m	2	2.75	1100	204	214	224	234	243	253	263	273	283	293	303	312	322	332	342	352	362	372	381
I_s= 61.2x10^6 mm^4	3	5.50	869	191	199	207	214	222	230	238	246	254	261	269	277	285	293	300	308	316	324	332
ϕM_p= 118 kN·m	4	8.25	643	177	183	189	195	200	206	212	218	224	229	235	241	247	253	258	264	270	276	281
ϕV_n= 241 kN	BFL	11.0	417	163	167	171	174	178	182	186	189	193	197	201	204	208	212	216	219	223	227	231
	6	17.6	374	160	164	167	170	174	177	180	184	187	191	194	197	201	204	207	211	214	217	221
	7	24.3	330	157	160	163	166	169	172	175	178	181	184	187	190	193	196	199	202	205	208	211

1) Y_1 = [그림 7.2.1]에 표현된 H형강의 상부 플랜지 상부면에서 강재단면의 소성중립축까지 거리
2) Y_2 = [그림 7.2.1], [그림 7.2.2]에 표현된 H형강의 상부 플랜지 상부면에서 콘크리트슬래브플랜지의 소성중립축까지의 거리, $Y_2 = t_s - a/2$
3) PNA = [그림 7.2.1](c)에 표현된 소성중립축의 위치, TFL의 위치는 완전합성보, 7의 위치는 25% 합성정도의 불완전합성보

도움표 7.1-400 노출형 합성보의 설계휨강도 $øbM_n$ (kN.m)

SHN400 (F_y = 235 MPa)

H형강 치수		PNA[3] 위치	Y_1[1] mm	ΣQ_n kN	Y_2[2], mm 60	70	80	90	100	110	120	130	140	150	160	170	180	190	200	210	220	230	240
H-298x149x5.5x8		TFL	0.00	959	180	189	198	206	215	224	232	241	249	258	267	275	284	293	301	310	318	327	336
w=	32.0 kg/m	2	2.00	819	173	180	187	195	202	210	217	224	232	239	246	254	261	268	276	283	291	298	305
I_s=	63.2x10^6 mm^4	3	4.00	679	165	171	177	183	189	195	201	207	214	220	226	232	238	244	250	256	262	269	275
$øM_p$=	100 kN·m	4	6.00	539	157	161	166	171	176	181	186	190	195	200	205	210	215	220	224	229	234	239	244
$øV_n$=	231 kN	BFL	8.00	399	148	152	155	159	162	166	170	173	177	180	184	188	191	195	198	202	205	209	213
		6	25.5	319	143	146	148	151	154	157	160	163	166	169	171	174	177	180	183	186	189	191	194
		7	56.3	240	135	138	140	142	144	146	148	151	153	155	157	159	161	163	166	168	170	172	174
H-300x150x6.5x9		TFL	0.00	1100	208	218	228	237	247	257	267	277	287	297	307	317	327	336	346	356	366	376	386
w=	36.7 kg/m	2	2.25	941	199	208	216	224	233	241	250	258	267	275	284	292	301	309	318	326	335	343	351
I_s=	72.1x10^6 mm^4	3	4.50	782	190	197	204	211	218	225	232	239	246	253	260	267	274	282	289	296	303	310	317
$øM_p$=	115 kN·m	4	6.75	623	181	186	192	197	203	209	214	220	226	231	237	242	248	254	259	265	270	276	282
$øV_n$=	275 kN	BFL	9.00	465	171	175	179	183	188	192	196	200	204	209	213	217	221	225	230	234	238	242	246
		6	28.9	370	164	168	171	174	178	181	184	188	191	194	198	201	204	208	211	214	218	221	224
		7	60.0	275	155	158	160	163	165	168	170	173	175	178	180	183	185	188	190	192	195	197	200
H-294x200x8x12		TFL	0.00	1700	317	332	348	363	378	393	409	424	439	455	470	485	501	516	531	547	562	577	592
w=	56.8 kg/m	2	3.00	1420	301	314	327	340	352	365	378	391	403	416	429	442	455	467	480	493	506	518	531
I_s=	113x10^6 mm^4	3	6.00	1140	285	295	305	316	326	336	346	357	367	377	387	397	408	418	428	438	449	459	469
$øM_p$=	182 kN·m	4	9.00	855	268	275	283	291	299	306	314	322	329	337	345	352	360	368	376	383	391	399	406
$øV_n$=	332 kN	BFL	12.0	573	250	255	260	265	271	276	281	286	291	296	301	307	312	317	322	327	332	338	343
		6	22.0	499	245	249	254	258	263	267	272	276	281	285	290	294	299	303	308	312	317	321	326
		7	33.9	425	239	243	247	250	254	258	262	266	270	273	277	281	285	289	293	296	300	304	308

1) Y_1 = [그림 7.2.1]에 표현된 H형강의 상부 플랜지 상부면에서 강재단면의 소성중립축까지 거리
2) Y_2 = [그림 7.2.1], [그림 7.2.2]에 표현된 H형강의 상부 플랜지 상부면에서 콘크리트슬래브플랜지의 소성중립축까지의 거리, $Y_2 = t_s - a/2$
3) PNA = [그림 7.2.1](c)에 표현된 소성중립축의 위치, TFL의 위치는 완전합성보, 7의 위치는 25% 합성정도의 불완전합성보

도움표 7.1-400 노출형 합성보의 설계휨강도 $ø_bM_n$ (kN.m)

SHN400 (F_y = 235 MPa)

H형강 치수	PNA[3] 위치	Y_1[1] mm	ΣQ_n kN	Y_2[2], mm 60	70	80	90	100	110	120	130	140	150	160	170	180	190	200	210	220	230	240
H-298x201x9x14																						
	TFL	0.00	1960	368	386	404	421	439	457	474	492	510	527	545	562	580	598	615	633	651	668	686
w= 65.4 kg/m	2	3.50	1630	350	365	379	394	409	423	438	453	467	482	497	511	526	541	555	570	585	599	614
I_s= 133x10^6 mm^4	3	7.00	1300	331	342	354	366	377	389	401	412	424	436	447	459	471	483	494	506	518	529	541
$øM_p$= 211 kN·m	4	10.5	967	310	319	328	336	345	354	362	371	380	389	397	406	415	423	432	441	449	458	467
$øV_n$= 378 kN	BFL	14.0	636	289	294	300	306	312	317	323	329	335	340	346	352	357	363	369	375	380	386	392
	6	23.3	563	284	289	294	299	304	309	314	319	324	329	334	339	344	349	354	360	365	370	375
	7	33.2	490	278	282	287	291	295	300	304	309	313	317	322	326	331	335	339	344	348	353	357
H-346x174x6x9																						
	TFL	0.00	1240	260	271	282	293	304	315	326	338	349	360	371	382	393	404	416	427	438	449	460
w= 41.4 kg/m	2	2.25	1050	249	259	268	278	287	297	306	316	325	335	344	354	363	373	382	392	401	411	420
I_s= 111x10^6 mm^4	3	4.50	870	239	247	255	262	270	278	286	294	302	309	317	325	333	341	349	356	364	372	380
$øM_p$= 151 kN·m	4	6.75	686	228	234	240	247	253	259	265	271	278	284	290	296	302	308	315	321	327	333	339
$øV_n$= 293 kN	BFL	9.00	502	217	221	226	230	235	239	244	249	253	258	262	267	271	276	280	285	289	294	298
	6	29.1	406	210	214	217	221	225	228	232	236	239	243	247	250	254	258	261	265	269	272	276
	7	63.2	310	201	204	207	209	212	215	218	220	223	226	229	232	234	237	240	243	246	248	251
H-350x175x7x11																						
	TFL	0.00	1480	314	327	341	354	367	381	394	407	421	434	447	461	474	487	501	514	528	541	554
w= 49.6 kg/m	2	2.75	1260	301	313	324	335	347	358	369	381	392	403	415	426	437	448	460	471	482	494	505
I_s= 136x10^6 mm^4	3	5.50	1030	288	298	307	316	325	335	344	353	363	372	381	390	400	409	418	428	437	446	455
$øM_p$= 184 kN·m	4	8.25	805	275	282	289	296	304	311	318	325	333	340	347	354	362	369	376	383	391	398	405
$øV_n$= 345 kN	BFL	11.0	579	260	266	271	276	281	287	292	297	302	307	313	318	323	328	333	339	344	349	354
	6	30.6	475	253	257	262	266	270	274	279	283	287	292	296	300	304	309	313	317	321	326	330
	7	62.2	371	243	246	250	253	256	260	263	266	270	273	276	280	283	286	290	293	296	300	303

1) Y_1 = [그림 7.2.1]에 표현된 H형강의 상부 플랜지 상부면에서 강재단면의 소성중립축까지 거리
2) Y_2 = [그림 7.2.1], [그림 7.2.2]에 표현된 H형강의 상부 플랜지 상부면에서 콘크리트슬래브플랜지의 소성중립축까지의 거리, $Y_2 = t_s - a/2$
3) PNA = [그림 7.2.1](c)에 표현된 소성중립축의 위치, TFL의 위치는 완전합성보, 7의 위치는 25% 합성정도의 불완전합성보

제7장

도움표 7.1-400 노출형 합성보의 설계휨강도 $øM_n$ (kN.m)

SHN400 (F_y = 235 MPa)

H형강 치수	PNA[3] 위치	Y_1[1] mm	ΣQ_n kN	Y_2[2], mm 60	70	80	90	100	110	120	130	140	150	160	170	180	190	200	210	220	230	240
H-354x176x8x13	TFL	0.00	1730	369	385	401	416	432	447	463	478	494	510	525	541	556	572	588	603	619	634	650
w= 57.8 kg/m	2	3.25	1460	354	368	381	394	407	420	433	447	460	473	486	499	512	526	539	552	565	578	591
I_s= 161x10^6 mm^4	3	6.50	1190	339	349	360	371	382	392	403	414	425	435	446	457	468	478	489	500	511	521	532
$øM_p$= 216 kN·m	4	9.75	925	322	331	339	347	356	364	372	381	389	397	405	414	422	430	439	447	455	464	472
$øV_n$= 399 kN	BFL	13.0	656	305	311	317	323	329	335	340	346	352	358	364	370	376	382	388	394	399	405	411
	6	32.2	545	297	302	307	311	316	321	326	331	336	341	346	351	356	360	365	370	375	380	385
	7	61.9	433	286	290	294	298	302	305	309	313	317	321	325	329	333	337	341	344	348	352	356
H-336x249x8x12	TFL	0.00	2070	425	444	462	481	500	518	537	556	574	593	612	630	649	667	686	705	723	742	761
w= 69.2 kg/m	2	3.00	1720	406	421	437	452	468	483	499	514	530	545	561	576	591	607	622	638	653	669	684
I_s= 185x10^6 mm^4	3	6.00	1370	385	398	410	422	435	447	459	472	484	496	509	521	533	546	558	570	582	595	607
$øM_p$= 257 kN·m	4	9.00	1020	364	373	382	391	401	410	419	428	437	446	456	465	474	483	492	501	511	520	529
$øV_n$= 379 kN	BFL	12.0	667	342	348	354	360	366	372	378	384	390	396	402	408	414	420	426	432	438	444	450
	6	21.6	593	337	342	347	353	358	363	369	374	379	385	390	395	401	406	411	417	422	427	433
	7	31.2	518	331	335	340	345	349	354	359	363	368	373	377	382	387	391	396	401	405	410	415
H-340x250x9x14	TFL	0.00	2390	494	515	537	558	580	601	623	644	666	687	709	730	751	773	794	816	837	859	880
w= 79.7 kg/m	2	3.50	1970	471	489	506	524	542	560	578	595	613	631	649	666	684	702	720	737	755	773	791
I_s= 217x10^6 mm^4	3	7.00	1560	447	461	475	489	503	517	531	545	559	573	587	602	616	630	644	658	672	686	700
$øM_p$= 299 kN·m	4	10.5	1150	421	432	442	452	463	473	484	494	504	515	525	535	546	556	566	577	587	598	608
$øV_n$= 431 kN	BFL	14.0	741	395	401	408	415	421	428	435	441	448	455	461	468	475	481	488	495	501	508	515
	6	22.7	668	390	396	402	408	414	420	426	432	438	444	450	456	462	468	474	480	486	492	498
	7	31.4	596	384	389	395	400	405	411	416	421	427	432	438	443	448	454	459	464	470	475	481

1) Y_1 = [그림 7.2.1]에 표현된 H형강의 상부 플랜지 상부면에서 강재단면의 소성중립축까지 거리
2) Y_2 = [그림 7.2.1], [그림 7.2.2]에 표현된 H형강의 상부 플랜지 상부면에서 콘크리트슬래브플랜지의 소성중립축까지의 거리, $Y_2 = t_s - a/2$
3) PNA = [그림 7.2.1](c)에 표현된 소성중립축의 위치, TFL의 위치는 완전합성보, 7의 위치는 25% 합성정도의 불완전합성보

도움표 7.1-400 노출형 합성보의 설계휨강도 $\phi_b M_n$ (kN.m)

SHN400 (F_y = 235 MPa)

H형강 치수	PNA[3]	Y_1[1]	ΣQ_n	Y_2[2], mm																		
	위치	mm	kN	60	70	80	90	100	110	120	130	140	150	160	170	180	190	200	210	220	230	240
H-396x199x7x11	TFL	0.00	1700	394	409	424	440	455	470	485	501	516	531	546	562	577	592	607	623	638	653	668
w= 56.6 kg/m	2	2.75	1440	380	392	405	418	431	444	457	470	483	496	509	522	535	548	561	574	587	600	613
I_s= 200x10^6 mm^4	3	5.50	1180	365	375	386	397	407	418	428	439	450	460	471	482	492	503	514	524	535	545	556
ϕM_p= 239 kN·m	4	8.25	924	349	358	366	374	382	391	399	407	416	424	432	441	449	457	466	474	482	491	499
ϕV_n= 391 kN	BFL	11.0	667	333	339	345	351	357	363	369	375	381	387	393	399	405	411	417	423	429	435	441
	6	32.2	545	324	329	334	339	344	349	354	359	364	368	373	378	383	388	393	398	403	408	413
	7	69.1	424	312	316	320	324	327	331	335	339	343	347	350	354	358	362	366	369	373	377	381
H-400x200x8x13	TFL	0.00	1980	463	480	498	516	534	552	569	587	605	623	640	658	676	694	712	729	747	765	783
w= 66.0 kg/m	2	3.25	1670	446	461	476	491	506	521	536	551	566	581	596	611	626	641	656	671	686	701	716
I_s= 237x10^6 mm^4	3	6.50	1370	428	440	452	465	477	489	502	514	526	538	551	563	575	588	600	612	624	637	649
ϕM_p= 281 kN·m	4	9.75	1060	409	419	428	438	447	457	466	476	485	495	504	514	524	533	543	552	562	571	581
ϕV_n= 451 kN	BFL	13.0	755	389	396	403	410	417	423	430	437	444	451	457	464	471	478	485	491	498	505	512
	6	33.9	624	380	385	391	397	402	408	413	419	425	430	436	442	447	453	458	464	470	475	481
	7	68.6	494	367	371	376	380	385	389	393	398	402	407	411	416	420	425	429	433	438	442	447
H-404x201x9x15	TFL	0.00	2260	533	553	574	594	614	635	655	675	696	716	736	757	777	797	818	838	858	879	899
w= 75.5 kg/m	2	3.75	1910	513	530	547	565	582	599	616	633	650	667	685	702	719	736	753	770	787	805	822
I_s= 275x10^6 mm^4	3	7.50	1550	492	506	520	534	548	562	576	590	604	618	632	646	660	674	688	702	716	730	743
ϕM_p= 323 kN·m	4	11.3	1200	470	481	492	502	513	524	535	545	556	567	578	589	599	610	621	632	642	653	664
ϕV_n= 513 kN	BFL	15.0	843	447	454	462	470	477	485	492	500	507	515	523	530	538	545	553	561	568	576	583
	6	35.6	704	436	443	449	455	462	468	474	481	487	493	500	506	512	519	525	531	538	544	550
	7	68.4	565	422	427	432	437	443	448	453	458	463	468	473	478	483	488	493	498	504	509	514

1) Y_1 = [그림 7.2.1]에 표현된 H형강의 상부 플랜지 상부면에서 강재단면의 소성중립축까지 거리
2) Y_2 = [그림 7.2.1], [그림 7.2.2]에 표현된 H형강의 상부 플랜지 상부면에서 콘크리트슬래브플랜지의 소성중립축까지의 거리, $Y_2 = t_s - a/2$
3) PNA = [그림 7.2 1](c)에 표현된 소성중립축의 위치, TFL의 위치는 완전합성보, 7의 위치는 25% 합성정도의 불완전합성보

도움표 7.1-400 노출형 합성보의 설계휨강도 $\phi_b M_n$ (kN.m)

SHN400 (F_y = 235 MPa)

H형강 치수	PNA[3]	Y_1[1]	ΣQ_n	Y_2[2], mm																		
	위치	mm	kN	60	70	80	90	100	110	120	130	140	150	160	170	180	190	200	210	220	230	240
H-386x299x9x14	TFL	0.00	2820	643	668	693	719	744	770	795	820	846	871	897	922	947	973	998	1020	1050	1070	1100
w= 94.3 kg/m	2	3.50	2330	615	636	657	678	699	720	741	762	783	804	825	846	867	888	909	930	951	972	993
I_s= 337x10^6 mm^4	3	7.00	1840	586	603	619	636	653	669	686	702	719	735	752	768	785	802	818	835	851	868	884
ϕM_p= 406 kN·m	4	10.5	1350	556	568	580	592	604	617	629	641	653	665	677	689	701	714	726	738	750	762	774
ϕV_n= 490 kN	BFL	14.0	855	524	532	539	547	555	562	570	578	586	593	601	609	616	624	632	639	647	655	662
	6	22.6	780	519	526	533	540	547	554	561	568	575	582	589	596	603	610	617	624	631	638	645
	7	31.2	706	513	519	526	532	538	545	551	557	564	570	576	583	589	595	602	608	614	621	627
H-390x300x10x16	TFL	0.00	3190	733	762	791	820	848	877	906	935	963	992	1020	1050	1080	1110	1140	1160	1190	1220	1250
w= 107 kg/m	2	4.00	2630	702	725	749	773	796	820	844	868	891	915	939	962	986	1010	1030	1060	1080	1100	1130
I_s= 387x10^6 mm^4	3	8.00	2070	668	687	705	724	743	761	780	798	817	836	854	873	891	910	929	947	966	985	1000
ϕM_p= 463 kN·m	4	12.0	1500	633	646	660	673	687	700	714	727	741	754	768	782	795	809	822	836	849	863	876
ϕV_n= 550 kN	BFL	16.0	939	595	604	612	621	629	637	646	654	663	671	680	688	697	705	713	722	730	739	747
	6	23.7	869	590	598	606	614	621	629	637	645	653	661	668	676	684	692	700	707	715	723	731
	7	31.3	799	585	592	599	606	613	621	628	635	642	649	656	664	671	678	685	692	700	707	714
H-446x199x8x12	TFL	0.00	1980	505	522	540	558	576	594	612	629	647	665	683	701	719	736	754	772	790	808	826
w= 66.2 kg/m	2	3.00	1700	489	504	520	535	550	566	581	596	611	627	642	657	673	688	703	719	734	749	765
I_s= 287x10^6 mm^4	3	6.00	1420	473	486	498	511	524	537	549	562	575	588	601	613	626	639	652	664	677	690	703
ϕM_p= 307 kN·m	4	9.00	1140	456	466	476	486	497	507	517	527	538	548	558	569	579	589	599	610	620	630	640
ϕV_n= 503 kN	BFL	12.0	859	438	446	453	461	469	477	484	492	500	507	515	523	531	538	546	554	562	569	577
	6	42.9	677	424	430	436	442	448	454	461	467	473	479	485	491	497	503	509	515	521	528	534
	7	91.3	495	403	408	412	417	421	425	430	434	439	443	448	452	457	461	466	470	475	479	483

1) Y_1 = [그림 7.2.1]에 표현된 H형강의 상부 플랜지 상부면에서 강재단면의 소성중립축까지 거리
2) Y_2 = [그림 7.2.1], [그림 7.2.2]에 표현된 H형강의 상부 플랜지 상부면에서 콘크리트슬래브플랜지의 소성중립축까지의 거리, $Y_2 = t_s - a/2$
3) PNA = [그림 7.2.1](c)에 표현된 소성중립축의 위치, TFL의 위치는 완전합성보, 7의 위치는 25% 합성정도의 불완전합성보

도움표 7.1-400 노출형 합성보의 설계휨강도 $\phi_b M_n$ (kN.m)

SHN400 (F_y = 235 MPa)

H형강 치수	PNA[3) 위치	Y_1[1) mm	ΣQ_n kN	Y_2[2), mm 60	70	80	90	100	110	120	130	140	150	160	170	180	190	200	210	220	230	240
H-450x200x9x14	TFL	0.00	2270	583	604	624	645	665	686	706	727	747	767	788	808	829	849	870	890	911	931	952
w= 76.0 kg/m	2	3.50	1940	565	582	600	617	635	652	670	687	705	723	740	758	775	793	810	828	845	863	880
I_s= 335x10^6 mm^4	3	7.00	1620	546	560	575	589	604	618	633	647	662	677	691	706	720	735	749	764	778	793	807
ϕM_p= 355 kN·m	4	10.5	1290	525	537	548	560	572	583	595	606	618	630	641	653	664	676	687	699	711	722	734
ϕV_n= 571 kN	BFL	14.0	958	504	513	521	530	538	547	556	564	573	581	590	599	607	616	625	633	642	650	659
	6	44.6	763	489	495	502	509	516	523	530	537	544	550	557	564	571	578	585	592	599	605	612
	7	90.6	568	466	471	476	482	487	492	497	502	507	512	517	523	528	533	538	543	548	553	558
H-434x299x10x15	TFL	0.00	3170	791	820	848	877	905	934	963	991	1020	1050	1080	1110	1130	1160	1190	1220	1250	1280	1310
w= 106 kg/m	2	3.75	2650	762	786	809	833	857	881	905	929	952	976	1000	1020	1050	1070	1100	1120	1140	1170	1190
I_s= 468x10^6 mm^4	3	7.50	2120	731	750	769	788	807	826	845	864	883	902	921	941	960	979	998	1020	1040	1050	1070
ϕM_p= 504 kN·m	4	11.3	1590	698	712	726	741	755	769	784	798	812	827	841	855	870	884	898	913	927	941	956
ϕV_n= 612 kN	BFL	15.0	1070	663	673	682	692	701	711	721	730	740	749	759	769	778	788	797	807	817	826	836
	6	29.3	929	653	661	670	678	687	695	703	712	720	728	737	745	753	762	770	779	787	795	804
	7	48.2	793	641	648	655	663	670	677	684	691	698	705	713	720	727	734	741	748	755	763	770
H-440x300x11x18	TFL	0.00	3700	932	965	999	1030	1070	1100	1130	1170	1200	1230	1260	1300	1330	1360	1400	1430	1460	1500	1530
w= 124 kg/m	2	4.50	3060	896	924	952	979	1010	1030	1060	1090	1120	1140	1170	1200	1230	1250	1280	1310	1340	1370	1390
I_s= 561x10^6 mm^4	3	9.00	2430	858	880	902	924	946	968	990	1010	1030	1060	1080	1100	1120	1140	1160	1190	1210	1230	1250
ϕM_p= 597 kN·m	4	13.5	1800	818	834	850	866	882	898	915	931	947	963	979	995	1010	1030	1040	1060	1080	1090	1110
ϕV_n= 682 kN	BFL	18.0	1160	774	785	795	806	816	827	837	848	858	868	879	889	900	910	921	931	942	952	962
	6	29.8	1040	766	775	784	794	803	812	822	831	841	850	859	869	878	887	897	906	916	925	934
	7	41.6	925	755	764	772	780	789	797	805	814	822	830	839	847	855	864	872	880	889	897	905

1) Y_1 = [그림 7.2.1]에 표현된 H형강의 상부 플랜지 상부면에서 강재단면의 소성중립축까지 거리
2) Y_2 = [그림 7.2.1], [그림 7.2.2]에 표현된 H형강의 상부 플랜지 상부면에서 콘크리트슬래브플랜지의 소성중립축까지의 거리, $Y_2 = t_s - a/2$
3) PNA = [그림 7.2.1](c)에 표현된 소성중립축의 위치, TFL의 위치는 완전합성보, 7의 위치는 25% 합성정도의 불완전합성보

제7장

도움표 7.1-400 노출형 합성보의 설계휨강도 $\phi_b M_n$ (kN.m)

SHN400 (F_y = 235 MPa)

H형강 치수	PNA[3]	Y_1[1]	ΣQ_n	Y_2[2], mm																		
	위치	mm	kN	60	70	80	90	100	110	120	130	140	150	160	170	180	190	200	210	220	230	240
H-496x199x9x14	TFL	0.00	2380	660	681	703	724	745	767	788	810	831	852	874	895	917	938	960	981	1000	1020	1050
w= 79.5 kg/m	2	3.50	2050	642	660	678	697	715	734	752	771	789	808	826	845	863	882	900	919	937	956	974
I_s= 419x10^6 mm^4	3	7.00	1730	622	638	653	669	684	700	715	731	747	762	778	793	809	824	840	855	871	886	902
ϕM_p= 405 kN·m	4	10.5	1400	602	615	627	640	652	665	678	690	703	715	728	740	753	766	778	791	803	816	828
ϕV_n= 629 kN	BFL	14.0	1070	581	590	600	610	619	629	639	648	658	667	677	687	696	706	716	725	735	745	754
	6	51.1	833	562	569	577	584	592	599	607	614	622	629	637	644	652	659	666	674	681	689	696
	7	107	595	532	537	542	548	553	559	564	569	575	580	585	591	596	601	607	612	617	623	628
H-500x200x10x16	TFL	0.00	2680	749	773	797	821	846	870	894	918	942	966	991	1010	1040	1060	1090	1110	1140	1160	1180
w= 89.6 kg/m	2	4.00	2310	728	749	770	790	811	832	853	873	894	915	936	957	977	998	1020	1040	1060	1080	1100
I_s= 478x10^6 mm^4	3	8.00	1930	706	723	740	758	775	793	810	827	845	862	880	897	914	932	949	967	984	1000	1020
ϕM_p= 460 kN·m	4	12.0	1560	682	696	710	724	738	752	766	780	794	808	822	836	850	864	878	892	906	920	934
ϕV_n= 705 kN	BFL	16.0	1180	657	668	678	689	699	710	721	731	742	753	763	774	784	795	806	816	827	838	848
	6	53.0	926	636	644	653	661	669	678	686	694	703	711	719	728	736	744	753	761	769	778	786
	7	107	671	604	610	616	622	628	634	640	646	652	658	664	670	676	682	688	694	700	706	712
H-506x201x11x19	TFL	0.00	3090	869	897	925	952	980	1010	1040	1060	1090	1120	1150	1170	1200	1230	1260	1290	1310	1340	1370
w= 103 kg/m	2	4.75	2640	844	868	891	915	939	963	986	1010	1030	1060	1080	1100	1130	1150	1180	1200	1220	1250	1270
I_s= 565x10^6 mm^4	3	9.50	2190	817	837	856	876	896	915	935	955	974	994	1010	1030	1050	1070	1090	1110	1130	1150	1170
ϕM_p= 537 kN·m	4	14.3	1740	788	803	819	835	850	866	882	897	913	929	944	960	976	991	1010	1020	1040	1050	1070
ϕV_n= 785 kN	BFL	19.0	1290	757	768	780	792	803	815	827	838	850	861	873	885	896	908	919	931	943	954	966
	6	53.6	1030	735	744	753	763	772	781	791	800	809	818	828	837	846	856	865	874	883	893	902
	7	104	771	703	709	716	723	730	737	744	751	758	765	772	779	786	793	800	807	814	821	827

1) Y_1 = [그림 7.2.1]에 표현된 H형강의 상부 플랜지 상부면에서 강재단면의 소성중립축까지 거리
2) Y_2 = [그림 7.2.1], [그림 7.2.2]에 표현된 H형강의 상부 플랜지 상부면에서 콘크리트슬래브플랜지의 소성중립축까지의 거리, $Y_2 = t_s - a/2$
3) PNA = [그림 7.2.1](c)에 표현된 소성중립축의 위치, TFL의 위치는 완전합성보, 7의 위치는 25% 합성정도의 불완전합성보

도움표 7.1-400 노출형 합성보의 설계휨강도 $\phi_b M_n$ (kN.m)

SHN400 (F_y = 235 MPa)

H형강 치수	PNA[3]	Y_1[1]	ΣQ_n	Y_2[2], mm																		
	위치	mm	kN	60	70	80	90	100	110	120	130	140	150	160	170	180	190	200	210	220	230	240
H-482x300x11x15																						
	TFL	0.00	3420	926	957	988	1020	1050	1080	1110	1140	1170	1200	1230	1260	1300	1330	1360	1390	1420	1450	1480
w= 114 kg/m	2	3.75	2890	897	923	949	975	1000	1030	1050	1080	1110	1130	1160	1180	1210	1240	1260	1290	1310	1340	1370
I_s= 604x10^6 mm^4	3	7.50	2360	866	887	908	930	951	972	993	1010	1040	1060	1080	1100	1120	1140	1160	1180	1210	1230	1250
ϕM_p= 590 kN·m	4	11.3	1830	833	849	866	882	899	915	932	948	965	981	998	1010	1030	1050	1060	1080	1100	1110	1130
ϕV_n= 748 kN	BFL	15.0	1300	798	810	821	833	845	857	868	880	892	904	915	927	939	951	962	974	986	998	1010
	6	36.6	1080	781	790	800	810	819	829	839	849	858	868	878	887	897	907	917	926	936	946	956
	7	75.6	855	757	765	773	781	788	796	804	811	819	827	834	842	850	857	865	873	881	888	896
H-488x300x11x18																						
	TFL	0.00	3840	1050	1090	1120	1160	1190	1220	1260	1290	1330	1360	1400	1430	1470	1500	1540	1570	1600	1640	1670
w= 128 kg/m	2	4.50	3210	1020	1040	1070	1100	1130	1160	1190	1220	1250	1280	1300	1330	1360	1390	1420	1450	1480	1510	1540
I_s= 710x10^6 mm^4	3	9.00	2570	978	1000	1020	1050	1070	1090	1120	1140	1160	1190	1210	1230	1260	1280	1300	1330	1350	1370	1390
ϕM_p= 683 kN·m	4	13.5	1940	937	954	972	989	1010	1020	1040	1060	1080	1090	1110	1130	1150	1160	1180	1200	1220	1230	1250
ϕV_n= 757 kN	BFL	18.0	1300	894	906	917	929	941	952	964	976	988	999	1010	1020	1030	1050	1060	1070	1080	1090	1110
	6	34.5	1130	880	891	901	911	921	931	942	952	962	972	982	993	1000	1010	1020	1030	1040	1050	1060
	7	58.2	961	864	873	882	890	899	908	916	925	933	942	951	959	968	977	985	994	1000	1010	1020
H-596x199x10x15																						
	TFL	0.00	2830	912	938	963	988	1010	1040	1060	1090	1120	1140	1170	1190	1220	1240	1270	1290	1320	1350	1370
w= 94.6 kg/m	2	3.75	2480	893	915	937	959	982	1000	1030	1050	1070	1090	1120	1140	1160	1180	1200	1230	1250	1270	1290
I_s= 687x10^6 mm^4	3	7.50	2130	872	891	910	929	948	968	987	1010	1030	1040	1060	1080	1100	1120	1140	1160	1180	1200	1220
ϕM_p= 561 kN·m	4	11.3	1780	850	866	882	898	914	930	946	962	978	994	1010	1030	1040	1060	1070	1090	1110	1120	1140
ϕV_n= 840 kN	BFL	15.0	1430	827	840	853	865	878	891	904	917	930	942	955	968	981	994	1010	1020	1030	1050	1060
	6	70.8	1070	795	805	814	824	833	843	853	862	872	881	891	901	910	920	929	939	949	958	968
	7	147	708	740	747	753	759	766	772	778	785	791	797	804	810	817	823	829	836	842	848	855

1) Y_1 = [그림 7.2.1]에 표현된 H형강의 상부 플랜지 상부면에서 강재단면의 소성중립축까지 거리
2) Y_2 = [그림 7.2.1], [그림 7.2.2]에 표현된 H형강의 상부 플랜지 상부면에서 콘크리트슬래브플랜지의 소성중립축까지의 거리, $Y_2 = t_s - a/2$
3) PNA = [그림 7.2.1](c)에 표현된 소성중립축의 위치, TFL의 위치는 완전합성보, 7의 위치는 25% 합성정도의 불완전합성보

제7장

도움표 7.1-400 노출형 합성보의 설계휨강도 $\phi_b M_n$ (kN.m)

SHN400 (F_y = 235 MPa)

H형강 치수	PNA[3)]	Y_1[1)]	ΣQ_n	Y_2[2)], mm																		
	위치	mm	kN	60	70	80	90	100	110	120	130	140	150	160	170	180	190	200	210	220	230	240
H-600x200x11x17																						
	TFL	0.00	3160	1020	1050	1080	1110	1140	1170	1190	1220	1250	1280	1310	1340	1360	1390	1420	1450	1480	1510	1540
w= 106 kg/m	2	4.25	2760	1000	1030	1050	1080	1100	1130	1150	1170	1200	1220	1250	1270	1300	1320	1350	1370	1400	1420	1450
I_s= 776x10^6 mm^4	3	8.50	2360	977	998	1020	1040	1060	1080	1100	1130	1150	1170	1190	1210	1230	1250	1270	1300	1320	1340	1360
ϕM_p= 630 kN·m	4	12.8	1960	952	969	987	1000	1020	1040	1060	1080	1090	1110	1130	1150	1160	1180	1200	1220	1230	1250	1270
ϕV_n= 931 kN	BFL	17.0	1560	925	939	953	967	981	995	1010	1020	1040	1050	1070	1080	1090	1110	1120	1140	1150	1160	1180
	6	72.7	1180	890	901	911	922	932	943	953	964	975	985	996	1010	1020	1030	1040	1050	1060	1070	1080
	7	147	790	831	838	845	852	859	867	874	881	888	895	902	909	916	923	931	938	945	952	959
H-606x201x12x20																						
	TFL	0.00	3580	1170	1200	1240	1270	1300	1330	1360	1400	1430	1460	1490	1530	1560	1590	1620	1650	1690	1720	1750
w= 120 kg/m	2	5.00	3110	1140	1170	1200	1230	1260	1280	1310	1340	1370	1400	1420	1450	1480	1510	1540	1560	1590	1620	1650
I_s= 904x10^6 mm^4	3	10.0	2640	1120	1140	1160	1190	1210	1230	1260	1280	1310	1330	1350	1380	1400	1420	1450	1470	1500	1520	1540
ϕM_p= 726 kN·m	4	15.0	2170	1080	1100	1120	1140	1160	1180	1200	1220	1240	1260	1280	1300	1320	1340	1360	1380	1400	1420	1440
ϕV_n= 1030 kN	BFL	20.0	1690	1050	1070	1080	1100	1110	1130	1140	1160	1170	1190	1200	1220	1230	1250	1260	1280	1300	1310	1330
	6	73.4	1290	1010	1030	1040	1050	1060	1070	1080	1100	1110	1120	1130	1140	1150	1170	1180	1190	1200	1210	1220
	7	144	896	954	962	970	978	986	994	1000	1010	1020	1030	1030	1040	1050	1060	1070	1070	1080	1090	1100
H-612x202x13x23																						
	TFL	0.00	4010	1320	1360	1390	1430	1470	1500	1540	1570	1610	1650	1680	1720	1750	1790	1830	1860	1900	1930	1970
w= 134 kg/m	2	5.75	3460	1290	1320	1350	1380	1410	1450	1480	1510	1540	1570	1600	1630	1660	1700	1730	1760	1790	1820	1850
I_s= 1030x10^6 mm^4	3	11.5	2920	1260	1280	1310	1340	1360	1390	1410	1440	1470	1490	1520	1550	1570	1600	1620	1650	1680	1700	1730
ϕM_p= 823 kN·m	4	17.2.1	2370	1220	1240	1260	1280	1310	1330	1350	1370	1390	1410	1430	1450	1480	1500	1520	1540	1560	1580	1600
ϕV_n= 1120 kN	BFL	23.0	1830	1180	1200	1210	1230	1250	1260	1280	1300	1310	1330	1340	1360	1380	1390	1410	1430	1440	1460	1480
	6	74.5	1410	1140	1150	1170	1180	1190	1210	1220	1230	1240	1260	1270	1280	1290	1310	1320	1330	1350	1360	1370
	7	142	1000	1080	1090	1100	1110	1120	1120	1130	1140	1150	1160	1170	1180	1190	1200	1210	1210	1220	1230	1240

1) Y_1 = [그림 7.2.1]에 표현된 H형강의 상부 플랜지 상부면에서 강재단면의 소성중립축까지 거리
2) Y_2 = [그림 7.2.1], [그림 7.2.2]에 표현된 H형강의 상부 플랜지 상부면에서 콘크리트슬래브플랜지의 소성중립축까지의 거리, $Y_2 = t_s - a/2$
3) PNA = [그림 7.2.1](c)에 표현된 소성중립축의 위치, TFL의 위치는 완전합성보, 7의 위치는 25% 합성정도의 불완전합성보

도움표 7.1-400 노출형 합성보의 설계휨강도 $\phi_b M_n$ (kN.m)

SHN400 (F_y = 235 MPa)

H형강 치수	PNA[3]	Y_1[1]	ΣQ_n	Y_2[2], mm																		
	위치	mm	kN	60	70	80	90	100	110	120	130	140	150	160	170	180	190	200	210	220	230	240
H-582x300x12x17																						
	TFL	0.00	4100	1300	1330	1370	1410	1440	1480	1520	1550	1590	1630	1660	1700	1740	1780	1810	1850	1890	1920	1960
w= 137 kg/m	2	4.25	3500	1260	1290	1320	1360	1390	1420	1450	1480	1510	1550	1580	1610	1640	1670	1700	1730	1770	1800	1830
I_s= 1030x10^6 mm^4	3	8.50	2900	1230	1250	1280	1300	1330	1360	1380	1410	1430	1460	1490	1510	1540	1570	1590	1620	1640	1670	1700
ϕM_p= 838 kN·m	4	12.8	2300	1190	1210	1230	1250	1270	1290	1310	1330	1350	1370	1400	1420	1440	1460	1480	1500	1520	1540	1560
ϕV_n= 985 kN	BFL	17.0	1700	1150	1160	1180	1190	1210	1220	1240	1250	1270	1290	1300	1320	1330	1350	1360	1380	1390	1410	1420
	6	49.1	1360	1120	1130	1140	1160	1170	1180	1190	1210	1220	1230	1240	1250	1270	1280	1290	1300	1320	1330	1340
	7	109	1030	1080	1090	1100	1100	1110	1120	1130	1140	1150	1160	1170	1180	1190	1200	1210	1220	1220	1230	1240
H-588x300x12x20																						
	TFL	0.00	4520	1440	1480	1520	1560	1600	1640	1690	1730	1770	1810	1850	1890	1930	1970	2010	2050	2090	2130	2170
w= 151 kg/m	2	5.00	3820	1400	1440	1470	1500	1540	1570	1610	1640	1680	1710	1750	1780	1810	1850	1880	1920	1950	1990	2020
I_s= 1180x10^6 mm^4	3	10.0	3110	1360	1390	1410	1440	1470	1500	1530	1550	1580	1610	1640	1670	1690	1720	1750	1780	1810	1840	1860
ϕM_p= 949 kN·m	4	15.0	2410	1310	1330	1360	1380	1400	1420	1440	1460	1490	1510	1530	1550	1570	1590	1620	1640	1660	1680	1700
ϕV_n= 995 kN	BFL	20.0	1700	1260	1280	1290	1310	1320	1340	1360	1370	1390	1400	1420	1430	1450	1460	1480	1490	1510	1520	1540
	6	45.4	1420	1240	1250	1270	1280	1290	1300	1320	1330	1340	1350	1370	1380	1390	1410	1420	1430	1440	1460	1470
	7	93.5	1130	1210	1220	1230	1240	1250	1260	1270	1280	1290	1300	1310	1320	1330	1340	1350	1360	1370	1380	1390
H594x302x14x23																						
	TFL	0.00	5230	1680	1730	1770	1820	1870	1910	1960	2010	2060	2100	2150	2200	2240	2290	2340	2380	2430	2480	2530
w= 175 kg/m	2	5.75	4410	1630	1670	1710	1750	1790	1830	1870	1910	1950	1990	2030	2070	2110	2150	2190	2230	2270	2310	2350
I_s= 1370x10^6 mm^4	3	11.5	3590	1580	1610	1650	1680	1710	1740	1780	1810	1840	1870	1910	1940	1970	2000	2040	2070	2100	2130	2160
ϕM_p= 1100 kN·m	4	17.2.1	2780	1530	1550	1580	1600	1630	1650	1680	1700	1730	1750	1780	1800	1830	1850	1880	1900	1930	1950	1980
ϕV_n= 1170 kN	BFL	23.0	1960	1470	1490	1500	1520	1540	1560	1570	1590	1610	1630	1650	1660	1680	1700	1720	1730	1750	1770	1790
	6	49.8	1630	1440	1460	1470	1480	1500	1510	1530	1540	1560	1570	1590	1600	1620	1630	1650	1660	1680	1690	1710
	7	98.5	1310	1400	1410	1420	1440	1450	1460	1470	1480	1500	1510	1520	1530	1540	1550	1570	1580	1590	1600	1610

1) Y_1 = [그림 7.2.1]에 표현된 H형강의 상부 플랜지 상부면에서 강재단면의 소성중립축까지 거리
2) Y_2 = [그림 7.2.1], [그림 7.2.2]에 표현된 H형강의 상부 플랜지 상부면에서 콘크리트슬래브플랜지의 소성중립축까지의 거리, $Y_2 = t_s - a/2$
3) PNA = [그림 7.2.1](c)에 표현된 소성중립축의 위치, TFL의 위치는 완전합성보, 7의 위치는 25% 합성정도의 불완전합성보

제7장

도움표 7.1-400 노출형 합성보의 설계휨강도 $\phi_b M_n$ (kN.m)

SHN400 (F_y = 235 MPa)

H형강 치수	PNA[3]	Y_1[1]	ΣQ_n	Y_2[2], mm																		
	위치	mm	kN	60	70	80	90	100	110	120	130	140	150	160	170	180	190	200	210	220	230	240
H-692x300x13x20																						
	TFL	0.00	4970	1820	1860	1910	1950	1990	2040	2080	2130	2170	2220	2260	2310	2350	2400	2440	2490	2530	2580	2620
w= 166 kg/m	2	5.00	4270	1780	1810	1850	1890	1930	1970	2010	2050	2080	2120	2160	2200	2240	2280	2310	2350	2390	2430	2470
I_s= 1720x10^6 mm^4	3	10.0	3560	1730	1770	1800	1830	1860	1890	1930	1960	1990	2020	2050	2090	2120	2150	2180	2210	2250	2280	2310
ϕM_p= 1190 kN·m	4	15.0	2860	1690	1710	1740	1760	1790	1820	1840	1870	1890	1920	1940	1970	2000	2020	2050	2070	2100	2120	2150
ϕV_n= 1270 kN	BFL	20.0	2150	1640	1660	1680	1700	1720	1740	1750	1770	1790	1810	1830	1850	1870	1890	1910	1930	1950	1970	1990
	6	68.4	1700	1600	1610	1630	1640	1660	1670	1690	1700	1720	1730	1750	1770	1780	1800	1810	1830	1840	1860	1870
	7	143	1240	1530	1540	1550	1560	1570	1590	1600	1610	1620	1630	1640	1650	1660	1680	1690	1700	1710	1720	1730
H-700x300x13x24																						
	TFL	0.00	5530	2040	2090	2140	2190	2240	2290	2340	2390	2440	2490	2540	2590	2640	2690	2740	2790	2840	2890	2940
w= 185 kg/m	2	6.00	4690	1990	2040	2080	2120	2160	2210	2250	2290	2330	2370	2420	2460	2500	2540	2580	2630	2670	2710	2750
I_s= 2010x10^6 mm^4	3	12.0	3840	1940	1980	2010	2050	2080	2110	2150	2180	2220	2250	2290	2320	2360	2390	2430	2460	2490	2530	2560
ϕM_p= 1370 kN·m	4	18.0	3000	1880	1910	1940	1970	1990	2020	2050	2070	2100	2130	2150	2180	2210	2230	2260	2290	2320	2340	2370
ϕV_n= 1280 kN	BFL	24.0	2150	1820	1840	1860	1880	1900	1920	1940	1960	1980	2000	2020	2040	2050	2070	2090	2110	2130	2150	2170
	6	60.8	1770	1790	1800	1820	1840	1850	1870	1880	1900	1920	1930	1950	1960	1980	1990	2010	2030	2040	2060	2070
	7	124	1380	1740	1750	1760	1770	1790	1800	1810	1820	1840	1850	1860	1870	1880	1900	1910	1920	1930	1950	1960
H-708x302x15x28																						
	TFL	0.00	6430	2400	2450	2510	2570	2630	2690	2740	2800	2860	2920	2970	3030	3090	3150	3210	3260	3320	3380	3440
w= 215 kg/m	2	7.00	5440	2340	2390	2440	2490	2540	2580	2630	2680	2730	2780	2830	2880	2930	2980	3020	3070	3120	3170	3220
I_s= 2370x10^6 mm^4	3	14.0	4440	2280	2320	2360	2400	2440	2480	2520	2560	2600	2640	2680	2720	2760	2800	2840	2880	2920	2960	3000
ϕM_p= 1600 kN·m	4	21.0	3450	2210	2240	2270	2300	2330	2360	2390	2420	2460	2490	2520	2550	2580	2610	2640	2670	2700	2730	2770
ϕV_n= 1500 kN	BFL	28.0	2460	2130	2150	2180	2200	2220	2240	2260	2290	2310	2330	2350	2370	2400	2420	2440	2460	2490	2510	2530
	6	65.8	2030	2090	2110	2130	2150	2160	2180	2200	2220	2240	2260	2270	2290	2310	2330	2350	2370	2380	2400	2420
	7	126	1610	2030	2050	2060	2080	2090	2100	2120	2130	2150	2160	2180	2190	2210	2220	2230	2250	2260	2280	2290

1) Y_1 = [그림 7.2.1]에 표현된 H형강의 상부 플랜지 상부면에서 강재단면의 소성중립축까지 거리
2) Y_2 = [그림 7.2.1], [그림 7.2.2]에 표현된 H형강의 상부 플랜지 상부면에서 콘크리트슬래브플랜지의 소성중립축까지의 거리, $Y_2 = t_s - a/2$
3) PNA = [그림 7.2.1](c)에 표현된 소성중립축의 위치, TFL의 위치는 완전합성보, 7의 위치는 25% 합성정도의 불완전합성보

도움표 7.1-400 노출형 합성보의 설계휨강도 $\phi_b M_n$ (kN.m)

SHN400 (F_y = 235 MPa)

H형강 치수	PNA[3)] 위치	Y_1[1)] mm	ΣQ_n kN	Y_2[2)], mm 60	70	80	90	100	110	120	130	140	150	160	170	180	190	200	210	220	230	240
H-792x300x14x22																						
	TFL	0.00	5720	2350	2400	2450	2500	2550	2610	2660	2710	2760	2810	2860	2910	2970	3020	3070	3120	3170	3220	3270
w= 191 kg/m	2	5.50	4950	2300	2350	2390	2440	2480	2530	2570	2620	2660	2700	2750	2790	2840	2880	2930	2970	3020	3060	3110
I_s= 2540x10^6 mm^4	3	11.0	4170	2260	2290	2330	2370	2410	2440	2480	2520	2560	2590	2630	2670	2710	2740	2780	2820	2860	2890	2930
øM_p= 1540 kN·m	4	16.5	3390	2210	2240	2270	2300	2330	2360	2390	2420	2450	2480	2510	2540	2570	2600	2630	2660	2690	2720	2750
øV_n= 1560 kN	BFL	22.0	2620	2150	2170	2200	2220	2240	2270	2290	2310	2340	2360	2390	2410	2430	2460	2480	2500	2530	2550	2570
	6	88.3	2020	2090	2110	2130	2150	2160	2180	2200	2220	2240	2250	2270	2290	2310	2330	2350	2360	2380	2400	2420
	7	179	1430	1990	2000	2010	2030	2040	2050	2060	2080	2090	2100	2120	2130	2140	2150	2170	2180	2190	2210	2220
H-800x300x14x26																						
	TFL	0.00	6290	2600	2660	2720	2770	2830	2880	2940	3000	3050	3110	3170	3220	3280	3340	3390	3450	3510	3560	3620
w= 210 kg/m	2	6.50	5370	2550	2600	2650	2690	2740	2790	2840	2890	2940	2980	3030	3080	3130	3180	3230	3270	3320	3370	3420
I_s= 2920x10^6 mm^4	3	13.0	4450	2490	2530	2570	2610	2650	2690	2730	2770	2810	2850	2890	2930	2970	3010	3050	3090	3130	3170	3210
øM_p= 1740 kN·m	4	19.5	3540	2430	2460	2490	2520	2560	2590	2620	2650	2680	2720	2750	2780	2810	2840	2870	2910	2940	2970	3000
øV_n= 1580 kN	BFL	26.0	2620	2360	2380	2410	2430	2460	2480	2500	2530	2550	2570	2600	2620	2640	2670	2690	2710	2740	2760	2790
	6	81.6	2100	2310	2330	2350	2370	2380	2400	2420	2440	2460	2480	2500	2520	2540	2550	2570	2590	2610	2630	2650
	7	161	1570	2220	2240	2250	2270	2280	2290	2310	2320	2340	2350	2370	2380	2390	2410	2420	2440	2450	2460	2480
H-808x302x16x30																						
	TFL	0.00	7230	3020	3080	3150	3210	3280	3340	3410	3470	3540	3600	3670	3730	3800	3860	3930	3990	4060	4120	4190
w= 241 kg/m	2	7.50	6160	2960	3010	3070	3120	3180	3240	3290	3350	3400	3460	3510	3570	3620	3680	3730	3790	3850	3900	3960
I_s= 3390x10^6 mm^4	3	15.0	5100	2890	2940	2980	3030	3070	3120	3160	3210	3260	3300	3350	3390	3440	3490	3530	3580	3620	3670	3720
øM_p= 2020 kN·m	4	22.5	4040	2810	2850	2890	2920	2960	3000	3030	3070	3100	3140	3180	3210	3250	3290	3320	3360	3400	3430	3470
øV_n= 1820 kN	BFL	30.0	2970	2730	2760	2780	2810	2840	2870	2890	2920	2950	2970	3000	3030	3050	3080	3110	3130	3160	3190	3210
	6	86.3	2390	2670	2690	2710	2740	2760	2780	2800	2820	2840	2860	2890	2910	2930	2950	2970	2990	3020	3040	3060
	7	164	1810	2570	2590	2610	2620	2640	2660	2670	2690	2700	2720	2740	2750	2770	2790	2800	2820	2830	2850	2870

1) Y_1 = [그림 7.2.1]에 표현된 H형강의 상부 플랜지 상부면에서 강재단면의 소성중립축까지 거리
2) Y_2 = [그림 7.2.1], [그림 7.2.2]에 표현된 H형강의 상부 플랜지 상부면에서 콘크리트슬래브플랜지의 소성중립축까지의 거리, $Y_2 = t_s - a/2$
3) PNA = [그림 7.2.1](c)에 표현된 소성중립축의 위치, TFL의 위치는 완전합성보, 7의 위치는 25% 합성정도의 불완전합성보

제7장

도움표 7.1-400 노출형 합성보의 설계휨강도 $\phi_b M_n$ (kN.m)

SHN400 (F_y = 235 MPa)

H형강 치수	PNA[3]	Y_1[1]	ΣQ_n	Y_2[2], mm																		
	위치	mm	kN	60	70	80	90	100	110	120	130	140	150	160	170	180	190	200	210	220	230	240
H-890x299x15x23	TFL	0.00	6370	2890	2950	3010	3060	3120	3180	3240	3290	3350	3410	3470	3520	3580	3640	3700	3750	3810	3870	3920
w= 213 kg/m	2	5.75	5560	2850	2900	2950	3000	3050	3100	3150	3200	3250	3300	3350	3400	3450	3500	3550	3600	3650	3700	3750
I_s= 3450x10^6 mm^4	3	11.5	4750	2800	2840	2880	2930	2970	3010	3050	3100	3140	3180	3220	3270	3310	3350	3400	3440	3480	3520	3570
ϕM_p= 1890 kN·m	4	17.2.1	3940	2740	2780	2810	2850	2890	2920	2960	2990	3030	3060	3100	3130	3170	3200	3240	3280	3310	3350	3380
ϕV_n= 1880 kN	BFL	23.0	3130	2690	2710	2740	2770	2800	2830	2850	2880	2910	2940	2970	3000	3020	3050	3080	3110	3140	3160	3190
	6	110	2360	2600	2620	2640	2670	2690	2710	2730	2750	2770	2790	2810	2840	2860	2880	2900	2920	2940	2960	2980
	7	219	1590	2450	2460	2470	2490	2500	2520	2530	2550	2560	2570	2590	2600	2620	2630	2650	2660	2670	2690	2700
H-900x300x16x28	TFL	0.00	7280	3340	3410	3470	3540	3600	3670	3730	3800	3870	3930	4000	4060	4130	4190	4260	4320	4390	4460	4520
w= 243 kg/m	2	7.00	6290	3280	3340	3400	3450	3510	3570	3620	3680	3740	3790	3850	3910	3960	4020	4080	4130	4190	4250	4300
I_s= 4110x10^6 mm^4	3	14.0	5310	3220	3270	3320	3370	3410	3460	3510	3560	3600	3650	3700	3750	3800	3840	3890	3940	3990	4030	4080
ϕM_p= 2210 kN·m	4	21.0	4320	3150	3190	3230	3270	3310	3350	3390	3430	3460	3500	3540	3580	3620	3660	3700	3740	3780	3810	3850
ϕV_n= 2030 kN	BFL	28.0	3330	3080	3110	3140	3170	3200	3230	3260	3290	3320	3350	3380	3410	3440	3470	3500	3530	3560	3590	3620
	6	107	2580	3000	3020	3040	3060	3090	3110	3130	3160	3180	3200	3230	3250	3270	3300	3320	3340	3370	3390	3410
	7	208	1820	2850	2860	2880	2900	2910	2930	2950	2960	2980	2990	3010	3030	3040	3060	3080	3090	3110	3130	3140
H-912x302x18x34	TFL	0.00	8550	3970	4050	4130	4200	4280	4360	4430	4510	4590	4670	4740	4820	4900	4970	5050	5130	5200	5280	5360
w= 286 kg/m	2	8.50	7350	3900	3970	4040	4100	4170	4230	4300	4370	4430	4500	4560	4630	4700	4760	4830	4890	4960	5030	5090
I_s= 4980x10^6 mm^4	3	17.0	6140	3820	3880	3930	3990	4040	4100	4160	4210	4270	4320	4380	4430	4490	4540	4600	4650	4710	4760	4820
ϕM_p= 2640 kN·m	4	25.5	4930	3740	3780	3820	3870	3910	3960	4000	4050	4090	4140	4180	4220	4270	4310	4360	4400	4450	4490	4540
ϕV_n= 2310 kN	BFL	34.0	3730	3640	3670	3710	3740	3770	3810	3840	3870	3910	3940	3970	4010	4040	4070	4110	4140	4180	4210	4240
	6	109	2930	3550	3570	3600	3630	3650	3680	3710	3730	3760	3780	3810	3840	3860	3890	3920	3940	3970	4000	4020
	7	203	2140	3390	3410	3430	3450	3470	3490	3510	3530	3550	3570	3590	3600	3620	3640	3660	3680	3700	3720	3740

1) Y_1 = [그림 7.2.1]에 표현된 H형강의 상부 플랜지 상부면에서 강재단면의 소성중립축까지 거리
2) Y_2 = [그림 7.2.1], [그림 7.2.2]에 표현된 H형강의 상부 플랜지 상부면에서 콘크리트슬래브플랜지의 소성중립축까지의 거리, $Y_2 = t_s - a/2$
3) PNA = [그림 7.2.1](c)에 표현된 소성중립축의 위치, TFL의 위치는 완전합성보, 7의 위치는 25% 합성정도의 불완전합성보

도움표 7.1-400 노출형 합성보의 설계휨강도 $\phi_b M_n$ (kN.m)

SHN400 (F_y = 235 MPa)

H형강 치수	PNA[3) 위치	Y_1[1) mm	ΣQ_n kN	Y_2[2), mm 60	70	80	90	100	110	120	130	140	150	160	170	180	190	200	210	220	230	240
H-918x303x19x37																						
	TFL	0.00	9200	4300	4380	4460	4540	4630	4710	4790	4870	4960	5040	5120	5210	5290	5370	5450	5540	5620	5700	5790
w= 307 kg/m	2	9.25	7880	4220	4290	4360	4430	4500	4570	4640	4720	4790	4860	4930	5000	5070	5140	5210	5280	5350	5420	5500
I_s= 5420x10^6 mm^4	3	18.5	6560	4130	4190	4250	4310	4370	4430	4490	4540	4600	4660	4720	4780	4840	4900	4960	5020	5080	5140	5190
ϕM_p= 2860 kN·m	4	27.8	5240	4030	4080	4130	4170	4220	4270	4320	4360	4410	4460	4500	4550	4600	4650	4690	4740	4790	4830	4880
ϕV_n= 2460 kN	BFL	37.0	3930	3920	3960	3990	4030	4060	4100	4140	4170	4210	4240	4280	4310	4350	4380	4420	4450	4490	4520	4560
	6	110	3110	3830	3860	3880	3910	3940	3970	4000	4020	4050	4080	4110	4140	4160	4190	4220	4250	4280	4300	4330
	7	202	2300	3670	3690	3710	3730	3750	3770	3790	3820	3840	3860	3880	3900	3920	3940	3960	3980	4000	4020	4040

1) Y_1 = [그림 7.2.1]에 표현된 H형강의 상부 플랜지 상부면에서 강재단면의 소성중립축까지 거리
2) Y_2 = [그림 7.2.1], [그림 7.2.2]에 표현된 H형강의 상부 플랜지 상부면에서 콘크리트슬래브플랜지의 소성중립축까지의 거리, $Y_2 = t_s - a/2$
3) PNA = [그림 7.2.1](c)에 표현된 소성중립축의 위치, TFL의 위치는 완전합성보, 7의 위치는 25% 합성정도의 불완전합성보

도움표 7.1-490 노출형 합성보의 설계휨강도 $\phi_b M_n$ (kN.m)

SHN490 (F_y = 325 MPa)

H형강 치수	PNA[3] 위치	Y_1[1] mm	ΣQ_n kN	Y_2[2], mm 60	70	80	90	100	110	120	130	140	150	160	170	180	190	200	210	220	230	240
H-248x124x5x8																						
	TFL	0.00	1060	176	185	195	205	214	224	233	243	252	262	271	281	291	300	310	319	329	338	348
w= 25.7 kg/m	2	2.00	901	167	175	183	191	199	208	216	224	232	240	248	256	264	272	281	289	297	305	313
I_s= 35.4x10^6 mm^4	3	4.00	740	158	165	171	178	184	191	198	204	211	218	224	231	238	244	251	258	264	271	278
ϕM_p= 93.0 kN·m	4	6.00	578	148	154	159	164	169	174	180	185	190	195	200	206	211	216	221	227	232	237	242
ϕV_n= 242 kN	BFL	8.00	417	139	142	146	150	154	157	161	165	169	173	176	180	184	188	191	195	199	203	206
	6	19.5	341	134	137	140	143	146	149	152	155	158	161	164	167	171	174	177	180	183	186	189
	7	42.3	265	128	130	132	135	137	139	142	144	147	149	151	154	156	159	161	163	166	168	171
H-250x125x6x9																						
	TFL	0.00	1220	204	215	226	237	248	259	270	281	292	303	314	325	336	347	358	369	380	391	402
w= 29.6 kg/m	2	2.25	1040	194	203	212	222	231	241	250	259	269	278	287	297	306	316	325	334	344	353	362
I_s= 40.5x10^6 mm^4	3	4.50	858	183	191	199	206	214	222	230	237	245	253	261	268	276	284	291	299	307	315	322
ϕM_p= 107 kN·m	4	6.75	675	172	179	185	191	197	203	209	215	221	227	233	239	245	252	258	264	270	276	282
ϕV_n= 293 kN	BFL	9.00	493	161	166	170	175	179	183	188	192	197	201	206	210	215	219	223	228	232	237	241
	6	22.6	399	155	159	162	166	169	173	177	180	184	187	191	195	198	202	205	209	212	216	220
	7	46.5	306	147	150	153	155	158	161	164	166	169	172	175	177	180	183	186	188	191	194	197
H-244x175x7x11																						
	TFL	0.00	1830	299	316	332	349	365	382	398	415	431	447	464	480	497	513	530	546	563	579	595
w= 44.1 kg/m	2	2.75	1510	282	296	309	323	337	350	364	378	391	405	418	432	446	459	473	487	500	514	528
I_s= 61.2x10^6 mm^4	3	5.50	1200	264	275	286	297	307	318	329	340	351	361	372	383	394	405	416	426	437	448	459
ϕM_p= 163 kN·m	4	8.25	889	245	253	261	269	277	285	293	301	309	317	325	333	341	349	357	365	373	381	389
ϕV_n= 333 kN	BFL	11.0	576	226	231	236	241	246	252	257	262	267	272	278	283	288	293	298	303	309	314	319
	6	17.6	517	222	226	231	236	240	245	250	254	259	263	268	273	277	282	287	291	296	301	305
	7	24.3	457	217	221	225	230	234	238	242	246	250	254	258	263	267	271	275	279	283	287	291

1) Y_1 = [그림 7.2.1]에 표현된 H형강의 상부 플랜지 상부면에서 강재단면의 소성중립축까지 거리
2) Y_2 = [그림 7.2.1], [그림 7.2.2]에 표현된 H형강의 상부 플랜지 상부면에서 콘크리트슬래브플랜지의 소성중립축까지의 거리, $Y_2 = t_s - a/2$
3) PNA = [그림 7.2.1](c)에 표현된 소성중립축의 위치, TFL의 위치는 완전합성보, 7의 위치는 25% 합성정도의 불완전합성보

도움표 7.1-490 노출형 합성보의 설계휨강도 $\phi_b M_n$ (kN.m)

SHN490 (F_y = 325 MPa)

H형강 치수	PNA[3]	Y_1[1]	ΣQ_n	Y_2[2], mm																		
	위치	mm	kN	60	70	80	90	100	110	120	130	140	150	160	170	180	190	200	210	220	230	240
H-298x149x5.5x8																						
	TFL	0.00	1330	249	261	273	285	297	309	321	333	345	357	369	381	393	405	417	428	440	452	464
w= 32.0 kg/m	2	2.00	1130	239	249	259	269	280	290	300	310	320	331	341	351	361	371	381	392	402	412	422
I_s= 63.2x10^6 mm^4	3	4.00	939	228	236	245	253	262	270	278	287	295	304	312	321	329	338	346	355	363	371	380
ϕM_p= 139 kN·m	4	6.00	745	216	223	230	237	243	250	257	263	270	277	284	290	297	304	310	317	324	330	337
ϕV_n= 320 kN	BFL	8.00	551	205	210	215	220	225	230	235	240	244	249	254	259	264	269	274	279	284	289	294
	6	25.5	441	197	201	205	209	213	217	221	225	229	233	237	241	245	249	253	257	261	265	269
	7	56.3	332	187	190	193	196	199	202	205	208	211	214	217	220	223	226	229	232	235	238	241
H-300x150x6.5x9																						
	TFL	0.00	1520	287	301	315	328	342	356	369	383	397	411	424	438	452	465	479	493	506	520	534
w= 36.7 kg/m	2	2.25	1300	275	287	299	310	322	334	346	357	369	381	392	404	416	427	439	451	463	474	486
I_s= 72.1x10^6 mm^4	3	4.50	1080	263	273	282	292	302	311	321	331	341	350	360	370	380	389	399	409	419	428	438
ϕM_p= 159 kN·m	4	6.75	862	250	258	265	273	281	289	296	304	312	320	327	335	343	351	358	366	374	382	389
ϕV_n= 380 kN	BFL	9.00	643	236	242	248	254	260	265	271	277	283	288	294	300	306	312	317	323	329	335	341
	6	28.9	511	227	232	236	241	246	250	255	259	264	269	273	278	282	287	292	296	301	305	310
	7	60.0	380	215	218	222	225	229	232	235	239	242	246	249	252	256	259	263	266	270	273	276
H-294x200x8x12																						
	TFL	0.00	2350	438	459	481	502	523	544	565	586	608	629	650	671	692	713	735	756	777	798	819
w= 56.8 kg/m	2	3.00	1960	417	434	452	470	487	505	523	540	558	576	593	611	629	646	664	682	699	717	735
I_s= 113x10^6 mm^4	3	6.00	1570	394	408	422	436	451	465	479	493	507	521	536	550	564	578	592	606	620	635	649
ϕM_p= 251 kN·m	4	9.00	1180	370	381	392	402	413	424	434	445	455	466	477	487	498	509	519	530	541	551	562
ϕV_n= 459 kN	BFL	12.0	792	346	353	360	367	374	381	388	396	403	410	417	424	431	438	445	453	460	467	474
	6	22.0	690	339	345	351	357	363	370	376	382	388	394	401	407	413	419	425	432	438	444	450
	7	33.9	588	330	336	341	346	352	357	362	368	373	378	383	389	394	399	405	410	415	420	426

1) Y_1 = [그림 7.2.1]데 표현된 H형강의 상부 플랜지 상부면에서 강재단면의 소성중립축까지 거리
2) Y_2 = [그림 7.2.1], [그림 7.2.2]에 표현된 H형강의 상부 플랜지 상부면에서 콘크리트슬래브플랜지의 소성중립축까지의 거리, $Y_2 = t_s - a/2$
3) PNA = [그림 7.2.1](c)에 표현된 소성중립축의 위치, TFL의 위치는 완전합성보, 7의 위치는 25% 합성정도의 불완전합성보

제7장

도움표 7.1-490 노출형 합성보의 설계휨강도 $\o_b M_n$ (kN.m)

SHN490 (F_y = 325 MPa)

H형강 치수	PNA[3) 위치	Y_1[1) mm	ΣQ_n kN	Y_2[2), mm 60	70	80	90	100	110	120	130	140	150	160	170	180	190	200	210	220	230	240
H-298x201x9x14	TFL	0.00	2710	510	534	558	583	607	632	656	680	705	729	753	778	802	827	851	875	900	924	949
w= 65.4 kg/m	2	3.50	2250	484	504	525	545	565	586	606	626	646	667	687	707	727	748	768	788	808	829	849
I_s= 133x10^6 mm^4	3	7.00	1790	457	473	490	506	522	538	554	570	587	603	619	635	651	667	683	700	716	732	748
$\o M_p$= 292 kN·m	4	10.5	1340	429	441	453	465	477	489	501	513	525	537	549	561	573	586	598	610	622	634	646
$\o V_n$= 523 kN	BFL	14.0	880	399	407	415	423	431	439	447	455	463	471	479	486	494	502	510	518	526	534	542
	6	23.3	779	392	399	406	413	420	427	434	441	448	455	462	469	476	483	490	497	504	511	518
	7	33.2	677	384	390	396	402	408	415	421	427	433	439	445	451	457	463	469	476	482	488	494
H-346x174x6x9	TFL	0.00	1710	359	374	390	405	421	436	452	467	482	498	513	529	544	559	575	590	606	621	636
w= 41.4 kg/m	2	2.25	1460	345	358	371	384	398	411	424	437	450	463	476	489	502	516	529	542	555	568	581
I_s= 111x10^6 mm^4	3	4.50	1200	331	341	352	363	374	385	396	406	417	428	439	450	460	471	482	493	504	515	525
$\o M_p$= 209 kN·m	4	6.75	949	316	324	333	341	350	358	367	375	384	392	401	409	418	427	435	444	452	461	469
$\o V_n$= 405 kN	BFL	9.00	694	300	306	312	319	325	331	337	344	350	356	362	369	375	381	387	394	400	406	412
	6	29.1	561	291	296	301	306	311	316	321	326	331	336	341	346	351	356	361	366	371	376	382
	7	63.2	428	278	282	286	289	293	297	301	305	309	313	316	320	324	328	332	336	340	343	347
H-350x175x7x11	TFL	0.00	2050	434	452	471	489	508	526	545	563	582	600	619	637	656	674	693	711	730	748	766
w= 49.6 kg/m	2	2.75	1740	417	432	448	464	479	495	511	526	542	558	573	589	605	620	636	652	667	683	699
I_s= 136x10^6 mm^4	3	5.50	1430	399	412	424	437	450	463	476	489	501	514	527	540	553	566	578	591	604	617	630
$\o M_p$= 254 kN·m	4	8.25	1110	380	390	400	410	420	430	440	450	460	470	480	490	500	510	520	530	540	550	560
$\o V_n$= 478 kN	BFL	11.0	801	360	367	375	382	389	396	404	411	418	425	432	440	447	454	461	468	476	483	490
	6	30.6	657	350	356	362	368	374	379	385	391	397	403	409	415	421	427	433	439	445	450	456
	7	62.2	513	336	341	345	350	355	359	364	368	373	378	382	387	392	396	401	405	410	415	419

1) Y_1 = [그림 7.2.1]에 표현된 H형강의 상부 플랜지 상부면에서 강재단면의 소성중립축까지 거리
2) Y_2 = [그림 7.2.1], [그림 7.2.2]에 표현된 H형강의 상부 플랜지 상부면에서 콘크리트슬래브플랜지의 소성중립축까지의 거리, $Y_2 = t_s - a/2$
3) PNA = [그림 7.2.1](c)에 표현된 소성중립축의 위치, TFL의 위치는 완전합성보, 7의 위치는 25% 합성정도의 불완전합성보

도움표 7.1-490 노출형 합성보의 설계휨강도 $\phi_b M_n$ (kN.m)

SHN490 (F_y = 325 MPa)

H형강 치수	PNA[3] 위치	Y_1[1] mm	ΣQ_n kN	Y_2[2], mm 60	70	80	90	100	110	120	130	140	150	160	170	180	190	200	210	220	230	240
H-354x176x8x13	TFL	0.00	2390	511	532	554	575	597	619	640	662	683	705	726	748	769	791	813	834	856	877	899
w= 57.8 kg/m	2	3.25	2020	490	508	527	545	563	581	599	618	636	654	672	690	709	727	745	763	781	800	818
I_s= 161x10^6 mm^4	3	6.50	1650	468	483	498	513	528	543	558	572	587	602	617	632	647	662	676	691	706	721	736
ϕM_p= 299 kN·m	4	9.75	1280	446	457	469	480	492	503	515	526	538	549	561	572	584	595	607	618	630	641	653
ϕV_n= 552 kN	BFL	13.0	907	422	430	438	446	454	463	471	479	487	495	503	512	520	528	536	544	552	561	569
	6	32.2	753	410	417	424	431	438	444	451	458	465	471	478	485	492	499	505	512	519	526	532
	7	61.9	599	396	401	406	412	417	422	428	433	439	444	449	455	460	466	471	476	482	487	493
H-336x249x8x12	TFL	0.00	2860	588	614	639	665	691	717	743	768	794	820	846	872	897	923	949	975	1000	1030	1050
w= 69.2 kg/m	2	3.00	2380	561	582	604	625	647	668	690	711	732	754	775	797	818	839	861	882	904	925	946
I_s= 185x10^6 mm^4	3	6.00	1890	533	550	567	584	601	618	635	652	669	686	703	720	737	754	771	789	806	823	840
ϕM_p= 355 kN·m	4	9.00	1410	503	516	529	541	554	567	579	592	605	617	630	643	655	668	681	693	706	719	731
ϕV_n= 524 kN	BFL	12.0	923	473	481	489	497	506	514	522	531	539	547	556	564	572	580	589	597	605	614	622
	6	21.6	820	465	473	480	488	495	502	510	517	524	532	539	547	554	561	569	576	583	591	598
	7	31.2	716	457	464	470	477	483	490	496	502	509	515	522	528	535	541	548	554	561	567	573
H-340x250x9x14	TFL	0.00	3300	683	713	742	772	802	831	861	891	920	950	980	1010	1040	1070	1100	1130	1160	1190	1220
w= 79.7 kg/m	2	3.50	2730	651	676	700	725	750	774	799	823	848	872	897	922	946	971	995	1020	1040	1070	1090
I_s= 217x10^6 mm^4	3	7.00	2160	618	637	657	676	696	715	735	754	774	793	812	832	851	871	890	910	929	949	968
ϕM_p= 413 kN·m	4	10.5	1590	583	597	611	626	640	654	669	683	697	712	726	740	755	769	783	798	812	826	841
ϕV_n= 597 kN	BFL	14.0	1020	546	555	564	573	583	592	601	610	619	629	638	647	656	666	675	684	693	702	712
	6	22.7	924	539	547	555	564	572	580	589	597	605	614	622	630	639	647	655	664	672	680	688
	7	31.4	825	531	538	546	553	561	568	575	583	590	598	605	613	620	627	635	642	650	657	665

1) Y_1 = [그림 7.2.1]데 표현된 H형강의 상부 플랜지 상부면에서 강재단면의 소성중립축까지 거리
2) Y_2 = [그림 7.2.1], [그림 7.2.2]에 표현된 H형강의 상부 플랜지 상부면에서 콘크리트슬래브플랜지의 소성중립축까지의 거리, $Y_2 = t_s - a/2$
3) PNA = [그림 7.2.1](c)에 표현된 소성중립축의 위치, TFL의 위치는 완전합성보, 7의 위치는 25% 합성정도의 불완전합성보

제7장

도움표 7.1-490 노출형 합성보의 설계휨강도 $\phi_b M_n$ (kN.m)

SHN490 (F_y = 325 MPa)

H형강 치수	PNA[3]	Y_1[1]	ΣQ_n	Y_2[2], mm																		
	위치	mm	kN	60	70	80	90	100	110	120	130	140	150	160	170	180	190	200	210	220	230	240
H-396x199x7x11	TFL	0.00	2350	545	566	587	608	629	650	671	692	713	734	756	777	798	819	840	861	882	903	924
w= 56.6 kg/m	2	2.75	1990	525	543	561	579	597	614	632	650	668	686	704	722	740	758	776	793	811	829	847
I_s= 200x10^6 mm^4	3	5.50	1630	504	519	534	548	563	578	593	607	622	637	651	666	681	696	710	725	740	754	769
ϕM_p= 330 kN·m	4	8.25	1280	483	494	506	517	529	540	552	563	575	586	598	609	621	632	644	655	667	678	690
ϕV_n= 541 kN	BFL	11.0	922	461	469	477	486	494	502	510	519	527	535	544	552	560	569	577	585	593	602	610
	6	32.2	754	448	455	462	469	476	482	489	496	503	510	516	523	530	537	544	550	557	564	571
	7	69.1	586	432	437	442	448	453	458	463	469	474	479	485	490	495	500	506	511	516	521	527
H-400x200x8x13	TFL	0.00	2730	640	664	689	714	738	763	787	812	837	861	886	910	935	960	984	1010	1030	1060	1080
w= 66.0 kg/m	2	3.25	2310	616	637	658	679	699	720	741	762	783	803	824	845	866	887	908	928	949	970	991
I_s= 237x10^6 mm^4	3	6.50	1890	592	609	626	643	660	677	694	711	728	745	762	779	796	813	830	847	864	881	898
ϕM_p= 388 kN·m	4	9.75	1470	566	579	592	605	618	632	645	658	671	684	698	711	724	737	750	764	777	790	803
ϕV_n= 624 kN	BFL	13.0	1040	539	548	557	567	576	586	595	604	614	623	633	642	651	661	670	679	689	698	708
	6	33.9	864	525	533	541	549	556	564	572	580	587	595	603	611	618	626	634	642	650	657	665
	7	68.6	683	507	513	519	526	532	538	544	550	556	563	569	575	581	587	593	599	606	612	618
H-404x201x9x15	TFL	0.00	3130	737	765	793	821	849	878	906	934	962	990	1020	1050	1070	1100	1130	1160	1190	1220	1240
w= 75.5 kg/m	2	3.75	2640	710	733	757	781	804	828	852	876	899	923	947	971	994	1020	1040	1070	1090	1110	1140
I_s= 275x10^6 mm^4	3	7.50	2150	681	700	719	739	758	777	797	816	835	854	874	893	912	932	951	970	990	1010	1030
ϕM_p= 447 kN·m	4	11.3	1660	650	665	680	695	710	725	739	754	769	784	799	814	829	844	859	874	888	903	918
ϕV_n= 709 kN	BFL	15.0	1170	618	628	639	649	660	670	681	691	702	712	723	733	744	754	765	775	786	796	807
	6	35.6	973	603	612	621	630	638	647	656	665	673	682	691	700	708	717	726	735	743	752	761
	7	68.4	781	584	591	598	605	612	619	626	633	640	647	654	661	668	675	682	689	696	703	710

1) Y_1 = [그림 7.2.1]에 표현된 H형강의 상부 플랜지 상부면에서 강재단면의 소성중립축까지 거리
2) Y_2 = [그림 7.2.1], [그림 7.2.2]에 표현된 H형강의 상부 플랜지 상부면에서 콘크리트슬래브플랜지의 소성중립축까지의 거리, $Y_2 = t_s - a/2$
3) PNA = [그림 7.2.1](c)에 표현된 소성중립축의 위치, TFL의 위치는 완전합성보, 7의 위치는 25% 합성정도의 불완전합성보

도움표 7.1-490 노출형 합성보의 설계휨강도 $\phi_b M_n$ (kN.m)

SHN490 (F_y = 325 MPa)

H형강 치수		PNA[3]	Y_1[1]	ΣQ_n	Y_2[2], mm																		
		위치	mm	kN	60	70	80	90	100	110	120	130	140	150	160	170	180	190	200	210	220	230	240
H-386x299x9x14																							
		TFL	0.00	3900	889	924	959	994	1030	1060	1100	1130	1170	1200	1240	1280	1310	1350	1380	1420	1450	1490	1520
w=	94.3 kg/m	2	3.50	3220	851	880	909	938	967	996	1020	1050	1080	1110	1140	1170	1200	1230	1260	1290	1320	1340	1370
I_s=	337x10^6 mm^4	3	7.00	2540	811	834	857	880	903	925	948	971	994	1020	1040	1060	1090	1110	1130	1150	1180	1200	1220
ϕM_p=	561 kN·m	4	10.5	1860	769	786	802	819	836	853	869	886	903	920	937	953	970	987	1000	1020	1040	1050	1070
ϕV_n=	677 kN	BFL	14.0	1180	725	735	746	757	767	778	788	799	810	820	831	842	852	863	874	884	895	906	916
		6	22.6	1080	717	727	737	747	756	766	776	785	795	805	814	824	834	844	853	863	873	882	892
		7	31.2	976	709	718	727	736	744	753	762	771	780	788	797	806	815	823	832	841	850	859	867
H-390x300x10x16																							
		TFL	0.00	4420	1010	1050	1090	1130	1170	1210	1250	1290	1330	1370	1410	1450	1490	1530	1570	1610	1650	1690	1730
w=	107 kg/m	2	4.00	3640	971	1000	1040	1070	1100	1130	1170	1200	1230	1270	1300	1330	1360	1400	1430	1460	1490	1530	1560
I_s=	387x10^6 mm^4	3	8.00	2860	924	950	976	1000	1030	1050	1080	1100	1130	1160	1180	1210	1230	1260	1280	1310	1340	1360	1390
ϕM_p=	640 kN·m	4	12.0	2080	875	894	912	931	950	969	987	1010	1020	1040	1060	1080	1100	1120	1140	1160	1170	1190	1210
ϕV_n=	761 kN	BFL	16.0	1300	823	835	846	858	870	882	893	905	917	928	940	952	963	975	987	998	1010	1020	1030
		6	23.7	1200	816	827	838	849	859	870	881	892	903	913	924	935	946	957	968	978	989	1000	1010
		7	31.3	1100	809	818	828	838	848	858	868	878	888	898	908	918	928	938	948	958	968	978	987
H-446x199x8x12																							
		TFL	0.00	2740	698	722	747	772	796	821	846	870	895	920	944	969	994	1020	1040	1070	1090	1120	1140
w=	66.2 kg/m	2	3.00	2350	676	698	719	740	761	782	803	825	846	867	888	909	930	951	973	994	1010	1040	1060
I_s=	287x10^6 mm^4	3	6.00	1960	654	671	689	707	725	742	760	778	795	813	831	848	866	884	901	919	937	954	972
ϕM_p=	424 kN·m	4	9.00	1580	630	644	659	673	687	701	715	730	744	758	772	786	800	815	829	843	857	871	885
ϕV_n=	696 kN	BFL	12.0	1190	606	616	627	638	648	659	670	680	691	702	713	723	734	745	755	766	777	787	798
		6	42.9	936	586	595	603	612	620	628	637	645	654	662	671	679	687	696	704	713	721	730	738
		7	91.3	685	558	564	570	576	582	588	595	601	607	613	619	625	632	638	644	650	656	662	669

1) Y_1 = [그림 7.2.1]에 표현된 H형강의 상부 플랜지 상부면에서 강재단면의 소성중립축까지 거리
2) Y_2 = [그림 7.2.1], [그림 7.2.2]에 표현된 H형강의 상부 플랜지 상부면에서 콘크리트슬래브플랜지의 소성중립축까지의 거리, $Y_2 = t_s - a/2$
3) PNA = [그림 7.2.1](c)에 표현된 소성중립축의 위치, TFL의 위치는 완전합성보, 7의 위치는 25% 합성정도의 불완전합성보

제7장

도움표 7.1-490 노출형 합성보의 설계휨강도 $\phi_b M_n$ (kN.m)

SHN490 (F_y = 325 MPa)

H형강 치수	PNA[3]	Y_1[1]	ΣQ_n	Y_2[2], mm																		
	위치	mm	kN	60	70	80	90	100	110	120	130	140	150	160	170	180	190	200	210	220	230	240
H-450x200x9x14																						
	TFL	0.00	3140	807	835	863	892	920	948	976	1000	1030	1060	1090	1120	1150	1170	1200	1230	1260	1290	1320
w= 76.0 kg/m	2	3.50	2690	781	806	830	854	878	902	927	951	975	999	1020	1050	1070	1100	1120	1140	1170	1190	1220
I_s= 335x10^6 mm^4	3	7.00	2230	755	775	795	815	835	855	875	895	916	936	956	976	996	1020	1040	1060	1080	1100	1120
ϕM_p= 491 kN·m	4	10.5	1780	726	742	759	775	791	807	823	839	855	871	887	903	919	935	951	967	983	999	1010
ϕV_n= 790 kN	BFL	14.0	1320	697	709	721	733	745	756	768	780	792	804	816	828	840	852	864	876	888	900	911
	6	44.6	1060	676	685	695	704	714	723	733	742	752	761	771	780	790	799	809	818	828	837	847
	7	90.6	786	645	652	659	666	673	680	687	694	701	709	716	723	730	737	744	751	758	765	772
H-434x299x10x15																						
	TFL	0.00	4390	1090	1130	1170	1210	1250	1290	1330	1370	1410	1450	1490	1530	1570	1610	1650	1690	1730	1770	1810
w= 106 kg/m	2	3.75	3660	1050	1090	1120	1150	1190	1220	1250	1280	1320	1350	1380	1420	1450	1480	1510	1550	1580	1610	1650
I_s= 468x10^6 mm^4	3	7.50	2930	1010	1040	1060	1090	1120	1140	1170	1200	1220	1250	1270	1300	1330	1350	1380	1410	1430	1460	1490
ϕM_p= 697 kN·m	4	11.3	2200	965	985	1000	1020	1040	1060	1080	1100	1120	1140	1160	1180	1200	1220	1240	1260	1280	1300	1320
ϕV_n= 846 kN	BFL	15.0	1470	917	930	944	957	970	983	997	1010	1020	1040	1050	1060	1080	1090	1100	1120	1130	1140	1160
	6	29.3	1290	903	915	926	938	949	961	973	984	996	1010	1020	1030	1040	1050	1070	1080	1090	1100	1110
	7	48.2	1100	887	897	906	916	926	936	946	956	966	976	985	995	1010	1020	1020	1030	1040	1050	1060
H-440x300x11x18																						
	TFL	0.00	5110	1290	1340	1380	1430	1470	1520	1570	1610	1660	1700	1750	1800	1840	1890	1930	1980	2030	2070	2120
w= 124 kg/m	2	4.50	4240	1240	1280	1320	1350	1390	1430	1470	1510	1540	1580	1620	1660	1700	1740	1770	1810	1850	1890	1930
I_s= 561x10^6 mm^4	3	9.00	3360	1190	1220	1250	1280	1310	1340	1370	1400	1430	1460	1490	1520	1550	1580	1610	1640	1670	1700	1730
ϕM_p= 826 kN·m	4	13.5	2480	1130	1150	1180	1200	1220	1240	1260	1290	1310	1330	1350	1380	1400	1420	1440	1470	1490	1510	1530
ϕV_n= 944 kN	BFL	18.0	1600	1070	1090	1100	1110	1130	1140	1160	1170	1190	1200	1220	1230	1240	1260	1270	1290	1300	1320	1330
	6	29.8	1440	1060	1070	1080	1100	1110	1120	1140	1150	1160	1180	1190	1200	1210	1230	1240	1250	1270	1280	1290
	7	41.6	1280	1040	1060	1070	1080	1090	1100	1110	1130	1140	1150	1160	1170	1180	1190	1210	1220	1230	1240	1250

1) Y_1 = [그림 7.2.1]에 표현된 H형강의 상부 플랜지 상부면에서 강재단면의 소성중립축까지 거리
2) Y_2 = [그림 7.2.1], [그림 7.2.2]에 표현된 H형강의 상부 플랜지 상부면에서 콘크리트슬래브플랜지의 소성중립축까지의 거리, $Y_2 = t_s - a/2$
3) PNA = [그림 7.2.1](c)에 표현된 소성중립축의 위치, TFL의 위치는 완전합성보, 7의 위치는 25% 합성정도의 불완전합성보

도움표 7.1-490 노출형 합성보의 설계휨강도 $\phi_b M_n$ (kN.m)

SHN490 (F_y = 325 MPa)

H형강 치수	PNA[3]	Y_1[1]	ΣQ_n	Y_2[2], mm																		
	위치	mm	kN	60	70	80	90	100	110	120	130	140	150	160	170	180	190	200	210	220	230	240
H-496x199x9x14																						
	TFL	0.00	3290	912	942	972	1000	1030	1060	1090	1120	1150	1180	1210	1240	1270	1300	1330	1360	1390	1420	1450
w= 79.5 kg/m	2	3.50	2840	887	913	938	964	989	1010	1040	1070	1090	1120	1140	1170	1190	1220	1240	1270	1300	1320	1350
I_s= 419x10^6 mm^4	3	7.00	2390	861	882	904	925	947	968	989	1010	1030	1050	1080	1100	1120	1140	1160	1180	1200	1230	1250
ϕM_p= 560 kN·m	4	10.5	1930	833	850	867	885	902	920	937	954	972	989	1010	1020	1040	1060	1080	1090	1110	1130	1150
ϕV_n= 870 kN	BFL	14.0	1480	803	817	830	843	856	870	883	896	910	923	936	950	963	976	990	1000	1020	1030	1040
	6	51.1	1150	777	787	797	808	818	828	839	849	860	870	880	891	901	911	922	932	942	953	963
	7	107	823	735	743	750	758	765	772	780	787	795	802	809	817	824	832	839	847	854	861	869
H-500x200x10x16																						
	TFL	0.00	3710	1040	1070	1100	1140	1170	1200	1240	1270	1300	1340	1370	1400	1440	1470	1500	1540	1570	1600	1640
w= 89.6 kg/m	2	4.00	3190	1010	1040	1060	1090	1120	1150	1180	1210	1240	1270	1290	1320	1350	1380	1410	1440	1470	1500	1520
I_s= 478x10^6 mm^4	3	8.00	2670	976	1000	1020	1050	1070	1100	1120	1140	1170	1190	1220	1240	1260	1290	1310	1340	1360	1380	1410
ϕM_p= 636 kN·m	4	12.0	2150	943	963	982	1000	1020	1040	1060	1080	1100	1120	1140	1160	1180	1200	1210	1230	1250	1270	1290
ϕV_n= 975 kN	BFL	16.0	1630	909	923	938	953	967	982	997	1010	1030	1040	1060	1070	1080	1100	1110	1130	1140	1160	1170
	6	53.0	1280	879	891	902	914	926	937	949	960	972	983	995	1010	1020	1030	1040	1050	1060	1080	1090
	7	107	928	835	843	852	860	868	877	885	893	902	910	919	927	935	944	952	960	969	977	985
H-506x201x11x19																						
	TFL	0.00	4270	1200	1240	1280	1320	1360	1390	1430	1470	1510	1550	1590	1620	1660	1700	1740	1780	1820	1850	1890
w= 103 kg/m	2	4.75	3650	1170	1200	1230	1270	1300	1330	1360	1400	1430	1460	1500	1530	1560	1590	1630	1660	1690	1730	1760
I_s= 565x10^6 mm^4	3	9.50	3030	1130	1160	1180	1210	1240	1270	1290	1320	1350	1370	1400	1430	1460	1480	1510	1540	1570	1590	1620
ϕM_p= 743 kN·m	4	14.3	2410	1090	1110	1130	1150	1180	1200	1220	1240	1260	1280	1310	1330	1350	1370	1390	1410	1440	1460	1480
ϕV_n= 1090 kN	BFL	19.0	1780	1050	1060	1080	1090	1110	1130	1140	1160	1180	1190	1210	1220	1240	1260	1270	1290	1300	1320	1340
	6	53.6	1430	1020	1030	1040	1050	1070	1080	1090	1110	1120	1130	1140	1160	1170	1180	1200	1210	1220	1230	1250
	7	104	1070	972	981	991	1000	1010	1020	1030	1040	1050	1060	1070	1080	1090	1100	1110	1120	1130	1130	1140

1) Y_1 = [그림 7.2.1]에 표현된 H형강의 상부 플랜지 상부면에서 강재단면의 소성중립축까지 거리
2) Y_2 = [그림 7.2.1], [그림 7.2.2]에 표현된 H형강의 상부 플랜지 상부면에서 콘크리트슬래브플랜지의 소성중립축까지의 거리, $Y_2 = t_s - a/2$
3) PNA = [그림 7.2.1](c)에 표현된 소성중립축의 위치, TFL의 위치는 완전합성보, 7의 위치는 25% 합성정도의 불완전합성보

도움표 7.1-490 노출형 합성보의 설계휨강도 $\phi_b M_n$ (kN.m)

SHN490 (F_y = 325 MPa)

H형강 치수	PNA[3]	Y_1[1]	ΣQ_n	Y_2[2], mm																		
	위치	mm	kN	60	70	80	90	100	110	120	130	140	150	160	170	180	190	200	210	220	230	240
H-482x300x11x15	TFL	0.00	4730	1280	1320	1370	1410	1450	1490	1540	1580	1620	1660	1710	1750	1790	1830	1880	1920	1960	2000	2050
w= 114 kg/m	2	3.75	4000	1240	1280	1310	1350	1380	1420	1460	1490	1530	1560	1600	1640	1670	1710	1740	1780	1820	1850	1890
I_s= 604x10^6 mm^4	3	7.50	3270	1200	1230	1260	1290	1310	1340	1370	1400	1430	1460	1490	1520	1550	1580	1610	1640	1670	1700	1730
ϕM_p= 816 kN·m	4	11.3	2540	1150	1170	1200	1220	1240	1270	1290	1310	1330	1360	1380	1400	1430	1450	1470	1490	1520	1540	1560
ϕV_n= 1030 kN	BFL	15.0	1800	1100	1120	1140	1150	1170	1180	1200	1220	1230	1250	1270	1280	1300	1310	1330	1350	1360	1380	1400
	6	36.6	1490	1080	1090	1110	1120	1130	1150	1160	1170	1190	1200	1210	1230	1240	1250	1270	1280	1290	1310	1320
	7	75.6	1180	1050	1060	1070	1080	1090	1100	1110	1120	1130	1140	1150	1160	1180	1190	1200	1210	1220	1230	1240
H-488x300x11x18	TFL	0.00	5310	1450	1500	1550	1600	1650	1690	1740	1790	1840	1880	1930	1980	2030	2080	2120	2170	2220	2270	2310
w= 128 kg/m	2	4.50	4440	1400	1440	1480	1520	1560	1600	1640	1680	1720	1760	1800	1840	1880	1920	1960	2000	2040	2080	2120
I_s= 710x10^6 mm^4	3	9.00	3560	1350	1380	1420	1450	1480	1510	1540	1580	1610	1640	1670	1700	1740	1770	1800	1830	1860	1900	1930
ϕM_p= 944 kN·m	4	13.5	2680	1300	1320	1340	1370	1390	1420	1440	1460	1490	1510	1540	1560	1590	1610	1630	1660	1680	1710	1730
ϕV_n= 1050 kN	BFL	18.0	1800	1240	1250	1270	1280	1300	1320	1330	1350	1370	1380	1400	1410	1430	1450	1460	1480	1500	1510	1530
	6	34.5	1570	1220	1230	1250	1260	1270	1290	1300	1320	1330	1340	1360	1370	1390	1400	1410	1430	1440	1460	1470
	7	58.2	1330	1200	1210	1220	1230	1240	1260	1270	1280	1290	1300	1310	1330	1340	1350	1360	1370	1390	1400	1410
H-596x199x10x15	TFL	0.00	3910	1260	1300	1330	1370	1400	1440	1470	1510	1540	1580	1610	1650	1680	1720	1750	1790	1830	1860	1900
w= 94.6 kg/m	2	3.75	3430	1230	1270	1300	1330	1360	1390	1420	1450	1480	1510	1540	1570	1600	1640	1670	1700	1730	1760	1790
I_s= 687x10^6 mm^4	3	7.50	2940	1210	1230	1260	1290	1310	1340	1360	1390	1420	1440	1470	1500	1520	1550	1580	1600	1630	1660	1680
ϕM_p= 775 kN·m	4	11.3	2460	1180	1200	1220	1240	1260	1290	1310	1330	1350	1370	1400	1420	1440	1460	1490	1510	1530	1550	1570
ϕV_n= 1160 kN	BFL	15.0	1970	1140	1160	1180	1200	1210	1230	1250	1270	1290	1300	1320	1340	1360	1370	1390	1410	1430	1450	1460
	6	70.8	1480	1100	1110	1130	1140	1150	1170	1180	1190	1210	1220	1230	1250	1260	1270	1290	1300	1310	1330	1340
	7	147	979	1020	1030	1040	1050	1060	1070	1080	1090	1090	1100	1110	1120	1130	1140	1150	1160	1160	1170	1180

1) Y_1 = [그림 7.2.1]에 표현된 H형강의 상부 플랜지 상부면에서 강재단면의 소성중립축까지 거리
2) Y_2 = [그림 7.2.1], [그림 7.2.2]에 표현된 H형강의 상부 플랜지 상부면에서 콘크리트슬래브플랜지의 소성중립축까지의 거리, $Y_2 = t_s - a/2$
3) PNA = [그림 7.2.1](c)에 표현된 소성중립축의 위치, TFL의 위치는 완전합성보, 7의 위치는 25% 합성정도의 불완전합성보

도움표 7.1-490 노출형 합성보의 설계휨강도 $\phi_b M_n$ (kN.m)

SHN490 (F_y = 325 MPa)

H형강 치수	PNA[3]	Y_1[1]	ΣQ_n	Y_2[2], mm																		
	위치	mm	kN	60	70	80	90	100	110	120	130	140	150	160	170	180	190	200	210	220	230	240
H-600x200x11x17																						
	TFL	0.00	4370	1420	1450	1490	1530	1570	1610	1650	1690	1730	1770	1810	1850	1890	1930	1970	2010	2040	2080	2120
w= 106 kg/m	2	4.25	3820	1380	1420	1450	1490	1520	1560	1590	1620	1660	1690	1730	1760	1800	1830	1870	1900	1930	1970	2000
I_s= 776x10^6 mm^4	3	8.50	3260	1350	1380	1410	1440	1470	1500	1530	1560	1590	1620	1650	1670	1700	1730	1760	1790	1820	1850	1880
ϕM_p= 871 kN·m	4	12.8	2710	1320	1340	1370	1390	1410	1440	1460	1490	1510	1540	1560	1580	1610	1630	1660	1680	1710	1730	1760
ϕV_n= 1290 kN	BFL	17.0	2160	1280	1300	1320	1340	1360	1380	1400	1420	1430	1450	1470	1490	1510	1530	1550	1570	1590	1610	1630
	6	72.7	1630	1230	1250	1260	1270	1290	1300	1320	1330	1350	1360	1380	1390	1410	1420	1440	1450	1460	1480	1490
	7	147	1090	1150	1160	1170	1180	1190	1200	1210	1220	1230	1240	1250	1260	1270	1280	1290	1300	1310	1320	1330
H-606x201x12x20																						
	TFL	0.00	4960	1620	1660	1710	1750	1800	1840	1890	1930	1980	2020	2060	2110	2150	2200	2240	2290	2330	2380	2420
w= 120 kg/m	2	5.00	4300	1580	1620	1660	1700	1740	1780	1810	1850	1890	1930	1970	2010	2050	2090	2120	2160	2200	2240	2280
I_s= 904x10^6 mm^4	3	10.0	3650	1540	1580	1610	1640	1670	1710	1740	1770	1810	1840	1870	1900	1940	1970	2000	2040	2070	2100	2130
ϕM_p= 1000 kN·m	4	15.0	3000	1500	1530	1550	1580	1610	1630	1660	1690	1720	1740	1770	1800	1820	1850	1880	1900	1930	1960	1990
ϕV_n= 1420 kN	BFL	20.0	2340	1450	1480	1500	1520	1540	1560	1580	1600	1620	1640	1670	1690	1710	1730	1750	1770	1790	1810	1830
	6	73.4	1790	1400	1420	1440	1450	1470	1480	1500	1520	1530	1550	1560	1580	1600	1610	1630	1640	1660	1680	1690
	7	144	1240	1320	1330	1340	1350	1360	1380	1390	1400	1410	1420	1430	1440	1450	1460	1480	1490	1500	1510	1520
H-612x202x13x23																						
	TFL	0.00	5550	1830	1880	1930	1980	2030	2080	2130	2180	2230	2280	2330	2380	2430	2480	2530	2580	2630	2680	2730
w= 134 kg/m	2	5.75	4790	1780	1830	1870	1910	1960	2000	2040	2090	2130	2170	2220	2260	2300	2340	2390	2430	2470	2520	2560
I_s= 1030x10^6 mm^4	3	11.5	4040	1740	1770	1810	1850	1880	1920	1960	1990	2030	2060	2100	2140	2170	2210	2250	2280	2320	2360	2390
ϕM_p= 1140 kN·m	4	17.2.1	3280	1690	1720	1750	1780	1810	1830	1860	1890	1920	1950	1980	2010	2040	2070	2100	2130	2160	2190	2220
ϕV_n= 1550 kN	BFL	23.0	2530	1630	1660	1680	1700	1720	1750	1770	1790	1810	1840	1860	1880	1910	1930	1950	1970	2000	2020	2040
	6	74.5	1960	1580	1600	1610	1630	1650	1670	1680	1700	1720	1740	1750	1770	1790	1810	1830	1840	1860	1880	1900
	7	142	1390	1490	1500	1520	1530	1540	1550	1570	1580	1590	1600	1620	1630	1640	1650	1670	1680	1690	1700	1720

1) Y_1 = [그림 7.2.1]에 표현된 H형강의 상부 플랜지 상부면에서 강재단면의 소성중립축까지 거리
2) Y_2 = [그림 7.2.1], [그림 7.2.2]에 표현된 H형강의 상부 플랜지 상부면에서 콘크리트슬래브플랜지의 소성중립축까지의 거리, $Y_2 = t_s - a/2$
3) PNA = [그림 7.2.1](c)에 표현된 소성중립축의 위치, TFL의 위치는 완전합성보, 7의 위치는 25% 합성정도의 불완전합성보

제7장

도움표 7.1-490 노출형 합성보의 설계휨강도 $\phi_b M_n$ (kN.m)

SHN490 (F_y = 325 MPa)

H형강 치수	PNA[3]	Y_1[1]	ΣQ_n	Y_2[2], mm																		
	위치	mm	kN	60	70	80	90	100	110	120	130	140	150	160	170	180	190	200	210	220	230	240
H-582x300x12x17																						
	TFL	0.00	5670	1790	1840	1890	1940	2000	2050	2100	2150	2200	2250	2300	2350	2400	2450	2510	2560	2610	2660	2710
w= 137 kg/m	2	4.25	4840	1750	1790	1830	1880	1920	1960	2010	2050	2090	2140	2180	2220	2270	2310	2360	2400	2440	2490	2530
I_s= 1030x10^6 mm^4	3	8.50	4010	1700	1730	1770	1800	1840	1880	1910	1950	1980	2020	2060	2090	2130	2170	2200	2240	2270	2310	2350
ϕM_p= 1160 kN·m	4	12.8	3180	1640	1670	1700	1730	1760	1790	1810	1840	1870	1900	1930	1960	1990	2020	2040	2070	2100	2130	2160
ϕV_n= 1360 kN	BFL	17.0	2360	1590	1610	1630	1650	1670	1690	1710	1740	1760	1780	1800	1820	1840	1860	1880	1910	1930	1950	1970
	6	49.1	1890	1550	1570	1580	1600	1620	1630	1650	1670	1680	1700	1720	1730	1750	1770	1790	1800	1820	1840	1850
	7	109	1420	1490	1500	1510	1530	1540	1550	1570	1580	1590	1600	1620	1630	1640	1660	1670	1680	1690	1710	1720
H-588x300x12x20																						
	TFL	0.00	6260	1990	2050	2110	2160	2220	2270	2330	2390	2440	2500	2560	2610	2670	2730	2780	2840	2890	2950	3010
w= 151 kg/m	2	5.00	5280	1940	1990	2030	2080	2130	2180	2220	2270	2320	2370	2410	2460	2510	2560	2600	2650	2700	2750	2790
I_s= 1180x10^6 mm^4	3	10.0	4310	1880	1920	1960	2000	2030	2070	2110	2150	2190	2230	2270	2310	2340	2380	2420	2460	2500	2540	2580
ϕM_p= 1310 kN·m	4	15.0	3330	1820	1850	1880	1910	1940	1970	2000	2030	2060	2090	2120	2150	2180	2210	2240	2270	2300	2330	2360
ϕV_n= 1380 kN	BFL	20.0	2360	1750	1770	1790	1810	1830	1850	1870	1900	1920	1940	1960	1980	2000	2020	2040	2070	2090	2110	2130
	6	45.4	1960	1710	1730	1750	1770	1780	1800	1820	1840	1860	1870	1890	1910	1930	1940	1960	1980	2000	2010	2030
	7	93.5	1560	1670	1680	1700	1710	1730	1740	1750	1770	1780	1800	1810	1820	1840	1850	1870	1880	1890	1910	1920
H594x302x14x23																						
	TFL	0.00	7230	2320	2390	2450	2520	2580	2650	2710	2780	2840	2910	2970	3040	3100	3170	3230	3300	3360	3430	3490
w= 175 kg/m	2	5.75	6100	2260	2310	2370	2420	2480	2530	2590	2640	2700	2750	2810	2860	2920	2970	3030	3080	3140	3190	3250
I_s= 1370x10^6 mm^4	3	11.5	4970	2190	2230	2280	2320	2370	2410	2460	2500	2550	2590	2640	2680	2730	2770	2810	2860	2900	2950	2990
ϕM_p= 1520 kN·m	4	17.2.1	3840	2110	2150	2180	2220	2250	2290	2320	2350	2390	2420	2460	2490	2530	2560	2600	2630	2670	2700	2740
ϕV_n= 1620 kN	BFL	23.0	2710	2030	2060	2080	2100	2130	2150	2180	2200	2230	2250	2280	2300	2320	2350	2370	2400	2420	2450	2470
	6	49.8	2260	1990	2010	2030	2050	2070	2090	2110	2130	2150	2180	2200	2220	2240	2260	2280	2300	2320	2340	2360
	7	98.5	1810	1940	1950	1970	1990	2000	2020	2040	2050	2070	2080	2100	2120	2130	2150	2170	2180	2200	2210	2230

1) Y_1 = [그림 7.2.1]에 표현된 H형강의 상부 플랜지 상부면에서 강재단면의 소성중립축까지 거리
2) Y_2 = [그림 7.2.1], [그림 7.2.2]에 표현된 H형강의 상부 플랜지 상부면에서 콘크리트슬래브플랜지의 소성중립축까지의 거리, $Y_2 = t_s - a/2$
3) PNA = [그림 7.2.1](c)에 표현된 소성중립축의 위치, TFL의 위치는 완전합성보, 7의 위치는 25% 합성정도의 불완전합성보

도움표 7.1-490 노출형 합성보의 설계휨강도 $\phi_b M_n$ (kN.m)

SHN490 (F_y = 325 MPa)

H형강 치수	PNA[3) 위치	Y_1[1)] mm	ΣQ_n kN	60	70	80	90	100	110	120	130	140	150	160	170	180	190	200	210	220	230	240
				Y_2[2)], mm																		
H-692x300x13x20																						
	TFL	0.00	6870	2510	2570	2640	2700	2760	2820	2880	2940	3010	3070	3130	3190	3250	3320	3380	3440	3500	3560	3630
w= 166 kg/m	2	5.00	5900	2460	2510	2560	2620	2670	2720	2780	2830	2880	2930	2990	3040	3090	3150	3200	3250	3310	3360	3410
I_s= 1720x10^6 mm^4	3	10.0	4920	2400	2440	2490	2530	2570	2620	2660	2710	2750	2800	2840	2880	2930	2970	3020	3060	3110	3150	3200
ϕM_p= 1650 kN·m	4	15.0	3950	2330	2370	2400	2440	2480	2510	2550	2580	2620	2650	2690	2720	2760	2800	2830	2870	2900	2940	2970
ϕV_n= 1750 kN	BFL	20.0	2970	2270	2290	2320	2350	2370	2400	2430	2450	2480	2510	2530	2560	2590	2610	2640	2670	2690	2720	2750
	6	68.4	2350	2210	2230	2250	2270	2290	2310	2340	2360	2380	2400	2420	2440	2460	2480	2500	2530	2550	2570	2590
	7	143	1720	2120	2130	2150	2160	2180	2190	2210	2220	2240	2250	2270	2290	2300	2320	2330	2350	2360	2380	2390
H-700x300x13x24																						
	TFL	0.00	7650	2820	2890	2960	3030	3100	3170	3240	3310	3380	3440	3510	3580	3650	3720	3790	3860	3930	4000	4060
w= 185 kg/m	2	6.00	6480	2760	2820	2870	2930	2990	3050	3110	3170	3220	3280	3340	3400	3460	3520	3570	3630	3690	3750	3810
I_s= 2010x10^6 mm^4	3	12.0	5310	2690	2730	2780	2830	2880	2920	2970	3020	3070	3120	3160	3210	3260	3310	3350	3400	3450	3500	3550
ϕM_p= 1890 kN·m	4	18.0	4140	2610	2640	2680	2720	2760	2790	2830	2870	2900	2940	2980	3020	3050	3090	3130	3170	3200	3240	3280
ϕV_n= 1770 kN	BFL	24.0	2970	2520	2550	2570	2600	2630	2650	2680	2710	2730	2760	2790	2820	2840	2870	2900	2920	2950	2980	3000
	6	60.8	2440	2470	2490	2520	2540	2560	2580	2600	2630	2650	2670	2690	2710	2740	2760	2780	2800	2820	2850	2870
	7	124	1910	2400	2420	2430	2450	2470	2490	2500	2520	2540	2560	2570	2590	2610	2620	2640	2660	2680	2690	2710
H-708x302x15x28																						
	TFL	0.00	8890	3310	3390	3470	3550	3630	3710	3790	3870	3950	4030	4110	4190	4270	4350	4430	4510	4590	4670	4750
w= 215 kg/m	2	7.00	7520	3240	3300	3370	3440	3510	3570	3640	3710	3780	3840	3910	3980	4050	4120	4180	4250	4320	4390	4450
I_s= 2370x10^6 mm^4	3	14.0	6150	3150	3200	3260	3310	3370	3420	3480	3540	3590	3650	3700	3760	3810	3870	3920	3980	4030	4090	4140
ϕM_p= 2210 kN·m	4	21.0	4770	3050	3100	3140	3180	3220	3270	3310	3350	3400	3440	3480	3520	3570	3610	3650	3700	3740	3780	3830
ϕV_n= 2070 kN	BFL	28.0	3400	2950	2980	3010	3040	3070	3100	3130	3160	3190	3220	3250	3280	3310	3350	3380	3410	3440	3470	3500
	6	65.8	2810	2890	2920	2940	2970	2990	3020	3040	3070	3090	3120	3150	3170	3200	3220	3250	3270	3300	3320	3350
	7	126	2220	2810	2830	2850	2870	2890	2910	2930	2950	2970	2990	3010	3030	3050	3070	3090	3110	3130	3150	3170

1) Y_1 = [그림 7.2.1]게 표현된 H형강의 상부 플랜지 상부면에서 강재단면의 소성중립축까지 거리
2) Y_2 = [그림 7.2.1] [그림 7.2.2]에 표현된 H형강의 상부 플랜지 상부면에서 콘크리트슬래브플랜지의 소성중립축까지의 거리, $Y_2 = t_s - a/2$
3) PNA = [그림 7.2.1](c)에 표현된 소성중립축의 위치, TFL의 위치는 완전합성보, 7의 위치는 25% 합성정도의 불완전합성보

제7장

도움표 7.1-490 노출형 합성보의 설계휨강도 $\phi_b M_n$ (kN.m)

SHN490 (F_y = 325 MPa)

H형강 치수	PNA[3]	Y_1[1]	ΣQ_n	Y_2[2], mm																		
	위치	mm	kN	60	70	80	90	100	110	120	130	140	150	160	170	180	190	200	210	220	230	240
H-792x300x14x22																						
	TFL	0.00	7910	3250	3320	3390	3460	3530	3600	3670	3750	3820	3890	3960	4030	4100	4170	4240	4320	4390	4460	4530
w= 191 kg/m	2	5.50	6840	3190	3250	3310	3370	3430	3490	3560	3620	3680	3740	3800	3860	3930	3990	4050	4110	4170	4230	4290
I_s= 2540x10^6 mm^4	3	11.0	5770	3120	3170	3220	3280	3330	3380	3430	3480	3540	3590	3640	3690	3740	3800	3850	3900	3950	4000	4050
ϕM_p= 2130 kN·m	4	16.5	4690	3050	3090	3130	3180	3220	3260	3300	3350	3390	3430	3470	3510	3560	3600	3640	3680	3730	3770	3810
ϕV_n= 2160 kN	BFL	22.0	3620	2970	3010	3040	3070	3100	3140	3170	3200	3230	3270	3300	3330	3360	3400	3430	3460	3490	3530	3560
	6	88.3	2800	2890	2920	2940	2970	2990	3020	3040	3070	3090	3120	3140	3170	3190	3220	3240	3270	3290	3320	3350
	7	179	1980	2750	2770	2780	2800	2820	2840	2860	2870	2890	2910	2930	2940	2960	2980	3000	3020	3030	3050	3070
H-800x300x14x26																						
	TFL	0.00	8690	3600	3680	3750	3830	3910	3990	4070	4150	4220	4300	4380	4460	4540	4620	4690	4770	4850	4930	5010
w= 210 kg/m	2	6.50	7420	3530	3590	3660	3730	3790	3860	3930	3990	4060	4130	4190	4260	4330	4400	4460	4530	4600	4660	4730
I_s= 2920x10^6 mm^4	3	13.0	6160	3450	3500	3560	3610	3670	3720	3780	3830	3890	3950	4000	4060	4110	4170	4220	4280	4330	4390	4440
ϕM_p= 2410 kN·m	4	19.5	4890	3360	3400	3450	3490	3540	3580	3620	3670	3710	3760	3800	3840	3890	3930	3980	4020	4060	4110	4150
ϕV_n= 2180 kN	BFL	26.0	3620	3270	3300	3330	3360	3400	3430	3460	3490	3530	3560	3590	3620	3660	3690	3720	3750	3790	3820	3850
	6	81.6	2900	3190	3220	3250	3270	3300	3320	3350	3380	3400	3430	3450	3480	3510	3530	3560	3590	3610	3640	3660
	7	161	2170	3080	3100	3110	3130	3150	3170	3190	3210	3230	3250	3270	3290	3310	3330	3350	3370	3390	3410	3430
H-808x302x16x30																						
	TFL	0.00	10000	4170	4260	4350	4440	4530	4620	4710	4800	4890	4980	5070	5160	5250	5340	5430	5520	5610	5700	5790
w= 241 kg/m	2	7.50	8530	4090	4170	4240	4320	4400	4470	4550	4630	4700	4780	4860	4930	5010	5090	5160	5240	5320	5390	5470
I_s= 3390x10^6 mm^4	3	15.0	7050	4000	4060	4120	4190	4250	4310	4380	4440	4500	4570	4630	4690	4760	4820	4880	4950	5010	5080	5140
ϕM_p= 2790 kN·m	4	22.5	5580	3890	3940	3990	4040	4090	4140	4190	4240	4290	4340	4390	4440	4490	4540	4590	4650	4700	4750	4800
ϕV_n= 2520 kN	BFL	30.0	4110	3780	3810	3850	3890	3930	3960	4000	4040	4070	4110	4150	4180	4220	4260	4300	4330	4370	4410	4440
	6	86.3	3300	3690	3720	3750	3780	3810	3840	3870	3900	3930	3960	3990	4020	4050	4080	4110	4140	4170	4200	4230
	7	164	2500	3560	3580	3610	3630	3650	3670	3700	3720	3740	3760	3790	3810	3830	3850	3880	3900	3920	3940	3970

1) Y_1 = [그림 7.2.1]에 표현된 H형강의 상부 플랜지 상부면에서 강재단면의 소성중립축까지 거리
2) Y_2 = [그림 7.2.1], [그림 7.2.2]에 표현된 H형강의 상부 플랜지 상부면에서 콘크리트슬래브플랜지의 소성중립축까지의 거리, $Y_2 = t_s - a/2$
3) PNA = [그림 7.2.1](c)에 표현된 소성중립축의 위치, TFL의 위치는 완전합성보, 7의 위치는 25% 합성정도의 불완전합성보

도움표 7.1-490 노출형 합성보의 설계휨강도 $\phi_b M_n$ (kN.m)

SHN490 (F_y = 325 MPa)

H형강 치수	PNA[3]	Y_1[1]	ΣQ_n	Y_2[2], mm																		
	위치	mm	kN	60	70	80	90	100	110	120	130	140	150	160	170	180	190	200	210	220	230	240
H-890x299x15x23																						
	TFL	0.00	8800	4000	4080	4160	4240	4320	4400	4480	4560	4630	4710	4790	4870	4950	5030	5110	5190	5270	5350	5430
w= 213 kg/m	2	5.75	7690	3940	4010	4080	4150	4210	4280	4350	4420	4490	4560	4630	4700	4770	4840	4910	4980	5040	5110	5180
I_s= 3450x10^6 mm^4	3	11.5	6570	3870	3930	3990	4050	4110	4160	4220	4280	4340	4400	4460	4520	4580	4640	4700	4760	4810	4870	4930
ϕM_p= 2610 kN·m	4	17.2.1	5450	3790	3840	3890	3940	3990	4040	4090	4140	4190	4240	4280	4330	4380	4430	4480	4530	4580	4630	4680
ϕV_n= 2600 kN	BFL	23.0	4330	3710	3750	3790	3830	3870	3910	3950	3990	4030	4060	4100	4140	4180	4220	4260	4300	4340	4380	4420
	6	110	3270	3600	3630	3660	3690	3720	3740	3770	3800	3830	3860	3890	3920	3950	3980	4010	4040	4070	4100	4130
	7	219	2200	3380	3400	3420	3440	3460	3480	3500	3520	3540	3560	3580	3600	3620	3640	3660	3680	3700	3720	3740
H-900x300x16x28																						
	TFL	0.00	10100	4620	4710	4800	4890	4980	5070	5160	5260	5350	5440	5530	5620	5710	5800	5890	5980	6070	6160	6250
w= 243 kg/m	2	7.00	8700	4540	4620	4700	4780	4860	4930	5010	5090	5170	5250	5330	5400	5480	5560	5640	5720	5800	5870	5950
I_s= 4110x10^6 mm^4	3	14.0	7340	4460	4520	4590	4650	4720	4790	4850	4920	4980	5050	5120	5180	5250	5310	5380	5450	5510	5580	5650
ϕM_p= 3060 kN·m	4	21.0	5970	4360	4410	4470	4520	4580	4630	4680	4740	4790	4840	4900	4950	5010	5060	5110	5170	5220	5270	5330
ϕV_n= 2810 kN	BFL	28.0	4610	4260	4300	4340	4380	4420	4460	4510	4550	4590	4630	4670	4710	4750	4800	4840	4880	4920	4960	5000
	6	107	3560	4140	4170	4210	4240	4270	4300	4330	4370	4400	4430	4460	4490	4530	4560	4590	4620	4660	4690	4720
	7	208	2520	3940	3960	3980	4010	4030	4050	4070	4100	4120	4140	4160	4190	4210	4230	4250	4280	4300	4320	4350
H-912x302x18x34																						
	TFL	0.00	11800	5490	5600	5710	5810	5920	6030	6130	6240	6350	6450	6560	6670	6770	6880	6980	7090	7200	7300	7410
w= 286 kg/m	2	8.50	10200	5400	5490	5580	5670	5760	5850	5950	6040	6130	6220	6310	6400	6490	6590	6680	6770	6860	6950	7040
I_s= 4980x10^6 mm^4	3	17.0	8490	5290	5360	5440	5520	5590	5670	5750	5820	5900	5980	6050	6130	6210	6280	6360	6430	6510	6590	6660
ϕM_p= 3660 kN·m	4	25.5	6820	5170	5230	5290	5350	5410	5470	5530	5600	5660	5720	5780	5840	5900	5960	6030	6090	6150	6210	6270
ϕV_n= 3200 kN	BFL	34.0	5160	5030	5080	5120	5170	5220	5260	5310	5360	5400	5450	5500	5540	5590	5630	5680	5730	5770	5820	5870
	6	109	4060	4910	4940	4980	5020	5050	5090	5120	5160	5200	5230	5270	5310	5340	5380	5420	5450	5490	5530	5560
	7	203	2960	4690	4720	4750	4770	4800	4830	4850	4880	4900	4930	4960	4980	5010	5040	5060	5090	5120	5140	5170

1) Y_1 = [그림 7.2.1]게 표현된 H형강의 상부 플랜지 상부면에서 강재단면의 소성중립축까지 거리
2) Y_2 = [그림 7.2.1] [그림 7.2.2]에 표현된 H형강의 상부 플랜지 상부면에서 콘크리트슬래브플랜지의 소성중립축까지의 거리, $Y_2 = t_s - a/2$
3) PNA = [그림 7.2.1](c)에 표현된 소성중립축의 위치, TFL의 위치는 완전합성보, 7의 위치는 25% 합성정도의 불완전합성보

도움표 7.1-490 노출형 합성보의 설계휨강도 $\phi_b M_n$ (kN.m)

SHN490 (F_y = 325 MPa)

H형강 치수	PNA[3]	Y_1[1]	ΣQ_n	Y_2[2], mm																		
	위치	mm	kN	60	70	80	90	100	110	120	130	140	150	160	170	180	190	200	210	220	230	240
H-918x303x19x37																						
	TFL	0.00	12700	5940	6050	6170	6280	6400	6510	6630	6740	6860	6970	7080	7200	7310	7430	7540	7660	7770	7890	8000
w= 307 kg/m	2	9.25	10900	5830	5930	6030	6130	6230	6320	6420	6520	6620	6720	6820	6910	7010	7110	7210	7310	7400	7500	7600
I_s= 5420x10^6 mm^4	3	18.5	9070	5710	5790	5880	5960	6040	6120	6200	6280	6370	6450	6530	6610	6690	6770	6860	6940	7020	7100	7180
ϕM_p= 3960 kN·m	4	27.8	7250	5580	5640	5710	5770	5840	5900	5970	6030	6100	6160	6230	6290	6360	6430	6490	6560	6620	6690	6750
ϕV_n= 3400 kN	BFL	37.0	5430	5430	5470	5520	5570	5620	5670	5720	5770	5820	5870	5910	5960	6010	6060	6110	6160	6210	6260	6310
	6	110	4300	5290	5330	5370	5410	5450	5490	5530	5570	5600	5640	5680	5720	5760	5800	5840	5880	5910	5950	5990
	7	202	3180	5080	5100	5130	5160	5190	5220	5250	5280	5300	5330	5360	5390	5420	5450	5480	5500	5530	5560	5590

1) Y_1 = [그림 7.2.1]에 표현된 H형강의 상부 플랜지 상부면에서 강재단면의 소성중립축까지 거리
2) Y_2 = [그림 7.2.1], [그림 7.2.2]에 표현된 H형강의 상부 플랜지 상부면에서 콘크리트슬래브플랜지의 소성중립축까지의 거리, $Y_2 = t_s - a/2$
3) PNA = [그림 7.2.1](c)에 표현된 소성중립축의 위치, TFL의 위치는 완전합성보, 7의 위치는 25% 합성정도의 불완전합성보

도움표 7.2-400 노출형 합성보의 단면2차모멘트 하한값 I_{LB} ($\times 10^6$ mm^4)

SHN400 (F_y = 235 MPa)

H형강 치수	PNA[3]	Y_1[1]	ΣQ_n	Y_2[2], mm																			
	위치	mm	kN	60	70	80	90	100	110	120	130	140	150	160	170	180	190	200	210	220	230	240
H-248x124x5x8																						
	TFL	0.00	768	90.7	96.9	103	110	117	125	133	141	149	158	167	177	186	196	207	218	229	240	252
w= 25.7 kg/m	2	2.00	651	86.1	91.8	97.8	104	111	117	125	132	140	148	156	165	174	183	193	203	213	223	234
I_s= 35.4x10^6 mm^4	3	4.00	535	80.8	85.9	91.2	96.8	103	109	115	122	129	136	144	151	159	168	176	185	194	203	213
	4	6.00	418	74.4	78.7	83.3	88.1	93.2	98.5	104	110	116	122	128	135	142	149	156	164	172	180	188
	BFL	8.00	302	66.6	70.1	73.7	77.6	81.6	85.8	90.2	94.8	99.6	105	110	115	121	126	132	138	144	151	157
	6	19.5	247	62.3	65.3	68.4	71.8	75.3	78.9	82.7	86.6	90.8	95.0	99.5	104	109	114	119	124	129	135	141
	7	42.3	192	57.5	60.0	62.6	65.3	68.2	71.2	74.3	77.5	80.9	84.4	88.1	91.9	95.8	99.8	104	108	113	117	122
H-250x125x6x9																						
	TFL	0.00	885	105	112	120	128	136	144	154	163	173	183	193	204	216	227	239	252	265	278	291
w= 29.6 kg/m	2	2.25	753	99.8	106	113	121	128	136	144	153	162	171	181	191	202	212	223	235	247	259	271
I_s= 40.5x10^6 mm^4	3	4.50	621	93.6	99.5	106	112	119	126	134	141	150	158	167	176	185	195	204	215	225	236	247
	4	6.75	488	86.3	91.4	96.8	102	108	114	121	128	135	142	149	157	165	173	182	191	200	209	219
	BFL	9.00	356	77.5	81.6	85.9	90.5	95.2	100	105	111	116	122	128	135	141	148	155	162	169	177	184
	6	22.6	289	72.2	75.7	79.4	83.3	87.2.2	91.7	96.1	101	106	111	116	121	127	132	138	144	151	157	164
	7	46.5	221	66.3	69.2	72.2	75.3	78.6	82.1	85.7	89.5	93.4	97.5	102	106	111	115	120	125	130	135	141
H-244x175x7x11																						
	TFL	0.00	1320	154	165	176	188	200	213	226	240	254	269	285	301	318	335	353	371	390	410	430
w= 44.1 kg/m	2	2.75	1100	146	155	165	176	187	198	210	223	236	250	264	279	294	309	325	342	359	377	395
I_s= 61.2x10^6 mm^4	3	5.50	869	135	143	152	161	171	181	192	203	214	226	239	251	265	278	293	307	322	338	354
	4	8.25	643	122	129	136	144	152	160	169	178	188	197	208	218	229	240	252	264	277	289	302
	BFL	11.0	417	106	111	116	122	128	134	140	147	154	161	168	176	184	192	201	210	219	228	238
	6	17.6	374	102	107	112	117	122	128	134	140	146	153	160	167	174	182	190	198	206	215	224
	7	24.3	330	98.5	103	107	112	117	122	127	133	138	144	151	157	164	171	178	185	193	201	209

1) Y_1 = [그림 7.2.1]에 표현된 H형강의 상부 플랜지 상부면에서 강재단면의 소성중립축까지 거리
2) Y_2 = [그림 7.2.1] [그림 7.2.2]에 표현된 H형강의 상부 플랜지 상부면에서 콘크리트슬래브플랜지의 소성중립축까지의 거리, $Y_2 = t_s - a/2$
3) PNA = [그림 7.2.1](c)에 표현된 소성중립축의 위치, TFL의 위치는 완전합성보, 7의 위치는 25% 합성정도의 불완전합성보

제7장

도움표 7.2-400 노출형 합성보의 단면2차모멘트 하한값 I_{LB} ($\times 10^6$ mm^4)

SHN400 (F_y = 235 MPa)

H형강 치수	PNA[3]	Y_1[1]	ΣQ_n	Y_2[2], mm																		
	위치	mm	kN	60	70	80	90	100	110	120	130	140	150	160	170	180	190	200	210	220	230	240
H-298x149x5.5x8																						
	TFL	0.00	959	152	161	170	180	190	200	211	222	234	246	258	271	284	298	312	326	341	356	372
w= 32.0 kg/m	2	2.00	819	145	153	162	171	180	189	199	209	220	231	243	254	267	279	292	305	319	333	348
I_s= 63.2x10^6 mm^4	3	4.00	679	137	144	152	160	168	177	186	195	204	214	225	235	246	258	269	281	293	306	319
	4	6.00	539	127	134	140	147	154	162	169	177	186	194	203	213	222	232	242	252	263	274	285
	BFL	8.00	399	116	121	126	132	137	144	150	156	163	170	178	185	193	201	209	218	226	235	244
	6	25.5	319	108	112	117	121	126	132	137	142	148	154	160	167	173	180	187	194	202	210	217
	7	56.3	240	98.8	102	106	110	114	118	122	127	131	136	141	146	152	157	163	168	174	180	187
H-300x150x6.5x9																						
	TFL	0.00	1100	175	185	196	207	218	230	243	255	269	283	297	312	327	342	359	375	392	410	428
w= 36.7 kg/m	2	2.25	941	167	176	186	196	207	218	229	241	254	266	279	293	307	321	336	352	367	384	400
I_s= 72.1x10^6 mm^4	3	4.50	782	158	166	175	184	194	204	214	225	236	247	259	271	284	297	310	324	338	353	368
	4	6.75	623	147	154	162	170	178	187	196	205	214	224	235	245	256	268	279	291	304	317	330
	BFL	9.00	465	133	139	146	152	159	166	173	181	189	197	206	214	223	233	242	252	262	273	284
	6	28.9	370	124	129	134	140	146	152	158	164	171	178	185	193	200	208	216	225	233	242	251
	7	60.0	275	113	117	122	126	131	135	140	145	151	156	162	168	174	180	187	193	200	207	214
H-294x200x8x12																						
	TFL	0.00	1700	268	284	300	317	334	352	371	391	411	433	454	477	500	524	549	575	601	628	655
w= 56.8 kg/m	2	3.00	1420	254	268	283	298	314	331	348	366	385	404	424	444	465	487	510	533	557	581	606
I_s= 113x10^6 mm^4	3	6.00	1140	238	250	263	276	290	305	320	336	352	369	387	405	423	443	463	483	504	526	548
	4	9.00	855	217	227	238	249	261	273	286	299	313	327	342	357	372	388	405	422	439	458	476
	BFL	12.0	573	192	199	207	216	225	234	243	253	264	274	285	297	308	321	333	346	359	373	387
	6	22.0	499	184	191	198	206	214	222	230	239	249	258	268	278	289	300	311	323	335	347	359
	7	33.9	425	175	182	188	195	202	209	217	224	233	241	250	259	268	278	288	298	308	319	330

1) Y_1 = [그림 7.2.1]에 표현된 H형강의 상부 플랜지 상부면에서 강재단면의 소성중립축까지 거리
2) Y_2 = [그림 7.2.1], [그림 7.2.2]에 표현된 H형강의 상부 플랜지 상부면에서 콘크리트슬래브플랜지의 소성중립축까지의 거리, $Y_2 = t_s - a/2$
3) PNA = [그림 7.2.1](c)에 표현된 소성중립축의 위치, TFL의 위치는 완전합성보, 7의 위치는 25% 합성정도의 불완전합성보

도움표 7.2-400 노출형 합성보의 단면2차모멘트 하한값 I_{LB} ($\times 10^6$ mm^4)

SHN400 (F_y = 235 MPa)

H형강 치수	PNA[3]	Y_1[1]	ΣQ_n	Y_2[2], mm																		
	위치	mm	kN	60	70	80	90	100	110	120	130	140	150	160	170	180	190	200	210	220	230	240
H-298x201x9x14																						
	TFL	0.00	1960	315	333	352	371	392	413	435	458	481	506	531	557	584	612	641	670	701	732	764
w= 65.4 kg/m	2	3.50	1630	298	315	332	349	368	387	407	428	449	471	494	518	543	568	594	621	648	677	706
I_s= 133x10^6 mm^4	3	7.00	1300	278	292	307	323	339	356	373	392	411	430	450	471	493	515	538	561	585	610	636
	4	10.5	967	253	265	278	290	304	318	332	348	363	379	396	413	431	450	469	488	508	529	550
	BFL	14.0	636	222	231	240	250	260	270	281	292	304	316	328	341	354	368	382	397	411	427	442
	6	23.3	563	214	222	231	239	249	258	268	278	289	299	311	323	335	347	360	373	387	400	415
	7	33.2	490	206	213	221	228	236	245	254	263	272	282	292	303	314	325	336	348	360	373	385
H-346x174x6x9																						
	TFL	0.00	1240	254	266	280	293	307	322	337	353	369	386	403	421	439	458	477	497	518	539	560
w= 41.4 kg/m	2	2.25	1050	242	254	266	279	292	305	319	333	348	364	380	396	413	430	448	466	485	504	524
I_s= 111x10^6 mm^4	3	4.50	870	229	239	250	261	273	285	298	311	324	338	352	367	382	397	413	430	447	464	482
	4	6.75	686	213	222	231	241	251	261	272	283	295	307	319	332	345	358	372	386	401	416	431
	BFL	9.00	502	193	201	208	216	224	233	241	250	260	270	279	290	300	311	322	334	346	358	370
	6	29.1	406	182	188	194	201	208	215	223	230	238	247	255	264	273	282	292	302	312	322	333
	7	63.2	310	168	173	178	184	189	195	201	208	214	221	228	235	242	250	258	266	274	282	291
H-350x175x7x11																						
	TFL	0.00	1480	310	325	341	357	374	392	410	429	449	469	490	511	533	556	580	604	628	653	679
w= 49.6 kg/m	2	2.75	1260	296	309	324	339	355	371	388	405	423	442	461	480	501	521	543	565	588	611	634
I_s= 136x10^6 mm^4	3	5.50	1030	279	291	304	317	331	346	361	376	393	409	426	444	462	481	500	519	540	560	582
	4	8.25	805	258	269	280	292	304	316	329	342	356	370	385	400	416	432	448	465	482	500	518
	BFL	11.0	579	233	242	251	260	270	280	290	300	311	323	335	347	359	372	385	398	412	426	441
	6	30.6	475	220	228	235	243	251	260	269	278	288	297	307	318	329	340	351	363	374	387	399
	7	62.2	371	205	211	218	224	231	238	245	253	261	269	277	286	295	304	313	323	333	343	353

1) Y_1 = [그림 7.2.1]에 표현된 H형강의 상부 플랜지 상부면에서 강재단면의 소성중립축까지 거리
2) Y_2 = [그림 7.2.1], [그림 7.2.2]에 표현된 H형강의 상부 플랜지 상부면에서 콘크리트슬래브플랜지의 소성중립축까지의 거리, $Y_2 = t_s - a/2$
3) PNA = [그림 7.2.1](c)에 표현된 소성중립축의 위치, TFL의 위치는 완전합성보, 7의 위치는 25% 합성정도의 불완전합성보

도움표 7.2-400 노출형 합성보의 단면2차모멘트 하한값 I_{LB} ($\times 10^6$ mm^4)

SHN400 (F_y = 235 MPa)

H형강 치수	PNA[3] 위치	Y_1[1] mm	ΣQ_n kN	Y_2[2], mm 60	70	80	90	100	110	120	130	140	150	160	170	180	190	200	210	220	230	240
H-354x176x8x13	TFL	0.00	1730	368	386	404	424	444	464	486	508	531	555	579	605	631	657	685	713	742	771	802
w= 57.8 kg/m	2	3.25	1460	350	367	384	402	420	439	459	479	500	522	544	567	591	615	641	666	693	720	748
I_s= 161x10^6 mm^4	3	6.50	1190	330	344	360	375	392	409	426	444	463	483	502	523	544	566	588	611	635	659	684
	4	9.75	925	305	317	330	344	358	372	387	403	419	435	452	470	488	507	526	545	565	586	607
	BFL	13.0	656	275	285	295	305	316	328	340	352	364	377	391	405	419	434	449	464	480	496	513
	6	32.2	545	260	269	277	287	296	306	316	327	338	349	361	373	386	398	412	425	439	453	468
	7	61.9	433	244	251	258	266	274	282	291	300	309	319	328	338	349	359	370	382	393	405	417
H-336x249x8x12	TFL	0.00	2070	414	435	456	478	502	526	551	576	603	631	659	689	719	750	782	815	849	883	919
w= 69.2 kg/m	2	3.00	1720	393	412	431	451	472	494	517	540	564	589	615	642	669	698	727	757	787	819	851
I_s= 185x10^6 mm^4	3	6.00	1370	367	384	401	419	437	456	476	497	518	540	562	586	610	635	660	686	713	741	769
	4	9.00	1020	336	350	364	378	394	410	426	443	461	479	498	517	537	557	578	600	622	645	669
	BFL	12.0	667	297	307	317	328	339	351	363	376	389	402	416	430	445	460	476	492	508	525	543
	6	21.6	593	287	296	306	316	326	337	348	359	371	383	396	409	422	436	451	465	480	496	511
	7	31.2	518	277	285	293	302	312	321	331	342	352	363	375	386	399	411	424	437	450	464	479
H-340x250x9x14	TFL	0.00	2390	485	509	534	560	587	615	644	674	705	737	770	804	839	875	912	950	989	1030	1070
w= 79.7 kg/m	2	3.50	1970	460	482	504	528	552	577	603	630	659	687	717	748	780	813	846	881	916	952	990
I_s= 217x10^6 mm^4	3	7.00	1560	429	448	468	488	510	532	555	578	603	628	654	681	709	738	767	797	828	860	892
	4	10.5	1150	392	407	423	440	458	476	495	514	534	555	577	599	622	645	669	694	720	746	772
	BFL	14.0	741	344	355	367	379	392	405	419	433	448	463	479	495	511	528	546	564	583	602	621
	6	22.7	668	334	345	356	367	379	391	404	417	430	444	459	474	489	505	521	538	555	572	590
	7	31.4	596	324	334	344	354	365	376	388	399	412	425	438	451	465	480	495	510	526	542	558

1) Y_1 = [그림 7.2.1]에 표현된 H형강의 상부 플랜지 상부면에서 강재단면의 소성중립축까지 거리
2) Y_2 = [그림 7.2.1], [그림 7.2.2]에 표현된 H형강의 상부 플랜지 상부면에서 콘크리트슬래브플랜지의 소성중립축까지의 거리, $Y_2 = t_s - a/2$
3) PNA = [그림 7.2.1](c)에 표현된 소성중립축의 위치, TFL의 위치는 완전합성보, 7의 위치는 25% 합성정도의 불완전합성보

도움표 7.2-400 노출형 합성보의 단면2차모멘트 하한값 I_{LB} ($x10^6$ mm^4)

SHN400 (F_y = 235 MPa)

H형강 치수	PNA[3]	Y_1[1]	ΣQ_n	Y_2[2], mm																		
	위치	mm	kN	60	70	80	90	100	110	120	130	140	150	160	170	180	190	200	210	220	230	240
H-396x199x7x11																						
	TFL	0.00	1700	440	459	479	499	521	542	565	588	612	637	663	689	716	743	772	801	831	861	892
w= 56.6 kg/m	2	2.75	1440	421	438	456	475	494	514	535	556	579	601	625	649	673	699	725	751	779	807	836
I_s= $200x10^6$ mm^4	3	5.50	1180	397	413	429	446	463	481	500	519	539	559	580	601	624	646	670	693	718	743	769
	4	8.25	924	370	383	397	411	426	442	458	474	491	508	526	545	564	583	603	624	645	666	688
	BFL	11.0	667	336	346	358	369	381	393	406	419	433	447	461	476	491	507	523	539	556	573	591
	6	32.2	545	317	326	336	346	356	367	378	389	401	413	425	438	451	465	478	493	507	522	537
	7	69.1	424	296	304	312	320	328	337	346	355	365	375	385	396	406	417	429	440	452	465	477
H-400x200x8x13																						
	TFL	0.00	1980	521	544	567	591	616	641	668	695	723	752	782	813	844	877	910	944	979	1010	1050
w= 66.0 kg/m	2	3.25	1670	498	518	539	561	584	607	632	657	683	709	736	765	794	823	854	885	917	950	983
I_s= $237x10^6$ mm^4	3	6.50	1370	469	488	507	526	546	567	589	611	634	658	682	708	733	760	787	815	843	873	902
	4	9.75	1060	436	451	467	484	501	519	538	557	577	597	618	639	661	684	707	731	755	780	806
	BFL	13.0	755	394	406	419	433	446	460	475	490	506	522	538	555	573	591	609	628	647	667	687
	6	33.9	624	374	384	395	407	419	431	444	457	470	484	499	513	529	544	560	577	593	610	628
	7	68.6	494	351	360	369	379	388	399	409	420	432	443	455	467	480	493	506	520	534	548	563
H-404x201x9x15																						
	TFL	0.00	2260	605	631	657	685	713	743	773	805	837	871	905	940	976	1010	1050	1090	1130	1170	1210
w= 75.5 kg/m	2	3.75	1910	577	600	625	650	676	703	731	760	789	820	851	884	917	951	986	1020	1060	1100	1130
I_s= $275x10^6$ mm^4	3	7.50	1550	544	564	586	609	632	656	681	706	733	760	788	816	846	876	907	939	972	1010	1040
	4	11.3	1200	503	521	540	559	579	599	620	642	664	687	711	736	761	787	813	840	868	896	925
	BFL	15.0	843	454	468	483	498	513	529	546	563	580	598	617	636	656	676	697	718	740	762	785
	6	35.6	704	432	444	456	470	483	497	512	527	542	558	574	591	608	626	644	662	682	701	721
	7	68.4	565	407	417	428	439	450	462	474	487	500	513	527	541	555	570	586	601	617	634	651

1) Y_1 = [그림 7.2.1]에 표현된 H형강의 상부 플랜지 상부면에서 강재단면의 소성중립축까지 거리
2) Y_2 = [그림 7.2.1], [그림 7.2.2]에 표현된 H형강의 상부 플랜지 상부면에서 콘크리트슬래브플랜지의 소성중립축까지의 거리, $Y_2 = t_s - a/2$
3) PNA = [그림 7.2.´](c)에 표현된 소성중립축의 위치, TFL의 위치는 완전합성보, 7의 위치는 25% 합성정도의 불완전합성보

제7장

도움표 7.2-400 노출형 합성보의 단면2차모멘트 하한값 I_{LB} ($\times 10^6$ mm^4)

SHN400 (F_y = 235 MPa)

H형강 치수	PNA[3]	Y_1[1]	ΣQ_n	Y_2[2], mm																		
	위치	mm	kN	60	70	80	90	100	110	120	130	140	150	160	170	180	190	200	210	220	230	240
H-386x299x9x14	TFL	0.00	2820	721	752	784	818	852	888	925	963	1000	1040	1090	1130	1170	1220	1260	1310	1360	1410	1460
w= 94.3 kg/m	2	3.50	2330	684	712	742	772	803	835	869	903	939	976	1010	1050	1090	1130	1180	1220	1260	1310	1360
I_s= 337x10^6 mm^4	3	7.00	1840	640	664	690	716	743	772	801	831	862	894	927	961	996	1030	1070	1110	1140	1180	1220
	4	10.5	1350	585	605	626	647	670	693	717	742	767	793	820	848	877	906	936	967	998	1030	1060
	BFL	14.0	855	515	530	545	560	576	593	610	628	646	665	685	705	725	746	768	790	813	836	860
	6	22.6	780	503	517	531	545	560	576	592	608	625	643	661	680	699	718	738	759	780	802	824
	7	31.2	706	491	503	516	529	543	557	572	587	603	619	636	653	671	689	708	727	746	767	787
H-390x300x10x16	TFL	0.00	3190	829	864	901	939	978	1020	1060	1100	1150	1200	1240	1290	1340	1390	1450	1500	1560	1610	1670
w= 107 kg/m	2	4.00	2630	786	818	851	885	921	958	996	1040	1080	1120	1160	1200	1250	1300	1340	1390	1440	1500	1550
I_s= 387x10^6 mm^4	3	8.00	2070	734	762	791	821	851	884	917	951	986	1020	1060	1100	1140	1180	1220	1260	1310	1350	1400
	4	12.0	1500	670	692	716	740	765	791	818	846	875	904	935	966	998	1030	1070	1100	1140	1170	1210
	BFL	16.0	939	588	604	620	638	655	674	693	713	733	754	776	798	821	844	869	893	919	945	971
	6	23.7	869	576	591	607	623	640	657	675	694	713	733	753	774	795	818	840	864	887	912	937
	7	31.3	799	564	578	592	608	623	640	657	674	692	710	729	749	769	790	811	833	855	878	901
H-446x199x8x12	TFL	0.00	1980	625	649	674	700	727	754	783	812	842	873	905	938	972	1010	1040	1080	1110	1150	1190
w= 66.2 kg/m	2	3.00	1700	599	621	644	668	693	719	745	772	800	829	858	888	919	951	984	1020	1050	1090	1120
I_s= 287x10^6 mm^4	3	6.00	1420	569	589	610	632	654	677	701	726	751	777	803	831	859	887	917	947	978	1010	1040
	4	9.00	1140	533	551	570	589	608	628	649	671	693	715	738	762	787	812	838	864	891	919	947
	BFL	12.0	859	491	506	521	537	553	570	587	605	623	642	661	681	701	722	743	765	787	810	833
	6	42.9	677	459	471	484	497	511	525	540	555	570	586	602	619	636	653	671	690	708	728	747
	7	91.3	495	422	432	442	452	463	474	485	497	509	522	534	547	561	575	589	603	618	633	648

1) Y_1 = [그림 7.2.1]에 표현된 H형강의 상부 플랜지 상부면에서 강재단면의 소성중립축까지 거리
2) Y_2 = [그림 7.2.1], [그림 7.2.2]에 표현된 H형강의 상부 플랜지 상부면에서 콘크리트슬래브플랜지의 소성중립축까지의 거리, $Y_2 = t_s - a/2$
3) PNA = [그림 7.2.1](c)에 표현된 소성중립축의 위치, TFL의 위치는 완전합성보, 7의 위치는 25% 합성정도의 불완전합성보

도움표 7.2-400 노출형 합성보의 단면2차모멘트 하한값 I_{LB} ($\times 10^6$ mm^4)

SHN400 (F_y = 235 MPa)

H형강 치수	PNA[3]	Y_1[1]	ΣQ_n	Y_2[2], mm																		
	위치	mm	kN	60	70	80	90	100	110	120	130	140	150	160	170	180	190	200	210	220	230	240
H-450x200x9x14																						
	TFL	0.00	2270	727	756	785	815	846	877	910	944	979	1010	1050	1090	1130	1170	1210	1250	1290	1340	1380
w= 76.0 kg/m	2	3.50	1940	697	723	749	777	806	835	865	897	929	962	996	1030	1070	1100	1140	1180	1220	1260	1300
I_s= 335x10^6 mm^4	3	7.00	1620	661	684	708	733	759	786	813	841	870	900	930	962	994	1030	1060	1100	1130	1170	1200
	4	10.5	1290	619	639	660	681	704	727	751	775	800	826	853	880	908	937	966	996	1030	1060	1090
	BFL	14.0	958	567	584	601	619	637	656	676	696	717	738	760	782	805	828	853	877	902	928	955
	6	44.6	763	532	546	561	576	591	607	624	641	658	676	695	714	733	753	774	795	816	838	860
	7	90.6	568	492	503	515	527	539	552	565	578	592	607	621	636	652	668	684	701	718	735	753
H-434x299x10x15																						
	TFL	0.00	3170	986	1020	1060	1100	1150	1190	1230	1280	1330	1380	1430	1480	1530	1590	1640	1700	1760	1820	1880
w= 106 kg/m	2	3.75	2650	939	974	1010	1050	1090	1120	1170	1210	1250	1300	1340	1390	1440	1490	1540	1590	1640	1690	1750
I_s= 468x10^6 mm^4	3	7.50	2120	883	913	945	978	1010	1050	1080	1120	1160	1200	1240	1280	1320	1360	1410	1450	1500	1550	1600
	4	11.3	1590	814	840	866	893	921	950	980	1010	1040	1080	1110	1140	1180	1220	1250	1290	1330	1370	1410
	BFL	15.0	1070	728	748	767	788	809	831	853	877	901	925	950	976	1000	1030	1060	1090	1120	1150	1180
	6	29.3	929	703	720	738	756	775	795	815	836	858	880	903	926	950	975	1000	1030	1050	1080	1110
	7	48.2	793	675	690	706	722	739	757	775	793	812	832	852	872	894	915	938	960	984	1010	1030
H-440x300x11x18																						
	TFL	0.00	3700	1180	1220	1270	1320	1370	1420	1470	1520	1580	1640	1700	1760	1820	1880	1950	2020	2080	2150	2230
w= 124 kg/m	2	4.50	3060	1120	1160	1200	1250	1290	1340	1390	1430	1480	1540	1590	1650	1700	1760	1820	1880	1940	2000	2070
I_s= 561x10^6 mm^4	3	9.00	2430	1050	1090	1120	1160	1200	1240	1280	1330	1370	1410	1460	1510	1560	1610	1660	1710	1770	1820	1880
	4	13.5	1800	964	993	1020	1050	1090	1120	1160	1190	1230	1260	1300	1340	1380	1430	1470	1510	1560	1600	1650
	BFL	18.0	1160	855	877	899	922	946	970	995	1020	1050	1080	1100	1130	1160	1190	1220	1260	1290	1320	1360
	6	29.8	1040	832	852	872	893	915	938	961	985	1010	1030	1060	1090	1110	1140	1170	1200	1230	1260	1290
	7	41.6	925	807	825	844	863	883	903	925	946	969	992	1020	1040	1060	1090	1120	1140	1170	1200	1230

1) Y_1 = [그림 7.2.1]게 표현된 H형강의 상부 플랜지 상부면에서 강재단면의 소성중립축까지 거리
2) Y_2 = [그림 7.2.1] [그림 7.2.2]에 표현된 H형강의 상부 플랜지 상부면에서 콘크리트슬래브플랜지의 소성중립축까지의 거리, $Y_2 = t_s - a/2$
3) PNA = [그림 7.2.1](c)에 표현된 소성중립축의 위치, TFL의 위치는 완전합성보, 7의 위치는 25% 합성정도의 불완전합성보

제7장

도움표 7.2-400 노출형 합성보의 단면2차모멘트 하한값 I_{LB} ($\times 10^6$ mm^4)

SHN400 (F_y = 235 MPa)

H형강 치수	PNA[3]	Y_1[1]	ΣQ_n	Y_2[2], mm																		
	위치	mm	kN	60	70	80	90	100	110	120	130	140	150	160	170	180	190	200	210	220	230	240
H-496x199x9x14	TFL	0.00	2380	899	931	963	997	1030	1070	1100	1140	1180	1220	1260	1300	1350	1390	1430	1480	1530	1580	1620
w= 79.5 kg/m	2	3.50	2050	864	893	923	954	987	1020	1050	1090	1120	1160	1200	1240	1280	1320	1360	1400	1450	1490	1540
I_s= 419x10^6 mm^4	3	7.00	1730	822	849	877	905	934	964	995	1030	1060	1090	1130	1160	1200	1240	1270	1310	1350	1390	1430
	4	10.5	1400	774	798	822	847	873	899	926	954	983	1010	1040	1070	1110	1140	1170	1200	1240	1270	1310
	BFL	14.0	1070	717	736	757	778	799	821	844	868	892	916	942	968	994	1020	1050	1080	1110	1140	1170
	6	51.1	833	668	684	701	719	737	755	774	794	814	835	856	877	900	922	946	969	994	1020	1040
	7	107	595	611	624	637	650	664	678	693	708	724	740	756	773	790	807	825	844	862	881	901
H-500x200x10x16	TFL	0.00	2680	1030	1060	1100	1140	1180	1220	1260	1300	1350	1390	1440	1490	1530	1580	1640	1690	1740	1790	1850
w= 89.6 kg/m	2	4.00	2310	986	1020	1050	1090	1130	1160	1200	1240	1280	1320	1370	1410	1460	1500	1550	1600	1650	1700	1750
I_s= 478x10^6 mm^4	3	8.00	1930	938	968	999	1030	1060	1100	1130	1170	1210	1240	1280	1320	1360	1400	1450	1490	1530	1580	1630
	4	12.0	1560	881	908	935	963	992	1020	1050	1080	1120	1150	1180	1220	1250	1290	1330	1370	1400	1440	1490
	BFL	16.0	1180	814	836	858	882	906	931	956	982	1010	1040	1060	1090	1120	1150	1180	1220	1250	1280	1320
	6	53.0	926	760	778	797	817	837	858	879	901	924	947	971	995	1020	1050	1070	1100	1130	1150	1180
	7	107	671	698	712	727	743	758	775	791	808	826	844	863	881	901	921	941	962	983	1000	1030
H-506x201x11x19	TFL	0.00	3090	1210	1250	1290	1340	1380	1430	1480	1530	1580	1630	1680	1740	1800	1850	1910	1970	2030	2100	2160
w= 103 kg/m	2	4.75	2640	1160	1200	1240	1280	1320	1360	1410	1450	1500	1550	1600	1650	1700	1750	1810	1860	1920	1980	2040
I_s= 565x10^6 mm^4	3	9.50	2190	1100	1130	1170	1210	1240	1280	1320	1360	1410	1450	1490	1540	1590	1630	1680	1730	1780	1840	1890
	4	14.3	1740	1030	1060	1090	1120	1150	1190	1220	1260	1300	1330	1370	1410	1450	1490	1540	1580	1620	1670	1720
	BFL	19.0	1290	944	969	995	1020	1050	1080	1100	1130	1160	1190	1230	1260	1290	1330	1360	1400	1430	1470	1510
	6	53.6	1030	887	908	930	952	975	998	1020	1050	1070	1100	1130	1150	1180	1210	1240	1270	1300	1330	1360
	7	104	771	822	839	856	874	892	911	930	950	971	992	1010	1040	1060	1080	1100	1130	1150	1180	1200

1) Y_1 = [그림 7.2.1]에 표현된 H형강의 상부 플랜지 상부면에서 강재단면의 소성중립축까지 거리
2) Y_2 = [그림 7.2.1], [그림 7.2.2]에 표현된 H형강의 상부 플랜지 상부면에서 콘크리트슬래브플랜지의 소성중립축까지의 거리, $Y_2 = t_s - a/2$
3) PNA = [그림 7.2.1](c)에 표현된 소성중립축의 위치, TFL의 위치는 완전합성보, 7의 위치는 25% 합성정도의 불완전합성보

도움표 7.2-400 노출형 합성보의 단면2차모멘트 하한값 I_{LB} ($\times 10^6$ mm^4)

SHN400 (F_y = 235 MPa)

H형강 치수	PNA[3]	Y_1[1]	ΣQ_n	Y_2[2], mm																		
	위치	mm	kN	60	70	80	90	100	110	120	130	140	150	160	170	180	190	200	210	220	230	240
H-482x300x11x15																						
	TFL	0.00	3420	1260	1310	1350	1400	1450	1500	1550	1610	1660	1720	1770	1830	1890	1960	2020	2080	2150	2220	2290
w= 114 kg/m	2	3.75	2890	1210	1250	1290	1330	1380	1420	1470	1520	1570	1620	1680	1730	1790	1840	1900	1960	2020	2080	2150
I_s= 604x10^6 mm^4	3	7.50	2360	1140	1180	1220	1260	1300	1340	1380	1420	1470	1510	1560	1610	1660	1710	1760	1810	1870	1920	1980
	4	11.3	1830	1060	1090	1130	1160	1190	1230	1270	1300	1340	1380	1420	1460	1500	1550	1590	1640	1680	1730	1780
	BFL	15.0	1300	968	992	1020	1040	1070	1100	1130	1160	1190	1220	1250	1280	1320	1350	1390	1420	1460	1500	1530
	6	36.6	1080	920	941	964	986	1010	1030	1060	1080	1110	1140	1170	1190	1220	1250	1280	1310	1350	1380	1410
	7	75.6	855	867	885	904	923	942	962	983	1000	1030	1050	1070	1100	1120	1140	1170	1200	1220	1250	1280
H-488x300x11x18																						
	TFL	0.00	3840	1470	1520	1570	1620	1680	1730	1790	1850	1920	1980	2040	2110	2180	2250	2320	2390	2470	2550	2620
w= 128 kg/m	2	4.50	3210	1400	1440	1490	1540	1590	1640	1700	1750	1810	1860	1920	1980	2050	2110	2180	2240	2310	2380	2450
I_s= 710x10^6 mm^4	3	9.00	2570	1320	1360	1400	1440	1490	1530	1580	1630	1680	1730	1780	1830	1890	1940	2000	2060	2120	2180	2250
	4	13.5	1940	1220	1250	1290	1320	1360	1400	1440	1480	1520	1560	1600	1650	1700	1740	1790	1840	1890	1940	1990
	BFL	18.0	1300	1090	1120	1140	1170	1200	1230	1260	1290	1320	1350	1390	1420	1450	1490	1530	1560	1600	1640	1680
	6	34.5	1130	1050	1080	1100	1120	1150	1180	1200	1230	1260	1290	1320	1350	1380	1410	1440	1480	1510	1550	1580
	7	58.2	961	1010	1030	1050	1070	1100	1120	1140	1170	1190	1220	1240	1270	1300	1330	1350	1380	1410	1440	1480
H-596x199x10x15																						
	TFL	0.00	2830	1460	1500	1550	1590	1640	1690	1740	1790	1840	1900	1950	2010	2060	2120	2180	2240	2300	2370	2430
w= 94.6 kg/m	2	3.75	2480	1410	1450	1490	1530	1580	1620	1670	1720	1770	1820	1870	1920	1970	2030	2080	2140	2200	2260	2320
I_s= 687x10^6 mm^4	3	7.50	2130	1350	1390	1430	1470	1510	1550	1590	1630	1680	1720	1770	1820	1870	1920	1970	2020	2070	2130	2180
	4	11.3	1780	1280	1320	1350	1390	1420	1460	1500	1540	1580	1620	1660	1710	1750	1790	1840	1890	1930	1980	2030
	BFL	15.0	1430	1200	1230	1260	1300	1330	1360	1390	1430	1460	1500	1530	1570	1610	1650	1690	1730	1770	1810	1860
	6	70.8	1070	1110	1130	1160	1180	1210	1240	1260	1290	1320	1350	1380	1410	1440	1470	1510	1540	1570	1610	1640
	7	147	708	996	1010	1030	1050	1070	1090	1110	1130	1150	1170	1190	1210	1240	1260	1280	1310	1330	1360	1380

1) Y_1 = [그림 7.2.1]에 표현된 H형강의 상부 플랜지 상부면에서 강재단면의 소성중립축까지 거리
2) Y_2 = [그림 7.2.1], [그림 7.2.2]에 표현된 H형강의 상부 플랜지 상부면에서 콘크리트슬래브플랜지의 소성중립축까지의 거리, $Y_2 = t_s - a/2$
3) PNA = [그림 7.2.1](c)에 표현된 소성중립축의 위치, TFL의 위치는 완전합성보, 7의 위치는 25% 합성정도의 불완전합성보

제7장

도움표 7.2-400 노출형 합성보의 단면2차모멘트 하한값 I_{LB} ($\times 10^6$ mm^4)

SHN400 (F_y = 235 MPa)

H형강 치수	PNA[3]	Y_1[1]	ΣQ_n	Y_2[2], mm																		
	위치	mm	kN	60	70	80	90	100	110	120	130	140	150	160	170	180	190	200	210	220	230	240
H-600x200x11x17																						
	TFL	0.00	3160	1650	1700	1750	1800	1850	1910	1960	2020	2080	2140	2200	2260	2320	2390	2460	2520	2590	2660	2740
w= 106 kg/m	2	4.25	2760	1590	1630	1680	1730	1780	1830	1880	1940	1990	2050	2100	2160	2220	2280	2340	2410	2470	2540	2600
I_s= 776x10^6 mm^4	3	8.50	2360	1520	1560	1610	1650	1700	1740	1790	1840	1890	1940	1990	2050	2100	2160	2210	2270	2330	2390	2450
	4	12.8	1960	1440	1480	1520	1560	1600	1640	1680	1730	1770	1820	1870	1910	1960	2010	2060	2120	2170	2220	2280
	BFL	17.0	1560	1350	1380	1420	1450	1490	1520	1560	1600	1640	1680	1720	1760	1800	1840	1890	1930	1980	2020	2070
	6	72.7	1180	1250	1280	1300	1330	1360	1390	1420	1450	1480	1510	1550	1580	1620	1650	1690	1720	1760	1800	1840
	7	147	790	1120	1140	1160	1190	1210	1230	1250	1270	1300	1320	1350	1370	1400	1420	1450	1480	1500	1530	1560
H-606x201x12x20																						
	TFL	0.00	3580	1910	1960	2020	2080	2140	2200	2270	2330	2400	2470	2540	2610	2680	2760	2830	2910	2990	3070	3150
w= 120 kg/m	2	5.00	3110	1840	1890	1940	2000	2050	2110	2170	2230	2290	2360	2420	2490	2560	2630	2700	2770	2840	2920	2990
I_s= 904x10^6 mm^4	3	10.0	2640	1760	1800	1850	1900	1950	2010	2060	2120	2170	2230	2290	2350	2410	2480	2540	2610	2670	2740	2810
	4	15.0	2170	1660	1700	1750	1790	1840	1880	1930	1980	2030	2080	2140	2190	2240	2300	2360	2420	2480	2540	2600
	BFL	20.0	1690	1550	1580	1620	1660	1700	1740	1780	1820	1860	1910	1950	2000	2050	2090	2140	2190	2240	2290	2350
	6	73.4	1290	1440	1470	1500	1530	1560	1590	1630	1660	1700	1730	1770	1810	1850	1890	1930	1970	2010	2050	2100
	7	144	896	1310	1330	1350	1370	1400	1420	1450	1480	1500	1530	1560	1590	1620	1650	1680	1710	1740	1770	1800
H-612x202x13x23																						
	TFL	0.00	4010	2180	2240	2310	2370	2440	2510	2580	2660	2730	2810	2890	2970	3050	3130	3220	3310	3400	3490	3580
w= 134 kg/m	2	5.75	3460	2090	2150	2210	2280	2340	2400	2470	2540	2610	2680	2750	2830	2900	2980	3060	3140	3220	3310	3390
I_s= 1030x10^6 mm^4	3	11.5	2920	2000	2050	2110	2160	2220	2280	2340	2400	2460	2530	2600	2660	2730	2800	2880	2950	3020	3100	3180
	4	17.2. 1	2370	1880	1930	1980	2030	2080	2130	2190	2240	2300	2350	2410	2470	2530	2600	2660	2720	2790	2860	2930
	BFL	23.0	1830	1750	1790	1830	1870	1920	1960	2000	2050	2100	2150	2190	2240	2300	2350	2400	2460	2510	2570	2630
	6	74.5	1410	1630	1660	1700	1730	1770	1800	1840	1880	1920	1960	2000	2040	2090	2130	2170	2220	2270	2310	2360
	7	142	1000	1490	1520	1540	1570	1600	1630	1650	1680	1710	1740	1780	1810	1840	1870	1910	1940	1980	2020	2050

1) Y_1 = [그림 7.2.1]에 표현된 H형강의 상부 플랜지 상부면에서 강재단면의 소성중립축까지 거리
2) Y_2 = [그림 7.2.1], [그림 7.2.2]에 표현된 H형강의 상부 플랜지 상부면에서 콘크리트슬래브플랜지의 소성중립축까지의 거리, $Y_2 = t_s - a/2$
3) PNA = [그림 7.2.1](c)에 표현된 소성중립축의 위치, TFL의 위치는 완전합성보, 7의 위치는 25% 합성정도의 불완전합성보

도움표 7.2-400 노출형 합성보의 단면2차모멘트 하한값 I_{LB} ($\times 10^6$ mm^4)

SHN400 (F_y = 235 MPa)

H형강 치수	PNA[3] 위치	Y_1[1] mm	ΣQ_n kN	Y_2[2], mm 60	70	80	90	100	110	120	130	140	150	160	170	180	190	200	210	220	230	240
H-582x300x12x17																						
	TFL	0.00	4100	2100	2160	2230	2290	2360	2430	2500	2570	2650	2720	2800	2880	2960	3050	3130	3220	3310	3400	3490
w= 137 kg/m	2	4.25	3500	2020	2070	2130	2190	2260	2320	2380	2450	2520	2590	2660	2740	2810	2890	2960	3040	3130	3210	3290
I_s= 1030x10^6 mm^4	3	8.50	2900	1920	1970	2020	2080	2130	2190	2250	2310	2370	2430	2500	2560	2630	2700	2770	2840	2920	2990	3070
	4	12.8	2300	1800	1840	1890	1940	1990	2040	2090	2140	2190	2250	2300	2360	2420	2480	2540	2600	2670	2730	2800
	BFL	17.0	1700	1660	1690	1730	1770	1810	1850	1890	1930	1980	2020	2070	2120	2160	2210	2260	2310	2360	2420	2470
	6	49.1	1360	1560	1590	1630	1660	1690	1730	1760	1800	1840	1870	1910	1950	1990	2030	2080	2120	2160	2210	2260
	7	109	1030	1460	1480	1510	1530	1560	1590	1620	1650	1680	1710	1740	1770	1800	1830	1870	1900	1940	1970	2010
H-588x300x12x20																						
	TFL	0.00	4520	2390	2460	2530	2600	2680	2750	2830	2910	2990	3080	3160	3250	3340	3440	3530	3630	3720	3820	3930
w= 151 kg/m	2	5.00	3820	2290	2350	2410	2480	2550	2620	2690	2770	2840	2920	3000	3080	3160	3250	3330	3420	3510	3600	3690
I_s= 1180x10^6 mm^4	3	10.0	3110	2160	2220	2280	2340	2400	2460	2530	2590	2660	2730	2800	2870	2940	3020	3100	3170	3250	3340	3420
	4	15.0	2410	2020	2070	2120	2170	2220	2270	2330	2380	2440	2500	2560	2620	2680	2750	2810	2880	2950	3020	3090
	BFL	20.0	1700	1840	1880	1920	1960	2000	2040	2080	2130	2170	2220	2270	2310	2360	2410	2470	2520	2570	2630	2680
	6	45.4	1420	1760	1790	1820	1860	1890	1930	1970	2010	2050	2090	2130	2170	2210	2260	2300	2350	2390	2440	2490
	7	93.5	1130	1660	1690	1720	1750	1780	1810	1840	1870	1910	1940	1970	2010	2050	2080	2120	2160	2200	2240	2280
H594x302x14x23																						
	TFL	0.00	5230	2790	2870	2950	3040	3130	3210	3310	3400	3500	3590	3700	3800	3900	4010	4120	4230	4350	4460	4580
w= 175 kg/m	2	5.75	4410	2670	2740	2820	2900	2980	3060	3140	3230	3320	3410	3500	3590	3690	3790	3890	3990	4090	4200	4310
I_s= 1370x10^6 mm^4	3	11.5	3590	2530	2590	2660	2730	2800	2870	2950	3030	3100	3180	3270	3350	3430	3520	3610	3700	3800	3890	3990
	4	17.2. 1	2780	2360	2410	2470	2530	2590	2650	2720	2780	2850	2920	2980	3060	3130	3200	3280	3360	3440	3520	3600
	BFL	23.0	1960	2150	2190	2240	2280	2330	2380	2430	2480	2530	2590	2640	2700	2750	2810	2870	2930	3000	3060	3120
	6	49.8	1630	2050	2090	2130	2170	2210	2250	2290	2340	2380	2430	2480	2530	2580	2630	2680	2730	2790	2840	2900
	7	98.5	1310	1940	1970	2010	2040	2070	2110	2150	2180	2220	2260	2300	2340	2390	2430	2470	2520	2560	2610	2660

1) Y_1 = [그림 7.2.1]에 표현된 H형강의 상부 플랜지 상부면에서 강재단면의 소성중립축까지 거리
2) Y_2 = [그림 7.2.1], [그림 7.2.2]에 표현된 H형강의 상부 플랜지 상부면에서 콘크리트슬래브플랜지의 소성중립축까지의 거리, $Y_2 = t_s - a/2$
3) PNA = [그림 7.2.1](c)에 표현된 소성중립축의 위치, TFL의 위치는 완전합성보, 7의 위치는 25% 합성정도의 불완전합성보

도움표 7.2-400 노출형 합성보의 단면2차모멘트 하한값 I_{LB} ($\times 10^6$ mm^4)

SHN400 (F_y = 235 MPa)

H형강 치수	PNA[3] 위치	Y_1[1] mm	ΣQ_n kN	Y_2[2], mm 60	70	80	90	100	110	120	130	140	150	160	170	180	190	200	210	220	230	240
H-692x300x13x20																						
	TFL	0.00	4970	3470	3550	3640	3730	3830	3920	4020	4120	4220	4330	4430	4540	4650	4760	4880	4990	5110	5230	5360
w= 166 kg/m	2	5.00	4270	3330	3410	3500	3580	3670	3760	3850	3940	4030	4130	4230	4320	4430	4530	4640	4740	4850	4960	5080
I_s= 1720x10^6 mm^4	3	10.0	3560	3180	3250	3330	3400	3480	3560	3640	3720	3810	3900	3980	4070	4170	4260	4360	4450	4550	4650	4760
	4	15.0	2860	3000	3060	3120	3190	3260	3330	3400	3470	3550	3620	3700	3780	3860	3940	4020	4110	4200	4280	4370
	BFL	20.0	2150	2780	2830	2880	2940	2990	3050	3110	3170	3230	3300	3360	3420	3490	3560	3630	3700	3770	3840	3920
	6	68.4	1700	2610	2660	2700	2750	2790	2840	2890	2940	3000	3050	3100	3160	3210	3270	3330	3390	3450	3510	3570
	7	143	1240	2420	2460	2490	2530	2570	2600	2640	2680	2720	2760	2810	2850	2890	2940	2990	3030	3080	3130	3180
H-700x300x13x24																						
	TFL	0.00	5530	3990	4090	4190	4290	4400	4510	4620	4730	4840	4960	5080	5200	5320	5450	5580	5710	5840	5980	6110
w= 185 kg/m	2	6.00	4690	3830	3920	4010	4110	4200	4300	4400	4500	4610	4710	4820	4940	5050	5160	5280	5400	5520	5650	5770
I_s= 2010x10^6 mm^4	3	12.0	3840	3640	3720	3800	3880	3970	4060	4150	4240	4330	4430	4520	4620	4730	4830	4930	5040	5150	5260	5370
	4	18.0	3000	3410	3470	3540	3620	3690	3770	3840	3920	4000	4080	4170	4250	4340	4430	4520	4610	4700	4800	4890
	BFL	24.0	2150	3120	3180	3230	3290	3350	3410	3470	3530	3600	3660	3730	3800	3870	3940	4010	4080	4160	4230	4310
	6	60.8	1770	2970	3020	3070	3120	3170	3220	3270	3330	3380	3440	3500	3560	3620	3680	3740	3800	3870	3930	4000
	7	124	1380	2810	2850	2890	2930	2970	3010	3060	3100	3150	3190	3240	3290	3340	3390	3440	3490	3550	3600	3650
H-708x302x15x28																						
	TFL	0.00	6430	4720	4830	4950	5070	5190	5320	5450	5580	5710	5850	5990	6130	6270	6420	6570	6720	6880	7040	7200
w= 215 kg/m	2	7.00	5440	4520	4630	4730	4840	4960	5070	5190	5310	5430	5560	5680	5810	5950	6080	6220	6360	6500	6650	6790
I_s= 2370x10^6 mm^4	3	14.0	4440	4290	4380	4480	4580	4680	4780	4880	4990	5100	5210	5330	5440	5560	5680	5800	5930	6060	6190	6320
	4	21.0	3450	4010	4090	4170	4260	4340	4430	4520	4610	4700	4800	4900	4990	5100	5200	5300	5410	5520	5630	5740
	BFL	28.0	2460	3670	3730	3800	3860	3930	4000	4070	4140	4220	4290	4370	4450	4530	4610	4690	4780	4860	4950	5040
	6	65.8	2030	3500	3550	3610	3670	3730	3790	3850	3910	3970	4040	4110	4180	4250	4320	4390	4460	4540	4610	4690
	7	126	1610	3310	3360	3400	3450	3500	3550	3600	3650	3710	3760	3820	3870	3930	3990	4050	4110	4170	4240	4300

1) Y_1 = [그림 7.2.1]에 표현된 H형강의 상부 플랜지 상부면에서 강재단면의 소성중립축까지 거리
2) Y_2 = [그림 7.2.1], [그림 7.2.2]에 표현된 H형강의 상부 플랜지 상부면에서 콘크리트슬래브플랜지의 소성중립축까지의 거리, $Y_2 = t_s - a/2$
3) PNA = [그림 7.2.1](c)에 표현된 소성중립축의 위치, TFL의 위치는 완전합성보, 7의 위치는 25% 합성정도의 불완전합성보

도움표 7.2-400 노출형 합성보의 단면2차모멘트 하한값 I_{LB} ($\times 10^6$ mm^4)

SHN400 (F_y = 235 MPa)

H형강 치수	PNA[3]	Y_1[1]	ΣQ_n	Y_2[2], mm																		
	위치	mm	kN	60	70	80	90	100	110	120	130	140	150	160	170	180	190	200	210	220	230	240
H-792x300x14x22																						
	TFL	0.00	5720	5070	5180	5290	5410	5530	5650	5780	5900	6030	6170	6300	6440	6570	6720	6860	7010	7160	7310	7460
w= 191 kg/m	2	5.50	4950	4880	4990	5090	5200	5310	5430	5540	5660	5780	5900	6030	6150	6280	6410	6550	6680	6820	6960	7100
I_s= 2540x10^6 mm^4	3	11.0	4170	4670	4770	4860	4960	5060	5160	5270	5380	5490	5600	5710	5820	5940	6060	6180	6310	6430	6560	6690
	4	16.5	3390	4420	4510	4590	4680	4770	4860	4950	5040	5140	5240	5340	5440	5540	5650	5760	5870	5980	6090	6200
	BFL	22.0	2620	4130	4200	4270	4340	4420	4490	4570	4650	4730	4820	4900	4990	5070	5160	5250	5340	5440	5530	5630
	6	88.3	2020	3860	3920	3980	4040	4100	4170	4230	4300	4360	4430	4500	4580	4650	4720	4800	4870	4950	5030	5110
	7	179	1430	3550	3590	3640	3690	3730	3780	3830	3880	3940	3990	4040	4100	4150	4210	4270	4320	4380	4440	4510
H-800x300x14x26																						
	TFL	0.00	6290	5750	5870	6000	6130	6260	6390	6530	6670	6820	6960	7110	7260	7420	7570	7730	7890	8060	8220	8390
w= 210 kg/m	2	6.50	5370	5520	5640	5760	5870	6000	6120	6250	6380	6510	6640	6780	6920	7060	7210	7350	7500	7650	7810	7960
I_s= 2920x10^6 mm^4	3	13.0	4450	5260	5370	5470	5580	5690	5800	5920	6030	6150	6270	6390	6520	6650	6780	6910	7040	7180	7320	7460
	4	19.5	3540	4950	5040	5130	5230	5320	5420	5520	5620	5720	5830	5940	6040	6160	6270	6380	6500	6620	6740	6860
	BFL	26.0	2620	4580	4650	4730	4810	4880	4960	5040	5130	5210	5300	5380	5470	5560	5650	5750	5840	5940	6040	6140
	6	81.6	2100	4330	4390	4460	4520	4590	4660	4720	4790	4870	4940	5010	5090	5170	5240	5320	5400	5490	5570	5660
	7	161	1570	4050	4100	4150	4200	4250	4310	4360	4420	4480	4530	4590	4650	4720	4780	4840	4910	4970	5040	5110
H-808x302x16x30																						
	TFL	0.00	7230	6700	6850	7000	7150	7300	7460	7620	7780	7940	8110	8280	8460	8640	8820	9000	9190	9380	9570	9770
w= 241 kg/m	2	7.50	6160	6440	6570	6710	6850	6990	7130	7280	7430	7580	7740	7900	8060	8220	8390	8560	8730	8910	9080	9260
I_s= 3390x10^6 mm^4	3	15.0	5100	6130	6250	6370	6500	6620	6750	6890	7020	7160	7300	7440	7580	7730	7880	8030	8190	8350	8510	8670
	4	22.5	4040	5760	5870	5970	6080	6190	6300	6420	6530	6650	6770	6900	7020	7150	7280	7410	7550	7680	7820	7960
	BFL	30.0	2970	5320	5410	5490	5580	5670	5760	5850	5950	6040	6140	6240	6340	6450	6550	6660	6770	6880	6990	7110
	6	86.3	2390	5040	5110	5180	5260	5330	5410	5490	5570	5650	5740	5820	5910	6000	6090	6180	6270	6370	6460	6560
	7	164	1810	4720	4770	4830	4890	4960	5020	5080	5150	5210	5280	5350	5420	5490	5560	5640	5710	5790	5870	5940

1) Y_1 = [그림 7.2.1]에 표현된 H형강의 상부 플랜지 상부면에서 강재단면의 소성중립축까지 거리
2) Y_2 = [그림 7.2.1], [그림 7.2.2]에 표현된 H형강의 상부 플랜지 상부면에서 콘크리트슬래브플랜지의 소성중립축까지의 거리, $Y_2 = t_s - a/2$
3) PNA = [그림 7.2.1](c)에 표현된 소성중립축의 위치, TFL의 위치는 완전합성보, 7의 위치는 25% 합성정도의 불완전합성보

제7장

도움표 7.2-400 노출형 합성보의 단면2차모멘트 하한값 I_{LB} ($\times 10^6$ mm^4)

SHN400 (F_y = 235 MPa)

H형강 치수	PNA[3]	Y_1[1]	ΣQ_n	Y_2[2], mm																		
	위치	mm	kN	60	70	80	90	100	110	120	130	140	150	160	170	180	190	200	210	220	230	240
H-890x299x15x23	TFL	0.00	6370	6910	7050	7190	7330	7480	7620	7780	7930	8090	8250	8410	8580	8740	8910	9090	9260	9440	9620	9810
w= 213 kg/m	2	5.75	5560	6670	6800	6930	7070	7200	7340	7480	7630	7770	7920	8070	8230	8390	8540	8710	8870	9040	9210	9380
I_s= 3450x10^6 mm^4	3	11.5	4750	6400	6520	6640	6770	6890	7020	7150	7280	7410	7550	7690	7830	7970	8120	8270	8420	8570	8730	8880
	4	17.2.1	3940	6090	6200	6310	6420	6530	6640	6760	6880	7000	7120	7240	7370	7500	7630	7760	7900	8030	8170	8310
	BFL	23.0	3130	5730	5820	5920	6010	6110	6210	6310	6410	6510	6620	6720	6830	6940	7060	7170	7290	7400	7520	7650
	6	110	2360	5320	5400	5470	5550	5630	5710	5790	5880	5960	6050	6140	6230	6320	6410	6500	6600	6700	6790	6890
	7	219	1590	4830	4890	4950	5000	5060	5120	5180	5240	5310	5370	5440	5500	5570	5640	5710	5780	5850	5920	6000
H-900x300x16x28	TFL	0.00	7280	8140	8300	8460	8630	8800	8970	9140	9320	9500	9690	9880	10100	10300	10500	10700	10900	11100	11300	11500
w= 243 kg/m	2	7.00	6290	7850	8000	8150	8300	8460	8620	8780	8940	9110	9280	9460	9630	9810	10000	10200	10400	10600	10800	11000
I_s= 4110x10^6 mm^4	3	14.0	5310	7510	7640	7780	7920	8060	8210	8360	8510	8660	8810	8970	9130	9300	9460	9630	9800	9970	10200	10300
	4	21.0	4320	7110	7230	7350	7480	7600	7730	7860	7990	8130	8270	8400	8550	8690	8840	8990	9140	9290	9450	9600
	BFL	28.0	3330	6640	6740	6840	6950	7050	7160	7270	7380	7500	7610	7730	7850	7970	8100	8220	8350	8480	8610	8740
	6	107	2580	6220	6300	6390	6470	6560	6650	6740	6840	6930	7030	7130	7220	7330	7430	7530	7640	7750	7860	7970
	7	208	1820	5720	5790	5850	5920	5990	6060	6130	6200	6270	6340	6420	6490	6570	6650	6730	6810	6890	6980	7060
H-912x302x18x34	TFL	0.00	8550	9820	10000	10200	10400	10600	10800	11000	11200	11400	11700	11900	12100	12300	12600	12800	13100	13300	13500	13800
w= 286 kg/m	2	8.50	7350	9460	9630	9810	9990	10200	10400	10600	10800	11000	11200	11400	11600	11800	12000	12200	12400	12700	12900	13100
I_s= 4980x10^6 mm^4	3	17.0	6140	9030	9190	9350	9510	9680	9850	10000	10200	10400	10600	10800	10900	11100	11300	11500	11700	11900	12100	12300
	4	25.5	4930	8520	8660	8800	8950	9090	9240	9400	9550	9710	9870	10000	10200	10400	10500	10700	10900	11100	11200	11400
	BFL	34.0	3730	7920	8030	8150	8270	8390	8520	8640	8770	8900	9040	9170	9310	9450	9590	9730	9880	10000	10200	10300
	6	109	2930	7450	7550	7650	7750	7850	7960	8060	8170	8280	8390	8500	8620	8740	8860	8980	9100	9230	9350	9480
	7	203	2140	6920	6990	7070	7150	7230	7310	7390	7480	7560	7650	7740	7830	7920	8020	8110	8210	8300	8400	8500

1) Y_1 = [그림 7.2.1]에 표현된 H형강의 상부 플랜지 상부면에서 강재단면의 소성중립축까지 거리
2) Y_2 = [그림 7.2.1], [그림 7.2.2]에 표현된 H형강의 상부 플랜지 상부면에서 콘크리트슬래브플랜지의 소성중립축까지의 거리, $Y_2 = t_s - a/2$
3) PNA = [그림 7.2.1](c)에 표현된 소성중립축의 위치, TFL의 위치는 완전합성보, 7의 위치는 25% 합성정도의 불완전합성보

도움표 7.2-400 노출형 합성보의 단면2차모멘트 하한값 I_{LB} ($\times 10^6$ mm^4)

SHN400 (F_y = 235 MPa)

H형강 치수	PNA[3] 위치	Y_1[1] mm	ΣQ_n kN	Y_2[2], mm 60	70	80	90	100	110	120	130	140	150	160	170	180	190	200	210	220	230	240
H-918x303x19x37	TFL	0.00	9200	10700	10900	11100	11300	11500	11800	12000	12200	12400	12700	12900	13200	13400	13700	13900	14200	14400	14700	15000
w= 307 kg/m	2	9.25	7880	10300	10500	10700	10900	11100	11300	11500	11700	11900	12100	12300	12600	12800	13000	13300	13500	13700	14000	14200
I_s= 5420x10^6 mm^4	3	18.5	6560	9810	9980	10200	10300	10500	10700	10900	11100	11300	11500	11700	11900	12100	12300	12500	12700	12900	13200	13400
	4	27.8	5240	9250	9400	9550	9700	9860	10000	10200	10400	10500	10700	10900	11000	11200	11400	11600	11800	12000	12200	12400
	BFL	37.0	3930	8580	8700	8820	8950	9080	9210	9350	9480	9620	9760	9910	10100	10200	10400	10500	10700	10800	11000	11100
	6	110	3110	8090	8190	8300	8400	8510	8630	8740	8850	8970	9090	9210	9340	9460	9590	9720	9850	9980	10100	10300
	7	202	2300	7530	7610	7700	7780	7870	7960	8050	8140	8230	8320	8420	8520	8620	8720	8820	8920	9030	9140	9250

1) Y_1 = [그림 7.2.1]에 표현된 H형강의 상부 플랜지 상부면에서 강재단면의 소성중립축까지 거리
2) Y_2 = [그림 7.2.1], [그림 7.2.2]에 표현된 H형강의 상부 플랜지 상부면에서 콘크리트슬래브플랜지의 소성중립축까지의 거리, $Y_2 = t_s - a/2$
3) PNA = [그림 7.2.1](c)에 표현된 소성중립축의 위치, TFL의 위치는 완전합성보, 7의 위치는 25% 합성정도의 불완전합성보

제7장

도움표 7.2-490 노출형 합성보의 단면2차모멘트 하한값 I_{LB} ($\times 10^6$ mm^4)

SHN490 (F_y = 325 MPa)

H형강 치수	PNA[3] 위치	Y_1[1] mm	ΣQ_n kN	Y_2[2], mm 60	70	80	90	100	110	120	130	140	150	160	170	180	190	200	210	220	230	240
H-248x124x5x8	TFL	0.00	1060	90.7	96.9	103	110	117	125	133	141	149	158	167	177	186	196	207	218	229	240	252
w= 25.7 kg/m	2	2.00	901	86.1	91.8	97.8	104	111	117	125	132	140	148	156	165	174	183	193	203	213	223	234
I_s= 35.4x10^6 mm^4	3	4.00	740	80.8	85.9	91.2	96.8	103	109	115	122	129	136	144	151	159	168	176	185	194	203	213
	4	6.00	578	74.4	78.7	83.3	88.1	93.2	98.5	104	110	116	122	128	135	142	149	156	164	172	180	188
	BFL	8.00	417	66.6	70.1	73.7	77.6	81.6	85.8	90.2	94.8	99.6	105	110	115	121	126	132	138	144	151	157
	6	19.5	341	62.3	65.3	68.4	71.8	75.3	78.9	82.7	86.6	90.8	95.0	99.5	104	109	114	119	124	129	135	141
	7	42.3	265	57.5	60.0	62.6	65.3	68.2	71.2	74.3	77.5	80.9	84.4	88.1	91.9	95.8	99.8	104	108	113	117	122
H-250x125x6x9	TFL	0.00	1220	105	112	120	128	136	144	154	163	173	183	193	204	216	227	239	252	265	278	291
w= 29.6 kg/m	2	2.25	1040	99.8	106	113	121	128	136	144	153	162	171	181	191	202	212	223	235	247	259	271
I_s= 40.5x10^6 mm^4	3	4.50	858	93.6	99.5	106	112	119	126	134	141	150	158	167	176	185	195	204	215	225	236	247
	4	6.75	675	86.3	91.4	96.8	102	108	114	121	128	135	142	149	157	165	173	182	191	200	209	219
	BFL	9.00	493	77.5	81.6	85.9	90.5	95.2	100	105	111	116	122	128	135	141	148	155	162	169	177	184
	6	22.6	399	72.2	75.7	79.4	83.3	87.2.2	91.7	96.1	101	106	111	116	121	127	132	138	144	151	157	164
	7	46.5	306	66.3	69.2	72.2	75.3	78.6	82.1	85.7	89.5	93.4	97.5	102	106	111	115	120	125	130	135	141
H-244x175x7x11	TFL	0.00	1830	154	165	176	188	200	213	226	240	254	269	285	301	318	335	353	371	390	410	430
w= 44.1 kg/m	2	2.75	1510	146	155	165	176	187	198	210	223	236	250	264	279	294	309	325	342	359	377	395
I_s= 61.2x10^6 mm^4	3	5.50	1200	135	143	152	161	171	181	192	203	214	226	239	251	265	278	293	307	322	338	354
	4	8.25	889	122	129	136	144	152	160	169	178	188	197	208	218	229	240	252	264	277	289	302
	BFL	11.0	576	106	111	116	122	128	134	140	147	154	161	168	176	184	192	201	210	219	228	238
	6	17.6	517	102	107	112	117	122	128	134	140	146	153	160	167	174	182	190	198	206	215	224
	7	24.3	457	98.5	103	107	112	117	122	127	133	138	144	151	157	164	171	178	185	193	201	209

1) Y_1 = [그림 7.2.1]에 표현된 H형강의 상부 플랜지 상부면에서 강재단면의 소성중립축까지 거리
2) Y_2 = [그림 7.2.1], [그림 7.2.2]에 표현된 H형강의 상부 플랜지 상부면에서 콘크리트슬래브플랜지의 소성중립축까지의 거리, $Y_2 = t_s - a/2$
3) PNA = [그림 7.2.1](c)에 표현된 소성중립축의 위치, TFL의 위치는 완전합성보, 7의 위치는 25% 합성정도의 불완전합성보

도움표 7.2-490 노출형 합성보의 단면2차모멘트 하한값 I_{LB} ($\times 10^6$ mm^4)

SHN490 (F_y = 325 MPa)

H형강 치수	PNA[3]	Y_1[1]	ΣQ_n	Y_2[2], mm																		
	위치	mm	kN	60	70	80	90	100	110	120	130	140	150	160	170	180	190	200	210	220	230	240
H-298x149x5.5x8																						
	TFL	0.00	1330	152	161	170	180	190	200	211	222	234	246	258	271	284	298	312	326	341	356	372
w= 32.0 kg/m	2	2.00	1130	145	153	162	171	180	189	199	209	220	231	243	254	267	279	292	305	319	333	348
I_s= 63.2x10^6 mm^4	3	4.00	939	137	144	152	160	168	177	186	195	204	214	225	235	246	258	269	281	293	306	319
	4	6.00	745	127	134	140	147	154	162	169	177	186	194	203	213	222	232	242	252	263	274	285
	BFL	8.00	551	116	121	126	132	137	144	150	156	163	170	178	185	193	201	209	218	226	235	244
	6	25.5	441	108	112	117	121	126	132	137	142	148	154	160	167	173	180	187	194	202	210	217
	7	56.3	332	98.8	102	106	110	114	118	122	127	131	136	141	146	152	157	163	168	174	180	187
H-300x150x6.5x9																						
	TFL	0.00	1520	175	185	196	207	218	230	243	255	269	283	297	312	327	342	359	375	392	410	428
w= 36.7 kg/m	2	2.25	1300	167	176	186	196	207	218	229	241	254	266	279	293	307	321	336	352	367	384	400
I_s= 72.1x10^6 mm^4	3	4.50	1080	158	166	175	184	194	204	214	225	236	247	259	271	284	297	310	324	338	353	368
	4	6.75	862	147	154	162	170	178	187	196	205	214	224	235	245	256	268	279	291	304	317	330
	BFL	9.00	643	133	139	146	152	159	166	173	181	189	197	206	214	223	233	242	252	262	273	284
	6	28.9	511	124	129	134	140	146	152	158	164	171	178	185	193	200	208	216	225	233	242	251
	7	60.0	380	113	117	122	126	131	135	140	145	151	156	162	168	174	180	187	193	200	207	214
H-294x200x8x12																						
	TFL	0.00	2350	268	284	300	317	334	352	371	391	411	433	454	477	500	524	549	575	601	628	655
w= 56.8 kg/m	2	3.00	1960	254	268	283	298	314	331	348	366	385	404	424	444	465	487	510	533	557	581	606
I_s= 113x10^6 mm^4	3	6.00	1570	238	250	263	276	290	305	320	336	352	369	387	405	423	443	463	483	504	526	548
	4	9.00	1180	217	227	238	249	261	273	286	299	313	327	342	357	372	388	405	422	439	458	476
	BFL	12.0	792	192	199	207	216	225	234	243	253	264	274	285	297	308	321	333	346	359	373	387
	6	22.0	690	184	191	198	206	214	222	230	239	249	258	268	278	289	300	311	323	335	347	359
	7	33.9	588	175	182	188	195	202	209	217	224	233	241	250	259	268	278	288	298	308	319	330

1) Y_1 = [그림 7.2.1]에 표현된 H형강의 상부 플랜지 상부면에서 강재단면의 소성중립축까지 거리
2) Y_2 = [그림 7.2.1], [그림 7.2.2]에 표현된 H형강의 상부 플랜지 상부면에서 콘크리트슬래브플랜지의 소성중립축까지의 거리, $Y_2 = t_s - a/2$
3) PNA = [그림 7.2.1](c)에 표현된 소성중립축의 위치, TFL의 위치는 완전합성보, 7의 위치는 25% 합성정도의 불완전합성보

도움표 7.2-490 노출형 합성보의 단면2차모멘트 하한값 I_{LB} ($\times 10^6$ mm^4)

SHN490 (F_y = 325 MPa)

H형강 치수	PNA[3]	Y_1[1]	ΣQ_n	Y_2[2], mm																		
	위치	mm	kN	60	70	80	90	100	110	120	130	140	150	160	170	180	190	200	210	220	230	240
H-298x201x9x14																						
	TFL	0.00	2710	315	333	352	371	392	413	435	458	481	506	531	557	584	612	641	670	701	732	764
w= 65.4 kg/m	2	3.50	2250	298	315	332	349	368	387	407	428	449	471	494	518	543	568	594	621	648	677	706
I_s= 133x10[6] mm[4]	3	7.00	1790	278	292	307	323	339	356	373	392	411	430	450	471	493	515	538	561	585	610	636
	4	10.5	1340	253	265	278	290	304	318	332	348	363	379	396	413	431	450	469	488	508	529	550
	BFL	14.0	880	222	231	240	250	260	270	281	292	304	316	328	341	354	368	382	397	411	427	442
	6	23.3	779	214	222	231	239	249	258	268	278	289	299	311	323	335	347	360	373	387	400	415
	7	33.2	677	206	213	221	228	236	245	254	263	272	282	292	303	314	325	336	348	360	373	385
H-346x174x6x9																						
	TFL	0.00	1710	254	266	280	293	307	322	337	353	369	386	403	421	439	458	477	497	518	539	560
w= 41.4 kg/m	2	2.25	1460	242	254	266	279	292	305	319	333	348	364	380	396	413	430	448	466	485	504	524
I_s= 111x10[6] mm[4]	3	4.50	1200	229	239	250	261	273	285	298	311	324	338	352	367	382	397	413	430	447	464	482
	4	6.75	949	213	222	231	241	251	261	272	283	295	307	319	332	345	358	372	386	401	416	431
	BFL	9.00	694	193	201	208	216	224	233	241	250	260	270	279	290	300	311	322	334	346	358	370
	6	29.1	561	182	188	194	201	208	215	223	230	238	247	255	264	273	282	292	302	312	322	333
	7	63.2	428	168	173	178	184	189	195	201	208	214	221	228	235	242	250	258	266	274	282	291
H-350x175x7x11																						
	TFL	0.00	2050	310	325	341	357	374	392	410	429	449	469	490	511	533	556	580	604	628	653	679
w= 49.6 kg/m	2	2.75	1740	296	309	324	339	355	371	388	405	423	442	461	480	501	521	543	565	588	611	634
I_s= 136x10[6] mm[4]	3	5.50	1430	279	291	304	317	331	346	361	376	393	409	426	444	462	481	500	519	540	560	582
	4	8.25	1110	258	269	280	292	304	316	329	342	356	370	385	400	416	432	448	465	482	500	518
	BFL	11.0	801	233	242	251	260	270	280	290	300	311	323	335	347	359	372	385	398	412	426	441
	6	30.6	657	220	228	235	243	251	260	269	278	288	297	307	318	329	340	351	363	374	387	399
	7	62.2	513	205	211	218	224	231	238	245	253	261	269	277	286	295	304	313	323	333	343	353

1) Y_1 = [그림 7.2.1]에 표현된 H형강의 상부 플랜지 상부면에서 강재단면의 소성중립축까지 거리
2) Y_2 = [그림 7.2.1], [그림 7.2.2]에 표현된 H형강의 상부 플랜지 상부면에서 콘크리트슬래브플랜지의 소성중립축까지의 거리, $Y_2 = t_s - a/2$
3) PNA = [그림 7.2.1](c)에 표현된 소성중립축의 위치, TFL의 위치는 완전합성보, 7의 위치는 25% 합성정도의 불완전합성보

도움표 7.2-490 노출형 합성보의 단면2차모멘트 하한값 I_{LB} ($\times10^6$ mm^4)

SHN490 (F_y = 325 MPa)

H형강 치수	PNA[3]	Y_1[1]	ΣQ_n	Y_2[2], mm																		
	위치	mm	kN	60	70	80	90	100	110	120	130	140	150	160	170	180	190	200	210	220	230	240
H-354x176x8x13																						
	TFL	0.00	2390	368	386	404	424	444	464	486	508	531	555	579	605	631	657	685	713	742	771	802
w= 57.8 kg/m	2	3.25	2020	350	367	384	402	420	439	459	479	500	522	544	567	591	615	641	666	693	720	748
I_s= 161x10^6 mm^4	3	6.50	1650	330	344	360	375	392	409	426	444	463	483	502	523	544	566	588	611	635	659	684
	4	9.75	1280	305	317	330	344	358	372	387	403	419	435	452	470	488	507	526	545	565	586	607
	BFL	13.0	907	275	285	295	305	316	328	340	352	364	377	391	405	419	434	449	464	480	496	513
	6	32.2	753	260	269	277	287	296	306	316	327	338	349	361	373	386	398	412	425	439	453	468
	7	61.9	599	244	251	258	266	274	282	291	300	309	319	328	338	349	359	370	382	393	405	417
H-336x249x8x12																						
	TFL	0.00	2860	414	435	456	478	502	526	551	576	603	631	659	689	719	750	782	815	849	883	919
w= 69.2 kg/m	2	3.00	2380	393	412	431	451	472	494	517	540	564	589	615	642	669	698	727	757	787	819	851
I_s= 185x10^6 mm^4	3	6.00	1890	367	384	401	419	437	456	476	497	518	540	562	586	610	635	660	686	713	741	769
	4	9.00	1410	336	350	364	378	394	410	426	443	461	479	498	517	537	557	578	600	622	645	669
	BFL	12.0	923	297	307	317	328	339	351	363	376	389	402	416	430	445	460	476	492	508	525	543
	6	21.6	820	287	296	306	316	326	337	348	359	371	383	396	409	422	436	451	465	480	496	511
	7	31.2	716	277	285	293	302	312	321	331	342	352	363	375	386	399	411	424	437	450	464	479
H-340x250x9x14																						
	TFL	0.00	3300	485	509	534	560	587	615	644	674	705	737	770	804	839	875	912	950	989	1030	1070
w= 79.7 kg/m	2	3.50	2730	460	482	504	528	552	577	603	630	659	687	717	748	780	813	846	881	916	952	990
I_s= 217x10^6 mm^4	3	7.00	2160	429	448	468	488	510	532	555	578	603	628	654	681	709	738	767	797	828	860	892
	4	10.5	1590	392	407	423	440	458	476	495	514	534	555	577	599	622	645	669	694	720	746	772
	BFL	14.0	1020	344	355	367	379	392	405	419	433	448	463	479	495	511	528	546	564	583	602	621
	6	22.7	924	334	345	356	367	379	391	404	417	430	444	459	474	489	505	521	538	555	572	590
	7	31.4	825	324	334	344	354	365	376	388	399	412	425	438	451	465	480	495	510	526	542	558

1) Y_1 = [그림 7.2.1]에 표현된 H형강의 상부 플랜지 상부면에서 강재단면의 소성중립축까지 거리
2) Y_2 = [그림 7.2.1], [그림 7.2.2]에 표현된 H형강의 상부 플랜지 상부면에서 콘크리트슬래브플랜지의 소성중립축까지의 거리, $Y_2 = t_s - a/2$
3) PNA = [그림 7.2.´](c)에 표현된 소성중립축의 위치, TFL의 위치는 완전합성보, 7의 위치는 25% 합성정도의 불완전합성보

제7장

도움표 7.2-490 노출형 합성보의 단면2차모멘트 하한값 I_{LB} ($\times 10^6$ mm^4)

SHN490 (F_y = 325 MPa)

H형강 치수	PNA[3]	Y_1[1]	ΣQ_n	Y_2[2], mm																		
	위치	mm	kN	60	70	80	90	100	110	120	130	140	150	160	170	180	190	200	210	220	230	240
H-396x199x7x11																						
	TFL	0.00	2350	440	459	479	499	521	542	565	588	612	637	663	689	716	743	772	801	831	861	892
w= 56.6 kg/m	2	2.75	1990	421	438	456	475	494	514	535	556	579	601	625	649	673	699	725	751	779	807	836
I_s= 200x10^6 mm^4	3	5.50	1630	397	413	429	446	463	481	500	519	539	559	580	601	624	646	670	693	718	743	769
	4	8.25	1280	370	383	397	411	426	442	458	474	491	508	526	545	564	583	603	624	645	666	688
	BFL	11.0	922	336	346	358	369	381	393	406	419	433	447	461	476	491	507	523	539	556	573	591
	6	32.2	754	317	326	336	346	356	367	378	389	401	413	425	438	451	465	478	493	507	522	537
	7	69.1	586	296	304	312	320	328	337	346	355	365	375	385	396	406	417	429	440	452	465	477
H-400x200x8x13																						
	TFL	0.00	2730	521	544	567	591	616	641	668	695	723	752	782	813	844	877	910	944	979	1010	1050
w= 66.0 kg/m	2	3.25	2310	498	518	539	561	584	607	632	657	683	709	736	765	794	823	854	885	917	950	983
I_s= 237x10^6 mm^4	3	6.50	1890	469	488	507	526	546	567	589	611	634	658	682	708	733	760	787	815	843	873	902
	4	9.75	1470	436	451	467	484	501	519	538	557	577	597	618	639	661	684	707	731	755	780	806
	BFL	13.0	1040	394	406	419	433	446	460	475	490	506	522	538	555	573	591	609	628	647	667	687
	6	33.9	864	374	384	395	407	419	431	444	457	470	484	499	513	529	544	560	577	593	610	628
	7	68.6	683	351	360	369	379	388	399	409	420	432	443	455	467	480	493	506	520	534	548	563
H-404x201x9x15																						
	TFL	0.00	3130	605	631	657	685	713	743	773	805	837	871	905	940	976	1010	1050	1090	1130	1170	1210
w= 75.5 kg/m	2	3.75	2640	577	600	625	650	676	703	731	760	789	820	851	884	917	951	986	1020	1060	1100	1130
I_s= 275x10^6 mm^4	3	7.50	2150	544	564	586	609	632	656	681	706	733	760	788	816	846	876	907	939	972	1010	1040
	4	11.3	1660	503	521	540	559	579	599	620	642	664	687	711	736	761	787	813	840	868	896	925
	BFL	15.0	1170	454	468	483	498	513	529	546	563	580	598	617	636	656	676	697	718	740	762	785
	6	35.6	973	432	444	456	470	483	497	512	527	542	558	574	591	608	626	644	662	682	701	721
	7	68.4	781	407	417	428	439	450	462	474	487	500	513	527	541	555	570	586	601	617	634	651

1) Y_1 = [그림 7.2.1]에 표현된 H형강의 상부 플랜지 상부면에서 강재단면의 소성중립축까지 거리
2) Y_2 = [그림 7.2.1], [그림 7.2.2]에 표현된 H형강의 상부 플랜지 상부면에서 콘크리트슬래브플랜지의 소성중립축까지의 거리, $Y_2 = t_s - a/2$
3) PNA = [그림 7.2.1](c)에 표현된 소성중립축의 위치, TFL의 위치는 완전합성보, 7의 위치는 25% 합성정도의 불완전합성보

도움표 7.2-490 노출형 합성보의 단면2차모멘트 하한값 I_{LB} (x10^6 mm^4)

SHN490 (F_y = 325 MPa)

H형강 치수	PNA[3] 위치	Y_1[1] mm	ΣQ_n kN	Y_2[2], mm 60	70	80	90	100	110	120	130	140	150	160	170	180	190	200	210	220	230	240
H-386x299x9x14																						
	TFL	0.00	3900	721	752	784	818	852	888	925	963	1000	1040	1090	1130	1170	1220	1260	1310	1360	1410	1460
w= 94.3 kg/m	2	3.50	3220	684	712	742	772	803	835	869	903	939	976	1010	1050	1090	1130	1180	1220	1260	1310	1360
I_s= 337x10^6 mm^4	3	7.00	2540	640	664	690	716	743	772	801	831	862	894	927	961	996	1030	1070	1110	1140	1180	1220
	4	10.5	1860	585	605	626	647	670	693	717	742	767	793	820	848	877	906	936	967	998	1030	1060
	BFL	14.0	1180	515	530	545	560	576	593	610	628	646	665	685	705	725	746	768	790	813	836	860
	6	22.6	1080	503	517	531	545	560	576	592	608	625	643	661	680	699	718	738	759	780	802	824
	7	31.2	976	491	503	516	529	543	557	572	587	603	619	636	653	671	689	708	727	746	767	787
H-390x300x10x16																						
	TFL	0.00	4420	829	864	901	939	978	1020	1060	1100	1150	1200	1240	1290	1340	1390	1450	1500	1560	1610	1670
w= 107 kg/m	2	4.00	3640	786	818	851	885	921	958	996	1040	1080	1120	1160	1200	1250	1300	1340	1390	1440	1500	1550
I_s= 387x10^6 mm^4	3	8.00	2860	734	762	791	821	851	884	917	951	986	1020	1060	1100	1140	1180	1220	1260	1310	1350	1400
	4	12.0	2080	670	692	716	740	765	791	818	846	875	904	935	966	998	1030	1070	1100	1140	1170	1210
	BFL	16.0	1300	588	604	620	638	655	674	693	713	733	754	776	798	821	844	869	893	919	945	971
	6	23.7	1200	576	591	607	623	640	657	675	694	713	733	753	774	795	818	840	864	887	912	937
	7	31.3	1100	564	578	592	608	623	640	657	674	692	710	729	749	769	790	811	833	855	878	901
H-446x199x8x12																						
	TFL	0.00	2740	625	649	674	700	727	754	783	812	842	873	905	938	972	1010	1040	1080	1110	1150	1190
w= 66.2 kg/m	2	3.00	2350	599	621	644	668	693	719	745	772	800	829	858	888	919	951	984	1020	1050	1090	1120
I_s= 287x10^6 mm^4	3	6.00	1960	569	589	610	632	654	677	701	726	751	777	803	831	859	887	917	947	978	1010	1040
	4	9.00	1580	533	551	570	589	608	628	649	671	693	715	738	762	787	812	838	864	891	919	947
	BFL	12.0	1190	491	506	521	537	553	570	587	605	623	642	661	681	701	722	743	765	787	810	833
	6	42.9	936	459	471	484	497	511	525	540	555	570	586	602	619	636	653	671	690	708	728	747
	7	91.3	685	422	432	442	452	463	474	485	497	509	522	534	547	561	575	589	603	618	633	648

1) Y_1 = [그림 7.2.1]에 표현된 H형강의 상부 플랜지 상부면에서 강재단면의 소성중립축까지 거리
2) Y_2 = [그림 7.2.1], [그림 7.2.2]에 표현된 H형강의 상부 플랜지 상부면에서 콘크리트슬래브플랜지의 소성중립축까지의 거리, $Y_2 = t_s - a/2$
3) PNA = [그림 7.2.1](c)에 표현된 소성중립축의 위치, TFL의 위치는 완전합성보, 7의 위치는 25% 합성정도의 불완전합성보

도움표 7.2-490 노출형 합성보의 단면2차모멘트 하한값 I_{LB} (x10^6 mm^4)

SHN490 (F_y = 325 MPa)

H형강 치수	PNA[3]	Y_1[1]	ΣQ_n	Y_2[2], mm																		
	위치	mm	kN	60	70	80	90	100	110	120	130	140	150	160	170	180	190	200	210	220	230	240
H-450x200x9x14	TFL	0.00	3140	727	756	785	815	846	877	910	944	979	1010	1050	1090	1130	1170	1210	1250	1290	1340	1380
w= 76.0 kg/m	2	3.50	2690	697	723	749	777	806	835	865	897	929	962	996	1030	1070	1100	1140	1180	1220	1260	1300
I_s= 335x10^6 mm^4	3	7.00	2230	661	684	708	733	759	786	813	841	870	900	930	962	994	1030	1060	1100	1130	1170	1200
	4	10.5	1780	619	639	660	681	704	727	751	775	800	826	853	880	908	937	966	996	1030	1060	1090
	BFL	14.0	1320	567	584	601	619	637	656	676	696	717	738	760	782	805	828	853	877	902	928	955
	6	44.6	1060	532	546	561	576	591	607	624	641	658	676	695	714	733	753	774	795	816	838	860
	7	90.6	786	492	503	515	527	539	552	565	578	592	607	621	636	652	668	684	701	718	735	753
H-434x299x10x15	TFL	0.00	4390	986	1020	1060	1100	1150	1190	1230	1280	1330	1380	1430	1480	1530	1590	1640	1700	1760	1820	1880
w= 106 kg/m	2	3.75	3660	939	974	1010	1050	1090	1120	1170	1210	1250	1300	1340	1390	1440	1490	1540	1590	1640	1690	1750
I_s= 468x10^6 mm^4	3	7.50	2930	883	913	945	978	1010	1050	1080	1120	1160	1200	1240	1280	1320	1360	1410	1450	1500	1550	1600
	4	11.3	2200	814	840	866	893	921	950	980	1010	1040	1080	1110	1140	1180	1220	1250	1290	1330	1370	1410
	BFL	15.0	1470	728	748	767	788	809	831	853	877	901	925	950	976	1000	1030	1060	1090	1120	1150	1180
	6	29.3	1290	703	720	738	756	775	795	815	836	858	880	903	926	950	975	1000	1030	1050	1080	1110
	7	48.2	1100	675	690	706	722	739	757	775	793	812	832	852	872	894	915	938	960	984	1010	1030
H-440x300x11x18	TFL	0.00	5110	1180	1220	1270	1320	1370	1420	1470	1520	1580	1640	1700	1760	1820	1880	1950	2020	2080	2150	2230
w= 124 kg/m	2	4.50	4240	1120	1160	1200	1250	1290	1340	1390	1430	1480	1540	1590	1650	1700	1760	1820	1880	1940	2000	2070
I_s= 561x10^6 mm^4	3	9.00	3360	1050	1090	1120	1160	1200	1240	1280	1330	1370	1410	1460	1510	1560	1610	1660	1710	1770	1820	1880
	4	13.5	2480	964	993	1020	1050	1090	1120	1160	1190	1230	1260	1300	1340	1380	1430	1470	1510	1560	1600	1650
	BFL	18.0	1600	855	877	899	922	946	970	995	1020	1050	1080	1100	1130	1160	1190	1220	1260	1290	1320	1360
	6	29.8	1440	832	852	872	893	915	938	961	985	1010	1030	1060	1090	1110	1140	1170	1200	1230	1260	1290
	7	41.6	1280	807	825	844	863	883	903	925	946	969	992	1020	1040	1060	1090	1120	1140	1170	1200	1230

1) Y_1 = [그림 7.2.1]에 표현된 H형강의 상부 플랜지 상부면에서 강재단면의 소성중립축까지 거리
2) Y_2 = [그림 7.2.1], [그림 7.2.2]에 표현된 H형강의 상부 플랜지 상부면에서 콘크리트슬래브플랜지의 소성중립축까지의 거리, $Y_2 = t_s - a/2$
3) PNA = [그림 7.2.1](c)에 표현된 소성중립축의 위치, TFL의 위치는 완전합성보, 7의 위치는 25% 합성정도의 불완전합성보

도움표 7.2-490 노출형 합성보의 단면2차모멘트 하한값 I_{LB} ($\times10^6$ mm^4)

SHN490 (F_y = 325 MPa)

H형강 치수	PNA[3]	Y_1[1]	ΣQ_n	Y_2[2], mm																		
	위치	mm	kN	60	70	80	90	100	110	120	130	140	150	160	170	180	190	200	210	220	230	240
H-496x199x9x14	TFL	0.00	3290	899	931	963	997	1030	1070	1100	1140	1180	1220	1260	1300	1350	1390	1430	1480	1530	1580	1620
w= 79.5 kg/m	2	3.50	2840	864	893	923	954	987	1020	1050	1090	1120	1160	1200	1240	1280	1320	1360	1400	1450	1490	1540
I_s= 419x10^6 mm^4	3	7.00	2390	822	849	877	905	934	964	995	1030	1060	1090	1130	1160	1200	1240	1270	1310	1350	1390	1430
	4	10.5	1930	774	798	822	847	873	899	926	954	983	1010	1040	1070	1110	1140	1170	1200	1240	1270	1310
	BFL	14.0	1480	717	736	757	778	799	821	844	868	892	916	942	968	994	1020	1050	1080	1110	1140	1170
	6	51.1	1150	668	684	701	719	737	755	774	794	814	835	856	877	900	922	946	969	994	1020	1040
	7	107	823	611	624	637	650	664	678	693	708	724	740	756	773	790	807	825	844	862	881	901
H-500x200x10x16	TFL	0.00	3710	1030	1060	1100	1140	1180	1220	1260	1300	1350	1390	1440	1490	1530	1580	1640	1690	1740	1790	1850
w= 89.6 kg/m	2	4.00	3190	986	1020	1050	1090	1130	1160	1200	1240	1280	1320	1370	1410	1460	1500	1550	1600	1650	1700	1750
I_s= 478x10^6 mm^4	3	8.00	2670	938	968	999	1030	1060	1100	1130	1170	1210	1240	1280	1320	1360	1400	1450	1490	1530	1580	1630
	4	12.0	2150	881	908	935	963	992	1020	1050	1080	1120	1150	1180	1220	1250	1290	1330	1370	1400	1440	1490
	BFL	16.0	1630	814	836	858	882	906	931	956	982	1010	1040	1060	1090	1120	1150	1180	1220	1250	1280	1320
	6	53.0	1280	760	778	797	817	837	858	879	901	924	947	971	995	1020	1050	1070	1100	1130	1150	1180
	7	107	928	698	712	727	743	758	775	791	808	826	844	863	881	901	921	941	962	983	1000	1030
H-506x201x11x19	TFL	0.00	4270	1210	1250	1290	1340	1380	1430	1480	1530	1580	1630	1680	1740	1800	1850	1910	1970	2030	2100	2160
w= 103 kg/m	2	4.75	3650	1160	1200	1240	1280	1320	1360	1410	1450	1500	1550	1600	1650	1700	1750	1810	1860	1920	1980	2040
I_s= 565x10^6 mm^4	3	9.50	3030	1100	1130	1170	1210	1240	1280	1320	1360	1410	1450	1490	1540	1590	1630	1680	1730	1780	1840	1890
	4	14.3	2410	1030	1060	1090	1120	1150	1190	1220	1260	1300	1330	1370	1410	1450	1490	1540	1580	1620	1670	1720
	BFL	19.0	1780	944	969	995	1020	1050	1080	1100	1130	1160	1190	1230	1260	1290	1330	1360	1400	1430	1470	1510
	6	53.6	1430	887	908	930	952	975	998	1020	1050	1070	1100	1130	1150	1180	1210	1240	1270	1300	1330	1360
	7	104	1070	822	839	856	874	892	911	930	950	971	992	1010	1040	1060	1080	1100	1130	1150	1180	1200

1) Y_1 = [그림 7.2.1]에 표현된 H형강의 상부 플랜지 상부면에서 강재단면의 소성중립축까지 거리
2) Y_2 = [그림 7.2.1]. [그림 7.2.2]에 표현된 H형강의 상부 플랜지 상부면에서 콘크리트슬래브플랜지의 소성중립축까지의 거리, $Y_2 = t_s - a/2$
3) PNA = [그림 7.2.1](c)에 표현된 소성중립축의 위치, TFL의 위치는 완전합성보, 7의 위치는 25% 합성정도의 불완전합성보

도움표 7.2-490 노출형 합성보의 단면2차모멘트 하한값 I_{LB} ($\times 10^6$ mm^4)

SHN490 (F_y = 325 MPa)

H형강 치수	PNA[3]	Y_1[1]	ΣQ_n	Y_2[2], mm																		
	위치	mm	kN	60	70	80	90	100	110	120	130	140	150	160	170	180	190	200	210	220	230	240
H-482x300x11x15	TFL	0.00	4730	1260	1310	1350	1400	1450	1500	1550	1610	1660	1720	1770	1830	1890	1960	2020	2080	2150	2220	2290
w= 114 kg/m	2	3.75	4000	1210	1250	1290	1330	1380	1420	1470	1520	1570	1620	1680	1730	1790	1840	1900	1960	2020	2080	2150
I_s= 604x10^6 mm^4	3	7.50	3270	1140	1180	1220	1260	1300	1340	1380	1420	1470	1510	1560	1610	1660	1710	1760	1810	1870	1920	1980
	4	11.3	2540	1060	1090	1130	1160	1190	1230	1270	1300	1340	1380	1420	1460	1500	1550	1590	1640	1680	1730	1780
	BFL	15.0	1800	968	992	1020	1040	1070	1100	1130	1160	1190	1220	1250	1280	1320	1350	1390	1420	1460	1500	1530
	6	36.6	1490	920	941	964	986	1010	1030	1060	1080	1110	1140	1170	1190	1220	1250	1280	1310	1350	1380	1410
	7	75.6	1180	867	885	904	923	942	962	983	1000	1030	1050	1070	1100	1120	1140	1170	1200	1220	1250	1280
H-488x300x11x18	TFL	0.00	5310	1470	1520	1570	1620	1680	1730	1790	1850	1920	1980	2040	2110	2180	2250	2320	2390	2470	2550	2620
w= 128 kg/m	2	4.50	4440	1400	1440	1490	1540	1590	1640	1700	1750	1810	1860	1920	1980	2050	2110	2180	2240	2310	2380	2450
I_s= 710x10^6 mm^4	3	9.00	3560	1320	1360	1400	1440	1490	1530	1580	1630	1680	1730	1780	1830	1890	1940	2000	2060	2120	2180	2250
	4	13.5	2680	1220	1250	1290	1320	1360	1400	1440	1480	1520	1560	1600	1650	1700	1740	1790	1840	1890	1940	1990
	BFL	18.0	1800	1090	1120	1140	1170	1200	1230	1260	1290	1320	1350	1390	1420	1450	1490	1530	1560	1600	1640	1680
	6	34.5	1570	1050	1080	1100	1120	1150	1180	1200	1230	1260	1290	1320	1350	1380	1410	1440	1480	1510	1550	1580
	7	58.2	1330	1010	1030	1050	1070	1100	1120	1140	1170	1190	1220	1240	1270	1300	1330	1350	1380	1410	1440	1480
H-596x199x10x15	TFL	0.00	3910	1460	1500	1550	1590	1640	1690	1740	1790	1840	1900	1950	2010	2060	2120	2180	2240	2300	2370	2430
w= 94.6 kg/m	2	3.75	3430	1410	1450	1490	1530	1580	1620	1670	1720	1770	1820	1870	1920	1970	2030	2080	2140	2200	2260	2320
I_s= 687x10^6 mm^4	3	7.50	2940	1350	1390	1430	1470	1510	1550	1590	1630	1680	1720	1770	1820	1870	1920	1970	2020	2070	2130	2180
	4	11.3	2460	1280	1320	1350	1390	1420	1460	1500	1540	1580	1620	1660	1710	1750	1790	1840	1890	1930	1980	2030
	BFL	15.0	1970	1200	1230	1260	1300	1330	1360	1390	1430	1460	1500	1530	1570	1610	1650	1690	1730	1770	1810	1860
	6	70.8	1480	1110	1130	1160	1180	1210	1240	1260	1290	1320	1350	1380	1410	1440	1470	1510	1540	1570	1610	1640
	7	147	979	996	1010	1030	1050	1070	1090	1110	1130	1150	1170	1190	1210	1240	1260	1280	1310	1330	1360	1380

1) Y_1 = [그림 7.2.1]에 표현된 H형강의 상부 플랜지 상부면에서 강재단면의 소성중립축까지 거리
2) Y_2 = [그림 7.2.1], [그림 7.2.2]에 표현된 H형강의 상부 플랜지 상부면에서 콘크리트슬래브플랜지의 소성중립축까지의 거리, $Y_2 = t_s - a/2$
3) PNA = [그림 7.2.1](c)에 표현된 소성중립축의 위치, TFL의 위치는 완전합성보, 7의 위치는 25% 합성정도의 불완전합성보

도움표 7.2-490 노출형 합성보의 단면2차모멘트 하한값 I_{LB} ($\times 10^6$ mm^4)

SHN490 (F_y = 325 MPa)

H형강 치수	PNA[3]	Y_1[1]	ΣQ_n	Y_2[2], mm																		
	위치	mm	kN	60	70	80	90	100	110	120	130	140	150	160	170	180	190	200	210	220	230	240
H-600x200x11x17																						
	TFL	0.00	4370	1650	1700	1750	1800	1850	1910	1960	2020	2080	2140	2200	2260	2320	2390	2460	2520	2590	2660	2740
w= 106 kg/m	2	4.25	3820	1590	1630	1680	1730	1780	1830	1880	1940	1990	2050	2100	2160	2220	2280	2340	2410	2470	2540	2600
I_s= 776x10^6 mm^4	3	8.50	3260	1520	1560	1610	1650	1700	1740	1790	1840	1890	1940	1990	2050	2100	2160	2210	2270	2330	2390	2450
	4	12.8	2710	1440	1480	1520	1560	1600	1640	1680	1730	1770	1820	1870	1910	1960	2010	2060	2120	2170	2220	2280
	BFL	17.0	2160	1350	1380	1420	1450	1490	1520	1560	1600	1640	1680	1720	1760	1800	1840	1890	1930	1980	2020	2070
	6	72.7	1630	1250	1280	1300	1330	1360	1390	1420	1450	1480	1510	1550	1580	1620	1650	1690	1720	1760	1800	1840
	7	147	1090	1120	1140	1160	1190	1210	1230	1250	1270	1300	1320	1350	1370	1400	1420	1450	1480	1500	1530	1560
H-606x201x12x20																						
	TFL	0.00	4960	1910	1960	2020	2080	2140	2200	2270	2330	2400	2470	2540	2610	2680	2760	2830	2910	2990	3070	3150
w= 120 kg/m	2	5.00	4300	1840	1890	1940	2000	2050	2110	2170	2230	2290	2360	2420	2490	2560	2630	2700	2770	2840	2920	2990
I_s= 904x10^6 mm^4	3	10.0	3650	1760	1800	1850	1900	1950	2010	2060	2120	2170	2230	2290	2350	2410	2480	2540	2610	2670	2740	2810
	4	15.0	3000	1660	1700	1750	1790	1840	1880	1930	1980	2030	2080	2140	2190	2240	2300	2360	2420	2480	2540	2600
	BFL	20.0	2340	1550	1580	1620	1660	1700	1740	1780	1820	1860	1910	1950	2000	2050	2090	2140	2190	2240	2290	2350
	6	73.4	1790	1440	1470	1500	1530	1560	1590	1630	1660	1700	1730	1770	1810	1850	1890	1930	1970	2010	2050	2100
	7	144	1240	1310	1330	1350	1370	1400	1420	1450	1480	1500	1530	1560	1590	1620	1650	1680	1710	1740	1770	1800
H-612x202x13x23																						
	TFL	0.00	5550	2180	2240	2310	2370	2440	2510	2580	2660	2730	2810	2890	2970	3050	3130	3220	3310	3400	3490	3580
w= 134 kg/m	2	5.75	4790	2090	2150	2210	2280	2340	2400	2470	2540	2610	2680	2750	2830	2900	2980	3060	3140	3220	3310	3390
I_s= 1030x10^6 mm^4	3	11.5	4040	2000	2050	2110	2160	2220	2280	2340	2400	2460	2530	2600	2660	2730	2800	2880	2950	3020	3100	3180
	4	17.2. 1	3280	1880	1930	1980	2030	2080	2130	2190	2240	2300	2350	2410	2470	2530	2600	2660	2720	2790	2860	2930
	BFL	23.0	2530	1750	1790	1830	1870	1920	1960	2000	2050	2100	2150	2190	2240	2300	2350	2400	2460	2510	2570	2630
	6	74.5	1960	1630	1660	1700	1730	1770	1800	1840	1880	1920	1960	2000	2040	2090	2130	2170	2220	2270	2310	2360
	7	142	1390	1490	1520	1540	1570	1600	1630	1650	1680	1710	1740	1780	1810	1840	1870	1910	1940	1980	2020	2050

1) Y_1 = [그림 7.2.1]에 표현된 H형강의 상부 플랜지 상부면에서 강재단면의 소성중립축까지 거리
2) Y_2 = [그림 7.2.1], [그림 7.2.2]에 표현된 H형강의 상부 플랜지 상부면에서 콘크리트슬래브플랜지의 소성중립축까지의 거리, $Y_2 = t_s - a/2$
3) PNA = [그림 7.2.1](c)에 표현된 소성중립축의 위치, TFL의 위치는 완전합성보, 7의 위치는 25% 합성정도의 불완전합성보

도움표 7.2-490 노출형 합성보의 단면2차모멘트 하한값 I_{LB} ($\times 10^6$ mm^4)

SHN490 (F_y = 325 MPa)

H형강 치수	PNA[3] 위치	Y_1[1] mm	ΣQ_n kN	Y_2[2], mm 60	70	80	90	100	110	120	130	140	150	160	170	180	190	200	210	220	230	240
H-582x300x12x17	TFL	0.00	5670	2100	2160	2230	2290	2360	2430	2500	2570	2650	2720	2800	2880	2960	3050	3130	3220	3310	3400	3490
w= 137 kg/m	2	4.25	4840	2020	2070	2130	2190	2260	2320	2380	2450	2520	2590	2660	2740	2810	2890	2960	3040	3130	3210	3290
I_s= 1030x10^6 mm^4	3	8.50	4010	1920	1970	2020	2080	2130	2190	2250	2310	2370	2430	2500	2560	2630	2700	2770	2840	2920	2990	3070
	4	12.8	3180	1800	1840	1890	1940	1990	2040	2090	2140	2190	2250	2300	2360	2420	2480	2540	2600	2670	2730	2800
	BFL	17.0	2360	1660	1690	1730	1770	1810	1850	1890	1930	1980	2020	2070	2120	2160	2210	2260	2310	2360	2420	2470
	6	49.1	1890	1560	1590	1630	1660	1690	1730	1760	1800	1840	1870	1910	1950	1990	2030	2080	2120	2160	2210	2260
	7	109	1420	1460	1480	1510	1530	1560	1590	1620	1650	1680	1710	1740	1770	1800	1830	1870	1900	1940	1970	2010
H-588x300x12x20	TFL	0.00	6260	2390	2460	2530	2600	2680	2750	2830	2910	2990	3080	3160	3250	3340	3440	3530	3630	3720	3820	3930
w= 151 kg/m	2	5.00	5280	2290	2350	2410	2480	2550	2620	2690	2770	2840	2920	3000	3080	3160	3250	3330	3420	3510	3600	3690
I_s= 1180x10^6 mm^4	3	10.0	4310	2160	2220	2280	2340	2400	2460	2530	2590	2660	2730	2800	2870	2940	3020	3100	3170	3250	3340	3420
	4	15.0	3330	2020	2070	2120	2170	2220	2270	2330	2380	2440	2500	2560	2620	2680	2750	2810	2880	2950	3020	3090
	BFL	20.0	2360	1840	1880	1920	1960	2000	2040	2080	2130	2170	2220	2270	2310	2360	2410	2470	2520	2570	2630	2680
	6	45.4	1960	1760	1790	1820	1860	1890	1930	1970	2010	2050	2090	2130	2170	2210	2260	2300	2350	2390	2440	2490
	7	93.5	1560	1660	1690	1720	1750	1780	1810	1840	1870	1910	1940	1970	2010	2050	2080	2120	2160	2200	2240	2280
H594x302x14x23	TFL	0.00	7230	2790	2870	2950	3040	3130	3210	3310	3400	3500	3590	3700	3800	3900	4010	4120	4230	4350	4460	4580
w= 175 kg/m	2	5.75	6100	2670	2740	2820	2900	2980	3060	3140	3230	3320	3410	3500	3590	3690	3790	3890	3990	4090	4200	4310
I_s= 1370x10^6 mm^4	3	11.5	4970	2530	2590	2660	2730	2800	2870	2950	3030	3100	3180	3270	3350	3430	3520	3610	3700	3800	3890	3990
	4	17.2. 1	3840	2360	2410	2470	2530	2590	2650	2720	2780	2850	2920	2980	3060	3130	3200	3280	3360	3440	3520	3600
	BFL	23.0	2710	2150	2190	2240	2280	2330	2380	2430	2480	2530	2590	2640	2700	2750	2810	2870	2930	3000	3060	3120
	6	49.8	2260	2050	2090	2130	2170	2210	2250	2290	2340	2380	2430	2480	2530	2580	2630	2680	2730	2790	2840	2900
	7	98.5	1810	1940	1970	2010	2040	2070	2110	2150	2180	2220	2260	2300	2340	2390	2430	2470	2520	2560	2610	2660

1) Y_1 = [그림 7.2.1]에 표현된 H형강의 상부 플랜지 상부면에서 강재단면의 소성중립축까지 거리
2) Y_2 = [그림 7.2.1], [그림 7.2.2]에 표현된 H형강의 상부 플랜지 상부면에서 콘크리트슬래브플랜지의 소성중립축까지의 거리, $Y_2 = t_s - a/2$
3) PNA = [그림 7.2.1](c)에 표현된 소성중립축의 위치, TFL의 위치는 완전합성보, 7의 위치는 25% 합성정도의 불완전합성보

도움표 7.2-490 노출형 합성보의 단면2차모멘트 하한값 I_{LB} ($\times 10^6$ mm^4)

SHN490 (F_y = 325 MPa)

H형강 치수	PNA[3] 위치	Y_1[1] mm	ΣQ_n kN	Y_2[2], mm 60	70	80	90	100	110	120	130	140	150	160	170	180	190	200	210	220	230	240
H-692x300x13x20																						
	TFL	0.00	6870	3470	3550	3640	3730	3830	3920	4020	4120	4220	4330	4430	4540	4650	4760	4880	4990	5110	5230	5360
w= 166 kg/m	2	5.00	5900	3330	3410	3500	3580	3670	3760	3850	3940	4030	4130	4230	4320	4430	4530	4640	4740	4850	4960	5080
I_s= 1720x10^6 mm^4	3	10.0	4920	3180	3250	3330	3400	3480	3560	3640	3720	3810	3900	3980	4070	4170	4260	4360	4450	4550	4650	4760
	4	15.0	3950	3000	3060	3120	3190	3260	3330	3400	3470	3550	3620	3700	3780	3860	3940	4020	4110	4200	4280	4370
	BFL	20.0	2970	2780	2830	2880	2940	2990	3050	3110	3170	3230	3300	3360	3420	3490	3560	3630	3700	3770	3840	3920
	6	68.4	2350	2610	2660	2700	2750	2790	2840	2890	2940	3000	3050	3100	3160	3210	3270	3330	3390	3450	3510	3570
	7	143	1720	2420	2460	2490	2530	2570	2600	2640	2680	2720	2760	2810	2850	2890	2940	2990	3030	3080	3130	3180
H-700x300x13x24																						
	TFL	0.00	7650	3990	4090	4190	4290	4400	4510	4620	4730	4840	4960	5080	5200	5320	5450	5580	5710	5840	5980	6110
w= 185 kg/m	2	6.00	6480	3830	3920	4010	4110	4200	4300	4400	4500	4610	4710	4820	4940	5050	5160	5280	5400	5520	5650	5770
I_s= 2010x10^6 mm^4	3	12.0	5310	3640	3720	3800	3880	3970	4060	4150	4240	4330	4430	4520	4620	4730	4830	4930	5040	5150	5260	5370
	4	18.0	4140	3410	3470	3540	3620	3690	3770	3840	3920	4000	4080	4170	4250	4340	4430	4520	4610	4700	4800	4890
	BFL	24.0	2970	3120	3180	3230	3290	3350	3410	3470	3530	3600	3660	3730	3800	3870	3940	4010	4080	4160	4230	4310
	6	60.8	2440	2970	3020	3070	3120	3170	3220	3270	3330	3380	3440	3500	3560	3620	3680	3740	3800	3870	3930	4000
	7	124	1910	2810	2850	2890	2930	2970	3010	3060	3100	3150	3190	3240	3290	3340	3390	3440	3490	3550	3600	3650
H-708x302x15x28																						
	TFL	0.00	8890	4720	4830	4950	5070	5190	5320	5450	5580	5710	5850	5990	6130	6270	6420	6570	6720	6880	7040	7200
w= 215 kg/m	2	7.00	7520	4520	4630	4730	4840	4960	5070	5190	5310	5430	5560	5680	5810	5950	6080	6220	6360	6500	6650	6790
I_s= 2370x10^6 mm^4	3	14.0	6150	4290	4380	4480	4580	4680	4780	4880	4990	5100	5210	5330	5440	5560	5680	5800	5930	6060	6190	6320
	4	21.0	4770	4010	4090	4170	4260	4340	4430	4520	4610	4700	4800	4900	4990	5100	5200	5300	5410	5520	5630	5740
	BFL	28.0	3400	3670	3730	3800	3860	3930	4000	4070	4140	4220	4290	4370	4450	4530	4610	4690	4780	4860	4950	5040
	6	65.8	2810	3500	3550	3610	3670	3730	3790	3850	3910	3970	4040	4110	4180	4250	4320	4390	4460	4540	4610	4690
	7	126	2220	3310	3360	3400	3450	3500	3550	3600	3650	3710	3760	3820	3870	3930	3990	4050	4110	4170	4240	4300

1) Y_1 = [그림 7.2.1]에 표현된 H형강의 상부 플랜지 상부면에서 강재단면의 소성중립축까지 거리
2) Y_2 = [그림 7.2.1], [그림 7.2.2]에 표현된 H형강의 상부 플랜지 상부면에서 콘크리트슬래브플랜지의 소성중립축까지의 거리, $Y_2 = t_s - a/2$
3) PNA = [그림 7.2.1](c)에 표현된 소성중립축의 위치, TFL의 위치는 완전합성보, 7의 위치는 25% 합성정도의 불완전합성보

도움표 7.2-490 노출형 합성보의 단면2차모멘트 하한값 I_{LB} ($\times 10^6$ mm^4)

SHN490 (F_y = 325 MPa)

H형강 치수	PNA[3]	Y_1[1]	ΣQ_n	Y_2[2], mm																		
	위치	mm	kN	60	70	80	90	100	110	120	130	140	150	160	170	180	190	200	210	220	230	240
H-792x300x14x22	TFL	0.00	7910	5070	5180	5290	5410	5530	5650	5780	5900	6030	6170	6300	6440	6570	6720	6860	7010	7160	7310	7460
w= 191 kg/m	2	5.50	6840	4880	4990	5090	5200	5310	5430	5540	5660	5780	5900	6030	6150	6280	6410	6550	6680	6820	6960	7100
I_s= 2540x10^6 mm^4	3	11.0	5770	4670	4770	4860	4960	5060	5160	5270	5380	5490	5600	5710	5820	5940	6060	6180	6310	6430	6560	6690
	4	16.5	4690	4420	4510	4590	4680	4770	4860	4950	5040	5140	5240	5340	5440	5540	5650	5760	5870	5980	6090	6200
	BFL	22.0	3620	4130	4200	4270	4340	4420	4490	4570	4650	4730	4820	4900	4990	5070	5160	5250	5340	5440	5530	5630
	6	88.3	2800	3860	3920	3980	4040	4100	4170	4230	4300	4360	4430	4500	4580	4650	4720	4800	4870	4950	5030	5110
	7	179	1980	3550	3590	3640	3690	3730	3780	3830	3880	3940	3990	4040	4100	4150	4210	4270	4320	4380	4440	4510
H-800x300x14x26	TFL	0.00	8690	5750	5870	6000	6130	6260	6390	6530	6670	6820	6960	7110	7260	7420	7570	7730	7890	8060	8220	8390
w= 210 kg/m	2	6.50	7420	5520	5640	5760	5870	6000	6120	6250	6380	6510	6640	6780	6920	7060	7210	7350	7500	7650	7810	7960
I_s= 2920x10^6 mm^4	3	13.0	6160	5260	5370	5470	5580	5690	5800	5920	6030	6150	6270	6390	6520	6650	6780	6910	7040	7180	7320	7460
	4	19.5	4890	4950	5040	5130	5230	5320	5420	5520	5620	5720	5830	5940	6040	6160	6270	6380	6500	6620	6740	6860
	BFL	26.0	3620	4580	4650	4730	4810	4880	4960	5040	5130	5210	5300	5380	5470	5560	5650	5750	5840	5940	6040	6140
	6	81.6	2900	4330	4390	4460	4520	4590	4660	4720	4790	4870	4940	5010	5090	5170	5240	5320	5400	5490	5570	5660
	7	161	2170	4050	4100	4150	4200	4250	4310	4360	4420	4480	4530	4590	4650	4720	4780	4840	4910	4970	5040	5110
H-808x302x16x30	TFL	0.00	10000	6700	6850	7000	7150	7300	7460	7620	7780	7940	8110	8280	8460	8640	8820	9000	9190	9380	9570	9770
w= 241 kg/m	2	7.50	8530	6440	6570	6710	6850	6990	7130	7280	7430	7580	7740	7900	8060	8220	8390	8560	8730	8910	9080	9260
I_s= 3390x10^6 mm^4	3	15.0	7050	6130	6250	6370	6500	6620	6750	6890	7020	7160	7300	7440	7580	7730	7880	8030	8190	8350	8510	8670
	4	22.5	5580	5760	5870	5970	6080	6190	6300	6420	6530	6650	6770	6900	7020	7150	7280	7410	7550	7680	7820	7960
	BFL	30.0	4110	5320	5410	5490	5580	5670	5760	5850	5950	6040	6140	6240	6340	6450	6550	6660	6770	6880	6990	7110
	6	86.3	3300	5040	5110	5180	5260	5330	5410	5490	5570	5650	5740	5820	5910	6000	6090	6180	6270	6370	6460	6560
	7	164	2500	4720	4770	4830	4890	4960	5020	5080	5150	5210	5280	5350	5420	5490	5560	5640	5710	5790	5870	5940

1) Y_1 = [그림 7.2.1]에 표현된 H형강의 상부 플랜지 상부면에서 강재단면의 소성중립축까지 거리
2) Y_2 = [그림 7.2.1], [그림 7.2.2]에 표현된 H형강의 상부 플랜지 상부면에서 콘크리트슬래브플랜지의 소성중립축까지의 거리, $Y_2 = t_s - a/2$
3) PNA = [그림 7.2.1](c)에 표현된 소성중립축의 위치, TFL의 위치는 완전합성보, 7의 위치는 25% 합성정도의 불완전합성보

도움표 7.2-490 노출형 합성보의 단면2차모멘트 하한값 I_{LB} ($\times 10^6$ mm^4)

SHN490 (F_y = 325 MPa)

H형강 치수	PNA[3] 위치	Y_1[1] mm	ΣQ_n kN	Y_2[2], mm 60	70	80	90	100	110	120	130	140	150	160	170	180	190	200	210	220	230	240
H-890x299x15x23																						
	TFL	0.00	8800	6910	7050	7190	7330	7480	7620	7780	7930	8090	8250	8410	8580	8740	8910	9090	9260	9440	9620	9810
w= 213 kg/m	2	5.75	7690	6670	6800	6930	7070	7200	7340	7480	7630	7770	7920	8070	8230	8390	8540	8710	8870	9040	9210	9380
I_s= 3450x10^6 mm^4	3	11.5	6570	6400	6520	6640	6770	6890	7020	7150	7280	7410	7550	7690	7830	7970	8120	8270	8420	8570	8730	8880
	4	17.2.1	5450	6090	6200	6310	6420	6530	6640	6760	6880	7000	7120	7240	7370	7500	7630	7760	7900	8030	8170	8310
	BFL	23.0	4330	5730	5820	5920	6010	6110	6210	6310	6410	6510	6620	6720	6830	6940	7060	7170	7290	7400	7520	7650
	6	110	3270	5320	5400	5470	5550	5630	5710	5790	5880	5960	6050	6140	6230	6320	6410	6500	6600	6700	6790	6890
	7	219	2200	4830	4890	4950	5000	5060	5120	5180	5240	5310	5370	5440	5500	5570	5640	5710	5780	5850	5920	6000
H-900x300x16x28																						
	TFL	0.00	10100	8140	8300	8460	8630	8800	8970	9140	9320	9500	9690	9880	10100	10300	10500	10700	10900	11100	11300	11500
w= 243 kg/m	2	7.00	8700	7850	8000	8150	8300	8460	8620	8780	8940	9110	9280	9460	9630	9810	10000	10200	10400	10600	10800	11000
I_s= 4110x10^6 mm^4	3	14.0	7340	7510	7640	7780	7920	8060	8210	8360	8510	8660	8810	8970	9130	9300	9460	9630	9800	9970	10200	10300
	4	21.0	5970	7110	7230	7350	7480	7600	7730	7860	7990	8130	8270	8400	8550	8690	8840	8990	9140	9290	9450	9600
	BFL	28.0	4610	6640	6740	6840	6950	7050	7160	7270	7380	7500	7610	7730	7850	7970	8100	8220	8350	8480	8610	8740
	6	107	3560	6220	6300	6390	6470	6560	6650	6740	6840	6930	7030	7130	7220	7330	7430	7530	7640	7750	7860	7970
	7	208	2520	5720	5790	5850	5920	5990	6060	6130	6200	6270	6340	6420	6490	6570	6650	6730	6810	6890	6980	7060
H-912x302x18x34																						
	TFL	0.00	11800	9820	10000	10200	10400	10600	10800	11000	11200	11400	11700	11900	12100	12300	12600	12800	13100	13300	13500	13800
w= 286 kg/m	2	8.50	10200	9460	9630	9810	9990	10200	10400	10600	10800	11000	11200	11400	11600	11800	12000	12200	12400	12700	12900	13100
I_s= 4980x10^6 mm^4	3	17.0	8490	9030	9190	9350	9510	9680	9850	10000	10200	10400	10600	10800	10900	11100	11300	11500	11700	11900	12100	12300
	4	25.5	6820	8520	8660	8800	8950	9090	9240	9400	9550	9710	9870	10000	10200	10400	10500	10700	10900	11100	11200	11400
	BFL	34.0	5160	7920	8030	8150	8270	8390	8520	8640	8770	8900	9040	9170	9310	9450	9590	9730	9880	10000	10200	10300
	6	109	4060	7450	7550	7650	7750	7850	7960	8060	8170	8280	8390	8500	8620	8740	8860	8980	9100	9230	9350	9480
	7	203	2960	6920	6990	7070	7150	7230	7310	7390	7480	7560	7650	7740	7830	7920	8020	8110	8210	8300	8400	8500

1) Y_1 = [그림 7.2.1]에 표현된 H형강의 상부 플랜지 상부면에서 강재단면의 소성중립축까지 거리
2) Y_2 = [그림 7.2.1], [그림 7.2.2]에 표현된 H형강의 상부 플랜지 상부면에서 콘크리트슬래브플랜지의 소성중립축까지의 거리, $Y_2 = t_s - a/2$
3) PNA = [그림 7.2.1](c)에 표현된 소성중립축의 위치, TFL의 위치는 완전합성보, 7의 위치는 25% 합성정도의 불완전합성보

도움표 7.2-490 노출형 합성보의 단면2차모멘트 하한값 I_{LB} ($\times 10^6$ mm^4)

SHN490 (F_y = 325 MPa)

H형강 치수	PNA[3)]	Y_1[1)]	ΣQ_n	Y_2[2)], mm																		
	위치	mm	kN	60	70	80	90	100	110	120	130	140	150	160	170	180	190	200	210	220	230	240
H-918x303x19x37	TFL	0.00	12700	10700	10900	11100	11300	11500	11800	12000	12200	12400	12700	12900	13200	13400	13700	13900	14200	14400	14700	15000
w= 307 kg/m	2	9.25	10900	10300	10500	10700	10900	11100	11300	11500	11700	11900	12100	12300	12600	12800	13000	13300	13500	13700	14000	14200
I_s= 5420x10^6 mm^4	3	18.5	9070	9810	9980	10200	10300	10500	10700	10900	11100	11300	11500	11700	11900	12100	12300	12500	12700	12900	13200	13400
	4	27.8	7250	9250	9400	9550	9700	9860	10000	10200	10400	10500	10700	10900	11000	11200	11400	11600	11800	12000	12200	12400
	BFL	37.0	5430	8580	8700	8820	8950	9080	9210	9350	9480	9620	9760	9910	10100	10200	10400	10500	10700	10800	11000	11100
	6	110	4300	8090	8190	8300	8400	8510	8630	8740	8850	8970	9090	9210	9340	9460	9590	9720	9850	9980	10100	10300
	7	202	3180	7530	7610	7700	7780	7870	7960	8050	8140	8230	8320	8420	8520	8620	8720	8820	8920	9030	9140	9250

1) Y_1 = [그림 7.2.1]에 표현된 H형강의 상부 플랜지 상부면에서 강재단면의 소성중립축까지 거리
2) Y_2 = [그림 7.2.1], [그림 7.2.2]에 표현된 H형강의 상부 플랜지 상부면에서 콘크리트슬래브플랜지의 소성중립축까지의 거리, $Y_2 = t_s - a/2$
3) PNA = [그림 7.2.1](c)에 표현된 소성중립축의 위치, TFL의 위치는 완전합성보, 7의 위치는 25% 합성정도의 불완전합성보

도움표 7.3 시어스터드 1개의 공칭전단강도[1] Q_n (kN)

F_u = 400 MPa[2]

데크 조건[3]			스터드 직경 mm	보통콘크리트 m_c= 2,300 kg/m^3 설계기준압축강도 f_{ck}, MPa					경량콘크리트 m_c= 1,500 kg/m^3 설계기준압축강도 f_{ck}, MPa				
				21	24	27	30	35	21	24	27	30	35
데크플레이트가 없는 경우[4]			13	49.1	53.1	53.1	53.1	53.1	35.7	38.7	41.7	44.6	49.2
			16	74.4	80.4	80.4	80.4	80.4	54.0	58.7	63.2	67.5	74.5
			19	105	113	113	113	113	76.2	82.8	89.1	95.2	105
			22	141	152	152	152	152	102	111	119	128	141
데크플레이트의 골방향이 강재보와 평행한 경우	$w_r / h_r \geq 1.5$		13	39.8	39.8	39.8	39.8	39.8	35.7	38.7	39.8	39.8	39.8
			16	60.3	60.3	60.3	60.3	60.3	54.0	58.7	60.3	60.3	60.3
			19	85.1	85.1	85.1	85.1	85.1	76.2	82.8	85.1	85.1	85.1
			22	114	114	114	114	114	102	111	114	114	114
	$w_r / h_r < 1.5$		13	33.8	33.8	33.8	33.8	33.8	33.8	33.8	33.8	33.8	33.8
			16	51.3	51.3	51.3	51.3	51.3	51.3	51.3	51.3	51.3	51.3
			19	72.3	72.3	72.3	72.3	72.3	72.3	72.3	72.3	72.3	72.3
			22	96.9	96.9	96.9	96.9	96.9	96.9	96.9	96.9	96.9	96.9
데크플레이트의 골방향이 강재보에 직각인 경우 골당 스터드의 개수	약한[5] 위치의 스터드	1	13	31.9	31.9	31.9	31.9	31.9	31.9	31.9	31.9	31.9	31.9
			16	48.3	48.3	48.3	48.3	48.3	48.3	48.3	48.3	48.3	48.3
			19	68.0	68.0	68.0	68.0	68.0	68.0	68.0	68.0	68.0	68.0
			22	91.2	91.2	91.2	91.2	91.2	91.2	91.2	91.2	91.2	91.2
		2	13	27.1	27.1	27.1	27.1	27.1	27.1	27.1	27.1	27.1	27.1
			16	41.0	41.0	41.0	41.0	41.0	41.0	41.0	41.0	41.0	41.0
			19	57.8	57.8	57.8	57.8	57.8	57.8	57.8	57.8	57.8	57.8
			22	77.5	77.5	77.5	77.5	77.5	77.5	77.5	77.5	77.5	77.5
		3	13	22.3	22.3	22.3	22.3	22.3	22.3	22.3	22.3	22.3	22.3
			16	33.8	33.8	33.8	33.8	33.8	33.8	33.8	33.8	33.8	33.8
			19	47.6	47.6	47.6	47.6	47.6	47.6	47.6	47.6	47.6	47.6
			22	63.9	63.9	63.9	63.9	63.9	63.9	63.9	63.9	63.9	63.9
	강한[5] 위치의 스터드	1	13	39.8	39.8	39.8	39.8	39.8	35.7	38.7	39.8	39.8	39.8
			16	60.3	60.3	60.3	60.3	60.3	54.0	58.7	60.3	60.3	60.3
			19	85.1	85.1	85.1	85.1	85.1	76.2	82.8	85.1	85.1	85.1
			22	114	114	114	114	114	102	114	114	114	114
		2	13	33.8	33.8	33.8	33.8	33.8	33.8	33.8	33.8	33.8	33.8
			16	51.3	51.3	51.3	51.3	51.3	51.3	51.3	51.3	51.3	51.3
			19	72.3	72.3	72.3	72.3	72.3	72.3	72.3	72.3	72.3	72.3
			22	96.9	96.9	96.9	96.9	96.9	96.9	96.9	96.9	96.9	96.9
		3	13	27.9	27.9	27.9	27.9	27.9	27.9	27.9	27.9	27.9	27.9
			16	42.2	42.2	42.2	42.2	42.2	42.2	42.2	42.2	42.2	42.2
			19	59.5	59.5	59.5	59.5	59.5	59.5	59.5	59.5	59.5	59.5
			22	79.8	79.8	79.8	79.8	79.8	79.8	79.8	79.8	79.8	79.8

1) 이 도움표는 기준0709.3.2.4에 따라서 작성되었다.
2) 스터드의 설계기준인장강도는 400MPa를 적용하였다.
3) 사용될 데크의 형태와 치수는 기준0709.3.2.3에서 요구하는 조건을 만족시켜야 한다.
4) 데크플레이트가 없는 경우란 스터드가 강재에 직접 용접되고 데크플레이트에 의해 덮히는 강재 상부플랜지의 부분이 전체의 50%를 초과하지 않는 경우를 뜻한다.
5) 스터드 몸체의 바깥면으로부터 데크플레이트웨브(데크골의 중간높이에서의 거리)까지의 거리($e_{mid\text{-}ht}$)가 50mm보다 크면 강한 위치, 작으면 약한 위치의 스터드에 해당된다. 단 $e_{mid\text{-}ht}$는 하중의 방향 즉, 단순보에서 최대모멘트의 방향으로의 거리이다. 기준 [해그림 0709.3.2] 참조바람.

8장

H형강 기둥

도움표 8.1-400 H형강 축력-휨 조합력

SHN400 (F_y = 235 MPa) 세폭계열

$(KL)_y$ 또는 L_b (m)	H-150×75×5×7 $\phi_c P_n$ (kN)	H-150×75×5×7 $c \times 10^3$ $(kN)^{-1}$	H-150×75×5×7 $b_x \times 10^3$ $(kN.m)^{-1}$	H-198×99×4.5×7 $\phi_c P_n$ (kN)	H-198×99×4.5×7 $c \times 10^3$ $(kN)^{-1}$	H-198×99×4.5×7 $b_x \times 10^3$ $(kN.m)^{-1}$	H-200×100×5.5×8 $\phi_c P_n$ (kN)	H-200×100×5.5×8 $c \times 10^3$ $(kN)^{-1}$	H-200×100×5.5×8 $b_x \times 10^3$ $(kN.m)^{-1}$
0	379	2.64	41.3	490	2.04	23.4	574	1.74	20.1
0.2	376	2.66	41.3	488	2.05	23.4	572	1.75	20.1
0.4	368	2.72	41.3	483	2.07	23.4	565	1.77	20.1
0.6	356	2.81	41.3	473	2.11	23.4	554	1.80	20.1
0.8	339	2.95	41.3	460	2.17	23.4	539	1.85	20.1
1.0	318	3.14	42.1	444	2.25	23.4	520	1.92	20.1
1.2	295	3.39	43.4	425	2.35	23.5	498	2.01	20.2
1.4	269	3.72	44.8	403	2.48	24.2	473	2.11	20.7
1.6	242	4.13	46.3	380	2.63	24.9	446	2.24	21.3
1.8	215	4.64	47.8	355	2.82	25.7	417	2.40	21.8
2.0	189	5.30	49.5	329	3.04	26.5	387	2.58	22.5
2.2	163	6.14	51.3	303	3.30	27.4	356	2.81	23.1
2.4	138	7.22	53.3	276	3.62	28.3	325	3.07	23.8
2.6	118	8.47	55.4	250	4.00	29.3	295	3.39	24.5
2.8	102	9.83	57.7	224	4.45	30.4	265	3.78	25.3
3.0	88.6	11.3	60.1	200	5.00	31.5	236	4.23	26.2
3.2	77.9	12.8	62.8	176	5.67	32.8	209	4.80	27.0
3.4	69.0	14.5	65.8	156	6.40	34.1	185	5.41	28.0
3.6	61.5	16.2	69.5	139	7.18	35.5	165	6.07	29.0
3.8	55.2	18.1	74.0	125	7.99	37.1	148	6.76	30.1
4.0	49.9	20.1	78.4	113	8.86	39.5	133	7.49	31.3
4.2	45.2	22.1	82.8	102	9.77	42.0	121	8.26	32.6
4.4	41.2	24.3	87.2	93.3	10.7	44.6	110	9.07	34.5
4.6	37.7	26.5	91.6	85.4	11.7	47.2	101	9.91	36.5
4.8	34.6	28.9	95.9	78.4	12.8	49.7	92.7	10.8	38.4
5.0	31.9	31.3	100	72.2	13.8	52.3	85.4	11.7	40.3
5.2	29.5	33.9	105	66.8	15.0	54.8	79.0	12.7	42.2
5.4	27.4	36.6	109	61.9	16.1	57.3	73.2	13.7	44.1
5.6	25.4	39.3	113	57.6	17.4	59.9	68.1	14.7	45.9
5.8	23.7	42.2	118	53.7	18.6	62.4	63.5	15.8	47.8
6.0	22.2	45.1	122	50.2	19.9	64.9	59.3	16.9	49.7

$(KL)_x > (KL)_y$ 일 경우에는 $(KL)_y$와 $(KL)_{yeq}$ 중 큰 값을 적용

$(KL)_{yeq} = \dfrac{(KL)_x}{(r_x/r_y)}$

	H-150×75×5×7	H-198×99×4.5×7	H-200×100×5.5×8
$b_y \times 10^3 (kN.m)^{-1}$	202	118	100
$t_y \times 10^3$ $(kN)^{-1}$	2.65	2.04	1.74
$t_r \times 10^3$ $(kN)^{-1}$	2.48	1.92	1.63
r_y (mm)	16.7	22.1	22.2
r_x / r_y	3.66	3.74	3.71

기타 상수 및 단면성능

	H-150×75×5×7	H-198×99×4.5×7	H-200×100×5.5×8
P_{wo} (kN)	88.1	95.2	123
P_{wi} (kN/mm)	1.18	1.06	1.29
P_{wb} (kN)	156	84.3	154
P_{fb} (kN)	64.8	64.8	84.6
L_p (m)	0.868	1.15	1.15
L_r (m)	3.52	3.85	4.20
A_g (mm^2)	1.79×10^3	2.32×10^3	2.72×10^3
I_x (mm^4)	6.66×10^6	15.8×10^6	18.4×10^6
I_y (mm^4)	0.495×10^6	1.14×10^6	1.34×10^6
$P_{ex} (KL)^2/10^3$ $(kN.m^2)$	13.5×10^3	32.0×10^3	37.2×10^3
P_{ey} $(KL)^2/10^3$ $(kN.m^2)$	1.00×10^3	2.31×10^3	2.71×10^3

1) 음영부분은 KL / r > 200인 경우이다.

제8장

도움표 8.1-400 H형강 축력-휨 조합력

SHN400 (F_y = 235 MPa) 세폭계열

$(KL)_y$ 또는 L_b (m)		H-248x124x5x8			H-250x125x6x9					
		$\phi_c P_n$ (kN)	$c\times10^3$ $(kN)^{-1}$	$b_x\times10^3$ $(kN.m)^{-1}$	$\phi_c P_n$ (kN)	$c\times10^3$ $(kN)^{-1}$	$b_x\times10^3$ $(kN.m)^{-1}$			
$(KL)_x > (KL)_y$ 일 경우에는 $(KL)_y$와 $(KL)_{yeq}$ 중 큰 값을 적용 $(KL)_{yeq} = \frac{(KL)_x}{(r_x/r_y)}$	0	691	1.45	13.2	797	1.25	11.5			
	0.2	689	1.45	13.2	795	1.26	11.5			
	0.4	684	1.46	13.2	789	1.27	11.5			
	0.6	676	1.48	13.2	779	1.28	11.5			
	0.8	664	1.51	13.2	765	1.31	11.5			
	1.0	649	1.54	13.2	748	1.34	11.5			
	1.2	632	1.58	13.2	728	1.37	11.5			
	1.4	611	1.64	13.2	705	1.42	11.5			
	1.6	589	1.70	13.4	679	1.47	11.7			
	1.8	564	1.77	13.7	650	1.54	12.0			
	2.0	538	1.86	14.1	620	1.61	12.2			
	2.2	511	1.96	14.5	589	1.70	12.5			
	2.4	482	2.07	14.9	556	1.80	12.8			
	2.6	453	2.21	15.3	522	1.92	13.2			
	2.8	423	2.36	15.7	488	2.05	13.5			
	3.0	394	2.54	16.2	454	2.20	13.9			
	3.2	364	2.74	16.7	420	2.38	14.3			
	3.4	336	2.98	17.2	387	2.59	14.7			
	3.6	307	3.25	17.8	354	2.82	15.1			
	3.8	280	3.57	18.3	323	3.10	15.6			
	4.0	254	3.94	19.0	292	3.42	16.0			
	4.2	230	4.35	19.7	265	3.77	16.6			
	4.4	210	4.77	20.4	242	4.14	17.1			
	4.6	192	5.21	21.3	221	4.52	17.7			
	4.8	176	5.68	22.6	203	4.93	18.3			
	5.0	162	6.16	23.9	187	5.35	19.2			
	5.2	150	6.66	25.2	173	5.78	20.2			
	5.4	139	7.19	26.5	160	6.24	21.2			
	5.6	129	7.73	27.8	149	6.71	22.2			
	5.8	121	8.29	29.1	139	7.19	23.3			
	6.0	113	8.87	30.4	130	7.70	24.3			
$b_y\times10^3(kN.m)^{-1}$		66.1			57.5					
$t_y\times10^3$ $(kN)^{-1}$		1.45			1.26					
$t_r\times10^3$ $(kN)^{-1}$		1.36			1.18					
r_y (mm)		27.9			27.9					
r_x/r_y		3.73			3.73					

기타 상수 및 단면성능

	H-248x124x5x8	H-250x125x6x9	
P_{wo} (kN)	118	148	
P_{wi} (kN/mm)	1.18	1.41	
P_{wb} (kN)	90.1	156	
P_{fb} (kN)	84.6	107	
L_p (m)	1.45	1.45	
L_r (m)	4.57	4.87	
A_g (mm^2)	3.27×10^3	3.77×10^3	
I_x (mm^4)	35.4×10^6	40.5×10^6	
I_y (mm^4)	2.55×10^6	2.94×10^6	
$P_{ex}(KL)^2/10^3$ $(kN.m^2)$	71.6×10^3	81.9×10^3	
$P_{ey}(KL)^2/10^3$ $(kN.m^2)$	5.16×10^3	5.95×10^3	

1) 음영부분은 KL/r > 200인 경우이다.

도움표 8.1-400 H형강 축력-휨 조합력

SHN400 (F_y = 235 MPa) 세폭계열

$(KL)_y$ 또는 L_b (m)		H-298x149x5.5x8			H-300x150x6.5x9			H-346x174x6x9		
		$\phi_c P_n$ (kN)	$c\times10^3$ $(kN)^{-1}$	$b_x\times10^3$ $(kN.m)^{-1}$	$\phi_c P_n$ (kN)	$c\times10^3$ $(kN)^{-1}$	$b_x\times10^3$ $(kN.m)^{-1}$	$\phi_c P_n$ (kN)	$c\times10^3$ $(kN)^{-1}$	$b_x\times10^3$ $(kN.m)^{-1}$
	0	850	1.18	8.85	989	1.01	7.75	1080	0.926	5.87
	0.3	847	1.18	8.85	985	1.01	7.75	1080	0.926	5.87
	0.6	838	1.19	8.85	974	1.03	7.75	1070	0.935	5.87
	0.9	823	1.22	8.85	954	1.05	7.75	1060	0.943	5.87
	1.2	803	1.25	8.85	927	1.08	7.75	1040	0.962	5.87
	1.5	778	1.29	8.85	894	1.12	7.75	1010	0.990	5.87
	1.8	746	1.34	8.94	855	1.17	7.82	986	1.01	5.87
	2.1	708	1.41	9.25	811	1.23	8.08	954	1.05	5.92
	2.4	666	1.50	9.58	764	1.31	8.35	918	1.09	6.10
	2.7	622	1.61	9.94	713	1.40	8.64	878	1.14	6.28
	3.0	576	1.74	10.3	660	1.51	8.96	833	1.2	6.49
$(KL)_x > (KL)_y$ 일 경우에는 $(KL)_y$와 $(KL)_{yeq}$ 중 큰 값을 적용 $(KL)_{yeq} = \dfrac{(KL)_x}{(r_x/r_y)}$	3.3	529	1.89	10.7	606	1.65	9.29	784	1.28	6.70
	3.6	482	2.07	11.2	552	1.81	9.66	733	1.36	6.93
	3.9	436	2.29	11.7	499	2.00	10.0	682	1.47	7.18
	4.2	376	2.56	12.2	448	2.23	10.5	631	1.58	7.44
	4.5	348	2.88	12.8	398	2.51	10.9	580	1.72	7.72
	4.8	306	3.27	13.5	351	2.85	11.4	530	1.89	8.03
	5.1	271	3.69	14.2	311	3.22	12.0	481	2.08	8.36
	5.4	242	4.14	15.5	277	3.61	12.7	434	2.30	8.72
	5.7	217	4.61	16.8	249	4.02	13.7	390	2.56	9.11
	6.0	196	5.11	18.0	224	4.46	14.7	352	2.84	9.68
	6.3	178	5.63	19.3	204	4.91	15.7	319	3.13	10.4
	6.6	162	6.18	20.6	185	5.39	16.7	291	3.44	11.2
	6.9	148	6.76	21.9	170	5.89	17.8	266	3.76	11.9
	7.2	136	7.36	23.2	156	6.42	18.8	244	4.10	12.7
	7.5	125	7.98	24.6	144	6.96	19.8	225	4.44	13.5
	7.8	116	8.64	25.9	133	7.53	20.8	208	4.81	14.3
	8.1	107	9.31	27.2	123	8.12	21.8	193	5.19	15.0
	8.4	100	10.0	28.5	114	8.73	22.8	179	5.58	15.8
	8.7	93.1	10.7	29.8	107	9.37	23.9	167	5.98	16.6
	9.0	87.0	11.5	31.1	100	10.0	24.9	156	6.40	17.4

	H-298x149x5.5x8	H-300x150x6.5x9	H-346x174x6x9
$b_y\times10^3 (kN.m)^{-1}$	45.8	40.0	30.0
$t_y\times10^3 (kN)^{-1}$	1.16	1.01	0.898
$t_r\times10^3 (kN)^{-1}$	1.09	0.950	0.843
r_y (mm)	32.9	32.9	38.8
r_x/r_y	3.77	3.77	3.74
기타 상수 및 단면성능			
P_{wo} (kN)	136	168	162
P_{wi} (kN/mm)	1.29	1.53	1.41
P_{wb} (kN)	97.4	161	108
P_{fb} (kN)	84.6	107	107
L_p (m)	1.71	1.71	2.02
L_r (m)	5.09	5.34	5.88
A_g (mm²)	4.08×10^3	4.68×10^3	5.27×10^3
I_x (mm⁴)	63.2×10^6	72.1×10^6	0.111×10^9
I_y (mm⁴)	4.42×10^6	5.08×10^6	7.92×10^6
$P_{ex}(KL)^2/10^3$ (kN.m²)	0.128×10^6	0.146×10^6	0.225×10^6
$P_{ey}(KL)^2/10^3$ (kN.m²)	8.94×10^3	10.3×10^3	16.0×10^3

1) 음영부분은 $KL/r > 200$인 경우이다.

도움표 8.1-400 H형강 축력-휨 조합력

SHN400 (F_y = 235 MPa) 세폭계열

	$(KL)_y$ 또는 L_b (m)	H-350x175x7x11 $\phi_c P_n$ (kN)	$c\times10^3$ $(kN)^{-1}$	$b_x\times10^3$ $(kN.m)^{-1}$	H-354x176x8x13 $\phi_c P_n$ (kN)	$c\times10^3$ $(kN)^{-1}$	$b_x\times10^3$ $(kN.m)^{-1}$	H-396x199x7x11 $\phi_c P_n$ (kN)	$c\times10^3$ $(kN)^{-1}$	$b_x\times10^3$ $(kN.m)^{-1}$
$(KL)_x > (KL)_y$ 일 경우에는 $(KL)_y$와 $(KL)_{yeq}$ 중 큰 값을 적용 $(KL)_{yeq} = \frac{(KL)_x}{(r_x/r_y)}$	0	1330	0.749	4.84	1560	0.642	4.11	1490	0.671	3.72
	0.3	1330	0.751	4.84	1550	0.643	4.11	1480	0.676	3.72
	0.6	1320	0.757	4.84	1540	0.649	4.11	1470	0.676	3.72
	0.9	1300	0.768	4.84	1520	0.658	4.11	1460	0.685	3.72
	1.2	1280	0.783	4.84	1490	0.670	4.11	1440	0.694	3.72
	1.5	1240	0.803	4.84	1460	0.687	4.11	1420	0.704	3.72
	1.8	1210	0.828	4.84	1410	0.708	4.11	1390	0.719	3.72
	2.1	1160	0.859	4.86	1360	0.733	4.12	1360	0.735	3.72
	2.4	1120	0.896	4.99	1310	0.764	4.22	1320	0.758	3.74
	2.7	1060	0.940	5.13	1250	0.800	4.32	1270	0.787	3.84
	3.0	1010	0.992	5.28	1190	0.843	4.43	1230	0.813	3.94
	3.3	951	1.05	5.44	1120	0.892	4.55	1170	0.855	4.04
	3.6	891	1.12	5.61	1050	0.950	4.68	1120	0.893	4.15
	3.9	831	1.20	5.78	983	1.02	4.81	1060	0.943	4.27
	4.2	770	1.30	5.97	914	1.09	4.94	996	1.00	4.40
	4.5	710	1.41	6.17	844	1.18	5.09	935	1.07	4.53
	4.8	651	1.54	6.39	776	1.29	5.24	874	1.14	4.67
	5.1	593	1.69	6.62	709	1.41	5.41	813	1.23	4.82
	5.4	538	1.86	6.86	645	1.55	5.59	754	1.33	4.98
	5.7	484	2.07	7.13	582	1.72	5.77	695	1.44	5.15
	6.0	437	2.29	7.42	525	1.90	5.97	638	1.57	5.33
	6.3	396	2.53	7.73	476	2.10	6.19	583	1.72	5.53
	6.6	361	2.77	8.26	434	2.30	6.42	531	1.88	5.74
	6.9	330	3.03	8.79	397	2.52	6.71	486	2.06	5.99
	7.2	303	3.30	9.33	365	2.74	7.10	446	2.24	6.39
	7.5	279	3.58	9.86	336	2.98	7.49	411	2.43	6.78
	7.8	258	3.87	10.4	311	3.22	7.88	380	2.63	7.19
	8.1	240	4.17	10.9	288	3.47	8.27	353	2.83	7.59
	8.4	223	4.49	11.5	268	3.73	8.66	328	3.05	7.99
	8.7	208	4.82	12.0	250	4.00	9.05	306	3.27	8.40
	9.0	194	5.15	12.5	233	4.29	9.43	286	3.50	8.80

	H-350x175x7x11	H-354x176x8x13	H-396x199x7x11
$b_y\times10^3 (kN.m)^{-1}$	24.2	20.2	18.8
$t_y\times10^3 (kN)^{-1}$	0.749	0.642	0.655
$t_r\times10^3 (kN)^{-1}$	0.704	0.603	0.616
r_y (mm)	39.5	40.1	44.8
r_x/r_y	3.72	3.69	3.73
기타 상수 및 단면성능			
P_{wo} (kN)	206	254	222
P_{wi} (kN/mm)	1.65	1.88	1.65
P_{wb} (kN)	171	255	150
P_{fb} (kN)	160	223	160
L_p (m)	2.05	2.08	2.327
L_r (m)	6.32	6.82	6.87
A_g (mm²)	6.31×10^3	7.37×10^3	7.22×10^3
I_x (mm⁴)	0.136×10^9	0.161×10^9	0.200×10^9
I_y (mm⁴)	9.84×10^6	11.8×10^6	14.5×10^6
$P_{ex}(KL)^2/10^3$ (kN.m²)	0.275×10^6	0.326×10^6	0.405×10^6
$P_{ey}(KL)^2/10^3$ (kN.m²)	19.9×10^3	23.9×10^3	29.3×10^3

1) 음영부분은 $KL/r > 200$인 경우이다.

제8장

도움표 8.1-400 H형강 축력-휨 조합력

SHN400 (F_y = 235 MPa) 세폭계열

$(KL)_y$ 또는 L_b (m)		H-400x200x8x13			H-404x201x9x15			H-446x199x8x12		
		$\phi_c P_n$ (kN)	$c \times 10^3$ $(kN)^{-1}$	$b_x \times 10^3$ $(kN.m)^{-1}$	$\phi_c P_n$ (kN)	$c \times 10^3$ $(kN)^{-1}$	$b_x \times 10^3$ $(kN.m)^{-1}$	$\phi_c P_n$ (kN)	$c \times 10^3$ $(kN)^{-1}$	$b_x \times 10^3$ $(kN.m)^{-1}$
	0	1780	0.562	3.17	2030	0.492	2.75	1740	0.575	2.90
	0.3	1770	0.563	3.17	2030	0.493	2.75	1730	0.578	2.90
	0.6	1760	0.567	3.17	2020	0.496	2.75	1720	0.581	2.90
	0.9	1740	0.573	3.17	2000	0.501	2.75	1710	0.585	2.90
	1.2	1720	0.582	3.17	1970	0.508	2.75	1680	0.595	2.90
	1.5	1690	0.593	3.17	1930	0.518	2.75	1650	0.606	2.90
	1.8	1650	0.607	3.17	1890	0.530	2.75	1620	0.617	2.90
	2.1	1600	0.624	3.17	1840	0.544	2.75	1570	0.637	2.90
	2.4	1550	0.644	3.18	1780	0.561	2.75	1530	0.654	2.94
	2.7	1500	0.668	3.25	1720	0.581	2.81	1480	0.676	3.01
	3.0	1440	0.695	3.33	1650	0.605	2.87	1410	0.709	3.09
$(KL)_x > (KL)_y$ 일 경우에는 $(KL)_y$와 $(KL)_{yeq}$ 중 큰 값을 적용 $(KL)_{yeq} = \dfrac{(KL)_x}{(r_x/r_y)}$	3.3	1380	0.727	3.41	1580	0.632	2.94	1340	0.746	3.18
	3.6	1310	0.763	3.50	1510	0.662	3.00	1270	0.787	3.27
	3.9	1240	0.805	3.59	1430	0.698	3.07	1200	0.833	3.37
	4.2	1170	0.852	3.68	1360	0.738	3.14	1130	0.885	3.47
	4.5	1100	0.907	3.78	1280	0.783	3.22	1050	0.952	3.58
	4.8	1030	0.968	3.88	1200	0.835	3.30	981	1.02	3.69
	5.1	963	1.04	4.00	1120	0.894	3.39	908	1.10	3.82
	5.4	894	1.12	4.11	1040	0.962	3.47	837	1.19	3.95
	5.7	826	1.21	4.24	963	1.04	3.57	768	1.30	4.09
	6.0	760	1.31	4.37	889	1.13	3.67	701	1.43	4.24
	6.3	697	1.43	4.51	816	1.22	3.77	636	1.57	4.41
	6.6	635	1.57	4.66	745	1.34	3.88	579	1.73	4.58
	6.9	581	1.72	4.82	682	1.47	4.00	530	1.89	4.85
	7.2	534	1.87	4.99	626	1.60	4.12	487	2.05	5.17
	7.5	492	2.03	5.25	577	1.73	4.26	449	2.23	5.49
	7.8	455	2.20	5.55	534	1.87	4.40	415	2.41	5.81
	8.1	422	2.37	5.84	495	2.02	4.62	385	2.60	6.14
	8.4	392	2.55	6.14	460	2.17	4.85	358	2.79	6.46
	8.7	365	2.74	6.44	429	2.33	5.07	333	3.00	6.79
	9.0	341	2.93	6.74	401	2.50	5.30	311	3.21	7.12

	H-400x200x8x13	H-404x201x9x15	H-446x199x8x12
$b_y \times 10^3 (kN.m)^{-1}$	15.7	13.5	17.0
$t_y \times 10^3$ $(kN)^{-1}$	0.562	0.492	0.561
$t_r \times 10^3$ $(kN)^{-1}$	0.528	0.462	0.527
r_y (mm)	45.4	46.0	43.3
r_x / r_y	3.70	3.67	4.27
기타 상수 및 단면성능			
P_{wo} (kN)	273	328	282
P_{wi} (kN/mm)	1.88	2.12	1.88
P_{wb} (kN)	224	320	199
P_{fb} (kN)	223	297	190
L_p (m)	2.36	2.39	2.25
L_r (m)	7.30	7.83	6.72
A_g (mm^2)	8.41×10^3	9.62×10^3	8.43×10^3
I_x (mm^4)	0.237×10^9	0.275×10^9	0.287×10^9
I_y (mm^4)	17.4×10^6	20.3×10^6	15.8×10^6
$P_{ex} (KL)^2/10^3$ $(kN.m^2)$	0.480×10^6	0.556×10^6	0.581×10^6
$P_{ey} (KL)^2/10^3$ $(kN.m^2)$	35.2×10^3	41.1×10^3	32.0×10^3

1) 음영부분은 KL/r > 200인 경우이다.

도움표 8.1-400 H형강 축력-휨 조합력

SHN400 (F_y = 235 MPa) 세폭계열

	$(KL)_y$ 또는 L_b (m)	H-450x200x9x14			H-496x199x9x14			H-500x200x10x16		
		$\phi_c P_n$ (kN)	$c\times10^3$ $(kN)^{-1}$	$b_x\times10^3$ $(kN.m)^{-1}$	$\phi_c P_n$ (kN)	$c\times10^3$ $(kN)^{-1}$	$b_x\times10^3$ $(kN.m)^{-1}$	$\phi_c P_n$ (kN)	$c\times10^3$ $(kN)^{-1}$	$b_x\times10^3$ $(kN.m)^{-1}$
	0	2050	0.489	2.50	2090	0.478	2.20	2410	0.414	1.93
	0.3	2040	0.490	2.50	2080	0.481	2.20	2410	0.415	1.93
	0.6	2030	0.493	2.50	2070	0.483	2.20	2390	0.418	1.93
	0.9	2000	0.499	2.50	2050	0.488	2.20	2370	0.423	1.93
	1.2	1970	0.507	2.50	2020	0.495	2.20	2330	0.430	1.93
	1.5	1930	0.517	2.50	1980	0.505	2.20	2280	0.439	1.93
	1.8	1890	0.530	2.50	1940	0.515	2.20	2220	0.450	1.93
	2.1	1830	0.546	2.50	1890	0.529	2.20	2150	0.464	1.93
	2.4	1770	0.565	2.53	1830	0.546	2.23	2080	0.481	1.95
	2.7	1700	0.587	2.59	1760	0.568	2.29	2000	0.500	2.00
	3.0	1630	0.613	2.65	1680	0.595	2.35	1910	0.523	2.05
	3.3	1560	0.643	2.72	1600	0.625	2.41	1820	0.549	2.10
$(KL)_x > (KL)_y$ 일 경우에는 $(KL)_y$와 $(KL)_{yeq}$ 중 큰 값을 적용 $(KL)_{yeq} = \frac{(KL)_x}{(r_x/r_y)}$	3.6	1480	0.677	2.79	1510	0.662	2.48	1730	0.579	2.16
	3.9	1400	0.716	2.87	1420	0.704	2.56	1630	0.614	2.22
	4.2	1310	0.761	2.94	1330	0.752	2.63	1530	0.654	2.28
	4.5	1230	0.813	3.03	1240	0.806	2.71	1430	0.700	2.34
	4.8	1150	0.872	3.12	1160	0.862	2.80	1330	0.753	2.41
	5.1	1060	0.940	3.21	1070	0.935	2.89	1230	0.813	2.49
	5.4	983	1.02	3.31	982	1.02	2.99	1130	0.882	2.56
	5.7	904	1.11	3.42	898	1.11	3.10	1040	0.962	2.65
	6.0	828	1.21	3.53	817	1.22	3.21	949	1.05	2.73
	6.3	753	1.33	3.65	741	1.35	3.34	861	1.16	2.83
	6.6	686	1.46	3.78	675	1.48	3.47	784	1.27	2.93
	6.9	628	1.59	3.92	618	1.62	3.65	718	1.39	3.04
	7.2	576	1.73	4.09	567	1.76	3.88	659	1.52	3.16
	7.5	531	1.88	4.34	523	1.91	4.12	607	1.65	3.35
	7.8	491	2.04	4.59	483	2.07	4.36	562	1.78	3.54
	8.1	455	2.20	4.83	448	2.23	4.60	521	1.92	3.73
	8.4	424	2.36	5.08	417	2.40	4.84	484	2.07	3.91
	8.7	395	2.53	5.33	389	2.57	5.08	451	2.22	4.10
	9.0	369	2.71	5.57	364	2.75	5.32	422	2.37	4.29

	H-450x200x9x14	H-496x199x9x14	H-500x200x10x16
$b_y\times10^3 (kN.m)^{-1}$	14.4	14.5	12.5
$t_y\times10^3 (kN)^{-1}$	0.489	0.467	0.414
$t_r\times10^3 (kN)^{-1}$	0.459	0.440	0.390
r_y (mm)	44.0	42.7	43.3
r_x/r_y	4.23	4.75	4.73
기타 상수 및 단면성능			
P_{wo} (kN)	338	360	423
P_{wi} (kN/mm)	2.12	2.12	2.35
P_{wb} (kN)	283	255	350
P_{fb} (kN)	259	259	338
L_p (m)	2.29	2.22	2.25
L_r (m)	7.12	6.78	7.17
A_g (mm^2)	9.68×10^3	10.1×10^3	11.4×10^3
I_x (mm^4)	0.335×10^9	0.419×10^9	0.478×10^9
I_y (mm^4)	18.7×10^6	18.4×10^6	21.4×10^6
$P_{ex}(KL)^2/10^3$ (kN.m^2)	0.678×10^6	0.848×10^6	0.967×10^6
$P_{ey}(KL)^2/10^3$ (kN.m^2)	37.8×10^3	37.2×10^3	43.3×10^3

1) 음영부분은 KL/r > 200인 경우이다.

도움표 8.1-400 H형강 축력-휨 조합력

SHN400 (F_y = 235 MPa) 세폭계열

	$(KL)_y$ 또는 L_b (m)	H-506x201x11x19 $\phi_c P_n$ (kN)	H-506x201x11x19 $c\times10^3$ $(kN)^{-1}$	H-506x201x11x19 $b_x\times10^3$ $(kN.m)^{-1}$	H-596x199x10x15 $\phi_c P_n$ (kN)	H-596x199x10x15 $c\times10^3$ $(kN)^{-1}$	H-596x199x10x15 $b_x\times10^3$ $(kN.m)^{-1}$	H-600x200x11x17 $\phi_c P_n$ (kN)	H-600x200x11x17 $c\times10^3$ $(kN)^{-1}$	H-600x200x11x17 $b_x\times10^3$ $(kN.m)^{-1}$
	0	2780	0.360	1.65	2400	0.417	1.59	2760	0.362	1.41
	0.3	2770	0.361	1.65	2400	0.417	1.59	2760	0.362	1.41
	0.6	2750	0.363	1.65	2380	0.420	1.59	2740	0.365	1.41
	0.9	2720	0.367	1.65	2360	0.424	1.59	2710	0.369	1.41
	1.2	2680	0.373	1.65	2320	0.431	1.59	2670	0.375	1.41
	1.5	2630	0.381	1.65	2280	0.439	1.59	2620	0.382	1.41
	1.8	2560	0.390	1.65	2220	0.450	1.59	2560	0.391	1.41
	2.1	2490	0.402	1.65	2160	0.463	1.59	2480	0.403	1.41
	2.4	2410	0.415	1.67	2090	0.478	1.63	2400	0.417	1.44
	2.7	2320	0.431	1.70	2010	0.498	1.68	2300	0.435	1.48
	3.0	2220	0.450	1.74	1920	0.521	1.73	2190	0.457	1.52
$(KL)_x > (KL)_y$ 일 경우에는 $(KL)_y$와 $(KL)_{yeq}$ 중 큰 값을 적용 $(KL)_{yeq} = \frac{(KL)_x}{(r_x/r_y)}$	3.3	2120	0.472	1.78	1830	0.546	1.78	2070	0.483	1.57
	3.6	2010	0.497	1.82	1730	0.578	1.83	1960	0.510	1.61
	3.9	1900	0.525	1.86	1620	0.617	1.89	1830	0.546	1.66
	4.2	1790	0.558	1.91	1500	0.667	1.96	1710	0.585	1.71
	4.5	1680	0.595	1.96	1390	0.719	2.03	1590	0.629	1.77
	4.8	1570	0.638	2.01	1280	0.781	2.10	1470	0.680	1.83
	5.1	1460	0.686	2.06	1170	0.855	2.18	1350	0.741	1.89
	5.4	1350	0.742	2.12	1070	0.935	2.26	1230	0.813	1.96
	5.7	1240	0.806	2.17	967	1.03	2.35	1120	0.893	2.03
	6.0	1140	0.879	2.24	873	1.15	2.45	1010	0.990	2.11
	6.3	1040	0.966	2.30	792	1.26	2.56	915	1.09	2.19
	6.6	944	1.06	2.37	722	1.39	2.73	834	1.20	2.29
	6.9	863	1.16	2.45	660	1.52	2.92	763	1.31	2.42
	7.2	793	1.26	2.53	606	1.65	3.11	701	1.43	2.58
	7.5	731	1.37	2.61	559	1.79	3.31	646	1.55	2.74
	7.8	676	1.48	2.71	517	1.93	3.50	597	1.68	2.90
	8.1	627	1.60	2.85	479	2.09	3.70	554	1.81	3.05
	8.4	583	1.72	2.99	447	2.24	3.90	516	1.94	3.21
	8.7	543	1.84	3.12	416	2.40	4.10	481	2.08	3.37
	9.0	507	1.97	3.26	389	2.57	4.30	449	2.23	3.53

	H-506x201x11x19	H-596x199x10x15	H-600x200x11x17
$b_y\times10^3 (kN.m)^{-1}$	10.5	13.3	11.6
$t_y\times10^3 (kN)^{-1}$	0.361	0.393	0.352
$t_r\times10^3 (kN)^{-1}$	0.339	0.370	0.332
r_y (mm)	44.3	40.5	41.2
r_x/r_y	4.67	5.90	5.83
기타 상수 및 단면성능			
P_{wo} (kN)	504	435	504
P_{wi} (kN/mm)	2.59	2.35	2.59
P_{wb} (kN)	466	287	382
P_{fb} (kN)	477	297	382
L_p (m)	2.31	2.11	2.14
L_r (m)	7.77	6.40	6.71
A_g (mm^2)	13.1×10^3	12.0×10^3	13.4×10^3
I_x (mm^4)	0.565×10^9	0.687×10^9	0.776×10^9
I_y (mm^4)	25.8×10^6	19.8×10^6	22.8×10^6
P_{ex} $(KL)^2/10^3$ ($kN.m^2$)	1.14×10^6	1.39×10^6	1.57×10^6
P_{ey} $(KL)^2/10^3$ ($kN.m^2$)	52.2×10^3	40.1×10^3	46.1×10^3

1) 음영부분은 KL/r > 200인 경우이다.

제8장

도움표 8.1-400 H형강 축력-휨 조합력

SHN400 (F_y = 235 MPa) 세폭계열

$(KL)_y$ 또는 L_b (m)		H-606x201x12x20			H-612x202x13x23					
		$\phi_c P_n$ (kN)	$c\times10^3$ $(kN)^{-1}$	$b_x\times10^3$ $(kN.m)^{-1}$	$\phi_c P_n$ (kN)	$c\times10^3$ $(kN)^{-1}$	$b_x\times10^3$ $(kN.m)^{-1}$	$\phi_c P_n$ (kN)	$c\times10^3$ $(kN)^{-1}$	$b_x\times10^3$ $(kN.m)^{-1}$
	0	3210	0.312	1.22	3610	0.277	1.08			
	0.3	3210	0.312	1.22	3600	0.278	1.08			
	0.6	3190	0.313	1.22	3570	0.280	1.08			
	0.9	3150	0.317	1.22	3530	0.283	1.08			
	1.2	3100	0.323	1.22	3480	0.288	1.08			
	1.5	3030	0.330	1.22	3400	0.294	1.08			
	1.8	2950	0.339	1.22	3320	0.302	1.08			
	2.1	2860	0.350	1.22	3220	0.311	1.08			
	2.4	2750	0.363	1.24	3100	0.322	1.09			
	2.7	2640	0.378	1.28	2980	0.335	1.12			
	3.0	2520	0.397	1.31	2850	0.351	1.14			
$(KL)_x > (KL)_y$ 일 경우에는 $(KL)_y$와 $(KL)_{yeq}$ 중 큰 값을 적용 $(KL)_{yeq} = \dfrac{(KL)_x}{(r_x/r_y)}$	3.3	2390	0.418	1.34	2710	0.369	1.17			
	3.6	2260	0.442	1.38	2570	0.389	1.20			
	3.9	2130	0.470	1.41	2420	0.413	1.23			
	4.2	1990	0.502	1.45	2270	0.440	1.26			
	4.5	1850	0.539	1.50	2120	0.471	1.29			
	4.8	1720	0.582	1.54	1970	0.507	1.32			
	5.1	1580	0.631	1.59	1830	0.548	1.36			
	5.4	1450	0.688	1.64	1680	0.595	1.40			
	5.7	1330	0.753	1.69	1540	0.649	1.44			
	6.0	1200	0.831	1.75	1400	0.712	1.48			
	6.3	1090	0.916	1.81	1270	0.785	1.53			
	6.6	994	1.01	1.88	1160	0.861	1.58			
	6.9	910	1.10	1.95	1060	0.941	1.63			
	7.2	836	1.20	2.03	976	1.03	1.68			
	7.5	770	1.30	2.15	899	1.11	1.74			
	7.8	712	1.40	2.27	831	1.20	1.82			
	8.1	660	1.51	2.39	771	1.30	1.91			
	8.4	614	1.63	2.51	717	1.40	2.01			
	8.7	572	1.75	2.63	668	1.50	2.10			
	9.0	535	1.87	2.75	624	1.60	2.19			

	H-606x201x12x20	H-612x202x13x23	
$b_y\times10^3(kN.m)^{-1}$	9.80	8.44	
$t_y\times10^3\ (kN)^{-1}$	0.310	0.277	
$t_r\times10^3\ (kN)^{-1}$	0.292	0.260	
r_y (mm)	42.2	43.1	
r_x/r_y	5.76	5.71	
기타 상수 및 단면성능			
P_{wo} (kN)	592	687	
P_{wi} (kN/mm)	2.82	3.06	
P_{wb} (kN)	496	631	
P_{fb} (kN)	529	699	
L_p (m)	2.19	2.24	
L_r (m)	7.17	7.66	
A_g (mm^2)	15.2×10^3	17.1×10^3	
I_x (mm^4)	0.904×10^9	1.03×10^9	
I_y (mm^4)	27.2×10^6	31.8×10^6	
$P_{ex}\ (KL)^2/10^3$ (kN.m^2)	1.83×10^6	2.08×10^6	
$P_{ey}\ (KL)^2/10^3$ (kN.m^2)	55.0×10^3	64.3×10^3	

1) 음영부분은 KL/r > 200인 경우이다.

도움표 8.1-400 H형강 축력-휨 조합력

SHN400 (F_y = 235 MPa) 중폭계열

$(KL)_y$ 또는 L_b (m)		H-148x100x6x9			H-194x150x6x9					
		$\phi_c P_n$ (kN)	$c\times10^3$ $(kN)^{-1}$	$b_x\times10^3$ $(kN.m)^{-1}$	$\phi_c P_n$ (kN)	$c\times10^3$ $(kN)^{-1}$	$b_x\times10^3$ $(kN.m)^{-1}$	$\phi_c P_n$ (kN)	$c\times10^3$ $(kN)^{-1}$	$b_x\times10^3$ $(kN.m)^{-1}$
	0	567	1.76	26.8	825	1.21	13.6			
	0.3	563	1.78	26.8	822	1.22	13.6			
	0.6	550	1.82	26.8	814	1.23	13.6			
	0.9	529	1.89	26.8	800	1.25	13.6			
	1.2	501	2.00	26.8	782	1.28	13.6			
	1.5	467	2.14	27.4	759	1.32	13.6			
	1.8	429	2.33	28.0	731	1.37	13.6			
	2.1	387	2.58	28.8	700	1.43	13.8			
	2.4	345	2.90	29.5	665	1.50	14.1			
	2.7	302	3.31	30.3	628	1.59	14.5			
	3.0	260	3.84	31.2	590	1.70	14.8			
$(KL)_x > (KL)_y$ 일 경우에는 $(KL)_y$와 $(KL)_{yeq}$ 중 큰 값을 적용	3.3	221	4.53	32.0	549	1.82	15.1			
	3.6	186	5.39	33.0	509	1.97	15.5			
	3.9	158	6.32	34.0	468	2.14	15.9			
	4.2	136	7.33	35.1	427	2.34	16.3			
	4.5	119	8.42	36.2	387	2.58	16.7			
$(KL)_{yeq} = \dfrac{(KL)_x}{(r_x/r_y)}$	4.8	104	9.58	37.4	349	2.87	17.2			
	5.1	92.5	10.8	38.7	312	3.21	17.6			
	5.4	82.5	12.1	40.1	278	3.60	18.1			
	5.7	74.0	13.5	41.5	250	4.01	18.6			
	6.0	66.8	15.0	43.1	225	4.44	19.2			
	6.3	60.6	16.5	45.3	204	4.89	19.8			
	6.6	55.2	18.1	47.6	186	5.37	20.4			
	6.9	50.5	19.8	49.9	170	5.87	21.1			
	7.2	46.4	21.6	52.1	156	6.39	21.9			
	7.5	42.8	23.4	54.4	144	6.94	22.9			
	7.8	39.5	25.3	56.7	133	7.50	24.0			
	8.1	36.7	27.3	59.0	124	8.09	25.0			
	8.4	34.1	29.3	61.2	115	8.70	26.1			
	8.7	31.8	31.5	63.5	107	9.33	27.1			
	9.0	29.7	33.7	65.7	100	9.99	28.2			

	H-148x100x6x9	H-194x150x6x9	
$b_y\times10^3 (kN.m)^{-1}$	90.0	40.4	
$t_y\times10^3 (kN)^{-1}$	1.76	1.21	
$t_r\times10^3 (kN)^{-1}$	1.66	1.14	
r_y (mm)	23.7	36.1	
r_x/r_y	2.60	2.30	
기타 상수 및 단면성능			
P_{wo} (kN)	141	155	
P_{wi} (kN/mm)	1.41	1.41	
P_{wb} (kN)	300	216	
P_{fb} (kN)	107	107	
L_p (m)	1.23	1.88	
L_r (m)	6.07	7.15	
A_g (mm²)	2.68×10^3	3.90×10^3	
I_x (mm⁴)	10.2×10^6	26.9×10^6	
I_y (mm⁴)	1.51×10^6	5.07×10^6	
$P_{ex}(KL)^2/10^3$ (kN.m²)	20.6×10^3	54.4×10^3	
$P_{ey}(KL)^2/10^3$ (kN.m²)	3.06×10^3	10.3×10^3	

1) 음영부분은 KL/r > 200인 경우이다.

제8장

도움표 8.1-400 H형강 축력-휨 조합력

SHN400 (F_y = 235 MPa) **중폭계열**

$(KL)_y$ 또는 L_b (m)		H-244x175x7x11 $\phi_c P_n$ (kN)	$c \times 10^3$ $(kN)^{-1}$	$b_x \times 10^3$ $(kN.m)^{-1}$	H-294x200x8x12 $\phi_c P_n$ (kN)	$c \times 10^3$ $(kN)^{-1}$	$b_x \times 10^3$ $(kN.m)^{-1}$	H-298x201x9x14 $\phi_c P_n$ (kN)	$c \times 10^3$ $(kN)^{-1}$	$b_x \times 10^3$ $(kN.m)^{-1}$
$(KL)_x > (KL)_y$ 일 경우에는 $(KL)_y$와 $(KL)_{yeq}$ 중 큰 값을 적용 $(KL)_{yeq} = \frac{(KL)_x}{(r_x/r_y)}$	0	1190	0.841	7.53	1530	0.653	4.89	1760	0.567	4.20
	0.5	1180	0.847	7.53	1520	0.657	4.89	1750	0.570	4.20
	1.0	1160	0.865	7.53	1500	0.668	4.89	1730	0.579	4.20
	1.5	1120	0.895	7.53	1460	0.686	4.89	1680	0.595	4.20
	2.0	1060	0.940	7.53	1400	0.713	4.89	1620	0.618	4.20
	2.5	999	1.00	7.68	1330	0.749	4.91	1540	0.648	4.21
	3.0	926	1.08	7.94	1260	0.796	5.06	1450	0.688	4.32
	3.5	846	1.18	8.21	1170	0.855	5.22	1360	0.737	4.45
	4.0	762	1.31	8.50	1080	0.928	5.40	1250	0.799	4.57
	4.5	677	1.48	8.81	982	1.02	5.58	1140	0.875	4.71
	5.0	593	1.69	9.14	885	1.13	5.78	1030	0.968	4.86
	5.5	512	1.95	9.50	788	1.27	5.99	923	1.08	5.01
	6.0	435	2.30	9.89	695	1.44	6.22	816	1.22	5.18
	6.5	371	2.70	10.3	606	1.65	6.47	714	1.40	5.35
	7.0	320	3.13	10.8	523	1.91	6.73	618	1.62	5.54
	7.5	279	3.59	11.3	455	2.20	7.02	538	1.86	5.74
	8.0	245	4.08	11.8	400	2.50	7.34	473	2.12	5.96
	8.5	217	4.61	12.7	355	2.82	7.69	419	2.39	6.19
	9.0	194	5.17	13.5	316	3.16	8.20	374	2.68	6.44
	9.5	174	5.76	14.4	284	3.52	8.76	335	2.98	6.72
	10.0	157	6.38	15.3	256	3.90	9.31	303	3.30	7.13
	10.5	142	7.03	16.1	232	4.30	9.86	274	3.64	7.54
	11.0	130	7.72	17.0	212	4.72	10.4	250	4.00	7.95
	11.5	119	8.44	17.8	194	5.16	11.0	229	4.37	8.36
	12.0	109	9.19	18.7	178	5.62	11.5	210	4.76	8.77
	12.5	100	9.97	19.5	164	6.10	12.0	194	5.16	9.18
	13.0	92.8	10.8	20.4	152	6.60	12.6	179	5.59	9.58
	13.5	86.0	11.6	21.2	141	7.11	13.1	166	6.02	9.99
	14.0	80.0	12.5	22.1	131	7.65	13.7	154	6.48	10.4
	14.5	74.6	13.4	22.9	122	8.21	14.2	144	6.95	10.8
	15.0	69.7	14.4	23.8	114	8.78	14.7	134	7.44	11.2

	H-244x175x7x11	H-294x200x8x12	H-298x201x9x14
$b_y \times 10^3 (kN.m)^{-1}$	24.3	17.0	14.4
$t_y \times 10^3$ $(kN)^{-1}$	0.841	0.653	0.567
$t_r \times 10^3$ $(kN)^{-1}$	0.791	0.614	0.533
r_y (mm)	41.9	47.1	47.7
r_x / r_y	2.48	2.65	2.64
기타 상수 및 단면성능			
P_{wo} (kN)	222	282	338
P_{wi} (kN/mm)	1.65	1.88	2.12
P_{wb} (kN)	271	328	467
P_{fb} (kN)	160	190	259
L_p (m)	2.18	2.45	2.48
L_r (m)	8.10	8.63	9.51
A_g (mm^2)	5.62×10^3	7.24×10^3	8.34×10^3
I_x (mm^4)	61.2×10^6	0.113×10^9	0.133×10^9
I_y (mm^4)	9.84×10^6	16.0×10^6	19.0×10^6
P_{ex} $(KL)^2/10^3$ $(kN.m^2)$	0.124×10^6	0.229×10^6	0.269×10^6
P_{ey} $(KL)^2/10^3$ $(kN.m^2)$	19.9×10^3	32.4×10^3	38.4×10^3

1) 음영부분은 KL/r > 200인 경우이다.

제8장

도움표 8.1-400 H형강 축력-휨 조합력

SHN400 (F_y = 235 MPa) 중폭계열

$(KL)_y$ 또는 L_b (m)		H-336x249x8x12			H-340x250x9x14			H-386x299x9x14		
		$\phi_c P_n$ (kN)	$c\times10^3$ $(kN)^{-1}$	$b_x\times10^3$ $(kN.m)^{-1}$	$\phi_c P_n$ (kN)	$c\times10^3$ $(kN)^{-1}$	$b_x\times10^3$ $(kN.m)^{-1}$	$\phi_c P_n$ (kN)	$c\times10^3$ $(kN)^{-1}$	$b_x\times10^3$ $(kN.m)^{-1}$
$(KL)_x > (KL)_y$ 일 경우에는 $(KL)_y$와 $(KL)_{yeq}$ 중 큰 값을 적용 $(KL)_{yeq} = \frac{(KL)_x}{(r_x/r_y)}$	0	1860	0.536	3.46	2150	0.466	2.98	2540	0.394	2.19
	0.5	1860	0.538	3.46	2140	0.467	2.98	2530	0.395	2.19
	1.0	1840	0.544	3.46	2120	0.472	2.98	2520	0.397	2.19
	1.5	1810	0.553	3.46	2080	0.480	2.98	2490	0.402	2.19
	2.0	1760	0.567	3.46	2030	0.492	2.98	2450	0.409	2.19
	2.5	1710	0.585	3.46	1970	0.507	2.98	2400	0.417	2.19
	3.0	1640	0.608	3.46	1900	0.526	2.98	2330	0.428	2.19
	3.5	1570	0.636	3.54	1820	0.550	3.03	2260	0.442	2.19
	4.0	1490	0.670	3.64	1730	0.578	3.11	2190	0.457	2.22
	4.5	1410	0.711	3.74	1630	0.612	3.19	2100	0.476	2.27
	5.0	1320	0.759	3.85	1530	0.653	3.27	2010	0.498	2.32
	5.5	1220	0.816	3.97	1430	0.701	3.36	1910	0.523	2.37
	6.0	1130	0.884	4.10	1320	0.758	3.45	1810	0.551	2.43
	6.5	1040	0.964	4.23	1210	0.825	3.55	1710	0.585	2.49
	7.0	944	1.06	4.37	1110	0.903	3.66	1610	0.623	2.56
	7.5	854	1.17	4.52	1000	1.00	3.77	1500	0.667	2.63
	8.0	767	1.30	4.69	904	1.11	3.89	1400	0.717	2.70
	8.5	682	1.47	4.86	807	1.24	4.01	1290	0.774	2.77
	9.0	608	1.64	5.05	720	1.39	4.15	1190	0.840	2.85
	9.5	546	1.83	5.25	646	1.55	4.29	1090	0.916	2.94
	10.0	493	2.03	5.49	583	1.72	4.44	1000	1.004	3.03
	10.5	447	2.24	5.86	529	1.89	4.61	900	1.107	3.12
	11.0	407	2.46	6.22	482	2.08	4.83	820	1.21	3.22
	11.5	373	2.68	6.58	441	2.27	5.10	750	1.33	3.33
	12.0	342	2.92	6.94	405	2.47	5.37	690	1.45	3.45
	12.5	315	3.17	7.30	373	2.68	5.64	640	1.57	3.64
	13.0	292	3.43	7.66	345	2.90	5.91	590	1.70	3.83
	13.5	270	3.70	8.01	320	3.13	6.17	550	1.83	4.02
	14.0	251	3.98	8.37	297	3.36	6.44	510	1.97	4.21
	14.5	234	4.27	8.73	277	3.61	6.71	470	2.11	4.40
	15.0	219	4.57	9.08	259	3.86	6.97	440	2.26	4.59
$b_y\times10^3(kN.m)^{-1}$		11.1			9.40			6.60		
$t_y\times10^3$ $(kN)^{-1}$		0.536			0.466			0.394		
$t_r\times10^3$ $(kN)^{-1}$		0.504			0.436			0.370		
r_y (mm)		59.2			60.0			72.1		
r_x/r_y		2.45			2.43			2.32		
기타 상수 및 단면성능										
P_{wo} (kN)		301			360			381		
P_{wi} (kN/mm)		1.88			2.12			2.12		
P_{wb} (kN)		282			401			348		
P_{fb} (kN)		190			259			259		
L_p (m)		3.08			3.12			3.75		
L_r (m)		9.96			10.8			12.0		
A_g (mm^2)		8.82×10^3			10.2×10^3			12.0×10^3		
I_x (mm^4)		0.185×10^9			0.217×10^9			0.337×10^9		
I_y (mm^4)		30.9×10^6			36.5×10^6			62.4×10^6		
P_{ex} $(KL)^2/10^3$ $(kN.m^2)$		0.374×10^6			0.439×10^6			0.682×10^6		
P_{ey} $(KL)^2/10^3$ $(kN.m^2)$		62.5×10^3			73.8×10^3			0.126×10^6		

1) 음영부분은 KL/r > 200인 경우이다.

도움표 8.1-400 H형강 축력-휨 조합력

SHN400 (F_y = 235 MPa) 중폭계열

$(KL)_y$ 또는 L_b		H-390x300x10x16			H-434x299x10x15			H-440x300x11x18		
(m)		$\phi_c P_n$ (kN)	$c\times10^3$ $(kN)^{-1}$	$b_x\times10^3$ $(kN.m)^{-1}$	$\phi_c P_n$ (kN)	$c\times10^3$ $(kN)^{-1}$	$b_x\times10^3$ $(kN.m)^{-1}$	$\phi_c P_n$ (kN)	$c\times10^3$ $(kN)^{-1}$	$b_x\times10^3$ $(kN.m)^{-1}$
	0	2880	0.348	1.92	2860	0.350	1.76	3330	0.300	1.49
	0.5	2870	0.349	1.92	2850	0.351	1.76	3320	0.301	1.49
	1.0	2850	0.351	1.92	2830	0.354	1.76	3300	0.303	1.49
	1.5	2820	0.355	1.92	2790	0.358	1.76	3260	0.307	1.49
	2.0	2770	0.361	1.92	2750	0.364	1.76	3200	0.312	1.49
	2.5	2710	0.368	1.92	2690	0.372	1.76	3140	0.319	1.49
	3.0	2650	0.378	1.92	2610	0.382	1.76	3060	0.327	1.49
	3.5	2570	0.389	1.92	2530	0.395	1.76	2960	0.337	1.49
	4.0	2480	0.403	1.94	2440	0.410	1.79	2860	0.349	1.50
	4.5	2390	0.419	1.98	2340	0.427	1.83	2750	0.364	1.54
	5.0	2290	0.438	2.02	2230	0.448	1.88	2630	0.380	1.57
	5.5	2180	0.459	2.06	2120	0.471	1.93	2500	0.400	1.60
$(KL)_x > (KL)_y$ 일 경우에는 $(KL)_y$와 $(KL)_{yeq}$ 중 큰 값을 적용	6.0	2070	0.484	2.11	2010	0.499	1.97	2370	0.422	1.64
	6.5	1950	0.513	2.16	1890	0.530	2.03	2230	0.448	1.68
	7.0	1830	0.545	2.21	1760	0.566	2.08	2100	0.477	1.72
	7.5	1710	0.583	2.26	1640	0.608	2.14	1960	0.511	1.76
	8.0	1600	0.626	2.31	1520	0.656	2.20	1820	0.550	1.80
$(KL)_{yeq} = \dfrac{(KL)_x}{(r_x/r_y)}$	8.5	1480	0.675	2.37	1400	0.712	2.27	1680	0.594	1.85
	9.0	1370	0.732	2.43	1290	0.776	2.34	1550	0.645	1.90
	9.5	1250	0.797	2.50	1180	0.849	2.41	1420	0.704	1.95
	10.0	1150	0.871	2.56	1070	0.937	2.49	1290	0.773	2.00
	10.5	1040	0.959	2.63	968	1.03	2.57	1170	0.852	2.06
	11.0	950	1.05	2.71	882	1.13	2.66	1070	0.935	2.12
	11.5	869	1.15	2.79	807	1.24	2.75	979	1.02	2.18
	12.0	798	1.25	2.87	741	1.35	2.90	899	1.11	2.25
	12.5	736	1.36	2.96	683	1.46	3.06	828	1.21	2.32
	13.0	680	1.47	3.07	632	1.58	3.22	766	1.31	2.41
	13.5	631	1.59	3.22	586	1.71	3.38	710	1.41	2.53
	14.0	586	1.71	3.37	545	1.84	3.54	660	1.51	2.65
	14.5	547	1.83	3.51	508	1.97	3.70	616	1.62	2.76
	15.0	511	1.96	3.66	475	2.11	3.86	575	1.74	2.88

	H-390x300x10x16	H-434x299x10x15	H-440x300x11x18
$b_y\times10^3 (kN.m)^{-1}$	5.73	6.13	5.08
$t_y\times10^3 (kN)^{-1}$	0.348	0.350	0.300
$t_r\times10^3 (kN)^{-1}$	0.327	0.329	0.283
r_y (mm)	72.8	70.4	71.8
r_x/r_y	2.32	2.64	2.63
기타 상수 및 단면성능			
P_{wo} (kN)	447	458	543
P_{wi} (kN/mm)	2.35	2.35	2.59
P_{wb} (kN)	477	421	561
P_{fb} (kN)	338	297	428
L_p (m)	3.78	3.66	3.73
L_r (m)	12.9	11.6	12.7
A_g (mm^2)	13.6×10^3	13.5×10^3	15.7×10^3
I_x (mm^4)	0.387×10^9	0.468×10^9	0.561×10^9
I_y (mm^4)	72.1×10^6	66.9×10^6	81.1×10^6
$P_{ex}(KL)^2/10^3$ $(kN.m^2)$	0.783×10^6	0.947×10^6	1.14×10^6
$P_{ey}(KL)^2/10^3$ $(kN.m^2)$	0.146×10^6	0.135×10^6	0.164×10^6

1) 음영부분은 KL/r > 200인 경우이다.

도움표 8.1-400 H형강 축력-휨 조합력

SHN400 (F_y = 235 MPa) **중폭계열**

$(KL)_y$ 또는 L_b (m)		H-482x300x11x15			H-488x300x11x18			H-582x300x12x17		
		$\phi_c P_n$ (kN)	$c\times10^3$ $(kN)^{-1}$	$b_x\times10^3$ $(kN.m)^{-1}$	$\phi_c P_n$ (kN)	$c\times10^3$ $(kN)^{-1}$	$b_x\times10^3$ $(kN.m)^{-1}$	$\phi_c P_n$ (kN)	$c\times10^3$ $(kN)^{-1}$	$b_x\times10^3$ $(kN.m)^{-1}$
	0	3077	0.325	1.51	3460	0.289	1.30	3690	0.271	1.06
	0.5	3070	0.326	1.51	3450	0.290	1.30	3680	0.272	1.06
	1.0	3050	0.328	1.51	3420	0.292	1.30	3650	0.274	1.06
	1.5	3010	0.333	1.51	3380	0.296	1.30	3600	0.278	1.06
	2.0	2950	0.339	1.51	3320	0.301	1.30	3530	0.283	1.06
	2.5	2880	0.347	1.51	3250	0.307	1.30	3440	0.290	1.06
	3.0	2800	0.357	1.51	3170	0.316	1.30	3340	0.299	1.06
	3.5	2710	0.369	1.51	3070	0.326	1.30	3220	0.310	1.06
	4.0	2600	0.384	1.54	2960	0.338	1.32	3090	0.323	1.09
	4.5	2490	0.402	1.58	2830	0.353	1.35	2950	0.339	1.12
	5.0	2370	0.422	1.62	2710	0.370	1.38	2800	0.357	1.15
$(KL)_x > (KL)_y$	5.5	2240	0.446	1.67	2570	0.389	1.42	2640	0.379	1.19
일 경우에는	6.0	2110	0.474	1.71	2430	0.412	1.45	2480	0.404	1.22
$(KL)_y$와	6.5	1980	0.506	1.76	2280	0.438	1.49	2310	0.433	1.26
$(KL)_{yeq}$ 중 큰	7.0	1840	0.543	1.81	2140	0.468	1.53	2140	0.466	1.30
값을 적용	7.5	1710	0.585	1.87	1990	0.502	1.57	1980	0.505	1.35
	8.0	1580	0.635	1.93	1840	0.542	1.61	1820	0.550	1.39
$(KL)_{yeq} = \dfrac{(KL)_x}{(r_x/r_y)}$	8.5	1440	0.692	1.99	1700	0.588	1.66	1660	0.603	1.44
	9.0	1320	0.758	2.06	1560	0.641	1.71	1500	0.664	1.49
	9.5	1200	0.836	2.13	1430	0.701	1.76	1360	0.738	1.55
	10.0	1080	0.926	2.20	1290	0.773	1.81	1220	0.817	1.61
	10.5	979	1.02	2.28	1170	0.853	1.87	1110	0.901	1.68
	11.0	892	1.12	2.37	1070	0.936	1.93	1010	0.989	1.78
	11.5	816	1.22	2.51	978	1.02	2.00	925	1.08	1.90
	12.0	750	1.33	2.66	898	1.11	2.08	850	1.18	2.02
	12.5	691	1.45	2.81	827	1.21	2.19	783	1.28	2.13
	13.0	639	1.57	2.96	765	1.31	2.30	724	1.38	2.25
	13.5	592	1.69	3.11	709	1.41	2.42	671	1.49	2.37
	14.0	551	1.82	3.26	660	1.52	2.53	624	1.60	2.48
	14.5	514	1.95	3.41	615	1.63	2.64	582	1.72	2.60
	15.0	480	2.08	3.56	575	1.74	2.76	544	1.84	2.72

	H-482x300x11x15	H-488x300x11x18	H-582x300x12x17
$b_y\times10^3 (kN.m)^{-1}$	6.05	5.06	5.30
$t_y\times10^3 (kN)^{-1}$	0.325	0.289	0.271
$t_r\times10^3 (kN)^{-1}$	0.304	0.271	0.255
r_y (mm)	68.2	70.4	66.3
r_x/r_y	2.99	2.95	3.67
기타 상수 및 단면성능			
P_{wo} (kN)	530	569	635
P_{wi} (kN/mm)	2.59	2.59	2.82
P_{wb} (kN)	499	499	527
P_{fb} (kN)	297	428	382
L_p (m)	3.54	3.66	3.45
L_r (m)	11.1	12.0	10.6
A_g (mm^2)	14.6×10^3	16.4×10^3	17.4×10^3
I_x (mm^4)	0.604×10^9	0.710×10^9	1.03×10^9
I_y (mm^4)	67.6×10^6	81.1×10^6	76.7×10^6
$P_{ex}(KL)^2/10^3$ $(kN.m^2)$	1.22×10^6	1.44×10^6	2.08×10^6
$P_{ey}(KL)^2/10^3$ $(kN.m^2)$	0.137×10^6	0.164×10^6	0.155×10^6

1) 음영부분은 KL/r > 200인 경우이다.

제8장

도움표 8.1-400 H형강 축력-휨 조합력

SHN400 (F_y = 235 MPa) 중폭계열

$(KL)_y$ 또는 L_b (m)		H-588x300x12x20			H-594x302x14x23			H-692x300x13x20		
		$\phi_c P_n$ (kN)	$c \times 10^3$ $(kN)^{-1}$	$b_x \times 10^3$ $(kN.m)^{-1}$	$\phi_c P_n$ (kN)	$c \times 10^3$ $(kN)^{-1}$	$b_x \times 10^3$ $(kN.m)^{-1}$	$\phi_c P_n$ (kN)	$c \times 10^3$ $(kN)^{-1}$	$b_x \times 10^3$ $(kN.m)^{-1}$
	0	4070	0.246	0.936	4700	0.213	0.809	4410	0.227	0.747
	0.5	4060	0.246	0.936	4690	0.213	0.809	4400	0.227	0.747
	1.0	4030	0.248	0.936	4650	0.215	0.809	4360	0.229	0.747
	1.5	3980	0.251	0.936	4600	0.218	0.809	4310	0.232	0.747
	2.0	3910	0.256	0.936	4510	0.222	0.809	4240	0.236	0.747
	2.5	3820	0.262	0.936	4410	0.227	0.809	4140	0.242	0.747
	3.0	3710	0.270	0.936	4290	0.233	0.809	4030	0.248	0.747
	3.5	3580	0.279	0.936	4150	0.241	0.809	3880	0.258	0.751
	4.0	3450	0.290	0.957	3990	0.250	0.824	3720	0.269	0.772
	4.5	3300	0.303	0.981	3820	0.262	0.842	3540	0.282	0.794
	5.0	3140	0.318	1.01	3640	0.275	0.862	3360	0.298	0.818
$(KL)_x > (KL)_y$ 일 경우에는 $(KL)_y$와 $(KL)_{yeq}$ 중 큰 값을 적용	5.5	2970	0.336	1.03	3450	0.290	0.883	3160	0.316	0.843
	6.0	2800	0.357	1.06	3250	0.307	0.905	2960	0.338	0.870
	6.5	2630	0.381	1.09	3050	0.327	0.927	2760	0.362	0.898
	7.0	2450	0.408	1.12	2850	0.351	0.951	2550	0.392	0.929
	7.5	2270	0.440	1.16	2650	0.378	0.977	2350	0.426	0.961
$(KL)_{yeq} = \frac{(KL)_x}{(r_x/r_y)}$	8.0	2100	0.477	1.19	2440	0.409	1.00	2150	0.465	1.00
	8.5	1920	0.520	1.23	2250	0.445	1.03	1960	0.511	1.03
	9.0	1760	0.569	1.27	2050	0.487	1.06	1770	0.564	1.07
	9.5	1600	0.626	1.31	1870	0.535	1.09	1590	0.627	1.12
	10.0	1440	0.694	1.36	1690	0.592	1.13	1440	0.695	1.17
	10.5	1310	0.765	1.41	1530	0.653	1.16	1300	0.766	1.23
	11.0	1190	0.840	1.46	1400	0.716	1.20	1190	0.841	1.31
	11.5	1090	0.918	1.53	1280	0.783	1.24	1090	0.919	1.40
	12.0	1000	1.00	1.62	1170	0.853	1.28	999	1.00	1.49
	12.5	922	1.08	1.71	1080	0.925	1.35	921	1.09	1.57
	13.0	853	1.17	1.81	999	1.00	1.41	851	1.17	1.66
	13.5	791	1.26	1.90	927	1.08	1.48	789	1.27	1.75
	14.0	735	1.36	1.99	862	1.16	1.55	734	1.36	1.84
	14.5	685	1.46	2.08	803	1.24	1.62	684	1.46	1.92
	15.0	640	1.56	2.17	751	1.33	1.69	639	1.56	2.01
$b_y \times 10^3 (kN.m)^{-1}$		4.53			3.89			4.49		
$t_y \times 10^3$ $(kN)^{-1}$		0.246			0.213			0.224		
$t_r \times 10^3$ $(kN)^{-1}$		0.231			0.200			0.211		
r_y (mm)		68.5			69.0			65.3		
r_x / r_y		3.62			3.59			4.38		

기타 상수 및 단면성능

	H-588x300x12x20	H-594x302x14x23	H-692x300x13x20
P_{wo} (kN)	677	839	733
P_{wi} (kN/mm)	2.82	3.29	3.06
P_{wb} (kN)	527	836	553
P_{fb} (kN)	529	699	529
L_p (m)	3.558	3.586	3.39
L_r (m)	11.3	12.2	10.4
A_g (mm^2)	19.2×10^3	22.2×10^3	21.1×10^3
I_x (mm^4)	1.18×10^9	1.37×10^9	1.72×10^9
I_y (mm^4)	90.2×10^6	0.106×10^9	90.2×10^6
$P_{ex} (KL)^2/10^3$ $(kN.m^2)$	2.39×10^6	2.77×10^6	3.48×10^6
$P_{ey} (KL)^2/10^3$ $(kN.m^2)$	0.182×10^6	0.214×10^6	0.182×10^6

1) 음영부분은 KL/r > 200인 경우이다.

도움표 8.1-400 H형강 축력-휨 조합력

SHN400 (F_y = 235 MPa) 중폭계열

$(KL)_x > (KL)_y$ 일 경우에는 $(KL)_y$와 $(KL)_{yeq}$ 중 큰 값을 적용

$(KL)_{yeq} = \dfrac{(KL)_x}{(r_x/r_y)}$

$(KL)_y$ 또는 L_b	H-700x300x13x24			H-708x302x15x28			H-792x300x14x22		
(m)	$\phi_c P_n$ (kN)	$c\times10^3$ $(kN)^{-1}$	$b_x\times10^3$ $(kN.m)^{-1}$	$\phi_c P_n$ (kN)	$c\times10^3$ $(kN)^{-1}$	$b_x\times10^3$ $(kN.m)^{-1}$	$\phi_c P_n$ (kN)	$c\times10^3$ $(kN)^{-1}$	$b_x\times10^3$ $(kN.m)^{-1}$
0	4910	0.204	0.650	5790	0.173	0.556	4960	0.202	0.577
0.5	4900	0.204	0.650	5770	0.173	0.556	4950	0.202	0.577
1.0	4870	0.205	0.650	5730	0.175	0.556	4920	0.203	0.577
1.5	4810	0.208	0.650	5650	0.177	0.556	4850	0.206	0.577
2.0	4740	0.211	0.650	5550	0.180	0.556	4770	0.210	0.577
2.5	4640	0.216	0.650	5420	0.184	0.556	4660	0.215	0.577
3.0	4520	0.221	0.650	5270	0.190	0.556	4540	0.220	0.577
3.5	4370	0.229	0.650	5100	0.196	0.556	4390	0.228	0.583
4.0	4200	0.238	0.666	4900	0.204	0.567	4220	0.237	0.600
4.5	4010	0.249	0.683	4690	0.213	0.580	4040	0.248	0.618
5.0	3820	0.262	0.702	4470	0.224	0.594	3820	0.262	0.638
5.5	3610	0.277	0.721	4230	0.236	0.609	3590	0.279	0.658
6.0	3400	0.294	0.741	3990	0.251	0.624	3350	0.299	0.680
6.5	3180	0.314	0.763	3740	0.267	0.640	3060	0.327	0.704
7.0	2960	0.338	0.786	3490	0.287	0.657	2870	0.348	0.729
7.5	2740	0.365	0.810	3230	0.309	0.675	2630	0.380	0.756
8.0	2530	0.395	0.836	2990	0.335	0.694	2400	0.417	0.786
8.5	2310	0.433	0.863	2740	0.365	0.714	2170	0.461	0.817
9.0	2110	0.474	0.893	2500	0.399	0.735	1960	0.511	0.852
9.5	1910	0.524	0.924	2280	0.439	0.758	1760	0.569	0.889
10.0	1730	0.578	0.958	2050	0.487	0.782	1590	0.631	0.929
10.5	1560	0.641	0.994	1860	0.537	0.807	1440	0.695	1.00
11.0	1430	0.699	1.03	1700	0.589	0.834	1310	0.763	1.07
11.5	1300	0.769	1.09	1550	0.644	0.863	1200	0.834	1.14
12.0	1200	0.833	1.16	1430	0.701	0.894	1100	0.908	1.21
12.5	1100	0.909	1.23	1310	0.761	0.943	1010	0.985	1.28
13.0	1020	0.980	1.29	1220	0.823	0.992	938	1.07	1.36
13.5	947	1.06	1.36	1130	0.887	1.04	870	1.15	1.43
14.0	881	1.13	1.42	1050	0.954	1.09	809	1.24	1.50
14.5	821	1.22	1.49	977	1.02	1.14	754	1.33	1.58
15.0	768	1.30	1.56	913	1.10	1.19	705	1.42	1.65

	H-700x300x13x24	H-708x302x15x28	H-792x300x14x22
$b_y\times10^3 (kN.m)^{-1}$	3.75	3.18	4.04
$t_y\times10^3 (kN)^{-1}$	0.201	0.173	0.194
$t_r\times10^3 (kN)^{-1}$	0.189	0.162	0.183
r_y (mm)	67.8	68.6	63.9
r_x/r_y	4.32	4.29	5.05
기타 상수 및 단면성능			
P_{wo} (kN)	794	987	823
P_{wi} (kN/mm)	3.06	3.53	3.29
P_{wb} (kN)	553	849	594
P_{fb} (kN)	761	1040	640
L_p (m)	3.52	3.57	3.32
L_r (m)	11.1	12.0	10.1
A_g (mm^2)	23.5×10^3	27.4×10^3	24.3×10^3
I_x (mm^4)	2.01×10^9	2.37×10^9	2.54×10^9
I_y (mm^4)	0.108×10^9	0.129×10^9	99.3×10^6
$P_{ex}(KL)^2/10^3$ $(kN.m^2)$	4.07×10^6	4.80×10^6	5.14×10^6
$P_{ey}(KL)^2/10^3$ $(kN.m^2)$	0.219×10^6	0.261×10^6	0.201×10^6

1) 음영부분은 KL/r > 200인 경우이다.

도움표 8.1-400 H형강 축력-휨 조합력

SHN400 (F_y = 235 MPa) **중폭계열**

$(KL)_y$ 또는 L_b (m)		H-800x300x14x26			H-808x302x16x30			H-890x299x15x23		
		$\phi_c P_n$ (kN)	$c \times 10^3$ $(kN)^{-1}$	$b_x \times 10^3$ $(kN.m)^{-1}$	$\phi_c P_n$ (kN)	$c \times 10^3$ $(kN)^{-1}$	$b_x \times 10^3$ $(kN.m)^{-1}$	$\phi_c P_n$ (kN)	$c \times 10^3$ $(kN)^{-1}$	$b_x \times 10^3$ $(kN.m)^{-1}$
	0	5470	0.183	0.510	6500	0.154	0.441	5410	0.185	0.472
	0.5	5460	0.183	0.510	6490	0.154	0.441	5400	0.185	0.472
	1.0	5420	0.185	0.510	6440	0.155	0.441	5360	0.187	0.472
	1.5	5360	0.187	0.510	6350	0.158	0.441	5290	0.189	0.472
	2.0	5270	0.190	0.510	6230	0.161	0.441	5200	0.192	0.472
	2.5	5160	0.194	0.510	6080	0.164	0.441	5080	0.197	0.472
	3.0	5020	0.199	0.510	5900	0.169	0.441	4930	0.203	0.472
	3.5	4870	0.205	0.511	5700	0.176	0.441	4770	0.210	0.480
	4.0	4690	0.213	0.525	5470	0.183	0.452	4580	0.218	0.495
	4.5	4500	0.222	0.540	5220	0.191	0.463	4370	0.229	0.511
	5.0	4280	0.234	0.555	4960	0.202	0.475	4140	0.242	0.529
	5.5	4040	0.248	0.571	4690	0.213	0.488	3890	0.257	0.547
$(KL)_x > (KL)_y$ 일 경우에는 $(KL)_y$와 $(KL)_{yeq}$ 중 큰 값을 적용 $(KL)_{yeq} = \frac{(KL)_x}{(r_x/r_y)}$	6.0	3790	0.264	0.589	4400	0.227	0.501	3610	0.277	0.567
	6.5	3530	0.283	0.607	4110	0.243	0.516	3340	0.299	0.588
	7.0	3280	0.305	0.627	3820	0.261	0.531	3060	0.327	0.611
	7.5	3030	0.330	0.648	3540	0.283	0.546	2790	0.358	0.636
	8.0	2780	0.360	0.670	3250	0.308	0.563	2520	0.397	0.663
	8.5	2530	0.395	0.694	2970	0.336	0.581	2270	0.441	0.692
	9.0	2300	0.435	0.719	2700	0.370	0.600	2030	0.493	0.724
	9.5	2070	0.483	0.747	2440	0.410	0.620	1820	0.549	0.759
	10.0	1870	0.535	0.777	2200	0.454	0.642	1640	0.610	0.813
	10.5	1690	0.592	0.809	2000	0.500	0.665	1490	0.671	0.877
	11.0	1540	0.649	0.857	1820	0.549	0.690	1360	0.735	0.941
	11.5	1410	0.709	0.913	1670	0.600	0.719	1240	0.806	1.01
	12.0	1300	0.769	0.969	1530	0.654	0.762	1140	0.877	1.07
	12.5	1200	0.833	1.03	1410	0.709	0.804	1060	0.941	1.14
	13.0	1110	0.901	1.08	1300	0.767	0.847	983	1.02	1.20
	13.5	1030	0.975	1.14	1210	0.827	0.889	911	1.10	1.27
	14.0	954	1.05	1.19	1120	0.890	0.931	847	1.18	1.33
	14.5	889	1.12	1.25	1050	0.954	0.974	790	1.27	1.40
	15.0	831	1.20	1.31	979	1.02	1.02	738	1.35	1.46
$b_y \times 10^3 (kN.m)^{-1}$		3.44			2.94			3.89		
$t_y \times 10^3$ $(kN)^{-1}$		0.177			0.154			0.175		
$t_r \times 10^3$ $(kN)^{-1}$		0.166			0.144			0.164		
r_y (mm)		66.2			67.0			61.6		
r_x / r_y		4.98			4.96			5.80		
기타 상수 및 단면성능										
P_{wo} (kN)		888			1090			899		
P_{wi} (kN/mm)		3.29			3.76			3.53		
P_{wb} (kN)		594			887			642		
P_{fb} (kN)		894			1190			699		
L_p (m)		3.44			3.48			3.203		
L_r (m)		10.7			11.5			9.69		
A_g (mm^2)		26.7×10^3			30.8×10^3			27.1×10^3		
I_x (mm^4)		2.92×10^9			3.39×10^9			3.45×10^9		
I_y (mm^4)		0.117×10^9			0.138×10^9			0.103×10^9		
P_{ex} $(KL)^2/10^3$ $(kN.m^2)$		5.91×10^6			6.86×10^6			6.98×10^6		
P_{ey} $(KL)^2/10^3$ $(kN.m^2)$		0.237×10^6			0.279×10^6			0.208×10^6		

1) 음영부분은 KL/r > 200인 경우이다.

도움표 8.1-400 H형강 축력-휨 조합력

SHN400 (F_y = 235 MPa) 중폭계열

$(KL)_y$ 또는 L_b (m)		H-900x300x16x28 $\phi_c P_n$ (kN)	$c\times10^3$ $(kN)^{-1}$	$b_x\times10^3$ $(kN.m)^{-1}$	H-912x302x18x34 $\phi_c P_n$ (kN)	$c\times10^3$ $(kN)^{-1}$	$b_x\times10^3$ $(kN.m)^{-1}$	H-918x303x19x37 $\phi_c P_n$ (kN)	$c\times10^3$ $(kN)^{-1}$	$b_x\times10^3$ $(kN.m)^{-1}$
	0	6330	0.158	0.402	7700	0.130	0.336	8270	0.121	0.310
	0.5	6320	0.158	0.402	7680	0.130	0.336	8250	0.121	0.310
	1.0	6270	0.159	0.402	7610	0.131	0.336	8190	0.122	0.310
	1.5	6200	0.161	0.402	7500	0.133	0.336	8070	0.124	0.310
	2.0	6090	0.164	0.402	7330	0.136	0.336	7920	0.126	0.310
	2.5	5950	0.168	0.402	7170	0.139	0.336	7730	0.129	0.310
	3.0	5790	0.173	0.402	6950	0.144	0.336	7500	0.133	0.310
	3.5	5600	0.179	0.406	6700	0.149	0.338	7240	0.138	0.311
	4.0	5390	0.186	0.418	6420	0.156	0.346	6950	0.144	0.319
	4.5	5150	0.194	0.430	6120	0.163	0.355	6630	0.151	0.326
	5.0	4870	0.205	0.443	5800	0.172	0.365	6300	0.159	0.334
$(KL)_x > (KL)_y$ 일 경우에는 $(KL)_y$와 $(KL)_{yeq}$ 중 큰 값을 적용	5.5	4570	0.219	0.457	5470	0.183	0.375	5940	0.168	0.343
	6.0	4270	0.234	0.471	5120	0.195	0.385	5580	0.179	0.352
	6.5	3960	0.253	0.487	4770	0.209	0.396	5210	0.192	0.361
	7.0	3660	0.273	0.504	4420	0.226	0.408	4840	0.207	0.372
	7.5	3360	0.298	0.522	4070	0.245	0.421	4470	0.224	0.382
$(KL)_{yeq} = \frac{(KL)_x}{(r_x/r_y)}$	8.0	3060	0.327	0.541	3730	0.268	0.434	4110	0.243	0.393
	8.5	2770	0.361	0.562	3400	0.294	0.448	3750	0.266	0.405
	9.0	2500	0.400	0.584	3080	0.325	0.463	3410	0.293	0.418
	9.5	2260	0.442	0.609	2770	0.361	0.479	3080	0.325	0.431
	10.0	2040	0.489	0.635	2500	0.400	0.497	2780	0.360	0.446
	10.5	1850	0.540	0.669	2270	0.441	0.516	2520	0.397	0.461
	11.0	1690	0.592	0.715	2060	0.484	0.536	2300	0.436	0.477
	11.5	1540	0.647	0.763	1890	0.529	0.562	2100	0.476	0.495
	12.0	1420	0.705	0.810	1730	0.576	0.595	1930	0.518	0.517
	12.5	1310	0.765	0.857	1600	0.625	0.628	1780	0.563	0.545
	13.0	1210	0.827	0.905	1480	0.676	0.661	1640	0.609	0.573
	13.5	1120	0.892	0.952	1370	0.729	0.694	1520	0.656	0.602
	14.0	1040	0.959	1.00	1270	0.784	0.727	1420	0.706	0.630
	14.5	972	1.03	1.05	1190	0.841	0.760	1320	0.757	0.658
	15.0	908	1.10	1.10	1110	0.900	0.793	1230	0.810	0.686

	H-900x300x16x28	H-912x302x18x34	H-918x303x19x37
$b_y\times10^3 (kN.m)^{-1}$	3.18	2.58	2.35
$t_y\times10^3 (kN)^{-1}$	0.153	0.130	0.121
$t_r\times10^3 (kN)^{-1}$	0.143	0.122	0.114
r_y (mm)	63.9	65.5	66.3
r_x / r_y	5.70	5.64	5.61
기타 상수 및 단면성능			
P_{wo} (kN)	1050	1310	1450
P_{wi} (kN/mm)	3.76	4.23	4.47
P_{wb} (kN)	779	1110	1310
P_{fb} (kN)	1040	1530	1810
L_p (m)	3.32	3.41	3.45
L_r (m)	10.4	11.4	11.9
A_g (mm^2)	31.0×10^3	36.4×10^3	39.1×10^3
I_x (mm^4)	4.11×10^9	4.98×10^9	5.42×10^9
I_y (mm^4)	0.126×10^9	0.157×10^9	0.172×10^9
$P_{ex} (KL)^2/10^3$ (kN.m^2)	8.32×10^6	10.1×10^6	11.0×10^6
$P_{ey} (KL)^2/10^3$ (kN.m^2)	0.255×10^6	0.318×10^6	0.348×10^6

1) 음영부분은 KL/r > 200인 경우이다.

제8장

도움표 8.1-400 H형강 축력-휨 조합력

SHN400 (F_y = 235 MPa) 광폭계열

$(KL)_y$ 또는 L_b (m)		H-100x100x6x8			H-125x125x6.5x9			H-150x150x7x10		
		$\phi_c P_n$ (kN)	$c\times10^3$ $(kN)^{-1}$	$b_x\times10^3$ $(kN.m)^{-1}$	$\phi_c P_n$ (kN)	$c\times10^3$ $(kN)^{-1}$	$b_x\times10^3$ $(kN.m)^{-1}$	$\phi_c P_n$ (kN)	$c\times10^3$ $(kN)^{-1}$	$b_x\times10^3$ $(kN.m)^{-1}$
	0	463	2.16	48.0	641	1.56	27.4	849	1.18	17.1
	0.3	460	2.17	48.0	638	1.57	27.4	846	1.18	17.1
	0.6	450	2.22	48.0	630	1.59	27.4	838	1.19	17.1
	0.9	434	2.30	48.0	616	1.62	27.4	825	1.21	17.1
	1.2	413	2.42	48.0	596	1.68	27.4	808	1.24	17.1
	1.5	387	2.58	48.5	572	1.75	27.4	785	1.27	17.1
	1.8	358	2.80	49.4	545	1.84	27.6	759	1.32	17.1
	2.1	326	3.07	50.2	514	1.95	28.1	729	1.37	17.2
	2.4	293	3.42	51.1	480	2.08	28.5	696	1.44	17.5
	2.7	259	3.86	52.0	444	2.25	29.0	660	1.52	17.7
	3.0	226	4.43	52.9	408	2.45	29.5	622	1.61	18.0
$(KL)_x > (KL)_y$ 일 경우에는 $(KL)_y$와 $(KL)_{yeq}$ 중 큰 값을 적용 $(KL)_{yeq} = \dfrac{(KL)_x}{(r_x/r_y)}$	3.3	194	5.15	53.9	371	2.70	30.0	582	1.72	18.2
	3.6	164	6.08	54.9	334	2.99	30.5	542	1.84	18.5
	3.9	140	7.14	55.9	298	3.35	31.0	502	1.99	18.8
	4.2	121	8.28	57.0	264	3.79	31.5	461	2.17	19.1
	4.5	105	9.50	58.1	231	4.33	32.1	421	2.37	19.4
	4.8	92.5	10.8	59.3	203	4.93	32.7	382	2.61	19.7
	5.1	81.9	12.2	60.5	180	5.56	33.3	345	2.90	20.1
	5.4	73.1	13.7	61.8	160	6.23	34.0	309	3.24	20.4
	5.7	65.6	15.2	63.1	144	6.95	34.6	277	3.61	20.8
	6.0	59.2	16.9	64.5	130	7.70	35.3	250	4.00	21.1
	6.3	53.7	18.6	65.9	118	8.49	36.0	227	4.41	21.5
	6.6	48.9	20.4	67.5	107	9.31	36.7	207	4.84	21.9
	6.9	44.8	22.3	69.0	98.2	10.2	37.5	189	5.29	22.3
	7.2	41.1	24.3	70.7	90.2	11.1	38.3	174	5.76	22.7
	7.5	37.9	26.4	72.4	83.2	12.0	39.2	160	6.25	23.2
	7.8	35.0	28.5	74.3	76.9	13.0	40.1	148	6.76	23.6
	8.1	32.5	30.8	76.2	71.3	14.0	41.0	137	7.29	24.1
	8.4	30.2	33.1	78.2	66.3	15.1	41.9	128	7.84	24.6
	8.7	28.2	35.5	81.0	61.8	16.2	42.9	119	8.41	25.1
	9.0	26.3	38.0	83.8	57.7	17.3	44.0	111	9.00	25.6

	H-100x100x6x8	H-125x125x6.5x9	H-150x150x7x10
$b_y\times10^3(kN.m)^{-1}$	102	58.5	36.5
$t_y\times10^3$ $(kN)^{-1}$	2.16	1.56	1.18
$t_r\times10^3$ $(kN)^{-1}$	2.03	1.47	1.11
r_y (mm)	24.7	31.1	37.5
r_x/r_y	1.69	1.7	1.71
기타 상수 및 단면성능			
P_{wo} (kN)	127	145	173
P_{wi} (kN/mm)	1.41	1.53	1.65
P_{wb} (kN)	506	473	476
P_{fb} (kN)	84.6	107	132
L_p (m)	1.28	1.62	1.95
L_r (m)	8.44	9.05	9.93
A_g (mm^2)	2.19×10^3	3.03×10^3	4.01×10^3
I_x (mm^4)	3.83×10^6	8.47×10^6	16.4×10^6
I_y (mm^4)	1.34×10^6	2.94×10^6	5.63×10^6
P_{ex} $(KL)^2/10^3$ $(kN.m^2)$	7.75×10^3	17.1×10^3	33.2×10^3
P_{ey} $(KL)^2/10^3$ $(kN.m^2)$	2.71×10^3	5.95×10^3	11.4×10^3

1) 음영부분은 KL/r > 200인 경우이다.

제8장

도움표 8.1-400 H형강 축력-휨 조합력

SHN400 (F_y = 235 MPa) **광폭계열**

(KL)y 또는 Lb (m)		H-200x200x8x12			H-200x204x12x12			H-208x202x10x16		
		$\phi_c P_n$ (kN)	$c\times10^3$ $(kN)^{-1}$	$b_x\times10^3$ $(kN.m)^{-1}$	$\phi_c P_n$ (kN)	$c\times10^3$ $(kN)^{-1}$	$b_x\times10^3$ $(kN.m)^{-1}$	$\phi_c P_n$ (kN)	$c\times10^3$ $(kN)^{-1}$	$b_x\times10^3$ $(kN.m)^{-1}$
	0	1340	0.748	8.00	1510	0.664	7.43	1770	0.566	5.92
	0.5	1340	0.748	8.00	1500	0.664	7.43	1760	0.568	5.92
	1.0	1320	0.759	8.00	1480	0.675	7.43	1740	0.576	5.92
	1.5	1290	0.777	8.00	1440	0.692	7.43	1700	0.589	5.92
	2.0	1240	0.804	8.00	1390	0.717	7.43	1640	0.608	5.92
	2.5	1190	0.840	8.00	1330	0.751	7.43	1580	0.634	5.92
	3.0	1130	0.886	8.13	1260	0.794	7.56	1500	0.667	5.98
	3.5	1060	0.943	8.30	1180	0.849	7.70	1410	0.709	6.07
	4.0	987	1.01	8.48	1090	0.917	7.85	1320	0.759	6.17
	4.5	909	1.10	8.66	1000	1.00	8.01	1220	0.822	6.27
	5.0	829	1.21	8.86	908	1.10	8.17	1110	0.897	6.37
$(KL)_x > (KL)_y$ 일 경우에는 $(KL)_y$와 $(KL)_{yeq}$ 중 큰 값을 적용 $(KL)_{yeq} = \dfrac{(KL)_x}{(r_x/r_y)}$	5.5	749	1.33	9.06	815	1.23	8.34	1010	0.988	6.48
	6.0	670	1.49	9.28	725	1.38	8.51	910	1.10	6.59
	6.5	594	1.68	9.50	638	1.57	8.69	810	1.23	6.71
	7.0	521	1.92	9.74	555	1.80	8.88	715	1.40	6.82
	7.5	454	2.20	9.98	483	2.07	9.08	625	1.60	6.95
	8.0	399	2.51	10.2	425	2.36	9.29	549	1.82	7.08
	8.5	354	2.83	10.5	376	2.66	9.51	486	2.06	7.21
	9.0	315	3.17	10.8	336	2.98	9.73	434	2.31	7.35
	9.5	283	3.53	11.1	301	3.32	9.97	389	2.57	7.49
	10.0	255	3.92	11.4	272	3.68	10.2	351	2.85	7.64
	10.5	232	4.32	11.8	246	4.06	10.5	319	3.14	7.79
	11.0	211	4.74	12.1	225	4.45	10.8	290	3.44	7.95
	11.5	193	5.18	12.5	205	4.87	11.1	266	3.76	8.12
	12.0	177	5.64	13.0	189	5.30	11.4	244	4.10	8.29
	12.5	163	6.12	13.6	174	5.75	11.7	225	4.45	8.48
	13.0	151	6.62	14.2	161	6.22	12.0	208	4.81	8.67
	13.5	140	7.14	14.8	149	6.71	12.5	193	5.19	8.87
	14.0	130	7.67	15.4	139	7.21	13.0	179	5.58	9.07
	14.5	121	8.23	15.9	129	7.74	13.5	167	5.98	9.29
	15.0	114	8.81	16.5	121	8.28	14.0	156	6.40	9.52

	H-200x200x8x12	H-200x204x12x12	H-208x202x10x16
$b_y\times10^3 (kN.m)^{-1}$	17.2	16.4	12.7
$t_y\times10^3 (kN)^{-1}$	0.744	0.661	0.565
$t_r\times10^3 (kN)^{-1}$	0.700	0.622	0.531
r_y (mm)	50.2	48.8	51.3
r_x/r_y	1.72	1.71	1.72

기타 상수 및 단면성능

	H-200x200x8x12	H-200x204x12x12	H-208x202x10x16
P_{wo} (kN)	88.1	95.2	123
P_{wi} (kN/mm)	1.18	1.06	1.29
P_{wb} (kN)	156	84.3	154
P_{fb} (kN)	65	65	84.6
L_p (m)	0.87	1.15	1.15
L_r (m)	3.52	3.85	4.20
A_g (mm²)	6.35×10^3	7.15×10^3	8.37×10^3
I_x (mm⁴)	47.2×10^6	49.8×10^6	65.3×10^6
I_y (mm⁴)	16.0×10^6	17.0×10^6	22.0×10^6
$P_{ex}(KL)^2/10^3$ (kN.m²)	95.5×10^3	0.101×10^6	0.132×10^6
$P_{ey}(KL)^2/10^3$ (kN.m²)	32.4×10^3	34.4×10^3	44.5×10^3

1) 음영부분은 KL/r > 200인 경우이다.

도움표 8.1-400 H형강 축력-휨 조합력

SHN400 (F_y = 235 MPa) **광폭계열**

$(KL)_y$ 또는 L_b (m)		H-244x252x11x11[NC] $\phi_c P_n$ (kN)	$c \times 10^3$ $(kN)^{-1}$	$b_x \times 10^3$ $(kN.m)^{-1}$	H-248x249x8x13 $\phi_c P_n$ (kN)	$c \times 10^3$ $(kN)^{-1}$	$b_x \times 10^3$ $(kN.m)^{-1}$	H-250x250x9x14 $\phi_c P_n$ (kN)	$c \times 10^3$ $(kN)^{-1}$	$b_x \times 10^3$ $(kN.m)^{-1}$
	0	1730	0.578	5.26	1790	0.559	4.76	1950	0.515	4.38
	0.5	1730	0.578	5.26	1790	0.560	4.76	1940	0.515	4.38
	1.0	1710	0.584	5.26	1770	0.565	4.76	1930	0.519	4.38
	1.5	1680	0.594	5.26	1740	0.574	4.76	1900	0.527	4.38
	2.0	1640	0.608	5.26	1700	0.586	4.76	1860	0.539	4.38
	2.5	1590	0.627	5.26	1660	0.603	4.76	1800	0.554	4.38
	3.0	1530	0.651	5.26	1600	0.624	4.76	1740	0.573	4.38
	3.5	1470	0.681	5.30	1540	0.649	4.80	1680	0.596	4.41
	4.0	1400	0.716	5.41	1470	0.680	4.90	1600	0.625	4.49
	4.5	1320	0.759	5.53	1400	0.716	4.99	1520	0.658	4.57
	5.0	1230	0.810	5.65	1320	0.759	5.10	1430	0.698	4.66
	5.5	1150	0.870	5.77	1230	0.810	5.20	1340	0.744	4.75
$(KL)_x > (KL)_y$ 일 경우에는 $(KL)_y$와 $(KL)_{yeq}$ 중 큰 값을 적용	6.0	1060	0.940	5.91	1150	0.869	5.31	1250	0.799	4.84
	6.5	977	1.02	6.04	1060	0.939	5.43	1160	0.863	4.94
	7.0	891	1.12	6.19	980	1.02	5.55	1070	0.937	5.04
	7.5	807	1.24	6.34	897	1.12	5.67	976	1.02	5.14
$(KL)_{yeq} = \dfrac{(KL)_x}{(r_x/r_y)}$	8.0	726	1.38	6.49	815	1.23	5.80	887	1.13	5.25
	8.5	648	1.54	6.66	737	1.36	5.94	802	1.25	5.36
	9.0	578	1.73	6.84	660	1.52	6.08	718	1.39	5.48
	9.5	519	1.93	7.02	592	1.69	6.23	645	1.55	5.61
	10.0	468	2.14	7.21	535	1.87	6.39	582	1.72	5.74
	10.5	425	2.36	7.42	485	2.06	6.56	528	1.89	5.87
	11.0	387	2.58	7.64	442	2.26	6.74	481	2.08	6.01
	11.5	354	2.83	7.87	404	2.47	6.92	440	2.27	6.16
	12.0	325	3.08	8.11	371	2.69	7.12	404	2.48	6.32
	12.5	300	3.34	8.40	342	2.92	7.33	372	2.69	6.48
	13.0	277	3.61	8.78	316	3.16	7.57	344	2.90	6.66
	13.5	257	3.89	9.16	293	3.41	7.90	319	3.13	6.84
	14.0	239	4.19	9.54	273	3.67	8.23	297	3.37	7.08
	14.5	223	4.49	9.92	254	3.93	8.56	277	3.61	7.36
	15.0	208	4.81	10.3	238	4.21	8.88	259	3.87	7.64

	H-244x252x11x11[NC]	H-248x249x8x13	H-250x250x9x14
$b_y \times 10^3 (kN.m)^{-1}$	11.8	10.3	9.47
$t_y \times 10^3$ $(kN)^{-1}$	0.576	0.558	0.513
$t_r \times 10^3$ $(kN)^{-1}$	0.541	0.525	0.482
r_y (mm)	59.8	62.9	62.9
r_x / r_y	1.72	1.72	1.72
기타 상수 및 단면성능			
P_{wo} (kN)	349	273	317
P_{wi} (kN/mm)	2.59	1.88	2.12
P_{wb} (kN)	1050	404	575
P_{fb} (kN)	160	223	259
L_p (m)	3.11	3.27	3.27
L_r (m)	12.4	12.9	13.7
A_g (mm^2)	8.21×10^3	8.47×10^3	9.22×10^3
I_x (mm^4)	87.9×10^6	99.3×10^6	0.108×10^9
I_y (mm^4)	29.4×10^6	33.5×10^6	36.5×10^6
P_{ex} $(KL)^2/10^3$ (kN.m^2)	0.178×10^6	0.201×10^6	0.219×10^6
P_{ey} $(KL)^2/10^3$ (kN.m^2)	59.5×10^3	67.8×10^3	73.8×10^3

1) 음영부분은 KL/r > 200인 경우이다.

도움표 8.1-400 H형강 축력-휨 조합력

SHN400 (F_y = 235 MPa) 광폭계열

$(KL)_y$ 또는 L_b (m)		H-250x255x14x14 $\phi_c P_n$ (kN)	$c\times10^3$ $(kN)^{-1}$	$b_x\times10^3$ $(kN.m)^{-1}$	H-294x302x12x12[NC] $\phi_c P_n$ (kN)	$c\times10^3$ $(kN)^{-1}$	$b_x\times10^3$ $(kN.m)^{-1}$	H-298x299x9x14 $\phi_c P_n$ (kN)	$c\times10^3$ $(kN)^{-1}$	$b_x\times10^3$ $(kN.m)^{-1}$
	0	2210	0.453	4.05	2280	0.440	3.38	2340	0.428	3.03
	0.5	2210	0.453	4.05	2280	0.440	3.38	2340	0.428	3.03
	1.0	2180	0.458	4.05	2250	0.443	3.38	2320	0.430	3.03
	1.5	2150	0.465	4.05	2230	0.449	3.38	2300	0.435	3.03
	2.0	2100	0.476	4.05	2190	0.456	3.38	2260	0.442	3.03
	2.5	2040	0.490	4.05	2150	0.466	3.38	2220	0.450	3.03
	3.0	1970	0.508	4.05	2090	0.478	3.38	2170	0.461	3.03
	3.5	1880	0.530	4.09	2030	0.493	3.38	2110	0.474	3.03
	4.0	1790	0.557	4.16	1960	0.511	3.38	2040	0.490	3.04
	4.5	1700	0.589	4.23	1880	0.532	3.39	1970	0.508	3.09
	5.0	1590	0.627	4.30	1800	0.557	3.45	1890	0.530	3.15
	5.5	1490	0.672	4.37	1710	0.585	3.52	1800	0.554	3.21
$(KL)_x > (KL)_y$	6.0	1380	0.724	4.45	1620	0.618	3.59	1720	0.583	3.27
일 경우에는 $(KL)_y$와	6.5	1270	0.786	4.52	1520	0.656	3.67	1630	0.615	3.33
$(KL)_{yeq}$ 중 큰	7.0	1160	0.859	4.61	1430	0.699	3.75	1530	0.652	3.40
값을 적용	7.5	1060	0.945	4.69	1330	0.749	3.83	1440	0.694	3.46
	8.0	956	1.05	4.78	1240	0.806	3.91	1350	0.742	3.54
$(KL)_{yeq} = \dfrac{(KL)_x}{(r_x/r_y)}$	8.5	857	1.17	4.87	1150	0.872	4.00	1250	0.797	3.61
	9.0	765	1.31	4.96	1050	0.947	4.09	1160	0.860	3.69
	9.5	686	1.46	5.06	967	1.03	4.19	1070	0.932	3.77
	10.0	619	1.61	5.16	881	1.14	4.29	987	1.01	3.85
	10.5	562	1.78	5.27	799	1.25	4.39	902	1.11	3.94
	11.0	512	1.95	5.38	728	1.37	4.51	822	1.22	4.03
	11.5	468	2.14	5.50	666	1.50	4.62	752	1.33	4.13
	12.0	430	2.33	5.62	611	1.64	4.75	690	1.45	4.23
	12.5	396	2.52	5.75	564	1.77	4.88	636	1.57	4.34
	13.0	366	2.73	5.88	521	1.92	5.01	588	1.70	4.45
	13.5	340	2.94	6.02	483	2.07	5.16	546	1.83	4.57
	14.0	316	3.16	6.16	449	2.23	5.35	507	1.97	4.70
	14.5	295	3.39	6.31	419	2.39	5.58	473	2.11	4.87
	15.0	275	3.63	6.47	391	2.56	5.81	442	2.26	5.07

	H-250x255x14x14	H-294x302x12x12[NC]	H-298x299x9x14
$b_y\times10^3(kN.m)^{-1}$	8.98	7.82	6.63
$t_y\times10^3\ (kN)^{-1}$	0.450	0.438	0.426
$t_r\times10^3\ (kN)^{-1}$	0.423	0.412	0.400
r_y (mm)	60.8	71.6	75.1
r_x/r_y	1.73	1.75	1.73
기타 상수 및 단면성능			
P_{wo} (kN)	494	423	338
P_{wi} (kN/mm)	3.29	2.82	2.12
P_{wb} (kN)	2170	1110	467
P_{fb} (kN)	259	190	259
L_p (m)	3.16	3.72	3.90
L_r (m)	15.2	13.7	14.1
A_g (mm^2)	10.5×10^3	10.8×10^3	11.1×10^3
I_x (mm^4)	0.115×10^9	0.169×10^9	0.188×10^9
I_y (mm^4)	38.8×10^6	55.2×10^6	62.4×10^6
$P_{ex}(KL)^2/10^3$ ($kN.m^2$)	0.233×10^6	0.342×10^6	0.380×10^6
$P_{ey}(KL)^2/10^3$ ($kN.m^2$)	78.5×10^3	0.112×10^6	0.126×10^6

1) 음영부분은 KL/r > 200인 경우이다.

제8장

도움표 8.1-400 H형강 축력-휨 조합력

SHN400 (F_y = 235 MPa) **광폭계열**

$(KL)_y$ 또는 L_b (m)		H-300x300x10x15			H-300x305x15x15			H-304x301x11x17		
		$\phi_c P_n$ (kN)	$c \times 10^3$ $(kN)^{-1}$	$b_x \times 10^3$ $(kN.m)^{-1}$	$\phi_c P_n$ (kN)	$c \times 10^3$ $(kN)^{-1}$	$b_x \times 10^3$ $(kN.m)^{-1}$	$\phi_c P_n$ (kN)	$c \times 10^3$ $(kN)^{-1}$	$b_x \times 10^3$ $(kN.m)^{-1}$
$(KL)_x > (KL)_y$ 일 경우에는 $(KL)_y$와 $(KL)_{yeq}$ 중 큰 값을 적용 $(KL)_{yeq} = \dfrac{(KL)_x}{(r_x/r_y)}$	0	2530	0.396	2.80	2850	0.351	2.60	2850	0.351	2.46
	0.5	2530	0.396	2.80	2840	0.351	2.60	2840	0.351	2.46
	1.0	2510	0.398	2.80	2820	0.354	2.60	2830	0.354	2.46
	1.5	2480	0.402	2.80	2790	0.358	2.60	2800	0.357	2.46
	2.0	2450	0.409	2.80	2750	0.364	2.60	2760	0.363	2.46
	2.5	2400	0.417	2.80	2690	0.372	2.60	2700	0.370	2.46
	3.0	2340	0.427	2.80	2620	0.381	2.60	2640	0.379	2.46
	3.5	2280	0.439	2.80	2550	0.393	2.60	2570	0.389	2.46
	4.0	2210	0.453	2.81	2460	0.407	2.62	2490	0.402	2.47
	4.5	2130	0.470	2.86	2360	0.423	2.66	2400	0.417	2.51
	5.0	2040	0.490	2.90	2260	0.442	2.70	2310	0.434	2.54
	5.5	1950	0.512	2.96	2160	0.464	2.75	2200	0.453	2.58
	6.0	1860	0.539	3.01	2040	0.489	2.79	2100	0.476	2.62
	6.5	1760	0.568	3.06	1930	0.518	2.84	1990	0.502	2.67
	7.0	1660	0.602	3.12	1810	0.551	2.88	1880	0.532	2.71
	7.5	1560	0.641	3.18	1700	0.590	2.93	1770	0.565	2.75
	8.0	1460	0.686	3.24	1580	0.633	2.98	1660	0.604	2.80
	8.5	1360	0.736	3.30	1460	0.684	3.04	1540	0.648	2.85
	9.0	1260	0.794	3.37	1350	0.741	3.09	1430	0.698	2.90
	9.5	1160	0.860	3.44	1240	0.807	3.15	1320	0.755	2.95
	10.0	1070	0.935	3.51	1130	0.883	3.21	1220	0.820	3.00
	10.5	978	1.02	3.58	1030	0.973	3.27	1120	0.894	3.06
	11.0	891	1.12	3.66	937	1.07	3.33	1020	0.982	3.11
	11.5	815	1.23	3.74	857	1.17	3.39	932	1.07	3.17
	12.0	748	1.34	3.82	787	1.27	3.46	856	1.17	3.23
	12.5	690	1.45	3.91	725	1.38	3.53	789	1.27	3.30
	13.0	638	1.57	4.00	671	1.49	3.61	729	1.37	3.36
	13.5	591	1.69	4.10	622	1.61	3.68	676	1.48	3.43
	14.0	550	1.82	4.20	578	1.73	3.76	629	1.59	3.51
	14.5	513	1.95	4.31	539	1.86	3.85	586	1.71	3.58
	15.0	479	2.09	4.43	504	1.99	3.94	548	1.83	3.66

	H-300x300x10x15	H-300x305x15x15	H-304x301x11x17
$b_y \times 10^3 (kN.m)^{-1}$	6.14	5.87	5.38
$t_y \times 10^3$ $(kN)^{-1}$	0.394	0.35	0.35
$t_r \times 10^3$ $(kN)^{-1}$	0.37	0.329	0.329
r_y (mm)	75.1	72.6	75.7
r_x / r_y	1.74	1.74	1.74
기타 상수 및 단면성능			
P_{wo} (kN)	388	582	452
P_{wi} (kN/mm)	2.35	3.53	2.59
P_{wb} (kN)	641	2160	853
P_{fb} (kN)	297	297	382
L_p (m)	3.90	3.77	3.94
L_r (m)	15.0	16.2	16.4
A_g (mm^2)	12.0×10^3	13.5×10^3	13.5×10^3
I_x (mm^4)	0.204×10^9	0.215×10^9	$0.234 \times \times 10^9$
I_y (mm^4)	67.5×10^6	71.0×10^6	77.3×10^6
P_{ex} $(KL)^2/10^3$ $(kN.m^2)$	0.413×10^6	0.435×10^6	0.473×10^6
P_{ey} $(KL)^2/10^3$ $(kN.m^2)$	0.137×10^6	0.144×10^6	0.156×10^6

1) 음영부분은 KL / r > 200인 경우이다.

도움표 8.1-400 H형강 축력-휨 조합력

SHN400 (F_y = 235 MPa) **광폭계열**

	$(KL)_y$ 또는 L_b (m)	H-310x305x15x20			H-310x310x20x20			H-338x351x13x13[NC]		
		$\phi_c P_n$ (kN)	$c\times10^3$ $(kN)^{-1}$	$b_x\times10^3$ $(kN.m)^{-1}$	$\phi_c P_n$ (kN)	$c\times10^3$ $(kN)^{-1}$	$b_x\times10^3$ $(kN.m)^{-1}$	$\phi_c P_n$ (kN)	$c\times10^3$ $(kN)^{-1}$	$b_x\times10^3$ $(kN.m)^{-1}$
	0	3490	0.287	2.02	3820	0.261	1.91	2860	0.350	2.38
	0.5	3490	0.287	2.02	3815	0.262	1.91	2860	0.350	2.38
	1.0	3470	0.288	2.02	3790	0.264	1.91	2840	0.352	2.38
	1.5	3430	0.292	2.02	3748	0.267	1.91	2820	0.355	2.38
	2.0	3380	0.296	2.02	3691	0.271	1.91	2780	0.360	2.38
	2.5	3320	0.302	2.02	3618	0.276	1.91	2740	0.365	2.38
	3.0	3240	0.309	2.02	3531	0.283	1.91	2690	0.372	2.38
	3.5	3150	0.317	2.02	3431	0.291	1.91	2630	0.381	2.38
	4.0	3050	0.327	2.02	3319	0.301	1.92	2560	0.391	2.38
	4.5	2950	0.339	2.05	3197	0.313	1.94	2480	0.403	2.38
	5.0	2830	0.353	2.08	3065	0.326	1.96	2400	0.417	2.38
$(KL)_x > (KL)_y$ 일 경우에는 $(KL)_y$와 $(KL)_{yeq}$ 중 큰 값을 적용 $(KL)_{yeq} = \dfrac{(KL)_x}{(r_x/r_y)}$	5.5	2710	0.369	2.10	2926	0.342	1.98	2310	0.432	2.38
	6.0	2580	0.387	2.13	2781	0.360	2.01	2220	0.450	2.41
	6.5	2450	0.408	2.16	2632	0.380	2.03	2130	0.470	2.45
	7.0	2310	0.432	2.19	2480	0.403	2.06	2030	0.493	2.49
	7.5	2180	0.460	2.22	2326	0.430	2.08	1930	0.519	2.54
	8.0	2040	0.491	2.25	2172	0.460	2.11	1830	0.548	2.59
	8.5	1900	0.526	2.28	2019	0.495	2.13	1720	0.580	2.64
	9.0	1770	0.566	2.31	1869	0.535	2.16	1620	0.617	2.69
	9.5	1630	0.612	2.34	1722	0.581	2.19	1520	0.658	2.75
	10.0	1510	0.664	2.37	1580	0.633	2.22	1420	0.705	2.81
	10.5	1380	0.724	2.41	1440	0.694	2.24	1320	0.757	2.87
	11.0	1260	0.794	2.44	1312	0.762	2.27	1220	0.817	2.93
	11.5	1150	0.868	2.48	1201	0.833	2.30	1130	0.884	2.99
	12.0	1060	0.945	2.52	1103	0.907	2.34	1040	0.962	3.06
	12.5	975	1.03	2.56	1016	0.984	2.37	958	1.04	3.13
	13.0	901	1.11	2.60	940	1.06	2.40	886	1.13	3.21
	13.5	836	1.20	2.64	871	1.15	2.44	822	1.22	3.28
	14.0	777	1.29	2.68	810	1.23	2.47	764	1.31	3.37
	14.5	724	1.38	2.73	755	1.32	2.51	712	1.40	3.45
	15.0	677	1.48	2.77	706	1.42	2.54	665	1.50	3.54
$b_y\times10^3 (kN.m)^{-1}$		4.43			4.24			5.51		
$t_y\times10^3 (kN)^{-1}$		0.287			0.261			0.35		
$t_r\times10^3 (kN)^{-1}$		0.269			0.246			0.329		
r_y (mm)		75.7			74.2			83.3		
r_x/r_y		1.74			1.74			1.73		
기타 상수 및 단면성능										
P_{wo} (kN)		670			893			504		
P_{wi} (kN/mm)		3.53			4.7			3.06		
P_{wb} (kN)		2160			5130			1210		
P_{fb} (kN)		529			529			223		
L_p (m)		3.94			3.86			4.33		
L_r (m)		19.4			21.1			15.3		
A_g (mm^2)		16.5×10^3			18.1×10^3			13.5×10^3		
I_x (mm^4)		0.286×10^9			0.299×10^9			0.282×10^9		
I_y (mm^4)		94.7×10^6			99.5×10^6			93.8×10^6		
P_{ex} $(KL)^2/10^3$ $(kN.m^2)$		0.579×10^6			0.605×10^6			0.571×10^6		
P_{ey} $(KL)^2/10^3$ $(kN.m^2)$		0.192×10^6			0.201×10^6			0.190×10^6		

1) 음영부분은 KL/r > 200인 경우이다.

도움표 8.1-400 H형강 축력-휨 조합력

SHN400 (F_y = 235 MPa) 광폭계열

$(KL)_y$ 또는 L_b (m)		H-344x348x10x16			H-344x354x16x16			H-350x350x12x19		
		$\phi_c P_n$ (kN)	$c\times10^3$ $(kN)^{-1}$	$b_x\times10^3$ $(kN.m)^{-1}$	$\phi_c P_n$ (kN)	$c\times10^3$ $(kN)^{-1}$	$b_x\times10^3$ $(kN.m)^{-1}$	$\phi_c P_n$ (kN)	$c\times10^3$ $(kN)^{-1}$	$b_x\times10^3$ $(kN.m)^{-1}$
	0	3090	0.324	1.98	3520	0.284	1.83	3680	0.272	1.65
	0.5	3080	0.324	1.98	3520	0.284	1.83	3670	0.272	1.65
	1.0	3070	0.326	1.98	3500	0.286	1.83	3650	0.274	1.65
	1.5	3040	0.328	1.98	3470	0.288	1.83	3630	0.276	1.65
	2.0	3010	0.332	1.98	3430	0.292	1.83	3590	0.279	1.65
	2.5	2970	0.337	1.98	3380	0.296	1.83	3540	0.283	1.65
	3.0	2920	0.343	1.98	3310	0.302	1.83	3480	0.288	1.65
	3.5	2860	0.350	1.98	3240	0.309	1.83	3410	0.293	1.65
	4.0	2790	0.358	1.98	3160	0.317	1.83	3330	0.300	1.65
	4.5	2720	0.368	1.98	3070	0.326	1.83	3240	0.308	1.65
	5.0	2640	0.379	2.01	2970	0.337	1.86	3150	0.318	1.67
	5.5	2550	0.392	2.04	2860	0.349	1.89	3050	0.328	1.69
$(KL)_x > (KL)_y$	6.0	2460	0.406	2.07	2750	0.363	1.91	2940	0.340	1.71
일 경우에는	6.5	2360	0.423	2.11	2640	0.379	1.94	2830	0.354	1.74
$(KL)_y$와 $(KL)_{yeq}$ 중 큰	7.0	2270	0.441	2.14	2520	0.397	1.97	2710	0.369	1.76
값을 적용	7.5	2160	0.462	2.18	2400	0.417	2.00	2590	0.386	1.79
	8.0	2060	0.485	2.21	2270	0.440	2.03	2470	0.405	1.81
$(KL)_{yeq} = \dfrac{(KL)_x}{(r_x/r_y)}$	8.5	1960	0.511	2.25	2150	0.465	2.07	2340	0.426	1.84
	9.0	1850	0.540	2.29	2020	0.494	2.10	2220	0.450	1.87
	9.5	1750	0.573	2.34	1900	0.526	2.13	2100	0.477	1.90
	10.0	1640	0.609	2.38	1780	0.563	2.17	1970	0.507	1.93
	10.5	1540	0.650	2.42	1660	0.604	2.21	1850	0.540	1.96
	11.0	1440	0.695	2.47	1540	0.650	2.24	1730	0.578	1.99
	11.5	1340	0.746	2.52	1420	0.702	2.28	1610	0.620	2.02
	12.0	1240	0.804	2.57	1310	0.762	2.32	1500	0.667	2.05
	12.5	1150	0.870	2.62	1210	0.827	2.37	1390	0.721	2.09
	13.0	1060	0.941	2.67	1120	0.895	2.41	1280	0.780	2.12
	13.5	985	1.02	2.73	1040	0.965	2.46	1190	0.841	2.16
	14.0	916	1.09	2.79	964	1.04	2.50	1110	0.904	2.19
	14.5	854	1.17	2.85	899	1.11	2.55	1030	0.970	2.23
	15.0	798	1.25	2.92	840	1.19	2.60	963	1.04	2.27

	H-344x348x10x16	H-344x354x16x16	H-350x350x12x19
$b_y\times10^3 (kN.m)^{-1}$	4.29	4.08	3.56
$t_y\times10^3 (kN)^{-1}$	0.324	0.283	0.272
$t_r\times10^3 (kN)^{-1}$	0.304	0.266	0.255
r_y (mm)	87.8	84.3	88.4
r_x/r_y	1.72	1.73	1.72
기타 상수 및 단면성능			
P_{wo} (kN)	423	677	550
P_{wi} (kN/mm)	2.35	3.76	2.82
P_{wb} (kN)	551	2260	952
P_{fb} (kN)	338	338	477
L_p (m)	4.56	4.38	4.60
L_r (m)	16.3	17.8	18.6
A_g (mm^2)	14.6×10^3	16.7×10^3	17.4×10^3
I_x (mm^4)	0.333×10^9	0.353×10^9	0.403×10^9
I_y (mm^4)	0.112×10^9	0.118×10^9	0.136×10^9
$P_{ex}(KL)^2/10^3$ ($kN.m^2$)	0.674×10^6	0.714×10^6	0.815×10^6
$P_{ey}(KL)^2/10^3$ ($kN.m^2$)	0.227×10^6	0.239×10^6	0.275×10^6

1) 음영부분은 KL/r > 200인 경우이다.

도움표 8.1-400 H형강 축력-휨 조합력

SHN400 (F_y = 235 MPa) **광폭계열**

	$(KL)_y$ 또는 L_b (m)	H-350x357x19x19 $\phi_c P_n$ (kN)	$c\times10^3$ $(kN)^{-1}$	$b_x\times10^3$ $(kN.m)^{-1}$	H-388x402x15x15[NC] $\phi_c P_n$ (kN)	$c\times10^3$ $(kN)^{-1}$	$b_x\times10^3$ $(kN.m)^{-1}$	H-394x398x11x18 $\phi_c P_n$ (kN)	$c\times10^3$ $(kN)^{-1}$	$b_x\times10^3$ $(kN.m)^{-1}$
	0	4200	0.238	1.52	3780	0.265	1.57	3950	0.253	1.35
	0.5	4190	0.239	1.52	3770	0.265	1.57	3950	0.253	1.35
	1.0	4170	0.240	1.52	3750	0.266	1.57	3930	0.254	1.35
	1.5	4130	0.242	1.52	3730	0.268	1.57	3910	0.256	1.35
	2.0	4080	0.245	1.52	3690	0.271	1.57	3880	0.258	1.35
	2.5	4020	0.249	1.52	3650	0.274	1.57	3840	0.261	1.35
	3.0	3950	0.253	1.52	3600	0.278	1.57	3790	0.264	1.35
	3.5	3870	0.259	1.52	3530	0.283	1.57	3730	0.268	1.35
	4.0	3770	0.265	1.52	3460	0.289	1.57	3660	0.273	1.35
	4.5	3660	0.273	1.53	3390	0.295	1.57	3590	0.279	1.35
	5.0	3550	0.282	1.54	3300	0.303	1.57	3510	0.285	1.35
	5.5	3430	0.292	1.56	3210	0.311	1.57	3420	0.292	1.36
$(KL)_x > (KL)_y$ 일 경우에는 $(KL)_y$와 $(KL)_{yeq}$ 중 큰 값을 적용	6.0	3300	0.303	1.58	3110	0.321	1.57	3330	0.301	1.38
	6.5	3160	0.316	1.60	3010	0.332	1.57	3230	0.310	1.40
	7.0	3020	0.331	1.62	2900	0.344	1.60	3130	0.320	1.42
	7.5	2880	0.347	1.64	2790	0.358	1.62	3020	0.331	1.44
	8.0	2730	0.366	1.66	2680	0.373	1.65	2910	0.343	1.46
$(KL)_{yeq} = \dfrac{(KL)_x}{(r_x/r_y)}$	8.5	2590	0.386	1.69	2560	0.390	1.67	2800	0.357	1.48
	9.0	2440	0.410	1.71	2450	0.409	1.70	2680	0.372	1.50
	9.5	2290	0.436	1.73	2330	0.429	1.73	2570	0.389	1.53
	10.0	2150	0.465	1.75	2210	0.452	1.76	2450	0.408	1.55
	10.5	2010	0.498	1.78	2090	0.478	1.79	2340	0.428	1.58
	11.0	1870	0.535	1.80	1980	0.506	1.82	2220	0.451	1.60
	11.5	1730	0.577	1.83	1860	0.537	1.86	2100	0.476	1.63
	12.0	1600	0.625	1.86	1750	0.572	1.89	1990	0.503	1.66
	12.5	1470	0.679	1.88	1640	0.611	1.93	1870	0.533	1.68
	13.0	1360	0.734	1.91	1530	0.654	1.96	1760	0.567	1.71
	13.5	1260	0.791	1.94	1420	0.703	2.00	1660	0.604	1.74
	14.0	1170	0.851	1.97	1320	0.756	2.04	1550	0.645	1.77
	14.5	1100	0.913	2.00	1230	0.811	2.08	1450	0.692	1.81
	15.0	1020	0.977	2.03	1150	0.868	2.13	1350	0.740	1.84

	H-350x357x19x19	H-388x402x15x15[NC]	H-394x398x11x18
$b_y\times10^3 (kN.m)^{-1}$	3.39	3.62	2.92
$t_y\times10^3 (kN)^{-1}$	0.239	0.266	0.253
$t_r\times10^3 (kN)^{-1}$	0.224	0.25	0.238
r_y (mm)	85.3	95.4	101
r_x/r_y	1.72	1.74	1.71
기타 상수 및 단면성능			
P_{wo} (kN)	871	652	517
P_{wi} (kN/mm)	4.47	3.53	2.59
P_{wb} (kN)	3780	1610	635
P_{fb} (kN)	477	297	428
L_p (m)	4.43	4.96	5.25
L_r (m)	20.4	17.6	10.4
A_g (mm^2)	19.8×10^3	17.8×10^3	18.7×10^3
I_x (mm^4)	0.428×10^9	0.490×10^9	0.561×10^9
I_y (mm^4)	0.144×10^9	0.163×10^9	0.189×10^9
$P_{ex}(KL)^2/10^3$ $(kN.m^2)$	0.866×10^6	0.991×10^6	1.14×10^6
$P_{ey}(KL)^2/10^3$ $(kN.m^2)$	0.291×10^6	0.330×10^6	0.382×10^6

1) 음영부분은 $KL/r > 200$인 경우이다.

제8장

도움표 8.1-400 H형강 축력-휨 조합력

SHN400 (F_y = 235 MPa) 광폭계열

$(KL)_y$ 또는 L_b (m)		H-394x405x18x18[NC]			H-400x400x13x21			H-400x408x21x21		
		$\phi_c P_n$ (kN)	$c\times10^3$ $(kN)^{-1}$	$b_x\times10^3$ $(kN.m)^{-1}$	$\phi_c P_n$ (kN)	$c\times10^3$ $(kN)^{-1}$	$b_x\times10^3$ $(kN.m)^{-1}$	$\phi_c P_n$ (kN)	$c\times10^3$ $(kN)^{-1}$	$b_x\times10^3$ $(kN.m)^{-1}$
	0	4530	0.220	1.24	4630	0.216	1.14	5300	0.189	1.05
	0.5	4530	0.221	1.24	4620	0.216	1.14	5300	0.189	1.05
	1.0	4510	0.222	1.24	4600	0.217	1.14	5280	0.190	1.05
	1.5	4480	0.223	1.24	4580	0.219	1.14	5240	0.191	1.05
	2.0	4440	0.225	1.24	4540	0.220	1.14	5190	0.193	1.05
	2.5	4390	0.228	1.24	4490	0.223	1.14	5140	0.195	1.05
	3.0	4330	0.231	1.24	4430	0.226	1.14	5060	0.197	1.05
	3.5	4250	0.235	1.24	4360	0.229	1.14	4980	0.201	1.05
	4.0	4170	0.240	1.24	4290	0.233	1.14	4890	0.205	1.05
	4.5	4080	0.245	1.24	4200	0.238	1.14	4780	0.209	1.05
	5.0	3980	0.251	1.24	4110	0.244	1.14	4670	0.214	1.05
$(KL)_x > (KL)_y$	5.5	3870	0.258	1.25	4000	0.250	1.15	4540	0.220	1.06
일 경우에는	6.0	3760	0.266	1.27	3900	0.257	1.16	4410	0.227	1.07
$(KL)_y$와	6.5	3640	0.275	1.29	3780	0.264	1.18	4270	0.234	1.09
$(KL)_{yeq}$ 중 큰	7.0	3510	0.285	1.30	3660	0.273	1.19	4130	0.242	1.10
값을 적용	7.5	3380	0.296	1.32	3540	0.283	1.21	3980	0.252	1.11
	8.0	3250	0.308	1.34	3410	0.293	1.22	3820	0.262	1.12
$(KL)_{yeq} = \frac{(KL)_x}{(r_x/r_y)}$	8.5	3110	0.322	1.36	3280	0.305	1.24	3660	0.273	1.14
	9.0	2970	0.337	1.38	3140	0.318	1.26	3500	0.286	1.15
	9.5	2830	0.353	1.40	3010	0.333	1.27	3340	0.299	1.16
	10.0	2690	0.372	1.42	2870	0.348	1.29	3180	0.315	1.18
	10.5	2550	0.392	1.44	2730	0.366	1.31	3020	0.332	1.19
	11.0	2410	0.415	1.46	2600	0.385	1.33	2850	0.350	1.21
	11.5	2270	0.440	1.48	2460	0.406	1.35	2690	0.371	1.22
	12.0	2140	0.468	1.50	2330	0.430	1.36	2540	0.394	1.24
	12.5	2000	0.499	1.53	2190	0.456	1.38	2380	0.420	1.25
	13.0	1870	0.533	1.55	2070	0.484	1.40	2230	0.448	1.27
	13.5	1750	0.572	1.57	1940	0.516	1.43	2090	0.479	1.29
	14.0	1630	0.615	1.60	1820	0.551	1.45	1940	0.516	1.30
	14.5	1510	0.660	1.63	1690	0.591	1.47	1810	0.553	1.32
	15.0	1420	0.706	1.65	1580	0.632	1.49	1690	0.592	1.34

	H-394x405x18x18	H-400x400x13x21	H-400x408x21x21
$b_y\times10^3 (kN.m)^{-1}$	2.79	2.47	2.35
$t_y\times10^3 (kN)^{-1}$	0.221	0.216	0.188
$t_r\times10^3 (kN)^{-1}$	0.208	0.203	0.177
r_y (mm)	96.5	101	97.5
r_x/r_y	1.73	1.73	1.72
기타 상수 및 단면성능			
P_{wo} (kN)	846	657	1060
P_{wi} (kN/mm)	4.23	3.06	4.93
P_{wb} (kN)	2780	1050	4420
P_{fb} (kN)	428	583	583
L_p (m)	5.02	5.25	5.07
L_r (m)	19.9	20.5	22.7
A_g (mm^2)	21.4×10^3	21.9×10^3	25.1×10^3
I_x (mm^4)	0.597×10^9	0.666×10^9	0.709×10^9
I_y (mm^4)	0.200×10^9	0.224×10^9	0.238×10^9
$P_{ex}(KL)^2/10^3$ $(kN.m^2)$	1.21×10^6	1.35×10^6	1.43×10^6
$P_{ey}(KL)^2/10^3$ $(kN.m^2)$	0.405×10^6	0.453×10^6	0.482×10^6

1) 음영부분은 KL/r > 200인 경우이다.

도움표 8.1-400 H형강 축력-휨 조합력

SHN400 (F_y = 235 MPa) **광폭계열**

$(KL)_y$ 또는 L_b (m)		H-406x403x16x24 $\phi_c P_n$ (kN)	$c\times10^3$ $(kN)^{-1}$	$b_x\times10^3$ $(kN.m)^{-1}$	H-414x405x18x28 $\phi_c P_n$ (kN)	$c\times10^3$ $(kN)^{-1}$	$b_x\times10^3$ $(kN.m)^{-1}$	H-428x407x20x35 $\phi_c P_n$ (kN)	$c\times10^3$ $(kN)^{-1}$	$b_x\times10^3$ $(kN.m)^{-1}$
	0	5390	0.186	0.982	6247	0.160	0.836	7630	0.131	0.666
	0.5	5380	0.186	0.982	6240	0.160	0.836	7620	0.131	0.666
	1.0	5360	0.186	0.982	6220	0.161	0.836	7590	0.132	0.666
	1.5	5330	0.188	0.982	6180	0.162	0.836	7550	0.132	0.666
	2.0	5290	0.189	0.982	6130	0.163	0.836	7490	0.133	0.666
	2.5	5230	0.191	0.982	6070	0.165	0.836	7420	0.135	0.666
	3.0	5160	0.194	0.982	5990	0.167	0.836	7330	0.137	0.666
	3.5	5080	0.197	0.982	5900	0.170	0.836	7220	0.139	0.666
	4.0	4990	0.200	0.982	5800	0.173	0.836	7100	0.141	0.666
	4.5	4890	0.204	0.982	5680	0.176	0.836	6960	0.144	0.666
	5.0	4780	0.209	0.982	5560	0.180	0.836	6820	0.147	0.666
$(KL)_x > (KL)_y$ 일 경우에는 $(KL)_y$와 $(KL)_{yeq}$ 중 큰 값을 적용 $(KL)_{yeq} = \dfrac{(KL)_x}{(r_x/r_y)}$	5.5	4670	0.214	0.987	5420	0.184	0.839	6660	0.150	0.667
	6.0	4540	0.220	1.00	5280	0.189	0.846	6490	0.154	0.671
	6.5	4410	0.227	1.01	5130	0.195	0.854	6310	0.159	0.676
	7.0	4270	0.234	1.02	4970	0.201	0.862	6120	0.163	0.681
	7.5	4120	0.243	1.03	4800	0.208	0.870	5920	0.169	0.686
	8.0	3970	0.252	1.04	4630	0.216	0.878	5720	0.175	0.692
	8.5	3820	0.262	1.05	4460	0.224	0.887	5510	0.181	0.697
	9.0	3660	0.273	1.06	4280	0.234	0.895	5300	0.189	0.702
	9.5	3500	0.285	1.08	4100	0.244	0.904	5080	0.197	0.708
	10.0	3350	0.299	1.09	3910	0.256	0.913	4860	0.206	0.713
	10.5	3190	0.314	1.10	3730	0.268	0.922	4640	0.215	0.719
	11.0	3030	0.330	1.12	3550	0.282	0.931	4430	0.226	0.724
	11.5	2870	0.349	1.13	3370	0.297	0.940	4210	0.238	0.730
	12.0	2710	0.369	1.14	3190	0.314	0.950	3990	0.251	0.736
	12.5	2560	0.391	1.16	3010	0.332	0.960	3780	0.265	0.742
	13.0	2410	0.415	1.17	2830	0.353	0.970	3570	0.280	0.748
	13.5	2260	0.443	1.19	2660	0.375	0.980	3360	0.298	0.754
	14.0	2120	0.473	1.20	2500	0.400	0.990	3160	0.317	0.760
	14.5	1970	0.507	1.22	2330	0.429	1.00	2960	0.338	0.766
	15.0	1840	0.542	1.23	2180	0.459	1.01	2770	0.362	0.773

	H-406x403x16x24	H-414x405x18x28	H-428x407x20x35
$b_y\times10^3 (kN.m)^{-1}$	2.12	1.8	1.43
$t_y\times10^3 (kN)^{-1}$	0.185	0.16	0.131
$t_r\times10^3 (kN)^{-1}$	0.174	0.151	0.123
r_y (mm)	101	102	104
r_x/r_y	1.73	1.74	1.75
기타 상수 및 단면성능			
P_{wo} (kN)	865	1060	1340
P_{wi} (kN/mm)	3.76	4.23	4.70
P_{wb} (kN)	1960	2780	3820
P_{fb} (kN)	761	1040	1620
L_p (m)	5.25	5.30	5.41
L_r (m)	23.1	26.3	31.9
A_g (mm^2)	25.5×10^3	29.5×10^3	36.1×10^3
I_x (mm^4)	0.780×10^9	0.928×10^9	1.19×10^9
I_y (mm^4)	0.262×10^9	0.310×10^9	0.394×10^9
$P_{ex}(KL)^2/10^3$ (kN.m^2)	1.58×10^6	1.88×10^6	2.41×10^6
$P_{ey}(KL)^2/10^3$ (kN.m^2)	0.530×10^6	0.627×10^6	0.797×10^6

1) 음영부분은 KL/r > 200인 경우이다.

도움표 8.1-400 H형강 축력-휨 조합력

SHN400 (F_y = 235 MPa) 광폭계열

	$(KL)_y$ 또는 L_b (m)	H-458x417x30x50 $\phi_c P_n$ (kN)	$c \times 10^3$ $(kN)^{-1}$	$b_x \times 10^3$ $(kN.m)^{-1}$	H-498x432x45x70 $\phi_c P_n$ (kN)	$c \times 10^3$ $(kN)^{-1}$	$b_x \times 10^3$ $(kN.m)^{-1}$	$\phi_c P_n$ (kN)	$c \times 10^3$ $(kN)^{-1}$	$b_x \times 10^3$ $(kN.m)^{-1}$
$(KL)_x > (KL)_y$ 일 경우에는 $(KL)_y$와 $(KL)_{yeq}$ 중 큰 값을 적용 $(KL)_{yeq} = \frac{(KL)_x}{(r_x/r_y)}$	0	11200	0.0893	0.441	16300	0.0613	0.290			
	0.5	11200	0.0893	0.441	16300	0.0613	0.290			
	1.0	11100	0.0901	0.441	16200	0.0617	0.290			
	1.5	11100	0.0901	0.441	16100	0.0621	0.290			
	2.0	11000	0.0909	0.441	16000	0.0625	0.290			
	2.5	10900	0.0917	0.441	15900	0.0629	0.290			
	3.0	10800	0.0926	0.441	15700	0.0637	0.290			
	3.5	10600	0.0943	0.441	15500	0.0645	0.290			
	4.0	10500	0.0952	0.441	15300	0.0654	0.290			
	4.5	10300	0.0971	0.441	15000	0.0667	0.290			
	5.0	10100	0.0990	0.441	14800	0.0676	0.290			
	5.5	9840	0.102	0.441	14500	0.0690	0.290			
	6.0	9600	0.104	0.442	14100	0.0709	0.290			
	6.5	9350	0.107	0.445	13800	0.0725	0.291			
	7.0	9090	0.110	0.447	13400	0.0746	0.292			
	7.5	8810	0.114	0.449	13000	0.0769	0.293			
	8.0	8530	0.117	0.451	12700	0.0787	0.294			
	8.5	8230	0.122	0.454	12200	0.0820	0.296			
	9.0	7930	0.126	0.456	11800	0.0847	0.297			
	9.5	7630	0.131	0.459	11400	0.0877	0.298			
	10.0	7320	0.137	0.461	11000	0.0909	0.299			
	10.5	7010	0.143	0.463	10500	0.0952	0.300			
	11.0	6690	0.149	0.466	10100	0.0990	0.301			
	11.5	6380	0.157	0.468	9660	0.104	0.302			
	12.0	6070	0.165	0.471	9230	0.108	0.303			
	12.5	5760	0.174	0.473	8790	0.114	0.304			
	13.0	5460	0.183	0.476	8360	0.120	0.305			
	13.5	5160	0.194	0.478	7930	0.126	0.307			
	14.0	4870	0.205	0.481	7520	0.133	0.308			
	14.5	4580	0.218	0.484	7100	0.141	0.309			
	15.0	4300	0.233	0.486	6700	0.149	0.310			

	H-458x417x30x50	H-498x432x45x70	
$b_y \times 10^3 (kN.m)^{-1}$	0.947	0.625	
$t_y \times 10^3$ $(kN)^{-1}$	0.0894	0.0614	
$t_r \times 10^3$ $(kN)^{-1}$	0.084	0.0577	
r_y (mm)	107	111	
r_x / r_y	1.76	1.77	
기타 상수 및 단면성능			
P_{wo} (kN)	2540	4860	
P_{wi} (kN/mm)	7.05	10.6	
P_{wb} (kN)	12900	43500	
P_{fb} (kN)	3300	6480	
L_p (m)	5.56	5.77	
L_r (m)	45.8	65.6	
A_g (mm^2)	52.9×10^3	77.0×10^3	
I_x (mm^4)	1.87×10^9	2.98×10^9	
I_y (mm^4)	0.605×10^9	0.944×10^9	
P_{ex} $(KL)^2/10^3$ $(kN.m^2)$	3.78×10^6	6.03×10^6	
P_{ey} $(KL)^2/10^3$ $(kN.m^2)$	1.22×10^6	1.91×10^6	

1) 음영부분은 KL/r > 200인 경우이다.

도움표 8.1-490 H형강 축력-휨 조합력

SHN490 (F_y = 325 MPa) 세폭계열

$(KL)_y$ 또는 L_b (m)		H-150×75×5×7			H-198×99×4.5×7			H-200×100×5.5×8		
		$\phi_c P_n$ (kN)	$c \times 10^3$ $(kN)^{-1}$	$b_x \times 10^3$ $(kN.m)^{-1}$	$\phi_c P_n$ (kN)	$c \times 10^3$ $(kN)^{-1}$	$b_x \times 10^3$ $(kN.m)^{-1}$	$\phi_c P_n$ (kN)	$c \times 10^3$ $(kN)^{-1}$	$b_x \times 10^3$ $(kN.m)^{-1}$
	0	521	1.92	29.8	677	1.48	16.9	793	1.26	14.5
	0.2	517	1.93	29.8	674	1.48	16.9	793	1.26	14.5
	0.4	502	1.99	29.8	663	1.51	16.9	777	1.29	14.5
	0.6	478	2.09	29.8	645	1.55	16.9	756	1.32	14.5
	0.8	447	2.24	30.2	621	1.61	16.9	728	1.37	14.5
	1.0	409	2.45	31.5	591	1.69	17.0	693	1.44	14.6
	1.2	367	2.72	32.9	556	1.80	17.6	653	1.53	15.1
	1.4	323	3.09	34.4	518	1.93	18.3	608	1.65	15.6
	1.6	279	3.58	36.1	476	2.10	19.1	560	1.79	16.2
	1.8	237	4.23	37.9	434	2.31	19.9	510	1.96	16.8
	2.0	196	5.10	39.9	391	2.56	20.8	460	2.17	17.5
$(KL)_x > (KL)_y$ 일 경우에는 $(KL)_y$와 $(KL)_{yeq}$ 중 큰 값을 적용	2.2	162	6.17	42.2	348	2.87	21.8	410	2.44	18.3
	2.4	136	7.34	44.7	307	3.26	22.9	362	2.76	19.1
	2.6	116	8.62	47.6	267	3.74	24.0	316	3.17	19.9
	2.8	100	9.99	51.6	230	4.34	25.4	272	3.67	20.9
	3.0	87.2	11.5	56.1	201	4.98	26.8	237	4.21	22.0
$(KL)_{yeq} = \dfrac{(KL)_x}{(r_x/r_y)}$	3.2	76.6	13.1	60.6	176	5.67	29.2	209	4.80	23.1
	3.4	67.9	14.7	65.1	156	6.40	31.8	185	5.41	24.9
	3.6	60.5	16.5	69.5	139	7.18	34.3	165	6.07	26.8
	3.8	54.3	18.4	74.0	125	8.00	36.9	148	6.76	28.8
	4.0	49.0	20.4	78.4	113	8.86	39.5	133	7.49	30.7
	4.2	44.5	22.5	82.8	102	9.77	42.0	121	8.26	32.6
	4.4	40.5	24.7	87.2	93.3	10.7	44.6	110	9.07	34.5
	4.6	37.1	27.0	91.6	85.3	11.7	47.2	101	9.91	36.5
	4.8	34.1	29.4	95.9	78.4	12.8	49.7	92.7	10.8	38.4
	5.0	31.4	31.9	100	72.2	13.8	52.3	85.4	11.7	40.3
	5.2	29.0	34.5	105	66.8	15.0	54.8	79.0	12.7	42.2
	5.4	26.9	37.2	109	61.9	16.1	57.3	73.2	13.7	44.1
	5.6	25.0	40.0	113	57.6	17.4	59.9	68.1	14.7	45.9
	5.8	23.3	42.9	118	53.7	18.6	62.4	63.5	15.8	47.8
	6.0	21.8	45.9	122	50.2	19.9	64.9	59.3	16.9	49.7
$b_y \times 10^3 (kN.m)^{-1}$		146			85.1			72.5		
$t_y \times 10^3 (kN)^{-1}$		1.91			1.47			1.26		
$t_r \times 10^3 (kN)^{-1}$		2.03			1.56			1.33		
r_y (mm)		16.7			22.1			22.2		
r_x / r_y		3.66			3.74			3.71		
기타 상수 및 단면성능										
P_{wo} (kN)		122			132			170		
P_{wi} (kN/mm)		1.63			1.46			1.79		
P_{wb} (kN)		184			99.2			181		
P_{fb} (kN)		89.6			89.6			117		
L_p (m)		0.738			0.977			0.981		
L_r (m)		2.68			3.05			3.27		
A_g (mm^2)		1.79×10^3			2.32×10^3			2.72×10^3		
I_x (mm^4)		6.66×10^6			15.8×10^6			18.4×10^6		
I_y (mm^4)		0.495×10^6			1.14×10^6			1.34×10^6		
$P_{ex} (KL)^2/10^3$ (kN.m^2)		13.5×10^3			32.0×10^3			37.2×10^3		
$P_{ey} (KL)^2/10^3$ (kN.m^2)		1.00×10^3			2.31×10^3			2.71×10^3		

1) 음영부분은 $KL / r > 200$인 경우이다.

제8장

도움표 8.1-490 H형강 축력-휨 조합력

SHN490 (F_y = 325 MPa) 세폭계열

$(KL)_y$ 또는 L_b (m)		H-248x124x5x8			H-250x125x6x9					
		$\phi_c P_n$ (kN)	$c\times10^3$ $(kN)^{-1}$	$b_x\times10^3$ $(kN.m)^{-1}$	$\phi_c P_n$ (kN)	$c\times10^3$ $(kN)^{-1}$	$b_x\times10^3$ $(kN.m)^{-1}$	$\phi_c P_n$	$c\times10^3$	$b_x\times10^3$
$(KL)_x > (KL)_y$ 일 경우에는 $(KL)_y$와 $(KL)_{yeq}$ 중 큰 값을 적용 $(KL)_{yeq} = \frac{(KL)_x}{(r_x/r_y)}$	0	933	1.07	9.52	1100	0.909	8.30			
	0.2	930	1.08	9.52	1100	0.909	8.30			
	0.4	921	1.09	9.52	1090	0.917	8.30			
	0.6	908	1.10	9.52	1070	0.935	8.30			
	0.8	889	1.12	9.52	1040	0.962	8.30			
	1.0	865	1.16	9.52	1010	0.990	8.30			
	1.2	836	1.20	9.52	974	1.03	8.30			
	1.4	803	1.25	9.77	931	1.07	8.51			
	1.6	767	1.30	10.1	884	1.13	8.77			
	1.8	723	1.38	10.4	834	1.20	9.05			
	2.0	677	1.48	10.8	781	1.28	9.35			
	2.2	630	1.59	11.2	726	1.38	9.66			
	2.4	582	1.72	11.6	671	1.49	10.0			
	2.6	533	1.88	12.1	615	1.63	10.4			
	2.8	486	2.06	12.6	560	1.79	10.8			
	3.0	440	2.27	13.1	507	1.97	11.2			
	3.2	395	2.53	13.7	455	2.20	11.6			
	3.4	352	2.84	14.3	405	2.47	12.1			
	3.6	314	3.18	15.0	362	2.76	12.7			
	3.8	282	3.55	16.2	325	3.08	13.3			
	4.0	254	3.94	17.4	293	3.41	14.2			
	4.2	230	4.35	18.7	266	3.76	15.2			
	4.4	210	4.77	20.0	242	4.13	16.2			
	4.6	192	5.21	21.3	221	4.52	17.2			
	4.8	176	5.68	22.6	203	4.93	18.2			
	5.0	162	6.16	23.9	187	5.35	19.2			
	5.2	150	6.66	25.2	173	5.78	20.2			
	5.4	139	7.19	26.5	161	6.21	21.2			
	5.6	129	7.73	27.8	149	6.71	22.2			
	5.8	121	8.29	29.1	139	7.19	23.3			
	6.0	113	8.87	30.4	130	7.70	24.3			
$b_y\times10^3 (kN.m)^{-1}$		47.8			41.6					
$t_y\times10^3 (kN)^{-1}$		1.05			0.907					
$t_r\times10^3 (kN)^{-1}$		1.11			0.962					
r_y (mm)		27.9			27.9					
r_x/r_y		3.73			3.73					
기타 상수 및 단면성능										
P_{wo} (kN)		163			205					
P_{wi} (kN/mm)		1.63			1.95					
P_{wb} (kN)		106			183					
P_{fb} (kN)		117			148					
L_p (m)		1.23			1.23					
L_r (m)		3.66			3.85					
A_g (mm^2)		3.27×10^3			3.77×10^3					
I_x (mm^4)		35.4×10^6			40.5×10^6					
I_y (mm^4)		2.55×10^6			2.94×10^6					
$P_{ex}(KL)^2/10^3$ $(kN.m^2)$		71.6×10^3			81.9×10^3					
$P_{ey}(KL)^2/10^3$ $(kN.m^2)$		5.16×10^3			5.95×10^3					

1) 음영부분은 KL/r > 200인 경우이다.

제8장

도움표 8.1-490 H형강 축력-휨 조합력

SHN490 (F_y = 325 MPa) 세폭계열

	$(KL)_y$ 또는 L_b (m)	H-298x149x5.5x8			H-300x150x6.5x9			H-346x174x6x9[NC]		
		$\phi_c P_n$ (kN)	$c\times10^3$ $(kN)^{-1}$	$b_x\times10^3$ $(kN.m)^{-1}$	$\phi_c P_n$ (kN)	$c\times10^3$ $(kN)^{-1}$	$b_x\times10^3$ $(kN.m)^{-1}$	$\phi_c P_n$ (kN)	$c\times10^3$ $(kN)^{-1}$	$b_x\times10^3$ $(kN.m)^{-1}$
$(KL)_x > (KL)_y$ 일 경우에는 $(KL)_y$와 $(KL)_{yeq}$ 중 큰 값을 적용 $(KL)_{yeq} = \frac{(KL)_x}{(r_x/r_y)}$	0	1130	0.885	6.40	1350	0.741	5.61	1440	0.694	4.26
	0.3	1120	0.893	6.40	1340	0.746	5.61	1430	0.699	4.26
	0.6	1110	0.901	6.40	1320	0.758	5.61	1420	0.704	4.26
	0.9	1080	0.926	6.40	1290	0.775	5.61	1390	0.719	4.26
	1.2	1050	0.952	6.40	1250	0.800	5.61	1360	0.735	4.26
	1.5	1000	1.00	6.44	1190	0.840	5.64	1320	0.758	4.26
	1.8	952	1.05	6.72	1120	0.893	5.88	1270	0.787	4.29
	2.1	893	1.12	7.03	1040	0.962	6.13	1220	0.820	4.45
	2.4	828	1.21	7.37	957	1.04	6.41	1160	0.862	4.63
	2.7	759	1.32	7.74	870	1.15	6.72	1090	0.917	4.82
	3.0	682	1.47	8.16	783	1.28	7.06	1020	0.980	5.03
	3.3	607	1.65	8.62	696	1.44	7.43	941	1.06	5.25
	3.6	534	1.87	9.13	612	1.63	7.85	863	1.16	5.50
	3.9	464	2.16	9.71	532	1.88	8.32	782	1.28	5.77
	4.2	400	2.50	10.5	459	2.18	8.84	701	1.43	6.07
	4.5	348	2.87	11.7	399	2.51	9.69	624	1.60	6.40
	4.8	306	3.27	12.9	351	2.85	10.7	550	1.82	6.78
	5.1	271	3.69	14.2	311	3.22	11.7	487	2.05	7.49
	5.4	242	4.14	15.5	277	3.61	12.7	430	2.30	8.21
	5.7	217	4.61	16.8	249	4.02	13.7	390	2.57	8.94
	6.0	196	5.11	18.0	224	4.46	14.7	350	2.85	9.68
	6.3	178	5.63	19.3	204	4.91	15.7	319	3.13	10.4
	6.6	162	6.18	20.6	185	5.39	16.7	291	3.44	11.2
	6.9	148	6.76	21.9	170	5.89	17.8	266	3.76	11.9
	7.2	136	7.36	23.2	156	6.42	18.8	244	4.10	12.7
	7.5	125	7.98	24.6	144	6.96	19.8	225	4.44	13.5
	7.8	116	8.64	25.9	133	7.53	20.8	208	4.81	14.3
	8.1	107	9.31	27.2	123	8.12	21.8	190	5.19	15.0
	8.4	100	10.0	28.5	114	8.73	22.8	180	5.58	15.8
	8.7	93.1	10.7	29.8	107	9.37	23.9	170	5.98	16.6
	9.0	87.0	11.5	31.1	100	10.0	24.9	160	6.40	17.4
$b_y\times10^3 (kN.m)^{-1}$		33.1			28.9			21.8		
$t_y\times10^3 (kN)^{-1}$		0.838			0.731			0.649		
$t_r\times10^3 (kN)^{-1}$		0.889			0.775			0.688		
r_y (mm)		32.9			32.9			38.8		
r_x/r_y		3.77			3.77			3.74		
기타 상수 및 단면성능										
P_{wo} (kN)		188			232			224		
P_{wi} (kN/mm)		1.79			2.11			1.95		
P_{wb} (kN)		115			189			127		
P_{fb} (kN)		117			148			148		
L_p (m)		1.45			1.45			1.72		
L_r (m)		4.14			4.30			4.80		
A_g (mm^2)		4.08×10^3			4.68×10^3			5.27×10^3		
I_x (mm^4)		63.2×10^6			72.1×10^6			0.111×10^9		
I_y (mm^4)		4.42×10^6			5.08×10^6			7.92×10^6		
$P_{ex}(KL)^2/10^3$ $(kN.m^2)$		0.128×10^6			0.146×10^6			0.225×10^6		
$P_{ey}(KL)^2/10^3$ $(kN.m^2)$		8.94×10^3			10.3×10^3			16.0×10^3		

1) 음영부분은 KL/r > 200인 경우이다.

제8장

도움표 8.1-490 H형강 축력-휨 조합력

SHN490 (F_y = 325 MPa) **세폭계열**

$(KL)_y$ 또는 L_b (m)		H-350x175x7x11 $\phi_c P_n$ (kN)	H-350x175x7x11 $c\times10^3$ $(kN)^{-1}$	H-350x175x7x11 $b_x\times10^3$ $(kN.m)^{-1}$	H-354x176x8x13 $\phi_c P_n$ (kN)	H-354x176x8x13 $c\times10^3$ $(kN)^{-1}$	H-354x176x8x13 $b_x\times10^3$ $(kN.m)^{-1}$	H-396x199x7x11 $\phi_c P_n$ (kN)	H-396x199x7x11 $c\times10^3$ $(kN)^{-1}$	H-396x199x7x11 $b_x\times10^3$ $(kN.m)^{-1}$
$(KL)_x > (KL)_y$ 일 경우에는 $(KL)_y$와 $(KL)_{yeq}$ 중 큰 값을 적용 $(KL)_{yeq} = \frac{(KL)_x}{(r_x/r_y)}$	0	1780	0.562	3.50	2150	0.465	2.98	1980	0.505	2.69
	0.3	1780	0.562	3.50	2140	0.467	2.98	1980	0.505	2.69
	0.6	1760	0.568	3.50	2120	0.472	2.98	1960	0.510	2.69
	0.9	1730	0.578	3.50	2080	0.481	2.98	1940	0.515	2.69
	1.2	1690	0.592	3.50	2030	0.493	2.98	1900	0.526	2.69
	1.5	1640	0.610	3.50	1960	0.510	2.98	1860	0.538	2.69
	1.8	1580	0.633	3.52	1880	0.532	2.99	1810	0.552	2.69
	2.1	1510	0.662	3.65	1790	0.559	3.08	1750	0.571	2.73
	2.4	1440	0.694	3.78	1690	0.592	3.18	1680	0.595	2.82
	2.7	1350	0.741	3.92	1590	0.629	3.29	1610	0.621	2.91
	3.0	1250	0.800	4.08	1480	0.676	3.41	1530	0.654	3.01
	3.3	1150	0.870	4.24	1370	0.730	3.53	1450	0.690	3.12
	3.6	1060	0.943	4.42	1250	0.800	3.67	1360	0.735	3.24
	3.9	958	1.04	4.62	1140	0.877	3.81	1270	0.787	3.36
	4.2	863	1.16	4.83	1030	0.971	3.97	1170	0.855	3.50
	4.5	771	1.30	5.07	924	1.08	4.15	1070	0.935	3.64
	4.8	682	1.47	5.33	821	1.22	4.33	976	1.02	3.80
	5.1	604	1.66	5.63	728	1.37	4.54	884	1.13	3.98
	5.4	540	1.86	6.15	649	1.54	4.76	794	1.26	4.17
	5.7	480	2.07	6.67	583	1.72	5.15	712	1.41	4.45
	6.0	440	2.29	7.20	526	1.90	5.54	643	1.56	4.82
	6.3	400	2.53	7.73	477	2.10	5.93	583	1.72	5.21
	6.6	360	2.77	8.26	434	2.30	6.32	531	1.89	5.60
	6.9	330	3.03	8.79	398	2.52	6.71	486	2.06	5.99
	7.2	300	3.30	9.33	365	2.74	7.10	446	2.24	6.39
	7.5	280	3.58	9.86	336	2.98	7.49	411	2.43	6.79
	7.8	260	3.87	10.4	311	3.22	7.88	380	2.63	7.19
	8.1	240	4.17	10.9	288	3.47	8.27	353	2.84	7.59
	8.4	220	4.49	11.5	268	3.73	8.66	328	3.05	8.00
	8.7	210	4.82	12.0	249	4.00	9.05	306	3.28	8.40
	9.0	190	5.15	12.5	227	4.29	9.43	289	3.51	8.81

	H-350x175x7x11	H-354x176x8x13	H-396x199x7x11
$b_y\times10^3 (kN.m)^{-1}$	17.5	14.6	13.6
$t_y\times10^3 (kN)^{-1}$	0.542	0.464	0.474
$t_r\times10^3 (kN)^{-1}$	0.575	0.492	0.503
r_y (mm)	39.5	40.1	44.8
r_x/r_y	3.72	3.69	3.73
기타 상수 및 단면성능			
P_{wo} (kN)	284	351	307
P_{wi} (kN/mm)	2.28	2.6	2.28
P_{wb} (kN)	202	301	177
P_{fb} (kN)	221	309	221
L_p (m)	1.75	1.77	1.98
L_r (m)	5.09	5.41	5.59
A_g (mm^2)	6.31×10^3	7.37×10^3	7.22×10^3
I_x (mm^4)	0.136×10^9	0.161×10^9	0.200×10^9
I_y (mm^4)	9.84×10^6	11.8×10^6	14.5×10^6
$P_{ex}(KL)^2/10^3$ (kN.m^2)	0.275×10^6	0.326×10^6	0.405×10^6
$P_{ey}(KL)^2/10^3$ (kN.m^2)	19.9×10^3	23.9×10^3	29.3×10^3

1) 음영부분은 KL/r > 200인 경우이다.

도움표 8.1-490 H형강 축력-휨 조합력

SHN490 (F_y = 325 MPa) 세폭계열

$(KL)_y$ 또는 L_b (m)		H-400x200x8x13			H-404x201x9x15			H-446x199x8x12		
		$\phi_c P_n$ (kN)	$c\times10^3$ $(kN)^{-1}$	$b_x\times10^3$ $(kN.m)^{-1}$	$\phi_c P_n$ (kN)	$c\times10^3$ $(kN)^{-1}$	$b_x\times10^3$ $(kN.m)^{-1}$	$\phi_c P_n$ (kN)	$c\times10^3$ $(kN)^{-1}$	$b_x\times10^3$ $(kN.m)^{-1}$
	0	2380	0.420	2.29	2800	0.357	1.99	2310	0.433	2.10
	0.3	2380	0.420	2.29	2790	0.358	1.99	2300	0.435	2.10
	0.6	2360	0.424	2.29	2770	0.361	1.99	2280	0.439	2.10
	0.9	2330	0.429	2.29	2740	0.365	1.99	2250	0.444	2.10
	1.2	2290	0.437	2.29	2690	0.372	1.99	2210	0.452	2.10
	1.5	2240	0.446	2.29	2620	0.382	1.99	2160	0.463	2.10
	1.8	2170	0.461	2.29	2540	0.394	1.99	2100	0.476	2.10
	2.1	2100	0.476	2.31	2450	0.408	2.00	2020	0.495	2.14
	2.4	2020	0.495	2.38	2340	0.427	2.06	1940	0.515	2.21
	2.7	1930	0.518	2.46	2230	0.448	2.12	1850	0.541	2.29
	3.0	1830	0.546	2.53	2110	0.474	2.18	1750	0.571	2.37
$(KL)_x > (KL)_y$ 일 경우에는 $(KL)_y$와 $(KL)_{yeq}$ 중 큰 값을 적용 $(KL)_{yeq} = \dfrac{(KL)_x}{(r_x/r_y)}$	3.3	1720	0.581	2.62	1990	0.503	2.25	1650	0.606	2.46
	3.6	1610	0.621	2.71	1860	0.538	2.32	1540	0.649	2.55
	3.9	1500	0.667	2.80	1740	0.575	2.39	1430	0.699	2.66
	4.2	1380	0.725	2.91	1610	0.621	2.47	1310	0.763	2.77
	4.5	1270	0.787	3.02	1480	0.676	2.56	1190	0.840	2.89
	4.8	1160	0.862	3.14	1350	0.741	2.65	1080	0.926	3.02
	5.1	1050	0.952	3.27	1230	0.813	2.75	970	1.03	3.17
	5.4	949	1.05	3.41	1110	0.901	2.86	866	1.15	3.33
	5.7	852	1.17	3.56	1000	1.00	2.97	777	1.29	3.60
	6.0	769	1.30	3.78	903	1.11	3.10	701	1.43	3.91
	6.3	697	1.43	4.07	819	1.22	3.26	636	1.57	4.22
	6.6	635	1.57	4.36	746	1.34	3.49	579	1.73	4.53
	6.9	581	1.72	4.66	683	1.47	3.71	530	1.89	4.85
	7.2	534	1.87	4.95	627	1.60	3.94	487	2.06	5.17
	7.5	492	2.03	5.25	578	1.73	4.17	449	2.23	5.49
	7.8	455	2.20	5.55	534	1.87	4.39	415	2.41	5.81
	8.1	422	2.37	5.84	495	2.02	4.62	385	2.60	6.14
	8.4	392	2.55	6.14	461	2.17	4.85	358	2.80	6.46
	8.7	366	2.74	6.44	429	2.33	5.07	333	3.00	6.79
	9.0	342	2.93	6.74	401	2.50	5.30	311	3.21	7.12

	H-400x200x8x13	H-404x201x9x15	H-446x199x8x12
$b_y\times10^3(kN.m)^{-1}$	11.3	9.74	12.3
$t_y\times10^3$ $(kN)^{-1}$	0.407	0.355	0.406
$t_r\times10^3$ $(kN)^{-1}$	0.431	0.377	0.430
r_y (mm)	45.4	46	43.3
r_x/r_y	3.70	3.67	4.27

기타 상수 및 단면성능

	H-400x200x8x13	H-404x201x9x15	H-446x199x8x12
P_{wo} (kN)	273	328	282
P_{wi} (kN/mm)	1.88	2.12	1.88
P_{wb} (kN)	224	320	199
P_{fb} (kN)	223	297	190
L_p (m)	2.36	2.39	2.25
L_r (m)	7.30	7.83	6.72
A_g (mm^2)	8.41×10^3	9.62×10^3	8.43×10^3
I_x (mm^4)	0.237×10^9	0.275×10^9	0.287×10^9
I_y (mm^4)	17.4×10^6	20.3×10^6	15.8×10^6
P_{ex} $(KL)^2/10^3$ $(kN.m^2)$	0.480×10^6	0.556×10^6	0.581×10^6
P_{ey} $(KL)^2/10^3$ $(kN.m^2)$	35.2×10^3	41.1×10^3	32.0×10^3

1) 음영부분은 KL/r > 200인 경우이다.

도움표 8.1-490 H형강 축력-휨 조합력

SHN490 (F_y = 325 MPa) 세폭계열

$(KL)_y$ 또는 L_b (m)	H-450x200x9x14			H-496x199x9x14			H-500x200x10x16		
	$\phi_c P_n$ (kN)	$c\times10^3$ $(kN)^{-1}$	$b_x\times10^3$ $(kN.m)^{-1}$	$\phi_c P_n$ (kN)	$c\times10^3$ $(kN)^{-1}$	$b_x\times10^3$ $(kN.m)^{-1}$	$\phi_c P_n$ (kN)	$c\times10^3$ $(kN)^{-1}$	$b_x\times10^3$ $(kN.m)^{-1}$
0	2730	0.366	1.81	2760	0.362	1.59	3210	0.312	1.40
0.3	2720	0.368	1.81	2760	0.362	1.59	3200	0.313	1.40
0.6	2700	0.370	1.81	2740	0.365	1.59	3180	0.314	1.40
0.9	2670	0.375	1.81	2700	0.370	1.59	3130	0.319	1.40
1.2	2620	0.382	1.81	2650	0.377	1.59	3080	0.325	1.40
1.5	2560	0.391	1.81	2580	0.388	1.59	3000	0.333	1.40
1.8	2480	0.403	1.81	2510	0.398	1.59	2910	0.344	1.40
2.1	2390	0.418	1.84	2420	0.413	1.62	2810	0.356	1.42
2.4	2300	0.435	1.90	2320	0.431	1.68	2690	0.372	1.47
2.7	2190	0.457	1.96	2210	0.452	1.74	2560	0.391	1.52
3.0	2070	0.483	2.02	2090	0.478	1.80	2410	0.415	1.57
3.3	1940	0.515	2.09	1960	0.510	1.87	2260	0.442	1.62
3.6	1810	0.552	2.17	1830	0.546	1.94	2100	0.476	1.68
3.9	1670	0.599	2.25	1690	0.592	2.02	1930	0.518	1.74
4.2	1530	0.654	2.34	1540	0.649	2.10	1770	0.565	1.81
4.5	1400	0.714	2.43	1400	0.714	2.19	1610	0.621	1.88
4.8	1270	0.787	2.53	1260	0.794	2.29	1460	0.685	1.96
5.1	1150	0.870	2.65	1130	0.885	2.40	1310	0.763	2.05
5.4	1030	0.971	2.77	1010	0.990	2.53	1170	0.855	2.15
5.7	921	1.09	2.90	905	1.10	2.72	1050	0.952	2.25
6.0	831	1.20	3.13	817	1.22	2.95	948	1.05	2.42
6.3	754	1.33	3.37	741	1.35	3.18	860	1.16	2.61
6.6	687	1.46	3.61	675	1.48	3.41	784	1.27	2.79
6.9	629	1.59	3.85	618	1.62	3.65	717	1.39	2.98
7.2	577	1.73	4.09	567	1.76	3.88	658	1.52	3.16
7.5	532	1.88	4.34	523	1.91	4.12	607	1.65	3.35
7.8	492	2.04	4.59	483	2.07	4.36	561	1.78	3.54
8.1	456	2.20	4.83	448	2.23	4.60	520	1.92	3.73
8.4	424	2.36	5.08	417	2.40	4.84	484	2.07	3.91
8.7	395	2.53	5.33	388	2.57	5.08	451	2.22	4.10
9.0	373	2.71	5.57	357	2.75	5.32	419	2.37	4.29

$(KL)_x > (KL)_y$ 일 경우에는 $(KL)_y$와 $(KL)_{yeq}$ 중 큰 값을 적용

$(KL)_{yeq} = \dfrac{(KL)_x}{(r_x/r_y)}$

	H-450x200x9x14	H-496x199x9x14	H-500x200x10x16
$b_y\times10^3 (kN.m)^{-1}$	10.4	10.5	9.07
$t_y\times10^3 (kN)^{-1}$	0.353	0.338	0.300
$t_r\times10^3 (kN)^{-1}$	0.375	0.359	0.318
r_y (mm)	44.0	42.7	43.3
r_x/r_y	4.23	4.75	4.73
기타 상수 및 단면성능			
P_{wo} (kN)	338	360	423
P_{wi} (kN/mm)	2.12	2.12	2.35
P_{wb} (kN)	283	255	350
P_{fb} (kN)	259	259	338
L_p (m)	2.29	2.22	2.25
L_r (m)	7.12	6.78	7.17
A_g (mm^2)	9.68×10^3	10.1×10^3	11.4×10^3
I_x (mm^4)	0.335×10^9	0.419×10^9	0.478×10^9
I_y (mm^4)	18.7×10^6	18.4×10^6	21.4×10^6
$P_{ex}(KL)^2/10^3$ $(kN.m^2)$	0.678×10^6	0.848×10^6	0.967×10^6
$P_{ey}(KL)^2/10^3$ $(kN.m^2)$	37.8×10^3	37.2×10^3	43.3×10^3

1) 음영부분은 KL/r > 200인 경우이다.

도움표 8.1-490 H형강 축력-휨 조합력

SHN490 (F_y = 325 MPa) **세폭계열**

$(KL)_y$ 또는 L_b (m)		H-506x201x11x19			H-596x199x10x15			H-600x200x11x17		
		$\phi_c P_n$ (kN)	$c\times10^3$ $(kN)^{-1}$	$b_x\times10^3$ $(kN.m)^{-1}$	$\phi_c P_n$ (kN)	$c\times10^3$ $(kN)^{-1}$	$b_x\times10^3$ $(kN.m)^{-1}$	$\phi_c P_n$ (kN)	$c\times10^3$ $(kN)^{-1}$	$b_x\times10^3$ $(kN.m)^{-1}$
$(KL)_x > (KL)_y$ 일 경우에는 $(KL)_y$와 $(KL)_{yeq}$ 중 큰 값을 적용 $(KL)_{yeq} = \frac{(KL)_x}{(r_x/r_y)}$	0	3790	0.264	1.20	3160	0.316	1.15	3640	0.275	1.02
	0.3	3780	0.265	1.20	3150	0.317	1.15	3630	0.275	1.02
	0.6	3750	0.267	1.20	3130	0.319	1.15	3600	0.278	1.02
	0.9	3700	0.270	1.20	3080	0.325	1.15	3550	0.282	1.02
	1.2	3630	0.275	1.20	3020	0.331	1.15	3480	0.287	1.02
	1.5	3540	0.282	1.20	2950	0.339	1.15	3390	0.295	1.02
	1.8	3430	0.292	1.20	2860	0.350	1.15	3290	0.304	1.02
	2.1	3290	0.304	1.21	2750	0.364	1.19	3160	0.316	1.05
	2.4	3150	0.317	1.25	2630	0.380	1.23	3030	0.330	1.09
	2.7	2980	0.336	1.28	2500	0.400	1.28	2870	0.348	1.13
	3.0	2820	0.355	1.32	2350	0.426	1.33	2710	0.369	1.17
	3.3	2640	0.379	1.36	2200	0.455	1.38	2530	0.395	1.22
	3.6	2460	0.407	1.41	2040	0.490	1.44	2350	0.426	1.26
	3.9	2280	0.439	1.46	1880	0.532	1.51	2150	0.465	1.32
	4.2	2090	0.478	1.51	1700	0.588	1.58	1950	0.513	1.37
	4.5	1910	0.524	1.56	1530	0.654	1.65	1760	0.568	1.44
	4.8	1740	0.575	1.62	1360	0.735	1.74	1570	0.637	1.51
	5.1	1570	0.637	1.68	1210	0.826	1.83	1400	0.714	1.58
	5.4	1410	0.709	1.75	1080	0.926	1.98	1250	0.800	1.67
	5.7	1260	0.794	1.82	967	1.03	2.16	1120	0.893	1.81
	6.0	1140	0.876	1.90	873	1.14	2.35	1010	0.989	1.96
	6.3	1040	0.966	2.02	792	1.26	2.54	915	1.09	2.11
	6.6	943	1.06	2.16	722	1.38	2.73	834	1.20	2.27
	6.9	862	1.16	2.29	660	1.51	2.92	763	1.31	2.42
	7.2	792	1.26	2.43	606	1.64	3.11	701	1.42	2.58
	7.5	730	1.37	2.57	559	1.78	3.31	646	1.55	2.74
	7.8	675	1.48	2.71	517	1.93	3.50	597	1.67	2.90
	8.1	626	1.60	2.85	479	2.08	3.70	554	1.80	3.05
	8.4	582	1.72	2.99	448	2.24	3.90	521	1.94	3.21
	8.7	542	1.84	3.12	419	2.40	4.10	479	2.08	3.37
	9.0	509	1.97	3.26	387	2.57	4.30	451	2.23	3.53
$b_y\times10^3 (kN.m)^{-1}$		7.58			9.65			8.42		
$t_y\times10^3 (kN)^{-1}$		0.261			0.285			0.255		
$t_r\times10^3 (kN)^{-1}$		0.277			0.302			0.271		
r_y (mm)		44.3			40.5			41.2		
r_x/r_y		4.67			5.90			5.83		
기타 상수 및 단면성능										
P_{wo} (kN)		697			601			697		
P_{wi} (kN/mm)		3.58			3.25			3.58		
P_{wb} (kN)		548			338			450		
P_{fb} (kN)		660			411			528		
L_p (m)		1.96			1.79			1.82		
L_r (m)		6.15			5.23			5.44		
A_g (mm²)		13.1×10^3			12.0×10^3			13.4×10^3		
I_x (mm⁴)		0.565×10^9			0.687×10^9			0.776×10^9		
I_y (mm⁴)		25.8×10^6			19.8×10^6			22.8×10^6		
$P_{ex}(KL)^2/10^3$ (kN.m²)		1.14×10^6			1.39×10^6			1.57×10^6		
$P_{ey}(KL)^2/10^3$ (kN.m²)		52.2×10^3			40.1×10^3			46.1×10^3		

1) 음영부분은 KL/r > 200인 경우이다.

제8장

도움표 8.1-490 H형강 축력-휨 조합력

SHN490 (F_y = 325 MPa) 세폭계열

$(KL)_y$ 또는 L_b (m)		H-606x201x12x20			H-612x202x13x23					
		$\phi_c P_n$ (kN)	$c\times10^3$ $(kN)^{-1}$	$b_x\times10^3$ $(kN.m)^{-1}$	$\phi_c P_n$ (kN)	$c\times10^3$ $(kN)^{-1}$	$b_x\times10^3$ $(kN.m)^{-1}$	$\phi_c P_n$ (kN)	$c\times10^3$ $(kN)^{-1}$	$b_x\times10^3$ $(kN.m)^{-1}$
$(KL)_x > (KL)_y$ 일 경우에는 $(KL)_y$와 $(KL)_{yeq}$ 중 큰 값을 적용 $(KL)_{yeq} = \frac{(KL)_x}{(r_x/r_y)}$	0	4250	0.235	0.885	4890	0.204	0.781			
	0.3	4230	0.236	0.885	4880	0.205	0.781			
	0.6	4200	0.238	0.885	4840	0.207	0.781			
	0.9	4140	0.242	0.885	4770	0.210	0.781			
	1.2	4060	0.246	0.885	4680	0.214	0.781			
	1.5	3960	0.253	0.885	4570	0.219	0.781			
	1.8	3840	0.260	0.885	4430	0.226	0.781			
	2.1	3700	0.270	0.907	4260	0.235	0.795			
	2.4	3540	0.282	0.936	4060	0.246	0.819			
	2.7	3360	0.298	0.967	3840	0.260	0.844			
	3.0	3170	0.315	1.00	3610	0.277	0.870			
	3.3	2950	0.339	1.04	3370	0.297	0.899			
	3.6	2730	0.366	1.07	3130	0.319	0.929			
	3.9	2500	0.400	1.11	2880	0.347	0.961			
	4.2	2280	0.439	1.16	2640	0.379	0.996			
	4.5	2070	0.483	1.21	2400	0.417	1.03			
	4.8	1860	0.538	1.26	2170	0.461	1.07			
	5.1	1660	0.602	1.32	1950	0.513	1.12			
	5.4	1490	0.673	1.38	1740	0.575	1.16			
	5.7	1330	0.750	1.45	1560	0.642	1.21			
	6.0	1200	0.831	1.56	1400	0.712	1.27			
	6.3	1090	0.916	1.67	1270	0.785	1.36			
	6.6	992	1.01	1.79	1160	0.861	1.45			
	6.9	908	1.10	1.91	1060	0.941	1.54			
	7.2	834	1.20	2.03	979	1.03	1.63			
	7.5	768	1.30	2.15	902	1.11	1.73			
	7.8	711	1.40	2.27	834	1.20	1.82			
	8.1	659	1.51	2.39	773	1.30	1.91			
	8.4	613	1.63	2.51	719	1.40	2.01			
	8.7	569	1.75	2.63	670	1.50	2.10			
	9.0	531	1.87	2.75	619	1.60	2.19			
$b_y\times10^3 (kN.m)^{-1}$		7.08			6.10					
$t_y\times10^3 (kN)^{-1}$		0.225			0.20					
$t_r\times10^3 (kN)^{-1}$		0.239			0.212					
r_y (mm)		42.2			43.1					
r_x/r_y		5.76			5.71					
기타 상수 및 단면성능										
P_{wo} (kN)		819			951					
P_{wi} (kN/mm)		3.90			4.22					
P_{wb} (kN)		584			742					
P_{fb} (kN)		731			967					
L_p (m)		1.87			1.91					
L_r (m)		5.75			6.07					
A_g (mm^2)		15.2×10^3			17.1×10^3					
I_x (mm^4)		0.904×10^9			1.03×10^9					
I_y (mm^4)		27.2×10^6			31.8×10^6					
$P_{ex}(KL)^2/10^3$ ($kN.m^2$)		1.83×10^6			2.08×10^6					
$P_{ey}(KL)^2/10^3$ ($kN.m^2$)		55.0×10^3			64.3×10^3					

1) 음영부분은 $KL/r > 200$인 경우이다.

도움표 8.1-490 H형강 축력-휨 조합력

SHN490 (F_y = 325 MPa) **중폭계열**

$(KL)_y$ 또는 L_b (m)		H-148x100x6x9			H-194x150x6x9					
		$\phi_c P_n$ (kN)	$c\times10^3$ $(kN)^{-1}$	$b_x\times10^3$ $(kN.m)^{-1}$	$\phi_c P_n$ (kN)	$c\times10^3$ $(kN)^{-1}$	$b_x\times10^3$ $(kN.m)^{-1}$	$\phi_c P_n$ (kN)	$c\times10^3$ $(kN)^{-1}$	$b_x\times10^3$ $(kN.m)^{-1}$
	0	785	1.28	19.4	1140	0.880	9.85			
	0.3	777	1.29	19.4	1140	0.880	9.85			
	0.6	752	1.33	19.4	1120	0.893	9.85			
	0.9	712	1.40	19.4	1090	0.914	9.85			
	1.2	661	1.51	19.7	1060	0.944	9.85			
	1.5	600	1.67	20.4	1020	0.984	9.85			
	1.8	532	1.88	21.1	965	1.04	10.0			
	2.1	463	2.16	21.9	909	1.10	10.4			
	2.4	394	2.54	22.8	847	1.18	10.7			
	2.7	328	3.05	23.7	783	1.28	11.0			
	3.0	267	3.74	24.7	717	1.39	11.4			
$(KL)_x > (KL)_y$ 일 경우에는 $(KL)_y$와 $(KL)_{yeq}$ 중 큰 값을 적용	3.3	221	4.53	25.8	650	1.54	11.8			
	3.6	186	5.39	27.1	584	1.71	12.2			
	3.9	158	6.32	28.4	520	1.92	12.6			
	4.2	136	7.33	29.8	459	2.18	13.1			
	4.5	119	8.42	31.5	401	2.50	13.7			
$(KL)_{yeq} = \dfrac{(KL)_x}{(r_x/r_y)}$	4.8	104	9.58	33.8	347	2.84	14.2			
	5.1	92.5	10.8	36.1	312	3.21	14.8			
	5.4	82.5	12.1	38.4	278	3.60	15.5			
	5.7	74.0	13.5	40.7	250	4.01	16.5			
	6.0	66.8	15.0	43.0	225	4.44	17.6			
	6.3	60.6	16.5	45.3	204	4.89	18.7			
	6.6	55.2	18.1	47.6	186	5.37	19.7			
	6.9	50.5	19.8	49.9	170	5.87	20.8			
	7.2	46.4	21.6	52.1	156	6.39	21.9			
	7.5	42.8	23.4	54.4	144	6.94	22.9			
	7.8	39.5	25.3	56.7	133	7.50	24.0			
	8.1	36.7	27.3	59.0	124	8.09	25.0			
	8.4	34.1	29.3	61.2	115	8.70	26.1			
	8.7	31.8	31.5	63.5	107	9.33	27.1			
	9.0	29.7	33.7	65.7	100	9.99	28.2			

	H-148x100x6x9	H-194x150x6x9	
$b_y\times10^3(kN.m)^{-1}$	65.1	29.2	
$t_y\times10^3\ (kN)^{-1}$	1.28	0.877	
$t_r\times10^3\ (kN)^{-1}$	1.35	0.93	
r_y (mm)	23.7	36.1	
r_x/r_y	2.60	2.30	
기타 상수 및 단면성능			
P_{wo} (kN)	195	215	
P_{wi} (kN/mm)	1.95	1.95	
P_{wb} (kN)	353	254	
P_{fb} (kN)	148	148	
L_p (m)	1.05	1.60	
L_r (m)	4.5	5.46	
A_g (mm^2)	2.68×10^3	3.90×10^3	
I_x (mm^4)	10.2×10^6	26.9×10^6	
I_y (mm^4)	1.51×10^6	5.07×10^6	
$P_{ex}\ (KL)^2/10^3$ $(kN.m^2)$	20.6×10^3	54.4×10^3	
$P_{ey}\ (KL)^2/10^3$ $(kN.m^2)$	3.06×10^3	10.3×10^3	

1) 음영부분은 KL/r > 200인 경우이다.

제8장

도움표 8.1-490 H형강 축력-휨 조합력

SHN490 (F_y = 325 MPa) 중폭계열

$(KL)_y$ 또는 L_b (m)		H-244x175x7x11			H-294x200x8x12			H-298x201x9x14		
		$\phi_c P_n$ (kN)	$c\times10^3$ $(kN)^{-1}$	$b_x\times10^3$ $(kN.m)^{-1}$	$\phi_c P_n$ (kN)	$c\times10^3$ $(kN)^{-1}$	$b_x\times10^3$ $(kN.m)^{-1}$	$\phi_c P_n$ (kN)	$c\times10^3$ $(kN)^{-1}$	$b_x\times10^3$ $(kN.m)^{-1}$
	0	1640	0.608	5.44	2120	0.474	3.54	2440	0.410	3.04
	0.5	1630	0.614	5.44	2100	0.476	3.54	2420	0.413	3.04
	1.0	1580	0.632	5.44	2050	0.487	3.54	2370	0.422	3.04
	1.5	1510	0.663	5.44	1980	0.506	3.54	2280	0.438	3.04
	2.0	1410	0.709	5.51	1880	0.533	3.54	2170	0.462	3.04
	2.5	1290	0.773	5.76	1750	0.571	3.66	2030	0.493	3.13
	3.0	1160	0.860	6.03	1610	0.621	3.82	1870	0.535	3.25
	3.5	1030	0.974	6.33	1460	0.685	3.99	1700	0.589	3.38
	4.0	888	1.13	6.66	1300	0.767	4.18	1520	0.658	3.52
	4.5	754	1.33	7.02	1150	0.873	4.39	1340	0.747	3.68
	5.0	628	1.59	7.43	992	1.01	4.62	1160	0.859	3.85
	5.5	513	1.93	7.88	846	1.18	4.88	1000	1.00	4.03
$(KL)_x > (KL)_y$ 일 경우에는	6.0	435	2.30	8.40	710	1.41	5.16	841	1.19	4.23
$(KL)_y$와	6.5	371	2.70	9.15	588	1.65	5.48	699	1.40	4.46
$(KL)_{yeq}$ 중 큰	7.0	320	3.13	10.0	523	1.91	5.96	618	1.62	4.71
값을 적용	7.5	279	3.59	10.9	455	2.20	6.53	538	1.86	5.05
	8.0	245	4.08	11.8	400	2.50	7.09	473	2.12	5.47
$(KL)_{yeq} = \dfrac{(KL)_x}{(r_x/r_y)}$	8.5	217	4.61	12.7	355	2.82	7.64	419	2.39	5.89
	9.0	194	5.17	13.5	316	3.16	8.20	374	2.68	6.31
	9.5	174	5.76	14.4	284	3.52	8.76	335	2.98	6.72
	10.0	157	6.38	15.3	256	3.90	9.31	303	3.30	7.13
	10.5	142	7.03	16.1	232	4.30	9.86	274	3.64	7.54
	11.0	130	7.72	17.0	212	4.72	10.4	250	4.00	7.95
	11.5	119	8.44	17.8	194	5.16	11.0	229	4.37	8.36
	12.0	109	9.19	18.7	178	5.62	11.5	210	4.76	8.77
	12.5	100	9.97	19.5	164	6.10	12.0	194	5.16	9.18
	13.0	93	10.8	20.4	152	6.60	12.6	179	5.59	9.58
	13.5	86	11.6	21.2	141	7.11	13.1	166	6.02	9.99
	14.0	80	12.5	22.1	131	7.65	13.7	154	6.48	10.4
	14.5	75	13.4	22.9	122	8.21	14.2	144	6.95	10.8
	15.0	70	14.4	23.8	114	8.78	14.7	134	7.44	11.2

	H-244x175x7x11	H-294x200x8x12	H-298x201x9x14
$b_y\times10^3 (kN.m)^{-1}$	17.6	12.3	10.4
$t_y\times10^3 (kN)^{-1}$	0.608	0.472	0.41
$t_r\times10^3 (kN)^{-1}$	0.646	0.501	0.435
r_y (mm)	41.9	47.1	47.7
r_x/r_y	2.48	2.65	2.64
기타 상수 및 단면성능			
P_{wo} (kN)	307	390	468
P_{wi} (kN/mm)	2.28	2.6	2.93
P_{wb} (kN)	318	386	549
P_{fb} (kN)	221	263	358
L_p (m)	1.85	2.08	2.11
L_r (m)	6.22	6.7	7.28
A_g (mm^2)	5.62×10^3	7.24×10^3	8.34×10^3
I_x (mm^4)	61.2×10^6	0.113×10^9	0.133×10^9
I_y (mm^4)	9.84×10^6	16.0×10^6	19.0×10^6
$P_{ex}(KL)^2/10^3$ $(kN.m^2)$	0.124×10^6	0.229×10^6	0.269×10^6
$P_{ey}(KL)^2/10^3$ $(kN.m^2)$	19.9×10^3	32.4×10^3	38.4×10^3

1) 음영부분은 KL/r > 200인 경우이다.

도움표 8.1-490 H형강 축력-휨 조합력

SHN490 (F_y = 325 MPa) **중폭계열**

	$(KL)_y$ 또는 L_b (m)	H-336x249x8x12[NC] $\phi_c P_n$ (kN)	$c\times10^3$ $(kN)^{-1}$	$b_x\times10^3$ $(kN.m)^{-1}$	H-340x250x9x14 $\phi_c P_n$ (kN)	$c\times10^3$ $(kN)^{-1}$	$b_x\times10^3$ $(kN.m)^{-1}$	H-386x299x9x14[NC] $\phi_c P_n$ (kN)	$c\times10^3$ $(kN)^{-1}$	$b_x\times10^3$ $(kN.m)^{-1}$
	0	2580	0.388	2.55	2970	0.337	2.15	3510	0.285	1.63
	0.5	2570	0.390	2.55	2960	0.338	2.15	3501	0.285	1.63
	1.0	2530	0.395	2.55	2910	0.343	2.15	3468	0.288	1.63
	1.5	2470	0.405	2.55	2850	0.351	2.15	3412	0.292	1.63
	2.0	2390	0.419	2.55	2760	0.363	2.15	3335	0.298	1.63
	2.5	2290	0.437	2.55	2640	0.379	2.15	3240	0.305	1.63
	3.0	2170	0.461	2.57	2510	0.398	2.20	3126	0.314	1.63
	3.5	2040	0.491	2.67	2360	0.423	2.28	2998	0.326	1.63
	4.0	1900	0.527	2.77	2200	0.454	2.36	2855	0.340	1.66
	4.5	1750	0.572	2.88	2030	0.492	2.44	2703	0.356	1.71
	5.0	1600	0.627	3.00	1860	0.537	2.53	2541	0.375	1.77
$(KL)_x > (KL)_y$ 일 경우에는 $(KL)_y$와 $(KL)_{yeq}$ 중 큰 값을 적용 $(KL)_{yeq} = \frac{(KL)_x}{(r_x/r_y)}$	5.5	1440	0.693	3.13	1690	0.593	2.63	2374	0.397	1.83
	6.0	1290	0.774	3.27	1510	0.660	2.74	2204	0.424	1.89
	6.5	1150	0.873	3.43	1350	0.742	2.86	2033	0.454	1.96
	7.0	1010	0.994	3.60	1190	0.842	2.98	1863	0.489	2.03
	7.5	875	1.14	3.79	1040	0.965	3.12	1696	0.530	2.11
	8.0	754	1.30	4.05	897	1.10	3.27	1534	0.577	2.19
	8.5	682	1.47	4.41	807	1.24	3.46	1379	0.632	2.29
	9.0	608	1.64	4.77	720	1.39	3.74	1230	0.696	2.39
	9.5	546	1.83	5.13	646	1.55	4.01	1104	0.772	2.50
	10.0	493	2.03	5.49	583	1.72	4.28	996	0.856	2.69
	10.5	447	2.24	5.86	529	1.89	4.55	903	0.943	2.88
	11.0	407	2.46	6.22	482	2.08	4.83	823	1.04	3.07
	11.5	373	2.68	6.58	441	2.27	5.10	753	1.13	3.26
	12.0	342	2.92	6.94	405	2.47	5.37	692	1.23	3.45
	12.5	315	3.17	7.30	373	2.68	5.64	637	1.34	3.64
	13.0	292	3.43	7.66	345	2.90	5.91	589	1.45	3.83
	13.5	270	3.70	8.01	320	3.13	6.17	546	1.56	4.02
	14.0	251	3.98	8.37	297	3.36	6.44	508	1.68	4.21
	14.5	234	4.27	8.73	277	3.61	6.71	474	1.80	4.40
	15.0	219	4.57	9.08	259	3.86	6.97	443	1.93	4.59

	H-336x249x8x12[NC]	H-340x250x9x14	H-386x299x9x14[NC]
$b_y\times10^3 (kN.m)^{-1}$	8.24	6.80	4.97
$t_y\times10^3 (kN)^{-1}$	0.388	0.335	0.285
$t_r\times10^3 (kN)^{-1}$	0.411	0.356	0.302
r_y (mm)	59.2	60.0	72.1
r_x/r_y	2.45	2.43	2.32
기타 상수 및 단면성능			
P_{wo} (kN)	416	497	527
P_{wi} (kN/mm)	2.60	2.93	2.93
P_{wb} (kN)	332	473	409
P_{fb} (kN)	263	358	358
L_p (m)	2.62	2.65	3.19
L_r (m)	7.86	8.37	9.49
A_g (mm²)	8.82×10^3	10.2×10^3	12.0×10^3
I_x (mm⁴)	0.185×10^9	0.217×10^9	0.337×10^9
I_y (mm⁴)	30.9×10^6	36.5×10^6	62.4×10^6
$P_{ex}(KL)^2/10^3$ (kN.m²)	0.374×10^6	0.439×10^6	0.682×10^6
$P_{ey}(KL)^2/10^3$ (kN.m²)	62.5×10^3	73.8×10^3	0.126×10^6

1) 음영부분은 KL/r > 200인 경우이다.

제8장

도움표 8.1-490 H형강 축력-휨 조합력

SHN490 (F_y = 325 MPa) 중폭계열

$(KL)_y$ 또는 L_b (m)		H-390x300x10x16			H-434x299x10x15[NC]			H-440x300x11x18		
		$\phi_c P_n$ (kN)	$c\times10^3$ $(kN)^{-1}$	$b_x\times10^3$ $(kN.m)^{-1}$	$\phi_c P_n$ (kN)	$c\times10^3$ $(kN)^{-1}$	$b_x\times10^3$ $(kN.m)^{-1}$	$\phi_c P_n$ (kN)	$c\times10^3$ $(kN)^{-1}$	$b_x\times10^3$ $(kN.m)^{-1}$
	0	3980	0.252	1.39	3950	0.253	1.29	4600	0.217	1.08
	0.5	3960	0.252	1.39	3940	0.254	1.29	4590	0.218	1.08
	1.0	3930	0.255	1.39	3900	0.257	1.29	4540	0.220	1.08
	1.5	3860	0.259	1.39	3830	0.261	1.29	4470	0.224	1.08
	2.0	3780	0.265	1.39	3740	0.267	1.29	4370	0.229	1.08
	2.5	3670	0.272	1.39	3630	0.276	1.29	4240	0.236	1.08
	3.0	3550	0.282	1.39	3500	0.286	1.29	4090	0.244	1.08
	3.5	3400	0.294	1.41	3340	0.299	1.30	3920	0.255	1.10
	4.0	3250	0.308	1.45	3180	0.315	1.35	3740	0.268	1.13
	4.5	3070	0.325	1.49	3000	0.333	1.39	3530	0.283	1.16
	5.0	2890	0.345	1.54	2810	0.355	1.44	3320	0.301	1.19
	5.5	2710	0.369	1.58	2620	0.382	1.49	3100	0.322	1.23
$(KL)_x > (KL)_y$ 일 경우에는 $(KL)_y$와 $(KL)_{yeq}$ 중 큰 값을 적용 $(KL)_{yeq} = \frac{(KL)_x}{(r_x/r_y)}$	6.0	2520	0.397	1.63	2420	0.413	1.54	2880	0.348	1.27
	6.5	2330	0.430	1.69	2230	0.449	1.60	2650	0.377	1.31
	7.0	2130	0.469	1.74	2030	0.492	1.66	2430	0.412	1.36
	7.5	1950	0.514	1.80	1840	0.543	1.73	2210	0.453	1.41
	8.0	1760	0.567	1.87	1660	0.604	1.80	2000	0.501	1.46
	8.5	1590	0.629	1.94	1480	0.677	1.88	1790	0.558	1.51
	9.0	1420	0.705	2.01	1320	0.759	1.97	1600	0.626	1.57
	9.5	1270	0.785	2.09	1180	0.845	2.10	1430	0.697	1.64
	10.0	1150	0.870	2.18	1070	0.937	2.26	1290	0.773	1.72
	10.5	1040	0.959	2.33	968	1.03	2.42	1170	0.852	1.83
	11.0	950	1.05	2.48	882	1.13	2.58	1070	0.935	1.95
	11.5	869	1.15	2.63	807	1.24	2.74	979	1.02	2.07
	12.0	798	1.25	2.77	741	1.35	2.90	899	1.11	2.18
	12.5	736	1.36	2.92	683	1.46	3.06	828	1.21	2.30
	13.0	680	1.47	3.07	632	1.58	3.22	766	1.31	2.41
	13.5	631	1.59	3.22	586	1.71	3.38	710	1.41	2.53
	14.0	586	1.71	3.37	545	1.84	3.54	660	1.51	2.65
	14.5	547	1.83	3.51	508	1.97	3.70	616	1.62	2.76
	15.0	511	1.96	3.66	475	2.11	3.86	575	1.74	2.88

	H-390x300x10x16	H-434x299x10x15[NC]	H-440x300x11x18
$b_y \times10^3 (kN.m)^{-1}$	4.15	4.50	3.67
$t_y \times10^3$ $(kN)^{-1}$	0.251	0.253	0.218
$t_r \times10^3$ $(kN)^{-1}$	0.267	0.269	0.231
r_y (mm)	72.8	70.4	71.8
r_x / r_y	2.32	2.64	2.63

기타 상수 및 단면성능

	H-390x300x10x16	H-434x299x10x15[NC]	H-440x300x11x18
P_{wo} (kN)	618	634	751
P_{wi} (kN/mm)	3.25	3.25	3.58
P_{wb} (kN)	561	495	659
P_{fb} (kN)	468	411	592
L_p (m)	3.22	3.11	3.17
L_r (m)	10.1	9.24	9.94
A_g (mm^2)	13.6×10^3	13.5×10^3	15.7×10^3
I_x (mm^4)	0.387×10^9	0.468×10^9	0.561×10^9
I_y (mm^4)	72.1×10^6	66.9×10^6	81.1×10^6
P_{ex} $(KL)^2/10^3$ $(kN.m^2)$	0.783×10^6	0.947×10^6	1.14×10^6
P_{ey} $(KL)^2/10^3$ $(kN.m^2)$	0.146×10^6	0.135×10^6	0.164×10^6

1) 음영부분은 KL / r > 200인 경우이다.

도움표 8.1-490 H형강 축력-휨 조합력

SHN490 (F_y = 325 MPa) 중폭계열

$(KL)_y$ 또는 L_b (m)		H-482x300x11x15[NC] $\phi_c P_n$ (kN)	$c\times10^3$ $(kN)^{-1}$	$b_x\times10^3$ $(kN.m)^{-1}$	H-488x300x11x18 $\phi_c P_n$ (kN)	$c\times10^3$ $(kN)^{-1}$	$b_x\times10^3$ $(kN.m)^{-1}$	H-582x300x12x17 $\phi_c P_n$ (kN)	$c\times10^3$ $(kN)^{-1}$	$b_x\times10^3$ $(kN.m)^{-1}$
	0	4260	0.235	1.10	4780	0.209	0.942	4970	0.201	0.767
	0.5	4240	0.236	1.10	4770	0.210	0.942	4950	0.202	0.767
	1.0	4200	0.238	1.10	4720	0.212	0.942	4910	0.204	0.767
	1.5	4120	0.243	1.10	4640	0.216	0.942	4830	0.207	0.767
	2.0	4020	0.249	1.10	4530	0.221	0.942	4710	0.212	0.767
	2.5	3890	0.257	1.10	4390	0.228	0.942	4570	0.219	0.767
	3.0	3740	0.268	1.10	4230	0.236	0.942	4410	0.227	0.770
	3.5	3570	0.280	1.12	4050	0.247	0.963	4220	0.237	0.797
	4.0	3380	0.296	1.16	3850	0.260	0.993	3980	0.251	0.826
	4.5	3180	0.315	1.20	3630	0.275	1.02	3730	0.268	0.857
	5.0	2960	0.337	1.25	3410	0.294	1.06	3470	0.288	0.890
	5.5	2750	0.364	1.29	3170	0.315	1.09	3200	0.313	0.926
$(KL)_x > (KL)_y$ 일 경우에는 $(KL)_y$와 $(KL)_{yeq}$ 중 큰 값을 적용	6.0	2530	0.396	1.34	2930	0.341	1.13	2930	0.341	0.964
	6.5	2310	0.433	1.40	2690	0.371	1.17	2670	0.375	1.01
	7.0	2090	0.477	1.46	2460	0.407	1.22	2410	0.415	1.05
	7.5	1890	0.530	1.52	2230	0.449	1.27	2150	0.465	1.10
	8.0	1690	0.593	1.59	2010	0.499	1.32	1910	0.524	1.16
$(KL)_{yeq} = \dfrac{(KL)_x}{(r_x/r_y)}$	8.5	1490	0.669	1.67	1790	0.559	1.37	1690	0.590	1.22
	9.0	1330	0.750	1.77	1600	0.626	1.43	1510	0.662	1.33
	9.5	1200	0.836	1.91	1430	0.698	1.51	1360	0.738	1.44
	10.0	1080	0.926	2.06	1290	0.773	1.62	1220	0.817	1.55
	10.5	979	1.02	2.21	1170	0.853	1.73	1110	0.901	1.67
	11.0	892	1.12	2.36	1070	0.936	1.85	1010	0.989	1.78
	11.5	816	1.22	2.51	978	1.02	1.96	924	1.08	1.90
	12.0	750	1.33	2.66	898	1.11	2.08	848	1.18	2.02
	12.5	691	1.45	2.81	827	1.21	2.19	782	1.28	2.13
	13.0	639	1.57	2.96	765	1.31	2.30	723	1.38	2.25
	13.5	592	1.69	3.11	709	1.41	2.42	670	1.49	2.37
	14.0	551	1.82	3.26	660	1.52	2.53	621	1.60	2.48
	14.5	514	1.95	3.41	615	1.63	2.64	578	1.72	2.60
	15.0	480	2.08	3.56	575	1.74	2.76	542	1.84	2.72

	H-482x300x11x15	H-488x300x11x18	H-582x300x12x17
$b_y\times10^3(kN.m)^{-1}$	4.44	3.66	3.83
$t_y\times10^3$ $(kN)^{-1}$	0.234	0.208	0.196
$t_r\times10^3$ $(kN)^{-1}$	0.249	0.221	0.209
r_y (mm)	68.2	70.4	66.3
r_x/r_y	2.99	2.95	3.67
기타 상수 및 단면성능			
P_{wo} (kN)	733	787	878
P_{wi} (kN/mm)	3.58	3.58	3.90
P_{wb} (kN)	587	587	619
P_{fb} (kN)	411	592	528
L_p (m)	3.01	3.11	2.93
L_r (m)	8.91	9.44	8.58
A_g (mm^2)	14.6×10^3	16.4×10^3	17.4×10^3
I_x (mm^4)	0.604×10^9	0.710×10^9	1.03×10^9
I_y (mm^4)	67.6×10^6	81.1×10^6	76.7×10^6
P_{ex} $(KL)^2/10^3$ $(kN.m^2)$	1.22×10^6	1.44×10^6	2.08×10^6
P_{ey} $(KL)^2/10^3$ $(kN.m^2)$	0.137×10^6	0.164×10^6	0.155×10^6

1) 음영부분은 KL/r > 200인 경우이다.

도움표 8.1-490 H형강 축력-휨 조합력

SHN490 (F_y = 325 MPa) **중폭계열**

$(KL)_y$ 또는 L_b (m)		H-588x300x12x20			H-594x302x14x23			H-692x300x13x20		
		$\phi_c P_n$ (kN)	$c\times10^3$ $(kN)^{-1}$	$b_x\times10^3$ $(kN.m)^{-1}$	$\phi_c P_n$ (kN)	$c\times10^3$ $(kN)^{-1}$	$b_x\times10^3$ $(kN.m)^{-1}$	$\phi_c P_n$ (kN)	$c\times10^3$ $(kN)^{-1}$	$b_x\times10^3$ $(kN.m)^{-1}$
$(KL)_x > (KL)_y$ 일 경우에는 $(KL)_y$와 $(KL)_{yeq}$ 중 큰 값을 적용 $(KL)_{yeq} = \dfrac{(KL)_x}{(r_x/r_y)}$	0	5500	0.182	0.677	6500	0.154	0.585	5850	0.171	0.540
	0.5	5480	0.182	0.677	6480	0.154	0.585	5830	0.172	0.540
	1.0	5430	0.184	0.677	6410	0.156	0.585	5770	0.173	0.540
	1.5	5340	0.187	0.677	6300	0.159	0.585	5680	0.176	0.540
	2.0	5230	0.191	0.677	6150	0.163	0.585	5550	0.180	0.540
	2.5	5080	0.197	0.677	5950	0.168	0.585	5390	0.186	0.540
	3.0	4900	0.204	0.677	5730	0.175	0.585	5190	0.193	0.544
	3.5	4700	0.213	0.698	5470	0.183	0.600	4970	0.201	0.564
	4.0	4470	0.224	0.721	5190	0.193	0.619	4720	0.212	0.585
	4.5	4200	0.238	0.746	4890	0.205	0.638	4440	0.225	0.607
	5.0	3930	0.254	0.772	4570	0.219	0.659	4150	0.241	0.632
	5.5	3640	0.275	0.801	4240	0.236	0.681	3830	0.261	0.658
	6.0	3350	0.299	0.831	3910	0.256	0.705	3500	0.286	0.687
	6.5	3070	0.326	0.864	3580	0.279	0.731	3170	0.315	0.719
	7.0	2780	0.361	0.900	3250	0.307	0.758	2850	0.351	0.753
	7.5	2510	0.398	0.939	2940	0.341	0.788	2540	0.394	0.791
	8.0	2240	0.446	0.982	2630	0.380	0.820	2250	0.444	0.833
	8.5	1990	0.501	1.03	2340	0.428	0.854	1990	0.503	0.887
	9.0	1780	0.562	1.08	2090	0.480	0.892	1780	0.563	0.970
	9.5	1600	0.626	1.17	1870	0.534	0.933	1590	0.627	1.05
	10.0	1440	0.694	1.26	1690	0.592	1.00	1440	0.695	1.14
	10.5	1310	0.765	1.35	1530	0.653	1.07	1300	0.766	1.23
	11.0	1190	0.840	1.44	1400	0.716	1.14	1190	0.841	1.31
	11.5	1090	0.918	1.53	1280	0.783	1.21	1090	0.919	1.40
	12.0	999	1.00	1.62	1170	0.853	1.28	998	1.00	1.49
	12.5	921	1.08	1.71	1080	0.925	1.35	920	1.09	1.57
	13.0	851	1.17	1.81	1000	1.00	1.41	850	1.17	1.66
	13.5	789	1.26	1.90	927	1.08	1.48	789	1.27	1.75
	14.0	741	1.36	1.99	862	1.16	1.55	731	1.36	1.84
	14.5	689	1.46	2.08	803	1.24	1.62	679	1.46	1.92
	15.0	641	1.56	2.17	751	1.33	1.69	640	1.56	2.01

	H-588x300x12x20	H-594x302x14x23	H-692x300x13x20
b_y $\times10^3(kN.m)^{-1}$	3.27	2.81	3.25
t_y $\times10^3$ $(kN)^{-1}$	0.178	0.154	0.162
t_r $\times10^3$ $(kN)^{-1}$	0.189	0.163	0.172
r_y (mm)	68.5	69.0	65.3
r_x / r_y	3.62	3.59	4.38
기타 상수 및 단면성능			
P_{wo} (kN)	936	1160	1010
P_{wi} (kN/mm)	3.90	4.55	4.22
P_{wb} (kN)	619	983	650
P_{fb} (kN)	731	967	731
L_p (m)	3.03	3.05	2.89
L_r (m)	9.01	9.58	8.41
A_g (mm^2)	19.2×10^3	22.2×10^3	21.1×10^3
I_x (mm^4)	1.18×10^9	1.37×10^9	1.72×10^9
I_y (mm^4)	90.2×10^6	0.106×10^9	90.2×10^6
P_{ex} $(KL)^2/10^3$ $(kN.m^2)$	2.39×10^6	2.77×10^6	3.48×10^6
P_{ey} $(KL)^2/10^3$ $(kN.m^2)$	0.182×10^6	0.214×10^6	0.182×10^6

1) 음영부분은 KL/r > 200인 경우이다.

도움표 8.1-490 H형강 축력-휨 조합력

SHN490 (F_y = 325 MPa) 중폭계열

$(KL)_y$ 또는 L_b (m)		H-700x300x13x24 $\phi_c P_n$ (kN)	$c\times10^3$ $(kN)^{-1}$	$b_x\times10^3$ $(kN.m)^{-1}$	H-708x302x15x28 $\phi_c P_n$ (kN)	$c\times10^3$ $(kN)^{-1}$	$b_x\times10^3$ $(kN.m)^{-1}$	H-792x300x14x22 $\phi_c P_n$ (kN)	$c\times10^3$ $(kN)^{-1}$	$b_x\times10^3$ $(kN.m)^{-1}$
$(KL)_x > (KL)_y$ 일 경우에는 $(KL)_y$와 $(KL)_{yeq}$ 중 큰 값을 적용 $(KL)_{yeq} = \frac{(KL)_x}{(r_x/r_y)}$	0	6550	0.153	0.470	7890	0.127	0.402	6560	0.152	0.417
	0.5	6530	0.153	0.470	7870	0.127	0.402	6540	0.153	0.417
	1.0	6470	0.154	0.470	7790	0.128	0.402	6480	0.154	0.417
	1.5	6370	0.157	0.470	7670	0.130	0.402	6370	0.157	0.417
	2.0	6230	0.161	0.470	7510	0.133	0.402	6230	0.161	0.417
	2.5	6060	0.165	0.470	7290	0.137	0.402	6040	0.166	0.417
	3.0	5850	0.171	0.470	7050	0.142	0.402	5820	0.172	0.422
	3.5	5610	0.178	0.486	6730	0.149	0.413	5570	0.180	0.438
	4.0	5350	0.187	0.502	6380	0.157	0.426	5290	0.189	0.455
	4.5	5060	0.198	0.520	6000	0.167	0.440	4980	0.201	0.474
	5.0	4750	0.211	0.539	5610	0.178	0.455	4650	0.215	0.494
	5.5	4420	0.226	0.560	5200	0.192	0.470	4300	0.233	0.516
	6.0	4060	0.246	0.582	4790	0.209	0.487	3930	0.254	0.539
	6.5	3710	0.270	0.606	4380	0.228	0.505	3540	0.282	0.565
	7.0	3360	0.298	0.631	3980	0.251	0.524	3170	0.315	0.594
	7.5	3020	0.331	0.660	3590	0.279	0.545	2820	0.355	0.626
	8.0	2700	0.370	0.691	3210	0.312	0.568	2480	0.404	0.662
	8.5	2390	0.418	0.725	2850	0.351	0.593	2190	0.456	0.718
	9.0	2130	0.469	0.768	2540	0.394	0.620	1960	0.511	0.786
	9.5	1910	0.523	0.833	2280	0.439	0.650	1760	0.569	0.855
	10.0	1730	0.579	0.898	2050	0.487	0.699	1590	0.631	0.925
	10.5	1570	0.638	0.963	1860	0.537	0.748	1440	0.695	1.00
	11.0	1430	0.701	1.03	1700	0.589	0.797	1310	0.763	1.07
	11.5	1310	0.766	1.09	1550	0.644	0.845	1200	0.834	1.14
	12.0	1200	0.834	1.16	1430	0.701	0.894	1100	0.908	1.21
	12.5	1110	0.905	1.23	1310	0.761	0.943	1010	0.985	1.28
	13.0	1020	0.979	1.29	1220	0.823	0.992	941	1.07	1.36
	13.5	947	1.06	1.36	1130	0.887	1.04	869	1.15	1.43
	14.0	879	1.13	1.42	1050	0.954	1.09	809	1.24	1.50
	14.5	821	1.22	1.49	981	1.02	1.14	749	1.33	1.58
	15.0	769	1.30	1.56	909	1.10	1.19	701	1.42	1.65

	H-700x300x13x24	H-708x302x15x28	H-792x300x14x22
$b_y\times10^3 (kN.m)^{-1}$	2.71	2.30	2.92
$t_y\times10^3 (kN)^{-1}$	0.145	0.125	0.141
$t_r\times10^3 (kN)^{-1}$	0.154	0.132	0.149
r_y (mm)	67.8	68.6	63.9
r_x/r_y	4.32	4.29	5.05
기타 상수 및 단면성능			
P_{wo} (kN)	1100	1370	1140
P_{wi} (kN/mm)	4.22	4.88	4.55
P_{wb} (kN)	650	998	699
P_{fb} (kN)	1050	1430	885
L_p (m)	3.00	3.03	2.82
L_r (m)	8.89	9.48	8.20
A_g (mm^2)	23.5×10^3	27.4×10^3	24.3×10^3
I_x (mm^4)	2.01×10^9	2.37×10^9	2.54×10^9
I_y (mm^4)	0.108×10^9	0.129×10^9	99.3×10^6
$P_{ex}(KL)^2/10^3$ ($kN.m^2$)	4.07×10^6	4.80×10^6	5.14×10^6
$P_{ey}(KL)^2/10^3$ ($kN.m^2$)	0.219×10^6	0.261×10^6	0.201×10^6

1) 음영부분은 KL/r > 200인 경우이다.

제8장

도움표 8.1-490 H형강 축력-휨 조합력

SHN490 (F_y = 325 MPa) **중폭계열**

		H-800x300x14x26			H-808x302x16x30			H-890x299x15x23		
$(KL)_y$ 또는 L_b (m)		$\phi_c P_n$ (kN)	$c\times10^3$ $(kN)^{-1}$	$b_x\times10^3$ $(kN.m)^{-1}$	$\phi_c P_n$ (kN)	$c\times10^3$ $(kN)^{-1}$	$b_x\times10^3$ $(kN.m)^{-1}$	$\phi_c P_n$ (kN)	$c\times10^3$ $(kN)^{-1}$	$b_x\times10^3$ $(kN.m)^{-1}$
	0	7260	0.138	0.369	8670	0.115	0.319	7130	0.140	0.341
	0.5	7240	0.138	0.369	8640	0.116	0.319	7100	0.141	0.341
	1.0	7170	0.139	0.369	8560	0.117	0.319	7030	0.142	0.341
	1.5	7060	0.142	0.369	8430	0.119	0.319	6920	0.145	0.341
	2.0	6910	0.145	0.369	8240	0.121	0.319	6750	0.148	0.341
	2.5	6720	0.149	0.369	8010	0.125	0.319	6550	0.153	0.341
	3.0	6480	0.154	0.370	7730	0.129	0.319	6300	0.159	0.348
	3.5	6220	0.161	0.383	7410	0.135	0.330	6020	0.166	0.362
	4.0	5920	0.169	0.397	7040	0.142	0.341	5700	0.175	0.377
	4.5	5590	0.179	0.412	6650	0.150	0.353	5350	0.187	0.393
	5.0	5240	0.191	0.428	6200	0.161	0.365	4980	0.201	0.411
	5.5	4870	0.205	0.445	5730	0.175	0.379	4590	0.218	0.431
$(KL)_x > (KL)_y$ 일 경우에는 $(KL)_y$와 $(KL)_{yeq}$ 중 큰 값을 적용	6.0	4490	0.223	0.464	5250	0.190	0.393	4180	0.239	0.452
	6.5	4080	0.245	0.484	4780	0.209	0.409	3750	0.267	0.476
	7.0	3680	0.272	0.506	4320	0.231	0.426	3330	0.300	0.502
	7.5	3300	0.303	0.531	3880	0.258	0.445	2950	0.339	0.531
	8.0	2920	0.342	0.558	3450	0.290	0.465	2600	0.385	0.568
$(KL)_{yeq} = \dfrac{(KL)_x}{(r_x/r_y)}$	8.5	2590	0.386	0.587	3060	0.327	0.487	2300	0.435	0.628
	9.0	2310	0.433	0.636	2720	0.368	0.511	2050	0.488	0.689
	9.5	2070	0.483	0.691	2440	0.410	0.550	1840	0.543	0.750
	10.0	1870	0.535	0.746	2200	0.454	0.592	1660	0.602	0.813
	10.5	1700	0.590	0.801	2000	0.500	0.634	1510	0.664	0.877
	11.0	1550	0.647	0.857	1820	0.549	0.677	1370	0.728	0.941
	11.5	1410	0.707	0.913	1670	0.600	0.719	1260	0.796	1.01
	12.0	1300	0.770	0.969	1530	0.654	0.762	1150	0.867	1.07
	12.5	1200	0.836	1.03	1410	0.709	0.804	1060	0.941	1.14
	13.0	1110	0.904	1.08	1300	0.767	0.847	979	1.02	1.20
	13.5	1030	0.975	1.14	1210	0.827	0.889	909	1.10	1.27
	14.0	949	1.05	1.19	1120	0.890	0.931	851	1.18	1.33
	14.5	891	1.12	1.25	1050	0.954	0.974	789	1.27	1.40
	15.0	829	1.20	1.31	979	1.02	1.02	738	1.35	1.46

	H-800x300x14x26	H-808x302x16x30	H-890x299x15x23
$b_y\times10^3 (kN.m)^{-1}$	2.49	2.13	2.81
$t_y\times10^3$ $(kN)^{-1}$	0.128	0.111	0.126
$t_r\times10^3$ $(kN)^{-1}$	0.136	0.118	0.134
r_y (mm)	66.2	67.0	61.6
r_x/r_y	4.98	4.96	5.80
기타 상수 및 단면성능			
P_{wo} (kN)	1230	1510	1240
P_{wi} (kN/mm)	4.55	5.20	4.88
P_{wb} (kN)	699	1040	755
P_{fb} (kN)	1240	1650	967
L_p (m)	2.93	2.96	2.72
L_r (m)	8.63	9.11	7.93
A_g (mm^2)	26.7×10^3	30.8×10^3	27.1×10^3
I_x (mm^4)	2.92×10^9	3.39×10^9	3.45×10^9
I_y (mm^4)	0.117×10^9	0.138×10^9	0.103×10^9
$P_{ex}(KL)^2/10^3$ (kN.m^2)	5.91×10^6	6.86×10^6	6.98×10^6
$P_{ey}(KL)^2/10^3$ (kN.m^2)	0.237×10^6	0.279×10^6	0.208×10^6

1) 음영부분은 KL/r > 200인 경우이다.

도움표 8.1-490 H형강 축력-휨 조합력

SHN490 (F_y = 325 MPa) 중폭계열

$(KL)_y$ 또는 L_b (m)		H-900x300x16x28			H-912x302x18x34			H-918x303x19x37		
		$\phi_c P_n$ (kN)	$c\times10^3$ $(kN)^{-1}$	$b_x\times10^3$ $(kN.m)^{-1}$	$\phi_c P_n$ (kN)	$c\times10^3$ $(kN)^{-1}$	$b_x\times10^3$ $(kN.m)^{-1}$	$\phi_c P_n$ (kN)	$c\times10^3$ $(kN)^{-1}$	$b_x\times10^3$ $(kN.m)^{-1}$
	0	8360	0.120	0.291	10200	0.0982	0.243	11100	0.0900	0.224
	0.5	8330	0.120	0.291	10100	0.0986	0.243	11070	0.0903	0.224
	1.0	8260	0.121	0.291	10030	0.100	0.243	10950	0.0913	0.224
	1.5	8120	0.123	0.291	9890	0.101	0.243	10750	0.0930	0.224
	2.0	7940	0.126	0.291	9660	0.104	0.243	10480	0.0954	0.224
	2.5	7710	0.130	0.291	9380	0.107	0.243	10200	0.0986	0.224
	3.0	7430	0.135	0.294	9050	0.110	0.245	9870	0.101	0.225
	3.5	7110	0.141	0.305	8660	0.115	0.253	9450	0.106	0.232
	4.0	6750	0.148	0.317	8220	0.122	0.261	8950	0.112	0.240
	4.5	6350	0.157	0.329	7760	0.129	0.271	8390	0.119	0.248
	5.0	5930	0.169	0.343	7200	0.139	0.281	7800	0.128	0.257
	5.5	5480	0.182	0.357	6640	0.151	0.291	7200	0.139	0.266
$(KL)_x > (KL)_y$ 일 경우에는	6.0	5010	0.200	0.373	6070	0.165	0.303	6590	0.152	0.276
$(KL)_y$와	6.5	4520	0.221	0.391	5500	0.182	0.315	5990	0.167	0.286
$(KL)_{yeq}$ 중 큰	7.0	4050	0.247	0.410	4950	0.202	0.329	5410	0.185	0.298
값을 적용	7.5	3590	0.278	0.431	4420	0.226	0.343	4840	0.207	0.310
	8.0	3190	0.313	0.454	3900	0.256	0.360	4340	0.230	0.324
$(KL)_{yeq} = \dfrac{(KL)_x}{(r_x/r_y)}$	8.5	2830	0.354	0.485	3460	0.289	0.377	3840	0.260	0.339
	9.0	2520	0.396	0.530	3090	0.324	0.397	3430	0.292	0.355
	9.5	2260	0.442	0.576	2770	0.361	0.430	3080	0.325	0.376
	10.0	2040	0.489	0.622	2500	0.400	0.462	2780	0.360	0.404
	10.5	1850	0.540	0.669	2270	0.441	0.495	2520	0.397	0.432
	11.0	1690	0.592	0.715	2070	0.484	0.528	2300	0.436	0.461
	11.5	1540	0.647	0.763	1890	0.529	0.562	2100	0.476	0.489
	12.0	1420	0.705	0.810	1740	0.576	0.595	1930	0.518	0.517
	12.5	1310	0.765	0.857	1600	0.625	0.628	1780	0.563	0.545
	13.0	1210	0.827	0.905	1480	0.676	0.661	1640	0.609	0.573
	13.5	1120	0.892	0.952	1370	0.729	0.694	1520	0.656	0.602
	14.0	1040	0.959	1.00	1280	0.784	0.727	1420	0.706	0.630
	14.5	972	1.03	1.05	1190	0.841	0.760	1320	0.757	0.658
	15.0	911	1.10	1.10	1110	0.900	0.793	1230	0.810	0.686

	H-900x300x16x28	H-912x302x18x34	H-918x303x19x37
$b_y\times10^3 (kN.m)^{-1}$	2.30	1.86	1.70
$t_y\times10^3 (kN)^{-1}$	0.110	0.0939	0.0874
$t_r\times10^3 (kN)^{-1}$	0.117	0.0997	0.0928
r_y (mm)	63.9	65.6	66.3
r_x/r_y	5.70	5.64	5.61
기타 상수 및 단면성능			
P_{wo} (kN)	1460	1810	2010
P_{wi} (kN/mm)	5.20	5.85	6.18
P_{wb} (kN)	916	1300	1530
P_{fb} (kN)	1430	2110	2500
L_p (m)	2.82	2.90	2.93
L_r (m)	8.39	9.03	9.36
A_g (mm^2)	31.0×10^3	36.4×10^3	39.1×10^3
I_x (mm^4)	4.11×10^9	4.98×10^9	5.42×10^9
I_y (mm^4)	0.126×10^9	0.157×10^9	0.172×10^9
$P_{ex}(KL)^2/10^3$ ($kN.m^2$)	8.32×10^6	10.1×10^6	11.0×10^6
$P_{ey}(KL)^2/10^3$ ($kN.m^2$)	0.255×10^6	0.318×10^6	0.348×10^6

1) 음영부분은 KL/r > 200인 경우이다.

제8장

도움표 8.1-490 H형강 축력-휨 조합력

SHN490 (F_y = 325 MPa) 광폭계열

$(KL)_y$ 또는 L_b (m)		H-100x100x6x8 $\phi_c P_n$ (kN)	H-100x100x6x8 $c\times10^3$ $(kN)^{-1}$	H-100x100x6x8 $b_x\times10^3$ $(kN.m)^{-1}$	H-125x125x6.5x9 $\phi_c P_n$ (kN)	H-125x125x6.5x9 $c\times10^3$ $(kN)^{-1}$	H-125x125x6.5x9 $b_x\times10^3$ $(kN.m)^{-1}$	H-150x150x7x10 $\phi_c P_n$ (kN)	H-150x150x7x10 $c\times10^3$ $(kN)^{-1}$	H-150x150x7x10 $b_x\times10^3$ $(kN.m)^{-1}$
	0	640	1.56	34.7	886	1.12	19.8	1170	0.855	12.3
	0.3	634	1.58	34.7	881	1.13	19.8	1170	0.855	12.3
	0.6	616	1.62	34.7	865	1.16	19.8	1150	0.867	12.3
	0.9	586	1.71	34.7	838	1.19	19.8	1130	0.885	12.3
	1.2	546	1.83	35.0	802	1.25	19.8	1100	0.913	12.3
	1.5	500	2.00	35.8	758	1.32	20.0	1050	0.949	12.3
	1.8	448	2.23	36.7	708	1.41	20.4	1010	0.995	12.5
	2.1	394	2.54	37.6	652	1.53	20.9	951	1.05	12.7
	2.4	339	2.95	38.6	594	1.68	21.4	891	1.12	13.0
	2.7	287	3.49	39.6	534	1.87	21.9	828	1.21	13.3
	3.0	237	4.22	40.6	474	2.11	22.4	763	1.31	13.6
$(KL)_x > (KL)_y$ 일 경우에는 $(KL)_y$와 $(KL)_{yeq}$ 중 큰 값을 적용	3.3	196	5.11	41.8	416	2.41	23.0	697	1.43	13.9
	3.6	164	6.08	43.0	360	2.78	23.6	631	1.58	14.2
	3.9	140	7.14	44.2	308	3.25	24.2	567	1.76	14.5
	4.2	121	8.28	45.6	265	3.77	24.9	505	1.98	14.9
	4.5	105	9.50	47.0	231	4.33	25.6	445	2.25	15.2
$(KL)_{yeq} = \dfrac{(KL)_x}{(r_x/r_y)}$	4.8	92.5	10.8	48.5	203	4.93	26.3	390	2.56	15.6
	5.1	81.9	12.2	50.1	180	5.56	27.1	338	2.89	16.0
	5.4	73.1	13.7	51.8	160	6.23	27.9	309	3.24	16.4
	5.7	65.6	15.2	53.7	144	6.95	28.8	277	3.61	16.9
	6.0	59.2	16.9	55.7	130	7.70	29.7	250	4.00	17.4
	6.3	53.7	18.6	58.2	118	8.49	30.7	227	4.41	17.9
	6.6	48.9	20.4	61.0	107	9.31	31.8	207	4.84	18.4
	6.9	44.8	22.3	63.9	98.2	10.2	33.3	189	5.29	19.0
	7.2	41.1	24.3	66.8	90.2	11.1	34.8	174	5.76	19.6
	7.5	37.9	26.4	69.6	83.2	12.0	36.3	160	6.25	20.4
	7.8	35.0	28.5	72.5	76.9	13.0	37.8	148	6.76	21.2
	8.1	32.5	30.8	75.3	71.3	14.0	39.4	137	7.29	22.1
	8.4	30.2	33.1	78.2	66.3	15.1	40.9	128	7.84	23.0
	8.7	28.2	35.5	81.0	61.8	16.2	42.4	119	8.41	23.9
	9.0	26.3	38.0	83.8	57.7	17.3	43.9	111	9.00	24.7

	H-100x100x6x8	H-125x125x6.5x9	H-150x150x7x10
$b_y\times10^3 (kN.m)^{-1}$	73.8	42.3	26.4
$t_y\times10^3 (kN)^{-1}$	1.56	1.13	0.853
$t_r\times10^3 (kN)^{-1}$	1.66	1.20	0.905
r_y (mm)	24.7	31.1	37.5
r_x/r_y	1.69	1.70	1.71
기타 상수 및 단면성능			
P_{wo} (kN)	176	201	239
P_{wi} (kN/mm)	1.95	2.11	2.28
P_{wb} (kN)	595	557	560
P_{fb} (kN)	117	148	183
L_p (m)	1.09	1.37	1.66
L_r (m)	6.15	6.64	7.33
A_g (mm^2)	2.19×10^3	3.03×10^3	4.01×10^3
I_x (mm^4)	3.83×10^6	8.47×10^6	16.4×10^6
I_y (mm^4)	1.34×10^6	2.94×10^6	5.63×10^6
P_{ex} $(KL)^2/10^3$ $(kN.m^2)$	7.75×10^3	17.1×10^3	33.2×10^3
P_{ey} $(KL)^2/10^3$ $(kN.m^2)$	2.71×10^3	5.95×10^3	11.4×10^3

1) 음영부분은 KL/r > 200인 경우이다.

제8장

도움표 8.1-490 H형강 축력-휨 조합력

SHN490 (F_y = 325 MPa) 광폭계열

$(KL)_y$ 또는 L_b (m)		H-200x200x8x12 $\phi_c P_n$ (kN)	$c \times 10^3$ $(kN)^{-1}$	$b_x \times 10^3$ $(kN.m)^{-1}$	H-200x204x12x12 $\phi_c P_n$ (kN)	$c \times 10^3$ $(kN)^{-1}$	$b_x \times 10^3$ $(kN.m)^{-1}$	H-208x202x10x16 $\phi_c P_n$ (kN)	$c \times 10^3$ $(kN)^{-1}$	$b_x \times 10^3$ $(kN.m)^{-1}$
$(KL)_x > (KL)_y$ 일 경우에는 $(KL)_y$와 $(KL)_{yeq}$ 중 큰 값을 적용 $(KL)_{yeq} = \frac{(KL)_x}{(r_x/r_y)}$	0	1860	0.538	5.78	2090	0.481	5.37	2450	0.409	4.28
	0.5	1850	0.542	5.78	2080	0.481	5.37	2430	0.411	4.28
	1.0	1810	0.553	5.78	2030	0.492	5.37	2390	0.419	4.28
	1.5	1750	0.571	5.78	1960	0.509	5.37	2310	0.433	4.28
	2.0	1670	0.599	5.78	1870	0.535	5.37	2210	0.453	4.28
	2.5	1570	0.636	5.88	1750	0.570	5.47	2090	0.479	4.32
	3.0	1460	0.684	6.05	1620	0.616	5.62	1940	0.514	4.42
	3.5	1340	0.746	6.24	1480	0.676	5.77	1790	0.559	4.52
	4.0	1210	0.825	6.43	1330	0.751	5.94	1630	0.615	4.63
	4.5	1080	0.924	6.64	1180	0.847	6.11	1460	0.686	4.74
	5.0	953	1.05	6.87	1030	0.969	6.29	1290	0.774	4.85
	5.5	828	1.21	7.11	890	1.12	6.49	1130	0.885	4.98
	6.0	711	1.41	7.36	756	1.32	6.69	975	1.03	5.10
	6.5	601	1.65	7.64	634	1.55	6.92	831	1.20	5.24
	7.0	521	1.92	7.94	555	1.80	7.15	699	1.39	5.38
	7.5	454	2.20	8.26	483	2.07	7.41	625	1.60	5.53
	8.0	399	2.51	8.61	425	2.36	7.68	549	1.82	5.69
	8.5	354	2.83	8.99	376	2.66	7.97	486	2.06	5.86
	9.0	315	3.17	9.49	336	2.98	8.28	434	2.31	6.04
	9.5	283	3.53	10.1	301	3.32	8.63	389	2.57	6.23
	10.0	255	3.92	10.7	272	3.68	9.09	351	2.85	6.44
	10.5	232	4.32	11.3	246	4.06	9.59	319	3.14	6.65
	11.0	211	4.74	11.9	225	4.45	10.1	290	3.44	6.88
	11.5	193	5.18	12.4	205	4.87	10.6	266	3.76	7.21
	12.0	177	5.64	13.0	189	5.30	11.1	244	4.10	7.54
	12.5	163	6.12	13.6	174	5.75	11.5	225	4.45	7.87
	13.0	151	6.62	14.2	161	6.22	12.0	208	4.81	8.20
	13.5	140	7.14	14.8	149	6.71	12.5	193	5.19	8.53
	14.0	130	7.67	15.4	139	7.21	13.0	179	5.58	8.86
	14.5	121	8.23	15.9	129	7.74	13.5	167	5.98	9.18
	15.0	114	8.81	16.5	121	8.28	14.0	156	6.40	9.51

	H-200x200x8x12	H-200x204x12x12	H-208x202x10x16
$b_y \times 10^3 (kN.m)^{-1}$	12.5	11.8	9.15
$t_y \times 10^3$ $(kN)^{-1}$	0.538	0.478	0.408
$t_r \times 10^3$ $(kN)^{-1}$	0.571	0.507	0.433
r_y (mm)	50.2	48.8	51.3
r_x / r_y	1.72	1.71	1.72
기타 상수 및 단면성능			
P_{wo} (kN)	325	488	471
P_{wi} (kN/mm)	2.60	3.90	3.25
P_{wb} (kN)	602	2030	1180
P_{fb} (kN)	263	263	468
L_p (m)	2.22	2.16	2.27
L_r (m)	8.76	9.62	11.1
A_g (mm^2)	6.35×10^3	7.15×10^3	8.37×10^3
I_x (mm^4)	47.2×10^6	49.8×10^6	65.3×10^6
I_y (mm^4)	16.0×10^6	17.0×10^6	22.0×10^6
P_{ex} $(KL)^2/10^3$ (kN.m^2)	95.5×10^3	0.101×10^6	0.132×10^6
P_{ey} $(KL)^2/10^3$ (kN.m^2)	32.4×10^3	34.4×10^3	44.5×10^3

1) 음영부분은 KL / r > 200인 경우이다.

제8장

도움표 8.1-490 H형강 축력-휨 조합력

SHN490 (F_y = 325 MPa) **광폭계열**

$(KL)_y$ 또는 L_b (m)		H-244x252x11x11[NC]			H-248x249x8x13[NC]			H-250x250x9x14		
		$\phi_c P_n$ (kN)	$c\times10^3$ $(kN)^{-1}$	$b_x\times10^3$ $(kN.m)^{-1}$	$\phi_c P_n$ (kN)	$c\times10^3$ $(kN)^{-1}$	$b_x\times10^3$ $(kN.m)^{-1}$	$\phi_c P_n$ (kN)	$c\times10^3$ $(kN)^{-1}$	$b_x\times10^3$ $(kN.m)^{-1}$
$(KL)_x > (KL)_y$ 일 경우에는 $(KL)_y$와 $(KL)_{yeq}$ 중 큰 값을 적용 $(KL)_{yeq} = \frac{(KL)_x}{(r_x/r_y)}$	0	2400	0.417	3.95	2480	0.403	3.45	2700	0.371	3.16
	0.5	2390	0.419	3.95	2470	0.405	3.45	2680	0.372	3.16
	1.0	2360	0.425	3.95	2440	0.411	3.45	2650	0.377	3.16
	1.5	2300	0.435	3.95	2380	0.419	3.45	2590	0.385	3.16
	2.0	2230	0.449	3.95	2310	0.432	3.45	2520	0.397	3.16
	2.5	2130	0.469	3.95	2230	0.449	3.45	2420	0.413	3.16
	3.0	2030	0.494	3.95	2130	0.470	3.48	2310	0.432	3.20
	3.5	1910	0.525	3.96	2010	0.497	3.58	2190	0.457	3.28
	4.0	1780	0.563	4.08	1890	0.530	3.68	2050	0.487	3.36
	4.5	1640	0.610	4.20	1760	0.570	3.78	1910	0.523	3.45
	5.0	1500	0.667	4.34	1620	0.618	3.89	1760	0.567	3.55
	5.5	1360	0.736	4.48	1480	0.675	4.01	1610	0.620	3.65
	6.0	1220	0.820	4.63	1340	0.745	4.14	1460	0.684	3.75
	6.5	1080	0.923	4.79	1210	0.828	4.27	1310	0.761	3.87
	7.0	954	1.05	4.96	1080	0.929	4.42	1170	0.854	3.99
	7.5	833	1.20	5.15	952	1.05	4.57	1030	0.967	4.11
	8.0	720	1.37	5.35	834	1.20	4.73	908	1.10	4.25
	8.5	648	1.54	5.57	725	1.35	4.91	789	1.24	4.39
	9.0	578	1.73	5.80	660	1.52	5.10	718	1.39	4.54
	9.5	519	1.93	6.07	592	1.69	5.30	645	1.55	4.71
	10.0	468	2.14	6.46	535	1.87	5.58	582	1.72	4.89
	10.5	425	2.36	6.85	485	2.06	5.92	528	1.89	5.11
	11.0	387	2.58	7.24	442	2.26	6.25	481	2.08	5.40
	11.5	354	2.83	7.63	404	2.47	6.58	440	2.27	5.68
	12.0	325	3.08	8.01	371	2.69	6.91	404	2.48	5.96
	12.5	300	3.34	8.40	342	2.92	7.24	372	2.69	6.24
	13.0	277	3.61	8.78	316	3.16	7.57	344	2.90	6.52
	13.5	257	3.89	9.16	293	3.41	7.90	319	3.13	6.80
	14.0	239	4.19	9.54	273	3.67	8.23	297	3.37	7.08
	14.5	223	4.49	9.92	254	3.93	8.56	277	3.61	7.36
	15.0	208	4.81	10.3	238	4.21	8.88	259	3.87	7.64

	H-244x252x11x11[NC]	H-248x249x8x13[NC]	H-250x250x9x14
$b_y\times10^3 (kN.m)^{-1}$	9.10	7.46	6.84
$t_y\times10^3 (kN)^{-1}$	0.416	0.404	0.371
$t_r\times10^3 (kN)^{-1}$	0.442	0.428	0.394
r_y (mm)	59.8	62.9	62.9
r_x / r_y	1.72	1.72	1.72
기타 상수 및 단면성능			
P_{wo} (kN)	483	377	439
P_{wi} (kN/mm)	3.58	2.60	2.93
P_{wb} (kN)	1240	475	676
P_{fb} (kN)	221	309	358
L_p (m)	2.64	2.78	2.78
L_r (m)	9.45	9.77	10.3
A_g (mm^2)	8.21×10^3	8.47×10^3	9.22×10^3
I_x (mm^4)	87.9×10^6	99.3×10^6	0.108×10^9
I_y (mm^4)	29.4×10^6	33.5×10^6	36.5×10^6
$P_{ex}(KL)^2/10^3$ $(kN.m^2)$	0.178×10^6	0.201×10^6	0.219×10^6
$P_{ey}(KL)^2/10^3$ $(kN.m^2)$	59.5×10^3	67.8×10^3	73.8×10^3

1) 음영부분은 $KL/r > 200$인 경우이다.

도움표 8.1-490 H형강 축력-휨 조합력

SHN490 (F_y = 325 MPa) **광폭계열**

$(KL)_y$ 또는 L_b (m)		H-250x255x14x14			H-294x302x12x12[NC]			H-298x299x9x14[NC]		
		$\phi_c P_n$ (kN)	$c\times10^3$ $(kN)^{-1}$	$b_x\times10^3$ $(kN.m)^{-1}$	$\phi_c P_n$ (kN)	$c\times10^3$ $(kN)^{-1}$	$b_x\times10^3$ $(kN.m)^{-1}$	$\phi_c P_n$ (kN)	$c\times10^3$ $(kN)^{-1}$	$b_x\times10^3$ $(kN.m)^{-1}$
	0	3060	0.325	2.93	3150	0.318	2.57	3240	0.308	2.24
	0.5	3050	0.328	2.93	3140	0.319	2.57	3230	0.309	2.24
	1.0	3010	0.333	2.93	3110	0.322	2.57	3200	0.312	2.24
	1.5	2940	0.340	2.93	3060	0.327	2.57	3150	0.317	2.24
	2.0	2850	0.351	2.93	2990	0.335	2.57	3090	0.324	2.24
	2.5	2730	0.366	2.93	2900	0.345	2.57	3010	0.333	2.24
	3.0	2600	0.385	2.97	2800	0.357	2.57	2910	0.344	2.24
	3.5	2450	0.408	3.03	2680	0.373	2.57	2800	0.357	2.24
	4.0	2290	0.437	3.11	2550	0.392	2.57	2680	0.374	2.26
	4.5	2120	0.472	3.18	2410	0.414	2.57	2540	0.393	2.32
	5.0	1950	0.514	3.26	2270	0.441	2.62	2400	0.416	2.38
$(KL)_x > (KL)_y$	5.5	1770	0.565	3.34	2120	0.472	2.69	2260	0.443	2.44
일 경우에는	6.0	1590	0.628	3.43	1960	0.509	2.77	2110	0.475	2.51
$(KL)_y$와	6.5	1420	0.703	3.52	1810	0.553	2.86	1950	0.512	2.58
$(KL)_{yeq}$ 중 큰	7.0	1260	0.795	3.62	1660	0.604	2.94	1800	0.555	2.66
값을 적용	7.5	1100	0.908	3.72	1500	0.665	3.04	1650	0.605	2.73
	8.0	959	1.03	3.83	1360	0.736	3.14	1510	0.664	2.82
$(KL)_{yeq} = \dfrac{(KL)_x}{(r_x/r_y)}$	8.5	857	1.17	3.94	1220	0.821	3.25	1370	0.732	2.91
	9.0	765	1.31	4.06	1090	0.920	3.36	1230	0.815	3.00
	9.5	686	1.46	4.19	963	1.02	3.48	1100	0.908	3.11
	10.0	619	1.61	4.33	881	1.14	3.62	980	1.01	3.22
	10.5	562	1.78	4.47	799	1.25	3.76	902	1.11	3.33
	11.0	512	1.95	4.63	728	1.37	3.98	822	1.22	3.48
	11.5	468	2.14	4.83	666	1.50	4.21	752	1.33	3.68
	12.0	430	2.33	5.06	611	1.64	4.44	690	1.45	3.88
	12.5	396	2.52	5.29	564	1.77	4.67	636	1.57	4.08
	13.0	366	2.73	5.53	521	1.92	4.90	588	1.70	4.28
	13.5	340	2.94	5.76	483	2.07	5.13	546	1.83	4.48
	14.0	316	3.16	5.99	449	2.23	5.35	507	1.97	4.67
	14.5	295	3.39	6.22	419	2.39	5.58	473	2.11	4.87
	15.0	275	3.63	6.45	391	2.56	5.81	442	2.26	5.07
$b_y\times10^3 (kN.m)^{-1}$		6.49			6.07			4.99		
$t_y\times10^3 (kN)^{-1}$		0.326			0.317			0.308		
$t_r\times10^3 (kN)^{-1}$		0.346			0.336			0.327		
r_y (mm)		60.8			71.6			75.1		
r_x/r_y		1.73			1.75			1.73		
기타 상수 및 단면성능										
P_{wo} (kN)		683			585			468		
P_{wi} (kN/mm)		4.55			3.9			2.93		
P_{wb} (kN)		2550			1300			549		
P_{fb} (kN)		358			263			358		
L_p (m)		2.69			3.16			3.32		
l_r (m)		11.3			10.6			10.9		
A_g (mm^2)		10.5×10^3			10.8×10^3			11.1×10^3		
I_x (mm^4)		0.115×10^9			0.169×10^9			0.188×10^9		
I_y (mm^4)		38.8×10^6			55.2×10^6			62.4×10^6		
P_{ex} $(KL)^2/10^3$ $(kN.m^2)$		0.233×10^6			0.342×10^6			0.380×10^6		
P_{ey} $(KL)^2/10^3$ $(kN.m^2)$		78.5×10^3			0.112×10^6			0.126×10^6		

1) 음영부분은 KL/r > 200인 경우이다.

도움표 8.1-490 H형강 축력-휨 조합력

SHN490 (F_y = 325 MPa) 광폭계열

$(KL)_y$ 또는 L_b (m)		H-300x300x10x15[NC]			H-300x305x15x15[NC]			H-304x301x11x17		
		$\phi_c P_n$ (kN)	$c\times10^3$ $(kN)^{-1}$	$b_x\times10^3$ $(kN.m)^{-1}$	$\phi_c P_n$ (kN)	$c\times10^3$ $(kN)^{-1}$	$b_x\times10^3$ $(kN.m)^{-1}$	$\phi_c P_n$ (kN)	$c\times10^3$ $(kN)^{-1}$	$b_x\times10^3$ $(kN.m)^{-1}$
$(KL)_x > (KL)_y$ 일 경우에는 $(KL)_y$와 $(KL)_{yeq}$ 중 큰 값을 적용 $(KL)_{yeq} = \dfrac{(KL)_x}{(r_x/r_y)}$	0	3500	0.285	2.05	3940	0.253	1.91	3940	0.254	1.78
	0.5	3490	0.286	2.05	3930	0.254	1.91	3930	0.254	1.78
	1.0	3460	0.289	2.05	3890	0.257	1.91	3900	0.257	1.78
	1.5	3410	0.293	2.05	3830	0.261	1.91	3840	0.260	1.78
	2.0	3340	0.299	2.05	3750	0.267	1.91	3760	0.266	1.78
	2.5	3250	0.308	2.05	3640	0.275	1.91	3660	0.273	1.78
	3.0	3150	0.318	2.05	3510	0.285	1.91	3550	0.282	1.78
	3.5	3030	0.330	2.05	3370	0.297	1.91	3420	0.293	1.79
	4.0	2890	0.345	2.09	3210	0.311	1.95	3270	0.306	1.83
	4.5	2750	0.363	2.14	3040	0.329	1.99	3110	0.322	1.87
	5.0	2600	0.385	2.19	2860	0.349	2.04	2940	0.340	1.91
	5.5	2440	0.410	2.25	2680	0.373	2.08	2760	0.362	1.95
	6.0	2280	0.439	2.30	2490	0.402	2.13	2580	0.387	2.00
	6.5	2120	0.473	2.36	2300	0.435	2.18	2400	0.417	2.05
	7.0	1950	0.512	2.43	2110	0.474	2.24	2220	0.451	2.09
	7.5	1790	0.558	2.50	1920	0.520	2.29	2040	0.491	2.15
	8.0	1630	0.613	2.57	1740	0.574	2.35	1860	0.538	2.20
	8.5	1480	0.676	2.64	1570	0.638	2.42	1690	0.592	2.26
	9.0	1330	0.752	2.72	1400	0.715	2.48	1520	0.657	2.32
	9.5	1190	0.837	2.81	1260	0.796	2.55	1370	0.732	2.38
	10.0	1080	0.928	2.90	1130	0.882	2.63	1230	0.811	2.45
	10.5	978	1.02	3.00	1030	0.973	2.71	1120	0.894	2.52
	11.0	891	1.12	3.10	937	1.07	2.79	1020	0.982	2.59
	11.5	815	1.23	3.23	857	1.17	2.88	932	1.07	2.67
	12.0	748	1.34	3.40	787	1.27	2.97	856	1.17	2.76
	12.5	690	1.45	3.57	725	1.38	3.10	789	1.27	2.86
	13.0	638	1.57	3.75	671	1.49	3.24	729	1.37	3.00
	13.5	591	1.69	3.92	622	1.61	3.39	676	1.48	3.13
	14.0	550	1.82	4.09	578	1.73	3.53	629	1.59	3.26
	14.5	513	1.95	4.26	539	1.86	3.67	586	1.71	3.40
	15.0	479	2.09	4.43	504	1.99	3.82	548	1.83	3.53
$b_y\times10^3(kN.m)^{-1}$		4.51			4.34			3.89		
$t_y\times10^3\ (kN)^{-1}$		0.285			0.253			0.253		
$t_r\times10^3\ (kN)^{-1}$		0.302			0.269			0.269		
r_y (mm)		75.1			72.6			75.7		
r_x/r_y		1.74			1.74			1.74		
기타 상수 및 단면성능										
P_{wo} (kN)		536			804			626		
P_{wi} (kN/mm)		3.25			4.88			3.58		
P_{wb} (kN)		753			2540			1000		
P_{fb} (kN)		411			411			528		
L_p (m)		3.32			3.21			3.35		
L_r (m)		11.4			12.2			12.4		
A_g (mm^2)		12.0×10^3			13.5×10^3			13.5×10^3		
I_x (mm^4)		0.204×10^9			0.215×10^9			$0.234\times\times10^9$		
I_y (mm^4)		67.5×10^6			71.0×10^6			77.3×10^6		
P_{ex} $(KL)^2/10^3$ $(kN.m^2)$		0.413×10^6			0.435×10^6			0.473×10^6		
P_{ey} $(KL)^2/10^3$ $(kN.m^2)$		0.137×10^6			0.144×10^6			0.156×10^6		

1) 음영부분은 KL/r > 200인 경우이다.

도움표 8.1-490 H형강 축력-휨 조합력

SHN490 (F_y = 325 MPa) 광폭계열

$(KL)_y$ 또는 L_b (m)		H-310x305x15x20			H-310x310x20x20			H-338x351x13x13[NC]		
		$\phi_c P_n$ (kN)	$c \times 10^3$ $(kN)^{-1}$	$b_x \times 10^3$ $(kN.m)^{-1}$	$\phi_c P_n$ (kN)	$c \times 10^3$ $(kN)^{-1}$	$b_x \times 10^3$ $(kN.m)^{-1}$	$\phi_c P_n$ (kN)	$c \times 10^3$ $(kN)^{-1}$	$b_x \times 10^3$ $(kN.m)^{-1}$
	0	4830	0.205	1.46	5290	0.188	1.38	3960	0.253	1.81
	0.5	4820	0.207	1.46	5270	0.190	1.38	3950	0.253	1.81
	1.0	4780	0.209	1.46	5220	0.191	1.38	3920	0.255	1.81
	1.5	4710	0.212	1.46	5150	0.194	1.38	3870	0.258	1.81
	2.0	4610	0.217	1.46	5040	0.198	1.38	3810	0.263	1.81
	2.5	4490	0.222	1.46	4910	0.204	1.38	3720	0.269	1.81
	3.0	4350	0.230	1.46	4750	0.211	1.38	3630	0.276	1.81
	3.5	4190	0.239	1.47	4570	0.219	1.39	3510	0.285	1.81
	4.0	4010	0.249	1.50	4370	0.229	1.41	3390	0.295	1.81
	4.5	3820	0.262	1.52	4150	0.241	1.44	3250	0.308	1.81
	5.0	3610	0.277	1.55	3920	0.255	1.46	3100	0.322	1.81
	5.5	3400	0.294	1.58	3680	0.272	1.49	2950	0.339	1.81
$(KL)_x > (KL)_y$	6.0	3180	0.315	1.61	3440	0.291	1.51	2790	0.358	1.83
일 경우에는	6.5	2950	0.338	1.64	3190	0.314	1.54	2630	0.381	1.88
$(KL)_y$와	7.0	2730	0.366	1.67	2940	0.340	1.57	2460	0.407	1.93
$(KL)_{yeq}$ 중 큰 값을 적용	7.5	2510	0.398	1.71	2700	0.371	1.59	2290	0.436	1.98
	8.0	2290	0.436	1.74	2460	0.407	1.62	2130	0.470	2.04
$(KL)_{yeq} = \dfrac{(KL)_x}{(r_x/r_y)}$	8.5	2080	0.480	1.78	2230	0.449	1.65	1960	0.509	2.10
	9.0	1880	0.532	1.81	2000	0.499	1.69	1800	0.555	2.16
	9.5	1690	0.593	1.85	1800	0.556	1.72	1650	0.607	2.23
	10.0	1520	0.657	1.89	1620	0.616	1.75	1500	0.668	2.30
	10.5	1380	0.724	1.94	1470	0.680	1.79	1360	0.736	2.37
	11.0	1260	0.794	1.98	1340	0.746	1.83	1240	0.808	2.45
	11.5	1150	0.868	2.03	1230	0.815	1.86	1130	0.883	2.53
	12.0	1060	0.945	2.08	1130	0.888	1.90	1040	0.962	2.64
	12.5	975	1.03	2.13	1040	0.963	1.95	958	1.04	2.79
	13.0	901	1.11	2.19	960	1.04	1.99	886	1.13	2.93
	13.5	836	1.20	2.24	890	1.12	2.04	822	1.22	3.08
	14.0	777	1.29	2.31	828	1.21	2.09	764	1.31	3.23
	14.5	724	1.38	2.38	772	1.30	2.14	712	1.40	3.37
	15.0	677	1.48	2.47	721	1.39	2.19	665	1.50	3.52

	H-310x305x15x20	H-310x310x20x20	H-338x351x13x13[NC]
$b_y \times 10^3 (kN.m)^{-1}$	3.20	3.06	4.31
$t_y \times 10^3$ $(kN)^{-1}$	0.207	0.189	0.253
$t_r \times 10^3$ $(kN)^{-1}$	0.220	0.200	0.269
r_y (mm)	75.7	74.2	83.3
r_x / r_y	1.74	1.74	1.73
기타 상수 및 단면성능			
P_{wo} (kN)	926	1240	697
P_{wi} (kN/mm)	4.88	6.50	4.22
P_{wb} (kN)	2540	6030	1420
P_{fb} (kN)	731	731	309
L_p (m)	3.35	3.28	3.68
L_r (m)	14.3	15.5	11.9
A_g (mm^2)	16.5×10^3	18.1×10^3	13.5×10^3
I_x (mm^4)	0.286×10^9	0.299×10^9	0.282×10^9
I_y (mm^4)	94.7×10^6	99.5×10^6	93.8×10^6
P_{ex} $(KL)^2/10^3$ $(kN.m^2)$	0.579×10^6	0.605×10^6	0.571×10^6
P_{ey} $(KL)^2/10^3$ $(kN.m^2)$	0.192×10^6	0.201×10^6	0.190×10^6

1) 음영부분은 KL/r > 200인 경우이다.

도움표 8.1-490 H형강 축력-휨 조합력

SHN490 (F_y = 325 MPa) **광폭계열**

$(KL)_y$ 또는 L_b (m)		H-344x348x10x16[NC] $\phi_c P_n$ (kN)	$c\times10^3$ $(kN)^{-1}$	$b_x\times10^3$ $(kN.m)^{-1}$	H-344x354x16x16[NC] $\phi_c P_n$ (kN)	$c\times10^3$ $(kN)^{-1}$	$b_x\times10^3$ $(kN.m)^{-1}$	H-350x350x12x19 $\phi_c P_n$ (kN)	$c\times10^3$ $(kN)^{-1}$	$b_x\times10^3$ $(kN.m)^{-1}$
	0	4270	0.234	1.48	4870	0.205	1.37	5080	0.197	1.19
	0.5	4260	0.235	1.48	4860	0.206	1.37	5070	0.197	1.19
	1.0	4230	0.236	1.48	4830	0.207	1.37	5040	0.198	1.19
	1.5	4190	0.239	1.48	4770	0.210	1.37	4990	0.200	1.19
	2.0	4120	0.242	1.48	4690	0.213	1.37	4910	0.204	1.19
	2.5	4040	0.247	1.48	4590	0.218	1.37	4820	0.208	1.19
	3.0	3950	0.253	1.48	4480	0.223	1.37	4710	0.212	1.19
	3.5	3840	0.261	1.48	4340	0.230	1.37	4580	0.219	1.19
	4.0	3710	0.269	1.48	4190	0.239	1.37	4430	0.226	1.20
	4.5	3580	0.279	1.48	4020	0.249	1.37	4270	0.234	1.22
	5.0	3430	0.291	1.50	3850	0.260	1.39	4100	0.244	1.24
$(KL)_x > (KL)_y$ 일 경우에는 $(KL)_y$와 $(KL)_{yeq}$ 중 큰 값을 적용 $(KL)_{yeq} = \frac{(KL)_x}{(r_x/r_y)}$	5.5	3280	0.305	1.54	3660	0.273	1.42	3920	0.255	1.27
	6.0	3120	0.321	1.57	3470	0.289	1.45	3730	0.268	1.29
	6.5	2950	0.339	1.61	3270	0.306	1.48	3530	0.283	1.32
	7.0	2780	0.359	1.65	3060	0.326	1.51	3330	0.300	1.35
	7.5	2610	0.383	1.69	2860	0.350	1.55	3130	0.319	1.37
	8.0	2440	0.409	1.73	2660	0.376	1.58	2930	0.341	1.40
	8.5	2270	0.440	1.77	2460	0.407	1.62	2730	0.366	1.43
	9.0	2110	0.475	1.82	2260	0.442	1.66	2530	0.395	1.47
	9.5	1940	0.515	1.87	2070	0.482	1.70	2340	0.428	1.50
	10.0	1780	0.561	1.92	1890	0.529	1.74	2150	0.465	1.53
	10.5	1630	0.614	1.98	1710	0.584	1.79	1970	0.509	1.57
	11.0	1480	0.674	2.04	1560	0.640	1.84	1790	0.558	1.61
	11.5	1360	0.737	2.10	1430	0.700	1.89	1640	0.610	1.65
	12.0	1250	0.802	2.16	1310	0.762	1.94	1510	0.664	1.69
	12.5	1150	0.870	2.23	1210	0.827	2.00	1390	0.721	1.74
	13.0	1060	0.941	2.34	1120	0.895	2.06	1280	0.780	1.78
	13.5	985	1.02	2.46	1040	0.965	2.12	1190	0.841	1.83
	14.0	916	1.09	2.57	964	1.04	2.22	1110	0.904	1.89
	14.5	854	1.17	2.69	899	1.11	2.31	1030	0.970	1.97
	15.0	798	1.25	2.80	840	1.19	2.41	963	1.04	2.05

	H-344x348x10x16[NC]	H-344x354x16x16[NC]	H-350x350x12x19
$b_y\times10^3 (kN.m)^{-1}$	3.25	3.12	2.58
$t_y\times10^3 (kN)^{-1}$	0.234	0.205	0.196
$t_r\times10^3 (kN)^{-1}$	0.249	0.217	0.209
r_y (mm)	87.8	84.3	88.4
r_x/r_y	1.72	1.73	1.72
기타 상수 및 단면성능			
P_{wo} (kN)	585	936	761
P_{wi} (kN/mm)	3.25	5.20	3.90
P_{wb} (kN)	648	2650	1120
P_{fb} (kN)	468	468	660
L_p (m)	3.88	3.73	3.91
L_r (m)	12.5	13.5	14.0
A_g (mm^2)	14.6×10^3	16.7×10^3	17.4×10^3
I_x (mm^4)	0.333×10^9	0.353×10^9	0.403×10^9
I_y (mm^4)	0.112×10^9	0.118×10^9	0.136×10^9
$P_{ex}(KL)^2/10^3$ ($kN.m^2$)	0.674×10^6	0.714×10^6	0.815×10^6
$P_{ey}(KL)^2/10^3$ ($kN.m^2$)	0.227×10^6	0.239×10^6	0.275×10^6

1) 음영부분은 KL/r > 200인 경우이다.

도움표 8.1-490 H형강 축력-휨 조합력

SHN490 (F_y = 325 MPa) **광폭계열**

$(KL)_y$ 또는 L_b		H-350x357x19x19			H-388x402x15x15[NC]			H-394x398x11x18[NC]		
(m)		$\phi_c P_n$ (kN)	$c \times 10^3$ $(kN)^{-1}$	$b_x \times 10^3$ $(kN.m)^{-1}$	$\phi_c P_n$ (kN)	$c \times 10^3$ $(kN)^{-1}$	$b_x \times 10^3$ $(kN.m)^{-1}$	$\phi_c P_n$ (kN)	$c \times 10^3$ $(kN)^{-1}$	$b_x \times 10^3$ $(kN.m)^{-1}$
	0	5800	0.172	1.10	5220	0.192	1.19	5460	0.183	1.01
	0.5	5790	0.173	1.10	5210	0.192	1.19	5460	0.183	1.01
	1.0	5750	0.174	1.10	5180	0.193	1.19	5430	0.184	1.01
	1.5	5680	0.176	1.10	5130	0.195	1.19	5380	0.186	1.01
	2.0	5590	0.179	1.10	5070	0.197	1.19	5320	0.188	1.01
	2.5	5480	0.183	1.10	4980	0.201	1.19	5240	0.191	1.01
	3.0	5340	0.187	1.10	4880	0.205	1.19	5150	0.194	1.01
	3.5	5180	0.193	1.10	4770	0.210	1.19	5040	0.198	1.01
	4.0	5000	0.200	1.11	4640	0.216	1.19	4920	0.203	1.01
	4.5	4810	0.208	1.13	4490	0.223	1.19	4780	0.209	1.01
	5.0	4600	0.217	1.15	4340	0.230	1.19	4630	0.216	1.01
$(KL)_x > (KL)_y$ 일 경우에는 $(KL)_y$와 $(KL)_{yeq}$ 중 큰 값을 적용 $(KL)_{yeq} = \dfrac{(KL)_x}{(r_x/r_y)}$	5.5	4390	0.228	1.17	4170	0.240	1.19	4480	0.223	1.01
	6.0	4160	0.240	1.19	4000	0.250	1.19	4310	0.232	1.03
	6.5	3930	0.255	1.21	3820	0.262	1.19	4140	0.242	1.05
	7.0	3690	0.271	1.23	3630	0.275	1.22	3950	0.253	1.08
	7.5	3450	0.290	1.26	3440	0.290	1.25	3770	0.265	1.10
	8.0	3210	0.312	1.28	3250	0.308	1.27	3580	0.279	1.12
	8.5	2970	0.336	1.30	3060	0.327	1.30	3390	0.295	1.15
	9.0	2740	0.365	1.33	2870	0.349	1.34	3200	0.312	1.17
	9.5	2520	0.397	1.36	2680	0.373	1.37	3010	0.332	1.20
	10.0	2300	0.435	1.39	2490	0.401	1.40	2820	0.354	1.23
	10.5	2090	0.479	1.42	2310	0.433	1.44	2640	0.379	1.26
	11.0	1900	0.525	1.45	2130	0.469	1.48	2460	0.407	1.29
	11.5	1740	0.574	1.48	1960	0.510	1.52	2280	0.438	1.32
	12.0	1600	0.625	1.51	1800	0.556	1.56	2110	0.474	1.35
	12.5	1470	0.679	1.55	1660	0.603	1.61	1950	0.514	1.39
	13.0	1360	0.734	1.58	1530	0.652	1.66	1800	0.556	1.43
	13.5	1260	0.791	1.62	1420	0.703	1.71	1670	0.599	1.47
	14.0	1170	0.851	1.66	1320	0.756	1.79	1550	0.645	1.51
	14.5	1100	0.913	1.70	1230	0.811	1.87	1450	0.692	1.57
	15.0	1020	0.977	1.75	1150	0.868	1.96	1350	0.740	1.64
$b_y \times 10^3 (kN.m)^{-1}$		2.45			2.83			2.23		
$t_y \times 10^3$ $(kN)^{-1}$		0.173			0.192			0.183		
$t_r \times 10^3$ $(kN)^{-1}$		0.183			0.204			0.194		
r_y (mm)		85.3			95.4			101		
r_x / r_y		1.72			1.74			1.71		
기타 상수 및 단면성능										
P_{wo} (kN)		1200			902			715		
P_{wi} (kN/mm)		6.18			4.88			3.58		
P_{wb} (kN)		4450			1900			747		
P_{fb} (kN)		660			411			592		
L_p (m)		3.77			4.22			4.46		
L_r (m)		15.2			13.6			14.2		
A_g (mm^2)		19.8×10^3			17.8×10^3			18.7×10^3		
I_x (mm^4)		0.428×10^9			0.490×10^9			0.561×10^9		
I_y (mm^4)		0.144×10^9			0.163×10^9			0.189×10^9		
P_{ex} $(KL)^2/10^3$ $(kN.m^2)$		0.866×10^6			0.991×10^6			1.14×10^6		
P_{ey} $(KL)^2/10^3$ $(kN.m^2)$		0.291×10^6			0.330×10^6			0.382×10^6		

1) 음영부분은 KL/r > 200인 경우이다.

제8장

도움표 8.1-490 H형강 축력-휨 조합력

SHN490 (F_y = 325 MPa) **광폭계열**

$(KL)_y$ 또는 L_b (m)		H-394x405x18x18[NC] $\phi_c P_n$ (kN)	$c \times 10^3$ $(kN)^{-1}$	$b_x \times 10^3$ $(kN.m)^{-1}$	H-400x400x13x21 $\phi_c P_n$ (kN)	$c \times 10^3$ $(kN)^{-1}$	$b_x \times 10^3$ $(kN.m)^{-1}$	H-400x408x21x21[NC] $\phi_c P_n$ (kN)	$c \times 10^3$ $(kN)^{-1}$	$b_x \times 10^3$ $(kN.m)^{-1}$
	0	6270	0.159	0.935	6400	0.156	0.827	7330	0.136	0.766
	0.5	6260	0.160	0.935	6390	0.157	0.827	7320	0.137	0.766
	1.0	6230	0.161	0.935	6350	0.157	0.827	7280	0.137	0.766
	1.5	6170	0.162	0.935	6300	0.159	0.827	7220	0.139	0.766
	2.0	6090	0.164	0.935	6230	0.161	0.827	7130	0.140	0.766
	2.5	5990	0.167	0.935	6140	0.163	0.827	7020	0.143	0.766
	3.0	5880	0.170	0.935	6030	0.166	0.827	6880	0.145	0.766
	3.5	5740	0.174	0.935	5900	0.169	0.827	6720	0.149	0.766
	4.0	5590	0.179	0.935	5760	0.174	0.827	6550	0.153	0.766
	4.5	5420	0.185	0.935	5600	0.179	0.828	6350	0.157	0.766
	5.0	5230	0.191	0.935	5420	0.184	0.842	6140	0.163	0.777
	5.5	5040	0.198	0.936	5240	0.191	0.856	5920	0.169	0.789
$(KL)_x > (KL)_y$	6.0	4830	0.207	0.953	5040	0.198	0.871	5680	0.176	0.802
일 경우에는	6.5	4620	0.216	0.971	4840	0.207	0.887	5440	0.184	0.815
$(KL)_y$와	7.0	4400	0.227	0.989	4630	0.216	0.902	5180	0.193	0.828
$(KL)_{yeq}$ 중 큰 값을 적용	7.5	4180	0.239	1.01	4410	0.227	0.919	4920	0.203	0.842
	8.0	3950	0.253	1.03	4190	0.238	0.936	4660	0.215	0.856
$(KL)_{yeq} = \frac{(KL)_x}{(r_x/r_y)}$	8.5	3720	0.269	1.05	3970	0.252	0.954	4400	0.227	0.870
	9.0	3490	0.286	1.07	3750	0.267	0.972	4130	0.242	0.886
	9.5	3270	0.306	1.09	3530	0.284	0.991	3870	0.258	0.901
	10.0	3040	0.328	1.12	3310	0.302	1.01	3610	0.277	0.917
	10.5	2830	0.354	1.14	3090	0.324	1.03	3360	0.298	0.934
	11.0	2620	0.382	1.17	2880	0.347	1.05	3110	0.321	0.952
	11.5	2410	0.415	1.19	2670	0.374	1.08	2880	0.348	0.970
	12.0	2210	0.452	1.22	2470	0.405	1.10	2640	0.379	0.989
	12.5	2040	0.491	1.25	2280	0.439	1.12	2430	0.411	1.01
	13.0	1880	0.531	1.28	2110	0.475	1.15	2250	0.445	1.03
	13.5	1750	0.572	1.31	1950	0.512	1.18	2090	0.479	1.05
	14.0	1630	0.615	1.35	1820	0.551	1.21	1940	0.516	1.07
	14.5	1510	0.660	1.38	1690	0.591	1.23	1810	0.553	1.10
	15.0	1420	0.706	1.42	1580	0.632	1.27	1690	0.592	1.12

	H-394x405x18x18[NC]	H-400x400x13x21	H-400x408x21x21[NC]
$b_y \times 10^3 (kN.m)^{-1}$	2.14	1.79	1.71
$t_y \times 10^3$ $(kN)^{-1}$	0.16	0.156	0.136
$t_r \times 10^3$ $(kN)^{-1}$	0.17	0.166	0.145
r_y (mm)	96.5	101	97.5
r_x / r_y	1.73	1.73	1.72
기타 상수 및 단면성능			
P_{wo} (kN)	1170	908	1470
P_{wi} (kN/mm)	5.85	4.22	6.83
P_{wb} (kN)	3270	1230	5200
P_{fb} (kN)	592	806	806
L_p (m)	4.27	4.46	4.31
L_r (m)	15.2	15.6	17.0
A_g (mm^2)	21.4×10^3	21.9×10^3	25.1×10^3
I_x (mm^4)	0.597×10^9	0.666×10^9	0.709×10^9
I_y (mm^4)	0.200×10^9	0.224×10^9	0.238×10^9
P_{ex} $(KL)^2/10^3$ $(kN.m^2)$	1.21×10^6	1.35×10^6	1.43×10^6
P_{ey} $(KL)^2/10^3$ $(kN.m^2)$	0.405×10^6	0.453×10^6	0.482×10^6

1) 음영부분은 KL/r > 200인 경우이다.

도움표 8.1-490 H형강 축력-휨 조합력

SHN490 (F_y = 325 MPa) 광폭계열

$(KL)_y$ 또는 L_b (m)		H-406x403x16x24			H-414x405x18x28			H-428x407x20x35		
		$\phi_c P_n$ (kN)	$c\times10^3$ $(kN)^{-1}$	$b_x\times10^3$ $(kN.m)^{-1}$	$\phi_c P_n$ (kN)	$c\times10^3$ $(kN)^{-1}$	$b_x\times10^3$ $(kN.m)^{-1}$	$\phi_c P_n$ (kN)	$c\times10^3$ $(kN)^{-1}$	$b_x\times10^3$ $(kN.m)^{-1}$
$(KL)_x > (KL)_y$ 일 경우에는 $(KL)_y$와 $(KL)_{yeq}$ 중 큰 값을 적용 $(KL)_{yeq} = \frac{(KL)_x}{(r_x/r_y)}$	0	7450	0.134	0.710	8640	0.116	0.605	10500	0.0948	0.481
	0.5	7440	0.134	0.710	8630	0.116	0.605	10530	0.0949	0.481
	1.0	7410	0.135	0.710	8580	0.116	0.605	10480	0.0954	0.481
	1.5	7350	0.136	0.710	8520	0.117	0.605	10400	0.0961	0.481
	2.0	7260	0.138	0.710	8420	0.119	0.605	10290	0.0972	0.481
	2.5	7150	0.140	0.710	8300	0.121	0.605	10150	0.0986	0.481
	3.0	7030	0.142	0.710	8150	0.123	0.605	9970	0.100	0.481
	3.5	6880	0.145	0.710	7980	0.125	0.605	9770	0.102	0.481
	4.0	6710	0.149	0.710	7790	0.128	0.605	9550	0.105	0.481
	4.5	6520	0.153	0.710	7580	0.132	0.605	9300	0.108	0.481
	5.0	6320	0.158	0.721	7350	0.136	0.612	9030	0.111	0.485
	5.5	6110	0.164	0.732	7100	0.141	0.620	8740	0.114	0.490
	6.0	5880	0.170	0.743	6850	0.146	0.628	8430	0.119	0.495
	6.5	5640	0.177	0.754	6570	0.152	0.636	8110	0.123	0.501
	7.0	5400	0.185	0.766	6290	0.159	0.645	7780	0.129	0.506
	7.5	5140	0.194	0.778	6000	0.167	0.654	7430	0.135	0.512
	8.0	4890	0.205	0.791	5710	0.175	0.663	7080	0.141	0.517
	8.5	4630	0.216	0.804	5410	0.185	0.672	6730	0.149	0.523
	9.0	4370	0.229	0.817	5120	0.195	0.681	6370	0.157	0.529
	9.5	4110	0.243	0.831	4820	0.207	0.691	6020	0.166	0.535
	10.0	3850	0.259	0.846	4520	0.221	0.701	5660	0.177	0.541
	10.5	3600	0.278	0.861	4230	0.236	0.712	5310	0.188	0.547
	11.0	3360	0.298	0.876	3950	0.253	0.722	4970	0.201	0.554
	11.5	3120	0.321	0.892	3670	0.272	0.733	4630	0.216	0.560
	12.0	2880	0.347	0.909	3400	0.294	0.745	4310	0.232	0.567
	12.5	2650	0.377	0.926	3140	0.319	0.757	3980	0.251	0.574
	13.0	2450	0.407	0.944	2900	0.345	0.769	3680	0.272	0.581
	13.5	2280	0.439	0.962	2690	0.372	0.781	3410	0.293	0.588
	14.0	2120	0.473	0.981	2500	0.400	0.794	3180	0.315	0.596
	14.5	1970	0.507	1.00	2330	0.429	0.808	2960	0.338	0.603
	15.0	1840	0.542	1.02	2180	0.459	0.821	2770	0.362	0.611

	H-406x403x16x24	H-414x405x18x28	H-428x407x20x35
$b_y\times10^3 (kN.m)^{-1}$	1.53	1.30	1.03
$t_y\times10^3 (kN)^{-1}$	0.134	0.116	0.0947
$t_r\times10^3 (kN)^{-1}$	0.142	0.123	0.101
r_y (mm)	101	102	104
r_x/r_y	1.73	1.74	1.75
기타 상수 및 단면성능			
P_{wo} (kN)	1200	1460	1850
P_{wi} (kN/mm)	5.20	5.85	6.50
P_{wb} (kN)	2300	3270	4490
P_{fb} (kN)	1050	1430	2240
L_p (m)	4.46	4.51	4.60
L_r (m)	17.3	19.5	23.4
A_g (mm^2)	25.5×10^3	29.5×10^3	36.1×10^3
I_x (mm^4)	0.780×10^9	0.928×10^9	1.19×10^9
I_y (mm^4)	0.262×10^9	0.310×10^9	0.394×10^9
P_{ex} $(KL)^2/10^3$ $(kN.m^2)$	1.58×10^6	1.88×10^6	2.41×10^6
P_{ey} $(KL)^2/10^3$ $(kN.m^2)$	0.530×10^6	0.627×10^6	0.797×10^6

1) 음영부분은 KL/r > 200인 경우이다.

제8장

도움표 8.1-490 H형강 축력-휨 조합력

SHN490 (F_y = 325 MPa) 광폭계열

$(KL)_y$ 또는 L_b (m)		H-458x417x30x50 $\phi_c P_n$ (kN)	$c\times10^3$ $(kN)^{-1}$	$b_x\times10^3$ $(kN.m)^{-1}$	H-498x432x45x70 $\phi_c P_n$ (kN)	$c\times10^3$ $(kN)^{-1}$	$b_x\times10^3$ $(kN.m)^{-1}$	$\phi_c P_n$ (kN)	$c\times10^3$ $(kN)^{-1}$	$b_x\times10^3$ $(kN.m)^{-1}$
$(KL)_x > (KL)_y$ 일 경우에는 $(KL)_y$와 $(KL)_{yeq}$ 중 큰 값을 적용 $(KL)_{yeq} = \frac{(KL)_x}{(r_x/r_y)}$	0	15500	0.0645	0.319	22500	0.0444	0.210			
	0.5	15500	0.0645	0.319	22500	0.0444	0.210			
	1.0	15400	0.0649	0.319	22400	0.0446	0.210			
	1.5	15300	0.0654	0.319	22200	0.0450	0.210			
	2.0	15100	0.0662	0.319	22000	0.0455	0.210			
	2.5	14900	0.0671	0.319	21800	0.0459	0.210			
	3.0	14700	0.0680	0.319	21400	0.0467	0.210			
	3.5	14400	0.0694	0.319	21100	0.0474	0.210			
	4.0	14100	0.0709	0.319	20600	0.0485	0.210			
	4.5	13700	0.0730	0.319	20200	0.0495	0.210			
	5.0	13400	0.0746	0.320	19700	0.0508	0.210			
	5.5	13000	0.0769	0.322	19100	0.0524	0.211			
	6.0	12500	0.0800	0.324	18500	0.0541	0.212			
	6.5	12600	0.0826	0.327	17900	0.0559	0.213			
	7.0	11600	0.0862	0.329	17200	0.0581	0.214			
	7.5	11100	0.0901	0.331	16600	0.0602	0.215			
	8.0	10600	0.0943	0.334	15900	0.0629	0.216			
	8.5	10100	0.0990	0.336	15200	0.0658	0.217			
	9.0	9620	0.104	0.339	14500	0.0690	0.218			
	9.5	9110	0.110	0.341	13800	0.0725	0.220			
	10.0	8600	0.116	0.344	13100	0.0763	0.221			
	10.5	8100	0.123	0.347	12300	0.0813	0.222			
	11.0	7600	0.132	0.349	11600	0.0862	0.223			
	11.5	7120	0.140	0.352	10900	0.0917	0.224			
	12.0	6640	0.151	0.355	10300	0.0971	0.225			
	12.5	6180	0.162	0.358	9600	0.104	0.227			
	13.0	5720	0.175	0.360	8960	0.112	0.228			
	13.5	5310	0.188	0.363	8310	0.120	0.229			
	14.0	4930	0.203	0.366	7730	0.129	0.230			
	14.5	4600	0.217	0.369	7210	0.139	0.232			
	15.0	4300	0.233	0.372	6730	0.149	0.233			

	H-458x417x30x50	H-498x432x45x70	
$b_y\times10^3 (kN.m)^{-1}$	0.684	0.452	
$t_y\times10^3 (kN)^{-1}$	0.0646	0.0444	
$t_r\times10^3 (kN)^{-1}$	0.0686	0.0471	
r_y (mm)	107	111	
r_x/r_y	1.76	1.77	
기타 상수 및 단면성능			
P_{wo} (kN)	3510	6730	
P_{wi} (kN/mm)	9.75	14.6	
P_{wb} (kN)	15200	51200	
P_{fb} (kN)	4570	8960	
L_p (m)	4.73	4.91	
L_r (m)	33.2	47.5	
A_g (mm^2)	52.9×10^3	77.0×10^3	
I_x (mm^4)	1.87×10^9	2.98×10^9	
I_y (mm^4)	0.605×10^9	0.944×10^9	
$P_{ex}(KL)^2/10^3$ ($kN.m^2$)	3.78×10^6	6.03×10^6	
$P_{ey}(KL)^2/10^3$ ($kN.m^2$)	1.22×10^6	1.91×10^6	

1) 음영부분은 $KL/r > 200$인 경우이다.

제8장

도움표 8.2 유효좌굴길이계수 *K*

기준 <해 표 0705(1)>

	(가)	(나)	(다)	(라)	(마)	(바)
점선은 기둥의 좌굴형태임			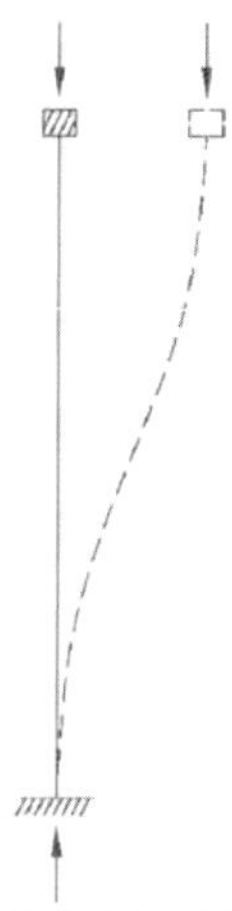		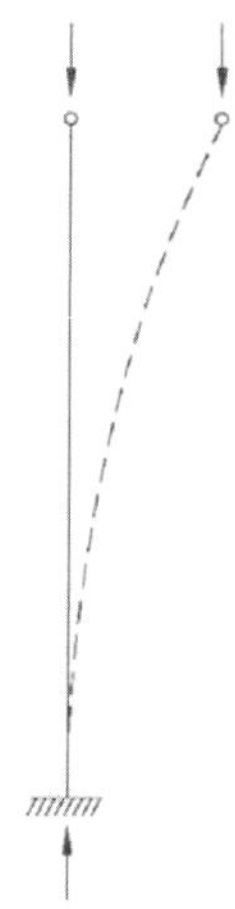	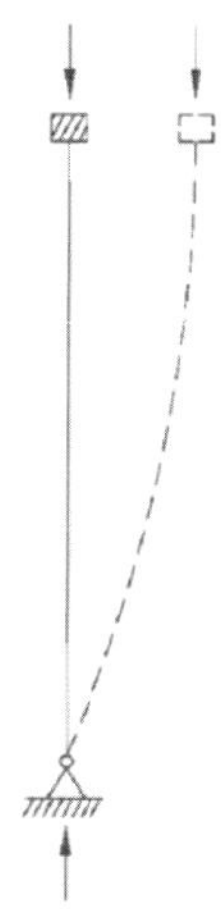
이론값	0.5	0.7	1.0	1.0	2.0	2.0
권장값	0.65	0.8	1.2	1.0	2.1	2.0
단부조건	 회전과 이동 고정 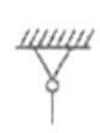 회전은 자유 이동은 고정  회전은 고정 이동은 자유 회전과 이동 자유					

도움표 8.3 유효좌굴길이계수 산정도표
횡이동이 없는 골조

기준 [해 그림 0705(2)]

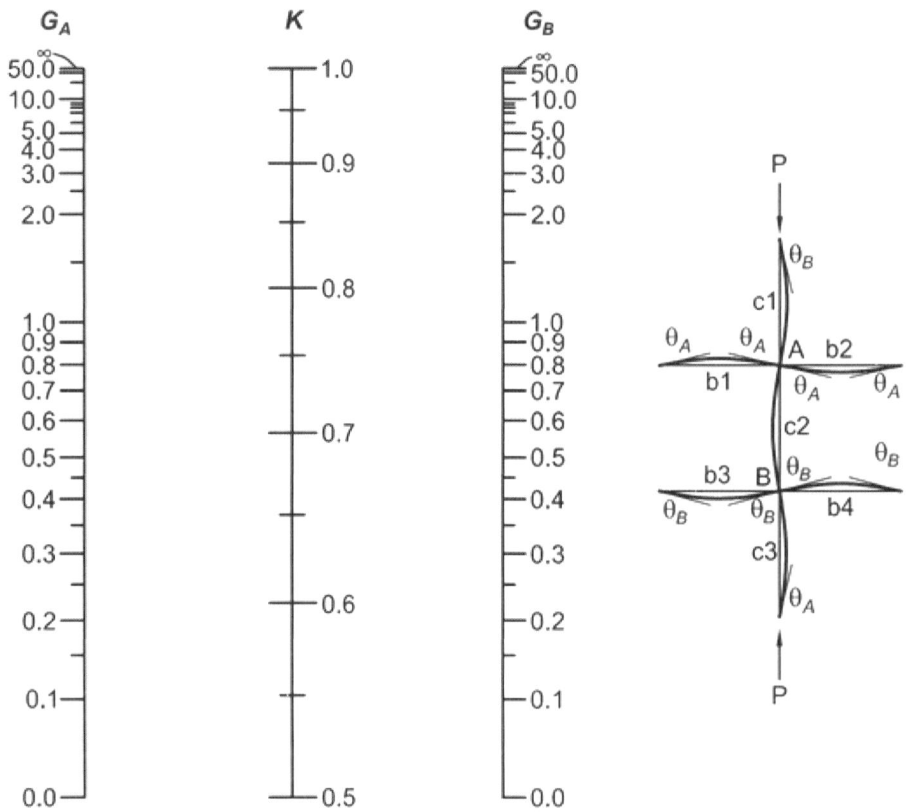

도움표 8.4 유효좌굴길이계수 산정도표
횡이동이 있는 골조

기준 [해 그림 0705(2)]

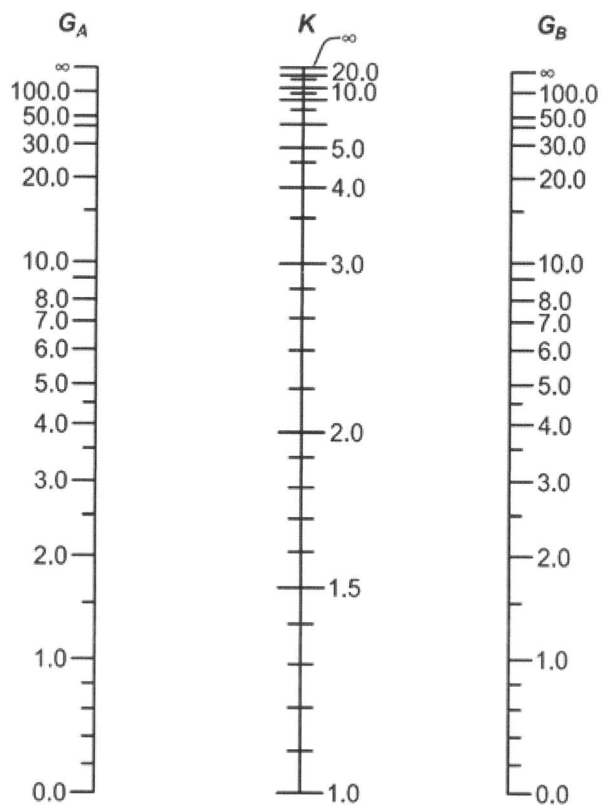

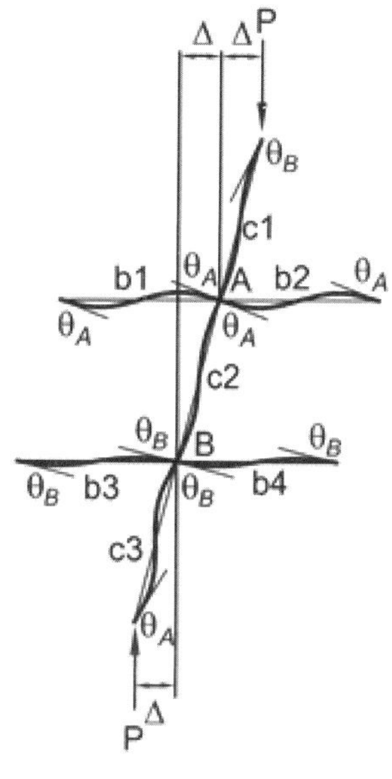

9 장

H형강 매입형 합성기둥

도움표 9.1 매입형 합성기둥의 설계압축강도 $\phi_c P_n$ (kN)

$b \times d$ = 500 × 500 mm **H-200×200×8×12** A_s = 6360 mm^2, 2.54 %

H형강 재질		SHN400 (F_y = 235 MPa)						SHN490 (F_y = 325 MPa)					
철근	KL	f_{ck} (MPa)						f_{ck} (MPa)					
	m	27	30	35	40	45	50	27	30	35	40	45	50
4-D19	0.0	5640	6100	6870	7650	8420	9190	6070	6530	7300	8080	8850	9620
(1150)	3.0	5110	5500	6130	6760	7370	7980	5460	5840	6470	7090	7700	8300
0.459 %	4.0	4730	5070	5610	6140	6650	7150	5020	5350	5890	6400	6910	7390
	5.0	4290	4560	5010	5430	5820	6200	4520	4790	5210	5620	6010	6380
D10@250	6.0	3800	4020	4350	4660	4950	5220	3970	4170	4490	4790	5070	5320
	7.0	3300	3450	3690	3900	4090	4250	3400	3550	3770	3970	4140	4290
	12.0	1310	1340	1380	1420	1460	1490	1310	1340	1380	1420	1460	1490
	υ	0.199	0.184	0.163	0.146	0.133	0.122	0.255	0.237	0.212	0.192	0.175	0.161
8-D19	0.0	5960	6420	7190	7960	8730	9500	6390	6850	7620	8390	9160	9930
(2300)	3.0	5410	5800	6430	7060	7670	8280	5760	6140	6770	7390	8000	8600
0.918 %	4.0	5010	5350	5890	6420	6940	7440	5310	5640	6170	6690	7200	7690
	5.0	4550	4820	5270	5690	6090	6480	4780	5050	5480	5890	6280	6650
D10@250	6.0	4040	4250	4590	4910	5200	5470	4210	4410	4740	5040	5320	5580
	7.0	3510	3660	3910	4120	4310	4490	3620	3770	3990	4190	4370	4530
	12.0	1400	1430	1470	1510	1550	1580	1400	1430	1470	1510	1550	1580
	υ	0.188	0.174	0.156	0.141	0.128	0.118	0.242	0.226	0.203	0.185	0.169	0.156
12-D22	0.0	6630	7080	7850	8610	9370	10100	7060	7510	8270	9040	9800	10600
(4640)	3.0	6040	6430	7060	7690	8310	8910	6390	6770	7400	8030	8640	9240
1.86 %	4.0	5620	5960	6510	7040	7560	8070	5920	6250	6790	7320	7830	8330
	5.0	5120	5400	5860	6290	6700	7100	5360	5640	6080	6500	6900	7290
D10@250	6.0	4570	4800	5150	5480	5790	6070	4750	4970	5310	5620	5920	6200
	7.0	4000	4170	4420	4650	4860	5050	4120	4280	4520	4740	4930	5110
	12.0	1640	1670	1710	1750	1780	1820	1640	1670	1710	1750	1780	1820
	υ	0.169	0.158	0.143	0.130	0.120	0.111	0.219	0.206	0.187	0.171	0.158	0.147
12-D29	0.0	7490	7940	8700	9450	10200	11000	7920	8370	9120	9880	10600	11400
(7700)	3.0	6860	7240	7880	8500	9120	9730	7210	7600	8220	8840	9460	10100
3.08 %	4.0	6400	6740	7290	7830	8360	8870	6710	7040	7580	8120	8640	9140
	5.0	5860	6150	6600	7040	7470	7880	6110	6390	6840	7270	7680	8080
D10@250	6.0	5260	5490	5850	6190	6510	6820	5450	5670	6020	6350	6660	6960
	7.0	4630	4800	5070	5320	5540	5750	4760	4930	5180	5410	5630	5820
	12.0	1950	1970	2010	2050	2090	2120	1950	1970	2010	2050	2090	2120
	υ	0.149	0.141	0.129	0.119	0.110	0.102	0.196	0.185	0.170	0.157	0.146	0.136
12-D32	0.0	8010	8460	9200	9950	10700	11400	8440	8880	9630	10400	11100	11900
(9530)	3.0	7340	7730	8360	8980	9600	10200	7700	8080	8710	9330	9940	10500
3.81 %	4.0	6870	7200	7750	8290	8820	9340	7170	7510	8050	8580	9100	9610
	5.0	6300	6580	7040	7480	7910	8330	6550	6830	7280	7710	8130	8540
D10@250	6.0	5660	5890	6260	6600	6930	7240	5860	6080	6430	6770	7090	7390
	7.0	5000	5170	5440	5700	5930	6140	5140	5300	5560	5800	6020	6220
	12.0	2120	2150	2190	2230	2260	2300	2120	2150	2190	2230	2260	2300
	υ	0.140	0.132	0.122	0.113	0.105	0.098	0.184	0.174	0.161	0.149	0.139	0.130

1) H형강치수의 오른쪽에는 H형강의 단면적(A_s, mm^2)과 총단면적($A_g = b \times d$)에 대한 단면적비(ρ_s, %)를 나타내었다.
2) 부재 길이방향철근의 재질은 SD400(F_{yr} = 400 MPa)을 사용하였다.
3) 왼쪽 끝 수직열의 각 칸에는 위로부터 아래 순서로 하여 길이방향철근의 개수와 직경(예, 12-D25), 길이방향철근의 단면적(A_{sr}, mm^2), 길이방향철근의 단면적비(ρ_{sr}, %), 횡구속철근의 직경과 길이방향 간격(예, D10@250)을 나타내었다.
4) υ (upsilon)은 $A_s F_y / P_o$의 값을 나타내며, 매입형 합성기둥에 길이방향 하중이 가해질 때 하중전달을 위한 소요전단력(V')을 산정하는데 사용된다. 여기서 P_o는 합성기둥의 세장효과를 고려하지 않은 공칭압축강도이다.

도움표 9.1 매입형 합성기둥의 설계압축강도 $\phi_c P_n$ (kN)

$b \times d$ = 500 × 500 mm **H-200×204×12×12** A_s = 7160 mm^2, 2.86 %

H형강 재질		SHN400 (F_y = 235 MPa)						SHN490 (F_y = 325 MPa)					
철근	KL	f_{ck} (MPa)						f_{ck} (MPa)					
	m	27	30	35	40	45	50	27	30	35	40	45	50
4-D19	0.0	5770	6230	7000	7770	8540	9310	6250	6710	7480	8250	9020	9790
(1150)	3.0	5230	5620	6260	6880	7500	8110	5620	6010	6640	7260	7870	8470
0.459 %	4.0	4850	5190	5730	6270	6780	7280	5180	5510	6050	6570	7070	7570
	5.0	4400	4680	5130	5550	5960	6350	4660	4930	5360	5780	6170	6540
D10@250	6.0	3910	4130	4470	4790	5090	5360	4100	4310	4630	4940	5220	5480
	7.0	3400	3560	3800	4020	4220	4390	3520	3670	3900	4100	4280	4440
	12.0	1360	1390	1430	1470	1510	1550	1360	1390	1430	1470	1510	1550
	υ	0.219	0.202	0.180	0.162	0.148	0.135	0.279	0.260	0.233	0.211	0.193	0.178
8-D19	0.0	6090	6550	7320	8080	8850	9620	6570	7030	7800	8570	9330	10100
(2300)	3.0	5530	5920	6550	7180	7800	8410	5920	6310	6940	7560	8170	8770
0.918 %	4.0	5130	5470	6020	6550	7070	7570	5470	5790	6330	6850	7360	7860
	5.0	4660	4940	5390	5820	6230	6620	4930	5200	5630	6040	6440	6820
D10@250	6.0	4150	4370	4710	5030	5330	5610	4340	4550	4880	5190	5470	5740
	7.0	3610	3770	4020	4240	4440	4620	3740	3890	4120	4330	4510	4680
	12.0	1450	1480	1530	1570	1600	1640	1450	1480	1530	1570	1600	1640
	υ	0.207	0.192	0.172	0.156	0.142	0.131	0.265	0.248	0.224	0.204	0.187	0.173
12-D22	0.0	6750	7210	7970	8730	9490	10200	7240	7690	8450	9210	9970	10700
(4640)	3.0	6160	6550	7180	7810	8430	9040	6560	6940	7570	8190	8800	9410
1.86 %	4.0	5740	6080	6630	7160	7690	8200	6080	6410	6950	7480	7990	8500
	5.0	5240	5520	5970	6410	6830	7230	5510	5780	6230	6650	7060	7450
D10@250	6.0	4680	4910	5260	5600	5910	6210	4890	5100	5440	5760	6060	6350
	7.0	4100	4270	4530	4770	4980	5180	4240	4400	4640	4860	5070	5250
	12.0	1690	1720	1760	1800	1840	1880	1690	1720	1760	1800	1840	1880
	υ	0.187	0.175	0.158	0.144	0.133	0.123	0.241	0.227	0.206	0.189	0.175	0.163
12-D29	0.0	7620	8070	8820	9570	10300	11100	8100	8550	9300	10100	10800	11500
(7700)	3.0	6980	7360	8000	8620	9240	9850	7380	7760	8390	9010	9620	10200
3.08 %	4.0	6520	6860	7410	7950	8480	9000	6870	7200	7740	8270	8790	9300
	5.0	5970	6260	6720	7160	7590	8010	6260	6530	6980	7420	7830	8240
D10@250	6.0	5370	5600	5960	6310	6630	6940	5580	5800	6150	6490	6800	7100
	7.0	4730	4900	5180	5430	5660	5870	4880	5040	5300	5540	5760	5960
	12.0	2000	2020	2070	2110	2140	2180	2000	2020	2070	2110	2140	2180
	υ	0.165	0.156	0.143	0.132	0.122	0.114	0.215	0.204	0.187	0.173	0.161	0.151
12-D32	0.0	8140	8580	9330	10100	10800	11600	8620	9060	9810	10600	11300	12000
(9530)	3.0	7470	7850	8480	9100	9720	10300	7870	8250	8870	9490	10100	10700
3.81 %	4.0	6980	7320	7870	8410	8940	9460	7330	7660	8210	8740	9260	9770
	5.0	6410	6690	7160	7600	8030	8450	6690	6970	7420	7860	8280	8690
D10@250	6.0	5770	6000	6370	6720	7050	7370	5990	6210	6570	6900	7230	7530
	7.0	5100	5270	5550	5800	6040	6260	5250	5420	5680	5920	6150	6360
	12.0	2170	2200	2240	2280	2320	2360	2170	2200	2240	2280	2320	2360
	υ	0.155	0.147	0.135	0.125	0.117	0.109	0.202	0.192	0.178	0.165	0.154	0.145

1) H형강치수의 오른쪽에는 H형강의 단면적(A_s, mm^2)과 총단면적(A_g=b×d)에 대한 단면적비(ρ_s, %)를 나타내었다.

2) 부재 길이방향철근의 재질은 SD400(F_{yr} = 400 MPa)을 사용하였다.

3) 왼쪽 끝 수직열의 각 칸에는 위로부터 아래 순서로 하여 길이방향철근의 개수와 직경(예, 12-D25), 길이방향철근의 단면적(A_{sr}, mm^2), 길이방향철근의 단면적비(ρ_{sr}, %), 횡구속철근의 직경과 길이방향 간격(예, D10@250)을 나타내었다.

4) υ (upsilon)은 $A_s F_y / P_o$의 값을 나타내며, 매입형 합성기둥에 길이방향 하중이 가해질 때 하중전달을 위한 소요전단력(V')을 산정하는데 사용된다. 여기서 P_o는 합성기둥의 세장효과를 고려하지 않은 공칭압축강도이다.

도움표 9.1 매입형 합성기둥의 설계압축강도 $\phi_c P_n$ (kN)

$b \times d$ = 500 × 500 mm H-208×202×10×16 A_s = 8370 mm², 3.35 %

H형강 재질		SHN400 (F_y = 235 MPa)						SHN490 (F_y = 325 MPa)					
철근	KL	f_{ck} (MPa)						f_{ck} (MPa)					
	m	27	30	35	40	45	50	27	30	35	40	45	50
4-D19	**0.0**	5960	6420	7190	7950	8720	9480	6520	6980	7750	8520	9280	10000
(1150)	**3.0**	5430	5820	6460	7090	7710	8320	5890	6280	6910	7530	8150	8750
0.459 %	**4.0**	5050	5390	5940	6480	7010	7520	5440	5780	6320	6840	7360	7860
	5.0	4600	4890	5340	5780	6200	6600	4920	5190	5630	6050	6460	6840
D10@250	**6.0**	4110	4330	4690	5020	5340	5630	4340	4560	4890	5210	5500	5780
	7.0	3590	3760	4020	4260	4470	4660	3750	3900	4140	4360	4560	4730
	12.0	1470	1500	1550	1590	1630	1670	1470	1500	1550	1590	1630	1670
	υ	0.248	0.230	0.205	0.185	0.169	0.156	0.313	0.292	0.263	0.240	0.220	0.203
8-D19	**0.0**	6280	6740	7500	8270	9030	9790	6850	7310	8070	8830	9590	10400
(2300)	**3.0**	5730	6120	6760	7380	8010	8620	6190	6580	7210	7830	8440	9050
0.918 %	**4.0**	5330	5670	6220	6760	7290	7800	5730	6060	6600	7130	7640	8150
	5.0	4860	5150	5600	6040	6460	6870	5180	5450	5890	6320	6730	7120
D10@250	**6.0**	4340	4570	4930	5260	5580	5870	4580	4790	5130	5450	5750	6030
	7.0	3800	3970	4230	4470	4690	4880	3960	4120	4360	4580	4780	4960
	12.0	1560	1590	1640	1680	1720	1760	1560	1590	1640	1680	1720	1760
	υ	0.235	0.219	0.197	0.178	0.163	0.151	0.298	0.279	0.253	0.231	0.213	0.197
12-D22	**0.0**	6950	7400	8160	8910	9670	10400	7510	7970	8720	9480	10200	11000
(4640)	**3.0**	6360	6740	7380	8010	8630	9240	6830	7210	7840	8460	9080	9680
1.86 %	**4.0**	5930	6270	6830	7370	7900	8420	6340	6670	7210	7750	8270	8780
	5.0	5430	5720	6180	6630	7060	7470	5760	6030	6480	6920	7330	7730
D10@250	**6.0**	4870	5100	5470	5820	6140	6450	5120	5340	5690	6020	6330	6630
	7.0	4290	4460	4740	4990	5220	5430	4460	4620	4880	5110	5330	5520
	12.0	1800	1830	1870	1920	1960	1990	1800	1830	1870	1920	1960	1990
	υ	0.212	0.199	0.181	0.166	0.153	0.142	0.272	0.256	0.234	0.215	0.199	0.186
12-D29	**0.0**	7810	8260	9010	9750	10500	11200	8380	8830	9570	10300	11100	11800
(7700)	**3.0**	7170	7560	8190	8820	9440	10000	7650	8030	8650	9270	9890	10500
3.08 %	**4.0**	6710	7050	7610	8150	8690	9210	7120	7450	8000	8540	9060	9580
	5.0	6170	6450	6920	7370	7810	8230	6500	6780	7230	7670	8100	8510
D10@250	**6.0**	5560	5790	6160	6520	6860	7180	5810	6040	6400	6740	7060	7370
	7.0	4910	5090	5370	5640	5880	6100	5090	5260	5530	5780	6000	6220
	12.0	2100	2130	2180	2220	2260	2300	2100	2130	2180	2220	2260	2300
	υ	0.189	0.179	0.164	0.151	0.141	0.131	0.244	0.231	0.213	0.198	0.184	0.173
12-D32	**0.0**	8330	8770	9510	10300	11000	11700	8890	9340	10100	10800	11600	12300
(9530)	**3.0**	7660	8040	8670	9290	9910	10500	8130	8510	9140	9750	10400	11000
3.81 %	**4.0**	7180	7510	8070	8610	9150	9670	7590	7920	8460	9000	9520	10000
	5.0	6600	6890	7350	7810	8250	8670	6940	7220	7670	8110	8540	8960
D10@250	**6.0**	5960	6190	6570	6930	7270	7590	6220	6440	6810	7150	7480	7790
	7.0	5280	5460	5740	6010	6260	6490	5460	5640	5910	6160	6390	6610
	12.0	2280	2310	2360	2400	2440	2470	2280	2310	2360	2400	2440	2470
	υ	0.177	0.168	0.155	0.144	0.134	0.126	0.229	0.218	0.202	0.189	0.177	0.166

1) H형강치수의 오른쪽에는 H형강의 단면적(A_s, mm²)과 총단면적($A_g = b \times d$)에 대한 단면적비(ρ_s, %)를 나타내었다.

2) 부재 길이방향철근의 재질은 SD400(F_{yr} = 400 MPa)을 사용하였다.

3) 왼쪽 끝 수직열의 각 칸에는 위로부터 아래 순서로 하여 길이방향철근의 개수와 직경(예, 12-D25), 길이방향철근의 단면적(A_{sr}, mm²), 길이방향철근의 단면적비(ρ_{sr}, %), 횡구속철근의 직경과 길이방향 간격(예, D10@250)을 나타내었다.

4) υ (upsilon)은 $A_s F_y / P_o$의 값을 나타내며, 매입형 합성기둥에 길이방향 하중이 가해질 때 하중전달을 위한 소요전단력(V')을 산정하는데 사용된다. 여기서 P_o는 합성기둥의 세장효과를 고려하지 않은 공칭압축강도이다.

도움표 9.1 매입형 합성기둥의 설계압축강도 $\phi_c P_n$ (kN)

$b \times d$ = 600 × 600 mm　　H-200×200×8×12　　A_s = 6360 mm^2, 1.76 %

H형강 재질		SHN400 (F_y = 235 MPa)						SHN490 (F_y = 325 MPa)					
철근	*KL*	f_{ck} (MPa)						f_{ck} (MPa)					
	m	27	30	35	40	45	50	27	30	35	40	45	50
4-D22	**0.0**	7640	8320	9440	10600	11700	12800	8070	8750	9870	11000	12100	13200
(1550)	**3.0**	7100	7690	8650	9610	10600	11500	7460	8050	9010	9960	10900	11800
0.430 %	**4.0**	6700	7230	8090	8930	9750	10600	7020	7540	8400	9230	10000	10800
	5.0	6220	6680	7420	8120	8810	9460	6490	6940	7670	8360	9030	9680
D10@300	**6.0**	5680	6060	6670	7240	7770	8280	5900	6270	6860	7420	7940	8430
	7.0	5100	5410	5880	6310	6710	7070	5270	5560	6020	6430	6820	7170
	12.0	2360	2410	2490	2560	2630	2700	2360	2410	2490	2560	2630	2700
	υ	0.146	0.135	0.119	0.106	0.096	0.087	0.192	0.177	0.157	0.141	0.128	0.117
8-D25	**0.0**	8350	9020	10100	11300	12400	13500	8780	9450	10600	11700	12800	13900
(4060)	**3.0**	7790	8370	9340	10300	11200	12200	8160	8740	9710	10700	11600	12500
1.13 %	**4.0**	7370	7900	8770	9620	10400	11300	7700	8230	9090	9930	10700	11600
	5.0	6870	7330	8080	8810	9500	10200	7150	7610	8350	9060	9740	10400
D10@300	**6.0**	6310	6700	7320	7910	8470	8990	6540	6920	7520	8100	8640	9160
	7.0	5700	6010	6510	6960	7380	7770	5870	6180	6650	7100	7500	7880
	12.0	2730	2780	2850	2930	2990	3060	2730	2780	2850	2930	2990	3060
	υ	0.134	0.124	0.110	0.100	0.091	0.083	0.176	0.164	0.147	0.133	0.121	0.111
12-D29	**0.0**	9390	10000	11100	12300	13400	14500	9810	10500	11600	12700	13800	14900
(7700)	**3.0**	8790	9380	10300	11300	12300	13200	9170	9750	10700	11700	12600	13500
2.14 %	**4.0**	8360	8890	9760	10600	11500	12300	8690	9220	10100	10900	11800	12600
	5.0	7830	8290	9060	9800	10500	11200	8120	8580	9330	10100	10800	11500
D10@300	**6.0**	7220	7620	8270	8880	9460	10000	7460	7860	8490	9090	9660	10200
	7.0	6570	6900	7420	7900	8360	8780	6760	7080	7580	8050	8490	8910
	12.0	3290	3340	3420	3490	3560	3620	3290	3340	3420	3490	3560	3620
	υ	0.119	0.111	0.100	0.091	0.084	0.077	0.158	0.148	0.134	0.122	0.112	0.104
12-D35	**0.0**	10500	11100	12200	13300	14400	15500	10900	11500	12600	13700	14800	15900
(11500)	**3.0**	9830	10400	11400	12300	13300	14200	10200	10800	11700	12700	13600	14600
3.19 %	**4.0**	9370	9900	10800	11600	12500	13300	9710	10200	11100	12000	12800	13600
	5.0	8810	9280	10100	10800	11500	12200	9100	9570	10300	11100	11800	12500
D13@400	**6.0**	8170	8570	9230	9860	10500	11000	8420	8820	9460	10100	10700	11200
	7.0	7470	7810	8350	8850	9330	9780	7670	8000	8520	9020	9480	9920
	12.0	3890	3940	4010	4080	4150	4210	3890	3940	4010	4080	4150	4210
	υ	0.107	0.101	0.092	0.084	0.078	0.072	0.142	0.134	0.123	0.113	0.105	0.097
12-D38	**0.0**	11100	11700	12800	13900	15000	16100	11500	12200	13200	14300	15400	16500
(13700)	**3.0**	10400	11000	12000	12900	13900	14800	10800	11400	12300	13300	14200	15200
3.80 %	**4.0**	9940	10500	11300	12200	13000	13900	10300	10800	11700	12500	13400	14200
	5.0	9350	9820	10600	11300	12100	12800	9650	10100	10900	11600	12300	13000
D13@400	**6.0**	8680	9080	9740	10400	11000	11600	8930	9330	9970	10600	11200	11800
	7.0	7950	8280	8820	9330	9820	10300	8150	8480	9000	9500	9980	10400
	12.0	4170	4210	4290	4360	4430	4490	4170	4210	4290	4360	4430	4490
	υ	0.101	0.095	0.087	0.081	0.075	0.070	0.135	0.127	0.117	0.108	0.101	0.094

1) H형강치수의 오른쪽에는 H형강의 단면적(A_s, mm^2)과 총단면적($A_g = b \times d$)에 대한 단면적비(ρ_s, %)를 나타내었다.

2) 부재 길이방향철근의 재질은 SD400(F_{yr} = 400 MPa)을 사용하였다.

3) 왼쪽 끝 수직열의 각 칸에는 위로부터 아래 순서로 하여 길이방향철근의 개수와 직경(예, 12-D25), 길이방향철근의 단면적(A_{sr}, mm^2), 길이방향철근의 단면적비(ρ_{sr}, %), 횡구속철근의 직경과 길이방향 간격(예, D10@250)을 나타내었다.

4) υ (upsilon)은 $A_s F_y / P_o$의 값을 나타내며, 매입형 합성기둥에 길이방향 하중이 가해질 때 하중전달을 위한 소요전단력(V')을 산정하는데 사용된다. 여기서 P_o는 합성기둥의 세장효과를 고려하지 않은 공칭압축강도이다.

도움표 9.1 매입형 합성기둥의 설계압축강도 $\phi_c P_n$ (kN)

$b \times d$ = 600 × 600 mm **H-200×204×12×12** A_s = 7160 mm^2, 1.99 %

H형강 재질		SHN400 (F_y = 235 MPa)						SHN490 (F_y = 325 MPa)					
철근	*KL*	f_{ck} (MPa)						f_{ck} (MPa)					
	m	27	30	35	40	45	50	27	30	35	40	45	50
4-D22	0.0	7770	8440	9560	10700	11800	12900	8250	8930	10000	11200	12300	13400
(1550)	3.0	7220	7810	8780	9740	10700	11600	7640	8220	9180	10100	11100	12000
0.430 %	4.0	6820	7350	8210	9060	9880	10700	7190	7710	8560	9400	10200	11000
	5.0	6340	6800	7540	8250	8940	9600	6650	7100	7830	8530	9200	9850
D10@300	6.0	5800	6180	6790	7370	7910	8430	6040	6420	7010	7570	8100	8610
	7.0	5210	5520	6000	6440	6850	7220	5400	5700	6160	6580	6970	7330
	12.0	2430	2480	2560	2640	2710	2780	2430	2480	2560	2640	2710	2780
	υ	0.162	0.149	0.132	0.118	0.107	0.098	0.211	0.195	0.174	0.156	0.142	0.130
8-D25	0.0	8480	9150	10300	11400	12500	13600	8960	9630	10700	11900	13000	14100
(4060)	3.0	7910	8500	9470	10400	11400	12300	8330	8910	9880	10800	11800	12700
1.13 %	4.0	7490	8020	8890	9740	10600	11400	7870	8390	9250	10100	10900	11700
	5.0	6990	7450	8210	8930	9640	10300	7310	7760	8500	9220	9910	10600
D10@300	6.0	6420	6810	7440	8030	8600	9130	6680	7060	7670	8250	8800	9330
	7.0	5810	6120	6620	7090	7510	7910	6010	6310	6790	7240	7650	8040
	12.0	2800	2850	2930	3000	3070	3140	2800	2850	2930	3000	3070	3140
	υ	0.149	0.138	0.123	0.111	0.101	0.093	0.195	0.181	0.162	0.147	0.134	0.124
12-D29	0.0	9510	10200	11300	12400	13500	14600	10000	10700	11800	12900	14000	15100
(7700)	3.0	8910	9500	10500	11400	12400	13300	9340	9920	10900	11800	12800	13700
2.14 %	4.0	8480	9010	9880	10700	11600	12400	8850	9380	10200	11100	11900	12800
	5.0	7940	8410	9180	9920	10600	11300	8270	8730	9490	10200	10900	11600
D10@300	6.0	7340	7740	8380	9000	9590	10200	7610	8000	8630	9230	9810	10400
	7.0	6680	7010	7530	8020	8480	8910	6890	7210	7720	8190	8640	9060
	12.0	3360	3410	3490	3570	3630	3700	3360	3410	3490	3570	3630	3700
	υ	0.133	0.124	0.112	0.102	0.094	0.087	0.174	0.164	0.148	0.136	0.125	0.116
12-D35	0.0	10600	11200	12300	13400	14500	15600	11100	11700	12800	13900	15000	16100
(11500)	3.0	9950	10500	11500	12500	13400	14300	10400	11000	11900	12900	13800	14700
3.19 %	4.0	9490	10000	10900	11800	12600	13400	9870	10400	11300	12100	13000	13800
	5.0	8920	9400	10200	10900	11700	12400	9260	9730	10500	11200	12000	12700
D13@400	6.0	8280	8690	9340	9980	10600	11200	8560	8960	9600	10200	10800	11400
	7.0	7580	7910	8450	8960	9450	9900	7800	8130	8660	9150	9620	10100
	12.0	3960	4010	4090	4160	4230	4290	3960	4010	4090	4160	4230	4290
	υ	0.119	0.112	0.102	0.094	0.087	0.081	0.158	0.149	0.136	0.125	0.116	0.108
12-D38	0.0	11200	11900	12900	14000	15100	16200	11700	12300	13400	14500	15600	16700
(13700)	3.0	10500	11100	12100	13000	14000	14900	11000	11500	12500	13400	14400	15300
3.80 %	4.0	10100	10600	11500	12300	13200	14000	10400	11000	11800	12700	13500	14400
	5.0	9460	9940	10700	11500	12200	12900	9800	10300	11000	11800	12500	13200
D13@400	6.0	8790	9190	9850	10500	11100	11700	9070	9470	10100	10700	11300	11900
	7.0	8050	8390	8930	9450	9930	10400	8280	8610	9140	9640	10100	10600
	12.0	4230	4290	4360	4440	4500	4570	4230	4290	4360	4440	4500	4570
	υ	0.113	0.106	0.097	0.090	0.084	0.078	0.149	0.141	0.130	0.120	0.112	0.105

1) H형강치수의 오른쪽에는 H형강의 단면적(A_s, mm^2)과 총단면적($A_g = b \times d$)에 대한 단면적비(ρ_s, %)를 나타내었다.
2) 부재 길이방향철근의 재질은 SD400(F_{yr} = 400 MPa)을 사용하였다.
3) 왼쪽 끝 수직열의 각 칸에는 위로부터 아래 순서로 하여 길이방향철근의 개수와 직경(예, 12-D25), 길이방향철근의 단면적(A_{sr}, mm^2), 길이방향철근의 단면적비(ρ_{sr}, %), 횡구속철근의 직경과 길이방향 간격(예, D10@250)을 나타내었다.
4) υ (upsilon)은 $A_s F_y / P_o$의 값을 나타내며, 매입형 합성기둥에 길이방향 하중이 가해질 때 하중전달을 위한 소요전단력(V')을 산정하는데 사용된다. 여기서 P_o는 합성기둥의 세장효과를 고려하지 않은 공칭압축강도이다.

제9장

도움표 9.1 매입형 합성기둥의 설계압축강도 $\phi_c P_n$ (kN)

$b \times d$ = 600 × 600 mm **H-208×202×10×16** A_s = 8370 mm², 2.32 %

H형강 재질		SHN400 (F_y = 235 MPa)						SHN490 (F_y = 325 MPa)					
철근	*KL*	f_{ck} (MPa)						f_{ck} (MPa)					
	m	27	30	35	40	45	50	27	30	35	40	45	50
4-D22	**0.0**	7970	8630	9750	10900	12000	13100	8530	9200	10300	11400	12500	13700
(1550)	**3.0**	7420	8010	8980	9940	10900	11800	7900	8490	9450	10400	11300	12300
0.430 %	**4.0**	7020	7550	8420	9270	10100	10900	7450	7970	8830	9670	10500	11300
	5.0	6540	7000	7750	8470	9170	9850	6900	7360	8090	8800	9490	10100
D10@300	**6.0**	5990	6380	7010	7600	8160	8690	6290	6670	7270	7840	8390	8900
	7.0	5410	5720	6220	6680	7100	7490	5630	5940	6410	6850	7250	7630
	12.0	2570	2620	2710	2790	2860	2930	2570	2620	2710	2790	2860	2930
	υ	0.185	0.171	0.151	0.136	0.123	0.113	0.239	0.222	0.198	0.178	0.163	0.149
8-D25	**0.0**	8670	9340	10400	11600	12700	13800	9240	9900	11000	12100	13200	14300
(4060)	**3.0**	8110	8690	9660	10600	11600	12500	8590	9180	10100	11100	12000	13000
1.13 %	**4.0**	7690	8220	9090	9950	10800	11600	8120	8650	9510	10400	11200	12000
	5.0	7180	7650	8410	9150	9860	10500	7560	8020	8760	9480	10200	10900
D10@300	**6.0**	6610	7010	7650	8250	8830	9380	6920	7300	7920	8510	9070	9610
	7.0	5990	6320	6830	7310	7750	8160	6230	6540	7040	7490	7920	8320
	12.0	2930	2990	3070	3150	3220	3290	2930	2990	3070	3150	3220	3290
	υ	0.170	0.158	0.141	0.128	0.116	0.107	0.221	0.206	0.185	0.168	0.154	0.142
12-D29	**0.0**	9710	10400	11500	12600	13700	14700	10300	10900	12000	13100	14200	15300
(7700)	**3.0**	9110	9690	10700	11600	12600	13500	9600	10200	11100	12100	13000	14000
2.14 %	**4.0**	8670	9200	10100	10900	11800	12600	9110	9640	10500	11400	12200	13000
	5.0	8130	8600	9370	10100	10800	11600	8520	8980	9740	10500	11200	11900
D10@300	**6.0**	7520	7930	8580	9200	9800	10400	7840	8240	8880	9490	10100	10600
	7.0	6860	7200	7730	8230	8700	9140	7120	7440	7950	8440	8890	9320
	12.0	3500	3550	3630	3710	3780	3850	3500	3550	3630	3710	3780	3850
	υ	0.152	0.142	0.129	0.117	0.108	0.100	0.199	0.187	0.170	0.155	0.143	0.133
12-D35	**0.0**	10800	11400	12500	13600	14700	15800	11300	12000	13100	14200	15200	16300
(11500)	**3.0**	10100	10700	11700	12600	13600	14500	10600	11200	12200	13100	14100	15000
3.19 %	**4.0**	9680	10200	11100	12000	12800	13600	10100	10700	11500	12400	13200	14100
	5.0	9110	9580	10400	11100	11900	12600	9500	9970	10700	11500	12200	12900
D13@400	**6.0**	8460	8870	9540	10200	10800	11400	8790	9190	9840	10500	11100	11700
	7.0	7750	8100	8640	9160	9650	10100	8020	8350	8890	9390	9870	10300
	12.0	4090	4140	4230	4300	4380	4440	4090	4140	4230	4300	4380	4440
	υ	0.137	0.129	0.118	0.109	0.100	0.094	0.180	0.170	0.156	0.144	0.134	0.125
12-D38	**0.0**	11400	12000	13100	14200	15300	16400	12000	12600	13700	14800	15800	16900
(13700)	**3.0**	10700	11300	12300	13200	14200	15100	11200	11800	12800	13700	14600	15600
3.80 %	**4.0**	10200	10800	11700	12500	13400	14200	10700	11200	12100	12900	13800	14600
	5.0	9650	10100	10900	11700	12400	13100	10000	10500	11300	12000	12800	13500
D13@400	**6.0**	8970	9380	10000	10700	11300	11900	9300	9710	10400	11000	11600	12200
	7.0	8230	8570	9120	9640	10100	10600	8500	8830	9360	9870	10400	10800
	12.0	4370	4420	4510	4580	4650	4720	4370	4420	4510	4580	4650	4720
	υ	0.129	0.122	0.112	0.104	0.097	0.090	0.171	0.162	0.149	0.138	0.129	0.121

1) H형강치수의 오른쪽에는 H형강의 단면적(A_s, mm²)과 총단면적($A_g = b \times d$)에 대한 단면적비(ρ_s, %)를 나타내었다.

2) 부재 길이방향철근의 재질은 SD400(F_{yr} = 400 MPa)을 사용하였다.

3) 왼쪽 끝 수직열의 각 칸에는 위로부터 아래 순서로 하여 길이방향철근의 개수와 직경(예, 12-D25), 길이방향철근의 단면적(A_{sr}, mm²), 길이방향철근의 단면적비(ρ_{sr}, %), 횡구속철근의 직경과 길이방향 간격(예, D10@250)을 나타내었다.

4) υ (upsilon)은 $A_s F_y / P_o$의 값을 나타내며, 매입형 합성기둥에 길이방향 하중이 가해질 때 하중전달을 위한 소요전단력(V')을 산정하는데 사용된다. 여기서 P_o는 합성기둥의 세장효과를 고려하지 않은 공칭압축강도이다.

도움표 9.1 매입형 합성기둥의 설계압축강도 $\phi_c P_n$ (kN)

$b \times d$ = 600 × 600 mm **H-244×252×11×11** A_s = 8210 mm², 2.28 %

H형강 재질		SHN400 (F_y = 235 MPa)						SHN490 (F_y = 325 MPa)					
철근	*KL*	f_{ck} (MPa)						f_{ck} (MPa)					
	m	27	30	35	40	45	50	27	30	35	40	45	50
4-D22	**0.0**	7940	8610	9730	10800	12000	13100	8490	9160	10300	11400	12500	13600
(1550)	**3.0**	7410	8000	8970	9930	10900	11800	7880	8470	9440	10400	11300	12300
0.430 %	**4.0**	7020	7550	8420	9280	10100	10900	7440	7970	8830	9670	10500	11300
	5.0	6550	7010	7770	8500	9200	9890	6910	7370	8110	8820	9510	10200
D10@300	**6.0**	6010	6410	7040	7640	8200	8740	6310	6690	7300	7880	8430	8960
	7.0	5440	5760	6260	6730	7160	7560	5670	5970	6460	6900	7320	7700
	12.0	2620	2680	2760	2840	2910	2980	2620	2680	2760	2840	2910	2980
	υ	0.182	0.168	0.149	0.133	0.121	0.111	0.236	0.218	0.195	0.176	0.160	0.147
8-D25	**0.0**	8650	9310	10400	11500	12600	13700	9200	9870	11000	12100	13200	14300
(4060)	**3.0**	8090	8680	9650	10600	11600	12500	8570	9160	10100	11100	12000	13000
1.13 %	**4.0**	7680	8220	9100	9960	10800	11600	8120	8640	9510	10400	11200	12000
	5.0	7190	7660	8430	9170	9880	10600	7560	8020	8770	9500	10200	10900
D10@300	**6.0**	6630	7030	7670	8290	8870	9430	6940	7330	7950	8550	9110	9660
	7.0	6020	6350	6870	7350	7800	8220	6260	6580	7080	7540	7980	8380
	12.0	2990	3040	3120	3200	3270	3340	2990	3040	3120	3200	3270	3340
	υ	0.167	0.155	0.139	0.125	0.114	0.105	0.217	0.203	0.182	0.166	0.152	0.140
12-D29	**0.0**	9680	10300	11400	12500	13600	14700	10200	10900	12000	13100	14200	15300
(7700)	**3.0**	9090	9680	10600	11600	12600	13500	9580	10200	11100	12100	13000	14000
2.14 %	**4.0**	8660	9200	10100	10900	11800	12600	9100	9630	10500	11400	12200	13000
	5.0	8140	8610	9380	10100	10900	11600	8520	8980	9750	10500	11200	11900
D10@300	**6.0**	7540	7950	8600	9230	9840	10400	7860	8250	8900	9510	10100	10700
	7.0	6890	7230	7760	8270	8740	9190	7140	7470	7990	8480	8940	9370
	12.0	3550	3600	3690	3760	3840	3900	3550	3600	3690	3760	3840	3900
	υ	0.149	0.140	0.126	0.115	0.106	0.098	0.195	0.184	0.167	0.153	0.141	0.131
12-D35	**0.0**	10700	11400	12500	13600	14700	15700	11300	12000	13000	14100	15200	16300
(11500)	**3.0**	10100	10700	11700	12600	13600	14500	10600	11200	12200	13100	14100	15000
3.19 %	**4.0**	9670	10200	11100	12000	12800	13600	10100	10600	11500	12400	13200	14100
	5.0	9110	9590	10400	11100	11900	12600	9500	9970	10700	11500	12200	12900
D13@400	**6.0**	8470	8890	9550	10200	10800	11400	8800	9210	9860	10500	11100	11700
	7.0	7780	8120	8670	9200	9690	10200	8040	8380	8910	9420	9900	10400
	12.0	4150	4200	4280	4360	4430	4500	4150	4200	4280	4360	4430	4500
	υ	0.135	0.127	0.116	0.107	0.099	0.092	0.177	0.167	0.153	0.142	0.132	0.123
12-D38	**0.0**	11400	12000	13100	14200	15200	16300	11900	12600	13600	14700	15800	16900
(13700)	**3.0**	10700	11300	12300	13200	14200	15100	11200	11800	12700	13700	14600	15600
3.80 %	**4.0**	10200	10800	11600	12500	13400	14200	10700	11200	12100	12900	13800	14600
	5.0	9650	10100	10900	11700	12400	13100	10000	10500	11300	12000	12800	13500
D13@400	**6.0**	8980	9390	10100	10700	11300	11900	9310	9720	10400	11000	11600	12200
	7.0	8250	8590	9150	9670	10200	10700	8520	8850	9390	9900	10400	10900
	12.0	4430	4480	4560	4640	4710	4770	4430	4480	4560	4640	4710	4770
	υ	0.127	0.120	0.110	0.102	0.095	0.089	0.168	0.159	0.147	0.136	0.127	0.118

1) H형강치수의 오른쪽에는 H형강의 단면적(A_s, mm²)과 총단면적($A_g = b \times d$)에 대한 단면적비(ρ_s, %)를 나타내었다.

2) 부재 길이방향철근의 재질은 SD400(F_{yr} = 400 MPa)을 사용하였다.

3) 왼쪽 끝 수직열의 각 칸에는 위로부터 아래 순서로 하여 길이방향철근의 개수와 직경(예, 12-D25), 길이방향철근의 단면적(A_{sr}, mm²), 길이방향철근의 단면적비(ρ_{sr}, %), 횡구속철근의 직경과 길이방향 간격(예, D10@250)을 나타내었다.

4) υ (upsilon)은 $A_s F_y / P_o$의 값을 나타내며, 매입형 합성기둥에 길이방향 하중이 가해질 때 하중전달을 위한 소요전단력(V')을 산정하는데 사용된다. 여기서 P_o는 합성기둥의 세장효과를 고려하지 않은 공칭압축강도이다.

도움표 9.1 매입형 합성기둥의 설계압축강도 $\phi_c P_n$ (kN)

$b \times d$ = 600 × 600 mm　　H-248×249×8×13　　A_s = 8470 mm^2, 2.35 %

H형강 재질		SHN400 (F_y = 235 MPa)						SHN490 (F_y = 325 MPa)					
철근	*KL*	f_{ck} (MPa)						f_{ck} (MPa)					
	m	27	30	35	40	45	50	27	30	35	40	45	50
4-D22	0.0	7980	8650	9770	10900	12000	13100	8550	9220	10300	11500	12600	13700
(1550)	3.0	7450	8040	9020	9980	10900	11900	7950	8540	9500	10500	11400	12300
0.430 %	4.0	7070	7600	8480	9340	10200	11000	7510	8040	8900	9750	10600	11400
	5.0	6600	7070	7830	8570	9280	9960	6980	7440	8180	8900	9600	10300
D10@300	6.0	6070	6470	7110	7710	8280	8830	6380	6770	7380	7970	8530	9050
	7.0	5500	5830	6340	6810	7250	7650	5740	6050	6540	6990	7410	7800
	12.0	2680	2730	2820	2900	2970	3040	2680	2730	2820	2900	2970	3040
	υ	0.187	0.173	0.153	0.137	0.124	0.114	0.241	0.224	0.200	0.180	0.164	0.151
8-D25	0.0	8690	9360	10500	11600	12700	13800	9260	9930	11000	12100	13200	14400
(4060)	3.0	8140	8730	9700	10700	11600	12600	8640	9220	10200	11100	12100	13000
1.13 %	4.0	7730	8270	9150	10000	10900	11700	8180	8710	9580	10400	11300	12100
	5.0	7240	7720	8480	9230	9950	10600	7630	8090	8850	9580	10300	11000
D10@300	6.0	6690	7090	7740	8350	8940	9500	7000	7400	8030	8630	9200	9750
	7.0	6080	6420	6940	7430	7880	8310	6330	6650	7160	7630	8060	8480
	12.0	3040	3100	3180	3260	3330	3400	3040	3100	3180	3260	3330	3400
	υ	0.172	0.160	0.143	0.129	0.118	0.108	0.223	0.208	0.187	0.170	0.156	0.144
12-D29	0.0	9720	10400	11500	12600	13700	14800	10300	11000	12000	13100	14200	15300
(7700)	3.0	9140	9730	10700	11700	12600	13600	9640	10200	11200	12100	13100	14000
2.14 %	4.0	8710	9250	10100	11000	11800	12700	9160	9690	10600	11400	12300	13100
	5.0	8190	8660	9440	10200	10900	11600	8580	9050	9810	10600	11300	12000
D10@300	6.0	7590	8000	8660	9300	9910	10500	7920	8320	8970	9590	10200	10800
	7.0	6940	7280	7830	8340	8820	9270	7210	7540	8060	8550	9020	9460
	12.0	3610	3660	3750	3820	3900	3960	3610	3660	3750	3820	3900	3960
	υ	0.154	0.144	0.130	0.119	0.109	0.101	0.201	0.189	0.171	0.157	0.145	0.135
12-D35	0.0	10800	11400	12500	13600	14700	15800	11400	12000	13100	14200	15300	16300
(11500)	3.0	10200	10800	11700	12700	13600	14600	10700	11300	12200	13200	14100	15100
3.19 %	4.0	9720	10300	11100	12000	12900	13700	10200	10700	11600	12400	13300	14100
	5.0	9160	9640	10400	11200	11900	12700	9560	10000	10800	11600	12300	13000
D13@400	6.0	8530	8940	9610	10300	10900	11500	8870	9270	9930	10600	11200	11800
	7.0	7830	8180	8730	9260	9760	10200	8110	8440	8980	9500	9980	10400
	12.0	4200	4260	4340	4420	4490	4560	4200	4260	4340	4420	4490	4560
	υ	0.138	0.130	0.119	0.110	0.102	0.095	0.182	0.172	0.158	0.146	0.135	0.126
12-D38	0.0	11400	12100	13100	14200	15300	16400	12000	12600	13700	14800	15900	16900
(13700)	3.0	10800	11300	12300	13300	14200	15100	11300	11800	12800	13800	14700	15600
3.80 %	4.0	10300	10800	11700	12600	13400	14300	10700	11300	12100	13000	13800	14700
	5.0	9700	10200	11000	11700	12500	13200	10100	10600	11300	12100	12800	13500
D13@400	6.0	9030	9450	10100	10800	11400	12000	9380	9780	10400	11100	11700	12300
	7.0	8300	8650	9210	9740	10200	10700	8580	8920	9460	9980	10500	10900
	12.0	4480	4530	4620	4690	4770	4830	4480	4530	4620	4690	4770	4830
	υ	0.131	0.124	0.114	0.105	0.098	0.091	0.172	0.163	0.151	0.140	0.130	0.122

1) H형강치수의 오른쪽에는 H형강의 단면적(A_s, mm^2)과 총단면적(A_g=b×d)에 대한 단면적비(ρ_s, %)를 나타내었다.

2) 부재 길이방향철근의 재질은 SD400(F_{yr} = 400 MPa)을 사용하였다.

3) 왼쪽 끝 수직열의 각 칸에는 위로부터 아래 순서로 하여 길이방향철근의 개수와 직경(예, 12-D25), 길이방향철근의 단면적(A_{sr}, mm^2), 길이방향철근의 단면적비(ρ_{sr}, %), 횡구속철근의 직경과 길이방향 간격(예, D10@250)을 나타내었다.

4) υ (upsilon)은 $A_s F_y / P_o$의 값을 나타내며, 매입형 합성기둥에 길이방향 하중이 가해질 때 하중전달을 위한 소요전단력(V')을 산정하는데 사용된다. 여기서 P_o는 합성기둥의 세장효과를 고려하지 않은 공칭압축강도이다.

도움표 9.1 매입형 합성기둥의 설계압축강도 $\phi_c P_n$ (kN)

$b \times d$ = 600 × 600 mm　　H-250×250×9×14　　A_s = 9220 mm², 2.56 %

H형강 재질		SHN400 (F_y = 235 MPa)						SHN490 (F_y = 325 MPa)					
철근	*KL*	f_{ck} (MPa)						f_{ck} (MPa)					
	m	27	30	35	40	45	50	27	30	35	40	45	50
4-D22	**0.0**	8100	8770	9880	11000	12100	13200	8720	9390	10500	11600	12700	13800
(1550)	**3.0**	7570	8160	9140	10100	11100	12000	8110	8700	9670	10600	11600	12500
0.430 %	**4.0**	7190	7720	8600	9460	10300	11100	7670	8200	9060	9910	10700	11600
	5.0	6720	7190	7960	8700	9410	10100	7130	7590	8340	9070	9770	10400
D10@300	**6.0**	6190	6590	7230	7840	8420	8980	6530	6920	7540	8130	8690	9230
	7.0	5620	5940	6460	6940	7390	7810	5880	6190	6690	7150	7570	7970
	12.0	2760	2820	2910	2990	3060	3130	2760	2820	2910	2990	3060	3130
	υ	0.201	0.185	0.164	0.148	0.134	0.123	0.258	0.239	0.214	0.193	0.177	0.162
8-D25	**0.0**	8810	9470	10600	11700	12800	13900	9430	10100	11200	12300	13400	14500
(4060)	**3.0**	8260	8850	9820	10800	11700	12700	8800	9390	10400	11300	12300	13200
1.13 %	**4.0**	7850	8390	9270	10100	11000	11800	8340	8870	9740	10600	11400	12300
	5.0	7360	7840	8610	9350	10100	10800	7780	8250	9000	9740	10400	11100
D10@300	**6.0**	6800	7210	7860	8480	9080	9650	7150	7550	8180	8780	9360	9920
	7.0	6200	6530	7060	7560	8020	8460	6470	6790	7300	7780	8220	8640
	12.0	3130	3180	3270	3350	3420	3500	3130	3180	3270	3350	3420	3500
	υ	0.184	0.172	0.154	0.139	0.127	0.117	0.238	0.223	0.201	0.183	0.168	0.155
12-D29	**0.0**	9840	10500	11600	12700	13800	14900	10500	11100	12200	13300	14400	15500
(7700)	**3.0**	9260	9840	10800	11800	12700	13700	9800	10400	11400	12300	13300	14200
2.14 %	**4.0**	8830	9360	10200	11100	12000	12800	9320	9850	10700	11600	12400	13300
	5.0	8300	8780	9560	10300	11100	11800	8730	9200	9970	10700	11400	12100
D10@300	**6.0**	7700	8120	8780	9420	10000	10600	8070	8470	9120	9740	10300	10900
	7.0	7050	7400	7940	8460	8950	9410	7340	7670	8200	8700	9170	9620
	12.0	3690	3750	3830	3910	3990	4060	3690	3750	3830	3910	3990	4060
	υ	0.165	0.155	0.140	0.128	0.118	0.109	0.215	0.202	0.184	0.169	0.156	0.145
12-D35	**0.0**	10900	11600	12600	13700	14800	15900	11500	12200	13300	14300	15400	16500
(11500)	**3.0**	10300	10900	11800	12800	13700	14700	10800	11400	12400	13300	14300	15200
3.19 %	**4.0**	9830	10400	11300	12100	13000	13800	10300	10900	11700	12600	13400	14300
	5.0	9280	9750	10500	11300	12000	12800	9710	10200	11000	11700	12400	13200
D13@400	**6.0**	8640	9050	9730	10400	11000	11600	9010	9420	10100	10700	11300	11900
	7.0	7940	8290	8850	9380	9890	10400	8240	8580	9120	9640	10100	10600
	12.0	4290	4340	4430	4510	4580	4650	4290	4340	4430	4510	4580	4650
	υ	0.149	0.141	0.129	0.118	0.110	0.102	0.195	0.184	0.169	0.157	0.146	0.136
12-D38	**0.0**	11500	12200	13300	14300	15400	16500	12200	12800	13900	14900	16000	17100
(13700)	**3.0**	10900	11500	12400	13400	14300	15300	11400	12000	13000	13900	14900	15800
3.80 %	**4.0**	10400	10900	11800	12700	13500	14400	10900	11400	12300	13200	14000	14800
	5.0	9820	10300	11100	11800	12600	13300	10300	10700	11500	12200	13000	13700
D13@400	**6.0**	9150	9560	10200	10900	11500	12100	9520	9920	10600	11200	11800	12400
	7.0	8410	8760	9320	9850	10400	10800	8710	9050	9600	10100	10600	11100
	12.0	4560	4620	4700	4780	4860	4930	4560	4620	4700	4780	4860	4930
	υ	0.141	0.133	0.123	0.113	0.106	0.099	0.185	0.176	0.162	0.150	0.140	0.131

1) H형강치수의 오른쪽에는 H형강의 단면적(A_s, mm²)과 총단면적($A_g = b \times d$)에 대한 단면적비(ρ_s, %)를 나타내었다.

2) 부재 길이방향철근의 재질은 SD400(F_{yr} = 400 MPa)을 사용하였다.

3) 왼쪽 끝 수직열의 각 칸에는 위로부터 아래 순서로 하여 길이방향철근의 개수와 직경(예, 12-D25), 길이방향철근의 단면적(A_{sr}, mm²), 길이방향철근의 단면적비(ρ_{sr}, %), 횡구속철근의 직경과 길이방향 간격(예, D10@250)을 나타내었다.

4) υ (upsilon)은 $A_s F_y / P_o$의 값을 나타내며, 매입형 합성기둥에 길이방향 하중이 가해질 때 하중전달을 위한 소요전단력(V')을 산정하는데 사용된다. 여기서 P_o는 합성기둥의 세장효과를 고려하지 않은 공칭압축강도이다.

도움표 9.1 매입형 합성기둥의 설계압축강도 $\phi_c P_n$ (kN)

$b \times d$ = 600 × 600 mm　　H-250×255×14×14　　A_s = 10500 mm², 2.91 %

H형강 재질		SHN400 (F_y = 235 MPa)						SHN490 (F_y = 325 MPa)					
철근	KL	f_{ck} (MPa)						f_{ck} (MPa)					
	m	27	30	35	40	45	50	27	30	35	40	45	50
4-D22	0.0	8300	8960	10100	11200	12300	13400	9010	9670	10800	11900	13000	14100
(1550)	3.0	7770	8360	9330	10300	11300	12200	8380	8970	9930	10900	11800	12800
0.430 %	4.0	7380	7910	8790	9660	10500	11300	7930	8450	9320	10200	11000	11800
	5.0	6910	7380	8150	8890	9620	10300	7380	7840	8590	9320	10000	10700
D10@300	6.0	6370	6770	7420	8040	8630	9190	6760	7150	7770	8370	8940	9490
	7.0	5790	6120	6650	7140	7600	8030	6090	6410	6910	7380	7810	8220
	12.0	2880	2930	3030	3110	3190	3260	2880	2930	3030	3110	3190	3260
	υ	0.222	0.206	0.183	0.165	0.150	0.138	0.283	0.264	0.237	0.215	0.196	0.181
8-D25	0.0	9010	9670	10800	11900	13000	14100	9710	10400	11500	12600	13700	14800
(4060)	3.0	8450	9040	10000	11000	11900	12900	9070	9650	10600	11600	12500	13500
1.13 %	4.0	8040	8580	9460	10300	11200	12000	8600	9130	10000	10900	11700	12500
	5.0	7550	8020	8800	9550	10300	11000	8030	8490	9250	9990	10700	11400
D10@300	6.0	6980	7390	8050	8680	9280	9860	7380	7770	8410	9020	9610	10200
	7.0	6370	6700	7240	7750	8220	8670	6680	7000	7520	8000	8460	8880
	12.0	3240	3300	3390	3470	3550	3630	3240	3300	3390	3470	3550	3630
	υ	0.205	0.191	0.171	0.155	0.142	0.131	0.263	0.246	0.222	0.203	0.187	0.173
12-D29	0.0	10000	10700	11800	12900	14000	15100	10700	11400	12500	13600	14700	15800
(7700)	3.0	9450	10000	11000	12000	12900	13900	10100	10700	11600	12600	13500	14500
2.14 %	4.0	9020	9550	10400	11300	12200	13000	9580	10100	11000	11800	12700	13500
	5.0	8490	8960	9740	10500	11200	12000	8980	9450	10200	11000	11700	12400
D10@300	6.0	7880	8290	8960	9610	10200	10800	8290	8700	9350	9970	10600	11200
	7.0	7220	7570	8120	8640	9140	9610	7550	7880	8420	8920	9400	9850
	12.0	3800	3860	3950	4040	4110	4190	3800	3860	3950	4040	4110	4190
	υ	0.184	0.173	0.157	0.143	0.132	0.123	0.237	0.224	0.204	0.188	0.174	0.162
12-D35	0.0	11100	11800	12800	13900	15000	16100	11800	12500	13500	14600	15700	16800
(11500)	3.0	10500	11100	12000	13000	13900	14900	11100	11700	12600	13600	14500	15500
3.19 %	4.0	10000	10600	11400	12300	13200	14000	10600	11100	12000	12900	13700	14500
	5.0	9460	9940	10700	11500	12200	13000	9960	10400	11200	12000	12700	13400
D13@400	6.0	8810	9230	9900	10600	11200	11800	9230	9640	10300	10900	11600	12200
	7.0	8100	8460	9020	9560	10100	10600	8450	8790	9330	9850	10300	10800
	12.0	4400	4460	4550	4630	4710	4780	4400	4460	4550	4630	4710	4780
	υ	0.166	0.157	0.144	0.133	0.123	0.115	0.216	0.205	0.188	0.175	0.163	0.152
12-D38	0.0	11700	12400	13400	14500	15600	16700	12400	13100	14100	15200	16300	17400
(13700)	3.0	11100	11700	12600	13600	14500	15400	11700	12300	13200	14200	15100	16000
3.80 %	4.0	10600	11100	12000	12900	13700	14600	11200	11700	12600	13400	14300	15100
	5.0	10000	10500	11300	12000	12800	13500	10500	11000	11700	12500	13200	13900
D13@400	6.0	9320	9730	10400	11100	11700	12300	9740	10200	10800	11400	12100	12700
	7.0	8580	8930	9490	10000	10500	11000	8920	9260	9810	10300	10800	11300
	12.0	4670	4740	4820	4910	4980	5060	4680	4740	4820	4910	4980	5060
	υ	0.157	0.149	0.137	0.127	0.118	0.111	0.205	0.195	0.180	0.168	0.157	0.147

1) H형강치수의 오른쪽에는 H형강의 단면적(A_s, mm²)과 총단면적($A_g = b \times d$)에 대한 단면적비(ρ_s, %)를 나타내었다.

2) 부재 길이방향철근의 재질은 SD400(F_{yr} = 400 MPa)을 사용하였다.

3) 왼쪽 끝 수직열의 각 칸에는 위로부터 아래 순서로 하여 길이방향철근의 개수와 직경(예, 12-D25), 길이방향철근의 단면적(A_{sr}, mm²), 길이방향철근의 단면적비(ρ_{sr}, %), 횡구속철근의 직경과 길이방향 간격(예, D10@250)을 나타내었다.

4) υ (upsilon)은 $A_s F_y / P_o$의 값을 나타내며, 매입형 합성기둥에 길이방향 하중이 가해질 때 하중전달을 위한 소요전단력(V')을 산정하는데 사용된다. 여기서 P_o는 합성기둥의 세장효과를 고려하지 않은 공칭압축강도이다.

도움표 9.1 매입형 합성기둥의 설계압축강도 $\phi_c P_n$ (kN)

$b \times d$ = 600 × 600 mm　　H-294×302×12×12　　A_s = 10800 mm², 2.99 %

H형강 재질		SHN400 (F_y = 235 MPa)						SHN490 (F_y = 325 MPa)					
철근	KL	f_{ck} (MPa)						f_{ck} (MPa)					
	m	27	30	35	40	45	50	27	30	35	40	45	50
4-D22	**0.0**	8350	9010	10100	11200	12300	13400	9070	9740	10800	12000	13100	14200
(1550)	**3.0**	7840	8430	9410	10400	11300	12300	8470	9060	10000	11000	11900	12900
0.430 %	**4.0**	7460	8010	8890	9770	10600	11500	8040	8570	9450	10300	11100	12000
	5.0	7010	7490	8270	9030	9770	10500	7500	7970	8740	9480	10200	10900
D10@300	**6.0**	6490	6900	7570	8200	8810	9390	6900	7300	7950	8560	9150	9710
	7.0	5930	6270	6820	7330	7800	8250	6250	6580	7100	7590	8040	8470
	12.0	3050	3110	3200	3280	3360	3440	3050	3110	3200	3280	3360	3440
	υ	0.227	0.211	0.188	0.169	0.154	0.141	0.289	0.269	0.242	0.220	0.201	0.185
8-D25	**0.0**	9060	9720	10800	11900	13000	14100	9780	10400	11500	12600	13700	14800
(4060)	**3.0**	8520	9110	10100	11100	12000	13000	9160	9750	10700	11700	12600	13600
1.13 %	**4.0**	8130	8670	9560	10400	11300	12100	8700	9240	10100	11000	11800	12700
	5.0	7650	8130	8910	9680	10400	11100	8150	8620	9390	10100	10900	11600
D10@300	**6.0**	7100	7510	8190	8830	9450	10000	7520	7920	8570	9200	9800	10400
	7.0	6500	6850	7400	7920	8410	8880	6840	7170	7700	8200	8670	9110
	12.0	3410	3470	3560	3650	3730	3800	3410	3470	3560	3650	3730	3800
	υ	0.210	0.195	0.175	0.159	0.146	0.134	0.268	0.251	0.227	0.208	0.191	0.177
12-D29	**0.0**	10100	10700	11800	12900	14000	15100	10800	11500	12600	13600	14700	15800
(7700)	**3.0**	9520	10100	11100	12000	13000	13900	10200	10700	11700	12700	13600	14600
2.14 %	**4.0**	9100	9640	10500	11400	12300	13100	9680	10200	11100	12000	12800	13600
	5.0	8580	9060	9850	10600	11400	12100	9090	9570	10300	11100	11800	12600
D10@300	**6.0**	7990	8410	9090	9750	10400	11000	8420	8830	9500	10100	10700	11300
	7.0	7350	7700	8270	8800	9310	9800	7700	8040	8580	9100	9590	10100
	12.0	3970	4030	4120	4210	4290	4360	3970	4030	4120	4210	4290	4360
	υ	0.188	0.177	0.160	0.147	0.135	0.126	0.243	0.229	0.209	0.192	0.178	0.166
12-D35	**0.0**	11200	11800	12900	14000	15000	16100	11900	12500	13600	14700	15800	16800
(11500)	**3.0**	10500	11100	12100	13100	14000	15000	11200	11800	12700	13700	14600	15600
3.19 %	**4.0**	10100	10600	11500	12400	13300	14100	10700	11200	12100	13000	13800	14700
	5.0	9550	10000	10800	11600	12400	13100	10100	10500	11300	12100	12800	13600
D13@400	**6.0**	8920	9340	10000	10700	11300	12000	9360	9770	10400	11100	11700	12300
	7.0	8220	8580	9160	9710	10200	10700	8590	8930	9490	10000	10500	11000
	12.0	4550	4630	4720	4800	4880	4950	4570	4630	4720	4800	4880	4950
	υ	0.170	0.161	0.147	0.136	0.126	0.118	0.221	0.209	0.193	0.179	0.167	0.156
12-D38	**0.0**	11800	12400	13500	14600	15600	16700	12500	13100	14200	15300	16400	17400
(13700)	**3.0**	11100	11700	12700	13600	14600	15500	11800	12400	13300	14300	15200	16100
3.80 %	**4.0**	10700	11200	12100	13000	13800	14700	11300	11800	12700	13500	14400	15200
	5.0	10100	10600	11400	12100	12900	13600	10600	11100	11900	12600	13400	14100
D13@400	**6.0**	9420	9840	10500	11200	11800	12500	9870	10300	10900	11600	12200	12800
	7.0	8700	9050	9630	10200	10700	11200	9060	9410	9960	10500	11000	11500
	12.0	4830	4900	5000	5080	5160	5230	4850	4910	5000	5080	5160	5230
	υ	0.161	0.153	0.141	0.130	0.121	0.114	0.210	0.200	0.185	0.172	0.160	0.151

1) H형강치수의 오른쪽에는 H형강의 단면적(A_s, mm²)과 총단면적($A_g = b \times d$)에 대한 단면적비(ρ_s, %)를 나타내었다.

2) 부재 길이방향철근의 재질은 SD400(F_{yr} = 400 MPa)을 사용하였다.

3) 왼쪽 끝 수직열의 각 칸에는 위로부터 아래 순서로 하여 길이방향철근의 개수와 직경(예, 12-D25), 길이방향철근의 단면적(A_{sr}, mm²), 길이방향철근의 단면적비(ρ_{sr}, %), 횡구속철근의 직경과 길이방향 간격(예, D10@250)을 나타내었다.

4) υ (upsilon)은 $A_s F_y / P_o$의 값을 나타내며, 매입형 합성기둥에 길이방향 하중이 가해질 때 하중전달을 위한 소요전단력(V')을 산정하는데 사용된다. 여기서 P_o는 합성기둥의 세장효과를 고려하지 않은 공칭압축강도이다.

도움표 9.1 매입형 합성기둥의 설계압축강도 $\phi_c P_n$ (kN)

$b \times d$ = 600 × 600 mm **H-298×299×9×14** A_s = 11100 mm^2, 3.08 %

H형강 재질		SHN400 (F_y = 235 MPa)						SHN490 (F_y = 325 MPa)					
철근	KL	f_{ck} (MPa)						f_{ck} (MPa)					
	m	27	30	35	40	45	50	27	30	35	40	45	50
4-D22	**0.0**	8400	9060	10200	11300	12400	13500	9140	9810	10900	12000	13100	14200
(1550)	**3.0**	7900	8490	9470	10400	11400	12400	8550	9140	10100	11100	12000	13000
0.430 %	**4.0**	7530	8070	8960	9840	10700	11500	8120	8650	9530	10400	11200	12100
	5.0	7080	7560	8350	9110	9850	10600	7590	8070	8830	9580	10300	11000
D10@300	**6.0**	6570	6980	7660	8300	8910	9500	7000	7400	8050	8670	9270	9830
	7.0	6010	6360	6910	7430	7910	8370	6350	6680	7210	7710	8170	8600
	12.0	3140	3200	3290	3380	3460	3530	3140	3200	3290	3380	3460	3530
	υ	0.233	0.216	0.192	0.173	0.158	0.145	0.295	0.275	0.247	0.225	0.206	0.190
8-D25	**0.0**	9110	9770	10900	12000	13100	14200	9850	10500	11600	12700	13800	14900
(4060)	**3.0**	8580	9170	10100	11100	12100	13000	9240	9820	10800	11800	12700	13700
1.13 %	**4.0**	8190	8730	9620	10500	11400	12200	8780	9320	10200	11100	11900	12800
	5.0	7710	8200	8990	9760	10500	11200	8230	8710	9480	10200	11000	11700
D10@300	**6.0**	7170	7590	8270	8920	9540	10100	7610	8020	8670	9300	9910	10500
	7.0	6580	6930	7490	8020	8520	8990	6930	7270	7810	8310	8790	9240
	12.0	3500	3560	3650	3740	3820	3890	3500	3560	3650	3740	3820	3890
	υ	0.214	0.200	0.180	0.163	0.149	0.138	0.274	0.257	0.233	0.212	0.196	0.181
12-D29	**0.0**	10100	10800	11900	13000	14100	15100	10900	11500	12600	13700	14800	15900
(7700)	**3.0**	9570	10200	11100	12100	13100	14000	10200	10800	11800	12700	13700	14600
2.14 %	**4.0**	9160	9700	10600	11500	12300	13200	9760	10300	11200	12000	12900	13700
	5.0	8650	9130	9920	10700	11500	12200	9180	9650	10400	11200	11900	12700
D10@300	**6.0**	8060	8490	9170	9830	10500	11100	8510	8920	9590	10200	10900	11500
	7.0	7420	7780	8350	8900	9410	9900	7790	8130	8680	9210	9700	10200
	12.0	4060	4120	4210	4300	4380	4450	4060	4120	4210	4300	4380	4450
	υ	0.193	0.181	0.164	0.151	0.139	0.129	0.248	0.234	0.214	0.197	0.182	0.170
12-D35	**0.0**	11200	11900	12900	14000	15100	16200	12000	12600	13700	14800	15800	16900
(11500)	**3.0**	10600	11200	12200	13100	14100	15000	11300	11900	12800	13800	14700	15700
3.19 %	**4.0**	10200	10700	11600	12500	13300	14200	10800	11300	12200	13000	13900	14700
	5.0	9610	10100	10900	11700	12400	13200	10200	10600	11400	12200	12900	13700
D13@400	**6.0**	8990	9410	10100	10800	11400	12000	9450	9860	10500	11200	11800	12400
	7.0	8300	8660	9240	9790	10300	10800	8680	9030	9590	10100	10600	11100
	12.0	4630	4710	4810	4890	4970	5050	4660	4720	4810	4890	4970	5050
	υ	0.174	0.165	0.151	0.139	0.130	0.121	0.226	0.214	0.197	0.183	0.171	0.160
12-D38	**0.0**	11800	12500	13500	14600	15700	16700	12600	13200	14300	15400	16400	17500
(13700)	**3.0**	11200	11800	12700	13700	14600	15600	11900	12400	13400	14300	15300	16200
3.80 %	**4.0**	10700	11300	12100	13000	13900	14700	11300	11900	12700	13600	14500	15300
	5.0	10200	10600	11400	12200	13000	13700	10700	11200	11900	12700	13500	14200
D13@400	**6.0**	9490	9920	10600	11300	11900	12500	9950	10400	11000	11700	12300	12900
	7.0	8770	9130	9710	10300	10800	11300	9150	9500	10100	10600	11100	11600
	12.0	4910	4990	5090	5170	5250	5320	4940	5000	5090	5170	5250	5320
	υ	0.165	0.157	0.144	0.134	0.125	0.117	0.215	0.204	0.189	0.176	0.164	0.154

1) H형강치수의 오른쪽에는 H형강의 단면적(A_s, mm^2)과 총단면적($A_g = b \times d$)에 대한 단면적비(ρ_s, %)를 나타내었다.

2) 부재 길이방향철근의 재질은 SD400(F_{yr} = 400 MPa)을 사용하였다.

3) 왼쪽 끝 수직열의 각 칸에는 위로부터 아래 순서로 하여 길이방향철근의 개수와 직경(예, 12-D25), 길이방향철근의 단면적(A_{sr}, mm^2), 길이방향철근의 단면적비(ρ_{sr}, %), 횡구속철근의 직경과 길이방향 간격(예, D10@250)을 나타내었다.

4) υ (upsilon)은 $A_s F_y / P_o$의 값을 나타내며, 매입형 합성기둥에 길이방향 하중이 가해질 때 하중전달을 위한 소요전단력(V')을 산정하는데 사용된다. 여기서 P_o는 합성기둥의 세장효과를 고려하지 않은 공칭압축강도이다.

도움표 9.1 매입형 합성기둥의 설계압축강도 $\phi_c P_n$ (kN)

$b \times d$ = 600 × 600 mm **H-300×300×10×15** A_s = 12000 mm^2, 3.33 %

H형강 재질		SHN400 (F_y = 235 MPa)						SHN490 (F_y = 325 MPa)					
철근	KL	f_{ck} (MPa)						f_{ck} (MPa)					
	m	27	30	35	40	45	50	27	30	35	40	45	50
4-D22	**0.0**	8540	9200	10300	11400	12500	13600	9350	10000	11100	12200	13300	14400
(1550)	**3.0**	8040	8630	9620	10600	11600	12500	8750	9340	10300	11300	12200	13200
0.430 %	**4.0**	7670	8220	9110	9990	10900	11700	8310	8850	9730	10600	11400	12300
	5.0	7220	7710	8500	9270	10000	10700	7780	8260	9030	9780	10500	11200
D10@300	**6.0**	6710	7130	7810	8460	9080	9680	7180	7580	8240	8870	9470	10000
	7.0	6150	6500	7060	7590	8090	8550	6530	6860	7390	7900	8370	8810
	12.0	3250	3310	3410	3500	3580	3660	3250	3310	3410	3500	3580	3660
	υ	0.247	0.229	0.205	0.185	0.169	0.155	0.312	0.292	0.263	0.239	0.219	0.202
8-D25	**0.0**	9250	9910	11000	12100	13200	14300	10100	10700	11800	12900	14000	15100
(4060)	**3.0**	8720	9310	10300	11300	12200	13200	9430	10000	11000	12000	12900	13900
1.13 %	**4.0**	8330	8870	9770	10600	11500	12400	8980	9510	10400	11300	12100	13000
	5.0	7860	8340	9140	9910	10700	11400	8420	8900	9670	10400	11200	11900
D10@300	**6.0**	7310	7730	8420	9070	9700	10300	7790	8200	8860	9500	10100	10700
	7.0	6720	7070	7640	8180	8690	9170	7100	7440	7990	8500	8980	9440
	12.0	3610	3670	3770	3860	3940	4020	3610	3670	3770	3860	3940	4020
	υ	0.228	0.213	0.192	0.174	0.160	0.148	0.290	0.272	0.247	0.226	0.208	0.193
12-D29	**0.0**	10300	10900	12000	13100	14200	15300	11100	11700	12800	13900	15000	16100
(7700)	**3.0**	9720	10300	11300	12200	13200	14100	10400	11000	12000	12900	13900	14800
2.14 %	**4.0**	9300	9840	10700	11600	12500	13300	9950	10500	11400	12200	13100	13900
	5.0	8790	9270	10100	10800	11600	12300	9360	9840	10600	11400	12100	12900
D10@300	**6.0**	8200	8630	9320	9980	10600	11200	8690	9100	9770	10400	11000	11600
	7.0	7560	7920	8500	9050	9570	10100	7960	8310	8860	9390	9890	10400
	12.0	4160	4240	4330	4420	4500	4580	4180	4240	4330	4420	4500	4580
	υ	0.205	0.193	0.176	0.161	0.149	0.138	0.263	0.249	0.228	0.210	0.195	0.182
12-D35	**0.0**	11300	12000	13100	14100	15200	16300	12200	12800	13900	14900	16000	17100
(11500)	**3.0**	10700	11300	12300	13300	14200	15100	11500	12000	13000	14000	14900	15800
3.19 %	**4.0**	10300	10800	11700	12600	13500	14300	11000	11500	12400	13200	14100	14900
	5.0	9750	10200	11000	11800	12600	13300	10300	10800	11600	12400	13100	13800
D13@400	**6.0**	9120	9550	10200	10900	11600	12200	9620	10000	10700	11400	12000	12600
	7.0	8430	8800	9380	9940	10500	11000	8840	9190	9760	10300	10800	11300
	12.0	4740	4820	4930	5010	5090	5170	4770	4830	4930	5010	5090	5170
	υ	0.186	0.176	0.162	0.149	0.139	0.130	0.240	0.228	0.210	0.195	0.182	0.171
12-D38	**0.0**	12000	12600	13700	14700	15800	16900	12800	13400	14500	15500	16600	17700
(13700)	**3.0**	11300	11900	12900	13800	14800	15700	12100	12600	13600	14500	15500	16400
3.80 %	**4.0**	10900	11400	12300	13200	14000	14900	11500	12100	12900	13800	14600	15500
	5.0	10300	10800	11600	12300	13100	13900	10900	11400	12100	12900	13600	14400
D13@400	**6.0**	9630	10100	10700	11400	12100	12700	10100	10500	11200	11900	12500	13100
	7.0	8900	9270	9850	10400	10900	11500	9320	9670	10200	10800	11300	11800
	12.0	5010	5100	5200	5290	5370	5450	5050	5110	5200	5290	5370	5450
	υ	0.176	0.167	0.154	0.143	0.134	0.125	0.228	0.218	0.202	0.188	0.176	0.165

1) H형강치수의 오른쪽에는 H형강의 단면적(A_s, mm^2)과 총단면적($A_g = b \times d$)에 대한 단면적비(ρ_s, %)를 나타내었다.

2) 부재 길이방향철근의 재질은 SD400(F_{yr} = 400 MPa)을 사용하였다.

3) 왼쪽 끝 수직열의 각 칸에는 위로부터 아래 순서로 하여 길이방향철근의 개수와 직경(예, 12-D25), 길이방향철근의 단면적(A_{sr}, mm^2), 길이방향철근의 단면적비(ρ_{sr}, %), 횡구속철근의 직경과 길이방향 간격(예, D10@250)을 나타내었다.

4) υ (upsilon)은 $A_s F_y / P_o$의 값을 나타내며, 매입형 합성기둥에 길이방향 하중이 가해질 때 하중전달을 위한 소요전단력(V')을 산정하는데 사용된다. 여기서 P_o는 합성기둥의 세장효과를 고려하지 않은 공칭압축강도이다.

도움표 9.1 매입형 합성기둥의 설계압축강도 $\phi_c P_n$ (kN)

$b \times d$ = 600 × 600 mm **H-300×305×15×15** A_s = 13500 mm², 3.74 %

H형강 재질		SHN400 (F_y = 235 MPa)						SHN490 (F_y = 325 MPa)					
철근	KL	f_{ck} (MPa)						f_{ck} (MPa)					
	m	27	30	35	40	45	50	27	30	35	40	45	50
4-D22	**0.0**	8780	9440	10500	11600	12700	13800	9690	10300	11400	12500	13600	14700
(1550)	**3.0**	8270	8860	9840	10800	11800	12700	9070	9660	10600	11600	12500	13500
0.430 %	**4.0**	7900	8440	9340	10200	11100	11900	8620	9160	10000	10900	11800	12600
	5.0	7440	7930	8720	9500	10300	11000	8080	8550	9320	10100	10800	11500
D10@300	**6.0**	6920	7350	8030	8690	9320	9920	7450	7860	8520	9150	9760	10300
	7.0	6350	6710	7280	7820	8320	8800	6780	7120	7660	8170	8650	9110
	12.0	3400	3460	3560	3650	3740	3820	3400	3460	3560	3650	3740	3820
	υ	0.271	0.252	0.225	0.204	0.187	0.172	0.339	0.318	0.287	0.262	0.241	0.223
8-D25	**0.0**	9490	10100	11200	12300	13400	14500	10400	11100	12100	13200	14300	15400
(4060)	**3.0**	8950	9540	10500	11500	12400	13400	9760	10300	11300	12300	13200	14200
1.13 %	**4.0**	8560	9100	9990	10900	11700	12600	9290	9820	10700	11600	12400	13300
	5.0	8080	8560	9360	10100	10900	11600	8720	9190	9970	10700	11500	12200
D10@300	**6.0**	7520	7950	8640	9300	9940	10600	8060	8470	9140	9780	10400	11000
	7.0	6920	7280	7850	8400	8920	9410	7360	7700	8250	8770	9260	9730
	12.0	3750	3820	3920	4010	4100	4180	3760	3820	3920	4010	4100	4180
	υ	0.250	0.234	0.211	0.193	0.177	0.164	0.316	0.297	0.271	0.248	0.229	0.213
12-D29	**0.0**	10500	11200	12200	13300	14400	15500	11400	12100	13200	14200	15300	16400
(7700)	**3.0**	9950	10500	11500	12500	13400	14400	10800	11300	12300	13300	14200	15100
2.14 %	**4.0**	9520	10100	11000	11800	12700	13600	10300	10800	11700	12500	13400	14200
	5.0	9010	9490	10300	11100	11800	12600	9660	10100	10900	11700	12400	13200
D10@300	**6.0**	8410	8840	9530	10200	10800	11500	8960	9380	10100	10700	11300	11900
	7.0	7760	8120	8710	9260	9790	10300	8210	8560	9120	9650	10200	10600
	12.0	4300	4380	4480	4580	4660	4740	4320	4380	4480	4580	4660	4740
	υ	0.226	0.213	0.194	0.178	0.165	0.153	0.287	0.272	0.250	0.231	0.214	0.200
12-D35	**0.0**	11600	12200	13300	14400	15400	16500	12500	13100	14200	15300	16300	17400
(11500)	**3.0**	11000	11600	12500	13500	14400	15400	11800	12400	13300	14300	15200	16200
3.19 %	**4.0**	10500	11100	11900	12800	13700	14500	11300	11800	12700	13500	14400	15200
	5.0	9970	10500	11300	12000	12800	13500	10600	11100	11900	12700	13400	14100
D13@400	**6.0**	9330	9760	10500	11100	11800	12400	9900	10300	11000	11600	12300	12900
	7.0	8630	9000	9590	10200	10700	11200	9100	9450	10000	10600	11100	11600
	12.0	4880	4960	5080	5170	5250	5330	4910	4980	5080	5170	5250	5330
	υ	0.205	0.194	0.179	0.165	0.154	0.144	0.263	0.250	0.231	0.215	0.201	0.189
12-D38	**0.0**	12200	12800	13900	15000	16000	17100	13100	13800	14800	15900	16900	18000
(13700)	**3.0**	11600	12100	13100	14100	15000	15900	12400	13000	13900	14800	15800	16700
3.80 %	**4.0**	11100	11600	12500	13400	14200	15100	11800	12400	13200	14100	14900	15800
	5.0	10500	11000	11800	12600	13300	14100	11200	11600	12400	13200	13900	14700
D13@400	**6.0**	9840	10300	11000	11600	12300	12900	10400	10800	11500	12100	12800	13400
	7.0	9100	9470	10100	10600	11200	11700	9570	9920	10500	11000	11600	12100
	12.0	5150	5240	5350	5450	5530	5610	5190	5260	5350	5450	5530	5610
	υ	0.195	0.185	0.171	0.159	0.148	0.139	0.250	0.239	0.222	0.207	0.194	0.183

1) H형강치수의 오른쪽에는 H형강의 단면적(A_s, mm²)과 총단면적($A_g = b \times d$)에 대한 단면적비(ρ_s, %)를 나타내었다.
2) 부재 길이방향철근의 재질은 SD400(F_{yr} = 400 MPa)을 사용하였다.
3) 왼쪽 끝 수직열의 각 칸에는 위로부터 아래 순서로 하여 길이방향철근의 개수와 직경(예, 12-D25), 길이방향철근의 단면적(A_{sr}, mm²), 길이방향철근의 단면적비(ρ_{sr}, %), 횡구속철근의 직경과 길이방향 간격(예, D10@250)을 나타내었다.
4) υ (upsilon)은 $A_s F_y / P_o$의 값을 나타내며, 매입형 합성기둥에 길이방향 하중이 가해질 때 하중전달을 위한 소요전단력(V')을 산정하는데 사용된다. 여기서 P_o는 합성기둥의 세장효과를 고려하지 않은 공칭압축강도이다.

도움표 9.1 매입형 합성기둥의 설계압축강도 $\phi_c P_n$ (kN)

$b \times d$ = 600 × 600 mm　　H-304×301×11×17　　A_s = 13500 mm^2, 3.75 %

H형강 재질		SHN400 (F_y = 235 MPa)						SHN490 (F_y = 325 MPa)					
철근	*KL*	f_{ck} (MPa)						f_{ck} (MPa)					
	m	27	30	35	40	45	50	27	30	35	40	45	50
4-D22	**0.0**	8780	9440	10500	11600	12700	13800	9690	10300	11400	12500	13600	14700
(1550)	**3.0**	8280	8870	9860	10800	11800	12700	9080	9670	10600	11600	12600	13500
0.430 %	**4.0**	7910	8460	9360	10200	11100	12000	8640	9180	10100	10900	11800	12600
	5.0	7460	7950	8750	9530	10300	11000	8100	8580	9360	10100	10900	11600
D10@300	**6.0**	6950	7380	8060	8730	9360	9970	7490	7900	8560	9200	9810	10400
	7.0	6390	6750	7320	7860	8380	8860	6820	7160	7710	8220	8710	9170
	12.0	3450	3510	3610	3710	3800	3880	3450	3510	3610	3710	3800	3880
	υ	0.271	0.252	0.225	0.204	0.187	0.172	0.339	0.318	0.287	0.262	0.241	0.223
8-D25	**0.0**	9490	10100	11200	12300	13400	14500	10400	11100	12100	13200	14300	15400
(4060)	**3.0**	8960	9550	10500	11500	12500	13400	9770	10400	11300	12300	13200	14200
1.13 %	**4.0**	8570	9120	10000	10900	11800	12600	9300	9840	10700	11600	12400	13300
	5.0	8100	8590	9380	10200	10900	11700	8740	9220	10000	10800	11500	12200
D10@300	**6.0**	7550	7980	8670	9340	9980	10600	8100	8510	9180	9820	10400	11000
	7.0	6950	7320	7890	8440	8970	9460	7400	7740	8290	8820	9320	9790
	12.0	3810	3880	3980	4070	4160	4240	3810	3880	3980	4070	4160	4240
	υ	0.250	0.234	0.212	0.193	0.177	0.164	0.316	0.297	0.271	0.248	0.229	0.213
12-D29	**0.0**	10500	11200	12200	13300	14400	15500	11400	12100	13200	14200	15300	16400
(7700)	**3.0**	9950	10500	11500	12500	13400	14400	10800	11300	12300	13300	14200	15200
2.14 %	**4.0**	9540	10100	11000	11900	12700	13600	10300	10800	11700	12600	13400	14300
	5.0	9030	9510	10300	11100	11900	12600	9680	10200	10900	11700	12500	13200
D10@300	**6.0**	8440	8870	9560	10200	10900	11500	8990	9410	10100	10700	11400	12000
	7.0	7790	8160	8740	9300	9840	10300	8250	8600	9160	9700	10200	10700
	12.0	4350	4440	4540	4630	4720	4800	4380	4440	4540	4630	4720	4800
	υ	0.226	0.213	0.194	0.178	0.165	0.153	0.288	0.272	0.250	0.231	0.215	0.200
12-D35	**0.0**	11600	12200	13300	14400	15400	16500	12500	13100	14200	15300	16300	17400
(11500)	**3.0**	11000	11600	12500	13500	14400	15400	11800	12400	13300	14300	15200	16200
3.19 %	**4.0**	10500	11100	12000	12800	13700	14600	11300	11800	12700	13600	14400	15300
	5.0	9990	10500	11300	12100	12800	13600	10600	11100	11900	12700	13400	14200
D13@400	**6.0**	9360	9790	10500	11200	11800	12500	9920	10300	11000	11700	12300	12900
	7.0	8660	9030	9620	10200	10700	11300	9130	9480	10100	10600	11100	11600
	12.0	4920	5010	5140	5220	5310	5390	4970	5030	5140	5220	5310	5390
	υ	0.205	0.194	0.179	0.165	0.154	0.144	0.263	0.250	0.231	0.215	0.201	0.189
12-D38	**0.0**	12200	12800	13900	15000	16000	17100	13100	13800	14800	15900	16900	18000
(13700)	**3.0**	11600	12200	13100	14100	15000	15900	12400	13000	13900	14900	15800	16700
3.80 %	**4.0**	11100	11600	12500	13400	14300	15100	11800	12400	13300	14100	15000	15800
	5.0	10500	11000	11800	12600	13400	14100	11200	11700	12400	13200	14000	14700
D13@400	**6.0**	9860	10300	11000	11700	12300	13000	10400	10800	11500	12200	12800	13400
	7.0	9130	9500	10100	10700	11200	11700	9600	9950	10500	11100	11600	12100
	12.0	5200	5290	5410	5500	5590	5670	5240	5320	5410	5500	5590	5670
	υ	0.195	0.185	0.171	0.159	0.148	0.139	0.250	0.239	0.222	0.207	0.194	0.183

1) H형강치수의 오른쪽에는 H형강의 단면적(A_s, mm^2)과 총단면적(A_g=b×d)에 대한 단면적비(ρ_s, %)를 나타내었다.

2) 부재 길이방향철근의 재질은 SD400(F_{yr} = 400 MPa)을 사용하였다.

3) 왼쪽 끝 수직열의 각 칸에는 위로부터 아래 순서로 하여 길이방향철근의 개수와 직경(예, 12-D25), 길이방향철근의 단면적(A_{sr}, mm^2), 길이방향철근의 단면적비(ρ_{sr}, %), 횡구속철근의 직경과 길이방향 간격(예, D10@250)을 나타내었다.

4) υ (upsilon)은 $A_s F_y / P_o$의 값을 나타내며, 매입형 합성기둥에 길이방향 하중이 가해질 때 하중전달을 위한 소요전단력(V')을 산정하는데 사용된다. 여기서 P_o는 합성기둥의 세장효과를 고려하지 않은 공칭압축강도이다.

도움표 9.1 매입형 합성기둥의 설계압축강도 $\phi_c P_n$ (kN)

$b \times d$ = 600 × 600 mm H-310×305×15×20 A_s = 16500 mm^2, 4.59 %

H형강 재질		SHN400 (F_y = 235 MPa)						SHN490 (F_y = 325 MPa)					
철근	KL	f_{ck} (MPa)						f_{ck} (MPa)					
	m	27	30	35	40	45	50	27	30	35	40	45	50
4-D22	0.0	9260	9920	11000	12100	13200	14300	10400	11000	12100	13200	14300	15400
(1550)	3.0	8760	9360	10300	11300	12300	13200	9750	10300	11300	12300	13200	14200
0.430 %	4.0	8390	8940	9840	10700	11600	12500	9290	9830	10700	11600	12500	13300
	5.0	7940	8430	9240	10000	10800	11600	8730	9210	10000	10800	11500	12300
D10@300	6.0	7420	7850	8560	9240	9890	10500	8090	8510	9190	9840	10500	11100
	7.0	6850	7220	7810	8380	8920	9430	7400	7750	8310	8850	9360	9840
	12.0	3810	3900	4010	4120	4210	4300	3830	3900	4010	4120	4210	4300
	υ	0.314	0.294	0.265	0.241	0.221	0.204	0.388	0.365	0.332	0.305	0.282	0.262
8-D25	0.0	9970	10600	11700	12800	13900	14900	11100	11700	12800	13900	15000	16100
(4060)	3.0	9440	10000	11000	12000	12900	13900	10400	11000	12000	12900	13900	14800
1.13 %	4.0	9050	9600	10500	11400	12300	13100	9950	10500	11400	12200	13100	14000
	5.0	8570	9060	9870	10700	11400	12200	9370	9850	10600	11400	12200	12900
D10@300	6.0	8020	8450	9160	9840	10500	11100	8700	9120	9800	10500	11100	11700
	7.0	7410	7780	8380	8950	9490	10000	7970	8320	8890	9430	9950	10400
	12.0	4170	4260	4380	4480	4570	4660	4200	4270	4380	4480	4570	4660
	υ	0.292	0.274	0.249	0.228	0.210	0.195	0.363	0.343	0.314	0.290	0.269	0.251
12-D29	0.0	11000	11600	12700	13800	14900	15900	12100	12800	13800	14900	16000	17000
(7700)	3.0	10400	11000	12000	12900	13900	14900	11400	12000	13000	13900	14900	15800
2.14 %	4.0	10000	10600	11400	12300	13200	14100	10900	11500	12300	13200	14100	14900
	5.0	9500	9990	10800	11600	12400	13100	10300	10800	11600	12300	13100	13800
D10@300	6.0	8900	9330	10000	10700	11400	12000	9590	10000	10700	11400	12000	12600
	7.0	8240	8620	9220	9800	10300	10900	8820	9170	9750	10300	10800	11300
	12.0	4710	4800	4940	5040	5130	5220	4760	4830	4940	5040	5130	5220
	υ	0.265	0.250	0.229	0.211	0.196	0.183	0.332	0.316	0.291	0.270	0.252	0.236
12-D35	0.0	12100	12700	13800	14800	15900	16900	13200	13800	14900	15900	17000	18100
(11500)	3.0	11500	12000	13000	14000	14900	15800	12500	13000	14000	14900	15900	16800
3.19 %	4.0	11000	11500	12400	13300	14200	15000	11900	12500	13300	14200	15100	15900
	5.0	10500	10900	11700	12500	13300	14100	11300	11800	12500	13300	14100	14800
D13@400	6.0	9820	10200	11000	11600	12300	13000	10500	10900	11600	12300	12900	13600
	7.0	9110	9480	10100	10700	11200	11800	9690	10100	10600	11200	11700	12200
	12.0	5280	5380	5520	5630	5720	5810	5340	5420	5530	5630	5720	5810
	υ	0.241	0.229	0.212	0.197	0.183	0.172	0.305	0.291	0.271	0.253	0.237	0.223
12-D38	0.0	12700	13300	14400	15400	16500	17500	13800	14400	15500	16500	17600	18600
(13700)	3.0	12100	12600	13600	14500	15500	16400	13100	13600	14600	15500	16400	17400
3.80 %	4.0	11600	12100	13000	13900	14700	15600	12500	13000	13900	14800	15600	16500
	5.0	11000	11500	12300	13100	13800	14600	11800	12300	13100	13800	14600	15300
D13@400	6.0	10300	10800	11500	12100	12800	13500	11000	11400	12100	12800	13400	14100
	7.0	9580	9950	10600	11100	11700	12200	10200	10500	11100	11700	12200	12700
	12.0	5550	5650	5800	5910	6000	6090	5610	5700	5810	5910	6000	6090
	υ	0.229	0.219	0.203	0.189	0.177	0.166	0.292	0.279	0.260	0.244	0.229	0.216

1) H형강치수의 오른쪽에는 H형강의 단면적(A_s, mm^2)과 총단면적($A_g = b \times d$)에 대한 단면적비(ρ_s, %)를 나타내었다.

2) 부재 길이방향철근의 재질은 SD400(F_{yr} = 400 MPa)을 사용하였다.

3) 왼쪽 끝 수직열의 각 칸에는 위로부터 아래 순서로 하여 길이방향철근의 개수와 직경(예, 12-D25), 길이방향철근의 단면적(A_{sr}, mm^2), 길이방향철근의 단면적비(ρ_{sr}, %), 횡구속철근의 직경과 길이방향 간격(예, D10@250)을 나타내었다.

4) υ (upsilon)은 $A_s F_y / P_o$의 값을 나타내며, 매입형 합성기둥에 길이방향 하중이 가해질 때 하중전달을 위한 소요전단력(V')을 산정하는데 사용된다. 여기서 P_o는 합성기둥의 세장효과를 고려하지 않은 공칭압축강도이다.

도움표 9.1 매입형 합성기둥의 설계압축강도 $\phi_c P_n$ (kN)

***b* × *d* = 600 × 600 mm** **H-310×310×20×20** A_s = 18100 mm², 5.02 %

H형강 재질		SHN400 (F_y = 235 MPa)						SHN490 (F_y = 325 MPa)					
철근	*KL*	f_{ck} (MPa)						f_{ck} (MPa)					
	m	27	30	35	40	45	50	27	30	35	40	45	50
4-D22	**0.0**	9510	10200	11200	12300	13400	14500	10700	11400	12500	13600	14600	15700
(1550)	**3.0**	9000	9590	10600	11500	12500	13500	10100	10700	11600	12600	13600	14500
0.430 %	**4.0**	8630	9180	10100	11000	11800	12700	9620	10200	11000	11900	12800	13600
	5.0	8170	8660	9470	10300	11000	11800	9040	9520	10300	11100	11800	12600
D10@300	**6.0**	7640	8080	8790	9470	10100	10800	8380	8800	9480	10100	10800	11400
	7.0	7060	7440	8040	8610	9160	9680	7670	8020	8590	9130	9650	10100
	12.0	3970	4060	4180	4290	4390	4480	3990	4060	4180	4290	4390	4480
	υ	0.335	0.314	0.283	0.258	0.238	0.220	0.411	0.387	0.353	0.325	0.301	0.280
8-D25	**0.0**	10200	10900	11900	13000	14100	15200	11400	12100	13200	14200	15300	16400
(4060)	**3.0**	9680	10300	11200	12200	13200	14100	10800	11400	12300	13300	14200	15200
1.13 %	**4.0**	9290	9830	10700	11600	12500	13400	10300	10800	11700	12600	13400	14300
	5.0	8800	9290	10100	10900	11700	12400	9680	10200	10900	11700	12500	13200
D10@300	**6.0**	8240	8670	9380	10100	10700	11400	8990	9410	10100	10800	11400	12000
	7.0	7620	8000	8600	9180	9730	10300	8240	8590	9170	9710	10200	10700
	12.0	4320	4410	4540	4650	4750	4840	4350	4430	4540	4650	4750	4840
	υ	0.312	0.293	0.267	0.245	0.226	0.210	0.385	0.365	0.335	0.309	0.288	0.269
12-D29	**0.0**	11300	11900	13000	14000	15100	16200	12500	13100	14200	15200	16300	17400
(7700)	**3.0**	10700	11300	12200	13200	14100	15100	11800	12300	13300	14300	15200	16100
2.14 %	**4.0**	10200	10800	11700	12600	13400	14300	11200	11800	12700	13500	14400	15200
	5.0	9720	10200	11000	11800	12600	13300	10600	11100	11900	12600	13400	14200
D10@300	**6.0**	9120	9550	10300	11000	11600	12300	9880	10300	11000	11700	12300	12900
	7.0	8450	8830	9440	10000	10600	11100	9080	9440	10000	10600	11100	11600
	12.0	4860	4960	5100	5210	5310	5400	4920	4990	5100	5210	5310	5400
	υ	0.283	0.268	0.246	0.227	0.211	0.197	0.353	0.336	0.311	0.289	0.270	0.254
12-D35	**0.0**	12300	13000	14000	15100	16100	17200	13500	14200	15200	16300	17300	18400
(11500)	**3.0**	11700	12300	13200	14200	15100	16100	12800	13400	14300	15300	16200	17100
3.19 %	**4.0**	11200	11800	12700	13500	14400	15300	12200	12800	13700	14500	15400	16200
	5.0	10700	11200	12000	12800	13500	14300	11600	12100	12800	13600	14400	15100
D13@400	**6.0**	10000	10500	11200	11900	12500	13200	10800	11200	11900	12600	13200	13900
	7.0	9320	9690	10300	10900	11500	12000	9960	10300	10900	11500	12000	12500
	12.0	5420	5530	5680	5800	5900	5990	5490	5580	5700	5800	5900	5990
	υ	0.259	0.246	0.228	0.212	0.198	0.186	0.325	0.311	0.289	0.271	0.254	0.240
12-D38	**0.0**	12900	13600	14600	15700	16700	17800	14200	14800	15800	16900	17900	19000
(13700)	**3.0**	12300	12900	13800	14800	15700	16600	13400	14000	14900	15800	16800	17700
3.80 %	**4.0**	11800	12300	13200	14100	15000	15800	12800	13300	14200	15100	15900	16800
	5.0	11200	11700	12500	13300	14100	14800	12100	12600	13400	14100	14900	15600
D13@400	**6.0**	10500	11000	11700	12400	13000	13700	11300	11700	12400	13100	13700	14400
	7.0	9790	10200	10800	11400	11900	12500	10400	10800	11400	11900	12500	13000
	12.0	5700	5800	5950	6080	6180	6270	5770	5860	5970	6080	6180	6270
	υ	0.246	0.235	0.218	0.203	0.191	0.179	0.311	0.298	0.278	0.261	0.246	0.232

1) H형강치수의 오른쪽에는 H형강의 단면적(A_s, mm²)과 총단면적($A_g = b \times d$)에 대한 단면적비(ρ_s, %)를 나타내었다.

2) 부재 길이방향철근의 재질은 SD400(F_{yr} = 400 MPa)을 사용하였다.

3) 왼쪽 끝 수직열의 각 칸에는 위로부터 아래 순서로 하여 길이방향철근의 개수와 직경(예, 12-D25), 길이방향철근의 단면적(A_{sr}, mm²), 길이방향철근의 단면적비(ρ_{sr}, %), 횡구속철근의 직경과 길이방향 간격(예, D10@250)을 나타내었다.

4) υ (upsilon)은 $A_s F_y / P_o$의 값을 나타내며, 매입형 합성기둥에 길이방향 하중이 가해질 때 하중전달을 위한 소요전단력(V')을 산정하는데 사용된다. 여기서 P_o는 합성기둥의 세장효과를 고려하지 않은 공칭압축강도이다.

도움표 9.1 매입형 합성기둥의 설계압축강도 $\phi_c P_n$ (kN)

$b \times d$ = 700 × 700 mm　　H-200×200×8×12　　A_s = 6360 mm², 1.30 %

H형강 재질		SHN400 (F_y = 235 MPa)						SHN490 (F_y = 325 MPa)					
철근	KL	f_{ck} (MPa)						f_{ck} (MPa)					
	m	27	30	35	40	45	50	27	30	35	40	45	50
4-D29	0.0	10200	11100	12600	14200	15700	17200	10600	11500	13100	14600	16100	17700
(2570)	3.0	9620	10500	11800	13200	14500	15900	10000	10800	12200	13600	14900	16200
0.524 %	4.0	9220	9980	11200	12500	13700	14900	9570	10300	11600	12800	14000	15200
	5.0	8720	9410	10500	11600	12700	13700	9030	9710	10800	11900	12900	14000
D10@300	6.0	8150	8760	9720	10700	11500	12400	8420	9010	9970	10900	11800	12600
	7.0	7530	8040	8850	9610	10300	11000	7740	8250	9040	9790	10500	11100
	12.0	4200	4310	4440	4560	4680	4790	4210	4310	4440	4560	4680	4790
	υ	0.110	0.101	0.089	0.079	0.071	0.065	0.146	0.134	0.119	0.106	0.096	0.088
8-D29	0.0	10900	11800	13300	14900	16400	17900	11300	12200	13800	15300	16800	18300
(5140)	3.0	10300	11200	12500	13900	15200	16600	10700	11500	12900	14300	15600	16900
1.05 %	4.0	9910	10700	11900	13200	14400	15600	10300	11000	12300	13500	14700	15900
	5.0	9390	10100	11200	12300	13400	14400	9710	10400	11500	12600	13700	14700
D10@300	6.0	8800	9410	10400	11300	12200	13100	9070	9670	10600	11600	12500	13300
	7.0	8150	8670	9490	10300	11000	11700	8370	8880	9690	10500	11200	11900
	12.0	4630	4750	4900	5020	5140	5250	4660	4770	4900	5020	5140	5250
	υ	0.103	0.095	0.084	0.075	0.068	0.063	0.137	0.127	0.112	0.101	0.092	0.084
12-D32	0.0	12100	13000	14600	16100	17600	19100	12600	13500	15000	16500	18000	19500
(9530)	3.0	11600	12400	13800	15100	16500	17800	11900	12800	14100	15500	16800	18200
1.94 %	4.0	11100	11900	13200	14400	15600	16800	11500	12200	13500	14800	16000	17200
	5.0	10600	11300	12400	13600	14600	15700	10900	11600	12700	13900	14900	16000
D10@300	6.0	9970	10600	11600	12600	13500	14400	10300	10900	11900	12800	13800	14600
	7.0	9290	9830	10700	11500	12300	13000	9530	10100	10900	11700	12500	13200
	12.0	5530	5680	5870	6010	6130	6230	5570	5700	5890	6010	6130	6230
	υ	0.092	0.086	0.077	0.070	0.064	0.059	0.123	0.115	0.103	0.094	0.086	0.079
16-D35	0.0	13800	14700	16200	17700	19100	20600	14200	15100	16600	18100	19600	21100
(15300)	3.0	13200	14000	15400	16700	18000	19400	13600	14400	15700	17100	18400	19800
3.12 %	4.0	12700	13500	14700	16000	17200	18500	13100	13800	15100	16400	17600	18800
	5.0	12100	12900	14000	15100	16200	17300	12500	13200	14300	15400	16600	17600
D13@400	6.0	11500	12100	13200	14100	15100	16100	11800	12400	13400	14400	15400	16300
	7.0	10800	11300	12200	13100	13900	14700	11000	11600	12400	13300	14100	14900
	12.0	6670	6840	7090	7280	7440	7540	6730	6890	7120	7300	7440	7540
	υ	0.081	0.076	0.069	0.063	0.058	0.054	0.109	0.103	0.093	0.086	0.079	0.073
20-D35	0.0	14900	15700	17200	18700	20200	21700	15300	16200	17700	19100	20600	22100
(19100)	3.0	14200	15000	16400	17800	19100	20400	14600	15400	16800	18100	19500	20800
3.91 %	4.0	13800	14500	15800	17000	18300	19500	14100	14900	16100	17400	18600	19800
	5.0	13200	13900	15000	16200	17300	18400	13500	14200	15400	16500	17600	18700
D13@400	6.0	12500	13100	14200	15200	16100	17100	12800	13400	14400	15400	16400	17400
	7.0	11700	12300	13200	14100	14900	15700	12000	12500	13400	14300	15100	15900
	12.0	7420	7600	7860	8080	8260	8410	7480	7650	7900	8110	8280	8410
	υ	0.075	0.071	0.065	0.060	0.055	0.052	0.101	0.096	0.088	0.081	0.075	0.070

1) H형강치수의 오른쪽에는 H형강의 단면적(A_s, mm²)과 총단면적($A_g = b \times d$)에 대한 단면적비(ρ_s, %)를 나타내었다.

2) 부재 길이방향철근의 재질은 SD400(F_{yr} = 400 MPa)을 사용하였다.

3) 왼쪽 끝 수직열의 각 칸에는 위로부터 아래 순서로 하여 길이방향철근의 개수와 직경(예, 12-D25), 길이방향철근의 단면적(A_{sr}, mm²), 길이방향철근의 단면적비(ρ_{sr}, %), 횡구속철근의 직경과 길이방향 간격(예, D10@250)을 나타내었다.

4) υ (upsilon)은 $A_s F_y / P_o$의 값을 나타내며, 매입형 합성기둥에 길이방향 하중이 가해질 때 하중전달을 위한 소요전단력(V')을 산정하는데 사용된다. 여기서 P_o는 합성기둥의 세장효과를 고려하지 않은 공칭압축강도이다.

도움표 9.1 매입형 합성기둥의 설계압축강도 $\phi_c P_n$ (kN)

$b \times d$ = 700 × 700 mm **H-200×204×12×12** A_s = 7160 mm², 1.46 %

H형강 재질		SHN400 (F_y = 235 MPa)						SHN490 (F_y = 325 MPa)					
철근	*KL*	f_{ck} (MPa)						f_{ck} (MPa)					
	m	27	30	35	40	45	50	27	30	35	40	45	50
4-D29	**0.0**	10300	11200	12700	14300	15800	17300	10800	11700	13200	14800	16300	17800
(2570)	**3.0**	9750	10600	12000	13300	14700	16000	10200	11000	12400	13700	15100	16400
0.524 %	**4.0**	9340	10100	11400	12600	13800	15000	9730	10500	11700	13000	14200	15400
	5.0	8840	9530	10700	11700	12800	13800	9190	9870	11000	12100	13100	14100
D10@300	**6.0**	8270	8880	9850	10800	11700	12500	8570	9160	10100	11000	11900	12800
	7.0	7640	8160	8970	9740	10500	11100	7890	8390	9190	9940	10600	11300
	12.0	4280	4400	4540	4660	4780	4900	4300	4400	4540	4660	4780	4900
	υ	0.122	0.112	0.099	0.088	0.080	0.073	0.162	0.149	0.132	0.118	0.107	0.098
8-D29	**0.0**	11000	11900	13500	15000	16500	18000	11500	12400	13900	15500	17000	18500
(5140)	**3.0**	10500	11300	12700	14000	15400	16700	10900	11700	13100	14400	15800	17100
1.05 %	**4.0**	10000	10800	12100	13300	14500	15700	10400	11200	12400	13700	14900	16100
	5.0	9510	10200	11300	12400	13500	14500	9870	10600	11700	12800	13800	14800
D10@300	**6.0**	8920	9530	10500	11500	12400	13200	9220	9820	10800	11700	12600	13500
	7.0	8260	8780	9610	10400	11100	11800	8510	9020	9840	10600	11300	12000
	12.0	4720	4840	4990	5120	5240	5350	4740	4860	4990	5120	5240	5350
	υ	0.114	0.106	0.094	0.084	0.076	0.070	0.152	0.140	0.125	0.113	0.103	0.094
12-D32	**0.0**	12300	13200	14700	16200	17700	19200	12700	13700	15200	16700	18200	19700
(9530)	**3.0**	11700	12500	13900	15200	16600	17900	12100	12900	14300	15700	17000	18300
1.94 %	**4.0**	11200	12000	13300	14500	15800	17000	11600	12400	13700	14900	16100	17300
	5.0	10700	11400	12600	13700	14800	15800	11100	11800	12900	14000	15100	16200
D10@300	**6.0**	10100	10700	11700	12700	13600	14500	10400	11000	12000	13000	13900	14800
	7.0	9400	9940	10800	11600	12400	13200	9670	10200	11000	11900	12600	13400
	12.0	5610	5760	5970	6110	6230	6340	5660	5790	5980	6110	6230	6340
	υ	0.103	0.096	0.086	0.078	0.071	0.066	0.137	0.128	0.115	0.105	0.096	0.089
16-D35	**0.0**	13900	14800	16300	17800	19300	20800	14400	15300	16800	18300	19700	21200
(15300)	**3.0**	13300	14100	15500	16800	18200	19500	13700	14500	15900	17300	18600	19900
3.12 %	**4.0**	12800	13600	14900	16100	17400	18600	13200	14000	15300	16500	17700	19000
	5.0	12300	13000	14100	15300	16400	17500	12600	13300	14500	15600	16700	17800
D13@400	**6.0**	11600	12200	13300	14300	15200	16200	11900	12600	13600	14600	15500	16500
	7.0	10900	11400	12300	13200	14000	14800	11200	11700	12600	13400	14200	15000
	12.0	6750	6930	7170	7370	7530	7640	6820	6980	7210	7400	7530	7640
	υ	0.091	0.085	0.077	0.071	0.065	0.061	0.121	0.114	0.104	0.095	0.088	0.082
20-D35	**0.0**	15000	15900	17300	18800	20300	21800	15500	16400	17800	19300	20800	22300
(19100)	**3.0**	14300	15200	16500	17900	19200	20500	14800	15600	17000	18300	19600	21000
3.91 %	**4.0**	13900	14600	15900	17200	18400	19600	14300	15000	16300	17600	18800	20000
	5.0	13300	14000	15200	16300	17400	18500	13700	14400	15500	16600	17800	18800
D13@400	**6.0**	12600	13200	14300	15300	16300	17200	12900	13600	14600	15600	16600	17500
	7.0	11800	12400	13300	14200	15000	15800	12100	12700	13600	14400	15300	16100
	12.0	7490	7680	7950	8170	8360	8510	7560	7740	7990	8200	8380	8510
	υ	0.084	0.079	0.073	0.067	0.062	0.058	0.113	0.107	0.098	0.090	0.084	0.078

1) H형강치수의 오른쪽에는 H형강의 단면적(A_s, mm²)과 총단면적(A_g=b×d)에 대한 단면적비(ρ_s, %)를 나타내었다.

2) 부재 길이방향철근의 재질은 SD400(F_{yr} = 400 MPa)을 사용하였다.

3) 왼쪽 끝 수직열의 각 칸에는 위로부터 아래 순서로 하여 길이방향철근의 개수와 직경(예, 12-D25), 길이방향철근의 단면적(A_{sr}, mm²), 길이방향철근의 단면적비(ρ_{sr}, %), 횡구속철근의 직경과 길이방향 간격(예, D10@250)을 나타내었다.

4) υ (upsilon)은 $A_s F_y / P_o$의 값을 나타내며, 매입형 합성기둥에 길이방향 하중이 가해질 때 하중전달을 위한 소요전단력(V')을 산정하는데 사용된다. 여기서 P_o는 합성기둥의 세장효과를 고려하지 않은 공칭압축강도이다.

제9장

도움표 9.1 매입형 합성기둥의 설계압축강도 $\phi_c P_n$ (kN)

***b* × *d* = 700 × 700 mm** **H-208×202×10×16** A_s = 8370 mm^2, 1.71 %

H형강 재질		SHN400 (F_y = 235 MPa)						SHN490 (F_y = 325 MPa)					
철근	*KL*	f_{ck} (MPa)						f_{ck} (MPa)					
	m	27	30	35	40	45	50	27	30	35	40	45	50
4-D29	0.0	10500	11400	12900	14500	16000	17500	11100	12000	13500	15000	16600	18100
(2570)	3.0	9940	10800	12100	13500	14900	16200	10400	11300	12600	14000	15300	16700
0.524 %	4.0	9540	10300	11600	12800	14000	15200	10000	10800	12000	13200	14500	15600
	5.0	9040	9730	10900	12000	13000	14100	9450	10100	11200	12300	13400	14400
D10@300	6.0	8460	9070	10100	11000	11900	12800	8810	9410	10400	11300	12200	13000
	7.0	7830	8350	9180	9960	10700	11400	8120	8630	9440	10200	10900	11600
	12.0	4440	4560	4710	4850	4970	5090	4470	4570	4710	4850	4970	5090
	υ	0.141	0.129	0.114	0.102	0.092	0.084	0.185	0.170	0.151	0.136	0.123	0.113
8-D29	0.0	11200	12100	13600	15200	16700	18200	11800	12700	14200	15700	17300	18800
(5140)	3.0	10600	11500	12800	14200	15500	16900	11200	12000	13300	14700	16000	17400
1.05 %	4.0	10200	11000	12300	13500	14700	15900	10700	11500	12700	13900	15200	16300
	5.0	9710	10400	11500	12600	13700	14800	10100	10800	11900	13000	14100	15100
D10@300	6.0	9110	9720	10700	11700	12600	13500	9460	10100	11000	12000	12900	13800
	7.0	8450	8970	9820	10600	11400	12100	8740	9260	10100	10900	11600	12300
	12.0	4870	5000	5170	5300	5430	5540	4910	5020	5170	5300	5430	5540
	υ	0.131	0.122	0.108	0.097	0.088	0.081	0.173	0.161	0.144	0.130	0.118	0.109
12-D32	0.0	12500	13400	14900	16400	17900	19400	13000	13900	15400	16900	18400	19900
(9530)	3.0	11900	12700	14100	15400	16800	18100	12400	13200	14600	15900	17300	18600
1.94 %	4.0	11400	12200	13500	14700	16000	17200	11900	12700	13900	15200	16400	17600
	5.0	10900	11600	12700	13900	15000	16000	11300	12000	13200	14300	15400	16400
D10@300	6.0	10300	10900	11900	12900	13800	14800	10600	11300	12300	13200	14200	15100
	7.0	9580	10100	11000	11800	12600	13400	9900	10400	11300	12100	12900	13600
	12.0	5760	5920	6130	6290	6420	6530	5810	5960	6150	6290	6420	6530
	υ	0.118	0.110	0.099	0.090	0.083	0.076	0.157	0.146	0.132	0.120	0.111	0.102
16-D35	0.0	14100	15000	16500	18000	19400	20900	14700	15600	17000	18500	20000	21500
(15300)	3.0	13500	14300	15700	17000	18400	19700	14000	14800	16200	17500	18900	20200
3.12 %	4.0	13000	13800	15100	16300	17500	18800	13500	14300	15500	16800	18000	19200
	5.0	12400	13200	14300	15400	16600	17700	12900	13600	14700	15900	17000	18000
D13@400	6.0	11800	12400	13500	14500	15400	16400	12200	12800	13800	14800	15800	16700
	7.0	11100	11600	12500	13400	14200	15000	11400	11900	12800	13700	14500	15300
	12.0	6900	7070	7330	7540	7710	7830	6970	7140	7370	7570	7720	7830
	υ	0.105	0.098	0.090	0.082	0.076	0.070	0.139	0.131	0.120	0.110	0.102	0.095
20-D35	0.0	15200	16100	17500	19000	20500	22000	15700	16600	18100	19600	21000	22500
(19100)	3.0	14500	15400	16700	18100	19400	20700	15100	15900	17200	18600	19900	21200
3.91 %	4.0	14100	14800	16100	17300	18600	19800	14500	15300	16600	17800	19000	20300
	5.0	13500	14200	15300	16500	17600	18700	13900	14600	15800	16900	18000	19100
D13@400	6.0	12800	13400	14500	15500	16500	17400	13200	13800	14800	15800	16800	17800
	7.0	12000	12600	13500	14400	15200	16000	12400	12900	13800	14700	15500	16300
	12.0	7630	7820	8100	8330	8530	8690	7720	7900	8160	8370	8560	8700
	υ	0.097	0.092	0.084	0.078	0.072	0.067	0.130	0.123	0.113	0.104	0.097	0.091

1) H형강치수의 오른쪽에는 H형강의 단면적(A_s, mm^2)과 총단면적($A_g = b \times d$)에 대한 단면적비(ρ_s, %)를 나타내었다.

2) 부재 길이방향철근의 재질은 SD400(F_{yr} = 400 MPa)을 사용하였다.

3) 왼쪽 끝 수직열의 각 칸에는 위로부터 아래 순서로 하여 길이방향철근의 개수와 직경(예, 12-D25), 길이방향철근의 단면적(A_{sr}, mm^2), 길이방향철근의 단면적비(ρ_{sr}, %), 횡구속철근의 직경과 길이방향 간격(예, D10@250)을 나타내었다.

4) υ (upsilon)은 $A_s F_y / P_o$의 값을 나타내며, 매입형 합성기둥에 길이방향 하중이 가해질 때 하중전달을 위한 소요전단력(V')을 산정하는데 사용된다. 여기서 P_o는 합성기둥의 세장효과를 고려하지 않은 공칭압축강도이다.

도움표 9.1 매입형 합성기둥의 설계압축강도 $\phi_c P_n$ (kN)

$b \times d$ = 700 × 700 mm **H-244×252×11×11** A_s = 8210 mm², 1.67 %

H형강 재질		SHN400 (F_y = 235 MPa)						SHN490 (F_y = 325 MPa)					
철근	KL	f_{ck} (MPa)						f_{ck} (MPa)					
	m	27	30	35	40	45	50	27	30	35	40	45	50
4-D29	0.0	10500	11400	12900	14400	16000	17500	11000	11900	13500	15000	16500	18000
(2570)	3.0	9920	10800	12100	13500	14800	16200	10400	11200	12600	14000	15300	16600
0.524 %	4.0	9520	10300	11600	12800	14000	15200	9980	10700	12000	13200	14400	15600
	5.0	9030	9730	10900	12000	13000	14100	9440	10100	11200	12300	13400	14400
D10@300	6.0	8470	9080	10100	11000	11900	12800	8810	9420	10400	11300	12200	13100
	7.0	7840	8370	9200	9990	10700	11400	8130	8640	9460	10200	11000	11600
	12.0	4480	4610	4760	4900	5020	5130	4510	4620	4760	4900	5020	5130
	υ	0.138	0.127	0.112	0.100	0.091	0.083	0.182	0.168	0.149	0.133	0.121	0.111
8-D29	0.0	11200	12100	13600	15100	16700	18200	11700	12700	14200	15700	17200	18700
(5140)	3.0	10600	11500	12800	14200	15500	16900	11100	12000	13300	14700	16000	17300
1.05 %	4.0	10200	11000	12200	13500	14700	15900	10700	11400	12700	13900	15100	16300
	5.0	9700	10400	11500	12600	13700	14800	10100	10800	11900	13000	14100	15100
D10@300	6.0	9110	9730	10700	11700	12600	13500	9460	10100	11000	12000	12900	13800
	7.0	8460	8990	9830	10600	11400	12100	8750	9270	10100	10900	11600	12300
	12.0	4910	5050	5220	5350	5480	5590	4950	5070	5220	5350	5480	5590
	υ	0.129	0.119	0.106	0.096	0.087	0.080	0.170	0.158	0.141	0.127	0.116	0.107
12-D32	0.0	12400	13300	14800	16300	17900	19400	13000	13900	15400	16900	18400	19900
(9530)	3.0	11900	12700	14100	15400	16800	18100	12400	13200	14500	15900	17200	18600
1.94 %	4.0	11400	12200	13500	14700	16000	17200	11900	12700	13900	15200	16400	17600
	5.0	10900	11600	12700	13900	15000	16000	11300	12000	13100	14300	15400	16400
D10@300	6.0	10300	10900	11900	12900	13900	14800	10600	11300	12300	13200	14200	15100
	7.0	9590	10100	11000	11800	12600	13400	9900	10400	11300	12100	12900	13600
	12.0	5790	5950	6170	6350	6460	6580	5850	6000	6200	6350	6460	6580
	υ	0.116	0.108	0.097	0.088	0.081	0.075	0.154	0.144	0.130	0.118	0.109	0.100
16-D35	0.0	14100	15000	16400	17900	19400	20900	14600	15500	17000	18500	20000	21500
(15300)	3.0	13500	14300	15600	17000	18300	19700	14000	14800	16100	17500	18800	20200
3.12 %	4.0	13000	13800	15000	16300	17500	18800	13500	14200	15500	16800	18000	19200
	5.0	12400	13100	14300	15400	16600	17700	12900	13600	14700	15800	17000	18000
D13@400	6.0	11800	12400	13500	14500	15400	16400	12200	12800	13800	14800	15800	16700
	7.0	11100	11600	12500	13400	14200	15000	11400	11900	12800	13700	14500	15300
	12.0	6930	7110	7370	7580	7760	7880	7000	7170	7410	7610	7770	7880
	υ	0.103	0.097	0.088	0.081	0.074	0.069	0.137	0.129	0.118	0.108	0.100	0.093
20-D35	0.0	15200	16000	17500	19000	20500	21900	15700	16600	18100	19500	21000	22500
(19100)	3.0	14500	15300	16700	18000	19400	20700	15000	15800	17200	18500	19900	21200
3.91 %	4.0	14000	14800	16100	17300	18600	19800	14500	15300	16500	17800	19000	20200
	5.0	13500	14200	15300	16500	17600	18700	13900	14600	15700	16900	18000	19100
D13@400	6.0	12800	13400	14500	15500	16500	17400	13200	13800	14800	15800	16800	17800
	7.0	12000	12600	13500	14400	15200	16000	12300	12900	13800	14700	15500	16300
	12.0	7660	7850	8130	8370	8570	8730	7750	7930	8190	8410	8600	8750
	υ	0.095	0.090	0.083	0.076	0.071	0.066	0.127	0.121	0.111	0.102	0.095	0.089

1) H형강치수의 오른쪽에는 H형강의 단면적(A_s, mm²)과 총단면적(A_g=b×d)에 대한 단면적비(ρ_s, %)를 나타내었다.

2) 부재 길이방향철근의 재질은 SD400(F_{yr} = 400 MPa)을 사용하였다.

3) 왼쪽 끝 수직열의 각 칸에는 위로부터 아래 순서로 하여 길이방향철근의 개수와 직경(예, 12-D25), 길이방향철근의 단면적(A_{sr}, mm²), 길이방향철근의 단면적비(ρ_{sr}, %), 횡구속철근의 직경과 길이방향 간격(예, D10@250)을 나타내었다.

4) υ (upsilon)은 $A_s F_y / P_o$의 값을 나타내며, 매입형 합성기둥에 길이방향 하중이 가해질 때 하중전달을 위한 소요전단력(V')을 산정하는데 사용된다. 여기서 P_o는 합성기둥의 세장효과를 고려하지 않은 공칭압축강도이다.

도움표 9.1 매입형 합성기둥의 설계압축강도 $\phi_c P_n$ (kN)

$b \times d$ = 700 × 700 mm　　　H-248×249×8×13　　　A_s = 8470 mm^2, 1.73 %

H형강 재질		SHN400 (F_y = 235 MPa)						SHN490 (F_y = 325 MPa)					
철근	KL	f_{ck} (MPa)						f_{ck} (MPa)					
	m	27	30	35	40	45	50	27	30	35	40	45	50
4-D29	0.0	10500	11400	13000	14500	16000	17500	11100	12000	13500	15000	16600	18100
(2570)	3.0	9970	10800	12200	13500	14900	16200	10500	11300	12700	14000	15400	16700
0.524 %	4.0	9570	10300	11600	12900	14100	15300	10000	10800	12100	13300	14500	15700
	5.0	9080	9780	10900	12000	13100	14100	9500	10200	11300	12400	13500	14500
D10@300	6.0	8520	9130	10100	11100	12000	12900	8880	9480	10500	11400	12300	13200
	7.0	7900	8420	9260	10100	10800	11500	8200	8710	9530	10300	11000	11700
	12.0	4540	4670	4830	4960	5090	5200	4570	4690	4830	4960	5090	5200
	υ	0.142	0.131	0.115	0.103	0.093	0.085	0.186	0.172	0.153	0.137	0.125	0.114
8-D29	0.0	11200	12100	13700	15200	16700	18200	11800	12700	14200	15800	17300	18800
(5140)	3.0	10700	11500	12900	14200	15600	16900	11200	12000	13400	14700	16100	17400
1.05 %	4.0	10300	11000	12300	13500	14800	16000	10700	11500	12800	14000	15200	16400
	5.0	9750	10400	11600	12700	13800	14800	10200	10900	12000	13100	14200	15200
D10@300	6.0	9160	9780	10800	11700	12700	13600	9530	10100	11100	12100	13000	13900
	7.0	8510	9040	9890	10700	11500	12200	8820	9340	10200	11000	11700	12400
	12.0	4960	5100	5290	5420	5540	5660	5010	5130	5290	5420	5540	5660
	υ	0.133	0.123	0.109	0.098	0.089	0.082	0.175	0.162	0.145	0.131	0.120	0.110
12-D32	0.0	12500	13400	14900	16400	17900	19400	13000	13900	15500	17000	18500	20000
(9530)	3.0	11900	12700	14100	15500	16800	18100	12400	13200	14600	16000	17300	18600
1.94 %	4.0	11500	12200	13500	14800	16000	17200	11900	12700	14000	15200	16500	17700
	5.0	10900	11600	12800	13900	15000	16100	11400	12100	13200	14300	15400	16500
D10@300	6.0	10300	11000	12000	13000	13900	14800	10700	11300	12300	13300	14200	15200
	7.0	9640	10200	11100	11900	12700	13500	9960	10500	11400	12200	13000	13700
	12.0	5850	6010	6230	6410	6530	6650	5910	6050	6260	6410	6530	6650
	υ	0.120	0.112	0.100	0.091	0.083	0.077	0.158	0.148	0.134	0.122	0.112	0.103
16-D35	0.0	14100	15000	16500	18000	19500	20900	14700	15600	17100	18500	20000	21500
(15300)	3.0	13500	14300	15700	17000	18400	19700	14000	14800	16200	17600	18900	20200
3.12 %	4.0	13000	13800	15100	16300	17600	18800	13500	14300	15600	16800	18000	19300
	5.0	12500	13200	14400	15500	16600	17700	12900	13600	14800	15900	17000	18100
D13@400	6.0	11800	12500	13500	14500	15500	16400	12200	12900	13900	14900	15800	16800
	7.0	11100	11700	12600	13400	14300	15100	11400	12000	12900	13700	14600	15300
	12.0	6980	7160	7420	7640	7820	7950	7050	7220	7470	7670	7840	7950
	υ	0.106	0.100	0.091	0.083	0.077	0.071	0.141	0.133	0.121	0.111	0.103	0.096
20-D35	0.0	15200	16100	17600	19000	20500	22000	15800	16600	18100	19600	21100	22500
(19100)	3.0	14600	15400	16700	18100	19400	20800	15100	15900	17300	18600	19900	21300
3.91 %	4.0	14100	14900	16100	17400	18600	19800	14600	15300	16600	17900	19100	20300
	5.0	13500	14200	15400	16500	17600	18700	14000	14700	15800	16900	18100	19200
D13@400	6.0	12800	13500	14500	15500	16500	17500	13200	13900	14900	15900	16900	17800
	7.0	12100	12600	13500	14400	15300	16100	12400	13000	13900	14700	15600	16400
	12.0	7710	7900	8190	8430	8630	8800	7800	7980	8250	8470	8660	8810
	υ	0.098	0.093	0.085	0.078	0.073	0.068	0.131	0.124	0.114	0.105	0.098	0.092

1) H형강치수의 오른쪽에는 H형강의 단면적(A_s, mm^2)과 총단면적(A_g=b×d)에 대한 단면적비(ρ_s, %)를 나타내었다.

2) 부재 길이방향철근의 재질은 SD400(F_{yr} = 400 MPa)을 사용하였다.

3) 왼쪽 끝 수직열의 각 칸에는 위로부터 아래 순서로 하여 길이방향철근의 개수와 직경(예, 12-D25), 길이방향철근의 단면적(A_{sr}, mm^2), 길이방향철근의 단면적비(ρ_{sr}, %), 횡구속철근의 직경과 길이방향 간격(예, D10@250)을 나타내었다.

4) υ (upsilon)은 $A_s F_y / P_o$의 값을 나타내며, 매입형 합성기둥에 길이방향 하중이 가해질 때 하중전달을 위한 소요전단력(V')을 산정하는데 사용된다. 여기서 P_o는 합성기둥의 세장효과를 고려하지 않은 공칭압축강도이다.

도움표 9.1 매입형 합성기둥의 설계압축강도 $\phi_c P_n$ (kN)

$b \times d$ = 700 × 700 mm **H-250×250×9×14** A_s = 9220 mm², 1.88 %

H형강 재질		SHN400 (F_y = 235 MPa)						SHN490 (F_y = 325 MPa)					
철근	KL	f_{ck} (MPa)						f_{ck} (MPa)					
	m	27	30	35	40	45	50	27	30	35	40	45	50
4-D29	**0.0**	10600	11500	13100	14600	16100	17600	11200	12200	13700	15200	16700	18300
(2570)	**3.0**	10100	10900	12300	13700	15000	16300	10600	11500	12800	14200	15500	16900
0.524 %	**4.0**	9690	10500	11700	13000	14200	15400	10200	11000	12200	13500	14700	15900
	5.0	9200	9900	11000	12100	13200	14300	9660	10300	11500	12600	13600	14700
D10@300	**6.0**	8630	9250	10200	11200	12100	13000	9030	9630	10600	11600	12500	13300
	7.0	8010	8540	9390	10200	10900	11700	8340	8860	9680	10500	11200	11900
	12.0	4630	4770	4940	5070	5200	5320	4670	4790	4940	5070	5200	5320
	υ	0.153	0.141	0.124	0.111	0.101	0.092	0.200	0.185	0.164	0.148	0.134	0.123
8-D29	**0.0**	11400	12300	13800	15300	16800	18300	12000	12900	14400	15900	17400	18900
(5140)	**3.0**	10800	11600	13000	14400	15700	17000	11400	12200	13500	14900	16200	17600
1.05 %	**4.0**	10400	11100	12400	13700	14900	16100	10900	11700	12900	14200	15400	16600
	5.0	9870	10600	11700	12800	13900	15000	10300	11000	12100	13200	14300	15400
D10@300	**6.0**	9270	9900	10900	11900	12800	13700	9680	10300	11300	12200	13100	14000
	7.0	8620	9160	10000	10800	11600	12300	8960	9480	10300	11100	11900	12600
	12.0	5060	5200	5400	5530	5660	5780	5100	5230	5400	5530	5660	5780
	υ	0.143	0.132	0.118	0.106	0.097	0.089	0.188	0.174	0.156	0.141	0.129	0.119
12-D32	**0.0**	12600	13500	15000	16500	18000	19500	13200	14100	15600	17100	18600	20100
(9530)	**3.0**	12000	12800	14200	15600	16900	18300	12600	13400	14800	16100	17500	18800
1.94 %	**4.0**	11600	12400	13600	14900	16100	17300	12100	12900	14100	15400	16600	17800
	5.0	11100	11800	12900	14000	15100	16200	11500	12200	13400	14500	15600	16600
D10@300	**6.0**	10400	11100	12100	13100	14000	15000	10800	11500	12500	13500	14400	15300
	7.0	9750	10300	11200	12000	12800	13600	10100	10600	11500	12300	13100	13900
	12.0	5940	6100	6330	6520	6650	6760	6000	6150	6360	6520	6650	6760
	υ	0.129	0.120	0.108	0.098	0.090	0.083	0.170	0.159	0.144	0.131	0.121	0.112
16-D35	**0.0**	14200	15100	16600	18100	19600	21100	14900	15700	17200	18700	20200	21700
(15300)	**3.0**	13600	14400	15800	17200	18500	19800	14200	15000	16400	17700	19100	20400
3.12 %	**4.0**	13200	13900	15200	16500	17700	18900	13700	14500	15700	17000	18200	19400
	5.0	12600	13300	14500	15600	16700	17800	13100	13800	14900	16100	17200	18300
D13@400	**6.0**	11900	12600	13600	14600	15600	16600	12400	13000	14000	15000	16000	16900
	7.0	11200	11800	12700	13600	14400	15200	11600	12100	13000	13900	14700	15500
	12.0	7060	7250	7520	7740	7930	8060	7150	7320	7570	7780	7950	8060
	υ	0.114	0.107	0.098	0.090	0.083	0.077	0.151	0.143	0.130	0.120	0.111	0.104
20-D35	**0.0**	15300	16200	17700	19100	20600	22100	15900	16800	18300	19800	21200	22700
(19100)	**3.0**	14700	15500	16800	18200	19500	20900	15300	16100	17400	18800	20100	21400
3.91 %	**4.0**	14200	15000	16200	17500	18700	20000	14700	15500	16800	18000	19200	20500
	5.0	13600	14300	15500	16600	17800	18900	14100	14800	16000	17100	18200	19300
D13@400	**6.0**	12900	13600	14600	15600	16600	17600	13400	14000	15000	16000	17000	18000
	7.0	12200	12700	13700	14500	15400	16200	12500	13100	14000	14900	15700	16500
	12.0	7790	7990	8280	8530	8730	8910	7890	8070	8350	8580	8770	8930
	υ	0.106	0.100	0.092	0.085	0.079	0.074	0.141	0.134	0.123	0.114	0.106	0.099

1) H형강치수의 오른쪽에는 H형강의 단면적(A_s, mm²)과 총단면적(A_g=bxd)에 대한 단면적비(ρ_s, %)를 나타내었다.

2) 부재 길이방향철근의 재질은 SD400(F_{yr} = 400 MPa)을 사용하였다.

3) 왼쪽 끝 수직열의 각 칸에는 위로부터 아래 순서로 하여 길이방향철근의 개수와 직경(예, 12-D25), 길이방향철근의 단면적(A_{sr}, mm²), 길이방향철근의 단면적비(ρ_{sr}, %), 횡구속철근의 직경과 길이방향 간격(예, D10@250)을 나타내었다.

4) υ (upsilon)은 $A_s F_y / P_o$의 값을 나타내며, 매입형 합성기둥에 길이방향 하중이 가해질 때 하중전달을 위한 소요전단력(V')을 산정하는데 사용된다. 여기서 P_o는 합성기둥의 세장효과를 고려하지 않은 공칭압축강도이다.

도움표 9.1 매입형 합성기둥의 설계압축강도 $\phi_c P_n$ (kN)

$b \times d$ = 700 × 700 mm　　　H-250×255×14×14　　　A_s = 10500 mm^2, 2.14 %

H형강 재질		SHN400 (F_y = 235 MPa)						SHN490 (F_y = 325 MPa)					
철근	KL	f_{ck} (MPa)						f_{ck} (MPa)					
	m	27	30	35	40	45	50	27	30	35	40	45	50
4-D29	0.0	10800	11700	13300	14800	16300	17800	11500	12400	14000	15500	17000	18500
(2570)	3.0	10300	11100	12500	13900	15200	16500	10900	11700	13100	14500	15800	17100
0.524 %	4.0	9880	10700	11900	13200	14400	15600	10500	11200	12500	13700	14900	16100
	5.0	9390	10100	11200	12300	13400	14500	9910	10600	11700	12800	13900	14900
D10@300	6.0	8820	9440	10400	11400	12300	13200	9270	9880	10900	11800	12700	13600
	7.0	8190	8720	9580	10400	11200	11900	8560	9090	9920	10700	11400	12200
	12.0	4770	4910	5090	5240	5370	5490	4810	4940	5090	5240	5370	5490
	υ	0.170	0.157	0.139	0.125	0.113	0.104	0.221	0.205	0.183	0.165	0.150	0.138
8-D29	0.0	11600	12500	14000	15500	17000	18500	12300	13200	14700	16200	17700	19200
(5140)	3.0	11000	11800	13200	14500	15900	17200	11600	12400	13800	15200	16500	17800
1.05 %	4.0	10600	11300	12600	13900	15100	16300	11200	11900	13200	14400	15600	16800
	5.0	10100	10800	11900	13000	14100	15200	10600	11300	12400	13500	14600	15600
D10@300	6.0	9460	10100	11100	12100	13000	13900	9910	10500	11500	12500	13400	14300
	7.0	8800	9340	10200	11000	11800	12500	9180	9710	10500	11300	12100	12800
	12.0	5190	5340	5550	5690	5820	5950	5250	5380	5550	5690	5820	5950
	υ	0.160	0.148	0.132	0.119	0.109	0.100	0.208	0.194	0.174	0.158	0.144	0.133
12-D32	0.0	12800	13700	15200	16700	18200	19700	13500	14400	15900	17400	18900	20400
(9530)	3.0	12200	13000	14400	15800	17100	18400	12900	13700	15000	16400	17700	19100
1.94 %	4.0	11800	12500	13800	15100	16300	17500	12400	13100	14400	15600	16900	18100
	5.0	11200	11900	13100	14200	15300	16400	11800	12500	13600	14700	15800	16900
D10@300	6.0	10600	11200	12300	13300	14200	15200	11100	11700	12700	13700	14600	15600
	7.0	9920	10500	11400	12200	13000	13800	10300	10900	11700	12600	13400	14100
	12.0	6070	6240	6480	6670	6810	6930	6140	6300	6510	6680	6810	6930
	υ	0.144	0.135	0.121	0.111	0.101	0.094	0.189	0.177	0.161	0.147	0.135	0.125
16-D35	0.0	14400	15300	16800	18300	19800	21200	15100	16000	17500	19000	20500	21900
(15300)	3.0	13800	14600	16000	17300	18700	20000	14500	15300	16600	18000	19300	20600
3.12 %	4.0	13400	14100	15400	16600	17900	19100	14000	14700	16000	17200	18500	19700
	5.0	12800	13500	14700	15800	16900	18000	13300	14000	15200	16300	17400	18500
D13@400	6.0	12100	12800	13800	14800	15800	16800	12600	13200	14300	15300	16200	17200
	7.0	11400	11900	12900	13700	14600	15400	11800	12400	13200	14100	14900	15700
	12.0	7190	7380	7660	7890	8080	8240	7290	7460	7720	7930	8110	8240
	υ	0.128	0.120	0.110	0.101	0.093	0.087	0.169	0.159	0.146	0.134	0.125	0.116
20-D35	0.0	15500	16400	17900	19300	20800	22300	16200	17100	18600	20000	21500	23000
(19100)	3.0	14900	15700	17000	18400	19700	21000	15500	16300	17700	19000	20400	21700
3.91 %	4.0	14400	15200	16400	17700	18900	20100	15000	15800	17000	18300	19500	20700
	5.0	13800	14500	15700	16800	17900	19000	14400	15100	16200	17300	18500	19600
D13@400	6.0	13100	13800	14800	15800	16800	17800	13600	14200	15300	16300	17300	18200
	7.0	12300	12900	13800	14700	15600	16400	12800	13300	14200	15100	15900	16800
	12.0	7920	8120	8420	8670	8890	9070	8030	8220	8490	8730	8930	9090
	υ	0.119	0.113	0.103	0.095	0.089	0.083	0.157	0.149	0.137	0.127	0.119	0.111

1) H형강치수의 오른쪽에는 H형강의 단면적(A_s, mm^2)과 총단면적(A_g=bxd)에 대한 단면적비(ρ_s, %)를 나타내었다.

2) 부재 길이방향철근의 재질은 SD400(F_{yr} = 400 MPa)을 사용하였다.

3) 왼쪽 끝 수직열의 각 칸에는 위로부터 아래 순서로 하여 길이방향철근의 개수와 직경(예, 12-D25), 길이방향철근의 단면적(A_{sr}, mm^2), 길이방향철근의 단면적비(ρ_{sr}, %), 횡구속철근의 직경과 길이방향 간격(예, D10@250)을 나타내었다.

4) υ (upsilon)은 $A_s F_y / P_o$의 값을 나타내며, 매입형 합성기둥에 길이방향 하중이 가해질 때 하중전달을 위한 소요전단력(V')을 산정하는데 사용된다. 여기서 P_o는 합성기둥의 세장효과를 고려하지 않은 공칭압축강도이다.

도움표 9.1 매입형 합성기둥의 설계압축강도 $\phi_c P_n$ (kN)

$b \times d$ = 700 × 700 mm H-294×302×12×12 A_s = 10800 mm², 2.20 %

H형강 재질		SHN400 (F_y = 235 MPa)						SHN490 (F_y = 325 MPa)					
철근	KL	f_{ck} (MPa)						f_{ck} (MPa)					
	m	27	30	35	40	45	50	27	30	35	40	45	50
4-D29	0.0	10900	11800	13300	14800	16300	17900	11600	12500	14000	15500	17100	18600
(2570)	3.0	10300	11200	12600	13900	15300	16600	11000	11800	13200	14600	15900	17200
0.524 %	4.0	9950	10700	12000	13300	14500	15700	10600	11300	12600	13800	15100	16300
	5.0	9470	10200	11300	12500	13500	14600	10000	10700	11800	13000	14000	15100
D10@300	6.0	8910	9540	10600	11500	12500	13400	9380	10000	11000	11900	12900	13800
	7.0	8300	8840	9710	10500	11300	12100	8690	9220	10100	10900	11600	12300
	12.0	4910	5060	5270	5420	5550	5680	4970	5100	5270	5420	5550	5680
	υ	0.175	0.161	0.143	0.128	0.116	0.106	0.226	0.210	0.187	0.169	0.154	0.141
8-D29	0.0	11600	12500	14000	15500	17000	18600	12300	13200	14700	16300	17800	19300
(5140)	3.0	11000	11900	13300	14600	16000	17300	11700	12500	13900	15300	16600	17900
1.05 %	4.0	10600	11400	12700	13900	15200	16400	11200	12000	13300	14500	15700	17000
	5.0	10100	10800	12000	13100	14200	15300	10700	11400	12500	13600	14700	15800
D10@300	6.0	9550	10200	11200	12200	13100	14100	10000	10600	11600	12600	13500	14400
	7.0	8900	9450	10300	11200	12000	12700	9310	9840	10700	11500	12300	13000
	12.0	5330	5490	5710	5870	6010	6130	5400	5540	5740	5870	6010	6130
	υ	0.164	0.152	0.135	0.122	0.111	0.102	0.213	0.198	0.178	0.161	0.148	0.136
12-D32	0.0	12800	13700	15200	16700	18200	19700	13600	14500	16000	17500	19000	20500
(9530)	3.0	12300	13100	14500	15800	17200	18500	12900	13800	15100	16500	17800	19100
1.94 %	4.0	11800	12600	13900	15100	16400	17600	12500	13200	14500	15700	17000	18200
	5.0	11300	12000	13200	14300	15400	16500	11900	12600	13700	14800	16000	17000
D10@300	6.0	10700	11300	12400	13400	14400	15300	11200	11800	12800	13800	14800	15700
	7.0	10000	10600	11500	12300	13200	14000	10400	11000	11900	12700	13500	14300
	12.0	6200	6380	6630	6840	6990	7120	6280	6450	6680	6860	6990	7120
	υ	0.148	0.138	0.125	0.113	0.104	0.096	0.193	0.181	0.164	0.150	0.138	0.128
16-D35	0.0	14500	15400	16800	18300	19800	21300	15200	16100	17600	19000	20500	22000
(15300)	3.0	13900	14700	16100	17400	18700	20100	14500	15400	16700	18100	19400	20700
3.12 %	4.0	13400	14200	15500	16700	18000	19200	14000	14800	16100	17300	18600	19800
	5.0	12900	13600	14700	15900	17000	18100	13400	14100	15300	16400	17500	18600
D13@400	6.0	12200	12800	13900	14900	15900	16900	12700	13300	14400	15400	16400	17300
	7.0	11500	12000	13000	13800	14700	15500	11900	12500	13400	14200	15100	15900
	12.0	7310	7510	7800	8040	8250	8410	7420	7600	7870	8090	8280	8420
	υ	0.131	0.124	0.113	0.104	0.096	0.089	0.173	0.163	0.149	0.138	0.128	0.119
20-D35	0.0	15600	16400	17900	19400	20800	22300	16300	17200	18600	20100	21600	23000
(19100)	3.0	14900	15700	17100	18400	19800	21100	15600	16400	17800	19100	20400	21800
3.91 %	4.0	14500	15200	16500	17700	19000	20200	15100	15800	17100	18400	19600	20800
	5.0	13900	14600	15700	16900	18000	19100	14400	15100	16300	17400	18600	19700
D13@400	6.0	13200	13800	14900	15900	16900	17900	13700	14300	15400	16400	17400	18300
	7.0	12400	13000	13900	14800	15700	16500	12900	13400	14300	15200	16100	16900
	12.0	8040	8240	8550	8810	9040	9230	8160	8350	8630	8880	9090	9260
	υ	0.122	0.115	0.106	0.098	0.091	0.085	0.161	0.153	0.141	0.131	0.122	0.114

1) H형강치수의 오른쪽에는 H형강의 단면적(A_s, mm²)과 종단면적($A_g = b \times d$)에 대한 단면적비(ρ_s, %)를 나타내었다.

2) 부재 길이방향철근의 재질은 SD400(F_{yr} = 400 MPa)을 사용하였다.

3) 왼쪽 끝 수직열의 각 칸에는 위로부터 아래 순서로 하여 길이방향철근의 개수와 직경(예, 12-D25), 길이방향철근의 단면적(A_{sr}, mm²), 길이방향철근의 단면적비(ρ_{sr}, %), 횡구속철근의 직경과 길이방향 간격(예, D10@250)을 나타내었다.

4) υ (upsilon)은 $A_s F_y / P_o$의 값을 나타내며, 매입형 합성기둥에 길이방향 하중이 가해질 때 하중전달을 위한 소요전단력(V')을 산정하는데 사용된다. 여기서 P_o는 합성기둥의 세장효과를 고려하지 않은 공칭압축강도이다.

도움표 9.1 매입형 합성기둥의 설계압축강도 $\phi_c P_n$ (kN)

$b \times d$ = 700 × 700 mm　　H-298×299×9×14　　A_s = 11100 mm², 2.26 %

H형강 재질		SHN400 (F_y = 235 MPa)						SHN490 (F_y = 325 MPa)					
철근	KL	f_{ck} (MPa)						f_{ck} (MPa)					
	m	27	30	35	40	45	50	27	30	35	40	45	50
4-D29	0.0	10900	11800	13400	14900	16400	17900	11700	12600	14100	15600	17100	18700
(2570)	3.0	10400	11200	12600	14000	15300	16700	11100	11900	13300	14600	16000	17300
0.524 %	4.0	10000	10800	12100	13300	14600	15800	10600	11400	12700	13900	15100	16400
	5.0	9530	10200	11400	12500	13600	14700	10100	10800	11900	13000	14100	15200
D10@300	6.0	8980	9610	10600	11600	12600	13500	9470	10100	11100	12000	13000	13900
	7.0	8370	8910	9790	10600	11400	12200	8780	9310	10200	11000	11700	12500
	12.0	4990	5150	5360	5520	5650	5780	5050	5190	5370	5520	5650	5780
	υ	0.179	0.165	0.146	0.131	0.119	0.109	0.231	0.215	0.192	0.173	0.158	0.145
8-D29	0.0	11600	12600	14100	15600	17100	18600	12400	13300	14800	16300	17800	19300
(5140)	3.0	11100	11900	13300	14700	16000	17400	11800	12600	14000	15300	16700	18000
1.05 %	4.0	10700	11500	12700	14000	15200	16500	11300	12100	13400	14600	15800	17000
	5.0	10200	10900	12100	13200	14300	15400	10800	11500	12600	13700	14800	15900
D10@300	6.0	9620	10200	11300	12300	13200	14100	10100	10700	11700	12700	13600	14600
	7.0	8970	9520	10400	11200	12000	12800	9390	9930	10800	11600	12400	13100
	12.0	5410	5580	5800	5980	6110	6240	5480	5630	5830	5980	6110	6240
	υ	0.168	0.156	0.139	0.125	0.114	0.105	0.218	0.203	0.182	0.165	0.151	0.140
12-D32	0.0	12900	13800	15300	16800	18300	19800	13600	14500	16000	17500	19000	20500
(9530)	3.0	12300	13100	14500	15900	17200	18600	13000	13800	15200	16500	17900	19200
1.94 %	4.0	11900	12700	13900	15200	16500	17700	12500	13300	14600	15800	17100	18300
	5.0	11400	12100	13300	14400	15500	16600	11900	12700	13800	14900	16000	17100
D10@300	6.0	10800	11400	12400	13500	14400	15400	11300	11900	12900	13900	14900	15800
	7.0	10100	10600	11600	12400	13200	14000	10500	11100	12000	12800	13600	14400
	12.0	6270	6450	6720	6930	7100	7220	6360	6530	6770	6960	7100	7220
	υ	0.151	0.142	0.128	0.116	0.107	0.099	0.198	0.186	0.168	0.154	0.142	0.132
16-D35	0.0	14500	15400	16900	18400	19800	21300	15300	16200	17600	19100	20600	22100
(15300)	3.0	13900	14700	16100	17500	18800	20100	14600	15400	16800	18100	19500	20800
3.12 %	4.0	13500	14200	15500	16800	18000	19300	14100	14900	16100	17400	18600	19900
	5.0	12900	13600	14800	15900	17100	18200	13500	14200	15400	16500	17600	18700
D13@400	6.0	12300	12900	14000	15000	16000	16900	12800	13400	14500	15500	16400	17400
	7.0	11500	12100	13000	13900	14800	15600	12000	12500	13500	14300	15200	16000
	12.0	7380	7580	7880	8130	8340	8510	7500	7680	7950	8180	8370	8530
	υ	0.134	0.127	0.116	0.106	0.098	0.092	0.177	0.167	0.153	0.141	0.131	0.122
20-D35	0.0	15600	16500	18000	19400	20900	22400	16400	17200	18700	20200	21600	23100
(19100)	3.0	15000	15800	17100	18500	19800	21200	15700	16500	17800	19200	20500	21800
3.91 %	4.0	14500	15300	16500	17800	19000	20300	15200	15900	17200	18400	19700	20900
	5.0	13900	14600	15800	17000	18100	19200	14500	15200	16400	17500	18600	19700
D13@400	6.0	13300	13900	14900	16000	17000	18000	13800	14400	15500	16500	17500	18400
	7.0	12500	13100	14000	14900	15800	16600	12900	13500	14400	15300	16200	17000
	12.0	8110	8320	8630	8900	9130	9320	8230	8430	8720	8970	9180	9360
	υ	0.125	0.118	0.109	0.101	0.094	0.087	0.165	0.157	0.144	0.134	0.125	0.117

1) H형강치수의 오른쪽에는 H형강의 단면적(A_s, mm²)과 총단면적($A_g = b \times d$)에 대한 단면적비(ρ_s, %)를 나타내었다.

2) 부재 길이방향철근의 재질은 SD400($F_{yr} = 400$ MPa)을 사용하였다.

3) 왼쪽 끝 수직열의 각 칸에는 위로부터 아래 순서로 하여 길이방향철근의 개수와 직경(예, 12-D25), 길이방향철근의 단면적(A_{sr}, mm²), 길이방향철근의 단면적비(ρ_{sr}, %), 횡구속철근의 직경과 길이방향 간격(예, D10@250)을 나타내었다.

4) υ (upsilon)은 $A_s F_y / P_o$의 값을 나타내며, 매입형 합성기둥에 길이방향 하중이 가해질 때 하중전달을 위한 소요전단력(V')을 산정하는데 사용된다. 여기서 P_o는 합성기둥의 세장효과를 고려하지 않은 공칭압축강도이다.

도움표 9.1 매입형 합성기둥의 설계압축강도 $\phi_c P_n$ (kN)

$b \times d$ = 700 × 700 mm H-300×300×10×15 A_s = 12000 mm^2, 2.44 %

H형강 재질		SHN400 (F_y = 235 MPa)						SHN490 (F_y = 325 MPa)					
철근	KL	f_{ck} (MPa)						f_{ck} (MPa)					
	m	27	30	35	40	45	50	27	30	35	40	45	50
4-D29	0.0	11100	12000	13500	15000	16500	18000	11900	12800	14300	15800	17300	18800
(2570)	3.0	10500	11400	12800	14100	15500	16800	11300	12100	13500	14800	16200	17500
0.524 %	4.0	10200	10900	12200	13500	14700	15900	10800	11600	12900	14100	15300	16600
	5.0	9680	10400	11500	12700	13800	14900	10300	11000	12100	13200	14300	15400
D10@300	6.0	9120	9750	10800	11800	12700	13600	9650	10300	11300	12200	13200	14100
	7.0	8510	9060	9940	10800	11600	12300	8950	9490	10300	11200	11900	12700
	12.0	5110	5270	5500	5670	5800	5930	5180	5330	5520	5670	5800	5930
	υ	0.191	0.176	0.156	0.141	0.128	0.117	0.246	0.228	0.204	0.185	0.168	0.155
8-D29	0.0	11800	12700	14200	15700	17200	18700	12600	13500	15000	16500	18000	19500
(5140)	3.0	11200	12100	13400	14800	16200	17500	12000	12800	14200	15500	16900	18200
1.05 %	4.0	10800	11600	12900	14100	15400	16600	11500	12300	13500	14800	16000	17200
	5.0	10300	11000	12200	13300	14400	15500	10900	11600	12800	13900	15000	16100
D10@300	6.0	9760	10400	11400	12400	13400	14300	10300	10900	11900	12900	13800	14800
	7.0	9110	9670	10600	11400	12200	13000	9570	10100	11000	11800	12600	13300
	12.0	5530	5700	5940	6130	6260	6390	5610	5760	5970	6130	6260	6390
	υ	0.179	0.166	0.149	0.134	0.123	0.113	0.232	0.216	0.194	0.177	0.162	0.149
12-D32	0.0	13000	13900	15400	16900	18400	19900	13800	14700	16200	17700	19200	20700
(9530)	3.0	12500	13300	14700	16000	17400	18700	13200	14000	15400	16700	18100	19400
1.94 %	4.0	12000	12800	14100	15400	16600	17800	12700	13500	14800	16000	17200	18500
	5.0	11500	12200	13400	14500	15700	16800	12100	12800	14000	15100	16200	17300
D10@300	6.0	10900	11500	12600	13600	14600	15500	11500	12100	13100	14100	15100	16000
	7.0	10200	10800	11700	12600	13400	14200	10700	11200	12100	13000	13800	14600
	12.0	6390	6570	6840	7060	7250	7370	6490	6660	6900	7100	7250	7370
	υ	0.162	0.152	0.137	0.125	0.115	0.106	0.211	0.198	0.180	0.165	0.152	0.141
16-D35	0.0	14700	15600	17000	18500	20000	21500	15500	16400	17800	19300	20800	22300
(15300)	3.0	14100	14900	16200	17600	18900	20300	14800	15600	17000	18300	19700	21000
3.12 %	4.0	13600	14400	15700	16900	18200	19400	14300	15100	16300	17600	18800	20000
	5.0	13100	13800	14900	16100	17200	18300	13700	14400	15500	16700	17800	18900
D13@400	6.0	12400	13000	14100	15100	16100	17100	13000	13600	14600	15600	16600	17600
	7.0	11700	12200	13200	14100	14900	15800	12200	12700	13600	14500	15300	16200
	12.0	7490	7700	8000	8250	8470	8650	7620	7810	8080	8320	8510	8680
	υ	0.144	0.136	0.124	0.114	0.106	0.098	0.189	0.178	0.164	0.151	0.140	0.131
20-D35	0.0	15800	16600	18100	19600	21000	22500	16600	17400	18900	20400	21800	23300
(19100)	3.0	15100	15900	17300	18600	20000	21300	15900	16700	18000	19400	20700	22000
3.91 %	4.0	14700	15400	16700	17900	19200	20400	15300	16100	17400	18600	19900	21100
	5.0	14100	14800	15900	17100	18200	19300	14700	15400	16600	17700	18800	19900
D13@400	6.0	13400	14000	15100	16100	17100	18100	14000	14600	15600	16600	17600	18600
	7.0	12600	13200	14100	15000	15900	16700	13100	13700	14600	15500	16300	17200
	12.0	8210	8430	8750	9020	9260	9460	8350	8550	8840	9100	9320	9500
	υ	0.134	0.127	0.117	0.108	0.100	0.094	0.176	0.167	0.154	0.143	0.134	0.125

1) H형강치수의 오른쪽에는 H형강의 단면적(A_s, mm^2)과 총단면적($A_g = b \times d$)에 대한 단면적비(ρ_s, %)를 나타내었다.

2) 부재 길이방향철근의 재질은 SD400(F_{yr} = 400 MPa)을 사용하였다.

3) 왼쪽 끝 수직열의 각 칸에는 위로부터 아래 순서로 하여 길이방향철근의 개수와 직경(예, 12-D25), 길이방향철근의 단면적(A_{sr}, mm^2), 길이방향철근의 단면적비(ρ_{sr}, %), 횡구속철근의 직경과 길이방향 간격(예, D10@250)을 나타내었다.

4) υ (upsilon)은 $A_s F_y / P_o$의 값을 나타내며, 매입형 합성기둥에 길이방향 하중이 가해질 때 하중전달을 위한 소요전단력(V')을 산정하는데 사용된다. 여기서 P_o는 합성기둥의 세장효과를 고려하지 않은 공칭압축강도이다.

도움표 9.1 매입형 합성기둥의 설계압축강도 $\phi_c P_n$ (kN)

$b \times d$ = 700 × 700 mm **H-300×305×15×15** A_s = 13500 mm², 2.75 %

H형강 재질		SHN400 (F_y = 235 MPa)						SHN490 (F_y = 325 MPa)					
철근	*KL*	f_{ck} (MPa)						f_{ck} (MPa)					
	m	27	30	35	40	45	50	27	30	35	40	45	50
4-D29	0.0	11300	12200	13700	15200	16700	18300	12200	13100	14600	16100	17700	19200
(2570)	3.0	10800	11600	13000	14400	15700	17100	11600	12400	13800	15200	16500	17800
0.524 %	4.0	10400	11200	12400	13700	14900	16200	11100	11900	13200	14400	15700	16900
	5.0	9900	10600	11800	12900	14000	15100	10600	11300	12400	13500	14600	15700
D10@300	6.0	9340	9980	11000	12000	13000	13900	9940	10600	11600	12500	13500	14400
	7.0	8720	9280	10200	11000	11800	12600	9230	9760	10600	11400	12200	13000
	12.0	5270	5440	5680	5870	6010	6140	5360	5510	5720	5870	6010	6140
	υ	0.210	0.195	0.173	0.156	0.142	0.130	0.269	0.250	0.225	0.204	0.186	0.171
8-D29	0.0	12000	12900	14400	15900	17400	18900	12900	13800	15300	16800	18300	19900
(5140)	3.0	11500	12300	13700	15000	16400	17700	12300	13100	14500	15800	17200	18500
1.05 %	4.0	11100	11800	13100	14400	15600	16800	11800	12600	13900	15100	16300	17600
	5.0	10600	11300	12400	13600	14700	15800	11300	12000	13100	14200	15300	16400
D10@300	6.0	9980	10600	11600	12600	13600	14600	10600	11200	12200	13200	14100	15100
	7.0	9320	9880	10800	11600	12500	13200	9840	10400	11200	12100	12900	13600
	12.0	5690	5870	6120	6320	6470	6600	5780	5940	6160	6320	6470	6600
	υ	0.197	0.184	0.165	0.149	0.136	0.125	0.254	0.237	0.214	0.195	0.179	0.165
12-D32	0.0	13300	14200	15700	17100	18600	20100	14200	15100	16600	18100	19500	21000
(9530)	3.0	12700	13500	14900	16200	17600	18900	13500	14300	15700	17100	18400	19700
1.94 %	4.0	12300	13000	14300	15600	16800	18100	13000	13800	15100	16300	17600	18800
	5.0	11700	12500	13600	14800	15900	17000	12400	13100	14300	15400	16500	17600
D10@300	6.0	11100	11800	12800	13800	14800	15800	11700	12400	13400	14400	15400	16300
	7.0	10400	11000	11900	12800	13600	14400	11000	11500	12400	13300	14100	14900
	12.0	6540	6740	7020	7250	7440	7590	6660	6830	7080	7290	7450	7590
	υ	0.179	0.168	0.152	0.139	0.128	0.118	0.232	0.218	0.198	0.182	0.168	0.156
16-D35	0.0	14900	15800	17300	18700	20200	21700	15800	16700	18200	19600	21100	22600
(15300)	3.0	14300	15100	16500	17800	19200	20500	15100	15900	17300	18600	20000	21300
3.12 %	4.0	13800	14600	15900	17100	18400	19600	14600	15400	16600	17900	19100	20400
	5.0	13300	14000	15200	16300	17400	18600	14000	14700	15800	17000	18100	19200
D13@400	6.0	12600	13300	14300	15300	16300	17300	13300	13900	14900	15900	16900	17900
	7.0	11900	12500	13400	14300	15100	16000	12400	13000	13900	14800	15600	16400
	12.0	7650	7860	8160	8430	8660	8850	7790	7980	8260	8500	8710	8880
	υ	0.159	0.150	0.138	0.127	0.118	0.110	0.208	0.197	0.181	0.167	0.156	0.145
20-D35	0.0	16000	16900	18300	19800	21200	22700	16900	17800	19200	20700	22100	23600
(19100)	3.0	15400	16200	17500	18900	20200	21500	16200	17000	18300	19700	21000	22300
3.91 %	4.0	14900	15600	16900	18200	19400	20600	15700	16400	17700	18900	20200	21400
	5.0	14300	15000	16200	17300	18500	19600	15000	15700	16900	18000	19100	20200
D13@400	6.0	13600	14200	15300	16300	17300	18300	14200	14900	15900	16900	17900	18900
	7.0	12800	13400	14300	15200	16100	17000	13400	14000	14900	15800	16600	17400
	12.0	8370	8580	8910	9190	9440	9660	8520	8720	9020	9280	9510	9700
	υ	0.149	0.141	0.130	0.120	0.112	0.105	0.194	0.185	0.171	0.159	0.148	0.139

1) H형강치수의 오른쪽에는 H형강의 단면적(A_s, mm²)과 총단면적($A_g = b \times d$)에 대한 단면적비(ρ_s, %)를 나타내었다.
2) 부재 길이방향철근의 재질은 SD400(F_{yr} = 400 MPa)을 사용하였다.
3) 왼쪽 끝 수직열의 각 칸에는 위로부터 아래 순서로 하여 길이방향철근의 개수와 직경(예, 12-D25), 길이방향철근의 단면적(A_{sr}, mm²), 길이방향철근의 단면적비(ρ_{sr}, %), 횡구속철근의 직경과 길이방향 간격(예, D10@250)을 나타내었다.
4) υ (upsilon)은 $A_s F_y / P_o$의 값을 나타내며, 매입형 합성기둥에 길이방향 하중이 가해질 때 하중전달을 위한 소요전단력(V')을 산정하는데 사용된다. 여기서 P_o는 합성기둥의 세장효과를 고려하지 않은 공칭압축강도이다.

도움표 9.1 매입형 합성기둥의 설계압축강도 $\phi_c P_n$ (kN)

$b \times d$ = 700 × 700 mm **H-304×301×11×17** A_s = 13500 mm^2, 2.75 %

H형강 재질		SHN400 (F_y = 235 MPa)						SHN490 (F_y = 325 MPa)					
철근	*KL*	f_{ck} (MPa)						f_{ck} (MPa)					
	m	27	30	35	40	45	50	27	30	35	40	45	50
4-D29	**0.0**	11300	12200	13700	15200	16700	18300	12200	13100	14600	16100	17700	19200
(2570)	**3.0**	10800	11600	13000	14400	15700	17100	11600	12400	13800	15200	16500	17900
0.524 %	**4.0**	10400	11200	12500	13700	15000	16200	11200	11900	13200	14400	15700	16900
	5.0	9920	10600	11800	12900	14000	15100	10600	11300	12400	13600	14700	15700
D10@300	**6.0**	9360	10000	11000	12000	13000	13900	9960	10600	11600	12600	13500	14400
	7.0	8740	9300	10200	11000	11900	12600	9250	9790	10700	11500	12300	13000
	12.0	5310	5490	5730	5930	6070	6200	5400	5560	5770	5930	6070	6200
	υ	0.210	0.195	0.173	0.156	0.142	0.130	0.269	0.250	0.225	0.204	0.186	0.171
8-D29	**0.0**	12000	12900	14400	15900	17400	18900	12900	13800	15300	16800	18300	19900
(5140)	**3.0**	11500	12300	13700	15000	16400	17700	12300	13100	14500	15900	17200	18500
1.05 %	**4.0**	11100	11900	13100	14400	15600	16900	11800	12600	13900	15100	16400	17600
	5.0	10600	11300	12500	13600	14700	15800	11300	12000	13100	14200	15300	16400
D10@300	**6.0**	10000	10600	11700	12700	13600	14600	10600	11200	12200	13200	14200	15100
	7.0	9350	9910	10800	11700	12500	13300	9870	10400	11300	12100	12900	13700
	12.0	5730	5910	6170	6370	6520	6660	5830	5990	6210	6380	6520	6660
	υ	0.198	0.184	0.165	0.149	0.136	0.125	0.254	0.237	0.214	0.195	0.179	0.166
12-D32	**0.0**	13300	14200	15700	17100	18600	20100	14200	15100	16600	18100	19500	21000
(9530)	**3.0**	12700	13500	14900	16300	17600	18900	13500	14400	15700	17100	18400	19700
1.94 %	**4.0**	12300	13100	14300	15600	16800	18100	13000	13800	15100	16300	17600	18800
	5.0	11800	12500	13600	14800	15900	17000	12500	13200	14300	15400	16600	17600
D10@300	**6.0**	11100	11800	12800	13800	14800	15800	11800	12400	13400	14400	15400	16300
	7.0	10500	11000	11900	12800	13700	14500	11000	11500	12400	13300	14100	14900
	12.0	6580	6780	7060	7300	7490	7640	6700	6880	7130	7340	7510	7640
	υ	0.179	0.168	0.152	0.139	0.128	0.118	0.232	0.218	0.198	0.182	0.168	0.156
16-D35	**0.0**	14900	15800	17300	18700	20200	21700	15800	16700	18200	19600	21100	22600
(15300)	**3.0**	14300	15100	16500	17800	19200	20500	15100	16000	17300	18600	20000	21300
3.12 %	**4.0**	13800	14600	15900	17200	18400	19600	14600	15400	16700	17900	19100	20400
	5.0	13300	14000	15200	16300	17500	18600	14000	14700	15900	17000	18100	19200
D13@400	**6.0**	12600	13300	14300	15400	16400	17300	13300	13900	14900	16000	16900	17900
	7.0	11900	12500	13400	14300	15200	16000	12500	13000	13900	14800	15700	16500
	12.0	7680	7890	8210	8480	8710	8900	7830	8020	8310	8550	8760	8940
	υ	0.159	0.150	0.138	0.127	0.118	0.110	0.208	0.197	0.181	0.167	0.156	0.146
20-D35	**0.0**	16000	16900	18300	19800	21200	22700	16900	17800	19200	20700	22100	23600
(19100)	**3.0**	15400	16200	17500	18900	20200	21500	16200	17000	18400	19700	21000	22300
3.91 %	**4.0**	14900	15700	16900	18200	19400	20700	15700	16400	17700	18900	20200	21400
	5.0	14300	15000	16200	17300	18500	19600	15000	15700	16900	18000	19100	20200
D13@400	**6.0**	13600	14300	15300	16400	17400	18400	14300	14900	15900	17000	18000	18900
	7.0	12800	13400	14400	15300	16100	17000	13400	14000	14900	15800	16600	17500
	12.0	8400	8620	8950	9240	9490	9700	8560	8760	9070	9330	9560	9750
	υ	0.149	0.141	0.130	0.120	0.112	0.105	0.194	0.185	0.171	0.159	0.148	0.139

1) H형강치수의 오른쪽에는 H형강의 단면적(A_s, mm^2)과 총단면적($A_g = b \times d$)에 대한 단면직비(ρ_s, %)를 나타내었다.

2) 부재 길이방향철근의 재질은 SD400(F_{yr} = 400 MPa)을 사용하였다.

3) 왼쪽 끝 수직열의 각 칸에는 위로부터 아래 순서로 하여 길이방향철근의 개수와 직경(예, 12-D25), 길이방향철근의 단면적(A_{sr}, mm^2), 길이방향철근의 단면적비(ρ_{sr}, %), 횡구속철근의 직경과 길이방향 간격(예, D10@250)을 나타내었다.

4) υ (upsilon)은 $A_s F_y / P_o$의 값을 나타내며, 매입형 합성기둥에 길이방향 하중이 가해질 때 하중전달을 위한 소요전단력(V')을 산정하는데 사용된다. 여기서 P_o는 합성기둥의 세장효과를 고려하지 않은 공칭압축강도이다.

도움표 9.1 매입형 합성기둥의 설계압축강도 $\phi_c P_n$ (kN)

$b \times d$ = 700 × 700 mm H-310×305×15×20 A_s = 16500 mm², 3.37 %

H형강 재질		SHN400 (F_y = 235 MPa)						SHN490 (F_y = 325 MPa)					
철근	KL	f_{ck} (MPa)						f_{ck} (MPa)					
	m	27	30	35	40	45	50	27	30	35	40	45	50
4-D29	0.0	11800	12700	14200	15700	17200	18700	12900	13800	15300	16800	18300	19800
(2570)	3.0	11300	12100	13500	14800	16200	17500	12300	13100	14500	15800	17200	18500
0.524 %	4.0	10900	11700	12900	14200	15500	16700	11800	12600	13900	15100	16300	17600
	5.0	10400	11100	12300	13400	14600	15700	11200	11900	13100	14200	15300	16400
D10@300	6.0	9830	10500	11500	12500	13500	14500	10600	11200	12200	13200	14200	15100
	7.0	9210	9780	10700	11600	12400	13200	9850	10400	11300	12100	12900	13700
	12.0	5710	5900	6170	6400	6580	6720	5830	6000	6240	6420	6580	6720
	υ	0.247	0.230	0.205	0.186	0.169	0.156	0.312	0.292	0.263	0.240	0.220	0.203
8-D29	0.0	12500	13400	14900	16400	17900	19400	13600	14500	16000	17500	19000	20500
(5140)	3.0	12000	12800	14200	15500	16900	18200	13000	13800	15200	16500	17900	19200
1.05 %	4.0	11600	12300	13600	14900	16100	17400	12500	13300	14500	15800	17000	18200
	5.0	11100	11800	12900	14100	15200	16300	11900	12600	13800	14900	16000	17100
D10@300	6.0	10500	11100	12200	13200	14200	15100	11200	11800	12900	13900	14800	15800
	7.0	9810	10400	11300	12200	13000	13800	10500	11000	11900	12700	13600	14300
	12.0	6120	6320	6600	6840	7030	7180	6250	6430	6670	6880	7040	7180
	υ	0.233	0.217	0.195	0.178	0.163	0.150	0.296	0.277	0.251	0.230	0.212	0.197
12-D32	0.0	13800	14600	16100	17600	19100	20600	14900	15800	17200	18700	20200	21700
(9530)	3.0	13200	14000	15400	16700	18100	19400	14200	15000	16400	17700	19100	20400
1.94 %	4.0	12800	13500	14800	16100	17300	18600	13700	14500	15700	17000	18200	19500
	5.0	12200	12900	14100	15300	16400	17500	13100	13800	14900	16100	17200	18300
D10@300	6.0	11600	12200	13300	14300	15300	16300	12400	13000	14000	15000	16000	17000
	7.0	10900	11500	12400	13300	14200	15000	11600	12100	13000	13900	14700	15600
	12.0	6960	7170	7480	7740	7970	8160	7120	7310	7580	7820	8010	8160
	υ	0.212	0.199	0.181	0.165	0.153	0.142	0.271	0.256	0.234	0.215	0.199	0.186
16-D35	0.0	15400	16300	17700	19200	20700	22100	16500	17400	18800	20300	21800	23200
(15300)	3.0	14800	15600	16900	18300	19600	21000	15800	16600	18000	19300	20600	22000
3.12 %	4.0	14300	15100	16400	17600	18900	20100	15300	16000	17300	18600	19800	21000
	5.0	13800	14500	15600	16800	17900	19100	14600	15300	16500	17600	18800	19900
D13@400	6.0	13100	13700	14800	15800	16900	17800	13900	14500	15600	16600	17600	18500
	7.0	12300	12900	13900	14800	15700	16500	13000	13600	14500	15400	16300	17100
	12.0	8050	8270	8610	8900	9160	9380	8240	8440	8740	9010	9240	9430
	υ	0.189	0.179	0.164	0.152	0.141	0.132	0.244	0.232	0.214	0.198	0.185	0.173
20-D35	0.0	16500	17300	18800	20200	21700	23100	17600	18500	19900	21400	22800	24300
(19100)	3.0	15800	16600	18000	19300	20700	22000	16900	17700	19000	20300	21700	23000
3.91 %	4.0	15400	16100	17400	18600	19900	21100	16300	17100	18300	19600	20800	22000
	5.0	14800	15500	16600	17800	18900	20100	15600	16400	17500	18600	19800	20900
D13@400	6.0	14100	14700	15800	16800	17800	18800	14900	15500	16500	17600	18600	19500
	7.0	13300	13900	14800	15700	16600	17500	14000	14600	15500	16400	17200	18100
	12.0	8770	9000	9340	9650	9920	10200	8970	9180	9500	9780	10000	10200
	υ	0.177	0.168	0.155	0.144	0.134	0.126	0.229	0.218	0.202	0.189	0.177	0.166

1) H형강치수의 오른쪽에는 H형강의 단면적(A_s, mm²)과 총단면적($A_g = b \times d$)에 대한 단면적비(ρ_s, %)를 나타내었다.

2) 부재 길이방향철근의 재질은 SD400(F_{yr} = 400 MPa)을 사용하였다.

3) 왼쪽 끝 수직열의 각 칸에는 위로부터 아래 순서로 하여 길이방향철근의 개수와 직경(예, 12-D25), 길이방향철근의 단면적(A_{sr}, mm²), 길이방향철근의 단면적비(ρ_{sr}, %), 횡구속철근의 직경과 길이방향 간격(예, D10@250)을 나타내었다.

4) υ (upsilon)은 $A_s F_y / P_o$의 값을 나타내며, 매입형 합성기둥에 길이방향 하중이 가해질 때 하중전달을 위한 소요전단력(V')을 산정하는데 사용된다. 여기서 P_o는 합성기둥의 세장효과를 고려하지 않은 공칭압축강도이다.

도움표 9.1 매입형 합성기둥의 설계압축강도 $\phi_c P_n$ (kN)

$b \times d$ = 700 × 700 mm **H-310×310×20×20** A_s = 18100 mm^2, 3.69 %

H형강 재질		SHN400 (F_y = 235 MPa)						SHN490 (F_y = 325 MPa)					
철근	KL	f_{ck} (MPa)						f_{ck} (MPa)					
	m	27	30	35	40	45	50	27	30	35	40	45	50
4-D29	**0.0**	12000	12900	14400	15900	17400	18900	13300	14200	15600	17100	18600	20100
(2570)	**3.0**	11500	12300	13700	15100	16400	17800	12600	13400	14800	16200	17500	18800
0.524 %	**4.0**	11100	11900	13200	14400	15700	16900	12100	12900	14200	15400	16700	17900
	5.0	10600	11300	12500	13700	14800	15900	11600	12300	13400	14500	15700	16700
D10@300	**6.0**	10100	10700	11800	12800	13800	14700	10900	11500	12500	13500	14500	15400
	7.0	9430	10000	10900	11800	12700	13500	10100	10700	11600	12400	13200	14000
	12.0	5880	6080	6360	6600	6800	6950	6020	6190	6440	6650	6800	6950
	υ	0.265	0.246	0.221	0.200	0.183	0.168	0.332	0.311	0.282	0.257	0.236	0.219
8-D29	**0.0**	12800	13700	15100	16600	18100	19600	14000	14900	16400	17900	19300	20800
(5140)	**3.0**	12200	13000	14400	15800	17100	18500	13300	14100	15500	16800	18200	19500
1.05 %	**4.0**	11800	12600	13900	15100	16400	17600	12800	13600	14900	16100	17300	18600
	5.0	11300	12000	13200	14300	15500	16600	12200	12900	14100	15200	16300	17400
D10@300	**6.0**	10700	11300	12400	13400	14400	15400	11500	12100	13200	14200	15100	16100
	7.0	10000	10600	11500	12400	13300	14100	10700	11300	12200	13000	13900	14700
	12.0	6290	6490	6790	7040	7250	7410	6440	6620	6880	7090	7260	7410
	υ	0.250	0.233	0.210	0.192	0.176	0.163	0.315	0.296	0.269	0.247	0.228	0.212
12-D32	**0.0**	14000	14900	16400	17800	19300	20800	15200	16100	17600	19100	20500	22000
(9530)	**3.0**	13400	14200	15600	17000	18300	19600	14500	15400	16700	18100	19400	20700
1.94 %	**4.0**	13000	13800	15000	16300	17600	18800	14000	14800	16100	17300	18500	19800
	5.0	12500	13200	14300	15500	16600	17700	13400	14100	15300	16400	17500	18600
D10@300	**6.0**	11800	12500	13500	14600	15600	16600	12700	13300	14300	15300	16300	17300
	7.0	11100	11700	12600	13500	14400	15300	11900	12400	13300	14200	15000	15900
	12.0	7130	7340	7660	7940	8170	8370	7310	7500	7780	8020	8230	8390
	υ	0.228	0.214	0.195	0.179	0.165	0.153	0.289	0.274	0.251	0.231	0.215	0.200
16-D35	**0.0**	15600	16500	18000	19400	20900	22300	16900	17700	19200	20600	22100	23600
(15300)	**3.0**	15000	15800	17200	18500	19900	21200	16100	17000	18300	19600	21000	22300
3.12 %	**4.0**	14600	15300	16600	17900	19100	20300	15600	16400	17600	18900	20100	21300
	5.0	14000	14700	15900	17000	18200	19300	14900	15600	16800	17900	19100	20200
D13@400	**6.0**	13300	14000	15000	16100	17100	18100	14200	14800	15900	16900	17900	18800
	7.0	12600	13100	14100	15000	15900	16700	13300	13900	14800	15700	16500	17400
	12.0	8220	8440	8780	9090	9350	9580	8420	8630	8940	9210	9440	9650
	υ	0.204	0.193	0.177	0.164	0.153	0.143	0.261	0.248	0.230	0.213	0.199	0.187
20-D35	**0.0**	16700	17600	19000	20500	21900	23400	17900	18800	20300	21700	23100	24600
(19100)	**3.0**	16100	16900	18200	19600	20900	22200	17200	18000	19300	20700	22000	23300
3.91 %	**4.0**	15600	16400	17600	18900	20100	21300	16600	17400	18700	19900	21100	22400
	5.0	15000	15700	16900	18000	19200	20300	16000	16700	17800	19000	20100	21200
D13@400	**6.0**	14300	14900	16000	17000	18100	19100	15200	15800	16800	17900	18900	19800
	7.0	13500	14100	15000	16000	16800	17700	14300	14800	15800	16700	17500	18400
	12.0	8930	9160	9520	9830	10100	10400	9150	9360	9690	9970	10200	10500
	υ	0.191	0.181	0.167	0.156	0.145	0.136	0.246	0.234	0.218	0.203	0.190	0.179

1) H형강치수의 오른쪽에는 H형강의 단면적(A_s, mm^2)과 총단면적($A_g = b \times d$)에 대한 단면적비(ρ_s, %)를 나타내었다.

2) 부재 길이방향철근의 재질은 SD400(F_{yr} = 400 MPa)을 사용하였다.

3) 왼쪽 끝 수직열의 각 칸에는 위로부터 아래 순서로 하여 길이방향철근의 개수와 직경(예, 12-D25), 길이방향철근의 단면적(A_{sr}, mm^2), 길이방향철근의 단면적비(ρ_{sr}, %), 횡구속철근의 직경과 길이방향 간격(예, D10@250)을 나타내었다.

4) υ (upsilon)은 $A_s F_y / P_o$의 값을 나타내며, 매입형 합성기둥에 길이방향 하중이 가해질 때 하중전달을 위한 소요전단력(V')을 산정하는데 사용된다. 여기서 P_o는 합성기둥의 세장효과를 고려하지 않은 공칭압축강도이다.

도움표 9.1 매입형 합성기둥의 설계압축강도 $\phi_c P_n$ (kN)

$b \times d = 700 \times 700$ mm　　H-338×351×13×13　　A_s = 13500 mm^2, 2.76 %

H형강 재질		SHN400 (F_y = 235 MPa)						SHN490 (F_y = 325 MPa)					
철근	KL	f_{ck} (MPa)						f_{ck} (MPa)					
	m	27	30	35	40	45	50	27	30	35	40	45	50
4-D29	0.0	11300	12200	13700	15200	16700	18300	12200	13100	14600	16200	17700	19200
(2570)	3.0	10800	11600	13000	14400	15700	17100	11600	12500	13800	15200	16500	17900
0.524 %	4.0	10400	11200	12500	13800	15000	16200	11200	12000	13200	14500	15700	17000
	5.0	9960	10700	11800	13000	14100	15200	10700	11400	12500	13600	14700	15800
D10@300	6.0	9410	10100	11100	12100	13100	14000	10000	10700	11700	12700	13600	14500
	7.0	8810	9370	10300	11100	12000	12800	9330	9880	10800	11600	12400	13200
	12.0	5430	5610	5860	6070	6220	6360	5530	5690	5910	6080	6220	6360
	υ	0.211	0.195	0.174	0.156	0.142	0.131	0.270	0.251	0.225	0.204	0.187	0.172
8-D29	0.0	12000	12900	14400	15900	17400	18900	13000	13900	15400	16900	18400	19900
(5140)	3.0	11500	12300	13700	15100	16400	17800	12300	13200	14500	15900	17200	18600
1.05 %	4.0	11100	11900	13200	14400	15700	16900	11900	12600	13900	15200	16400	17600
	5.0	10600	11300	12500	13600	14800	15900	11300	12000	13200	14300	15400	16500
D10@300	6.0	10000	10700	11700	12700	13700	14700	10700	11300	12300	13300	14300	15200
	7.0	9410	9980	10900	11800	12600	13400	9940	10500	11400	12200	13000	13800
	12.0	5840	6030	6290	6510	6680	6810	5950	6110	6350	6540	6680	6810
	υ	0.198	0.184	0.165	0.150	0.137	0.126	0.255	0.238	0.215	0.196	0.180	0.166
12-D32	0.0	13300	14200	15700	17100	18600	20100	14200	15100	16600	18100	19600	21000
(9530)	3.0	12700	13500	14900	16300	17600	19000	13600	14400	15700	17100	18400	19800
1.94 %	4.0	12300	13100	14400	15600	16900	18100	13100	13900	15100	16400	17600	18800
	5.0	11800	12500	13700	14800	16000	17100	12500	13200	14400	15500	16600	17700
D10@300	6.0	11200	11800	12900	13900	14900	15900	11800	12400	13500	14500	15500	16400
	7.0	10500	11100	12000	12900	13800	14600	11100	11600	12500	13400	14200	15000
	12.0	6680	6890	7180	7430	7630	7800	6810	7000	7260	7480	7660	7800
	υ	0.180	0.168	0.152	0.139	0.128	0.118	0.232	0.219	0.199	0.183	0.169	0.157
16-D35	0.0	14900	15800	17300	18700	20200	21700	15800	16700	18200	19700	21100	22600
(15300)	3.0	14300	15100	16500	17800	19200	20500	15200	16000	17300	18700	20000	21300
3.12 %	4.0	13900	14600	15900	17200	18400	19700	14700	15400	16700	17900	19200	20400
	5.0	13300	14000	15200	16400	17500	18600	14000	14700	15900	17100	18200	19300
D13@400	6.0	12700	13300	14400	15400	16400	17400	13300	14000	15000	16000	17000	18000
	7.0	12000	12500	13500	14400	15200	16100	12500	13100	14000	14900	15700	16600
	12.0	7780	7990	8320	8590	8830	9040	7930	8130	8420	8680	8890	9080
	υ	0.160	0.151	0.138	0.127	0.118	0.110	0.208	0.197	0.181	0.168	0.156	0.146
20-D35	0.0	16000	16900	18300	19800	21200	22700	16900	17800	19200	20700	22200	23600
(19100)	3.0	15400	16200	17500	18900	20200	21500	16200	17000	18400	19700	21000	22400
3.91 %	4.0	14900	15700	16900	18200	19500	20700	15700	16500	17700	19000	20200	21400
	5.0	14300	15000	16200	17400	18500	19600	15100	15800	16900	18100	19200	20300
D13@400	6.0	13700	14300	15400	16400	17400	18400	14300	14900	16000	17000	18000	19000
	7.0	12900	13500	14400	15300	16200	17100	13500	14000	15000	15900	16700	17600
	12.0	8490	8720	9050	9350	9610	9830	8660	8870	9180	9450	9680	9890
	υ	0.149	0.141	0.130	0.120	0.112	0.105	0.195	0.185	0.171	0.159	0.149	0.140

1) H형강치수의 오른쪽에는 H형강의 단면적(A_s, mm^2)과 총단면적($A_g = b \times d$)에 대한 단면적비(ρ_s, %)를 나타내었다.

2) 부재 길이방향철근의 재질은 SD400(F_{yr} = 400 MPa)을 사용하였다.

3) 왼쪽 끝 수직열의 각 칸에는 위로부터 아래 순서로 하여 길이방향철근의 개수와 직경(예, 12-D25), 길이방향철근의 단면적(A_{sr}, mm^2), 길이방향철근의 단면적비(ρ_{sr}, %), 횡구속철근의 직경과 길이방향 간격(예, D10@250)을 나타내었다.

4) υ (upsilon)은 $A_s F_y / P_o$의 값을 나타내며, 매입형 합성기둥에 길이방향 하중이 가해질 때 하중전달을 위한 소요전단력(V')을 산정하는데 사용된다. 여기서 P_o는 합성기둥의 세장효과를 고려하지 않은 공칭압축강도이다.

도움표 9.1 매입형 합성기둥의 설계압축강도 $\phi_c P_n$ (kN)

$b \times d$ = 700 × 700 mm **H-344×348×10×16** A_s = 14600 mm², 2.98 %

H형강 재질		SHN400 (F_y = 235 MPa)						SHN490 (F_y = 325 MPa)					
철근	KL	f_{ck} (MPa)						f_{ck} (MPa)					
	m	27	30	35	40	45	50	27	30	35	40	45	50
4-D29	0.0	11500	12400	13900	15400	16900	18400	12500	13400	14900	16400	17900	19400
(2570)	3.0	11000	11800	13200	14600	15900	17300	11900	12700	14100	15400	16800	18100
0.524 %	4.0	10600	11400	12700	14000	15200	16400	11400	12200	13500	14800	16000	17200
	5.0	10100	10900	12000	13200	14300	15400	10900	11600	12800	13900	15000	16100
D10@300	6.0	9610	10300	11300	12300	13300	14300	10300	10900	11900	12900	13900	14800
	7.0	9010	9590	10500	11400	12200	13000	9590	10100	11000	11900	12700	13500
	12.0	5640	5830	6110	6340	6510	6650	5760	5930	6170	6370	6510	6650
	υ	0.224	0.208	0.185	0.167	0.152	0.140	0.285	0.266	0.239	0.217	0.199	0.183
8-D29	0.0	12200	13100	14600	16100	17600	19100	13200	14100	15600	17100	18600	20100
(5140)	3.0	11700	12500	13900	15300	16600	18000	12600	13400	14800	16100	17500	18800
1.05 %	4.0	11300	12100	13400	14600	15900	17100	12100	12900	14200	15400	16700	17900
	5.0	10800	11500	12700	13900	15000	16100	11600	12300	13400	14600	15700	16800
D10@300	6.0	10200	10900	11900	13000	14000	14900	10900	11500	12600	13600	14600	15500
	7.0	9620	10200	11100	12000	12800	13700	10200	10700	11600	12500	13300	14100
	12.0	6050	6250	6540	6770	6970	7110	6180	6360	6610	6820	6970	7110
	υ	0.211	0.196	0.176	0.160	0.146	0.135	0.270	0.253	0.228	0.208	0.191	0.177
12-D32	0.0	13500	14300	15800	17300	18800	20300	14400	15300	16800	18300	19800	21300
(9530)	3.0	12900	13700	15100	16500	17800	19100	13800	14600	16000	17300	18700	20000
1.94 %	4.0	12500	13300	14500	15800	17100	18300	13300	14100	15400	16600	17900	19100
	5.0	12000	12700	13900	15000	16200	17300	12700	13500	14600	15800	16900	18000
D10@300	6.0	11400	12000	13100	14100	15100	16100	12100	12700	13700	14800	15700	16700
	7.0	10700	11300	12200	13100	14000	14800	11300	11900	12800	13700	14500	15300
	12.0	6890	7100	7410	7670	7900	8080	7040	7230	7510	7740	7940	8090
	υ	0.191	0.179	0.163	0.149	0.137	0.127	0.247	0.232	0.212	0.194	0.180	0.167
16-D35	0.0	15100	16000	17400	18900	20400	21800	16100	17000	18400	19900	21400	22800
(15300)	3.0	14500	15300	16700	18000	19400	20700	15400	16200	17600	18900	20300	21600
3.12 %	4.0	14100	14800	16100	17400	18600	19900	14900	15700	16900	18200	19400	20700
	5.0	13500	14200	15400	16600	17700	18800	14300	15000	16200	17300	18400	19500
D13@400	6.0	12900	13500	14600	15600	16600	17600	13600	14200	15300	16300	17300	18300
	7.0	12100	12700	13700	14600	15500	16300	12800	13300	14200	15100	16000	16800
	12.0	7970	8200	8530	8830	9080	9300	8150	8350	8660	8930	9160	9350
	υ	0.171	0.161	0.148	0.136	0.126	0.118	0.221	0.210	0.193	0.179	0.167	0.156
20-D35	0.0	16200	17000	18500	19900	21400	22900	17200	18000	19500	20900	22400	23800
(19100)	3.0	15600	16400	17700	19100	20400	21700	16500	17300	18600	20000	21300	22600
3.91 %	4.0	15100	15900	17100	18400	19600	20900	15900	16700	18000	19200	20500	21700
	5.0	14500	15200	16400	17600	18700	19800	15300	16000	17200	18300	19400	20600
D13@400	6.0	13800	14500	15600	16600	17600	18600	14500	15200	16200	17300	18300	19300
	7.0	13100	13700	14600	15500	16400	17300	13700	14300	15200	16100	17000	17800
	12.0	8690	8920	9270	9580	9850	10100	8870	9090	9410	9690	9940	10200
	υ	0.159	0.151	0.139	0.129	0.120	0.113	0.207	0.197	0.183	0.170	0.159	0.149

1) H형강치수의 오른쪽에는 H형강의 단면적(A_s, mm²)과 총단면적(A_g=b×d)에 대한 단면적비(ρ_s, %)를 나타내었다.

2) 부재 길이방향철근의 재질은 SD400(F_{yr} = 400 MPa)을 사용하였다.

3) 왼쪽 끝 수직열의 각 칸에는 위로부터 아래 순서로 하여 길이방향철근의 개수와 직경(예, 12-D25), 길이방향철근의 단면적(A_{sr}, mm²), 길이방향철근의 단면적비(ρ_{sr}, %), 횡구속철근의 직경과 길이방향 간격(예, D10@250)을 나타내었다.

4) υ (upsilon)은 $A_s F_y / P_o$의 값을 나타내며, 매입형 합성기둥에 길이방향 하중이 가해질 때 하중전달을 위한 소요전단력(V')을 산정하는데 사용된다. 여기서 P_o는 합성기둥의 세장효과를 고려하지 않은 공칭압축강도이다.

도움표 9.1 매입형 합성기둥의 설계압축강도 $\phi_c P_n$ (kN)

$b \times d$ = 700 × 700 mm **H-344×354×16×16** A_s = 16700 mm², 3.40 %

H형강 재질		SHN400 (F_y = 235 MPa)						SHN490 (F_y = 325 MPa)					
철근	*KL*	f_{ck} (MPa)						f_{ck} (MPa)					
	m	27	30	35	40	45	50	27	30	35	40	45	50
4-D29	**0.0**	11800	12700	14200	15700	17200	18700	12900	13800	15300	16800	18300	19800
(2570)	**3.0**	11300	12100	13500	14900	16200	17600	12300	13200	14500	15900	17200	18600
0.524 %	**4.0**	10900	11700	13000	14300	15500	16800	11900	12700	13900	15200	16400	17700
	5.0	10500	11200	12400	13500	14700	15800	11300	12000	13200	14300	15400	16500
D10@300	**6.0**	9910	10600	11600	12700	13600	14600	10700	11300	12300	13300	14300	15300
	7.0	9310	9880	10800	11700	12600	13400	9960	10500	11400	12300	13100	13900
	12.0	5860	6070	6360	6600	6800	6950	6010	6180	6440	6650	6810	6950
	υ	0.249	0.231	0.207	0.187	0.171	0.157	0.314	0.294	0.265	0.241	0.221	0.205
8-D29	**0.0**	12500	13400	14900	16400	17900	19400	13700	14600	16000	17500	19000	20500
(5140)	**3.0**	12000	12800	14200	15600	16900	18300	13000	13900	15200	16600	17900	19300
1.05 %	**4.0**	11600	12400	13700	14900	16200	17400	12600	13300	14600	15900	17100	18300
	5.0	11100	11800	13000	14200	15300	16400	12000	12700	13900	15000	16100	17200
D10@300	**6.0**	10500	11200	12300	13300	14300	15300	11300	11900	13000	14000	15000	15900
	7.0	9910	10500	11400	12300	13200	14000	10600	11100	12000	12900	13700	14500
	12.0	6280	6480	6780	7030	7250	7410	6430	6610	6870	7090	7260	7410
	υ	0.234	0.219	0.197	0.179	0.164	0.151	0.297	0.279	0.253	0.232	0.213	0.198
12-D32	**0.0**	13800	14700	16100	17600	19100	20600	14900	15800	17300	18700	20200	21700
(9530)	**3.0**	13200	14000	15400	16800	18100	19500	14300	15100	16400	17800	19100	20500
1.94 %	**4.0**	12800	13600	14900	16100	17400	18600	13800	14500	15800	17100	18300	19500
	5.0	12300	13000	14200	15300	16500	17600	13200	13900	15000	16200	17300	18400
D10@300	**6.0**	11700	12300	13400	14400	15400	16400	12500	13100	14100	15200	16200	17100
	7.0	11000	11600	12500	13400	14300	15200	11700	12200	13200	14000	14900	15700
	12.0	7110	7320	7650	7930	8160	8370	7280	7480	7770	8010	8220	8400
	υ	0.213	0.200	0.182	0.167	0.154	0.143	0.273	0.257	0.235	0.217	0.201	0.187
16-D35	**0.0**	15400	16300	17800	19200	20700	22100	16500	17400	18900	20300	21800	23300
(15300)	**3.0**	14800	15600	17000	18300	19700	21000	15900	16700	18000	19400	20700	22000
3.12 %	**4.0**	14400	15100	16400	17700	18900	20200	15300	16100	17400	18600	19900	21100
	5.0	13800	14500	15700	16900	18000	19100	14700	15400	16600	17700	18800	20000
D13@400	**6.0**	13200	13800	14900	15900	16900	17900	14000	14600	15600	16700	17700	18700
	7.0	12400	13000	14000	14900	15800	16600	13100	13700	14600	15500	16400	17200
	12.0	8190	8420	8770	9070	9340	9570	8390	8600	8910	9190	9430	9640
	υ	0.191	0.180	0.165	0.153	0.142	0.133	0.246	0.233	0.215	0.200	0.186	0.175
20-D35	**0.0**	16500	17400	18800	20300	21700	23200	17600	18500	19900	21400	22800	24300
(19100)	**3.0**	15900	16700	18000	19400	20700	22000	16900	17700	19100	20400	21700	23000
3.91 %	**4.0**	15400	16200	17400	18700	19900	21200	16400	17100	18400	19600	20900	22100
	5.0	14800	15500	16700	17900	19000	20100	15700	16400	17600	18700	19900	21000
D13@400	**6.0**	14100	14800	15900	16900	17900	18900	14900	15600	16600	17700	18700	19700
	7.0	13400	14000	14900	15800	16700	17600	14100	14700	15600	16500	17400	18200
	12.0	8900	9140	9500	9810	10100	10300	9120	9330	9660	9950	10200	10400
	υ	0.178	0.169	0.156	0.145	0.135	0.127	0.230	0.220	0.204	0.190	0.178	0.167

1) H형강치수의 오른쪽에는 H형강의 단면적(A_s, mm²)과 총단면적($A_g = b \times d$)에 대한 단면적비(ρ_s, %)를 나타내었다.

2) 부재 길이방향철근의 재질은 SD400(F_{yr} = 400 MPa)을 사용하였다.

3) 왼쪽 끝 수직열의 각 칸에는 위로부터 아래 순서로 하여 길이방향철근의 개수와 직경(예, 12-D25), 길이방향철근의 단면적(A_{sr}, mm²), 길이방향철근의 단면적비(ρ_{sr}, %), 횡구속철근의 직경과 길이방향 간격(예, D10@250)을 나타내었다.

4) υ (upsilon)은 $A_s F_y / P_o$의 값을 나타내며, 매입형 합성기둥에 길이방향 하중이 가해질 때 하중전달을 위한 소요전단력(V')을 산정하는데 사용된다. 여기서 P_o는 합성기둥의 세장효과를 고려하지 않은 공칭압축강도이다.

도움표 9.1 매입형 합성기둥의 설계압축강도 $\phi_c P_n$ (kN)

$b \times d$ = 700 × 700 mm **H-350×350×12×19** A_s = 17400 mm^2, 3.55 %

H형강 재질		SHN400 (F_y = 235 MPa)						SHN490 (F_y = 325 MPa)					
철근	*KL*	f_{ck} (MPa)						f_{ck} (MPa)					
	m	27	30	35	40	45	50	27	30	35	40	45	50
4-D29	**0.0**	11900	12800	14300	15800	17300	18800	13100	14000	15500	17000	18500	20000
(2570)	**3.0**	11400	12300	13600	15000	16400	17700	12500	13300	14700	16100	17400	18800
0.524 %	**4.0**	11100	11800	13100	14400	15700	16900	12100	12800	14100	15400	16600	17800
	5.0	10600	11300	12500	13700	14800	15900	11500	12200	13400	14500	15600	16700
D10@300	**6.0**	10100	10700	11800	12800	13800	14800	10900	11500	12500	13600	14500	15500
	7.0	9460	10000	11000	11900	12700	13600	10200	10700	11600	12500	13300	14100
	12.0	6030	6240	6550	6810	7030	7200	6200	6380	6650	6870	7050	7200
	υ	0.257	0.239	0.214	0.194	0.177	0.163	0.324	0.303	0.273	0.249	0.229	0.212
8-D29	**0.0**	12700	13500	15000	16500	18000	19500	13800	14700	16200	17700	19200	20700
(5140)	**3.0**	12100	13000	14300	15700	17100	18400	13200	14000	15400	16700	18100	19400
1.05 %	**4.0**	11700	12500	13800	15100	16300	17600	12700	13500	14800	16000	17300	18500
	5.0	11300	12000	13200	14300	15500	16600	12200	12900	14000	15200	16300	17400
D10@300	**6.0**	10700	11300	12400	13400	14500	15400	11500	12100	13200	14200	15200	16100
	7.0	10100	10600	11600	12500	13300	14200	10800	11300	12200	13100	13900	14800
	12.0	6440	6660	6970	7240	7460	7650	6610	6800	7080	7310	7510	7650
	υ	0.242	0.226	0.204	0.185	0.170	0.157	0.307	0.288	0.261	0.239	0.221	0.205
12-D32	**0.0**	13900	14800	16300	17700	19200	20700	15100	16000	17400	18900	20400	21900
(9530)	**3.0**	13300	14200	15500	16900	18200	19600	14400	15200	16600	17900	19300	20600
1.94 %	**4.0**	12900	13700	15000	16300	17500	18800	13900	14700	16000	17200	18500	19700
	5.0	12400	13100	14300	15500	16600	17800	13300	14000	15200	16400	17500	18600
D10@300	**6.0**	11800	12500	13500	14600	15600	16600	12600	13300	14300	15400	16400	17300
	7.0	11100	11700	12700	13600	14500	15300	11900	12400	13400	14200	15100	15900
	12.0	7270	7490	7830	8120	8370	8590	7460	7660	7960	8220	8440	8630
	υ	0.221	0.207	0.189	0.173	0.160	0.148	0.281	0.266	0.243	0.224	0.208	0.194
16-D35	**0.0**	15500	16400	17900	19300	20800	22200	16700	17600	19000	20500	22000	23400
(15300)	**3.0**	14900	15800	17100	18500	19800	21100	16000	16800	18200	19500	20800	22200
3.12 %	**4.0**	14500	15300	16500	17800	19100	20300	15500	16300	17500	18800	20000	21300
	5.0	13900	14700	15800	17000	18100	19300	14900	15600	16700	17900	19000	20100
D13@400	**6.0**	13300	14000	15000	16100	17100	18100	14100	14800	15800	16900	17900	18900
	7.0	12600	13200	14100	15000	15900	16800	13300	13900	14800	15700	16600	17400
	12.0	8340	8580	8940	9250	9530	9780	8560	8780	9100	9390	9640	9860
	υ	0.197	0.187	0.172	0.159	0.147	0.138	0.254	0.241	0.223	0.207	0.193	0.181
20-D35	**0.0**	16600	17500	18900	20400	21800	23300	17800	18700	20100	21500	23000	24400
(19100)	**3.0**	16000	16800	18100	19500	20800	22100	17100	17900	19200	20600	21900	23200
3.91 %	**4.0**	15500	16300	17600	18800	20100	21300	16500	17300	18600	19800	21100	22300
	5.0	14900	15700	16800	18000	19100	20300	15900	16600	17800	18900	20000	21200
D13@400	**6.0**	14300	14900	16000	17000	18100	19100	15100	15800	16800	17800	18900	19900
	7.0	13500	14100	15100	16000	16900	17800	14300	14800	15800	16700	17600	18400
	12.0	9050	9290	9660	9990	10300	10500	9280	9510	9840	10100	10400	10600
	υ	0.184	0.175	0.162	0.150	0.140	0.132	0.238	0.227	0.211	0.197	0.184	0.173

1) H형상치수의 오른쪽에는 H형상의 난년석(A_s, mm^2)과 종단면적($A_g = b \times d$)에 대한 단면적비(ρ_s, %)를 나타내었다.

2) 부재 길이방향철근의 재질은 SD400(F_{yr} = 400 MPa)을 사용하였다.

3) 왼쪽 끝 수직열의 각 칸에는 위로부터 아래 순서로 하여 길이방향철근의 개수와 직경(예, 12-D25), 길이방향철근의 단면적(A_{sr}, mm^2), 길이방향철근의 단면적비(ρ_{sr}, %), 횡구속철근의 직경과 길이방향 간격(예, D10@250)을 나타내었다.

4) υ (upsilon)은 $A_s F_y / P_o$의 값을 나타내며, 매입형 합성기둥에 길이방향 하중이 가해질 때 하중전달을 위한 소요전단력(V')을 산정하는데 사용된다. 여기서 P_o는 합성기둥의 세장효과를 고려하지 않은 공칭압축강도이다.

도움표 9.1 매입형 합성기둥의 설계압축강도 $\phi_c P_n$ (kN)

$b \times d$ = 700 × 700 mm　　H-350×357×19×19　　A_s = 19800 mm², 4.05 %

H형강 재질		SHN400 (F_y = 235 MPa)						SHN490 (F_y = 325 MPa)					
철근	*KL*	f_{ck} (MPa)						f_{ck} (MPa)					
	m	27	30	35	40	45	50	27	30	35	40	45	50
4-D29	**0.0**	12300	13200	14700	16200	17700	19200	13700	14500	16000	17500	19000	20500
(2570)	**3.0**	11800	12600	14000	15400	16700	18100	13000	13900	15200	16600	17900	19300
0.524 %	**4.0**	11400	12200	13500	14800	16000	17300	12600	13300	14600	15900	17100	18400
	5.0	11000	11700	12900	14000	15200	16300	12000	12700	13900	15000	16100	17300
D10@300	**6.0**	10400	11100	12100	13200	14200	15200	11300	12000	13000	14000	15000	16000
	7.0	9800	10400	11300	12200	13100	14000	10600	11200	12100	13000	13800	14600
	12.0	6300	6520	6850	7130	7360	7560	6500	6690	6970	7210	7410	7570
	υ	0.284	0.265	0.238	0.216	0.198	0.182	0.354	0.332	0.301	0.276	0.254	0.236
8-D29	**0.0**	13000	13900	15400	16900	18400	19900	14400	15300	16800	18200	19700	21200
(5140)	**3.0**	12500	13300	14700	16100	17400	18800	13700	14600	15900	17300	18600	20000
1.05 %	**4.0**	12100	12900	14200	15400	16700	18000	13300	14000	15300	16600	17800	19000
	5.0	11600	12300	13500	14700	15800	17000	12700	13400	14500	15700	16800	17900
D10@300	**6.0**	11000	11700	12800	13800	14800	15800	12000	12600	13700	14700	15700	16600
	7.0	10400	11000	11900	12800	13700	14600	11200	11800	12700	13600	14400	15200
	12.0	6710	6930	7260	7550	7800	8000	6910	7110	7400	7640	7860	8020
	υ	0.268	0.251	0.227	0.207	0.190	0.176	0.336	0.317	0.289	0.265	0.245	0.228
12-D32	**0.0**	14300	15200	16600	18100	19600	21000	15600	16500	18000	19400	20900	22400
(9530)	**3.0**	13700	14500	15900	17300	18600	19900	15000	15800	17100	18500	19800	21100
1.94 %	**4.0**	13300	14100	15400	16600	17900	19100	14500	15200	16500	17700	19000	20200
	5.0	12800	13500	14700	15800	17000	18100	13800	14500	15700	16900	18000	19100
D10@300	**6.0**	12200	12800	13900	14900	16000	17000	13100	13800	14800	15800	16800	17800
	7.0	11500	12100	13000	14000	14800	15700	12300	12900	13800	14700	15600	16400
	12.0	7530	7770	8120	8420	8690	8920	7760	7970	8280	8550	8780	8990
	υ	0.245	0.231	0.210	0.193	0.179	0.166	0.310	0.293	0.269	0.249	0.231	0.216
16-D35	**0.0**	15900	16800	18200	19700	21100	22600	17300	18100	19600	21000	22500	23900
(15300)	**3.0**	15300	16100	17500	18800	20200	21500	16600	17400	18700	20000	21400	22700
3.12 %	**4.0**	14900	15600	16900	18200	19400	20700	16000	16800	18000	19300	20500	21800
	5.0	14300	15000	16200	17400	18500	19600	15400	16100	17200	18400	19500	20600
D13@400	**6.0**	13600	14300	15400	16400	17500	18500	14600	15200	16300	17300	18300	19300
	7.0	12900	13500	14500	15400	16300	17200	13800	14300	15300	16200	17000	17900
	12.0	8610	8850	9220	9550	9840	10100	8860	9080	9410	9710	9970	10200
	υ	0.220	0.208	0.192	0.178	0.165	0.155	0.280	0.267	0.247	0.230	0.215	0.202
20-D35	**0.0**	17000	17900	19300	20700	22200	23600	18300	19200	20600	22100	23500	25000
(19100)	**3.0**	16400	17200	18500	19800	21200	22500	17600	18400	19700	21100	22400	23700
3.91 %	**4.0**	15900	16700	17900	19200	20400	21700	17100	17800	19100	20300	21600	22800
	5.0	15300	16000	17200	18400	19500	20600	16400	17100	18200	19400	20500	21600
D13@400	**6.0**	14600	15300	16400	17400	18400	19400	15600	16200	17300	18300	19300	20300
	7.0	13900	14400	15400	16300	17200	18100	14700	15300	16200	17100	18000	18900
	12.0	9310	9560	9940	10300	10600	10900	9580	9800	10100	10500	10700	11000
	υ	0.206	0.196	0.181	0.169	0.158	0.148	0.264	0.252	0.234	0.219	0.206	0.194

1) H형강치수의 오른쪽에는 H형강의 단면적(A_s, mm²)과 총단면적($A_g = b \times d$)에 대한 단면적비(ρ_s, %)를 나타내었다.

2) 부재 길이방향철근의 재질은 SD400(F_{yr} = 400 MPa)을 사용하였다.

3) 왼쪽 끝 수직열의 각 칸에는 위로부터 아래 순서로 하여 길이방향철근의 개수와 직경(예, 12-D25), 길이방향철근의 단면적(A_{sr}, mm²), 길이방향철근의 단면적비(ρ_{sr}, %), 횡구속철근의 직경과 길이방향 간격(예, D10@250)을 나타내었다.

4) υ (upsilon)은 $A_s F_y / P_o$의 값을 나타내며, 매입형 합성기둥에 길이방향 하중이 가해질 때 하중전달을 위한 소요전단력(V')을 산정하는데 사용된다. 여기서 P_o는 합성기둥의 세장효과를 고려하지 않은 공칭압축강도이다.

도움표 9.1 매입형 합성기둥의 설계압축강도 $\phi_c P_n$ (kN)

***b*× *d*=700 × 700 mm** **H-388×402×15×15** A_s = 17900 mm², 3.64 %

H형강 재질		SHN400 (F_y = 235 MPa)						SHN490 (F_y = 325 MPa)					
철근	*KL*	f_{ck} (MPa)						f_{ck} (MPa)					
	m	27	30	35	40	45	50	27	30	35	40	45	50
4-D29	**0.0**	12000	12900	14400	15900	17400	18900	13200	14100	15600	17100	18600	20100
(2570)	**3.0**	11500	12300	13700	15100	16500	17800	12600	13400	14800	16200	17500	18900
0.524 %	**4.0**	11100	11900	13200	14500	15800	17000	12200	12900	14200	15500	16800	18000
	5.0	10700	11400	12600	13800	14900	16100	11600	12300	13500	14700	15800	16900
D10@300	**6.0**	10200	10800	11900	13000	14000	15000	11000	11700	12700	13700	14700	15700
	7.0	9590	10200	11100	12000	12900	13800	10300	10900	11800	12700	13500	14400
	12.0	6220	6440	6770	7050	7280	7480	6400	6600	6890	7130	7330	7480
	υ	0.261	0.243	0.218	0.197	0.180	0.166	0.329	0.308	0.278	0.254	0.233	0.216
8-D29	**0.0**	12700	13600	15100	16600	18100	19600	13900	14800	16300	17800	19300	20800
(5140)	**3.0**	12200	13000	14400	15800	17100	18500	13300	14100	15500	16900	18200	19600
1.05 %	**4.0**	11800	12600	13900	15200	16400	17700	12900	13600	14900	16200	17400	18700
	5.0	11400	12100	13300	14400	15600	16700	12300	13000	14200	15300	16500	17600
D10@300	**6.0**	10800	11500	12500	13600	14600	15600	11600	12300	13300	14400	15400	16300
	7.0	10200	10800	11700	12600	13500	14400	10900	11500	12400	13300	14100	15000
	12.0	6630	6850	7180	7470	7710	7920	6820	7020	7310	7560	7770	7940
	υ	0.246	0.230	0.208	0.189	0.173	0.160	0.311	0.293	0.266	0.244	0.225	0.209
12-D32	**0.0**	14000	14800	16300	17800	19300	20700	15200	16000	17500	19000	20500	21900
(9530)	**3.0**	13400	14200	15600	17000	18300	19700	14500	15300	16700	18100	19400	20700
1.94 %	**4.0**	13000	13800	15100	16400	17600	18900	14000	14800	16100	17400	18600	19800
	5.0	12500	13200	14400	15600	16700	17900	13500	14200	15300	16500	17600	18800
D10@300	**6.0**	11900	12600	13700	14700	15700	16800	12800	13400	14500	15500	16500	17500
	7.0	11300	11900	12800	13700	14600	15500	12000	12600	13500	14400	15300	16100
	12.0	7440	7680	8030	8340	8610	8840	7660	7870	8180	8460	8690	8900
	υ	0.224	0.211	0.192	0.176	0.163	0.151	0.286	0.270	0.247	0.228	0.212	0.197
16-D35	**0.0**	15600	16500	17900	19400	20800	22300	16800	17700	19100	20600	22000	23500
(15300)	**3.0**	15000	15800	17200	18500	19900	21200	16100	16900	18300	19600	21000	22300
3.12 %	**4.0**	14600	15300	16600	17900	19100	20400	15600	16400	17700	18900	20200	21400
	5.0	14000	14800	15900	17100	18300	19400	15000	15700	16900	18000	19200	20300
D13@400	**6.0**	13400	14100	15100	16200	17200	18200	14300	14900	16000	17000	18000	19000
	7.0	12700	13300	14200	15200	16100	17000	13500	14000	15000	15900	16800	17600
	12.0	8510	8760	9130	9460	9750	10000	8750	8970	9310	9610	9870	10100
	υ	0.201	0.190	0.175	0.162	0.150	0.141	0.258	0.245	0.227	0.211	0.197	0.184
20-D35	**0.0**	16700	17500	19000	20400	21900	23300	17900	18700	20200	21600	23100	24500
(19100)	**3.0**	16100	16900	18200	19600	20900	22200	17200	18000	19300	20700	22000	23300
3.91 %	**4.0**	15600	16400	17600	18900	20200	21400	16700	17400	18700	19900	21200	22400
	5.0	15000	15800	16900	18100	19300	20400	16000	16700	17900	19000	20200	21300
D13@400	**6.0**	14400	15000	16100	17200	18200	19200	15200	15900	17000	18000	19000	20000
	7.0	13600	14200	15200	16100	17000	17900	14400	15000	15900	16800	17700	18600
	12.0	9220	9460	9850	10200	10500	10800	9470	9690	10000	10400	10600	10900
	υ	0.188	0.179	0.165	0.153	0.143	0.134	0.242	0.231	0.215	0.200	0.188	0.177

1) H형강치수의 오른쪽에는 H형강의 단면적(A_s, mm²)과 총단면적(A_g=b×d)에 대한 단면적비(ρ_s, %)를 나타내었다.

2) 부재 길이방향철근의 재질은 SD400(F_{yr} = 400 MPa)을 사용하였다.

3) 왼쪽 끝 수직열의 각 칸에는 위로부터 아래 순서로 하여 길이방향철근의 개수와 직경(예, 12-D25), 길이방향철근의 단면적(A_{sr}, mm²), 길이방향철근의 단면적비(ρ_{sr}, %), 횡구속철근의 직경과 길이방향 간격(예, D10@250)을 나타내었다.

4) υ (upsilon)은 $A_s F_y / P_o$의 값을 나타내며, 매입형 합성기둥에 길이방향 하중이 가해질 때 하중전달을 위한 소요전단력(V')을 산정하는데 사용된다. 여기서 P_o는 합성기둥의 세장효과를 고려하지 않은 공칭압축강도이다.

도움표 9.1 매입형 합성기둥의 설계압축강도 $\phi_c P_n$ (kN)

$b \times d$ = 700 × 700 mm　　H-394×398×11×18　　A_s = 18700 mm², 3.81 %

H형강 재질		SHN400 (F_y = 235 MPa)						SHN490 (F_y = 325 MPa)					
철근	KL	f_{ck} (MPa)						f_{ck} (MPa)					
	m	27	30	35	40	45	50	27	30	35	40	45	50
4-D29	0.0	12100	13000	14500	16000	17500	19000	13400	14300	15800	17300	18800	20300
(2570)	3.0	11700	12500	13900	15300	16600	18000	12800	13600	15000	16400	17700	19100
0.524 %	4.0	11300	12100	13400	14700	16000	17200	12400	13200	14500	15700	17000	18200
	5.0	10900	11600	12800	14000	15100	16300	11900	12600	13800	14900	16100	17200
D10@300	6.0	10400	11000	12100	13200	14200	15200	11200	11900	13000	14000	15000	16000
	7.0	9780	10400	11300	12300	13200	14000	10600	11100	12100	13000	13800	14700
	12.0	6440	6680	7030	7330	7580	7800	6660	6870	7170	7430	7650	7840
	υ	0.271	0.253	0.227	0.206	0.188	0.173	0.340	0.319	0.289	0.264	0.243	0.225
8-D29	0.0	12900	13700	15200	16700	18200	19700	14100	15000	16500	18000	19500	21000
(5140)	3.0	12400	13200	14600	15900	17300	18600	13500	14300	15700	17100	18400	19800
1.05 %	4.0	12000	12800	14100	15400	16600	17900	13100	13900	15100	16400	17700	18900
	5.0	11500	12300	13500	14600	15800	16900	12500	13200	14400	15600	16700	17800
D10@300	6.0	11000	11600	12700	13800	14800	15800	11900	12500	13600	14600	15600	16600
	7.0	10400	11000	11900	12900	13800	14600	11200	11700	12700	13600	14400	15300
	12.0	6850	7090	7440	7740	8010	8230	7070	7280	7590	7860	8090	8280
	υ	0.256	0.239	0.216	0.197	0.181	0.167	0.323	0.303	0.276	0.253	0.234	0.217
12-D32	0.0	14100	15000	16500	17900	19400	20900	15400	16200	17700	19200	20700	22100
(9530)	3.0	13600	14400	15800	17100	18500	19800	14700	15600	16900	18300	19600	21000
1.94 %	4.0	13200	14000	15200	16500	17800	19000	14300	15000	16300	17600	18800	20100
	5.0	12700	13400	14600	15800	16900	18100	13700	14400	15600	16700	17900	19000
D10@300	6.0	12100	12800	13900	14900	16000	17000	13000	13700	14700	15800	16800	17800
	7.0	11500	12100	13000	14000	14900	15800	12300	12800	13800	14700	15600	16400
	12.0	7660	7910	8280	8600	8890	9130	7900	8120	8450	8740	8990	9210
	υ	0.234	0.220	0.200	0.184	0.170	0.158	0.296	0.280	0.257	0.237	0.220	0.206
16-D35	0.0	15700	16600	18100	19500	21000	22400	17000	17900	19300	20800	22200	23700
(15300)	3.0	15200	16000	17300	18700	20000	21400	16300	17100	18500	19800	21200	22500
3.12 %	4.0	14700	15500	16800	18100	19300	20600	15800	16600	17900	19100	20400	21600
	5.0	14200	14900	16100	17300	18400	19600	15200	15900	17100	18300	19400	20500
D13@400	6.0	13600	14200	15300	16400	17400	18500	14500	15100	16200	17300	18300	19300
	7.0	12900	13500	14400	15400	16300	17200	13700	14300	15200	16100	17000	17900
	12.0	8720	8970	9360	9710	10000	10300	8990	9220	9570	9880	10200	10400
	υ	0.209	0.198	0.182	0.169	0.157	0.147	0.268	0.255	0.236	0.219	0.205	0.192
20-D35	0.0	16800	17700	19100	20600	22000	23400	18100	18900	20400	21800	23300	24700
(19100)	3.0	16200	17000	18400	19700	21000	22400	17400	18200	19500	20900	22200	23500
3.91 %	4.0	15800	16500	17800	19100	20300	21600	16900	17600	18900	20100	21400	22600
	5.0	15200	15900	17100	18300	19400	20600	16200	16900	18100	19300	20400	21500
D13@400	6.0	14500	15200	16300	17400	18400	19400	15500	16100	17200	18200	19300	20300
	7.0	13800	14400	15400	16300	17200	18100	14600	15200	16200	17100	18000	18900
	12.0	9420	9680	10100	10400	10800	11000	9700	9930	10300	10600	10900	11200
	υ	0.196	0.186	0.172	0.160	0.150	0.140	0.252	0.240	0.223	0.209	0.196	0.184

1) H형강치수의 오른쪽에는 H형강의 단면적(A_s, mm²)과 총단면적($A_g = b \times d$)에 대한 단면적비(ρ_s, %)를 나타내었다.

2) 부재 길이방향철근의 재질은 SD400(F_{yr} = 400 MPa)을 사용하였다.

3) 왼쪽 끝 수직열의 각 칸에는 위로부터 아래 순서로 하여 길이방향철근의 개수와 직경(예, 12-D25), 길이방향철근의 단면적(A_{sr}, mm²), 길이방향철근의 단면적비(ρ_{sr}, %), 횡구속철근의 직경과 길이방향 간격(예, D10@250)을 나타내었다.

4) υ (upsilon)은 $A_s F_y / P_o$의 값을 나타내며, 매입형 합성기둥에 길이방향 하중이 가해질 때 하중전달을 위한 소요전단력(V')을 산정하는데 사용된다. 여기서 P_o는 합성기둥의 세장효과를 고려하지 않은 공칭압축강도이다.

도움표 9.1 매입형 합성기둥의 설계압축강도 $\phi_c P_n$ (kN)

$b \times d$ = 700 × 700 mm　　H-394×405×18×18　　A_s = 21400 mm², 4.38 %

H형강 재질		SHN400 (F_y = 235 MPa)						SHN490 (F_y = 325 MPa)					
철근	KL	f_{ck} (MPa)						f_{ck} (MPa)					
	m	27	30	35	40	45	50	27	30	35	40	45	50
4-D29	0.0	12600	13500	14900	16400	17900	19400	14000	14900	16400	17900	19400	20800
(2570)	3.0	12100	12900	14300	15700	17000	18400	13400	14200	15600	17000	18300	19700
0.524 %	4.0	11700	12500	13800	15100	16400	17600	13000	13800	15000	16300	17600	18800
	5.0	11300	12000	13200	14400	15600	16700	12400	13100	14300	15500	16600	17700
D10@300	6.0	10800	11400	12500	13600	14600	15600	11800	12400	13500	14500	15500	16500
	7.0	10200	10800	11700	12700	13600	14500	11100	11600	12600	13500	14400	15200
	12.0	6740	6990	7350	7670	7950	8190	7000	7210	7530	7810	8040	8250
	υ	0.301	0.281	0.253	0.230	0.211	0.195	0.373	0.351	0.319	0.292	0.270	0.251
8-D29	0.0	13300	14200	15700	17100	18600	20100	14700	15600	17100	18600	20100	21500
(5140)	3.0	12800	13600	15000	16400	17700	19100	14100	14900	16300	17700	19000	20400
1.05 %	4.0	12400	13200	14500	15800	17000	18300	13700	14400	15700	17000	18200	19500
	5.0	11900	12700	13900	15000	16200	17300	13100	13800	15000	16100	17300	18400
D10@300	6.0	11400	12100	13100	14200	15200	16300	12400	13100	14100	15200	16200	17200
	7.0	10800	11400	12300	13300	14200	15100	11700	12200	13200	14100	15000	15800
	12.0	7150	7390	7760	8090	8370	8610	7410	7620	7950	8230	8480	8690
	υ	0.284	0.266	0.241	0.221	0.203	0.188	0.354	0.334	0.305	0.281	0.260	0.243
12-D32	0.0	14500	15400	16900	18300	19800	21300	16000	16900	18300	19800	21300	22700
(9530)	3.0	14000	14800	16200	17500	18900	20200	15300	16200	17500	18900	20200	21500
1.94 %	4.0	13600	14400	15700	16900	18200	19400	14900	15600	16900	18200	19400	20600
	5.0	13100	13800	15000	16200	17300	18500	14200	15000	16100	17300	18400	19600
D10@300	6.0	12500	13200	14300	15300	16400	17400	13500	14200	15300	16300	17300	18300
	7.0	11800	12400	13400	14400	15300	16200	12800	13300	14300	15200	16100	17000
	12.0	7960	8210	8590	8930	9240	9500	8240	8460	8810	9110	9370	9610
	υ	0.260	0.245	0.224	0.206	0.191	0.178	0.327	0.310	0.285	0.264	0.246	0.230
16-D35	0.0	16200	17000	18500	19900	21400	22800	17600	18500	19900	21400	22800	24300
(15300)	3.0	15600	16400	17800	19100	20400	21800	16900	17700	19100	20400	21700	23100
3.12 %	4.0	15200	15900	17200	18500	19700	21000	16400	17200	18400	19700	20900	22200
	5.0	14600	15300	16500	17700	18800	20000	15800	16500	17700	18800	20000	21100
D13@400	6.0	14000	14600	15700	16800	17800	18900	15000	15700	16700	17800	18800	19800
	7.0	13300	13900	14800	15800	16700	17600	14200	14800	15700	16600	17500	18400
	12.0	9010	9270	9670	10000	10400	10600	9320	9560	9920	10200	10500	10800
	υ	0.234	0.222	0.204	0.190	0.177	0.166	0.297	0.283	0.262	0.244	0.229	0.215
20-D35	0.0	17300	18100	19500	21000	22400	23800	18700	19600	21000	22400	23900	25300
(19100)	3.0	16600	17500	18800	20100	21400	22800	18000	18800	20100	21400	22800	24100
3.91 %	4.0	16200	17000	18200	19500	20700	22000	17500	18200	19500	20700	22000	23200
	5.0	15600	16300	17500	18700	19800	21000	16800	17500	18700	19800	21000	22100
D13@400	6.0	14900	15600	16700	17800	18800	19800	16000	16700	17700	18800	19800	20800
	7.0	14200	14800	15800	16700	17600	18500	15100	15700	16700	17600	18500	19400
	12.0	9710	9980	10400	10800	11100	11400	10000	10300	10600	11000	11300	11600
	υ	0.219	0.209	0.193	0.180	0.169	0.158	0.279	0.267	0.249	0.233	0.219	0.207

1) H형강치수의 오른쪽에는 H형강의 단면적(A_s, mm²)과 총단면적($A_g=b \times d$)에 대한 단면적비(ρ_s, %)를 나타내었다.

2) 부재 길이방향철근의 재질은 SD400($F_{yr}=400$ MPa)을 사용하였다.

3) 왼쪽 끝 수직열의 각 칸에는 위로부터 아래 순서로 하여 길이방향철근의 개수와 직경(예, 12-D25), 길이방향철근의 단면적(A_{sr}, mm²), 길이방향철근의 단면적비(ρ_{sr}, %), 횡구속철근의 직경과 길이방향 간격(예, D10@250)을 나타내었다.

4) υ (upsilon)은 $A_s F_y / P_o$의 값을 나타내며, 매입형 합성기둥에 길이방향 하중이 가해질 때 하중전달을 위한 소요전단력(V')을 산정하는데 사용된다. 여기서 P_o는 합성기둥의 세장효과를 고려하지 않은 공칭압축강도이다.

도움표 9.1 매입형 합성기둥의 설계압축강도 $\phi_c P_n$ (kN)

***b* × *d* = 700 × 700 mm** **H-400×400×13×21** A_s = 21900 mm^2, 4.46 %

H형강 재질		SHN400 (F_y = 235 MPa)						SHN490 (F_y = 325 MPa)					
철근	*KL*	f_{ck} (MPa)						f_{ck} (MPa)					
	m	27	30	35	40	45	50	27	30	35	40	45	50
4-D29	**0.0**	12600	13500	15000	16500	18000	19500	14100	15000	16500	18000	19500	20900
(2570)	**3.0**	12200	13000	14400	15800	17100	18500	13500	14400	15700	17100	18400	19800
0.524 %	**4.0**	11800	12600	13900	15200	16500	17700	13100	13900	15200	16400	17700	18900
	5.0	11400	12100	13300	14500	15700	16800	12600	13300	14500	15600	16800	17900
D10@300	**6.0**	10900	11500	12600	13700	14800	15800	11900	12600	13600	14700	15700	16700
	7.0	10300	10900	11900	12800	13700	14600	11200	11800	12700	13700	14500	15400
	12.0	6900	7160	7540	7870	8170	8420	7180	7410	7740	8030	8280	8500
	υ	0.305	0.285	0.257	0.234	0.214	0.198	0.378	0.355	0.323	0.297	0.274	0.255
8-D29	**0.0**	13400	14300	15700	17200	18700	20200	14800	15700	17200	18700	20200	21600
(5140)	**3.0**	12900	13700	15100	16400	17800	19100	14200	15100	16400	17800	19100	20500
1.05 %	**4.0**	12500	13300	14600	15900	17100	18400	13800	14600	15800	17100	18400	19600
	5.0	12000	12800	14000	15200	16300	17500	13200	13900	15100	16300	17400	18600
D10@300	**6.0**	11500	12200	13300	14300	15400	16400	12600	13200	14300	15300	16300	17300
	7.0	10900	11500	12500	13400	14300	15200	11800	12400	13300	14300	15100	16000
	12.0	7310	7560	7950	8290	8580	8840	7590	7820	8150	8450	8710	8930
	υ	0.288	0.270	0.245	0.224	0.206	0.191	0.359	0.339	0.310	0.285	0.265	0.246
12-D32	**0.0**	14600	15500	16900	18400	19900	21300	16100	17000	18400	19900	21300	22800
(9530)	**3.0**	14100	14900	16300	17600	19000	20300	15400	16300	17600	19000	20300	21600
1.94 %	**4.0**	13700	14500	15700	17000	18300	19500	15000	15700	17000	18300	19500	20800
	5.0	13200	13900	15100	16300	17500	18600	14400	15100	16300	17400	18600	19700
D10@300	**6.0**	12600	13300	14400	15400	16500	17500	13700	14300	15400	16500	17500	18500
	7.0	12000	12600	13500	14500	15400	16300	12900	13500	14400	15400	16300	17100
	12.0	8110	8370	8770	9120	9440	9720	8420	8650	9000	9320	9600	9840
	υ	0.264	0.249	0.227	0.209	0.194	0.181	0.331	0.314	0.289	0.268	0.250	0.234
16-D35	**0.0**	16200	17100	18600	20000	21400	22900	17700	18600	20000	21500	22900	24400
(15300)	**3.0**	15700	16500	17800	19200	20500	21800	17000	17800	19200	20500	21900	23200
3.12 %	**4.0**	15200	16000	17300	18600	19800	21100	16500	17300	18600	19800	21100	22300
	5.0	14700	15400	16600	17800	19000	20100	15900	16600	17800	18900	20100	21200
D13@400	**6.0**	14100	14700	15800	16900	18000	19000	15200	15800	16900	17900	19000	20000
	7.0	13400	14000	15000	15900	16800	17800	14300	14900	15900	16800	17700	18600
	12.0	9170	9430	9840	10200	10500	10900	9490	9730	10100	10400	10700	11000
	υ	0.237	0.225	0.208	0.193	0.180	0.168	0.301	0.287	0.266	0.248	0.233	0.219
20-D35	**0.0**	17300	18200	19600	21000	22500	23900	18800	19700	21100	22500	24000	25400
(19100)	**3.0**	16700	17500	18900	20200	21500	22800	18100	18900	20200	21600	22900	24200
3.91 %	**4.0**	16300	17000	18300	19600	20800	22100	17600	18300	19600	20800	22100	23300
	5.0	15700	16400	17600	18800	19900	21100	16900	17600	18800	19900	21100	22200
D13@400	**6.0**	15000	15700	16800	17900	18900	19900	16100	16800	17900	18900	19900	20900
	7.0	14300	14900	15900	16800	17800	18700	15300	15900	16800	17700	18700	19500
	12.0	9860	10100	10500	10900	11300	11600	10200	10400	10800	11200	11500	11800
	υ	0.222	0.212	0.197	0.183	0.171	0.161	0.284	0.271	0.253	0.237	0.223	0.210

1) H형강치수의 오른쪽에는 H형강의 단면적(A_s, mm^2)과 총단면적($A_g = b \times d$)에 대한 단면적비(ρ_s, %)를 나타내었다.
2) 부재 길이방향철근의 재질은 SD400(F_{yr} = 400 MPa)을 사용하였다.
3) 왼쪽 끝 수직열의 각 칸에는 위로부터 아래 순서로 하여 길이방향철근의 개수와 직경(예, 12-D25), 길이방향철근의 단면적(A_{sr}, mm^2), 길이방향철근의 단면적비(ρ_{sr}, %), 횡구속철근의 직경과 길이방향 간격(예, D10@250)을 나타내었다.
4) υ (upsilon)은 $A_s F_y / P_o$의 값을 나타내며, 매입형 합성기둥에 길이방향 하중이 가해질 때 하중전달을 위한 소요전단력(V')을 산정하는데 사용된다. 여기서 P_o는 합성기둥의 세장효과를 고려하지 않은 공칭압축강도이다.

도움표 9.1 매입형 합성기둥의 설계압축강도 $\phi_c P_n$ (kN)

$b \times d$ = 700 × 700 mm **H-400×408×21×21** A_s = 25100 mm², 5.12 %

H형강 재질		SHN400 (F_y = 235 MPa)						SHN490 (F_y = 325 MPa)					
철근	*KL*	f_{ck} (MPa)						f_{ck} (MPa)					
	m	27	30	35	40	45	50	27	30	35	40	45	50
4-D29	**0.0**	13100	14000	15500	17000	18500	19900	14800	15700	17200	18700	20100	21600
(2570)	**3.0**	12700	13500	14900	16200	17600	18900	14200	15100	16400	17800	19100	20500
0.524 %	**4.0**	12300	13100	14400	15700	16900	18200	13800	14500	15800	17100	18400	19600
	5.0	11900	12600	13800	15000	16200	17300	13200	13900	15100	16300	17400	18600
D10@300	**6.0**	11300	12000	13100	14200	15200	16300	12500	13200	14300	15300	16300	17400
	7.0	10700	11300	12300	13300	14200	15100	11800	12400	13300	14300	15200	16000
	12.0	7260	7520	7920	8270	8590	8860	7590	7820	8160	8470	8740	8980
	υ	0.336	0.315	0.285	0.260	0.239	0.222	0.412	0.389	0.355	0.327	0.303	0.283
8-D29	**0.0**	13900	14800	16200	17700	19100	20600	15600	16400	17900	19400	20800	22300
(5140)	**3.0**	13400	14200	15600	16900	18300	19600	14900	15700	17100	18500	19800	21100
1.05 %	**4.0**	13000	13800	15100	16300	17600	18900	14500	15200	16500	17800	19000	20300
	5.0	12500	13200	14400	15600	16800	17900	13900	14600	15800	16900	18100	19200
D10@300	**6.0**	12000	12600	13700	14800	15900	16900	13200	13800	14900	15900	17000	18000
	7.0	11300	11900	12900	13900	14800	15700	12400	13000	13900	14900	15800	16600
	12.0	7660	7920	8330	8680	9000	9280	8000	8230	8580	8890	9170	9410
	υ	0.318	0.300	0.272	0.250	0.231	0.214	0.393	0.372	0.341	0.315	0.293	0.274
12-D32	**0.0**	15100	16000	17400	18900	20300	21800	16800	17700	19100	20600	22000	23500
(9530)	**3.0**	14600	15400	16700	18100	19400	20800	16100	17000	18300	19600	21000	22300
1.94 %	**4.0**	14200	14900	16200	17500	18800	20000	15600	16400	17700	18900	20200	21400
	5.0	13700	14400	15600	16800	17900	19100	15000	15700	16900	18100	19200	20400
D10@300	**6.0**	13100	13700	14800	15900	17000	18000	14300	15000	16000	17100	18100	19100
	7.0	12400	13000	14000	15000	15900	16800	13500	14100	15000	16000	16900	17700
	12.0	8460	8730	9140	9510	9850	10100	8820	9060	9420	9750	10000	10300
	υ	0.292	0.276	0.253	0.234	0.217	0.203	0.364	0.346	0.319	0.297	0.277	0.260
16-D35	**0.0**	16800	17600	19000	20500	21900	23300	18400	19300	20700	22200	23600	25000
(15300)	**3.0**	16200	17000	18300	19700	21000	22300	17700	18500	19900	21200	22500	23800
3.12 %	**4.0**	15700	16500	17800	19000	20300	21500	17200	18000	19200	20500	21700	23000
	5.0	15200	15900	17100	18300	19400	20600	16600	17300	18400	19600	20700	21900
D13@400	**6.0**	14500	15200	16300	17400	18400	19500	15800	16400	17500	18500	19600	20600
	7.0	13800	14400	15400	16400	17300	18200	14900	15500	16500	17400	18300	19200
	12.0	9510	9790	10200	10600	10900	11300	9890	10100	10500	10900	11200	11500
	υ	0.264	0.251	0.232	0.216	0.202	0.189	0.331	0.317	0.295	0.276	0.259	0.244
20-D35	**0.0**	17800	18700	20100	21500	22900	24400	19500	20400	21800	23200	24600	26100
(19100)	**3.0**	17200	18000	19400	20700	22000	23300	18800	19600	20900	22200	23500	24900
3.91 %	**4.0**	16800	17500	18800	20000	21300	22500	18200	19000	20300	21500	22700	24000
	5.0	16200	16900	18100	19300	20400	21500	17600	18300	19400	20600	21700	22800
D13@400	**6.0**	15500	16200	17300	18300	19400	20400	16800	17400	18500	19500	20500	21600
	7.0	14700	15300	16300	17300	18200	19100	15900	16400	17400	18300	19200	20100
	12.0	10200	10500	10900	11300	11700	12000	10600	10800	11200	11600	11900	12200
	υ	0.248	0.236	0.220	0.205	0.193	0.181	0.313	0.300	0.280	0.263	0.248	0.234

1) H형강치수의 오른쪽에는 H형강의 단면적(A_s, mm²)과 총단면적($A_g = b \times d$)에 대한 단면적비(ρ_s, %)를 나타내었다.

2) 부재 길이방향철근의 재질은 SD400(F_{yr} = 400 MPa)을 사용하였다.

3) 왼쪽 끝 수직열의 각 칸에는 위로부터 아래 순서로 하여 길이방향철근의 개수와 직경(예, 12-D25), 길이방향철근의 단면적(A_{sr}, mm²), 길이방향철근의 단면적비(ρ_{sr}, %), 횡구속철근의 직경과 길이방향 간격(예, D10@250)을 나타내었다.

4) υ (upsilon)은 $A_s F_y / P_o$의 값을 나타내며, 매입형 합성기둥에 길이방향 하중이 가해질 때 하중전달을 위한 소요전단력(V')을 산정하는데 사용된다. 여기서 P_o는 합성기둥의 세장효과를 고려하지 않은 공칭압축강도이다.

도움표 9.1 매입형 합성기둥의 설계압축강도 $\phi_c P_n$ (kN)

$b \times d$ = 700 × 700 mm **H-406×403×16×24** A_s = 25500 mm², 5.20 %

H형강 재질		SHN400 (F_y = 235 MPa)						SHN490 (F_y = 325 MPa)					
철근	*KL*	f_{ck} (MPa)						f_{ck} (MPa)					
	m	27	30	35	40	45	50	27	30	35	40	45	50
4-D29	**0.0**	13200	14100	15600	17000	18500	20000	14900	15800	17300	18800	20200	21700
(2570)	**3.0**	12700	13600	14900	16300	17700	19000	14300	15200	16500	17900	19200	20600
0.524 %	**4.0**	12400	13200	14500	15800	17000	18300	13900	14700	15900	17200	18500	19700
	5.0	11900	12700	13900	15100	16300	17400	13300	14100	15200	16400	17600	18700
D10@300	**6.0**	11400	12100	13200	14300	15400	16400	12700	13300	14400	15500	16500	17500
	7.0	10900	11500	12500	13400	14400	15300	12000	12500	13500	14400	15300	16200
	12.0	7400	7680	8090	8460	8790	9080	7760	8000	8360	8680	8960	9210
	υ	0.340	0.319	0.289	0.264	0.243	0.225	0.416	0.393	0.359	0.331	0.307	0.286
8-D29	**0.0**	13900	14800	16300	17700	19200	20700	15700	16500	18000	19500	20900	22400
(5140)	**3.0**	13400	14300	15600	17000	18300	19700	15000	15900	17200	18600	19900	21200
1.05 %	**4.0**	13100	13900	15100	16400	17700	19000	14600	15300	16600	17900	19100	20400
	5.0	12600	13300	14500	15700	16900	18100	14000	14700	15900	17100	18200	19300
D10@300	**6.0**	12100	12700	13800	14900	16000	17000	13300	14000	15000	16100	17100	18100
	7.0	11400	12100	13000	14000	15000	15900	12500	13100	14100	15000	15900	16800
	12.0	7810	8080	8500	8870	9200	9490	8170	8410	8770	9090	9380	9640
	υ	0.322	0.303	0.276	0.253	0.234	0.217	0.397	0.376	0.345	0.319	0.297	0.277
12-D32	**0.0**	15200	16100	17500	19000	20400	21900	16900	17800	19200	20700	22100	23600
(9530)	**3.0**	14700	15500	16800	18200	19500	20900	16200	17100	18400	19700	21100	22400
1.94 %	**4.0**	14300	15000	16300	17600	18900	20100	15800	16500	17800	19100	20300	21600
	5.0	13800	14500	15700	16900	18000	19200	15100	15900	17000	18200	19400	20500
D10@300	**6.0**	13200	13800	14900	16000	17100	18100	14400	15100	16200	17200	18300	19300
	7.0	12500	13100	14100	15100	16000	16900	13600	14200	15200	16100	17000	17900
	12.0	8610	8880	9310	9690	10000	10300	8990	9230	9610	9950	10300	10500
	υ	0.296	0.280	0.257	0.237	0.220	0.206	0.368	0.350	0.323	0.301	0.281	0.264
16-D35	**0.0**	16800	17700	19100	20500	22000	23400	18500	19400	20800	22300	23700	25100
(15300)	**3.0**	16200	17100	18400	19700	21100	22400	17800	18600	20000	21300	22600	23900
3.12 %	**4.0**	15800	16600	17900	19100	20400	21600	17300	18100	19300	20600	21800	23100
	5.0	15300	16000	17200	18400	19500	20700	16700	17400	18600	19700	20900	22000
D13@400	**6.0**	14600	15300	16400	17500	18500	19600	15900	16600	17600	18700	19700	20700
	7.0	13900	14500	15500	16500	17400	18400	15100	15600	16600	17500	18500	19400
	12.0	9650	9930	10400	10800	11100	11500	10100	10300	10700	11100	11400	11700
	υ	0.267	0.254	0.235	0.219	0.204	0.192	0.335	0.320	0.298	0.279	0.262	0.247
20-D35	**0.0**	17900	18800	20200	21600	23000	24400	19600	20500	21900	23300	24700	26200
(19100)	**3.0**	17300	18100	19400	20800	22100	23400	18900	19700	21000	22300	23700	25000
3.91 %	**4.0**	16800	17600	18900	20100	21400	22600	18400	19100	20400	21600	22800	24100
	5.0	16300	17000	18200	19300	20500	21600	17700	18400	19600	20700	21800	23000
D13@400	**6.0**	15600	16300	17400	18400	19500	20500	16900	17500	18600	19700	20700	21700
	7.0	14900	15500	16400	17400	18400	19300	16000	16600	17500	18500	19400	20300
	12.0	10300	10600	11100	11500	11800	12200	10800	11000	11400	11800	12100	12400
	υ	0.251	0.240	0.223	0.208	0.195	0.184	0.317	0.303	0.284	0.267	0.251	0.238

1) H형강치수의 오른쪽에는 H형강의 단면적(A_s, mm²)과 총단면적($A_g = b \times d$)에 대한 단면적비(ρ_s, %)를 나타내었다.

2) 부재 길이방향철근의 재질은 SD400(F_{yr} = 400 MPa)을 사용하였다.

3) 왼쪽 끝 수직열의 각 칸에는 위로부터 아래 순서로 하여 길이방향철근의 개수와 직경(예, 12-D25), 길이방향철근의 단면적(A_{sr}, mm²), 길이방향철근의 단면적비(ρ_{sr}, %), 횡구속철근의 직경과 길이방향 간격(예, D10@250)을 나타내었다.

4) υ (upsilon)은 $A_s F_y / P_o$의 값을 나타내며, 매입형 합성기둥에 길이방향 하중이 가해질 때 하중전달을 위한 소요전단력(V')을 산정하는데 사용된다. 여기서 P_o는 합성기둥의 세장효과를 고려하지 않은 공칭압축강도이다.

도움표 9.1 매입형 합성기둥의 설계압축강도 $\phi_c P_n$ (kN)

$b \times d$ = 700 × 700 mm　　H-414×405×18×28　　A_s = 29500 mm^2, 6.03 %

H형강 재질		SHN400 (F_y = 235 MPa)						SHN490 (F_y = 325 MPa)					
철근	KL	f_{ck} (MPa)						f_{ck} (MPa)					
	m	27	30	35	40	45	50	27	30	35	40	45	50
4-D29	0.0	13900	14700	16200	17700	19100	20600	15900	16700	18200	19600	21100	22600
(2570)	3.0	13400	14200	15600	16900	18300	19600	15200	16100	17400	18800	20100	21400
0.524 %	4.0	13000	13800	15100	16400	17700	18900	14800	15600	16800	18100	19400	20600
	5.0	12600	13300	14500	15700	16900	18100	14200	14900	16100	17300	18500	19600
D10@300	6.0	12100	12800	13900	15000	16000	17100	13500	14200	15300	16300	17400	18400
	7.0	11500	12100	13100	14100	15100	16000	12800	13400	14400	15300	16200	17100
	12.0	7980	8270	8720	9120	9490	9820	8430	8680	9070	9420	9740	10000
	υ	0.376	0.353	0.322	0.295	0.272	0.253	0.454	0.430	0.396	0.366	0.341	0.319
8-D29	0.0	14600	15500	16900	18400	19800	21300	16600	17400	18900	20400	21800	23300
(5140)	3.0	14100	14900	16300	17600	19000	20300	15900	16800	18100	19400	20800	22100
1.05 %	4.0	13700	14500	15800	17100	18300	19600	15500	16200	17500	18800	20000	21300
	5.0	13200	14000	15200	16400	17600	18700	14900	15600	16800	17900	19100	20200
D10@300	6.0	12700	13400	14500	15600	16700	17700	14200	14800	15900	17000	18000	19000
	7.0	12100	12700	13700	14700	15600	16600	13400	14000	14900	15900	16800	17700
	12.0	8390	8670	9120	9530	9890	10200	8840	9090	9480	9830	10200	10400
	υ	0.357	0.337	0.308	0.284	0.263	0.245	0.434	0.413	0.381	0.354	0.330	0.310
12-D32	0.0	15800	16700	18100	19600	21000	22400	17800	18700	20100	21600	23000	24400
(9530)	3.0	15300	16100	17500	18800	20100	21500	17100	18000	19300	20600	22000	23300
1.94 %	4.0	14900	15700	17000	18200	19500	20700	16600	17400	18700	19900	21200	22400
	5.0	14400	15100	16300	17500	18700	19800	16000	16700	17900	19100	20200	21400
D10@300	6.0	13800	14500	15600	16700	17700	18800	15300	15900	17000	18100	19100	20200
	7.0	13100	13800	14800	15700	16700	17600	14500	15100	16000	17000	17900	18800
	12.0	9180	9470	9920	10300	10700	11100	9650	9910	10300	10700	11000	11300
	υ	0.329	0.312	0.287	0.266	0.248	0.232	0.404	0.385	0.358	0.334	0.313	0.295
16-D35	0.0	17500	18300	19700	21200	22600	24000	19500	20300	21700	23100	24600	26000
(15300)	3.0	16900	17700	19000	20300	21700	23000	18700	19500	20900	22200	23500	24800
3.12 %	4.0	16500	17200	18500	19700	21000	22200	18200	19000	20200	21500	22700	23900
	5.0	15900	16600	17800	19000	20200	21300	17500	18200	19400	20600	21700	22900
D13@400	6.0	15300	15900	17000	18100	19200	20200	16800	17400	18500	19500	20600	21600
	7.0	14600	15200	16200	17100	18100	19000	15900	16500	17400	18400	19300	20200
	12.0	10200	10500	11000	11400	11800	12100	10700	11000	11400	11800	12100	12400
	υ	0.298	0.284	0.264	0.246	0.231	0.217	0.370	0.355	0.331	0.311	0.293	0.277
20-D35	0.0	18500	19400	20800	22200	23600	25000	20500	21400	22800	24200	25600	27000
(19100)	3.0	17900	18700	20100	21400	22700	24000	19800	20600	21900	23200	24500	25800
3.91 %	4.0	17500	18200	19500	20800	22000	23200	19200	20000	21200	22500	23700	24900
	5.0	16900	17600	18800	20000	21100	22300	18500	19300	20400	21600	22700	23800
D13@400	6.0	16200	16900	18000	19100	20100	21200	17700	18400	19400	20500	21500	22600
	7.0	15500	16100	17100	18100	19000	19900	16800	17400	18400	19300	20200	21100
	12.0	10900	11200	11700	12100	12500	12900	11400	11700	12100	12500	12800	13200
	υ	0.281	0.269	0.250	0.234	0.221	0.208	0.351	0.337	0.316	0.298	0.281	0.267

1) H형강치수의 오른쪽에는 H형강의 단면적(A_s, mm^2)과 총단면적($A_g = b \times d$)에 대한 단면적비(ρ_s, %)를 나타내었다.

2) 부재 길이방향철근의 재질은 SD400(F_{yr} = 400 MPa)을 사용하였다.

3) 왼쪽 끝 수직열의 각 칸에는 위로부터 아래 순서로 하여 길이방향철근의 개수와 직경(예, 12-D25), 길이방향철근의 단면적(A_{sr}, mm^2), 길이방향철근의 단면적비(ρ_{sr}, %), 횡구속철근의 직경과 길이방향 간격(예, D10@250)을 나타내었다.

4) υ (upsilon)은 $A_s F_y / P_o$의 값을 나타내며, 매입형 합성기둥에 길이방향 하중이 가해질 때 하중전달을 위한 소요전단력(V')을 산정하는데 사용된다. 여기서 P_o는 합성기둥의 세장효과를 고려하지 않은 공칭압축강도이다.

도움표 9.1 매입형 합성기둥의 설계압축강도 $\phi_c P_n$ (kN)

$b \times d$ = 700 × 700 mm **H-428×407×20×35** A_s = 36100 mm², 7.36 %

H형강 재질		SHN400 (F_y = 235 MPa)						SHN490 (F_y = 325 MPa)					
철근	KL	f_{ck} (MPa)						f_{ck} (MPa)					
	m	27	30	35	40	45	50	27	30	35	40	45	50
4-D29	**0.0**	14900	15800	17200	18600	20100	21500	17300	18200	19600	21100	22500	23900
(2570)	**3.0**	14400	15200	16600	17900	19300	20600	16700	17500	18800	20200	21500	22900
0.524 %	**4.0**	14100	14800	16100	17400	18700	20000	16200	17000	18300	19500	20800	22000
	5.0	13600	14400	15600	16800	18000	19100	15600	16300	17500	18700	19900	21000
D10@300	**6.0**	13100	13800	14900	16000	17100	18200	14900	15600	16700	17800	18800	19900
	7.0	12500	13100	14200	15200	16100	17100	14100	14700	15700	16700	17600	18600
	12.0	8900	9220	9710	10200	10600	11000	9520	9790	10200	10600	11000	11300
	υ	0.427	0.403	0.370	0.341	0.317	0.295	0.507	0.483	0.448	0.417	0.391	0.367
8-D29	**0.0**	15600	16500	17900	19300	20800	22200	18100	18900	20300	21800	23200	24600
(5140)	**3.0**	15100	15900	17300	18600	20000	21300	17400	18200	19500	20900	22200	23500
1.05 %	**4.0**	14700	15500	16800	18100	19400	20600	16900	17700	18900	20200	21400	22700
	5.0	14300	15000	16200	17400	18600	19800	16300	17000	18200	19300	20500	21700
D10@300	**6.0**	13700	14400	15500	16600	17700	18800	15500	16200	17300	18400	19400	20500
	7.0	13100	13700	14700	15700	16700	17700	14700	15300	16300	17300	18200	19100
	12.0	9310	9620	10100	10600	11000	11400	9920	10200	10600	11000	11400	11700
	υ	0.407	0.386	0.355	0.329	0.306	0.286	0.487	0.465	0.432	0.404	0.379	0.357
12-D32	**0.0**	16900	17700	19100	20500	22000	23400	19300	20100	21600	23000	24400	25800
(9530)	**3.0**	16300	17100	18500	19800	21100	22400	18600	19400	20700	22000	23400	24700
1.94 %	**4.0**	15900	16700	18000	19200	20500	21700	18100	18800	20100	21300	22600	23800
	5.0	15400	16200	17400	18500	19700	20900	17400	18100	19300	20500	21600	22800
D10@300	**6.0**	14800	15500	16600	17700	18800	19900	16700	17300	18400	19500	20500	21600
	7.0	14200	14800	15800	16800	17800	18700	15800	16400	17400	18300	19300	20200
	12.0	10100	10400	10900	11400	11800	12200	10700	11000	11400	11800	12200	12600
	υ	0.377	0.359	0.332	0.309	0.289	0.272	0.456	0.436	0.408	0.383	0.360	0.341
16-D35	**0.0**	18500	19300	20700	22100	23500	24900	20900	21800	23200	24600	26000	27400
(15300)	**3.0**	17900	18700	20000	21300	22700	24000	20200	21000	22300	23600	24900	26200
3.12 %	**4.0**	17500	18200	19500	20800	22000	23200	19600	20400	21600	22900	24100	25300
	5.0	16900	17700	18800	20000	21200	22300	18900	19600	20800	22000	23100	24300
D13@400	**6.0**	16300	17000	18100	19100	20200	21300	18100	18800	19900	20900	22000	23000
	7.0	15600	16200	17200	18200	19100	20100	17200	17800	18800	19700	20700	21600
	12.0	11100	11400	11900	12400	12800	13200	11800	12100	12500	12900	13300	13600
	υ	0.344	0.329	0.307	0.287	0.270	0.255	0.420	0.404	0.379	0.358	0.339	0.321
20-D35	**0.0**	19600	20400	21800	23200	24600	26000	22000	22800	24200	25600	27000	28400
(19100)	**3.0**	19000	19800	21100	22400	23700	25000	21200	22000	23300	24600	25900	27200
3.91 %	**4.0**	18500	19300	20500	21800	23000	24200	20700	21400	22700	23900	25100	26300
	5.0	17900	18600	19800	21000	22100	23300	19900	20600	21800	23000	24100	25200
D13@400	**6.0**	17300	17900	19000	20100	21200	22200	19100	19700	20800	21900	22900	23900
	7.0	16500	17100	18100	19100	20000	21000	18100	18700	19700	20700	21600	22500
	12.0	11800	12100	12600	13100	13500	13900	12500	12800	13200	13600	14000	14400
	υ	0.325	0.311	0.292	0.274	0.259	0.245	0.399	0.385	0.363	0.343	0.326	0.310

1) H형강치수의 오른쪽에는 H형강의 단면적(A_s, mm²)과 총단면적($A_g = b \times d$)에 대한 단면적비(ρ_s, %)를 나타내었다.

2) 부재 길이방향철근의 재질은 SD400(F_{yr} = 400 MPa)을 사용하였다.

3) 왼쪽 끝 수직열의 각 칸에는 위로부터 아래 순서로 하여 길이방향철근의 개수와 직경(예, 12-D25), 길이방향철근의 단면적(A_{sr}, mm²), 길이방향철근의 단면적비(ρ_{sr}, %), 횡구속철근의 직경과 길이방향 간격(예, D10@250)을 나타내었다.

4) υ (upsilon)은 $A_s F_y / P_o$의 값을 나타내며, 매입형 합성기둥에 길이방향 하중이 가해질 때 하중전달을 위한 소요전단력(V')을 산정하는데 사용된다. 여기서 P_o는 합성기둥의 세장효과를 고려하지 않은 공칭압축강도이다.

도움표 9.1 매입형 합성기둥의 설계압축강도 $\phi_c P_n$ (kN)

$b \times d$ = 800 × 800 mm　　　　H-200×204×12×12　　　　A_s = 7160 mm^2, 1.12 %

H형강 재질		SHN400 (F_y = 235 MPa)						SHN490 (F_y = 325 MPa)					
철근	*KL*	f_{ck} (MPa)						f_{ck} (MPa)					
	m	27	30	35	40	45	50	27	30	35	40	45	50
8-D22	0.0	13000	14200	16200	18200	20300	22300	13500	14700	16700	18700	20700	22700
(3100)	3.0	12400	13600	15400	17200	19000	20800	12900	14000	15800	17600	19400	21200
0.484 %	4.0	12000	13100	14800	16400	18100	19700	12400	13500	15200	16800	18500	20100
	5.0	11500	12400	14000	15500	17000	18400	11800	12800	14300	15800	17300	18800
D10@300	6.0	10900	11700	13100	14400	15700	17000	11200	12000	13400	14700	16000	17200
	7.0	10200	10900	12100	13300	14300	15400	10400	11200	12400	13500	14600	15600
	12.0	6280	6530	6870	7130	7330	7510	6340	6570	6890	7130	7330	7510
	υ	0.097	0.089	0.078	0.069	0.062	0.057	0.129	0.118	0.104	0.093	0.084	0.077
16-D22	0.0	13900	15100	17100	19100	21100	23100	14400	15600	17600	19600	21600	23600
(6190)	3.0	13300	14400	16300	18100	19900	21700	13800	14900	16700	18500	20300	22100
0.968 %	4.0	12900	13900	15700	17300	19000	20700	13300	14300	16100	17700	19400	21000
	5.0	12400	13300	14900	16400	17900	19400	12700	13700	15300	16800	18300	19700
D10@300	6.0	11700	12600	14000	15400	16700	18000	12100	12900	14300	15700	17000	18300
	7.0	11000	11800	13000	14200	15400	16400	11300	12100	13300	14500	15600	16700
	12.0	7060	7330	7720	8040	8290	8480	7130	7390	7760	8060	8300	8480
	υ	0.091	0.083	0.074	0.066	0.060	0.055	0.121	0.112	0.099	0.089	0.081	0.074
20-D29	0.0	15800	17000	18900	20900	22900	24900	16300	17500	19400	21400	23400	25400
(12800)	3.0	15200	16300	18100	20000	21800	23600	15700	16800	18600	20400	22200	24000
2.01 %	4.0	14800	15800	17500	19300	20900	22600	15200	16200	18000	19700	21300	23000
	5.0	14200	15200	16800	18400	19900	21400	14600	15600	17200	18700	20300	21800
D10@300	6.0	13600	14500	15900	17400	18700	20100	13900	14800	16300	17700	19000	20400
	7.0	12900	13700	15000	16200	17400	18600	13200	14000	15300	16500	17700	18800
	12.0	8680	9000	9480	9890	10200	10500	8780	9100	9560	9950	10300	10600
	υ	0.080	0.074	0.067	0.060	0.055	0.051	0.107	0.100	0.090	0.081	0.075	0.069
20-D35	0.0	17600	18700	20700	22700	24600	26600	18000	19200	21200	23100	25100	27000
(19100)	3.0	17000	18100	19900	21700	23500	25300	17400	18500	20300	22200	24000	25700
2.99 %	4.0	16500	17600	19300	21000	22700	24400	16900	18000	19700	21400	23100	24800
	5.0	16000	16900	18500	20100	21700	23200	16400	17300	18900	20500	22100	23600
D13@400	6.0	15300	16200	17700	19100	20500	21900	15700	16600	18000	19500	20800	22200
	7.0	14600	15400	16700	18000	19200	20400	14900	15700	17000	18300	19500	20700
	12.0	10100	10500	11000	11500	11900	12300	10200	10600	11100	11600	12000	12300
	υ	0.072	0.067	0.061	0.056	0.051	0.047	0.097	0.091	0.082	0.075	0.069	0.064
20-D38	0.0	18600	19800	21700	23700	25600	27500	19100	20300	22200	24100	26100	28000
(22800)	3.0	18000	19100	20900	22700	24500	26300	18400	19500	21300	23200	24900	26700
3.56 %	4.0	17500	18600	20300	22000	23700	25400	17900	19000	20700	22400	24100	25800
	5.0	16900	17900	19500	21100	22700	24200	17300	18300	19900	21500	23000	24600
D13@400	6.0	16300	17200	18600	20100	21500	22900	16600	17500	19000	20400	21800	23200
	7.0	15500	16300	17600	18900	20200	21400	15800	16600	17900	19200	20500	21700
	12.0	10900	11200	11800	12300	12700	13100	11000	11300	11900	12400	12800	13200
	υ	0.068	0.064	0.058	0.053	0.049	0.046	0.091	0.086	0.079	0.072	0.067	0.062

1) H형강치수의 오른쪽에는 H형강의 단면적(A_s, mm^2)과 총단면적($A_g - b \times d$)에 대한 단면적비(ρ_s, %)를 나타내었다.

2) 부재 길이방향철근의 재질은 SD400(F_{yr} = 400 MPa)을 사용하였다.

3) 왼쪽 끝 수직열의 각 칸에는 위로부터 아래 순서로 하여 길이방향철근의 개수와 직경(예, 12-D25), 길이방향철근의 단면적(A_{sr}, mm^2), 길이방향철근의 단면적비(ρ_{sr}, %), 횡구속철근의 직경과 길이방향 간격(예, D10@250)을 나타내었다.

4) υ (upsilon)은 $A_s F_y / P_o$의 값을 나타내며, 매입형 합성기둥에 길이방향 하중이 가해질 때 하중전달을 위한 소요전단력(V')을 산정하는데 사용된다. 여기서 P_o는 합성기둥의 세장효과를 고려하지 않은 공칭압축강도이다.

도움표 9.1 매입형 합성기둥의 설계압축강도 $\phi_c P_n$ (kN)

$b \times d$ = 800 × 800 mm | H-208×202×10×16 | A_s = 8370 mm², 1.31 %

H형강 재질		SHN400 (F_y = 235 MPa)						SHN490 (F_y = 325 MPa)					
철근	KL	f_{ck} (MPa)						f_{ck} (MPa)					
	m	27	30	35	40	45	50	27	30	35	40	45	50
8-D22	0.0	13200	14400	16400	18400	20400	22400	13800	15000	17000	19000	21000	23000
(3100)	3.0	12600	13800	15600	17400	19200	21000	13200	14300	16100	17900	19700	21500
0.484 %	4.0	12200	13200	15000	16600	18300	19900	12700	13700	15400	17100	18800	20400
	5.0	11700	12600	14200	15700	17200	18700	12100	13100	14600	16100	17600	19000
D10@300	6.0	11100	11900	13300	14600	15900	17200	11400	12300	13700	15000	16300	17500
	7.0	10400	11100	12300	13500	14600	15600	10700	11400	12600	13800	14800	15900
	12.0	6450	6710	7060	7350	7560	7750	6520	6760	7100	7360	7560	7750
	υ	0.112	0.102	0.090	0.080	0.072	0.066	0.148	0.136	0.120	0.107	0.097	0.089
16-D22	0.0	14100	15300	17300	19300	21300	23300	14700	15900	17900	19800	21800	23800
(6190)	3.0	13500	14600	16500	18300	20100	21900	14000	15100	17000	18800	20600	22400
0.968 %	4.0	13100	14100	15800	17500	19200	20900	13600	14600	16300	18000	19700	21300
	5.0	12600	13500	15100	16600	18100	19600	13000	14000	15500	17000	18600	20000
D10@300	6.0	11900	12800	14200	15600	16900	18200	12300	13200	14600	15900	17300	18500
	7.0	11200	12000	13200	14400	15600	16700	11600	12300	13600	14700	15900	16900
	12.0	7220	7500	7910	8240	8510	8710	7310	7580	7960	8270	8530	8710
	υ	0.105	0.096	0.085	0.077	0.069	0.063	0.139	0.129	0.114	0.103	0.093	0.086
20-D29	0.0	16000	17200	19100	21100	23100	25100	16500	17700	19700	21700	23600	25600
(12800)	3.0	15400	16500	18300	20200	22000	23800	15900	17000	18900	20700	22500	24300
2.01 %	4.0	15000	16000	17700	19400	21100	22800	15500	16500	18200	19900	21600	23300
	5.0	14400	15400	17000	18600	20100	21600	14900	15800	17400	19000	20500	22000
D10@300	6.0	13800	14700	16100	17500	18900	20300	14200	15100	16500	17900	19300	20600
	7.0	13100	13900	15200	16400	17600	18800	13400	14200	15500	16700	17900	19100
	12.0	8830	9160	9650	10100	10400	10700	8960	9270	9740	10100	10500	10800
	υ	0.092	0.086	0.077	0.070	0.064	0.059	0.123	0.115	0.104	0.094	0.086	0.080
20-D35	0.0	17800	18900	20900	22800	24800	26700	18300	19500	21400	23400	25400	27300
(19100)	3.0	17200	18300	20100	21900	23700	25500	17700	18800	20600	22400	24200	26000
2.99 %	4.0	16700	17800	19500	21200	22900	24600	17200	18200	20000	21700	23400	25000
	5.0	16100	17100	18700	20300	21900	23400	16600	17600	19200	20800	22300	23800
D13@400	6.0	15500	16400	17900	19300	20700	22100	15900	16800	18300	19700	21100	22500
	7.0	14700	15600	16900	18200	19400	20600	15100	15900	17200	18500	19700	20900
	12.0	10300	10600	11200	11700	12100	12500	10400	10800	11300	11700	12200	12500
	υ	0.083	0.078	0.071	0.065	0.060	0.055	0.111	0.105	0.095	0.087	0.080	0.075
20-D38	0.0	18800	20000	21900	23800	25800	27700	19400	20500	22500	24400	26300	28300
(22800)	3.0	18200	19300	21100	22900	24700	26500	18700	19800	21600	23400	25200	27000
3.56 %	4.0	17700	18800	20500	22200	23900	25500	18200	19200	21000	22700	24400	26000
	5.0	17100	18100	19700	21300	22900	24400	17600	18600	20200	21700	23300	24800
D13@400	6.0	16400	17300	18800	20300	21700	23100	16900	17800	19200	20700	22100	23400
	7.0	15700	16500	17800	19100	20400	21600	16000	16900	18200	19500	20700	21900
	12.0	11000	11400	11900	12400	12900	13300	11200	11500	12100	12500	13000	13400
	υ	0.078	0.074	0.067	0.062	0.057	0.053	0.105	0.099	0.091	0.084	0.077	0.072

1) H형강치수의 오른쪽에는 H형강의 단면적(A_s, mm²)과 총단면적($A_g = b \times d$)에 대한 단면적비(ρ_s, %)를 나타내었다.

2) 부재 길이방향철근의 재질은 SD400(F_{yr} = 400 MPa)을 사용하였다.

3) 왼쪽 끝 수직열의 각 칸에는 위로부터 아래 순서로 하여 길이방향철근의 개수와 직경(예, 12-D25), 길이방향철근의 단면적(A_{sr}, mm²), 길이방향철근의 단면적비(ρ_{sr}, %), 횡구속철근의 직경과 길이방향 간격(예, D10@250)을 나타내었다.

4) υ (upsilon)은 $A_s F_y / P_o$의 값을 나타내며, 매입형 합성기둥에 길이방향 하중이 가해질 때 하중전달을 위한 소요전단력(V')을 산정하는데 사용된다. 여기서 P_o는 합성기둥의 세장효과를 고려하지 않은 공칭압축강도이다.

도움표 9.1 매입형 합성기둥의 설계압축강도 $\phi_c P_n$ (kN)

$b \times d$ = 800 × 800 mm **H-244×252×11×11** A_s = 8210 mm², 1.28 %

H형강 재질		SHN400 (F_y = 235 MPa)						SHN490 (F_y = 325 MPa)					
철근	*KL*	f_{ck} (MPa)						f_{ck} (MPa)					
	m	27	30	35	40	45	50	27	30	35	40	45	50
8-D22	**0.0**	13200	14400	16400	18400	20400	22400	13800	15000	17000	19000	21000	23000
(3100)	**3.0**	12600	13700	15600	17400	19200	21000	13100	14200	16100	17900	19700	21500
0.484 %	**4.0**	12200	13200	14900	16600	18300	19900	12700	13700	15400	17100	18700	20400
	5.0	11700	12600	14200	15700	17200	18700	12100	13000	14600	16100	17600	19000
D10@300	**6.0**	11000	11900	13300	14700	16000	17200	11400	12300	13700	15000	16300	17500
	7.0	10400	11100	12300	13500	14600	15600	10700	11400	12600	13800	14900	15900
	12.0	6480	6740	7100	7390	7600	7790	6550	6790	7130	7400	7600	7790
	υ	0.110	0.100	0.088	0.079	0.071	0.065	0.145	0.134	0.118	0.105	0.095	0.087
16-D22	**0.0**	14100	15300	17300	19300	21300	23200	14600	15800	17800	19800	21800	23800
(6190)	**3.0**	13500	14600	16400	18300	20100	21900	14000	15100	16900	18800	20600	22400
0.968 %	**4.0**	13100	14100	15800	17500	19200	20900	13500	14600	16300	18000	19700	21300
	5.0	12500	13500	15100	16600	18100	19600	13000	13900	15500	17000	18500	20000
D10@300	**6.0**	11900	12800	14200	15600	16900	18200	12300	13200	14600	15900	17300	18500
	7.0	11200	12000	13300	14400	15600	16700	11600	12300	13600	14700	15900	16900
	12.0	7250	7530	7940	8280	8550	8750	7340	7610	7990	8310	8570	8750
	υ	0.103	0.095	0.084	0.075	0.068	0.062	0.137	0.126	0.112	0.101	0.092	0.084
20-D29	**0.0**	16000	17100	19100	21100	23100	25000	16500	17700	19700	21600	23600	25600
(12800)	**3.0**	15400	16500	18300	20100	21900	23700	15900	17000	18800	20600	22400	24200
2.01 %	**4.0**	14900	16000	17700	19400	21100	22800	15400	16500	18200	19900	21600	23200
	5.0	14400	15400	17000	18600	20100	21600	14800	15800	17400	19000	20500	22000
D10@300	**6.0**	13800	14700	16100	17500	18900	20300	14200	15100	16500	17900	19300	20600
	7.0	13100	13900	15200	16400	17600	18800	13400	14200	15500	16700	17900	19100
	12.0	8850	9180	9680	10100	10500	10800	8970	9290	9770	10200	10500	10800
	υ	0.091	0.084	0.076	0.069	0.063	0.058	0.121	0.113	0.102	0.092	0.085	0.078
20-D35	**0.0**	17700	18900	20900	22800	24800	26700	18300	19500	21400	23400	25300	27300
(19100)	**3.0**	17100	18200	20100	21900	23700	25500	17700	18800	20600	22400	24200	26000
2.99 %	**4.0**	16700	17700	19500	21200	22900	24600	17200	18200	19900	21700	23300	25000
	5.0	16100	17100	18700	20300	21900	23400	16600	17600	19200	20700	22300	23800
D13@400	**6.0**	15500	16400	17900	19300	20700	22100	15900	16800	18300	19700	21100	22500
	7.0	14700	15500	16900	18200	19400	20600	15100	15900	17200	18500	19700	20900
	12.0	10300	10600	11200	11700	12100	12500	10400	10800	11300	11800	12200	12500
	υ	0.082	0.077	0.069	0.063	0.058	0.054	0.109	0.103	0.093	0.086	0.079	0.073
20-D38	**0.0**	18800	19900	21900	23800	25800	27700	19300	20500	22400	24400	26300	28300
(22800)	**3.0**	18200	19200	21100	22900	24700	26500	18700	19800	21600	23400	25200	27000
3.56 %	**4.0**	17700	18700	20500	22200	23900	25500	18200	19200	20900	22600	24300	26000
	5.0	17100	18100	19700	21300	22800	24400	17600	18500	20100	21700	23300	24800
D13@400	**6.0**	16400	17300	18800	20300	21700	23100	16800	17700	19200	20700	22100	23400
	7.0	15700	16500	17800	19100	20400	21600	16000	16800	18200	19500	20700	21900
	12.0	11000	11400	12000	12500	12900	13300	11200	11500	12100	12600	13000	13400
	υ	0.077	0.073	0.066	0.061	0.056	0.052	0.104	0.098	0.089	0.082	0.076	0.071

1) H형강치수의 오른쪽에는 H형강의 단면적(A_s, mm²)과 총단면적($A_g = b \times d$)에 대한 단면적비(ρ_s, %)를 나타내었다.

2) 부재 길이방향철근의 재질은 SD400(F_{yr} = 400 MPa)을 사용하였다.

3) 왼쪽 끝 수직열의 각 칸에는 위로부터 아래 순서로 하여 길이방향철근의 개수와 직경(예, 12-D25), 길이방향철근의 단면적(A_{sr}, mm²), 길이방향철근의 단면적비(ρ_{sr}, %), 횡구속철근의 직경과 길이방향 간격(예, D10@250)을 나타내었다.

4) υ (upsilon)은 $A_s F_y / P_o$의 값을 나타내며, 매입형 합성기둥에 길이방향 하중이 가해질 때 하중전달을 위한 소요전단력(V')을 산정하는데 사용된다. 여기서 P_o는 합성기둥의 세장효과를 고려하지 않은 공칭압축강도이다.

도움표 9.1 매입형 합성기둥의 설계압축강도 $\phi_c P_n$ (kN)

$b \times d$ = 800 × 800 mm　　　　H-248×249×8×13　　　　A_s = 8470 mm[2], 1.32 %

H형강 재질		SHN400 (F_y = 235 MPa)						SHN490 (F_y = 325 MPa)					
철근	KL	f_{ck} (MPa)						f_{ck} (MPa)					
	m	27	30	35	40	45	50	27	30	35	40	45	50
8-D22	0.0	13200	14400	16400	18400	20400	22500	13800	15000	17000	19000	21000	23000
(3100)	3.0	12700	13800	15600	17400	19200	21000	13200	14300	16100	17900	19700	21500
0.484 %	4.0	12200	13300	15000	16700	18300	20000	12700	13800	15500	17100	18800	20400
	5.0	11700	12700	14200	15800	17300	18700	12200	13100	14700	16200	17700	19100
D10@300	6.0	11100	12000	13400	14700	16000	17300	11500	12300	13700	15100	16400	17600
	7.0	10400	11200	12400	13600	14700	15700	10700	11500	12700	13800	14900	16000
	12.0	6530	6790	7160	7460	7680	7870	6610	6860	7200	7480	7680	7870
	υ	0.113	0.103	0.091	0.081	0.073	0.066	0.149	0.138	0.121	0.109	0.098	0.090
16-D22	0.0	14100	15300	17300	19300	21300	23300	14700	15900	17900	19900	21900	23900
(6190)	3.0	13500	14700	16500	18300	20100	21900	14100	15200	17000	18800	20600	22400
0.968 %	4.0	13100	14200	15900	17600	19300	20900	13600	14600	16400	18100	19700	21400
	5.0	12600	13600	15100	16700	18200	19700	13000	14000	15600	17100	18600	20100
D10@300	6.0	12000	12800	14300	15600	17000	18300	12400	13200	14600	16000	17300	18600
	7.0	11300	12100	13300	14500	15700	16800	11600	12400	13600	14800	15900	17000
	12.0	7300	7590	8000	8340	8620	8830	7390	7660	8060	8380	8640	8830
	υ	0.106	0.098	0.086	0.077	0.070	0.064	0.141	0.130	0.115	0.104	0.094	0.087
20-D29	0.0	16000	17200	19100	21100	23100	25100	16600	17700	19700	21700	23700	25600
(12800)	3.0	15400	16500	18400	20200	22000	23800	15900	17100	18900	20700	22500	24300
2.01 %	4.0	15000	16000	17800	19500	21200	22800	15500	16500	18300	20000	21600	23300
	5.0	14400	15400	17000	18600	20200	21700	14900	15900	17500	19000	20600	22100
D10@300	6.0	13800	14700	16200	17600	19000	20300	14200	15100	16600	18000	19400	20700
	7.0	13100	13900	15200	16500	17700	18800	13500	14300	15600	16800	18000	19200
	12.0	8900	9230	9730	10200	10500	10800	9020	9350	9820	10200	10600	10900
	υ	0.093	0.087	0.078	0.071	0.065	0.060	0.125	0.116	0.105	0.095	0.087	0.081
20-D35	0.0	17800	18900	20900	22900	24800	26800	18300	19500	21500	23400	25400	27300
(19100)	3.0	17200	18300	20100	21900	23700	25500	17700	18800	20600	22400	24200	26000
2.99 %	4.0	16700	17800	19500	21200	22900	24600	17200	18300	20000	21700	23400	25100
	5.0	16200	17200	18800	20400	21900	23500	16600	17600	19200	20800	22400	23900
D13@400	6.0	15500	16400	17900	19300	20800	22100	15900	16800	18300	19700	21100	22500
	7.0	14800	15600	16900	18200	19500	20700	15200	16000	17300	18600	19800	21000
	12.0	10300	10700	11200	11700	12200	12500	10500	10800	11400	11800	12200	12600
	υ	0.084	0.079	0.071	0.065	0.060	0.056	0.113	0.106	0.096	0.088	0.081	0.076
20-D38	0.0	18800	20000	21900	23900	25800	27700	19400	20500	22500	24400	26400	28300
(22800)	3.0	18200	19300	21100	22900	24700	26500	18700	19800	21600	23400	25200	27000
3.56 %	4.0	17700	18800	20500	22200	23900	25600	18200	19300	21000	22700	24400	26100
	5.0	17200	18100	19700	21300	22900	24400	17600	18600	20200	21800	23300	24900
D13@400	6.0	16500	17400	18900	20300	21700	23100	16900	17800	19300	20700	22100	23500
	7.0	15700	16500	17900	19200	20400	21600	16100	16900	18200	19500	20800	22000
	12.0	11100	11400	12000	12500	13000	13400	11200	11600	12100	12600	13100	13400
	υ	0.079	0.075	0.068	0.063	0.058	0.054	0.107	0.100	0.092	0.085	0.078	0.073

1) H형강치수의 오른쪽에는 H형강의 단면적(A_s, mm[2])과 총단면적($A_g = b \times d$)에 대한 단면적비(ρ_s, %)를 나타내었다.

2) 부재 길이방향철근의 재질은 SD400(F_{yr} = 400 MPa)을 사용하였다.

3) 왼쪽 끝 수직열의 각 칸에는 위로부터 아래 순서로 하여 길이방향철근의 개수와 직경(예, 12-D25), 길이방향철근의 단면적(A_{sr}, mm[2]), 길이방향철근의 단면적비(ρ_{sr}, %), 횡구속철근의 직경과 길이방향 간격(예, D10@250)을 나타내었다.

4) υ (upsilon)은 $A_s F_y / P_o$의 값을 나타내며, 매입형 합성기둥에 길이방향 하중이 가해질 때 하중전달을 위한 소요전단력(V')을 산정하는데 사용된다. 여기서 P_o는 합성기둥의 세장효과를 고려하지 않은 공칭압축강도이다.

도움표 9.1 매입형 합성기둥의 설계압축강도 $\phi_c P_n$ (kN)

$b \times d$ = 800 × 800 mm　　H-250×250×9×14　　A_s = 9220 mm^2, 1.44 %

H형강 재질		SHN400 (F_y = 235 MPa)						SHN490 (F_y = 325 MPa)					
철근	KL	f_{ck} (MPa)						f_{ck} (MPa)					
	m	27	30	35	40	45	50	27	30	35	40	45	50
8-D22	0.0	13400	14600	16600	18600	20600	22600	14000	15200	17200	19200	21200	23200
(3100)	3.0	12800	13900	15700	17600	19400	21100	13400	14500	16300	18100	19900	21700
0.484 %	4.0	12400	13400	15100	16800	18500	20100	12900	13900	15600	17300	19000	20600
	5.0	11800	12800	14400	15900	17400	18900	12300	13300	14800	16300	17800	19300
D10@300	6.0	11200	12100	13500	14800	16200	17400	11600	12500	13900	15200	16500	17800
	7.0	10500	11300	12500	13700	14800	15900	10900	11600	12900	14000	15100	16200
	12.0	6640	6900	7280	7590	7820	8010	6720	6970	7320	7610	7820	8010
	υ	0.122	0.112	0.098	0.088	0.079	0.072	0.161	0.148	0.131	0.117	0.106	0.097
16-D22	0.0	14200	15400	17400	19400	21400	23400	14900	16000	18000	20000	22000	24000
(6190)	3.0	13700	14800	16600	18400	20200	22000	14200	15300	17200	19000	20800	22600
0.968 %	4.0	13200	14300	16000	17700	19400	21000	13800	14800	16500	18200	19900	21500
	5.0	12700	13700	15300	16800	18300	19800	13200	14200	15700	17300	18800	20200
D10@300	6.0	12100	13000	14400	15800	17100	18400	12500	13400	14800	16200	17500	18800
	7.0	11400	12200	13400	14600	15800	16900	11800	12500	13800	15000	16100	17200
	12.0	7400	7690	8110	8460	8750	8980	7500	7780	8180	8510	8780	8980
	υ	0.114	0.105	0.093	0.084	0.076	0.069	0.151	0.140	0.125	0.112	0.102	0.094
20-D29	0.0	16100	17300	19300	21200	23200	25200	16700	17900	19900	21900	23800	25800
(12800)	3.0	15500	16600	18500	20300	22100	23900	16100	17200	19000	20900	22700	24500
2.01 %	4.0	15100	16100	17900	19600	21300	23000	15600	16700	18400	20100	21800	23500
	5.0	14600	15500	17100	18700	20300	21800	15100	16000	17600	19200	20700	22300
D10@300	6.0	13900	14800	16300	17700	19100	20500	14400	15300	16700	18100	19500	20900
	7.0	13200	14000	15300	16600	17800	19000	13600	14400	15700	16900	18100	19300
	12.0	8990	9330	9840	10300	10600	11000	9130	9450	9940	10400	10700	11000
	υ	0.101	0.094	0.084	0.077	0.070	0.065	0.134	0.125	0.113	0.103	0.094	0.087
20-D35	0.0	17900	19100	21000	23000	24900	26900	18500	19700	21600	23600	25500	27500
(19100)	3.0	17300	18400	20200	22000	23800	25600	17900	19000	20800	22600	24400	26200
2.99 %	4.0	16800	17900	19600	21300	23000	24700	17400	18400	20200	21900	23600	25200
	5.0	16300	17300	18900	20500	22000	23600	16800	17800	19400	21000	22500	24000
D13@400	6.0	15600	16500	18000	19500	20900	22300	16100	17000	18500	19900	21300	22700
	7.0	14900	15700	17000	18300	19600	20800	15300	16100	17400	18700	19900	21200
	12.0	10400	10800	11300	11800	12300	12700	10600	10900	11500	11900	12400	12700
	υ	0.091	0.085	0.077	0.071	0.065	0.060	0.121	0.114	0.104	0.095	0.088	0.082
20-D38	0.0	18900	20100	22000	24000	25900	27800	19600	20700	22700	24600	26500	28500
(22800)	3.0	18300	19400	21200	23000	24800	26600	18900	20000	21800	23600	25400	27200
3.56 %	4.0	17800	18900	20600	22300	24000	25700	18400	19400	21200	22900	24500	26200
	5.0	17300	18200	19900	21400	23000	24600	17800	18800	20400	21900	23500	25000
D13@400	6.0	16600	17500	19000	20400	21800	23200	17100	18000	19400	20900	22300	23700
	7.0	15800	16600	18000	19300	20500	21800	16200	17000	18400	19700	20900	22100
	12.0	11200	11500	12100	12600	13100	13500	11300	11700	12200	12700	13200	13600
	υ	0.086	0.081	0.074	0.068	0.063	0.058	0.115	0.108	0.099	0.091	0.085	0.079

1) H형강치수의 오른쪽에는 H형강의 단면적(A_s, mm^2)과 총단면적($A_g = b \times d$)에 대한 단면적비(ρ_s, %)를 나타내었다.

2) 부재 길이방향철근의 재질은 SD400(F_{yr} = 400 MPa)을 사용하였다.

3) 왼쪽 끝 수직열의 각 칸에는 위로부터 아래 순서로 하여 길이방향철근의 개수와 직경(예, 12-D25), 길이방향철근의 단면적(A_{sr}, mm^2), 길이방향철근의 단면적비(ρ_{sr}, %), 횡구속철근의 직경과 길이방향 간격(예, D10@250)을 나타내었다.

4) υ (upsilon)은 $A_s F_y / P_o$의 값을 나타내며, 매입형 합성기둥에 길이방향 하중이 가해질 때 하중전달을 위한 소요전단력(V')을 산정하는데 사용된다. 여기서 P_o는 합성기둥의 세장효과를 고려하지 않은 공칭압축강도이다.

도움표 9.1 매입형 합성기둥의 설계압축강도 $\phi_c P_n$ (kN)

$b \times d$ = 800 × 800 mm **H-250×255×14×14** A_s = 10500 mm^2, 1.64 %

H형강 재질		SHN400 (F_y = 235 MPa)						SHN490 (F_y = 325 MPa)					
철근	KL	f_{ck} (MPa)						f_{ck} (MPa)					
	m	27	30	35	40	45	50	27	30	35	40	45	50
8-D22	0.0	13600	14800	16800	18700	20700	22700	14300	15500	17500	19500	21500	23400
(3100)	3.0	13000	14100	15900	17700	19600	21300	13600	14700	16600	18400	20200	22000
0.484 %	4.0	12600	13600	15300	17000	18700	20300	13200	14200	15900	17600	19200	20900
	5.0	12000	13000	14600	16100	17600	19100	12600	13500	15100	16600	18100	19600
D10@300	6.0	11400	12300	13700	15000	16400	17600	11900	12700	14100	15500	16800	18100
	7.0	10700	11500	12700	13900	15000	16100	11100	11900	13100	14300	15400	16400
	12.0	6790	7060	7460	7780	8040	8230	6890	7140	7510	7810	8040	8230
	υ	0.136	0.125	0.110	0.098	0.089	0.081	0.179	0.165	0.146	0.131	0.119	0.109
16-D22	0.0	14400	15600	17600	19600	21600	23600	15100	16300	18300	20300	22300	24300
(6190)	3.0	13900	15000	16800	18600	20400	22200	14500	15600	17400	19300	21100	22900
0.968 %	4.0	13400	14500	16200	17900	19600	21200	14000	15100	16800	18500	20100	21800
	5.0	12900	13900	15400	17000	18500	20000	13500	14400	16000	17500	19000	20500
D10@300	6.0	12300	13200	14600	16000	17300	18600	12800	13600	15100	16400	17800	19100
	7.0	11600	12400	13600	14800	16000	17100	12000	12800	14000	15200	16400	17500
	12.0	7540	7840	8280	8640	8950	9200	7670	7950	8350	8700	8980	9200
	υ	0.128	0.118	0.105	0.094	0.085	0.078	0.169	0.156	0.139	0.126	0.114	0.105
20-D29	0.0	16300	17500	19500	21400	23400	25400	17000	18200	20200	22100	24100	26100
(12800)	3.0	15700	16800	18700	20500	22300	24100	16400	17500	19300	21100	22900	24700
2.01 %	4.0	15300	16300	18100	19800	21500	23100	15900	17000	18700	20400	22100	23700
	5.0	14700	15700	17300	18900	20500	22000	15300	16300	17900	19500	21000	22500
D10@300	6.0	14100	15000	16500	17900	19300	20700	14600	15500	17000	18400	19800	21100
	7.0	13400	14200	15500	16800	18000	19200	13900	14600	15900	17200	18400	19600
	12.0	9130	9480	9990	10400	10800	11200	9290	9620	10100	10500	10900	11200
	υ	0.113	0.105	0.095	0.086	0.079	0.073	0.150	0.140	0.127	0.115	0.106	0.098
20-D35	0.0	18100	19300	21200	23200	25100	27000	18800	20000	21900	23900	25800	27700
(19100)	3.0	17500	18600	20400	22200	24000	25800	18200	19200	21100	22900	24700	26500
2.99 %	4.0	17000	18100	19800	21500	23200	24900	17700	18700	20400	22100	23800	25500
	5.0	16500	17500	19100	20700	22200	23800	17100	18000	19600	21200	22800	24300
D13@400	6.0	15800	16700	18200	19600	21100	22400	16300	17200	18700	20100	21500	22900
	7.0	15100	15900	17200	18500	19800	21000	15500	16300	17700	18900	20200	21400
	12.0	10600	10900	11500	12000	12400	12800	10700	11100	11600	12100	12500	12900
	υ	0.102	0.096	0.087	0.080	0.074	0.068	0.136	0.128	0.116	0.107	0.099	0.092
20-D38	0.0	19100	20300	22200	24200	26100	28000	19800	21000	22900	24900	26800	28700
(22800)	3.0	18500	19600	21400	23200	25000	26800	19200	20300	22100	23900	25700	27400
3.56 %	4.0	18000	19100	20800	22500	24200	25900	18700	19700	21400	23100	24800	26500
	5.0	17500	18400	20000	21600	23200	24700	18000	19000	20600	22200	23700	25300
D13@400	6.0	16800	17700	19200	20600	22000	23400	17300	18200	19700	21100	22500	23900
	7.0	16000	16800	18100	19500	20700	21900	16500	17300	18600	19900	21100	22400
	12.0	11300	11700	12300	12800	13200	13700	11500	11800	12400	12900	13400	13800
	υ	0.096	0.091	0.083	0.076	0.071	0.066	0.129	0.122	0.111	0.103	0.095	0.089

1) H형강치수의 오른쪽에는 H형강의 단면적(A_s, mm^2)과 총단면적(A_g=b×d)에 대한 단면적비(ρ_s, %)를 나타내었다.
2) 부재 길이방향철근의 재질은 SD400(F_{yr} = 400 MPa)을 사용하였다.
3) 왼쪽 끝 수직열의 각 칸에는 위로부터 아래 순서로 하여 길이방향철근의 개수와 직경(예, 12-D25), 길이방향철근의 단면적(A_{sr}, mm^2), 길이방향철근의 단면적비(ρ_{sr}, %), 횡구속철근의 직경과 길이방향 간격(예, D10@250)을 나타내었다.
4) υ (upsilon)은 $A_s F_y / P_o$의 값을 나타내며, 매입형 합성기둥에 길이방향 하중이 가해질 때 하중전달을 위한 소요전단력(V')을 산정하는데 사용된다. 여기서 P_o는 합성기둥의 세장효과를 고려하지 않은 공칭압축강도이다.

도움표 9.1 매입형 합성기둥의 설계압축강도 $\phi_c P_n$ (kN)

$b \times d$ = 800 × 800 mm **H-294×302×12×12** A_s = 10800 mm², 1.68 %

H형강 재질		SHN400 (F_y = 235 MPa)						SHN490 (F_y = 325 MPa)					
철근	*KL*	f_{ck} (MPa)						f_{ck} (MPa)					
	m	27	30	35	40	45	50	27	30	35	40	45	50
8-D22	**0.0**	13600	14800	16800	18800	20800	22800	14300	15500	17500	19500	21500	23500
(3100)	**3.0**	13000	14100	16000	17800	19600	21400	13700	14800	16600	18500	20300	22100
0.484 %	**4.0**	12600	13700	15400	17100	18800	20400	13200	14300	16000	17700	19300	21000
	5.0	12100	13100	14600	16200	17700	19200	12700	13600	15200	16700	18200	19700
D10@300	**6.0**	11500	12400	13800	15200	16500	17800	12000	12900	14300	15600	16900	18200
	7.0	10800	11600	12800	14000	15200	16300	11200	12000	13200	14400	15500	16600
	12.0	6920	7200	7610	7950	8220	8420	7030	7290	7670	7980	8220	8420
	υ	0.139	0.128	0.113	0.101	0.091	0.083	0.183	0.169	0.150	0.134	0.122	0.112
16-D22	**0.0**	14500	15700	17700	19600	21600	23600	15200	16400	18400	20400	22400	24300
(6190)	**3.0**	13900	15000	16900	18700	20500	22300	14600	15700	17500	19300	21100	22900
0.968 %	**4.0**	13500	14500	16300	18000	19600	21300	14100	15200	16900	18600	20200	21900
	5.0	13000	13900	15500	17100	18600	20100	13500	14500	16100	17600	19100	20600
D10@300	**6.0**	12400	13200	14700	16100	17400	18700	12900	13700	15200	16500	17900	19200
	7.0	11700	12500	13700	14900	16100	17200	12100	12900	14100	15300	16500	17600
	12.0	7660	7970	8420	8800	9120	9380	7800	8090	8510	8860	9160	9390
	υ	0.131	0.121	0.107	0.097	0.088	0.080	0.173	0.160	0.143	0.129	0.117	0.108
20-D29	**0.0**	16400	17500	19500	21500	23400	25400	17100	18300	20200	22200	24200	26100
(12800)	**3.0**	15800	16900	18700	20500	22300	24100	16500	17600	19400	21200	23000	24800
2.01 %	**4.0**	15400	16400	18100	19800	21500	23200	16000	17000	18800	20500	22100	23800
	5.0	14800	15800	17400	19000	20500	22100	15400	16400	18000	19500	21100	22600
D10@300	**6.0**	14200	15100	16600	18000	19400	20800	14700	15600	17100	18500	19900	21200
	7.0	13500	14300	15600	16900	18100	19300	13900	14700	16000	17300	18500	19700
	12.0	9240	9590	10100	10600	11000	11300	9410	9740	10200	10700	11100	11400
	υ	0.116	0.108	0.097	0.088	0.081	0.075	0.154	0.144	0.130	0.118	0.109	0.100
20-D35	**0.0**	18100	19300	21300	23200	25100	27100	18900	20000	22000	23900	25900	27800
(19100)	**3.0**	17500	18600	20500	22300	24100	25900	18200	19300	21100	22900	24700	26500
2.99 %	**4.0**	17100	18100	19900	21600	23300	25000	17700	18800	20500	22200	23900	25600
	5.0	16500	17500	19100	20700	22300	23800	17100	18100	19700	21300	22900	24400
D13@400	**6.0**	15900	16800	18300	19700	21100	22500	16400	17300	18800	20200	21600	23000
	7.0	15100	16000	17300	18600	19900	21100	15600	16400	17800	19100	20300	21500
	12.0	10700	11000	11600	12100	12600	13000	10800	11200	11800	12200	12700	13100
	υ	0.105	0.098	0.089	0.082	0.075	0.070	0.139	0.131	0.119	0.110	0.101	0.094
20-D38	**0.0**	19200	20300	22300	24200	26100	28100	19900	21100	23000	24900	26900	28800
(22800)	**3.0**	18600	19700	21500	23300	25100	26800	19200	20300	22100	23900	25700	27500
3.56 %	**4.0**	18100	19100	20900	22600	24300	25900	18700	19800	21500	23200	24900	26600
	5.0	17500	18500	20100	21700	23300	24800	18100	19100	20700	22300	23800	25400
D13@400	**6.0**	16800	17700	19200	20700	22100	23500	17400	18300	19800	21200	22600	24000
	7.0	16100	16900	18200	19500	20800	22000	16600	17400	18700	20000	21300	22500
	12.0	11400	11800	12400	12900	13400	13800	11600	12000	12500	13000	13500	13900
	υ	0.099	0.093	0.085	0.078	0.073	0.068	0.132	0.125	0.114	0.105	0.098	0.091

1) H형강치수의 오른쪽에는 H형강의 단면적(A_s, mm²)과 총단면적($A_g = b \times d$)에 대한 단면적비(ρ_s, %)를 나타내었다.

2) 부재 길이방향철근의 재질은 SD400(F_{yr} = 400 MPa)을 사용하였다.

3) 왼쪽 끝 수직열의 각 칸에는 위로부터 아래 순서로 하여 길이방향철근의 개수와 직경(예, 12-D25), 길이방향철근의 단면적(A_{sr}, mm²), 길이방향철근의 단면적비(ρ_{sr}, %), 횡구속철근의 직경과 길이방향 간격(예, D10@250)을 나타내었다.

4) υ (upsilon)은 $A_s F_y / P_o$의 값을 나타내며, 매입형 합성기둥에 길이방향 하중이 가해질 때 하중전달을 위한 소요전단력(V')을 산정하는데 사용된다. 여기서 P_o는 합성기둥의 세장효과를 고려하지 않은 공칭압축강도이다.

도움표 9.1 매입형 합성기둥의 설계압축강도 $\phi_c P_n$ (kN)

***b* × *d* = 800 × 800 mm** **H-298×299×9×14** A_s = 11100 mm², 1.73 %

H형강 재질		SHN400 (F_y = 235 MPa)						SHN490 (F_y = 325 MPa)					
철근	*KL*	f_{ck} (MPa)						f_{ck} (MPa)					
	m	27	30	35	40	45	50	27	30	35	40	45	50
8-D22	**0.0**	13700	14900	16800	18800	20800	22800	14400	15600	17600	19600	21600	23600
(3100)	**3.0**	13100	14200	16000	17900	19700	21500	13800	14900	16700	18500	20300	22100
0.484 %	**4.0**	12700	13700	15400	17100	18800	20500	13300	14400	16100	17800	19400	21100
	5.0	12200	13100	14700	16300	17800	19300	12700	13700	15300	16800	18300	19800
D10@300	**6.0**	11600	12400	13900	15200	16600	17900	12100	12900	14300	15700	17000	18300
	7.0	10900	11700	12900	14100	15200	16300	11300	12100	13300	14500	15600	16700
	12.0	6990	7280	7700	8040	8330	8540	7110	7380	7770	8090	8350	8540
	υ	0.143	0.132	0.116	0.104	0.094	0.086	0.188	0.173	0.154	0.138	0.125	0.115
16-D22	**0.0**	14500	15700	17700	19700	21700	23700	15300	16500	18500	20400	22400	24400
(6190)	**3.0**	14000	15100	16900	18700	20500	22300	14700	15800	17600	19400	21200	23000
0.968 %	**4.0**	13500	14600	16300	18000	19700	21400	14200	15200	17000	18600	20300	22000
	5.0	13000	14000	15600	17200	18700	20200	13600	14600	16200	17700	19200	20700
D10@300	**6.0**	12400	13300	14700	16100	17500	18800	12900	13800	15200	16600	18000	19300
	7.0	11700	12500	13800	15000	16200	17300	12200	13000	14200	15400	16600	17700
	12.0	7740	8050	8510	8890	9220	9490	7880	8170	8600	8960	9260	9510
	υ	0.134	0.124	0.110	0.099	0.090	0.083	0.177	0.164	0.146	0.132	0.120	0.111
20-D29	**0.0**	16400	17600	19600	21500	23500	25400	17200	18300	20300	22300	24200	26200
(12800)	**3.0**	15800	16900	18800	20600	22400	24200	16500	17600	19500	21300	23100	24900
2.01 %	**4.0**	15400	16500	18200	19900	21600	23300	16100	17100	18800	20500	22200	23900
	5.0	14900	15900	17500	19000	20600	22100	15500	16500	18100	19600	21200	22700
D10@300	**6.0**	14200	15100	16600	18000	19500	20800	14800	15700	17100	18600	20000	21300
	7.0	13500	14300	15700	16900	18200	19400	14000	14800	16100	17400	18600	19800
	12.0	9310	9660	10200	10700	11100	11400	9480	9820	10300	10800	11100	11500
	υ	0.119	0.111	0.100	0.091	0.083	0.077	0.157	0.147	0.133	0.121	0.111	0.103
20-D35	**0.0**	18200	19400	21300	23200	25200	27100	18900	20100	22000	24000	25900	27900
(19100)	**3.0**	17600	18700	20500	22300	24100	25900	18300	19400	21200	23000	24800	26600
2.99 %	**4.0**	17200	18200	19900	21600	23300	25000	17800	18900	20600	22300	24000	25600
	5.0	16600	17600	19200	20800	22400	23900	17200	18200	19800	21400	22900	24500
D13@400	**6.0**	15900	16800	18300	19800	21200	22600	16500	17400	18900	20300	21700	23100
	7.0	15200	16000	17400	18700	19900	21200	15700	16500	17800	19100	20400	21600
	12.0	10700	11100	11700	12200	12700	13100	10900	11300	11800	12300	12800	13200
	υ	0.107	0.101	0.092	0.084	0.078	0.072	0.143	0.134	0.122	0.113	0.104	0.097
20-D38	**0.0**	19200	20400	22300	24200	26200	28100	20000	21100	23100	25000	26900	28900
(22800)	**3.0**	18600	19700	21500	23300	25100	26900	19300	20400	22200	24000	25800	27600
3.56 %	**4.0**	18100	19200	20900	22600	24300	26000	18800	19900	21600	23300	25000	26600
	5.0	17600	18500	20200	21800	23300	24900	18200	19200	20800	22300	23900	25500
D13@400	**6.0**	16900	17800	19300	20700	22200	23600	17500	18400	19800	21300	22700	24100
	7.0	16100	16900	18300	19600	20900	22100	16600	17400	18800	20100	21300	22600
	12.0	11400	11800	12400	13000	13500	13900	11700	12000	12600	13100	13600	14000
	υ	0.102	0.096	0.088	0.081	0.075	0.069	0.135	0.128	0.117	0.108	0.100	0.094

1) H형강치수의 오른쪽에는 H형강의 단면적(A_s, mm²)과 총단면적($A_g = b \times d$)에 대한 단면적비(ρ_s, %)를 나타내었다.

2) 부재 길이방향철근의 재질은 SD400(F_{yr} = 400 MPa)을 사용하였다.

3) 왼쪽 끝 수직열의 각 칸에는 위로부터 아래 순서로 하여 길이방향철근의 개수와 직경(예, 12-D25), 길이방향철근의 단면적(A_{sr}, mm²), 길이방향철근의 단면적비(ρ_{sr}, %), 횡구속철근의 직경과 길이방향 간격(예, D10@250)을 나타내었다.

4) υ (upsilon)은 $A_s F_y / P_o$의 값을 나타내며, 매입형 합성기둥에 길이방향 하중이 가해질 때 하중전달을 위한 소요전단력(V')을 산정하는데 사용된다. 여기서 P_o는 합성기둥의 세장효과를 고려하지 않은 공칭압축강도이다.

도움표 9.1 매입형 합성기둥의 설계압축강도 $\phi_c P_n$ (kN)

$b \times d$ = 800 × 800 mm **H-300×300×10×15** A_s = 12000 mm^2, 1.87 %

H형강 재질		SHN400 (F_y = 235 MPa)						SHN490 (F_y = 325 MPa)					
철근	KL	f_{ck} (MPa)						f_{ck} (MPa)					
	m	27	30	35	40	45	50	27	30	35	40	45	50
8-D22	0.0	13800	15000	17000	19000	21000	23000	14600	15800	17800	19800	21800	23800
(3100)	3.0	13200	14300	16200	18000	19800	21600	14000	15100	16900	18700	20500	22300
0.484 %	4.0	12800	13900	15600	17300	19000	20600	13500	14600	16300	18000	19600	21300
	5.0	12300	13300	14900	16400	17900	19400	12900	13900	15500	17000	18500	20000
D10@300	6.0	11700	12600	14000	15400	16700	18000	12300	13100	14500	15900	17200	18500
	7.0	11000	11800	13100	14300	15400	16500	11500	12300	13500	14700	15800	16900
	12.0	7120	7420	7840	8200	8500	8730	7250	7530	7920	8250	8520	8730
	υ	0.153	0.141	0.124	0.111	0.101	0.092	0.200	0.185	0.164	0.148	0.134	0.123
16-D22	0.0	14700	15900	17800	19800	21800	23800	15500	16700	18700	20600	22600	24600
(6190)	3.0	14100	15200	17100	18900	20700	22500	14900	16000	17800	19600	21400	23200
0.968 %	4.0	13700	14700	16500	18200	19900	21500	14400	15400	17100	18800	20500	22200
	5.0	13200	14100	15700	17300	18800	20300	13800	14800	16400	17900	19400	20900
D10@300	6.0	12600	13400	14900	16300	17700	19000	13100	14000	15400	16800	18200	19500
	7.0	11900	12700	13900	15200	16400	17500	12400	13200	14400	15600	16800	17900
	12.0	7860	8180	8650	9040	9380	9660	8010	8310	8750	9120	9430	9690
	υ	0.144	0.133	0.118	0.106	0.097	0.089	0.189	0.175	0.157	0.141	0.129	0.119
20-D29	0.0	16600	17700	19700	21700	23600	25600	17400	18500	20500	22500	24400	26400
(12800)	3.0	16000	17100	18900	20700	22500	24300	16700	17800	19700	21500	23300	25100
2.01 %	4.0	15500	16600	18300	20000	21700	23400	16300	17300	19000	20700	22400	24100
	5.0	15000	16000	17600	19200	20700	22300	15700	16600	18200	19800	21400	22900
D10@300	6.0	14400	15300	16800	18200	19600	21000	15000	15900	17300	18800	20100	21500
	7.0	13700	14500	15800	17100	18300	19500	14200	15000	16300	17600	18800	20000
	12.0	9420	9780	10300	10800	11200	11600	9620	9950	10500	10900	11300	11600
	υ	0.128	0.119	0.107	0.098	0.089	0.083	0.168	0.158	0.142	0.130	0.120	0.111
20-D35	0.0	18300	19500	21400	23400	25300	27300	19100	20300	22200	24200	26100	28100
(19100)	3.0	17700	18800	20700	22500	24300	26100	18500	19600	21400	23200	25000	26800
2.99 %	4.0	17300	18300	20100	21800	23500	25200	18000	19000	20800	22500	24200	25800
	5.0	16700	17700	19300	20900	22500	24000	17400	18400	20000	21600	23100	24700
D13@400	6.0	16100	17000	18500	19900	21300	22700	16700	17600	19100	20500	21900	23300
	7.0	15300	16200	17500	18800	20100	21300	15900	16700	18000	19300	20600	21800
	12.0	10800	11200	11800	12300	12800	13200	11000	11400	12000	12500	12900	13300
	υ	0.115	0.108	0.098	0.090	0.083	0.077	0.153	0.144	0.131	0.121	0.112	0.104
20-D38	0.0	19400	20500	22500	24400	26300	28200	20200	21300	23300	25200	27100	29100
(22800)	3.0	18800	19800	21700	23500	25200	27000	19500	20600	22400	24200	26000	27800
3.56 %	4.0	18300	19300	21100	22800	24500	26100	19000	20000	21800	23500	25100	26800
	5.0	17700	18700	20300	21900	23500	25000	18400	19400	21000	22500	24100	25600
D13@400	6.0	17000	17900	19400	20900	22300	23700	17600	18500	20000	21500	22900	24300
	7.0	16300	17100	18400	19700	21000	22300	16800	17600	19000	20200	21500	22700
	12.0	11600	12000	12600	13100	13600	14000	11800	12200	12700	13300	13700	14100
	υ	0.109	0.103	0.094	0.087	0.080	0.075	0.145	0.137	0.126	0.116	0.108	0.101

1) H형강치수의 오른쪽에는 H형강의 단면적(A_s, mm^2)과 총단면적(A_g=b×d)에 대한 단면적비(ρ_s, %)를 나타내었다.

2) 부재 길이방향철근의 재질은 SD400(F_{yr} = 400 MPa)을 사용하였다.

3) 왼쪽 끝 수직열의 각 칸에는 위로부터 아래 순서로 하여 길이방향철근의 개수와 직경(예, 12-D25), 길이방향철근의 단면적(A_{sr}, mm^2), 길이방향철근의 단면적비(ρ_{sr}, %), 횡구속철근의 직경과 길이방향 간격(예, D10@250)을 나타내었다.

4) υ (upsilon)은 $A_s F_y / P_o$의 값을 나타내며, 매입형 합성기둥에 길이방향 하중이 가해질 때 하중전달을 위한 소요전단력(V′)을 산정하는데 사용된다. 여기서 P_o는 합성기둥의 세장효과를 고려하지 않은 공칭압축강도이다.

제9장

도움표 9.1 매입형 합성기둥의 설계압축강도 $\phi_c P_n$ (kN)

$b \times d$ = 800 × 800 mm **H-300×305×15×15** A_s = 13500 mm², 2.11 %

H형강 재질		SHN400 (F_y = 235 MPa)						SHN490 (F_y = 325 MPa)					
철근	KL	f_{ck} (MPa)						f_{ck} (MPa)					
	m	27	30	35	40	45	50	27	30	35	40	45	50
8-D22	**0.0**	14000	15200	17200	19200	21200	23200	14900	16100	18100	20100	22100	24100
(3100)	**3.0**	13500	14600	16400	18200	20000	21800	14300	15400	17200	19100	20900	22700
0.484 %	**4.0**	13100	14100	15800	17500	19200	20900	13800	14900	16600	18300	19900	21600
	5.0	12500	13500	15100	16600	18200	19700	13200	14200	15800	17300	18800	20300
D10@300	**6.0**	11900	12800	14200	15600	17000	18300	12600	13400	14800	16200	17500	18800
	7.0	11200	12000	13300	14500	15700	16800	11800	12600	13800	15000	16100	17200
	12.0	7300	7610	8050	8430	8740	9000	7460	7740	8140	8490	8780	9000
	υ	0.169	0.156	0.138	0.124	0.112	0.102	0.220	0.204	0.181	0.163	0.149	0.136
16-D22	**0.0**	14900	16100	18100	20100	22000	24000	15800	17000	19000	21000	22900	24900
(6190)	**3.0**	14300	15500	17300	19100	20900	22700	15200	16300	18100	19900	21700	23500
0.968 %	**4.0**	13900	15000	16700	18400	20100	21800	14700	15700	17500	19200	20800	22500
	5.0	13400	14400	16000	17500	19100	20600	14100	15100	16700	18200	19700	21200
D10@300	**6.0**	12800	13700	15100	16500	17900	19200	13400	14300	15700	17100	18500	19800
	7.0	12100	12900	14200	15400	16600	17800	12700	13400	14700	15900	17100	18200
	12.0	8040	8360	8850	9260	9610	9910	8210	8520	8960	9350	9670	9950
	υ	0.159	0.148	0.131	0.118	0.108	0.099	0.208	0.193	0.173	0.157	0.143	0.132
20-D29	**0.0**	16800	18000	19900	21900	23800	25800	17700	18900	20800	22800	24700	26700
(12800)	**3.0**	16200	17300	19100	21000	22800	24600	17100	18200	20000	21800	23600	25400
2.01 %	**4.0**	15800	16800	18600	20300	22000	23600	16600	17600	19300	21000	22700	24400
	5.0	15200	16200	17800	19400	21000	22500	16000	16900	18500	20100	21700	23200
D10@300	**6.0**	14600	15500	17000	18400	19800	21200	15300	16200	17600	19000	20400	21800
	7.0	13900	14700	16000	17300	18600	19800	14500	15300	16600	17900	19100	20300
	12.0	9600	9960	10500	11000	11400	11800	9810	10200	10700	11100	11500	11900
	υ	0.141	0.132	0.119	0.109	0.100	0.092	0.186	0.174	0.158	0.144	0.133	0.123
20-D35	**0.0**	18600	19700	21700	23600	25500	27500	19500	20600	22600	24500	26500	28400
(19100)	**3.0**	18000	19100	20900	22700	24500	26300	18800	19900	21700	23500	25300	27100
2.99 %	**4.0**	17500	18600	20300	22000	23700	25400	18300	19400	21100	22800	24500	26100
	5.0	17000	17900	19600	21100	22700	24300	17700	18700	20300	21900	23400	25000
D13@400	**6.0**	16300	17200	18700	20100	21600	23000	17000	17900	19400	20800	22200	23600
	7.0	15500	16400	17700	19000	20300	21500	16200	17000	18300	19600	20800	22100
	12.0	11000	11400	12000	12500	13000	13400	11200	11600	12200	12700	13100	13500
	υ	0.128	0.120	0.110	0.101	0.093	0.086	0.169	0.159	0.145	0.134	0.124	0.116
20-D38	**0.0**	19600	20800	22700	24600	26500	28500	20500	21700	23600	25500	27400	29400
(22800)	**3.0**	19000	20100	21900	23700	25500	27300	19800	20900	22700	24500	26300	28100
3.56 %	**4.0**	18500	19600	21300	23000	24700	26400	19300	20400	22100	23800	25500	27100
	5.0	17900	18900	20500	22100	23700	25200	18700	19700	21300	22800	24400	25900
D13@400	**6.0**	17200	18200	19600	21100	22500	23900	17900	18800	20300	21800	23200	24600
	7.0	16500	17300	18600	20000	21200	22500	17100	17900	19200	20500	21800	23000
	12.0	11700	12100	12700	13300	13800	14200	12000	12400	12900	13500	13900	14400
	υ	0.121	0.114	0.105	0.097	0.090	0.083	0.160	0.152	0.139	0.129	0.120	0.112

1) H형강치수의 오른쪽에는 H형강의 단면적(A_s, mm²)과 총단면적($A_g = b \times d$)에 대한 단면적비(ρ_s, %)를 나타내었다.

2) 부재 길이방향철근의 재질은 SD400(F_{yr} = 400 MPa)을 사용하였다.

3) 왼쪽 끝 수직열의 각 칸에는 위로부터 아래 순서로 하여 길이방향철근의 개수와 직경(예, 12-D25), 길이방향철근의 단면적(A_{sr}, mm²), 길이방향철근의 단면적비(ρ_{sr}, %), 횡구속철근의 직경과 길이방향 간격(예, D10@250)을 나타내었다.

4) υ (upsilon)은 $A_s F_y / P_o$의 값을 나타내며, 매입형 합성기둥에 길이방향 하중이 가해질 때 하중전달을 위한 소요전단력(V')을 산정하는데 사용된다. 여기서 P_o는 합성기둥의 세장효과를 고려하지 않은 공칭압축강도이다.

도움표 9.1 매입형 합성기둥의 설계압축강도 $\phi_c P_n$ (kN)

$b \times d$ = 800 × 800 mm **H-304×301×11×17** A_s = 13500 mm^2, 2.11 %

H형강 재질		SHN400 (F_y = 235 MPa)						SHN490 (F_y = 325 MPa)					
철근	KL	f_{ck} (MPa)						f_{ck} (MPa)					
	m	27	30	35	40	45	50	27	30	35	40	45	50
8-D22	**0.0**	14000	15200	17200	19200	21200	23200	14900	16100	18100	20100	22100	24100
(3100)	**3.0**	13500	14600	16400	18200	20100	21900	14300	15400	17200	19100	20900	22700
0.484 %	**4.0**	13100	14100	15800	17500	19200	20900	13800	14900	16600	18300	20000	21600
	5.0	12500	13500	15100	16700	18200	19700	13300	14200	15800	17300	18800	20300
D10@300	**6.0**	11900	12800	14300	15700	17000	18300	12600	13400	14900	16200	17600	18900
	7.0	11300	12000	13300	14500	15700	16800	11800	12600	13800	15000	16200	17300
	12.0	7340	7650	8090	8470	8790	9050	7490	7780	8190	8540	8830	9050
	υ	0.169	0.156	0.138	0.124	0.112	0.103	0.220	0.204	0.181	0.163	0.149	0.136
16-D22	**0.0**	14900	16100	18100	20100	22000	24000	15800	17000	19000	21000	22900	24900
(6190)	**3.0**	14300	15500	17300	19100	20900	22700	15200	16300	18100	19900	21700	23500
0.968 %	**4.0**	13900	15000	16700	18400	20100	21800	14700	15800	17500	19200	20900	22500
	5.0	13400	14400	16000	17500	19100	20600	14100	15100	16700	18200	19800	21300
D10@300	**6.0**	12800	13700	15100	16500	17900	19300	13400	14300	15800	17100	18500	19800
	7.0	12100	12900	14200	15400	16600	17800	12700	13500	14700	16000	17100	18300
	12.0	8070	8400	8890	9300	9660	9960	8250	8550	9010	9390	9720	10000
	υ	0.159	0.148	0.131	0.119	0.108	0.099	0.208	0.193	0.173	0.157	0.143	0.132
20-D29	**0.0**	16800	18000	19900	21900	23800	25800	17700	18900	20800	22800	24700	26700
(12800)	**3.0**	16200	17300	19100	21000	22800	24600	17100	18200	20000	21800	23600	25400
2.01 %	**4.0**	15800	16800	18600	20300	22000	23700	16600	17600	19300	21100	22700	24400
	5.0	15200	16200	17800	19400	21000	22500	16000	17000	18600	20100	21700	23200
D10@300	**6.0**	14600	15500	17000	18400	19800	21200	15300	16200	17600	19100	20500	21800
	7.0	13900	14700	16000	17300	18600	19800	14500	15300	16600	17900	19100	20300
	12.0	9620	9990	10500	11000	11500	11800	9840	10200	10700	11200	11600	11900
	υ	0.142	0.132	0.119	0.109	0.100	0.092	0.186	0.174	0.158	0.144	0.133	0.123
20-D35	**0.0**	18600	19700	21700	23600	25500	27500	19500	20600	22600	24500	26500	28400
(19100)	**3.0**	18000	19100	20900	22700	24500	26300	18800	19900	21700	23500	25300	27100
2.99 %	**4.0**	17500	18600	20300	22000	23700	25400	18300	19400	21100	22800	24500	26200
	5.0	17000	17900	19600	21200	22700	24300	17700	18700	20300	21900	23400	25000
D13@400	**6.0**	16300	17200	18700	20200	21600	23000	17000	17900	19400	20800	22200	23600
	7.0	15600	16400	17700	19000	20300	21600	16200	17000	18300	19600	20900	22100
	12.0	11000	11400	12000	12600	13000	13500	11300	11600	12200	12700	13200	13600
	υ	0.128	0.120	0.110	0.101	0.093	0.086	0.169	0.159	0.146	0.134	0.124	0.116
20-D38	**0.0**	19600	20800	22700	24600	26500	28500	20500	21700	23600	25500	27400	29400
(22800)	**3.0**	19000	20100	21900	23700	25500	27300	19800	20900	22700	24500	26300	28100
3.56 %	**4.0**	18500	19600	21300	23000	24700	26400	19300	20400	22100	23800	25500	27100
	5.0	17900	18900	20500	22100	23700	25200	18700	19700	21300	22900	24400	26000
D13@400	**6.0**	17300	18200	19600	21100	22500	23900	17900	18800	20300	21800	23200	24600
	7.0	16500	17300	18700	20000	21300	22500	17100	17900	19300	20600	21800	23000
	12.0	11800	12200	12800	13300	13800	14300	12000	12400	13000	13500	14000	14400
	υ	0.121	0.114	0.105	0.097	0.090	0.083	0.160	0.152	0.139	0.129	0.120	0.112

1) H형강치수의 오른쪽에는 H형강의 단면적(A_s, mm^2)과 총단면적($A_g = b \times d$)에 대한 단면적비(ρ_s, %)를 나타내었다.
2) 부재 길이방향철근의 재질은 SD400(F_{yr} = 400 MPa)을 사용하였다.
3) 왼쪽 끝 수직열의 각 칸에는 위로부터 아래 순서로 하여 길이방향철근의 개수와 직경(예, 12-D25), 길이방향철근의 단면적(A_{sr}, mm^2), 길이방향철근의 단면적비(ρ_{sr}, %), 횡구속철근의 직경과 길이방향 간격(예, D10@250)을 나타내었다.
4) υ (upsilon)은 $A_s F_y / P_o$의 값을 나타내며, 매입형 합성기둥에 길이방향 하중이 가해질 때 하중전달을 위한 소요전단력(V')을 산정하는데 사용된다. 여기서 P_o는 합성기둥의 세장효과를 고려하지 않은 공칭압축강도이다.

도움표 9.1 매입형 합성기둥의 설계압축강도 $\phi_c P_n$ (kN)

$b \times d$ = 800 × 800 mm **H-310×305×15×20** A_s = 16500 mm², 2.58 %

H형강 재질		SHN400 (F_y = 235 MPa)						SHN490 (F_y = 325 MPa)					
철근	*KL*	f_{ck} (MPa)						f_{ck} (MPa)					
	m	27	30	35	40	45	50	27	30	35	40	45	50
8-D22	**0.0**	14500	15700	17700	19700	21600	23600	15600	16800	18800	20800	22800	24700
(3100)	**3.0**	14000	15100	16900	18700	20500	22300	15000	16100	17900	19700	21500	23300
0.484 %	**4.0**	13500	14600	16300	18000	19700	21400	14500	15500	17300	19000	20600	22300
	5.0	13000	14000	15600	17200	18700	20200	13900	14900	16400	18000	19500	21000
D10@300	**6.0**	12400	13300	14800	16200	17500	18900	13200	14100	15500	16900	18200	19600
	7.0	11700	12500	13800	15100	16300	17400	12400	13200	14500	15700	16900	18000
	12.0	7760	8090	8570	8990	9350	9650	7960	8260	8710	9090	9410	9690
	υ	0.201	0.185	0.165	0.148	0.135	0.123	0.258	0.239	0.214	0.194	0.177	0.163
16-D22	**0.0**	15400	16600	18500	20500	22500	24400	16500	17700	19700	21600	23600	25600
(6190)	**3.0**	14800	15900	17800	19600	21400	23200	15900	17000	18800	20600	22400	24200
0.968 %	**4.0**	14400	15500	17200	18900	20600	22300	15400	16400	18100	19800	21500	23200
	5.0	13900	14900	16500	18000	19600	21100	14800	15700	17300	18900	20400	21900
D10@300	**6.0**	13300	14200	15600	17100	18400	19800	14100	15000	16400	17800	19200	20500
	7.0	12600	13400	14700	16000	17200	18400	13300	14100	15400	16600	17800	18900
	12.0	8480	8830	9350	9800	10200	10500	8710	9030	9510	9920	10300	10600
	υ	0.189	0.176	0.157	0.142	0.130	0.119	0.244	0.228	0.205	0.186	0.171	0.158
20-D29	**0.0**	17300	18400	20400	22300	24300	26200	18400	19600	21500	23500	25400	27300
(12800)	**3.0**	16700	17800	19600	21400	23200	25000	17700	18800	20600	22500	24200	26000
2.01 %	**4.0**	16300	17300	19000	20700	22400	24100	17200	18300	20000	21700	23400	25100
	5.0	15700	16700	18300	19900	21500	23000	16600	17600	19200	20800	22300	23900
D10@300	**6.0**	15100	16000	17500	18900	20300	21700	15900	16800	18300	19700	21100	22500
	7.0	14400	15200	16500	17800	19100	20300	15100	15900	17200	18500	19700	20900
	12.0	10000	10400	11000	11500	12000	12400	10300	10600	11200	11700	12100	12500
	υ	0.169	0.158	0.143	0.130	0.120	0.111	0.219	0.206	0.187	0.172	0.159	0.147
20-D35	**0.0**	19100	20200	22100	24100	26000	27900	20200	21300	23300	25200	27100	29000
(19100)	**3.0**	18500	19500	21400	23200	24900	26700	19500	20600	22400	24200	26000	27800
2.99 %	**4.0**	18000	19000	20800	22500	24200	25800	19000	20000	21700	23400	25100	26800
	5.0	17400	18400	20000	21600	23200	24800	18400	19300	20900	22500	24100	25600
D13@400	**6.0**	16800	17700	19200	20600	22100	23500	17600	18500	20000	21400	22800	24200
	7.0	16000	16800	18200	19500	20800	22000	16800	17600	18900	20200	21500	22700
	12.0	11400	11800	12400	13000	13500	14000	11700	12100	12700	13200	13700	14100
	υ	0.153	0.144	0.132	0.121	0.112	0.104	0.200	0.189	0.173	0.160	0.149	0.139
20-D38	**0.0**	20100	21200	23200	25100	27000	28900	21200	22400	24300	26200	28100	30000
(22800)	**3.0**	19500	20600	22400	24100	25900	27700	20500	21600	23400	25200	27000	28700
3.56 %	**4.0**	19000	20000	21700	23500	25100	26800	20000	21000	22700	24400	26100	27800
	5.0	18400	19400	21000	22600	24200	25700	19300	20300	21900	23500	25000	26600
D13@400	**6.0**	17700	18600	20100	21600	23000	24400	18600	19500	20900	22400	23800	25200
	7.0	16900	17800	19100	20400	21700	23000	17700	18500	19800	21200	22400	23700
	12.0	12100	12500	13200	13700	14300	14700	12500	12800	13400	14000	14500	14900
	υ	0.145	0.137	0.126	0.116	0.108	0.101	0.190	0.180	0.166	0.154	0.143	0.134

1) H형강치수의 오른쪽에는 H형강의 단면적(A_s, mm²)과 총단면적($A_g = b \times d$)에 대한 단면적비(ρ_s, %)를 나타내었다.

2) 부재 길이방향철근의 재질은 SD400($F_{yr} = 400$ MPa)을 사용하였다.

3) 왼쪽 끝 수직열의 각 칸에는 위로부터 아래 순서로 하여 길이방향철근의 개수와 직경(예, 12-D25), 길이방향철근의 단면적(A_{sr}, mm²), 길이방향철근의 단면적비(ρ_{sr}, %), 횡구속철근의 직경과 길이방향 간격(예, D10@250)을 나타내었다.

4) υ (upsilon)은 $A_s F_y / P_o$의 값을 나타내며, 매입형 합성기둥에 길이방향 하중이 가해질 때 하중전달을 위한 소요전단력(V')을 산정하는데 사용된다. 여기서 P_o는 합성기둥의 세장효과를 고려하지 않은 공칭압축강도이다.

도움표 9.1 매입형 합성기둥의 설계압축강도 $\phi_c P_n$ (kN)

***b* × *d* = 800 × 800 mm** **H-310×310×20×20** A_s = 18100 mm², 2.82 %

H형강 재질		SHN400 (F_y = 235 MPa)						SHN490 (F_y = 325 MPa)					
철근	*KL*	f_{ck} (MPa)						f_{ck} (MPa)					
	m	27	30	35	40	45	50	27	30	35	40	45	50
8-D22	0.0	14800	16000	17900	19900	21900	23800	16000	17200	19100	21100	23100	25100
(3100)	3.0	14200	15300	17100	19000	20800	22600	15300	16400	18300	20100	21900	23700
0.484 %	4.0	13800	14800	16600	18300	20000	21600	14800	15900	17600	19300	21000	22600
	5.0	13300	14200	15800	17400	19000	20500	14200	15200	16800	18300	19900	21400
D10@300	6.0	12600	13500	15000	16400	17800	19100	13500	14400	15800	17200	18600	19900
	7.0	12000	12800	14100	15300	16500	17700	12700	13500	14800	16000	17200	18300
	12.0	7950	8290	8790	9220	9590	9920	8180	8490	8940	9330	9670	9970
	υ	0.216	0.200	0.178	0.160	0.146	0.134	0.276	0.257	0.230	0.209	0.191	0.176
16-D22	0.0	15600	16800	18800	20700	22700	24700	16900	18000	20000	22000	23900	25900
(6190)	3.0	15100	16200	18000	19800	21600	23400	16200	17300	19100	20900	22700	24500
0.968 %	4.0	14600	15700	17400	19100	20800	22500	15700	16700	18500	20200	21800	23500
	5.0	14100	15100	16700	18300	19800	21400	15100	16100	17700	19200	20800	22300
D10@300	6.0	13500	14400	15900	17300	18700	20100	14400	15300	16700	18100	19500	20800
	7.0	12800	13600	14900	16200	17400	18600	13600	14400	15700	16900	18100	19300
	12.0	8670	9020	9550	10000	10400	10800	8920	9250	9740	10200	10500	10900
	υ	0.204	0.189	0.170	0.154	0.140	0.129	0.261	0.244	0.220	0.201	0.184	0.170
20-D29	0.0	17500	18700	20600	22600	24500	26500	18700	19900	21800	23800	25700	27700
(12800)	3.0	16900	18000	19900	21700	23500	25300	18100	19200	21000	22800	24600	26400
2.01 %	4.0	16500	17500	19300	21000	22700	24400	17600	18600	20300	22000	23700	25400
	5.0	16000	16900	18500	20100	21700	23300	16900	17900	19500	21100	22600	24200
D10@300	6.0	15300	16200	17700	19200	20600	22000	16200	17100	18600	20000	21400	22800
	7.0	14600	15400	16700	18000	19300	20500	15400	16200	17500	18800	20000	21200
	12.0	10200	10600	11200	11700	12200	12600	10500	10900	11400	11900	12300	12700
	υ	0.182	0.171	0.154	0.141	0.130	0.120	0.235	0.221	0.202	0.185	0.171	0.159
20-D35	0.0	19300	20500	22400	24300	26200	28100	20500	21700	23600	25500	27400	29400
(19100)	3.0	18700	19800	21600	23400	25200	27000	19800	20900	22700	24500	26300	28100
2.99 %	4.0	18200	19300	21000	22700	24400	26100	19300	20400	22100	23800	25400	27100
	5.0	17700	18600	20300	21900	23400	25000	18700	19600	21200	22800	24400	25900
D13@400	6.0	17000	17900	19400	20900	22300	23700	17900	18800	20300	21700	23200	24600
	7.0	16200	17100	18400	19700	21000	22300	17100	17900	19200	20500	21800	23000
	12.0	11600	12000	12600	13200	13700	14200	11900	12300	12900	13400	13900	14400
	υ	0.165	0.156	0.142	0.131	0.122	0.113	0.215	0.203	0.187	0.173	0.161	0.150
20-D38	0.0	20300	21500	23400	25300	27200	29100	21600	22700	24600	26500	28400	30300
(22800)	3.0	19700	20800	22600	24400	26200	27900	20900	21900	23700	25500	27300	29100
3.56 %	4.0	19200	20300	22000	23700	25400	27000	20300	21300	23100	24700	26400	28100
	5.0	18600	19600	21200	22800	24400	25900	19700	20600	22200	23800	25400	26900
D13@400	6.0	17900	18800	20300	21800	23200	24700	18900	19800	21200	22700	24100	25500
	7.0	17100	18000	19300	20700	22000	23200	18000	18800	20100	21400	22700	24000
	12.0	12300	12700	13400	13900	14500	15000	12700	13100	13700	14200	14700	15200
	υ	0.157	0.148	0.136	0.126	0.117	0.109	0.204	0.194	0.179	0.166	0.155	0.145

1) H형강치수의 오른쪽에는 H형강의 단면적(A_s, mm²)과 총단면적($A_g = b \times d$)에 대한 단면적비(ρ_s, %)를 나타내었다.

2) 부재 길이방향철근의 재질은 SD400(F_{yr} = 400 MPa)을 사용하였다.

3) 왼쪽 끝 수직열의 각 칸에는 위로부터 아래 순서로 하여 길이방향철근의 개수와 직경(예, 12-D25), 길이방향철근의 단면적(A_{sr}, mm²), 길이방향철근의 단면적비(ρ_{sr}, %), 횡구속철근의 직경과 길이방향 간격(예, D10@250)을 나타내었다.

4) υ (upsilon)은 $A_s F_y / P_o$의 값을 나타내며, 매입형 합성기둥에 길이방향 하중이 가해질 때 하중전달을 위한 소요전단력(V')을 산정하는데 사용된다. 여기서 P_o는 합성기둥의 세장효과를 고려하지 않은 공칭압축강도이다.

도움표 9.1 매입형 합성기둥의 설계압축강도 $\phi_c P_n$ (kN)

$b \times d$ = 800 × 800 mm　　　H-338×351×13×13　　　A_s = 13500 mm², 2.11 %

H형강 재질		SHN400 (F_y = 235 MPa)						SHN490 (F_y = 325 MPa)					
철근	KL	f_{ck} (MPa)						f_{ck} (MPa)					
	m	27	30	35	40	45	50	27	30	35	40	45	50
8-D22	0.0	14000	15200	17200	19200	21200	23200	15000	16100	18100	20100	22100	24100
(3100)	3.0	13500	14600	16400	18300	20100	21900	14300	15400	17300	19100	20900	22700
0.484 %	4.0	13100	14100	15900	17600	19300	20900	13900	14900	16600	18300	20000	21700
	5.0	12600	13500	15100	16700	18200	19700	13300	14300	15800	17400	18900	20400
D10@300	6.0	12000	12900	14300	15700	17100	18400	12600	13500	14900	16300	17600	19000
	7.0	11300	12100	13400	14600	15800	16900	11900	12700	13900	15100	16300	17400
	12.0	7430	7750	8210	8600	8930	9200	7590	7880	8310	8670	8970	9210
	υ	0.170	0.156	0.138	0.124	0.112	0.103	0.220	0.204	0.182	0.164	0.149	0.137
16-D22	0.0	14900	16100	18100	20100	22000	24000	15800	17000	19000	21000	22900	24900
(6190)	3.0	14400	15500	17300	19100	20900	22700	15200	16300	18100	20000	21800	23600
0.968 %	4.0	14000	15000	16700	18400	20100	21800	14700	15800	17500	19200	20900	22600
	5.0	13400	14400	16000	17600	19100	20700	14200	15100	16700	18300	19800	21300
D10@300	6.0	12800	13700	15200	16600	18000	19300	13500	14400	15800	17200	18600	19900
	7.0	12100	13000	14300	15500	16700	17900	12700	13500	14800	16000	17200	18400
	12.0	8160	8490	8990	9420	9780	10100	8340	8660	9120	9510	9850	10100
	υ	0.160	0.148	0.132	0.119	0.108	0.099	0.208	0.194	0.174	0.157	0.144	0.132
20-D29	0.0	16800	18000	19900	21900	23800	25800	17700	18900	20800	22800	24800	26700
(12800)	3.0	16200	17300	19200	21000	22800	24600	17100	18200	20000	21800	23600	25400
2.01 %	4.0	15800	16900	18600	20300	22000	23700	16600	17700	19400	21100	22800	24400
	5.0	15300	16300	17900	19500	21000	22600	16000	17000	18600	20200	21700	23300
D10@300	6.0	14600	15500	17000	18500	19900	21300	15300	16200	17700	19100	20500	21900
	7.0	13900	14800	16100	17400	18600	19900	14500	15400	16700	17900	19200	20400
	12.0	9700	10100	10600	11100	11600	12000	9930	10300	10800	11300	11700	12000
	υ	0.142	0.133	0.120	0.109	0.100	0.092	0.186	0.175	0.158	0.145	0.133	0.123
20-D35	0.0	18600	19700	21700	23600	25500	27500	19500	20700	22600	24500	26500	28400
(19100)	3.0	18000	19100	20900	22700	24500	26300	18800	19900	21700	23600	25300	27100
2.99 %	4.0	17500	18600	20300	22000	23700	25400	18400	19400	21100	22800	24500	26200
	5.0	17000	18000	19600	21200	22800	24300	17700	18700	20300	21900	23500	25000
D13@400	6.0	16300	17200	18700	20200	21600	23000	17000	17900	19400	20900	22300	23700
	7.0	15600	16400	17800	19100	20400	21600	16200	17000	18400	19700	20900	22200
	12.0	11100	11500	12100	12600	13100	13600	11300	11700	12300	12800	13300	13700
	υ	0.128	0.121	0.110	0.101	0.093	0.087	0.169	0.160	0.146	0.134	0.125	0.116
20-D38	0.0	19600	20800	22700	24600	26500	28500	20500	21700	23600	25500	27500	29400
(22800)	3.0	19000	20100	21900	23700	25500	27300	19900	20900	22700	24500	26300	28100
3.56 %	4.0	18500	19600	21300	23000	24700	26400	19400	20400	22100	23800	25500	27200
	5.0	18000	18900	20600	22200	23700	25300	18700	19700	21300	22900	24400	26000
D13@400	6.0	17300	18200	19700	21100	22600	24000	18000	18900	20400	21800	23200	24600
	7.0	16500	17300	18700	20000	21300	22600	17100	18000	19300	20600	21900	23100
	12.0	11800	12200	12800	13400	13900	14400	12100	12500	13100	13600	14100	14500
	υ	0.122	0.115	0.105	0.097	0.090	0.084	0.161	0.152	0.140	0.129	0.120	0.112

1) H형강치수의 오른쪽에는 H형강의 단면적(A_s, mm²)과 총단면적(A_g=b×d)에 대한 단면적비(ρ_s, %)를 나타내었다.

2) 부재 길이방향철근의 재질은 SD400(F_{yr} = 400 MPa)을 사용하였다.

3) 왼쪽 끝 수직열의 각 칸에는 위로부터 아래 순서로 하여 길이방향철근의 개수와 직경(예, 12-D25), 길이방향철근의 단면적(A_{sr}, mm²), 길이방향철근의 단면적비(ρ_{sr}, %), 횡구속철근의 직경과 길이방향 간격(예, D10@250)을 나타내었다.

4) υ (upsilon)은 $A_s F_y / P_o$의 값을 나타내며, 매입형 합성기둥에 길이방향 하중이 가해질 때 하중전달을 위한 소요전단력(V')을 산정하는데 사용된다. 여기서 P_o는 합성기둥의 세장효과를 고려하지 않은 공칭압축강도이다.

도움표 9.1 매입형 합성기둥의 설계압축강도 $\phi_c P_n$ (kN)

$b \times d$ = 800 × 800 mm　　H-344×348×10×16　　A_s = 14600 mm^2, 2.28 %

H형강 재질		SHN400 (F_y = 235 MPa)						SHN490 (F_y = 325 MPa)					
철근	KL	f_{ck} (MPa)						f_{ck} (MPa)					
	m	27	30	35	40	45	50	27	30	35	40	45	50
8-D22	0.0	14200	15400	17400	19400	21400	23300	15200	16400	18400	20400	22300	24300
(3100)	3.0	13700	14800	16600	18400	20300	22100	14600	15700	17500	19300	21100	22900
0.484 %	4.0	13300	14300	16000	17800	19500	21100	14100	15200	16900	18600	20300	21900
	5.0	12800	13700	15300	16900	18500	20000	13500	14500	16100	17700	19200	20700
D10@300	6.0	12200	13100	14500	15900	17300	18600	12900	13800	15200	16600	17900	19300
	7.0	11500	12300	13600	14800	16000	17200	12100	12900	14200	15400	16600	17700
	12.0	7640	7970	8450	8870	9220	9510	7830	8130	8580	8950	9270	9540
	υ	0.181	0.167	0.148	0.133	0.120	0.110	0.234	0.217	0.194	0.175	0.159	0.146
16-D22	0.0	15100	16300	18200	20200	22200	24200	16100	17300	19200	21200	23200	25200
(6190)	3.0	14500	15600	17500	19300	21100	22900	15500	16600	18400	20200	22000	23800
0.968 %	4.0	14100	15200	16900	18600	20300	22000	15000	16000	17800	19500	21100	22800
	5.0	13600	14600	16200	17800	19300	20900	14400	15400	17000	18500	20100	21600
D10@300	6.0	13000	13900	15400	16800	18200	19600	13700	14600	16100	17500	18900	20200
	7.0	12300	13200	14500	15700	17000	18100	13000	13800	15100	16300	17500	18700
	12.0	8360	8710	9230	9670	10100	10400	8570	8890	9370	9790	10100	10400
	υ	0.171	0.158	0.141	0.127	0.116	0.106	0.221	0.206	0.185	0.168	0.154	0.141
20-D29	0.0	17000	18100	20100	22000	24000	26000	18000	19100	21100	23000	25000	26900
(12800)	3.0	16400	17500	19300	21200	23000	24800	17300	18400	20200	22100	23900	25700
2.01 %	4.0	16000	17000	18800	20500	22200	23900	16900	17900	19600	21300	23000	24700
	5.0	15500	16400	18100	19600	21200	22800	16300	17200	18800	20400	22000	23500
D10@300	6.0	14800	15700	17200	18700	20100	21500	15600	16500	17900	19400	20800	22200
	7.0	14100	14900	16300	17600	18900	20100	14800	15600	16900	18200	19400	20600
	12.0	9890	10300	10900	11400	11800	12200	10100	10500	11000	11500	12000	12300
	υ	0.152	0.142	0.128	0.117	0.107	0.099	0.198	0.186	0.169	0.155	0.142	0.132
20-D35	0.0	18800	19900	21800	23800	25700	27600	19700	20900	22800	24800	26700	28600
(19100)	3.0	18200	19300	21100	22900	24700	26500	19100	20200	22000	23800	25600	27400
2.99 %	4.0	17700	18800	20500	22200	23900	25600	18600	19600	21400	23100	24800	26400
	5.0	17200	18100	19800	21400	22900	24500	18000	19000	20600	22200	23700	25300
D13@400	6.0	16500	17400	18900	20400	21800	23200	17300	18200	19600	21100	22500	23900
	7.0	15800	16600	18000	19300	20600	21800	16400	17300	18600	19900	21200	22400
	12.0	11300	11700	12300	12900	13400	13800	11600	11900	12500	13100	13500	14000
	υ	0.137	0.129	0.118	0.108	0.100	0.093	0.180	0.170	0.156	0.144	0.133	0.124
20-D38	0.0	19800	20900	22900	24800	26700	28600	20800	21900	23800	25800	27700	29600
(22800)	3.0	19200	20300	22100	23900	25700	27400	20100	21200	23000	24800	26600	28300
3.56 %	4.0	18700	19800	21500	23200	24900	26600	19600	20600	22300	24000	25700	27400
	5.0	18100	19100	20700	22300	23900	25500	19000	19900	21500	23100	24700	26200
D13@400	6.0	17500	18400	19900	21300	22800	24200	18200	19100	20600	22100	23500	24900
	7.0	16700	17500	18900	20200	21500	22800	17400	18200	19500	20800	22100	23400
	12.0	12000	12400	13000	13600	14100	14600	12300	12700	13300	13800	14300	14800
	υ	0.130	0.123	0.113	0.104	0.096	0.090	0.171	0.162	0.149	0.138	0.129	0.120

1) H형강치수의 오른쪽에는 H형강의 단면적(A_s, mm^2)과 총단면적($A_g = b \times d$)에 대한 단면적비(ρ_s, %)를 나타내었다.

2) 부재 길이방향철근의 재질은 SD400(F_{yr} = 400 MPa)을 사용하였다.

3) 왼쪽 끝 수직열의 각 칸에는 위로부터 아래 순서로 하여 길이방향철근의 개수와 직경(예, 12-D25), 길이방향철근의 단면적(A_{sr}, mm^2), 길이방향철근의 단면적비(ρ_{sr}, %), 횡구속철근의 직경과 길이방향 간격(예, D10@250)을 나타내었다.

4) υ (upsilon)은 $A_s F_y / P_o$의 값을 나타내며, 매입형 합성기둥에 길이방향 하중이 가해질 때 하중전달을 위한 소요전단력(V')을 산정하는데 사용된다. 여기서 P_o는 합성기둥의 세장효과를 고려하지 않은 공칭압축강도이다.

도움표 9.1 매입형 합성기둥의 설계압축강도 $\phi_c P_n$ (kN)

$b \times d$ = 800 × 800 mm **H-344×354×16×16** A_s = 16700 mm^2, 2.60 %

H형강 재질		SHN400 (F_y = 235 MPa)						SHN490 (F_y = 325 MPa)					
철근	KL	f_{ck} (MPa)						f_{ck} (MPa)					
	m	27	30	35	40	45	50	27	30	35	40	45	50
8-D22	**0.0**	14500	15700	17700	19700	21700	23600	15700	16900	18800	20800	22800	24800
(3100)	**3.0**	14000	15100	16900	18800	20600	22400	15000	16100	18000	19800	21600	23400
0.484 %	**4.0**	13600	14600	16400	18100	19800	21400	14600	15600	17300	19000	20700	22400
	5.0	13100	14100	15700	17200	18800	20300	14000	14900	16500	18100	19600	21100
D10@300	**6.0**	12500	13400	14800	16300	17600	19000	13300	14200	15600	17000	18400	19700
	7.0	11800	12600	13900	15200	16400	17600	12500	13300	14600	15800	17000	18100
	12.0	7900	8230	8740	9170	9540	9860	8110	8420	8880	9280	9620	9910
	υ	0.202	0.187	0.166	0.149	0.136	0.124	0.259	0.241	0.216	0.195	0.178	0.164
16-D22	**0.0**	15400	16600	18600	20500	22500	24500	16500	17700	19700	21700	23600	25600
(6190)	**3.0**	14900	16000	17800	19600	21400	23200	15900	17000	18800	20600	22500	24200
0.968 %	**4.0**	14500	15500	17200	18900	20600	22300	15400	16500	18200	19900	21600	23300
	5.0	13900	14900	16500	18100	19700	21200	14800	15800	17400	19000	20500	22000
D10@300	**6.0**	13300	14200	15700	17100	18500	19900	14100	15000	16500	17900	19300	20600
	7.0	12600	13500	14800	16100	17300	18500	13400	14200	15500	16700	17900	19100
	12.0	8610	8960	9500	9960	10400	10700	8850	9180	9670	10100	10500	10800
	υ	0.190	0.177	0.158	0.143	0.131	0.120	0.246	0.229	0.206	0.188	0.172	0.159
20-D29	**0.0**	17300	18500	20400	22400	24300	26200	18400	19600	21500	23500	25400	27400
(12800)	**3.0**	16700	17800	19600	21500	23300	25100	17800	18900	20700	22500	24300	26100
2.01 %	**4.0**	16300	17300	19100	20800	22500	24200	17300	18300	20100	21800	23400	25100
	5.0	15800	16700	18400	20000	21500	23100	16700	17700	19300	20800	22400	23900
D10@300	**6.0**	15100	16000	17500	19000	20400	21800	16000	16900	18300	19800	21200	22600
	7.0	14400	15200	16600	17900	19200	20400	15200	16000	17300	18600	19800	21100
	12.0	10100	10500	11100	11600	12100	12500	10400	10800	11300	11800	12300	12700
	υ	0.170	0.159	0.144	0.131	0.121	0.112	0.220	0.207	0.189	0.173	0.160	0.148
20-D35	**0.0**	19100	20200	22200	24100	26000	27900	20200	21400	23300	25200	27100	29100
(19100)	**3.0**	18500	19600	21400	23200	25000	26800	19500	20600	22400	24200	26000	27800
2.99 %	**4.0**	18000	19100	20800	22500	24200	25900	19000	20100	21800	23500	25200	26900
	5.0	17500	18500	20100	21700	23300	24800	18400	19400	21000	22600	24100	25700
D13@400	**6.0**	16800	17700	19200	20700	22100	23600	17700	18600	20100	21500	22900	24300
	7.0	16100	16900	18300	19600	20900	22100	16800	17700	19000	20300	21600	22800
	12.0	11500	11900	12500	13100	13600	14100	11800	12200	12800	13300	13800	14300
	υ	0.154	0.145	0.133	0.122	0.113	0.105	0.201	0.190	0.174	0.161	0.150	0.140
20-D38	**0.0**	20100	21300	23200	25100	27000	28900	21200	22400	24300	26200	28100	30000
(22800)	**3.0**	19500	20600	22400	24200	26000	27700	20600	21600	23400	25200	27000	28800
3.56 %	**4.0**	19000	20100	21800	23500	25200	26900	20000	21100	22800	24500	26200	27800
	5.0	18500	19400	21000	22600	24200	25800	19400	20400	22000	23500	25100	26700
D13@400	**6.0**	17800	18700	20200	21600	23100	24500	18600	19500	21000	22500	23900	25300
	7.0	17000	17800	19200	20500	21800	23100	17800	18600	19900	21200	22500	23800
	12.0	12200	12700	13300	13900	14400	14900	12600	13000	13600	14100	14600	15100
	υ	0.146	0.138	0.127	0.117	0.109	0.102	0.191	0.181	0.167	0.155	0.144	0.135

1) H형강치수의 오른쪽에는 H형강의 단면적(A_s, mm^2)과 총단면적($A_g = b \times d$)에 대한 단면적비(ρ_s, %)를 나타내었다.

2) 부재 길이방향철근의 재질은 SD400(F_{yr} = 400 MPa)을 사용하였다.

3) 왼쪽 끝 수직열의 각 칸에는 위로부터 아래 순서로 하여 길이방향철근의 개수와 직경(예, 12-D25), 길이방향철근의 단면적(A_{sr}, mm^2), 길이방향철근의 단면적비(ρ_{sr}, %), 횡구속철근의 직경과 길이방향 간격(예, D10@250)을 나타내었다.

4) υ (upsilon)은 $A_s F_y / P_o$의 값을 나타내며, 매입형 합성기둥에 길이방향 하중이 가해질 때 하중전달을 위한 소요전단력(V')을 산정하는데 사용된다. 여기서 P_o는 합성기둥의 세장효과를 고려하지 않은 공칭압축강도이다.

도움표 9.1 매입형 합성기둥의 설계압축강도 $\phi_c P_n$ (kN)

$b \times d$ = 800 × 800 mm H-350×350×12×19 A_s = 17400 mm², 2.72 %

H형강 재질		SHN400 (F_y = 235 MPa)						SHN490 (F_y = 325 MPa)					
철근	KL	f_{ck} (MPa)						f_{ck} (MPa)					
	m	27	30	35	40	45	50	27	30	35	40	45	50
8-D22	0.0	14700	15800	17800	19800	21800	23700	15800	17000	19000	21000	22900	24900
(3100)	3.0	14100	15200	17100	18900	20700	22500	15200	16300	18100	20000	21800	23600
0.484 %	4.0	13700	14800	16500	18200	19900	21600	14700	15800	17500	19200	20900	22600
	5.0	13200	14200	15800	17400	18900	20500	14200	15100	16700	18300	19800	21300
D10@300	6.0	12600	13500	15000	16400	17800	19200	13500	14400	15800	17200	18600	19900
	7.0	12000	12800	14100	15300	16600	17700	12700	13500	14800	16000	17200	18400
	12.0	8060	8410	8920	9370	9760	10100	8300	8610	9090	9500	9850	10200
	υ	0.209	0.193	0.172	0.155	0.141	0.129	0.268	0.249	0.223	0.202	0.185	0.170
16-D22	0.0	15500	16700	18700	20600	22600	24600	16700	17900	19800	21800	23800	25700
(6190)	3.0	15000	16100	17900	19700	21600	23400	16100	17200	19000	20800	22600	24400
0.968 %	4.0	14600	15600	17400	19100	20800	22500	15600	16600	18400	20100	21800	23400
	5.0	14100	15000	16700	18300	19800	21400	15000	16000	17600	19200	20700	22200
D10@300	6.0	13500	14400	15800	17300	18700	20100	14300	15200	16700	18100	19500	20800
	7.0	12800	13600	14900	16200	17500	18700	13500	14400	15600	16900	18100	19300
	12.0	8770	9130	9680	10200	10600	10900	9030	9360	9870	10300	10700	11000
	υ	0.197	0.183	0.164	0.148	0.136	0.125	0.254	0.237	0.214	0.194	0.178	0.165
20-D29	0.0	17400	18600	20500	22500	24400	26400	18600	19800	21700	23600	25600	27500
(12800)	3.0	16800	17900	19800	21600	23400	25200	17900	19000	20900	22700	24500	26300
2.01 %	4.0	16400	17500	19200	20900	22600	24300	17500	18500	20200	21900	23600	25300
	5.0	15900	16900	18500	20100	21700	23200	16900	17800	19400	21000	22600	24100
D10@300	6.0	15300	16200	17700	19100	20600	22000	16100	17000	18500	20000	21400	22800
	7.0	14600	15400	16700	18100	19300	20600	15300	16200	17500	18800	20000	21300
	12.0	10300	10700	11300	11800	12300	12700	10600	11000	11500	12000	12500	12900
	υ	0.176	0.165	0.149	0.136	0.126	0.116	0.228	0.215	0.195	0.179	0.166	0.154
20-D35	0.0	19200	20300	22300	24200	26100	28000	20400	21500	23400	25400	27300	29200
(19100)	3.0	18600	19700	21500	23300	25100	26900	19700	20800	22600	24400	26200	28000
2.99 %	4.0	18200	19200	20900	22600	24300	26000	19200	20200	22000	23700	25300	27000
	5.0	17600	18600	20200	21800	23400	24900	18600	19600	21200	22700	24300	25900
D13@400	6.0	16900	17900	19400	20800	22300	23700	17800	18700	20200	21700	23100	24500
	7.0	16200	17000	18400	19700	21000	22300	17000	17800	19200	20500	21800	23000
	12.0	11600	12100	12700	13300	13800	14300	12000	12400	13000	13500	14000	14500
	υ	0.160	0.151	0.138	0.127	0.117	0.109	0.208	0.197	0.181	0.167	0.155	0.145
20-D38	0.0	20200	21400	23300	25200	27100	29000	21400	22500	24500	26400	28300	30200
(22800)	3.0	19600	20700	22500	24300	26100	27900	20700	21800	23600	25400	27200	28900
3.56 %	4.0	19200	20200	21900	23600	25300	27000	20200	21200	22900	24600	26300	28000
	5.0	18600	19600	21200	22800	24300	25900	19600	20500	22100	23700	25300	26800
D13@400	6.0	17900	18800	20300	21800	23200	24600	18800	19700	21200	22600	24100	25500
	7.0	17100	18000	19300	20700	22000	23200	17900	18800	20100	21400	22700	23900
	12.0	12400	12800	13400	14000	14600	15100	12700	13100	13700	14300	14800	15300
	υ	0.151	0.143	0.132	0.122	0.113	0.106	0.198	0.188	0.173	0.161	0.150	0.140

1) H형강치수의 오른쪽에는 H형강의 단면적(A_s, mm²)과 총단면적($A_g = b \times d$)에 대한 단면적비(ρ_s, %)를 나타내었다.
2) 부재 길이방향철근의 재질은 SD400(F_{yr} = 400 MPa)을 사용하였다.
3) 왼쪽 끝 수직열의 각 칸에는 위로부터 아래 순서로 하여 길이방향철근의 개수와 직경(예, 12-D25), 길이방향철근의 단면적(A_{sr}, mm²), 길이방향철근의 단면적비(ρ_{sr}, %), 횡구속철근의 직경과 길이방향 간격(예, D10@250)을 나타내었다.
4) υ (upsilon)은 $A_s F_y / P_o$의 값을 나타내며, 매입형 합성기둥에 길이방향 하중이 가해질 때 하중전달을 위한 소요전단력(V')을 산정하는데 사용된다. 여기서 P_o는 합성기둥의 세장효과를 고려하지 않은 공칭압축강도이다.

도움표 9.1 매입형 합성기둥의 설계압축강도 $\phi_c P_n$ (kN)

$b \times d$ = 800 × 800 mm | H-350×357×19×19 | A_s = 19800 mm^2, 3.10 %

H형강 재질		SHN400 (F_y = 235 MPa)						SHN490 (F_y = 325 MPa)					
철근	KL	f_{ck} (MPa)						f_{ck} (MPa)					
	m	27	30	35	40	45	50	27	30	35	40	45	50
8-D22	0.0	15000	16200	18200	20200	22100	24100	16400	17600	19500	21500	23500	25400
(3100)	3.0	14500	15600	17400	19300	21100	22900	15700	16800	18700	20500	22300	24100
0.484 %	4.0	14100	15100	16900	18600	20300	22000	15300	16300	18000	19700	21400	23100
	5.0	13600	14600	16200	17800	19300	20900	14700	15600	17200	18800	20300	21800
D10@300	6.0	13000	13900	15400	16800	18200	19600	14000	14800	16300	17700	19100	20400
	7.0	12300	13100	14500	15700	17000	18200	13200	14000	15300	16500	17700	18900
	12.0	8360	8720	9260	9730	10100	10500	8640	8970	9460	9890	10300	10600
	υ	0.232	0.215	0.192	0.173	0.158	0.145	0.295	0.275	0.248	0.225	0.206	0.190
16-D22	0.0	15900	17100	19100	21000	23000	24900	17300	18400	20400	22300	24300	26300
(6190)	3.0	15400	16500	18300	20100	21900	23700	16600	17700	19500	21300	23100	24900
0.968 %	4.0	15000	16000	17700	19500	21200	22800	16100	17200	18900	20600	22300	24000
	5.0	14400	15400	17000	18600	20200	21700	15500	16500	18100	19700	21200	22700
D10@300	6.0	13800	14700	16200	17700	19100	20500	14800	15700	17200	18600	20000	21300
	7.0	13100	14000	15300	16600	17800	19100	14000	14800	16100	17400	18600	19800
	12.0	9060	9430	10000	10500	10900	11300	9370	9710	10200	10700	11100	11500
	υ	0.220	0.205	0.184	0.166	0.152	0.140	0.280	0.262	0.237	0.216	0.199	0.184
20-D29	0.0	17800	19000	20900	22800	24800	26700	19100	20300	22200	24200	26100	28000
(12800)	3.0	17200	18300	20100	22000	23800	25500	18500	19600	21400	23200	25000	26800
2.01 %	4.0	16800	17800	19600	21300	23000	24700	18000	19000	20700	22400	24100	25800
	5.0	16300	17200	18900	20500	22000	23600	17400	18300	19900	21500	23100	24600
D10@300	6.0	15600	16500	18000	19500	20900	22300	16600	17500	19000	20500	21900	23300
	7.0	14900	15700	17100	18400	19700	21000	15800	16600	18000	19300	20500	21700
	12.0	10600	11000	11600	12100	12600	13100	10900	11300	11900	12400	12900	13300
	υ	0.196	0.184	0.167	0.153	0.141	0.131	0.253	0.238	0.217	0.200	0.185	0.172
20-D35	0.0	19600	20700	22600	24600	26500	28400	20900	22100	24000	25900	27800	29700
(19100)	3.0	19000	20100	21900	23700	25500	27200	20200	21300	23100	24900	26700	28500
2.99 %	4.0	18500	19600	21300	23000	24700	26400	19700	20800	22500	24200	25900	27500
	5.0	18000	18900	20600	22200	23700	25300	19100	20100	21700	23200	24800	26400
D13@400	6.0	17300	18200	19700	21200	22600	24100	18300	19200	20700	22200	23600	25000
	7.0	16500	17400	18800	20100	21400	22700	17500	18300	19600	21000	22200	23500
	12.0	11900	12400	13000	13600	14100	14600	12300	12700	13300	13900	14400	14900
	υ	0.179	0.169	0.154	0.142	0.132	0.123	0.231	0.219	0.202	0.187	0.174	0.163
20-D38	0.0	20600	21800	23700	25600	27500	29400	22000	23100	25000	26900	28800	30700
(22800)	3.0	20000	21100	22900	24700	26400	28200	21300	22300	24100	25900	27700	29400
3.56 %	4.0	19500	20600	22300	24000	25700	27300	20700	21800	23500	25200	26800	28500
	5.0	18900	19900	21500	23100	24700	26300	20100	21000	22600	24200	25800	27300
D13@400	6.0	18300	19200	20700	22100	23600	25000	19300	20200	21700	23100	24500	26000
	7.0	17500	18300	19700	21000	22300	23600	18400	19200	20600	21900	23200	24400
	12.0	12700	13100	13700	14300	14900	15400	13100	13500	14100	14700	15200	15700
	υ	0.170	0.161	0.148	0.137	0.127	0.119	0.220	0.209	0.193	0.180	0.168	0.157

1) H형강치수의 오른쪽에는 H형강의 단면적(A_s, mm^2)과 총단면적($A_g = b \times d$)에 대한 단면적비(ρ_s, %)를 나타내었다.

2) 부재 길이방향철근의 재질은 SD400(F_{yr} = 400 MPa)을 사용하였다.

3) 왼쪽 끝 수직열의 각 칸에는 위로부터 아래 순서로 하여 길이방향철근의 개수와 직경(예, 12-D25), 길이방향철근의 단면적(A_{sr}, mm^2), 길이방향철근의 단면적비(ρ_{sr}, %), 횡구속철근의 직경과 길이방향 간격(예, D10@250)을 나타내었다.

4) υ (upsilon)은 $A_s F_y / P_o$의 값을 나타내며, 매입형 합성기둥에 길이방향 하중이 가해질 때 하중전달을 위한 소요전단력(V')을 산정하는데 사용된다. 여기서 P_o는 합성기둥의 세장효과를 고려하지 않은 공칭압축강도이다.

도움표 9.1 매입형 합성기둥의 설계압축강도 $\phi_c P_n$ (kN)

$b \times d$ = 800 × 800 mm **H-388×402×15×15** A_s = 17900 mm^2, 2.79 %

H형강 재질		SHN400 (F_y = 235 MPa)						SHN490 (F_y = 325 MPa)					
철근	KL	f_{ck} (MPa)						f_{ck} (MPa)					
	m	27	30	35	40	45	50	27	30	35	40	45	50
8-D22	**0.0**	14700	15900	17900	19800	21800	23800	15900	17100	19100	21000	23000	25000
(3100)	**3.0**	14200	15300	17100	19000	20800	22600	15300	16400	18200	20100	21900	23700
0.484 %	**4.0**	13800	14800	16600	18300	20000	21700	14800	15900	17600	19300	21000	22700
	5.0	13300	14300	15900	17500	19100	20600	14300	15200	16800	18400	20000	21500
D10@300	**6.0**	12700	13600	15100	16500	18000	19300	13600	14500	15900	17400	18700	20100
	7.0	12100	12900	14200	15500	16700	17900	12900	13600	14900	16200	17400	18600
	12.0	8230	8590	9120	9590	10000	10400	8490	8810	9310	9730	10100	10400
	υ	0.213	0.197	0.175	0.158	0.144	0.132	0.272	0.253	0.227	0.206	0.188	0.173
16-D22	**0.0**	15600	16800	18700	20700	22700	24600	16800	18000	19900	21900	23900	25800
(6190)	**3.0**	15100	16200	18000	19800	21600	23400	16200	17300	19100	20900	22700	24500
0.968 %	**4.0**	14700	15700	17400	19200	20900	22600	15700	16800	18500	20200	21900	23600
	5.0	14200	15100	16800	18400	19900	21500	15100	16100	17700	19300	20800	22400
D10@300	**6.0**	13600	14500	16000	17400	18800	20200	14500	15300	16800	18200	19600	21000
	7.0	12900	13700	15100	16400	17600	18800	13700	14500	15800	17100	18300	19500
	12.0	8930	9300	9870	10400	10800	11200	9210	9550	10100	10500	10900	11300
	υ	0.201	0.187	0.167	0.151	0.138	0.127	0.258	0.241	0.217	0.198	0.182	0.168
20-D29	**0.0**	17500	18600	20600	22500	24500	26400	18700	19800	21800	23700	25700	27600
(12800)	**3.0**	16900	18000	19800	21700	23500	25300	18000	19100	21000	22800	24600	26400
2.01 %	**4.0**	16500	17500	19300	21000	22700	24400	17600	18600	20300	22000	23700	25400
	5.0	16000	17000	18600	20200	21800	23300	17000	17900	19600	21100	22700	24300
D10@300	**6.0**	15400	16300	17800	19200	20700	22100	16300	17200	18600	20100	21500	22900
	7.0	14700	15500	16900	18200	19500	20700	15500	16300	17600	18900	20200	21400
	12.0	10400	10800	11400	12000	12500	12900	10700	11100	11700	12200	12700	13100
	υ	0.179	0.168	0.152	0.139	0.128	0.119	0.232	0.218	0.199	0.183	0.169	0.157
20-D35	**0.0**	19300	20400	22300	24300	26200	28100	20500	21600	23500	25500	27400	29300
(19100)	**3.0**	18700	19800	21600	23400	25200	27000	19800	20900	22700	24500	26300	28100
2.99 %	**4.0**	18200	19300	21000	22700	24400	26100	19300	20300	22100	23800	25500	27100
	5.0	17700	18700	20300	21900	23500	25000	18700	19700	21300	22900	24400	26000
D13@400	**6.0**	17000	17900	19500	20900	22400	23800	18000	18900	20300	21800	23200	24700
	7.0	16300	17100	18500	19800	21200	22400	17100	18000	19300	20600	21900	23200
	12.0	11800	12200	12900	13500	14000	14500	12100	12500	13200	13700	14200	14700
	υ	0.163	0.153	0.140	0.129	0.120	0.111	0.212	0.200	0.184	0.170	0.158	0.148
20-D38	**0.0**	20300	21400	23300	25300	27200	29100	21500	22600	24500	26500	28400	30300
(22800)	**3.0**	19700	20800	22600	24400	26200	27900	20800	21900	23700	25500	27300	29000
3.56 %	**4.0**	19200	20300	22000	23700	25400	27100	20300	21300	23000	24700	26400	28100
	5.0	18700	19600	21300	22900	24400	26000	19700	20600	22200	23800	25400	27000
D13@400	**6.0**	18000	18900	20400	21900	23300	24800	18900	19800	21300	22800	24200	25600
	7.0	17200	18100	19400	20800	22100	23400	18100	18900	20200	21600	22800	24100
	12.0	12500	12900	13600	14200	14800	15300	12900	13300	13900	14500	15000	15500
	υ	0.154	0.146	0.134	0.124	0.115	0.108	0.202	0.191	0.176	0.164	0.153	0.143

1) H형강치수의 오른쪽에는 H형강의 단면적(A_s, mm^2)과 총단면적($A_g = b \times d$)에 대한 단면적비(ρ_s, %)를 나타내었다.

2) 부재 길이방향철근의 재질은 SD400(F_{yr} = 400 MPa)을 사용하였다.

3) 왼쪽 끝 수직열의 각 칸에는 위로부터 아래 순서로 하여 길이방향철근의 개수와 직경(예, 12-D25), 길이방향철근의 단면적(A_{sr}, mm^2), 길이방향철근의 단면적비(ρ_{sr}, %), 횡구속철근의 직경과 길이방향 간격(예, D10@250)을 나타내었다.

4) υ (upsilon)은 $A_s F_y / P_o$의 값을 나타내며, 매입형 합성기둥에 길이방향 하중이 가해질 때 하중전달을 위한 소요전단력(V')을 산정하는데 사용된다. 여기서 P_o는 합성기둥의 세장효과를 고려하지 않은 공칭압축강도이다.

도움표 9.1 매입형 합성기둥의 설계압축강도 $\phi_c P_n$ (kN)

$b \times d$ = 800 × 800 mm　　　H-394×398×11×18　　　A_s = 18700 mm², 2.92 %

H형강 재질		SHN400 (F_y = 235 MPa)						SHN490 (F_y = 325 MPa)					
철근	*KL*	f_{ck} (MPa)						f_{ck} (MPa)					
	m	27	30	35	40	45	50	27	30	35	40	45	50
8-D22	**0.0**	14900	16000	18000	20000	22000	23900	16100	17300	19300	21200	23200	25200
(3100)	**3.0**	14300	15500	17300	19100	20900	22700	15500	16600	18500	20300	22100	23900
0.484 %	**4.0**	14000	15000	16800	18500	20200	21900	15100	16100	17800	19500	21200	22900
	5.0	13500	14500	16100	17700	19300	20800	14500	15500	17100	18700	20200	21700
D10@300	**6.0**	12900	13800	15300	16800	18200	19600	13800	14700	16200	17600	19000	20400
	7.0	12300	13100	14400	15700	17000	18200	13100	13900	15200	16500	17700	18900
	12.0	8440	8820	9380	9870	10300	10700	8730	9070	9580	10000	10400	10800
	υ	0.222	0.205	0.183	0.165	0.150	0.138	0.282	0.263	0.236	0.214	0.196	0.181
16-D22	**0.0**	15700	16900	18900	20800	22800	24800	17000	18200	20100	22100	24100	26000
(6190)	**3.0**	15200	16300	18200	20000	21800	23600	16400	17500	19300	21100	22900	24700
0.968 %	**4.0**	14800	15900	17600	19300	21000	22700	15900	17000	18700	20400	22100	23800
	5.0	14300	15300	16900	18500	20100	21700	15400	16300	17900	19500	21100	22600
D10@300	**6.0**	13700	14700	16100	17600	19000	20400	14700	15600	17000	18500	19900	21300
	7.0	13100	13900	15300	16600	17800	19100	13900	14700	16100	17300	18600	19800
	12.0	9130	9520	10100	10600	11100	11500	9450	9800	10300	10800	11200	11600
	υ	0.209	0.195	0.174	0.158	0.144	0.133	0.268	0.251	0.226	0.206	0.189	0.175
20-D29	**0.0**	17600	18800	20700	22700	24600	26500	18900	20000	22000	23900	25900	27800
(12800)	**3.0**	17100	18200	20000	21800	23600	25400	18200	19300	21200	23000	24800	26600
2.01 %	**4.0**	16700	17700	19400	21200	22900	24600	17800	18800	20500	22300	24000	25600
	5.0	16100	17100	18800	20400	21900	23500	17200	18200	19800	21400	22900	24500
D10@300	**6.0**	15500	16400	17900	19400	20900	22300	16500	17400	18900	20300	21800	23200
	7.0	14800	15700	17000	18400	19700	20900	15700	16500	17900	19200	20400	21700
	12.0	10600	11000	11700	12200	12800	13200	11000	11400	12000	12500	13000	13400
	υ	0.187	0.175	0.159	0.145	0.134	0.124	0.241	0.227	0.207	0.190	0.176	0.164
20-D35	**0.0**	19400	20600	22500	24400	26300	28200	20700	21800	23700	25700	27600	29500
(19100)	**3.0**	18800	19900	21700	23500	25300	27100	20000	21100	22900	24700	26500	28300
2.99 %	**4.0**	18400	19400	21200	22900	24600	26300	19500	20600	22300	24000	25700	27300
	5.0	17800	18800	20500	22100	23600	25200	18900	19900	21500	23100	24700	26200
D13@400	**6.0**	17200	18100	19600	21100	22600	24000	18200	19100	20600	22000	23500	24900
	7.0	16500	17300	18700	20000	21300	22600	17300	18200	19500	20900	22100	23400
	12.0	12000	12400	13100	13700	14200	14700	12400	12800	13400	14000	14500	15000
	υ	0.170	0.160	0.147	0.135	0.125	0.117	0.220	0.209	0.192	0.178	0.165	0.154
20-D38	**0.0**	20400	21600	23500	25400	27300	29200	21700	22800	24700	26700	28600	30500
(22800)	**3.0**	19800	20900	22700	24500	26300	28100	21000	22100	23900	25700	27500	29200
3.56 %	**4.0**	19400	20400	22100	23800	25500	27200	20500	21500	23300	25000	26600	28300
	5.0	18800	19800	21400	23000	24600	26200	19900	20800	22500	24000	25600	27200
D13@400	**6.0**	18100	19100	20600	22000	23500	24900	19100	20000	21500	23000	24400	25800
	7.0	17400	18200	19600	20900	22300	23600	18300	19100	20500	21800	23100	24300
	12.0	12700	13100	13800	14400	15000	15500	13100	13500	14100	14700	15300	15800
	υ	0.161	0.153	0.140	0.130	0.121	0.113	0.210	0.199	0.184	0.171	0.159	0.149

1) H형강치수의 오른쪽에는 H형강의 단면적(A_s, mm²)과 총단면적(A_g=b×d)에 대한 단면적비(ρ_s, %)를 나타내었다.

2) 부재 길이방향철근의 재질은 SD400(F_{yr} = 400 MPa)을 사용하였다.

3) 왼쪽 끝 수직열의 각 칸에는 위로부터 아래 순서로 하여 길이방향철근의 개수와 직경(예, 12-D25), 길이방향철근의 단면적(A_{sr}, mm²), 길이방향철근의 단면적비(ρ_{sr}, %), 횡구속철근의 직경과 길이방향 간격(예, D10@250)을 나타내었다.

4) υ (upsilon)은 $A_s F_y / P_o$의 값을 나타내며, 매입형 합성기둥에 길이방향 하중이 가해질 때 하중전달을 위한 소요전단력(V')을 산정하는데 사용된다. 여기서 P_o는 합성기둥의 세장효과를 고려하지 않은 공칭압축강도이다.

제9장

도움표 9.1 매입형 합성기둥의 설계압축강도 $\phi_c P_n$ (kN)

$b \times d$ = 800 × 800 mm **H-394×405×18×18** A_s = 21400 mm², 3.35 %

H형강 재질		SHN400 (F_y = 235 MPa)						SHN490 (F_y = 325 MPa)					
철근	*KL*	f_{ck} (MPa)						f_{ck} (MPa)					
	m	27	30	35	40	45	50	27	30	35	40	45	50
8-D22	0.0	15300	16500	18400	20400	22400	24300	16700	17900	19900	21800	23800	25800
(3100)	3.0	14800	15900	17700	19500	21400	23200	16100	17200	19100	20900	22700	24500
0.484 %	4.0	14400	15400	17200	18900	20600	22300	15700	16700	18400	20100	21800	23500
	5.0	13900	14900	16500	18100	19700	21200	15100	16000	17600	19200	20800	22300
D10@300	6.0	13300	14200	15700	17200	18600	20000	14400	15300	16700	18200	19600	20900
	7.0	12700	13500	14800	16100	17400	18600	13600	14400	15700	17000	18200	19400
	12.0	8780	9160	9740	10300	10700	11100	9120	9470	9990	10500	10900	11200
	υ	0.247	0.229	0.205	0.185	0.169	0.155	0.312	0.292	0.263	0.239	0.219	0.203
16-D22	0.0	16200	17300	19300	21300	23200	25200	17600	18800	20700	22700	24700	26600
(6190)	3.0	15600	16700	18600	20400	22200	24000	17000	18100	19900	21700	23500	25300
0.968 %	4.0	15200	16300	18000	19800	21500	23200	16500	17600	19300	21000	22700	24400
	5.0	14700	15700	17400	19000	20500	22100	15900	16900	18500	20100	21700	23200
D10@300	6.0	14100	15100	16600	18000	19500	20900	15200	16100	17600	19000	20500	21800
	7.0	13500	14300	15700	17000	18300	19500	14400	15300	16600	17900	19100	20300
	12.0	9460	9860	10500	11000	11500	11900	9830	10200	10700	11200	11700	12100
	υ	0.234	0.218	0.196	0.178	0.163	0.150	0.297	0.278	0.252	0.230	0.212	0.196
20-D29	0.0	18100	19200	21100	23100	25000	26900	19500	20700	22600	24500	26500	28400
(12800)	3.0	17500	18600	20400	22200	24000	25800	18900	19900	21800	23600	25400	27100
2.01 %	4.0	17100	18100	19900	21600	23300	25000	18400	19400	21100	22800	24500	26200
	5.0	16600	17500	19200	20800	22400	23900	17800	18700	20300	21900	23500	25100
D10@300	6.0	15900	16800	18400	19800	21300	22700	17000	17900	19400	20900	22300	23700
	7.0	15200	16100	17400	18800	20100	21400	16200	17000	18400	19700	21000	22200
	12.0	10900	11400	12000	12600	13100	13600	11400	11700	12300	12900	13400	13800
	υ	0.209	0.197	0.179	0.164	0.151	0.140	0.268	0.253	0.231	0.213	0.198	0.184
20-D35	0.0	19800	21000	22900	24800	26700	28600	21300	22400	24300	26300	28200	30100
(19100)	3.0	19300	20300	22100	23900	25700	27500	20600	21700	23500	25300	27100	28800
2.99 %	4.0	18800	19900	21600	23300	25000	26700	20100	21100	22900	24600	26200	27900
	5.0	18300	19200	20900	22500	24100	25600	19500	20400	22100	23600	25200	26800
D13@400	6.0	17600	18500	20000	21500	23000	24400	18700	19600	21100	22600	24000	25400
	7.0	16900	17700	19100	20400	21800	23000	17900	18700	20100	21400	22700	23900
	12.0	12300	12700	13400	14000	14600	15100	12700	13100	13800	14400	14900	15400
	υ	0.190	0.180	0.165	0.152	0.141	0.132	0.246	0.233	0.215	0.199	0.186	0.174
20-D38	0.0	20900	22000	23900	25800	27700	29600	22300	23500	25400	27300	29200	31100
(22800)	3.0	20300	21300	23100	24900	26700	28500	21600	22700	24500	26300	28000	29800
3.56 %	4.0	19800	20800	22600	24300	26000	27600	21100	22100	23800	25500	27200	28900
	5.0	19200	20200	21800	23400	25000	26600	20400	21400	23000	24600	26200	27700
D13@400	6.0	18500	19500	21000	22400	23900	25300	19700	20600	22100	23500	25000	26400
	7.0	17800	18600	20000	21300	22700	24000	18800	19600	21000	22300	23600	24900
	12.0	13000	13500	14100	14800	15400	15900	13500	13900	14500	15100	15700	16200
	υ	0.181	0.172	0.158	0.146	0.136	0.128	0.234	0.223	0.206	0.192	0.179	0.168

1) H형강시수의 오른쪽에는 H형강의 단면적(A_s, mm²)과 총단면적($A_g = b \times d$)에 대한 단면적비(ρ_s, %)를 나타내었다.
2) 부재 길이방향철근의 재질은 SD400(F_{yr} = 400 MPa)을 사용하였다.
3) 왼쪽 끝 수직열의 각 칸에는 위로부터 아래 순서로 하여 길이방향철근의 개수와 직경(예, 12-D25), 길이방향철근의 단면적(A_{sr}, mm²), 길이방향철근의 단면적비(ρ_{sr}, %), 횡구속철근의 직경과 길이방향 간격(예, D10@250)을 나타내었다.
4) υ (upsilon)은 $A_s F_y / P_o$의 값을 나타내며, 매입형 합성기둥에 길이방향 하중이 가해질 때 하중전달을 위한 소요전단력(V')을 산정하는데 사용된다. 여기서 P_o는 합성기둥의 세장효과를 고려하지 않은 공칭압축강도이다.

도움표 9.1 매입형 합성기둥의 설계압축강도 $\phi_c P_n$ (kN)

$b \times d$ = 800 × 800 mm **H-400×400×13×21** A_s = 21900 mm², 3.42 %

H형강 재질		SHN400 (F_y = 235 MPa)						SHN490 (F_y = 325 MPa)					
철근	*KL*	f_{ck} (MPa)						f_{ck} (MPa)					
	m	27	30	35	40	45	50	27	30	35	40	45	50
8-D22	**0.0**	15400	16500	18500	20500	22400	24400	16800	18000	20000	21900	23900	25900
(3100)	**3.0**	14900	16000	17800	19600	21400	23200	16200	17300	19200	21000	22800	24600
0.484 %	**4.0**	14500	15500	17300	19000	20700	22400	15800	16800	18500	20300	22000	23600
	5.0	14000	15000	16600	18200	19800	21400	15200	16200	17800	19400	20900	22500
D10@300	**6.0**	13400	14300	15800	17300	18700	20100	14500	15400	16900	18300	19700	21100
	7.0	12800	13600	15000	16300	17600	18800	13800	14600	15900	17200	18400	19600
	12.0	8930	9320	9920	10500	10900	11300	9290	9650	10200	10700	11100	11500
	υ	0.251	0.233	0.208	0.188	0.172	0.158	0.316	0.296	0.267	0.243	0.223	0.206
16-D22	**0.0**	16200	17400	19400	21300	23300	25200	17700	18900	20800	22800	24700	26700
(6190)	**3.0**	15700	16800	18700	20500	22300	24100	17100	18200	20000	21800	23600	25400
0.968 %	**4.0**	15300	16400	18100	19800	21600	23200	16600	17700	19400	21100	22800	24500
	5.0	14800	15800	17500	19100	20600	22200	16000	17000	18600	20200	21800	23300
D10@300	**6.0**	14200	15200	16700	18100	19600	21000	15400	16300	17700	19200	20600	22000
	7.0	13600	14400	15800	17100	18400	19700	14600	15400	16700	18000	19300	20500
	12.0	9610	10000	10600	11200	11700	12100	9990	10400	10900	11400	11900	12300
	υ	0.237	0.221	0.199	0.181	0.166	0.153	0.301	0.282	0.256	0.234	0.215	0.200
20-D29	**0.0**	18100	19300	21200	23100	25100	27000	19600	20800	22700	24600	26500	28500
(12800)	**3.0**	17600	18700	20500	22300	24100	25900	19000	20000	21900	23700	25500	27200
2.01 %	**4.0**	17200	18200	19900	21700	23400	25100	18500	19500	21200	22900	24600	26300
	5.0	16600	17600	19300	20900	22500	24000	17900	18800	20500	22100	23600	25200
D10@300	**6.0**	16000	16900	18500	19900	21400	22800	17200	18100	19600	21000	22500	23900
	7.0	15300	16200	17600	18900	20200	21500	16400	17200	18500	19900	21100	22400
	12.0	11100	11500	12200	12800	13300	13800	11500	11900	12500	13100	13600	14000
	υ	0.213	0.200	0.182	0.167	0.154	0.143	0.272	0.257	0.235	0.217	0.201	0.187
20-D35	**0.0**	19900	21100	23000	24900	26800	28700	21400	22500	24400	26300	28300	30200
(19100)	**3.0**	19300	20400	22200	24000	25800	27600	20700	21800	23600	25400	27200	28900
2.99 %	**4.0**	18900	19900	21700	23400	25100	26800	20200	21200	23000	24700	26400	28000
	5.0	18300	19300	21000	22600	24200	25700	19600	20600	22200	23800	25300	26900
D13@400	**6.0**	17700	18600	20100	21600	23100	24500	18800	19700	21200	22700	24200	25600
	7.0	17000	17800	19200	20500	21900	23200	18000	18800	20200	21500	22800	24100
	12.0	12400	12900	13600	14200	14800	15300	12900	13300	13900	14500	15100	15600
	υ	0.194	0.183	0.168	0.155	0.144	0.134	0.249	0.237	0.218	0.202	0.189	0.177
20-D38	**0.0**	20900	22100	24000	25900	27800	29700	22400	23600	25500	27400	29200	31100
(22800)	**3.0**	20300	21400	23200	25000	26800	28600	21700	22800	24600	26400	28200	29900
3.56 %	**4.0**	19900	20900	22600	24300	26000	27700	21200	22200	23900	25600	27300	29000
	5.0	19300	20300	21900	23500	25100	26700	20600	21500	23100	24700	26300	27900
D13@400	**6.0**	18600	19600	21100	22600	24000	25500	19800	20700	22200	23700	25100	26500
	7.0	17900	18700	20100	21500	22800	24100	18900	19700	21100	22400	23700	25000
	12.0	13100	13600	14300	14900	15500	16100	13600	14000	14700	15300	15800	16400
	υ	0.184	0.175	0.161	0.149	0.139	0.130	0.238	0.226	0.209	0.195	0.182	0.171

1) H형강치수의 오른쪽에는 H형강의 단면적(A_s, mm²)과 총단면적($A_g = b \times d$)에 대한 단면적비(ρ_s, %)를 나타내었다.

2) 부재 길이방향철근의 재질은 SD400(F_{yr} = 400 MPa)을 사용하였다.

3) 왼쪽 끝 수직열의 각 칸에는 위로부터 아래 순서로 하여 길이방향철근의 개수와 직경(예, 12-D25), 길이방향철근의 단면적(A_{sr}, mm²), 길이방향철근의 단면적비(ρ_{sr}, %), 횡구속철근의 직경과 길이방향 간격(예, D10@250)을 나타내었다.

4) υ (upsilon)은 $A_s F_y / P_o$의 값을 나타내며, 매입형 합성기둥에 길이방향 하중이 가해질 때 하중전달을 위한 소요전단력(V')을 산정하는데 사용된다. 여기서 P_o는 합성기둥의 세장효과를 고려하지 않은 공칭압축강도이다.

도움표 9.1 매입형 합성기둥의 설계압축강도 $\phi_c P_n$ (kN)

***b* × *d* = 800 × 800 mm** **H-400×408×21×21** A_s = 25100 mm², 3.92 %

H형강 재질		SHN400 (F_y = 235 MPa)						SHN490 (F_y = 325 MPa)					
철근	*KL*	f_{ck} (MPa)						f_{ck} (MPa)					
	m	27	30	35	40	45	50	27	30	35	40	45	50
8-D22	**0.0**	15900	17000	19000	20900	22900	24800	17600	18700	20700	22600	24600	26500
(3100)	**3.0**	15400	16500	18300	20100	21900	23700	16900	18000	19900	21700	23500	25300
0.484 %	**4.0**	15000	16000	17800	19500	21200	22900	16500	17500	19200	20900	22600	24300
	5.0	14500	15500	17100	18700	20300	21900	15900	16800	18400	20000	21600	23100
D10@300	**6.0**	13900	14800	16300	17800	19200	20700	15200	16100	17500	19000	20400	21800
	7.0	13200	14100	15400	16800	18100	19300	14400	15200	16500	17800	19100	20300
	12.0	9320	9720	10300	10900	11400	11900	9740	10100	10700	11200	11600	12000
	υ	0.278	0.259	0.233	0.211	0.193	0.178	0.348	0.326	0.295	0.270	0.248	0.230
16-D22	**0.0**	16800	17900	19900	21800	23700	25700	18400	19600	21600	23500	25400	27400
(6190)	**3.0**	16200	17300	19100	21000	22800	24600	17800	18900	20700	22500	24300	26100
0.968 %	**4.0**	15800	16900	18600	20300	22000	23700	17300	18400	20100	21800	23500	25200
	5.0	15300	16300	17900	19500	21100	22700	16700	17700	19300	20900	22500	24000
D10@300	**6.0**	14700	15600	17200	18600	20100	21500	16000	16900	18400	19800	21300	22700
	7.0	14100	14900	16300	17600	18900	20200	15200	16000	17400	18700	19900	21200
	12.0	9990	10400	11100	11600	12200	12600	10400	10800	11400	11900	12400	12800
	υ	0.264	0.247	0.222	0.203	0.186	0.172	0.331	0.312	0.284	0.260	0.240	0.223
20-D29	**0.0**	18600	19800	21700	23600	25500	27500	20300	21500	23400	25300	27200	29200
(12800)	**3.0**	18100	19200	21000	22800	24600	26400	19700	20700	22600	24300	26100	27900
2.01 %	**4.0**	17700	18700	20400	22100	23800	25500	19200	20200	21900	23600	25300	27000
	5.0	17100	18100	19700	21400	22900	24500	18500	19500	21100	22700	24300	25800
D10@300	**6.0**	16500	17400	18900	20400	21900	23300	17800	18700	20200	21700	23100	24500
	7.0	15800	16600	18000	19400	20700	22000	17000	17800	19100	20500	21800	23000
	12.0	11500	11900	12600	13200	13800	14300	12000	12400	13000	13600	14100	14600
	υ	0.237	0.223	0.204	0.187	0.173	0.161	0.301	0.285	0.261	0.241	0.224	0.210
20-D35	**0.0**	20400	21600	23500	25400	27300	29200	22100	23200	25100	27000	28900	30800
(19100)	**3.0**	19800	20900	22700	24500	26300	28100	21400	22500	24300	26100	27800	29600
2.99 %	**4.0**	19400	20400	22100	23800	25500	27200	20900	21900	23600	25300	27000	28700
	5.0	18800	19800	21400	23000	24600	26200	20200	21200	22800	24400	26000	27500
D13@400	**6.0**	18200	19100	20600	22100	23600	25000	19500	20400	21900	23300	24800	26200
	7.0	17400	18300	19700	21000	22300	23600	18600	19400	20800	22100	23400	24700
	12.0	12800	13200	13900	14600	15200	15800	13300	13700	14400	15000	15600	16100
	υ	0.216	0.205	0.188	0.174	0.162	0.152	0.276	0.263	0.243	0.226	0.211	0.198
20-D38	**0.0**	21500	22600	24500	26400	28200	30100	23100	24300	26200	28100	29900	31800
(22800)	**3.0**	20800	21900	23700	25500	27300	29000	22400	23500	25300	27100	28800	30600
3.56 %	**4.0**	20400	21400	23100	24800	26500	28200	21900	22900	24600	26300	28000	29700
	5.0	19800	20800	22400	24000	25600	27100	21200	22200	23800	25400	26900	28500
D13@400	**6.0**	19100	20000	21500	23000	24500	25900	20400	21300	22800	24300	25700	27200
	7.0	18300	19200	20600	21900	23200	24600	19500	20400	21700	23100	24400	25600
	12.0	13500	14000	14700	15300	15900	16500	14100	14500	15100	15800	16300	16900
	υ	0.206	0.196	0.181	0.168	0.156	0.147	0.264	0.252	0.234	0.218	0.204	0.192

1) H형강치수의 오른쪽에는 H형강의 단면적(A_s, mm²)과 총단면적($A_g = b \times d$)에 대한 단면적비(ρ_s, %)를 나타내었다.

2) 부재 길이방향철근의 재질은 SD400(F_{yr} = 400 MPa)을 사용하였다.

3) 왼쪽 끝 수직열의 각 칸에는 위로부터 아래 순서로 하여 길이방향철근의 개수와 직경(예, 12-D25), 길이방향철근의 단면적(A_{sr}, mm²), 길이방향철근의 단면적비(ρ_{sr}, %), 횡구속철근의 직경과 길이방향 간격(예, D10@250)을 나타내었다.

4) υ (upsilon)은 $A_s F_y / P_o$의 값을 나타내며, 매입형 합성기둥에 길이방향 하중이 가해질 때 하중전달을 위한 소요전단력(V')을 산정하는데 사용된다. 여기서 P_o는 합성기둥의 세장효과를 고려하지 않은 공칭압축강도이다.

도움표 9.1 매입형 합성기둥의 설계압축강도 $ø_c P_n$ (kN)

***b* × *d* = 800 × 800 mm** **H-406×403×16×24** A_s = 25500 mm^2, 3.98 %

H형강 재질		SHN400 (F_y = 235 MPa)						SHN490 (F_y = 325 MPa)					
철근	*KL*	f_{ck} (MPa)						f_{ck} (MPa)					
	m	27	30	35	40	45	50	27	30	35	40	45	50
8-D22	**0.0**	15900	17100	19100	21000	23000	24900	17700	18800	20800	22700	24700	26600
(3100)	**3.0**	15400	16500	18400	20200	22000	23800	17000	18100	20000	21800	23600	25400
0.484 %	**4.0**	15000	16100	17800	19600	21300	23000	16600	17600	19300	21000	22700	24400
	5.0	14600	15600	17200	18800	20400	22000	16000	17000	18600	20200	21700	23300
D10@300	**6.0**	14000	14900	16400	17900	19400	20800	15300	16200	17700	19100	20500	21900
	7.0	13300	14200	15600	16900	18200	19500	14500	15300	16700	18000	19200	20500
	12.0	9460	9870	10500	11100	11600	12100	9900	10300	10900	11400	11800	12300
	υ	0.282	0.262	0.236	0.214	0.196	0.180	0.352	0.330	0.299	0.273	0.252	0.233
16-D22	**0.0**	16800	18000	19900	21900	23800	25700	18500	19700	21600	23600	25500	27500
(6190)	**3.0**	16300	17400	19200	21000	22800	24600	17900	19000	20800	22600	24400	26200
0.968 %	**4.0**	15900	16900	18700	20400	22100	23800	17400	18500	20200	21900	23600	25300
	5.0	15400	16400	18000	19600	21200	22800	16800	17800	19400	21000	22600	24100
D10@300	**6.0**	14800	15700	17300	18700	20200	21600	16100	17000	18500	20000	21400	22800
	7.0	14200	15000	16400	17700	19000	20300	15300	16200	17500	18800	20100	21300
	12.0	10100	10600	11200	11800	12300	12800	10600	11000	11600	12100	12600	13100
	υ	0.267	0.250	0.225	0.205	0.189	0.175	0.335	0.315	0.287	0.263	0.243	0.226
20-D29	**0.0**	18700	19900	21800	23700	25600	27500	20400	21600	23500	25400	27300	29200
(12800)	**3.0**	18100	19200	21000	22900	24600	26400	19800	20800	22700	24400	26200	28000
2.01 %	**4.0**	17700	18800	20500	22200	23900	25600	19300	20300	22000	23700	25400	27100
	5.0	17200	18200	19800	21400	23000	24600	18600	19600	21200	22800	24400	26000
D10@300	**6.0**	16600	17500	19000	20500	22000	23400	17900	18800	20300	21800	23200	24600
	7.0	15900	16700	18100	19500	20800	22100	17100	17900	19300	20600	21900	23200
	12.0	11600	12000	12700	13300	13900	14500	12100	12500	13100	13700	14300	14800
	υ	0.240	0.226	0.206	0.190	0.175	0.163	0.304	0.288	0.264	0.245	0.227	0.212
20-D35	**0.0**	20500	21600	23500	25400	27300	29200	22200	23300	25200	27100	29000	30900
(19100)	**3.0**	19900	21000	22800	24600	26300	28100	21500	22600	24400	26200	27900	29700
2.99 %	**4.0**	19500	20500	22200	23900	25600	27300	21000	22000	23700	25400	27100	28800
	5.0	18900	19900	21500	23100	24700	26300	20400	21300	22900	24500	26100	27700
D13@400	**6.0**	18300	19200	20700	22200	23700	25100	19600	20500	22000	23500	24900	26300
	7.0	17500	18400	19800	21100	22500	23800	18700	19600	20900	22300	23600	24900
	12.0	12900	13400	14100	14700	15400	15900	13500	13900	14600	15200	15700	16300
	υ	0.219	0.208	0.191	0.177	0.164	0.154	0.280	0.266	0.246	0.229	0.214	0.201
20-D38	**0.0**	21500	22600	24500	26400	28300	30200	23200	24400	26300	28100	30000	31900
(22800)	**3.0**	20900	22000	23800	25600	27300	29100	22500	23600	25400	27200	28900	30700
3.56 %	**4.0**	20500	21500	23200	24900	26600	28300	22000	23000	24700	26400	28100	29800
	5.0	19900	20900	22500	24100	25700	27200	21300	22300	23900	25500	27100	28600
D13@400	**6.0**	19200	20100	21600	23100	24600	26000	20500	21400	22900	24400	25900	27300
	7.0	18400	19300	20700	22000	23400	24700	19700	20500	21800	23200	24500	25800
	12.0	13600	14100	14800	15500	16100	16700	14200	14600	15300	15900	16500	17000
	υ	0.209	0.198	0.183	0.170	0.159	0.149	0.267	0.255	0.237	0.221	0.207	0.195

1) H형강치수의 오른쪽에는 H형강의 단면적(A_s, mm^2)과 총단면적($A_g = b×d$)에 대한 단면적비(ρ_s, %)를 나타내었다.

2) 부재 길이방향철근의 재질은 SD400(F_{yr} = 400 MPa)을 사용하였다.

3) 왼쪽 끝 수직열의 각 칸에는 위로부터 아래 순서로 하여 길이방향철근의 개수와 직경(예, 12-D25), 길이방향철근의 단면적(A_{sr}, mm^2), 길이방향철근의 단면적비(ρ_{sr}, %), 횡구속철근의 직경과 길이방향 간격(예, D10@250)을 나타내었다.

4) υ (upsilon)은 $A_s F_y / P_o$의 값을 나타내며, 매입형 합성기둥에 길이방향 하중이 가해질 때 하중전달을 위한 소요전단력(V')을 산정하는데 사용된다. 여기서 P_o는 합성기둥의 세장효과를 고려하지 않은 공칭압축강도이다.

도움표 9.1 매입형 합성기둥의 설계압축강도 $\phi_c P_n$ (kN)

$b \times d$ = 800 × 800 mm　　　H-414×405×18×28　　　A_s = 29500 mm², 4.62 %

H형강 재질		SHN400 (F_y = 235 MPa)						SHN490 (F_y = 325 MPa)					
철근	KL	f_{ck} (MPa)						f_{ck} (MPa)					
	m	27	30	35	40	45	50	27	30	35	40	45	50
8-D22	0.0	16600	17800	19700	21600	23600	25500	18600	19700	21700	23600	25600	27500
(3100)	3.0	16100	17200	19000	20800	22600	24400	17900	19000	20900	22700	24500	26200
0.484 %	4.0	15700	16700	18500	20200	21900	23600	17500	18500	20200	21900	23600	25300
	5.0	15200	16200	17800	19500	21100	22600	16900	17800	19500	21000	22600	24200
D10@300	6.0	14600	15600	17100	18600	20000	21500	16200	17100	18500	20000	21400	22900
	7.0	14000	14800	16200	17600	18900	20200	15400	16200	17500	18800	20100	21400
	12.0	10100	10500	11200	11800	12300	12900	10600	11000	11600	12200	12700	13100
	υ	0.314	0.293	0.264	0.241	0.221	0.204	0.387	0.365	0.332	0.305	0.282	0.262
16-D22	0.0	17500	18600	20500	22500	24400	26300	19500	20600	22500	24500	26400	28300
(6190)	3.0	16900	18000	19900	21700	23500	25300	18800	19900	21700	23500	25300	27100
0.968 %	4.0	16500	17600	19300	21100	22800	24500	18300	19400	21100	22800	24500	26200
	5.0	16000	17000	18700	20300	21900	23500	17700	18700	20300	21900	23500	25000
D10@300	6.0	15500	16400	17900	19400	20900	22300	17000	17900	19400	20900	22300	23700
	7.0	14800	15600	17000	18400	19700	21000	16200	17000	18400	19700	21000	22200
	12.0	10700	11200	11900	12500	13100	13600	11300	11700	12300	12900	13400	13900
	υ	0.298	0.280	0.253	0.232	0.213	0.198	0.370	0.349	0.319	0.294	0.273	0.254
20-D29	0.0	19300	20500	22400	24300	26200	28100	21300	22500	24400	26300	28200	30100
(12800)	3.0	18800	19900	21700	23500	25300	27000	20700	21700	23500	25300	27100	28900
2.01 %	4.0	18400	19400	21100	22900	24600	26200	20200	21200	22900	24600	26300	28000
	5.0	17800	18800	20500	22100	23700	25300	19500	20500	22100	23700	25300	26800
D10@300	6.0	17200	18100	19700	21200	22600	24100	18800	19700	21200	22600	24100	25500
	7.0	16500	17400	18800	20100	21500	22800	17900	18800	20100	21500	22800	24100
	12.0	12200	12600	13300	14000	14600	15200	12800	13200	13900	14500	15000	15600
	υ	0.269	0.254	0.233	0.214	0.199	0.185	0.337	0.320	0.295	0.274	0.255	0.239
20-D35	0.0	21100	22300	24100	26000	27900	29800	23100	24300	26100	28000	29900	31800
(19100)	3.0	20500	21600	23400	25200	27000	28700	22400	23500	25300	27000	28800	30600
2.99 %	4.0	20100	21100	22800	24500	26200	27900	21900	22900	24600	26300	28000	29700
	5.0	19500	20500	22100	23800	25300	26900	21200	22200	23800	25400	27000	28500
D13@400	6.0	18900	19800	21300	22800	24300	25700	20400	21400	22800	24300	25800	27200
	7.0	18100	19000	20400	21800	23100	24400	19600	20400	21800	23100	24400	25700
	12.0	13500	14000	14700	15400	16000	16600	14100	14600	15300	15900	16500	17000
	υ	0.246	0.234	0.216	0.200	0.187	0.175	0.311	0.297	0.275	0.257	0.241	0.226
20-D38	0.0	22200	23300	25200	27000	28900	30800	24200	25300	27200	29000	30900	32800
(22800)	3.0	21600	22600	24400	26200	27900	29700	23400	24500	26300	28000	29800	31500
3.56 %	4.0	21100	22100	23800	25500	27200	28900	22900	23900	25600	27300	29000	30600
	5.0	20500	21500	23100	24700	26300	27900	22200	23200	24800	26400	27900	29500
D13@400	6.0	19800	20700	22300	23700	25200	26700	21400	22300	23800	25300	26700	28100
	7.0	19000	19900	21300	22700	24000	25300	20500	21300	22700	24000	25300	26600
	12.0	14200	14700	15400	16100	16700	17400	14900	15300	16000	16600	17200	17800
	υ	0.235	0.224	0.207	0.193	0.180	0.169	0.298	0.285	0.265	0.248	0.233	0.220

1) H형강치수의 오른쪽에는 H형강의 단면적(A_s, mm²)과 총단면적($A_g-b\times d$)에 대한 단면적비(ρ_s, %)를 나타내었다.
2) 부재 길이방향철근의 재질은 SD400(F_{yr} = 400 MPa)을 사용하였다.
3) 왼쪽 끝 수직열의 각 칸에는 위로부터 아래 순서로 하여 길이방향철근의 개수와 직경(예, 12-D25), 길이방향철근의 단면적(A_{sr}, mm²), 길이방향철근의 단면적비(ρ_{sr}, %), 횡구속철근의 직경과 길이방향 간격(예, D10@250)을 나타내었다.
4) υ (upsilon)은 $A_s F_y / P_o$의 값을 나타내며, 매입형 합성기둥에 길이방향 하중이 가해질 때 하중전달을 위한 소요전단력(V')을 산정하는데 사용된다. 여기서 P_o는 합성기둥의 세장효과를 고려하지 않은 공칭압축강도이다.

도움표 9.1 매입형 합성기둥의 설계압축강도 $\phi_c P_n$ (kN)

$b \times d$ = 800 × 800 mm **H-428×407×20×35** A_s = 36100 mm², 5.64 %

H형강 재질		SHN400 (F_y = 235 MPa)						SHN490 (F_y = 325 MPa)					
철근	*KL*	f_{ck} (MPa)						f_{ck} (MPa)					
	m	27	30	35	40	45	50	27	30	35	40	45	50
8-D22	0.0	17600	18800	20700	22600	24500	26400	20100	21200	23100	25000	27000	28900
(3100)	3.0	17100	18200	20000	21800	23600	25400	19400	20500	22300	24100	25900	27700
0.484 %	4.0	16700	17800	19500	21200	23000	24700	18900	19900	21700	23400	25100	26700
	5.0	16200	17200	18900	20500	22100	23700	18300	19300	20900	22500	24100	25600
D10@300	6.0	15700	16600	18100	19600	21100	22600	17600	18500	20000	21400	22900	24300
	7.0	15000	15900	17300	18700	20000	21300	16700	17600	18900	20300	21600	22900
	12.0	11000	11500	12200	12900	13500	14100	11800	12200	12800	13400	14000	14500
	υ	0.361	0.339	0.307	0.281	0.259	0.240	0.438	0.414	0.380	0.351	0.326	0.304
16-D22	0.0	18500	19600	21600	23500	25400	27300	20900	22100	24000	25900	27800	29700
(6190)	3.0	18000	19100	20900	22700	24500	26200	20300	21300	23100	24900	26700	28500
0.968 %	4.0	17600	18600	20400	22100	23800	25500	19800	20800	22500	24200	25900	27600
	5.0	17100	18100	19700	21300	22900	24500	19100	20100	21700	23300	24900	26500
D10@300	6.0	16500	17400	19000	20500	21900	23400	18400	19300	20800	22300	23700	25200
	7.0	15800	16700	18100	19500	20800	22200	17500	18400	19700	21100	22400	23700
	12.0	11700	12100	12900	13600	14200	14800	12400	12900	13500	14200	14700	15300
	υ	0.344	0.324	0.295	0.271	0.251	0.233	0.420	0.398	0.367	0.340	0.316	0.296
20-D29	0.0	20400	21500	23400	25300	27200	29000	22800	23900	25800	27700	29600	31500
(12800)	3.0	19800	20900	22700	24500	26300	28000	22100	23200	25000	26700	28500	30300
2.01 %	4.0	19400	20400	22200	23900	25600	27200	21600	22600	24300	26000	27700	29400
	5.0	18900	19900	21500	23100	24700	26300	20900	21900	23500	25100	26700	28300
D10@300	6.0	18200	19200	20700	22200	23700	25200	20200	21100	22600	24000	25500	26900
	7.0	17500	18400	19800	21200	22500	23900	19300	20100	21500	22800	24200	25500
	12.0	13100	13600	14300	15000	15700	16300	13900	14300	15000	15700	16300	16900
	υ	0.312	0.295	0.272	0.251	0.234	0.219	0.385	0.367	0.340	0.317	0.297	0.279
20-D35	0.0	22200	23300	25100	27000	28900	30700	24600	25700	27600	29400	31300	33200
(19100)	3.0	21600	22600	24400	26200	27900	29700	23900	24900	26700	28500	30200	32000
2.99 %	4.0	21100	22200	23900	25600	27200	28900	23300	24300	26000	27700	29400	31100
	5.0	20600	21500	23200	24800	26400	27900	22600	23600	25200	26800	28400	29900
D13@400	6.0	19900	20800	22300	23800	25300	26800	21800	22700	24200	25700	27200	28600
	7.0	19100	20000	21400	22800	24100	25500	20900	21700	23100	24500	25800	27100
	12.0	14400	14900	15700	16400	17100	17700	15200	15700	16400	17100	17700	18300
	υ	0.287	0.273	0.253	0.235	0.220	0.207	0.357	0.342	0.319	0.299	0.281	0.265
20-D38	0.0	23200	24300	26200	28000	29900	31700	25600	26700	28600	30400	32300	34200
(22800)	3.0	22600	23600	25400	27200	28900	30700	24900	25900	27700	29400	31200	32900
3.56 %	4.0	22100	23100	24800	26500	28200	29900	24300	25300	27000	28700	30400	32000
	5.0	21500	22500	24100	25700	27300	28900	23600	24600	26200	27700	29300	30900
D13@400	6.0	20800	21800	23300	24800	26200	27700	22800	23700	25200	26600	28100	29500
	7.0	20100	20900	22300	23700	25000	26400	21800	22700	24000	25400	26700	28000
	12.0	15100	15600	16400	17100	17800	18400	16000	16400	17100	17800	18400	19100
	υ	0.274	0.261	0.243	0.227	0.213	0.200	0.343	0.329	0.307	0.289	0.272	0.257

1) H형강치수의 오른쪽에는 H형강의 단면적(A_s, mm²)과 총단면적(A_g=b×d)에 대한 단면적비(ρ_s, %)를 나타내었다.

2) 부재 길이방향철근의 재질은 SD400(F_{yr} = 400 MPa)을 사용하였다.

3) 왼쪽 끝 수직열의 각 칸에는 위로부터 아래 순서로 하여 길이방향철근의 개수와 직경(예, 12-D25), 길이방향철근의 단면적(A_{sr}, mm²), 길이방향철근의 단면적비(ρ_{sr}, %), 횡구속철근의 직경과 길이방향 간격(예, D10@250)을 나타내었다.

4) υ (upsilon)은 $A_s F_y / P_o$의 값을 나타내며, 매입형 합성기둥에 길이방향 하중이 가해질 때 하중전달을 위한 소요전단력(V')을 산정하는데 사용된다. 여기서 P_o는 합성기둥의 세장효과를 고려하지 않은 공칭압축강도이다.

도움표 9.1 매입형 합성기둥의 설계압축강도 $\phi_c P_n$ (kN)

$b \times d$ = 800 × 800 mm **H-458×417×30×50** A_s = 52900 mm^2, 8.26 %

H형강 재질		SHN400 (F_y = 235 MPa)						SHN490 (F_y = 325 MPa)					
철근	KL	f_{ck} (MPa)						f_{ck} (MPa)					
	m	27	30	35	40	45	50	27	30	35	40	45	50
8-D22	**0.0**	20300	21400	23300	25100	27000	28900	23900	25000	26800	28700	30600	32400
(3100)	**3.0**	19800	20800	22600	24400	26200	27900	23100	24200	26000	27700	29500	31200
0.484 %	**4.0**	19400	20400	22100	23800	25500	27200	22600	23600	25300	27000	28700	30300
	5.0	18900	19900	21500	23100	24700	26300	21900	22900	24500	26100	27700	29200
D10@300	**6.0**	18300	19200	20800	22300	23800	25300	21100	22000	23500	25000	26500	27900
	7.0	17600	18500	19900	21300	22700	24100	20200	21000	22400	23800	25100	26500
	12.0	13400	13900	14700	15500	16300	17000	14600	15100	15800	16500	17200	17800
	υ	0.459	0.435	0.400	0.371	0.345	0.323	0.540	0.516	0.480	0.449	0.421	0.397
16-D22	**0.0**	21200	22300	24100	26000	27800	29700	24700	25900	27700	29600	31400	33300
(6190)	**3.0**	20600	21700	23500	25200	27000	28700	24000	25100	26800	28600	30300	32100
0.968 %	**4.0**	20200	21300	23000	24700	26300	28000	23500	24500	26200	27800	29500	31200
	5.0	19700	20700	22300	23900	25500	27100	22800	23700	25300	26900	28500	30000
D10@300	**6.0**	19100	20000	21600	23100	24600	26100	21900	22800	24300	25800	27300	28700
	7.0	18400	19300	20700	22100	23500	24900	21000	21800	23200	24600	25900	27300
	12.0	14000	14500	15400	16200	16900	17600	15300	15800	16500	17200	17900	18500
	υ	0.440	0.418	0.386	0.358	0.335	0.314	0.521	0.498	0.465	0.436	0.410	0.387
20-D29	**0.0**	23100	24200	26000	27800	29600	31500	26600	27700	29500	31400	33200	35000
(12800)	**3.0**	22500	23500	25300	27000	28800	30500	25900	26900	28600	30400	32100	33800
2.01 %	**4.0**	22000	23100	24700	26400	28100	29800	25300	26300	28000	29600	31300	32900
	5.0	21500	22500	24100	25700	27300	28800	24600	25500	27100	28700	30200	31800
D10@300	**6.0**	20800	21800	23300	24800	26300	27800	23700	24600	26100	27600	29000	30500
	7.0	20100	21000	22400	23800	25200	26500	22700	23600	24900	26300	27600	29000
	12.0	15400	15900	16800	17600	18300	19000	16700	17200	17900	18700	19400	20000
	υ	0.404	0.386	0.359	0.335	0.314	0.296	0.484	0.465	0.436	0.411	0.388	0.368
20-D35	**0.0**	24800	25900	27700	29500	31400	33200	28400	29500	31300	33100	34900	36700
(19100)	**3.0**	24200	25300	27000	28700	30400	32200	27600	28600	30400	32100	33800	35500
2.99 %	**4.0**	23800	24800	26400	28100	29800	31400	27000	28000	29700	31300	33000	34600
	5.0	23200	24100	25700	27300	28900	30500	26200	27200	28800	30300	31900	33400
D13@400	**6.0**	22500	23400	24900	26400	27900	29400	25400	26200	27700	29200	30600	32100
	7.0	21700	22600	24000	25400	26700	28100	24300	25200	26500	27900	29200	30600
	12.0	16700	17200	18100	18900	19600	20400	18000	18500	19300	20000	20700	21400
	υ	0.375	0.359	0.336	0.315	0.297	0.281	0.454	0.437	0.412	0.389	0.369	0.351
20-D38	**0.0**	25900	26900	28700	30500	32300	34100	29400	30500	32300	34100	35900	37700
(22800)	**3.0**	25200	26300	28000	29700	31400	33100	28600	29600	31400	33100	34800	36500
3.56 %	**4.0**	24800	25800	27400	29100	30700	32400	28000	29000	30600	32300	33900	35500
	5.0	24100	25100	26700	28300	29800	31400	27200	28200	29700	31300	32800	34400
D13@400	**6.0**	23400	24300	25800	27300	28800	30300	26300	27200	28700	30100	31600	33000
	7.0	22600	23500	24900	26200	27600	29000	25200	26100	27400	28800	30100	31400
	12.0	17400	17900	18800	19600	20300	21100	18700	19200	20000	20700	21400	22100
	υ	0.360	0.346	0.324	0.305	0.288	0.273	0.438	0.422	0.399	0.378	0.359	0.342

1) H형강시수의 오른쪽에는 H형강의 단면적(A_s, mm^2)과 총단면적($A_g = b \times d$)에 대한 단면적비(ρ_s, %)를 나타내었다.

2) 부재 길이방향철근의 재질은 SD400(F_{yr} = 400 MPa)을 사용하였다.

3) 왼쪽 끝 수직열의 각 칸에는 위로부터 아래 순서로 하여 길이방향철근의 개수와 직경(예, 12-D25), 길이방향철근의 단면적(A_{sr}, mm^2), 길이방향철근의 단면적비(ρ_{sr}, %), 횡구속철근의 직경과 길이방향 간격(예, D10@250)을 나타내었다.

4) υ (upsilon)은 $A_s F_y / P_o$의 값을 나타내며, 매입형 합성기둥에 길이방향 하중이 가해질 때 하중전달을 위한 소요전단력(V')을 산정하는데 사용된다. 여기서 P_o는 합성기둥의 세장효과를 고려하지 않은 공칭압축강도이다.

제9장

도움표 9.1 매입형 합성기둥의 설계압축강도 $\phi_c P_n$ (kN)

$b \times d$ = 900 × 900 mm **H-208×202×10×16** A_s = 8370 mm², 1.03 %

H형강 재질		SHN400 (F_y = 235 MPa)						SHN490 (F_y = 325 MPa)					
철근	*KL*	f_{ck} (MPa)						f_{ck} (MPa)					
	m	27	30	35	40	45	50	27	30	35	40	45	50
8-D25	**0.0**	16400	17900	20500	23000	25600	28100	17000	18500	21100	23600	26100	28700
(4060)	**3.0**	15800	17300	19600	22000	24300	26600	16400	17800	20200	22500	24800	27100
0.501 %	**4.0**	15400	16800	19000	21200	23400	25500	15900	17200	19500	21700	23900	26000
	5.0	14900	16100	18200	20200	22200	24200	15300	16600	18600	20700	22700	24600
D10@300	**6.0**	14200	15400	17300	19100	20900	22700	14600	15800	17700	19500	21300	23000
	7.0	13500	14600	16300	17900	19500	21000	13900	14900	16600	18200	19800	21300
	12.0	9230	9690	10400	11000	11500	11900	9360	9810	10500	11000	11500	11900
	υ	0.090	0.082	0.072	0.064	0.058	0.052	0.120	0.110	0.097	0.086	0.078	0.071
16-D25	**0.0**	17600	19100	21600	24100	26700	29200	18100	19600	22200	24700	27200	29800
(8110)	**3.0**	17000	18400	20800	23100	25500	27800	17500	18900	21300	23700	26000	28300
1.00 %	**4.0**	16600	17900	20200	22400	24600	26800	17100	18400	20700	22900	25100	27200
	5.0	16000	17300	19400	21500	23500	25500	16500	17800	19800	21900	23900	25900
D10@300	**6.0**	15400	16600	18500	20400	22200	24000	15800	17000	18900	20800	22600	24400
	7.0	14700	15700	17500	19200	20800	22300	15000	16100	17800	19500	21100	22700
	12.0	10300	10800	11600	12200	12800	13300	10500	11000	11700	12300	12900	13400
	υ	0.084	0.077	0.068	0.061	0.055	0.051	0.113	0.104	0.092	0.083	0.075	0.069
20-D32	**0.0**	19800	21300	23800	26300	28800	31300	20300	21800	24300	26800	29300	31800
(15900)	**3.0**	19200	20600	23000	25300	27700	30000	19700	21100	23500	25800	28200	30500
1.96 %	**4.0**	18800	20100	22400	24600	26800	29000	19300	20600	22900	25100	27300	29500
	5.0	18200	19500	21600	23700	25800	27800	18700	20000	22100	24200	26200	28200
D10@300	**6.0**	17600	18800	20700	22700	24600	26400	18000	19200	21200	23100	25000	26800
	7.0	16800	17900	19700	21500	23200	24800	17200	18300	20100	21900	23500	25200
	12.0	12400	12900	13800	14600	15200	15900	12500	13100	13900	14700	15400	16000
	υ	0.075	0.069	0.062	0.056	0.051	0.047	0.100	0.093	0.084	0.076	0.070	0.064
20-D38	**0.0**	21700	23200	25700	28200	30700	33100	22300	23800	26300	28700	31200	33700
(22800)	**3.0**	21100	22500	24900	27200	29600	31900	21700	23100	25400	27800	30100	32400
2.81 %	**4.0**	20700	22000	24300	26500	28700	30900	21200	22600	24800	27000	29200	31400
	5.0	20100	21400	23500	25600	27700	29800	20600	21900	24000	26100	28200	30200
D13@400	**6.0**	19500	20700	22700	24600	26500	28400	19900	21100	23100	25000	26900	28800
	7.0	18700	19800	21600	23400	25200	26800	19100	20200	22000	23800	25500	27200
	12.0	14000	14600	15500	16400	17100	17800	14200	14800	15700	16500	17300	17900
	υ	0.068	0.064	0.057	0.052	0.048	0.045	0.092	0.086	0.078	0.071	0.065	0.061
24-D41	**0.0**	24400	25800	28300	30700	33200	35600	24900	26400	28900	31300	33800	36200
(32200)	**3.0**	23800	25200	27500	29800	32100	34400	24300	25700	28000	30300	32600	35000
3.97 %	**4.0**	23300	24600	26900	29100	31300	33500	23800	25200	27400	29600	31800	34000
	5.0	22700	24000	26100	28200	30300	32400	23200	24500	26600	28700	30800	32800
D13@400	**6.0**	22000	23200	25200	27200	29100	31000	22500	23700	25700	27600	29500	31400
	7.0	21200	22300	24200	26000	27700	29500	21600	22800	24600	26400	28100	29800
	12.0	16200	16800	17800	18800	19600	20400	16400	17100	18000	18900	19800	20500
	υ	0.061	0.057	0.052	0.048	0.044	0.041	0.082	0.077	0.071	0.065	0.060	0.056

1) H형강치수의 오른쪽에는 H형강의 단면적(A_s, mm²)과 총단면적($A_g = b \times d$)에 대한 단면적비(ρ_s, %)를 나타내었다.

2) 부재 길이방향철근의 재질은 SD400(F_{yr} = 400 MPa)을 사용하였다.

3) 왼쪽 끝 수직열의 각 칸에는 위로부터 아래 순서로 하여 길이방향철근의 개수와 직경(예, 12-D25), 길이방향철근의 단면적(A_{sr}, mm²), 길이방향철근의 단면적비(ρ_{sr}, %), 횡구속철근의 직경과 길이방향 간격(예, D10@250)을 나타내었다.

4) υ (upsilon)은 $A_s F_y / P_o$의 값을 나타내며, 매입형 합성기둥에 길이방향 하중이 가해질 때 하중전달을 위한 소요전단력(V')을 산정하는데 사용된다. 여기서 P_o는 합성기둥의 세장효과를 고려하지 않은 공칭압축강도이다.

도움표 9.1 매입형 합성기둥의 설계압축강도 $\phi_c P_n$ (kN)

$b \times d$ = 900 × 900 mm **H-244×252×11×11** A_s = 8210 mm², 1.01 %

H형강 재질		SHN400 (F_y = 235 MPa)						SHN490 (F_y = 325 MPa)					
철근	*KL*	f_{ck} (MPa)						f_{ck} (MPa)					
	m	27	30	35	40	45	50	27	30	35	40	45	50
8-D25	**0.0**	16400	17900	20500	23000	25500	28100	16900	18500	21000	23600	26100	28600
(4060)	**3.0**	15800	17200	19600	22000	24300	26600	16300	17800	20100	22500	24800	27100
0.501 %	**4.0**	15400	16700	19000	21200	23400	25500	15900	17200	19500	21700	23800	26000
	5.0	14800	16100	18200	20200	22200	24200	15300	16600	18600	20700	22600	24600
D10@300	**6.0**	14200	15400	17300	19100	20900	22700	14600	15800	17700	19500	21300	23000
	7.0	13500	14500	16200	17900	19500	21000	13900	14900	16600	18200	19800	21300
	12.0	9250	9710	10400	11000	11500	11900	9370	9820	10500	11000	11500	11900
	υ	0.088	0.081	0.071	0.063	0.057	0.051	0.118	0.108	0.095	0.085	0.077	0.070
16-D25	**0.0**	17500	19100	21600	24100	26600	29200	18100	19600	22100	24700	27200	29700
(8110)	**3.0**	17000	18400	20800	23100	25500	27800	17500	18900	21300	23600	26000	28300
1.00 %	**4.0**	16500	17900	20100	22400	24600	26700	17000	18400	20600	22800	25000	27200
	5.0	16000	17300	19400	21400	23500	25500	16500	17700	19800	21900	23900	25900
D10@300	**6.0**	15400	16600	18500	20400	22200	24000	15800	17000	18900	20700	22600	24300
	7.0	14700	15700	17500	19200	20800	22300	15000	16100	17800	19500	21100	22700
	12.0	10300	10800	11600	12300	12800	13300	10500	11000	11700	12300	12900	13400
	υ	0.082	0.076	0.067	0.060	0.054	0.050	0.111	0.102	0.090	0.081	0.074	0.067
20-D32	**0.0**	19700	21200	23700	26300	28800	31300	20300	21800	24300	26800	29300	31800
(15900)	**3.0**	19200	20600	23000	25300	27600	30000	19700	21100	23500	25800	28200	30500
1.96 %	**4.0**	18700	20100	22400	24600	26800	29000	19200	20600	22800	25100	27300	29500
	5.0	18200	19500	21600	23700	25800	27800	18700	19900	22100	24100	26200	28200
D10@300	**6.0**	17600	18800	20700	22700	24500	26400	18000	19200	21100	23100	24900	26800
	7.0	16800	17900	19700	21500	23200	24800	17200	18300	20100	21800	23500	25200
	12.0	12400	12900	13800	14600	15300	15900	12500	13100	13900	14700	15400	16000
	υ	0.073	0.068	0.061	0.055	0.050	0.046	0.099	0.092	0.082	0.075	0.068	0.063
20-D38	**0.0**	21700	23200	25700	28200	30600	33100	22200	23700	26200	28700	31200	33700
(22800)	**3.0**	21100	22500	24900	27200	29500	31900	21600	23000	25400	27700	30100	32400
2.81 %	**4.0**	20700	22000	24300	26500	28700	30900	21200	22500	24800	27000	29200	31400
	5.0	20100	21400	23500	25600	27700	29700	20600	21900	24000	26100	28100	30200
D13@400	**6.0**	19400	20700	22600	24600	26500	28400	19900	21100	23100	25000	26900	28800
	7.0	18700	19800	21600	23400	25100	26800	19100	20200	22000	23800	25500	27200
	12.0	14000	14600	15500	16400	17100	17800	14200	14800	15700	16500	17300	18000
	υ	0.067	0.062	0.056	0.051	0.047	0.044	0.090	0.084	0.076	0.070	0.064	0.059
24-D41	**0.0**	24300	25800	28300	30700	33200	35600	24900	26400	28800	31300	33700	36200
(32200)	**3.0**	23700	25100	27500	29800	32100	34400	24300	25700	28000	30300	32600	34900
3.97 %	**4.0**	23300	24600	26900	29100	31300	33500	23800	25100	27400	29600	31800	34000
	5.0	22700	24000	26100	28200	30300	32300	23200	24400	26600	28700	30700	32800
D13@400	**6.0**	22000	23200	25200	27200	29100	31000	22400	23600	25600	27600	29500	31400
	7.0	21200	22300	24200	26000	27700	29500	21600	22700	24600	26400	28100	29800
	12.0	16200	16800	17800	18800	19600	20400	16400	17100	18000	18900	19800	20500
	υ	0.059	0.056	0.051	0.047	0.044	0.041	0.080	0.076	0.069	0.064	0.059	0.055

1) H형강치수의 오른쪽에는 H형강의 단면적(A_s, mm²)과 총단면적($A_g = b \times d$)에 대한 단면적비(ρ_s, %)를 나타내었다.

2) 부재 길이방향철근의 재질은 SD400(F_{yr} = 400 MPa)을 사용하였다.

3) 왼쪽 끝 수직열의 각 칸에는 위로부터 아래 순서로 하여 길이방향철근의 개수와 직경(예, 12-D25), 길이방향철근의 단면적(A_{sr}, mm²), 길이방향철근의 단면적비(ρ_{sr}, %), 횡구속철근의 직경과 길이방향 간격(예, D10@250)을 나타내었다.

4) υ (upsilon)은 $A_s F_y / P_o$의 값을 나타내며, 매입형 합성기둥에 길이방향 하중이 가해질 때 하중전달을 위한 소요전단력(V')을 산정하는데 사용된다. 여기서 P_o는 합성기둥의 세장효과를 고려하지 않은 공칭압축강도이다.

도움표 9.1 매입형 합성기둥의 설계압축강도 $\phi_c P_n$ (kN)

$b \times d$ = 900 × 900 mm **H-248×249×8×13** A_s = 8470 mm², 1.05 %

H형강 재질		SHN400 (F_y = 235 MPa)						SHN490 (F_y = 325 MPa)					
철근	*KL*	f_{ck} (MPa)						f_{ck} (MPa)					
	m	27	30	35	40	45	50	27	30	35	40	45	50
8-D25	**0.0**	16400	18000	20500	23000	25600	28100	17000	18500	21100	23600	26200	28700
(4060)	**3.0**	15900	17300	19700	22000	24300	26700	16400	17800	20200	22500	24900	27200
0.501 %	**4.0**	15400	16800	19000	21200	23400	25600	15900	17300	19500	21700	23900	26100
	5.0	14900	16200	18200	20300	22300	24300	15400	16600	18700	20700	22700	24700
D10@300	**6.0**	14300	15400	17300	19200	21000	22700	14700	15800	17700	19600	21300	23100
	7.0	13500	14600	16300	17900	19500	21000	13900	15000	16700	18300	19800	21300
	12.0	9300	9760	10500	11000	11500	12000	9430	9880	10500	11100	11600	12000
	υ	0.091	0.083	0.073	0.065	0.058	0.053	0.121	0.111	0.098	0.087	0.079	0.072
16-D25	**0.0**	17600	19100	21600	24200	26700	29200	18200	19700	22200	24700	27300	29800
(8110)	**3.0**	17000	18400	20800	23200	25500	27800	17500	19000	21300	23700	26000	28300
1.00 %	**4.0**	16600	17900	20200	22400	24600	26800	17100	18400	20700	22900	25100	27300
	5.0	16000	17300	19400	21500	23500	25500	16500	17800	19900	21900	24000	25900
D10@300	**6.0**	15400	16600	18500	20400	22200	24000	15800	17000	18900	20800	22600	24400
	7.0	14700	15800	17500	19200	20800	22400	15100	16200	17900	19600	21200	22700
	12.0	10400	10900	11700	12300	12900	13400	10500	11000	11800	12400	13000	13400
	υ	0.085	0.078	0.069	0.062	0.056	0.051	0.114	0.105	0.093	0.083	0.076	0.069
20-D32	**0.0**	19800	21300	23800	26300	28800	31300	20400	21900	24400	26900	29400	31900
(15900)	**3.0**	19200	20600	23000	25300	27700	30000	19700	21200	23500	25900	28200	30500
1.96 %	**4.0**	18800	20100	22400	24600	26800	29000	19300	20700	22900	25100	27300	29500
	5.0	18200	19500	21700	23700	25800	27800	18700	20000	22100	24200	26300	28300
D10@300	**6.0**	17600	18800	20800	22700	24600	26400	18000	19200	21200	23100	25000	26800
	7.0	16900	18000	19800	21500	23200	24900	17300	18400	20200	21900	23600	25200
	12.0	12400	13000	13800	14600	15300	15900	12600	13100	14000	14800	15400	16000
	υ	0.075	0.070	0.063	0.057	0.052	0.048	0.101	0.094	0.085	0.077	0.070	0.065
20-D38	**0.0**	21700	23200	25700	28200	30700	33200	22300	23800	26300	28800	31200	33700
(22800)	**3.0**	21200	22600	24900	27300	29600	31900	21700	23100	25500	27800	30100	32400
2.81 %	**4.0**	20700	22100	24300	26500	28800	31000	21200	22600	24800	27100	29300	31500
	5.0	20200	21400	23600	25700	27700	29800	20600	21900	24000	26100	28200	30200
D13@400	**6.0**	19500	20700	22700	24600	26500	28400	19900	21100	23100	25100	27000	28800
	7.0	18700	19900	21700	23500	25200	26900	19200	20300	22100	23800	25600	27200
	12.0	14000	14700	15600	16400	17200	17900	14300	14800	15800	16600	17300	18000
	υ	0.069	0.064	0.058	0.053	0.049	0.045	0.093	0.087	0.079	0.072	0.066	0.061
24-D41	**0.0**	24400	25900	28300	30800	33200	35700	25000	26400	28900	31300	33800	36200
(32200)	**3.0**	23800	25200	27500	29800	32100	34400	24300	25700	28000	30400	32700	35000
3.97 %	**4.0**	23300	24700	26900	29100	31300	33500	23800	25200	27400	29600	31800	34000
	5.0	22700	24000	26100	28200	30300	32400	23200	24500	26600	28700	30800	32800
D13@400	**6.0**	22000	23200	25200	27200	29100	31000	22500	23700	25700	27600	29600	31500
	7.0	21200	22400	24200	26000	27800	29500	21700	22800	24600	26400	28200	29900
	12.0	16300	16900	17900	18800	19700	20400	16500	17100	18100	19000	19800	20600
	υ	0.061	0.058	0.053	0.049	0.045	0.042	0.083	0.078	0.071	0.066	0.061	0.057

1) H형강치수의 오른쪽에는 H형강의 단면적(A_s, mm²)과 총단면적($A_g = b \times d$)에 대한 단면적비(ρ_s, %)를 나타내었다.

2) 부재 길이방향철근의 재질은 SD400(F_{yr} = 400 MPa)을 사용하였다.

3) 왼쪽 끝 수직열의 각 칸에는 위로부터 아래 순서로 하여 길이방향철근의 개수와 직경(예, 12-D25), 길이방향철근의 단면적(A_{sr}, mm²), 길이방향철근의 단면적비(ρ_{sr}, %), 횡구속철근의 직경과 길이방향 간격(예, D10@250)을 나타내었다.

4) υ (upsilon)은 $A_s F_y / P_o$의 값을 나타내며, 매입형 합성기둥에 길이방향 하중이 가해질 때 하중전달을 위한 소요전단력(V')을 산정하는데 사용된다. 여기서 P_o는 합성기둥의 세장효과를 고려하지 않은 공칭압축강도이다.

도움표 9.1 매입형 합성기둥의 설계압축강도 $\phi_c P_n$ (kN)

***b*×*d*=900×900 mm** **H-250×250×9×14** A_s = 9220 mm², 1.14 %

H형강 재질		SHN400 (F_y = 235 MPa)						SHN490 (F_y = 325 MPa)					
철근	KL	f_{ck} (MPa)						f_{ck} (MPa)					
	m	27	30	35	40	45	50	27	30	35	40	45	50
8-D25	0.0	16600	18100	20600	23200	25700	28200	17200	18700	21200	23800	26300	28900
(4060)	3.0	16000	17400	19800	22100	24500	26800	16600	18000	20300	22700	25000	27300
0.501 %	4.0	15500	16900	19100	21400	23500	25700	16100	17400	19700	21900	24100	26200
	5.0	15000	16300	18400	20400	22400	24400	15500	16800	18800	20900	22900	24800
D10@300	6.0	14400	15500	17400	19300	21100	22900	14800	16000	17900	19700	21500	23300
	7.0	13700	14700	16400	18100	19700	21200	14100	15100	16800	18400	20000	21500
	12.0	9400	9870	10600	11200	11700	12100	9550	10000	10700	11300	11700	12200
	υ	0.098	0.090	0.079	0.070	0.063	0.058	0.131	0.120	0.106	0.094	0.085	0.078
16-D25	0.0	17700	19200	21700	24300	26800	29300	18300	19800	22400	24900	27400	29900
(8110)	3.0	17100	18600	20900	23300	25600	27900	17700	19100	21500	23800	26200	28500
1.00 %	4.0	16700	18100	20300	22500	24700	26900	17300	18600	20900	23100	25300	27400
	5.0	16200	17400	19500	21600	23600	25600	16700	18000	20000	22100	24100	26100
D10@300	6.0	15500	16700	18600	20500	22400	24200	16000	17200	19100	21000	22800	24600
	7.0	14800	15900	17600	19300	21000	22500	15200	16300	18000	19700	21300	22900
	12.0	10500	11000	11800	12400	13000	13500	10700	11100	11900	12500	13100	13600
	υ	0.092	0.085	0.075	0.067	0.061	0.055	0.123	0.113	0.100	0.090	0.082	0.075
20-D32	0.0	19900	21400	23900	26400	28900	31400	20500	22000	24500	27000	29500	32000
(15900)	3.0	19300	20800	23100	25500	27800	30100	19900	21300	23700	26000	28400	30700
1.96 %	4.0	18900	20300	22500	24700	27000	29200	19500	20800	23100	25300	27500	29700
	5.0	18400	19600	21800	23900	25900	28000	18900	20200	22300	24400	26400	28400
D10@300	6.0	17700	18900	20900	22800	24700	26600	18200	19400	21400	23300	25200	27000
	7.0	17000	18100	19900	21700	23400	25000	17400	18500	20300	22100	23700	25400
	12.0	12500	13100	13900	14700	15400	16100	12700	13300	14100	14900	15600	16200
	υ	0.082	0.076	0.068	0.062	0.056	0.052	0.109	0.102	0.092	0.083	0.076	0.070
20-D38	0.0	21900	23300	25800	28300	30800	33300	22500	24000	26400	28900	31400	33900
(22800)	3.0	21300	22700	25000	27400	29700	32000	21900	23300	25600	27900	30300	32600
2.81 %	4.0	20800	22200	24400	26700	28900	31100	21400	22700	25000	27200	29400	31600
	5.0	20300	21600	23700	25800	27900	29900	20800	22100	24200	26300	28400	30400
D13@400	6.0	19600	20800	22800	24700	26700	28500	20100	21300	23300	25200	27100	29000
	7.0	18800	20000	21800	23600	25300	27000	19300	20400	22200	24000	25700	27400
	12.0	14100	14700	15700	16500	17300	18000	14400	15000	15900	16700	17500	18100
	υ	0.074	0.070	0.063	0.057	0.053	0.049	0.100	0.094	0.085	0.078	0.072	0.066
24-D41	0.0	24500	26000	28400	30900	33300	35800	25100	26600	29000	31500	33900	36400
(32200)	3.0	23900	25300	27600	29900	32300	34600	24500	25900	28200	30500	32800	35100
3.97 %	4.0	23400	24800	27000	29200	31400	33600	24000	25300	27600	29800	32000	34200
	5.0	22800	24100	26300	28400	30400	32500	23400	24700	26800	28900	30900	33000
D13@400	6.0	22100	23400	25300	27300	29200	31100	22600	23900	25800	27800	29700	31600
	7.0	21400	22500	24300	26100	27900	29600	21800	22900	24800	26600	28300	30000
	12.0	16300	17000	18000	18900	19800	20500	16600	17200	18200	19100	19900	20700
	υ	0.066	0.063	0.057	0.053	0.049	0.045	0.089	0.084	0.077	0.071	0.066	0.062

1) H형강시수의 오른쪽에는 H형강의 단면적(A_s, mm²)과 종단면적(A_g=b×d)에 대한 단면적비(ρ_s, %)를 나타내었다.

2) 부재 길이방향철근의 재질은 SD400(F_{yr} = 400 MPa)을 사용하였다.

3) 왼쪽 끝 수직열의 각 칸에는 위로부터 아래 순서로 하여 길이방향철근의 개수와 직경(예, 12-D25), 길이방향철근의 단면적(A_{sr}, mm²), 길이방향철근의 단면적비(ρ_{sr}, %), 횡구속철근의 직경과 길이방향 간격(예, D10@250)을 나타내었다.

4) υ (upsilon)은 $A_s F_y / P_o$의 값을 나타내며, 매입형 합성기둥에 길이방향 하중이 가해질 때 하중전달을 위한 소요전단력(V')을 산정하는데 사용된다. 여기서 P_o는 합성기둥의 세장효과를 고려하지 않은 공칭압축강도이다.

도움표 9.1 매입형 합성기둥의 설계압축강도 $\phi_c P_n$ (kN)

$b \times d$ = 900 × 900 mm   H-250×255×14×14 A_s = 10500 mm², 1.29 %

H형강 재질		SHN400 (F_y = 235 MPa)						SHN490 (F_y = 325 MPa)					
철근	KL	f_{ck} (MPa)						f_{ck} (MPa)					
	m	27	30	35	40	45	50	27	30	35	40	45	50
8-D25	0.0	16800	18300	20800	23300	25900	28400	17500	19000	21500	24100	26600	29100
(4060)	3.0	16200	17600	20000	22300	24700	27000	16800	18300	20600	23000	25300	27600
0.501 %	4.0	15700	17100	19300	21600	23700	25900	16400	17700	19900	22200	24300	26500
	5.0	15200	16500	18600	20600	22600	24600	15800	17000	19100	21200	23200	25100
D10@300	6.0	14600	15700	17600	19500	21300	23100	15100	16300	18100	20000	21800	23500
	7.0	13800	14900	16600	18300	19900	21400	14300	15400	17100	18700	20300	21800
	12.0	9570	10000	10800	11400	11900	12400	9740	10200	10900	11500	12000	12400
	υ	0.110	0.101	0.089	0.079	0.071	0.065	0.146	0.134	0.119	0.106	0.096	0.088
16-D25	0.0	17900	19400	21900	24500	27000	29500	18600	20100	22600	25200	27700	30200
(8110)	3.0	17300	18800	21100	23500	25800	28100	18000	19400	21800	24100	26500	28800
1.00 %	4.0	16900	18300	20500	22700	24900	27100	17500	18900	21100	23300	25500	27700
	5.0	16400	17600	19700	21800	23800	25800	16900	18200	20300	22400	24400	26400
D10@300	6.0	15700	16900	18800	20700	22600	24400	16300	17400	19400	21200	23100	24900
	7.0	15000	16100	17800	19500	21200	22800	15500	16600	18300	20000	21600	23200
	12.0	10600	11200	11900	12600	13200	13800	10800	11300	12100	12700	13300	13800
	υ	0.103	0.095	0.084	0.075	0.068	0.063	0.137	0.127	0.113	0.101	0.092	0.084
20-D32	0.0	20100	21600	24100	26600	29100	31600	20800	22300	24800	27300	29800	32300
(15900)	3.0	19500	20900	23300	25600	28000	30300	20200	21600	24000	26300	28600	31000
1.96 %	4.0	19100	20500	22700	24900	27100	29300	19700	21100	23300	25600	27800	30000
	5.0	18500	19800	22000	24100	26100	28200	19100	20400	22500	24600	26700	28700
D10@300	6.0	17900	19100	21100	23000	24900	26800	18500	19700	21600	23500	25400	27300
	7.0	17200	18300	20100	21800	23500	25200	17700	18800	20600	22300	24000	25600
	12.0	12700	13200	14100	14900	15600	16300	12900	13400	14300	15100	15800	16400
	υ	0.092	0.085	0.077	0.069	0.063	0.058	0.123	0.114	0.103	0.093	0.086	0.079
20-D38	0.0	22100	23500	26000	28500	31000	33400	22800	24200	26700	29200	31700	34100
(22800)	3.0	21500	22900	25200	27600	29900	32200	22100	23500	25900	28200	30500	32800
2.81 %	4.0	21000	22400	24600	26900	29100	31300	21700	23000	25300	27500	29700	31900
	5.0	20500	21700	23900	26000	28000	30100	21100	22300	24500	26600	28600	30700
D13@400	6.0	19800	21000	23000	24900	26800	28700	20400	21600	23500	25500	27400	29200
	7.0	19000	20100	22000	23800	25500	27200	19500	20700	22500	24200	26000	27600
	12.0	14300	14900	15800	16700	17500	18200	14500	15100	16100	16900	17700	18400
	υ	0.084	0.078	0.071	0.065	0.060	0.055	0.112	0.105	0.095	0.087	0.081	0.075
24-D41	0.0	24700	26200	28600	31100	33500	36000	25400	26900	29300	31800	34200	36700
(32200)	3.0	24100	25500	27800	30100	32400	34700	24800	26200	28500	30800	33100	35400
3.97 %	4.0	23600	25000	27200	29400	31600	33800	24300	25600	27800	30100	32300	34400
	5.0	23000	24300	26400	28500	30600	32700	23600	24900	27000	29100	31200	33300
D13@400	6.0	22300	23500	25500	27500	29400	31300	22900	24100	26100	28000	30000	31900
	7.0	21500	22700	24500	26300	28100	29800	22100	23200	25000	26800	28600	30300
	12.0	16500	17100	18100	19100	19900	20700	16800	17400	18400	19300	20100	20900
	υ	0.075	0.071	0.064	0.059	0.055	0.051	0.100	0.095	0.087	0.080	0.075	0.070

1) H형강치수의 오른쪽에는 H형강의 단면적(A_s, mm²)과 총단면적($A_g = b \times d$)에 대한 단면적비(ρ_s, %)를 나타내었다.

2) 부재 길이방향철근의 재질은 SD400(F_{yr} = 400 MPa)을 사용하였다.

3) 왼쪽 끝 수직열의 각 칸에는 위로부터 아래 순서로 하여 길이방향철근의 개수와 직경(예, 12-D25), 길이방향철근의 단면적(A_{sr}, mm²), 길이방향철근의 단면적비(ρ_{sr}, %), 횡구속철근의 직경과 길이방향 간격(예, D10@250)을 나타내었다.

4) υ (upsilon)은 $A_s F_y / P_o$의 값을 나타내며, 매입형 합성기둥에 길이방향 하중이 가해질 때 하중전달을 위한 소요전단력(V')을 산정하는데 사용된다. 여기서 P_o는 합성기둥의 세장효과를 고려하지 않은 공칭압축강도이다.

제9장

도움표 9.1 매입형 합성기둥의 설계압축강도 $\phi_c P_n$ (kN)

$b \times d$ = 900 × 900 mm **H-294×302×12×12** A_s = 10800 mm², 1.33 %

H형강 재질		SHN400 (F_y = 235 MPa)						SHN490 (F_y = 325 MPa)					
철근	*KL*	f_{ck} (MPa)						f_{ck} (MPa)					
	m	27	30	35	40	45	50	27	30	35	40	45	50
8-D25	**0.0**	16800	18300	20900	23400	25900	28500	17500	19000	21600	24100	26700	29200
(4060)	**3.0**	16200	17700	20000	22400	24700	27000	16900	18300	20700	23000	25400	27700
0.501 %	**4.0**	15800	17200	19400	21600	23800	26000	16400	17800	20000	22200	24400	26600
	5.0	15300	16500	18600	20700	22700	24700	15900	17100	19200	21200	23300	25200
D10@300	**6.0**	14600	15800	17700	19600	21400	23200	15200	16300	18200	20100	21900	23700
	7.0	13900	15000	16700	18400	20000	21500	14400	15500	17200	18800	20400	21900
	12.0	9670	10200	10900	11500	12100	12500	9850	10300	11000	11600	12100	12600
	υ	0.113	0.104	0.091	0.081	0.073	0.067	0.150	0.138	0.122	0.109	0.098	0.090
16-D25	**0.0**	17900	19500	22000	24500	27000	29500	18700	20200	22700	25200	27800	30300
(8110)	**3.0**	17400	18800	21200	23500	25900	28200	18100	19500	21800	24200	26500	28800
1.00 %	**4.0**	17000	18300	20600	22800	25000	27200	17600	19000	21200	23400	25600	27800
	5.0	16400	17700	19800	21900	23900	25900	17000	18300	20400	22500	24500	26500
D10@300	**6.0**	15800	17000	18900	20800	22700	24500	16300	17500	19400	21300	23200	25000
	7.0	15100	16200	17900	19600	21300	22900	15600	16600	18400	20100	21700	23300
	12.0	10700	11300	12100	12800	13400	13900	10900	11500	12200	12900	13500	14000
	υ	0.106	0.098	0.086	0.077	0.070	0.064	0.141	0.130	0.116	0.104	0.095	0.087
20-D32	**0.0**	20100	21600	24100	26600	29100	31600	20900	22400	24900	27400	29900	32400
(15900)	**3.0**	19600	21000	23400	25700	28000	30400	20300	21700	24000	26400	28700	31000
1.96 %	**4.0**	19100	20500	22800	25000	27200	29400	19800	21200	23400	25600	27800	30000
	5.0	18600	19900	22000	24100	26200	28200	19200	20500	22600	24700	26800	28800
D10@300	**6.0**	18000	19200	21100	23100	25000	26800	18500	19700	21700	23600	25500	27400
	7.0	17200	18300	20200	21900	23600	25300	17800	18900	20700	22400	24100	25700
	12.0	12700	13300	14200	15000	15800	16400	13000	13500	14400	15200	15900	16500
	υ	0.094	0.088	0.079	0.071	0.065	0.060	0.126	0.117	0.106	0.096	0.088	0.081
20-D38	**0.0**	22100	23600	26100	28500	31000	33500	22800	24300	26800	29300	31700	34200
(22800)	**3.0**	21500	22900	25300	27600	29900	32200	22200	23600	26000	28300	30600	32900
2.81 %	**4.0**	21100	22400	24700	26900	29100	31300	21700	23100	25300	27600	29800	32000
	5.0	20500	21800	23900	26000	28100	30200	21100	22400	24500	26600	28700	30700
D13@400	**6.0**	19800	21100	23000	25000	26900	28800	20400	21600	23600	25600	27500	29300
	7.0	19100	20200	22000	23800	25600	27300	19600	20700	22600	24300	26100	27700
	12.0	14400	15000	15900	16800	17600	18300	14600	15200	16200	17000	17800	18500
	υ	0.086	0.080	0.073	0.066	0.061	0.057	0.115	0.108	0.098	0.090	0.083	0.077
24-D41	**0.0**	24700	26200	28700	31100	33600	36000	25500	26900	29400	31800	34300	36700
(32200)	**3.0**	24100	25500	27900	30200	32500	34800	24800	26200	28500	30900	33200	35500
3.97 %	**4.0**	23700	25000	27300	29500	31700	33900	24300	25700	27900	30100	32300	34500
	5.0	23100	24400	26500	28600	30700	32700	23700	25000	27100	29200	31300	33300
D13@400	**6.0**	22400	23600	25600	27600	29500	31400	23000	24200	26200	28100	30000	31900
	7.0	21600	22700	24600	26400	28100	29900	22100	23300	25100	26900	28600	30400
	12.0	16600	17200	18200	19200	20000	20800	16900	17500	18500	19400	20200	21000
	υ	0.077	0.072	0.066	0.061	0.057	0.053	0.103	0.097	0.089	0.082	0.077	0.071

1) H형강치수의 오른쪽에는 H형강의 단면적(A_s, mm²)과 총단면적($A_g = b \times d$)에 대한 단면적비(ρ_s, %)를 나타내었다.

2) 부재 길이방향철근의 재질은 SD400($F_{yr} = 400$ MPa)을 사용하였다.

3) 왼쪽 끝 수직열의 각 칸에는 위로부터 아래 순서로 하여 길이방향철근의 개수와 직경(예, 12-D25), 길이방향철근의 단면적(A_{sr}, mm²), 길이방향철근의 단면적비(ρ_{sr}, %), 횡구속철근의 직경과 길이방향 간격(예, D10@250)을 나타내었다.

4) υ (upsilon)은 $A_s F_y / P_o$의 값을 나타내며, 매입형 합성기둥에 길이방향 하중이 가해질 때 하중전달을 위한 소요전단력(V')을 산정하는데 사용된다. 여기서 P_o는 합성기둥의 세장효과를 고려하지 않은 공칭압축강도이다.

도움표 9.1 매입형 합성기둥의 설계압축강도 $\phi_c P_n$ (kN)

$b \times d$ = 900 × 900 mm　　H-298×299×9×14　　A_s = 11100 mm^2, 1.37 %

H형강 재질		SHN400 (F_y = 235 MPa)						SHN490 (F_y = 325 MPa)					
철근	KL	f_{ck} (MPa)						f_{ck} (MPa)					
	m	27	30	35	40	45	50	27	30	35	40	45	50
8-D25	0.0	16900	18400	20900	23400	26000	28500	17600	19100	21700	24200	26700	29300
(4060)	3.0	16300	17700	20100	22400	24800	27100	17000	18400	20800	23100	25400	27800
0.501 %	4.0	15900	17200	19500	21700	23900	26000	16500	17900	20100	22300	24500	26700
	5.0	15300	16600	18700	20700	22800	24800	15900	17200	19300	21300	23300	25300
D10@300	6.0	14700	15900	17800	19700	21500	23300	15300	16400	18300	20200	22000	23700
	7.0	14000	15100	16800	18500	20100	21600	14500	15500	17300	18900	20500	22000
	12.0	9740	10200	11000	11600	12200	12600	9930	10400	11100	11700	12200	12700
	υ	0.116	0.106	0.093	0.083	0.075	0.069	0.153	0.141	0.125	0.112	0.101	0.092
16-D25	0.0	18000	19500	22000	24600	27100	29600	18700	20300	22800	25300	27800	30300
(8110)	3.0	17400	18900	21200	23600	25900	28200	18100	19600	21900	24300	26600	28900
1.00 %	4.0	17000	18400	20600	22800	25100	27200	17700	19000	21300	23500	25700	27900
	5.0	16500	17800	19900	21900	24000	26000	17100	18400	20500	22500	24600	26600
D10@300	6.0	15800	17000	19000	20900	22700	24500	16400	17600	19500	21400	23300	25100
	7.0	15100	16200	18000	19700	21300	22900	15600	16700	18500	20200	21800	23400
	12.0	10800	11300	12100	12800	13500	14000	11000	11500	12300	13000	13600	14100
	υ	0.109	0.100	0.089	0.080	0.072	0.066	0.144	0.133	0.119	0.107	0.097	0.089
20-D32	0.0	20200	21700	24200	26700	29200	31700	20900	22400	24900	27400	29900	32400
(15900)	3.0	19600	21000	23400	25800	28100	30400	20300	21800	24100	26400	28800	31100
1.96 %	4.0	19200	20600	22800	25000	27300	29500	19900	21200	23500	25700	27900	30100
	5.0	18700	19900	22100	24200	26200	28300	19300	20600	22700	24800	26800	28900
D10@300	6.0	18000	19200	21200	23100	25000	26900	18600	19800	21800	23700	25600	27400
	7.0	17300	18400	20200	22000	23700	25400	17800	18900	20700	22500	24200	25800
	12.0	12800	13400	14300	15100	15800	16500	13100	13600	14500	15300	16000	16600
	υ	0.097	0.090	0.081	0.073	0.067	0.062	0.129	0.120	0.108	0.098	0.090	0.083
20-D38	0.0	22200	23600	26100	28600	31100	33500	22900	24400	26900	29300	31800	34300
(22800)	3.0	21600	23000	25300	27700	30000	32300	22300	23700	26000	28400	30700	33000
2.81 %	4.0	21100	22500	24700	27000	29200	31400	21800	23200	25400	27600	29800	32000
	5.0	20600	21900	24000	26100	28200	30200	21200	22500	24600	26700	28800	30800
D13@400	6.0	19900	21100	23100	25100	27000	28900	20500	21700	23700	25600	27500	29400
	7.0	19100	20300	22100	23900	25600	27300	19700	20800	22600	24400	26100	27800
	12.0	14400	15000	16000	16900	17700	18400	14700	15300	16200	17100	17900	18600
	υ	0.088	0.083	0.075	0.068	0.063	0.058	0.118	0.111	0.101	0.092	0.085	0.079
24-D41	0.0	24800	26300	28700	31200	33600	36000	25500	27000	29500	31900	34300	36800
(32200)	3.0	24200	25600	27900	30200	32500	34800	24900	26300	28600	30900	33200	35500
3.97 %	4.0	23700	25100	27300	29500	31700	33900	24400	25700	28000	30200	32400	34600
	5.0	23100	24400	26500	28600	30700	32800	23800	25100	27200	29300	31400	33400
D13@400	6.0	22400	23700	25600	27600	29500	31500	23000	24300	26200	28200	30100	32000
	7.0	21600	22800	24600	26400	28200	29900	22200	23300	25200	27000	28700	30400
	12.0	16600	17300	18300	19200	20100	20900	16900	17600	18500	19500	20300	21100
	υ	0.079	0.074	0.068	0.063	0.058	0.054	0.106	0.100	0.092	0.085	0.079	0.073

1) H형강치수의 오른쪽에는 H형강의 단면적(A_s, mm^2)과 총단면적($A_g = b \times d$)에 대한 단면적비(ρ_s, %)를 나타내었다.
2) 부재 길이방향철근의 재질은 SD400(F_{yr} = 400 MPa)을 사용하였다.
3) 왼쪽 끝 수직열의 각 칸에는 위로부터 아래 순서로 하여 길이방향철근의 개수와 직경(예, 12-D25), 길이방향철근의 단면적(A_{sr}, mm^2), 길이방향철근의 단면적비(ρ_{sr}, %), 횡구속철근의 직경과 길이방향 간격(예, D10@250)을 나타내었다.
4) υ (upsilon)은 $A_s F_y / P_o$의 값을 나타내며, 매입형 합성기둥에 길이방향 하중이 가해질 때 하중전달을 위한 소요전단력(V')을 산정하는데 사용된다. 여기서 P_o는 합성기둥의 세장효과를 고려하지 않은 공칭압축강도이다.

도움표 9.1 매입형 합성기둥의 설계압축강도 $\phi_c P_n$ (kN)

***b* × *d* = 900 × 900 mm** **H-300×300×10×15** A_s = 12000 mm², 1.48 %

H형강 재질		SHN400 (F_y = 235 MPa)						SHN490 (F_y = 325 MPa)					
철근	*KL*	f_{ck} (MPa)						f_{ck} (MPa)					
	m	27	30	35	40	45	50	27	30	35	40	45	50
8-D25	**0.0**	17000	18500	21000	23600	26100	28600	17800	19300	21900	24400	26900	29400
(4060)	**3.0**	16400	17900	20200	22600	24900	27200	17200	18600	21000	23300	25600	28000
0.501 %	**4.0**	16000	17400	19600	21800	24000	26200	16700	18100	20300	22500	24700	26900
	5.0	15500	16700	18800	20900	22900	24900	16100	17400	19500	21500	23500	25500
D10@300	**6.0**	14800	16000	17900	19800	21600	23400	15400	16600	18500	20400	22200	24000
	7.0	14100	15200	16900	18600	20200	21800	14700	15700	17400	19100	20700	22200
	12.0	9870	10400	11100	11800	12300	12800	10100	10600	11300	11900	12400	12900
	υ	0.124	0.114	0.100	0.090	0.081	0.074	0.164	0.151	0.134	0.120	0.108	0.099
16-D25	**0.0**	18100	19700	22200	24700	27200	29700	18900	20500	23000	25500	28000	30500
(8110)	**3.0**	17600	19000	21400	23700	26100	28400	18300	19800	22100	24500	26800	29100
1.00 %	**4.0**	17100	18500	20800	23000	25200	27400	17900	19200	21500	23700	25900	28100
	5.0	16600	17900	20000	22100	24100	26100	17300	18600	20700	22700	24800	26800
D10@300	**6.0**	16000	17200	19100	21000	22900	24700	16600	17800	19700	21600	23400	25300
	7.0	15300	16400	18100	19800	21500	23100	15800	16900	18700	20300	22000	23600
	12.0	10900	11500	12300	13000	13600	14200	11200	11700	12500	13100	13800	14300
	υ	0.116	0.107	0.095	0.086	0.078	0.071	0.154	0.143	0.127	0.115	0.104	0.096
20-D32	**0.0**	20300	21800	24300	26800	29300	31800	21100	22600	25100	27600	30100	32600
(15900)	**3.0**	19800	21200	23500	25900	28200	30500	20500	21900	24300	26600	29000	31300
1.96 %	**4.0**	19300	20700	23000	25200	27400	29600	20100	21400	23700	25900	28100	30300
	5.0	18800	20100	22200	24300	26400	28400	19500	20800	22900	25000	27000	29100
D10@300	**6.0**	18200	19400	21300	23300	25200	27100	18800	20000	22000	23900	25800	27600
	7.0	17400	18500	20400	22100	23800	25500	18000	19100	20900	22700	24400	26000
	12.0	12900	13500	14400	15200	16000	16700	13200	13800	14600	15400	16100	16800
	υ	0.104	0.097	0.087	0.079	0.072	0.066	0.138	0.129	0.116	0.106	0.097	0.090
20-D38	**0.0**	22300	23800	26200	28700	31200	33700	23100	24600	27100	29500	32000	34500
(22800)	**3.0**	21700	23100	25500	27800	30100	32400	22500	23900	26200	28600	30900	33200
2.81 %	**4.0**	21300	22600	24900	27100	29300	31500	22000	23300	25600	27800	30000	32200
	5.0	20700	22000	24100	26200	28300	30400	21400	22700	24800	26900	29000	31000
D13@400	**6.0**	20000	21200	23200	25200	27100	29000	20700	21900	23900	25800	27700	29600
	7.0	19300	20400	22200	24000	25800	27500	19900	21000	22800	24600	26300	28000
	12.0	14600	15200	16100	17000	17800	18600	14800	15400	16400	17200	18000	18700
	υ	0.095	0.089	0.080	0.074	0.068	0.063	0.126	0.119	0.108	0.099	0.091	0.085
24-D41	**0.0**	24900	26400	28800	31300	33700	36200	25800	27200	29700	32100	34500	37000
(32200)	**3.0**	24300	25700	28000	30400	32700	35000	25100	26500	28800	31100	33400	35700
3.97 %	**4.0**	23900	25200	27400	29700	31900	34100	24600	25900	28200	30400	32600	34800
	5.0	23300	24600	26700	28800	30900	32900	24000	25300	27400	29500	31500	33600
D13@400	**6.0**	22600	23800	25800	27700	29700	31600	23200	24400	26400	28400	30300	32200
	7.0	21800	22900	24800	26600	28300	30100	22400	23500	25300	27100	28900	30600
	12.0	16700	17400	18400	19400	20200	21000	17100	17700	18700	19600	20500	21300
	υ	0.085	0.080	0.073	0.067	0.063	0.058	0.113	0.107	0.098	0.091	0.085	0.079

1) H형강치수의 오른쪽에는 H형강의 단면적(A_s, mm²)과 총단면적($A_g = b \times d$)에 대한 단면적비(ρ_s, %)를 나타내었다.

2) 부재 길이방향철근의 재질은 SD400(F_{yr} = 400 MPa)을 사용하였다.

3) 왼쪽 끝 수직열의 각 칸에는 위로부터 아래 순서로 하여 길이방향철근의 개수와 직경(예, 12-D25), 길이방향철근의 단면적(A_{sr}, mm²), 길이방향철근의 단면적비(ρ_{sr}, %), 횡구속철근의 직경과 길이방향 간격(예, D10@250)을 나타내었다.

4) υ (upsilon)은 $A_s F_y / P_o$의 값을 나타내며, 매입형 합성기둥에 길이방향 하중이 가해질 때 하중전달을 위한 소요전단력(V')을 산정하는데 사용된다. 여기서 P_o는 합성기둥의 세장효과를 고려하지 않은 공칭압축강도이다.

도움표 9.1 매입형 합성기둥의 설계압축강도 $\phi_c P_n$ (kN)

***b* × *d* = 900 × 900 mm** **H-300×305×15×15** A_s= 13500 mm², 1.66 %

H형강 재질		SHN400 (F_y = 235 MPa)						SHN490 (F_y = 325 MPa)					
철근	*KL*	f_{ck} (MPa)						f_{ck} (MPa)					
	m	27	30	35	40	45	50	27	30	35	40	45	50
8-D25	**0.0**	17200	18700	21300	23800	26300	28900	18100	19700	22200	24700	27200	29800
(4060)	**3.0**	16700	18100	20500	22800	25100	27500	17500	18900	21300	23600	26000	28300
0.501 %	**4.0**	16200	17600	19800	22100	24300	26400	17000	18400	20600	22800	25000	27200
	5.0	15700	17000	19100	21100	23200	25200	16400	17700	19800	21800	23900	25800
D10@300	**6.0**	15100	16200	18200	20100	21900	23700	15700	16900	18800	20700	22500	24300
	7.0	14400	15400	17200	18900	20500	22100	15000	16000	17700	19400	21000	22600
	12.0	10100	10600	11300	12000	12600	13100	10300	10800	11500	12200	12700	13200
	υ	0.138	0.127	0.112	0.100	0.090	0.082	0.181	0.167	0.148	0.133	0.121	0.110
16-D25	**0.0**	18400	19900	22400	24900	27400	29900	19300	20800	23300	25800	28300	30800
(8110)	**3.0**	17800	19200	21600	23900	26300	28600	18700	20100	22400	24800	27100	29400
1.00 %	**4.0**	17400	18700	21000	23200	25400	27600	18200	19500	21800	24000	26200	28400
	5.0	16800	18100	20200	22300	24400	26400	17600	18900	21000	23000	25100	27100
D10@300	**6.0**	16200	17400	19400	21300	23100	25000	16900	18100	20000	21900	23800	25600
	7.0	15500	16600	18400	20100	21800	23400	16100	17200	19000	20700	22300	23900
	12.0	11100	11700	12500	13200	13900	14500	11400	11900	12700	13400	14000	14600
	υ	0.129	0.119	0.106	0.095	0.087	0.079	0.170	0.158	0.141	0.127	0.116	0.106
20-D32	**0.0**	20600	22100	24600	27000	29500	32000	21500	23000	25500	28000	30400	32900
(15900)	**3.0**	20000	21400	23800	26100	28400	30800	20900	22300	24600	27000	29300	31600
1.96 %	**4.0**	19600	20900	23200	25400	27600	29800	20400	21700	24000	26200	28400	30600
	5.0	19000	20300	22400	24500	26600	28700	19800	21100	23200	25300	27300	29400
D10@300	**6.0**	18400	19600	21600	23500	25400	27300	19100	20300	22300	24200	26100	27900
	7.0	17600	18800	20600	22400	24100	25800	18300	19400	21200	23000	24700	26300
	12.0	13100	13700	14600	15400	16200	16900	13400	14000	14900	15700	16400	17100
	υ	0.115	0.108	0.097	0.088	0.080	0.074	0.153	0.143	0.129	0.118	0.108	0.100
20-D38	**0.0**	22500	24000	26500	28900	31400	33900	23400	24900	27400	29900	32300	34800
(22800)	**3.0**	21900	23400	25700	28000	30300	32700	22800	24200	26500	28900	31200	33500
2.81 %	**4.0**	21500	22800	25100	27300	29500	31700	22300	23700	25900	28100	30300	32500
	5.0	20900	22200	24300	26400	28500	30600	21700	23000	25100	27200	29300	31300
D13@400	**6.0**	20300	21500	23500	25400	27300	29200	21000	22200	24200	26100	28000	29900
	7.0	19500	20600	22500	24300	26000	27700	20200	21300	23100	24900	26600	28300
	12.0	14700	15400	16300	17200	18000	18800	15100	15700	16600	17500	18300	19000
	υ	0.105	0.099	0.090	0.082	0.076	0.070	0.140	0.132	0.120	0.110	0.102	0.094
24-D41	**0.0**	25200	26600	29100	31500	34000	36400	26100	27600	30000	32400	34900	37300
(32200)	**3.0**	24600	26000	28300	30600	32900	35200	25400	26800	29100	31400	33700	36000
3.97 %	**4.0**	24100	25400	27700	29900	32100	34300	24900	26300	28500	30700	32900	35100
	5.0	23500	24800	26900	29000	31100	33100	24300	25600	27700	29800	31800	33900
D13@400	**6.0**	22800	24000	26000	28000	29900	31800	23500	24700	26700	28700	30600	32500
	7.0	22000	23100	25000	26800	28600	30300	22700	23800	25600	27400	29200	30900
	12.0	16900	17600	18600	19500	20400	21300	17300	17900	18900	19800	20700	21500
	υ	0.094	0.089	0.082	0.075	0.070	0.065	0.126	0.119	0.110	0.101	0.094	0.088

1) H형강치수의 오른쪽에는 H형강의 단면적(A_s, mm²)과 총단면적(A_g=b×d)에 대한 단면적비(ρ_s, %)를 나타내었다.

2) 부재 길이방향철근의 재질은 SD400(F_{yr} = 400 MPa)을 사용하였다.

3) 왼쪽 끝 수직열의 각 칸에는 위로부터 아래 순서로 하여 길이방향철근의 개수와 직경(예, 12-D25), 길이방향철근의 단면적(A_{sr}, mm²), 길이방향철근의 단면적비(ρ_{sr}, %), 횡구속철근의 직경과 길이방향 간격(예, D10@250)을 나타내었다.

4) υ (upsilon)은 $A_s F_y / P_o$의 값을 나타내며, 매입형 합성기둥에 길이방향 하중이 가해질 때 하중전달을 위한 소요전단력(V')을 산정하는데 사용된다. 여기서 P_o는 합성기둥의 세장효과를 고려하지 않은 공칭압축강도이다.

도움표 9.1 매입형 합성기둥의 설계압축강도 $\phi_c P_n$ (kN)

***b* × *d* = 900 × 900 mm** **H-304×301×11×17** A_s = 13500 mm^2, 1.66 %

H형강 재질		SHN400 (F_y = 235 MPa)						SHN490 (F_y = 325 MPa)					
철근	*KL*	f_{ck} (MPa)						f_{ck} (MPa)					
	m	27	30	35	40	45	50	27	30	35	40	45	50
8-D25	**0.0**	17200	18700	21300	23800	26300	28900	18100	19700	22200	24700	27200	29800
(4060)	**3.0**	16700	18100	20500	22800	25100	27500	17500	18900	21300	23600	26000	28300
0.501 %	**4.0**	16200	17600	19800	22100	24300	26400	17000	18400	20600	22800	25000	27200
	5.0	15700	17000	19100	21100	23200	25200	16500	17700	19800	21900	23900	25900
D10@300	**6.0**	15100	16300	18200	20100	21900	23700	15800	16900	18800	20700	22500	24300
	7.0	14400	15400	17200	18900	20500	22100	15000	16000	17800	19400	21000	22600
	12.0	10100	10600	11400	12100	12600	13200	10300	10800	11500	12200	12800	13200
	υ	0.138	0.127	0.112	0.100	0.090	0.082	0.181	0.167	0.148	0.133	0.121	0.110
16-D25	**0.0**	18400	19900	22400	24900	27400	29900	19300	20800	23300	25800	28300	30900
(8110)	**3.0**	17800	19200	21600	24000	26300	28600	18700	20100	22400	24800	27100	29400
1.00 %	**4.0**	17400	18700	21000	23200	25400	27600	18200	19600	21800	24000	26200	28400
	5.0	16900	18100	20200	22300	24400	26400	17600	18900	21000	23100	25100	27100
D10@300	**6.0**	16200	17400	19400	21300	23100	25000	16900	18100	20000	21900	23800	25600
	7.0	15500	16600	18400	20100	21800	23400	16100	17200	19000	20700	22300	23900
	12.0	11100	11700	12500	13300	13900	14500	11400	11900	12700	13400	14100	14600
	υ	0.129	0.119	0.106	0.095	0.087	0.079	0.170	0.158	0.141	0.127	0.116	0.107
20-D32	**0.0**	20600	22100	24600	27000	29500	32000	21500	23000	25500	28000	30400	32900
(15900)	**3.0**	20000	21400	23800	26100	28500	30800	20900	22300	24600	27000	29300	31600
1.96 %	**4.0**	19600	20900	23200	25400	27600	29800	20400	21800	24000	26200	28400	30600
	5.0	19000	20300	22400	24500	26600	28700	19800	21100	23200	25300	27400	29400
D10@300	**6.0**	18400	19600	21600	23500	25400	27300	19100	20300	22300	24200	26100	28000
	7.0	17700	18800	20600	22400	24100	25800	18300	19400	21200	23000	24700	26300
	12.0	13100	13700	14600	15500	16200	16900	13400	14000	14900	15700	16400	17100
	υ	0.115	0.108	0.097	0.088	0.080	0.074	0.153	0.143	0.129	0.118	0.108	0.100
20-D38	**0.0**	22500	24000	26500	28900	31400	33900	23400	24900	27400	29900	32300	34800
(22800)	**3.0**	21900	23400	25700	28000	30300	32700	22800	24200	26500	28900	31200	33500
2.81 %	**4.0**	21500	22900	25100	27300	29500	31700	22300	23700	25900	28100	30300	32500
	5.0	20900	22200	24400	26500	28500	30600	21700	23000	25100	27200	29300	31300
D13@400	**6.0**	20300	21500	23500	25400	27400	29200	21000	22200	24200	26100	28000	29900
	7.0	19500	20600	22500	24300	26000	27700	20200	21300	23100	24900	26600	28300
	12.0	14700	15400	16300	17200	18100	18800	15100	15700	16600	17500	18300	19000
	υ	0.105	0.099	0.090	0.082	0.076	0.070	0.140	0.132	0.120	0.110	0.102	0.094
24-D41	**0.0**	25200	26600	29100	31500	34000	36400	26100	27600	30000	32400	34900	37300
(32200)	**3.0**	24600	26000	28300	30600	32900	35200	25400	26800	29100	31400	33700	36000
3.97 %	**4.0**	24100	25400	27700	29900	32100	34300	24900	26300	28500	30700	32900	35100
	5.0	23500	24800	26900	29000	31100	33200	24300	25600	27700	29800	31900	33900
D13@400	**6.0**	22800	24000	26000	28000	29900	31800	23500	24700	26700	28700	30600	32500
	7.0	22000	23100	25000	26800	28600	30300	22700	23800	25600	27400	29200	30900
	12.0	16900	17600	18600	19600	20500	21300	17300	17900	18900	19900	20700	21500
	υ	0.094	0.089	0.082	0.075	0.070	0.065	0.126	0.119	0.110	0.101	0.094	0.088

1) H형강시수의 오른쪽에는 H형강의 단면적(A_s, mm^2)과 총단면적(A_g=*b*×*d*)에 대한 난변석비(ρ_s, %)를 나타내었다.

2) 부재 길이방향철근의 재질은 SD400(F_{yr} = 400 MPa)을 사용하였다.

3) 왼쪽 끝 수직열의 각 칸에는 위로부터 아래 순서로 하여 길이방향철근의 개수와 직경(예, 12-D25), 길이방향철근의 단면적(A_{sr}, mm^2), 길이방향철근의 단면적비(ρ_{sr}, %), 횡구속철근의 직경과 길이방향 간격(예, D10@250)을 나타내었다.

4) υ (upsilon)은 $A_s F_y / P_o$의 값을 나타내며, 매입형 합성기둥에 길이방향 하중이 가해질 때 하중전달을 위한 소요전단력(V')을 산정하는데 사용된다. 여기서 P_o는 합성기둥의 세장효과를 고려하지 않은 공칭압축강도이다.

도움표 9.1 매입형 합성기둥의 설계압축강도 $\phi_c P_n$ (kN)

$b \times d$ = 900 × 900 mm **H-310×305×15×20** A_s = 16500 mm², 2.04 %

H형강 재질		SHN400 (F_y = 235 MPa)						SHN490 (F_y = 325 MPa)					
철근	*KL*	f_{ck} (MPa)						f_{ck} (MPa)					
	m	27	30	35	40	45	50	27	30	35	40	45	50
8-D25	**0.0**	17700	19200	21700	24300	26800	29300	18800	20300	22900	25400	27900	30400
(4060)	**3.0**	17200	18600	20900	23300	25600	27900	18200	19600	22000	24300	26600	29000
0.501 %	**4.0**	16700	18100	20300	22600	24800	26900	17700	19100	21300	23500	25700	27900
	5.0	16200	17500	19600	21600	23700	25700	17100	18400	20500	22500	24500	26500
D10@300	**6.0**	15600	16700	18700	20600	22400	24300	16400	17600	19500	21400	23200	25000
	7.0	14800	15900	17700	19400	21100	22700	15600	16700	18400	20100	21700	23300
	12.0	10500	11100	11900	12600	13200	13800	10800	11300	12100	12800	13400	13900
	υ	0.164	0.152	0.134	0.120	0.109	0.099	0.214	0.198	0.176	0.159	0.144	0.132
16-D25	**0.0**	18900	20400	22900	25400	27900	30400	20000	21500	24000	26500	29000	31500
(8110)	**3.0**	18300	19700	22100	24400	26800	29100	19300	20800	23100	25500	27800	30100
1.00 %	**4.0**	17900	19200	21500	23700	25900	28100	18900	20200	22500	24700	26900	29100
	5.0	17300	18600	20700	22800	24900	26900	18300	19500	21600	23700	25700	27800
D10@300	**6.0**	16700	17900	19900	21800	23700	25500	17600	18700	20700	22600	24400	26300
	7.0	16000	17100	18900	20600	22300	23900	16800	17800	19600	21300	23000	24600
	12.0	11600	12100	13000	13800	14500	15100	11900	12400	13300	14000	14600	15200
	υ	0.154	0.143	0.127	0.115	0.104	0.096	0.202	0.188	0.168	0.152	0.139	0.128
20-D32	**0.0**	21100	22500	25000	27500	30000	32500	22200	23700	26100	28600	31100	33600
(15900)	**3.0**	20500	21900	24200	26600	28900	31200	21500	23000	25300	27600	29900	32300
1.96 %	**4.0**	20100	21400	23700	25900	28100	30300	21100	22400	24600	26900	29100	31300
	5.0	19500	20800	22900	25000	27100	29100	20500	21700	23800	25900	28000	30000
D10@300	**6.0**	18900	20100	22000	24000	25900	27800	19700	20900	22900	24800	26700	28600
	7.0	18100	19200	21100	22800	24600	26300	18900	20000	21800	23600	25300	27000
	12.0	13500	14100	15100	15900	16700	17400	13900	14500	15400	16200	17000	17700
	υ	0.138	0.129	0.116	0.106	0.097	0.090	0.182	0.170	0.154	0.141	0.130	0.120
20-D38	**0.0**	23000	24500	26900	29400	31900	34300	24100	25600	28100	30500	33000	35400
(22800)	**3.0**	22400	23800	26200	28500	30800	33100	23500	24900	27200	29500	31800	34100
2.81 %	**4.0**	22000	23300	25600	27800	30000	32200	23000	24300	26600	28800	31000	33200
	5.0	21400	22700	24800	26900	29000	31100	22400	23600	25800	27800	29900	32000
D13@400	**6.0**	20700	21900	23900	25900	27800	29700	21600	22800	24800	26700	28700	30500
	7.0	20000	21100	22900	24700	26500	28200	20800	21900	23700	25500	27200	28900
	12.0	15100	15800	16800	17700	18500	19300	15600	16200	17100	18000	18800	19600
	υ	0.127	0.119	0.108	0.099	0.091	0.085	0.167	0.157	0.144	0.132	0.122	0.114
24-D41	**0.0**	25700	27100	29500	32000	34400	36800	26800	28200	30700	33100	35500	37900
(32200)	**3.0**	25000	26400	28700	31000	33300	35600	26100	27500	29800	32100	34400	36700
3.97 %	**4.0**	24600	25900	28100	30300	32500	34700	25600	26900	29100	31400	33500	35700
	5.0	24000	25300	27400	29500	31500	33600	24900	26200	28300	30400	32500	34500
D13@400	**6.0**	23300	24500	26500	28400	30400	32300	24200	25400	27400	29300	31200	33100
	7.0	22500	23600	25400	27300	29000	30800	23300	24400	26200	28000	29800	31500
	12.0	17300	18000	19000	20000	20900	21700	17800	18400	19400	20400	21200	22000
	υ	0.114	0.107	0.099	0.091	0.085	0.079	0.150	0.143	0.131	0.122	0.113	0.106

1) H형강치수의 오른쪽에는 H형강의 단면적(A_s, mm²)과 총단면적($A_g = b \times d$)에 대한 단면적비(ρ_s, %)를 나타내었다.
2) 부재 길이방향철근의 재질은 SD400(F_{yr} = 400 MPa)을 사용하였다.
3) 왼쪽 끝 수직열의 각 칸에는 위로부터 아래 순서로 하여 길이방향철근의 개수와 직경(예, 12-D25), 길이방향철근의 단면적(A_{sr}, mm²), 길이방향철근의 단면적비(ρ_{sr}, %), 횡구속철근의 직경과 길이방향 간격(예, D10@250)을 나타내었다.
4) υ (upsilon)은 $A_s F_y / P_o$의 값을 나타내며, 매입형 합성기둥에 길이방향 하중이 가해질 때 하중전달을 위한 소요전단력(V')을 산정하는데 사용된다. 여기서 P_o는 합성기둥의 세장효과를 고려하지 않은 공칭압축강도이다.

도움표 9.1 매입형 합성기둥의 설계압축강도 $\phi_c P_n$ (kN)

$b \times d$ = 900 × 900 mm **H-310×310×20×20** A_s = 18100 mm², 2.23 %

H형강 재질		SHN400 (F_y = 235 MPa)						SHN490 (F_y = 325 MPa)					
철근	*KL*	f_{ck} (MPa)						f_{ck} (MPa)					
	m	27	30	35	40	45	50	27	30	35	40	45	50
8-D25	**0.0**	18000	19500	22000	24500	27000	29500	19200	20700	23200	25700	28200	30700
(4060)	**3.0**	17400	18800	21200	23500	25900	28200	18500	20000	22300	24600	27000	29300
0.501 %	**4.0**	17000	18300	20600	22800	25000	27200	18000	19400	21600	23800	26000	28200
	5.0	16400	17700	19800	21900	23900	26000	17400	18700	20800	22900	24900	26900
D10@300	**6.0**	15800	17000	18900	20800	22700	24500	16700	17900	19800	21700	23500	25300
	7.0	15100	16200	17900	19700	21300	22900	15900	17000	18700	20400	22000	23600
	12.0	10700	11300	12100	12800	13500	14100	11100	11600	12300	13000	13700	14200
	υ	0.177	0.164	0.145	0.130	0.118	0.108	0.230	0.213	0.190	0.171	0.156	0.143
16-D25	**0.0**	19100	20600	23100	25600	28100	30600	20300	21800	24300	26800	29300	31800
(8110)	**3.0**	18500	20000	22300	24700	27000	29300	19700	21100	23400	25800	28100	30400
1.00 %	**4.0**	18100	19500	21700	23900	26200	28300	19200	20600	22800	25000	27200	29400
	5.0	17600	18900	21000	23100	25100	27100	18600	19900	22000	24000	26100	28100
D10@300	**6.0**	16900	18100	20100	22000	23900	25700	17900	19100	21000	22900	24800	26600
	7.0	16200	17300	19100	20800	22500	24200	17100	18100	19900	21600	23300	24900
	12.0	11800	12300	13200	14000	14700	15300	12100	12700	13500	14200	14900	15500
	υ	0.167	0.155	0.138	0.124	0.113	0.104	0.217	0.202	0.181	0.164	0.150	0.138
20-D32	**0.0**	21300	22800	25300	27700	30200	32700	22500	24000	26500	29000	31400	33900
(15900)	**3.0**	20700	22100	24500	26800	29100	31500	21900	23300	25600	28000	30300	32600
1.96 %	**4.0**	20300	21600	23900	26100	28300	30500	21400	22700	25000	27200	29400	31600
	5.0	19700	21000	23200	25300	27300	29400	20800	22100	24200	26300	28300	30400
D10@300	**6.0**	19100	20300	22300	24200	26100	28000	20100	21300	23200	25100	27000	28900
	7.0	18300	19500	21300	23100	24800	26500	19200	20300	22100	23900	25600	27300
	12.0	13700	14300	15300	16200	17000	17700	14100	14700	15600	16500	17200	17900
	υ	0.150	0.140	0.126	0.115	0.105	0.097	0.196	0.184	0.166	0.152	0.140	0.130
20-D38	**0.0**	23300	24700	27200	29600	32100	34500	24500	26000	28400	30900	33300	35800
(22800)	**3.0**	22700	24100	26400	28700	31000	33300	23800	25200	27500	29900	32200	34500
2.81 %	**4.0**	22200	23600	25800	28000	30200	32400	23300	24700	26900	29100	31300	33500
	5.0	21600	22900	25100	27200	29200	31300	22700	24000	26100	28200	30200	32300
D13@400	**6.0**	21000	22200	24200	26100	28100	30000	21900	23100	25100	27100	29000	30900
	7.0	20200	21300	23200	25000	26700	28500	21100	22200	24000	25800	27500	29300
	12.0	15300	16000	17000	17900	18700	19500	15800	16400	17400	18200	19100	19800
	υ	0.137	0.129	0.117	0.108	0.099	0.092	0.180	0.170	0.155	0.143	0.132	0.123
24-D41	**0.0**	25900	27400	29800	32200	34600	37100	27100	28600	31000	33400	35900	38300
(32200)	**3.0**	25300	26700	29000	31300	33600	35900	26400	27800	30100	32400	34700	37000
3.97 %	**4.0**	24800	26100	28400	30600	32800	35000	25900	27300	29500	31700	33900	36000
	5.0	24200	25500	27600	29700	31800	33800	25300	26500	28600	30700	32800	34800
D13@400	**6.0**	23500	24700	26700	28700	30600	32500	24500	25700	27700	29600	31500	33400
	7.0	22700	23800	25700	27500	29300	31000	23600	24700	26500	28300	30100	31800
	12.0	17500	18200	19200	20200	21100	22000	18000	18600	19600	20600	21500	22300
	υ	0.123	0.116	0.107	0.099	0.092	0.086	0.162	0.154	0.142	0.132	0.123	0.115

1) H형상치수의 오른쪽에는 H형강의 단면적(A_s, mm²)과 총단면적(A_g=b×d)에 대한 단면적비(ρ_s, %)를 나타내었다.
2) 부재 길이방향철근의 재질은 SD400(F_{yr} = 400 MPa)을 사용하였다.
3) 왼쪽 끝 수직열의 각 칸에는 위로부터 아래 순서로 하여 길이방향철근의 개수와 직경(예, 12-D25), 길이방향철근의 단면적(A_{sr}, mm²), 길이방향철근의 단면적비(ρ_{sr}, %), 횡구속철근의 직경과 길이방향 간격(예, D10@250)을 나타내었다.
4) υ (upsilon)은 $A_s F_y / P_o$의 값을 나타내며, 매입형 합성기둥에 길이방향 하중이 가해질 때 하중전달을 위한 소요전단력(V')을 산정하는데 사용된다. 여기서 P_o는 합성기둥의 세장효과를 고려하지 않은 공칭압축강도이다.

제9장

도움표 9.1 매입형 합성기둥의 설계압축강도 $\phi_c P_n$ (kN)

$b \times d$ = 900 × 900 mm H-338×351×13×13 A_s = 13500 mm², 1.67 %

H형강 재질		SHN400 (F_y = 235 MPa)						SHN490 (F_y = 325 MPa)					
철근	KL	f_{ck} (MPa)						f_{ck} (MPa)					
	m	27	30	35	40	45	50	27	30	35	40	45	50
8-D25	0.0	17200	18800	21300	23800	26300	28900	18200	19700	22200	24700	27200	29800
(4060)	3.0	16700	18100	20500	22800	25200	27500	17500	19000	21300	23700	26000	28300
0.501 %	4.0	16300	17600	19900	22100	24300	26500	17100	18400	20700	22900	25100	27200
	5.0	15700	17000	19100	21200	23200	25200	16500	17800	19800	21900	23900	25900
D10@300	6.0	15100	16300	18200	20100	22000	23800	15800	17000	18900	20800	22600	24400
	7.0	14400	15500	17200	18900	20600	22200	15000	16100	17800	19500	21100	22700
	12.0	10200	10700	11500	12200	12800	13300	10400	10900	11600	12300	12900	13400
	υ	0.138	0.127	0.112	0.100	0.091	0.083	0.182	0.168	0.149	0.133	0.121	0.111
16-D25	0.0	18400	19900	22400	24900	27400	29900	19300	20800	23300	25800	28300	30900
(8110)	3.0	17800	19300	21600	24000	26300	28600	18700	20100	22500	24800	27100	29500
1.00 %	4.0	17400	18800	21000	23300	25500	27600	18200	19600	21800	24000	26200	28400
	5.0	16900	18200	20300	22400	24400	26400	17600	18900	21000	23100	25100	27100
D10@300	6.0	16200	17400	19400	21300	23200	25000	17000	18100	20100	22000	23800	25600
	7.0	15500	16600	18400	20200	21800	23500	16200	17300	19000	20700	22400	24000
	12.0	11200	11800	12600	13300	14000	14600	11500	12000	12800	13500	14200	14700
	υ	0.130	0.120	0.106	0.096	0.087	0.080	0.171	0.158	0.141	0.128	0.116	0.107
20-D32	0.0	20600	22100	24600	27100	29500	32000	21500	23000	25500	28000	30500	32900
(15900)	3.0	20000	21400	23800	26100	28500	30800	20900	22300	24600	27000	29300	31600
1.96 %	4.0	19600	21000	23200	25400	27700	29900	20400	21800	24000	26200	28500	30600
	5.0	19100	20300	22500	24600	26600	28700	19800	21100	23200	25300	27400	29400
D10@300	6.0	18400	19600	21600	23600	25500	27300	19100	20300	22300	24200	26100	28000
	7.0	17700	18800	20600	22400	24100	25800	18300	19500	21300	23000	24700	26400
	12.0	13200	13800	14700	15600	16300	17000	13500	14100	15000	15800	16500	17200
	υ	0.116	0.108	0.097	0.088	0.081	0.074	0.153	0.143	0.129	0.118	0.108	0.100
20-D38	0.0	22500	24000	26500	29000	31400	33900	23500	24900	27400	29900	32300	34800
(22800)	3.0	22000	23400	25700	28000	30400	32700	22800	24200	26600	28900	31200	33500
2.81 %	4.0	21500	22900	25100	27300	29600	31800	22300	23700	25900	28200	30400	32600
	5.0	21000	22200	24400	26500	28600	30600	21700	23000	25100	27200	29300	31400
D13@400	6.0	20300	21500	23500	25500	27400	29300	21000	22200	24200	26200	28100	30000
	7.0	19500	20700	22500	24300	26100	27800	20200	21300	23100	24900	26700	28400
	12.0	14800	15400	16400	17300	18100	18900	15100	15700	16700	17600	18400	19100
	υ	0.106	0.099	0.090	0.082	0.076	0.070	0.141	0.132	0.120	0.110	0.102	0.095
24-D41	0.0	25200	26600	29100	31500	34000	36400	26100	27600	30000	32400	34900	37300
(32200)	3.0	24600	26000	28300	30600	32900	35200	25400	26800	29200	31500	33800	36100
3.97 %	4.0	24100	25500	27700	29900	32100	34300	24900	26300	28500	30700	32900	35100
	5.0	23500	24800	26900	29000	31100	33200	24300	25600	27700	29800	31900	33900
D13@400	6.0	22800	24000	26000	28000	29900	31900	23600	24800	26800	28700	30600	32500
	7.0	22000	23200	25000	26800	28600	30400	22700	23800	25700	27500	29200	31000
	12.0	17000	17600	18700	19600	20500	21400	17300	18000	19000	19900	20800	21600
	υ	0.095	0.089	0.082	0.076	0.070	0.066	0.126	0.120	0.110	0.102	0.095	0.088

1) H형강치수의 오른쪽에는 H형강의 단면적(A_s, mm²)과 총단면적(A_g=b×d)에 대한 단면적비(ρ_s, %)를 나타내었다.
2) 부재 길이방향철근의 재질은 SD400(F_{yr} = 400 MPa)을 사용하였다.
3) 왼쪽 끝 수직열의 각 칸에는 위로부터 아래 순서로 하여 길이방향철근의 개수와 직경(예, 12-D25), 길이방향철근의 단면적(A_{sr}, mm²), 길이방향철근의 단면적비(ρ_{sr}, %), 횡구속철근의 직경과 길이방향 간격(예, D10@250)을 나타내었다.
4) υ (upsilon)은 $A_s F_y / P_o$의 값을 나타내며, 매입형 합성기둥에 길이방향 하중이 가해질 때 하중전달을 위한 소요전단력(V')을 산정하는데 사용된다. 여기서 P_o는 합성기둥의 세장효과를 고려하지 않은 공칭압축강도이다.

도움표 9.1 매입형 합성기둥의 설계압축강도 $\phi_c P_n$ (kN)

$b \times d$ = 900 × 900 mm **H-344×348×10×16** A_s = 14600 mm^2, 1.80 %

H형강 재질		SHN400 (F_y = 235 MPa)						SHN490 (F_y = 325 MPa)					
철근	*KL*	f_{ck} (MPa)						f_{ck} (MPa)					
	m	27	30	35	40	45	50	27	30	35	40	45	50
8-D25	0.0	17400	18900	21400	24000	26500	29000	18400	19900	22400	25000	27500	30000
(4060)	3.0	16900	18300	20600	23000	25300	27700	17800	19200	21600	23900	26200	28600
0.501 %	4.0	16400	17800	20100	22300	24500	26700	17300	18700	20900	23100	25300	27500
	5.0	15900	17200	19300	21400	23400	25400	16700	18000	20100	22200	24200	26200
D10@300	6.0	15300	16500	18400	20300	22200	24000	16000	17200	19100	21000	22900	24700
	7.0	14600	15700	17500	19200	20800	22400	15300	16300	18100	19800	21400	23000
	12.0	10400	10900	11700	12400	13000	13600	10600	11100	11900	12600	13200	13700
	υ	0.148	0.136	0.120	0.107	0.097	0.089	0.193	0.179	0.159	0.143	0.130	0.119
16-D25	0.0	18600	20100	22600	25100	27600	30100	19500	21000	23600	26100	28600	31100
(8110)	3.0	18000	19400	21800	24100	26500	28800	18900	20300	22700	25100	27400	29700
1.00 %	4.0	17600	18900	21200	23400	25600	27800	18500	19800	22100	24300	26500	28700
	5.0	17100	18300	20500	22600	24600	26600	17900	19200	21300	23300	25400	27400
D10@300	6.0	16400	17600	19600	21500	23400	25200	17200	18400	20300	22200	24100	25900
	7.0	15700	16800	18600	20400	22000	23700	16400	17500	19300	21000	22700	24300
	12.0	11400	12000	12800	13600	14300	14900	11700	12200	13100	13800	14400	15000
	υ	0.139	0.128	0.114	0.103	0.093	0.085	0.182	0.169	0.151	0.137	0.125	0.114
20-D32	0.0	20800	22200	24700	27200	29700	32200	21700	23200	25700	28200	30700	33200
(15900)	3.0	20200	21600	24000	26300	28600	31000	21100	22500	24900	27200	29500	31900
1.96 %	4.0	19800	21100	23400	25600	27800	30000	20700	22000	24300	26500	28700	30900
	5.0	19200	20500	22700	24800	26800	28900	20100	21400	23500	25600	27600	29700
D10@300	6.0	18600	19800	21800	23700	25700	27500	19400	20600	22500	24500	26400	28300
	7.0	17900	19000	20800	22600	24300	26000	18600	19700	21500	23300	25000	26700
	12.0	13400	14000	14900	15800	16600	17300	13700	14300	15200	16000	16800	17500
	υ	0.124	0.116	0.104	0.095	0.087	0.080	0.164	0.153	0.138	0.126	0.116	0.107
20-D38	0.0	22700	24200	26700	29100	31600	34000	23700	25200	27600	30100	32600	35000
(22800)	3.0	22100	23500	25900	28200	30500	32800	23100	24500	26800	29100	31400	33800
2.81 %	4.0	21700	23000	25300	27500	29700	31900	22600	23900	26200	28400	30600	32800
	5.0	21100	22400	24500	26700	28700	30800	22000	23300	25400	27500	29500	31600
D13@400	6.0	20500	21700	23700	25600	27600	29500	21300	22500	24400	26400	28300	30200
	7.0	19700	20800	22700	24500	26300	28000	20400	21600	23400	25200	26900	28600
	12.0	15000	15600	16600	17500	18400	19100	15300	16000	16900	17800	18600	19400
	υ	0.113	0.106	0.097	0.088	0.081	0.076	0.150	0.141	0.129	0.118	0.109	0.102
24-D41	0.0	25400	26800	29300	31700	34100	36500	26300	27800	30200	32700	35100	37500
(32200)	3.0	24700	26100	28500	30800	33100	35400	25700	27100	29400	31700	34000	36300
3.97 %	4.0	24300	25600	27900	30100	32300	34500	25200	26500	28700	31000	33200	35300
	5.0	23700	25000	27100	29200	31300	33400	24600	25800	27900	30000	32100	34200
D13@400	6.0	23000	24200	26200	28200	30100	32000	23800	25000	27000	28900	30900	32800
	7.0	22200	23300	25200	27000	28800	30500	22900	24100	25900	27700	29500	31200
	12.0	17200	17800	18900	19800	20700	21600	17500	18200	19200	20100	21000	21800
	υ	0.101	0.096	0.088	0.081	0.075	0.070	0.135	0.128	0.118	0.109	0.101	0.095

1) H형강시수의 오른쪽에는 H형상의 난년석(A_s, mm^2)과 종단면적($A_g = b \times d$)에 대한 단면적비(ρ_s, %)를 나타내었다.

2) 부재 길이방향철근의 재질은 SD400(F_{yr} = 400 MPa)을 사용하였다.

3) 왼쪽 끝 수직열의 각 칸에는 위로부터 아래 순서로 하여 길이방향철근의 개수와 직경(예, 12-D25), 길이방향철근의 단면적(A_{sr}, mm^2), 길이방향철근의 단면적비(ρ_{sr}, %), 횡구속철근의 직경과 길이방향 간격(예, D10@250)을 나타내었다.

4) υ (upsilon)은 $A_s F_y / P_o$의 값을 나타내며, 매입형 합성기둥에 길이방향 하중이 가해질 때 하중전달을 위한 소요전단력(V')을 산정하는데 사용된다. 여기서 P_o는 합성기둥의 세장효과를 고려하지 않은 공칭압축강도이다.

도움표 9.1 매입형 합성기둥의 설계압축강도 $\phi_c P_n$ (kN)

$b \times d$ = 900 × 900 mm　　H-344×354×16×16　　A_s = 16700 mm^2, 2.06 %

H형강 재질		SHN400 (F_y = 235 MPa)						SHN490 (F_y = 325 MPa)					
철근	KL	f_{ck} (MPa)						f_{ck} (MPa)					
	m	27	30	35	40	45	50	27	30	35	40	45	50
8-D25	0.0	17700	19200	21800	24300	26800	29300	18900	20400	22900	25400	27900	30400
(4060)	3.0	17200	18600	21000	23300	25700	28000	18200	19700	22000	24400	26700	29000
0.501 %	4.0	16800	18100	20400	22600	24800	27000	17800	19100	21400	23600	25800	27900
	5.0	16200	17500	19600	21700	23800	25800	17200	18400	20500	22600	24600	26600
D10@300	6.0	15600	16800	18800	20700	22500	24300	16500	17600	19600	21500	23300	25100
	7.0	14900	16000	17800	19500	21200	22800	15700	16800	18500	20200	21800	23400
	12.0	10600	11200	12000	12700	13400	14000	11000	11500	12200	12900	13500	14100
	υ	0.166	0.153	0.135	0.121	0.110	0.100	0.215	0.199	0.177	0.160	0.145	0.133
16-D25	0.0	18900	20400	22900	25400	27900	30400	20000	21500	24000	26500	29000	31500
(8110)	3.0	18300	19700	22100	24500	26800	29100	19400	20800	23200	25500	27800	30100
1.00 %	4.0	17900	19300	21500	23700	26000	28200	18900	20300	22500	24700	26900	29100
	5.0	17400	18700	20800	22900	24900	27000	18300	19600	21700	23800	25800	27800
D10@300	6.0	16700	17900	19900	21800	23700	25600	17600	18800	20800	22700	24500	26400
	7.0	16000	17100	18900	20700	22400	24000	16800	17900	19700	21400	23100	24700
	12.0	11700	12200	13100	13900	14600	15200	12000	12600	13400	14100	14800	15400
	υ	0.156	0.144	0.128	0.116	0.105	0.097	0.203	0.189	0.169	0.153	0.140	0.129
20-D32	0.0	21100	22600	25000	27500	30000	32500	22200	23700	26200	28700	31100	33600
(15900)	3.0	20500	21900	24300	26600	28900	31300	21600	23000	25300	27700	30000	32300
1.96 %	4.0	20100	21400	23700	25900	28100	30300	21100	22500	24700	26900	29100	31300
	5.0	19500	20800	23000	25100	27100	29200	20500	21800	23900	26000	28100	30100
D10@300	6.0	18900	20100	22100	24100	26000	27900	19800	21000	23000	24900	26800	28700
	7.0	18200	19300	21100	22900	24700	26400	19000	20100	21900	23700	25400	27100
	12.0	13600	14200	15200	16100	16900	17600	14000	14600	15500	16300	17100	17800
	υ	0.139	0.130	0.117	0.107	0.098	0.090	0.183	0.171	0.155	0.142	0.130	0.121
20-D38	0.0	23000	24500	27000	29400	31900	34300	24200	25600	28100	30600	33000	35500
(22800)	3.0	22500	23900	26200	28500	30800	33100	23500	24900	27200	29600	31900	34200
2.81 %	4.0	22000	23400	25600	27800	30000	32200	23000	24400	26600	28800	31000	33200
	5.0	21400	22700	24900	27000	29000	31100	22400	23700	25800	27900	30000	32000
D13@400	6.0	20800	22000	24000	25900	27900	29800	21700	22900	24900	26800	28700	30600
	7.0	20000	21100	23000	24800	26600	28300	20800	22000	23800	25600	27300	29000
	12.0	15200	15900	16900	17800	18600	19400	15700	16300	17200	18100	18900	19700
	υ	0.127	0.120	0.109	0.100	0.092	0.086	0.168	0.158	0.145	0.133	0.123	0.115
24-D41	0.0	25700	27100	29600	32000	34400	36800	26800	28300	30700	33100	35500	38000
(32200)	3.0	25100	26500	28800	31100	33400	35700	26100	27500	29800	32100	34400	36700
3.97 %	4.0	24600	25900	28200	30400	32600	34800	25600	27000	29200	31400	33600	35800
	5.0	24000	25300	27400	29500	31600	33700	25000	26300	28400	30500	32500	34600
D13@400	6.0	23300	24500	26500	28500	30400	32300	24200	25400	27400	29400	31300	33200
	7.0	22500	23600	25500	27300	29100	30800	23300	24500	26300	28100	29900	31600
	12.0	17400	18100	19100	20100	21000	21900	17900	18500	19500	20500	21300	22200
	υ	0.114	0.108	0.099	0.092	0.085	0.080	0.151	0.144	0.132	0.123	0.114	0.107

1) H형강치수의 오른쪽에는 H형강의 단면적(A_s, mm^2)과 총단면적(A_g=b×d)에 대한 단면적비(ρ_s, %)를 나타내었다.
2) 부재 길이방향철근의 재질은 SD400(F_{yr} = 400 MPa)을 사용하였다.
3) 왼쪽 끝 수직열의 각 칸에는 위로부터 아래 순서로 하여 길이방향철근의 개수와 직경(예, 12-D25), 길이방향철근의 단면적(A_{sr}, mm^2), 길이방향철근의 단면적비(ρ_{sr}, %), 횡구속철근의 직경과 길이방향 간격(예, D10@250)을 나타내었다.
4) υ (upsilon)은 $A_s F_y / P_o$의 값을 나타내며, 매입형 합성기둥에 길이방향 하중이 가해질 때 하중전달을 위한 소요전단력(V')을 산정하는데 사용된다. 여기서 P_o는 합성기둥의 세장효과를 고려하지 않은 공칭압축강도이다.

도움표 9.1 매입형 합성기둥의 설계압축강도 $\phi_c P_n$ (kN)

***b* × *d* = 900 × 900 mm** **H-350×350×12×19** A_s = 17400 mm^2, 2.15 %

H형강 재질		SHN400 (F_y = 235 MPa)						SHN490 (F_y = 325 MPa)					
철근	*KL*	f_{ck} (MPa)						f_{ck} (MPa)					
	m	27	30	35	40	45	50	27	30	35	40	45	50
8-D25	**0.0**	17900	19400	21900	24400	26900	29400	19000	20500	23000	25600	28100	30600
(4060)	**3.0**	17300	18700	21100	23400	25800	28100	18400	19800	22200	24500	26900	29200
0.501 %	**4.0**	16900	18200	20500	22700	24900	27100	17900	19300	21500	23700	25900	28100
	5.0	16400	17600	19800	21800	23900	25900	17300	18600	20700	22800	24800	26800
D10@300	**6.0**	15700	16900	18900	20800	22700	24500	16600	17800	19800	21600	23500	25300
	7.0	15000	16100	17900	19600	21300	22900	15900	16900	18700	20400	22000	23600
	12.0	10800	11300	12200	12900	13600	14200	11100	11600	12400	13100	13800	14300
	υ	0.172	0.158	0.140	0.126	0.114	0.104	0.223	0.206	0.184	0.166	0.151	0.139
16-D25	**0.0**	19000	20500	23000	25500	28000	30500	20200	21700	24200	26700	29200	31700
(8110)	**3.0**	18400	19900	22200	24600	26900	29200	19500	21000	23300	25700	28000	30300
1.00 %	**4.0**	18000	19400	21600	23900	26100	28300	19100	20400	22700	24900	27100	29300
	5.0	17500	18800	20900	23000	25100	27100	18500	19800	21900	23900	26000	28000
D10@300	**6.0**	16900	18100	20000	22000	23900	25700	17800	19000	20900	22800	24700	26500
	7.0	16200	17300	19100	20800	22500	24200	17000	18100	19900	21600	23300	24900
	12.0	11800	12400	13300	14100	14800	15400	12200	12700	13600	14300	15000	15600
	υ	0.161	0.149	0.133	0.120	0.109	0.100	0.210	0.196	0.175	0.159	0.145	0.134
20-D32	**0.0**	21200	22700	25200	27600	30100	32600	22400	23900	26300	28800	31300	33800
(15900)	**3.0**	20600	22000	24400	26700	29100	31400	21700	23200	25500	27800	30100	32500
1.96 %	**4.0**	20200	21600	23800	26000	28300	30500	21300	22600	24900	27100	29300	31500
	5.0	19700	21000	23100	25200	27300	29300	20700	21900	24100	26200	28200	30300
D10@300	**6.0**	19000	20200	22200	24200	26100	28000	20000	21200	23100	25100	27000	28900
	7.0	18300	19400	21300	23100	24800	26500	19200	20300	22100	23800	25600	27300
	12.0	13800	14400	15300	16200	17000	17800	14200	14800	15700	16500	17300	18000
	υ	0.145	0.135	0.122	0.111	0.102	0.094	0.189	0.178	0.161	0.147	0.135	0.126
20-D38	**0.0**	23200	24600	27100	29500	32000	34400	24300	25800	28300	30700	33200	35600
(22800)	**3.0**	22600	24000	26300	28600	30900	33300	23700	25100	27400	29700	32000	34300
2.81 %	**4.0**	22100	23500	25700	27900	30200	32400	23200	24500	26800	29000	31200	33400
	5.0	21600	22900	25000	27100	29200	31200	22600	23900	26000	28100	30100	32200
D13@400	**6.0**	20900	22100	24100	26100	28000	29900	21800	23000	25000	27000	28900	30800
	7.0	20100	21300	23100	24900	26700	28400	21000	22100	24000	25700	27500	29200
	12.0	15400	16000	17000	17900	18800	19600	15800	16400	17400	18300	19100	19900
	υ	0.132	0.124	0.113	0.104	0.096	0.089	0.174	0.164	0.150	0.138	0.128	0.119
24-D41	**0.0**	25800	27300	29700	32100	34500	37000	27000	28400	30900	33300	35700	38100
(32200)	**3.0**	25200	26600	28900	31200	33500	35800	26300	27700	30000	32300	34600	36900
3.97 %	**4.0**	24700	26100	28300	30500	32700	34900	25800	27100	29300	31600	33700	35900
	5.0	24100	25400	27500	29600	31700	33800	25100	26400	28500	30600	32700	34700
D13@400	**6.0**	23400	24600	26600	28600	30500	32500	24400	25600	27600	29500	31500	33400
	7.0	22600	23800	25600	27400	29200	31000	23500	24600	26500	28300	30000	31800
	12.0	17500	18200	19200	20200	21200	22000	18000	18600	19700	20600	21500	22300
	υ	0.119	0.112	0.103	0.095	0.089	0.083	0.157	0.149	0.137	0.127	0.119	0.111

1) H형강치수의 오른쪽에는 H형강의 단면적(A_s, mm^2)과 총단면적($A_g = b \times d$)에 대한 단면적비(ρ_s, %)를 나타내었다.
2) 부재 길이방향철근의 재질은 SD400(F_{yr} = 400 MPa)을 사용하였다.
3) 왼쪽 끝 수직열의 각 칸에는 위로부터 아래 순서로 하여 길이방향철근의 개수와 직경(예, 12-D25), 길이방향철근의 단면적(A_{sr}, mm^2), 길이방향철근의 단면적비(ρ_{sr}, %), 횡구속철근의 직경과 길이방향 간격(예, D10@250)을 나타내었다.
4) υ (upsilon)은 $A_s F_y / P_o$의 값을 나타내며, 매입형 합성기둥에 길이방향 하중이 가해질 때 하중전달을 위한 소요전단력(V')을 산정하는데 사용된다. 여기서 P_o는 합성기둥의 세장효과를 고려하지 않은 공칭압축강도이다.

도움표 9.1 매입형 합성기둥의 설계압축강도 $\phi_c P_n$ (kN)

$b \times d$ = 900 × 900 mm　　H-350×357×19×19　　A_s = 19800 mm², 2.45 %

H형강 재질		SHN400 (F_y = 235 MPa)						SHN490 (F_y = 325 MPa)					
철근	*KL*	f_{ck} (MPa)						f_{ck} (MPa)					
	m	27	30	35	40	45	50	27	30	35	40	45	50
8-D25	**0.0**	18200	19700	22300	24800	27300	29800	19600	21100	23600	26100	28600	31100
(4060)	**3.0**	17700	19100	21500	23800	26200	28500	18900	20400	22700	25100	27400	29700
0.501 %	**4.0**	17300	18600	20900	23100	25300	27500	18500	19800	22000	24300	26500	28600
	5.0	16700	18000	20100	22200	24300	26300	17900	19100	21200	23300	25300	27300
D10@300	**6.0**	16100	17300	19300	21200	23100	24900	17100	18300	20300	22200	24000	25800
	7.0	15400	16500	18300	20000	21700	23400	16300	17400	19200	20900	22500	24200
	12.0	11100	11700	12500	13300	14000	14600	11500	12000	12800	13600	14200	14800
	υ	0.192	0.177	0.157	0.141	0.128	0.117	0.247	0.229	0.205	0.185	0.169	0.155
16-D25	**0.0**	19400	20900	23400	25900	28400	30900	20700	22200	24700	27200	29700	32200
(8110)	**3.0**	18800	20200	22600	24900	27300	29600	20100	21500	23900	26200	28500	30800
1.00 %	**4.0**	18400	19800	22000	24200	26500	28700	19600	21000	23200	25400	27600	29800
	5.0	17900	19200	21300	23400	25400	27500	19000	20300	22400	24500	26500	28500
D10@300	**6.0**	17200	18400	20400	22400	24300	26100	18300	19500	21400	23300	25200	27100
	7.0	16500	17600	19500	21200	22900	24600	17500	18600	20400	22100	23800	25400
	12.0	12100	12700	13600	14400	15200	15900	12600	13100	14000	14700	15400	16100
	υ	0.180	0.167	0.150	0.135	0.123	0.113	0.233	0.218	0.196	0.178	0.163	0.150
20-D32	**0.0**	21600	23100	25500	28000	30500	32900	22900	24400	26900	29300	31800	34300
(15900)	**3.0**	21000	22400	24800	27100	29400	31700	22300	23700	26000	28400	30700	33000
1.96 %	**4.0**	20600	21900	24200	26400	28600	30800	21800	23100	25400	27600	29800	32000
	5.0	20000	21300	23500	25600	27600	29700	21200	22500	24600	26700	28700	30800
D10@300	**6.0**	19400	20600	22600	24600	26500	28400	20500	21700	23600	25600	27500	29400
	7.0	18700	19800	21600	23400	25200	26900	19600	20700	22600	24300	26100	27800
	12.0	14100	14700	15700	16600	17400	18200	14500	15100	16100	16900	17700	18400
	υ	0.162	0.152	0.137	0.125	0.115	0.106	0.211	0.198	0.180	0.165	0.152	0.141
20-D38	**0.0**	23500	25000	27500	29900	32400	34800	24900	26400	28800	31200	33700	36100
(22800)	**3.0**	23000	24400	26700	29000	31300	33600	24200	25600	27900	30300	32600	34900
2.81 %	**4.0**	22500	23900	26100	28300	30500	32700	23700	25100	27300	29500	31700	33900
	5.0	21900	23200	25300	27500	29500	31600	23100	24400	26500	28600	30600	32700
D13@400	**6.0**	21300	22500	24500	26400	28400	30300	22300	23500	25500	27500	29400	31300
	7.0	20500	21600	23500	25300	27100	28800	21500	22600	24400	26200	28000	29700
	12.0	15700	16300	17300	18300	19100	20000	16200	16800	17800	18700	19500	20300
	υ	0.148	0.140	0.127	0.117	0.108	0.100	0.194	0.183	0.168	0.155	0.144	0.134
24-D41	**0.0**	26200	27600	30100	32500	34900	37300	27500	29000	31400	33800	36200	38600
(32200)	**3.0**	25600	27000	29300	31600	33800	36100	26800	28200	30500	32800	35100	37400
3.97 %	**4.0**	25100	26400	28700	30900	33100	35200	26300	27700	29900	32100	34300	36400
	5.0	24500	25800	27900	30000	32100	34100	25700	26900	29000	31100	33200	35200
D13@400	**6.0**	23800	25000	27000	29000	30900	32800	24900	26100	28100	30000	31900	33800
	7.0	23000	24100	26000	27800	29600	31300	24000	25100	26900	28800	30500	32300
	12.0	17800	18500	19600	20500	21500	22400	18400	19000	20000	21000	21900	22700
	υ	0.133	0.126	0.116	0.108	0.100	0.094	0.176	0.167	0.154	0.143	0.133	0.125

1) H형강치수의 오른쪽에는 H형강의 단면적(A_s, mm²)과 총단면적($A_g = b \times d$)에 대한 단면적비(ρ_s, %)를 나타내었다.
2) 부재 길이방향철근의 재질은 SD400(F_{yr} = 400 MPa)을 사용하였다.
3) 왼쪽 끝 수직열의 각 칸에는 위로부터 아래 순서로 하여 길이방향철근의 개수와 직경(예, 12-D25), 길이방향철근의 단면적(A_{sr}, mm²), 길이방향철근의 단면적비(ρ_{sr}, %), 횡구속철근의 직경과 길이방향 간격(예, D10@250)을 나타내었다.
4) υ (upsilon)은 $A_s F_y / P_o$의 값을 나타내며, 매입형 합성기둥에 길이방향 하중이 가해질 때 하중전달을 위한 소요전단력(V')을 산정하는데 사용된다. 여기서 P_o는 합성기둥의 세장효과를 고려하지 않은 공칭압축강도이다.

도움표 9.1 매입형 합성기둥의 설계압축강도 $\phi_c P_n$ (kN)

$b \times d$ = 900 × 900 mm　　H-388×402×15×15　　A_s = 17900 mm^2, 2.20 %

H형강 재질		SHN400 (F_y = 235 MPa)						SHN490 (F_y = 325 MPa)					
철근	KL	f_{ck} (MPa)						f_{ck} (MPa)					
	m	27	30	35	40	45	50	27	30	35	40	45	50
8-D25	0.0	17900	19400	21900	24400	27000	29500	19100	20600	23100	25600	28200	30700
(4060)	3.0	17400	18800	21200	23500	25900	28200	18500	19900	22300	24600	27000	29300
0.501 %	4.0	17000	18300	20600	22800	25000	27200	18000	19400	21600	23900	26100	28200
	5.0	16400	17700	19900	21900	24000	26000	17400	18700	20800	22900	24900	27000
D10@300	6.0	15800	17000	19000	20900	22800	24600	16800	17900	19900	21800	23600	25500
	7.0	15100	16200	18000	19800	21500	23100	16000	17100	18800	20500	22200	23800
	12.0	10900	11500	12400	13100	13800	14400	11300	11800	12600	13300	14000	14600
	υ	0.175	0.161	0.143	0.128	0.116	0.106	0.227	0.210	0.187	0.169	0.154	0.141
16-D25	0.0	19100	20600	23100	25600	28100	30600	20300	21800	24300	26800	29300	31800
(8110)	3.0	18500	19900	22300	24600	27000	29300	19600	21100	23400	25800	28100	30400
1.00 %	4.0	18100	19500	21700	24000	26200	28400	19200	20500	22800	25000	27200	29400
	5.0	17600	18900	21000	23100	25200	27200	18600	19900	22000	24100	26100	28100
D10@300	6.0	17000	18200	20100	22100	24000	25900	17900	19100	21000	23000	24800	26700
	7.0	16300	17400	19200	21000	22700	24300	17100	18200	20000	21700	23400	25100
	12.0	12000	12500	13400	14300	15000	15700	12300	12900	13700	14500	15200	15800
	υ	0.164	0.152	0.136	0.123	0.112	0.103	0.214	0.199	0.179	0.162	0.148	0.136
20-D32	0.0	21300	22700	25200	27700	30200	32600	22500	23900	26400	28900	31400	33800
(15900)	3.0	20700	22100	24500	26800	29100	31400	21800	23200	25600	27900	30200	32600
1.96 %	4.0	20300	21600	23900	26100	28300	30500	21400	22700	25000	27200	29400	31600
	5.0	19700	21000	23200	25300	27400	29400	20800	22100	24200	26300	28300	30400
D10@300	6.0	19100	20300	22300	24300	26200	28100	20100	21300	23200	25200	27100	29000
	7.0	18400	19500	21400	23200	24900	26600	19300	20400	22200	24000	25700	27400
	12.0	13900	14500	15500	16400	17200	18000	14300	14900	15800	16700	17500	18200
	υ	0.147	0.138	0.124	0.113	0.104	0.096	0.193	0.181	0.164	0.150	0.138	0.128
20-D38	0.0	23200	24700	27100	29600	32000	34500	24400	25900	28300	30800	33200	35700
(22800)	3.0	22600	24000	26400	28700	31000	33300	23800	25200	27500	29800	32100	34400
2.81 %	4.0	22200	23500	25800	28000	30200	32400	23300	24600	26900	29100	31300	33500
	5.0	21600	22900	25100	27200	29300	31300	22700	24000	26100	28200	30200	32300
D13@400	6.0	21000	22200	24200	26200	28100	30000	21900	23200	25100	27100	29000	30900
	7.0	20200	21400	23200	25000	26800	28500	21100	22200	24100	25900	27600	29300
	12.0	15500	16100	17100	18100	19000	19800	15900	16600	17500	18400	19300	20100
	υ	0.135	0.127	0.115	0.106	0.098	0.091	0.177	0.167	0.153	0.141	0.130	0.121
24-D41	0.0	25900	27300	29700	32200	34600	37000	27100	28500	30900	33400	35800	38200
(32200)	3.0	25300	26600	29000	31300	33600	35800	26400	27800	30100	32400	34700	37000
3.97 %	4.0	24800	26100	28400	30600	32800	35000	25900	27200	29400	31600	33800	36000
	5.0	24200	25500	27600	29700	31800	33900	25200	26500	28600	30700	32800	34900
D13@400	6.0	23500	24700	26700	28700	30600	32600	24500	25700	27700	29600	31600	33500
	7.0	22700	23800	25700	27500	29300	31100	23600	24700	26600	28400	30200	31900
	12.0	17600	18300	19400	20400	21300	22200	18100	18800	19800	20800	21700	22500
	υ	0.121	0.115	0.105	0.097	0.091	0.085	0.160	0.152	0.140	0.130	0.121	0.113

1) H형강시수의 오른쪽에는 H형상의 단면적(A_s, mm^2)과 총단면적($A_g = b \times d$)에 대한 단면적비(ρ_s, %)를 나타내었다.

2) 부재 길이방향철근의 재질은 SD400(F_{yr} = 400 MPa)을 사용하였다.

3) 왼쪽 끝 수직열의 각 칸에는 위로부터 아래 순서로 하여 길이방향철근의 개수와 직경(예, 12-D25), 길이방향철근의 단면적(A_{sr}, mm^2), 길이방향철근의 단면적비(ρ_{sr}, %), 횡구속철근의 직경과 길이방향 간격(예, D10@250)을 나타내었다.

4) υ (upsilon)은 $A_s F_y / P_o$의 값을 나타내며, 매입형 합성기둥에 길이방향 하중이 가해질 때 하중전달을 위한 소요전단력(V')을 산정하는데 사용된다. 여기서 P_o는 합성기둥의 세장효과를 고려하지 않은 공칭압축강도이다.

제9장

도움표 9.1 매입형 합성기둥의 설계압축강도 $\phi_c P_n$ (kN)

***b* × *d* = 900 × 900 mm** **H-394×398×11×18** A_s = 18700 mm², 2.31 %

H형강 재질		SHN400 (F_y = 235 MPa)						SHN490 (F_y = 325 MPa)					
철근	KL	f_{ck} (MPa)						f_{ck} (MPa)					
	m	27	30	35	40	45	50	27	30	35	40	45	50
8-D25	**0.0**	18100	19600	22100	24600	27100	29600	19300	20800	23300	25800	28400	30900
(4060)	**3.0**	17500	18900	21300	23700	26000	28300	18700	20100	22500	24800	27200	29500
0.501 %	**4.0**	17100	18500	20700	23000	25200	27400	18200	19600	21800	24100	26300	28500
	5.0	16600	17900	20000	22100	24200	26200	17700	18900	21100	23100	25200	27200
D10@300	**6.0**	16000	17200	19200	21100	23000	24900	17000	18200	20100	22000	23900	25700
	7.0	15300	16400	18200	20000	21700	23300	16200	17300	19100	20800	22500	24100
	12.0	11100	11700	12600	13400	14100	14700	11500	12100	12900	13600	14300	14900
	υ	0.182	0.168	0.149	0.134	0.122	0.111	0.236	0.219	0.195	0.176	0.161	0.148
16-D25	**0.0**	19200	20700	23200	25700	28200	30700	20500	22000	24500	27000	29500	32000
(8110)	**3.0**	18700	20100	22400	24800	27100	29500	19900	21300	23600	26000	28300	30600
1.00 %	**4.0**	18300	19600	21900	24100	26300	28500	19400	20700	23000	25200	27400	29600
	5.0	17700	19000	21200	23300	25300	27400	18800	20100	22200	24300	26300	28400
D10@300	**6.0**	17100	18300	20300	22300	24200	26100	18100	19300	21300	23200	25100	26900
	7.0	16400	17600	19400	21100	22900	24600	17300	18400	20200	22000	23700	25300
	12.0	12100	12700	13700	14500	15300	15900	12600	13100	14000	14800	15500	16100
	υ	0.171	0.159	0.142	0.128	0.117	0.107	0.222	0.207	0.186	0.169	0.155	0.143
20-D32	**0.0**	21400	22900	25400	27800	30300	32800	22700	24100	26600	29100	31600	34000
(15900)	**3.0**	20800	22300	24600	26900	29300	31600	22000	23500	25800	28100	30400	32800
1.96 %	**4.0**	20400	21800	24000	26300	28500	30700	21600	22900	25200	27400	29600	31800
	5.0	19900	21200	23300	25400	27500	29600	21000	22300	24400	26500	28600	30600
D10@300	**6.0**	19300	20500	22500	24500	26400	28300	20300	21500	23500	25400	27300	29200
	7.0	18500	19700	21500	23300	25100	26800	19500	20600	22400	24200	25900	27700
	12.0	14100	14700	15700	16600	17400	18200	14500	15100	16100	16900	17700	18500
	υ	0.154	0.144	0.130	0.118	0.109	0.100	0.201	0.189	0.171	0.157	0.144	0.134
20-D38	**0.0**	23400	24800	27300	29700	32200	34600	24600	26100	28500	31000	33400	35900
(22800)	**3.0**	22800	24200	26500	28800	31200	33500	24000	25400	27700	30000	32300	34600
2.81 %	**4.0**	22300	23700	25900	28200	30400	32600	23500	24800	27100	29300	31500	33700
	5.0	21800	23100	25200	27300	29400	31500	22900	24200	26300	28400	30500	32500
D13@400	**6.0**	21100	22400	24400	26300	28300	30200	22200	23400	25300	27300	29200	31100
	7.0	20400	21500	23400	25200	27000	28700	21300	22400	24300	26100	27800	29600
	12.0	15600	16300	17300	18300	19200	20000	16100	16800	17800	18700	19500	20300
	υ	0.141	0.133	0.121	0.111	0.102	0.095	0.185	0.175	0.160	0.147	0.136	0.127
24-D41	**0.0**	26000	27500	29900	32300	34700	37100	27300	28700	31100	33600	36000	38400
(32200)	**3.0**	25400	26800	29100	31400	33700	36000	26600	28000	30300	32600	34900	37200
3.97 %	**4.0**	24900	26300	28500	30700	32900	35100	26100	27400	29600	31900	34000	36200
	5.0	24400	25600	27800	29900	31900	34000	25500	26700	28800	30900	33000	35100
D13@400	**6.0**	23700	24900	26900	28800	30800	32700	24700	25900	27900	29800	31800	33700
	7.0	22900	24000	25900	27700	29500	31300	23800	24900	26800	28600	30400	32100
	12.0	17800	18500	19600	20600	21500	22400	18300	19000	20000	21000	21900	22800
	υ	0.127	0.120	0.110	0.102	0.095	0.089	0.167	0.159	0.146	0.136	0.127	0.119

1) H형강치수의 오른쪽에는 H형강의 단면적(A_s, mm²)과 총단면적($A_g = b \times d$)에 대한 단면적비(ρ_s, %)를 나타내었다.

2) 부재 길이방향철근의 재질은 SD400(F_{yr} = 400 MPa)을 사용하였다.

3) 왼쪽 끝 수직열의 각 칸에는 위로부터 아래 순서로 하여 길이방향철근의 개수와 직경(예, 12-D25), 길이방향철근의 단면적(A_{sr}, mm²), 길이방향철근의 단면적비(ρ_{sr}, %), 횡구속철근의 직경과 길이방향 간격(예, D10@250)을 나타내었다.

4) υ (upsilon)은 $A_s F_y / P_o$의 값을 나타내며, 매입형 합성기둥에 길이방향 하중이 가해질 때 하중전달을 위한 소요전단력(V')을 산정하는데 사용된다. 여기서 P_o는 합성기둥의 세장효과를 고려하지 않은 공칭압축강도이다.

도움표 9.1 매입형 합성기둥의 설계압축강도 $\phi_c P_n$ (kN)

***b* × *d* = 900 × 900 mm** **H-394×405×18×18** A_s = 21400 mm², 2.65 %

H형강 재질		SHN400 (F_y = 235 MPa)						SHN490 (F_y = 325 MPa)					
철근	*KL*	f_{ck} (MPa)						f_{ck} (MPa)					
	m	27	30	35	40	45	50	27	30	35	40	45	50
8-D25	0.0	18500	20000	22500	25000	27500	30000	19900	21400	23900	26400	28900	31400
(4060)	3.0	18000	19400	21700	24100	26400	28800	19300	20700	23100	25400	27800	30100
0.501 %	4.0	17500	18900	21200	23400	25600	27800	18800	20200	22400	24700	26900	29100
	5.0	17000	18300	20500	22500	24600	26700	18200	19500	21600	23700	25800	27800
D10@300	6.0	16400	17600	19600	21500	23400	25300	17500	18700	20700	22600	24500	26300
	7.0	15700	16800	18700	20400	22100	23800	16800	17800	19600	21300	23000	24700
	12.0	11500	12100	13000	13800	14500	15200	11900	12500	13300	14100	14800	15400
	υ	0.204	0.189	0.168	0.151	0.137	0.126	0.262	0.244	0.218	0.198	0.181	0.166
16-D25	0.0	19600	21100	23600	26100	28600	31100	21100	22600	25100	27600	30000	32500
(8110)	3.0	19100	20500	22900	25200	27500	29900	20500	21900	24200	26600	28900	31200
1.00 %	4.0	18700	20000	22300	24500	26800	29000	20000	21300	23600	25800	28000	30200
	5.0	18200	19500	21600	23700	25800	27800	19400	20700	22800	24900	26900	29000
D10@300	6.0	17500	18800	20700	22700	24600	26500	18700	19900	21800	23800	25700	27500
	7.0	16800	18000	19800	21600	23300	25000	17900	19000	20800	22500	24200	25900
	12.0	12500	13100	14000	14900	15700	16400	13000	13500	14400	15200	16000	16700
	υ	0.192	0.179	0.160	0.145	0.132	0.122	0.248	0.231	0.208	0.190	0.174	0.161
20-D32	0.0	21800	23300	25800	28200	30700	33200	23300	24800	27200	29700	32200	34600
(15900)	3.0	21300	22700	25000	27400	29700	32000	22700	24100	26400	28700	31000	33300
1.96 %	4.0	20900	22200	24500	26700	28900	31100	22200	23500	25800	28000	30200	32400
	5.0	20300	21600	23700	25900	27900	30000	21600	22800	25000	27100	29100	31200
D10@300	6.0	19700	20900	22900	24900	26800	28700	20800	22000	24000	26000	27900	29800
	7.0	19000	20100	21900	23800	25500	27300	20000	21100	23000	24700	26500	28200
	12.0	14400	15000	16000	17000	17800	18600	14900	15500	16500	17400	18200	19000
	υ	0.173	0.162	0.147	0.134	0.123	0.114	0.224	0.211	0.192	0.176	0.163	0.151
20-D38	0.0	23800	25300	27700	30100	32600	35000	25200	26700	29200	31600	34000	36500
(22800)	3.0	23200	24600	26900	29300	31600	33900	24600	26000	28300	30600	32900	35200
2.81 %	4.0	22800	24100	26400	28600	30800	33000	24100	25400	27700	29900	32100	34300
	5.0	22200	23500	25600	27700	29800	31900	23500	24700	26900	29000	31000	33100
D13@400	6.0	21500	22800	24800	26700	28700	30600	22700	23900	25900	27900	29800	31700
	7.0	20800	21900	23800	25600	27400	29100	21900	23000	24800	26600	28400	30100
	12.0	16000	16600	17700	18700	19600	20400	16600	17200	18200	19100	20000	20800
	υ	0.159	0.150	0.136	0.125	0.116	0.108	0.207	0.196	0.179	0.165	0.154	0.143
24-D41	0.0	26400	27900	30300	32700	35100	37500	27900	29300	31800	34200	36600	39000
(32200)	3.0	25800	27200	29500	31800	34100	36400	27200	28600	30900	33200	35500	37700
3.97 %	4.0	25400	26700	28900	31100	33300	35500	26700	28000	30200	32400	34600	36800
	5.0	24800	26100	28200	30300	32400	34400	26000	27300	29400	31500	33600	35600
D13@400	6.0	24100	25300	27300	29300	31200	33100	25300	26500	28400	30400	32300	34200
	7.0	23300	24400	26300	28100	29900	31700	24400	25500	27300	29100	30900	32700
	12.0	18100	18800	19900	20900	21900	22800	18700	19400	20400	21400	22300	23200
	υ	0.143	0.135	0.125	0.116	0.108	0.101	0.187	0.178	0.165	0.153	0.143	0.134

1) H형강치수의 오른쪽에는 H형강의 단면적(A_s, mm²)과 총단면적($A_g = b \times d$)에 대한 단면적비(ρ_s, %)를 나타내었다.

2) 부재 길이방향철근의 재질은 SD400(F_{yr} = 400 MPa)을 사용하였다.

3) 왼쪽 끝 수직열의 각 칸에는 위로부터 아래 순서로 하여 길이방향철근의 개수와 직경(예, 12-D25), 길이방향철근의 단면적(A_{sr}, mm²), 길이방향철근의 단면적비(ρ_{sr}, %), 횡구속철근의 직경과 길이방향 간격(예, D10@250)을 나타내었다.

4) υ (upsilon)은 $A_s F_y / P_o$의 값을 나타내며, 매입형 합성기둥에 길이방향 하중이 가해질 때 하중전달을 위한 소요전단력(V')을 산정하는데 사용된다. 여기서 P_o는 합성기둥의 세장효과를 고려하지 않은 공칭압축강도이다.

도움표 9.1 매입형 합성기둥의 설계압축강도 $\phi_c P_n$ (kN)

$b \times d$ = 900 × 900 mm H-400×400×13×21 A_s = 21900 mm², 2.70 %

H형강 재질		SHN400 (F_y = 235 MPa)						SHN490 (F_y = 325 MPa)					
철근	KL	f_{ck} (MPa)						f_{ck} (MPa)					
	m	27	30	35	40	45	50	27	30	35	40	45	50
8-D25	**0.0**	18600	20100	22600	25100	27600	30100	20000	21500	24000	26500	29000	31500
(4060)	**3.0**	18000	19500	21800	24200	26500	28800	19400	20800	23200	25500	27900	30200
0.501 %	**4.0**	17600	19000	21200	23500	25700	27900	18900	20300	22600	24800	27000	29200
	5.0	17100	18400	20500	22600	24700	26800	18400	19600	21800	23800	25900	27900
D10@300	**6.0**	16500	17700	19700	21700	23600	25400	17700	18900	20800	22700	24600	26500
	7.0	15800	17000	18800	20500	22300	23900	16900	18000	19800	21500	23200	24800
	12.0	11600	12200	13100	14000	14700	15400	12100	12700	13500	14300	15000	15600
	υ	0.208	0.192	0.171	0.154	0.140	0.128	0.266	0.247	0.222	0.201	0.184	0.169
16-D25	**0.0**	19700	21200	23700	26200	28700	31200	21200	22700	25200	27700	30100	32600
(8110)	**3.0**	19200	20600	22900	25300	27600	29900	20600	22000	24300	26700	29000	31300
1.00 %	**4.0**	18800	20100	22400	24600	26800	29000	20100	21400	23700	25900	28100	30300
	5.0	18200	19500	21700	23800	25900	27900	19500	20800	22900	25000	27100	29100
D10@300	**6.0**	17600	18800	20800	22800	24700	26600	18800	20000	22000	23900	25800	27700
	7.0	16900	18100	19900	21700	23400	25100	18000	19100	20900	22700	24400	26100
	12.0	12600	13200	14200	15100	15900	16600	13100	13700	14600	15400	16200	16900
	υ	0.196	0.182	0.163	0.147	0.134	0.124	0.252	0.235	0.212	0.193	0.177	0.163
20-D32	**0.0**	21900	23400	25800	28300	30800	33200	23400	24900	27300	29800	32200	34700
(15900)	**3.0**	21400	22800	25100	27400	29800	32100	22800	24200	26500	28800	31100	33400
1.96 %	**4.0**	20900	22300	24500	26800	29000	31200	22300	23600	25900	28100	30300	32500
	5.0	20400	21700	23800	25900	28000	30100	21700	23000	25100	27200	29200	31300
D10@300	**6.0**	19800	21000	23000	25000	26900	28800	21000	22200	24100	26100	28000	29900
	7.0	19000	20200	22000	23900	25600	27400	20100	21300	23100	24900	26600	28300
	12.0	14500	15200	16200	17100	18000	18800	15100	15700	16700	17500	18400	19100
	υ	0.176	0.165	0.149	0.136	0.125	0.116	0.228	0.214	0.195	0.179	0.165	0.154
20-D38	**0.0**	23900	25300	27800	30200	32600	35100	25300	26800	29200	31700	34100	36600
(22800)	**3.0**	23300	24700	27000	29300	31600	33900	24700	26100	28400	30700	33000	35300
2.81 %	**4.0**	22800	24200	26400	28700	30900	33100	24200	25500	27800	30000	32200	34400
	5.0	22300	23600	25700	27800	29900	32000	23600	24800	27000	29100	31100	33200
D13@400	**6.0**	21600	22800	24900	26800	28800	30700	22800	24000	26000	28000	29900	31800
	7.0	20900	22000	23900	25700	27500	29300	22000	23100	24900	26800	28500	30300
	12.0	16100	16800	17800	18800	19700	20600	16700	17300	18300	19300	20100	21000
	υ	0.161	0.152	0.139	0.128	0.118	0.110	0.210	0.199	0.182	0.168	0.156	0.146
24-D41	**0.0**	26500	28000	30400	32800	35200	37600	28000	29400	31800	34300	36700	39100
(32200)	**3.0**	25900	27300	29600	31900	34200	36500	27300	28700	31000	33300	35600	37800
3.97 %	**4.0**	25400	26800	29000	31200	33400	35600	26800	28100	30300	32500	34700	36900
	5.0	24800	26100	28200	30400	32400	34500	26100	27400	29500	31600	33700	35700
D13@400	**6.0**	24100	25400	27400	29300	31300	33200	25400	26600	28500	30500	32400	34400
	7.0	23300	24500	26400	28200	30000	31800	24500	25600	27400	29300	31000	32800
	12.0	18200	18900	20000	21000	22000	22900	18900	19500	20600	21600	22500	23400
	υ	0.145	0.138	0.127	0.118	0.110	0.103	0.190	0.181	0.167	0.156	0.145	0.136

1) H형강치수의 오른쪽에는 H형강의 단면적(A_s, mm²)과 총단면적($A_g = b \times d$)에 대한 단면적비(ρ_s, %)를 나타내었다.
2) 부재 길이방향철근의 재질은 SD400(F_{yr} = 400 MPa)을 사용하였다.
3) 왼쪽 끝 수직열의 각 칸에는 위로부터 아래 순서로 하여 길이방향철근의 개수와 직경(예, 12-D25), 길이방향철근의 단면적(A_{sr}, mm²), 길이방향철근의 단면적비(ρ_{sr}, %), 횡구속철근의 직경과 길이방향 간격(예, D10@250)을 나타내었다.
4) υ (upsilon)은 $A_s F_y / P_o$의 값을 나타내며, 매입형 합성기둥에 길이방향 하중이 가해질 때 하중전달을 위한 소요전단력(V')을 산정하는데 사용된다. 여기서 P_o는 합성기둥의 세장효과를 고려하지 않은 공칭압축강도이다.

도움표 9.1 매입형 합성기둥의 설계압축강도 $\phi_c P_n$ (kN)

$b \times d$ = 900 × 900 mm　　　H-400×408×21×21　　　A_s = 25100 mm², 3.09 %

H형강 재질		SHN400 (F_y = 235 MPa)						SHN490 (F_y = 325 MPa)					
철근	KL	f_{ck} (MPa)						f_{ck} (MPa)					
	m	27	30	35	40	45	50	27	30	35	40	45	50
8-D25	0.0	19100	20600	23100	25500	28000	30500	20800	22300	24800	27200	29700	32200
(4060)	3.0	18500	20000	22300	24700	27000	29300	20100	21500	23900	26200	28600	30900
0.501 %	4.0	18100	19500	21700	24000	26200	28400	19600	21000	23200	25500	27700	29900
	5.0	17600	18900	21000	23100	25200	27300	19000	20300	22400	24500	26600	28600
D10@300	6.0	17000	18200	20200	22200	24100	25900	18300	19500	21500	23400	25300	27100
	7.0	16300	17400	19300	21000	22800	24500	17500	18600	20400	22200	23900	25500
	12.0	12000	12700	13600	14400	15200	15900	12600	13200	14000	14800	15600	16200
	υ	0.232	0.215	0.192	0.173	0.158	0.145	0.294	0.274	0.247	0.224	0.206	0.190
16-D25	0.0	20200	21700	24200	26700	29100	31600	21900	23400	25900	28400	30800	33300
(8110)	3.0	19700	21100	23400	25800	28100	30400	21300	22700	25000	27400	29700	32000
1.00 %	4.0	19300	20600	22900	25100	27300	29500	20800	22100	24400	26600	28800	31000
	5.0	18700	20000	22200	24300	26400	28400	20200	21500	23600	25700	27700	29800
D10@300	6.0	18100	19300	21300	23300	25200	27100	19500	20700	22600	24600	26500	28300
	7.0	17400	18500	20400	22200	23900	25700	18600	19700	21600	23300	25000	26700
	12.0	13000	13700	14600	15500	16400	17100	13600	14200	15100	16000	16700	17400
	υ	0.218	0.204	0.183	0.166	0.152	0.140	0.279	0.261	0.236	0.216	0.198	0.183
20-D32	0.0	22400	23900	26300	28800	31200	33700	24100	25600	28000	30500	32900	35400
(15900)	3.0	21900	23300	25600	27900	30200	32500	23500	24900	27200	29500	31800	34100
1.96 %	4.0	21400	22800	25000	27300	29500	31700	23000	24300	26500	28800	31000	33200
	5.0	20900	22200	24300	26400	28500	30600	22300	23600	25700	27800	29900	32000
D10@300	6.0	20200	21500	23500	25400	27400	29300	21600	22800	24800	26700	28700	30600
	7.0	19500	20700	22500	24300	26100	27900	20800	21900	23700	25500	27300	29000
	12.0	14900	15600	16600	17600	18500	19300	15600	16200	17200	18100	18900	19700
	υ	0.197	0.185	0.168	0.153	0.141	0.131	0.253	0.239	0.218	0.200	0.186	0.173
20-D38	0.0	24400	25800	28300	30700	33100	35600	26100	27500	30000	32400	34800	37200
(22800)	3.0	23800	25200	27500	29800	32100	34400	25400	26800	29100	31400	33700	36000
2.81 %	4.0	23300	24700	26900	29100	31300	33500	24900	26200	28400	30700	32900	35000
	5.0	22800	24100	26200	28300	30400	32500	24200	25500	27600	29700	31800	33900
D13@400	6.0	22100	23300	25300	27300	29300	31200	23500	24700	26700	28600	30600	32500
	7.0	21300	22500	24300	26200	28000	29700	22600	23700	25600	27400	29200	30900
	12.0	16500	17200	18200	19200	20200	21000	17200	17800	18800	19800	20700	21500
	υ	0.181	0.171	0.156	0.144	0.133	0.124	0.234	0.222	0.204	0.189	0.176	0.164
24-D41	0.0	27000	28500	30900	33300	35700	38100	28700	30200	32600	35000	37400	39800
(32200)	3.0	26400	27800	30100	32400	34600	36900	28000	29400	31700	34000	36200	38500
3.97 %	4.0	25900	27300	29500	31700	33900	36100	27500	28800	31000	33200	35400	37600
	5.0	25300	26600	28700	30800	32900	35000	26800	28100	30200	32300	34300	36400
D13@400	6.0	24600	25800	27800	29800	31800	33700	26000	27200	29200	31200	33100	35000
	7.0	23800	24900	26800	28700	30500	32200	25100	26200	28100	29900	31700	33400
	12.0	18600	19300	20400	21500	22400	23400	19300	20000	21100	22100	23000	23900
	υ	0.164	0.155	0.143	0.133	0.124	0.116	0.213	0.203	0.188	0.175	0.164	0.154

1) H형강시수의 오른쪽에는 H형강의 난면석(A_s, mm²)과 총난면석($A_g = b \times d$)에 대한 단면적비(ρ_s, %)를 나타내었다.

2) 부재 길이방향철근의 재질은 SD400(F_{yr} = 400 MPa)을 사용하였다.

3) 왼쪽 끝 수직열의 각 칸에는 위로부터 아래 순서로 하여 길이방향철근의 개수와 직경(예, 12-D25), 길이방향철근의 단면적(A_{sr}, mm²), 길이방향철근의 단면적비(ρ_{sr}, %), 횡구속철근의 직경과 길이방향 간격(예, D10@250)을 나타내었다.

4) υ (upsilon)은 $A_s F_y / P_o$의 값을 나타내며, 매입형 합성기둥에 길이방향 하중이 가해질 때 하중전달을 위한 소요전단력(V')을 산정하는데 사용된다. 여기서 P_o는 합성기둥의 세장효과를 고려하지 않은 공칭압축강도이다.

도움표 9.1 매입형 합성기둥의 설계압축강도 $\phi_c P_n$ (kN)

$b \times d$ = 900 × 900 mm **H-406×403×16×24** A_s = 25500 mm^2, 3.15 %

H형강 재질		SHN400 (F_y = 235 MPa)						SHN490 (F_y = 325 MPa)					
철근	KL	f_{ck} (MPa)						f_{ck} (MPa)					
	m	27	30	35	40	45	50	27	30	35	40	45	50
8-D25	0.0	19100	20600	23100	25600	28100	30600	20900	22400	24800	27300	29800	32300
(4060)	3.0	18600	20000	22400	24700	27100	29400	20200	21600	24000	26300	28700	31000
0.501 %	4.0	18200	19600	21800	24100	26300	28500	19800	21100	23300	25600	27800	30000
	5.0	17700	19000	21100	23200	25300	27400	19200	20400	22500	24600	26700	28700
D10@300	6.0	17100	18300	20300	22300	24200	26100	18400	19600	21600	23500	25400	27300
	7.0	16400	17500	19400	21200	22900	24600	17600	18700	20500	22300	24000	25700
	12.0	12200	12800	13700	14600	15400	16100	12700	13300	14200	15000	15800	16400
	υ	0.235	0.218	0.194	0.175	0.160	0.147	0.298	0.278	0.250	0.227	0.208	0.192
16-D25	0.0	20300	21800	24200	26700	29200	31700	22000	23500	26000	28400	30900	33400
(8110)	3.0	19700	21200	23500	25800	28200	30500	21400	22800	25100	27500	29800	32100
1.00 %	4.0	19300	20700	23000	25200	27400	29600	20900	22200	24500	26700	28900	31100
	5.0	18800	20100	22300	24400	26400	28500	20300	21600	23700	25800	27800	29900
D10@300	6.0	18200	19400	21400	23400	25300	27200	19600	20800	22700	24700	26600	28500
	7.0	17500	18600	20500	22300	24100	25800	18800	19900	21700	23400	25200	26900
	12.0	13200	13800	14800	15700	16500	17300	13800	14300	15300	16100	16900	17600
	υ	0.221	0.206	0.185	0.168	0.154	0.142	0.282	0.264	0.239	0.218	0.201	0.186
20-D32	0.0	22500	24000	26400	28900	31300	33800	24200	25700	28100	30600	33000	35500
(15900)	3.0	21900	23300	25700	28000	30300	32600	23600	25000	27300	29600	31900	34200
1.96 %	4.0	21500	22900	25100	27300	29500	31700	23100	24400	26600	28900	31100	33300
	5.0	21000	22300	24400	26500	28600	30700	22400	23700	25900	27900	30000	32100
D10@300	6.0	20300	21600	23600	25500	27500	29400	21700	22900	24900	26900	28800	30700
	7.0	19600	20700	22600	24400	26200	28000	20900	22000	23800	25600	27400	29100
	12.0	15000	15700	16700	17700	18600	19400	15700	16300	17300	18200	19100	19900
	υ	0.200	0.188	0.170	0.156	0.143	0.133	0.257	0.242	0.221	0.203	0.188	0.175
20-D38	0.0	24400	25900	28300	30800	33200	35600	26200	27600	30000	32500	34900	37300
(22800)	3.0	23900	25300	27600	29900	32200	34500	25500	26900	29200	31500	33800	36100
2.81 %	4.0	23400	24800	27000	29200	31400	33600	25000	26300	28500	30800	33000	35100
	5.0	22900	24100	26300	28400	30500	32500	24300	25600	27700	29800	31900	34000
D13@400	6.0	22200	23400	25400	27400	29300	31300	23600	24800	26800	28700	30700	32600
	7.0	21400	22600	24400	26300	28100	29800	22700	23800	25700	27500	29300	31000
	12.0	16600	17300	18400	19400	20300	21200	17300	17900	19000	19900	20800	21700
	υ	0.184	0.173	0.159	0.146	0.135	0.126	0.237	0.225	0.207	0.191	0.178	0.166
24-D41	0.0	27100	28500	30900	33300	35700	38100	28800	30200	32600	35000	37400	39800
(32200)	3.0	26500	27900	30100	32400	34700	37000	28100	29500	31800	34100	36300	38600
3.97 %	4.0	26000	27300	29600	31800	33900	36100	27600	28900	31100	33300	35500	37700
	5.0	25400	26700	28800	30900	33000	35000	26900	28200	30300	32400	34400	36500
D13@400	6.0	24700	25900	27900	29900	31800	33800	26100	27300	29300	31300	33200	35100
	7.0	23900	25000	26900	28700	30600	32300	25200	26300	28200	30000	31800	33500
	12.0	18700	19400	20500	21600	22600	23500	19500	20100	21200	22200	23100	24000
	υ	0.166	0.157	0.145	0.135	0.126	0.118	0.216	0.205	0.190	0.177	0.166	0.156

1) H형강치수의 오른쪽에는 H형강의 단면적(A_s, mm^2)과 총단면적($A_g = b \times d$)에 대한 단면적비(ρ_s, %)를 나타내었다.

2) 부재 길이방향철근의 재질은 SD400(F_{yr} = 400 MPa)을 사용하였다.

3) 왼쪽 끝 수직열의 각 칸에는 위로부터 아래 순서로 하여 길이방향철근의 개수와 직경(예, 12-D25), 길이방향철근의 단면적(A_{sr}, mm^2), 길이방향철근의 단면적비(ρ_{sr}, %), 횡구속철근의 직경과 길이방향 간격(예, D10@250)을 나타내었다.

4) υ (upsilon)은 $A_s F_y / P_o$의 값을 나타내며, 매입형 합성기둥에 길이방향 하중이 가해질 때 하중전달을 위한 소요전단력(V')을 산정하는데 사용된다. 여기서 P_o는 합성기둥의 세장효과를 고려하지 않은 공칭압축강도이다.

도움표 9.1 매입형 합성기둥의 설계압축강도 $\phi_c P_n$ (kN)

$b \times d$ = 900 × 900 mm **H-414×405×18×28** A_s = 29500 mm², 3.65 %

H형강 재질		SHN400 (F_y = 235 MPa)						SHN490 (F_y = 325 MPa)					
철근	KL	f_{ck} (MPa)						f_{ck} (MPa)					
	m	27	30	35	40	45	50	27	30	35	40	45	50
8-D25	**0.0**	19800	21300	23700	26200	28700	31200	21800	23300	25700	28200	30700	33200
(4060)	**3.0**	19300	20700	23000	25400	27700	30000	21100	22500	24900	27200	29500	31800
0.501 %	**4.0**	18900	20200	22500	24700	26900	29100	20600	22000	24200	26500	28700	30900
	5.0	18300	19600	21800	23900	26000	28000	20000	21300	23400	25500	27600	29600
D10@300	**6.0**	17700	19000	21000	22900	24900	26800	19300	20500	22500	24400	26300	28200
	7.0	17100	18200	20000	21800	23600	25300	18500	19600	21400	23200	24900	26600
	12.0	12800	13400	14400	15300	16200	17000	13500	14100	15000	15800	16600	17300
	υ	0.263	0.245	0.219	0.199	0.181	0.167	0.331	0.309	0.280	0.255	0.235	0.217
16-D25	**0.0**	20900	22400	24900	27300	29800	32300	22900	24400	26900	29300	31800	34300
(8110)	**3.0**	20400	21800	24100	26500	28800	31100	22300	23700	26000	28300	30700	33000
1.00 %	**4.0**	20000	21300	23600	25800	28000	30200	21800	23100	25400	27600	29800	32000
	5.0	19500	20800	22900	25000	27100	29200	21200	22400	24600	26700	28700	30800
D10@300	**6.0**	18800	20100	22100	24000	26000	27900	20400	21600	23600	25600	27500	29400
	7.0	18100	19300	21100	23000	24700	26500	19600	20700	22500	24300	26100	27800
	12.0	13800	14400	15400	16400	17300	18100	14500	15100	16000	16900	17800	18500
	υ	0.249	0.232	0.209	0.190	0.175	0.161	0.314	0.295	0.268	0.246	0.226	0.210
20-D32	**0.0**	23100	24600	27000	29500	31900	34300	25100	26600	29000	31500	33900	36300
(15900)	**3.0**	22600	24000	26300	28600	30900	33200	24500	25900	28200	30500	32800	35100
1.96 %	**4.0**	22100	23500	25700	28000	30200	32400	24000	25300	27500	29700	31900	34100
	5.0	21600	22900	25000	27100	29200	31300	23300	24600	26700	28800	30900	33000
D10@300	**6.0**	21000	22200	24200	26200	28100	30100	22600	23800	25800	27700	29700	31600
	7.0	20200	21400	23200	25100	26900	28700	21700	22800	24700	26500	28300	30000
	12.0	15600	16300	17400	18400	19300	20200	16400	17000	18000	19000	19900	20700
	υ	0.225	0.212	0.193	0.177	0.163	0.152	0.287	0.271	0.248	0.229	0.212	0.198
20-D38	**0.0**	25100	26500	29000	31400	33800	36200	27100	28500	30900	33400	35800	38200
(22800)	**3.0**	24500	25900	28200	30500	32800	35100	26400	27800	30100	32400	34700	36900
2.81 %	**4.0**	24100	25400	27600	29800	32000	34200	25900	27200	29400	31600	33800	36000
	5.0	23500	24800	26900	29000	31100	33200	25200	26500	28600	30700	32800	34800
D13@400	**6.0**	22800	24000	26000	28000	30000	31900	24400	25700	27600	29600	31500	33400
	7.0	22100	23200	25100	26900	28700	30500	23600	24700	26500	28300	30100	31900
	12.0	17200	17900	19000	20000	21000	21900	18000	18600	19700	20700	21600	22500
	υ	0.208	0.196	0.180	0.166	0.154	0.144	0.266	0.252	0.233	0.216	0.201	0.189
24-D41	**0.0**	27700	29200	31600	33900	36300	38700	29700	31200	33500	35900	38300	40700
(32200)	**3.0**	27100	28500	30800	33000	35300	37600	29000	30400	32700	34900	37200	39500
3.97 %	**4.0**	26600	28000	30200	32400	34600	36700	28500	29800	32000	34200	36400	38500
	5.0	26000	27300	29400	31500	33600	35700	27800	29100	31200	33200	35300	37300
D13@400	**6.0**	25300	26500	28500	30500	32500	34400	27000	28200	30200	32100	34000	36000
	7.0	24500	25700	27500	29400	31200	33000	26000	27200	29000	30800	32600	34400
	12.0	19300	20000	21100	22200	23200	24200	20200	20800	21900	22900	23900	24800
	υ	0.188	0.179	0.165	0.153	0.143	0.135	0.242	0.231	0.215	0.200	0.188	0.177

1) H형강치수의 오른쪽에는 H형강의 단면적(A_s, mm²)과 총단면적($A_g = b \times d$)에 대한 단면적비(ρ_s, %)를 나타내었다.
2) 부재 길이방향철근의 재질은 SD400(F_{yr} = 400 MPa)을 사용하였다.
3) 왼쪽 끝 수직열의 각 칸에는 위로부터 아래 순서로 하여 길이방향철근의 개수와 직경(예, 12-D25), 길이방향철근의 단면적(A_{sr}, mm²), 길이방향철근의 단면적비(ρ_{sr}, %), 횡구속철근의 직경과 길이방향 간격(예, D10@250)을 나타내었다.
4) υ (upsilon)은 $A_s F_y / P_o$의 값을 나타내며, 매입형 합성기둥에 길이방향 하중이 가해질 때 하중전달을 위한 소요전단력(V')을 산정하는데 사용된다. 여기서 P_o는 합성기둥의 세장효과를 고려하지 않은 공칭압축강도이다.

도움표 9.1 매입형 합성기둥의 설계압축강도 $\phi_c P_n$ (kN)

$b \times d$ = 900 × 900 mm **H-428×407×20×35** A_s = 36100 mm², 4.45 %

H형강 재질		SHN400 (F_y = 235 MPa)						SHN490 (F_y = 325 MPa)					
철근	KL	f_{ck} (MPa)						f_{ck} (MPa)					
	m	27	30	35	40	45	50	27	30	35	40	45	50
8-D25	0.0	20800	22300	24800	27200	29700	32100	23300	24700	27200	29600	32100	34500
(4060)	3.0	20300	21700	24000	26400	28700	31000	22600	24000	26300	28600	31000	33300
0.501 %	4.0	19900	21200	23500	25700	27900	30200	22100	23400	25700	27900	30100	32300
	5.0	19400	20700	22800	24900	27000	29100	21500	22700	24900	27000	29000	31100
D10@300	6.0	18800	20000	22000	24000	26000	27900	20700	21900	23900	25900	27800	29700
	7.0	18100	19200	21100	22900	24700	26500	19900	21000	22800	24600	26400	28100
	12.0	13800	14400	15500	16500	17400	18200	14700	15300	16200	17200	18000	18800
	υ	0.305	0.285	0.257	0.234	0.214	0.198	0.378	0.355	0.323	0.297	0.274	0.254
16-D25	0.0	22000	23400	25900	28300	30800	33200	24400	25900	28300	30800	33200	35600
(8110)	3.0	21400	22800	25200	27500	29800	32100	23700	25100	27500	29800	32100	34400
1.00 %	4.0	21000	22400	24600	26800	29100	31300	23200	24600	26800	29000	31200	33400
	5.0	20500	21800	23900	26000	28100	30200	22600	23900	26000	28100	30200	32200
D10@300	6.0	19900	21100	23100	25100	27100	29000	21800	23000	25000	27000	28900	30800
	7.0	19200	20300	22200	24000	25800	27600	21000	22100	23900	25700	27500	29200
	12.0	14700	15400	16500	17500	18400	19300	15600	16300	17300	18200	19100	19900
	υ	0.289	0.271	0.246	0.224	0.207	0.191	0.360	0.340	0.311	0.286	0.265	0.247
20-D32	0.0	24200	25600	28000	30500	32900	35300	26600	28100	30500	32900	35300	37700
(15900)	3.0	23600	25000	27300	29600	31900	34200	25900	27300	29600	31900	34200	36500
1.96 %	4.0	23200	24500	26700	29000	31200	33400	25400	26700	29000	31200	33300	35500
	5.0	22600	23900	26000	28200	30300	32300	24700	26000	28100	30200	32300	34400
D10@300	6.0	22000	23200	25200	27200	29200	31100	24000	25200	27200	29100	31100	33000
	7.0	21200	22400	24300	26100	27900	29700	23100	24200	26100	27900	29700	31400
	12.0	16500	17200	18400	19400	20400	21300	17500	18200	19200	20200	21100	22000
	υ	0.263	0.248	0.227	0.209	0.193	0.180	0.330	0.313	0.289	0.267	0.249	0.233
20-D38	0.0	26100	27600	30000	32400	34700	37100	28600	30000	32400	34800	37200	39600
(22800)	3.0	25500	26900	29200	31500	33800	36000	27900	29200	31500	33800	36100	38300
2.81 %	4.0	25100	26400	28600	30800	33000	35200	27300	28600	30800	33000	35200	37400
	5.0	24500	25800	27900	30000	32100	34200	26600	27900	30000	32100	34200	36200
D13@400	6.0	23800	25100	27100	29000	31000	32900	25800	27000	29000	31000	32900	34800
	7.0	23100	24200	26100	27900	29800	31500	24900	26000	27900	29700	31500	33300
	12.0	18100	18800	19900	21000	22000	23000	19100	19800	20900	21900	22800	23700
	υ	0.243	0.231	0.212	0.196	0.183	0.171	0.308	0.293	0.271	0.253	0.236	0.222
24-D41	0.0	28800	30200	32600	34900	37300	39600	31200	32600	35000	37400	39700	42100
(32200)	3.0	28100	29500	31800	34000	36300	38500	30500	31800	34100	36300	38600	40800
3.97 %	4.0	27700	29000	31200	33400	35500	37700	29900	31200	33400	35600	37700	39900
	5.0	27100	28300	30400	32500	34600	36700	29200	30500	32500	34600	36700	38700
D13@400	6.0	26300	27500	29500	31500	33500	35400	28400	29600	31500	33500	35400	37300
	7.0	25500	26700	28500	30400	32200	34000	27400	28500	30400	32200	34000	35700
	12.0	20200	20900	22100	23200	24200	25200	21300	22000	23100	24100	25100	26000
	υ	0.221	0.211	0.195	0.182	0.170	0.160	0.282	0.269	0.251	0.235	0.221	0.209

1) H형강치수의 오른쪽에는 H형강의 단면적(A_s, mm²)과 총단면적($A_g = b \times d$)에 대한 단면적비(ρ_s, %)를 나타내었다.

2) 부재 길이방향철근의 재질은 SD400(F_{yr} = 400 MPa)을 사용하였다.

3) 왼쪽 끝 수직열의 각 칸에는 위로부터 아래 순서로 하여 길이방향철근의 개수와 직경(예, 12-D25), 길이방향철근의 단면적(A_{sr}, mm²), 길이방향철근의 단면적비(ρ_{sr}, %), 횡구속철근의 직경과 길이방향 간격(예, D10@250)을 나타내었다.

4) υ (upsilon)은 $A_s F_y / P_o$의 값을 나타내며, 매입형 합성기둥에 길이방향 하중이 가해질 때 하중전달을 위한 소요전단력(V')을 산정하는데 사용된다. 여기서 P_o는 합성기둥의 세장효과를 고려하지 않은 공칭압축강도이다.

도움표 9.1 매입형 합성기둥의 설계압축강도 $\phi_c P_n$ (kN)

$b \times d$ = 900 × 900 mm **H-458×417×30×50** A_s = 52900 mm², 6.53 %

H형강 재질		SHN400 (F_y = 235 MPa)						SHN490 (F_y = 325 MPa)					
철근	*KL*	f_{ck} (MPa)						f_{ck} (MPa)					
	m	27	30	35	40	45	50	27	30	35	40	45	50
8-D25	**0.0**	23500	24900	27300	29700	32100	34500	27100	28500	30900	33300	35700	38100
(4060)	**3.0**	23000	24300	26600	28900	31200	33500	26300	27700	30000	32300	34600	36800
0.501 %	**4.0**	22500	23900	26100	28300	30500	32700	25800	27100	29300	31500	33700	35900
	5.0	22000	23300	25400	27600	29700	31700	25100	26400	28500	30600	32700	34700
D10@300	**6.0**	21400	22600	24700	26700	28600	30600	24300	25500	27500	29500	31400	33300
	7.0	20700	21900	23800	25600	27500	29300	23400	24500	26400	28200	30000	31700
	12.0	16200	16900	18100	19200	20200	21200	17600	18300	19400	20400	21400	22300
	υ	0.396	0.374	0.341	0.313	0.290	0.270	0.476	0.452	0.417	0.387	0.361	0.338
16-D25	**0.0**	24600	26100	28500	30800	33200	35600	28200	29600	32000	34400	36800	39200
(8110)	**3.0**	24100	25500	27800	30000	32300	34600	27500	28900	31100	33400	35700	37900
1.00 %	**4.0**	23700	25000	27200	29400	31600	33800	26900	28300	30500	32600	34800	37000
	5.0	23100	24400	26500	28600	30700	32800	26200	27500	29600	31700	33800	35800
D10@300	**6.0**	22500	23700	25700	27700	29700	31700	25400	26600	28600	30600	32500	34400
	7.0	21800	22900	24800	26700	28500	30300	24500	25600	27500	29300	31100	32800
	12.0	17100	17900	19000	20100	21200	22200	18600	19300	20400	21400	22400	23300
	υ	0.378	0.357	0.327	0.302	0.280	0.261	0.457	0.435	0.402	0.374	0.350	0.329
20-D32	**0.0**	26800	28300	30600	33000	35300	37700	30400	31800	34200	36500	38900	41300
(15900)	**3.0**	26300	27600	29900	32200	34400	36700	29700	31000	33300	35500	37800	40000
1.96 %	**4.0**	25800	27100	29300	31500	33700	35900	29100	30400	32600	34800	36900	39100
	5.0	25300	26500	28600	30700	32800	34900	28400	29600	31700	33800	35900	37900
D10@300	**6.0**	24600	25800	27800	29800	31800	33700	27500	28700	30700	32700	34600	36500
	7.0	23800	25000	26900	28700	30600	32400	26600	27700	29500	31400	33200	34900
	12.0	18900	19600	20800	22000	23100	24100	20400	21100	22200	23300	24300	25300
	υ	0.347	0.330	0.304	0.282	0.264	0.247	0.424	0.405	0.377	0.352	0.331	0.312
20-D38	**0.0**	28800	30200	32500	34900	37200	39600	32400	33800	36100	38400	40800	43100
(22800)	**3.0**	28200	29500	31800	34000	36300	38500	31600	32900	35200	37400	39700	41900
2.81 %	**4.0**	27700	29000	31200	33400	35600	37700	31000	32300	34500	36600	38800	40900
	5.0	27100	28400	30500	32600	34600	36700	30300	31500	33600	35700	37700	39700
D13@400	**6.0**	26400	27600	29600	31600	33600	35500	29400	30600	32500	34500	36400	38300
	7.0	25600	26800	28600	30500	32300	34200	28400	29500	31300	33200	35000	36700
	12.0	20400	21200	22400	23500	24600	25700	22000	22700	23800	24900	25900	26900
	υ	0.324	0.308	0.286	0.267	0.250	0.235	0.398	0.382	0.357	0.335	0.316	0.299
24-D41	**0.0**	31400	32800	35100	37500	39800	42100	35000	36400	38700	41000	43300	45600
(32200)	**3.0**	30800	32100	34400	36600	38800	41000	34200	35500	37800	40000	42200	44400
3.97 %	**4.0**	30300	31600	33800	35900	38000	40200	33600	34900	37000	39200	41300	43400
	5.0	29700	30900	33000	35100	37100	39200	32800	34100	36100	38200	40200	42200
D13@400	**6.0**	28900	30100	32100	34100	36000	37900	31900	33100	35000	37000	38900	40800
	7.0	28100	29200	31100	32900	34700	36500	30800	32000	33800	35600	37400	39200
	12.0	22500	23300	24500	25600	26700	27800	24100	24800	26000	27100	28100	29100
	υ	0.296	0.284	0.265	0.249	0.234	0.221	0.368	0.354	0.333	0.314	0.297	0.282

1) H형강치수의 오른쪽에는 H형강의 단면적(A_s, mm²)과 종단면적($A_g=b\times d$)에 대한 난년석비(ρ_s, %)를 나타내었다.

2) 부재 길이방향철근의 재질은 SD400(F_{yr} = 400 MPa)을 사용하였다.

3) 왼쪽 끝 수직열의 각 칸에는 위로부터 아래 순서로 하여 길이방향철근의 개수와 직경(예, 12-D25), 길이방향철근의 단면적(A_{sr}, mm²), 길이방향철근의 단면적비(ρ_{sr}, %), 횡구속철근의 직경과 길이방향 간격(예, D10@250)을 나타내었다.

4) υ (upsilon)은 $A_s F_y / P_o$의 값을 나타내며, 매입형 합성기둥에 길이방향 하중이 가해질 때 하중전달을 위한 소요전단력(V')을 산정하는데 사용된다. 여기서 P_o는 합성기둥의 세장효과를 고려하지 않은 공칭압축강도이다.

도움표 9.1 매입형 합성기둥의 설계압축강도 $\phi_c P_n$ (kN)

$b \times d$ = 900 × 900 mm　　H-498×432×45×70　　A_s = 77000 mm², 9.51 %

H형강 재질		SHN400 (F_y = 235 MPa)						SHN490 (F_y = 325 MPa)					
철근	KL	f_{ck} (MPa)						f_{ck} (MPa)					
	m	27	30	35	40	45	50	27	30	35	40	45	50
8-D25	0.0	27300	28700	31100	33400	35700	38000	32500	33900	36300	38600	40900	43200
(4060)	3.0	26800	28100	30400	32600	34800	37100	31700	33100	35300	37500	39800	42000
0.501 %	4.0	26300	27700	29800	32000	34200	36300	31100	32400	34600	36700	38900	41000
	5.0	25800	27100	29200	31300	33300	35400	30400	31600	33700	35800	37800	39800
D10@300	6.0	25200	26400	28400	30400	32300	34300	29500	30700	32600	34600	36500	38400
	7.0	24400	25600	27500	29300	31200	33000	28400	29600	31400	33200	35000	36800
	12.0	19600	20400	21600	22900	24000	25200	21900	22600	23800	24900	26000	27000
	υ	0.496	0.472	0.437	0.407	0.380	0.357	0.577	0.553	0.518	0.487	0.459	0.434
16-D25	0.0	28500	29900	32200	34500	36800	39100	33700	35100	37400	39700	42000	44300
(8110)	3.0	27900	29200	31500	33700	35900	38100	32900	34200	36400	38600	40800	43100
1.00 %	4.0	27500	28800	30900	33100	35200	37400	32300	33600	35700	37800	40000	42100
	5.0	26900	28200	30300	32300	34400	36500	31500	32700	34800	36800	38900	40900
D10@300	6.0	26200	27400	29400	31400	33400	35300	30600	31800	33700	35700	37600	39500
	7.0	25500	26600	28500	30400	32200	34100	29500	30600	32500	34300	36100	37900
	12.0	20500	21300	22600	23800	24900	26100	22800	23600	24700	25900	26900	28000
	υ	0.477	0.454	0.422	0.394	0.369	0.347	0.557	0.535	0.502	0.473	0.447	0.424
20-D32	0.0	30700	32100	34300	36600	38900	41200	35900	37200	39500	41800	44100	46400
(15900)	3.0	30100	31400	33600	35800	38000	40200	35000	36400	38600	40800	42900	45100
1.96 %	4.0	29600	30900	33000	35200	37300	39400	34400	35700	37800	39900	42100	44200
	5.0	29000	30300	32300	34400	36400	38500	33600	34800	36900	38900	41000	43000
D10@300	6.0	28300	29500	31500	33500	35400	37400	32700	33800	35800	37700	39600	41600
	7.0	27500	28600	30500	32400	34200	36100	31600	32700	34500	36300	38100	39900
	12.0	22300	23000	24300	25500	26700	27900	24700	25400	26600	27700	28800	29900
	υ	0.442	0.423	0.395	0.371	0.349	0.329	0.523	0.504	0.475	0.449	0.426	0.405
20-D38	0.0	32600	34000	36300	38500	40800	43000	37800	39200	41500	43700	46000	48200
(22800)	3.0	32000	33300	35500	37700	39900	42000	37000	38300	40500	42600	44800	47000
2.81 %	4.0	31500	32800	34900	37000	39100	41300	36300	37600	39700	41800	43900	46000
	5.0	30900	32100	34200	36200	38300	40300	35500	36700	38800	40800	42800	44800
D13@400	6.0	30200	31300	33300	35300	37200	39100	34500	35700	37600	39500	41400	43300
	7.0	29300	30400	32300	34100	36000	37800	33400	34500	36300	38100	39900	41700
	12.0	23800	24500	25800	27000	28200	29400	26200	26900	28100	29200	30400	31400
	υ	0.416	0.399	0.374	0.352	0.333	0.315	0.496	0.479	0.453	0.429	0.408	0.389
24-D41	0.0	35300	36600	38900	41100	43300	45600	40500	41800	44100	46300	48500	50800
(32200)	3.0	34600	35900	38100	40200	42400	44500	39600	40900	43000	45200	47300	49500
3.97 %	4.0	34100	35300	37400	39500	41600	43700	38900	40200	42200	44300	46400	48500
	5.0	33400	34600	36700	38700	40700	42700	38000	39300	41300	43300	45300	47200
D13@400	6.0	32600	33800	35800	37700	39600	41500	37000	38200	40100	42000	43900	45800
	7.0	31700	32800	34700	36500	38300	40100	35800	36900	38700	40500	42300	44100
	12.0	25800	26600	27900	29100	30300	31400	28300	29000	30200	31400	32500	33500
	υ	0.385	0.371	0.349	0.330	0.313	0.298	0.464	0.449	0.426	0.405	0.387	0.370

1) H형강치수의 오른쪽에는 H형강의 단면적(A_s, mm²)과 총단면적($A_g = b \times d$)에 대한 단면적비(ρ_s, %)를 나타내었다.

2) 부재 길이방향철근의 재질은 SD400(F_{yr} = 400 MPa)을 사용하였다.

3) 왼쪽 끝 수직열의 각 칸에는 위로부터 아래 순서로 하여 길이방향철근의 개수와 직경(예, 12-D25), 길이방향철근의 단면적(A_{sr}, mm²), 길이방향철근의 단면적비(ρ_{sr}, %), 횡구속철근의 직경과 길이방향 간격(예, D10@250)을 나타내었다.

4) υ (upsilon)은 $A_s F_y / P_o$의 값을 나타내며, 매입형 합성기둥에 길이방향 하중이 가해질 때 하중전달을 위한 소요전단력(V')을 산정하는데 사용된다. 여기서 P_o는 합성기둥의 세장효과를 고려하지 않은 공칭압축강도이다.

도움표 9.1 매입형 합성기둥의 설계압축강도 $\phi_c P_n$ (kN)

$b \times d$ = 1000 × 1000 mm **H-250×255×14×14** A_s = 10500 mm^2, 1.05 %

H형강 재질		SHN400 (F_y = 235 MPa)						SHN490 (F_y = 325 MPa)					
철근	*KL*	f_{ck} (MPa)						f_{ck} (MPa)					
	m	27	30	35	40	45	50	27	30	35	40	45	50
8-D29	**0.0**	20300	22200	25400	28500	31600	34800	21000	22900	26100	29200	32300	35500
(5140)	**3.0**	19800	21500	24500	27400	30400	33300	20400	22200	25200	28100	31000	33900
0.514 %	**4.0**	19300	21000	23900	26700	29400	32200	19900	21700	24500	27300	30100	32800
	5.0	18800	20400	23100	25700	28300	30800	19400	21000	23600	26300	28800	31400
D10@300	**6.0**	18100	19600	22100	24500	26900	29300	18700	20200	22700	25100	27400	29700
	7.0	17400	18800	21100	23300	25400	27500	17900	19300	21500	23700	25800	27900
	12.0	12800	13600	14700	15700	16600	17400	13100	13800	14900	15900	16700	17500
	υ	0.091	0.083	0.073	0.065	0.058	0.053	0.121	0.111	0.098	0.087	0.079	0.072
16-D29	**0.0**	21800	23700	26800	29900	33000	36100	22500	24400	27500	30600	33700	36800
(10300)	**3.0**	21200	23000	26000	28900	31800	34700	21900	23700	26600	29600	32500	35400
1.03 %	**4.0**	20800	22500	25300	28100	30900	33700	21400	23100	26000	28800	31600	34300
	5.0	20200	21900	24600	27200	29800	32400	20800	22500	25100	27800	30400	33000
D10@300	**6.0**	19600	21100	23600	26100	28500	30900	20200	21700	24200	26600	29000	31400
	7.0	18900	20300	22600	24900	27100	29200	19400	20800	23100	25300	27500	29600
	12.0	14200	15000	16300	17400	18400	19300	14500	15300	16500	17600	18500	19400
	υ	0.085	0.078	0.069	0.062	0.056	0.051	0.113	0.105	0.093	0.083	0.076	0.069
20-D35	**0.0**	24300	26100	29200	32300	35400	38500	25000	26900	29900	33000	36100	39200
(19100)	**3.0**	23700	25500	28400	31400	34300	37200	24400	26200	29100	32100	35000	37900
1.91 %	**4.0**	23300	25000	27900	30700	33500	36300	23900	25700	28500	31300	34100	36900
	5.0	22700	24400	27100	29800	32400	35000	23400	25000	27700	30400	33000	35600
D13@400	**6.0**	22100	23700	26200	28700	31200	33600	22700	24200	26800	29300	31700	34100
	7.0	21400	22800	25200	27500	29800	32000	21900	23300	25700	28000	30300	32500
	12.0	16700	17500	18900	20100	21300	22300	17000	17800	19100	20300	21500	22500
	υ	0.076	0.071	0.063	0.057	0.052	0.048	0.102	0.095	0.085	0.077	0.071	0.065
20-D43	**0.0**	27100	28900	32000	35000	38100	41200	27800	29600	32700	35800	38800	41900
(29000)	**3.0**	26500	28300	31200	34100	37000	39900	27200	28900	31900	34800	37700	40600
2.90 %	**4.0**	26100	27800	30600	33400	36200	39000	26700	28400	31200	34100	36800	39600
	5.0	25500	27100	29900	32500	35200	37800	26100	27800	30500	33100	35800	38400
D13@400	**6.0**	24800	26400	29000	31500	34000	36400	25400	27000	29500	32000	34500	37000
	7.0	24100	25500	27900	30300	32600	34900	24600	26100	28500	30800	33100	35300
	12.0	19100	20000	21500	22800	24100	25200	19500	20400	21800	23100	24300	25400
	υ	0.068	0.064	0.058	0.053	0.048	0.045	0.092	0.086	0.078	0.071	0.066	0.061
20-D51	**0.0**	30300	32200	35200	38200	41200	44300	31000	32900	35900	38900	41900	45000
(40500)	**3.0**	29700	31500	34400	37300	40200	43000	30400	32200	35100	38000	40800	43700
4.05 %	**4.0**	29300	31000	33800	36600	39400	42100	29900	31600	34400	37200	40000	42800
	5.0	28700	30300	33000	35700	38300	41000	29300	30900	33600	36300	39000	41600
D13@400	**6.0**	28000	29500	32100	34600	37100	39600	28600	30100	32700	35200	37700	40200
	7.0	27200	28600	31100	33400	35800	38100	27700	29200	31600	34000	36300	38600
	12.0	22000	22900	24400	25800	27100	28400	22300	23200	24700	26100	27400	28600
	υ	0.061	0.057	0.052	0.048	0.045	0.042	0.082	0.078	0.071	0.066	0.061	0.057

1) H형강치수의 오른쪽에는 H형강의 단면적(A_s, mm^2)과 총단면적($A_g = b \times d$)에 대한 단면적비(ρ_s, %)를 나타내었다.
2) 부재 길이방향철근의 재질은 SD400(F_{yr} = 400 MPa)을 사용하였다.
3) 왼쪽 끝 수직열의 각 칸에는 위로부터 아래 순서로 하여 길이방향철근의 개수와 직경(예, 12-D25), 길이방향철근의 단면적(A_{sr}, mm^2), 길이방향철근의 단면적비(ρ_{sr}, %), 횡구속철근의 직경과 길이방향 간격(예, D10@250)을 나타내었다.
4) υ (upsilon)은 $A_s F_y / P_o$의 값을 나타내며, 매입형 합성기둥에 길이방향 하중이 가해질 때 하중전달을 위한 소요전단력(V')을 산정하는데 사용된다. 여기서 P_o는 합성기둥의 세장효과를 고려하지 않은 공칭압축강도이다.

도움표 9.1 매입형 합성기둥의 설계압축강도 $\phi_c P_n$ (kN)

$b \times d$ = 1000 × 1000 mm H-294×302×12×12 A_s = 10800 mm^2, 1.08 %

H형강 재질		SHN400 (F_y = 235 MPa)						SHN490 (F_y = 325 MPa)					
철근	KL	f_{ck} (MPa)						f_{ck} (MPa)					
	m	27	30	35	40	45	50	27	30	35	40	45	50
8-D29	0.0	20400	22300	25400	28500	31700	34800	21100	23000	26100	29300	32400	35500
(5140)	3.0	19800	21600	24600	27500	30400	33400	20500	22300	25200	28200	31100	34000
0.514 %	4.0	19400	21100	23900	26700	29500	32300	20000	21700	24600	27400	30100	32900
	5.0	18800	20500	23100	25800	28400	30900	19400	21100	23700	26300	28900	31500
D10@300	6.0	18200	19700	22200	24600	27000	29300	18800	20300	22700	25200	27500	29800
	7.0	17400	18900	21100	23400	25500	27600	18000	19400	21600	23800	26000	28000
	12.0	12900	13700	14800	15800	16800	17600	13200	13900	15000	16000	16900	17700
	υ	0.093	0.085	0.075	0.067	0.060	0.055	0.124	0.114	0.100	0.090	0.081	0.074
16-D29	0.0	21800	23700	26800	29900	33100	36200	22600	24400	27500	30700	33800	36900
(10300)	3.0	21300	23000	26000	29000	31900	34800	22000	23700	26700	29600	32600	35500
1.03 %	4.0	20800	22500	25400	28200	31000	33800	21500	23200	26000	28800	31600	34400
	5.0	20300	21900	24600	27300	29900	32500	20900	22500	25200	27900	30500	33100
D10@300	6.0	19700	21200	23700	26200	28600	31000	20200	21800	24300	26700	29100	31500
	7.0	18900	20300	22700	24900	27100	29300	19500	20900	23200	25400	27600	29700
	12.0	14300	15100	16400	17500	18500	19400	14600	15400	16600	17700	18700	19600
	υ	0.087	0.080	0.071	0.063	0.057	0.052	0.116	0.107	0.095	0.086	0.078	0.071
20-D35	0.0	24300	26200	29300	32400	35500	38600	25100	26900	30000	33100	36200	39300
(19100)	3.0	23800	25500	28500	31400	34400	37300	24500	26200	29200	32100	35000	38000
1.91 %	4.0	23300	25100	27900	30700	33500	36300	24000	25700	28600	31400	34200	36900
	5.0	22800	24400	27200	29800	32500	35100	23400	25100	27800	30400	33100	35700
D13@400	6.0	22200	23700	26300	28800	31200	33700	22800	24300	26800	29300	31800	34200
	7.0	21400	22900	25300	27600	29800	32100	22000	23400	25800	28100	30400	32600
	12.0	16700	17600	19000	20200	21400	22400	17000	17900	19200	20400	21600	22600
	υ	0.078	0.072	0.065	0.059	0.053	0.049	0.105	0.097	0.087	0.079	0.073	0.067
20-D43	0.0	27100	29000	32000	35100	38200	41200	27900	29700	32800	35800	38900	41900
(29000)	3.0	26600	28300	31300	34200	37100	40000	27300	29000	31900	34900	37800	40700
2.90 %	4.0	26100	27800	30700	33500	36300	39000	26800	28500	31300	34100	36900	39700
	5.0	25600	27200	29900	32600	35200	37900	26200	27800	30500	33200	35900	38500
D13@400	6.0	24900	26400	29000	31500	34000	36500	25500	27100	29600	32100	34600	37100
	7.0	24100	25600	28000	30400	32700	34900	24700	26200	28500	30900	33200	35400
	12.0	19200	20100	21600	22900	24200	25300	19500	20400	21900	23200	24400	25600
	υ	0.070	0.065	0.059	0.054	0.050	0.046	0.094	0.088	0.080	0.073	0.067	0.063
20-D51	0.0	30400	32200	35200	38300	41300	44300	31100	32900	36000	39000	42000	45000
(40500)	3.0	29800	31500	34400	37300	40200	43100	30500	32200	35100	38000	40900	43800
4.05 %	4.0	29300	31000	33800	36600	39400	42200	30000	31700	34500	37300	40100	42800
	5.0	28700	30400	33100	35700	38400	41000	29400	31000	33700	36400	39000	41700
D13@400	6.0	28000	29600	32200	34700	37200	39700	28700	30200	32800	35300	37800	40200
	7.0	27200	28700	31100	33500	35800	38100	27800	29300	31700	34000	36400	38600
	12.0	22000	23000	24500	25900	27200	28500	22400	23300	24800	26200	27500	28700
	υ	0.062	0.059	0.054	0.050	0.046	0.043	0.084	0.080	0.073	0.067	0.062	0.058

1) H형강치수의 오른쪽에는 H형강의 단면적(A_s, mm^2)과 총단면적($A_g = b \times d$)에 대한 단면적비(ρ_s, %)를 나타내었다.

2) 부재 길이방향철근의 재질은 SD400(F_{yr} = 400 MPa)을 사용하였다.

3) 왼쪽 끝 수직열의 각 칸에는 위로부터 아래 순서로 하여 길이방향철근의 개수와 직경(예, 12-D25), 길이방향철근의 단면적(A_{sr}, mm^2), 길이방향철근의 단면적비(ρ_{sr}, %), 횡구속철근의 직경과 길이방향 간격(예, D10@250)을 나타내었다.

4) υ (upsilon)은 $A_s F_y / P_o$의 값을 나타내며, 매입형 합성기둥에 길이방향 하중이 가해질 때 하중전달을 위한 소요전단력(V')을 산정하는데 사용된다. 여기서 P_o는 합성기둥의 세장효과를 고려하지 않은 공칭압축강도이다.

도움표 9.1 매입형 합성기둥의 설계압축강도 $\phi_c P_n$ (kN)

$b \times d$ = 1000 × 1000 mm **H-298×299×9×14** A_s = 11100 mm^2, 1.11 %

H형강 재질		SHN400 (F_y = 235 MPa)						SHN490 (F_y = 325 MPa)					
철근	KL	f_{ck} (MPa)						f_{ck} (MPa)					
	m	27	30	35	40	45	50	27	30	35	40	45	50
8-D29	**0.0**	20400	22300	25400	28600	31700	34900	21200	23100	26200	29300	32500	35600
(5140)	**3.0**	19900	21600	24600	27600	30500	33400	20600	22300	25300	28200	31200	34100
0.514 %	**4.0**	19400	21100	24000	26800	29600	32300	20100	21800	24600	27400	30200	33000
	5.0	18900	20500	23200	25800	28400	31000	19500	21100	23800	26400	29000	31600
D10@300	**6.0**	18200	19800	22300	24700	27100	29400	18800	20300	22800	25200	27600	29900
	7.0	17500	18900	21200	23400	25600	27700	18000	19400	21700	23900	26000	28100
	12.0	13000	13700	14900	15900	16800	17700	13200	14000	15100	16100	17000	17800
	υ	0.096	0.088	0.077	0.068	0.062	0.056	0.128	0.117	0.103	0.092	0.083	0.076
16-D29	**0.0**	21900	23800	26900	30000	33100	36200	22600	24500	27600	30700	33900	37000
(10300)	**3.0**	21300	23100	26100	29000	31900	34900	22000	23800	26800	29700	32600	35500
1.03 %	**4.0**	20900	22600	25400	28300	31100	33800	21600	23300	26100	28900	31700	34500
	5.0	20300	22000	24700	27300	30000	32500	21000	22600	25300	27900	30600	33100
D10@300	**6.0**	19700	21200	23800	26200	28700	31000	20300	21800	24300	26800	29200	31600
	7.0	19000	20400	22700	25000	27200	29300	19500	20900	23300	25500	27700	29800
	12.0	14400	15200	16400	17600	18600	19500	14700	15500	16700	17800	18800	19700
	υ	0.089	0.082	0.073	0.065	0.059	0.054	0.119	0.110	0.098	0.088	0.080	0.073
20-D35	**0.0**	24400	26200	29300	32400	35500	38600	25100	27000	30100	33200	36300	39400
(19100)	**3.0**	23800	25600	28500	31500	34400	37300	24500	26300	29300	32200	35100	38000
1.91 %	**4.0**	23400	25100	28000	30800	33600	36400	24100	25800	28600	31400	34200	37000
	5.0	22900	24500	27200	29900	32500	35200	23500	25100	27800	30500	33200	35800
D13@400	**6.0**	22200	23800	26300	28800	31300	33700	22800	24400	26900	29400	31900	34300
	7.0	21500	22900	25300	27600	29900	32100	22000	23500	25900	28200	30400	32600
	12.0	16800	17700	19000	20300	21400	22500	17100	18000	19300	20500	21700	22700
	υ	0.080	0.074	0.067	0.060	0.055	0.051	0.107	0.100	0.090	0.081	0.074	0.069
20-D43	**0.0**	27200	29000	32100	35100	38200	41300	27900	29800	32800	35900	38900	42000
(29000)	**3.0**	26600	28400	31300	34200	37100	40000	27300	29100	32000	34900	37800	40700
2.90 %	**4.0**	26200	27900	30700	33500	36300	39100	26900	28600	31400	34200	37000	39800
	5.0	25600	27200	30000	32600	35300	37900	26300	27900	30600	33300	35900	38600
D13@400	**6.0**	24900	26500	29100	31600	34100	36500	25600	27100	29700	32200	34700	37100
	7.0	24200	25600	28100	30400	32700	35000	24800	26200	28600	31000	33300	35500
	12.0	19300	20200	21600	23000	24200	25400	19600	20500	21900	23200	24500	25600
	υ	0.072	0.067	0.061	0.056	0.051	0.047	0.097	0.091	0.082	0.075	0.069	0.064
20-D51	**0.0**	30400	32300	35300	38300	41300	44300	31200	33000	36000	39000	42100	45100
(40500)	**3.0**	29800	31600	34500	37400	40300	43100	30600	32300	35200	38100	41000	43800
4.05 %	**4.0**	29400	31100	33900	36700	39500	42200	30100	31800	34600	37400	40100	42900
	5.0	28800	30400	33100	35800	38400	41100	29500	31100	33800	36400	39100	41700
D13@400	**6.0**	28100	29600	32200	34700	37200	39700	28700	30300	32800	35400	37900	40300
	7.0	27300	28800	31200	33500	35900	38200	27900	29300	31700	34100	36400	38700
	12.0	22100	23000	24500	25900	27300	28500	22400	23400	24800	26200	27600	28800
	υ	0.064	0.061	0.055	0.051	0.047	0.044	0.087	0.082	0.075	0.069	0.064	0.060

1) H형강치수의 오른쪽에는 H형강의 단면적(A_s, mm^2)과 총단면적($A_g = b \times d$)에 대한 단면적비(ρ_s, %)를 나타내었다.
2) 부재 길이방향철근의 재질은 SD400(F_{yr} = 400 MPa)을 사용하였다.
3) 왼쪽 끝 수직열의 각 칸에는 위로부터 아래 순서로 하여 길이방향철근의 개수와 직경(예, 12-D25), 길이방향철근의 단면적(A_{sr}, mm^2), 길이방향철근의 단면적비(ρ_{sr}, %), 횡구속철근의 직경과 길이방향 간격(예, D10@250)을 나타내었다.
4) υ (upsilon)은 $A_s F_y / P_o$의 값을 나타내며, 매입형 합성기둥에 길이방향 하중이 가해질 때 하중전달을 위한 소요전단력(V')을 산정하는데 사용된다. 여기서 P_o는 합성기둥의 세장효과를 고려하지 않은 공칭압축강도이다.

도움표 9.1 매입형 합성기둥의 설계압축강도 $\phi_c P_n$ (kN)

$b \times d$ = 1000 × 1000 mm **H-300×300×10×15** A_s = 12000 mm², 1.20 %

H형강 재질		SHN400 (F_y = 235 MPa)						SHN490 (F_y = 325 MPa)					
철근	KL	f_{ck} (MPa)						f_{ck} (MPa)					
	m	27	30	35	40	45	50	27	30	35	40	45	50
8-D29	0.0	20600	22400	25600	28700	31800	35000	21400	23300	26400	29500	32700	35800
(5140)	3.0	20000	21800	24700	27700	30600	33500	20800	22500	25500	28400	31400	34300
0.514 %	4.0	19600	21300	24100	26900	29700	32500	20300	22000	24800	27600	30400	33200
	5.0	19000	20600	23300	26000	28600	31100	19700	21300	24000	26600	29200	31800
D10@300	6.0	18400	19900	22400	24800	27200	29600	19000	20500	23000	25400	27800	30100
	7.0	17600	19100	21300	23600	25700	27800	18200	19600	21900	24100	26200	28300
	12.0	13100	13900	15000	16100	17000	17900	13400	14100	15300	16300	17200	18000
	υ	0.103	0.094	0.083	0.074	0.066	0.060	0.137	0.126	0.111	0.099	0.089	0.082
16-D29	0.0	22000	23900	27000	30100	33200	36400	22800	24700	27800	30900	34100	37200
(10300)	3.0	21500	23200	26200	29100	32100	35000	22200	24000	27000	29900	32800	35700
1.03 %	4.0	21000	22700	25600	28400	31200	34000	21800	23500	26300	29100	31900	34700
	5.0	20500	22100	24800	27500	30100	32700	21200	22800	25500	28100	30800	33300
D10@300	6.0	19800	21400	23900	26400	28800	31200	20500	22000	24500	27000	29400	31800
	7.0	19100	20500	22900	25100	27400	29500	19700	21100	23400	25700	27900	30000
	12.0	14500	15300	16600	17700	18700	19700	14800	15600	16800	17900	18900	19900
	υ	0.096	0.088	0.078	0.070	0.064	0.058	0.128	0.118	0.105	0.094	0.086	0.079
20-D35	0.0	24500	26400	29500	32600	35600	38700	25300	27200	30300	33400	36500	39500
(19100)	3.0	24000	25700	28700	31600	34500	37500	24700	26500	29500	32400	35300	38200
1.91 %	4.0	23500	25300	28100	30900	33700	36500	24300	26000	28800	31600	34400	37200
	5.0	23000	24600	27300	30000	32700	35300	23700	25300	28000	30700	33300	36000
D13@400	6.0	22400	23900	26500	29000	31400	33900	23000	24600	27100	29600	32100	34500
	7.0	21600	23100	25500	27800	30100	32300	22200	23700	26000	28400	30600	32800
	12.0	16900	17800	19200	20400	21600	22700	17300	18100	19400	20700	21800	22900
	υ	0.086	0.080	0.072	0.065	0.059	0.055	0.115	0.107	0.096	0.087	0.080	0.074
20-D43	0.0	27300	29200	32200	35300	38300	41400	28100	30000	33000	36100	39100	42200
(29000)	3.0	26700	28500	31400	34400	37300	40200	27500	29300	32200	35100	38000	40900
2.90 %	4.0	26300	28000	30800	33700	36500	39200	27100	28800	31600	34400	37200	40000
	5.0	25700	27400	30100	32800	35400	38100	26500	28100	30800	33500	36100	38700
D13@400	6.0	25100	26600	29200	31700	34200	36700	25800	27300	29900	32400	34900	37300
	7.0	24300	25800	28200	30500	32900	35100	24900	26400	28800	31100	33400	35700
	12.0	19400	20300	21700	23100	24400	25500	19800	20700	22100	23400	24600	25800
	υ	0.077	0.072	0.066	0.060	0.055	0.051	0.104	0.097	0.088	0.081	0.075	0.069
20-D51	0.0	30600	32400	35400	38400	41500	44500	31400	33200	36200	39200	42300	45300
(40500)	3.0	30000	31700	34600	37500	40400	43300	30800	32500	35400	38300	41200	44000
4.05 %	4.0	29500	31200	34000	36800	39600	42400	30300	32000	34800	37600	40300	43100
	5.0	28900	30600	33300	35900	38600	41200	29600	31300	34000	36600	39300	41900
D13@400	6.0	28200	29800	32300	34900	37400	39900	28900	30500	33000	35500	38000	40500
	7.0	27400	28900	31300	33700	36000	38300	28100	29500	31900	34300	36600	38900
	12.0	22200	23100	24600	26100	27400	28700	22600	23500	25000	26400	27700	29000
	υ	0.069	0.065	0.060	0.055	0.051	0.047	0.093	0.088	0.081	0.074	0.069	0.064

1) H형강치수의 오른쪽에는 H형강의 단면적(A_s, mm²)과 총단면적($A_g = b \times d$)에 대한 단면적비(ρ_s, %)를 나타내었다.

2) 부재 길이방향철근의 재질은 SD400(F_{yr} = 400 MPa)을 사용하였다.

3) 왼쪽 끝 수직열의 각 칸에는 위로부터 아래 순서로 하여 길이방향철근의 개수와 직경(예, 12-D25), 길이방향철근의 단면적(A_{sr}, mm²), 길이방향철근의 단면적비(ρ_{sr}, %), 횡구속철근의 직경과 길이방향 간격(예, D10@250)을 나타내었다.

4) υ (upsilon)은 $A_s F_y / P_o$의 값을 나타내며, 매입형 합성기둥에 길이방향 하중이 가해질 때 하중전달을 위한 소요전단력(V')을 산정하는데 사용된다. 여기서 P_o는 합성기둥의 세장효과를 고려하지 않은 공칭압축강도이다.

도움표 9.1 매입형 합성기둥의 설계압축강도 $\phi_c P_n$ (kN)

***b* × *d* = 1000 × 1000 mm**　　**H-300×305×15×15**　　A_s = 13500 mm², 1.35 %

H형강 재질		SHN400 (F_y = 235 MPa)						SHN490 (F_y = 325 MPa)					
철근	*KL*	f_{ck} (MPa)						f_{ck} (MPa)					
	m	27	30	35	40	45	50	27	30	35	40	45	50
8-D29	**0.0**	20800	22700	25800	28900	32100	35200	21700	23600	26700	29900	33000	36100
(5140)	**3.0**	20200	22000	25000	27900	30900	33800	21100	22900	25800	28800	31700	34600
0.514 %	**4.0**	19800	21500	24300	27200	29900	32700	20600	22300	25200	28000	30700	33500
	5.0	19300	20900	23600	26200	28800	31400	20000	21600	24300	26900	29500	32100
D10@300	**6.0**	18600	20100	22600	25100	27500	29800	19300	20800	23300	25800	28100	30500
	7.0	17900	19300	21600	23800	26000	28100	18500	19900	22200	24400	26600	28700
	12.0	13300	14100	15300	16300	17300	18200	13600	14400	15500	16500	17500	18300
	υ	0.114	0.105	0.092	0.082	0.074	0.067	0.151	0.139	0.123	0.110	0.100	0.091
16-D29	**0.0**	22300	24100	27200	30400	33500	36600	23200	25000	28100	31300	34400	37500
(10300)	**3.0**	21700	23500	26400	29400	32300	35200	22600	24300	27300	30200	33100	36100
1.03 %	**4.0**	21300	23000	25800	28600	31400	34200	22100	23800	26600	29400	32200	35000
	5.0	20700	22400	25000	27700	30300	32900	21500	23100	25800	28500	31100	33700
D10@300	**6.0**	20100	21600	24100	26600	29000	31400	20800	22300	24800	27300	29700	32100
	7.0	19300	20800	23100	25400	27600	29800	20000	21400	23700	26000	28200	30300
	12.0	14700	15500	16800	17900	19000	20000	15100	15900	17100	18200	19200	20100
	υ	0.107	0.098	0.087	0.078	0.071	0.065	0.142	0.131	0.117	0.105	0.096	0.088
20-D35	**0.0**	24800	26600	29700	32800	35900	39000	25700	27500	30600	33700	36800	39900
(19100)	**3.0**	24200	26000	28900	31900	34800	37700	25100	26800	29800	32700	35600	38500
1.91 %	**4.0**	23800	25500	28300	31100	33900	36700	24600	26300	29100	32000	34800	37500
	5.0	23200	24900	27600	30300	32900	35500	24000	25700	28400	31000	33700	36300
D13@400	**6.0**	22600	24100	26700	29200	31700	34100	23300	24900	27400	29900	32400	34800
	7.0	21800	23300	25700	28000	30300	32500	22500	24000	26300	28700	30900	33100
	12.0	17100	18000	19400	20600	21800	22900	17500	18300	19700	20900	22100	23100
	υ	0.096	0.089	0.080	0.072	0.066	0.061	0.128	0.119	0.107	0.097	0.089	0.082
20-D43	**0.0**	27600	29400	32500	35500	38600	41600	28500	30300	33400	36400	39500	42500
(29000)	**3.0**	27000	28700	31700	34600	37500	40400	27900	29600	32500	35400	38300	41200
2.90 %	**4.0**	26500	28200	31100	33900	36700	39500	27400	29100	31900	34700	37500	40300
	5.0	26000	27600	30300	33000	35700	38300	26800	28400	31100	33800	36400	39100
D13@400	**6.0**	25300	26900	29400	32000	34500	36900	26100	27600	30200	32700	35200	37600
	7.0	24500	26000	28400	30800	33100	35300	25200	26700	29100	31400	33700	36000
	12.0	19600	20500	21900	23300	24600	25800	20000	20900	22300	23600	24900	26100
	υ	0.086	0.081	0.073	0.067	0.062	0.057	0.115	0.108	0.098	0.090	0.083	0.077
20-D51	**0.0**	30800	32600	35600	38700	41700	44700	31700	33500	36600	39600	42600	45600
(40500)	**3.0**	30200	32000	34800	37700	40600	43500	31100	32800	35700	38600	41500	44400
4.05 %	**4.0**	29700	31400	34200	37000	39800	42600	30600	32300	35100	37900	40600	43400
	5.0	29200	30800	33500	36200	38800	41400	30000	31600	34300	36900	39600	42200
D13@400	**6.0**	28400	30000	32600	35100	37600	40100	29200	30800	33300	35800	38300	40800
	7.0	27600	29100	31500	33900	36200	38500	28400	29800	32200	34600	36900	39200
	12.0	22400	23300	24800	26300	27600	28900	22800	23700	25200	26600	28000	29200
	υ	0.077	0.073	0.067	0.061	0.057	0.053	0.104	0.098	0.090	0.083	0.077	0.072

1) H형강치수의 오른쪽에는 H형강의 단면적(A_s, mm²)과 총단면적($A_g = b \times d$)에 대한 단면적비(ρ_s, %)를 나타내었다.

2) 부재 길이방향철근의 재질은 SD400(F_{yr} = 400 MPa)을 사용하였다.

3) 왼쪽 끝 수직열의 각 칸에는 위로부터 아래 순서로 하여 길이방향철근의 개수와 직경(예, 12-D25), 길이방향철근의 단면적(A_{sr}, mm²), 길이방향철근의 단면적비(ρ_{sr}, %), 횡구속철근의 직경과 길이방향 간격(예, D10@250)을 나타내었다.

4) υ (upsilon)은 $A_s F_y / P_o$의 값을 나타내며, 매입형 합성기둥에 길이방향 하중이 가해질 때 하중전달을 위한 소요전단력(V')을 산정하는데 사용된다. 여기서 P_o는 합성기둥의 세장효과를 고려하지 않은 공칭압축강도이다.

도움표 9.1 매입형 합성기둥의 설계압축강도 $\phi_c P_n$ (kN)

$b \times d$ = 1000 × 1000 mm　　H-304×301×11×17　　A_s = 13500 mm^2, 1.35 %

H형강 재질		SHN400 (F_y = 235 MPa)						SHN490 (F_y = 325 MPa)					
철근	KL	f_{ck} (MPa)						f_{ck} (MPa)					
	m	27	30	35	40	45	50	27	30	35	40	45	50
8-D29	**0.0**	20800	22700	25800	28900	32100	35200	21700	23600	26700	29900	33000	36100
(5140)	**3.0**	20200	22000	25000	27900	30900	33800	21100	22900	25800	28800	31700	34600
0.514 %	**4.0**	19800	21500	24400	27200	29900	32700	20600	22300	25200	28000	30700	33500
	5.0	19300	20900	23600	26200	28800	31400	20000	21700	24300	27000	29500	32100
D10@300	**6.0**	18600	20100	22600	25100	27500	29800	19300	20900	23300	25800	28100	30500
	7.0	17900	19300	21600	23800	26000	28100	18500	19900	22200	24400	26600	28700
	12.0	13300	14100	15300	16400	17300	18200	13600	14400	15500	16600	17500	18300
	υ	0.114	0.105	0.092	0.082	0.074	0.068	0.151	0.139	0.123	0.110	0.100	0.091
16-D29	**0.0**	22300	24100	27200	30400	33500	36600	23200	25000	28200	31300	34400	37500
(10300)	**3.0**	21700	23500	26400	29400	32300	35200	22600	24300	27300	30200	33200	36100
1.03 %	**4.0**	21300	23000	25800	28600	31400	34200	22100	23800	26600	29400	32200	35000
	5.0	20700	22400	25100	27700	30300	32900	21500	23100	25800	28500	31100	33700
D10@300	**6.0**	20100	21600	24100	26600	29100	31400	20800	22300	24900	27300	29700	32100
	7.0	19300	20800	23100	25400	27600	29800	20000	21400	23800	26000	28200	30400
	12.0	14700	15600	16800	18000	19000	20000	15100	15900	17100	18200	19200	20200
	υ	0.107	0.098	0.087	0.078	0.071	0.065	0.142	0.131	0.117	0.105	0.096	0.088
20-D35	**0.0**	24800	26600	29700	32800	35900	39000	25700	27500	30600	33700	36800	39900
(19100)	**3.0**	24200	26000	28900	31900	34800	37700	25100	26800	29800	32700	35600	38500
1.91 %	**4.0**	23800	25500	28300	31100	33900	36700	24600	26300	29200	32000	34800	37500
	5.0	23200	24900	27600	30300	32900	35500	24000	25700	28400	31000	33700	36300
D13@400	**6.0**	22600	24100	26700	29200	31700	34100	23300	24900	27400	29900	32400	34800
	7.0	21800	23300	25700	28000	30300	32500	22500	24000	26400	28700	30900	33100
	12.0	17100	18000	19400	20700	21800	22900	17500	18400	19700	21000	22100	23200
	υ	0.096	0.089	0.080	0.072	0.066	0.061	0.128	0.119	0.107	0.098	0.089	0.082
20-D43	**0.0**	27600	29400	32500	35500	38600	41600	28500	30300	33400	36400	39500	42500
(29000)	**3.0**	27000	28700	31700	34600	37500	40400	27900	29600	32500	35400	38300	41200
2.90 %	**4.0**	26500	28200	31100	33900	36700	39500	27400	29100	31900	34700	37500	40300
	5.0	26000	27600	30300	33000	35700	38300	26800	28400	31100	33800	36400	39100
D13@400	**6.0**	25300	26900	29400	32000	34500	36900	26100	27600	30200	32700	35200	37600
	7.0	24500	26000	28400	30800	33100	35400	25300	26700	29100	31400	33700	36000
	12.0	19600	20500	22000	23300	24600	25800	20000	20900	22300	23700	24900	26100
	υ	0.086	0.081	0.073	0.067	0.062	0.057	0.115	0.108	0.099	0.090	0.083	0.077
20-D51	**0.0**	30800	32600	35600	38700	41700	44700	31700	33500	36600	39600	42600	45600
(40500)	**3.0**	30200	32000	34900	37700	40600	43500	31100	32800	35700	38600	41500	44400
4.05 %	**4.0**	29700	31400	34200	37000	39800	42600	30600	32300	35100	37900	40600	43400
	5.0	29200	30800	33500	36200	38800	41400	30000	31600	34300	36900	39600	42200
D13@400	**6.0**	28500	30000	32600	35100	37600	40100	29200	30800	33300	35800	38300	40800
	7.0	27600	29100	31500	33900	36200	38500	28400	29800	32200	34600	36900	39200
	12.0	22400	23300	24900	26300	27600	28900	22800	23800	25300	26700	28000	29200
	υ	0.077	0.073	0.067	0.061	0.057	0.053	0.104	0.098	0.090	0.083	0.077	0.072

1) H형강치수의 오른쪽에는 H형강의 단면적(A_s, mm^2)과 총단면적($A_g = b \times d$)에 대한 단면적비(ρ_s, %)를 나타내었다.

2) 부재 길이방향철근의 재질은 SD400(F_{yr} = 400 MPa)을 사용하였다.

3) 왼쪽 끝 수직열의 각 칸에는 위로부터 아래 순서로 하여 길이방향철근의 개수와 직경(예, 12-D25), 길이방향철근의 단면적(A_{sr}, mm^2), 길이방향철근의 단면적비(ρ_{sr}, %), 횡구속철근의 직경과 길이방향 간격(예, D10@250)을 나타내었다.

4) υ (upsilon)은 $A_s F_y / P_o$의 값을 나타내며, 매입형 합성기둥에 길이방향 하중이 가해질 때 하중전달을 위한 소요전단력(V')을 산정하는데 사용된다. 여기서 P_o는 합성기둥의 세장효과를 고려하지 않은 공칭압축강도이다.

도움표 9.1 매입형 합성기둥의 설계압축강도 $\phi_c P_n$ (kN)

$b \times d$ = 1000 × 1000 mm **H-310×305×15×20** A_s = 16500 mm^2, 1.65 %

H형강 재질		SHN400 (F_y = 235 MPa)						SHN490 (F_y = 325 MPa)					
철근	KL	f_{ck} (MPa)						f_{ck} (MPa)					
	m	27	30	35	40	45	50	27	30	35	40	45	50
8-D29	**0.0**	21300	23200	26300	29400	32500	35600	22400	24300	27400	30500	33600	36800
(5140)	**3.0**	20700	22500	25500	28400	31300	34200	21800	23600	26500	29400	32400	35300
0.514 %	**4.0**	20300	22000	24800	27600	30400	33200	21300	23000	25800	28600	31400	34200
	5.0	19700	21400	24100	26700	29300	31900	20700	22300	25000	27600	30200	32800
D10@300	**6.0**	19100	20600	23100	25600	28000	30400	20000	21500	24000	26400	28800	31200
	7.0	18400	19800	22100	24300	26500	28700	19200	20600	22900	25100	27300	29400
	12.0	13800	14600	15800	16900	17900	18800	14200	14900	16100	17200	18100	19000
	υ	0.137	0.126	0.111	0.099	0.090	0.082	0.180	0.166	0.147	0.132	0.120	0.110
16-D29	**0.0**	22700	24600	27700	30800	33900	37000	23900	25700	28800	31900	35000	38100
(10300)	**3.0**	22200	24000	26900	29800	32800	35700	23200	25000	28000	30900	33800	36700
1.03 %	**4.0**	21700	23500	26300	29100	31900	34700	22800	24500	27300	30100	32900	35700
	5.0	21200	22800	25500	28200	30800	33400	22200	23800	26500	29100	31700	34300
D10@300	**6.0**	20600	22100	24600	27100	29600	32000	21500	23000	25500	28000	30400	32800
	7.0	19800	21300	23600	25900	28100	30300	20600	22100	24400	26700	28900	31000
	12.0	15200	16000	17300	18500	19600	20600	15600	16400	17700	18800	19900	20800
	υ	0.128	0.118	0.105	0.095	0.086	0.079	0.169	0.157	0.140	0.126	0.115	0.106
20-D35	**0.0**	25300	27100	30200	33200	36300	39400	26400	28200	31300	34400	37400	40500
(19100)	**3.0**	24700	26500	29400	32300	35200	38100	25700	27500	30400	33400	36300	39200
1.91 %	**4.0**	24200	26000	28800	31600	34400	37200	25300	27000	29800	32600	35400	38200
	5.0	23700	25300	28000	30700	33400	36000	24700	26300	29000	31700	34300	36900
D13@400	**6.0**	23100	24600	27200	29700	32200	34600	24000	25500	28100	30600	33000	35500
	7.0	22300	23800	26200	28500	30800	33000	23200	24600	27000	29300	31600	33800
	12.0	17500	18400	19800	21100	22300	23400	18000	18900	20200	21500	22700	23800
	υ	0.115	0.108	0.097	0.088	0.080	0.074	0.153	0.143	0.129	0.117	0.108	0.099
20-D43	**0.0**	28100	29900	32900	36000	39000	42000	29200	31000	34000	37100	40100	43200
(29000)	**3.0**	27500	29200	32100	35000	37900	40800	28500	30300	33200	36100	39000	41900
2.90 %	**4.0**	27000	28700	31500	34300	37100	39900	28000	29700	32600	35400	38100	40900
	5.0	26400	28100	30800	33500	36100	38800	27400	29100	31800	34400	37100	39700
D13@400	**6.0**	25800	27300	29900	32400	34900	37400	26700	28300	30800	33300	35800	38300
	7.0	25000	26500	28900	31200	33600	35800	25900	27300	29700	32100	34400	36600
	12.0	20000	20900	22400	23800	25100	26300	20500	21400	22800	24200	25500	26600
	υ	0.104	0.097	0.088	0.081	0.075	0.069	0.138	0.130	0.118	0.109	0.100	0.093
20-D51	**0.0**	31300	33100	36100	39100	42100	45100	32400	34200	37200	40200	43200	46200
(40500)	**3.0**	30700	32400	35300	38200	41100	43900	31800	33500	36400	39300	42100	45000
4.05 %	**4.0**	30200	31900	34700	37500	40300	43000	31300	32900	35700	38500	41300	44000
	5.0	29600	31300	33900	36600	39300	41900	30600	32200	34900	37600	40200	42800
D13@400	**6.0**	28900	30500	33000	35600	38100	40500	29900	31400	34000	36500	39000	41400
	7.0	28100	29600	32000	34400	36700	39000	29000	30400	32800	35200	37500	39800
	12.0	22800	23700	25300	26700	28100	29400	23300	24300	25800	27200	28500	29800
	υ	0.093	0.088	0.081	0.074	0.069	0.065	0.124	0.118	0.108	0.100	0.093	0.087

1) H형강치수의 오른쪽에는 H형강의 단면적(A_s, mm^2)과 총단면적(A_g=b×d)에 대한 단면적비(ρ_s, %)를 나타내었다.
2) 부재 길이방향철근의 재질은 SD400(F_{yr} = 400 MPa)을 사용하였다.
3) 왼쪽 끝 수직열의 각 칸에는 위로부터 아래 순서로 하여 길이방향철근의 개수와 직경(예, 12-D25), 길이방향철근의 단면적(A_{sr}, mm^2), 길이방향철근의 단면적비(ρ_{sr}, %), 횡구속철근의 직경과 길이방향 간격(예, D10@250)을 나타내었다.
4) υ (upsilon)은 $A_s F_y / P_o$의 값을 나타내며, 매입형 합성기둥에 길이방향 하중이 가해질 때 하중전달을 위한 소요전단력(V')을 산정하는데 사용된다. 여기서 P_o는 합성기둥의 세장효과를 고려하지 않은 공칭압축강도이다.

도움표 9.1 매입형 합성기둥의 설계압축강도 $\phi_c P_n$ (kN)

$b \times d$ = 1000 × 1000 mm **H-310×310×20×20** A_s = 18100 mm², 1.81 %

H형강 재질		SHN400 (F_y = 235 MPa)						SHN490 (F_y = 325 MPa)					
철근	*KL*	f_{ck} (MPa)						f_{ck} (MPa)					
	m	27	30	35	40	45	50	27	30	35	40	45	50
8-D29	**0.0**	21500	23400	26500	29600	32700	35900	22800	24600	27700	30900	34000	37100
(5140)	**3.0**	21000	22700	25700	28600	31600	34500	22100	23900	26800	29800	32700	35600
0.514 %	**4.0**	20500	22200	25100	27900	30700	33400	21600	23300	26200	29000	31700	34500
	5.0	20000	21600	24300	26900	29600	32100	21000	22600	25300	27900	30500	33100
D10@300	**6.0**	19300	20900	23400	25800	28300	30600	20300	21800	24300	26800	29200	31500
	7.0	18600	20000	22300	24600	26800	28900	19500	20900	23200	25400	27600	29700
	12.0	14000	14800	16000	17100	18200	19100	14400	15200	16400	17500	18400	19300
	υ	0.148	0.136	0.120	0.108	0.097	0.089	0.194	0.179	0.159	0.143	0.130	0.119
16-D29	**0.0**	23000	24900	27900	31000	34100	37200	24200	26100	29200	32300	35400	38500
(10300)	**3.0**	22400	24200	27100	30100	33000	35900	23600	25400	28300	31200	34100	37000
1.03 %	**4.0**	22000	23700	26500	29300	32100	34900	23100	24800	27600	30400	33200	36000
	5.0	21400	23100	25800	28400	31100	33700	22500	24100	26800	29500	32100	34700
D10@300	**6.0**	20800	22300	24900	27400	29800	32200	21800	23300	25800	28300	30700	33100
	7.0	20100	21500	23800	26100	28400	30600	21000	22400	24700	27000	29200	31400
	12.0	15400	16200	17500	18700	19800	20800	15800	16700	17900	19100	20100	21100
	υ	0.139	0.128	0.114	0.103	0.093	0.086	0.182	0.169	0.151	0.137	0.125	0.115
20-D35	**0.0**	25500	27300	30400	33500	36500	39600	26700	28600	31600	34700	37800	40800
(19100)	**3.0**	24900	26700	29600	32600	35500	38400	26100	27900	30800	33700	36600	39500
1.91 %	**4.0**	24500	26200	29000	31800	34600	37400	25600	27300	30100	32900	35700	38500
	5.0	23900	25600	28300	31000	33600	36200	25000	26600	29300	32000	34600	37200
D13@400	**6.0**	23300	24800	27400	29900	32400	34800	24300	25800	28400	30900	33300	35800
	7.0	22500	24000	26400	28700	31000	33300	23500	24900	27300	29600	31900	34100
	12.0	17700	18600	20000	21300	22600	23700	18300	19100	20500	21800	22900	24000
	υ	0.125	0.117	0.105	0.095	0.087	0.080	0.165	0.154	0.139	0.127	0.117	0.108
20-D43	**0.0**	28300	30100	33200	36200	39200	42300	29500	31300	34400	37400	40500	43500
(29000)	**3.0**	27700	29500	32400	35300	38200	41100	28900	30600	33500	36400	39300	42200
2.90 %	**4.0**	27300	29000	31800	34600	37400	40100	28400	30100	32900	35700	38500	41200
	5.0	26700	28300	31000	33700	36400	39000	27800	29400	32100	34800	37400	40000
D13@400	**6.0**	26000	27600	30100	32700	35200	37600	27000	28600	31100	33600	36100	38600
	7.0	25200	26700	29100	31500	33800	36100	26200	27600	30000	32400	34700	36900
	12.0	20200	21100	22600	24000	25300	26500	20800	21700	23100	24400	25700	26900
	υ	0.113	0.106	0.096	0.088	0.081	0.075	0.149	0.141	0.128	0.118	0.109	0.101
20-D51	**0.0**	31600	33400	36400	39400	42400	45400	32800	34600	37600	40600	43600	46600
(40500)	**3.0**	30900	32700	35600	38400	41300	44200	32100	33800	36700	39600	42500	45300
4.05 %	**4.0**	30500	32100	34900	37700	40500	43300	31600	33300	36100	38800	41600	44400
	5.0	29900	31500	34200	36800	39500	42100	31000	32600	35200	37900	40500	43200
D13@400	**6.0**	29100	30700	33300	35800	38300	40800	30200	31700	34300	36800	39300	41700
	7.0	28300	29800	32200	34600	36900	39200	29300	30800	33200	35500	37800	40100
	12.0	23000	23900	25500	26900	28300	29600	23600	24500	26000	27400	28800	30000
	υ	0.101	0.096	0.088	0.081	0.075	0.070	0.134	0.127	0.117	0.109	0.101	0.095

1) H형강치수의 오른쪽에는 H형강의 단면적(A_s, mm²)과 총단면적($A_g = b \times d$)에 대한 단면적비(ρ_s, %)를 나타내었다.

2) 부재 길이방향철근의 재질은 SD400($F_{yr} = 400$ MPa)을 사용하였다.

3) 왼쪽 끝 수직열의 각 칸에는 위로부터 아래 순서로 하여 길이방향철근의 개수와 직경(예, 12-D25), 길이방향철근의 단면적(A_{sr}, mm²), 길이방향철근의 단면적비(ρ_{sr}, %), 횡구속철근의 직경과 길이방향 간격(예, D10@250)을 나타내었다.

4) υ (upsilon)은 $A_s F_y / P_o$의 값을 나타내며, 매입형 합성기둥에 길이방향 하중이 가해질 때 하중전달을 위한 소요전단력(V')을 산정하는데 사용된다. 여기서 P_o는 합성기둥의 세장효과를 고려하지 않은 공칭압축강도이다.

도움표 9.1 매입형 합성기둥의 설계압축강도 $\phi_c P_n$ (kN)

$b \times d$ = 1000 × 1000 mm H-338×351×13×13 A_s = 13500 mm², 1.35 %

H형강 재질		SHN400 (F_y = 235 MPa)						SHN490 (F_y = 325 MPa)					
철근	*KL*	f_{ck} (MPa)						f_{ck} (MPa)					
	m	27	30	35	40	45	50	27	30	35	40	45	50
8-D29	**0.0**	20800	22700	25800	28900	32100	35200	21700	23600	26700	29900	33000	36100
(5140)	**3.0**	20200	22000	25000	27900	30900	33800	21100	22900	25900	28800	31700	34600
0.514 %	**4.0**	19800	21500	24400	27200	30000	32700	20600	22400	25200	28000	30800	33500
	5.0	19300	20900	23600	26200	28800	31400	20100	21700	24400	27000	29600	32100
D10@300	**6.0**	18600	20200	22700	25100	27500	29900	19400	20900	23400	25800	28200	30500
	7.0	17900	19300	21600	23900	26100	28200	18600	20000	22300	24500	26600	28700
	12.0	13400	14200	15400	16400	17400	18300	13700	14500	15600	16700	17600	18400
	υ	0.115	0.105	0.092	0.082	0.074	0.068	0.152	0.140	0.123	0.110	0.100	0.091
16-D29	**0.0**	22300	24100	27200	30400	33500	36600	23200	25000	28200	31300	34400	37500
(10300)	**3.0**	21700	23500	26400	29400	32300	35200	22600	24400	27300	30200	33200	36100
1.03 %	**4.0**	21300	23000	25800	28700	31400	34200	22100	23800	26700	29500	32300	35000
	5.0	20700	22400	25100	27700	30400	33000	21500	23200	25800	28500	31100	33700
D10@300	**6.0**	20100	21600	24200	26700	29100	31500	20800	22400	24900	27400	29800	32200
	7.0	19400	20800	23200	25400	27700	29800	20100	21500	23800	26100	28300	30400
	12.0	14800	15600	16900	18000	19100	20100	15100	15900	17200	18300	19300	20300
	υ	0.107	0.099	0.087	0.079	0.071	0.065	0.142	0.132	0.117	0.105	0.096	0.088
20-D35	**0.0**	24800	26600	29700	32800	35900	39000	25700	27500	30600	33700	36800	39900
(19100)	**3.0**	24200	26000	28900	31900	34800	37700	25100	26900	29800	32700	35600	38600
1.91 %	**4.0**	23800	25500	28300	31200	34000	36700	24600	26300	29200	32000	34800	37600
	5.0	23200	24900	27600	30300	32900	35600	24000	25700	28400	31100	33700	36300
D13@400	**6.0**	22600	24200	26700	29200	31700	34100	23400	24900	27400	30000	32400	34800
	7.0	21900	23300	25700	28000	30300	32600	22600	24000	26400	28700	31000	33200
	12.0	17200	18000	19400	20700	21900	23000	17600	18400	19800	21000	22200	23200
	υ	0.096	0.090	0.080	0.073	0.066	0.061	0.128	0.120	0.108	0.098	0.090	0.083
20-D43	**0.0**	27600	29400	32500	35500	38600	41600	28500	30300	33400	36400	39500	42500
(29000)	**3.0**	27000	28800	31700	34600	37500	40400	27900	29600	32500	35500	38400	41300
2.90 %	**4.0**	26600	28300	31100	33900	36700	39500	27400	29100	31900	34700	37500	40300
	5.0	26000	27600	30300	33000	35700	38300	26800	28400	31100	33800	36500	39100
D13@400	**6.0**	25300	26900	29500	32000	34500	36900	26100	27600	30200	32700	35200	37700
	7.0	24600	26000	28400	30800	33100	35400	25300	26700	29100	31500	33800	36000
	12.0	19600	20500	22000	23400	24700	25900	20000	20900	22400	23700	25000	26100
	υ	0.086	0.081	0.073	0.067	0.062	0.057	0.116	0.109	0.099	0.091	0.084	0.078
20-D51	**0.0**	30800	32600	35700	38700	41700	44700	31700	33500	36600	39600	42600	45600
(40500)	**3.0**	30200	32000	34900	37700	40600	43500	31100	32800	35700	38600	41500	44400
4.05 %	**4.0**	29800	31400	34300	37100	39800	42600	30600	32300	35100	37900	40700	43400
	5.0	29200	30800	33500	36200	38800	41500	30000	31600	34300	37000	39600	42200
D13@400	**6.0**	28500	30000	32600	35100	37600	40100	29200	30800	33300	35900	38400	40800
	7.0	27700	29100	31500	33900	36300	38600	28400	29900	32300	34600	36900	39200
	12.0	22400	23400	24900	26300	27700	29000	22900	23800	25300	26700	28000	29300
	υ	0.077	0.073	0.067	0.062	0.057	0.053	0.104	0.098	0.090	0.083	0.077	0.072

1) H형강치수의 오른쪽에는 H형강의 단면적(A_s, mm²)과 총단면적($A_g = b \times d$)에 대한 단면적비(ρ_s, %)를 나타내었다.

2) 부재 길이방향철근의 재질은 SD400(F_{yr} = 400 MPa)을 사용하였다.

3) 왼쪽 끝 수직열의 각 칸에는 위로부터 아래 순서로 하여 길이방향철근의 개수와 직경(예, 12-D25), 길이방향철근의 단면적(A_{sr}, mm²), 길이방향철근의 단면적비(ρ_{sr}, %), 횡구속철근의 직경과 길이방향 간격(예, D10@250)을 나타내었다.

4) υ (upsilon)은 $A_s F_y / P_o$의 값을 나타내며, 매입형 합성기둥에 길이방향 하중이 가해질 때 하중전달을 위한 소요전단력(V')을 산정하는데 사용된다. 여기서 P_o는 합성기둥의 세장효과를 고려하지 않은 공칭압축강도이다.

도움표 9.1 매입형 합성기둥의 설계압축강도 $\phi_c P_n$ (kN)

$b \times d$ = 1000 × 1000 mm　　H-344×348×10×16　　A_s = 14600 mm^2, 1.46 %

H형강 재질		SHN400 (F_y = 235 MPa)						SHN490 (F_y = 325 MPa)					
철근	*KL*	f_{ck} (MPa)						f_{ck} (MPa)					
	m	27	30	35	40	45	50	27	30	35	40	45	50
8-D29	**0.0**	21000	22900	26000	29100	32200	35400	22000	23800	27000	30100	33200	36300
(5140)	**3.0**	20400	22200	25200	28100	31000	34000	21400	23100	26100	29000	32000	34900
0.514 %	**4.0**	20000	21700	24600	27400	30200	32900	20900	22600	25400	28200	31000	33800
	5.0	19500	21100	23800	26400	29000	31600	20300	21900	24600	27200	29800	32400
D10@300	**6.0**	18800	20400	22900	25300	27700	30100	19600	21100	23600	26100	28500	30800
	7.0	18100	19500	21800	24100	26300	28400	18800	20200	22500	24700	26900	29000
	12.0	13600	14400	15600	16700	17700	18600	13900	14700	15900	16900	17900	18800
	υ	0.123	0.113	0.099	0.088	0.080	0.073	0.162	0.149	0.132	0.118	0.107	0.098
16-D29	**0.0**	22400	24300	27400	30500	33600	36700	23400	25300	28400	31500	34600	37700
(10300)	**3.0**	21900	23700	26600	29600	32500	35400	22800	24600	27500	30500	33400	36300
1.03 %	**4.0**	21500	23200	26000	28800	31600	34400	22400	24100	26900	29700	32500	35300
	5.0	20900	22600	25300	27900	30600	33200	21800	23400	26100	28700	31400	33900
D10@300	**6.0**	20300	21800	24400	26800	29300	31700	21100	22600	25100	27600	30000	32400
	7.0	19600	21000	23300	25600	27900	30000	20300	21700	24000	26300	28500	30700
	12.0	15000	15800	17100	18300	19400	20300	15400	16200	17400	18600	19600	20600
	υ	0.115	0.106	0.094	0.084	0.077	0.070	0.152	0.141	0.125	0.113	0.103	0.094
20-D35	**0.0**	24900	26800	29900	33000	36000	39100	25900	27800	30900	33900	37000	40100
(19100)	**3.0**	24400	26200	29100	32000	35000	37900	25300	27100	30000	33000	35900	38800
1.91 %	**4.0**	24000	25700	28500	31300	34100	36900	24900	26600	29400	32200	35000	37800
	5.0	23400	25100	27800	30500	33100	35700	24300	25900	28600	31300	33900	36500
D13@400	**6.0**	22800	24300	26900	29400	31900	34300	23600	25100	27700	30200	32700	35100
	7.0	22000	23500	25900	28200	30500	32800	22800	24200	26600	28900	31200	33400
	12.0	17300	18200	19600	20900	22100	23200	17800	18600	20000	21300	22400	23500
	υ	0.103	0.096	0.086	0.078	0.071	0.066	0.137	0.128	0.115	0.105	0.096	0.089
20-D43	**0.0**	27700	29600	32600	35700	38700	41800	28700	30600	33600	36700	39700	42800
(29000)	**3.0**	27200	28900	31800	34800	37700	40600	28100	29900	32800	35700	38600	41500
2.90 %	**4.0**	26700	28400	31300	34100	36900	39600	27600	29300	32200	35000	37800	40500
	5.0	26200	27800	30500	33200	35900	38500	27000	28700	31400	34000	36700	39300
D13@400	**6.0**	25500	27100	29600	32200	34700	37100	26300	27900	30400	33000	35400	37900
	7.0	24700	26200	28600	31000	33300	35600	25500	27000	29400	31700	34000	36300
	12.0	19800	20700	22200	23600	24900	26100	20200	21200	22600	23900	25200	26400
	υ	0.093	0.087	0.079	0.072	0.066	0.062	0.124	0.116	0.106	0.097	0.090	0.083
20-D51	**0.0**	31000	32800	35800	38800	41800	44900	32000	33800	36800	39800	42800	45800
(40500)	**3.0**	30400	32100	35000	37900	40800	43700	31300	33100	36000	38900	41700	44600
4.05 %	**4.0**	29900	31600	34400	37200	40000	42800	30800	32500	35300	38100	40900	43700
	5.0	29300	31000	33700	36300	39000	41600	30200	31800	34500	37200	39800	42500
D13@400	**6.0**	28600	30200	32800	35300	37800	40300	29500	31000	33600	36100	38600	41100
	7.0	27800	29300	31700	34100	36400	38700	28600	30100	32500	34900	37200	39500
	12.0	22600	23500	25100	26500	27900	29200	23100	24000	25500	26900	28300	29500
	υ	0.083	0.078	0.072	0.066	0.061	0.057	0.111	0.105	0.097	0.089	0.083	0.078

1) H형강치수의 오른쪽에는 H형강의 단면적(A_s, mm^2)과 총단면적($A_g = b \times d$)에 대한 단면적비(ρ_s, %)를 나타내었다.

2) 부재 길이방향철근의 재질은 SD400(F_{yr} = 400 MPa)을 사용하였다.

3) 왼쪽 끝 수직열의 각 칸에는 위로부터 아래 순서로 하여 길이방향철근의 개수와 직경(예, 12-D25), 길이방향철근의 단면적(A_{sr}, mm^2), 길이방향철근의 단면적비(ρ_{sr}, %), 횡구속철근의 직경과 길이방향 간격(예, D10@250)을 나타내었다.

4) υ (upsilon)은 $A_s F_y / P_o$의 값을 나타내며, 매입형 합성기둥에 길이방향 하중이 가해질 때 하중전달을 위한 소요전단력(V')을 산정하는데 사용된다. 여기서 P_o는 합성기둥의 세장효과를 고려하지 않은 공칭압축강도이다.

도움표 9.1 매입형 합성기둥의 설계압축강도 $\phi_c P_n$ (kN)

***b* × *d* = 1000 × 1000 mm** **H-344×354×16×16** A_s = 16700 mm², 1.67 %

H형강 재질		SHN400 (F_y = 235 MPa)						SHN490 (F_y = 325 MPa)					
철근	*KL*	f_{ck} (MPa)						f_{ck} (MPa)					
	m	27	30	35	40	45	50	27	30	35	40	45	50
8-D29	**0.0**	21300	23200	26300	29400	32500	35700	22400	24300	27400	30500	33700	36800
(5140)	**3.0**	20700	22500	25500	28400	31400	34300	21800	23600	26500	29500	32400	35300
0.514 %	**4.0**	20300	22000	24900	27700	30500	33200	21300	23000	25900	28700	31500	34200
	5.0	19800	21400	24100	26800	29400	32000	20700	22400	25000	27700	30300	32800
D10@300	**6.0**	19100	20700	23200	25700	28100	30400	20000	21600	24100	26500	28900	31300
	7.0	18400	19800	22200	24400	26600	28800	19200	20600	22900	25200	27300	29500
	12.0	13900	14700	15900	17000	18000	19000	14300	15000	16200	17300	18300	19200
	υ	0.138	0.127	0.112	0.100	0.090	0.082	0.181	0.167	0.148	0.133	0.121	0.110
16-D29	**0.0**	22800	24600	27700	30800	33900	37000	23900	25800	28900	32000	35100	38200
(10300)	**3.0**	22200	24000	26900	29900	32800	35700	23300	25000	28000	30900	33800	36800
1.03 %	**4.0**	21800	23500	26300	29100	31900	34700	22800	24500	27300	30100	32900	35700
	5.0	21200	22900	25600	28200	30900	33500	22200	23800	26500	29200	31800	34400
D10@300	**6.0**	20600	22100	24700	27200	29600	32000	21500	23000	25600	28000	30500	32800
	7.0	19900	21300	23700	26000	28200	30400	20700	22100	24500	26700	29000	31100
	12.0	15200	16100	17400	18600	19700	20700	15700	16500	17800	18900	20000	21000
	υ	0.129	0.119	0.106	0.095	0.087	0.079	0.170	0.158	0.141	0.127	0.116	0.106
20-D35	**0.0**	25300	27100	30200	33300	36300	39400	26400	28200	31300	34400	37500	40500
(19100)	**3.0**	24700	26500	29400	32300	35300	38200	25800	27500	30500	33400	36300	39200
1.91 %	**4.0**	24300	26000	28800	31600	34400	37200	25300	27000	29800	32700	35400	38200
	5.0	23700	25400	28100	30800	33400	36000	24700	26400	29100	31700	34400	37000
D13@400	**6.0**	23100	24600	27200	29700	32200	34700	24000	25600	28100	30600	33100	35500
	7.0	22300	23800	26200	28500	30800	33100	23200	24700	27000	29400	31600	33900
	12.0	17600	18500	19900	21200	22400	23600	18100	19000	20300	21600	22800	23900
	υ	0.116	0.108	0.097	0.088	0.081	0.075	0.154	0.144	0.130	0.118	0.108	0.100
20-D43	**0.0**	28100	29900	32900	36000	39000	42100	29200	31000	34100	37100	40200	43200
(29000)	**3.0**	27500	29200	32200	35100	38000	40900	28600	30300	33200	36100	39000	41900
2.90 %	**4.0**	27000	28700	31600	34400	37200	39900	28100	29800	32600	35400	38200	41000
	5.0	26500	28100	30800	33500	36200	38800	27500	29100	31800	34500	37100	39700
D13@400	**6.0**	25800	27400	29900	32500	35000	37400	26800	28300	30900	33400	35900	38300
	7.0	25000	26500	28900	31300	33600	35900	25900	27400	29800	32100	34400	36700
	12.0	20100	21000	22500	23800	25200	26400	20600	21500	22900	24300	25600	26700
	υ	0.105	0.098	0.089	0.082	0.075	0.070	0.139	0.131	0.119	0.109	0.101	0.094
20-D51	**0.0**	31300	33100	36100	39100	42100	45200	32500	34300	37300	40300	43300	46300
(40500)	**3.0**	30700	32500	35300	38200	41100	44000	31800	33500	36400	39300	42200	45000
4.05 %	**4.0**	30200	31900	34700	37500	40300	43100	31300	33000	35800	38600	41300	44100
	5.0	29700	31300	34000	36600	39300	41900	30700	32300	35000	37600	40300	42900
D13@400	**6.0**	28900	30500	33100	35600	38100	40600	29900	31400	34000	36500	39000	41500
	7.0	28100	29600	32000	34400	36700	39000	29000	30500	32900	35300	37600	39900
	12.0	22800	23800	25300	26800	28200	29500	23400	24300	25800	27300	28600	29900
	υ	0.094	0.089	0.081	0.075	0.070	0.065	0.125	0.119	0.109	0.101	0.094	0.088

1) H형강치수의 오른쪽에는 H형강의 단면적(A_s, mm²)과 총단면적($A_g = b \times d$)에 대한 단면적비(ρ_s, %)를 나타내었다.

2) 부재 길이방향철근의 재질은 SD400(F_{yr} = 400 MPa)을 사용하였다.

3) 왼쪽 끝 수직열의 각 칸에는 위로부터 아래 순서로 하여 길이방향철근의 개수와 직경(예, 12-D25), 길이방향철근의 단면적(A_{sr}, mm²), 길이방향철근의 단면적비(ρ_{sr}, %), 횡구속철근의 직경과 길이방향 간격(예, D10@250)을 나타내었다.

4) υ (upsilon)은 $A_s F_y / P_o$의 값을 나타내며, 매입형 합성기둥에 길이방향 하중이 가해질 때 하중전달을 위한 소요전단력(V')을 산정하는데 사용된다. 여기서 P_o는 합성기둥의 세장효과를 고려하지 않은 공칭압축강도이다.

도움표 9.1 매입형 합성기둥의 설계압축강도 $\phi_c P_n$ (kN)

$b \times d$ = 1000 × 1000 mm H-350×350×12×19 A_s = 17400 mm^2, 1.74 %

H형강 재질		SHN400 (F_y = 235 MPa)						SHN490 (F_y = 325 MPa)					
철근	KL	f_{ck} (MPa)						f_{ck} (MPa)					
	m	27	30	35	40	45	50	27	30	35	40	45	50
8-D29	**0.0**	21400	23300	26400	29500	32600	35800	22600	24500	27600	30700	33800	36900
(5140)	**3.0**	20900	22600	25600	28500	31500	34400	22000	23800	26700	29600	32600	35500
0.514 %	**4.0**	20400	22200	25000	27800	30600	33400	21500	23200	26000	28800	31600	34400
	5.0	19900	21500	24200	26900	29500	32100	20900	22500	25200	27800	30500	33000
D10@300	**6.0**	19300	20800	23300	25800	28200	30600	20200	21700	24200	26700	29100	31400
	7.0	18500	20000	22300	24600	26800	28900	19400	20800	23100	25400	27500	29700
	12.0	14000	14800	16100	17200	18200	19200	14400	15200	16400	17500	18500	19400
	υ	0.143	0.132	0.116	0.104	0.094	0.086	0.187	0.173	0.154	0.138	0.125	0.115
16-D29	**0.0**	22900	24700	27800	30900	34000	37100	24100	25900	29000	32100	35200	38300
(10300)	**3.0**	22300	24100	27000	30000	32900	35800	23400	25200	28200	31100	34000	36900
1.03 %	**4.0**	21900	23600	26400	29300	32100	34800	23000	24700	27500	30300	33100	35900
	5.0	21400	23000	25700	28400	31000	33600	22400	24000	26700	29300	32000	34600
D10@300	**6.0**	20700	22300	24800	27300	29800	32200	21700	23200	25700	28200	30600	33000
	7.0	20000	21400	23800	26100	28300	30500	20900	22300	24600	26900	29100	31300
	12.0	15400	16200	17500	18800	19900	20900	15800	16700	17900	19100	20200	21200
	υ	0.134	0.124	0.110	0.099	0.090	0.083	0.176	0.164	0.146	0.132	0.120	0.111
20-D35	**0.0**	25400	27200	30300	33400	36400	39500	26600	28400	31500	34500	37600	40700
(19100)	**3.0**	24800	26600	29500	32500	35400	38300	25900	27700	30600	33600	36500	39400
1.91 %	**4.0**	24400	26100	28900	31800	34600	37300	25500	27200	30000	32800	35600	38400
	5.0	23900	25500	28200	30900	33500	36200	24900	26500	29200	31900	34500	37100
D13@400	**6.0**	23200	24800	27300	29900	32300	34800	24200	25700	28300	30800	33300	35700
	7.0	22500	23900	26300	28700	31000	33200	23400	24800	27200	29500	31800	34000
	12.0	17700	18600	20000	21400	22600	23700	18200	19100	20500	21800	23000	24100
	υ	0.121	0.113	0.101	0.092	0.084	0.078	0.160	0.149	0.135	0.123	0.113	0.104
20-D43	**0.0**	28200	30000	33100	36100	39100	42200	29400	31200	34200	37300	40300	43300
(29000)	**3.0**	27600	29400	32300	35200	38100	41000	28700	30500	33400	36300	39200	42100
2.90 %	**4.0**	27200	28900	31700	34500	37300	40100	28200	29900	32800	35600	38300	41100
	5.0	26600	28200	30900	33600	36300	38900	27600	29300	32000	34600	37300	39900
D13@400	**6.0**	25900	27500	30100	32600	35100	37600	26900	28500	31000	33500	36000	38500
	7.0	25200	26600	29000	31400	33700	36000	26100	27500	29900	32300	34600	36900
	12.0	20200	21100	22600	24000	25300	26500	20700	21600	23100	24400	25700	26900
	υ	0.109	0.102	0.093	0.085	0.078	0.073	0.144	0.136	0.124	0.114	0.105	0.098
20-D51	**0.0**	31400	33200	36200	39200	42300	45300	32600	34400	37400	40400	43400	46400
(40500)	**3.0**	30800	32600	35500	38300	41200	44100	32000	33700	36600	39500	42300	45200
4.05 %	**4.0**	30400	32000	34900	37600	40400	43200	31500	33100	35900	38700	41500	44200
	5.0	29800	31400	34100	36800	39400	42000	30800	32400	35100	37800	40400	43000
D13@400	**6.0**	29100	30600	33200	35700	38200	40700	30100	31600	34200	36700	39200	41600
	7.0	28300	29700	32100	34500	36900	39200	29200	30600	33100	35400	37700	40000
	12.0	23000	23900	25500	26900	28300	29600	23500	24500	26000	27400	28800	30000
	υ	0.097	0.092	0.085	0.078	0.073	0.068	0.130	0.123	0.113	0.105	0.098	0.091

1) H형강치수의 오른쪽에는 H형강의 단면적(A_s, mm^2)과 총단면적($A_g = b \times d$)에 대한 단면적비(ρ_s, %)를 나타내었다.

2) 부재 길이방향철근의 재질은 SD400(F_{yr} = 400 MPa)을 사용하였다.

3) 왼쪽 끝 수직열의 각 칸에는 위로부터 아래 순서로 하여 길이방향철근의 개수와 직경(예, 12-D25), 길이방향철근의 단면적(A_{sr}, mm^2), 길이방향철근의 단면적비(ρ_{sr}, %), 횡구속철근의 직경과 길이방향 간격(예, D10@250)을 나타내었다.

4) υ (upsilon)은 $A_s F_y / P_o$의 값을 나타내며, 매입형 합성기둥에 길이방향 하중이 가해질 때 하중전달을 위한 소요전단력(V')을 산정하는데 사용된다. 여기서 P_o는 합성기둥의 세장효과를 고려하지 않은 공칭압축강도이다.

도움표 9.1 매입형 합성기둥의 설계압축강도 $\phi_c P_n$ (kN)

$b \times d$ = 1000 × 1000 mm　　H-350×357×19×19　　A_s = 19800 mm^2, 1.98 %

H형강 재질		SHN400 (F_y = 235 MPa)						SHN490 (F_y = 325 MPa)					
철근	KL	f_{ck} (MPa)						f_{ck} (MPa)					
	m	27	30	35	40	45	50	27	30	35	40	45	50
8-D29	0.0	21800	23700	26800	29900	33000	36100	23200	25000	28100	31200	34300	37500
(5140)	3.0	21300	23000	26000	28900	31900	34800	22500	24300	27200	30200	33100	36000
0.514 %	4.0	20800	22500	25400	28200	31000	33700	22000	23700	26600	29400	32200	34900
	5.0	20300	21900	24600	27300	29900	32500	21400	23100	25700	28400	31000	33600
D10@300	6.0	19600	21200	23700	26200	28600	31000	20700	22200	24700	27200	29600	32000
	7.0	18900	20300	22700	25000	27200	29300	19900	21300	23600	25900	28100	30200
	12.0	14300	15200	16400	17600	18700	19600	14800	15600	16800	17900	19000	19900
	υ	0.160	0.148	0.130	0.117	0.106	0.097	0.209	0.193	0.172	0.155	0.141	0.129
16-D29	0.0	23300	25100	28200	31300	34400	37500	24600	26500	29600	32600	35700	38800
(10300)	3.0	22700	24500	27400	30400	33300	36200	24000	25800	28700	31600	34500	37400
1.03 %	4.0	22300	24000	26800	29600	32400	35200	23500	25200	28000	30800	33600	36400
	5.0	21700	23400	26100	28700	31400	34000	22900	24500	27200	29900	32500	35100
D10@300	6.0	21100	22600	25200	27700	30100	32600	22200	23700	26200	28700	31200	33600
	7.0	20400	21800	24200	26500	28700	30900	21400	22800	25100	27400	29600	31800
	12.0	15700	16600	17900	19100	20300	21300	16200	17100	18400	19500	20600	21600
	υ	0.150	0.139	0.124	0.112	0.102	0.093	0.196	0.183	0.164	0.148	0.135	0.125
20-D35	0.0	25800	27600	30700	33700	36800	39900	27100	29000	32000	35100	38100	41200
(19100)	3.0	25200	27000	29900	32800	35700	38600	26500	28300	31200	34100	37000	39900
1.91 %	4.0	24800	26500	29300	32100	34900	37700	26000	27700	30500	33300	36100	38900
	5.0	24200	25900	28600	31300	33900	36500	25400	27000	29700	32400	35000	37700
D13@400	6.0	23600	25100	27700	30200	32700	35200	24700	26200	28800	31300	33800	36200
	7.0	22800	24300	26700	29000	31300	33600	23900	25300	27700	30000	32300	34500
	12.0	18000	19000	20400	21700	23000	24100	18600	19500	20900	22200	23400	24500
	υ	0.136	0.127	0.114	0.104	0.095	0.088	0.178	0.167	0.151	0.138	0.127	0.117
20-D43	0.0	28600	30400	33400	36500	39500	42500	29900	31700	34800	37800	40800	43900
(29000)	3.0	28000	29700	32700	35600	38400	41300	29300	31000	33900	36800	39700	42600
2.90 %	4.0	27500	29200	32100	34900	37600	40400	28800	30500	33300	36100	38900	41600
	5.0	27000	28600	31300	34000	36600	39300	28200	29800	32500	35100	37800	40400
D13@400	6.0	26300	27900	30400	33000	35500	37900	27400	29000	31500	34000	36500	39000
	7.0	25500	27000	29400	31800	34100	36400	26600	28000	30400	32800	35100	37400
	12.0	20500	21400	22900	24300	25700	26900	21100	22000	23500	24800	26100	27400
	υ	0.122	0.115	0.105	0.096	0.089	0.082	0.162	0.152	0.139	0.128	0.118	0.110
20-D51	0.0	31800	33600	36600	39600	42600	45600	33200	35000	38000	41000	44000	46900
(40500)	3.0	31200	32900	35800	38700	41600	44400	32500	34200	37100	40000	42800	45700
4.05 %	4.0	30700	32400	35200	38000	40800	43500	32000	33700	36500	39200	42000	44700
	5.0	30100	31800	34500	37100	39800	42400	31300	33000	35600	38300	40900	43600
D13@400	6.0	29400	31000	33500	36100	38600	41100	30600	32100	34700	37200	39700	42100
	7.0	28600	30100	32500	34900	37200	39500	29700	31100	33500	35900	38200	40500
	12.0	23300	24200	25800	27200	28600	30000	23900	24900	26400	27800	29200	30500
	υ	0.110	0.104	0.095	0.088	0.082	0.077	0.146	0.138	0.127	0.118	0.110	0.103

1) H형강치수의 오른쪽에는 H형강의 단면적(A_s, mm^2)과 총단면적($A_g = b \times d$)에 대한 단면적비(ρ_s, %)를 나타내었다.

2) 부재 길이방향철근의 재질은 SD400(F_{yr} = 400 MPa)을 사용하였다.

3) 왼쪽 끝 수직열의 각 칸에는 위로부터 아래 순서로 하여 길이방향철근의 개수와 직경(예, 12-D25), 길이방향철근의 단면적(A_{sr}, mm^2), 길이방향철근의 단면적비(ρ_{sr}, %), 횡구속철근의 직경과 길이방향 간격(예, D10@250)을 나타내었다.

4) υ (upsilon)은 $A_s F_y / P_o$의 값을 나타내며, 매입형 합성기둥에 길이방향 하중이 가해질 때 하중전달을 위한 소요전단력(V')을 산정하는데 사용된다. 여기서 P_o는 합성기둥의 세장효과를 고려하지 않은 공칭압축강도이다.

도움표 9.1 매입형 합성기둥의 설계압축강도 $\phi_c P_n$ (kN)

$b \times d$ = 1000 × 1000 mm　　H-388×402×15×15　　A_s = 17900 mm², 1.78 %

H형강 재질		SHN400 (F_y = 235 MPa)						SHN490 (F_y = 325 MPa)					
철근	KL	f_{ck} (MPa)						f_{ck} (MPa)					
	m	27	30	35	40	45	50	27	30	35	40	45	50
8-D29	0.0	21500	23400	26500	29600	32700	35800	22700	24600	27700	30800	33900	37000
(5140)	3.0	20900	22700	25700	28600	31600	34500	22100	23900	26800	29700	32700	35600
0.514 %	4.0	20500	22200	25100	27900	30700	33500	21600	23300	26100	28900	31700	34500
	5.0	20000	21600	24300	27000	29600	32200	21000	22600	25300	28000	30600	33200
D10@300	6.0	19400	20900	23400	25900	28300	30700	20300	21800	24300	26800	29200	31600
	7.0	18600	20100	22400	24700	26900	29100	19500	20900	23200	25500	27700	29800
	12.0	14100	14900	16200	17400	18400	19400	14600	15400	16600	17700	18700	19600
	υ	0.146	0.134	0.118	0.106	0.096	0.087	0.191	0.176	0.157	0.141	0.128	0.117
16-D29	0.0	22900	24800	27900	31000	34100	37200	24100	26000	29100	32200	35300	38400
(10300)	3.0	22400	24200	27100	30100	33000	35900	23500	25300	28200	31200	34100	37000
1.03 %	4.0	22000	23700	26500	29300	32100	34900	23100	24800	27600	30400	33200	36000
	5.0	21400	23100	25800	28500	31100	33700	22500	24100	26800	29500	32100	34700
D10@300	6.0	20800	22400	24900	27400	29900	32300	21800	23300	25800	28300	30800	33200
	7.0	20100	21500	23900	26200	28500	30700	21000	22400	24800	27000	29300	31500
	12.0	15500	16400	17700	18900	20000	21100	16000	16800	18100	19300	20400	21400
	υ	0.137	0.126	0.112	0.101	0.092	0.084	0.179	0.167	0.149	0.135	0.123	0.113
20-D35	0.0	25500	27300	30400	33400	36500	39600	26700	28500	31600	34600	37700	40800
(19100)	3.0	24900	26700	29600	32500	35400	38300	26000	27800	30700	33700	36600	39500
1.91 %	4.0	24500	26200	29000	31800	34600	37400	25600	27300	30100	32900	35700	38500
	5.0	23900	25600	28300	31000	33600	36300	25000	26600	29300	32000	34600	37300
D13@400	6.0	23300	24800	27400	29900	32400	34900	24300	25800	28400	30900	33400	35800
	7.0	22600	24000	26400	28800	31100	33300	23500	24900	27300	29600	31900	34200
	12.0	17800	18700	20200	21500	22700	23900	18400	19200	20600	21900	23100	24200
	υ	0.123	0.115	0.103	0.094	0.086	0.079	0.163	0.152	0.137	0.125	0.115	0.106
20-D43	0.0	28300	30100	33100	36200	39200	42200	29500	31300	34300	37400	40400	43400
(29000)	3.0	27700	29400	32300	35200	38100	41000	28800	30600	33500	36400	39300	42200
2.90 %	4.0	27200	28900	31800	34600	37400	40100	28300	30000	32900	35700	38400	41200
	5.0	26700	28300	31000	33700	36400	39000	27700	29400	32100	34700	37400	40000
D13@400	6.0	26000	27600	30100	32700	35200	37600	27000	28600	31100	33600	36100	38600
	7.0	25200	26700	29100	31500	33800	36100	26200	27600	30000	32400	34700	37000
	12.0	20300	21200	22700	24100	25400	26700	20800	21800	23200	24600	25900	27100
	υ	0.111	0.104	0.095	0.087	0.080	0.074	0.147	0.139	0.126	0.116	0.107	0.100
20-D51	0.0	31500	33300	36300	39300	42300	45300	32700	34500	37500	40500	43500	46500
(40500)	3.0	30900	32600	35500	38400	41300	44100	32000	33800	36700	39500	42400	45300
4.05 %	4.0	30400	32100	34900	37700	40500	43200	31500	33200	36000	38800	41600	44300
	5.0	29800	31500	34200	36800	39500	42100	30900	32500	35200	37900	40500	43100
D13@400	6.0	29100	30700	33300	35800	38300	40800	30200	31700	34300	36800	39300	41700
	7.0	28300	29800	32200	34600	37000	39300	29300	30700	33200	35500	37900	40100
	12.0	23100	24000	25600	27000	28400	29700	23600	24600	26100	27500	28900	30200
	υ	0.099	0.094	0.086	0.080	0.074	0.069	0.132	0.126	0.116	0.107	0.100	0.093

1) H형강치수의 오른쪽에는 H형강의 단면적(A_s, mm²)과 총단면적($A_g = b \times d$)에 대한 단면적비(ρ_s, %)를 나타내었다.

2) 부재 길이방향철근의 재질은 SD400(F_{yr} = 400 MPa)을 사용하였다.

3) 왼쪽 끝 수직열의 각 칸에는 위로부터 아래 순서로 하여 길이방향철근의 개수와 직경(예, 12-D25), 길이방향철근의 단면적(A_{sr}, mm²), 길이방향철근의 단면적비(ρ_{sr}, %), 횡구속철근의 직경과 길이방향 간격(예, D10@250)을 나타내었다.

4) υ (upsilon)은 $A_s F_y / P_o$의 값을 나타내며, 매입형 합성기둥에 길이방향 하중이 가해질 때 하중전달을 위한 소요전단력(V')을 산정하는데 사용된다. 여기서 P_o는 합성기둥의 세장효과를 고려하지 않은 공칭압축강도이다.

도움표 9.1 매입형 합성기둥의 설계압축강도 $\phi_c P_n$ (kN)

$b \times d$ = 1000 × 1000 mm **H-394×398×11×18** A_s = 18700 mm², 1.87 %

H형강 재질		SHN400 (F_y = 235 MPa)						SHN490 (F_y = 325 MPa)					
철근	KL	f_{ck} (MPa)						f_{ck} (MPa)					
	m	27	30	35	40	45	50	27	30	35	40	45	50
8-D29	**0.0**	21600	23500	26600	29700	32800	35900	22900	24800	27900	31000	34100	37200
(5140)	**3.0**	21100	22900	25800	28800	31700	34600	22300	24100	27000	29900	32900	35800
0.514 %	**4.0**	20700	22400	25200	28000	30800	33600	21800	23500	26400	29200	31900	34700
	5.0	20100	21800	24500	27100	29800	32400	21200	22900	25500	28200	30800	33400
D10@300	**6.0**	19500	21100	23600	26100	28500	30900	20500	22100	24600	27000	29500	31800
	7.0	18800	20200	22600	24900	27100	29300	19700	21200	23500	25700	27900	30100
	12.0	14300	15200	16400	17600	18700	19700	14800	15600	16800	17900	19000	19900
	υ	0.152	0.140	0.124	0.111	0.100	0.092	0.199	0.184	0.163	0.147	0.134	0.122
16-D29	**0.0**	23100	24900	28000	31100	34200	37300	24300	26200	29300	32400	35500	38600
(10300)	**3.0**	22500	24300	27300	30200	33100	36000	23700	25500	28500	31400	34300	37200
1.03 %	**4.0**	22100	23800	26700	29500	32300	35100	23300	25000	27800	30600	33400	36200
	5.0	21600	23200	25900	28600	31300	33900	22700	24300	27000	29700	32300	34900
D10@300	**6.0**	21000	22500	25100	27600	30000	32500	22000	23500	26100	28500	31000	33400
	7.0	20200	21700	24100	26400	28600	30900	21200	22600	25000	27300	29500	31700
	12.0	15700	16500	17900	19100	20300	21300	16200	17000	18300	19500	20600	21600
	υ	0.143	0.132	0.117	0.106	0.096	0.088	0.187	0.174	0.155	0.141	0.128	0.118
20-D35	**0.0**	25600	27400	30500	33600	36600	39700	26900	28700	31800	34800	37900	41000
(19100)	**3.0**	25000	26800	29700	32700	35600	38500	26200	28000	30900	33900	36800	39700
1.91 %	**4.0**	24600	26300	29200	32000	34800	37600	25800	27500	30300	33100	35900	38700
	5.0	24100	25700	28400	31100	33800	36400	25200	26800	29500	32200	34800	37500
D13@400	**6.0**	23400	25000	27600	30100	32600	35100	24500	26000	28600	31100	33600	36000
	7.0	22700	24200	26600	28900	31200	33500	23700	25100	27500	29900	32100	34400
	12.0	18000	18900	20400	21700	23000	24100	18600	19500	20800	22200	23400	24500
	υ	0.129	0.120	0.108	0.098	0.090	0.083	0.170	0.159	0.143	0.131	0.120	0.111
20-D43	**0.0**	28400	30200	33300	36300	39300	42400	29700	31500	34500	37500	40600	43600
(29000)	**3.0**	27800	29600	32500	35400	38300	41200	29000	30800	33700	36600	39500	42400
2.90 %	**4.0**	27400	29100	31900	34700	37500	40300	28500	30200	33100	35900	38600	41400
	5.0	26800	28500	31200	33800	36500	39100	27900	29600	32300	34900	37600	40200
D13@400	**6.0**	26200	27700	30300	32800	35300	37800	27200	28800	31300	33800	36300	38800
	7.0	25400	26900	29300	31700	34000	36300	26400	27800	30200	32600	34900	37200
	12.0	20400	21400	22900	24300	25600	26900	21000	22000	23400	24800	26100	27300
	υ	0.116	0.109	0.099	0.091	0.084	0.078	0.154	0.145	0.132	0.121	0.112	0.104
20-D51	**0.0**	31600	33400	36400	39400	42400	45400	32900	34700	37700	40700	43700	46700
(40500)	**3.0**	31000	32800	35700	38500	41400	44300	32300	34000	36900	39700	42600	45500
4.05 %	**4.0**	30600	32300	35100	37800	40600	43400	31800	33400	36200	39000	41800	44500
	5.0	30000	31600	34300	37000	39600	42300	31100	32700	35400	38100	40700	43400
D13@400	**6.0**	29300	30800	33400	35900	38500	40900	30400	31900	34500	37000	39500	42000
	7.0	28500	30000	32400	34800	37100	39400	29500	31000	33400	35700	38100	40400
	12.0	23200	24200	25700	27200	28600	29900	23800	24800	26300	27700	29100	30400
	υ	0.104	0.098	0.090	0.083	0.078	0.072	0.138	0.131	0.121	0.112	0.104	0.098

1) H형강치수의 오른쪽에는 H형강의 단면적(A_s, mm²)과 총단면적($A_g = b \times d$)에 대한 단면적비(ρ_s, %)를 나타내었다.

2) 부재 길이방향철근의 재질은 SD400(F_{yr} = 400 MPa)을 사용하였다.

3) 왼쪽 끝 수직열의 각 칸에는 위로부터 아래 순서로 하여 길이방향철근의 개수와 직경(예, 12-D25), 길이방향철근의 단면적(A_{sr}, mm²), 길이방향철근의 단면적비(ρ_{sr}, %), 횡구속철근의 직경과 길이방향 간격(예, D10@250)을 나타내었다.

4) υ (upsilon)은 $A_s F_y / P_o$의 값을 나타내며, 매입형 합성기둥에 길이방향 하중이 가해질 때 하중전달을 위한 소요전단력(V')을 산정하는데 사용된다. 여기서 P_o는 합성기둥의 세장효과를 고려하지 않은 공칭압축강도이다.

도움표 9.1 매입형 합성기둥의 설계압축강도 $\phi_c P_n$ (kN)

***b* × *d* = 1000 × 1000 mm** **H-394×405×18×18** A_s = 21400 mm^2, 2.14 %

H형강 재질		SHN400 (F_y = 235 MPa)						SHN490 (F_y = 325 MPa)					
철근	*KL*	f_{ck} (MPa)						f_{ck} (MPa)					
	m	27	30	35	40	45	50	27	30	35	40	45	50
8-D29	**0.0**	22100	23900	27000	30100	33200	36300	23500	25400	28500	31600	34700	37800
(5140)	**3.0**	21500	23300	26300	29200	32100	35000	22900	24700	27600	30500	33500	36400
0.514 %	**4.0**	21100	22800	25700	28500	31300	34000	22400	24100	27000	29800	32500	35300
	5.0	20600	22200	24900	27600	30200	32800	21800	23400	26100	28800	31400	34000
D10@300	**6.0**	19900	21500	24000	26500	29000	31400	21100	22600	25100	27600	30000	32400
	7.0	19200	20700	23000	25300	27600	29700	20300	21700	24000	26300	28500	30700
	12.0	14700	15500	16800	18000	19100	20200	15200	16100	17300	18400	19500	20500
	υ	0.171	0.158	0.140	0.125	0.114	0.104	0.222	0.206	0.183	0.165	0.151	0.138
16-D29	**0.0**	23500	25400	28500	31600	34600	37700	25000	26800	29900	33000	36100	39200
(10300)	**3.0**	23000	24700	27700	30600	33500	36500	24300	26100	29100	32000	34900	37800
1.03 %	**4.0**	22500	24300	27100	29900	32700	35500	23900	25600	28400	31200	34000	36800
	5.0	22000	23700	26400	29000	31700	34300	23300	24900	27600	30300	32900	35500
D10@300	**6.0**	21400	22900	25500	28000	30500	32900	22600	24100	26600	29100	31600	34000
	7.0	20700	22100	24500	26800	29100	31300	21800	23200	25500	27800	30100	32300
	12.0	16000	16900	18300	19600	20700	21800	16600	17500	18800	20000	21100	22200
	υ	0.161	0.149	0.133	0.120	0.109	0.100	0.209	0.195	0.175	0.158	0.145	0.133
20-D35	**0.0**	26000	27900	30900	34000	37000	40100	27500	29300	32400	35400	38500	41500
(19100)	**3.0**	25500	27200	30200	33100	36000	38900	26900	28600	31500	34500	37400	40300
1.91 %	**4.0**	25000	26800	29600	32400	35200	38000	26400	28100	30900	33700	36500	39300
	5.0	24500	26100	28900	31500	34200	36800	25800	27400	30100	32800	35400	38000
D13@400	**6.0**	23900	25400	28000	30500	33000	35500	25100	26600	29200	31700	34100	36600
	7.0	23100	24600	27000	29400	31700	33900	24200	25700	28100	30400	32700	35000
	12.0	18400	19300	20700	22100	23400	24600	19000	19900	21300	22600	23800	25000
	υ	0.145	0.136	0.122	0.111	0.102	0.094	0.190	0.178	0.161	0.147	0.136	0.126
20-D43	**0.0**	28800	30700	33700	36700	39700	42800	30300	32100	35100	38200	41200	44200
(29000)	**3.0**	28300	30000	32900	35800	38700	41600	29600	31400	34300	37200	40100	42900
2.90 %	**4.0**	27800	29500	32300	35100	37900	40700	29100	30800	33600	36400	39200	42000
	5.0	27200	28900	31600	34300	36900	39600	28500	30200	32800	35500	38200	40800
D13@400	**6.0**	26600	28100	30700	33200	35700	38200	27800	29300	31900	34400	36900	39400
	7.0	25800	27300	29700	32100	34400	36700	26900	28400	30800	33200	35500	37700
	12.0	20800	21700	23200	24700	26000	27300	21500	22400	23900	25300	26600	27800
	υ	0.131	0.123	0.112	0.103	0.095	0.088	0.173	0.163	0.149	0.137	0.127	0.118
20-D51	**0.0**	32100	33900	36900	39900	42900	45800	33500	35300	38300	41300	44300	47300
(40500)	**3.0**	31500	33200	36100	39000	41800	44700	32900	34600	37500	40300	43200	46000
4.05 %	**4.0**	31000	32700	35500	38300	41000	43800	32400	34000	36800	39600	42400	45100
	5.0	30400	32000	34700	37400	40000	42700	31700	33300	36000	38700	41300	43900
D13@400	**6.0**	29700	31300	33800	36400	38900	41300	30900	32500	35000	37500	40000	42500
	7.0	28900	30400	32800	35200	37500	39800	30000	31500	33900	36300	38600	40900
	12.0	23600	24500	26100	27600	29000	30300	24300	25200	26700	28200	29600	30900
	υ	0.118	0.112	0.102	0.095	0.088	0.082	0.156	0.148	0.136	0.127	0.118	0.111

1) H형강치수의 오른쪽에는 H형강의 단면적(A_s, mm^2)과 총단면적($A_g = b \times d$)에 대한 단면적비(ρ_s, %)를 나타내었다.

2) 부재 길이방향철근의 재질은 SD400(F_{yr} = 400 MPa)을 사용하였다.

3) 왼쪽 끝 수직열의 각 칸에는 위로부터 아래 순서로 하여 길이방향철근의 개수와 직경(예, 12-D25), 길이방향철근의 단면적(A_{sr}, mm^2), 길이방향철근의 단면적비(ρ_{sr}, %), 횡구속철근의 직경과 길이방향 간격(예, D10@250)을 나타내었다.

4) υ (upsilon)은 $A_s F_y / P_o$의 값을 나타내며, 매입형 합성기둥에 길이방향 하중이 가해질 때 하중전달을 위한 소요전단력(V')을 산정하는데 사용된다. 여기서 P_o는 합성기둥의 세장효과를 고려하지 않은 공칭압축강도이다.

도움표 9.1 매입형 합성기둥의 설계압축강도 $\phi_c P_n$ (kN)

$b \times d$ = 1000 × 1000 mm **H-400×400×13×21** A_s = 21900 mm^2, 2.19 %

H형강 재질		SHN400 (F_y = 235 MPa)						SHN490 (F_y = 325 MPa)					
철근	*KL*	f_{ck} (MPa)						f_{ck} (MPa)					
	m	27	30	35	40	45	50	27	30	35	40	45	50
8-D29	**0.0**	22100	24000	27100	30200	33300	36400	23600	25500	28600	31700	34800	37900
(5140)	**3.0**	21600	23400	26300	29300	32200	35100	23000	24800	27700	30600	33600	36500
0.514 %	**4.0**	21200	22900	25700	28600	31400	34100	22500	24200	27100	29900	32700	35400
	5.0	20700	22300	25000	27700	30300	32900	21900	23600	26200	28900	31500	34100
D10@300	**6.0**	20000	21600	24100	26600	29100	31500	21200	22800	25300	27700	30200	32600
	7.0	19300	20800	23100	25400	27700	29900	20400	21800	24200	26400	28700	30800
	12.0	14800	15700	17000	18200	19300	20300	15400	16200	17500	18600	19700	20700
	υ	0.174	0.161	0.142	0.128	0.116	0.106	0.226	0.209	0.187	0.168	0.153	0.141
16-D29	**0.0**	23600	25400	28500	31600	34700	37800	25100	26900	30000	33100	36200	39300
(10300)	**3.0**	23000	24800	27800	30700	33600	36500	24400	26200	29200	32100	35000	37900
1.03 %	**4.0**	22600	24300	27200	30000	32800	35600	24000	25700	28500	31300	34100	36900
	5.0	22100	23700	26400	29100	31800	34400	23400	25000	27700	30400	33000	35600
D10@300	**6.0**	21500	23000	25600	28100	30600	33000	22700	24200	26700	29200	31700	34100
	7.0	20700	22200	24600	26900	29200	31400	21900	23300	25700	28000	30200	32400
	12.0	16200	17000	18400	19700	20900	22000	16800	17600	18900	20200	21300	22400
	υ	0.163	0.151	0.135	0.122	0.111	0.102	0.213	0.198	0.178	0.161	0.147	0.136
20-D35	**0.0**	26100	27900	31000	34100	37100	40200	27600	29400	32500	35500	38600	41600
(19100)	**3.0**	25500	27300	30200	33200	36100	39000	27000	28700	31600	34600	37500	40400
1.91 %	**4.0**	25100	26800	29700	32500	35300	38100	26500	28200	31000	33800	36600	39400
	5.0	24600	26200	28900	31600	34300	36900	25900	27500	30200	32900	35500	38200
D13@400	**6.0**	23900	25500	28100	30600	33100	35600	25200	26700	29300	31800	34300	36700
	7.0	23200	24700	27100	29400	31800	34000	24400	25800	28200	30500	32800	35100
	12.0	18500	19400	20900	22200	23500	24700	19100	20000	21400	22800	24000	25200
	υ	0.148	0.138	0.124	0.113	0.104	0.096	0.193	0.181	0.164	0.150	0.138	0.128
20-D43	**0.0**	28900	30700	33700	36800	39800	42800	30400	32200	35200	38200	41300	44300
(29000)	**3.0**	28300	30100	33000	35900	38800	41600	29700	31500	34400	37300	40200	43000
2.90 %	**4.0**	27900	29600	32400	35200	38000	40800	29200	30900	33700	36500	39300	42100
	5.0	27300	29000	31700	34300	37000	39600	28600	30300	32900	35600	38300	40900
D13@400	**6.0**	26600	28200	30800	33300	35800	38300	27900	29400	32000	34500	37000	39500
	7.0	25900	27400	29800	32200	34500	36800	27000	28500	30900	33300	35600	37900
	12.0	20900	21800	23400	24800	26200	27400	21600	22500	24000	25400	26700	27900
	υ	0.133	0.125	0.114	0.105	0.097	0.090	0.175	0.166	0.151	0.139	0.129	0.120
20-D51	**0.0**	32200	33900	36900	39900	42900	45900	33600	35400	38400	41400	44400	47400
(40500)	**3.0**	31500	33300	36200	39000	41900	44700	33000	34700	37600	40400	43300	46100
4.05 %	**4.0**	31100	32800	35600	38300	41100	43900	32500	34100	36900	39700	42500	45200
	5.0	30500	32100	34800	37500	40100	42700	31800	33400	36100	38800	41400	44000
D13@400	**6.0**	29800	31300	33900	36400	38900	41400	31000	32600	35100	37700	40100	42600
	7.0	29000	30400	32900	35200	37600	39900	30100	31600	34000	36400	38700	41000
	12.0	23700	24600	26200	27700	29100	30400	24400	25300	26900	28300	29700	31000
	υ	0.120	0.114	0.104	0.097	0.090	0.084	0.159	0.150	0.139	0.129	0.120	0.113

1) H형강치수의 오른쪽에는 H형강의 단면적(A_s, mm^2)과 총단면적($A_g = b \times d$)에 대한 단면적비(ρ_s, %)를 나타내었다.

2) 부재 길이방향철근의 재질은 SD400(F_{yr} = 400 MPa)을 사용하였다.

3) 왼쪽 끝 수직열의 각 칸에는 위로부터 아래 순서로 하여 길이방향철근의 개수와 직경(예, 12-D25), 길이방향철근의 단면적(A_{sr}, mm^2), 길이방향철근의 단면적비(ρ_{sr}, %), 횡구속철근의 직경과 길이방향 간격(예, D10@250)을 나타내었다.

4) υ (upsilon)은 $A_s F_y / P_o$의 값을 나타내며, 매입형 합성기둥에 길이방향 하중이 가해질 때 하중전달을 위한 소요전단력(V')을 산정하는데 사용된다. 여기서 P_o는 합성기둥의 세장효과를 고려하지 않은 공칭압축강도이다.

도움표 9.1 매입형 합성기둥의 설계압축강도 $\phi_c P_n$ (kN)

$b \times d$ = 1000 × 1000 mm **H-400×408×21×21** A_s = 25100 mm^2, 2.51 %

H형강 재질		SHN400 (F_y = 235 MPa)						SHN490 (F_y = 325 MPa)					
철근	KL	f_{ck} (MPa)						f_{ck} (MPa)					
	m	27	30	35	40	45	50	27	30	35	40	45	50
8-D29	**0.0**	22700	24500	27600	30700	33800	36900	24300	26200	29300	32400	35500	38600
(5140)	**3.0**	22100	23900	26800	29800	32700	35600	23700	25500	28400	31300	34300	37200
0.514 %	**4.0**	21700	23400	26200	29000	31800	34600	23200	24900	27800	30600	33300	36100
	5.0	21100	22800	25500	28200	30800	33400	22600	24200	26900	29600	32200	34800
D10@300	**6.0**	20500	22100	24600	27100	29600	32000	21900	23400	25900	28400	30900	33200
	7.0	19800	21200	23600	25900	28200	30400	21100	22500	24800	27100	29300	31500
	12.0	15300	16100	17500	18700	19900	20900	15900	16700	18000	19200	20300	21300
	υ	0.195	0.180	0.160	0.144	0.131	0.120	0.251	0.233	0.209	0.189	0.172	0.158
16-D29	**0.0**	24100	25900	29000	32100	35200	38200	25800	27600	30700	33800	36900	39900
(10300)	**3.0**	23500	25300	28300	31200	34100	37000	25200	26900	29900	32800	35700	38600
1.03 %	**4.0**	23100	24800	27700	30500	33300	36100	24700	26400	29200	32000	34800	37600
	5.0	22600	24200	26900	29600	32300	34900	24100	25700	28400	31000	33700	36300
D10@300	**6.0**	22000	23500	26100	28600	31100	33500	23300	24900	27400	29900	32400	34800
	7.0	21200	22700	25100	27400	29700	31900	22500	24000	26300	28600	30900	33100
	12.0	16600	17500	18900	20200	21400	22500	17300	18100	19500	20700	21900	23000
	υ	0.183	0.170	0.152	0.138	0.126	0.116	0.237	0.221	0.199	0.181	0.166	0.153
20-D35	**0.0**	26600	28400	31500	34500	37600	40600	28300	30100	33200	36200	39300	42300
(19100)	**3.0**	26000	27800	30700	33600	36500	39400	27700	29400	32300	35200	38100	41000
1.91 %	**4.0**	25600	27300	30100	33000	35800	38500	27200	28900	31700	34500	37300	40000
	5.0	25100	26700	29400	32100	34800	37400	26600	28200	30900	33600	36200	38800
D13@400	**6.0**	24400	26000	28600	31100	33600	36100	25800	27400	29900	32400	34900	37400
	7.0	23700	25100	27600	29900	32300	34500	25000	26500	28800	31200	33500	35700
	12.0	18900	19800	21300	22700	24000	25200	19600	20500	22000	23300	24600	25700
	υ	0.166	0.155	0.140	0.128	0.118	0.109	0.216	0.203	0.184	0.169	0.156	0.144
20-D43	**0.0**	29400	31200	34200	37300	40300	43300	31100	32900	35900	38900	42000	45000
(29000)	**3.0**	28800	30600	33500	36400	39200	42100	30400	32200	35100	38000	40800	43700
2.90 %	**4.0**	28400	30100	32900	35700	38500	41200	29900	31600	34400	37200	40000	42800
	5.0	27800	29400	32100	34800	37500	40100	29300	30900	33600	36300	38900	41600
D13@400	**6.0**	27100	28700	31300	33800	36300	38800	28600	30100	32700	35200	37700	40100
	7.0	26400	27800	30200	32600	35000	37300	27700	29100	31500	33900	36200	38500
	12.0	21300	22300	23800	25200	26600	27900	22100	23000	24500	25900	27200	28500
	υ	0.150	0.142	0.129	0.119	0.110	0.102	0.196	0.186	0.170	0.157	0.146	0.136
20-D51	**0.0**	32700	34500	37400	40400	43400	46400	34400	36100	39100	42100	45100	48100
(40500)	**3.0**	32000	33800	36600	39500	42400	45200	33700	35400	38300	41100	44000	46800
4.05 %	**4.0**	31600	33300	36000	38800	41600	44300	33100	34800	37600	40400	43100	45900
	5.0	31000	32600	35300	37900	40600	43200	32500	34100	36800	39400	42100	44700
D13@400	**6.0**	30300	31800	34400	36900	39400	41900	31700	33200	35800	38300	40800	43300
	7.0	29400	30900	33300	35700	38100	40400	30800	32300	34700	37000	39300	41600
	12.0	24100	25000	26600	28100	29500	30900	24900	25900	27400	28800	30200	31600
	υ	0.135	0.128	0.118	0.109	0.102	0.095	0.178	0.169	0.156	0.145	0.136	0.127

1) H형강치수의 오른쪽에는 H형강의 단면적(A_s, mm^2)과 총단면적($A_g = b \times d$)에 대한 단면적비(ρ_s, %)를 나타내었다.

2) 부재 길이방향철근의 재질은 SD400(F_{yr} = 400 MPa)을 사용하였다.

3) 왼쪽 끝 수직열의 각 칸에는 위로부터 아래 순서로 하여 길이방향철근의 개수와 직경(예, 12-D25), 길이방향철근의 단면적(A_{sr}, mm^2), 길이방향철근의 단면적비(ρ_{sr}, %), 횡구속철근의 직경과 길이방향 간격(예, D10@250)을 나타내었다.

4) υ (upsilon)은 $A_s F_y / P_o$의 값을 나타내며, 매입형 합성기둥에 길이방향 하중이 가해질 때 하중전달을 위한 소요전단력(V')을 산정하는데 사용된다. 여기서 P_o는 합성기둥의 세장효과를 고려하지 않은 공칭압축강도이다.

도움표 9.1 매입형 합성기둥의 설계압축강도 $\phi_c P_n$ (kN)

$b \times d$ = 1000 × 1000 mm　　H-406×403×16×24　　A_s = 25500 mm², 2.55 %

H형강 재질		SHN400 (F_y = 235 MPa)						SHN490 (F_y = 325 MPa)					
철근	KL	f_{ck} (MPa)						f_{ck} (MPa)					
	m	27	30	35	40	45	50	27	30	35	40	45	50
8-D29	0.0	22700	24600	27700	30800	33800	36900	24400	26300	29400	32500	35600	38700
(5140)	3.0	22200	23900	26900	29800	32700	35700	23800	25600	28500	31400	34400	37300
0.514 %	4.0	21800	23500	26300	29100	31900	34700	23300	25000	27900	30700	33400	36200
	5.0	21200	22900	25600	28200	30900	33500	22700	24300	27000	29700	32300	34900
D10@300	6.0	20600	22200	24700	27200	29700	32100	22000	23500	26100	28500	31000	33400
	7.0	19900	21300	23700	26000	28300	30500	21200	22600	24900	27200	29500	31700
	12.0	15400	16200	17600	18800	20000	21100	16000	16900	18200	19400	20500	21500
	υ	0.198	0.183	0.162	0.146	0.133	0.122	0.254	0.236	0.211	0.191	0.175	0.161
16-D29	0.0	24200	26000	29100	32200	35200	38300	25900	27700	30800	33900	37000	40000
(10300)	3.0	23600	25400	28300	31300	34200	37100	25300	27000	30000	32900	35800	38700
1.03 %	4.0	23200	24900	27700	30600	33400	36100	24800	26500	29300	32100	34900	37700
	5.0	22700	24300	27000	29700	32400	35000	24200	25800	28500	31200	33800	36400
D10@300	6.0	22000	23600	26200	28700	31200	33600	23400	25000	27500	30000	32500	34900
	7.0	21300	22800	25200	27500	29800	32100	22600	24100	26400	28700	31000	33200
	12.0	16700	17600	19000	20300	21500	22700	17400	18300	19600	20900	22100	23100
	υ	0.186	0.173	0.154	0.140	0.127	0.117	0.240	0.224	0.202	0.183	0.168	0.155
20-D35	0.0	26700	28500	31600	34600	37600	40700	28400	30200	33300	36300	39400	42400
(19100)	3.0	26100	27900	30800	33700	36600	39500	27800	29500	32400	35300	38200	41100
1.91 %	4.0	25700	27400	30200	33000	35800	38600	27300	29000	31800	34600	37400	40100
	5.0	25100	26800	29500	32200	34800	37500	26700	28300	31000	33700	36300	38900
D13@400	6.0	24500	26100	28600	31200	33700	36100	25900	27500	30000	32600	35000	37500
	7.0	23800	25200	27600	30000	32300	34600	25100	26600	28900	31300	33600	35900
	12.0	19000	19900	21400	22800	24100	25400	19800	20700	22100	23400	24700	25900
	υ	0.168	0.158	0.142	0.130	0.119	0.110	0.219	0.206	0.187	0.171	0.158	0.146
20-D43	0.0	29500	31300	34300	37300	40300	43300	31200	33000	36000	39000	42000	45100
(29000)	3.0	28900	30600	33500	36400	39300	42200	30500	32300	35200	38100	40900	43800
2.90 %	4.0	28400	30100	32900	35700	38500	41300	30000	31700	34500	37300	40100	42800
	5.0	27900	29500	32200	34900	37500	40200	29400	31000	33700	36400	39000	41700
D13@400	6.0	27200	28800	31300	33900	36400	38900	28700	30200	32800	35300	37800	40200
	7.0	26400	27900	30300	32700	35100	37400	27800	29300	31700	34000	36300	38600
	12.0	21400	22400	23900	25300	26700	28000	22200	23200	24600	26000	27400	28600
	υ	0.152	0.144	0.131	0.120	0.111	0.104	0.199	0.188	0.172	0.159	0.148	0.138
20-D51	0.0	32700	34500	37500	40500	43400	46400	34500	36200	39200	42200	45200	48100
(40500)	3.0	32100	33800	36700	39600	42400	45300	33800	35500	38400	41200	44100	46900
4.05 %	4.0	31600	33300	36100	38900	41600	44400	33200	34900	37700	40500	43200	46000
	5.0	31000	32700	35300	38000	40700	43300	32600	34200	36900	39500	42200	44800
D13@400	6.0	30300	31900	34400	37000	39500	42000	31800	33300	35900	38400	40900	43400
	7.0	29500	31000	33400	35800	38100	40500	30900	32400	34800	37100	39500	41800
	12.0	24100	25100	26700	28200	29600	31000	25000	26000	27500	29000	30400	31700
	υ	0.137	0.130	0.120	0.111	0.103	0.097	0.180	0.171	0.158	0.147	0.138	0.129

1) H형강치수의 오른쪽에는 H형강의 단면적(A_s, mm²)과 총단면적($A_g = b \times d$)에 대한 단면적비(ρ_s, %)를 나타내었다.
2) 부재 길이방향철근의 재질은 SD400(F_{yr} = 400 MPa)을 사용하였다.
3) 왼쪽 끝 수직열의 각 칸에는 위로부터 아래 순서로 하여 길이방향철근의 개수와 직경(예, 12-D25), 길이방향철근의 단면적(A_{sr}, mm²), 길이방향철근의 단면적비(ρ_{sr}, %), 횡구속철근의 직경과 길이방향 간격(예, D10@250)을 나타내었다.
4) υ (upsilon)은 $A_s F_y / P_o$의 값을 나타내며, 매입형 합성기둥에 길이방향 하중이 가해질 때 하중전달을 위한 소요전단력(V')을 산정하는데 사용된다. 여기서 P_o는 합성기둥의 세장효과를 고려하지 않은 공칭압축강도이다.

도움표 9.1 매입형 합성기둥의 설계압축강도 $\phi_c P_n$ (kN)

$b \times d$ = 1000 × 1000 mm　　H-414×405×18×28　　A_s = 29500 mm², 2.95 %

H형강 재질		SHN400 (F_y = 235 MPa)						SHN490 (F_y = 325 MPa)					
철근	KL	f_{ck} (MPa)						f_{ck} (MPa)					
	m	27	30	35	40	45	50	27	30	35	40	45	50
8-D29	0.0	23400	25200	28300	31400	34400	37500	25400	27200	30300	33400	36400	39500
(5140)	3.0	22800	24600	27500	30500	33400	36300	24700	26500	29400	32300	35200	38100
0.514 %	4.0	22400	24100	26900	29800	32600	35300	24200	25900	28700	31500	34300	37100
	5.0	21900	23500	26200	28900	31500	34200	23600	25200	27900	30600	33200	35800
D10@300	6.0	21200	22800	25400	27900	30400	32800	22900	24400	26900	29400	31900	34300
	7.0	20500	22000	24400	26700	29000	31200	22000	23500	25800	28100	30400	32600
	12.0	16000	16900	18300	19600	20800	21900	16800	17600	19000	20200	21400	22400
	υ	0.223	0.207	0.184	0.166	0.151	0.139	0.284	0.265	0.238	0.216	0.198	0.182
16-D29	0.0	24800	26700	29700	32800	35800	38900	26800	28600	31700	34800	37800	40900
(10300)	3.0	24300	26000	29000	31900	34800	37700	26200	27900	30800	33800	36700	39600
1.03 %	4.0	23800	25500	28400	31200	34000	36800	25700	27400	30200	33000	35800	38500
	5.0	23300	24900	27700	30300	33000	35600	25100	26700	29400	32000	34700	37300
D10@300	6.0	22700	24200	26800	29300	31800	34300	24300	25900	28400	30900	33400	35800
	7.0	21900	23400	25800	28200	30500	32700	23500	24900	27300	29600	31900	34100
	12.0	17300	18200	19700	21000	22300	23500	18200	19000	20400	21700	22900	24000
	υ	0.210	0.195	0.175	0.159	0.145	0.134	0.269	0.251	0.227	0.207	0.190	0.176
20-D35	0.0	27300	29100	32200	35200	38200	41300	29300	31100	34200	37200	40200	43300
(19100)	3.0	26800	28500	31400	34300	37200	40100	28700	30400	33300	36200	39100	42000
1.91 %	4.0	26300	28000	30800	33700	36400	39200	28200	29900	32700	35500	38200	41000
	5.0	25800	27400	30100	32800	35500	38100	27500	29200	31900	34500	37200	39800
D13@400	6.0	25100	26700	29300	31800	34300	36800	26800	28300	30900	33400	35900	38400
	7.0	24400	25900	28300	30700	33000	35300	26000	27400	29800	32100	34500	36700
	12.0	19600	20500	22000	23500	24800	26100	20500	21400	22900	24200	25500	26700
	υ	0.191	0.179	0.162	0.148	0.136	0.126	0.246	0.231	0.211	0.194	0.179	0.166
20-D43	0.0	30100	31900	34900	37900	40900	43900	32100	33900	36900	39900	42900	45900
(29000)	3.0	29500	31300	34200	37000	39900	42800	31400	33200	36100	38900	41800	44700
2.90 %	4.0	29100	30800	33600	36400	39100	41900	30900	32600	35400	38200	41000	43700
	5.0	28500	30100	32800	35500	38200	40800	30300	31900	34600	37300	39900	42500
D13@400	6.0	27800	29400	32000	34500	37000	39500	29500	31100	33600	36100	38600	41100
	7.0	27100	28500	31000	33300	35700	38000	28600	30100	32500	34900	37200	39500
	12.0	22000	22900	24500	26000	27400	28700	22900	23900	25400	26800	28200	29400
	υ	0.173	0.163	0.149	0.137	0.127	0.119	0.224	0.212	0.195	0.180	0.168	0.157
20-D51	0.0	33400	35200	38100	41100	44000	47000	35400	37100	40100	43100	46000	49000
(40500)	3.0	32800	34500	37300	40200	43000	45900	34700	36400	39200	42100	44900	47800
4.05 %	4.0	32300	34000	36700	39500	42200	45000	34100	35800	38600	41300	44100	46800
	5.0	31700	33300	36000	38600	41300	43900	33500	35100	37700	40400	43000	45600
D13@400	6.0	31000	32500	35100	37600	40100	42600	32700	34200	36700	39300	41700	44200
	7.0	30100	31600	34000	36400	38800	41100	31700	33200	35600	38000	40300	42600
	12.0	24700	25700	27300	28800	30300	31700	25700	26700	28200	29700	31100	32500
	υ	0.156	0.148	0.137	0.127	0.118	0.111	0.204	0.194	0.180	0.167	0.156	0.147

1) H형강치수의 오른쪽에는 H형강의 단면적(A_s, mm²)과 총단면적($A_g = b \times d$)에 대한 단면적비(ρ_s, %)를 나타내었다.

2) 부재 길이방향철근의 재질은 SD400(F_{yr} = 400 MPa)을 사용하였다.

3) 왼쪽 끝 수직열의 각 칸에는 위로부터 아래 순서로 하여 길이방향철근의 개수와 직경(예, 12-D25), 길이방향철근의 단면적(A_{sr}, mm²), 길이방향철근의 단면적비(ρ_{sr}, %), 횡구속철근의 직경과 길이방향 간격(예, D10@250)을 나타내었다.

4) υ (upsilon)은 $A_s F_y / P_o$의 값을 나타내며, 매입형 합성기둥에 길이방향 하중이 가해질 때 하중전달을 위한 소요전단력(V')을 산정하는데 사용된다. 여기서 P_o는 합성기둥의 세장효과를 고려하지 않은 공칭압축강도이다.

도움표 9.1 매입형 합성기둥의 설계압축강도 $\phi_c P_n$ (kN)

$b \times d$ = 1000 × 1000 mm **H-428×407×20×35** A_s = 36100 mm², 3.61 %

H형강 재질		SHN400 (F_y = 235 MPa)						SHN490 (F_y = 325 MPa)					
철근	KL	f_{ck} (MPa)						f_{ck} (MPa)					
	m	27	30	35	40	45	50	27	30	35	40	45	50
8-D29	**0.0**	24400	26200	29300	32300	35400	38500	26800	28700	31700	34800	37800	40900
(5140)	**3.0**	23900	25600	28500	31500	34400	37300	26200	27900	30800	33800	36700	39500
0.514 %	**4.0**	23400	25100	28000	30800	33600	36400	25700	27400	30200	33000	35800	38500
	5.0	22900	24600	27300	29900	32600	35200	25000	26700	29300	32000	34600	37300
D10@300	**6.0**	22300	23800	26400	28900	31400	33900	24300	25800	28400	30900	33300	35800
	7.0	21600	23000	25400	27800	30100	32400	23400	24900	27200	29600	31800	34100
	12.0	17000	17900	19400	20700	22000	23200	18000	18900	20300	21600	22800	23900
	υ	0.261	0.242	0.217	0.197	0.180	0.165	0.328	0.307	0.277	0.253	0.232	0.215
16-D29	**0.0**	25900	27700	30700	33800	36800	39800	28300	30100	33200	36200	39200	42300
(10300)	**3.0**	25300	27100	30000	32900	35800	38700	27600	29400	32300	35200	38100	41000
1.03 %	**4.0**	24900	26600	29400	32200	35000	37800	27100	28800	31600	34400	37200	40000
	5.0	24300	26000	28700	31400	34000	36700	26500	28100	30800	33500	36100	38700
D10@300	**6.0**	23700	25300	27800	30400	32900	35400	25700	27300	29800	32300	34800	37200
	7.0	23000	24400	26900	29200	31600	33900	24900	26300	28700	31000	33300	35600
	12.0	18300	19200	20700	22100	23500	24700	19400	20200	21700	23000	24300	25500
	υ	0.246	0.230	0.207	0.188	0.173	0.160	0.311	0.292	0.265	0.243	0.224	0.208
20-D35	**0.0**	28400	30200	33200	36200	39200	42200	30800	32600	35600	38600	41600	44600
(19100)	**3.0**	27800	29500	32400	35300	38200	41100	30100	31900	34800	37600	40500	43400
1.91 %	**4.0**	27400	29100	31900	34700	37400	40200	29600	31300	34100	36900	39600	42400
	5.0	26800	28400	31100	33800	36500	39100	29000	30600	33300	35900	38600	41200
D13@400	**6.0**	26200	27700	30300	32800	35300	37800	28200	29700	32300	34800	37300	39800
	7.0	25400	26900	29300	31700	34000	36400	27300	28800	31200	33500	35800	38100
	12.0	20500	21500	23000	24500	25900	27200	21700	22600	24100	25500	26800	28100
	υ	0.224	0.211	0.192	0.176	0.162	0.151	0.285	0.270	0.247	0.228	0.211	0.197
20-D43	**0.0**	31200	32900	35900	38900	41900	44900	33600	35400	38400	41300	44300	47300
(29000)	**3.0**	30600	32300	35200	38000	40900	43700	32900	34600	37500	40300	43200	46000
2.90 %	**4.0**	30100	31800	34600	37400	40100	42900	32400	34000	36800	39600	42300	45100
	5.0	29500	31200	33800	36500	39200	41800	31700	33300	36000	38600	41300	43900
D13@400	**6.0**	28800	30400	33000	35500	38000	40500	30900	32500	35000	37500	40000	42500
	7.0	28100	29500	32000	34400	36700	39000	30000	31500	33900	36200	38500	40800
	12.0	22900	23900	25500	27000	28400	29800	24100	25000	26600	28000	29400	30700
	υ	0.204	0.193	0.177	0.163	0.152	0.142	0.262	0.248	0.229	0.213	0.198	0.186
20-D51	**0.0**	34400	36200	39100	42100	45000	48000	36800	38600	41600	44500	47400	50400
(40500)	**3.0**	33800	35500	38300	41200	44000	46800	36100	37800	40700	43500	46300	49100
4.05 %	**4.0**	33300	35000	37700	40500	43200	46000	35600	37200	40000	42700	45500	48200
	5.0	32700	34300	37000	39600	42300	44900	34900	36500	39100	41800	44400	47000
D13@400	**6.0**	32000	33500	36100	38600	41100	43600	34100	35600	38100	40600	43100	45600
	7.0	31100	32600	35000	37400	39800	42100	33100	34500	36900	39300	41600	43900
	12.0	25600	26600	28200	29800	31300	32700	26900	27800	29400	30900	32300	33700
	υ	0.185	0.176	0.162	0.151	0.141	0.133	0.239	0.228	0.212	0.198	0.185	0.174

1) H형강치수의 오른쪽에는 H형강의 단면적(A_s, mm²)과 총단면적($A_g = b \times d$)에 대한 단면적비(ρ_s, %)를 나타내었다.

2) 부재 길이방향철근의 재질은 SD400(F_{yr} = 400 MPa)을 사용하였다.

3) 왼쪽 끝 수직열의 각 칸에는 위로부터 아래 순서로 하여 길이방향철근의 개수와 직경(예, 12-D25), 길이방향철근의 단면적(A_{sr}, mm²), 길이방향철근의 단면적비(ρ_{sr}, %), 횡구속철근의 직경과 길이방향 간격(예, D10@250)을 나타내었다.

4) υ (upsilon)은 $A_s F_y / P_o$의 값을 나타내며, 매입형 합성기둥에 길이방향 하중이 가해질 때 하중전달을 위한 소요전단력(V')을 산정하는데 사용된다. 여기서 P_o는 합성기둥의 세장효과를 고려하지 않은 공칭압축강도이다.

도움표 9.1 매입형 합성기둥의 설계압축강도 $\phi_c P_n$ (kN)

$b \times d$ = 1000 × 1000 mm **H-458×417×30×50** A_s = 52900 mm^2, 5.29 %

H형강 재질		SHN400 (F_y = 235 MPa)						SHN490 (F_y = 325 MPa)					
철근	KL	f_{ck} (MPa)						f_{ck} (MPa)					
	m	27	30	35	40	45	50	27	30	35	40	45	50
8-D29	**0.0**	27100	28900	31900	34900	37900	40900	30600	32400	35400	38400	41400	44500
(5140)	**3.0**	26500	28300	31100	34000	36900	39800	29900	31700	34500	37400	40300	43100
0.514 %	**4.0**	26100	27800	30600	33400	36200	38900	29400	31100	33900	36600	39400	42100
	5.0	25600	27200	29900	32600	35200	37900	28700	30300	33000	35600	38300	40900
D10@300	**6.0**	24900	26500	29100	31600	34100	36600	27900	29400	32000	34500	37000	39400
	7.0	24200	25700	28100	30500	32900	35200	27000	28400	30800	33200	35500	37700
	12.0	19500	20400	22000	23500	24900	26300	21100	22000	23500	24900	26200	27500
	υ	0.344	0.323	0.292	0.267	0.246	0.228	0.420	0.397	0.364	0.335	0.311	0.290
16-D29	**0.0**	28500	30300	33300	36300	39300	42300	32100	33900	36900	39900	42800	45800
(10300)	**3.0**	28000	29700	32600	35400	38300	41200	31400	33100	36000	38800	41700	44500
1.03 %	**4.0**	27500	29200	32000	34800	37600	40300	30800	32500	35300	38100	40800	43500
	5.0	27000	28600	31300	34000	36600	39300	30100	31800	34400	37100	39700	42300
D10@300	**6.0**	26300	27900	30500	33000	35500	38000	29300	30900	33400	35900	38400	40900
	7.0	25600	27100	29500	31900	34300	36600	28400	29800	32200	34600	36900	39200
	12.0	20700	21700	23300	24800	26300	27700	22400	23300	24800	26300	27600	28900
	υ	0.327	0.307	0.280	0.257	0.237	0.220	0.401	0.380	0.349	0.323	0.301	0.281
20-D35	**0.0**	31000	32800	35800	38700	41700	44600	34600	36400	39300	42300	45200	48200
(19100)	**3.0**	30400	32200	35000	37900	40700	43500	33900	35600	38400	41300	44100	46900
1.91 %	**4.0**	30000	31700	34400	37200	40000	42700	33300	35000	37700	40500	43200	46000
	5.0	29400	31100	33700	36400	39000	41700	32600	34200	36900	39500	42100	44800
D13@400	**6.0**	28800	30300	32900	35400	37900	40400	31800	33300	35900	38400	40800	43300
	7.0	28000	29500	31900	34300	36700	39000	30800	32300	34700	37000	39400	41700
	12.0	22900	23900	25500	27100	28600	30000	24700	25600	27200	28600	30100	31400
	υ	0.300	0.284	0.260	0.241	0.224	0.209	0.372	0.354	0.328	0.305	0.285	0.267
20-D43	**0.0**	33800	35600	38500	41400	44400	47300	37400	39200	42100	45000	47900	50900
(29000)	**3.0**	33200	34900	37700	40600	43400	46200	36600	38300	41200	44000	46800	49600
2.90 %	**4.0**	32700	34400	37200	39900	42600	45400	36100	37700	40500	43200	45900	48600
	5.0	32200	33800	36400	39100	41700	44300	35400	36900	39600	42200	44800	47400
D13@400	**6.0**	31400	33000	35500	38100	40600	43100	34500	36000	38500	41000	43500	46000
	7.0	30600	32100	34500	36900	39300	41600	33500	34900	37300	39700	42000	44300
	12.0	25200	26300	27900	29500	31000	32500	27100	28000	29600	31100	32600	34000
	υ	0.275	0.262	0.242	0.225	0.210	0.197	0.344	0.329	0.306	0.286	0.269	0.253
20-D51	**0.0**	37100	38800	41700	44600	47500	50400	40700	42400	45300	48200	51100	53900
(40500)	**3.0**	36400	38100	40900	43700	46500	49300	39900	41500	44300	47100	49900	52700
4.05 %	**4.0**	35900	37600	40300	43000	45700	48400	39300	40900	43600	46300	49000	51700
	5.0	35300	36900	39500	42200	44800	47400	38500	40100	42700	45300	47900	50500
D13@400	**6.0**	34600	36100	38600	41100	43600	46100	37600	39100	41600	44100	46600	49000
	7.0	33700	35100	37600	39900	42300	44600	36600	38000	40400	42800	45100	47400
	12.0	28000	29000	30600	32200	33800	35300	29800	30800	32400	33900	35400	36800
	υ	0.251	0.240	0.223	0.209	0.196	0.185	0.317	0.304	0.285	0.267	0.252	0.239

1) H형강치수의 오른쪽에는 H형강의 단면적(A_s, mm^2)과 총단면적($A_g = b \times d$)에 대한 단면적비(ρ_s, %)를 나타내었다.

2) 부재 길이방향철근의 재질은 SD400(F_{yr} = 400 MPa)을 사용하였다.

3) 왼쪽 끝 수직열의 각 칸에는 위로부터 아래 순서로 하여 길이방향철근의 개수와 직경(예, 12-D25), 길이방향철근의 단면적(A_{sr}, mm^2), 길이방향철근의 단면적비(ρ_{sr}, %), 횡구속철근의 직경과 길이방향 간격(예, D10@250)을 나타내었다.

4) υ (upsilon)은 $A_s F_y / P_o$의 값을 나타내며, 매입형 합성기둥에 길이방향 하중이 가해질 때 하중전달을 위한 소요전단력(V')을 산정하는데 사용된다. 여기서 P_o는 합성기둥의 세장효과를 고려하지 않은 공칭압축강도이다.

도움표 9.1 매입형 합성기둥의 설계압축강도 $\phi_c P_n$ (kN)

$b \times d$ = 1000 × 1000 mm H-498×432×45×70 A_s = 77000 mm^2, 7.70 %

H형강 재질		SHN400 (F_y = 235 MPa)						SHN490 (F_y = 325 MPa)					
철근	KL	f_{ck} (MPa)						f_{ck} (MPa)					
	m	27	30	35	40	45	50	27	30	35	40	45	50
8-D29	**0.0**	30900	32700	35600	38500	41400	44400	36100	37900	40800	43700	46600	49600
(5140)	**3.0**	30300	32000	34900	37700	40500	43300	35300	37000	39800	42700	45500	48300
0.514 %	**4.0**	29900	31600	34300	37100	39800	42500	34700	36400	39100	41900	44600	47300
	5.0	29400	31000	33600	36300	38900	41500	34000	35600	38200	40800	43500	46000
D10@300	**6.0**	28700	30200	32800	35300	37900	40400	33100	34600	37100	39600	42100	44600
	7.0	27900	29400	31800	34300	36600	39000	32100	33500	35900	38300	40600	42900
	12.0	22900	24000	25700	27300	28800	30300	25500	26500	28000	29600	31000	32400
	υ	0.439	0.415	0.381	0.352	0.327	0.306	0.520	0.496	0.460	0.429	0.402	0.379
16-D29	**0.0**	32400	34100	37000	39900	42800	45700	37600	39300	42200	45100	48000	50900
(10300)	**3.0**	31800	33500	36300	39100	41900	44700	36800	38500	41300	44100	46900	49700
1.03 %	**4.0**	31300	33000	35700	38500	41200	43900	36200	37800	40500	43300	46000	48700
	5.0	30800	32400	35000	37700	40300	42900	35400	37000	39600	42200	44800	47400
D10@300	**6.0**	30100	31600	34200	36700	39200	41700	34500	36000	38500	41000	43500	46000
	7.0	29300	30800	33200	35600	38000	40300	33500	34900	37300	39700	42000	44300
	12.0	24200	25200	26900	28500	30100	31600	26800	27800	29300	30900	32300	33800
	υ	0.419	0.398	0.367	0.340	0.317	0.297	0.500	0.478	0.445	0.416	0.391	0.368
20-D35	**0.0**	34900	36600	39500	42400	45200	48100	40100	41800	44700	47600	50400	53300
(19100)	**3.0**	34300	35900	38700	41500	44300	47100	39300	40900	43700	46500	49300	52000
1.91 %	**4.0**	33800	35400	38200	40900	43600	46300	38700	40300	43000	45700	48400	51100
	5.0	33200	34800	37400	40100	42700	45300	37900	39500	42100	44700	47300	49800
D13@400	**6.0**	32500	34000	36600	39100	41600	44100	37000	38500	41000	43500	45900	48400
	7.0	31700	33200	35600	38000	40300	42700	35900	37300	39700	42100	44400	46700
	12.0	26300	27400	29100	30700	32300	33800	29000	30000	31600	33100	34600	36100
	υ	0.389	0.371	0.344	0.320	0.300	0.282	0.468	0.449	0.420	0.395	0.372	0.352
20-D43	**0.0**	37700	39400	42200	45100	47900	50800	42900	44600	47400	50300	53100	56000
(29000)	**3.0**	37000	38700	41500	44200	47000	49700	42000	43700	46500	49200	51900	54700
2.90 %	**4.0**	36500	38200	40900	43500	46200	48900	41400	43000	45700	48400	51000	53700
	5.0	35900	37500	40100	42700	45300	47900	40600	42200	44800	47300	49900	52500
D13@400	**6.0**	35200	36700	39200	41700	44200	46700	39600	41100	43600	46100	48600	51000
	7.0	34300	35800	38200	40600	42900	45300	38500	40000	42300	44700	47000	49300
	12.0	28600	29700	31400	33000	34600	36200	31400	32400	34000	35500	37100	38500
	υ	0.360	0.345	0.321	0.301	0.283	0.267	0.438	0.421	0.396	0.373	0.353	0.335
20-D51	**0.0**	40900	42600	45400	48200	51000	53900	46100	47800	50600	53400	56200	59100
(40500)	**3.0**	40200	41900	44600	47300	50100	52800	45300	46900	49600	52300	55000	57800
4.05 %	**4.0**	39700	41300	44000	46700	49300	51900	44600	46200	48800	51500	54100	56800
	5.0	39100	40600	43200	45800	48300	50900	43800	45300	47900	50400	53000	55500
D13@400	**6.0**	38300	39800	42300	44700	47200	49700	42800	44300	46700	49200	51600	54000
	7.0	37400	38800	41200	43500	45900	48200	41600	43000	45400	47700	50000	52300
	12.0	31300	32400	34100	35700	37300	38900	34100	35100	36700	38300	39800	41300
	υ	0.332	0.319	0.299	0.281	0.266	0.252	0.407	0.393	0.371	0.351	0.334	0.318

1) H형강치수의 오른쪽에는 H형강의 단면적(A_s, mm^2)과 총단면적($A_g=b\times d$)에 대한 단면적비(ρ_s, %)를 나타내었다.

2) 부재 길이방향철근의 재질은 SD400(F_{yr} = 400 MPa)을 사용하였다.

3) 왼쪽 끝 수직열의 각 칸에는 위로부터 아래 순서로 하여 길이방향철근의 개수와 직경(예, 12-D25), 길이방향철근의 단면적(A_{sr}, mm^2), 길이방향철근의 단면적비(ρ_{sr}, %), 횡구속철근의 직경과 길이방향 간격(예, D10@250)을 나타내었다.

4) υ (upsilon)은 $A_s F_y / P_o$의 값을 나타내며, 매입형 합성기둥에 길이방향 하중이 가해질 때 하중전달을 위한 소요전단력(V')을 산정하는데 사용된다. 여기서 P_o는 합성기둥의 세장효과를 고려하지 않은 공칭압축강도이다.

도움표 9.1 매입형 합성기둥의 설계압축강도 $\phi_c P_n$ (kN)

$b \times d$ = 1100 × 1100 mm　　H-300×305×15×15　　A_s = 13500 mm², 1.11 %

H형강 재질		SHN400 (F_y = 235 MPa)						SHN490 (F_y = 325 MPa)					
철근	KL	f_{ck} (MPa)						f_{ck} (MPa)					
	m	27	30	35	40	45	50	27	30	35	40	45	50
8-D32	0.0	24800	27000	30800	34600	38400	42200	25700	28000	31700	35500	39300	43100
(6350)	3.0	24200	26400	30000	33600	37200	40800	25100	27200	30900	34500	38000	41600
0.525 %	4.0	23800	25900	29400	32800	36300	39700	24600	26700	30200	33600	37100	40500
	5.0	23200	25200	28600	31800	35100	38300	24000	26000	29300	32600	35800	39000
D10@300	6.0	22500	24500	27600	30700	33700	36700	23300	25200	28300	31400	34400	37400
	7.0	21800	23600	26500	29400	32200	34900	22500	24300	27200	30000	32800	35500
	12.0	17000	18100	19800	21400	22800	24100	17400	18500	20100	21600	23000	24300
	υ	0.096	0.088	0.077	0.069	0.062	0.056	0.128	0.118	0.103	0.092	0.084	0.076
16-D32	0.0	26600	28800	32600	36400	40100	43900	27500	29700	33500	37300	41100	44800
(12700)	3.0	26000	28200	31800	35400	39000	42500	26900	29000	32700	36200	39800	43400
1.05 %	4.0	25600	27700	31200	34600	38100	41500	26400	28500	32000	35500	38900	42300
	5.0	25000	27000	30400	33700	37000	40200	25800	27800	31200	34500	37700	41000
D10@300	6.0	24400	26300	29500	32600	35700	38700	25100	27000	30200	33300	36400	39400
	7.0	23600	25400	28400	31300	34200	36900	24300	26100	29100	32000	34800	37600
	12.0	18800	20000	21800	23400	25000	26400	19200	20400	22100	23700	25300	26700
	υ	0.089	0.082	0.073	0.065	0.059	0.054	0.120	0.110	0.098	0.088	0.080	0.073
20-D38	0.0	29400	31700	35400	39100	42900	46600	30300	32600	36300	40100	43800	47500
(22800)	3.0	28900	31000	34600	38200	41800	45300	29700	31900	35500	39100	42600	46200
1.88 %	4.0	28400	30500	34000	37500	40900	44400	29300	31400	34900	38300	41800	45200
	5.0	27900	29900	33300	36600	39900	43100	28700	30700	34100	37400	40700	43900
D13@400	6.0	27200	29200	32400	35500	38600	41700	28000	29900	33100	36300	39300	42400
	7.0	26500	28300	31300	34300	37200	40000	27200	29000	32000	35000	37900	40700
	12.0	21600	22800	24700	26500	28200	29800	22000	23200	25100	26900	28500	30100
	υ	0.081	0.075	0.067	0.061	0.055	0.051	0.108	0.101	0.090	0.082	0.075	0.069
20-D51	0.0	34400	36600	40300	44000	47700	51400	35300	37600	41200	44900	48600	52300
(40500)	3.0	33900	36000	39600	43100	46600	50200	34700	36900	40400	44000	47500	51000
3.35 %	4.0	33400	35500	39000	42400	45800	49300	34300	36300	39800	43200	46700	50100
	5.0	32800	34900	38200	41500	44800	48100	33700	35700	39000	42300	45600	48900
D13@400	6.0	32200	34100	37300	40500	43600	46700	32900	34900	38100	41200	44400	47500
	7.0	31400	33200	36300	39300	42200	45100	32100	34000	37000	40000	42900	45800
	12.0	26200	27500	29500	31500	33300	35100	26700	27900	30000	31900	33700	35500
	υ	0.069	0.065	0.059	0.054	0.050	0.046	0.093	0.087	0.080	0.073	0.068	0.063
24-D51	0.0	36700	38900	42600	46200	49900	53600	37600	39800	43500	47200	50800	54500
(48700)	3.0	36100	38300	41800	45300	48900	52400	37000	39100	42700	46200	49700	53200
4.02 %	4.0	35700	37700	41200	44600	48100	51500	36500	38600	42000	45500	48900	52300
	5.0	35100	37100	40400	43800	47000	50300	35900	37900	41300	44600	47800	51100
D13@400	6.0	34400	36300	39500	42700	45800	48900	35200	37100	40300	43500	46600	49700
	7.0	33600	35400	38500	41500	44500	47400	34300	36200	39200	42200	45200	48100
	12.0	28200	29500	31600	33600	35500	37400	28800	30000	32100	34100	36000	37800
	υ	0.065	0.061	0.056	0.051	0.048	0.044	0.087	0.082	0.076	0.070	0.065	0.060

1) H형강치수의 오른쪽에는 H형강의 단면적(A_s, mm²)과 총단면적($A_g = b \times d$)에 대한 단면적비(ρ_s, %)를 나타내었다.

2) 부재 길이방향철근의 재질은 SD400(F_{yr} = 400 MPa)을 사용하였다.

3) 왼쪽 끝 수직열의 각 칸에는 위로부터 아래 순서로 하여 길이방향철근의 개수와 직경(예, 12-D25), 길이방향철근의 단면적(A_{sr}, mm²), 길이방향철근의 단면적비(ρ_{sr}, %), 횡구속철근의 직경과 길이방향 간격(예, D10@250)을 나타내었다.

4) υ (upsilon)은 $A_s F_y / P_o$의 값을 나타내며, 매입형 합성기둥에 길이방향 하중이 가해질 때 하중전달을 위한 소요전단력(V')을 산정하는데 사용된다. 여기서 P_o는 합성기둥의 세장효과를 고려하지 않은 공칭압축강도이다.

도움표 9.1 매입형 합성기둥의 설계압축강도 $\phi_c P_n$ (kN)

$b \times d$ = 1100 × 1100 mm **H-304×301×11×17** A_s = 13500 mm^2, 1.11 %

H형강 재질		SHN400 (F_y = 235 MPa)						SHN490 (F_y = 325 MPa)					
철근	KL	f_{ck} (MPa)						f_{ck} (MPa)					
	m	27	30	35	40	45	50	27	30	35	40	45	50
8-D32	**0.0**	24800	27000	30800	34600	38400	42200	25700	28000	31700	35500	39300	43100
(6350)	**3.0**	24200	26400	30000	33600	37200	40800	25100	27200	30900	34500	38000	41600
0.525 %	**4.0**	23800	25900	29400	32800	36300	39700	24600	26700	30200	33600	37100	40500
	5.0	23200	25200	28600	31800	35100	38300	24000	26000	29300	32600	35900	39100
D10@300	**6.0**	22600	24500	27600	30700	33700	36700	23300	25200	28300	31400	34400	37400
	7.0	21800	23600	26500	29400	32200	34900	22500	24300	27200	30000	32800	35500
	12.0	17000	18100	19800	21400	22800	24100	17400	18500	20100	21700	23100	24300
	υ	0.096	0.088	0.077	0.069	0.062	0.056	0.128	0.118	0.104	0.092	0.084	0.076
16-D32	**0.0**	26600	28800	32600	36400	40100	43900	27500	29700	33500	37300	41100	44800
(12700)	**3.0**	26000	28200	31800	35400	39000	42500	26900	29000	32700	36300	39800	43400
1.05 %	**4.0**	25600	27700	31200	34600	38100	41500	26400	28500	32000	35500	38900	42300
	5.0	25000	27100	30400	33700	37000	40200	25800	27800	31200	34500	37700	41000
D10@300	**6.0**	24400	26300	29500	32600	35700	38700	25100	27100	30200	33300	36400	39400
	7.0	23600	25400	28400	31300	34200	36900	24300	26100	29100	32000	34800	37600
	12.0	18800	20000	21800	23400	25000	26400	19200	20400	22100	23800	25300	26700
	υ	0.089	0.082	0.073	0.065	0.059	0.054	0.120	0.111	0.098	0.088	0.080	0.073
20-D38	**0.0**	29400	31700	35400	39100	42900	46600	30300	32600	36300	40100	43800	47500
(22800)	**3.0**	28900	31000	34600	38200	41800	45300	29700	31900	35500	39100	42600	46200
1.88 %	**4.0**	28400	30500	34000	37500	40900	44400	29300	31400	34900	38300	41800	45200
	5.0	27900	29900	33300	36600	39900	43100	28700	30700	34100	37400	40700	43900
D13@400	**6.0**	27200	29200	32400	35500	38600	41700	28000	29900	33100	36300	39400	42400
	7.0	26500	28300	31300	34300	37200	40000	27200	29000	32000	35000	37900	40700
	12.0	21600	22800	24700	26500	28200	29800	22000	23200	25100	26900	28600	30100
	υ	0.081	0.075	0.067	0.061	0.055	0.051	0.108	0.101	0.090	0.082	0.075	0.069
20-D51	**0.0**	34400	36600	40300	44000	47700	51400	35300	37600	41200	44900	48600	52300
(40500)	**3.0**	33900	36000	39600	43100	46600	50200	34700	36900	40400	44000	47500	51000
3.35 %	**4.0**	33400	35500	39000	42400	45800	49300	34300	36300	39800	43200	46700	50100
	5.0	32800	34900	38200	41500	44800	48100	33700	35700	39000	42300	45600	48900
D13@400	**6.0**	32200	34100	37300	40500	43600	46700	32900	34900	38100	41200	44400	47500
	7.0	31400	33200	36300	39300	42200	45100	32100	34000	37000	40000	42900	45800
	12.0	26200	27500	29500	31500	33300	35100	26700	28000	30000	31900	33700	35500
	υ	0.069	0.065	0.059	0.054	0.050	0.046	0.093	0.088	0.080	0.073	0.068	0.063
24-D51	**0.0**	36700	38900	42600	46200	49900	53600	37600	39800	43500	47200	50800	54500
(48700)	**3.0**	36100	38300	41800	45300	48900	52400	37000	39100	42700	46200	49700	53200
4.02 %	**4.0**	35700	37800	41200	44600	48100	51500	36500	38600	42100	45500	48900	52300
	5.0	35100	37100	40400	43800	47000	50300	35900	37900	41300	44600	47900	51100
D13@400	**6.0**	34400	36300	39500	42700	45800	48900	35200	37100	40300	43500	46600	49700
	7.0	33600	35400	38500	41500	44500	47400	34300	36200	39200	42200	45200	48100
	12.0	28300	29600	31600	33600	35500	37400	28800	30000	32100	34100	36000	37800
	υ	0.065	0.061	0.056	0.051	0.048	0.044	0.087	0.082	0.076	0.070	0.065	0.060

1) H형강치수의 오른쪽에는 H형강의 단면적(A_s, mm^2)과 총단면적($A_g = b \times d$)에 대한 단면석비(ρ_s, %)를 나타내었다.

2) 부재 길이방향철근의 재질은 SD400(F_{yr} = 400 MPa)을 사용하였다.

3) 왼쪽 끝 수직열의 각 칸에는 위로부터 아래 순서로 하여 길이방향철근의 개수와 직경(예, 12-D25), 길이방향철근의 단면적(A_{sr}, mm^2), 길이방향철근의 단면적비(ρ_{sr}, %), 횡구속철근의 직경과 길이방향 간격(예, D10@250)을 나타내었다.

4) υ (upsilon)은 $A_s F_y / P_o$의 값을 나타내며, 매입형 합성기둥에 길이방향 하중이 가해질 때 하중전달을 위한 소요전단력(V')을 산정하는데 사용된다. 여기서 P_o는 합성기둥의 세장효과를 고려하지 않은 공칭압축강도이다.

도움표 9.1 매입형 합성기둥의 설계압축강도 $\phi_c P_n$ (kN)

***b* × *d* = 1100 × 1100 mm** **H-310×305×15×20** A_s = 16500 mm^2, 1.37 %

H형강 재질		SHN400 (F_y = 235 MPa)						SHN490 (F_y = 325 MPa)					
철근	*KL*	f_{ck} (MPa)						f_{ck} (MPa)					
	m	27	30	35	40	45	50	27	30	35	40	45	50
8-D32	**0.0**	25300	27500	31300	35100	38900	42700	26400	28600	32400	36200	40000	43800
(6350)	**3.0**	24700	26900	30500	34100	37700	41200	25700	27900	31500	35100	38700	42300
0.525 %	**4.0**	24200	26300	29800	33300	36700	40200	25300	27400	30800	34300	37700	41100
	5.0	23700	25700	29000	32300	35600	38800	24700	26700	30000	33300	36500	39700
D10@300	**6.0**	23000	25000	28100	31200	34200	37200	24000	25900	29000	32100	35100	38100
	7.0	22300	24100	27000	29900	32700	35400	23100	24900	27800	30700	33500	36200
	12.0	17500	18600	20300	21900	23400	24700	18000	19000	20700	22300	23700	25000
	υ	0.115	0.106	0.093	0.083	0.075	0.068	0.153	0.141	0.124	0.111	0.101	0.092
16-D32	**0.0**	27000	29300	33100	36800	40600	44400	28200	30400	34200	37900	41700	45500
(12700)	**3.0**	26500	28700	32300	35900	39400	43000	27500	29700	33300	36900	40500	44100
1.05 %	**4.0**	26000	28200	31600	35100	38600	42000	27100	29200	32700	36100	39600	43000
	5.0	25500	27500	30900	34200	37500	40700	26500	28500	31800	35100	38400	41600
D10@300	**6.0**	24800	26800	30000	33100	36200	39200	25800	27700	30900	34000	37000	40000
	7.0	24100	25900	28900	31800	34700	37500	25000	26800	29700	32600	35500	38200
	12.0	19300	20400	22300	23900	25500	27000	19800	20900	22700	24400	25900	27300
	υ	0.108	0.099	0.088	0.079	0.072	0.066	0.143	0.132	0.118	0.106	0.097	0.089
20-D38	**0.0**	29900	32100	35900	39600	43300	47100	31000	33300	37000	40700	44500	48200
(22800)	**3.0**	29300	31500	35100	38700	42200	45800	30400	32600	36200	39700	43300	46800
1.88 %	**4.0**	28900	31000	34500	38000	41400	44800	29900	32000	35500	39000	42400	45800
	5.0	28400	30400	33700	37100	40300	43600	29400	31400	34700	38000	41300	44600
D13@400	**6.0**	27700	29600	32800	36000	39100	42200	28600	30600	33800	36900	40000	43100
	7.0	26900	28800	31800	34800	37700	40500	27800	29700	32700	35600	38500	41300
	12.0	22000	23200	25200	27000	28700	30300	22600	23800	25700	27500	29100	30700
	υ	0.097	0.091	0.081	0.074	0.067	0.062	0.130	0.121	0.109	0.099	0.091	0.084
20-D51	**0.0**	34900	37100	40800	44500	48100	51800	36000	38200	41900	45600	49300	52900
(40500)	**3.0**	34300	36500	40000	43600	47100	50600	35400	37500	41100	44600	48200	51700
3.35 %	**4.0**	33900	36000	39400	42900	46300	49700	34900	37000	40500	43900	47300	50700
	5.0	33300	35300	38700	42000	45300	48500	34300	36300	39700	43000	46300	49500
D13@400	**6.0**	32600	34600	37800	40900	44100	47200	33600	35500	38700	41900	45000	48100
	7.0	31800	33700	36700	39700	42700	45600	32800	34600	37600	40600	43500	46400
	12.0	26600	27900	29900	31900	33800	35600	27200	28500	30500	32400	34300	36000
	υ	0.083	0.078	0.071	0.065	0.061	0.056	0.112	0.105	0.096	0.088	0.082	0.076
24-D51	**0.0**	37200	39400	43100	46700	50300	54000	38300	40500	44200	47800	51500	55100
(48700)	**3.0**	36600	38700	42300	45800	49300	52800	37700	39800	43300	46900	50400	53900
4.02 %	**4.0**	36100	38200	41700	45100	48500	51900	37200	39300	42700	46100	49500	52900
	5.0	35600	37600	40900	44200	47500	50800	36600	38600	41900	45200	48500	51700
D13@400	**6.0**	34900	36800	40000	43200	46300	49400	35800	37800	41000	44100	47200	50300
	7.0	34000	35900	38900	41900	44900	47800	35000	36800	39800	42800	45800	48700
	12.0	28700	30000	32100	34100	36000	37800	29300	30600	32600	34600	36500	38300
	υ	0.078	0.074	0.068	0.062	0.058	0.054	0.105	0.099	0.091	0.084	0.078	0.073

1) H형강치수의 오른쪽에는 H형강의 단면적(A_s, mm^2)과 총단면적($A_g = b \times d$)에 대한 단면적비(ρ_s, %)를 나타내었다.

2) 부재 길이방향철근의 재질은 SD400(F_{yr} = 400 MPa)을 사용하였다.

3) 왼쪽 끝 수직열의 각 칸에는 위로부터 아래 순서로 하여 길이방향철근의 개수와 직경(예, 12-D25), 길이방향철근의 단면적(A_{sr}, mm^2), 길이방향철근의 단면적비(ρ_{sr}, %), 횡구속철근의 직경과 길이방향 간격(예, D10@250)을 나타내었다.

4) υ (upsilon)은 $A_s F_y / P_o$의 값을 나타내며, 매입형 합성기둥에 길이방향 하중이 가해질 때 하중전달을 위한 소요전단력(V')을 산정하는데 사용된다. 여기서 P_o는 합성기둥의 세장효과를 고려하지 않은 공칭압축강도이다.

도움표 9.1 매입형 합성기둥의 설계압축강도 $\phi_c P_n$ (kN)

***b* × *d* = 1100 × 1100 mm** **H-310×310×20×20** A_s = 18100 mm², 1.49 %

H형강 재질		SHN400 (F_y = 235 MPa)						SHN490 (F_y = 325 MPa)					
철근	*KL*	f_{ck} (MPa)						f_{ck} (MPa)					
	m	27	30	35	40	45	50	27	30	35	40	45	50
8-D32	**0.0**	25500	27800	31500	35300	39100	42900	26700	29000	32800	36500	40300	44100
(6350)	**3.0**	24900	27100	30700	34300	37900	41500	26100	28300	31900	35500	39000	42600
0.525 %	**4.0**	24500	26600	30100	33500	37000	40400	25600	27700	31200	34600	38100	41500
	5.0	23900	26000	29300	32600	35800	39100	25000	27000	30300	33600	36900	40100
D10@300	**6.0**	23300	25200	28300	31400	34500	37500	24300	26200	29300	32400	35400	38400
	7.0	22500	24300	27300	30100	33000	35700	23500	25200	28200	31000	33800	36500
	12.0	17700	18800	20600	22200	23700	25000	18200	19300	21000	22600	24000	25400
	υ	0.125	0.115	0.101	0.090	0.081	0.074	0.165	0.152	0.134	0.121	0.109	0.100
16-D32	**0.0**	27300	29600	33300	37100	40800	44600	28500	30800	34500	38300	42000	45800
(12700)	**3.0**	26700	28900	32500	36100	39700	43200	27900	30100	33700	37200	40800	44400
1.05 %	**4.0**	26300	28400	31900	35400	38800	42200	27400	29500	33000	36500	39900	43300
	5.0	25700	27800	31100	34400	37700	40900	26800	28800	32200	35500	38700	42000
D10@300	**6.0**	25100	27000	30200	33300	36400	39400	26100	28000	31200	34300	37400	40400
	7.0	24300	26200	29100	32100	34900	37700	25300	27100	30100	33000	35800	38600
	12.0	19500	20600	22500	24200	25800	27300	20000	21200	23000	24600	26200	27600
	υ	0.117	0.108	0.096	0.086	0.078	0.071	0.155	0.143	0.128	0.115	0.105	0.096
20-D38	**0.0**	30100	32400	36100	39800	43600	47300	31400	33600	37300	41100	44800	48500
(22800)	**3.0**	29600	31700	35300	38900	42500	46000	30800	32900	36500	40100	43600	47200
1.88 %	**4.0**	29100	31200	34700	38200	41600	45100	30300	32400	35900	39300	42700	46200
	5.0	28600	30600	34000	37300	40600	43800	29700	31700	35000	38400	41600	44900
D13@400	**6.0**	27900	29900	33100	36200	39300	42400	29000	30900	34100	37200	40300	43400
	7.0	27200	29000	32000	35000	37900	40800	28200	30000	33000	35900	38800	41700
	12.0	22200	23400	25400	27200	28900	30600	22800	24000	25900	27700	29400	31000
	υ	0.106	0.098	0.088	0.080	0.073	0.067	0.140	0.131	0.118	0.107	0.098	0.091
20-D51	**0.0**	35200	37400	41000	44700	48400	52000	36400	38600	42300	45900	49600	53300
(40500)	**3.0**	34600	36700	40300	43800	47300	50800	35800	37900	41400	45000	48500	52000
3.35 %	**4.0**	34100	36200	39700	43100	46500	49900	35300	37300	40800	44200	47600	51000
	5.0	33500	35600	38900	42200	45500	48800	34700	36700	40000	43300	46600	49800
D13@400	**6.0**	32900	34800	38000	41200	44300	47400	33900	35800	39000	42200	45300	48400
	7.0	32100	33900	37000	40000	42900	45800	33100	34900	37900	40900	43900	46800
	12.0	26800	28100	30200	32100	34000	35800	27500	28700	30800	32700	34600	36300
	υ	0.091	0.085	0.078	0.071	0.066	0.061	0.121	0.114	0.104	0.096	0.089	0.083
24-D51	**0.0**	37500	39600	43300	46900	50600	54200	38700	40900	44500	48200	51800	55400
(48700)	**3.0**	36900	39000	42500	46000	49500	53000	38000	40200	43700	47200	50700	54200
4.02 %	**4.0**	36400	38500	41900	45300	48700	52100	37500	39600	43000	46500	49900	53300
	5.0	35800	37800	41100	44400	47700	51000	36900	38900	42200	45500	48800	52100
D13@400	**6.0**	35100	37000	40200	43400	46500	49600	36200	38100	41300	44400	47500	50600
	7.0	34300	36100	39200	42200	45100	48100	35300	37100	40200	43100	46100	49000
	12.0	28900	30200	32300	34300	36200	38000	29500	30800	32900	34900	36800	38600
	υ	0.085	0.080	0.074	0.068	0.063	0.059	0.114	0.108	0.099	0.092	0.085	0.079

1) H형강치수의 오른쪽에는 H형강의 단면적(A_s, mm²)과 총단면적($A_g - b \times d$)에 대한 단면적비(ρ_s, %)를 나타내었다.

2) 부재 길이방향철근의 재질은 SD400($F_{yr} = 400$ MPa)을 사용하였다.

3) 왼쪽 끝 수직열의 각 칸에는 위로부터 아래 순서로 하여 길이방향철근의 개수와 직경(예, 12-D25), 길이방향철근의 단면적(A_{sr}, mm²), 길이방향철근의 단면적비(ρ_{sr}, %), 횡구속철근의 직경과 길이방향 간격(예, D10@250)을 나타내었다.

4) υ (upsilon)은 $A_s F_y / P_o$의 값을 나타내며, 매입형 합성기둥에 길이방향 하중이 가해질 때 하중전달을 위한 소요전단력(V')을 산정하는데 사용된다. 여기서 P_o는 합성기둥의 세장효과를 고려하지 않은 공칭압축강도이다.

도움표 9.1 매입형 합성기둥의 설계압축강도 $\phi_c P_n$ (kN)

$b \times d$ = 1100 × 1100 mm **H-338×351×13×13** A_s = 13500 mm², 1.12 %

H형강 재질		SHN400 (F_y = 235 MPa)						SHN490 (F_y = 325 MPa)					
철근	*KL*	f_{ck} (MPa)						f_{ck} (MPa)					
	m	27	30	35	40	45	50	27	30	35	40	45	50
8-D32	**0.0**	24800	27100	30800	34600	38400	42200	25700	28000	31800	35600	39300	43100
(6350)	**3.0**	24200	26400	30000	33600	37200	40800	25100	27300	30900	34500	38100	41600
0.525 %	**4.0**	23800	25900	29400	32800	36300	39700	24600	26700	30200	33700	37100	40500
	5.0	23200	25200	28600	31900	35100	38300	24000	26000	29400	32600	35900	39100
D10@300	**6.0**	22600	24500	27600	30700	33800	36700	23300	25200	28400	31400	34500	37400
	7.0	21800	23600	26600	29400	32200	34900	22500	24300	27200	30100	32800	35500
	12.0	17100	18200	19900	21400	22900	24200	17500	18500	20200	21700	23100	24400
	υ	0.096	0.088	0.077	0.069	0.062	0.056	0.128	0.118	0.104	0.093	0.084	0.076
16-D32	**0.0**	26600	28800	32600	36400	40200	43900	27500	29700	33500	37300	41100	44800
(12700)	**3.0**	26000	28200	31800	35400	39000	42600	26900	29100	32700	36300	39800	43400
1.05 %	**4.0**	25600	27700	31200	34700	38100	41500	26400	28500	32000	35500	38900	42300
	5.0	25000	27100	30400	33700	37000	40200	25800	27900	31200	34500	37800	41000
D10@300	**6.0**	24400	26300	29500	32600	35700	38700	25200	27100	30200	33300	36400	39400
	7.0	23700	25500	28400	31400	34200	37000	24400	26200	29100	32000	34800	37600
	12.0	18900	20000	21800	23500	25100	26500	19300	20400	22200	23800	25300	26800
	υ	0.090	0.083	0.073	0.066	0.059	0.054	0.120	0.111	0.098	0.088	0.080	0.074
20-D38	**0.0**	29400	31700	35400	39200	42900	46600	30300	32600	36300	40100	43800	47500
(22800)	**3.0**	28900	31000	34600	38200	41800	45400	29700	31900	35500	39100	42700	46200
1.88 %	**4.0**	28400	30500	34000	37500	41000	44400	29300	31400	34900	38300	41800	45200
	5.0	27900	29900	33300	36600	39900	43200	28700	30700	34100	37400	40700	43900
D13@400	**6.0**	27200	29200	32400	35500	38600	41700	28000	30000	33100	36300	39400	42400
	7.0	26500	28300	31400	34300	37200	40100	27200	29100	32100	35000	37900	40700
	12.0	21600	22800	24800	26600	28300	29900	22100	23300	25200	26900	28600	30200
	υ	0.081	0.075	0.067	0.061	0.056	0.051	0.109	0.101	0.091	0.082	0.075	0.069
20-D51	**0.0**	34400	36700	40300	44000	47700	51400	35400	37600	41300	44900	48600	52300
(40500)	**3.0**	33900	36000	39600	43100	46700	50200	34700	36900	40400	44000	47500	51100
3.35 %	**4.0**	33400	35500	39000	42400	45900	49300	34300	36400	39800	43300	46700	50100
	5.0	32800	34900	38200	41500	44800	48100	33700	35700	39000	42400	45600	48900
D13@400	**6.0**	32200	34100	37300	40500	43600	46700	33000	34900	38100	41300	44400	47500
	7.0	31400	33200	36300	39300	42200	45200	32100	34000	37000	40000	43000	45900
	12.0	26200	27500	29600	31500	33400	35100	26700	28000	30000	31900	33800	35500
	υ	0.069	0.065	0.059	0.054	0.050	0.046	0.093	0.088	0.080	0.073	0.068	0.063
24-D51	**0.0**	36700	38900	42600	46200	49900	53600	37600	39800	43500	47200	50800	54500
(48700)	**3.0**	36100	38300	41800	45300	48900	52400	37000	39100	42700	46200	49700	53200
4.02 %	**4.0**	35700	37800	41200	44600	48100	51500	36500	38600	42100	45500	48900	52300
	5.0	35100	37100	40500	43800	47100	50300	35900	37900	41300	44600	47900	51100
D13@400	**6.0**	34400	36300	39600	42700	45900	49000	35200	37100	40300	43500	46600	49700
	7.0	33600	35500	38500	41500	44500	47400	34400	36200	39200	42200	45200	48100
	12.0	28300	29600	31700	33700	35600	37400	28800	30100	32100	34100	36000	37800
	υ	0.065	0.061	0.056	0.052	0.048	0.045	0.088	0.083	0.076	0.070	0.065	0.061

1) H형강치수의 오른쪽에는 H형강의 단면적(A_s, mm²)과 총단면적($A_g = b \times d$)에 대한 단면적비(ρ_s, %)를 나타내었다.

2) 부재 길이방향철근의 재질은 SD400(F_{yr} = 400 MPa)을 사용하였다.

3) 왼쪽 끝 수직열의 각 칸에는 위로부터 아래 순서로 하여 길이방향철근의 개수와 직경(예, 12-D25), 길이방향철근의 단면적(A_{sr}, mm²), 길이방향철근의 단면적비(ρ_{sr}, %), 횡구속철근의 직경과 길이방향 간격(예, D10@250)을 나타내었다.

4) υ (upsilon)은 $A_s F_y / P_o$의 값을 나타내며, 매입형 합성기둥에 길이방향 하중이 가해질 때 하중전달을 위한 소요전단력(V')을 산정하는데 사용된다. 여기서 P_o는 합성기둥의 세장효과를 고려하지 않은 공칭압축강도이다.

도움표 9.1 매입형 합성기둥의 설계압축강도 $\phi_c P_n$ (kN)

$b \times d$ = 1100 × 1100 mm **H-344×348×10×16** A_s = 14600 mm², 1.21 %

H형강 재질		SHN400 (F_y = 235 MPa)						SHN490 (F_y = 325 MPa)					
철근	KL	f_{ck} (MPa)						f_{ck} (MPa)					
	m	27	30	35	40	45	50	27	30	35	40	45	50
8-D32	**0.0**	24900	27200	31000	34800	38600	42400	25900	28200	32000	35800	39600	43400
(6350)	**3.0**	24400	26600	30200	33800	37400	40900	25300	27500	31100	34700	38300	41900
0.525 %	**4.0**	23900	26100	29500	33000	36500	39900	24900	27000	30400	33900	37300	40700
	5.0	23400	25400	28800	32100	35300	38500	24300	26300	29600	32900	36100	39300
D10@300	**6.0**	22800	24700	27800	30900	34000	36900	23600	25500	28600	31700	34700	37700
	7.0	22000	23800	26800	29600	32400	35200	22800	24600	27500	30300	33100	35800
	12.0	17300	18400	20100	21700	23100	24500	17700	18800	20400	22000	23400	24700
	υ	0.103	0.095	0.083	0.074	0.067	0.061	0.137	0.126	0.111	0.099	0.090	0.082
16-D32	**0.0**	26700	29000	32800	36500	40300	44100	27700	30000	33800	37500	41300	45100
(12700)	**3.0**	26200	28400	32000	35600	39200	42700	27100	29300	32900	36500	40100	43700
1.05 %	**4.0**	25800	27900	31400	34800	38300	41700	26700	28800	32300	35700	39200	42600
	5.0	25200	27200	30600	33900	37200	40400	26100	28100	31400	34700	38000	41200
D10@300	**6.0**	24600	26500	29700	32800	35900	38900	25400	27300	30500	33600	36600	39700
	7.0	23800	25600	28600	31500	34400	37200	24600	26400	29400	32300	35100	37900
	12.0	19100	20200	22000	23700	25300	26700	19500	20600	22400	24100	25600	27000
	υ	0.096	0.089	0.079	0.070	0.064	0.058	0.128	0.119	0.105	0.095	0.086	0.079
20-D38	**0.0**	29600	31800	35600	39300	43100	46800	30600	32800	36600	40300	44000	47800
(22800)	**3.0**	29000	31200	34800	38400	42000	45500	30000	32100	35700	39300	42900	46400
1.88 %	**4.0**	28600	30700	34200	37700	41100	44500	29500	31600	35100	38600	42000	45400
	5.0	28100	30100	33500	36800	40100	43300	28900	31000	34300	37600	40900	44200
D13@400	**6.0**	27400	29400	32600	35700	38800	41900	28300	30200	33400	36500	39600	42700
	7.0	26700	28500	31500	34500	37400	40300	27500	29300	32300	35200	38100	41000
	12.0	21800	23000	25000	26800	28500	30100	22300	23500	25400	27200	28900	30400
	υ	0.087	0.081	0.072	0.065	0.060	0.055	0.116	0.108	0.097	0.088	0.081	0.074
20-D51	**0.0**	34600	36800	40500	44200	47900	51500	35600	37800	41500	45200	48900	52500
(40500)	**3.0**	34000	36200	39700	43300	46800	50300	35000	37100	40700	44200	47800	51300
3.35 %	**4.0**	33600	35700	39100	42600	46000	49400	34500	36600	40100	43500	46900	50300
	5.0	33000	35000	38400	41700	45000	48300	33900	35900	39300	42600	45900	49100
D13@400	**6.0**	32300	34300	37500	40700	43800	46900	33200	35100	38300	41500	44600	47700
	7.0	31600	33400	36500	39500	42400	45300	32400	34200	37300	40200	43200	46100
	12.0	26400	27700	29700	31700	33600	35300	26900	28200	30200	32200	34000	35800
	υ	0.074	0.070	0.064	0.058	0.054	0.050	0.100	0.094	0.086	0.079	0.073	0.068
24-D51	**0.0**	36900	39100	42800	46400	50100	53700	37900	40100	43700	47400	51100	54700
(48700)	**3.0**	36300	38400	42000	45500	49000	52500	37300	39400	42900	46400	50000	53500
4.02 %	**4.0**	35900	37900	41400	44800	48200	51600	36800	38900	42300	45700	49100	52500
	5.0	35300	37300	40600	43900	47200	50500	36200	38200	41500	44800	48100	51400
D13@400	**6.0**	34600	36500	39700	42900	46000	49100	35400	37400	40600	43700	46900	50000
	7.0	33800	35600	38700	41700	44700	47600	34600	36400	39500	42500	45400	48300
	12.0	28400	29700	31800	33800	35800	37600	29000	30300	32400	34300	36200	38000
	υ	0.070	0.066	0.060	0.055	0.051	0.048	0.094	0.089	0.081	0.075	0.070	0.065

1) H형강치수의 오른쪽에는 H형강의 단면적(A_s, mm²)과 총단면적($A_g = b \times d$)에 대한 단면적비(ρ_s, %)를 나타내었다.

2) 부재 길이방향철근의 재질은 SD400(F_{yr} = 400 MPa)을 사용하였다.

3) 왼쪽 끝 수직열의 각 칸에는 위로부터 아래 순서로 하여 길이방향철근의 개수와 직경(예, 12-D25), 길이방향철근의 단면적(A_{sr}, mm²), 길이방향철근의 단면적비(ρ_{sr}, %), 횡구속철근의 직경과 길이방향 간격(예, D10@250)을 나타내었다.

4) υ (upsilon)은 $A_s F_y / P_o$의 값을 나타내며, 매입형 합성기둥에 길이방향 하중이 가해질 때 하중전달을 위한 소요전단력(V')을 산정하는데 사용된다. 여기서 P_o는 합성기둥의 세장효과를 고려하지 않은 공칭압축강도이다.

도움표 9.1 매입형 합성기둥의 설계압축강도 $\phi_c P_n$ (kN)

$b \times d$ = 1100 × 1100 mm　　H-344×354×16×16　　A_s = 16700 mm^2, 1.38 %

H형강 재질		SHN400 (F_y = 235 MPa)						SHN490 (F_y = 325 MPa)					
철근	*KL*	f_{ck} (MPa)						f_{ck} (MPa)					
	m	27	30	35	40	45	50	27	30	35	40	45	50
8-D32	**0.0**	25300	27500	31300	35100	38900	42700	26400	28700	32500	36200	40000	43800
(6350)	**3.0**	24700	26900	30500	34100	37700	41300	25800	28000	31600	35200	38700	42300
0.525 %	**4.0**	24300	26400	29900	33300	36800	40200	25300	27400	30900	34300	37800	41200
	5.0	23700	25700	29100	32400	35600	38900	24700	26700	30000	33300	36600	39800
D10@300	**6.0**	23100	25000	28100	31200	34300	37300	24000	25900	29000	32100	35200	38100
	7.0	22300	24100	27100	30000	32800	35500	23200	25000	27900	30800	33500	36300
	12.0	17600	18700	20400	22000	23500	24900	18000	19100	20800	22400	23800	25200
	υ	0.116	0.107	0.094	0.084	0.076	0.069	0.154	0.142	0.125	0.112	0.101	0.093
16-D32	**0.0**	27100	29300	33100	36900	40600	44400	28200	30500	34200	38000	41700	45500
(12700)	**3.0**	26500	28700	32300	35900	39500	43000	27600	29800	33400	36900	40500	44100
1.05 %	**4.0**	26100	28200	31700	35100	38600	42000	27100	29200	32700	36200	39600	43000
	5.0	25500	27600	30900	34200	37500	40700	26500	28500	31900	35200	38400	41700
D10@300	**6.0**	24900	26800	30000	33100	36200	39200	25800	27700	30900	34000	37100	40100
	7.0	24100	26000	28900	31900	34700	37500	25000	26800	29800	32700	35500	38300
	12.0	19300	20500	22300	24000	25600	27100	19900	21000	22800	24400	26000	27400
	υ	0.108	0.100	0.089	0.080	0.072	0.066	0.144	0.133	0.119	0.107	0.097	0.089
20-D38	**0.0**	29900	32200	35900	39600	43400	47100	31000	33300	37000	40800	44500	48200
(22800)	**3.0**	29400	31500	35100	38700	42300	45800	30400	32600	36200	39800	43300	46900
1.88 %	**4.0**	28900	31000	34500	38000	41400	44900	30000	32100	35600	39000	42500	45900
	5.0	28400	30400	33800	37100	40400	43600	29400	31400	34800	38100	41400	44600
D13@400	**6.0**	27700	29700	32900	36000	39100	42200	28700	30600	33800	36900	40000	43100
	7.0	27000	28800	31800	34800	37700	40600	27900	29700	32700	35700	38600	41400
	12.0	22100	23300	25200	27100	28800	30400	22600	23800	25700	27500	29200	30800
	υ	0.098	0.091	0.082	0.074	0.068	0.062	0.131	0.122	0.110	0.100	0.091	0.084
20-D51	**0.0**	34900	37100	40800	44500	48200	51800	36100	38300	41900	45600	49300	53000
(40500)	**3.0**	34400	36500	40000	43600	47100	50600	35400	37600	41100	44700	48200	51700
3.35 %	**4.0**	33900	36000	39400	42900	46300	49700	35000	37000	40500	43900	47400	50800
	5.0	33300	35400	38700	42000	45300	48600	34400	36400	39700	43000	46300	49600
D13@400	**6.0**	32700	34600	37800	41000	44100	47200	33600	35600	38800	41900	45000	48100
	7.0	31900	33700	36800	39800	42700	45600	32800	34600	37700	40700	43600	46500
	12.0	26700	27900	30000	32000	33900	35600	27300	28500	30600	32500	34400	36100
	υ	0.084	0.079	0.072	0.066	0.061	0.057	0.113	0.106	0.097	0.089	0.082	0.077
24-D51	**0.0**	37200	39400	43100	46700	50400	54000	38400	40500	44200	47800	51500	55100
(48700)	**3.0**	36600	38800	42300	45800	49300	52800	37700	39800	43400	46900	50400	53900
4.02 %	**4.0**	36200	38200	41700	45100	48500	51900	37200	39300	42700	46200	49600	53000
	5.0	35600	37600	40900	44200	47500	50800	36600	38600	41900	45200	48500	51800
D13@400	**6.0**	34900	36800	40000	43200	46300	49400	35900	37800	41000	44100	47300	50400
	7.0	34100	35900	39000	42000	45000	47900	35000	36900	39900	42900	45800	48800
	12.0	28700	30000	32100	34100	36000	37900	29300	30600	32700	34700	36600	38400
	υ	0.079	0.074	0.068	0.063	0.058	0.054	0.106	0.100	0.092	0.085	0.079	0.074

1) H형강치수의 오른쪽에는 H형강의 단면적(A_s, mm^2)과 총단면적($A_g = b \times d$)에 대한 단면적비(ρ_s, %)를 나타내었다.

2) 부재 길이방향철근의 재질은 SD400(F_{yr} = 400 MPa)을 사용하였다.

3) 왼쪽 끝 수직열의 각 칸에는 위로부터 아래 순서로 하여 길이방향철근의 개수와 직경(예, 12-D25), 길이방향철근의 단면적(A_{sr}, mm^2), 길이방향철근의 단면적비(ρ_{sr}, %), 횡구속철근의 직경과 길이방향 간격(예, D10@250)을 나타내었다.

4) υ (upsilon)은 $A_s F_y / P_o$의 값을 나타내며, 매입형 합성기둥에 길이방향 하중이 가해질 때 하중전달을 위한 소요전단력(V')을 산정하는데 사용된다. 여기서 P_o는 합성기둥의 세장효과를 고려하지 않은 공칭압축강도이다.

도움표 9.1 매입형 합성기둥의 설계압축강도 $\phi_c P_n$ (kN)

***b* × *d* = 1100 × 1100 mm** **H-350×350×12×19** A_s = 17400 mm², 1.44 %

H형강 재질		SHN400 (F_y = 235 MPa)						SHN490 (F_y = 325 MPa)					
철근	*KL*	f_{ck} (MPa)						f_{ck} (MPa)					
	m	27	30	35	40	45	50	27	30	35	40	45	50
8-D32	0.0	25400	27700	31400	35200	39000	42800	26600	28800	32600	36400	40200	44000
(6350)	3.0	24800	27000	30600	34200	37800	41400	25900	28100	31700	35300	38900	42500
0.525 %	4.0	24400	26500	30000	33500	36900	40300	25500	27600	31100	34500	37900	41400
	5.0	23800	25900	29200	32500	35800	39000	24900	26900	30200	33500	36700	40000
D10@300	6.0	23200	25100	28300	31400	34400	37400	24200	26100	29200	32300	35300	38300
	7.0	22500	24300	27200	30100	32900	35700	23400	25100	28100	30900	33700	36500
	12.0	17700	18800	20600	22200	23700	25100	18200	19300	21000	22600	24000	25400
	υ	0.121	0.111	0.097	0.087	0.079	0.072	0.160	0.147	0.130	0.116	0.105	0.096
16-D32	0.0	27200	29400	33200	37000	40700	44500	28400	30600	34400	38100	41900	45700
(12700)	3.0	26600	28800	32400	36000	39600	43100	27700	29900	33500	37100	40700	44200
1.05 %	4.0	26200	28300	31800	35300	38700	42100	27300	29400	32900	36300	39800	43200
	5.0	25700	27700	31000	34300	37600	40900	26700	28700	32000	35300	38600	41900
D10@300	6.0	25000	26900	30100	33200	36300	39400	26000	27900	31100	34200	37300	40300
	7.0	24300	26100	29100	32000	34900	37700	25200	27000	30000	32900	35700	38500
	12.0	19500	20600	22500	24200	25800	27300	20000	21200	23000	24600	26200	27700
	υ	0.113	0.104	0.092	0.083	0.075	0.069	0.149	0.138	0.123	0.111	0.101	0.093
20-D38	0.0	30000	32300	36000	39700	43500	47200	31200	33500	37200	40900	44600	48400
(22800)	3.0	29500	31600	35200	38800	42400	45900	30600	32800	36300	39900	43500	47000
1.88 %	4.0	29000	31100	34600	38100	41500	45000	30100	32200	35700	39200	42600	46000
	5.0	28500	30500	33900	37200	40500	43800	29600	31600	34900	38200	41500	44800
D13@400	6.0	27800	29800	33000	36100	39300	42300	28900	30800	34000	37100	40200	43300
	7.0	27100	28900	32000	34900	37800	40700	28000	29900	32900	35800	38700	41600
	12.0	22200	23400	25400	27200	28900	30600	22800	24000	25900	27700	29400	31000
	υ	0.102	0.095	0.085	0.077	0.071	0.065	0.136	0.127	0.114	0.104	0.095	0.088
20-D51	0.0	35100	37300	40900	44600	48300	51900	36200	38400	42100	45800	49500	53100
(40500)	3.0	34500	36600	40200	43700	47200	50800	35600	37700	41300	44800	48400	51900
3.35 %	4.0	34000	36100	39600	43000	46400	49800	35100	37200	40700	44100	47500	50900
	5.0	33500	35500	38800	42100	45400	48700	34500	36500	39900	43200	46500	49700
D13@400	6.0	32800	34700	37900	41100	44200	47300	33800	35700	38900	42100	45200	48300
	7.0	32000	33800	36900	39900	42800	45800	33000	34800	37800	40800	43800	46700
	12.0	26800	28100	30100	32100	34000	35800	27400	28700	30700	32700	34500	36300
	υ	0.087	0.082	0.075	0.069	0.063	0.059	0.117	0.110	0.101	0.093	0.086	0.080
24-D51	0.0	37300	39500	43200	46800	50500	54100	38500	40700	44400	48000	51700	55300
(48700)	3.0	36700	38900	42400	45900	49400	52900	37900	40000	43500	47100	50600	54100
4.02 %	4.0	36300	38400	41800	45200	48600	52000	37400	39500	42900	46300	49700	53100
	5.0	35700	37700	41000	44400	47600	50900	36800	38800	42100	45400	48700	51900
D13@400	6.0	35000	36900	40100	43300	46400	49600	36000	38000	41100	44300	47400	50500
	7.0	34200	36000	39100	42100	45100	48000	35200	37000	40000	43000	46000	48900
	12.0	28800	30100	32200	34200	36200	38000	29500	30800	32800	34800	36700	38600
	υ	0.082	0.078	0.071	0.065	0.061	0.057	0.110	0.104	0.096	0.088	0.082	0.077

1) H형강치수의 오른쪽에는 H형강의 단면적(A_s, mm²)과 종단면적($A_g = b \times d$)에 대한 단면적비(ρ_s, %)를 나타내었다.

2) 부재 길이방향철근의 재질은 SD400(F_{yr} = 400 MPa)을 사용하였다.

3) 왼쪽 끝 수직열의 각 칸에는 위로부터 아래 순서로 하여 길이방향철근의 개수와 직경(예, 12-D25), 길이방향철근의 단면적(A_{sr}, mm²), 길이방향철근의 단면적비(ρ_{sr}, %), 횡구속철근의 직경과 길이방향 간격(예, D10@250)을 나타내었다.

4) υ (upsilon)은 $A_s F_y / P_o$의 값을 나타내며, 매입형 합성기둥에 길이방향 하중이 가해질 때 하중전달을 위한 소요전단력(V')을 산정하는데 사용된다. 여기서 P_o는 합성기둥의 세장효과를 고려하지 않은 공칭압축강도이다.

도움표 9.1 매입형 합성기둥의 설계압축강도 $\phi_c P_n$ (kN)

***b* × *d* = 1100 × 1100 mm** **H-350×357×19×19** A_s = 19800 mm², 1.64 %

H형강 재질		SHN400 (F_y = 235 MPa)						SHN490 (F_y = 325 MPa)					
철근	*KL*	f_{ck} (MPa)						f_{ck} (MPa)					
	m	27	30	35	40	45	50	27	30	35	40	45	50
8-D32	**0.0**	25800	28000	31800	35600	39400	43100	27100	29400	33200	36900	40700	44500
(6350)	**3.0**	25200	27400	31000	34600	38200	41700	26500	28700	32300	35900	39400	43000
0.525 %	**4.0**	24800	26900	30400	33800	37300	40700	26000	28100	31600	35000	38500	41900
	5.0	24200	26200	29600	32900	36200	39400	25400	27400	30700	34000	37300	40500
D10@300	**6.0**	23600	25500	28700	31800	34800	37800	24700	26600	29700	32800	35900	38800
	7.0	22800	24600	27600	30500	33300	36100	23900	25700	28600	31400	34300	37000
	12.0	18000	19200	20900	22600	24100	25500	18600	19700	21400	23000	24500	25900
	υ	0.136	0.125	0.110	0.098	0.089	0.081	0.178	0.165	0.146	0.131	0.119	0.109
16-D32	**0.0**	27600	29800	33600	37300	41100	44800	28900	31200	34900	38700	42400	46200
(12700)	**3.0**	27000	29200	32800	36400	39900	43500	28300	30500	34100	37600	41200	44800
1.05 %	**4.0**	26600	28700	32200	35600	39100	42500	27800	29900	33400	36900	40300	43700
	5.0	26000	28100	31400	34700	38000	41200	27200	29200	32600	35900	39100	42400
D10@300	**6.0**	25400	27300	30500	33600	36700	39800	26500	28400	31600	34700	37800	40800
	7.0	24600	26500	29500	32400	35300	38100	25700	27500	30500	33400	36200	39000
	12.0	19800	21000	22800	24600	26200	27700	20400	21600	23400	25100	26700	28100
	υ	0.127	0.117	0.104	0.094	0.085	0.078	0.167	0.155	0.138	0.125	0.114	0.105
20-D38	**0.0**	30400	32700	36400	40100	43800	47500	31800	34000	37700	41400	45200	48900
(22800)	**3.0**	29900	32000	35600	39200	42700	46300	31200	33300	36900	40500	44000	47600
1.88 %	**4.0**	29400	31500	35000	38500	41900	45300	30700	32800	36200	39700	43100	46500
	5.0	28900	30900	34300	37600	40900	44100	30100	32100	35400	38700	42000	45300
D13@400	**6.0**	28200	30200	33400	36500	39600	42700	29400	31300	34500	37600	40700	43800
	7.0	27500	29300	32300	35300	38200	41100	28500	30400	33400	36300	39200	42100
	12.0	22500	23800	25700	27600	29300	31000	23200	24400	26300	28100	29800	31500
	υ	0.115	0.107	0.096	0.087	0.080	0.074	0.152	0.142	0.128	0.117	0.107	0.099
20-D51	**0.0**	35400	37600	41300	45000	48600	52300	36800	39000	42600	46300	50000	53600
(40500)	**3.0**	34900	37000	40500	44100	47600	51100	36100	38300	41800	45300	48900	52400
3.35 %	**4.0**	34400	36500	39900	43400	46800	50200	35700	37700	41200	44600	48000	51400
	5.0	33800	35800	39200	42500	45800	49100	35000	37100	40400	43700	47000	50200
D13@400	**6.0**	33100	35100	38300	41400	44600	47700	34300	36200	39400	42600	45700	48800
	7.0	32300	34200	37200	40200	43200	46100	33500	35300	38300	41300	44200	47200
	12.0	27100	28400	30500	32400	34300	36100	27800	29100	31100	33100	34900	36700
	υ	0.099	0.093	0.085	0.078	0.072	0.067	0.131	0.124	0.113	0.104	0.097	0.090
24-D51	**0.0**	37700	39900	43600	47200	50800	54500	39100	41300	44900	48500	52200	55800
(48700)	**3.0**	37100	39300	42800	46300	49800	53300	38400	40500	44100	47600	51100	54600
4.02 %	**4.0**	36700	38700	42200	45600	49000	52400	37900	40000	43400	46800	50200	53600
	5.0	36100	38100	41400	44700	48000	51300	37300	39300	42600	45900	49200	52400
D13@400	**6.0**	35400	37300	40500	43700	46800	49900	36500	38500	41700	44800	47900	51000
	7.0	34600	36400	39500	42500	45400	48400	35700	37500	40500	43500	46500	49400
	12.0	29100	30400	32600	34600	36500	38400	29900	31200	33300	35200	37200	39000
	υ	0.093	0.088	0.080	0.074	0.069	0.064	0.124	0.117	0.108	0.100	0.093	0.087

1) H형강치수의 오른쪽에는 H형강의 단면적(A_s, mm²)과 총단면적($A_g = b \times d$)에 대한 단면적비(ρ_s, %)를 나타내었다.

2) 부재 길이방향철근의 재질은 SD400(F_{yr} = 400 MPa)을 사용하였다.

3) 왼쪽 끝 수직열의 각 칸에는 위로부터 아래 순서로 하여 길이방향철근의 개수와 직경(예, 12-D25), 길이방향철근의 단면적(A_{sr}, mm²), 길이방향철근의 단면적비(ρ_{sr}, %), 횡구속철근의 직경과 길이방향 간격(예, D10@250)을 나타내었다.

4) υ (upsilon)은 $A_s F_y / P_o$의 값을 나타내며, 매입형 합성기둥에 길이방향 하중이 가해질 때 하중전달을 위한 소요전단력(V')을 산정하는데 사용된다. 여기서 P_o는 합성기둥의 세장효과를 고려하지 않은 공칭압축강도이다.

도움표 9.1 매입형 합성기둥의 설계압축강도 $\phi_c P_n$ (kN)

$b \times d$ = 1100 × 1100 mm **H-388×402×15×15** A_s = 17900 mm², 1.47 %

H형강 재질		SHN400 (F_y = 235 MPa)						SHN490 (F_y = 325 MPa)					
철근	KL	f_{ck} (MPa)						f_{ck} (MPa)					
	m	27	30	35	40	45	50	27	30	35	40	45	50
8-D32	**0.0**	25500	27700	31500	35300	39100	42800	26600	28900	32700	36500	40300	44000
(6350)	**3.0**	24900	27100	30700	34300	37900	41400	26000	28200	31800	35400	39000	42600
0.525 %	**4.0**	24500	26600	30100	33500	37000	40400	25600	27700	31200	34600	38000	41500
	5.0	23900	25900	29300	32600	35900	39100	25000	27000	30300	33600	36900	40100
D10@300	**6.0**	23300	25200	28400	31500	34500	37500	24300	26200	29300	32400	35400	38400
	7.0	22500	24300	27300	30200	33000	35800	23500	25300	28200	31100	33900	36600
	12.0	17800	18900	20700	22300	23800	25200	18300	19400	21100	22700	24200	25600
	υ	0.123	0.113	0.099	0.089	0.080	0.073	0.163	0.150	0.132	0.119	0.108	0.098
16-D32	**0.0**	27200	29500	33300	37000	40800	44500	28400	30700	34500	38200	42000	45700
(12700)	**3.0**	26700	28900	32500	36100	39600	43200	27800	30000	33600	37200	40800	44300
1.05 %	**4.0**	26300	28400	31900	35300	38800	42200	27400	29500	33000	36400	39900	43300
	5.0	25700	27800	31100	34400	37700	41000	26800	28800	32100	35500	38700	42000
D10@300	**6.0**	25100	27000	30200	33300	36400	39500	26100	28000	31200	34300	37400	40400
	7.0	24300	26200	29200	32100	35000	37800	25300	27100	30100	33000	35800	38600
	12.0	19600	20700	22600	24300	25900	27400	20100	21300	23100	24800	26400	27800
	υ	0.115	0.106	0.094	0.085	0.077	0.070	0.152	0.141	0.126	0.113	0.103	0.095
20-D38	**0.0**	30100	32300	36100	39800	43500	47200	31300	33500	37300	41000	44700	48400
(22800)	**3.0**	29500	31700	35300	38900	42400	46000	30700	32900	36400	40000	43600	47100
1.88 %	**4.0**	29100	31200	34700	38200	41600	45000	30200	32300	35800	39300	42700	46100
	5.0	28600	30600	34000	37300	40600	43800	29600	31700	35000	38300	41600	44900
D13@400	**6.0**	27900	29900	33100	36200	39300	42400	28900	30900	34100	37200	40300	43400
	7.0	27200	29000	32000	35000	37900	40800	28100	30000	33000	35900	38800	41700
	12.0	22300	23500	25500	27300	29100	30700	22900	24100	26000	27800	29500	31200
	υ	0.104	0.097	0.087	0.079	0.072	0.066	0.138	0.129	0.116	0.106	0.097	0.089
20-D51	**0.0**	35100	37300	41000	44700	48300	52000	36300	38500	42200	45900	49500	53200
(40500)	**3.0**	34500	36700	40200	43800	47300	50800	35700	37800	41400	44900	48400	52000
3.35 %	**4.0**	34100	36200	39600	43100	46500	49900	35200	37300	40700	44200	47600	51000
	5.0	33500	35500	38900	42200	45500	48800	34600	36600	40000	43300	46600	49800
D13@400	**6.0**	32800	34800	38000	41200	44300	47400	33900	35800	39000	42200	45300	48400
	7.0	32100	33900	37000	40000	42900	45800	33000	34900	37900	40900	43900	46800
	12.0	26900	28100	30200	32200	34100	35900	27500	28800	30800	32800	34600	36400
	υ	0.089	0.084	0.076	0.070	0.065	0.060	0.119	0.112	0.103	0.094	0.087	0.081
24-D51	**0.0**	37400	39600	43200	46900	50500	54200	38600	40800	44400	48100	51700	55400
(48700)	**3.0**	36800	38900	42500	46000	49500	53000	38000	40100	43600	47100	50600	54200
4.02 %	**4.0**	36400	38400	41900	45300	48700	52100	37500	39600	43000	46400	49800	53200
	5.0	35800	37800	41100	44400	47700	51000	36900	38900	42200	45500	48800	52000
D13@400	**6.0**	35100	37000	40200	43400	46500	49600	36100	38100	41200	44400	47500	50600
	7.0	34300	36100	39200	42200	45100	48100	35300	37100	40100	43100	46100	49000
	12.0	28900	30200	32300	34300	36300	38100	29600	30900	33000	34900	36900	38700
	υ	0.084	0.079	0.072	0.067	0.062	0.058	0.112	0.106	0.097	0.090	0.084	0.078

1) H형강시수의 오른쪽에는 H형강의 난면석(A_s, mm²)과 종단면적($A_g = b \times d$)에 대한 단면적비(ρ_s, %)를 나타내었다.

2) 부재 길이방향철근의 재질은 SD400(F_{yr} = 400 MPa)을 사용하였다.

3) 왼쪽 끝 수직열의 각 칸에는 위로부터 아래 순서로 하여 길이방향철근의 개수와 직경(예, 12-D25), 길이방향철근의 단면적(A_{sr}, mm²), 길이방향철근의 단면적비(ρ_{sr}, %), 횡구속철근의 직경과 길이방향 간격(예, D10@250)을 나타내었다.

4) υ (upsilon)은 $A_s F_y / P_o$의 값을 나타내며, 매입형 합성기둥에 길이방향 하중이 가해질 때 하중전달을 위한 소요전단력(V')을 산정하는데 사용된다. 여기서 P_o는 합성기둥의 세장효과를 고려하지 않은 공칭압축강도이다.

도움표 9.1 매입형 합성기둥의 설계압축강도 $\phi_c P_n$ (kN)

$b \times d$ = 1100 × 1100 mm H-394×398×11×18 A_s = 18700 mm², 1.54 %

H형강 재질		SHN400 (F_y = 235 MPa)						SHN490 (F_y = 325 MPa)					
철근	*KL*	f_{ck} (MPa)						f_{ck} (MPa)					
	m	27	30	35	40	45	50	27	30	35	40	45	50
8-D32	0.0	25600	27900	31600	35400	39200	43000	26900	29100	32900	36700	40500	44200
(6350)	3.0	25000	27200	30800	34400	38000	41600	26200	28400	32000	35600	39200	42800
0.525 %	4.0	24600	26700	30200	33700	37100	40500	25800	27900	31400	34800	38300	41700
	5.0	24100	26100	29400	32700	36000	39200	25200	27200	30500	33800	37100	40300
D10@300	6.0	23400	25400	28500	31600	34700	37700	24500	26400	29500	32600	35700	38700
	7.0	22700	24500	27500	30400	33200	36000	23700	25500	28400	31300	34100	36800
	12.0	18000	19100	20900	22600	24100	25500	18500	19600	21400	23000	24500	25900
	υ	0.129	0.118	0.104	0.093	0.084	0.077	0.170	0.156	0.138	0.124	0.113	0.103
16-D32	0.0	27400	29600	33400	37200	40900	44700	28700	30900	34700	38400	42200	45900
(12700)	3.0	26800	29000	32600	36200	39800	43400	28000	30200	33800	37400	41000	44500
1.05 %	4.0	26400	28500	32000	35500	38900	42400	27600	29700	33200	36600	40100	43500
	5.0	25900	27900	31300	34600	37900	41100	27000	29000	32400	35700	38900	42200
D10@300	6.0	25200	27200	30400	33500	36600	39600	26300	28200	31400	34500	37600	40600
	7.0	24500	26300	29300	32300	35100	38000	25500	27300	30300	33200	36100	38900
	12.0	19700	20900	22800	24500	26200	27700	20300	21500	23300	25000	26600	28100
	υ	0.120	0.111	0.099	0.089	0.080	0.074	0.159	0.147	0.131	0.119	0.108	0.099
20-D38	0.0	30200	32500	36200	39900	43700	47400	31500	33700	37500	41200	44900	48600
(22800)	3.0	29700	31800	35400	39000	42600	46100	30900	33100	36600	40200	43800	47300
1.88 %	4.0	29300	31400	34800	38300	41800	45200	30400	32500	36000	39500	42900	46300
	5.0	28700	30700	34100	37400	40700	44000	29900	31900	35200	38500	41800	45100
D13@400	6.0	28100	30000	33200	36400	39500	42600	29200	31100	34300	37400	40500	43600
	7.0	27300	29200	32200	35200	38100	41000	28300	30200	33200	36100	39100	41900
	12.0	22400	23700	25700	27500	29300	30900	23100	24300	26200	28100	29800	31400
	υ	0.109	0.101	0.091	0.082	0.075	0.069	0.145	0.135	0.122	0.111	0.101	0.094
20-D51	0.0	35300	37500	41100	44800	48500	52100	36500	38700	42400	46100	49700	53400
(40500)	3.0	34700	36800	40400	43900	47400	51000	35900	38000	41600	45100	48600	52200
3.35 %	4.0	34200	36300	39800	43200	46600	50000	35400	37500	40900	44400	47800	51200
	5.0	33700	35700	39000	42300	45600	48900	34800	36800	40200	43500	46800	50000
D13@400	6.0	33000	34900	38100	41300	44400	47600	34100	36000	39200	42400	45500	48600
	7.0	32200	34100	37100	40100	43100	46000	33200	35100	38100	41100	44100	47000
	12.0	27000	28300	30400	32400	34300	36100	27700	29000	31000	33000	34900	36600
	υ	0.093	0.088	0.080	0.073	0.068	0.063	0.125	0.118	0.107	0.099	0.092	0.085
24-D51	0.0	37600	39700	43400	47000	50700	54300	38800	41000	44600	48300	51900	55600
(48700)	3.0	37000	39100	42600	46100	49600	53100	38200	40300	43800	47300	50800	54300
4.02 %	4.0	36500	38600	42000	45400	48800	52200	37700	39800	43200	46600	50000	53400
	5.0	35900	37900	41300	44600	47900	51100	37100	39100	42400	45700	49000	52200
D13@400	6.0	35200	37200	40400	43500	46700	49800	36300	38300	41400	44600	47700	50800
	7.0	34400	36300	39300	42300	45300	48200	35500	37300	40300	43300	46300	49200
	12.0	29000	30400	32500	34500	36500	38300	29800	31100	33100	35100	37100	38900
	υ	0.088	0.083	0.076	0.070	0.065	0.061	0.117	0.111	0.102	0.094	0.088	0.082

1) H형강치수의 오른쪽에는 H형강의 단면적(A_s, mm²)과 총단면적($A_g = b \times d$)에 대한 단면적비(ρ_s, %)를 나타내었다.

2) 부재 길이방향철근의 재질은 SD400(F_{yr} = 400 MPa)을 사용하였다.

3) 왼쪽 끝 수직열의 각 칸에는 위로부터 아래 순서로 하여 길이방향철근의 개수와 직경(예, 12-D25), 길이방향철근의 단면적(A_{sr}, mm²), 길이방향철근의 단면적비(ρ_{sr}, %), 횡구속철근의 직경과 길이방향 간격(예, D10@250)을 나타내었다.

4) υ (upsilon)은 $A_s F_y / P_o$의 값을 나타내며, 매입형 합성기둥에 길이방향 하중이 가해질 때 하중전달을 위한 소요전단력(V')을 산정하는데 사용된다. 여기서 P_o는 합성기둥의 세장효과를 고려하지 않은 공칭압축강도이다.

도움표 9.1 매입형 합성기둥의 설계압축강도 $\phi_c P_n$ (kN)

$b \times d$ = 1100 × 1100 mm **H-394×405×18×18** A_s = 21400 mm², 1.77 %

H형강 재질		SHN400 (F_y = 235 MPa)						SHN490 (F_y = 325 MPa)					
철근	*KL*	f_{ck} (MPa)						f_{ck} (MPa)					
	m	27	30	35	40	45	50	27	30	35	40	45	50
8-D32	**0.0**	26000	28300	32100	35800	39600	43400	27500	29700	33500	37300	41000	44800
(6350)	**3.0**	25500	27600	31300	34900	38400	42000	26900	29000	32600	36200	39800	43400
0.525 %	**4.0**	25000	27200	30600	34100	37600	41000	26400	28500	32000	35400	38800	42300
	5.0	24500	26500	29900	33200	36400	39700	25800	27800	31100	34400	37700	40900
D10@300	**6.0**	23900	25800	29000	32100	35100	38200	25100	27000	30100	33200	36300	39300
	7.0	23100	24900	27900	30800	33700	36400	24200	26000	29000	31900	34700	37400
	12.0	18400	19500	21300	23000	24600	26000	19000	20100	21900	23500	25000	26400
	υ	0.145	0.134	0.118	0.105	0.095	0.087	0.190	0.176	0.156	0.140	0.127	0.117
16-D32	**0.0**	27800	30100	33800	37600	41300	45100	29300	31500	35300	39000	42800	46500
(12700)	**3.0**	27300	29400	33000	36600	40200	43800	28700	30800	34400	38000	41600	45100
1.05 %	**4.0**	26800	28900	32400	35900	39400	42800	28200	30300	33800	37200	40700	44100
	5.0	26300	28300	31700	35000	38300	41500	27600	29600	32900	36200	39500	42800
D10@300	**6.0**	25700	27600	30800	33900	37000	40100	26900	28800	32000	35100	38200	41200
	7.0	24900	26700	29700	32700	35600	38400	26100	27900	30900	33800	36600	39400
	12.0	20100	21300	23200	25000	26600	28200	20800	22000	23800	25500	27100	28600
	υ	0.136	0.126	0.112	0.101	0.091	0.084	0.179	0.166	0.148	0.134	0.122	0.112
20-D38	**0.0**	30700	32900	36600	40300	44100	47800	32100	34400	38100	41800	45500	49200
(22800)	**3.0**	30100	32300	35900	39400	43000	46500	31500	33700	37200	40800	44400	47900
1.88 %	**4.0**	29700	31800	35300	38700	42200	45600	31000	33100	36600	40100	43500	46900
	5.0	29100	31200	34500	37800	41100	44400	30400	32500	35800	39100	42400	45700
D13@400	**6.0**	28500	30400	33600	36800	39900	43000	29700	31700	34800	38000	41100	44200
	7.0	27700	29600	32600	35600	38500	41400	28900	30700	33700	36700	39600	42500
	12.0	22800	24100	26000	27900	29700	31400	23600	24800	26700	28500	30300	31900
	υ	0.123	0.115	0.103	0.094	0.086	0.079	0.163	0.152	0.137	0.125	0.115	0.106
20-D51	**0.0**	35700	37900	41600	45200	48900	52500	37100	39300	43000	46700	50300	54000
(40500)	**3.0**	35100	37200	40800	44300	47800	51400	36500	38600	42200	45700	49200	52700
3.35 %	**4.0**	34700	36700	40200	43600	47000	50400	36000	38100	41500	45000	48400	51800
	5.0	34100	36100	39400	42800	46000	49300	35400	37400	40700	44000	47300	50600
D13@400	**6.0**	33400	35300	38500	41700	44900	48000	34700	36600	39800	42900	46100	49200
	7.0	32600	34500	37500	40500	43500	46400	33800	35600	38700	41700	44600	47500
	12.0	27400	28700	30800	32800	34700	36500	28200	29400	31500	33500	35300	37100
	υ	0.106	0.100	0.091	0.084	0.077	0.072	0.141	0.133	0.122	0.112	0.104	0.097
24-D51	**0.0**	38000	40200	43800	47400	51100	54700	39400	41600	45300	48900	52500	56200
(48700)	**3.0**	37400	39500	43000	46500	50000	53500	38800	40900	44400	47900	51400	54900
4.02 %	**4.0**	36900	39000	42400	45800	49300	52600	38300	40400	43800	47200	50600	54000
	5.0	36300	38300	41700	45000	48300	51500	37700	39700	43000	46300	49500	52800
D13@400	**6.0**	35600	37600	40800	43900	47100	50200	36900	38800	42000	45200	48300	51400
	7.0	34800	36700	39700	42700	45700	48600	36000	37900	40900	43900	46800	49800
	12.0	29400	30700	32800	34900	36800	38700	30200	31500	33600	35600	37500	39400
	υ	0.099	0.094	0.086	0.080	0.074	0.069	0.132	0.126	0.115	0.107	0.099	0.093

1) H형강치수의 오른쪽에는 H형강의 단면적(A_s, mm²)과 총단면적($A_g = b \times d$)에 대한 단면적비(ρ_s, %)를 나타내었다.

2) 부재 길이방향철근의 재질은 SD400(F_{yr} = 400 MPa)을 사용하였다.

3) 왼쪽 끝 수직열의 각 칸에는 위로부터 아래 순서로 하여 길이방향철근의 개수와 직경(예, 12-D25), 길이방향철근의 단면적(A_{sr}, mm²), 길이방향철근의 단면적비(ρ_{sr}, %), 횡구속철근의 직경과 길이방향 간격(예, D10@250)을 나타내었다.

4) υ (upsilon)은 $A_s F_y / P_o$의 값을 나타내며, 매입형 합성기둥에 길이방향 하중이 가해질 때 하중전달을 위한 소요전단력(V')을 산정하는데 사용된다. 여기서 P_o는 합성기둥의 세장효과를 고려하지 않은 공칭압축강도이다.

도움표 9.1 매입형 합성기둥의 설계압축강도 $\phi_c P_n$ (kN)

$b \times d$ = 1100 × 1100 mm **H-400×400×13×21** A_s = 21900 mm^2, 1.81 %

H형강 재질		SHN400 (F_y = 235 MPa)						SHN490 (F_y = 325 MPa)					
철근	*KL*	f_{ck} (MPa)						f_{ck} (MPa)					
	m	27	30	35	40	45	50	27	30	35	40	45	50
8-D32	**0.0**	26100	28400	32100	35900	39700	43400	27600	29800	33600	37400	41100	44900
(6350)	**3.0**	25500	27700	31300	34900	38500	42100	27000	29100	32700	36300	39900	43500
0.525 %	**4.0**	25100	27200	30700	34200	37600	41100	26500	28600	32100	35500	39000	42400
	5.0	24600	26600	30000	33300	36500	39800	25900	27900	31200	34500	37800	41000
D10@300	**6.0**	23900	25900	29000	32200	35200	38300	25200	27100	30200	33300	36400	39400
	7.0	23200	25000	28000	30900	33800	36600	24400	26200	29100	32000	34800	37600
	12.0	18500	19600	21400	23100	24700	26200	19100	20300	22000	23700	25200	26600
	υ	0.148	0.136	0.120	0.107	0.097	0.089	0.193	0.179	0.159	0.143	0.130	0.119
16-D32	**0.0**	27900	30100	33900	37600	41400	45100	29400	31600	35400	39100	42900	46600
(12700)	**3.0**	27300	29500	33100	36700	40300	43800	28800	30900	34500	38100	41700	45200
1.05 %	**4.0**	26900	29000	32500	36000	39400	42900	28300	30400	33900	37300	40800	44200
	5.0	26400	28400	31800	35100	38400	41600	27700	29700	33000	36400	39600	42900
D10@300	**6.0**	25700	27700	30900	34000	37100	40200	27000	28900	32100	35200	38300	41300
	7.0	25000	26800	29800	32800	35700	38500	26200	28000	31000	33900	36800	39600
	12.0	20200	21400	23300	25100	26800	28300	20900	22100	23900	25700	27300	28800
	υ	0.138	0.128	0.114	0.102	0.093	0.085	0.181	0.169	0.151	0.136	0.124	0.114
20-D38	**0.0**	30800	33000	36700	40400	44100	47800	32200	34500	38200	41900	45600	49300
(22800)	**3.0**	30200	32300	35900	39500	43100	46600	31600	33800	37300	40900	44500	48000
1.88 %	**4.0**	29800	31900	35300	38800	42200	45700	31100	33200	36700	40200	43600	47000
	5.0	29200	31200	34600	37900	41200	44500	30500	32600	35900	39200	42500	45800
D13@400	**6.0**	28600	30500	33700	36900	40000	43100	29800	31800	35000	38100	41200	44300
	7.0	27800	29700	32700	35700	38600	41500	29000	30800	33900	36800	39700	42600
	12.0	22900	24200	26200	28000	29800	31500	23700	24900	26800	28700	30400	32100
	υ	0.125	0.117	0.105	0.095	0.087	0.081	0.165	0.155	0.140	0.127	0.117	0.108
20-D51	**0.0**	35800	38000	41600	45300	48900	52600	37200	39400	43100	46800	50400	54100
(40500)	**3.0**	35200	37300	40900	44400	47900	51400	36600	38700	42300	45800	49300	52800
3.35 %	**4.0**	34700	36800	40300	43700	47100	50500	36100	38200	41600	45100	48500	51900
	5.0	34200	36200	39500	42800	46100	49400	35500	37500	40800	44100	47400	50700
D13@400	**6.0**	33500	35400	38600	41800	44900	48000	34800	36700	39900	43000	46200	49300
	7.0	32700	34500	37600	40600	43600	46500	33900	35800	38800	41800	44700	47600
	12.0	27500	28800	30900	32900	34800	36600	28300	29600	31600	33600	35500	37300
	υ	0.108	0.102	0.093	0.085	0.079	0.073	0.143	0.135	0.124	0.114	0.106	0.099
24-D51	**0.0**	38100	40200	43900	47500	51100	54800	39500	41700	45300	49000	52600	56200
(48700)	**3.0**	37500	39600	43100	46600	50100	53600	38900	41000	44500	48000	51500	55000
4.02 %	**4.0**	37000	39100	42500	45900	49300	52700	38400	40500	43900	47300	50700	54100
	5.0	36400	38400	41700	45000	48300	51600	37800	39800	43100	46400	49600	52900
D13@400	**6.0**	35700	37600	40800	44000	47100	50300	37000	38900	42100	45300	48400	51500
	7.0	34900	36700	39800	42800	45800	48700	36100	38000	41000	44000	47000	49900
	12.0	29500	30800	32900	35000	36900	38800	30300	31600	33700	35700	37600	39500
	υ	0.101	0.096	0.088	0.081	0.075	0.070	0.135	0.128	0.118	0.109	0.101	0.095

1) H형강치수의 오른쪽에는 H형강의 단면적(A_s, mm^2)과 총단면적($A_g = b \times d$)에 대한 단면적비(ρ_s, %)를 나타내었다.

2) 부재 길이방향철근의 재질은 SD400(F_{yr} = 400 MPa)을 사용하였다.

3) 왼쪽 끝 수직열의 각 칸에는 위로부터 아래 순서로 하여 길이방향철근의 개수와 직경(예, 12-D25), 길이방향철근의 단면적(A_{sr}, mm^2), 길이방향철근의 단면적비(ρ_{sr}, %), 횡구속철근의 직경과 길이방향 간격(예, D10@250)을 나타내었다.

4) υ (upsilon)은 $A_s F_y / P_o$의 값을 나타내며, 매입형 합성기둥에 길이방향 하중이 가해질 때 하중전달을 위한 소요전단력(V')을 산정하는데 사용된다. 여기서 P_o는 합성기둥의 세장효과를 고려하지 않은 공칭압축강도이다.

도움표 9.1 매입형 합성기둥의 설계압축강도 $\phi_c P_n$ (kN)

***b* × *d* = 1100 × 1100 mm** **H-400×408×21×21** A_s = 25100 mm², 2.07 %

H형강 재질		SHN400 (F_y = 235 MPa)						SHN490 (F_y = 325 MPa)					
철근	*KL*	f_{ck} (MPa)						f_{ck} (MPa)					
	m	27	30	35	40	45	50	27	30	35	40	45	50
8-D32	**0.0**	26600	28900	32600	36400	40100	43900	28300	30600	34300	38100	41800	45600
(6350)	**3.0**	26000	28200	31800	35400	39000	42600	27700	29800	33400	37000	40600	44100
0.525 %	**4.0**	25600	27700	31200	34700	38100	41500	27200	29300	32800	36200	39600	43100
	5.0	25100	27100	30400	33800	37000	40300	26600	28600	31900	35200	38500	41700
D10@300	**6.0**	24400	26400	29500	32700	35700	38800	25900	27800	30900	34000	37100	40100
	7.0	23700	25500	28500	31400	34300	37100	25000	26800	29800	32700	35500	38300
	12.0	18900	20100	21900	23700	25300	26800	19700	20800	22600	24300	25800	27300
	υ	0.166	0.153	0.135	0.121	0.110	0.101	0.216	0.200	0.178	0.161	0.146	0.134
16-D32	**0.0**	28400	30600	34400	38100	41900	45600	30100	32300	36100	39800	43600	47300
(12700)	**3.0**	27800	30000	33600	37200	40800	44300	29500	31600	35200	38800	42400	45900
1.05 %	**4.0**	27400	29500	33000	36500	39900	43300	29000	31100	34600	38000	41400	44900
	5.0	26900	28900	32300	35600	38900	42100	28400	30400	33700	37000	40300	43600
D10@300	**6.0**	26200	28200	31400	34500	37600	40700	27700	29600	32800	35900	39000	42000
	7.0	25500	27300	30300	33300	36200	39000	26800	28600	31600	34600	37400	40200
	12.0	20700	21900	23800	25600	27300	28900	21500	22600	24500	26200	27900	29400
	υ	0.156	0.144	0.129	0.116	0.106	0.097	0.203	0.189	0.169	0.153	0.140	0.129
20-D38	**0.0**	31300	33500	37200	40900	44600	48300	33000	35200	38900	42600	46300	50000
(22800)	**3.0**	30700	32800	36400	40000	43500	47100	32300	34500	38000	41600	45100	48700
1.88 %	**4.0**	30300	32400	35800	39300	42700	46100	31800	33900	37400	40800	44300	47700
	5.0	29700	31700	35100	38400	41700	45000	31200	33300	36600	39900	43200	46400
D13@400	**6.0**	29100	31000	34200	37400	40500	43600	30500	32400	35600	38800	41900	44900
	7.0	28300	30100	33200	36200	39100	42000	29700	31500	34500	37500	40400	43300
	12.0	23300	24600	26600	28500	30300	32000	24200	25400	27400	29200	31000	32700
	υ	0.141	0.132	0.119	0.108	0.099	0.091	0.185	0.174	0.157	0.143	0.132	0.122
20-D51	**0.0**	36300	38500	42100	45800	49400	53100	38000	40200	43800	47500	51100	54800
(40500)	**3.0**	35700	37800	41300	44900	48400	51900	37300	39400	43000	46500	50000	53500
3.35 %	**4.0**	35200	37300	40700	44200	47600	51000	36800	38900	42300	45700	49200	52500
	5.0	34700	36700	40000	43300	46600	49900	36200	38200	41500	44800	48100	51300
D13@400	**6.0**	34000	35900	39100	42300	45400	48500	35400	37400	40500	43700	46800	49900
	7.0	33200	35000	38100	41100	44000	47000	34600	36400	39400	42400	45400	48300
	12.0	27900	29200	31300	33300	35200	37100	28800	30100	32200	34100	36000	37800
	υ	0.122	0.115	0.105	0.097	0.089	0.083	0.161	0.152	0.139	0.129	0.120	0.112
24-D51	**0.0**	38600	40700	44400	48000	51600	55200	40300	42400	46100	49700	53300	56900
(48700)	**3.0**	38000	40100	43600	47100	50600	54100	39600	41700	45200	48700	52200	55700
4.02 %	**4.0**	37500	39600	43000	46400	49800	53200	39100	41200	44600	48000	51400	54700
	5.0	36900	38900	42200	45500	48800	52100	38500	40400	43800	47000	50300	53600
D13@400	**6.0**	36200	38100	41300	44500	47600	50700	37700	39600	42800	45900	49000	52100
	7.0	35400	37200	40300	43300	46200	49200	36800	38600	41600	44600	47600	50500
	12.0	29900	31200	33400	35400	37400	39300	30900	32200	34300	36300	38200	40100
	υ	0.115	0.108	0.100	0.092	0.086	0.080	0.152	0.144	0.133	0.123	0.115	0.107

1) H형강치수의 오른쪽에는 H형강의 단면적(A_s, mm²)과 총단면적($A_g = b \times d$)에 대한 단면적비(ρ_s, %)를 나타내었다.
2) 부재 길이방향철근의 재질은 SD400(F_{yr} = 400 MPa)을 사용하였다.
3) 왼쪽 끝 수직열의 각 칸에는 위로부터 아래 순서로 하여 길이방향철근의 개수와 직경(예, 12-D25), 길이방향철근의 단면적(A_{sr}, mm²), 길이방향철근의 단면적비(ρ_{sr}, %), 횡구속철근의 직경과 길이방향 간격(예, D10@250)을 나타내었다.
4) υ (upsilon)은 $A_s F_y / P_o$의 값을 나타내며, 매입형 합성기둥에 길이방향 하중이 가해질 때 하중전달을 위한 소요전단력(V')을 산정하는데 사용된다. 여기서 P_o는 합성기둥의 세장효과를 고려하지 않은 공칭압축강도이다.

도움표 9.1 매입형 합성기둥의 설계압축강도 $\phi_c P_n$ (kN)

$b \times d$ = 1100 × 1100 mm **H-406×403×16×24** A_s = 25500 mm^2, 2.11 %

H형강 재질		SHN400 (F_y = 235 MPa)						SHN490 (F_y = 325 MPa)					
철근	*KL*	f_{ck} (MPa)						f_{ck} (MPa)					
	m	27	30	35	40	45	50	27	30	35	40	45	50
8-D32	**0.0**	26700	28900	32700	36400	40200	44000	28400	30700	34400	38200	41900	45700
(6350)	**3.0**	26100	28300	31900	35500	39100	42600	27800	29900	33500	37100	40700	44200
0.525 %	**4.0**	25700	27800	31300	34800	38200	41600	27300	29400	32900	36300	39700	43200
	5.0	25200	27200	30500	33800	37100	40400	26700	28700	32000	35300	38600	41800
D10@300	**6.0**	24500	26400	29600	32800	35800	38900	26000	27900	31000	34100	37200	40200
	7.0	23800	25600	28600	31500	34400	37200	25100	26900	29900	32800	35600	38400
	12.0	19000	20200	22100	23800	25400	26900	19800	21000	22700	24400	26000	27400
	υ	0.168	0.155	0.137	0.123	0.112	0.102	0.219	0.203	0.181	0.163	0.148	0.136
16-D32	**0.0**	28500	30700	34400	38200	41900	45700	30200	32400	36200	39900	43600	47400
(12700)	**3.0**	27900	30100	33700	37300	40800	44400	29600	31700	35300	38900	42400	46000
1.05 %	**4.0**	27500	29600	33100	36500	40000	43400	29100	31200	34700	38100	41500	45000
	5.0	27000	29000	32300	35600	38900	42200	28500	30500	33800	37100	40400	43700
D10@300	**6.0**	26300	28200	31400	34600	37700	40800	27800	29700	32900	36000	39100	42100
	7.0	25600	27400	30400	33400	36300	39100	26900	28800	31700	34700	37500	40400
	12.0	20800	22000	23900	25700	27400	29000	21600	22800	24600	26400	28000	29600
	υ	0.158	0.146	0.130	0.118	0.107	0.098	0.206	0.192	0.172	0.156	0.142	0.131
20-D38	**0.0**	31300	33500	37300	41000	44700	48400	33000	35300	39000	42700	46400	50100
(22800)	**3.0**	30800	32900	36500	40000	43600	47100	32400	34600	38100	41700	45200	48800
1.88 %	**4.0**	30300	32400	35900	39400	42800	46200	31900	34000	37500	40900	44400	47800
	5.0	29800	31800	35200	38500	41800	45100	31300	33400	36700	40000	43300	46500
D13@400	**6.0**	29100	31100	34300	37400	40600	43700	30600	32500	35700	38900	42000	45100
	7.0	28400	30200	33300	36300	39200	42100	29800	31600	34600	37600	40500	43400
	12.0	23400	24700	26700	28600	30400	32100	24300	25600	27500	29400	31100	32800
	υ	0.143	0.134	0.121	0.110	0.101	0.093	0.188	0.176	0.159	0.146	0.134	0.124
20-D51	**0.0**	36300	38500	42200	45800	49500	53100	38100	40300	43900	47500	51200	54800
(40500)	**3.0**	35800	37900	41400	44900	48400	51900	37400	39500	43100	46600	50100	53600
3.35 %	**4.0**	35300	37400	40800	44200	47700	51100	36900	39000	42400	45800	49200	52600
	5.0	34700	36700	40100	43400	46700	49900	36300	38300	41600	44900	48200	51400
D13@400	**6.0**	34000	36000	39200	42300	45500	48600	35500	37500	40600	43800	46900	50000
	7.0	33200	35100	38100	41100	44100	47000	34700	36500	39500	42500	45500	48400
	12.0	28000	29300	31400	33400	35300	37200	28900	30200	32300	34200	36100	37900
	υ	0.124	0.117	0.107	0.098	0.091	0.085	0.163	0.154	0.142	0.131	0.121	0.113
24-D51	**0.0**	38600	40800	44400	48100	51700	55300	40400	42500	46200	49800	53400	57000
(48700)	**3.0**	38000	40100	43600	47200	50600	54100	39700	41800	45300	48800	52300	55800
4.02 %	**4.0**	37600	39600	43100	46500	49900	53200	39200	41200	44700	48100	51500	54800
	5.0	37000	39000	42300	45600	48900	52100	38500	40500	43800	47100	50400	53700
D13@400	**6.0**	36300	38200	41400	44600	47700	50800	37800	39700	42900	46000	49100	52200
	7.0	35400	37300	40300	43400	46300	49300	36900	38700	41700	44700	47700	50600
	12.0	30000	31300	33500	35500	37500	39400	31000	32300	34400	36400	38300	40200
	υ	0.116	0.110	0.101	0.093	0.087	0.081	0.154	0.146	0.135	0.125	0.116	0.109

1) H형강치수의 오른쪽에는 H형강의 단면적(A_s, mm^2)과 총단면적($A_g = b \times d$)에 대한 단면적비(ρ_s, %)를 나타내었다.

2) 부재 길이방향철근의 재질은 SD400(F_{yr} = 400 MPa)을 사용하였다.

3) 왼쪽 끝 수직열의 각 칸에는 위로부터 아래 순서로 하여 길이방향철근의 개수와 직경(예, 12-D25), 길이방향철근의 단면적(A_{sr}, mm^2), 길이방향철근의 단면적비(ρ_{sr}, %), 횡구속철근의 직경과 길이방향 간격(예, D10@250)을 나타내었다.

4) υ (upsilon)은 $A_s F_y / P_o$의 값을 나타내며, 매입형 합성기둥에 길이방향 하중이 가해질 때 하중전달을 위한 소요전단력(V')을 산정하는데 사용된다. 여기서 P_o는 합성기둥의 세장효과를 고려하지 않은 공칭압축강도이다.

도움표 9.1 매입형 합성기둥의 설계압축강도 $\phi_c P_n$ (kN)

$b \times d$ = 1100 × 1100 mm H-414×405×18×28 A_s = 29500 mm^2, 2.44 %

H형강 재질		SHN400 (F_y = 235 MPa)						SHN490 (F_y = 325 MPa)					
철근	KL	f_{ck} (MPa)						f_{ck} (MPa)					
	m	27	30	35	40	45	50	27	30	35	40	45	50
8-D32	0.0	27300	29600	33300	37100	40800	44500	29300	31600	35300	39000	42800	46500
(6350)	3.0	26800	28900	32500	36100	39700	43200	28700	30800	34400	38000	41600	45100
0.525 %	4.0	26300	28400	31900	35400	38800	42300	28200	30300	33800	37200	40600	44000
	5.0	25800	27800	31200	34500	37800	41000	27600	29600	32900	36200	39500	42700
D10@300	6.0	25200	27100	30300	33400	36500	39600	26800	28800	31900	35000	38100	41100
	7.0	24400	26300	29300	32200	35100	37900	26000	27800	30800	33700	36500	39300
	12.0	19700	20800	22700	24500	26200	27800	20600	21700	23600	25300	26900	28400
	υ	0.191	0.176	0.156	0.141	0.128	0.117	0.246	0.228	0.204	0.184	0.168	0.155
16-D32	0.0	29100	31400	35100	38800	42500	46200	31100	33300	37100	40800	44500	48200
(12700)	3.0	28600	30700	34300	37900	41400	45000	30500	32600	36200	39800	43300	46900
1.05 %	4.0	28100	30200	33700	37200	40600	44000	30000	32100	35500	39000	42400	45800
	5.0	27600	29600	33000	36300	39600	42800	29400	31400	34700	38000	41300	44500
D10@300	6.0	26900	28900	32100	35200	38300	41400	28600	30600	33700	36900	40000	43000
	7.0	26200	28000	31100	34000	36900	39800	27800	29600	32600	35500	38400	41300
	12.0	21400	22600	24500	26400	28100	29800	22300	23500	25400	27200	28900	30500
	υ	0.179	0.166	0.148	0.134	0.122	0.113	0.231	0.216	0.194	0.177	0.162	0.149
20-D38	0.0	32000	34200	37900	41600	45300	48900	34000	36200	39900	43600	47300	50900
(22800)	3.0	31400	33500	37100	40700	44200	47700	33300	35500	39000	42600	46100	49600
1.88 %	4.0	31000	33100	36500	40000	43400	46800	32800	34900	38400	41800	45200	48600
	5.0	30400	32400	35800	39100	42400	45700	32200	34200	37600	40900	44100	47400
D13@400	6.0	29800	31700	34900	38100	41200	44300	31500	33400	36600	39700	42800	45900
	7.0	29000	30900	33900	36900	39800	42700	30600	32500	35500	38400	41400	44200
	12.0	24000	25300	27300	29300	31100	32900	25100	26300	28300	30200	31900	33600
	υ	0.163	0.152	0.137	0.125	0.115	0.106	0.212	0.199	0.181	0.165	0.152	0.141
20-D51	0.0	37000	39200	42800	46400	50100	53700	39000	41200	44800	48400	52100	55700
(40500)	3.0	36400	38500	42000	45500	49000	52500	38300	40400	43900	47500	51000	54400
3.35 %	4.0	35900	38000	41400	44900	48300	51700	37800	39900	43300	46700	50100	53500
	5.0	35400	37400	40700	44000	47300	50500	37200	39200	42500	45800	49000	52300
D13@400	6.0	34700	36600	39800	43000	46100	49200	36400	38300	41500	44700	47800	50900
	7.0	33900	35700	38800	41800	44700	47700	35500	37400	40400	43400	46300	49200
	12.0	28500	29800	32000	34000	36000	37800	29700	30900	33000	35000	36900	38700
	υ	0.141	0.133	0.122	0.112	0.104	0.097	0.185	0.175	0.161	0.149	0.138	0.129
24-D51	0.0	39300	41400	45100	48700	52300	55900	41300	43400	47000	50700	54300	57900
(48700)	3.0	38700	40800	44300	47800	51200	54700	40600	42700	46200	49700	53200	56600
4.02 %	4.0	38200	40300	43700	47100	50500	53800	40100	42100	45500	48900	52300	55700
	5.0	37600	39600	42900	46200	49500	52700	39400	41400	44700	48000	51300	54500
D13@400	6.0	36900	38800	42000	45200	48300	51400	38600	40600	43700	46900	50000	53100
	7.0	36100	37900	41000	44000	46900	49900	37700	39600	42600	45600	48500	51400
	12.0	30600	31900	34000	36100	38100	40000	31700	33000	35100	37100	39100	41000
	υ	0.133	0.126	0.116	0.107	0.100	0.093	0.174	0.166	0.153	0.142	0.133	0.124

1) H형강시수의 오른쪽에는 H형강의 단면적(A_s, mm^2)과 총단면적($A_g = b \times d$)에 대한 단면적비(ρ_s, %)를 나타내었다.

2) 부재 길이방향철근의 재질은 SD400($F_{yr} = 400$ MPa)을 사용하였다.

3) 왼쪽 끝 수직열의 각 칸에는 위로부터 아래 순서로 하여 길이방향철근의 개수와 직경(예, 12-D25), 길이방향철근의 단면적(A_{sr}, mm^2), 길이방향철근의 단면적비(ρ_{sr}, %), 횡구속철근의 직경과 길이방향 간격(예, D10@250)을 나타내었다.

4) υ (upsilon)은 $A_s F_y / P_o$의 값을 나타내며, 매입형 합성기둥에 길이방향 하중이 가해질 때 하중전달을 위한 소요전단력(V')을 산정하는데 사용된다. 여기서 P_o는 합성기둥의 세장효과를 고려하지 않은 공칭압축강도이다.

도움표 9.1 매입형 합성기둥의 설계압축강도 $\phi_c P_n$ (kN)

$b \times d$ = 1100 × 1100 mm **H-428×407×20×35** A_s = 36100 mm^2, 2.98 %

H형강 재질		SHN400 (F_y = 235 MPa)						SHN490 (F_y = 325 MPa)					
철근	KL	f_{ck} (MPa)						f_{ck} (MPa)					
	m	27	30	35	40	45	50	27	30	35	40	45	50
8-D32	0.0	28400	30600	34300	38000	41800	45500	30800	33000	36700	40500	44200	47900
(6350)	3.0	27800	30000	33500	37100	40700	44200	30100	32300	35900	39400	43000	46500
0.525 %	4.0	27400	29500	33000	36400	39800	43300	29600	31700	35200	38600	42100	45500
	5.0	26800	28900	32200	35500	38800	42100	29000	31000	34300	37600	40900	44100
D10@300	6.0	26200	28100	31300	34500	37600	40700	28300	30200	33300	36500	39500	42600
	7.0	25500	27300	30300	33300	36200	39000	27400	29200	32200	35100	38000	40800
	12.0	20700	21900	23800	25700	27400	29100	21800	23000	24900	26600	28300	29900
	υ	0.224	0.208	0.185	0.167	0.152	0.140	0.285	0.266	0.239	0.217	0.199	0.183
16-D32	0.0	30200	32400	36100	39800	43500	47200	32600	34800	38500	42200	45900	49600
(12700)	3.0	29600	31700	35300	38900	42400	46000	31900	34100	37600	41200	44700	48300
1.05 %	4.0	29200	31300	34700	38200	41600	45000	31400	33500	37000	40400	43800	47200
	5.0	28600	30600	34000	37300	40600	43900	30800	32800	36100	39400	42700	46000
D10@300	6.0	28000	29900	33100	36300	39400	42500	30100	32000	35100	38300	41400	44400
	7.0	27200	29100	32100	35100	38000	40900	29200	31000	34000	36900	39800	42700
	12.0	22300	23600	25600	27500	29300	31000	23600	24800	26700	28500	30300	31900
	υ	0.211	0.196	0.176	0.160	0.146	0.135	0.270	0.253	0.228	0.208	0.191	0.177
20-D38	0.0	33000	35200	38900	42600	46200	49900	35400	37600	41300	45000	48700	52300
(22800)	3.0	32400	34600	38100	41700	45200	48700	34800	36900	40500	44000	47500	51000
1.88 %	4.0	32000	34100	37500	41000	44400	47800	34300	36400	39800	43200	46600	50000
	5.0	31400	33500	36800	40100	43400	46700	33600	35700	39000	42300	45500	48800
D13@400	6.0	30800	32700	35900	39100	42200	45300	32900	34800	38000	41100	44200	47300
	7.0	30000	31900	34900	37900	40900	43800	32000	33800	36800	39800	42700	45600
	12.0	25000	26300	28300	30300	32200	34000	26300	27500	29500	31400	33300	35000
	υ	0.193	0.181	0.163	0.149	0.138	0.127	0.248	0.234	0.213	0.195	0.181	0.168
20-D51	0.0	38000	40200	43800	47400	51000	54600	40500	42600	46200	49900	53500	57100
(40500)	3.0	37400	39500	43000	46500	50000	53500	39800	41900	45400	48900	52400	55800
3.35 %	4.0	37000	39000	42400	45800	49200	52600	39300	41300	44700	48100	51500	54900
	5.0	36400	38400	41700	45000	48300	51500	38600	40600	43900	47200	50400	53700
D13@400	6.0	35700	37600	40800	44000	47100	50200	37800	39700	42900	46000	49100	52200
	7.0	34900	36700	39800	42800	45700	48700	36900	38700	41700	44700	47700	50600
	12.0	29500	30800	32900	35000	37000	38900	30800	32100	34200	36200	38100	40000
	υ	0.167	0.158	0.145	0.134	0.125	0.116	0.217	0.206	0.190	0.176	0.164	0.154
24-D51	0.0	40300	42500	46100	49600	53200	56800	42800	44900	48500	52100	55700	59300
(48700)	3.0	39700	41800	45300	48700	52200	55700	42100	44100	47600	51100	54600	58000
4.02 %	4.0	39200	41300	44700	48100	51400	54800	41500	43600	47000	50300	53700	57100
	5.0	38600	40600	43900	47200	50500	53700	40900	42800	46100	49400	52600	55900
D13@400	6.0	37900	39800	43000	46200	49300	52400	40000	41900	45100	48200	51300	54400
	7.0	37100	38900	41900	44900	47900	50900	39100	40900	43900	46900	49900	52800
	12.0	31500	32800	35000	37100	39100	41000	32900	34200	36300	38300	40300	42200
	υ	0.158	0.150	0.138	0.128	0.119	0.112	0.206	0.196	0.181	0.169	0.158	0.148

1) H형강치수의 오른쪽에는 H형강의 단면적(A_s, mm^2)과 총단면적($A_g = b \times d$)에 대한 단면적비(ρ_s, %)를 나타내었다.

2) 부재 길이방향철근의 재질은 SD400(F_{yr} = 400 MPa)을 사용하였다.

3) 왼쪽 끝 수직열의 각 칸에는 위로부터 아래 순서로 하여 길이방향철근의 개수와 직경(예, 12-D25), 길이방향철근의 단면적(A_{sr}, mm^2), 길이방향철근의 단면적비(ρ_{sr}, %), 횡구속철근의 직경과 길이방향 간격(예, D10@250)을 나타내었다.

4) υ (upsilon)은 $A_s F_y / P_o$의 값을 나타내며, 매입형 합성기둥에 길이방향 하중이 가해질 때 하중전달을 위한 소요전단력(V')을 산정하는데 사용된다. 여기서 P_o는 합성기둥의 세장효과를 고려하지 않은 공칭압축강도이다.

도움표 9.1 매입형 합성기둥의 설계압축강도 $\phi_c P_n$ (kN)

$b \times d$ = 1100 × 1100 mm　　H-458×417×30×50　　A_s = 52900 mm², 4.37 %

H형강 재질		SHN400 (F_y = 235 MPa)						SHN490 (F_y = 325 MPa)					
철근	*KL*	f_{ck} (MPa)						f_{ck} (MPa)					
	m	27	30	35	40	45	50	27	30	35	40	45	50
8-D32	**0.0**	31000	33200	36900	40600	44200	47900	34600	36800	40500	44100	47800	51500
(6350)	**3.0**	30500	32600	36100	39700	43200	46700	33900	36000	39600	43100	46600	50100
0.525 %	**4.0**	30000	32100	35600	39000	42400	45800	33400	35400	38900	42300	45700	49100
	5.0	29500	31500	34800	38100	41400	44700	32700	34700	38000	41300	44500	47800
D10@300	**6.0**	28800	30800	34000	37100	40300	43400	31900	33800	37000	40100	43200	46200
	7.0	28100	29900	33000	36000	38900	41800	31000	32800	35800	38700	41600	44500
	12.0	23200	24400	26500	28500	30400	32200	25000	26200	28200	30000	31800	33500
	υ	0.300	0.280	0.252	0.230	0.211	0.194	0.372	0.350	0.318	0.292	0.270	0.250
16-D32	**0.0**	32800	35000	38700	42300	46000	49600	36400	38600	42200	45900	49500	53200
(12700)	**3.0**	32300	34400	37900	41400	44900	48400	35700	37800	41300	44800	48300	51800
1.05 %	**4.0**	31800	33900	37300	40800	44200	47600	35200	37200	40600	44100	47400	50800
	5.0	31300	33300	36600	39900	43200	46500	34500	36500	39800	43100	46300	49600
D10@300	**6.0**	30600	32500	35700	38900	42000	45100	33700	35600	38700	41900	45000	48000
	7.0	29800	31700	34700	37700	40700	43600	32700	34600	37600	40500	43400	46300
	12.0	24800	26100	28200	30200	32100	34000	26700	27900	29900	31800	33700	35500
	υ	0.284	0.266	0.241	0.220	0.203	0.188	0.354	0.334	0.305	0.281	0.260	0.242
20-D38	**0.0**	35700	37900	41500	45100	48700	52300	39200	41400	45000	48600	52300	55900
(22800)	**3.0**	35100	37200	40700	44200	47700	51200	38500	40600	44100	47600	51100	54600
1.88 %	**4.0**	34600	36700	40100	43500	46900	50300	38000	40000	43500	46800	50200	53600
	5.0	34100	36100	39400	42700	46000	49200	37300	39300	42600	45900	49100	52400
D13@400	**6.0**	33400	35300	38500	41700	44800	47900	36500	38400	41600	44700	47800	50900
	7.0	32600	34500	37500	40500	43500	46400	35500	37400	40400	43300	46300	49200
	12.0	27400	28700	30900	32900	34900	36800	29300	30600	32700	34600	36500	38400
	υ	0.261	0.246	0.225	0.207	0.191	0.178	0.328	0.311	0.286	0.265	0.247	0.231
20-D51	**0.0**	40700	42800	46400	50000	53500	57100	44300	46400	50000	53500	57100	60600
(40500)	**3.0**	40100	42200	45600	49100	52500	55900	43500	45600	49100	52500	55900	59400
3.35 %	**4.0**	39600	41600	45000	48400	51700	55100	43000	45000	48400	51700	55100	58400
	5.0	39000	41000	44300	47500	50800	54000	42300	44200	47500	50700	54000	57200
D13@400	**6.0**	38300	40200	43300	46500	49600	52700	41400	43300	46400	49600	52600	55700
	7.0	37400	39300	42300	45300	48300	51200	40400	42200	45200	48200	51100	54000
	12.0	31800	33200	35400	37500	39500	41500	33900	35200	37300	39300	41300	43200
	υ	0.229	0.217	0.201	0.186	0.174	0.163	0.291	0.278	0.258	0.241	0.226	0.212
24-D51	**0.0**	43000	45100	48600	52200	55700	59200	46600	48700	52200	55700	59300	62800
(48700)	**3.0**	42400	44400	47800	51300	54700	58100	45800	47900	51300	54700	58100	61500
4.02 %	**4.0**	41900	43900	47200	50600	53900	57300	45200	47200	50600	53900	57300	60600
	5.0	41200	43200	46500	49700	53000	56200	44500	46500	49700	52900	56200	59400
D13@400	**6.0**	40500	42400	45500	48700	51800	54900	43600	45500	48600	51800	54800	57900
	7.0	39600	41500	44500	47500	50400	53400	42600	44400	47400	50400	53300	56200
	12.0	33800	35200	37400	39500	41600	43600	35900	37200	39400	41400	43400	45400
	υ	0.217	0.207	0.192	0.179	0.167	0.157	0.277	0.265	0.247	0.231	0.217	0.205

1) H형강치수의 오른쪽에는 H형강의 단면적(A_s, mm²)과 총단면적($A_g = b \times d$)에 대한 단면적비(ρ_s, %)를 나타내었다.

2) 부재 길이방향철근의 재질은 SD400(F_{yr} = 400 MPa)을 사용하였다.

3) 왼쪽 끝 수직열의 각 칸에는 위로부터 아래 순서로 하여 길이방향철근의 개수와 직경(예, 12-D25), 길이방향철근의 단면적(A_{sr}, mm²), 길이방향철근의 단면적비(ρ_{sr}, %), 횡구속철근의 직경과 길이방향 간격(예, D10@250)을 나타내었다.

4) υ (upsilon)은 $A_s F_y / P_o$의 값을 나타내며, 매입형 합성기둥에 길이방향 하중이 가해질 때 하중전달을 위한 소요전단력(V')을 산정하는데 사용된다. 여기서 P_o는 합성기둥의 세장효과를 고려하지 않은 공칭압축강도이다.

도움표 9.1 매입형 합성기둥의 설계압축강도 $\phi_c P_n$ (kN)

$b \times d$ = 1100 × 1100 mm **H-498×432×45×70** A_s = 77000 mm², 6.36 %

H형강 재질		SHN400 (F_y = 235 MPa)						SHN490 (F_y = 325 MPa)					
철근	KL	f_{ck} (MPa)						f_{ck} (MPa)					
	m	27	30	35	40	45	50	27	30	35	40	45	50
8-D32	**0.0**	34900	37000	40600	44200	47800	51400	40100	42200	45800	49400	53000	56600
(6350)	**3.0**	34300	36400	39900	43400	46800	50300	39300	41400	44900	48300	51800	55300
0.525 %	**4.0**	33900	35900	39300	42700	46100	49400	38700	40800	44100	47500	50900	54200
	5.0	33300	35300	38600	41900	45100	48400	38000	40000	43200	46500	49700	53000
D10@300	**6.0**	32600	34500	37700	40900	44000	47100	37100	39000	42200	45300	48400	51400
	7.0	31800	33700	36700	39700	42700	45700	36100	37900	40900	43900	46800	49700
	12.0	26700	28100	30200	32300	34400	36300	29500	30800	32800	34800	36700	38600
	υ	0.389	0.367	0.334	0.307	0.284	0.264	0.468	0.445	0.410	0.380	0.354	0.332
16-D32	**0.0**	36700	38800	42400	46000	49500	53100	41900	44000	47600	51100	54700	58300
(12700)	**3.0**	36100	38200	41600	45100	48500	52000	41100	43200	46600	50100	53500	57000
1.05 %	**4.0**	35600	37700	41100	44400	47800	51200	40500	42500	45900	49300	52600	56000
	5.0	35100	37000	40300	43600	46900	50100	39800	41700	45000	48200	51500	54700
D10@300	**6.0**	34400	36300	39500	42600	45700	48800	38900	40800	43900	47000	50100	53200
	7.0	33600	35400	38500	41500	44400	47400	37900	39700	42700	45600	48500	51400
	12.0	28300	29700	31900	34000	36000	38000	31200	32400	34500	36500	38500	40400
	υ	0.370	0.350	0.320	0.295	0.274	0.256	0.448	0.427	0.395	0.367	0.343	0.322
20-D38	**0.0**	39500	41600	45200	48700	52300	55800	44700	46800	50400	53900	57500	61000
(22800)	**3.0**	38900	41000	44400	47900	51300	54700	43900	46000	49400	52900	56300	59700
1.88 %	**4.0**	38400	40500	43800	47200	50500	53900	43300	45400	48700	52000	55400	58700
	5.0	37900	39800	43100	46400	49600	52800	42600	44500	47800	51000	54200	57400
D13@400	**6.0**	37100	39100	42200	45300	48500	51600	41700	43600	46700	49800	52900	55900
	7.0	36300	38200	41200	44200	47200	50100	40600	42500	45400	48400	51300	54200
	12.0	30800	32200	34400	36600	38600	40700	33800	35100	37200	39200	41200	43200
	υ	0.343	0.326	0.300	0.279	0.260	0.243	0.420	0.401	0.373	0.348	0.327	0.308
20-D51	**0.0**	44500	46600	50100	53600	57100	60600	49700	51800	55300	58800	62300	65800
(40500)	**3.0**	43900	45900	49300	52700	56100	59500	48900	51000	54300	57700	61100	64500
3.35 %	**4.0**	43400	45400	48700	52000	55300	58600	48300	50300	53600	56900	60200	63500
	5.0	42800	44700	47900	51200	54400	57600	47500	49500	52700	55900	59000	62200
D13@400	**6.0**	42000	43900	47000	50100	53200	56300	46600	48500	51500	54600	57700	60700
	7.0	41100	42900	45900	48900	51900	54800	45500	47300	50300	53200	56100	59000
	12.0	35200	36600	38800	41000	43100	45200	38300	39600	41700	43800	45900	47800
	υ	0.305	0.291	0.271	0.253	0.238	0.224	0.377	0.362	0.339	0.319	0.301	0.285
24-D51	**0.0**	46800	48900	52400	55800	59300	62700	52000	54100	57600	61000	64500	67900
(48700)	**3.0**	46200	48200	51600	54900	58300	61600	51200	53200	56600	59900	63300	66600
4.02 %	**4.0**	45700	47600	50900	54200	57500	60800	50600	52500	55800	59100	62400	65600
	5.0	45000	46900	50100	53300	56500	59700	49800	51700	54900	58100	61200	64400
D13@400	**6.0**	44200	46100	49200	52300	55400	58400	48800	50700	53800	56800	59900	62900
	7.0	43300	45100	48100	51100	54000	56900	47700	49500	52400	55400	58300	61200
	12.0	37200	38600	40800	43000	45100	47200	40300	41600	43800	45900	47900	49900
	υ	0.290	0.278	0.259	0.243	0.229	0.216	0.361	0.347	0.326	0.308	0.291	0.276

1) H형강치수의 오른쪽에는 H형강의 단면적(A_s, mm²)과 총단면적($A_g = b \times d$)에 대한 단면적비(ρ_s, %)를 나타내었다.

2) 부재 길이방향철근의 재질은 SD400(F_{yr} = 400 MPa)을 사용하였다.

3) 왼쪽 끝 수직열의 각 칸에는 위로부터 아래 순서로 하여 길이방향철근의 개수와 직경(예, 12-D25), 길이방향철근의 단면적(A_{sr}, mm²), 길이방향철근의 단면적비(ρ_{sr}, %), 횡구속철근의 직경과 길이방향 간격(예, D10@250)을 나타내었다.

4) υ (upsilon)은 $A_s F_y / P_o$의 값을 나타내며, 매입형 합성기둥에 길이방향 하중이 가해질 때 하중전달을 위한 소요전단력(V')을 산정하는데 사용된다. 여기서 P_o는 합성기둥의 세장효과를 고려하지 않은 공칭압축강도이다.

도움표 9.1 매입형 합성기둥의 설계압축강도 $\phi_c P_n$ (kN)

$b \times d$ = 1200 × 1200 mm **H-310×305×15×20** A_s = 16500 mm², 1.15 %

H형강 재질		SHN400 (F_y = 235 MPa)						SHN490 (F_y = 325 MPa)					
철근	KL	f_{ck} (MPa)						f_{ck} (MPa)					
	m	27	30	35	40	45	50	27	30	35	40	45	50
8-D35	**0.0**	29600	32300	36800	41300	45800	50300	30700	33400	37900	42400	46900	51500
(7660)	**3.0**	29000	31600	36000	40300	44600	48900	30100	32700	37000	41300	45600	49900
0.532 %	**4.0**	28600	31100	35300	39500	43700	47800	29600	32100	36300	40500	44700	48800
	5.0	28000	30500	34500	38500	42500	46400	29000	31500	35500	39500	43400	47400
D13@400	**6.0**	27300	29700	33500	37300	41100	44800	28300	30600	34500	38200	42000	45600
	7.0	26600	28800	32400	36000	39500	42900	27500	29700	33300	36800	40300	43700
	12.0	21600	23100	25400	27600	29600	31500	22200	23600	25900	28000	30000	31900
	υ	0.098	0.090	0.079	0.071	0.064	0.058	0.131	0.121	0.106	0.095	0.086	0.078
16-D35	**0.0**	31700	34400	38900	43400	47900	52400	32900	35600	40000	44500	49000	53500
(15300)	**3.0**	31200	33800	38100	42400	46700	51000	32300	34900	39200	43500	47800	52100
1.06 %	**4.0**	30700	33300	37500	41700	45800	50000	31800	34300	38500	42700	46900	51000
	5.0	30200	32700	36700	40700	44700	48700	31200	33700	37700	41700	45700	49600
D13@400	**6.0**	29500	31900	35800	39600	43400	47100	30500	32900	36700	40500	44300	48000
	7.0	28800	31000	34700	38300	41900	45400	29700	31900	35600	39200	42700	46200
	12.0	23800	25400	27800	30100	32200	34300	24400	25900	28300	30600	32700	34700
	υ	0.092	0.085	0.075	0.067	0.061	0.056	0.123	0.113	0.101	0.090	0.082	0.075
20-D43	**0.0**	35600	38300	42700	47200	51600	56100	36700	39400	43900	48300	52700	57200
(29000)	**3.0**	35100	37700	42000	46300	50500	54800	36100	38700	43000	47300	51600	55900
2.02 %	**4.0**	34600	37200	41400	45500	49700	53800	35700	38200	42400	46600	50700	54900
	5.0	34100	36500	40600	44600	48600	52600	35100	37600	41600	45600	49600	53600
D13@400	**6.0**	33400	35800	39700	43600	47400	51200	34400	36800	40700	44500	48300	52100
	7.0	32700	34900	38700	42300	45900	49500	33600	35900	39600	43200	46800	50300
	12.0	27600	29200	31800	34300	36600	38800	28300	29800	32400	34800	37100	39300
	υ	0.082	0.076	0.068	0.062	0.056	0.052	0.110	0.102	0.092	0.083	0.076	0.070
20-D51	**0.0**	38900	41500	45900	50300	54700	59200	40000	42600	47000	51500	55900	60300
(40500)	**3.0**	38300	40900	45200	49400	53700	57900	39400	42000	46200	50500	54800	59000
2.82 %	**4.0**	37900	40400	44600	48700	52900	57000	38900	41400	45600	49800	53900	58000
	5.0	37300	39800	43800	47800	51800	55800	38300	40800	44800	48900	52800	56800
D13@400	**6.0**	36600	39000	42900	46800	50600	54400	37600	40000	43900	47700	51600	55400
	7.0	35900	38100	41900	45600	49200	52800	36800	39100	42800	46500	50100	53700
	12.0	30700	32300	35000	37600	40000	42300	31300	33000	35600	38100	40600	42900
	υ	0.075	0.070	0.063	0.058	0.053	0.049	0.101	0.094	0.086	0.078	0.072	0.067
20-D57	**0.0**	42000	44600	49000	53400	57700	62100	43100	45700	50100	54500	58900	63200
(51600)	**3.0**	41400	44000	48200	52500	56700	60900	42500	45100	49300	53500	57800	62000
3.58 %	**4.0**	41000	43500	47600	51800	55900	60000	42000	44500	48700	52800	56900	61000
	5.0	40400	42800	46900	50900	54900	58900	41400	43900	47900	51900	55900	59900
D13@400	**6.0**	39700	42100	46000	49800	53700	57500	40700	43100	46900	50800	54600	58400
	7.0	38900	41200	44900	48600	52300	55900	39900	42100	45900	49500	53200	56800
	12.0	33600	35200	38000	40600	43100	45500	34200	35900	38600	41200	43700	46100
	υ	0.069	0.065	0.059	0.055	0.050	0.047	0.093	0.088	0.080	0.074	0.068	0.064

1) H형강치수의 오른쪽에는 H형강의 단면적(A_s, mm²)과 총단면적($A_g = b \times d$)에 대한 단면적비(ρ_s, %)를 나타내었다.
2) 부재 길이방향철근의 재질은 SD400(F_{yr} = 400 MPa)을 사용하였다.
3) 왼쪽 끝 수직열의 각 칸에는 위로부터 아래 순서로 하여 길이방향철근의 개수와 직경(예, 12-D25), 길이방향철근의 단면적(A_{sr}, mm²), 길이방향철근의 단면적비(ρ_{sr}, %), 횡구속철근의 직경과 길이방향 간격(예, D10@250)을 나타내었다.
4) υ (upsilon)은 $A_s F_y / P_o$의 값을 나타내며, 매입형 합성기둥에 길이방향 하중이 가해질 때 하중전달을 위한 소요전단력(V')을 산정하는데 사용된다. 여기서 P_o는 합성기둥의 세장효과를 고려하지 않은 공칭압축강도이다.

제9장

도움표 9.1 매입형 합성기둥의 설계압축강도 $\phi_c P_n$ (kN)

$b \times d$ = 1200 × 1200 mm **H-310×310×20×20** A_s = 18100 mm², 1.26 %

H형강 재질		SHN400 (F_y = 235 MPa)						SHN490 (F_y = 325 MPa)					
철근	*KL*	f_{ck} (MPa)						f_{ck} (MPa)					
	m	27	30	35	40	45	50	27	30	35	40	45	50
8-D35	**0.0**	29800	32500	37000	41500	46100	50600	31000	33800	38300	42800	47300	51800
(7660)	**3.0**	29300	31900	36200	40500	44800	49100	30400	33000	37400	41700	46000	50300
0.532 %	**4.0**	28800	31300	35600	39700	43900	48000	29900	32500	36700	40900	45000	49100
	5.0	28300	30700	34800	38800	42700	46700	29300	31800	35800	39800	43800	47700
D13@400	**6.0**	27600	29900	33800	37600	41300	45000	28600	31000	34800	38600	42300	46000
	7.0	26800	29000	32700	36300	39800	43200	27800	30000	33600	37200	40600	44100
	12.0	21800	23300	25700	27800	29900	31800	22400	23900	26200	28300	30300	32200
	υ	0.107	0.098	0.086	0.077	0.069	0.063	0.142	0.131	0.115	0.103	0.093	0.085
16-D35	**0.0**	32000	34700	39200	43600	48100	52600	33200	35900	40400	44900	49400	53800
(15300)	**3.0**	31400	34000	38400	42700	47000	51300	32600	35200	39500	43800	48100	52400
1.06 %	**4.0**	31000	33500	37700	41900	46100	50200	32100	34700	38900	43000	47200	51300
	5.0	30400	32900	37000	41000	45000	48900	31500	34000	38000	42000	46000	50000
D13@400	**6.0**	29800	32100	36000	39900	43600	47400	30800	33200	37000	40900	44600	48300
	7.0	29000	31300	34900	38600	42100	45600	30000	32200	35900	39500	43000	46500
	12.0	24000	25600	28000	30300	32500	34600	24700	26200	28600	30900	33000	35000
	υ	0.100	0.092	0.081	0.073	0.066	0.061	0.133	0.123	0.109	0.098	0.089	0.082
20-D43	**0.0**	35900	38500	43000	47400	51900	56300	37100	39800	44200	48600	53100	57500
(29000)	**3.0**	35300	37900	42200	46500	50800	55000	36500	39100	43400	47700	51900	56200
2.02 %	**4.0**	34900	37400	41600	45800	49900	54100	36000	38500	42700	46900	51100	55200
	5.0	34300	36800	40800	44900	48900	52800	35400	37900	41900	46000	50000	53900
D13@400	**6.0**	33700	36000	39900	43800	47600	51400	34700	37100	41000	44800	48600	52400
	7.0	32900	35200	38900	42600	46200	49700	33900	36200	39900	43500	47100	50700
	12.0	27800	29400	32000	34500	36900	39100	28500	30100	32700	35100	37400	39600
	υ	0.089	0.083	0.074	0.067	0.061	0.057	0.119	0.111	0.100	0.091	0.083	0.077
20-D51	**0.0**	39100	41800	46200	50600	55000	59400	40300	43000	47400	51800	56200	60600
(40500)	**3.0**	38600	41100	45400	49700	53900	58200	39700	42300	46600	50800	55100	59300
2.82 %	**4.0**	38100	40600	44800	49000	53100	57200	39300	41800	46000	50100	54200	58400
	5.0	37600	40000	44100	48100	52100	56000	38700	41100	45200	49200	53200	57100
D13@400	**6.0**	36900	39200	43200	47000	50800	54600	38000	40300	44200	48100	51900	55700
	7.0	36100	38400	42100	45800	49400	53000	37100	39400	43100	46800	50400	54000
	12.0	30900	32600	35200	37800	40200	42600	31600	33300	35900	38400	40800	43200
	υ	0.081	0.076	0.069	0.063	0.058	0.054	0.109	0.103	0.093	0.085	0.078	0.073
20-D57	**0.0**	42200	44900	49200	53600	58000	62300	43500	46100	50500	54800	59200	63600
(51600)	**3.0**	41700	44200	48500	52700	56900	61100	42800	45400	49600	53900	58100	62300
3.58 %	**4.0**	41200	43700	47900	52000	56100	60200	42400	44900	49000	53100	57300	61400
	5.0	40600	43100	47100	51100	55100	59100	41800	44200	48200	52200	56200	60200
D13@400	**6.0**	39900	42300	46200	50100	53900	57700	41000	43400	47300	51100	55000	58700
	7.0	39100	41400	45200	48800	52500	56100	40200	42400	46200	49900	53500	57100
	12.0	33800	35500	38200	40800	43300	45700	34500	36200	38900	41500	44000	46400
	υ	0.075	0.071	0.065	0.059	0.055	0.051	0.101	0.096	0.087	0.080	0.074	0.069

1) H형강치수의 오른쪽에는 H형강의 단면적(A_s, mm²)과 총단면적($A_g = b \times d$)에 대한 단면적비(ρ_s, %)를 나타내었다.
2) 부재 길이방향철근의 재질은 SD400(F_{yr} = 400 MPa)을 사용하였다.
3) 왼쪽 끝 수직열의 각 칸에는 위로부터 아래 순서로 하여 길이방향철근의 개수와 직경(예, 12-D25), 길이방향철근의 단면적(A_{sr}, mm²), 길이방향철근의 단면적비(ρ_{sr}, %), 횡구속철근의 직경과 길이방향 간격(예, D10@250)을 나타내었다.
4) υ (upsilon)은 $A_s F_y / P_o$의 값을 나타내며, 매입형 합성기둥에 길이방향 하중이 가해질 때 하중전달을 위한 소요전단력(V')을 산정하는데 사용된다. 여기서 P_o는 합성기둥의 세장효과를 고려하지 않은 공칭압축강도이다.

도움표 9.1 매입형 합성기둥의 설계압축강도 $\phi_c P_n$ (kN)

b **×** ***d*** **= 1200 × 1200 mm** **H-344×348×10×16** A_s = 14600 mm^2, 1.01 %

H형강 재질		SHN400 (F_y = 235 MPa)						SHN490 (F_y = 325 MPa)					
철근	*KL*	f_{ck} (MPa)						f_{ck} (MPa)					
	m	27	30	35	40	45	50	27	30	35	40	45	50
8-D35	**0.0**	29300	32000	36500	41000	45500	50100	30300	33000	37500	42000	46500	51000
(7660)	**3.0**	28700	31300	35700	40000	44300	48600	29700	32300	36600	40900	45200	49500
0.532 %	**4.0**	28300	30800	35000	39200	43400	47500	29200	31700	35900	40100	44300	48400
	5.0	27700	30200	34200	38200	42200	46100	28600	31000	35100	39100	43000	47000
D13@400	**6.0**	27100	29400	33300	37100	40800	44500	27900	30200	34100	37900	41600	45300
	7.0	26300	28500	32200	35700	39200	42600	27100	29300	32900	36500	39900	43300
	12.0	21400	22800	25200	27300	29300	31200	21900	23300	25600	27700	29700	31500
	υ	0.088	0.080	0.070	0.063	0.057	0.051	0.118	0.108	0.095	0.085	0.076	0.070
16-D35	**0.0**	31400	34100	38600	43100	47600	52100	32400	35100	39600	44100	48600	53100
(15300)	**3.0**	30900	33500	37800	42100	46400	50700	31800	34400	38800	43100	47400	51700
1.06 %	**4.0**	30400	33000	37200	41400	45600	49700	31400	33900	38100	42300	46500	50600
	5.0	29900	32400	36400	40500	44400	48400	30800	33200	37300	41300	45300	49200
D13@400	**6.0**	29300	31600	35500	39300	43100	46800	30100	32500	36300	40100	43900	47600
	7.0	28500	30800	34400	38000	41600	45100	29300	31500	35200	38800	42300	45800
	12.0	23600	25100	27500	29800	32000	34000	24100	25600	28000	30300	32400	34400
	υ	0.082	0.075	0.067	0.060	0.054	0.049	0.110	0.101	0.090	0.081	0.073	0.067
20-D43	**0.0**	35300	38000	42400	46900	51300	55800	36300	39000	43400	47900	52300	56800
(29000)	**3.0**	34800	37400	41700	46000	50200	54500	35700	38300	42600	46900	51200	55500
2.02 %	**4.0**	34300	36900	41100	45300	49400	53600	35300	37800	42000	46200	50300	54500
	5.0	33800	36300	40300	44400	48400	52300	34700	37100	41200	45200	49200	53200
D13@400	**6.0**	33100	35500	39400	43300	47100	50900	34000	36400	40300	44100	47900	51700
	7.0	32400	34700	38400	42000	45700	49200	33200	35500	39200	42800	46400	50000
	12.0	27400	29000	31600	34000	36400	38600	27900	29500	32100	34500	36800	39000
	υ	0.073	0.068	0.061	0.055	0.050	0.046	0.098	0.091	0.082	0.074	0.068	0.063
20-D51	**0.0**	38600	41200	45600	50000	54500	58900	39600	42200	46600	51000	55400	59900
(40500)	**3.0**	38000	40600	44900	49100	53400	57700	39000	41500	45800	50100	54400	58600
2.82 %	**4.0**	37600	40100	44300	48400	52600	56700	38500	41000	45200	49400	53500	57600
	5.0	37000	39500	43500	47600	51600	55500	37900	40400	44400	48500	52500	56400
D13@400	**6.0**	36400	38700	42600	46500	50300	54100	37200	39600	43500	47400	51200	55000
	7.0	35600	37900	41600	45300	48900	52500	36400	38700	42400	46100	49700	53300
	12.0	30400	32100	34800	37300	39800	42100	31000	32700	35300	37800	40300	42600
	υ	0.067	0.062	0.056	0.051	0.047	0.044	0.090	0.084	0.076	0.070	0.064	0.059
20-D57	**0.0**	41700	44300	48700	53100	57500	61800	42700	45300	49700	54100	58400	62800
(51600)	**3.0**	41100	43700	47900	52200	56400	60600	42100	44600	48900	53100	57400	61600
3.58 %	**4.0**	40700	43200	47300	51500	55600	59700	41600	44100	48300	52400	56500	60700
	5.0	40100	42500	46600	50600	54600	58600	41000	43500	47500	51500	55500	59500
D13@400	**6.0**	39400	41800	45700	49600	53400	57200	40300	42700	46600	50400	54200	58000
	7.0	38600	40900	44700	48400	52000	55600	39500	41700	45500	49200	52800	56400
	12.0	33300	35000	37700	40400	42900	45300	33900	35600	38300	40900	43400	45800
	υ	0.062	0.058	0.053	0.048	0.045	0.042	0.083	0.079	0.072	0.066	0.061	0.057

1) H형강치수의 오른쪽에는 H형강의 단면적(A_s, mm^2)과 총단면적($A_g = b \times d$)에 대한 단면적비(ρ_s, %)를 나타내었다.

2) 부재 길이방향철근의 재질은 SD400(F_{yr} = 400 MPa)을 사용하였다.

3) 왼쪽 끝 수직열의 각 칸에는 위로부터 아래 순서로 하여 길이방향철근의 개수와 직경(예, 12-D25), 길이방향철근의 단면적(A_{sr}, mm^2), 길이방향철근의 단면적비(ρ_{sr}, %), 횡구속철근의 직경과 길이방향 간격(예, D10@250)을 나타내었다.

4) υ (upsilon)은 $A_s F_y / P_o$의 값을 나타내며, 매입형 합성기둥에 길이방향 하중이 가해질 때 하중전달을 위한 소요전단력(V')을 산정하는데 사용된다. 여기서 P_o는 합성기둥의 세장효과를 고려하지 않은 공칭압축강도이다.

도움표 9.1 매입형 합성기둥의 설계압축강도 $\phi_c P_n$ (kN)

$b \times d$ = 1200 × 1200 mm　　H-344×354×16×16　　A_s = 16700 mm², 1.16 %

H형강 재질		SHN400 (F_y = 235 MPa)						SHN490 (F_y = 325 MPa)					
철근	*KL*	f_{ck} (MPa)						f_{ck} (MPa)					
	m	27	30	35	40	45	50	27	30	35	40	45	50
8-D35	0.0	29600	32300	36800	41300	45800	50400	30700	33400	37900	42500	47000	51500
(7660)	3.0	29000	31600	36000	40300	44600	48900	30100	32700	37100	41400	45700	50000
0.532 %	4.0	28600	31100	35300	39500	43700	47800	29600	32200	36400	40600	44700	48800
	5.0	28000	30500	34500	38600	42500	46400	29000	31500	35500	39500	43500	47400
D13@400	6.0	27400	29700	33600	37400	41100	44800	28300	30700	34500	38300	42000	45700
	7.0	26600	28800	32500	36100	39600	43000	27500	29700	33400	36900	40400	43800
	12.0	21700	23200	25500	27700	29700	31600	22200	23700	26000	28100	30100	32000
	υ	0.099	0.091	0.080	0.071	0.064	0.058	0.132	0.121	0.107	0.096	0.086	0.079
16-D35	0.0	31800	34500	38900	43400	47900	52400	32900	35600	40100	44600	49000	53500
(15300)	3.0	31200	33800	38100	42500	46800	51000	32300	34900	39200	43500	47800	52100
1.06 %	4.0	30800	33300	37500	41700	45900	50000	31800	34400	38600	42700	46900	51000
	5.0	30200	32700	36700	40800	44800	48700	31200	33700	37700	41800	45700	49700
D13@400	6.0	29600	31900	35800	39600	43400	47200	30500	32900	36800	40600	44300	48100
	7.0	28800	31100	34700	38400	41900	45400	29700	32000	35600	39200	42800	46200
	12.0	23900	25400	27900	30200	32300	34400	24500	26000	28400	30700	32800	34800
	υ	0.092	0.085	0.075	0.068	0.061	0.056	0.123	0.114	0.101	0.091	0.083	0.076
20-D43	0.0	35600	38300	42800	47200	51600	56100	36800	39400	43900	48300	52800	57200
(29000)	3.0	35100	37700	42000	46300	50600	54800	36200	38800	43100	47400	51600	55900
2.02 %	4.0	34700	37200	41400	45600	49700	53900	35700	38200	42400	46600	50800	54900
	5.0	34100	36600	40600	44700	48700	52600	35100	37600	41600	45700	49700	53600
D13@400	6.0	33500	35800	39700	43600	47400	51200	34400	36800	40700	44500	48400	52100
	7.0	32700	35000	38700	42400	46000	49500	33600	35900	39600	43300	46900	50400
	12.0	27700	29300	31900	34300	36700	38900	28300	29900	32500	34900	37200	39400
	υ	0.082	0.077	0.069	0.062	0.057	0.052	0.110	0.103	0.093	0.084	0.077	0.071
20-D51	0.0	38900	41500	46000	50400	54800	59200	40000	42700	47100	51500	55900	60300
(40500)	3.0	38300	40900	45200	49500	53700	58000	39400	42000	46300	50500	54800	59000
2.82 %	4.0	37900	40400	44600	48800	52900	57000	39000	41500	45600	49800	53900	58100
	5.0	37300	39800	43800	47900	51900	55900	38400	40800	44900	48900	52900	56900
D13@400	6.0	36700	39000	42900	46800	50700	54400	37700	40000	43900	47800	51600	55400
	7.0	35900	38200	41900	45600	49200	52800	36900	39100	42800	46500	50100	53700
	12.0	30700	32400	35100	37600	40100	42400	31400	33000	35700	38200	40600	42900
	υ	0.075	0.071	0.064	0.058	0.054	0.050	0.101	0.095	0.086	0.079	0.073	0.067
20-D57	0.0	42000	44600	49000	53400	57800	62100	43100	45800	50100	54500	58900	63300
(51600)	3.0	41400	44000	48200	52500	56700	60900	42500	45100	49300	53600	57800	62000
3.58 %	4.0	41000	43500	47700	51800	55900	60000	42100	44600	48700	52900	57000	61100
	5.0	40400	42900	46900	50900	54900	58900	41500	43900	47900	51900	55900	59900
D13@400	6.0	39700	42100	46000	49900	53700	57500	40700	43100	47000	50800	54700	58500
	7.0	38900	41200	45000	48700	52300	55900	39900	42200	45900	49600	53200	56800
	12.0	33600	35300	38000	40600	43200	45600	34300	36000	38700	41300	43700	46100
	υ	0.070	0.066	0.060	0.055	0.051	0.047	0.094	0.089	0.081	0.075	0.069	0.064

1) H형강치수의 오른쪽에는 H형강의 단면적(A_s, mm²)과 총단면적($A_g = b \times d$)에 대한 단면적비(ρ_s, %)를 나타내었다.

2) 부재 길이방향철근의 재질은 SD400(F_{yr} = 400 MPa)을 사용하였다.

3) 왼쪽 끝 수직열의 각 칸에는 위로부터 아래 순서로 하여 길이방향철근의 개수와 직경(예, 12-D25), 길이방향철근의 단면적(A_{sr}, mm²), 길이방향철근의 단면적비(ρ_{sr}, %), 횡구속철근의 직경과 길이방향 간격(예, D10@250)을 나타내었다.

4) υ (upsilon)은 $A_s F_y / P_o$의 값을 나타내며, 매입형 합성기둥에 길이방향 하중이 가해질 때 하중전달을 위한 소요전단력(V')을 산정하는데 사용된다. 여기서 P_o는 합성기둥의 세장효과를 고려하지 않은 공칭압축강도이다.

도움표 9.1 매입형 합성기둥의 설계압축강도 $\phi_c P_n$ (kN)

$b \times d$ = 1200 × 1200 mm **H-350×350×12×19** A_s = 17400 mm², 1.21 %

H형강 재질		SHN400 (F_y = 235 MPa)						SHN490 (F_y = 325 MPa)					
철근	KL	f_{ck} (MPa)						f_{ck} (MPa)					
	m	27	30	35	40	45	50	27	30	35	40	45	50
8-D35	**0.0**	29700	32400	36900	41400	46000	50500	30900	33600	38100	42600	47100	51600
(7660)	**3.0**	29100	31800	36100	40400	44700	49000	30300	32900	37200	41500	45800	50100
0.532 %	**4.0**	28700	31300	35500	39600	43800	47900	29800	32300	36500	40700	44900	49000
	5.0	28200	30600	34700	38700	42600	46600	29200	31700	35700	39700	43700	47600
D13@400	**6.0**	27500	29800	33700	37500	41300	45000	28500	30800	34700	38500	42200	45900
	7.0	26700	29000	32600	36200	39700	43100	27700	29900	33500	37100	40600	44000
	12.0	21800	23300	25600	27800	29900	31800	22400	23800	26100	28300	30300	32200
	υ	0.103	0.095	0.083	0.074	0.067	0.061	0.137	0.126	0.111	0.099	0.090	0.082
16-D35	**0.0**	31900	34600	39100	43500	48000	52500	33100	35700	40200	44700	49200	53700
(15300)	**3.0**	31300	33900	38300	42600	46900	51200	32500	35100	39400	43700	48000	52300
1.06 %	**4.0**	30900	33400	37600	41800	46000	50100	32000	34500	38700	42900	47100	51200
	5.0	30300	32800	36900	40900	44900	48800	31400	33900	37900	41900	45900	49800
D13@400	**6.0**	29700	32100	35900	39800	43600	47300	30700	33100	36900	40700	44500	48200
	7.0	28900	31200	34900	38500	42000	45500	29900	32100	35800	39400	42900	46400
	12.0	24000	25500	28000	30300	32500	34500	24600	26100	28500	30800	33000	35000
	υ	0.096	0.089	0.078	0.070	0.064	0.058	0.128	0.119	0.105	0.095	0.086	0.079
20-D43	**0.0**	35800	38400	42900	47300	51800	56200	36900	39600	44000	48500	52900	57400
(29000)	**3.0**	35200	37800	42100	46400	50700	54900	36300	38900	43200	47500	51800	56100
2.02 %	**4.0**	34800	37300	41500	45700	49800	54000	35900	38400	42600	46800	50900	55100
	5.0	34200	36700	40700	44800	48800	52800	35300	37800	41800	45800	49800	53800
D13@400	**6.0**	33600	35900	39800	43700	47500	51300	34600	37000	40900	44700	48500	52300
	7.0	32800	35100	38800	42500	46100	49700	33800	36100	39800	43400	47000	50600
	12.0	27800	29400	32000	34500	36800	39100	28500	30100	32600	35100	37400	39600
	υ	0.086	0.080	0.071	0.065	0.059	0.055	0.115	0.107	0.096	0.087	0.080	0.074
20-D51	**0.0**	39000	41700	46100	50500	54900	59300	40200	42800	47200	51600	56000	60500
(40500)	**3.0**	38400	41000	45300	49600	53800	58100	39600	42200	46400	50700	54900	59200
2.82 %	**4.0**	38000	40500	44700	48900	53000	57100	39100	41600	45800	50000	54100	58200
	5.0	37500	39900	44000	48000	52000	56000	38500	41000	45000	49000	53000	57000
D13@400	**6.0**	36800	39200	43100	46900	50800	54600	37800	40200	44100	47900	51800	55600
	7.0	36000	38300	42000	45700	49400	53000	37000	39300	43000	46700	50300	53900
	12.0	30800	32500	35200	37700	40200	42600	31500	33200	35800	38400	40800	43100
	υ	0.079	0.074	0.067	0.061	0.056	0.052	0.105	0.099	0.090	0.082	0.076	0.070
20-D57	**0.0**	42100	44800	49100	53500	57900	62200	43300	45900	50300	54700	59000	63400
(51600)	**3.0**	41600	44100	48400	52600	56800	61100	42700	45200	49500	53700	58000	62200
3.58 %	**4.0**	41100	43600	47800	51900	56000	60100	42200	44700	48900	53000	57100	61200
	5.0	40500	43000	47000	51000	55000	59000	41600	44100	48100	52100	56100	60000
D13@400	**6.0**	39900	42200	46100	50000	53800	57600	40900	43300	47100	51000	54800	58600
	7.0	39100	41300	45100	48800	52400	56000	40100	42300	46100	49700	53400	57000
	12.0	33700	35400	38100	40800	43300	45700	34400	36100	38800	41400	43900	46300
	υ	0.073	0.068	0.062	0.057	0.053	0.049	0.098	0.092	0.084	0.078	0.072	0.067

1) H형강치수의 오른쪽에는 H형강의 단면적(A_s, mm²)과 종단면적($A_g = b \times d$)에 대한 단면적비(ρ_s, %)를 나타내었다.

2) 부재 길이방향철근의 재질은 SD400(F_{yr} = 400 MPa)을 사용하였다.

3) 왼쪽 끝 수직열의 각 칸에는 위로부터 아래 순서로 하여 길이방향철근의 개수와 직경(예, 12-D25), 길이방향철근의 단면적(A_{sr}, mm²), 길이방향철근의 단면적비(ρ_{sr}, %), 횡구속철근의 직경과 길이방향 간격(예, D10@250)을 나타내었다.

4) υ (upsilon)은 $A_s F_y / P_o$의 값을 나타내며, 매입형 합성기둥에 길이방향 하중이 가해질 때 하중전달을 위한 소요전단력(V')을 산정하는데 사용된다. 여기서 P_o는 합성기둥의 세장효과를 고려하지 않은 공칭압축강도이다.

도움표 9.1 매입형 합성기둥의 설계압축강도 $\phi_c P_n$ (kN)

$b \times d$ = 1200 × 1200 mm **H-350×357×19×19** A_s = 19800 mm^2, 1.38 %

H형강 재질		SHN400 (F_y = 235 MPa)						SHN490 (F_y = 325 MPa)					
철근	KL	f_{ck} (MPa)						f_{ck} (MPa)					
	m	27	30	35	40	45	50	27	30	35	40	45	50
8-D35	**0.0**	30100	32800	37300	41800	46300	50800	31400	34100	38600	43200	47700	52200
(7660)	**3.0**	29500	32100	36500	40800	45100	49400	30800	33400	37800	42100	46400	50700
0.532 %	**4.0**	29100	31600	35800	40000	44200	48300	30300	32900	37100	41300	45400	49500
	5.0	28500	31000	35000	39100	43000	47000	29700	32200	36200	40200	44200	48100
D13@400	**6.0**	27900	30200	34100	37900	41700	45400	29000	31400	35200	39000	42700	46400
	7.0	27100	29400	33000	36600	40100	43500	28200	30400	34000	37600	41100	44500
	12.0	22200	23700	26000	28200	30300	32300	22800	24300	26600	28800	30800	32700
	υ	0.116	0.107	0.094	0.084	0.075	0.069	0.154	0.142	0.125	0.112	0.101	0.093
16-D35	**0.0**	32300	35000	39400	43900	48400	52900	33600	36300	40800	45300	49700	54200
(15300)	**3.0**	31700	34300	38600	42900	47200	51500	33000	35600	39900	44200	48500	52800
1.06 %	**4.0**	31300	33800	38000	42200	46400	50500	32500	35100	39300	43400	47600	51700
	5.0	30700	33200	37200	41300	45300	49200	31900	34400	38400	42400	46400	50400
D13@400	**6.0**	30100	32400	36300	40200	43900	47700	31200	33600	37400	41300	45000	48800
	7.0	29300	31600	35300	38900	42400	45900	30400	32600	36300	39900	43500	46900
	12.0	24300	25900	28400	30700	32900	35000	25100	26600	29000	31300	33400	35500
	υ	0.108	0.100	0.089	0.080	0.072	0.066	0.144	0.133	0.119	0.107	0.097	0.089
20-D43	**0.0**	36200	38800	43200	47700	52100	56600	37500	40200	44600	49000	53500	57900
(29000)	**3.0**	35600	38200	42500	46800	51000	55300	36900	39500	43800	48000	52300	56600
2.02 %	**4.0**	35200	37700	41900	46000	50200	54300	36400	38900	43100	47300	51400	55600
	5.0	34600	37100	41100	45200	49200	53100	35800	38300	42300	46300	50300	54300
D13@400	**6.0**	34000	36300	40200	44100	47900	51700	35100	37500	41400	45200	49000	52800
	7.0	33200	35500	39200	42900	46500	50000	34300	36600	40300	43900	47500	51100
	12.0	28100	29700	32300	34800	37200	39500	28900	30500	33100	35500	37800	40100
	υ	0.097	0.090	0.081	0.073	0.067	0.062	0.129	0.120	0.108	0.099	0.090	0.084
20-D51	**0.0**	39400	42000	46400	50800	55200	59600	40700	43400	47800	52200	56600	61000
(40500)	**3.0**	38800	41400	45700	49900	54200	58400	40100	42700	47000	51200	55500	59700
2.82 %	**4.0**	38400	40900	45100	49200	53400	57500	39700	42200	46300	50500	54600	58700
	5.0	37800	40300	44300	48400	52400	56300	39100	41500	45500	49600	53600	57500
D13@400	**6.0**	37200	39500	43400	47300	51100	54900	38300	40700	44600	48500	52300	56100
	7.0	36400	38700	42400	46100	49700	53300	37500	39800	43500	47200	50800	54400
	12.0	31200	32800	35500	38100	40600	42900	32000	33600	36300	38800	41200	43600
	υ	0.089	0.083	0.075	0.069	0.063	0.059	0.119	0.111	0.101	0.093	0.085	0.079
20-D57	**0.0**	42500	45100	49500	53900	58200	62600	43900	46500	50800	55200	59600	63900
(51600)	**3.0**	41900	44500	48700	53000	57200	61400	43200	45800	50000	54300	58500	62700
3.58 %	**4.0**	41500	44000	48100	52300	56400	60500	42800	45300	49400	53500	57600	61700
	5.0	40900	43300	47400	51400	55400	59400	42200	44600	48600	52600	56600	60600
D13@400	**6.0**	40200	42600	46500	50300	54200	58000	41400	43800	47700	51500	55300	59100
	7.0	39400	41700	45400	49100	52800	56400	40600	42800	46600	50200	53900	57500
	12.0	34000	35700	38500	41100	43600	46100	34900	36500	39200	41800	44300	46800
	υ	0.082	0.077	0.071	0.065	0.060	0.056	0.110	0.104	0.095	0.088	0.081	0.076

1) H형강치수의 오른쪽에는 H형강의 단면적(A_s, mm^2)과 총단면적($A_g = b \times d$)에 대한 단면적비(ρ_s, %)를 나타내었다.
2) 부재 길이방향철근의 재질은 SD400(F_{yr} = 400 MPa)을 사용하였다.
3) 왼쪽 끝 수직열의 각 칸에는 위로부터 아래 순서로 하여 길이방향철근의 개수와 직경(예, 12-D25), 길이방향철근의 단면적(A_{sr}, mm^2), 길이방향철근의 단면적비(ρ_{sr}, %), 횡구속철근의 직경과 길이방향 간격(예, D10@250)을 나타내었다.
4) υ (upsilon)은 $A_s F_y / P_o$의 값을 나타내며, 매입형 합성기둥에 길이방향 하중이 가해질 때 하중전달을 위한 소요전단력(V')을 산정하는데 사용된다. 여기서 P_o는 합성기둥의 세장효과를 고려하지 않은 공칭압축강도이다.

도움표 9.1 매입형 합성기둥의 설계압축강도 $\phi_c P_n$ (kN)

$b \times d$ = 1200 × 1200 mm　　H-388×402×15×15　　A_s = 17900 mm², 1.24 %

H형강 재질		SHN400 (F_y = 235 MPa)						SHN490 (F_y = 325 MPa)					
철근	KL	f_{ck} (MPa)						f_{ck} (MPa)					
	m	27	30	35	40	45	50	27	30	35	40	45	50
8-D35	**0.0**	29800	32500	37000	41500	46000	50500	31000	33700	38200	42700	47200	51700
(7660)	**3.0**	29200	31800	36200	40500	44800	49100	30400	33000	37300	41600	45900	50200
0.532 %	**4.0**	28800	31300	35500	39700	43900	48000	29900	32400	36600	40800	45000	49100
	5.0	28200	30700	34700	38800	42700	46700	29300	31800	35800	39800	43800	47700
D13@400	**6.0**	27600	29900	33800	37600	41400	45100	28600	30900	34800	38600	42300	46000
	7.0	26800	29100	32700	36300	39800	43200	27800	30000	33600	37200	40700	44100
	12.0	21900	23400	25800	28000	30000	32000	22500	24000	26300	28400	30500	32400
	υ	0.105	0.096	0.085	0.075	0.068	0.062	0.140	0.129	0.113	0.101	0.092	0.084
16-D35	**0.0**	31900	34600	39100	43600	48100	52600	33100	35800	40300	44800	49300	53800
(15300)	**3.0**	31400	34000	38300	42600	46900	51200	32500	35100	39500	43800	48100	52400
1.06 %	**4.0**	31000	33500	37700	41900	46100	50200	32100	34600	38800	43000	47200	51300
	5.0	30400	32900	36900	41000	45000	48900	31500	33900	38000	42000	46000	49900
D13@400	**6.0**	29800	32100	36000	39900	43600	47400	30800	33200	37000	40800	44600	48300
	7.0	29000	31300	35000	38600	42100	45600	30000	32200	35900	39500	43000	46500
	12.0	24100	25600	28100	30400	32600	34700	24700	26300	28700	31000	33100	35100
	υ	0.098	0.090	0.080	0.072	0.065	0.060	0.131	0.121	0.107	0.097	0.088	0.081
20-D43	**0.0**	35800	38500	42900	47400	51800	56300	37000	39700	44100	48600	53000	57500
(29000)	**3.0**	35300	37900	42200	46400	50700	55000	36400	39000	43300	47600	51900	56100
2.02 %	**4.0**	34800	37400	41600	45700	49900	54000	36000	38500	42700	46900	51000	55100
	5.0	34300	36800	40800	44900	48900	52800	35400	37800	41900	45900	49900	53900
D13@400	**6.0**	33600	36000	39900	43800	47600	51400	34700	37100	41000	44800	48600	52400
	7.0	32900	35200	38900	42600	46200	49700	33900	36100	39900	43500	47100	50700
	12.0	27900	29500	32100	34600	36900	39200	28600	30200	32700	35200	37500	39700
	υ	0.087	0.081	0.073	0.066	0.060	0.056	0.117	0.109	0.098	0.089	0.082	0.075
20-D51	**0.0**	39100	41700	46100	50500	54900	59300	40300	42900	47300	51700	56100	60500
(40500)	**3.0**	38500	41100	45400	49600	53900	58100	39700	42200	46500	50800	55000	59300
2.82 %	**4.0**	38100	40600	44800	48900	53100	57200	39200	41700	45900	50100	54200	58300
	5.0	37500	40000	44000	48100	52100	56000	38600	41100	45100	49100	53100	57100
D13@400	**6.0**	36900	39200	43100	47000	50800	54600	37900	40300	44200	48000	51900	55700
	7.0	36100	38400	42100	45800	49400	53000	37100	39400	43100	46800	50400	54000
	12.0	30900	32600	35300	37800	40300	42700	31600	33300	35900	38500	40900	43200
	υ	0.080	0.075	0.068	0.062	0.057	0.053	0.108	0.101	0.092	0.084	0.077	0.072
20-D57	**0.0**	42200	44800	49200	53600	57900	62300	43400	46000	50400	54800	59100	63500
(51600)	**3.0**	41600	44200	48400	52700	56900	61100	42800	45300	49600	53800	58000	62300
3.58 %	**4.0**	41200	43700	47800	52000	56100	60200	42300	44800	49000	53100	57200	61300
	5.0	40600	43000	47100	51100	55100	59100	41700	44100	48200	52200	56200	60100
D13@400	**6.0**	39900	42300	46200	50100	53900	57700	41000	43300	47200	51100	54900	58700
	7.0	39100	41400	45100	48800	52500	56100	40200	42400	46100	49800	53500	57100
	12.0	33800	35500	38200	40800	43400	45800	34500	36200	38900	41500	44000	46400
	υ	0.074	0.070	0.064	0.058	0.054	0.050	0.100	0.094	0.086	0.079	0.073	0.068

1) H형강치수의 오른쪽에는 H형강의 단면적(A_s, mm²)과 총단면적($A_g = b \times d$)에 대한 단면적비(ρ_s, %)를 나타내었다.

2) 부재 길이방향철근의 재질은 SD400(F_{yr} = 400 MPa)을 사용하였다.

3) 왼쪽 끝 수직열의 각 칸에는 위로부터 아래 순서로 하여 길이방향철근의 개수와 직경(예, 12-D25), 길이방향철근의 단면적(A_{sr}, mm²), 길이방향철근의 단면적비(ρ_{sr}, %), 횡구속철근의 직경과 길이방향 간격(예, D10@250)을 나타내었다.

4) υ (upsilon)은 $A_s F_y / P_o$의 값을 나타내며, 매입형 합성기둥에 길이방향 하중이 가해질 때 하중전달을 위한 소요전단력(V')을 산정하는데 사용된다. 여기서 P_o는 합성기둥의 세장효과를 고려하지 않은 공칭압축강도이다.

도움표 9.1 매입형 합성기둥의 설계압축강도 $\phi_c P_n$ (kN)

***b* × *d* = 1200 × 1200 mm** **H-394×398×11×18** A_s = 18700 mm², 1.30 %

H형강 재질		SHN400 (F_y = 235 MPa)						SHN490 (F_y = 325 MPa)					
철근	*KL*	f_{ck} (MPa)						f_{ck} (MPa)					
	m	27	30	35	40	45	50	27	30	35	40	45	50
8-D35	**0.0**	29900	32600	37100	41600	46100	50600	31200	33900	38400	42900	47400	51900
(7660)	**3.0**	29400	32000	36300	40600	44900	49200	30600	33200	37500	41800	46100	50400
0.532 %	**4.0**	28900	31500	35700	39900	44000	48200	30100	32600	36800	41000	45200	49300
	5.0	28400	30800	34900	38900	42900	46800	29500	32000	36000	40000	44000	47900
D13@400	**6.0**	27700	30100	33900	37800	41500	45200	28800	31100	35000	38800	42500	46200
	7.0	27000	29200	32900	36500	40000	43400	28000	30200	33800	37400	40900	44300
	12.0	22100	23600	25900	28200	30300	32200	22700	24200	26500	28700	30700	32600
	υ	0.110	0.101	0.089	0.079	0.071	0.065	0.146	0.134	0.119	0.106	0.096	0.088
16-D35	**0.0**	32100	34800	39300	43700	48200	52700	33300	36000	40500	45000	49500	54000
(15300)	**3.0**	31500	34100	38500	42800	47100	51400	32700	35300	39700	44000	48300	52600
1.06 %	**4.0**	31100	33600	37900	42000	46200	50300	32300	34800	39000	43200	47400	51500
	5.0	30600	33000	37100	41100	45100	49100	31700	34200	38200	42200	46200	50200
D13@400	**6.0**	29900	32300	36200	40000	43800	47500	31000	33400	37200	41100	44800	48600
	7.0	29200	31400	35100	38700	42300	45800	30200	32400	36100	39700	43300	46700
	12.0	24200	25800	28300	30600	32800	34900	24900	26500	28900	31200	33300	35400
	υ	0.103	0.095	0.084	0.075	0.068	0.062	0.137	0.126	0.112	0.101	0.092	0.084
20-D43	**0.0**	36000	38600	43100	47500	51900	56400	37200	39900	44300	48800	53200	57600
(29000)	**3.0**	35400	38000	42300	46600	50900	55100	36600	39200	43500	47800	52100	56300
2.02 %	**4.0**	35000	37500	41700	45900	50000	54200	36200	38700	42900	47100	51200	55300
	5.0	34400	36900	41000	45000	49000	53000	35600	38000	42100	46100	50100	54100
D13@400	**6.0**	33800	36200	40100	43900	47800	51500	34900	37300	41200	45000	48800	52600
	7.0	33000	35300	39000	42700	46300	49900	34100	36300	40100	43700	47300	50900
	12.0	28000	29600	32300	34800	37100	39400	28700	30400	32900	35400	37700	39900
	υ	0.092	0.085	0.076	0.069	0.063	0.058	0.122	0.114	0.103	0.093	0.086	0.079
20-D51	**0.0**	39200	41900	46300	50700	55100	59500	40500	43100	47500	51900	56300	60700
(40500)	**3.0**	38700	41200	45500	49800	54000	58300	39900	42400	46700	51000	55200	59500
2.82 %	**4.0**	38200	40700	44900	49100	53200	57300	39400	41900	46100	50300	54400	58500
	5.0	37700	40100	44200	48200	52200	56200	38800	41300	45300	49300	53300	57300
D13@400	**6.0**	37000	39400	43300	47200	51000	54800	38100	40500	44400	48200	52100	55900
	7.0	36200	38500	42200	45900	49600	53200	37300	39600	43300	47000	50600	54200
	12.0	31100	32700	35400	38000	40500	42800	31800	33500	36100	38700	41100	43400
	υ	0.084	0.079	0.071	0.065	0.060	0.055	0.112	0.106	0.096	0.088	0.081	0.075
20-D57	**0.0**	42300	45000	49300	53700	58100	62400	43600	46200	50600	55000	59300	63700
(51600)	**3.0**	41800	44300	48600	52800	57000	61200	43000	45500	49800	54000	58200	62500
3.58 %	**4.0**	41300	43800	48000	52100	56200	60300	42500	45000	49200	53300	57400	61500
	5.0	40700	43200	47200	51200	55200	59200	41900	44300	48400	52400	56400	60300
D13@400	**6.0**	40100	42400	46300	50200	54000	57800	41200	43500	47400	51300	55100	58900
	7.0	39300	41500	45300	49000	52600	56300	40300	42600	46300	50000	53700	57300
	12.0	33900	35600	38400	41000	43500	46000	34700	36400	39100	41700	44200	46600
	υ	0.078	0.073	0.067	0.061	0.057	0.053	0.104	0.099	0.090	0.083	0.077	0.071

1) H형강치수의 오른쪽에는 H형강의 단면적(A_s, mm²)과 총단면적($A_g = b \times d$)에 대한 단면적비(ρ_s, %)를 나타내었다.

2) 부재 길이방향철근의 재질은 SD400($F_{yr} = 400$ MPa)을 사용하였다.

3) 왼쪽 끝 수직열의 각 칸에는 위로부터 아래 순서로 하여 길이방향철근의 개수와 직경(예, 12-D25), 길이방향철근의 단면적(A_{sr}, mm²), 길이방향철근의 단면적비(ρ_{sr}, %), 횡구속철근의 직경과 길이방향 간격(예, D10@250)을 나타내었다.

4) υ (upsilon)은 $A_s F_y / P_o$의 값을 나타내며, 매입형 합성기둥에 길이방향 하중이 가해질 때 하중전달을 위한 소요전단력(V')을 산정하는데 사용된다. 여기서 P_o는 합성기둥의 세장효과를 고려하지 않은 공칭압축강도이다.

도움표 9.1 매입형 합성기둥의 설계압축강도 $\phi_c P_n$ (kN)

$b \times d$ = 1200 × 1200 mm **H-394×405×18×18** A_s = 21400 mm², 1.49 %

H형강 재질		SHN400 (F_y = 235 MPa)						SHN490 (F_y = 325 MPa)					
철근	*KL*	f_{ck} (MPa)						f_{ck} (MPa)					
	m	27	30	35	40	45	50	27	30	35	40	45	50
8-D35	**0.0**	30400	33100	37600	42100	46600	51000	31800	34500	39000	43500	48000	52500
(7660)	**3.0**	29800	32400	36700	41100	45400	49600	31200	33800	38100	42400	46700	51000
0.532 %	**4.0**	29400	31900	36100	40300	44500	48600	30700	33200	37400	41600	45800	49900
	5.0	28800	31300	35300	39300	43300	47300	30100	32600	36600	40600	44600	48500
D13@400	**6.0**	28200	30500	34400	38200	42000	45700	29400	31700	35600	39400	43100	46800
	7.0	27400	29600	33300	36900	40400	43900	28600	30800	34400	38000	41500	44900
	12.0	22500	24000	26400	28600	30700	32700	23200	24700	27000	29200	31300	33200
	υ	0.124	0.114	0.101	0.090	0.081	0.074	0.164	0.151	0.134	0.120	0.109	0.100
16-D35	**0.0**	32500	35200	39700	44200	48600	53100	34000	36700	41100	45600	50100	54500
(15300)	**3.0**	32000	34600	38900	43200	47500	51800	33400	36000	40300	44600	48900	53100
1.06 %	**4.0**	31500	34100	38300	42500	46600	50800	32900	35400	39600	43800	47900	52100
	5.0	31000	33400	37500	41500	45500	49500	32300	34700	38800	42800	46800	50700
D13@400	**6.0**	30300	32700	36600	40400	44200	48000	31600	33900	37800	41600	45400	49100
	7.0	29600	31800	35500	39200	42700	46300	30800	33000	36700	40300	43800	47300
	12.0	24600	26200	28700	31100	33300	35400	25400	26900	29400	31700	33900	36000
	υ	0.116	0.107	0.095	0.086	0.078	0.071	0.154	0.143	0.127	0.115	0.104	0.096
20-D43	**0.0**	36400	39100	43500	47900	52400	56800	37900	40500	44900	49400	53800	58200
(29000)	**3.0**	35800	38400	42700	47000	51300	55500	37200	39800	44100	48400	52700	56900
2.02 %	**4.0**	35400	37900	42100	46300	50500	54600	36800	39300	43500	47700	51800	55900
	5.0	34900	37300	41400	45400	49400	53400	36200	38600	42700	46700	50700	54700
D13@400	**6.0**	34200	36600	40500	44400	48200	52000	35500	37800	41700	45600	49400	53200
	7.0	33500	35700	39500	43100	46800	50300	34700	36900	40600	44300	47900	51400
	12.0	28400	30000	32700	35200	37500	39800	29200	30800	33400	35900	38200	40500
	υ	0.104	0.097	0.087	0.079	0.072	0.067	0.138	0.129	0.116	0.106	0.097	0.090
20-D51	**0.0**	39700	42300	46700	51100	55500	59900	41100	43700	48100	52500	56900	61300
(40500)	**3.0**	39100	41700	45900	50200	54400	58700	40500	43100	47300	51600	55800	60100
2.82 %	**4.0**	38600	41200	45300	49500	53600	57700	40000	42500	46700	50800	55000	59100
	5.0	38100	40500	44600	48600	52600	56600	39400	41900	45900	49900	53900	57900
D13@400	**6.0**	37400	39800	43700	47600	51400	55200	38700	41100	45000	48800	52600	56400
	7.0	36600	38900	42700	46400	50000	53600	37900	40100	43900	47500	51200	54700
	12.0	31400	33100	35800	38400	40900	43300	32300	34000	36600	39200	41600	44000
	υ	0.095	0.089	0.081	0.074	0.068	0.063	0.127	0.119	0.109	0.099	0.092	0.085
20-D57	**0.0**	42800	45400	49800	54100	58500	62800	44200	46800	51200	55600	59900	64300
(51600)	**3.0**	42200	44700	49000	53200	57400	61600	43600	46100	50400	54600	58800	63000
3.58 %	**4.0**	41700	44200	48400	52500	56600	60700	43100	45600	49800	53900	58000	62100
	5.0	41200	43600	47600	51700	55600	59600	42500	44900	49000	53000	56900	60900
D13@400	**6.0**	40500	42800	46700	50600	54400	58200	41800	44100	48000	51900	55700	59500
	7.0	39700	42000	45700	49400	53000	56700	40900	43200	46900	50600	54200	57800
	12.0	34300	36000	38700	41400	43900	46400	35200	36900	39600	42200	44700	47100
	υ	0.088	0.083	0.076	0.070	0.065	0.060	0.118	0.112	0.102	0.094	0.087	0.081

1) H형강치수의 오른쪽에는 H형강의 단면적(A_s, mm²)과 총단면적($A_g = b \times d$)에 대한 단면적비(ρ_s, %)를 나타내었다.
2) 부재 길이방향철근의 재질은 SD400(F_{yr} = 400 MPa)을 사용하였다.
3) 왼쪽 끝 수직열의 각 칸에는 위로부터 아래 순서로 하여 길이방향철근의 개수와 직경(예, 12-D25), 길이방향철근의 단면적(A_{sr}, mm²), 길이방향철근의 단면적비(ρ_{sr}, %), 횡구속철근의 직경과 길이방향 간격(예, D10@250)을 나타내었다.
4) υ (upsilon)은 $A_s F_y / P_o$의 값을 나타내며, 매입형 합성기둥에 길이방향 하중이 가해질 때 하중전달을 위한 소요전단력(V')을 산정하는데 사용된다. 여기서 P_o는 합성기둥의 세장효과를 고려하지 않은 공칭압축강도이다.

도움표 9.1 매입형 합성기둥의 설계압축강도 $\phi_c P_n$ (kN)

$b \times d$ = 1200 × 1200 mm　　H-400×400×13×21　　A_s = 21900 mm^2, 1.52 %

H형강 재질		SHN400 (F_y = 235 MPa)						SHN490 (F_y = 325 MPa)					
철근	KL	f_{ck} (MPa)						f_{ck} (MPa)					
	m	27	30	35	40	45	50	27	30	35	40	45	50
8-D35	0.0	30400	33100	37600	42100	46600	51100	31900	34600	39100	43600	48100	52600
(7660)	3.0	29900	32500	36800	41100	45400	49700	31300	33900	38200	42500	46800	51100
0.532 %	4.0	29400	32000	36200	40400	44500	48700	30800	33300	37500	41700	45900	50000
	5.0	28900	31300	35400	39400	43400	47300	30200	32700	36700	40700	44700	48600
D13@400	6.0	28200	30600	34500	38300	42100	45800	29500	31800	35700	39500	43200	46900
	7.0	27500	29700	33400	37000	40500	44000	28700	30900	34500	38100	41600	45100
	12.0	22600	24100	26500	28700	30900	32900	23300	24800	27200	29400	31400	33400
	υ	0.127	0.116	0.102	0.092	0.083	0.075	0.167	0.154	0.136	0.122	0.111	0.101
16-D35	0.0	32600	35300	39700	44200	48700	53200	34100	36800	41200	45700	50200	54600
(15300)	3.0	32000	34600	39000	43300	47600	51800	33500	36100	40400	44700	49000	53200
1.06 %	4.0	31600	34100	38400	42500	46700	50800	33000	35500	39700	43900	48000	52200
	5.0	31100	33500	37600	41600	45600	49600	32400	34900	38900	42900	46900	50800
D13@400	6.0	30400	32800	36700	40500	44300	48100	31700	34000	37900	41700	45500	49300
	7.0	29700	31900	35600	39300	42800	46300	30900	33100	36800	40400	44000	47500
	12.0	24700	26300	28800	31200	33400	35500	25500	27100	29500	31800	34000	36100
	υ	0.118	0.109	0.097	0.087	0.079	0.073	0.156	0.145	0.129	0.117	0.106	0.098
20-D43	0.0	36500	39100	43600	48000	52400	56800	38000	40600	45000	49500	53900	58300
(29000)	3.0	35900	38500	42800	47100	51300	55600	37300	39900	44200	48500	52800	57000
2.02 %	4.0	35500	38000	42200	46400	50500	54700	36900	39400	43600	47700	51900	56000
	5.0	34900	37400	41500	45500	49500	53500	36300	38700	42800	46800	50800	54800
D13@400	6.0	34300	36700	40600	44400	48300	52000	35600	37900	41800	45700	49500	53300
	7.0	33500	35800	39500	43200	46800	50400	34800	37000	40700	44400	48000	51600
	12.0	28500	30100	32700	35300	37700	39900	29300	30900	33500	36000	38400	40600
	υ	0.106	0.098	0.088	0.080	0.074	0.068	0.140	0.131	0.118	0.108	0.099	0.091
20-D51	0.0	39700	42400	46800	51100	55500	59900	41200	43800	48200	52600	57000	61400
(40500)	3.0	39200	41700	46000	50200	54500	58700	40600	43200	47400	51700	55900	60100
2.82 %	4.0	38700	41200	45400	49600	53700	57800	40100	42600	46800	50900	55100	59200
	5.0	38200	40600	44700	48700	52700	56700	39500	42000	46000	50000	54000	58000
D13@400	6.0	37500	39900	43800	47600	51500	55300	38800	41200	45100	48900	52700	56500
	7.0	36700	39000	42700	46400	50100	53700	38000	40200	44000	47600	51300	54900
	12.0	31500	33200	35900	38500	41000	43400	32400	34100	36700	39300	41700	44100
	υ	0.097	0.091	0.082	0.075	0.069	0.064	0.129	0.122	0.111	0.101	0.094	0.087
20-D57	0.0	42900	45500	49800	54200	58500	62900	44300	46900	51300	55700	60000	64400
(51600)	3.0	42300	44800	49000	53300	57500	61700	43700	46200	50500	54700	58900	63100
3.58 %	4.0	41800	44300	48500	52600	56700	60800	43200	45700	49900	54000	58100	62200
	5.0	41200	43700	47700	51700	55700	59700	42600	45000	49100	53100	57000	61000
D13@400	6.0	40600	42900	46800	50700	54500	58300	41900	44200	48100	52000	55800	59600
	7.0	39800	42000	45800	49500	53100	56700	41000	43300	47000	50700	54300	57900
	12.0	34400	36100	38800	41500	44000	46500	35300	37000	39700	42300	44800	47200
	υ	0.090	0.085	0.077	0.071	0.066	0.061	0.120	0.114	0.104	0.096	0.089	0.083

1) H형강치수의 오른쪽에는 H형강의 단면적(A_s, mm^2)과 총단면적(A_g=b×d)에 대한 단면적비(ρ_s, %)를 나타내었다.

2) 부재 길이방향철근의 재질은 SD400(F_{yr} = 400 MPa)을 사용하였다.

3) 왼쪽 끝 수직열의 각 칸에는 위로부터 아래 순서로 하여 길이방향철근의 개수와 직경(예, 12-D25), 길이방향철근의 단면적(A_{sr}, mm^2), 길이방향철근의 단면적비(ρ_{sr}, %), 횡구속철근의 직경과 길이방향 간격(예, D10@250)을 나타내었다.

4) υ (upsilon)은 $A_s F_y / P_o$의 값을 나타내며, 매입형 합성기둥에 길이방향 하중이 가해질 때 하중전달을 위한 소요전단력(V')을 산정하는데 사용된다. 여기서 P_o는 합성기둥의 세장효과를 고려하지 않은 공칭압축강도이다.

도움표 9.1 매입형 합성기둥의 설계압축강도 $\phi_c P_n$ (kN)

$b \times d$ = 1200 × 1200 mm **H-400×408×21×21** A_s = 25100 mm^2, 1.74 %

H형강 재질		SHN400 (F_y = 235 MPa)						SHN490 (F_y = 325 MPa)					
철근	*KL*	f_{ck} (MPa)						f_{ck} (MPa)					
	m	27	30	35	40	45	50	27	30	35	40	45	50
8-D35	0.0	30900	33600	38100	42600	47100	51600	32600	35300	39800	44300	48800	53300
(7660)	3.0	30400	33000	37300	41600	45900	50200	32000	34600	38900	43200	47500	51800
0.532 %	4.0	29900	32500	36700	40900	45000	49200	31500	34000	38200	42400	46600	50700
	5.0	29400	31800	35900	39900	43900	47800	30900	33400	37400	41400	45400	49300
D13@400	6.0	28700	31100	35000	38800	42600	46300	30200	32500	36400	40200	43900	47600
	7.0	28000	30200	33900	37500	41000	44500	29300	31600	35200	38800	42300	45800
	12.0	23000	24600	27000	29300	31400	33500	23900	25400	27800	30000	32100	34100
	υ	0.143	0.131	0.116	0.104	0.094	0.086	0.187	0.173	0.154	0.138	0.125	0.115
16-D35	0.0	33100	35800	40200	44700	49200	53600	34800	37500	41900	46400	50900	55300
(15300)	3.0	32500	35100	39400	43700	48000	52300	34200	36800	41100	45400	49700	53900
1.06 %	4.0	32100	34600	38800	43000	47200	51300	33700	36200	40400	44600	48700	52900
	5.0	31600	34000	38100	42100	46100	50100	33100	35500	39600	43600	47600	51500
D13@400	6.0	30900	33300	37200	41000	44800	48600	32400	34700	38600	42400	46200	49900
	7.0	30200	32400	36100	39800	43300	46900	31600	33800	37500	41100	44600	48100
	12.0	25200	26800	29300	31700	33900	36100	26100	27600	30100	32400	34700	36800
	υ	0.133	0.123	0.110	0.099	0.090	0.082	0.176	0.163	0.146	0.132	0.120	0.110
20-D43	0.0	37000	39600	44100	48500	52900	57300	38700	41300	45700	50200	54600	59000
(29000)	3.0	36400	39000	43300	47600	51800	56100	38100	40600	44900	49200	53400	57700
2.02 %	4.0	36000	38500	42700	46900	51000	55100	37600	40100	44300	48400	52600	56700
	5.0	35400	37900	41900	46000	50000	53900	37000	39400	43500	47500	51500	55400
D13@400	6.0	34800	37100	41000	44900	48700	52500	36300	38600	42500	46400	50200	53900
	7.0	34000	36300	40000	43700	47300	50900	35400	37700	41400	45100	48700	52200
	12.0	28900	30600	33200	35700	38100	40400	29900	31500	34100	36600	39000	41200
	υ	0.119	0.111	0.100	0.091	0.084	0.077	0.158	0.148	0.134	0.122	0.112	0.104
20-D51	0.0	40200	42900	47200	51600	56000	60400	41900	44600	48900	53300	57700	62100
(40500)	3.0	39700	42200	46500	50700	55000	59200	41300	43900	48100	52400	56600	60800
2.82 %	4.0	39200	41700	45900	50000	54200	58300	40800	43300	47500	51600	55700	59900
	5.0	38700	41100	45100	49200	53200	57100	40200	42600	46700	50700	54700	58600
D13@400	6.0	38000	40300	44200	48100	51900	55700	39500	41800	45700	49600	53400	57200
	7.0	37200	39500	43200	46900	50600	54200	38600	40900	44600	48300	51900	55500
	12.0	32000	33600	36300	38900	41400	43800	33000	34600	37300	39900	42300	44700
	υ	0.110	0.103	0.094	0.086	0.079	0.073	0.146	0.137	0.125	0.115	0.106	0.098
20-D57	0.0	43400	46000	50300	54700	59000	63300	45100	47700	52000	56400	60700	65000
(51600)	3.0	42800	45300	49500	53800	58000	62200	44400	47000	51200	55400	59600	63800
3.58 %	4.0	42300	44800	48900	53100	57200	61300	43900	46400	50500	54700	58800	62900
	5.0	41700	44200	48200	52200	56200	60100	43300	45700	49700	53700	57700	61700
D13@400	6.0	41000	43400	47300	51200	55000	58800	42600	44900	48800	52600	56400	60200
	7.0	40200	42500	46200	49900	53600	57200	41700	43900	47700	51300	55000	58600
	12.0	34800	36500	39300	41900	44500	47000	35900	37500	40300	42900	45400	47800
	υ	0.102	0.096	0.088	0.081	0.075	0.070	0.136	0.128	0.118	0.108	0.101	0.094

1) H형강치수의 오른쪽에는 H형강의 단면적(A_s, mm^2)과 총단면적($A_g = b \times d$)에 대한 난년석비(ρ_s, %)를 나타내있다.

2) 부재 길이방향철근의 재질은 SD400(F_{yr} = 400 MPa)을 사용하였다.

3) 왼쪽 끝 수직열의 각 칸에는 위로부터 아래 순서로 하여 길이방향철근의 개수와 직경(예, 12-D25), 길이방향철근의 단면적(A_{sr}, mm^2), 길이방향철근의 단면적비(ρ_{sr}, %), 횡구속철근의 직경과 길이방향 간격(예, D10@250)을 나타내었다.

4) υ (upsilon)은 $A_s F_y / P_o$의 값을 나타내며, 매입형 합성기둥에 길이방향 하중이 가해질 때 하중전달을 위한 소요전단력(V')을 산정하는데 사용된다. 여기서 P_o는 합성기둥의 세장효과를 고려하지 않은 공칭압축강도이다.

도움표 9.1 매입형 합성기둥의 설계압축강도 $\phi_c P_n$ (kN)

$b \times d$ = 1200 × 1200 mm H-400×408×21×21 A_s = 25100 mm[2], 1.74 %

H형강 재질		SHN400 (F_y = 235 MPa)						SHN490 (F_y = 325 MPa)					
철근	*KL*	f_{ck} (MPa)						f_{ck} (MPa)					
	m	27	30	35	40	45	50	27	30	35	40	45	50
8-D35	0.0	31000	33700	38200	42700	47100	51600	32700	35400	39900	44400	48900	53400
(7660)	3.0	30400	33000	37400	41700	46000	50300	32100	34700	39000	43300	47600	51900
0.532 %	4.0	30000	32500	36800	40900	45100	49200	31600	34100	38300	42500	46700	50800
	5.0	29500	31900	36000	40000	44000	47900	31000	33500	37500	41500	45500	49400
D13@400	6.0	28800	31200	35000	38900	42600	46400	30300	32600	36500	40300	44000	47800
	7.0	28100	30300	34000	37600	41100	44600	29500	31700	35300	38900	42400	45900
	12.0	23100	24700	27100	29400	31600	33600	24000	25500	27900	30100	32200	34200
	υ	0.145	0.133	0.118	0.105	0.095	0.087	0.190	0.175	0.156	0.140	0.127	0.116
16-D35	0.0	33200	35800	40300	44800	49200	53700	34900	37600	42000	46500	50900	55400
(15300)	3.0	32600	35200	39500	43800	48100	52400	34300	36900	41200	45500	49700	54000
1.06 %	4.0	32200	34700	38900	43100	47200	51400	33800	36300	40500	44700	48800	53000
	5.0	31600	34100	38200	42200	46200	50100	33200	35600	39700	43700	47700	51600
D13@400	6.0	31000	33300	37200	41100	44900	48700	32500	34800	38700	42500	46300	50100
	7.0	30200	32500	36200	39800	43400	47000	31700	33900	37600	41200	44700	48200
	12.0	25300	26900	29400	31800	34000	36200	26200	27800	30200	32600	34800	36900
	υ	0.135	0.125	0.111	0.100	0.091	0.084	0.178	0.165	0.148	0.134	0.122	0.112
20-D43	0.0	37100	39700	44100	48500	52900	57400	38800	41400	45800	50300	54700	59100
(29000)	3.0	36500	39100	43300	47600	51900	56100	38200	40700	45000	49300	53500	57800
2.02 %	4.0	36100	38600	42800	46900	51100	55200	37700	40200	44400	48500	52700	56800
	5.0	35500	38000	42000	46000	50000	54000	37100	39500	43600	47600	51600	55500
D13@400	6.0	34900	37200	41100	45000	48800	52600	36400	38700	42600	46500	50300	54000
	7.0	34100	36400	40100	43800	47400	51000	35500	37800	41500	45200	48800	52300
	12.0	29000	30600	33300	35800	38200	40600	30000	31600	34200	36700	39100	41300
	υ	0.121	0.113	0.102	0.093	0.085	0.078	0.160	0.150	0.136	0.124	0.114	0.105
20-D51	0.0	40300	42900	47300	51700	56100	60400	42000	44700	49000	53400	57800	62200
(40500)	3.0	39700	42300	46500	50800	55000	59300	41400	44000	48200	52500	56700	60900
2.82 %	4.0	39300	41800	46000	50100	54200	58300	40900	43400	47600	51700	55800	59900
	5.0	38700	41200	45200	49200	53200	57200	40300	42700	46800	50800	54800	58700
D13@400	6.0	38100	40400	44300	48200	52000	55800	39600	41900	45800	49700	53500	57300
	7.0	37300	39500	43300	47000	50600	54200	38700	41000	44700	48400	52000	55600
	12.0	32000	33700	36400	39000	41500	44000	33100	34700	37400	40000	42400	44800
	υ	0.111	0.105	0.095	0.087	0.080	0.074	0.148	0.139	0.127	0.116	0.108	0.100
20-D57	0.0	43400	46000	50400	54700	59100	63400	45100	47800	52100	56400	60800	65100
(51600)	3.0	42800	45400	49600	53800	58000	62200	44500	47000	51300	55500	59700	63900
3.58 %	4.0	42400	44900	49000	53100	57200	61300	44000	46500	50600	54800	58900	62900
	5.0	41800	44200	48300	52300	56200	60200	43400	45800	49800	53800	57800	61800
D13@400	6.0	41100	43500	47400	51200	55100	58900	42700	45000	48900	52700	56500	60300
	7.0	40300	42600	46300	50000	53700	57300	41800	44000	47800	51400	55100	58700
	12.0	34900	36600	39400	42000	44600	47100	36000	37600	40400	43000	45500	47900
	υ	0.103	0.098	0.089	0.082	0.076	0.071	0.138	0.130	0.119	0.110	0.102	0.095

1) H형강치수의 오른쪽에는 H형강의 단면적(A_s, mm[2])과 총단면적(A_g=b×d)에 대한 단면적비(ρ_s, %)를 나타내었다.

2) 부재 길이방향철근의 재질은 SD400(F_{yr} = 400 MPa)을 사용하였다.

3) 왼쪽 끝 수직열의 각 칸에는 위로부터 아래 순서로 하여 길이방향철근의 개수와 직경(예, 12-D25), 길이방향철근의 단면적(A_{sr}, mm[2]), 길이방향철근의 단면적비(ρ_{sr}, %), 횡구속철근의 직경과 길이방향 간격(예, D10@250)을 나타내었다.

4) υ (upsilon)은 $A_s F_y / P_o$의 값을 나타내며, 매입형 합성기둥에 길이방향 하중이 가해질 때 하중전달을 위한 소요전단력(V')을 산정하는데 사용된다. 여기서 P_o는 합성기둥의 세장효과를 고려하지 않은 공칭압축강도이다.

도움표 9.1 매입형 합성기둥의 설계압축강도 $\phi_c P_n$ (kN)

$b \times d$ = 1200 × 1200 mm **H-414×405×18×28** A_s = 29500 mm^2, 2.05 %

H형강 재질		SHN400 (F_y = 235 MPa)						SHN490 (F_y = 325 MPa)					
철근	KL	f_{ck} (MPa)						f_{ck} (MPa)					
	m	27	30	35	40	45	50	27	30	35	40	45	50
8-D35	**0.0**	31600	34300	38800	43300	47700	52200	33600	36300	40800	45300	49700	54200
(7660)	**3.0**	31100	33700	38000	42300	46600	50900	33000	35600	39900	44200	48500	52800
0.532 %	**4.0**	30700	33200	37400	41600	45700	49900	32500	35000	39200	43400	47500	51700
	5.0	30100	32600	36600	40600	44600	48600	31900	34300	38400	42400	46400	50300
D13@400	**6.0**	29500	31800	35700	39500	43300	47100	31200	33500	37400	41200	44900	48700
	7.0	28700	30900	34600	38300	41800	45300	30300	32500	36200	39800	43300	46800
	12.0	23700	25300	27800	30100	32300	34400	24800	26300	28700	31000	33100	35200
	υ	0.165	0.152	0.134	0.120	0.109	0.100	0.214	0.198	0.176	0.159	0.145	0.133
16-D35	**0.0**	33800	36500	40900	45400	49800	54300	35800	38500	42900	47400	51800	56300
(15300)	**3.0**	33300	35800	40100	44400	48700	53000	35200	37800	42100	46300	50600	54900
1.06 %	**4.0**	32800	35400	39500	43700	47900	52000	34700	37200	41400	45600	49700	53800
	5.0	32300	34700	38800	42800	46800	50800	34100	36500	40600	44600	48600	52500
D13@400	**6.0**	31600	34000	37900	41700	45500	49300	33400	35700	39600	43400	47200	50900
	7.0	30900	33100	36800	40500	44100	47600	32500	34800	38400	42100	45600	49100
	12.0	25900	27500	30000	32500	34800	37000	27000	28500	31000	33400	35600	37800
	υ	0.154	0.143	0.127	0.115	0.104	0.096	0.201	0.187	0.168	0.152	0.139	0.128
20-D43	**0.0**	37700	40300	44700	49100	53500	58000	39700	42300	46700	51100	55500	59900
(29000)	**3.0**	37100	39700	44000	48200	52500	56700	39100	41600	45900	50200	54400	58600
2.02 %	**4.0**	36700	39200	43400	47500	51700	55800	38600	41100	45300	49400	53500	57600
	5.0	36100	38600	42600	46700	50700	54600	38000	40400	44400	48500	52400	56400
D13@400	**6.0**	35500	37800	41700	45600	49400	53200	37200	39600	43500	47300	51100	54900
	7.0	34700	37000	40700	44400	48000	51600	36400	38600	42400	46000	49600	53200
	12.0	29600	31200	33900	36500	38900	41300	30800	32400	35000	37500	39900	42200
	υ	0.138	0.129	0.116	0.106	0.097	0.090	0.181	0.170	0.154	0.141	0.130	0.120
20-D51	**0.0**	40900	43600	47900	52300	56700	61000	42900	45600	49900	54300	58700	63000
(40500)	**3.0**	40400	42900	47200	51400	55600	59900	42300	44900	49100	53300	57600	61800
2.82 %	**4.0**	39900	42400	46600	50700	54800	58900	41800	44300	48500	52600	56700	60800
	5.0	39400	41800	45800	49800	53800	57800	41200	43600	47700	51700	55600	59600
D13@400	**6.0**	38700	41000	44900	48800	52600	56400	40500	42800	46700	50500	54300	58100
	7.0	37900	40200	43900	47600	51300	54900	39600	41800	45600	49200	52900	56500
	12.0	32600	34300	37000	39700	42200	44600	33800	35500	38200	40700	43200	45600
	υ	0.127	0.119	0.109	0.100	0.092	0.085	0.168	0.158	0.144	0.133	0.123	0.114
20-D57	**0.0**	44100	46700	51000	55300	59700	64000	46100	48700	53000	57300	61700	66000
(51600)	**3.0**	43500	46000	50200	54400	58600	62800	45400	47900	52200	56400	60600	64700
3.58 %	**4.0**	43000	45500	49600	53700	57800	61900	44900	47400	51500	55600	59700	63800
	5.0	42400	44900	48900	52900	56900	60800	44300	46700	50700	54700	58700	62600
D13@400	**6.0**	41700	44100	48000	51800	55700	59500	43500	45900	49700	53600	57400	61200
	7.0	40900	43200	46900	50600	54300	57900	42600	44900	48600	52300	55900	59500
	12.0	35500	37200	39900	42600	45200	47700	36700	38400	41100	43700	46300	48700
	υ	0.118	0.112	0.102	0.094	0.087	0.081	0.156	0.148	0.136	0.126	0.117	0.109

1) H형강치수의 오른쪽에는 H형강의 단면적(A_s, mm^2)과 총단면적($A_g = b \times d$)에 대한 단면적비(ρ_s, %)를 나타내었다.

2) 부재 길이방향철근의 재질은 SD400(F_{yr} = 400 MPa)을 사용하였다.

3) 왼쪽 끝 수직열의 각 칸에는 위로부터 아래 순서로 하여 길이방향철근의 개수와 직경(예, 12-D25), 길이방향철근의 단면적(A_{sr}, mm^2), 길이방향철근의 단면적비(ρ_{sr}, %), 횡구속철근의 직경과 길이방향 간격(예, D10@250)을 나타내었다.

4) υ (upsilon)은 $A_s F_y / P_o$의 값을 나타내며, 매입형 합성기둥에 길이방향 하중이 가해질 때 하중전달을 위한 소요전단력(V')을 산정하는데 사용된다. 여기서 P_o는 합성기둥의 세장효과를 고려하지 않은 공칭압축강도이다.

도움표 9.1 매입형 합성기둥의 설계압축강도 $\phi_c P_n$ (kN)

***b* × *d* = 1200 × 1200 mm** **H-428×407×20×35** A_s = 36100 mm², 2.50 %

H형강 재질		SHN400 (F_y = 235 MPa)						SHN490 (F_y = 325 MPa)					
철근	*KL*	f_{ck} (MPa)						f_{ck} (MPa)					
	m	27	30	35	40	45	50	27	30	35	40	45	50
8-D35	**0.0**	32700	35400	39800	44300	48700	53200	35100	37800	42200	46700	51100	55600
(7660)	**3.0**	32100	34700	39000	43300	47600	51900	34500	37100	41400	45600	49900	54200
0.532 %	**4.0**	31700	34200	38400	42600	46700	50900	34000	36500	40700	44800	49000	53100
	5.0	31100	33600	37600	41700	45700	49600	33300	35800	39800	43800	47800	51700
D13@400	**6.0**	30500	32800	36700	40600	44400	48100	32600	34900	38800	42600	46400	50100
	7.0	29700	32000	35700	39300	42900	46400	31700	34000	37600	41200	44800	48300
	12.0	24800	26300	28900	31300	33500	35700	26100	27600	30000	32400	34600	36700
	υ	0.194	0.180	0.160	0.144	0.131	0.120	0.250	0.233	0.208	0.188	0.172	0.158
16-D35	**0.0**	34900	37500	41900	46400	50800	55200	37300	39900	44400	48800	53200	57600
(15300)	**3.0**	34300	36900	41200	45400	49700	54000	36600	39200	43500	47800	52000	56300
1.06 %	**4.0**	33900	36400	40600	44700	48900	53000	36100	38700	42800	47000	51100	55200
	5.0	33300	35800	39800	43800	47800	51800	35500	38000	42000	46000	50000	53900
D13@400	**6.0**	32700	35000	38900	42800	46600	50300	34800	37100	41000	44800	48600	52400
	7.0	31900	34200	37900	41500	45100	48700	33900	36100	39800	43500	47000	50600
	12.0	26900	28500	31100	33600	35900	38200	28200	29800	32300	34700	37000	39200
	υ	0.182	0.169	0.152	0.137	0.125	0.115	0.236	0.220	0.198	0.180	0.165	0.152
20-D43	**0.0**	38700	41400	45700	50100	54500	58900	41200	43800	48200	52600	56900	61300
(29000)	**3.0**	38200	40700	45000	49200	53500	57700	40500	43100	47300	51600	55800	60000
2.02 %	**4.0**	37700	40200	44400	48500	52700	56800	40000	42500	46700	50800	54900	59000
	5.0	37200	39600	43600	47700	51700	55600	39400	41800	45900	49900	53800	57800
D13@400	**6.0**	36500	38900	42800	46600	50400	54200	38600	41000	44900	48700	52500	56300
	7.0	35700	38000	41700	45400	49100	52700	37800	40000	43700	47400	51000	54600
	12.0	30500	32200	34900	37500	40000	42400	32000	33600	36200	38800	41200	43500
	υ	0.164	0.154	0.139	0.127	0.117	0.108	0.214	0.201	0.182	0.167	0.154	0.143
20-D51	**0.0**	42000	44600	48900	53300	57600	62000	44400	47000	51400	55700	60100	64400
(40500)	**3.0**	41400	43900	48200	52400	56600	60800	43800	46300	50500	54700	58900	63100
2.82 %	**4.0**	41000	43400	47600	51700	55800	59900	43300	45800	49900	54000	58100	62200
	5.0	40400	42800	46800	50800	54800	58800	42600	45000	49100	53000	57000	61000
D13@400	**6.0**	39700	42000	45900	49800	53600	57400	41900	44200	48100	51900	55700	59500
	7.0	38900	41200	44900	48600	52200	55900	41000	43200	46900	50600	54200	57800
	12.0	33600	35300	38000	40600	43200	45700	35000	36700	39400	42000	44500	46900
	υ	0.151	0.143	0.130	0.119	0.110	0.103	0.198	0.187	0.171	0.158	0.146	0.136
20-D57	**0.0**	45100	47700	52000	56300	60600	64900	47500	50100	54400	58700	63100	67400
(51600)	**3.0**	44500	47000	51200	55400	59600	63800	46900	49400	53600	57800	62000	66100
3.58 %	**4.0**	44000	46500	50600	54700	58800	62900	46400	48800	52900	57000	61100	65200
	5.0	43500	45900	49900	53900	57800	61800	45700	48100	52100	56100	60000	64000
D13@400	**6.0**	42800	45100	49000	52800	56600	60400	44900	47300	51100	55000	58800	62500
	7.0	41900	44200	47900	51600	55300	58900	44000	46300	50000	53600	57300	60900
	12.0	36400	38100	40900	43600	46200	48700	37900	39600	42300	45000	47500	50000
	υ	0.141	0.133	0.122	0.113	0.105	0.098	0.185	0.175	0.161	0.150	0.139	0.130

1) H형강치수의 오른쪽에는 H형강의 단면적(A_s, mm²)과 총단면적($A_g = b \times d$)에 대한 단면적비(ρ_s, %)를 나타내었다.

2) 부재 길이방향철근의 재질은 SD400(F_{yr} = 400 MPa)을 사용하였다.

3) 왼쪽 끝 수직열의 각 칸에는 위로부터 아래 순서로 하여 길이방향철근의 개수와 직경(예, 12-D25), 길이방향철근의 단면적(A_{sr}, mm²), 길이방향철근의 단면적비(ρ_{sr}, %), 횡구속철근의 직경과 길이방향 간격(예, D10@250)을 나타내었다.

4) υ (upsilon)은 $A_s F_y / P_o$의 값을 나타내며, 매입형 합성기둥에 길이방향 하중이 가해질 때 하중전달을 위한 소요전단력(V')을 산정하는데 사용된다. 여기서 P_o는 합성기둥의 세장효과를 고려하지 않은 공칭압축강도이다.

도움표 9.1 매입형 합성기둥의 설계압축강도 $\phi_c P_n$ (kN)

***b* × *d* = 1200 × 1200 mm** **H-458×417×30×50** A_s = 52900 mm², 3.67 %

H형강 재질		SHN400 (F_y = 235 MPa)						SHN490 (F_y = 325 MPa)					
철근	*KL*	f_{ck} (MPa)						f_{ck} (MPa)					
	m	27	30	35	40	45	50	27	30	35	40	45	50
8-D35	**0.0**	35400	38000	42400	46800	51200	55600	38900	41600	46000	50400	54800	59200
(7660)	**3.0**	34800	37400	41600	45900	50100	54400	38200	40800	45100	49300	53500	57800
0.532 %	**4.0**	34400	36900	41000	45200	49300	53400	37700	40200	44400	48500	52600	56700
	5.0	33800	36200	40300	44300	48300	52200	37000	39500	43500	47500	51400	55400
D13@400	**6.0**	33100	35500	39400	43200	47000	50800	36200	38600	42400	46200	50000	53800
	7.0	32400	34600	38300	42000	45600	49200	35300	37500	41200	44800	48400	51900
	12.0	27300	28900	31600	34100	36500	38800	29300	30800	33400	35800	38100	40400
	υ	0.263	0.245	0.220	0.199	0.182	0.168	0.331	0.310	0.280	0.256	0.235	0.218
16-D35	**0.0**	37500	40100	44500	48900	53300	57600	41100	43700	48100	52500	56800	61200
(15300)	**3.0**	36900	39500	43700	48000	52200	56400	40400	43000	47200	51400	55600	59900
1.06 %	**4.0**	36500	39000	43200	47300	51400	55500	39900	42400	46500	50600	54700	58800
	5.0	36000	38400	42400	46400	50400	54400	39200	41600	45600	49600	53600	57500
D13@400	**6.0**	35300	37600	41500	45400	49200	53000	38400	40700	44600	48400	52200	56000
	7.0	34500	36800	40500	44200	47800	51400	37500	39700	43400	47000	50600	54200
	12.0	29300	31000	33700	36300	38800	41100	31400	33000	35600	38100	40500	42800
	υ	0.248	0.232	0.209	0.191	0.175	0.162	0.314	0.295	0.268	0.246	0.227	0.211
20-D43	**0.0**	41400	44000	48300	52700	57000	61300	45000	47600	51900	56200	60600	64900
(29000)	**3.0**	40800	43400	47600	51800	56000	60200	44300	46800	51000	55200	59400	63600
2.02 %	**4.0**	40400	42900	47000	51100	55200	59300	43800	46200	50300	54400	58500	62600
	5.0	39800	42200	46200	50200	54200	58100	43100	45500	49500	53500	57400	61300
D13@400	**6.0**	39100	41500	45300	49200	53000	56800	42300	44600	48500	52300	56100	59800
	7.0	38300	40600	44300	48000	51600	55200	41300	43600	47300	50900	54500	58100
	12.0	33000	34700	37400	40100	42600	45100	35100	36800	39400	42000	44500	46900
	υ	0.225	0.212	0.193	0.177	0.163	0.152	0.286	0.271	0.248	0.229	0.213	0.199
20-D51	**0.0**	44700	47200	51500	55800	60100	64400	48200	50800	55100	59400	63700	68000
(40500)	**3.0**	44100	46600	50800	54900	59100	63300	47500	50000	54200	58400	62500	66700
2.82 %	**4.0**	43600	46100	50200	54200	58300	62400	47000	49400	53500	57600	61700	65700
	5.0	43000	45400	49400	53400	57300	61300	46300	48700	52700	56600	60600	64500
D13@400	**6.0**	42300	44600	48500	52300	56200	59900	45500	47800	51600	55500	59200	63000
	7.0	41500	43700	47500	51100	54800	58400	44500	46800	50500	54100	57700	61300
	12.0	36000	37700	40500	43200	45800	48300	38200	39800	42500	45200	47700	50200
	υ	0.209	0.197	0.181	0.167	0.155	0.145	0.267	0.254	0.234	0.217	0.202	0.190
20-D57	**0.0**	47800	50300	54600	58800	63100	67400	51300	53900	58200	62400	66700	70900
(51600)	**3.0**	47200	49700	53800	58000	62100	66200	50600	53100	57300	61400	65500	69700
3.58 %	**4.0**	46700	49100	53200	57300	61300	65300	50100	52500	56600	60600	64700	68700
	5.0	46100	48500	52400	56400	60300	64200	49400	51800	55700	59700	63600	67500
D13@400	**6.0**	45300	47700	51500	55300	59100	62900	48500	50900	54700	58500	62300	66000
	7.0	44500	46700	50500	54100	57800	61400	47600	49800	53500	57100	60700	64300
	12.0	38800	40500	43300	46000	48700	51300	41000	42700	45500	48100	50700	53200
	υ	0.195	0.185	0.171	0.158	0.148	0.138	0.251	0.239	0.222	0.206	0.193	0.182

1) H형강치수의 오른쪽에는 H형강의 단면적(A_s, mm²)과 총단면적($A_g = b \times d$)에 대한 단면적비(ρ_s, %)를 나타내었다.

2) 부재 길이방향철근의 재질은 SD400(F_{yr} = 400 MPa)을 사용하였다.

3) 왼쪽 끝 수직열의 각 칸에는 위로부터 아래 순서로 하여 길이방향철근의 개수와 직경(예, 12-D25), 길이방향철근의 단면적(A_{sr}, mm²), 길이방향철근의 단면적비(ρ_{sr}, %), 횡구속철근의 직경과 길이방향 간격(예, D10@250)을 나타내었다.

4) υ (upsilon)은 $A_s F_y / P_o$의 값을 나타내며, 매입형 합성기둥에 길이방향 하중이 가해질 때 하중전달을 위한 소요전단력(V')을 산정하는데 사용된다. 여기서 P_o는 합성기둥의 세장효과를 고려하지 않은 공칭압축강도이다.

도움표 9.1 매입형 합성기둥의 설계압축강도 $\phi_c P_n$ (kN)

$b \times d$ = 1200 × 1200 mm **H-498×432×45×70** A_s = 77000 mm², 5.35 %

H형강 재질		SHN400 (F_y = 235 MPa)						SHN490 (F_y = 325 MPa)					
철근	KL	f_{ck} (MPa)						f_{ck} (MPa)					
	m	27	30	35	40	45	50	27	30	35	40	45	50
8-D35	0.0	39200	41800	46100	50400	54800	59100	44400	47000	51300	55600	59900	64300
(7660)	3.0	38600	41100	45300	49500	53700	57900	43700	46200	50400	54600	58700	62900
0.532 %	4.0	38200	40600	44800	48900	53000	57000	43100	45500	49600	53700	57800	61900
	5.0	37600	40000	44000	48000	52000	55900	42400	44800	48700	52700	56600	60500
D13@400	6.0	36900	39300	43100	47000	50800	54600	41500	43800	47600	51400	55200	59000
	7.0	36100	38400	42100	45800	49400	53000	40500	42700	46400	50000	53600	57200
	12.0	30900	32600	35300	38000	40500	43000	33900	35500	38100	40700	43100	45500
	υ	0.346	0.325	0.294	0.269	0.248	0.230	0.423	0.399	0.366	0.337	0.313	0.292
16-D35	0.0	41400	43900	48200	52500	56800	61100	46600	49100	53400	57700	62000	66300
(15300)	3.0	40800	43300	47500	51600	55800	60000	45800	48300	52500	56700	60800	65000
1.06 %	4.0	40300	42800	46900	51000	55000	59100	45200	47700	51800	55800	59900	64000
	5.0	39700	42200	46100	50100	54100	58000	44500	46900	50900	54800	58700	62700
D13@400	6.0	39100	41400	45300	49100	52900	56700	43700	46000	49800	53600	57400	61100
	7.0	38300	40500	44200	47900	51500	55200	42600	44900	48500	52200	55800	59300
	12.0	32900	34600	37400	40100	42700	45200	36000	37600	40300	42900	45400	47800
	υ	0.328	0.309	0.281	0.258	0.239	0.222	0.403	0.382	0.351	0.325	0.303	0.283
20-D43	0.0	45200	47800	52000	56300	60600	64800	50400	53000	57200	61500	65700	70000
(29000)	3.0	44600	47100	51300	55400	59600	63700	49700	52200	56300	60400	64600	68700
2.02 %	4.0	44200	46600	50700	54700	58800	62800	49100	51500	55600	59600	63700	67700
	5.0	43600	46000	49900	53900	57800	61700	48400	50800	54700	58600	62500	66400
D13@400	6.0	42900	45200	49000	52900	56600	60400	47500	49800	53600	57400	61200	64900
	7.0	42000	44300	48000	51700	55300	58900	46500	48700	52400	56000	59600	63200
	12.0	36500	38200	41000	43700	46400	49000	39700	41300	44000	46700	49200	51700
	υ	0.300	0.284	0.261	0.241	0.224	0.209	0.372	0.354	0.328	0.305	0.285	0.268
20-D51	0.0	48500	51000	55200	59500	63700	67900	53700	56200	60400	64700	68900	73100
(40500)	3.0	47900	50300	54500	58600	62700	66800	52900	55400	59500	63600	67700	71800
2.82 %	4.0	47400	49800	53900	57900	61900	65900	52300	54800	58800	62800	66800	70800
	5.0	46800	49200	53100	57000	60900	64800	51600	54000	57900	61800	65700	69500
D13@400	6.0	46000	48400	52200	56000	59800	63500	50700	53000	56800	60600	64300	68000
	7.0	45200	47400	51100	54800	58400	62000	49700	51900	55500	59100	62700	66300
	12.0	39400	41100	44000	46700	49400	52000	42700	44400	47100	49800	52400	54900
	υ	0.280	0.266	0.246	0.228	0.213	0.200	0.350	0.334	0.311	0.290	0.273	0.257
20-D57	0.0	51600	54100	58300	62500	66700	70800	56800	59300	63500	67700	71900	76000
(51600)	3.0	51000	53400	57500	61600	65700	69700	56000	58500	62600	66600	70700	74800
3.58 %	4.0	50500	52900	56900	60900	64900	68900	55400	57800	61800	65800	69800	73800
	5.0	49800	52200	56100	60000	63900	67800	54700	57000	60900	64800	68700	72500
D13@400	6.0	49100	51400	55200	59000	62700	66500	53800	56000	59800	63600	67300	71000
	7.0	48200	50400	54100	57700	61400	65000	52700	54900	58500	62100	65700	69300
	12.0	42200	43900	46800	49600	52300	54900	45500	47200	50000	52700	55300	57800
	υ	0.263	0.251	0.233	0.217	0.204	0.192	0.330	0.316	0.296	0.277	0.261	0.247

1) H형강치수의 오른쪽에는 H형강의 단면적(A_s, mm²)과 총단면적($A_g = b \times d$)에 대한 단면적비(ρ_s, %)를 나타내었다.

2) 부재 길이방향철근의 재질은 SD400(F_{yr} = 400 MPa)을 사용하였다.

3) 왼쪽 끝 수직열의 각 칸에는 위로부터 아래 순서로 하여 길이방향철근의 개수와 직경(예, 12-D25), 길이방향철근의 단면적(A_{sr}, mm²), 길이방향철근의 단면적비(ρ_{sr}, %), 횡구속철근의 직경과 길이방향 간격(예, D10@250)을 나타내었다.

4) υ (upsilon)은 $A_s F_y / P_o$의 값을 나타내며, 매입형 합성기둥에 길이방향 하중이 가해질 때 하중전달을 위한 소요전단력(V')을 산정하는데 사용된다. 여기서 P_o는 합성기둥의 세장효과를 고려하지 않은 공칭압축강도이다.

도움표 9.2 매입형 합성기둥의 설계휨강도 $\phi_b M_n$ (kN.m)

$b \times d = 700 \times 700$ mm

H형강 재질		SHN400 (F_y = 235 MPa)					SHN490 (F_y = 325 MPa)				
H형강치수 길이방향철근		f_{ck} (MPa)					f_{ck} (MPa)				
		30	35	40	45	50	30	35	40	45	50
H-388×402×15×15											
4-D29	ϕM_{Bx} (kN.m)	1180	1220	1250	1290	1320	1450	1490	1530	1560	1600
	ϕM_{By} (kN.m)	1160	1210	1250	1290	1320	1370	1430	1490	1540	1590
	$P_{ex}(KL)^2/10^3$ (kN.m^2)	2140	2180	2220	2250	2280	2140	2180	2220	2250	2280
	$P_{ey}(KL)^2/10^3$ (kN.m^2)	1490	1540	1570	1610	1640	1490	1540	1570	1610	1640
8-D29	ϕM_{Bx} (kN.m)	1320	1350	1390	1420	1450	1590	1620	1660	1700	1730
	ϕM_{By} (kN.m)	1300	1340	1380	1420	1450	1500	1560	1620	1680	1720
	$P_{ex}(KL)^2/10^3$ (kN.m^2)	2240	2280	2320	2350	2380	2240	2280	2320	2350	2380
	$P_{ey}(KL)^2/10^3$ (kN.m^2)	1600	1640	1670	1710	1740	1600	1640	1670	1710	1740
12-D32	ϕM_{Bx} (kN.m)	1680	1710	1750	1780	1810	1950	1980	2020	2050	2090
	ϕM_{By} (kN.m)	1650	1700	1740	1780	1810	1850	1920	1980	2030	2080
	$P_{ex}(KL)^2/10^3$ (kN.m^2)	2460	2500	2530	2570	2600	2460	2500	2530	2570	2600
	$P_{ey}(KL)^2/10^3$ (kN.m^2)	1810	1850	1890	1920	1960	1810	1850	1890	1920	1960
16-D35	ϕM_{Bx} (kN.m)	2070	2110	2140	2180	2210	2340	2380	2420	2450	2490
	ϕM_{By} (kN.m)	2050	2100	2140	2180	2210	2240	2310	2370	2430	2470
	$P_{ex}(KL)^2/10^3$ (kN.m^2)	2730	2760	2800	2830	2870	2730	2760	2800	2830	2870
	$P_{ey}(KL)^2/10^3$ (kN.m^2)	2080	2120	2160	2190	2220	2080	2120	2160	2190	2220
20-D35	ϕM_{Bx} (kN.m)	2380	2420	2450	2480	2510	2650	2690	2720	2760	2790
	ϕM_{By} (kN.m)	2350	2400	2450	2480	2520	2550	2620	2680	2730	2780
	$P_{ex}(KL)^2/10^3$ (kN.m^2)	2910	2950	2990	3020	3050	2910	2950	2990	3020	3050
	$P_{ey}(KL)^2/10^3$ (kN.m^2)	2270	2310	2340	2380	2410	2270	2310	2340	2380	2410
H-394×398×11×18											
4-D29	ϕM_{Bx} (kN.m)	1220	1260	1290	1320	1350	1510	1540	1580	1610	1650
	ϕM_{By} (kN.m)	1190	1240	1280	1320	1350	1400	1470	1530	1580	1630
	$P_{ex}(KL)^2/10^3$ (kN.m^2)	2300	2340	2380	2410	2450	2300	2340	2380	2410	2450
	$P_{ey}(KL)^2/10^3$ (kN.m^2)	1570	1610	1650	1680	1710	1570	1610	1650	1680	1710
8-D29	ϕM_{Bx} (kN.m)	1350	1390	1420	1450	1490	1640	1680	1710	1750	1780
	ϕM_{By} (kN.m)	1320	1370	1420	1450	1490	1530	1600	1660	1710	1760
	$P_{ex}(KL)^2/10^3$ (kN.m^2)	2400	2440	2480	2510	2550	2400	2440	2480	2510	2550
	$P_{ey}(KL)^2/10^3$ (kN.m^2)	1670	1710	1750	1780	1810	1670	1710	1750	1780	1810
12-D32	ϕM_{Bx} (kN.m)	1710	1750	1780	1810	1850	2000	2040	2070	2100	2140
	ϕM_{By} (kN.m)	1680	1730	1770	1810	1850	1890	1960	2020	2070	2120
	$P_{ex}(KL)^2/10^3$ (kN.m^2)	2620	2660	2690	2730	2760	2620	2660	2690	2730	2760
	$P_{ey}(KL)^2/10^3$ (kN.m^2)	1880	1920	1960	2000	2030	1880	1920	1960	2000	2030
16-D35	ϕM_{Bx} (kN.m)	2110	2150	2180	2210	2240	2400	2430	2470	2500	2540
	ϕM_{By} (kN.m)	2080	2130	2170	2210	2240	2280	2350	2410	2470	2510
	$P_{ex}(KL)^2/10^3$ (kN.m^2)	2890	2930	2960	3000	3030	2890	2930	2960	3000	3030
	$P_{ey}(KL)^2/10^3$ (kN.m^2)	2150	2190	2230	2260	2300	2150	2190	2230	2260	2300
20-D35	ϕM_{Bx} (kN.m)	2420	2450	2490	2520	2550	2700	2740	2770	2810	2840
	ϕM_{By} (kN.m)	2380	2430	2480	2510	2550	2590	2650	2710	2770	2820
	$P_{ex}(KL)^2/10^3$ (kN.m^2)	3070	3110	3150	3180	3210	3070	3110	3150	3180	3210
	$P_{ey}(KL)^2/10^3$ (kN.m^2)	2340	2380	2410	2450	2480	2340	2380	2410	2450	2480

1) ϕM_{Bx}는 강축(x-x)에 대한 설계휨강도이다. ϕM_{By}는 약축(y-y)에 대한 설계휨강도이다.

2) P_{ex}는 강축(x-x)에 대한 탄성좌굴성능지수이다. P_{ey}는 약축(y-y)에 대한 탄성좌굴성능지수이다.

도움표 9.2 매입형 합성기둥의 설계휨강도 $\phi_b M_n$ (kN.m)

$b \times d$ = 700 × 700 mm

H형강 재질		SHN400 (F_y = 235 MPa)					SHN490 (F_y = 325 MPa)				
H형강치수 길이방향철근		f_{ck} (MPa)					f_{ck} (MPa)				
		30	35	40	45	50	30	35	40	45	50
H-394×405×18×18											
4-D29	ϕM_{Bx} (kN.m)	1330	1370	1400	1430	1470	1650	1690	1730	1760	1800
	ϕM_{By} (kN.m)	1280	1330	1380	1430	1460	1490	1570	1640	1710	1760
	$P_{ex}(KL)^2/10^3$ (kN.m^2)	2430	2480	2520	2550	2590	2430	2480	2520	2550	2590
	$P_{ey}(KL)^2/10^3$ (kN.m^2)	1650	1690	1730	1770	1810	1650	1690	1730	1770	1810
8-D29	ϕM_{Bx} (kN.m)	1460	1500	1530	1570	1600	1790	1820	1860	1900	1930
	ϕM_{By} (kN.m)	1410	1470	1520	1560	1600	1620	1700	1770	1840	1890
	$P_{ex}(KL)^2/10^3$ (kN.m^2)	2530	2580	2620	2650	2690	2530	2580	2620	2650	2690
	$P_{ey}(KL)^2/10^3$ (kN.m^2)	1750	1790	1830	1870	1910	1750	1790	1830	1870	1910
12-D32	ϕM_{Bx} (kN.m)	1820	1860	1890	1930	1960	2150	2180	2220	2260	2290
	ϕM_{By} (kN.m)	1760	1820	1870	1920	1960	1980	2060	2130	2190	2250
	$P_{ex}(KL)^2/10^3$ (kN.m^2)	2750	2790	2830	2870	2900	2750	2790	2830	2870	2900
	$P_{ey}(KL)^2/10^3$ (kN.m^2)	1970	2010	2050	2090	2120	1970	2010	2050	2090	2120
16-D35	ϕM_{Bx} (kN.m)	2220	2260	2290	2320	2360	2540	2580	2620	2650	2690
	ϕM_{By} (kN.m)	2160	2220	2270	2310	2350	2370	2450	2520	2580	2640
	$P_{ex}(KL)^2/10^3$ (kN.m^2)	3020	3060	3100	3130	3170	3020	3060	3100	3130	3170
	$P_{ey}(KL)^2/10^3$ (kN.m^2)	2230	2280	2320	2350	2390	2230	2280	2320	2350	2390
20-D35	ϕM_{Bx} (kN.m)	2530	2560	2600	2630	2660	2850	2890	2920	2960	2990
	ϕM_{By} (kN.m)	2460	2520	2570	2620	2660	2670	2750	2820	2890	2940
	$P_{ex}(KL)^2/10^3$ (kN.m^2)	3200	3240	3280	3320	3350	3200	3240	3280	3320	3350
	$P_{ey}(KL)^2/10^3$ (kN.m^2)	2420	2460	2500	2540	2570	2420	2460	2500	2540	2570
H-400×400×13×21											
4-D29	ϕM_{Bx} (kN.m)	1350	1390	1420	1450	1480	1690	1720	1760	1790	1830
	ϕM_{By} (kN.m)	1290	1350	1400	1440	1480	1520	1600	1660	1730	1780
	$P_{ex}(KL)^2/10^3$ (kN.m^2)	2580	2620	2660	2700	2730	2580	2620	2660	2700	2730
	$P_{ey}(KL)^2/10^3$ (kN.m^2)	1710	1750	1790	1830	1870	1710	1750	1790	1830	1870
8-D29	ϕM_{Bx} (kN.m)	1490	1520	1550	1590	1620	1820	1860	1890	1930	1960
	ϕM_{By} (kN.m)	1420	1480	1530	1580	1610	1650	1730	1800	1860	1910
	$P_{ex}(KL)^2/10^3$ (kN.m^2)	2680	2720	2760	2800	2830	2680	2720	2760	2800	2830
	$P_{ey}(KL)^2/10^3$ (kN.m^2)	1810	1850	1890	1930	1970	1810	1850	1890	1930	1970
12-D32	ϕM_{Bx} (kN.m)	1850	1880	1910	1950	1980	2180	2220	2250	2290	2320
	ϕM_{By} (kN.m)	1780	1840	1890	1930	1970	2000	2080	2150	2210	2270
	$P_{ex}(KL)^2/10^3$ (kN.m^2)	2890	2940	2980	3010	3050	2890	2940	2980	3010	3050
	$P_{ey}(KL)^2/10^3$ (kN.m^2)	2020	2070	2110	2150	2180	2020	2070	2110	2150	2180
16-D35	ϕM_{Bx} (kN.m)	2240	2280	2310	2340	2380	2580	2610	2650	2680	2720
	ϕM_{By} (kN.m)	2170	2230	2280	2330	2370	2400	2470	2540	2610	2660
	$P_{ex}(KL)^2/10^3$ (kN.m^2)	3160	3210	3240	3280	3320	3160	3210	3240	3280	3320
	$P_{ey}(KL)^2/10^3$ (kN.m^2)	2290	2340	2380	2410	2450	2290	2340	2380	2410	2450
20-D35	ϕM_{Bx} (kN.m)	2550	2580	2620	2650	2680	2880	2920	2960	2990	3020
	$\phi M By$ (kN.m)	2480	2540	2590	2630	2670	2700	2780	2850	2910	2960
	$P_{ex}(KL)^2/10^3$ (kN.m^2)	3350	3390	3430	3470	3500	3350	3390	3430	3470	3500
	$P_{ey}(KL)^2/10^3$ (kN.m^2)	2480	2520	2560	2600	2630	2480	2520	2560	2600	2630

1) ϕM_{Bx}는 강축(x-x)에 대한 설계휨강도이다. ϕM_{By}는 약축(y-y)에 대한 설계휨강도이다.

2) P_{ex}는 강축(x-x)에 대한 탄성좌굴성능지수이다. P_{ey}는 약축(y-y)에 대한 탄성좌굴성능지수이다.

도움표 9.2 매입형 합성기둥의 설계휨강도 $\phi_b M_n$ (kN.m)

$b \times d = 700 \times 700$ mm

H형강 재질		SHN400 (F_y = 235 MPa)					SHN490 (F_y = 325 MPa)				
H형강치수 길이방향철근		f_{ck} (MPa)					f_{ck} (MPa)				
		30	35	40	45	50	30	35	40	45	50
H-400×408×21×21											
4-D29	ϕM_{Bx} (kN.m)	1480	1510	1550	1580	1620	1860	1900	1930	1970	2000
	ϕM_{By} (kN.m)	1380	1450	1510	1560	1600	1610	1700	1780	1860	1920
	$P_{ex}(KL)^2/10^3$ (kN.m^2)	2730	2780	2820	2860	2900	2730	2780	2820	2860	2900
	$P_{ey}(KL)^2/10^3$ (kN.m^2)	1810	1850	1900	1940	1980	1810	1850	1900	1940	1980
8-D29	ϕM_{Bx} (kN.m)	1610	1650	1680	1720	1750	1990	2030	2070	2100	2140
	ϕM_{By} (kN.m)	1510	1580	1640	1690	1740	1740	1830	1910	1990	2050
	$P_{ex}(KL)^2/10^3$ (kN.m^2)	2830	2880	2920	2960	3000	2830	2880	2920	2960	3000
	$P_{ey}(KL)^2/10^3$ (kN.m^2)	1910	1950	2000	2040	2080	1910	1950	2000	2040	2080
12-D32	ϕM_{Bx} (kN.m)	1970	2010	2040	2080	2110	2350	2390	2430	2460	2500
	ϕM_{By} (kN.m)	1870	1930	1990	2050	2090	2100	2190	2270	2340	2410
	$P_{ex}(KL)^2/10^3$ (kN.m^2)	3050	3090	3140	3180	3210	3050	3090	3140	3180	3210
	$P_{ey}(KL)^2/10^3$ (kN.m^2)	2120	2170	2210	2250	2290	2120	2170	2210	2250	2290
16-D35	ϕM_{Bx} (kN.m)	2370	2400	2440	2470	2510	2750	2790	2820	2860	2890
	ϕM_{By} (kN.m)	2260	2330	2390	2440	2490	2490	2580	2660	2730	2800
	$P_{ex}(KL)^2/10^3$ (kN.m^2)	3320	3360	3400	3440	3480	3320	3360	3400	3440	3480
	$P_{ey}(KL)^2/10^3$ (kN.m^2)	2390	2440	2480	2520	2560	2390	2440	2480	2520	2560
20-D35	ϕM_{Bx} (kN.m)	2680	2710	2750	2780	2810	3050	3090	3130	3160	3200
	ϕM_{By} (kN.m)	2560	2630	2690	2740	2790	2790	2880	2960	3030	3100
	$P_{ex}(KL)^2/10^3$ (kN.m^2)	3500	3550	3590	3630	3660	3500	3550	3590	3630	3660
	$P_{ey}(KL)^2/10^3$ (kN.m^2)	2580	2620	2670	2710	2740	2580	2620	2670	2710	2740
H-406×403×16×24											
4-D29	ϕM_{Bx} (kN.m)	1500	1540	1570	1610	1640	1890	1930	1970	2000	2040
	ϕM_{By} (kN.m)	1390	1460	1520	1570	1620	1640	1730	1810	1880	1940
	$P_{ex}(KL)^2/10^3$ (kN.m^2)	2880	2930	2970	3010	3050	2880	2930	2970	3010	3050
	$P_{ey}(KL)^2/10^3$ (kN.m^2)	1860	1910	1960	2000	2030	1860	1910	1960	2000	2030
8-D29	ϕM_{Bx} (kN.m)	1640	1670	1710	1740	1770	2030	2060	2100	2140	2170
	ϕM_{By} (kN.m)	1530	1590	1650	1700	1750	1770	1860	1940	2010	2070
	$P_{ex}(KL)^2/10^3$ (kN.m^2)	2980	3030	3070	3110	3150	2980	3030	3070	3110	3150
	$P_{ey}(KL)^2/10^3$ (kN.m^2)	1960	2010	2060	2100	2130	1960	2010	2060	2100	2130
12-D32	ϕM_{Bx} (kN.m)	2000	2030	2060	2100	2130	2390	2420	2460	2490	2530
	ϕM_{By} (kN.m)	1880	1950	2010	2060	2110	2120	2210	2290	2360	2430
	$P_{ex}(KL)^2/10^3$ (kN.m^2)	3200	3240	3290	3330	3360	3200	3240	3290	3330	3360
	$P_{ey}(KL)^2/10^3$ (kN.m^2)	2180	2230	2270	2310	2350	2180	2230	2270	2310	2350
16-D35	ϕM_{Bx} (kN.m)	2390	2430	2460	2500	2530	2780	2820	2860	2890	2930
	ϕM_{By} (kN.m)	2270	2340	2400	2450	2500	2510	2600	2680	2750	2820
	$P_{ex}(KL)^2/10^3$ (kN.m^2)	3470	3510	3550	3590	3630	3470	3510	3550	3590	3630
	$P_{ey}(KL)^2/10^3$ (kN.m^2)	2450	2500	2540	2580	2620	2450	2500	2540	2580	2620
20-D35	ϕM_{Bx} (kN.m)	2700	2730	2770	2800	2830	3090	3130	3160	3200	3230
	ϕM_{By} (kN.m)	2580	2650	2710	2760	2810	2820	2900	2980	3050	3120
	$P_{ex}(KL)^2/10^3$ (kN.m^2)	3650	3700	3740	3780	3810	3650	3700	3740	3780	3810
	$P_{ey}(KL)^2/10^3$ (kN.m^2)	2630	2680	2720	2760	2800	2630	2680	2720	2760	2800

1) ϕM_{Bx}는 강축(x-x)에 대한 설계휨강도이다. ϕM_{By}는 약축(y-y)에 대한 설계휨강도이다.

2) P_{ex}는 강축(x-x)에 대한 탄성좌굴성능지수이다. P_{ey}는 약축(y-y)에 대한 탄성좌굴성능지수이다.

도움표 9.2 매입형 합성기둥의 설계휨강도 $\phi_b M_n$ (kN.m)

$b \times d = 700 \times 700$ mm

H형강 재질		SHN400 (F_y = 235 MPa)					SHN490 (F_y = 325 MPa)				
H형강치수 길이방향철근		f_{ck} (MPa)					f_{ck} (MPa)				
		30	35	40	45	50	30	35	40	45	50
H-414×405×18×28											
4-D29	ϕM_{Bx} (kN.m)	1670	1710	1740	1780	1810	2130	2170	2200	2240	2270
	ϕM_{By} (kN.m)	1500	1580	1650	1710	1760	1770	1870	1950	2030	2110
	$P_{ex}(KL)^2/10^3$ (kN.m^2)	3260	3310	3360	3400	3440	3260	3310	3360	3400	3440
	$P_{ey}(KL)^2/10^3$ (kN.m^2)	2050	2100	2150	2190	2230	2050	2100	2150	2190	2230
8-D29	ϕM_{Bx} (kN.m)	1810	1840	1880	1910	1940	2260	2300	2340	2370	2410
	ϕM_{By} (kN.m)	1630	1710	1780	1840	1890	1900	2000	2080	2160	2240
	$P_{ex}(KL)^2/10^3$ (kN.m^2)	3360	3410	3460	3500	3540	3360	3410	3460	3500	3540
	$P_{ey}(KL)^2/10^3$ (kN.m^2)	2150	2200	2250	2290	2330	2150	2200	2250	2290	2330
12-D32	ϕM_{Bx} (kN.m)	2170	2200	2240	2270	2300	2620	2660	2700	2730	2770
	ϕM_{By} (kN.m)	1990	2070	2130	2190	2250	2250	2350	2440	2520	2590
	$P_{ex}(KL)^2/10^3$ (kN.m^2)	3580	3630	3670	3710	3750	3580	3630	3670	3710	3750
	$P_{ey}(KL)^2/10^3$ (kN.m^2)	2370	2420	2460	2510	2550	2370	2420	2460	2510	2550
16-D35	ϕM_{Bx} (kN.m)	2560	2600	2630	2670	2700	3020	3060	3090	3130	3160
	ϕM_{By} (kN.m)	2380	2460	2520	2590	2640	2640	2740	2830	2900	2980
	$P_{ex}(KL)^2/10^3$ (kN.m^2)	3840	3890	3940	3980	4020	3840	3890	3940	3980	4020
	$P_{ey}(KL)^2/10^3$ (kN.m^2)	2630	2680	2730	2770	2820	2630	2680	2730	2770	2820
20-D35	ϕM_{Bx} (kN.m)	2870	2910	2940	2970	3010	3330	3360	3400	3440	3470
	ϕM_{By} (kN.m)	2680	2760	2830	2890	2940	2940	3040	3130	3210	3280
	$P_{ex}(KL)^2/10^3$ (kN.m^2)	4030	4080	4120	4160	4200	4030	4080	4120	4160	4200
	$P_{ey}(KL)^2/10^3$ (kN.m^2)	2820	2870	2920	2960	3000	2820	2870	2920	2960	3000
H-428×407×20×35											
4-D29	ϕM_{Bx} (kN.m)	1960	1990	2030	2060	2100	2520	2560	2600	2630	2670
	ϕM_{By} (kN.m)	1670	1750	1830	1900	1970	1970	2080	2180	2270	2350
	$P_{ex}(KL)^2/10^3$ (kN.m^2)	3920	3970	4030	4070	4120	3920	3970	4030	4070	4120
	$P_{ey}(KL)^2/10^3$ (kN.m^2)	2360	2420	2470	2520	2570	2360	2420	2470	2520	2570
8-D29	ϕM_{Bx} (kN.m)	2090	2130	2160	2200	2230	2660	2690	2730	2770	2800
	ϕM_{By} (kN.m)	1800	1880	1960	2040	2100	2100	2210	2310	2400	2480
	$P_{ex}(KL)^2/10^3$ (kN.m^2)	4020	4070	4120	4170	4220	4020	4070	4120	4170	4220
	$P_{ey}(KL)^2/10^3$ (kN.m^2)	2460	2520	2570	2620	2670	2460	2520	2570	2620	2670
12-D32	ϕM_{Bx} (kN.m)	2450	2490	2520	2560	2590	3020	3050	3090	3130	3160
	ϕM_{By} (kN.m)	2150	2240	2320	2390	2450	2450	2560	2660	2750	2830
	$P_{ex}(KL)^2/10^3$ (kN.m^2)	4230	4290	4340	4390	4430	4230	4290	4340	4390	4430
	$P_{ey}(KL)^2/10^3$ (kN.m^2)	2680	2730	2780	2830	2880	2680	2730	2780	2830	2880
16-D35	ϕM_{Bx} (kN.m)	2850	2880	2920	2950	2990	3410	3450	3490	3520	3560
	ϕM_{By} (kN.m)	2540	2630	2710	2780	2840	2840	2950	3050	3140	3220
	$P_{ex}(KL)^2/10^3$ (kN.m^2)	4500	4560	4610	4650	4700	4500	4560	4610	4650	4700
	$P_{ey}(KL)^2/10^3$ (kN.m^2)	2940	3000	3050	3100	3150	2940	3000	3050	3100	3150
20-D35	ϕM_{Bx} (kN.m)	3160	3190	3230	3260	3290	3720	3760	3790	3830	3860
	ϕM_{By} (kN.m)	2840	2930	3010	3080	3150	3140	3250	3340	3440	3520
	$P_{ex}(KL)^2/10^3$ (kN.m^2)	4690	4740	4790	4840	4880	4690	4740	4790	4840	4880
	$P_{ey}(KL)^2/10^3$ (kN.m^2)	3130	3180	3240	3280	3330	3130	3180	3240	3280	3330

1) ϕM_{Bx}는 강축(x-x)에 대한 설계휨강도이다. ϕM_{By}는 약축(y-y)에 대한 설계휨강도이다.
2) P_{ex}는 강축(x-x)에 대한 탄성좌굴성능지수이다. P_{ey}는 약축(y-y)에 대한 탄성좌굴성능지수이다.

도움표 9.2 매입형 합성기둥의 설계휨강도 $\phi_b M_n$ (kN.m)

$b \times d = 800 \times 800$ mm

H형강 재질		SHN400 (F_y = 235 MPa)					SHN490 (F_y = 325 MPa)				
H형강치수 길이방향철근		f_{ck} (MPa)					f_{ck} (MPa)				
		30	35	40	45	50	30	35	40	45	50
H-388×402×15×15											
8-D22	ϕM_{Bx} (kN.m)	1400	1460	1500	1530	1560	1680	1750	1810	1870	1920
	ϕM_{By} (kN.m)	1400	1460	1500	1530	1560	1660	1740	1810	1870	1920
	$P_{ex}(KL)^2/10^3$ (kN.m^2)	2720	2780	2840	2900	2950	2720	2780	2840	2900	2950
	$P_{ey}(KL)^2/10^3$ (kN.m^2)	2080	2140	2200	2250	2300	2080	2140	2200	2250	2300
16-D22	ϕM_{Bx} (kN.m)	1680	1740	1780	1820	1850	1960	2030	2090	2160	2210
	ϕM_{By} (kN.m)	1680	1740	1780	1820	1850	1940	2020	2090	2160	2210
	$P_{ex}(KL)^2/10^3$ (kN.m^2)	2940	3000	3050	3110	3160	2940	3000	3050	3110	3160
	$P_{ey}(KL)^2/10^3$ (kN.m^2)	2290	2350	2410	2460	2510	2290	2350	2410	2460	2510
20-D29	ϕM_{Bx} (kN.m)	2290	2350	2390	2430	2460	2570	2630	2700	2760	2810
	ϕM_{By} (kN.m)	2290	2350	2390	2430	2460	2540	2630	2700	2760	2810
	$P_{ex}(KL)^2/10^3$ (kN.m^2)	3410	3470	3520	3580	3620	3410	3470	3520	3580	3620
	$P_{ey}(KL)^2/10^3$ (kN.m^2)	2760	2820	2880	2930	2980	2760	2820	2880	2930	2980
20-D35	ϕM_{Bx} (kN.m)	2830	2890	2940	2980	3010	3110	3180	3240	3300	3360
	ϕM_{By} (kN.m)	2830	2890	2940	2980	3010	3080	3170	3240	3300	3360
	$P_{ex}(KL)^2/10^3$ (kN.m^2)	3820	3880	3930	3980	4030	3820	3880	3930	3980	4030
	$P_{ey}(KL)^2/10^3$ (kN.m^2)	3170	3230	3290	3340	3390	3170	3230	3290	3340	3390
20-D38	ϕM_{Bx} (kN.m)	3150	3210	3260	3300	3330	3430	3490	3560	3620	3680
	ϕM_{By} (kN.m)	3150	3210	3260	3300	3330	3400	3480	3560	3620	3680
	$P_{ex}(KL)^2/10^3$ (kN.m^2)	4060	4120	4180	4230	4280	4060	4120	4180	4230	4280
	$P_{ey}(KL)^2/10^3$ (kN.m^2)	3410	3470	3530	3580	3630	3410	3470	3530	3580	3630
H-394×398×11×18											
8-D22	ϕM_{Bx} (kN.m)	1440	1500	1540	1580	1610	1730	1800	1860	1920	1980
	ϕM_{By} (kN.m)	1440	1500	1540	1580	1610	1700	1780	1860	1920	1980
	$P_{ex}(KL)^2/10^3$ (kN.m^2)	2890	2950	3010	3060	3120	2890	2950	3010	3060	3120
	$P_{ey}(KL)^2/10^3$ (kN.m^2)	2150	2220	2280	2330	2380	2150	2220	2280	2330	2380
16-D22	ϕM_{Bx} (kN.m)	1720	1780	1830	1860	1890	2010	2080	2140	2200	2260
	ϕM_{By} (kN.m)	1720	1780	1830	1860	1890	1980	2060	2140	2200	2260
	$P_{ex}(KL)^2/10^3$ (kN.m^2)	3100	3160	3220	3280	3330	3100	3160	3220	3280	3330
	$P_{ey}(KL)^2/10^3$ (kN.m^2)	2370	2430	2490	2540	2590	2370	2430	2490	2540	2590
20-D29	ϕM_{Bx} (kN.m)	2330	2390	2440	2480	2510	2620	2680	2750	2810	2870
	ϕM_{By} (kN.m)	2320	2390	2440	2480	2510	2580	2670	2740	2810	2870
	$P_{ex}(KL)^2/10^3$ (kN.m^2)	3570	3630	3690	3740	3790	3570	3630	3690	3740	3790
	$P_{ey}(KL)^2/10^3$ (kN.m^2)	2840	2900	2960	3010	3060	2840	2900	2960	3010	3060
20-D35	ϕM_{Bx} (kN.m)	2870	2930	2980	3020	3060	3160	3230	3290	3350	3410
	ϕM_{By} (kN.m)	2870	2930	2980	3020	3060	3120	3210	3280	3350	3410
	$P_{ex}(KL)^2/10^3$ (kN.m^2)	3980	4040	4100	4150	4200	3980	4040	4100	4150	4200
	$P_{ey}(KL)^2/10^3$ (kN.m^2)	3250	3310	3370	3420	3470	3250	3310	3370	3420	3470
20-D38	ϕM_{Bx} (kN.m)	3190	3250	3300	3340	3380	3480	3540	3610	3670	3730
	ϕM_{By} (kN.m)	3190	3250	3300	3340	3380	3440	3530	3600	3670	3730
	$P_{ex}(KL)^2/10^3$ (kN.m^2)	4230	4290	4340	4400	4450	4230	4290	4340	4400	4450
	$P_{ey}(KL)^2/10^3$ (kN.m^2)	3490	3550	3610	3660	3710	3490	3550	3610	3660	3710

1) ϕM_{Bx}는 강축(x-x)에 대한 설계휨강도이다. ϕM_{By}는 약축(y-y)에 대한 설계휨강도이다.
2) P_{ex}는 강축(x-x)에 대한 탄성좌굴성능지수이다. P_{ey}는 약축(y-y)에 대한 탄성좌굴성능지수이다.

도움표 9.2 매입형 합성기둥의 설계휨강도 $\phi_b M_n$ (kN.m)

$b \times d = 800 \times 800$ mm

H형강 재질		SHN400 (F_y = 235 MPa)					SHN490 (F_y = 325 MPa)				
H형강치수 길이방향철근		f_{ck} (MPa)					f_{ck} (MPa)				
		30	35	40	45	50	30	35	40	45	50
H-394×405×18×18											
8-D22	ϕM_{Bx} (kN.m)	1550	1620	1680	1720	1760	1880	1950	2020	2080	2150
	ϕM_{By} (kN.m)	1540	1620	1680	1720	1760	1820	1920	2000	2080	2150
	$P_{ex}(KL)^2/10^3$ (kN.m^2)	3040	3110	3170	3230	3280	3040	3110	3170	3230	3280
	$P_{ey}(KL)^2/10^3$ (kN.m^2)	2260	2320	2380	2440	2500	2260	2320	2380	2440	2500
16-D22	ϕM_{Bx} (kN.m)	1830	1900	1960	2010	2040	2160	2230	2300	2360	2430
	ϕM_{By} (kN.m)	1820	1900	1960	2010	2040	2100	2200	2280	2360	2430
	$P_{ex}(KL)^2/10^3$ (kN.m^2)	3250	3320	3380	3440	3490	3250	3320	3380	3440	3490
	$P_{ey}(KL)^2/10^3$ (kN.m^2)	2470	2530	2600	2650	2710	2470	2530	2600	2650	2710
20-D29	ϕM_{Bx} (kN.m)	2440	2500	2560	2610	2650	2770	2840	2900	2970	3030
	ϕM_{By} (kN.m)	2430	2500	2560	2610	2650	2700	2800	2890	2960	3030
	$P_{ex}(KL)^2/10^3$ (kN.m^2)	3720	3790	3850	3910	3960	3720	3790	3850	3910	3960
	$P_{ey}(KL)^2/10^3$ (kN.m^2)	2940	3000	3070	3120	3180	2940	3000	3070	3120	3180
20-D35	ϕM_{Bx} (kN.m)	2980	3050	3110	3160	3200	3310	3380	3440	3510	3570
	ϕM_{By} (kN.m)	2970	3040	3110	3160	3200	3240	3340	3430	3500	3570
	$P_{ex}(KL)^2/10^3$ (kN.m^2)	4130	4200	4260	4310	4370	4130	4200	4260	4310	4370
	$P_{ey}(KL)^2/10^3$ (kN.m^2)	3350	3410	3470	3530	3580	3350	3410	3470	3530	3580
20-D38	ϕM_{Bx} (kN.m)	3300	3360	3430	3480	3520	3630	3700	3760	3830	3890
	ϕM_{By} (kN.m)	3290	3360	3430	3480	3520	3550	3650	3740	3820	3890
	$P_{ex}(KL)^2/10^3$ (kN.m^2)	4380	4440	4500	4560	4610	4380	4440	4500	4560	4610
	$P_{ey}(KL)^2/10^3$ (kN.m^2)	3590	3660	3720	3770	3830	3590	3660	3720	3770	3830
H-400×400×13×21											
8-D22	ϕM_{Bx} (kN.m)	1570	1630	1690	1740	1780	1910	1980	2040	2110	2170
	ϕM_{By} (kN.m)	1560	1630	1690	1740	1780	1840	1940	2020	2100	2170
	$P_{ex}(KL)^2/10^3$ (kN.m^2)	3190	3260	3320	3380	3430	3190	3260	3320	3380	3430
	$P_{ey}(KL)^2/10^3$ (kN.m^2)	2320	2380	2450	2510	2560	2320	2380	2450	2510	2560
16-D22	ϕM_{Bx} (kN.m)	1850	1920	1980	2030	2070	2190	2260	2330	2390	2450
	ϕM_{By} (kN.m)	1840	1910	1980	2030	2070	2120	2220	2300	2380	2450
	$P_{ex}(KL)^2/10^3$ (kN.m^2)	3400	3470	3530	3590	3640	3400	3470	3530	3590	3640
	$P_{ey}(KL)^2/10^3$ (kN.m^2)	2530	2600	2660	2720	2770	2530	2600	2660	2720	2770
20-D29	ϕM_{Bx} (kN.m)	2460	2520	2580	2630	2680	2800	2870	2930	2990	3060
	ϕM_{By} (kN.m)	2450	2520	2580	2630	2680	2720	2820	2910	2980	3050
	$P_{ex}(KL)^2/10^3$ (kN.m^2)	3870	3940	4000	4060	4110	3870	3940	4000	4060	4110
	$P_{ey}(KL)^2/10^3$ (kN.m^2)	3000	3070	3130	3180	3240	3000	3070	3130	3180	3240
20-D35	ϕM_{Bx} (kN.m)	3000	3070	3130	3180	3220	3340	3410	3470	3540	3600
	ϕM_{By} (kN.m)	2990	3060	3130	3180	3220	3260	3360	3450	3520	3590
	$P_{ex}(KL)^2/10^3$ (kN.m^2)	4280	4350	4410	4460	4520	4280	4350	4410	4460	4520
	$P_{ey}(KL)^2/10^3$ (kN.m^2)	3410	3480	3540	3590	3650	3410	3480	3540	3590	3650
20-D38	ϕM_{Bx} (kN.m)	3320	3380	3440	3500	3540	3660	3730	3790	3850	3910
	ϕM_{By} (kN.m)	3300	3380	3440	3500	3540	3570	3670	3760	3840	3910
	$P_{ex}(KL)^2/10^3$ (kN.m^2)	4530	4590	4650	4710	4760	4530	4590	4650	4710	4760
	$P_{ey}(KL)^2/10^3$ (kN.m^2)	3650	3720	3780	3840	3890	3650	3720	3780	3840	3890

1) ϕM_{Bx}는 강축(x-x)에 대한 설계휨강도이다. ϕM_{By}는 약축(y-y)에 대한 설계휨강도이다.

2) P_{ex}는 강축(x-x)에 대한 탄성좌굴성능지수이다. P_{ey}는 약축(y-y)에 대한 탄성좌굴성능지수이다.

도움표 9.2 매입형 합성기둥의 설계휨강도 $\phi_b M_n$ (kN.m)

$b \times d = 800 \times 800$ mm

H형강 재질		SHN400 (F_y = 235 MPa)					SHN490 (F_y = 325 MPa)				
H형강치수 길이방향철근		f_{ck} (MPa)					f_{ck} (MPa)				
		30	35	40	45	50	30	35	40	45	50
H-400×408×21×21											
8-D22	ϕM_{Bx} (kN.m)	1700	1770	1830	1890	1940	2090	2160	2220	2290	2360
	ϕM_{By} (kN.m)	1670	1760	1830	1890	1940	1960	2080	2180	2270	2350
	$P_{ex}(KL)^2/10^3$ (kN.m^2)	3370	3440	3500	3570	3620	3370	3440	3500	3570	3620
	$P_{ey}(KL)^2/10^3$ (kN.m^2)	2440	2510	2580	2640	2700	2440	2510	2580	2640	2700
16-D22	ϕM_{Bx} (kN.m)	1980	2050	2110	2170	2220	2370	2440	2500	2570	2640
	ϕM_{By} (kN.m)	1950	2040	2110	2170	2220	2240	2350	2460	2550	2620
	$P_{ex}(KL)^2/10^3$ (kN.m^2)	3580	3650	3720	3780	3830	3580	3650	3720	3780	3830
	$P_{ey}(KL)^2/10^3$ (kN.m^2)	2650	2720	2790	2850	2910	2650	2720	2790	2850	2910
20-D29	ϕM_{Bx} (kN.m)	2590	2650	2720	2780	2830	2980	3040	3110	3180	3240
	ϕM_{By} (kN.m)	2560	2640	2710	2780	2830	2840	2960	3060	3150	3230
	$P_{ex}(KL)^2/10^3$ (kN.m^2)	4050	4120	4180	4240	4300	4050	4120	4180	4240	4300
	$P_{ey}(KL)^2/10^3$ (kN.m^2)	3120	3190	3260	3320	3370	3120	3190	3260	3320	3370
20-D35	ϕM_{Bx} (kN.m)	3130	3200	3260	3320	3380	3520	3590	3650	3720	3780
	ϕM_{By} (kN.m)	3100	3180	3260	3320	3380	3380	3490	3590	3680	3770
	$P_{ex}(KL)^2/10^3$ (kN.m^2)	4460	4530	4590	4650	4710	4460	4530	4590	4650	4710
	$P_{ey}(KL)^2/10^3$ (kN.m^2)	3530	3600	3670	3730	3780	3530	3600	3670	3730	3780
20-D38	ϕM_{Bx} (kN.m)	3450	3520	3580	3640	3690	3840	3900	3970	4030	4100
	ϕM_{By} (kN.m)	3410	3500	3570	3640	3690	3690	3810	3910	4000	4080
	$P_{ex}(KL)^2/10^3$ (kN.m^2)	4700	4770	4840	4890	4950	4700	4770	4840	4890	4950
	$P_{ey}(KL)^2/10^3$ (kN.m^2)	3780	3840	3910	3970	4020	3780	3840	3910	3970	4020
H-406×403×16×24											
8-D22	ϕM_{Bx} (kN.m)	1720	1790	1850	1910	1960	2120	2190	2250	2320	2380
	ϕM_{By} (kN.m)	1690	1770	1850	1910	1960	1980	2100	2200	2290	2370
	$P_{ex}(KL)^2/10^3$ (kN.m^2)	3520	3590	3660	3720	3780	3520	3590	3660	3720	3780
	$P_{ey}(KL)^2/10^3$ (kN.m^2)	2500	2570	2640	2700	2760	2500	2570	2640	2700	2760
16-D22	ϕM_{Bx} (kN.m)	2000	2070	2130	2190	2240	2400	2470	2540	2600	2660
	ϕM_{By} (kN.m)	1970	2050	2130	2190	2240	2260	2370	2480	2570	2650
	$P_{ex}(KL)^2/10^3$ (kN.m^2)	3730	3800	3870	3930	3990	3730	3800	3870	3930	3990
	$P_{ey}(KL)^2/10^3$ (kN.m^2)	2710	2780	2850	2910	2970	2710	2780	2850	2910	2970
20-D29	ϕM_{Bx} (kN.m)	2610	2670	2740	2800	2850	3010	3080	3140	3200	3270
	ϕM_{By} (kN.m)	2570	2660	2730	2800	2850	2860	2980	3080	3170	3250
	$P_{ex}(KL)^2/10^3$ (kN.m^2)	4200	4270	4340	4400	4450	4200	4270	4340	4400	4450
	$P_{ey}(KL)^2/10^3$ (kN.m^2)	3180	3250	3320	3380	3440	3180	3250	3320	3380	3440
20-D35	ϕM_{Bx} (kN.m)	3150	3220	3280	3340	3400	3550	3620	3680	3750	3810
	ϕM_{By} (kN.m)	3110	3200	3270	3340	3400	3400	3510	3610	3700	3790
	$P_{ex}(KL)^2/10^3$ (kN.m^2)	4610	4680	4750	4810	4860	4610	4680	4750	4810	4860
	$P_{ey}(KL)^2/10^3$ (kN.m^2)	3590	3660	3730	3790	3840	3590	3660	3730	3790	3840
20-D38	ϕM_{Bx} (kN.m)	3470	3540	3600	3660	3710	3870	3940	4000	4060	4130
	ϕM_{By} (kN.m)	3430	3510	3590	3660	3710	3710	3830	3930	4020	4100
	$P_{ex}(KL)^2/10^3$ (kN.m^2)	4860	4930	4990	5050	5100	4860	4930	4990	5050	5100
	$P_{ey}(KL)^2/10^3$ (kN.m^2)	3830	3900	3970	4030	4090	3830	3900	3970	4030	4090

1) ϕM_{Bx}는 강축(x-x)에 대한 설계휨강도이다. ϕM_{By}는 약축(y-y)에 대한 설계휨강도이다.

2) P_{ex}는 강축(x-x)에 대한 탄성좌굴성능지수이다. P_{ey}는 약축(y-y)에 대한 탄성좌굴성능지수이다.

도움표 9.2 매입형 합성기둥의 설계휨강도 $\phi_b M_n$ (kN.m)

$b \times d = 800 \times 800$ mm

H형강 재질		SHN400 (F_y = 235 MPa)					SHN490 (F_y = 325 MPa)				
H형강치수 길이방향철근		f_{ck} (MPa)					f_{ck} (MPa)				
		30	35	40	45	50	30	35	40	45	50
H-414×405×18×28											
8-D22	ϕM_{Bx} (kN.m)	1900	1960	2020	2080	2140	2360	2430	2490	2560	2620
	ϕM_{By} (kN.m)	1820	1920	2000	2080	2140	2130	2260	2370	2480	2570
	$P_{ex}(KL)^2/10^3$ (kN.m^2)	3930	4010	4080	4140	4200	3930	4010	4080	4140	4200
	$P_{ey}(KL)^2/10^3$ (kN.m^2)	2720	2790	2860	2930	2990	2720	2790	2860	2930	2990
16-D22	ϕM_{Bx} (kN.m)	2180	2240	2300	2360	2420	2640	2710	2770	2840	2900
	ϕM_{By} (kN.m)	2100	2190	2280	2360	2420	2410	2540	2650	2750	2850
	$P_{ex}(KL)^2/10^3$ (kN.m^2)	4140	4220	4290	4350	4410	4140	4220	4290	4350	4410
	$P_{ey}(KL)^2/10^3$ (kN.m^2)	2930	3000	3070	3140	3200	2930	3000	3070	3140	3200
20-D29	ϕM_{Bx} (kN.m)	2780	2850	2910	2970	3030	3250	3310	3380	3440	3510
	ϕM_{By} (kN.m)	2700	2800	2880	2960	3030	3010	3140	3250	3350	3450
	$P_{ex}(KL)^2/10^3$ (kN.m^2)	4610	4690	4750	4820	4880	4610	4690	4750	4820	4880
	$P_{ey}(KL)^2/10^3$ (kN.m^2)	3400	3470	3540	3610	3670	3400	3470	3540	3610	3670
20-D35	ϕM_{Bx} (kN.m)	3330	3390	3450	3510	3570	3790	3860	3920	3990	4050
	ϕM_{By} (kN.m)	3240	3340	3420	3500	3570	3550	3670	3790	3890	3980
	$P_{ex}(KL)^2/10^3$ (kN.m^2)	5020	5100	5160	5230	5290	5020	5100	5160	5230	5290
	$P_{ey}(KL)^2/10^3$ (kN.m^2)	3810	3880	3950	4020	4080	3810	3880	3950	4020	4080
20-D38	ϕM_{Bx} (kN.m)	3650	3710	3770	3830	3890	4110	4170	4240	4300	4370
	ϕM_{By} (kN.m)	3560	3650	3740	3820	3880	3860	3990	4100	4200	4300
	$P_{ex}(KL)^2/10^3$ (kN.m^2)	5260	5340	5410	5470	5530	5260	5340	5410	5470	5530
	$P_{ey}(KL)^2/10^3$ (kN.m^2)	4050	4120	4190	4260	4320	4050	4120	4190	4260	4320
H-428×407×20×35											
8-D22	ϕM_{Bx} (kN.m)	2180	2250	2310	2370	2430	2750	2820	2890	2960	3020
	ϕM_{By} (kN.m)	2010	2130	2230	2320	2400	2360	2500	2640	2760	2860
	$P_{ex}(KL)^2/10^3$ (kN.m^2)	4640	4720	4800	4870	4940	4640	4720	4800	4870	4940
	$P_{ey}(KL)^2/10^3$ (kN.m^2)	3070	3160	3240	3310	3380	3070	3160	3240	3310	3380
16-D22	ϕM_{Bx} (kN.m)	2460	2530	2590	2650	2710	3030	3100	3170	3240	3300
	ϕM_{By} (kN.m)	2290	2400	2510	2600	2680	2640	2780	2910	3030	3140
	$P_{ex}(KL)^2/10^3$ (kN.m^2)	4850	4930	5010	5080	5150	4850	4930	5010	5080	5150
	$P_{ey}(KL)^2/10^3$ (kN.m^2)	3280	3370	3450	3520	3590	3280	3370	3450	3520	3590
20-D29	ϕM_{Bx} (kN.m)	3070	3130	3200	3260	3320	3640	3710	3770	3840	3900
	ϕM_{By} (kN.m)	2890	3000	3110	3200	3280	3240	3380	3510	3630	3740
	$P_{ex}(KL)^2/10^3$ (kN.m^2)	5320	5400	5480	5550	5610	5320	5400	5480	5550	5610
	$P_{ey}(KL)^2/10^3$ (kN.m^2)	3750	3840	3910	3990	4050	3750	3840	3910	3990	4050
20-D35	ϕM_{Bx} (kN.m)	3610	3680	3740	3800	3860	4180	4250	4320	4380	4450
	ϕM_{By} (kN.m)	3430	3540	3640	3730	3820	3770	3910	4040	4160	4270
	$P_{ex}(KL)^2/10^3$ (kN.m^2)	5730	5810	5880	5950	6020	5730	5810	5880	5950	6020
	$P_{ey}(KL)^2/10^3$ (kN.m^2)	4160	4240	4320	4390	4460	4160	4240	4320	4390	4460
20-D38	ϕM_{Bx} (kN.m)	3930	4000	4060	4120	4180	4500	4570	4630	4700	4760
	ϕM_{By} (kN.m)	3740	3860	3960	4050	4130	4090	4230	4360	4480	4580
	$P_{ex}(KL)^2/10^3$ (kN.m^2)	5970	6050	6130	6200	6260	5970	6050	6130	6200	6260
	$P_{ey}(KL)^2/10^3$ (kN.m^2)	4400	4490	4560	4630	4700	4400	4490	4560	4630	4700

1) ϕM_{Bx}는 강축(x-x)에 대한 설계휨강도이다. ϕM_{By}는 약축(y-y)에 대한 설계휨강도이다.
2) P_{ex}는 강축(x-x)에 대한 탄성좌굴성능지수이다. P_{ey}는 약축(y-y)에 대한 탄성좌굴성능지수이다.

도움표 9.2 매입형 합성기둥의 설계휨강도 $\phi_b M_n$ (kN.m)

$b \times d = 800 \times 800$ mm

H형강 재질		SHN400 (F_y = 235 MPa)					SHN490 (F_y = 325 MPa)				
H형강치수 길이방향철근		f_{ck} (MPa)					f_{ck} (MPa)				
		30	35	40	45	50	30	35	40	45	50
H-458×417×30×50											
8-D22	ϕM_{Bx} (kN.m)	2930	3000	3070	3130	3190	3790	3860	3930	4000	4070
	ϕM_{By} (kN.m)	2440	2590	2730	2850	2960	2880	3060	3220	3370	3520
	$P_{ex}(KL)^2/10^3$ (kN.m^2)	6450	6550	6640	6730	6810	6450	6550	6640	6730	6810
	$P_{ey}(KL)^2/10^3$ (kN.m^2)	3980	4090	4190	4280	4360	3980	4090	4190	4280	4360
16-D22	ϕM_{Bx} (kN.m)	3220	3280	3350	3410	3470	4070	4140	4210	4280	4340
	ϕM_{By} (kN.m)	2720	2870	3000	3130	3240	3160	3330	3500	3650	3790
	$P_{ex}(KL)^2/10^3$ (kN.m^2)	6660	6760	6850	6940	7020	6660	6760	6850	6940	7020
	$P_{ey}(KL)^2/10^3$ (kN.m^2)	4190	4300	4390	4480	4570	4190	4300	4390	4480	4570
20-D29	ϕM_{Bx} (kN.m)	3820	3890	3950	4020	4080	4680	4750	4810	4880	4950
	ϕM_{By} (kN.m)	3320	3460	3600	3720	3830	3750	3930	4090	4240	4380
	$P_{ex}(KL)^2/10^3$ (kN.m^2)	7130	7230	7320	7400	7480	7130	7230	7320	7400	7480
	$P_{ey}(KL)^2/10^3$ (kN.m^2)	4660	4760	4860	4950	5030	4660	4760	4860	4950	5030
20-D35	ϕM_{Bx} (kN.m)	4370	4430	4500	4560	4620	5220	5290	5360	5420	5490
	ϕM_{By} (kN.m)	3850	4000	4130	4250	4370	4280	4460	4620	4770	4910
	$P_{ex}(KL)^2/10^3$ (kN.m^2)	7530	7630	7720	7810	7890	7530	7630	7720	7810	7890
	$P_{ey}(KL)^2/10^3$ (kN.m^2)	5070	5170	5270	5350	5440	5070	5170	5270	5350	5440
20-D38	ϕM_{Bx} (kN.m)	4680	4750	4810	4880	4940	5540	5610	5670	5740	5810
	ϕM_{By} (kN.m)	4160	4310	4440	4570	4680	4600	4770	4930	5080	5220
	$P_{ex}(KL)^2/10^3$ (kN.m^2)	7770	7870	7960	8050	8130	7770	7870	7960	8050	8130
	$P_{ey}(KL)^2/10^3$ (kN.m^2)	5310	5410	5510	5590	5680	5310	5410	5510	5590	5680

1) ϕM_{Bx}는 강축(x-x)에 대한 설계휨강도이다. ϕM_{By}는 약축(y-y)에 대한 설계휨강도이다.
2) P_{ex}는 강축(x-x)에 대한 탄성좌굴성능지수이다. P_{ey}는 약축(y-y)에 대한 탄성좌굴성능지수이다.

도움표 9.2 매입형 합성기둥의 설계휨강도 $\phi_b M_n$ (kN.m)

$b \times d = 900 \times 900$ mm

H형강 재질		SHN400 (F_y = 235 MPa)					SHN490 (F_y = 325 MPa)				
H형강치수 길이방향철근		f_{ck} (MPa)					f_{ck} (MPa)				
		30	35	40	45	50	30	35	40	45	50
H-388×402×15×15											
8-D25	ϕM_{Bx} (kN.m)	1780	1830	1870	1900	1920	2110	2200	2280	2330	2380
	ϕM_{By} (kN.m)	1780	1830	1870	1900	1920	2110	2200	2280	2330	2380
	$P_{ex}(KL)^2/10^3$ (kN.m^2)	3630	3720	3810	3880	3960	3630	3720	3810	3880	3960
	$P_{ey}(KL)^2/10^3$ (kN.m^2)	2980	3070	3160	3240	3310	2980	3070	3160	3240	3310
16-D25	ϕM_{Bx} (kN.m)	2200	2250	2290	2320	2350	2530	2630	2700	2760	2800
	ϕM_{By} (kN.m)	2200	2250	2290	2320	2350	2530	2630	2700	2760	2800
	$P_{ex}(KL)^2/10^3$ (kN.m^2)	3990	4080	4170	4250	4320	3990	4080	4170	4250	4320
	$P_{ey}(KL)^2/10^3$ (kN.m^2)	3340	3440	3520	3600	3670	3340	3440	3520	3600	3670
20-D32	ϕM_{Bx} (kN.m)	3020	3070	3110	3150	3170	3340	3440	3510	3570	3620
	ϕM_{By} (kN.m)	3020	3070	3110	3150	3170	3340	3440	3510	3570	3620
	$P_{ex}(KL)^2/10^3$ (kN.m^2)	4710	4800	4890	4960	5040	4710	4800	4890	4960	5040
	$P_{ey}(KL)^2/10^3$ (kN.m^2)	4060	4150	4240	4320	4390	4060	4150	4240	4320	4390
20-D38	ϕM_{Bx} (kN.m)	3700	3760	3800	3840	3870	4020	4120	4200	4260	4310
	ϕM_{By} (kN.m)	3700	3760	3800	3840	3870	4020	4120	4200	4260	4310
	$P_{ex}(KL)^2/10^3$ (kN.m^2)	5310	5400	5480	5560	5630	5310	5400	5480	5560	5630
	$P_{ey}(KL)^2/10^3$ (kN.m^2)	4660	4750	4830	4910	4980	4660	4750	4830	4910	4980
24-D41	ϕM_{Bx} (kN.m)	4610	4670	4720	4760	4790	4930	5030	5110	5170	5230
	ϕM_{By} (kN.m)	4610	4670	4720	4760	4790	4930	5030	5110	5170	5230
	$P_{ex}(KL)^2/10^3$ (kN.m^2)	6130	6220	6300	6380	6450	6130	6220	6300	6380	6450
	$P_{ey}(KL)^2/10^3$ (kN.m^2)	5490	5580	5660	5730	5810	5490	5580	5660	5730	5810
H-394×398×11×18											
8-D25	ϕM_{Bx} (kN.m)	1820	1880	1920	1950	1980	2160	2260	2340	2400	2450
	ϕM_{By} (kN.m)	1820	1880	1920	1950	1980	2160	2260	2340	2400	2450
	$P_{ex}(KL)^2/10^3$ (kN.m^2)	3800	3890	3980	4060	4140	3800	3890	3980	4060	4140
	$P_{ey}(KL)^2/10^3$ (kN.m^2)	3060	3160	3240	3330	3400	3060	3160	3240	3330	3400
16-D25	ϕM_{Bx} (kN.m)	2250	2300	2340	2380	2410	2580	2680	2760	2820	2870
	ϕM_{By} (kN.m)	2250	2300	2340	2380	2410	2580	2680	2760	2820	2870
	$P_{ex}(KL)^2/10^3$ (kN.m^2)	4170	4260	4340	4420	4500	4170	4260	4340	4420	4500
	$P_{ey}(KL)^2/10^3$ (kN.m^2)	3430	3520	3610	3690	3760	3430	3520	3610	3690	3760
20-D32	ϕM_{Bx} (kN.m)	3060	3120	3170	3200	3230	3390	3490	3570	3640	3690
	ϕM_{By} (kN.m)	3060	3120	3170	3200	3230	3390	3490	3570	3640	3690
	$P_{ex}(KL)^2/10^3$ (kN.m^2)	4890	4980	5060	5140	5220	4890	4980	5060	5140	5220
	$P_{ey}(KL)^2/10^3$ (kN.m^2)	4150	4240	4330	4410	4480	4150	4240	4330	4410	4480
20-D38	ϕM_{Bx} (kN.m)	3750	3810	3860	3900	3930	4070	4180	4260	4330	4380
	ϕM_{By} (kN.m)	3750	3810	3860	3900	3930	4070	4180	4260	4330	4380
	$P_{ex}(KL)^2/10^3$ (kN.m^2)	5480	5570	5660	5730	5810	5480	5570	5660	5730	5810
	$P_{ey}(KL)^2/10^3$ (kN.m^2)	4740	4830	4920	5000	5070	4740	4830	4920	5000	5070
24-D41	ϕM_{Bx} (kN.m)	4660	4720	4770	4810	4850	4970	5080	5170	5240	5290
	ϕM_{By} (kN.m)	4660	4720	4770	4810	4850	4970	5080	5170	5240	5290
	$P_{ex}(KL)^2/10^3$ (kN.m^2)	6310	6400	6480	6560	6630	6310	6400	6480	6560	6630
	$P_{ey}(KL)^2/10^3$ (kN.m^2)	5570	5660	5740	5820	5900	5570	5660	5740	5820	5900

1) ϕM_{Bx}는 강축(x-x)에 대한 설계휨강도이다. ϕM_{By}는 약축(y-y)에 대한 설계휨강도이다.

2) P_{ex}는 강축(x-x)에 대한 탄성좌굴성능지수이다. P_{ey}는 약축(y-y)에 대한 탄성좌굴성능지수이다.

도움표 9.2 매입형 합성기둥의 설계휨강도 $\phi_b M_n$ (kN.m)

$b \times d = 900 \times 900$ mm

H형강 재질		SHN400 (F_y = 235 MPa)					SHN490 (F_y = 325 MPa)				
H형강치수 길이방향철근		f_{ck} (MPa)					f_{ck} (MPa)				
		30	35	40	45	50	30	35	40	45	50
H-394×405×18×18											
8-D25	ϕM_{Bx} (kN.m)	1960	2040	2090	2130	2170	2310	2430	2530	2610	2670
	ϕM_{By} (kN.m)	1960	2040	2090	2130	2170	2300	2430	2530	2610	2670
	$P_{ex}(KL)^2/10^3$ (kN.m^2)	3980	4070	4160	4250	4330	3980	4070	4160	4250	4330
	$P_{ey}(KL)^2/10^3$ (kN.m^2)	3190	3290	3380	3460	3540	3190	3290	3380	3460	3540
16-D25	ϕM_{Bx} (kN.m)	2390	2460	2510	2560	2590	2730	2850	2950	3030	3100
	ϕM_{By} (kN.m)	2390	2460	2510	2560	2590	2720	2850	2950	3030	3100
	$P_{ex}(KL)^2/10^3$ (kN.m^2)	4340	4440	4530	4610	4690	4340	4440	4530	4610	4690
	$P_{ey}(KL)^2/10^3$ (kN.m^2)	3550	3650	3740	3820	3900	3550	3650	3740	3820	3900
20-D32	ϕM_{Bx} (kN.m)	3200	3270	3330	3380	3420	3540	3650	3760	3840	3910
	ϕM_{By} (kN.m)	3200	3270	3330	3380	3420	3530	3650	3760	3840	3910
	$P_{ex}(KL)^2/10^3$ (kN.m^2)	5060	5160	5240	5330	5400	5060	5160	5240	5330	5400
	$P_{ey}(KL)^2/10^3$ (kN.m^2)	4270	4370	4460	4540	4620	4270	4370	4460	4540	4620
20-D38	ϕM_{Bx} (kN.m)	3880	3960	4020	4070	4110	4230	4340	4440	4530	4600
	ϕM_{By} (kN.m)	3880	3960	4020	4070	4110	4210	4340	4440	4530	4600
	$P_{ex}(KL)^2/10^3$ (kN.m^2)	5650	5750	5840	5920	6000	5650	5750	5840	5920	6000
	$P_{ey}(KL)^2/10^3$ (kN.m^2)	4870	4960	5050	5130	5210	4870	4960	5050	5130	5210
24-D41	ϕM_{Bx} (kN.m)	4790	4870	4930	4980	5030	5130	5240	5340	5430	5510
	ϕM_{By} (kN.m)	4790	4870	4930	4980	5030	5110	5240	5340	5430	5510
	$P_{ex}(KL)^2/10^3$ (kN.m^2)	6480	6570	6660	6740	6820	6480	6570	6660	6740	6820
	$P_{ey}(KL)^2/10^3$ (kN.m^2)	5690	5790	5880	5960	6030	5690	5790	5880	5960	6030
H-400×400×13×21											
8-D25	ϕM_{Bx} (kN.m)	1980	2060	2120	2160	2200	2340	2450	2560	2640	2710
	ϕM_{By} (kN.m)	1980	2060	2120	2160	2200	2330	2450	2560	2640	2710
	$P_{ex}(KL)^2/10^3$ (kN.m^2)	4130	4230	4320	4400	4480	4130	4230	4320	4400	4480
	$P_{ey}(KL)^2/10^3$ (kN.m^2)	3250	3350	3440	3530	3610	3250	3350	3440	3530	3610
16-D25	ϕM_{Bx} (kN.m)	2410	2480	2540	2590	2620	2760	2870	2980	3060	3130
	ϕM_{By} (kN.m)	2410	2480	2540	2590	2620	2750	2870	2980	3060	3130
	$P_{ex}(KL)^2/10^3$ (kN.m^2)	4490	4590	4680	4760	4840	4490	4590	4680	4760	4840
	$P_{ey}(KL)^2/10^3$ (kN.m^2)	3620	3720	3810	3890	3970	3620	3720	3810	3890	3970
20-D32	ϕM_{Bx} (kN.m)	3220	3300	3360	3410	3440	3570	3680	3780	3870	3940
	ϕM_{By} (kN.m)	3220	3300	3360	3410	3440	3550	3680	3780	3870	3940
	$P_{ex}(KL)^2/10^3$ (kN.m^2)	5210	5310	5400	5480	5560	5210	5310	5400	5480	5560
	$P_{ey}(KL)^2/10^3$ (kN.m^2)	4340	4430	4520	4610	4690	4340	4430	4520	4610	4690
20-D38	ϕM_{Bx} (kN.m)	3900	3980	4050	4100	4140	4260	4360	4470	4560	4630
	ϕM_{By} (kN.m)	3900	3980	4050	4100	4140	4230	4360	4470	4560	4630
	$P_{ex}(KL)^2/10^3$ (kN.m^2)	5810	5900	5990	6070	6150	5810	5900	5990	6070	6150
	$P_{ey}(KL)^2/10^3$ (kN.m^2)	4930	5030	5120	5200	5280	4930	5030	5120	5200	5280
24-D41	ϕM_{Bx} (kN.m)	4810	4890	4960	5010	5050	5160	5260	5370	5460	5540
	ϕM_{By} (kN.m)	4810	4890	4960	5010	5050	5130	5260	5370	5460	5540
	$P_{ex}(KL)^2/10^3$ (kN.m^2)	6630	6730	6810	6900	6970	6630	6730	6810	6900	6970
	$P_{ey}(KL)^2/10^3$ (kN.m^2)	5760	5850	5940	6020	6100	5760	5850	5940	6020	6100

1) ϕM_{Bx}는 강축(x-x)에 대한 설계휨강도이다. ϕM_{By}는 약축(y-y)에 대한 설계휨강도이다.

2) P_{ex}는 강축(x-x)에 대한 탄성좌굴성능지수이다. P_{ey}는 약축(y-y)에 대한 탄성좌굴성능지수이다.

도움표 9.2 매입형 합성기둥의 설계휨강도 $\phi_b M_n$ (kN.m)

$b \times d = 900 \times 900$ mm

H형강 재질		SHN400 (F_y = 235 MPa)					SHN490 (F_y = 325 MPa)				
H형강치수		f_{ck} (MPa)					f_{ck} (MPa)				
길이방향철근		30	35	40	45	50	30	35	40	45	50
H-400×408×21×21											
8-D25	ϕM_{Bx} (kN.m)	2130	2220	2300	2360	2400	2520	2640	2750	2850	2940
	ϕM_{By} (kN.m)	2130	2220	2300	2360	2400	2480	2620	2740	2850	2940
	$P_{ex}(KL)^2/10^3$ (kN.m^2)	4330	4440	4530	4620	4700	4330	4440	4530	4620	4700
	$P_{ey}(KL)^2/10^3$ (kN.m^2)	3400	3510	3600	3690	3780	3400	3510	3600	3690	3780
16-D25	ϕM_{Bx} (kN.m)	2550	2640	2720	2780	2830	2940	3050	3160	3270	3360
	ϕM_{By} (kN.m)	2550	2640	2720	2780	2830	2900	3040	3160	3270	3360
	$P_{ex}(KL)^2/10^3$ (kN.m^2)	4700	4800	4890	4980	5060	4700	4800	4890	4980	5060
	$P_{ey}(KL)^2/10^3$ (kN.m^2)	3770	3870	3960	4050	4140	3770	3870	3960	4050	4140
20-D32	ϕM_{Bx} (kN.m)	3360	3460	3530	3600	3650	3750	3860	3970	4080	4170
	ϕM_{By} (kN.m)	3360	3460	3530	3600	3650	3710	3850	3970	4080	4170
	$P_{ex}(KL)^2/10^3$ (kN.m^2)	5420	5520	5610	5700	5780	5420	5520	5610	5700	5780
	$P_{ey}(KL)^2/10^3$ (kN.m^2)	4480	4590	4680	4770	4850	4480	4590	4680	4770	4850
20-D38	ϕM_{Bx} (kN.m)	4040	4140	4220	4280	4340	4440	4550	4650	4760	4850
	ϕM_{By} (kN.m)	4040	4140	4220	4280	4340	4390	4530	4650	4760	4850
	$P_{ex}(KL)^2/10^3$ (kN.m^2)	6010	6110	6200	6290	6370	6010	6110	6200	6290	6370
	$P_{ey}(KL)^2/10^3$ (kN.m^2)	5080	5180	5270	5360	5440	5080	5180	5270	5360	5440
24-D41	ϕM_{Bx} (kN.m)	4940	5050	5130	5190	5250	5340	5450	5550	5660	5750
	ϕM_{By} (kN.m)	4940	5050	5130	5190	5250	5280	5430	5550	5660	5750
	$P_{ex}(KL)^2/10^3$ (kN.m^2)	6840	6930	7030	7110	7190	6840	6930	7030	7110	7190
	$P_{ey}(KL)^2/10^3$ (kN.m^2)	5910	6010	6100	6180	6270	5910	6010	6100	6180	6270
H-406×403×16×24											
8-D25	ϕM_{Bx} (kN.m)	2140	2240	2320	2380	2430	2550	2660	2770	2880	2970
	ϕM_{By} (kN.m)	2140	2240	2320	2380	2430	2500	2640	2770	2880	2970
	$P_{ex}(KL)^2/10^3$ (kN.m^2)	4490	4590	4690	4780	4860	4490	4590	4690	4780	4860
	$P_{ey}(KL)^2/10^3$ (kN.m^2)	3470	3570	3670	3760	3840	3470	3570	3670	3760	3840
16-D25	ϕM_{Bx} (kN.m)	2560	2660	2740	2800	2850	2970	3080	3190	3290	3390
	ϕM_{By} (kN.m)	2560	2660	2740	2800	2850	2920	3060	3190	3290	3390
	$P_{ex}(KL)^2/10^3$ (kN.m^2)	4850	4960	5050	5140	5220	4850	4960	5050	5140	5220
	$P_{ey}(KL)^2/10^3$ (kN.m^2)	3830	3930	4030	4120	4200	3830	3930	4030	4120	4200
20-D32	ϕM_{Bx} (kN.m)	3380	3480	3560	3620	3670	3780	3890	4000	4100	4200
	ϕM_{By} (kN.m)	3370	3480	3560	3620	3670	3730	3870	3990	4100	4200
	$P_{ex}(KL)^2/10^3$ (kN.m^2)	5570	5670	5770	5860	5940	5570	5670	5770	5860	5940
	$P_{ey}(KL)^2/10^3$ (kN.m^2)	4550	4650	4750	4830	4920	4550	4650	4750	4830	4920
20-D38	ϕM_{Bx} (kN.m)	4060	4160	4240	4310	4360	4470	4570	4680	4780	4880
	ϕM_{By} (kN.m)	4060	4160	4240	4310	4360	4410	4550	4670	4780	4880
	$P_{ex}(KL)^2/10^3$ (kN.m^2)	6170	6270	6360	6450	6530	6170	6270	6360	6450	6530
	$P_{ey}(KL)^2/10^3$ (kN.m^2)	5140	5240	5340	5430	5510	5140	5240	5340	5430	5510
24-D41	ϕM_{Bx} (kN.m)	4960	5060	5150	5220	5270	5370	5480	5580	5680	5780
	ϕM_{By} (kN.m)	4960	5060	5150	5220	5270	5300	5450	5570	5680	5780
	$P_{ex}(KL)^2/10^3$ (kN.m^2)	6990	7090	7180	7270	7350	6990	7090	7180	7270	7350
	$P_{ey}(KL)^2/10^3$ (kN.m^2)	5970	6070	6160	6250	6330	5970	6070	6160	6250	6330

1) ϕM_{Bx}는 강축(x-x)에 대한 설계휨강도이다. ϕM_{By}는 약축(y-y)에 대한 설계휨강도이다.
2) P_{ex}는 강축(x-x)에 대한 탄성좌굴성능지수이다. P_{ey}는 약축(y-y)에 대한 탄성좌굴성능지수이다.

도움표 9.2 매입형 합성기둥의 설계휨강도 $\phi_b M_n$ (kN.m)

$b \times d = 900 \times 900$ mm

H형강 재질		SHN400 (F_y = 235 MPa)					SHN490 (F_y = 325 MPa)				
H형강치수 길이방향철근		f_{ck} (MPa)					f_{ck} (MPa)				
		30	35	40	45	50	30	35	40	45	50
H-414×405×18×28											
8-D25	ϕM_{Bx} (kN.m)	2320	2420	2520	2600	2670	2790	2900	3010	3120	3220
	ϕM_{By} (kN.m)	2300	2420	2520	2600	2670	2680	2840	2980	3110	3220
	$P_{ex}(KL)^2/10^3$ (kN.m^2)	4930	5040	5140	5240	5330	4930	5040	5140	5240	5330
	$P_{ey}(KL)^2/10^3$ (kN.m^2)	3710	3820	3930	4020	4110	3710	3820	3930	4020	4110
16-D25	ϕM_{Bx} (kN.m)	2740	2840	2940	3020	3090	3210	3320	3430	3540	3640
	ϕM_{By} (kN.m)	2720	2840	2940	3020	3090	3100	3260	3400	3530	3640
	$P_{ex}(KL)^2/10^3$ (kN.m^2)	5300	5400	5510	5600	5690	5300	5400	5510	5600	5690
	$P_{ey}(KL)^2/10^3$ (kN.m^2)	4080	4190	4290	4380	4470	4080	4190	4290	4380	4470
20-D32	ϕM_{Bx} (kN.m)	3550	3650	3750	3840	3900	4020	4130	4240	4340	4450
	ϕM_{By} (kN.m)	3530	3650	3750	3840	3900	3900	4060	4200	4330	4440
	$P_{ex}(KL)^2/10^3$ (kN.m^2)	6010	6120	6220	6310	6400	6010	6120	6220	6310	6400
	$P_{ey}(KL)^2/10^3$ (kN.m^2)	4790	4900	5010	5100	5190	4790	4900	5010	5100	5190
20-D38	ϕM_{Bx} (kN.m)	4230	4340	4440	4520	4590	4710	4810	4920	5030	5130
	ϕM_{By} (kN.m)	4210	4330	4440	4520	4590	4580	4740	4880	5010	5120
	$P_{ex}(KL)^2/10^3$ (kN.m^2)	6610	6710	6810	6910	6990	6610	6710	6810	6910	6990
	$P_{ey}(KL)^2/10^3$ (kN.m^2)	5390	5500	5600	5690	5780	5390	5500	5600	5690	5780
24-D41	ϕM_{Bx} (kN.m)	5140	5240	5340	5430	5500	5610	5720	5820	5930	6030
	ϕM_{By} (kN.m)	5110	5230	5340	5430	5500	5480	5640	5780	5900	6020
	$P_{ex}(KL)^2/10^3$ (kN.m^2)	7430	7540	7640	7730	7810	7430	7540	7640	7730	7810
	$P_{ey}(KL)^2/10^3$ (kN.m^2)	6210	6320	6420	6510	6600	6210	6320	6420	6510	6600
H-428×407×20×35											
8-D25	ϕM_{Bx} (kN.m)	2610	2710	2820	2910	3010	3190	3300	3410	3520	3620
	ϕM_{By} (kN.m)	2530	2670	2800	2910	3010	2940	3130	3290	3440	3580
	$P_{ex}(KL)^2/10^3$ (kN.m^2)	5700	5820	5930	6030	6130	5700	5820	5930	6030	6130
	$P_{ey}(KL)^2/10^3$ (kN.m^2)	4120	4240	4360	4460	4560	4120	4240	4360	4460	4560
16-D25	ϕM_{Bx} (kN.m)	3030	3130	3230	3330	3430	3610	3720	3830	3940	4040
	ϕM_{By} (kN.m)	2950	3090	3220	3330	3430	3360	3540	3710	3860	3990
	$P_{ex}(KL)^2/10^3$ (kN.m^2)	6060	6180	6290	6390	6490	6060	6180	6290	6390	6490
	$P_{ey}(KL)^2/10^3$ (kN.m^2)	4490	4610	4720	4820	4920	4490	4610	4720	4820	4920
20-D32	ϕM_{Bx} (kN.m)	3840	3940	4040	4140	4240	4420	4530	4640	4740	4850
	ϕM_{By} (kN.m)	3760	3900	4030	4140	4240	4160	4340	4510	4660	4800
	$P_{ex}(KL)^2/10^3$ (kN.m^2)	6780	6890	7000	7100	7200	6780	6890	7000	7100	7200
	$P_{ey}(KL)^2/10^3$ (kN.m^2)	5200	5320	5430	5540	5630	5200	5320	5430	5540	5630
20-D38	ϕM_{Bx} (kN.m)	4520	4630	4730	4820	4920	5100	5210	5320	5420	5530
	ϕM_{By} (kN.m)	4440	4580	4700	4820	4920	4840	5020	5180	5330	5470
	$P_{ex}(KL)^2/10^3$ (kN.m^2)	7370	7490	7590	7690	7790	7370	7490	7590	7690	7790
	$P_{ey}(KL)^2/10^3$ (kN.m^2)	5800	5920	6020	6130	6220	5800	5920	6020	6130	6220
24-D41	ϕM_{Bx} (kN.m)	5420	5530	5630	5720	5820	6000	6110	6220	6320	6130
	ϕM_{By} (kN.m)	5330	5480	5600	5720	5820	5730	5910	6080	6230	6360
	$P_{ex}(KL)^2/10^3$ (kN.m^2)	8190	8310	8410	8510	8610	8190	8310	8410	8510	8610
	$P_{ey}(KL)^2/10^3$ (kN.m^2)	6620	6740	6850	6950	7040	6620	6740	6850	6950	7040

1) ϕM_{Bx}는 강축(x-x)에 대한 설계휨강도이다. ϕM_{By}는 약축(y-y)에 대한 설계휨강도이다.
2) P_{ex}는 강축(x-x)에 대한 탄성좌굴성능지수이다. P_{ey}는 약축(y-y)에 대한 탄성좌굴성능지수이다.

도움표 9.2 매입형 합성기둥의 설계휨강도 $\phi_b M_n$ (kN.m)

$b \times d = 900 \times 900$ mm

H형강 재질		SHN400 (F_y = 235 MPa)					SHN490 (F_y = 325 MPa)				
H형강치수 길이방향철근		f_{ck} (MPa)					f_{ck} (MPa)				
		30	35	40	45	50	30	35	40	45	50
H-458×417×30×50											
8-D25	ϕM_{Bx} (kN.m)	3370	3480	3580	3690	3790	4230	4350	4460	4570	4680
	ϕM_{By} (kN.m)	3030	3220	3400	3550	3690	3530	3760	3970	4170	4350
	$P_{ex}(KL)^2/10^3$ (kN.m^2)	7650	7790	7930	8050	8170	7650	7790	7930	8050	8170
	$P_{ey}(KL)^2/10^3$ (kN.m^2)	5170	5320	5450	5580	5700	5170	5320	5450	5580	5700
16-D25	ϕM_{Bx} (kN.m)	3790	3900	4000	4100	4200	4650	4770	4880	4990	5100
	ϕM_{By} (kN.m)	3450	3640	3810	3970	4110	3940	4170	4380	4580	4760
	$P_{ex}(KL)^2/10^3$ (kN.m^2)	8010	8150	8290	8410	8520	8010	8150	8290	8410	8520
	$P_{ey}(KL)^2/10^3$ (kN.m^2)	5530	5680	5810	5940	6060	5530	5680	5810	5940	6060
20-D32	ϕM_{Bx} (kN.m)	4600	4710	4810	4910	5010	5460	5580	5690	5800	5900
	ϕM_{By} (kN.m)	4250	4440	4610	4770	4910	4740	4970	5180	5380	5560
	$P_{ex}(KL)^2/10^3$ (kN.m^2)	8720	8870	9000	9120	9230	8720	8870	9000	9120	9230
	$P_{ey}(KL)^2/10^3$ (kN.m^2)	6250	6390	6530	6650	6770	6250	6390	6530	6650	6770
20-D38	ϕM_{Bx} (kN.m)	5280	5390	5490	5590	5690	6140	6260	6370	6480	6580
	ϕM_{By} (kN.m)	4930	5120	5290	5440	5580	5410	5640	5850	6050	6230
	$P_{ex}(KL)^2/10^3$ (kN.m^2)	9320	9460	9590	9710	9820	9320	9460	9590	9710	9820
	$P_{ey}(KL)^2/10^3$ (kN.m^2)	6840	6980	7110	7240	7360	6840	6980	7110	7240	7360
24-D41	ϕM_{Bx} (kN.m)	6180	6290	6390	6490	6590	7050	7160	7270	7380	7480
	ϕM_{By} (kN.m)	5820	6010	6180	6330	6480	6300	6530	6740	6930	7110
	$P_{ex}(KL)^2/10^3$ (kN.m^2)	10100	10300	10400	10500	10600	10100	10300	10400	10500	10600
	$P_{ey}(KL)^2/10^3$ (kN.m^2)	7660	7800	7930	8060	8170	7660	7800	7930	8060	8170
H-498×432×45×70											
8-D25	ϕM_{Bx} (kN.m)	4510	4630	4740	4840	4950	5800	5920	6040	6160	6270
	ϕM_{By} (kN.m)	3640	3880	4100	4300	4490	4270	4540	4800	5040	5270
	$P_{ex}(KL)^2/10^3$ (kN.m^2)	10700	10900	11000	11200	11300	10700	10900	11000	11200	11300
	$P_{ey}(KL)^2/10^3$ (kN.m^2)	6730	6920	7090	7250	7400	6730	6920	7090	7250	7400
16-D25	ϕM_{Bx} (kN.m)	4930	5040	5160	5260	5370	6220	6340	6460	6570	6690
	ϕM_{By} (kN.m)	4060	4290	4510	4710	4900	4680	4950	5210	5450	5680
	$P_{ex}(KL)^2/10^3$ (kN.m^2)	11000	11200	11400	11500	11700	11000	11200	11400	11500	11700
	$P_{ey}(KL)^2/10^3$ (kN.m^2)	7090	7280	7450	7600	7750	7090	7280	7450	7600	7750
20-D32	ϕM_{Bx} (kN.m)	5740	5850	5960	6070	6170	7030	7150	7270	7380	7490
	ϕM_{By} (kN.m)	4850	5090	5310	5510	5690	5480	5750	6000	6240	6470
	$P_{ex}(KL)^2/10^3$ (kN.m^2)	11800	11900	12100	12200	12400	11800	11900	12100	12200	12400
	$P_{ey}(KL)^2/10^3$ (kN.m^2)	7800	7990	8150	8310	8460	7800	7990	8150	8310	8460
20-D38	ϕM_{Bx} (kN.m)	6420	6540	6640	6750	6850	7710	7830	7950	8060	8170
	ϕM_{By} (kN.m)	5530	5760	5980	6180	6360	6150	6420	6670	6910	7130
	$P_{ex}(KL)^2/10^3$ (kN.m^2)	12300	12500	12700	12800	13000	12300	12500	12700	12800	13000
	$P_{ey}(KL)^2/10^3$ (kN.m^2)	8390	8570	8740	8900	9040	8390	8570	8740	8900	9040
24-D41	ϕM_{Bx} (kN.m)	7330	7440	7540	7650	7750	8620	8730	8850	8960	9070
	ϕM_{By} (kN.m)	6420	6650	6860	7060	7250	7030	7300	7550	7790	8010
	$P_{ex}(KL)^2/10^3$ (kN.m^2)	13200	13300	13500	13600	13800	13200	13300	13500	13600	13800
	$P_{ey}(KL)^2/10^3$ (kN.m^2)	9210	9390	9550	9710	9850	9210	9390	9550	9710	9850

1) ϕM_{Bx}는 강축(x-x)에 대한 설계휨강도이다. ϕM_{By}는 약축(y-y)에 대한 설계휨강도이다.
2) P_{ex}는 강축(x-x)에 대한 탄성좌굴성능지수이다. P_{ey}는 약축(y-y)에 대한 탄성좌굴성능지수이다.

도움표 9.2 매입형 합성기둥의 설계휨강도 $\phi_b M_n$ (kN.m)

$b \times d = 1000 \times 1000$ mm

H형강 재질		SHN400 (F_y = 235 MPa)					SHN490 (F_y = 325 MPa)				
H형강치수 길이방향철근		f_{ck} (MPa)					f_{ck} (MPa)				
		30	35	40	45	50	30	35	40	45	50
H-388×402×15×15											
8-D29	ϕM_{Bx} (kN.m)	2180	2230	2260	2290	2310	2620	2700	2770	2820	2860
	ϕM_{By} (kN.m)	2180	2230	2260	2290	2310	2620	2700	2770	2820	2860
	$P_{ex}(KL)^2/10^3$ (kN.m^2)	4860	4990	5110	5230	5330	4860	4990	5110	5230	5330
	$P_{ey}(KL)^2/10^3$ (kN.m^2)	4210	4340	4470	4580	4690	4210	4340	4470	4580	4690
16-D29	ϕM_{Bx} (kN.m)	2790	2830	2870	2900	2920	3220	3310	3370	3430	3470
	ϕM_{By} (kN.m)	2790	2830	2870	2900	2920	3220	3310	3370	3430	3470
	$P_{ex}(KL)^2/10^3$ (kN.m^2)	5440	5570	5690	5810	5910	5440	5570	5690	5810	5910
	$P_{ey}(KL)^2/10^3$ (kN.m^2)	4790	4920	5050	5160	5270	4790	4920	5050	5160	5270
20-D35	ϕM_{Bx} (kN.m)	3830	3880	3920	3950	3980	4250	4340	4410	4470	4510
	ϕM_{By} (kN.m)	3830	3880	3920	3950	3980	4250	4340	4410	4470	4510
	$P_{ex}(KL)^2/10^3$ (kN.m^2)	6450	6580	6710	6820	6920	6450	6580	6710	6820	6920
	$P_{ey}(KL)^2/10^3$ (kN.m^2)	5810	5940	6060	6170	6280	5810	5940	6060	6170	6280
20-D43	ϕM_{Bx} (kN.m)	4960	5010	5060	5090	5120	5380	5470	5540	5600	5650
	ϕM_{By} (kN.m)	4960	5010	5060	5090	5120	5380	5470	5540	5600	5650
	$P_{ex}(KL)^2/10^3$ (kN.m^2)	7580	7710	7820	7940	8040	7580	7710	7820	7940	8040
	$P_{ey}(KL)^2/10^3$ (kN.m^2)	6930	7060	7180	7290	7390	6930	7060	7180	7290	7390
20-D51	ϕM_{Bx} (kN.m)	6250	6310	6360	6400	6430	6660	6760	6840	6900	6950
	ϕM_{By} (kN.m)	6250	6310	6360	6400	6430	6660	6760	6840	6900	6950
	$P_{ex}(KL)^2/10^3$ (kN.m^2)	8840	8970	9080	9190	9300	8840	8970	9080	9190	9300
	$P_{ey}(KL)^2/10^3$ (kN.m^2)	8190	8320	8440	8550	8650	8190	8320	8440	8550	8650
H-394×398×11×18											
8-D29	ϕM_{Bx} (kN.m)	2240	2290	2330	2360	2380	2680	2780	2850	2900	2950
	ϕM_{By} (kN.m)	2240	2290	2330	2360	2380	2680	2780	2850	2900	2950
	$P_{ex}(KL)^2/10^3$ (kN.m^2)	5040	5170	5300	5410	5520	5040	5170	5300	5410	5520
	$P_{ey}(KL)^2/10^3$ (kN.m^2)	4300	4440	4560	4680	4790	4300	4440	4560	4680	4790
16-D29	ϕM_{Bx} (kN.m)	2840	2900	2930	2970	2990	3280	3380	3450	3510	3560
	ϕM_{By} (kN.m)	2840	2900	2930	2970	2990	3280	3380	3450	3510	3560
	$P_{ex}(KL)^2/10^3$ (kN.m^2)	5620	5750	5880	5990	6100	5620	5750	5880	5990	6100
	$P_{ey}(KL)^2/10^3$ (kN.m^2)	4880	5020	5140	5260	5360	4880	5020	5140	5260	5360
20-D35	ϕM_{Bx} (kN.m)	3880	3940	3980	4020	4040	4320	4410	4490	4550	4600
	ϕM_{By} (kN.m)	3880	3940	3980	4020	4040	4320	4410	4490	4550	4600
	$P_{ex}(KL)^2/10^3$ (kN.m^2)	6640	6770	6890	7000	7110	6640	6770	6890	7000	7110
	$P_{ey}(KL)^2/10^3$ (kN.m^2)	5900	6030	6150	6270	6370	5900	6030	6150	6270	6370
20-D43	ϕM_{Bx} (kN.m)	5020	5070	5120	5160	5190	5440	5540	5620	5680	5740
	ϕM_{By} (kN.m)	5020	5070	5120	5160	5190	5440	5540	5620	5680	5740
	$P_{ex}(KL)^2/10^3$ (kN.m^2)	7760	7890	8010	8120	8230	7760	7890	8010	8120	8230
	$P_{ey}(KL)^2/10^3$ (kN.m^2)	7020	7150	7270	7380	7490	7020	7150	7270	7380	7490
20-D51	ϕM_{Bx} (kN.m)	6310	6370	6420	6460	6500	6720	6830	6910	6980	7040
	ϕM_{By} (kN.m)	6310	6370	6420	6460	6500	6720	6830	6910	6980	7040
	$P_{ex}(KL)^2/10^3$ (kN.m^2)	9020	9150	9270	9380	9480	9020	9150	9270	9380	9480
	$P_{ey}(KL)^2/10^3$ (kN.m^2)	8280	8410	8530	8640	8750	8280	8410	8530	8640	8750

1) ϕM_{Bx}는 강축(x-x)에 대한 설계휨강도이다. ϕM_{By}는 약축(y-y)에 대한 설계휨강도이다.
2) P_{ex}는 강축(x-x)에 대한 탄성좌굴성능지수이다. P_{ey}는 약축(y-y)에 대한 탄성좌굴성능지수이다.

도움표 9.2 매입형 합성기둥의 설계휨강도 $\phi_b M_n$ (kN.m)

$b \times d = 1000 \times 1000$ mm

H형강 재질		SHN400 (F_y = 235 MPa)					SHN490 (F_y = 325 MPa)				
H형강치수 길이방향철근		f_{ck} (MPa)					f_{ck} (MPa)				
		30	35	40	45	50	30	35	40	45	50
H-394×405×18×18											
8-D29	ϕM_{Bx} (kN.m)	2420	2490	2540	2580	2610	2880	3000	3090	3170	3230
	ϕM_{By} (kN.m)	2420	2490	2540	2580	2610	2880	3000	3090	3170	3230
	$P_{ex}(KL)^2/10^3$ (kN.m²)	5240	5380	5510	5630	5740	5240	5380	5510	5630	5740
	$P_{ey}(KL)^2/10^3$ (kN.m²)	4450	4590	4720	4840	4950	4450	4590	4720	4840	4950
16-D29	ϕM_{Bx} (kN.m)	3020	3090	3140	3180	3220	3470	3600	3700	3770	3830
	ϕM_{By} (kN.m)	3020	3090	3140	3180	3220	3470	3600	3700	3770	3830
	$P_{ex}(KL)^2/10^3$ (kN.m²)	5820	5960	6090	6210	6320	5820	5960	6090	6210	6320
	$P_{ey}(KL)^2/10^3$ (kN.m²)	5030	5170	5300	5420	5530	5030	5170	5300	5420	5530
20-D35	ϕM_{Bx} (kN.m)	4060	4130	4190	4230	4270	4500	4630	4730	4810	4870
	ϕM_{By} (kN.m)	4060	4130	4190	4230	4270	4500	4630	4730	4810	4870
	$P_{ex}(KL)^2/10^3$ (kN.m²)	6830	6970	7100	7220	7330	6830	6970	7100	7220	7330
	$P_{ey}(KL)^2/10^3$ (kN.m²)	6050	6180	6310	6430	6540	6050	6180	6310	6430	6540
20-D43	ϕM_{Bx} (kN.m)	5190	5260	5320	5370	5410	5620	5760	5860	5940	6010
	ϕM_{By} (kN.m)	5190	5260	5320	5370	5410	5620	5760	5860	5940	6010
	$P_{ex}(KL)^2/10^3$ (kN.m²)	7960	8090	8220	8330	8440	7960	8090	8220	8330	8440
	$P_{ey}(KL)^2/10^3$ (kN.m²)	7170	7300	7430	7550	7660	7170	7300	7430	7550	7660
20-D51	ϕM_{Bx} (kN.m)	6480	6560	6620	6670	6710	6910	7040	7150	7230	7300
	ϕM_{By} (kN.m)	6480	6560	6620	6670	6710	6910	7040	7150	7230	7300
	$P_{ex}(KL)^2/10^3$ (kN.m²)	9220	9350	9480	9590	9700	9220	9350	9480	9590	9700
	$P_{ey}(KL)^2/10^3$ (kN.m²)	8430	8560	8690	8800	8910	8430	8560	8690	8800	8910
H-400×400×13×21											
8-D29	ϕM_{Bx} (kN.m)	2450	2520	2570	2610	2640	2900	3030	3130	3210	3270
	ϕM_{By} (kN.m)	2450	2520	2570	2610	2640	2900	3030	3130	3210	3270
	$P_{ex}(KL)^2/10^3$ (kN.m²)	5400	5540	5670	5790	5900	5400	5540	5670	5790	5900
	$P_{ey}(KL)^2/10^3$ (kN.m²)	4520	4660	4790	4910	5030	4520	4660	4790	4910	5030
16-D29	ϕM_{Bx} (kN.m)	3050	3120	3170	3220	3250	3500	3630	3730	3810	3870
	ϕM_{By} (kN.m)	3050	3120	3170	3220	3250	3500	3630	3730	3810	3870
	$P_{ex}(KL)^2/10^3$ (kN.m²)	5980	6120	6250	6370	6480	5980	6120	6250	6370	6480
	$P_{ey}(KL)^2/10^3$ (kN.m²)	5100	5240	5370	5490	5600	5100	5240	5370	5490	5600
20-D35	ϕM_{Bx} (kN.m)	4090	4160	4220	4260	4300	4530	4670	4770	4850	4910
	ϕM_{By} (kN.m)	4090	4160	4220	4260	4300	4530	4670	4770	4850	4910
	$P_{ex}(KL)^2/10^3$ (kN.m²)	6990	7130	7260	7370	7490	6990	7130	7260	7370	7490
	$P_{ey}(KL)^2/10^3$ (kN.m²)	6110	6250	6380	6500	6610	6110	6250	6380	6500	6610
20-D43	ϕM_{Bx} (kN.m)	5220	5290	5350	5400	5440	5650	5790	5890	5980	6050
	ϕM_{By} (kN.m)	5220	5290	5350	5400	5440	5650	5790	5890	5980	6050
	$P_{ex}(KL)^2/10^3$ (kN.m²)	8110	8250	8370	8490	8600	8110	8250	8370	8490	8600
	$P_{ey}(KL)^2/10^3$ (kN.m²)	7240	7370	7500	7620	7730	7240	7370	7500	7620	7730
20-D51	ϕM_{Bx} (kN.m)	6510	6590	6650	6700	6750	6930	7070	7180	7270	7340
	ϕM_{By} (kN.m)	6510	6590	6650	6700	6750	6930	7070	7180	7270	7340
	$P_{ex}(KL)^2/10^3$ (kN.m²)	9380	9510	9630	9750	9860	9380	9510	9630	9750	9860
	$P_{ey}(KL)^2/10^3$ (kN.m²)	8500	8630	8760	8880	8980	8500	8630	8760	8880	8980

1) ϕM_{Bx}는 강축(x-x)에 대한 설계휨강도이다. ϕM_{By}는 약축(y-y)에 대한 설계휨강도이다.

2) P_{ex}는 강축(x-x)에 대한 탄성좌굴성능지수이다. P_{ey}는 약축(y-y)에 대한 탄성좌굴성능지수이다.

도움표 9.2 매입형 합성기둥의 설계휨강도 $\phi_b M_n$ (kN.m)

$b \times d = 1000 \times 1000$ mm

H형강 재질		SHN400 (F_y = 235 MPa)					SHN490 (F_y = 325 MPa)				
H형강치수 길이방향철근		f_{ck} (MPa)					f_{ck} (MPa)				
		30	35	40	45	50	30	35	40	45	50
H-400×408×21×21											
8-D29	ϕM_{Bx} (kN.m)	2640	2730	2800	2850	2890	3100	3260	3390	3490	3570
	ϕM_{By} (kN.m)	2640	2730	2800	2850	2890	3090	3260	3390	3490	3570
	$P_{ex}(KL)^2/10^3$ (kN.m^2)	5630	5780	5910	6040	6150	5630	5780	5910	6040	6150
	$P_{ey}(KL)^2/10^3$ (kN.m^2)	4700	4840	4980	5110	5230	4700	4840	4980	5110	5230
16-D29	ϕM_{Bx} (kN.m)	3240	3330	3400	3450	3500	3690	3860	3980	4090	4170
	ϕM_{By} (kN.m)	3240	3330	3400	3450	3500	3690	3860	3980	4090	4170
	$P_{ex}(KL)^2/10^3$ (kN.m^2)	6210	6360	6490	6620	6730	6210	6360	6490	6620	6730
	$P_{ey}(KL)^2/10^3$ (kN.m^2)	5280	5420	5560	5690	5800	5280	5420	5560	5690	5800
20-D35	ϕM_{Bx} (kN.m)	4270	4370	4440	4500	4540	4720	4880	5020	5120	5200
	ϕM_{By} (kN.m)	4270	4370	4440	4500	4540	4720	4880	5020	5120	5200
	$P_{ex}(KL)^2/10^3$ (kN.m^2)	7220	7370	7500	7620	7740	7220	7370	7500	7620	7740
	$P_{ey}(KL)^2/10^3$ (kN.m^2)	6290	6440	6570	6690	6810	6290	6440	6570	6690	6810
20-D43	ϕM_{Bx} (kN.m)	5400	5500	5570	5630	5680	5840	6000	6140	6240	6330
	ϕM_{By} (kN.m)	5400	5500	5570	5630	5680	5830	6000	6140	6240	6330
	$P_{ex}(KL)^2/10^3$ (kN.m^2)	8340	8490	8620	8740	8860	8340	8490	8620	8740	8860
	$P_{ey}(KL)^2/10^3$ (kN.m^2)	7410	7550	7690	7810	7930	7410	7550	7690	7810	7930
20-D51	ϕM_{Bx} (kN.m)	6690	6790	6860	6930	6980	7120	7280	7420	7530	7620
	ϕM_{By} (kN.m)	6690	6790	6860	6930	6980	7110	7280	7420	7530	7620
	$P_{ex}(KL)^2/10^3$ (kN.m^2)	9610	9750	9880	10000	10100	9610	9750	9880	10000	10100
	$P_{ey}(KL)^2/10^3$ (kN.m^2)	8670	8810	8950	9070	9180	8670	8810	8950	9070	9180
H-406×403×16×24											
8-D29	ϕM_{Bx} (kN.m)	2660	2750	2820	2880	2920	3120	3290	3420	3520	3600
	ϕM_{By} (kN.m)	2660	2750	2820	2880	2920	3120	3290	3420	3520	3600
	$P_{ex}(KL)^2/10^3$ (kN.m^2)	5790	5940	6070	6200	6320	5790	5940	6070	6200	6320
	$P_{ey}(KL)^2/10^3$ (kN.m^2)	4760	4910	5050	5180	5300	4760	4910	5050	5180	5300
16-D29	ϕM_{Bx} (kN.m)	3260	3360	3430	3480	3530	3720	3880	4020	4120	4200
	ϕM_{By} (kN.m)	3260	3360	3430	3480	3530	3710	3880	4020	4120	4200
	$P_{ex}(KL)^2/10^3$ (kN.m^2)	6370	6520	6650	6780	6900	6370	6520	6650	6780	6900
	$P_{ey}(KL)^2/10^3$ (kN.m^2)	5340	5490	5630	5750	5870	5340	5490	5630	5750	5870
20-D35	ϕM_{Bx} (kN.m)	4300	4390	4470	4530	4570	4750	4910	5050	5150	5240
	ϕM_{By} (kN.m)	4300	4390	4470	4530	4570	4740	4910	5050	5150	5240
	$P_{ex}(KL)^2/10^3$ (kN.m^2)	7380	7530	7660	7790	7900	7380	7530	7660	7790	7900
	$P_{ey}(KL)^2/10^3$ (kN.m^2)	6360	6500	6640	6760	6880	6360	6500	6640	6760	6880
20-D43	ϕM_{Bx} (kN.m)	5420	5520	5600	5660	5710	5860	6030	6170	6280	6370
	ϕM_{By} (kN.m)	5420	5520	5600	5660	5710	5860	6030	6170	6280	6370
	$P_{ex}(KL)^2/10^3$ (kN.m^2)	8500	8650	8780	8900	9020	8500	8650	8780	8900	9020
	$P_{ey}(KL)^2/10^3$ (kN.m^2)	7480	7620	7750	7880	8000	7480	7620	7750	7880	8000
20-D51	ϕM_{Bx} (kN.m)	6710	6810	6890	6960	7010	7140	7310	7450	7560	7660
	ϕM_{By} (kN.m)	6710	6810	6890	6960	7010	7130	7310	7450	7560	7660
	$P_{ex}(KL)^2/10^3$ (kN.m^2)	9770	9910	10000	10200	10300	9770	9910	10000	10200	10300
	$P_{ey}(KL)^2/10^3$ (kN.m^2)	8740	8880	9010	9140	9250	8740	8880	9010	9140	9250

1) ϕM_{Bx}는 강축(x-x)에 대한 설계휨강도이다. ϕM_{By}는 약축(y-y)에 대한 설계휨강도이다.

2) P_{ex}는 강축(x-x)에 대한 탄성좌굴성능지수이다. P_{ey}는 약축(y-y)에 대한 탄성좌굴성능지수이다.

도움표 9.2 매입형 합성기둥의 설계휨강도 $\phi_b M_n$ (kN.m)

$b \times d$ = 1000 × 1000 mm

H형강 재질		SHN400 (F_y = 235 MPa)					SHN490 (F_y = 325 MPa)				
H형강치수 길이방향철근		f_{ck} (MPa)					f_{ck} (MPa)				
		30	35	40	45	50	30	35	40	45	50
H-414×405×18×28											
8-D29	ϕM_{Bx} (kN.m)	2870	2990	3090	3160	3220	3360	3530	3700	3830	3940
	ϕM_{By} (kN.m)	2870	2990	3090	3160	3220	3330	3530	3700	3830	3940
	$P_{ex}(KL)^2/10^3$ (kN.m^2)	6270	6420	6570	6700	6830	6270	6420	6570	6700	6830
	$P_{ey}(KL)^2/10^3$ (kN.m^2)	5050	5200	5350	5480	5610	5050	5200	5350	5480	5610
16-D29	ϕM_{Bx} (kN.m)	3470	3590	3690	3760	3820	3960	4130	4290	4430	4540
	ϕM_{By} (kN.m)	3470	3590	3690	3760	3820	3920	4120	4290	4430	4540
	$P_{ex}(KL)^2/10^3$ (kN.m^2)	6850	7000	7150	7280	7400	6850	7000	7150	7280	7400
	$P_{ey}(KL)^2/10^3$ (kN.m^2)	5630	5780	5930	6060	6190	5630	5780	5930	6060	6190
20-D35	ϕM_{Bx} (kN.m)	4500	4630	4720	4800	4860	4990	5150	5320	5460	5570
	ϕM_{By} (kN.m)	4500	4630	4720	4800	4860	4950	5140	5320	5460	5570
	$P_{ex}(KL)^2/10^3$ (kN.m^2)	7860	8010	8150	8290	8410	7860	8010	8150	8290	8410
	$P_{ey}(KL)^2/10^3$ (kN.m^2)	6640	6790	6940	7070	7190	6640	6790	6940	7070	7190
20-D43	ϕM_{Bx} (kN.m)	5620	5750	5850	5930	6000	6110	6270	6430	6580	6690
	ϕM_{By} (kN.m)	5620	5750	5850	5930	6000	6060	6260	6430	6580	6690
	$P_{ex}(KL)^2/10^3$ (kN.m^2)	8980	9130	9270	9400	9520	8980	9130	9270	9400	9520
	$P_{ey}(KL)^2/10^3$ (kN.m^2)	7760	7910	8050	8180	8310	7760	7910	8050	8180	8310
20-D51	ϕM_{Bx} (kN.m)	6900	7040	7140	7220	7290	7380	7550	7710	7850	7980
	ϕM_{By} (kN.m)	6900	7040	7140	7220	7290	7340	7530	7710	7850	7980
	$P_{ex}(KL)^2/10^3$ (kN.m^2)	10200	10400	10500	10700	10800	10200	10400	10500	10700	10800
	$P_{ey}(KL)^2/10^3$ (kN.m^2)	9020	9170	9310	9440	9560	9020	9170	9310	9440	9560
H-428×407×20×35											
8-D29	ϕM_{Bx} (kN.m)	3160	3320	3460	3570	3650	3760	3930	4100	4260	4410
	ϕM_{By} (kN.m)	3150	3320	3460	3570	3650	3640	3860	4070	4250	4410
	$P_{ex}(KL)^2/10^3$ (kN.m^2)	7090	7260	7410	7560	7690	7090	7260	7410	7560	7690
	$P_{ey}(KL)^2/10^3$ (kN.m^2)	5520	5690	5840	5990	6120	5520	5690	5840	5990	6120
16-D29	ϕM_{Bx} (kN.m)	3760	3920	4060	4170	4260	4360	4530	4690	4850	5010
	ϕM_{By} (kN.m)	3750	3920	4060	4170	4260	4230	4460	4660	4840	5010
	$P_{ex}(KL)^2/10^3$ (kN.m^2)	7670	7840	7990	8140	8270	7670	7840	7990	8140	8270
	$P_{ey}(KL)^2/10^3$ (kN.m^2)	6100	6260	6420	6560	6700	6100	6260	6420	6560	6700
20-D35	ϕM_{Bx} (kN.m)	4790	4950	5090	5200	5290	5390	5550	5720	5880	6030
	ϕM_{By} (kN.m)	4770	4950	5090	5200	5290	5250	5480	5680	5870	6030
	$P_{ex}(KL)^2/10^3$ (kN.m^2)	8680	8850	9000	9140	9280	8680	8850	9000	9140	9280
	$P_{ey}(KL)^2/10^3$ (kN.m^2)	7110	7270	7430	7570	7700	7110	7270	7430	7570	7700
20-D43	ϕM_{Bx} (kN.m)	5910	6070	6210	6320	6420	6500	6670	6830	6990	7140
	ϕM_{By} (kN.m)	5890	6060	6210	6320	6420	6360	6590	6790	6980	7140
	$P_{ex}(KL)^2/10^3$ (kN.m^2)	9800	9960	10100	10300	10400	9800	9960	10100	10300	10400
	$P_{ey}(KL)^2/10^3$ (kN.m^2)	8230	8390	8540	8680	8820	8230	8390	8540	8680	8820
20-D51	ϕM_{Bx} (kN.m)	7190	7340	7490	7610	7710	7780	7950	8110	8260	8410
	ϕM_{By} (kN.m)	7170	7340	7490	7610	7710	7630	7860	8060	8250	8410
	$P_{ex}(KL)^2/10^3$ (kN.m^2)	11100	11200	11400	11500	11600	11100	11200	11400	11500	11600
	$P_{ey}(KL)^2/10^3$ (kN.m^2)	9490	9650	9800	9940	10100	9490	9650	9800	9940	10100

1) ϕM_{Bx}는 강축(x-x)에 대한 설계휨강도이다. ϕM_{By}는 약축(y-y)에 대한 설계휨강도이다.
2) P_{ex}는 강축(x-x)에 대한 탄성좌굴성능지수이다. P_{ey}는 약축(y-y)에 대한 탄성좌굴성능지수이다.

도움표 9.2 매입형 합성기둥의 설계휨강도 $\phi_b M_n$ (kN.m)

$b \times d = 1000 \times 1000$ mm

H형강 재질		SHN400 (F_y = 235 MPa)					SHN490 (F_y = 325 MPa)				
H형강치수 길이방향철근		f_{ck} (MPa)					f_{ck} (MPa)				
		30	35	40	45	50	30	35	40	45	50
H-458×417×30×50											
8-D29	ϕM_{Bx} (kN.m)	3930	4100	4260	4410	4560	4810	4990	5160	5330	5490
	ϕM_{By} (kN.m)	3740	3970	4190	4380	4550	4300	4600	4860	5110	5340
	$P_{ex}(KL)^2/10^3$ (kN.m^2)	9200	9400	9580	9750	9910	9200	9400	9580	9750	9910
	$P_{ey}(KL)^2/10^3$ (kN.m^2)	6720	6920	7100	7280	7440	6720	6920	7100	7280	7440
16-D29	ϕM_{Bx} (kN.m)	4530	4690	4850	5000	5150	5410	5580	5750	5920	6080
	ϕM_{By} (kN.m)	4330	4570	4780	4970	5140	4890	5180	5450	5700	5920
	$P_{ex}(KL)^2/10^3$ (kN.m^2)	9780	9980	10200	10300	10500	9780	9980	10200	10300	10500
	$P_{ey}(KL)^2/10^3$ (kN.m^2)	7290	7490	7680	7850	8010	7290	7490	7680	7850	8010
20-D35	ϕM_{Bx} (kN.m)	5560	5720	5880	6030	6170	6440	6610	6780	6940	7100
	ϕM_{By} (kN.m)	5350	5590	5800	5990	6160	5910	6200	6470	6710	6940
	$P_{ex}(KL)^2/10^3$ (kN.m^2)	10800	11000	11200	11300	11500	10800	11000	11200	11300	11500
	$P_{ey}(KL)^2/10^3$ (kN.m^2)	8300	8500	8680	8850	9010	8300	8500	8680	8850	9010
20-D43	ϕM_{Bx} (kN.m)	6680	6840	6990	7140	7290	7550	7730	7890	8050	8210
	ϕM_{By} (kN.m)	6460	6700	6910	7100	7270	7020	7310	7570	7810	8040
	$P_{ex}(KL)^2/10^3$ (kN.m^2)	11900	12100	12300	12400	12600	11900	12100	12300	12400	12600
	$P_{ey}(KL)^2/10^3$ (kN.m^2)	9420	9610	9790	9960	10100	9420	9610	9790	9960	10100
20-D51	ϕM_{Bx} (kN.m)	7960	8120	8270	8420	8560	8830	9000	9170	9330	9480
	ϕM_{By} (kN.m)	7730	7970	8180	8370	8540	8280	8570	8830	9070	9300
	$P_{ex}(KL)^2/10^3$ (kN.m^2)	13200	13300	13500	13700	13800	13200	13300	13500	13700	13800
	$P_{ey}(KL)^2/10^3$ (kN.m^2)	10700	10900	11000	11200	11400	10700	10900	11000	11200	11400
H-498×432×45×70											
8-D29	ϕM_{Bx} (kN.m)	5090	5260	5430	5590	5740	6400	6580	6760	6930	7100
	ϕM_{By} (kN.m)	4430	4730	5000	5260	5490	5120	5470	5800	6110	6400
	$P_{ex}(KL)^2/10^3$ (kN.m^2)	12500	12700	12900	13100	13300	12500	12700	12900	13100	13300
	$P_{ey}(KL)^2/10^3$ (kN.m^2)	8500	8750	8970	9190	9390	8500	8750	8970	9190	9390
16-D29	ϕM_{Bx} (kN.m)	5690	5860	6020	6180	6340	6990	7170	7350	7520	7690
	ϕM_{By} (kN.m)	5020	5320	5590	5840	6080	5710	6060	6390	6690	6980
	$P_{ex}(KL)^2/10^3$ (kN.m^2)	13000	13300	13500	13700	13900	13000	13300	13500	13700	13900
	$P_{ey}(KL)^2/10^3$ (kN.m^2)	9070	9320	9550	9760	9960	9070	9320	9550	9760	9960
20-D35	ϕM_{Bx} (kN.m)	6720	6880	7050	7210	7360	8020	8200	8370	8550	8710
	ϕM_{By} (kN.m)	6040	6330	6600	6860	7090	6720	7070	7390	7700	7990
	$P_{ex}(KL)^2/10^3$ (kN.m^2)	14000	14300	14500	14700	14900	14000	14300	14500	14700	14900
	$P_{ey}(KL)^2/10^3$ (kN.m^2)	10100	10300	10500	10800	11000	10100	10300	10500	10800	11000
20-D43	ϕM_{Bx} (kN.m)	7830	8000	8160	8320	8470	9140	9310	9490	9660	9820
	ϕM_{By} (kN.m)	7140	7440	7710	7960	8190	7820	8170	8490	8790	9080
	$P_{ex}(KL)^2/10^3$ (kN.m^2)	15200	15400	15600	15800	16000	15200	15400	15600	15800	16000
	$P_{ey}(KL)^2/10^3$ (kN.m^2)	11200	11400	11700	11900	12100	11200	11400	11700	11900	12100
20-D51	ϕM_{Bx} (kN.m)	9110	9280	9440	9590	9740	10400	10600	10800	10900	11100
	ϕM_{By} (kN.m)	8410	8700	8970	9220	9450	9080	9420	9740	10000	10300
	$P_{ex}(KL)^2/10^3$ (kN.m^2)	16400	16600	16900	17100	17200	16400	16600	16900	17100	17200
	$P_{ey}(KL)^2/10^3$ (kN.m^2)	12400	12700	12900	13100	13300	12400	12700	12900	13100	13300

1) ϕM_{Bx}는 강축(x-x)에 대한 설계휨강도이다. ϕM_{By}는 약축(y-y)에 대한 설계휨강도이다.
2) P_{ex}는 강축(x-x)에 대한 탄성좌굴성능지수이다. P_{ey}는 약축(y-y)에 대한 탄성좌굴성능지수이다.

도움표 9.3 시어스터드 1개의 설계전단강도 $\phi_v Q_n$ (kN)

F_u = 400 MPa　　보통콘크리트(m_c= 2,300 kg/m^3)

스터드		공칭전단강도 Q_n (kN)						설계전단강도 $\phi_v Q_n$ (kN)					
직경	최소길이	설계기준압축강도 f_{ck}, MPa						설계기준압축강도 f_{ck}, MPa					
mm	mm	27	30	35	40	45	50	27	30	35	40	45	50
16	**80**	80.4	80.4	80.4	80.4	80.4	80.4	52.3	52.3	52.3	52.3	52.3	52.3
19	**95**	113	113	113	113	113	113	73.7	73.7	73.7	73.7	73.7	73.7
22	**110**	152	152	152	152	152	152	98.8	98.8	98.8	98.8	98.8	98.8
25	**125**	196	196	196	196	196	196	128	128	128	128	128	128

1) 시어스터드 1개의 설계전단강도는 2010 AISC Specification의 관련기준에 따라서 계산되었다.
$\phi_v = 0.65$, $Q_n = A_s F_u$
콘크리트설계기준압축강도가 $f_{ck} \geq$ 24MPa인 경우의 스터드 전단강도는 강재단면의 인장항복강도에 의해 결정된다.
2) 스터드의 설계기준인장강도는 400MPa를 적용하였다.
3) 스터드의 직경은 16mm≦d≦25mm를 사용한다. (EC4의 제한)
4) 스터드의 최소길이는 5d로 한다. (AISC2010의 제한)

제9장

11 장

H형강 이음 및 접합부

도움표 11.1-400 H형강 보의 볼트이음

F10T, SHN400(F_y = 235MPa), 전강도

H형강 치수	단면 설계강도[1]		이음부 일람표									이음부 설계강도			
			볼트	플랜지					웨브			지압접합[2]		마찰접합[3]	
	휨모멘트	전단력	직경	볼트열	게이지		외이음판	내이음판	볼트열		이음판	휨모멘트	전단력	휨모멘트	전단력
	kN.m	kN	mm	mxn	g_1	g_2	두께x폭x길이	두께x폭x길이	mxn	Pc	두께x춤x너비	kN.m	kN	kN.m	kN
H-100x100x6x8	18.5	84.6	16	2x2	56	-	12x100x320	-	1x4	-	6x60x680	21.6	86.4	21.1	422
H-125x125x6.5x9	32.5	115	16	2x3	75	-	12x125x470	-	1x4	-	6x80x680	38.3	130	39.6	422
H-148x100x6x9	33.2	125	16	2x2	56	-	16x100x320	-	1x4	-	6x80x620	35.7	130	31.2	422
H-150x150x7x10	52.0	148	20	2x2	90	-	9x150x320	9x60x320	1x4	-	9x80x680	54.6	181	92.3	659
H-198x99x4.5x7	38.0	126	16	2x2	56	-	12x100x320	-	2x4	60	6x140x620	42.8	216	41.8	844
H-200x100x5.5x8	44.3	155	16	2x2	56	-	16x100x320	-	2x4	60	6x140x620	48.2	216	42.2	844
H-194x150x6x9	65.3	164	20	2x2	90	-	9x150x320	9x60x320	2x4	60	6x140x680	65.3	199	122	1320
H-200x200x8x12	111	226	20	2x3	130	-	9x195x470	12x70x470	2x4	60	9x140x680	133	298	186	1320
H-200x204x12x12	120	338	20	2x3	130	-	9x195x470	12x70x470	2x4	60	12x140x680	135	397	186	1320
H-208x202x10x16	150	293	20	2x3	130	-	12x195x470	16x70x470	2x4	60	9x140x680	183	298	190	1320
H-248x124x5x8	67.5	175	16	2x3	75	-	12x125x470	-	3x3	60	6x200x470	75.9	302	78.5	950
H-250x125x6x9	77.4	212	16	2x3	75	-	16x125x470	-	3x3	60	6x200x470	90.4	302	79.1	950
H-244x175x7x11	118	241	20	2x3	105	-	9x170x470	12x70x470	3x2	60	9x200x320	152	415	230	989
H-244x252x11x11	169	378	20	2x4	160	-	9x240x620	12x90x620	3x2	60	12x200x320	209	553	307	989
H-248x249x8x13	187	280	20	2x3	160	-	9x240x470	12x90x470	3x2	60	9x200x320	191	415	232	989
H-250x250x9x14	203	317	20	2x3	160	-	9x240x470	12x90x470	3x2	60	12x200x320	207	553	233	989
H-250x255x14x14	220	494	20	2x4	160	-	12x240x620	16x90x620	3x2	60	16x200x320	271	737	311	989
H-298x149x5.5x8	100	231	20	2x3	90	-	9x150x470	9x60x470	3x3	60	6x200x470	133	276	287	1480
H-300x150x6.5x9	115	275	20	2x3	90	-	9x150x470	12x60x470	3x3	60	6x200x470	150	276	288	1480

1) 횡좌굴을 고려하지 않은 볼트구멍이 없는 H형강단면의 설계휨강도와 설계전단강도

2) F10T, 표준크기구멍을 적용한 지압볼트이음의 설계강도로 강도하중에 대한 설계강도, 이 설계강도는 H형강의 설계강도와 이음판의 설계강도를 고려한 접합부의 설계강도이다.

3) F10T, 표준크기구멍을 적용한 마찰볼트이음의 설계미끄럼강도로 사용하중에 대한 설계미끄럼강도, 이 설계강도는 H형강의 설계강도 또는 이음판을 고려한 설계강도가 아니고 단순히 볼트의 설계미끄럼강도에 의한 접합부의 설계강도로 전단 면의 미끄럼을 확인하기 위한 설계강도이다. 고력볼트의 설계미끄럼강도의 강도감소계수 $\phi = 1.0$이다.

제11장

도움표 11.1-400 H형강 보의 볼트이음

F10T, SHN400(F_y = 235MPa), 전강도

H형강 치수	단면 설계강도[1]		이음부 일람표									이음부 설계강도			
			볼트	플랜지					웨브			지압접합[2]		마찰접합[3]	
	휨모멘트	전단력	직경	볼트열	게이지		외이음판	내이음판	볼트열		이음판	휨모멘트	전단력	휨모멘트	전단력
	kN.m	kN	mm	mxn	g_1	g_2	두께x폭x길이	두께x폭x길이	mxn	Pc	두께x춤x너비	kN.m	kN	kN.m	kN
H-294x200x8x12	182	332	20	2x3	130	-	9x195x470	12x70x470	3x3	60	9x200x470	200	415	279	1480
H-298x201x9x14	211	378	20	2x3	130	-	12x195x470	16x70x470	3x3	60	9x200x470	236	415	281	1480
H-294x302x12x12	263	497	22	4x2.0	150	40	9x290x560	12x110x560	3x2	60	12x200x320	313	527	450	1200
H-298x299x9x14	294	378	22	4x2.0	150	40	9x290x560	12x110x560	3x2	60	9x200x320	315	395	453	1200
H-300x300x10x15	317	423	22	4x2.0	150	40	12x290x560	12x110x560	3x2	60	9x200x320	369	527	455	1200
H-300x305x15x15	341	635	22	4x2.0	150	40	12x290x560	16x110x560	3x3	60	12x200x470	418	703	455	1800
H-304x301x11x17	361	472	22	4x2.0	150	40	12x290x560	16x110x560	3x3	60	9x200x470	425	527	458	1800
H-310x305x15x20	440	656	22	4x2.0	150	40	16x290x560	19x110x560	3x3	60	16x200x470	498	703	463	1800
H-310x310x20x20	465	874	22	4x2.0	150	40	16x290x560	19x110x560	3x4	60	19x200x620	498	966	463	2390
H-346x174x6x9	151	293	20	2x3	105	-	9x170x470	9x70x470	3x4	60	6x200x620	179	415	333	1980
H-350x175x7x11	184	345	20	2x3	105	-	9x170x470	12x70x470	3x4	60	9x200x620	221	415	335	1980
H-354x176x8x13	216	399	20	2x3	105	-	9x170x470	12x70x470	3x4	60	9x200x620	225	415	337	1980
H-336x249x8x12	257	379	20	2x4	160	-	9x240x620	12x90x620	3x3	60	9x200x470	296	415	427	1480
H-340x250x9x14	299	431	20	2x4	160	-	12x240x620	16x90x620	3x3	60	9x200x470	370	553	430	1480
H-338x351x13x13	374	620	22	4x4	150	60	9x340x620	16x140x620	3x3	60	12x200x470	413	703	1040	1800
H-344x348x10x16	449	485	22	4x4	150	60	12x340x620	19x140x620	3x3	60	12x200x470	512	527	1050	1800
H-344x354x16x16	486	776	22	4x4	150	60	12x340x620	19x140x620	3x3	60	16x200x470	517	834	1050	1800
H-350x350x12x19	538	592	22	4x4	150	60	12x340x620	22x140x620	3x3	60	12x200x470	570	615	1060	1800
H-350x357x19x19	584	938	22	4x4	150	60	16x340x620	25x140x620	3x4	60	22x200x620	623	966	1060	2390

1) 횡좌굴을 고려하지 않은 볼트구멍이 없는 H형강단면의 설계휨강도와 설계전단강도
2) F10T, 표준크기구멍을 적용한 지압볼트이음의 설계강도로 강도하중에 대한 설계강도, 이 설계강도는 H형강의 설계강도와 이음판의 설계강도를 고려한 접합부의 설계강도이다.
3) F10T, 표준크기구멍을 적용한 마찰볼트이음의 설계미끄럼강도로 사용하중에 대한 설계미끄럼강도, 이 설계강도는 H형강의 설계강도 또는 이음판을 고려한 설계강도가 아니고 단순히 볼트의 설계미끄럼강도에 의한 접합부의 설계강도로 전단 면의 미끄럼을 확인하기 위한 설계강도이다. 고력볼트의 설계미끄럼강도의 강도감소계수 $\phi = 1.0$이다.

도움표 11.1-400 H형강 보의 볼트이음

F10T, SHN400(F_y = 235MPa), 전강도

H형강 치수	단면 설계강도[1]		이음부 일람표									이음부 설계강도			
			볼트	플랜지					웨브			지압접합[2]		마찰접합[3]	
	휨모멘트	전단력	직경	볼트열	게이지		외이음판	내이음판	볼트열		이음판	휨모멘트	전단력	휨모멘트	전단력
	kN.m	kN	mm	mxn	g_1	g_2	두께x폭x길이	두께x폭x길이	mxn	Pc	두께x춤x너비	kN.m	kN	kN.m	kN
H-396x199x7x11	239	391	20	2x3	130	-	9x195x470	12x70x470	4x2	60	6x260x320	250	531	381	1320
H-400x200x8x13	281	451	20	2x3	130	-	9x195x470	16x70x470	4x2	60	9x260x320	298	531	383	1320
H-404x201x9x15	323	513	20	2x3	130	-	12x195x470	16x70x470	4x2	60	9x260x320	346	531	385	1320
H-386x299x9x14	406	490	22	4x2.0	150	40	9x290x560	12x110x560	4x2	60	9x260x320	413	505	594	1600
H-390x300x10x16	463	550	22	4x2.0	150	40	12x290x560	16x110x560	4x2	60	9x260x320	554	674	597	1600
H-388x402x15x15	567	821	22	4x4	160	80	12x390x620	12x160x620	4x2	60	14x260x320	589	899	1190	1600
H-394x398x11x18	660	611	22	4x4	160	80	12x390x620	16x160x620	4x2	60	12x260x320	708	674	1200	1600
H-394x405x18x18	717	1000	22	4x4	160	80	12x390x620	16x160x620	4x3	60	16x260x470	717	1070	1200	2390
H-400x400x13x21	777	733	22	4x4	160	80	16x390x620	16x160x620	4x2	60	12x260x320	835	786	1210	1600
H-400x408x21x21	844	1180	22	4x4	160	80	16x390x620	19x160x620	4x4	60	19x260x620	846	1240	1210	3190
H-406x403x16x24	905	916	22	4x4	160	80	16x390x620	19x160x620	4x2	60	14x260x320	967	1070	1220	1600
H-414x405x18x28	1060	1050	22	4x4	160	80	19x390x620	22x160x620	4x3	60	19x260x470	1140	1070	1230	2390
H-428x407x20x35	1330	1210	22	4x4	160	80	22x390x620	28x160x620	4x4	60	19x260x620	1430	1240	1250	3190
H-446x199x8x12	307	503	20	2x3	130	-	9x195x470	16x70x470	3x3	120	9x320x470	307	804	429	1480
H-450x200x9x14	355	571	20	2x3	130	-	12x195x470	16x70x470	3x3	120	9x320x470	361	804	431	1480
H-434x299x10x15	504	612	22	4x2.0	150	40	12x290x560	16x110x560	5x1	60	9x320x170	609	616	669	997
H-440x300x11x18	597	682	22	4x2.0	150	40	12x290x560	16x110x560	5x1	60	12x320x170	625	713	673	997
H-496x199x9x14	405	629	20	2x3	130	-	12x195x470	16x70x470	4x2	90	9x350x320	405	823	477	1320
H-500x200x10x16	460	705	20	2x3	130	-	12x195x470	19x70x470	4x2	90	9x350x320	460	823	479	1320

1) 횡좌굴을 고려하지 않은 볼트구멍이 없는 H형강단면의 설계휨강도와 설계전단강도
2) F10T, 표준크기구멍을 적용한 지압볼트이음의 설계강도로 강도하중에 대한 설계강도, 이 설계강도는 H형강의 설계강도와 이음판의 설계강도를 고려한 접합부의 설계강도이다.
3) F10T, 표준크기구멍을 적용한 마찰볼트이음의 설계미끄럼강도로 사용하중에 대한 설계미끄럼강도, 이 설계강도는 H형강의 설계강도 또는 이음판을 고려한 설계강도가 아니고 단순히 볼트의 설계미끄럼강도에 의한 접합부의 설계강도로 전단 면의 미끄럼을 확인하기 위한 설계강도이다. 고력볼트의 설계미끄럼강도의 강도감소계수 $\phi = 1.0$이다.

제11장

도움표 11.1-400 H형강 보의 볼트이음

F10T, SHN400(F_y = 235MPa), 전강도

H형강 치수	단면 설계강도[1]		이음부 일람표									이음부 설계강도			
			볼트	플랜지					웨브			지압접합[2]		마찰접합[3]	
	휨모멘트	전단력	직경	볼트열	게이지		외이음판	내이음판	볼트열		이음판	휨모멘트	전단력	휨모멘트	전단력
	kN.m	kN	mm	mxn	g_1	g_2	두께x폭x길이	두께x폭x길이	mxn	Pc	두께x춤x너비	kN.m	kN	kN.m	kN
H-506x201x11x19	537	785	20	2x3	130	-	16x195x470	22x70x470	4x2	90	9x350x320	549	823	482	1320
H-482x300x11x15	590	748	22	4x2.0	150	40	12x290x560	16x110x560	4x2	90	9x350x320	679	797	745	1600
H-488x300x11x18	683	757	22	4x2.0	150	40	12x290x560	16x110x560	4x2	90	9x350x320	696	797	750	1600
H-596x199x10x15	561	840	20	2x4	130	-	12x195x620	19x70x620	7x1	60	12x440x170	612	958	766	1150
H-600x200x11x17	630	931	20	2x4	130	-	16x195x620	22x70x620	7x1	60	12x440x170	764	1050	769	1150
H-606x201x12x20	726	1030	20	2x4	130	-	16x195x620	25x70x620	7x1	60	12x440x170	818	1150	773	1150
H-612x202x13x23	823	1120	20	2x4	130	-	19x195x620	28x70x620	7x1	60	14x440x170	888	1240	777	1150
H-582x300x12x17	838	985	22	4x2.0	150	40	16x290x560	16x110x560	7x1	60	12x440x170	902	1090	902	1400
H-588x300x12x20	949	995	22	4x2.0	150	40	16x290x560	19x110x560	7x1	60	12x440x170	976	1090	906	1400
H-594x302x14x23	1100	1170	22	4x2.5	150	40	16x290x690	22x110x690	7x1	60	14x440x170	1140	1270	1140	1400
H-692x300x13x20	1190	1270	22	4x2.5	150	40	16x290x690	22x110x690	8x1	60	14x500x170	1350	1350	1340	1600
H-700x300x13x24	1370	1280	22	4x2.5	150	40	19x290x690	22x110x690	8x1	60	14x500x170	1480	1350	1350	1600
H-708x302x15x28	1600	1500	22	4x3.0	150	40	22x290x820	28x110x820	8x1	60	16x500x170	1800	1560	1630	1600
H-792x300x14x22	1540	1560	22	4x2.5	150	40	19x290x690	22x110x690	9x1	60	14x560x170	1690	1630	1540	1800
H-800x300x14x26	1740	1580	22	4x2.5	150	40	19x290x690	25x110x690	9x1	60	14x560x170	1760	1630	1540	1800
H-808x302x16x30	2020	1820	22	4x3.0	150	40	22x290x820	28x110x820	9x1	60	16x560x170	2060	1870	1860	1800
H-890x299x15x23	1890	1880	22	4x2.5	150	40	19x290x690	25x110x690	10x1	60	16x620x170	1980	1940	1730	1990
H-900x300x16x28	2210	2030	22	4x3.0	150	40	22x290x820	28x110x820	11x1	60	16x680x170	2310	2270	2090	2190
H-912x302x18x34	2640	2310	22	4x3.5	150	40	25x290x950	35x110x950	11x1	60	19x680x170	2780	2510	2450	2190
H-918x303x19x37	2860	2460	22	4x4.0	150	40	28x290x1080	38x110x1080	12x1	60	19x740x170	3070	2740	2810	2390

1) 횡좌굴을 고려하지 않은 볼트구멍이 없는 H형강단면의 설계휨강도와 설계전단강도
2) F10T, 표준크기구멍을 적용한 지압볼트이음의 설계강도로 강도하중에 대한 설계강도, 이 설계강도는 H형강의 설계강도와 이음판의 설계강도를 고려한 접합부의 설계강도이다.
3) F10T, 표준크기구멍을 적용한 마찰볼트이음의 설계미끄럼강도로 사용하중에 대한 설계미끄럼강도, 이 설계강도는 H형강의 설계강도 또는 이음판을 고려한 설계강도가 아니고 단순히 볼트의 설계미끄럼강도에 의한 접합부의 설계강도로 전단 면의 미끄럼을 확인하기 위한 설계강도이다. 고력볼트의 설계미끄럼강도의 강도감소계수 $\phi = 1.0$이다.

도움표 11.1-400 H형강 보의 볼트이음

F10T, SHN400(F_y = 235MPa), 75%부분 강도

H형강 치수	단면 설계강도[1]		이음부 일람표									이음부 설계강도			
			볼트	플랜지					웨브			지압접합[2]		마찰접합[3]	
	휨모멘트	전단력	직경	볼트열	게이지		외이음판	내이음판	볼트열		이음판	휨모멘트	전단력	휨모멘트	전단력
	kN.m	kN	mm	mxn	g_1	g_2	두께x폭x길이	두께x폭x길이	mxn	Pc	두께x춤x너비	kN.m	kN	kN.m	kN
H-100x100x6x8	13.9	63.5	16	2x2	56	-	9x100x320	-	1x4	-	6x60x680	16.2	86.4	21.1	422
H-125x125x6.5x9	24.3	85.9	16	2x2	75	-	9x125x320	-	1x4	-	6x80x680	28.7	130	26.4	422
H-148x100x6x9	24.9	93.9	16	2x2	56	-	12x100x320	-	1x4	-	6x80x620	32.0	130	31.2	422
H-150x150x7x10	39.0	111	20	2x2	90	-	9x150x320	9x60x320	1x4	-	6x80x680	54.6	121	92.3	659
H-198x99x4.5x7	28.5	94.2	16	2x2	56	-	9x100x320	-	2x3	60	6x140x470	32.1	216	41.8	633
H-200x100x5.5x8	33.2	116	16	2x2	56	-	12x100x320	-	2x3	60	6x140x470	43.2	216	42.2	633
H-194x150x6x9	48.9	123	20	2x2	90	-	9x150x320	9x60x320	2x2	60	6x140x380	65.0	199	122	659
H-200x200x8x12	83.4	169	20	2x2	130	-	9x195x320	9x70x320	2x2	60	6x140x380	92.0	199	124	659
H-200x204x12x12	89.7	254	20	2x2	130	-	9x195x320	9x70x320	2x2	60	9x140x380	93.6	298	124	659
H-208x202x10x16	113	220	20	2x2	130	-	9x195x320	12x70x320	2x2	60	9x140x380	126	298	127	659
H-248x124x5x8	50.7	131	16	2x2	75	-	9x125x320	-	2x4	60	6x140x620	56.9	216	52.3	844
H-250x125x6x9	58.0	159	16	2x2	75	-	12x125x320	-	2x4	60	6x140x620	60.3	216	52.8	844
H-244x175x7x11	88.6	181	20	2x2	105	-	9x170x320	9x70x320	2x3	60	6x140x470	105	199	154	989
H-244x252x11x11	127	284	20	2x3	160	-	9x240x470	9x90x470	2x3	60	9x140x470	162	298	230	989
H-248x249x8x13	140	210	20	2x3	160	-	9x240x470	9x90x470	2x3	60	9x140x470	188	298	232	989
H-250x250x9x14	152	238	20	2x3	160	-	9x240x470	9x90x470	2x3	60	9x140x470	189	298	233	989
H-250x255x14x14	165	370	20	2x3	160	-	9x240x470	12x90x470	2x3	60	12x140x470	210	397	233	989
H-298x149x5.5x8	75.4	173	20	2x2	90	-	9x150x320	9x60x320	3x2	60	6x200x320	90.1	276	191	989
H-300x150x6.5x9	86.0	206	20	2x2	90	-	9x150x320	9x60x320	3x2	60	6x200x320	102	276	192	989

1) 횡좌굴을 고려하지 않은 볼트구멍이 없는 H형강단면의 설계휨강도와 설계전단강도
2) F10T, 표준크기구멍을 적용한 지압볼트이음의 설계강도로 강도하중에 대한 설계강도, 이 설계강도는 H형강의 설계강도와 이음판의 설계강도를 고려한 접합부의 설계강도이다.
3) F10T, 표준크기구멍을 적용한 마찰볼트이음의 설계미끄럼강도로 사용하중에 대한 설계미끄럼강도, 이 설계강도는 H형강의 설계강도 또는 이음판을 고려한 설계강도가 아니고 단순히 볼트의 설계미끄럼강도에 의한 접합부의 설계강도로 전단 면의 미끄럼을 확인하기 위한 설계강도이다. 고력볼트의 설계미끄럼강도의 강도감소계수 $\phi = 1.0$이다.

제11장

도움표 11.1-400 H형강 보의 볼트이음

F10T, SHN400(F_y = 235MPa), 75%부분 강도

H형강 치수	단면 설계강도[1]		이음부 일람표									이음부 설계강도			
			볼트	플랜지					웨브			지압접합[2]		마찰접합[3]	
	휨모멘트	전단력	직경	볼트열	게이지		외이음판	내이음판	볼트열		이음판	휨모멘트	전단력	휨모멘트	전단력
	kN.m	kN	mm	mxn	g_1	g_2	두께x폭x길이	두께x폭x길이	mxn	Pc	두께x춤x너비	kN.m	kN	kN.m	kN
H-294x200x8x12	136	249	20	2x2	130	-	9x195x320	9x70x320	3x2	60	6x200x320	138	276	186	989
H-298x201x9x14	159	284	20	2x2	130	-	9x195x320	12x70x320	3x2	60	9x200x320	163	415	187	989
H-294x302x12x12	197	373	22	4x1.5	150	40	9x290x430	9x110x430	3x2	60	9x200x320	244	395	338	1200
H-298x299x9x14	220	284	22	4x1.5	150	40	9x290x430	9x110x430	3x2	60	9x200x320	276	395	340	1200
H-300x300x10x15	238	317	22	4x1.5	150	40	9x290x430	9x110x430	3x2	60	9x200x320	277	395	341	1200
H-300x305x15x15	256	476	22	4x1.5	150	40	9x290x430	12x110x430	3x2	60	12x200x320	302	527	341	1200
H-304x301x11x17	271	354	22	4x1.5	150	40	9x290x430	12x110x430	3x2	60	9x200x320	319	395	343	1200
H-310x305x15x20	330	492	22	4x1.5	150	40	12x290x430	16x110x430	3x2	60	12x200x320	366	527	347	1200
H-310x310x20x20	349	656	22	4x1.5	150	40	12x290x430	16x110x430	3x3	60	16x200x470	366	703	347	1800
H-346x174x6x9	114	220	20	2x2	105	-	9x170x320	9x70x320	3x2	60	6x200x320	123	276	222	989
H-350x175x7x11	138	259	20	2x2	105	-	9x170x320	9x70x320	3x2	60	6x200x320	152	276	224	989
H-354x176x8x13	162	299	20	2x2	105	-	9x170x320	9x70x320	3x2	60	9x200x320	182	415	225	989
H-336x249x8x12	193	284	20	2x3	160	-	9x240x470	9x90x470	3x2	60	9x200x320	243	415	320	989
H-340x250x9x14	224	324	20	2x3	160	-	9x240x470	12x90x470	3x2	60	9x200x320	286	415	322	989
H-338x351x13x13	280	465	22	4x3	150	60	9x340x470	12x140x470	3x2	60	12x200x320	340	527	778	1200
H-344x348x10x16	337	364	22	4x3	150	60	9x340x470	16x140x470	3x2	60	9x200x320	417	395	785	1200
H-344x354x16x16	365	582	22	4x3	150	60	9x340x470	16x140x470	3x2	60	14x200x320	417	615	785	1200
H-350x350x12x19	404	444	22	4x3	150	60	9x340x470	16x140x470	3x2	60	12x200x320	421	527	792	1200
H-350x357x19x19	438	703	22	4x3	150	60	12x340x470	19x140x470	3x3	60	19x200x470	512	834	792	1800

1) 횡좌굴을 고려하지 않은 볼트구멍이 없는 H형강단면의 설계휨강도와 설계전단강도
2) F10T, 표준크기구멍을 적용한 지압볼트이음의 설계강도로 강도하중에 대한 설계강도, 이 설계강도는 H형강의 설계강도와 이음판의 설계강도를 고려한 접합부의 설계강도이다.
3) F10T, 표준크기구멍을 적용한 마찰볼트이음의 설계미끄럼강도로 사용하중에 대한 설계미끄럼강도, 이 설계강도는 H형강의 설계강도 또는 이음판을 고려한 설계강도가 아니고 단순히 볼트의 설계미끄럼강도에 의한 접합부의 설계강도로 전단 면의 미끄럼을 확인하기 위한 설계강도이다. 고력볼트의 설계미끄럼강도의 강도감소계수 $\phi = 1.0$이다.

도움표 11.1-400 H형강 보의 볼트이음

F10T, SHN400(F_y = 235MPa), 75%부분 강도

H형강 치수	단면 설계강도[1]		이음부 일람표									이음부 설계강도			
			볼트	플랜지					웨브			지압접합[2]		마찰접합[3]	
	휨모멘트	전단력	직경	볼트열	게이지		외이음판	내이음판	볼트열		이음판	휨모멘트	전단력	휨모멘트	전단력
	kN.m	kN	mm	mxn	g_1	g_2	두께x폭x길이	두께x폭x길이	mxn	Pc	두께x춤x너비	kN.m	kN	kN.m	kN
H-396x199x7x11	179	293	20	2x3	130	-	9x195x470	9x70x470	3x2	90	6x260x320	246	406	381	989
H-400x200x8x13	210	338	20	2x3	130	-	9x195x470	12x70x470	4x1	60	6x260x170	281	354	383	659
H-404x201x9x15	242	385	20	2x3	130	-	9x195x470	12x70x470	4x1	60	9x260x170	283	492	385	659
H-386x299x9x14	304	367	22	4x1.5	150	40	9x290x430	9x110x430	4x1	60	9x260x170	361	467	445	798
H-390x300x10x16	347	412	22	4x1.5	150	40	9x290x430	12x110x430	4x1	60	9x260x170	412	505	448	798
H-388x402x15x15	425	615	22	4x3	160	80	9x390x470	9x160x470	4x1	60	12x260x170	491	674	893	798
H-394x398x11x18	495	458	22	4x3	160	80	9x390x470	12x160x470	4x1	60	9x260x170	583	505	900	798
H-394x405x18x18	537	750	22	4x3	160	80	9x390x470	12x160x470	3x2	90	12x260x320	583	786	900	1200
H-400x400x13x21	583	550	22	4x3	160	80	12x390x470	12x160x470	3x2	90	9x260x320	676	590	907	1200
H-400x408x21x21	633	888	22	4x3	160	80	12x390x470	16x160x470	4x2	60	16x260x320	726	899	907	1600
H-406x403x16x24	679	687	22	4x3	160	80	12x390x470	16x160x470	3x2	90	12x260x320	789	786	914	1200
H-414x405x18x28	797	788	22	4x3	160	80	16x390x470	16x160x470	4x2	60	16x260x320	927	899	924	1600
H-428x407x20x35	1000	905	22	4x3	160	80	16x390x470	22x160x470	4x2	69	14x287x320	1080	922	941	1600
H-446x199x8x12	230	377	20	2x3	130	-	9x195x470	12x70x470	5x1	60	6x320x170	307	432	429	824
H-450x200x9x14	266	428	20	2x3	130	-	9x195x470	12x70x470	5x1	60	6x320x170	317	432	431	824
H-434x299x10x15	378	459	22	4x1.5	150	40	9x290x430	12x110x430	5x1	60	9x320x170	444	616	501	997
H-440x300x11x18	448	512	22	4x1.5	150	40	9x290x430	12x110x430	5x1	60	9x320x170	469	616	505	997
H-496x199x9x14	304	472	20	2x3	130	-	9x195x470	12x70x470	5x1	60	9x320x170	350	616	477	824
H-500x200x10x16	345	529	20	2x3	130	-	9x195x470	16x70x470	5x1	60	9x320x170	406	648	479	824

1) 횡좌굴을 고려하지 않은 볼트구멍이 없는 H형강단면의 설계휨강도와 설계전단강도

2) F10T, 표준크기구멍을 적용한 지압볼트이음의 설계강도로 강도하중에 대한 설계강도, 이 설계강도는 H형강의 설계강도와 이음판의 설계강도를 고려한 접합부의 설계강도이다.

3) F10T, 표준크기구멍을 적용한 마찰볼트이음의 설계미끄럼강도로 사용하중에 대한 설계미끄럼강도, 이 설계강도는 H형강의 설계강도 또는 이음판을 고려한 설계강도가 아니고 단순히 볼트의 설계미끄럼강도에 의한 접합부의 설거강도로 전단 면의 미끄럼을 확인하기 위한 설계강도이다. 고력볼트의 설계미끄럼강도의 강도감소계수 $\phi = 1.0$이다.

제11장

도움표 11.1-400 H형강 보의 볼트이음

F10T, SHN400(F_y = 235MPa), 75%부분 강도

H형강 치수	단면 설계강도[1]		이음부 일람표									이음부 설계강도			
			볼트	플랜지					웨브			지압접합[2]		마찰접합[3]	
	휨모멘트	전단력	직경	볼트열	게이지		외이음판	내이음판	볼트열		이음판	휨모멘트	전단력	휨모멘트	전단력
	kN.m	kN	mm	mxn	g_1	g_2	두께x폭x길이	두께x폭x길이	mxn	Pc	두께x춤x너비	kN.m	kN	kN.m	kN
H-506x201x11x19	403	589	20	2x3	130	-	12x195x470	16x70x470	5x1	60	9x320x170	472	648	482	824
H-482x300x11x15	443	561	22	4x1.5	150	40	9x290x430	12x110x430	5x1	60	9x320x170	495	616	559	997
H-488x300x11x18	512	568	22	4x1.5	150	40	9x290x430	12x110x430	5x1	60	9x320x170	522	616	563	997
H-596x199x10x15	420	630	20	2x3	130	-	9x195x470	16x70x470	6x1	60	9x380x170	487	765	575	989
H-600x200x11x17	472	698	20	2x3	130	-	12x195x470	16x70x470	6x1	60	9x380x170	565	765	577	989
H-606x201x12x20	544	769	20	2x3	130	-	12x195x470	19x70x470	6x1	60	12x380x170	617	985	580	989
H-612x202x13x23	618	841	20	2x3	130	-	16x195x470	19x70x470	6x1	60	12x380x170	666	1020	583	989
H-582x300x12x17	629	739	22	4x1.5	150	40	12x290x430	12x110x430	6x1	60	12x380x170	645	933	676	1200
H-588x300x12x20	712	746	22	4x1.5	150	40	12x290x430	16x110x430	6x1	60	12x380x170	717	933	680	1200
H-594x302x14x23	824	879	22	4x2.0	150	40	12x290x560	16x110x560	6x1	60	12x380x170	845	968	911	1200
H-692x300x13x20	893	951	22	4x2.0	150	40	12x290x560	16x110x560	6x1	90	9x530x170	995	1210	1070	1200
H-700x300x13x24	1030	962	22	4x2.0	150	40	16x290x560	19x110x560	6x1	90	9x530x170	1230	1210	1080	1200
H-708x302x15x28	1200	1120	22	4x2.0	150	40	16x290x560	19x110x560	7x1	60	14x440x170	1240	1300	1090	1400
H-792x300x14x22	1160	1170	22	4x2.0	150	40	16x290x560	19x110x560	7x1	90	12x620x170	1390	1550	1230	1400
H-800x300x14x26	1310	1180	22	4x2.0	150	40	16x290x560	19x110x560	7x1	90	9x620x170	1410	1420	1240	1400
H-808x302x16x30	1510	1370	22	4x2.5	150	40	16x290x690	22x110x690	8x1	90	9x710x170	1560	1630	1550	1600
H-890x299x15x23	1410	1410	22	4x2.0	150	40	16x290x560	19x110x560	9x1	90	9x800x170	1580	1830	1380	1800
H-900x300x16x28	1660	1520	22	4x2.5	150	40	16x290x690	22x110x690	9x1	90	9x800x170	1750	1830	1740	1800
H-912x302x18x34	1980	1740	22	4x2.5	150	40	19x290x690	25x110x690	6x2	120	12x680x320	2000	2050	1750	2390
H-918x303x19x37	2150	1840	22	4x3.0	150	40	22x290x820	28x110x820	9x1	90	12x800x170	2340	2050	2110	1800

1) 횡좌굴을 고려하지 않은 볼트구멍이 없는 H형강단면의 설계휨강도와 설계전단강도
2) F10T, 표준크기구멍을 적용한 지압볼트이음의 설계강도로 강도하중에 대한 설계강도, 이 설계강도는 H형강의 설계강도와 이음판의 설계강도를 고려한 접합부의 설계강도이다.
3) F10T, 표준크기구멍을 적용한 마찰볼트이음의 설계미끄럼강도로 사용하중에 대한 설계미끄럼강도, 이 설계강도는 H형강의 설계강도 또는 이음판을 고려한 설계강도가 아니고 단순히 볼트의 설계미끄럼강도에 의한 접합부의 설계강도로 전단 면의 미끄럼을 확인하기 위한 설계강도이다. 고력볼트의 설계미끄럼강도의 강도감소계수 $\phi = 1.0$이다.

도움표 11.1-400 H형강 보의 볼트이음

F10T, SHN400(F_y = 235MPa), 50%부분 강도

H형강 치수	단면 설계강도 1)		이음부 일람표										이음부 설계강도			
			볼트	플랜지					웨브				지압접합 2)		마찰접합 3)	
	휨모멘트	전단력	직경	볼트열	게이지		외이음판	내이음판	볼트열		이음판		휨모멘트	전단력	휨모멘트	전단력
	kN.m	kN	mm	mxn	g_1	g_2	두께x폭x길이	두께x폭x길이	mxn	Pc	두께x춤x너비		kN.m	kN	kN.m	kN
H-100x100x6x8	9.26	42.3	16	2x1	56	-	9x100x170	-	1x2	-	6x60x380		12.1	86.4	10.6	211
H-125x125x6.5x9	16.2	57.3	16	2x2	75	-	9x125x320	-	1x3	-	6x80x530		28.7	130	26.4	317
H-148x100x6x9	16.6	62.6	16	2x1	56	-	9x100x170	-	1x3	-	6x80x470		17.8	130	15.6	317
H-150x150x7x10	26.0	74.0	20	2x1	90	-	9x150x170	9x60x170	1x3	-	6x80x530		27.0	121	46.2	495
H-198x99x4.5x7	19.0	62.8	16	2x1	56	-	9x100x170	-	2x2	60	6x140x320		23.9	207	20.9	422
H-200x100x5.5x8	22.1	77.6	16	2x1	56	-	9x100x170	-	2x2	60	6x140x320		24.1	216	21.1	422
H-194x150x6x9	32.6	82.1	20	2x2	90	-	9x150x320	9x60x320	2x1	60	6x140x230		65.0	164	122	330
H-200x200x8x12	55.6	113	20	2x2	130	-	9x195x320	9x70x320	2x1	60	6x140x230		92.0	199	124	330
H-200x204x12x12	59.8	169	20	2x2	130	-	9x195x320	9x70x320	2x1	60	6x140x230		93.6	199	124	330
H-208x202x10x16	75.1	147	20	2x2	130	-	9x195x320	9x70x320	2x1	60	6x140x230		122	199	127	330
H-248x124x5x8	33.8	87.4	16	2x2	75	-	9x125x320	-	2x2	60	6x140x320		56.9	216	52.3	422
H-250x125x6x9	38.7	106	16	2x2	75	-	9x125x320	-	2x2	60	6x140x320		57.4	216	52.8	422
H-244x175x7x11	59.0	120	20	2x2	105	-	9x170x320	9x70x320	2x2	60	6x140x320		105	199	154	659
H-244x252x11x11	84.7	189	20	2x2	160	-	9x240x320	9x90x320	2x2	60	6x140x320		114	199	154	659
H-248x249x8x13	93.4	140	20	2x2	160	-	9x240x320	9x90x320	2x2	60	6x140x320		135	199	155	659
H-250x250x9x14	102	159	20	2x2	160	-	9x240x320	9x90x320	2x2	60	6x140x320		146	199	156	659
H-250x255x14x14	110	247	20	2x2	160	-	9x240x320	9x90x320	2x2	60	9x140x320		149	298	156	659
H-298x149x5.5x8	50.2	116	20	2x2	90	-	9x150x320	9x60x320	2x1	120	6x200x170		90.1	158	191	330
H-300x150x6.5x9	57.3	137	20	2x2	90	-	9x150x320	9x60x320	2x1	120	6x200x170		102	187	192	330

1) 횡좌굴을 고려하지 않은 볼트구멍이 없는 H형강단면의 설계휨강도와 설계전단강도
2) F10T, 표준크기구멍을 적용한 지압볼트이음의 설계강도로 강도하중에 대한 설계강도, 이 설계강도는 H형강의 설계강도와 이음판의 설계강도를 고려한 접합부의 설계강도이다.
3) F10T, 표준크기구멍을 적용한 마찰볼트이음의 설계미끄럼강도로 사용하중에 대한 설계미끄럼강도, 이 설계강도는 H형강의 설계강도 또는 이음판을 고려한 설계강도가 아니고 단순히 볼트의 설계미끄럼강도에 의한 접합부의 설계강도로 전단 면의 미끄럼을 확인하기 위한 설계강도이다. 고력볼트의 설계미끄럼강도의 강도감소계수 $\phi = 1.0$이다.

제11장

도움표 11.1-400 H형강 보의 볼트이음

F10T, SHN400(F_y = 235MPa), 50%부분 강도

H형강 치수	단면 설계강도[1)		이음부 일람표									이음부 설계강도			
			볼트	플랜지					웨브			지압접합[2)		마찰접합[3)	
	휨모멘트	전단력	직경	볼트열	게이지		외이음판	내이음판	볼트열		이음판	휨모멘트	전단력	휨모멘트	전단력
	kN.m	kN	mm	mxn	g_1	g_2	두께x폭x길이	두께x폭x길이	mxn	Pc	두께x춤x너비	kN.m	kN	kN.m	kN
H-294x200x8x12	90.8	166	20	2x2	130	-	9x195x320	9x70x320	2x1	120	6x200x170	138	230	186	330
H-298x201x9x14	106	189	20	2x2	130	-	9x195x320	9x70x320	2x1	120	6x200x170	163	259	187	330
H-294x302x12x12	131	249	22	4x1.0	150	40	9x290x300	9x110x300	2x1	120	6x200x170	136	311	225	399
H-298x299x9x14	147	189	22	4x1.0	150	40	9x290x300	9x110x300	2x1	120	6x200x170	160	285	227	399
H-300x300x10x15	159	212	22	4x1.0	150	40	9x290x300	9x110x300	2x1	120	6x200x170	172	311	227	399
H-300x305x15x15	171	317	22	4x1.0	150	40	9x290x300	9x110x300	3x1	60	9x200x170	172	395	227	598
H-304x301x11x17	180	236	22	4x1.0	150	40	9x290x300	9x110x300	2x1	120	6x200x170	197	311	229	399
H-310x305x15x20	220	328	22	4x2.0	150	40	9x290x560	9x110x560	3x1	60	9x200x170	282	395	463	598
H-310x310x20x20	233	437	22	4x1.0	150	40	9x290x300	9x110x300	3x1	60	12x200x170	233	527	231	598
H-346x174x6x9	75.7	146	20	2x2	105	-	9x170x320	9x70x320	3x1	60	6x200x170	123	246	222	495
H-350x175x7x11	91.8	173	20	2x2	105	-	9x170x320	9x70x320	3x1	60	6x200x170	152	276	224	495
H-354x176x8x13	108	200	20	2x2	105	-	9x170x320	9x70x320	3x1	60	6x200x170	182	276	225	495
H-336x249x8x12	128	190	20	2x2	160	-	9x240x320	9x90x320	3x1	60	6x200x170	172	276	214	495
H-340x250x9x14	149	216	20	2x2	160	-	9x240x320	9x90x320	3x1	60	6x200x170	202	276	215	495
H-338x351x13x13	187	310	22	4x2	150	60	9x340x320	9x140x320	3x1	60	9x200x170	259	395	519	598
H-344x348x10x16	224	243	22	4x2	150	60	9x340x320	9x140x320	3x1	60	6x200x170	314	264	523	598
H-344x354x16x16	243	388	22	4x2	150	60	9x340x320	12x140x320	3x1	60	9x200x170	326	395	523	598
H-350x350x12x19	269	296	22	4x2	150	60	9x340x320	12x140x320	3x1	60	9x200x170	365	395	528	598
H-350x357x19x19	292	469	22	4x2	150	60	9x340x320	12x140x320	2x2	120	9x200x320	365	480	528	798

1) 횡좌굴을 고려하지 않은 볼트구멍이 없는 H형강단면의 설계휨강도와 설계전단강도
2) F10T, 표준크기구멍을 적용한 지압볼트이음의 설계강도로 강도하중에 대한 설계강도, 이 설계강도는 H형강의 설계강도와 이음판의 설계강도를 고려한 접합부의 설계강도이다.
3) F10T, 표준크기구멍을 적용한 마찰볼트이음의 설계미끄럼강도로 사용하중에 대한 설계미끄럼강도, 이 설계강도는 H형강의 설계강도 또는 이음판을 고려한 설계강도가 아니고 단순히 볼트의 설계미끄럼강도에 의한 접합부의 설계강도로 전단 면의 미끄럼을 확인하기 위한 설계강도이다. 고력볼트의 설계미끄럼강도의 강도감소계수 $\phi = 1.0$이다.

도움표 11.1-400 H형강 보의 볼트이음

F10T, SHN400(F_y = 235MPa), 50%부분 강도

H형강 치수	단면 설계강도[1]		이음부 일람표									이음부 설계강도			
			볼트	플랜지					웨브			지압접합[2]		마찰접합[3]	
	휨모멘트	전단력	직경	볼트열	게이지		외이음판	내이음판	볼트열		이음판	휨모멘트	전단력	휨모멘트	전단력
	kN.m	kN	mm	mxn	g_1	g_2	두께x폭x길이	두께x폭x길이	mxn	Pc	두께x춤x너비	kN.m	kN	kN.m	kN
H-396x199x7x11	119	195	20	2x2	130	-	9x195x320	9x70x320	3x1	90	6x260x170	172	302	254	495
H-400x200x8x13	140	226	20	2x2	130	-	9x195x320	9x70x320	3x1	90	6x260x170	205	346	255	495
H-404x201x9x15	162	256	20	2x2	130	-	9x195x320	9x70x320	3x1	90	6x260x170	239	389	257	495
H-386x299x9x14	203	245	22	4x1.0	150	40	9x290x300	9x110x300	3x1	90	6x260x170	210	393	297	598
H-390x300x10x16	231	275	22	4x1.0	150	40	9x290x300	9x110x300	3x1	90	6x260x170	241	393	298	598
H-388x402x15x15	283	410	22	4x2	160	80	9x390x320	9x160x320	4x1	60	9x260x170	407	505	595	798
H-394x398x11x18	330	306	22	4x2	160	80	9x390x320	9x160x320	4x1	60	6x260x170	481	337	600	798
H-394x405x18x18	358	500	22	4x2	160	80	9x390x320	9x160x320	4x1	60	9x260x170	481	505	600	798
H-400x400x13x21	388	367	22	4x2	160	80	9x390x320	9x160x320	4x1	60	9x260x170	485	505	605	798
H-400x408x21x21	422	592	22	4x2	160	80	9x390x320	9x160x320	4x1	60	12x260x170	485	674	605	798
H-406x403x16x24	453	458	22	4x2	160	80	9x390x320	12x160x320	4x1	60	9x260x170	554	505	610	798
H-414x405x18x28	532	525	22	4x2	160	80	9x390x320	12x160x320	4x1	60	12x260x170	560	674	616	798
H-428x407x20x35	667	603	22	4x2	160	80	12x390x320	16x160x320	4x1	60	12x260x170	717	674	627	798
H-446x199x8x12	153	252	20	2x2	130	-	9x195x320	9x70x320	3x1	120	6x320x170	211	346	286	495
H-450x200x9x14	178	286	20	2x2	130	-	9x195x320	9x70x320	3x1	120	6x320x170	249	389	287	495
H-434x299x10x15	252	306	22	4x1.0	150	40	9x290x300	9x110x300	3x1	120	6x320x170	253	475	334	598
H-440x300x11x18	299	341	22	4x1.0	150	40	9x290x300	9x110x300	3x1	120	6x320x170	306	501	337	598
H-496x199x9x14	202	315	20	2x2	130	-	9x195x320	9x70x320	3x1	120	6x320x170	274	389	318	495
H-500x200x10x16	230	353	20	2x2	130	-	9x195x320	9x70x320	3x1	120	6x320x170	309	432	319	495

1) 횡좌굴을 고려하지 않은 볼트구멍이 없는 H형강단면의 설계휨강도와 설계전단강도
2) F10T, 표준크기구멍을 적용한 지압볼트이음의 설계강도로 강도하중에 대한 설계강도, 이 설계강도는 H형강의 설계강도와 이음판의 설계강도를 고려한 접합부의 설계강도이다.
3) F10T, 표준크기구멍을 적용한 마찰볼트이음의 설계미끄럼강도로 사용하중에 대한 설계미끄럼강도, 이 설계강도는 H형강의 설계강도 또는 이음판을 고려한 설계강도가 아니고 단순히 볼트의 설계미끄럼강도에 의한 접합부의 설계강도로 전단 면의 미끄럼을 확인하기 위한 설계강도이다. 고력볼트의 설계미끄럼강도의 강도감소계수 $\phi = 1.0$이다.

제11장

도움표 11.1-400 H형강 보의 볼트이음

F10T, SHN400(F_y = 235MPa), 50%부분 강도

H형강 치수	단면 설계강도[1)]		이음부 일람표										이음부 설계강도			
			볼트	플랜지					웨브			지압접합[2)]		마찰접합[3)]	
	휨모멘트	전단력	직경	볼트열	게이지		외이음판	내이음판	볼트열		이음판	휨모멘트	전단력	휨모멘트	전단력
	kN.m	kN	mm	mxn	g_1	g_2	두께x폭x길이	두께x폭x길이	mxn	Pc	두께x춤x너비	kN.m	kN	kN.m	kN
H-506x201x11x19	269	392	20	2x2	130	-	9x195x320	12x70x320	3x1	120	6x320x170	354	471	321	495
H-482x300x11x15	295	374	22	4x1.5	150	40	9x290x430	9x110x430	3x1	120	6x320x170	453	501	559	598
H-488x300x11x18	341	378	22	4x1.0	150	40	9x290x300	9x110x300	3x1	120	6x320x170	341	501	375	598
H-596x199x10x15	280	420	20	2x2	130	-	9x195x320	9x70x320	4x1	90	6x350x170	354	549	383	659
H-600x200x11x17	315	465	20	2x2	130	-	9x195x320	12x70x320	4x1	90	6x350x170	404	549	384	659
H-606x201x12x20	363	513	20	2x2	130	-	9x195x320	12x70x320	5x1	90	6x440x170	426	691	386	824
H-612x202x13x23	412	561	20	2x2	130	-	9x195x320	16x70x320	5x1	90	6x440x170	444	691	388	824
H-582x300x12x17	419	492	22	4x1.5	150	40	9x290x430	9x110x430	5x1	90	6x440x170	548	670	676	997
H-588x300x12x20	475	497	22	4x1.5	150	40	9x290x430	9x110x430	5x1	90	6x440x170	551	670	680	997
H-594x302x14x23	550	586	22	4x1.5	150	40	9x290x430	12x110x430	5x1	90	6x440x170	634	670	683	997
H-692x300x13x20	595	634	22	4x1.5	150	40	9x290x430	12x110x430	6x1	90	6x530x170	746	808	804	1200
H-700x300x13x24	684	642	22	4x1.5	150	40	9x290x430	12x110x430	6x1	90	6x530x170	751	808	809	1200
H-708x302x15x28	799	749	22	4x1.5	150	40	12x290x430	16x110x430	6x1	90	6x530x170	930	808	814	1200
H-792x300x14x22	771	782	22	4x1.5	150	40	9x290x430	12x110x430	7x1	90	6x620x170	855	946	922	1400
H-800x300x14x26	872	790	22	4x1.5	150	40	12x290x430	16x110x430	7x1	90	9x620x170	1060	1420	926	1400
H-808x302x16x30	1010	911	22	4x1.5	150	40	12x290x430	16x110x430	8x1	90	6x710x170	1060	1080	931	1600
H-890x299x15x23	943	941	22	4x1.5	150	40	9x290x430	12x110x430	8x1	90	6x710x170	963	1080	1040	1600
H-900x300x16x28	1110	1020	22	4x1.5	150	40	12x290x430	16x110x430	8x1	90	6x710x170	1190	1080	1040	1600
H-912x302x18x34	1320	1160	22	4x2.0	150	40	16x290x560	19x110x560	8x1	90	9x710x170	1600	1630	1400	1600
H-918x303x19x37	1430	1230	22	4x2.0	150	40	16x290x560	19x110x560	8x1	90	9x710x170	1610	1630	1410	1600

1) 횡좌굴을 고려하지 않은 볼트구멍이 없는 H형강단면의 설계휨강도와 설계전단강도
2) F10T, 표준크기구멍을 적용한 지압볼트이음의 설계강도로 강도하중에 대한 설계강도, 이 설계강도는 H형강의 설계강도와 이음판의 설계강도를 고려한 접합부의 설계강도이다.
3) F10T, 표준크기구멍을 적용한 마찰볼트이음의 설계미끄럼강도로 사용하중에 대한 설계미끄럼강도, 이 설계강도는 H형강의 설계강도 또는 이음판을 고려한 설계강도가 아니고 단순히 볼트의 설계미끄럼강도에 의한 접합부의 설계강도로 전단 면의 미끄럼을 확인하기 위한 설계강도이다. 고력볼트의 설계미끄럼강도의 강도감소계수 $\phi = 1.0$이다.

도움표 11.1-490 H형강 보의 볼트이음

F10T, SHN490(F_y = 325MPa), 전강도

H형강 치수	단면 설계강도[1]		이음부 일람표									이음부 설계강도			
			볼트	플랜지					웨브			지압접합[2]		마찰접합[3]	
	휨모멘트	전단력	직경	볼트열	게이지		외이음판	내이음판	볼트열		이음판	휨모멘트	전단력	휨모멘트	전단력
	kN.m	kN	mm	mxn	g_1	g_2	두께x폭x길이	두께x폭x길이	mxn	Pc	두께x춤x너비	kN.m	kN	kN.m	kN
H-100x100x6x8	20.2	117	16	2x2	56	-	12x100x320	-	1x4	-	9x60x680	24.1	211	21.1	422
H-125x125x6.5x9	44.9	158	16	2x3	75	-	12x125x470	-	1x4	-	6x80x680	45.2	187	39.6	422
H-148x100x6x9	36.5	173	16	2x3	56	-	12x100x470	-	1x4	-	9x80x620	39.2	281	46.8	422
H-150x150x7x10	72.0	205	20	2x3	90	-	9x150x470	12x60x470	1x4	-	9x80x680	91.7	281	138	659
H-198x99x4.5x7	42.0	174	16	2x2	56	-	12x100x320	-	2x4	60	6x140x620	47.7	328	41.8	844
H-200x100x5.5x8	48.8	215	16	2x3	56	-	12x100x470	-	2x4	60	6x140x620	52.9	328	63.3	844
H-194x150x6x9	90.3	227	20	2x3	90	-	9x150x470	12x60x470	2x4	60	6x140x680	120	328	183	1320
H-200x200x8x12	154	312	20	2x3	130	-	9x195x470	16x70x470	2x4	60	9x140x680	168	491	186	1320
H-200x204x12x12	165	468	20	2x3	130	-	9x195x470	16x70x470	2x4	60	12x140x680	170	655	186	1320
H-208x202x10x16	208	406	20	2x3	130	-	12x195x470	19x70x470	2x4	60	12x140x680	217	655	190	1320
H-248x124x5x8	93.4	242	16	2x4	75	-	16x125x620	-	2x4	60	6x140x620	120	328	105	844
H-250x125x6x9	107	293	16	2x4	75	-	16x125x620	-	2x4	60	9x140x620	121	491	106	844
H-244x175x7x11	163	333	20	2x3	105	-	9x170x470	12x70x470	2x4	60	9x140x620	189	491	230	1320
H-244x252x11x11	225	523	20	2x4	160	-	9x240x620	12x90x620	2x4	60	16x140x620	262	874	307	1320
H-248x249x8x13	258	387	20	2x4	160	-	9x240x620	12x90x620	2x4	60	12x140x620	286	655	310	1320
H-250x250x9x14	281	439	20	2x4	160	-	9x240x620	16x90x620	2x4	60	12x140x620	333	655	311	1320
H-250x255x14x14	304	683	20	2x4	160	-	12x240x620	16x90x620	2x4	60	19x140x620	340	1040	311	1320
H-298x149x5.5x8	139	320	20	2x3	90	-	9x150x470	12x60x470	3x3	60	6x200x470	166	468	287	1480
H-300x150x6.5x9	159	380	20	2x3	90	-	9x150x470	12x60x470	3x3	60	9x200x470	188	702	288	1480

1) 횡좌굴을 고려하지 않은 볼트구멍이 없는 H형강단면의 설계휨강도와 설계전단강도
2) F10T, 표준크기구멍을 적용한 지압볼트이음의 설계강도로 강도하중에 대한 설계강도, 이 설계강도는 H형강의 설계강도와 이음판의 설계강도를 고려한 접합부의 설계강도이다.
3) F10T, 표준크기구멍을 적용한 마찰볼트이음의 설계미끄럼강도로 사용하중에 대한 설계미끄럼강도, 이 설계강도는 H형강의 설계강도 또는 이음판을 고려한 설계강도가 아니고 단순히 볼트의 설계미끄럼강도에 의한 접합부의 설계강도로 전단 면의 미끄럼을 확인하기 위한 설계강도이다. 고력볼트의 설계미끄럼강도의 강도감소계수 $\phi = 1.0$이다.

제11장

도움표 11.1-490 H형강 보의 볼트이음

F10T, SHN490(F_y = 325MPa), 전강도

H형강 치수	단면 설계강도1)		이음부 일람표									이음부 설계강도			
			볼트	플랜지					웨브			지압접합2)		마찰접합3)	
	휨모멘트	전단력	직경	볼트열	게이지		외이음판	내이음판	볼트열		이음판	휨모멘트	전단력	휨모멘트	전단력
	kN.m	kN	mm	mxn	g_1	g_2	두께x폭x길이	두께x폭x길이	mxn	Pc	두께x춤x너비	kN.m	kN	kN.m	kN
H-294x200x8x12	251	459	20	2x3	130	-	9x195x470	16x70x470	3x3	60	9x200x470	252	702	279	1480
H-298x201x9x14	292	523	20	2x3	130	-	12x195x470	16x70x470	3x3	60	12x200x470	297	936	281	1480
H-294x302x12x12	346	688	22	4x2.0	150	40	9x290x560	12x110x560	3x3	60	14x200x470	418	1090	450	1800
H-298x299x9x14	396	523	22	4x2.0	150	40	9x290x560	12x110x560	3x3	60	12x200x470	435	936	453	1800
H-300x300x10x15	434	585	22	4x2.0	150	40	9x290x560	16x110x560	3x3	60	12x200x470	471	936	455	1800
H-300x305x15x15	465	878	22	4x2.0	150	40	12x290x560	16x110x560	3x4	60	19x200x620	471	1480	455	2390
H-304x301x11x17	499	652	22	4x2.0	150	40	12x290x560	16x110x560	3x3	60	14x200x470	503	1090	458	1800
H-310x305x15x20	608	907	22	4x2.5	150	40	16x290x690	19x110x690	3x4	60	19x200x620	661	1480	578	2390
H-310x310x20x20	643	1210	22	4x2.5	150	40	16x290x690	19x110x690	3x4	60	25x200x620	661	1950	578	2390
H-346x174x6x9	209	405	20	2x3	105	-	9x170x470	12x70x470	3x4	60	9x200x620	225	702	333	1980
H-350x175x7x11	254	478	20	2x3	105	-	9x170x470	12x70x470	3x4	60	9x200x620	274	702	335	1980
H-354x176x8x13	299	552	20	2x3	105	-	12x170x470	16x70x470	3x4	60	12x200x620	331	936	337	1980
H-336x249x8x12	348	524	20	2x4	160	-	9x240x620	12x90x620	3x4	60	12x200x620	394	936	427	1980
H-340x250x9x14	413	597	20	2x4	160	-	12x240x620	16x90x620	3x4	60	12x200x620	464	936	430	1980
H-338x351x13x13	491	857	22	4x4	150	60	9x340x620	16x140x620	3x4	60	16x200x620	506	1250	1040	2390
H-344x348x10x16	601	671	22	4x4	150	60	12x340x620	19x140x620	3x4	60	14x200x620	644	1090	1050	2390
H-344x354x16x16	648	1070	22	4x4	150	60	12x340x620	22x140x620	3x4	60	22x200x620	664	1720	1050	2390
H-350x350x12x19	744	819	22	4x4	150	60	16x340x620	25x140x620	3x4	60	16x200x620	789	1250	1060	2390
H-350x357x19x19	807	1300	22	4x4	150	60	16x340x620	28x140x620	3x4	60	25x200x620	807	1950	1060	2390

1) 횡좌굴을 고려하지 않은 볼트구멍이 없는 H형강단면의 설계휨강도와 설계전단강도
2) F10T, 표준크기구멍을 적용한 지압볼트이음의 설계강도로 강도하중에 대한 설계강도, 이 설계강도는 H형강의 설계강도와 이음판의 설계강도를 고려한 접합부의 설계강도이다.
3) F10T, 표준크기구멍을 적용한 마찰볼트이음의 설계미끄럼강도로 사용하중에 대한 설계미끄럼강도, 이 설계강도는 H형강의 설계강도 또는 이음판을 고려한 설계강도가 아니고 단순히 볼트의 설계미끄럼강도에 의한 접합부의 설계강도로 전단 면의 미끄럼을 확인하기 위한 설계강도이다. 고력볼트의 설계미끄럼강도의 강도감소계수 $\phi = 1.0$이다.

도움표 11.1-490 H형강 보의 볼트이음

F10T, SHN490(F_y = 325MPa), 전강도

H형강 치수	단면 설계강도[1]		이음부 일람표									이음부 설계강도			
			볼트	플랜지					웨브			지압접합[2]		마찰접합[3]	
	휨모멘트	전단력	직경	볼트열	게이지		외이음판	내이음판	볼트열		이음판	휨모멘트	전단력	휨모멘트	전단력
	kN.m	kN	mm	mxn	g_1	g_2	두께x폭x길이	두께x폭x길이	mxn	Pc	두께x춤x너비	kN.m	kN	kN.m	kN
H-396x199x7x11	330	541	20	2x4	130	-	9x195x620	16x70x620	4x3	60	9x260x470	395	913	508	1980
H-400x200x8x13	388	624	20	2x4	130	-	12x195x620	16x70x620	4x3	60	9x260x470	460	913	510	1980
H-404x201x9x15	447	709	20	2x4	130	-	12x195x620	19x70x620	4x3	60	12x260x470	502	1220	513	1980
H-386x299x9x14	546	677	22	4x2.0	150	40	9x290x560	12x110x560	4x2	60	12x260x320	570	933	594	1600
H-390x300x10x16	640	761	22	4x2.0	150	40	12x290x560	16x110x560	4x3	60	12x260x470	640	1220	597	2390
H-388x402x15x15	745	1130	22	4x4	160	80	12x390x620	16x160x620	4x3	60	19x260x470	759	1930	1190	2390
H-394x398x11x18	880	845	22	4x4	160	80	12x390x620	16x160x620	4x3	60	14x260x470	912	1420	1200	2390
H-394x405x18x18	951	1380	22	4x5	160	80	16x390x770	16x160x770	4x4	60	22x260x620	1070	2230	1500	3190
H-400x400x13x21	1070	1010	22	4x4	160	80	16x390x620	19x160x620	4x3	60	16x260x470	1080	1620	1210	2390
H-400x408x21x21	1160	1640	22	4x5	160	80	16x390x770	22x160x770	4x4	60	25x260x620	1260	2540	1510	3190
H-406x403x16x24	1250	1270	22	4x5	160	80	16x390x770	22x160x770	4x4	60	19x260x620	1310	1930	1520	3190
H-414x405x18x28	1470	1450	22	4x5	160	80	19x390x770	25x160x770	4x4	60	22x260x620	1540	2230	1540	3190
H-428x407x20x35	1850	1670	22	4x6	160	80	25x390x920	32x160x920	4x4	60	25x260x620	2030	2540	1880	3190
H-446x199x8x12	424	696	20	2x4	130	-	12x195x620	16x70x620	5x2	60	9x320x320	503	1090	572	1650
H-450x200x9x14	491	790	20	2x4	130	-	12x195x620	19x70x620	5x2	60	9x320x320	563	1120	575	1650
H-434x299x10x15	691	846	22	4x2.0	150	40	12x290x560	16x110x560	5x2	60	12x320x320	692	1300	669	1990
H-440x300x11x18	826	944	22	4x2.5	150	40	12x290x690	16x110x690	5x2	60	12x320x320	862	1430	842	1990
H-496x199x9x14	560	870	20	2x4	130	-	12x195x620	19x70x620	5x2	60	12x320x320	622	1230	636	1650
H-500x200x10x16	636	975	20	2x4	130	-	16x195x620	22x70x620	5x2	60	12x320x320	729	1370	638	1650

1) 횡좌굴을 고려하지 않은 볼트구멍이 없는 H형강단면의 설계휨강도와 설계전단강도
2) F10T, 표준크기구멍을 적용한 지압볼트이음의 설계강도로 강도하중에 대한 설계강도, 이 설계강도는 H형강의 설계강도와 이음판의 설계강도를 고려한 접합부의 설계강도이다.
3) F10T, 표준크기구멍을 적용한 마찰볼트이음의 설계미끄럼강도로 사용하중에 대한 설계미끄럼강도, 이 설계강도는 H형강의 설계강도 또는 이음판을 고려한 설계강도가 아니고 단순히 볼트의 설계미끄럼강도에 의한 접합부의 설계강도로 전단 면의 미끄럼을 확인하기 위한 설계강도이다. 고력볼트의 설계미끄럼강도의 강도감소계수 $\phi = 1.0$이다.

도움표 11.1-490 H형강 보의 볼트이음

F10T, SHN490(F_y = 325MPa), 전강도

H형강 치수	단면 설계강도[1]		이음부 일람표									이음부 설계강도			
			볼트	플랜지					웨브			지압접합[2]		마찰접합[3]	
	휨모멘트	전단력	직경	볼트열	게이지		외이음판	내이음판	볼트열		이음판	휨모멘트	전단력	휨모멘트	전단력
	kN.m	kN	mm	mxn	g_1	g_2	두께x폭x길이	두께x폭x길이	mxn	Pc	두께x춤x너비	kN.m	kN	kN.m	kN
H-506x201x11x19	743	1090	20	2x5	130	-	16x195x770	25x70x770	5x3	60	14x320x470	833	1750	803	2470
H-482x300x11x15	808	1030	22	4x2.5	150	40	12x290x690	16x110x690	4x2	90	12x350x320	954	1640	932	1600
H-488x300x11x18	944	1050	22	4x2.5	150	40	12x290x690	19x110x690	4x2	90	12x350x320	1050	1640	938	1600
H-596x199x10x15	775	1160	20	2x4	130	-	16x195x620	22x70x620	6x2	60	12x380x320	842	1640	766	1980
H-600x200x11x17	871	1290	20	2x4	130	-	16x195x620	25x70x620	6x2	60	14x380x320	879	1810	769	1980
H-606x201x12x20	1000	1420	20	2x5	130	-	16x195x770	28x70x770	5x3	90	12x440x470	1060	2060	966	2470
H-612x202x13x23	1140	1550	20	2x6	130	-	19x195x920	32x70x920	5x3	90	12x440x470	1240	2060	1170	2470
H-582x300x12x17	1160	1360	22	4x2.5	150	40	16x290x690	19x110x690	6x2	60	14x380x320	1250	1870	1130	2390
H-588x300x12x20	1310	1380	22	4x3.0	150	40	16x290x820	19x110x820	6x2	60	14x380x320	1460	1870	1360	2390
H-594x302x14x23	1520	1620	22	4x3.0	150	40	16x290x820	22x110x820	6x2	60	19x380x320	1560	2180	1370	2390
H-692x300x13x20	1650	1750	22	4x3.0	150	40	16x290x820	22x110x820	6x2	90	14x530x320	1840	2740	1610	2390
H-700x300x13x24	1890	1770	22	4x3.5	150	40	19x290x950	25x110x950	6x2	90	14x530x320	2160	2740	1890	2390
H-708x302x15x28	2210	2070	22	4x4.0	150	40	22x290x1080	28x110x1080	7x2	60	19x440x320	2480	2720	2170	2790
H-792x300x14x22	2130	2160	22	4x3.5	150	40	19x290x950	25x110x950	7x2	90	12x620x320	2460	2900	2150	2790
H-800x300x14x26	2410	2180	22	4x3.5	150	40	19x290x950	28x110x950	7x2	90	12x620x320	2470	2900	2160	2790
H-808x302x16x30	2790	2520	22	4x4.0	150	40	22x290x1080	32x110x1080	7x2	90	16x620x320	2840	3190	2480	2790
H-890x299x15x23	2610	2600	22	4x3.5	150	40	19x290x950	25x110x950	8x2	90	12x710x320	2770	3320	2420	3190
H-900x300x16x28	3060	2810	22	4x4.0	150	40	22x290x1080	32x110x1080	8x2	90	16x710x320	3180	3650	2780	3190
H-912x302x18x34	3660	3200	22	4x5.0	150	40	25x290x1340	38x110x1340	10x2	60	22x620x320	3990	4560	3500	3990
H-918x303x19x37	3960	3400	22	4x5.0	150	40	28x290x1340	38x110x1340	10x2	60	22x620x320	4020	4560	3510	3990

1) 횡좌굴을 고려하지 않은 볼트구멍이 없는 H형강단면의 설계휨강도와 설계전단강도
2) F10T, 표준크기구멍을 적용한 지압볼트이음의 설계강도로 강도하중에 대한 설계강도, 이 설계강도는 H형강의 설계강도와 이음판의 설계강도를 고려한 접합부의 설계강도이다.
3) F10T, 표준크기구멍을 적용한 마찰볼트이음의 설계미끄럼강도로 사용하중에 대한 설계미끄럼강도, 이 설계강도는 H형강의 설계강도 또는 이음판을 고려한 설계강도가 아니고 단순히 볼트의 설계미끄럼강도에 의한 접합부의 설계강도로 전단 면의 미끄럼을 확인하기 위한 설계강도이다. 고력볼트의 설계미끄럼강도의 강도감소계수 $\phi = 1.0$이다.

도움표 11.1-490 H형강 보의 볼트이음

F10T, SHN490(F_y = 325MPa), 75%부분 강도

H형강 치수	단면 설계강도[1]		이음부 일람표									이음부 설계강도			
			볼트	플랜지					웨브			지압접합[2]		마찰접합[3]	
	휨모멘트	전단력	직경	볼트열	게이지		외이음판	내이음판	볼트열		이음판	휨모멘트	전단력	휨모멘트	전단력
	kN.m	kN	mm	mxn	g_1	g_2	두께x폭x길이	두께x폭x길이	mxn	Pc	두께x춤x너비	kN.m	kN	kN.m	kN
H-100x100x6x8	15.2	87.8	16	2x2	56	-	9x100x320	-	1x4	-	6x60x680	19.8	140	21.1	422
H-125x125x6.5x9	33.7	119	16	2x3	75	-	9x125x470	-	1x4	-	6x80x680	35.1	187	39.6	422
H-148x100x6x9	27.4	130	16	2x2	56	-	9x100x320	-	1x4	-	6x80x620	29.4	187	31.2	422
H-150x150x7x10	54.0	154	20	2x2	90	-	9x150x320	9x60x320	1x4	-	9x80x680	69.2	281	92.3	659
H-198x99x4.5x7	31.5	130	16	2x2	56	-	9x100x320	-	2x4	60	6x140x620	39.3	328	41.8	844
H-200x100x5.5x8	36.6	161	16	2x2	56	-	9x100x320	-	2x4	60	6x140x620	39.7	328	42.2	844
H-194x150x6x9	67.7	170	20	2x2	90	-	9x150x320	9x60x320	2x3	60	6x140x530	82.4	328	122	989
H-200x200x8x12	115	234	20	2x2	130	-	9x195x320	12x70x320	2x3	60	6x140x530	117	328	124	989
H-200x204x12x12	124	351	20	2x3	130	-	9x195x470	12x70x470	2x3	60	9x140x530	168	491	186	989
H-208x202x10x16	156	304	20	2x3	130	-	9x195x470	16x70x470	2x3	60	9x140x530	197	491	190	989
H-248x124x5x8	70.1	181	16	2x3	75	-	12x125x470	-	3x2	60	6x200x320	89.7	423	78.5	633
H-250x125x6x9	80.3	219	16	2x3	75	-	12x125x470	-	3x2	60	6x200x320	90.4	468	79.1	633
H-244x175x7x11	122	250	20	2x2	105	-	9x170x320	9x70x320	3x2	60	6x200x320	133	468	154	989
H-244x252x11x11	169	393	20	2x3	160	-	9x240x470	9x90x470	3x2	60	9x200x320	204	702	230	989
H-248x249x8x13	194	290	20	2x3	160	-	9x240x470	9x90x470	3x2	60	6x200x320	241	468	232	989
H-250x250x9x14	211	329	20	2x3	160	-	9x240x470	12x90x470	3x2	60	6x200x320	262	468	233	989
H-250x255x14x14	228	512	20	2x3	160	-	9x240x470	12x90x470	3x3	60	12x200x470	262	936	233	1480
H-298x149x5.5x8	104	240	20	2x2	90	-	9x150x320	9x60x320	3x2	60	6x200x320	114	451	191	989
H-300x150x6.5x9	119	285	20	2x2	90	-	9x150x320	9x60x320	3x2	60	6x200x320	130	468	192	989

1) 횡좌굴을 고려하지 않은 볼트구멍이 없는 H형강단면의 설계휨강도와 설계전단강도
2) F10T, 표준크기구멍을 적용한 지압볼트이음의 설계강도로 강도하중에 대한 설계강도, 이 설계강도는 H형강의 설계강도와 이음판의 설계강도를 고려한 접합부의 설계강도이다.
3) F10T, 표준크기구멍을 적용한 마찰볼트이음의 설계미끄럼강도로 사용하중에 대한 설계미끄럼강도, 이 설계강도는 H형강의 설계강도 또는 이음판을 고려한 설계강도가 아니고 단순히 볼트의 설계미끄럼강도에 의한 접합부의 설계강도로 전단 면의 미끄럼을 확인하기 위한 설계강도이다. 고력볼트의 설계미끄럼강도의 강도감소계수 $\phi = 1.0$이다.

제11장

도움표 11.1-490 H형강 보의 볼트이음

F10T, SHN490(F_y = 325MPa), 75%부분 강도

H형강 치수	단면 설계강도[1]		이음부 일람표									이음부 설계강도			
			볼트	플랜지					웨브			지압접합[2]		마찰접합[3]	
	휨모멘트	전단력	직경	볼트열	게이지		외이음판	내이음판	볼트열		이음판	휨모멘트	전단력	휨모멘트	전단력
	kN.m	kN	mm	mxn	g_1	g_2	두께x폭x길이	두께x폭x길이	mxn	Pc	두께x춤x너비	kN.m	kN	kN.m	kN
H-294x200x8x12	188	344	20	2x3	130	-	9x195x470	12x70x470	3x2	60	9x200x320	252	657	279	989
H-298x201x9x14	219	392	20	2x3	130	-	9x195x470	12x70x470	3x2	60	9x200x320	253	702	281	989
H-294x302x12x12	260	516	22	4x1.5	150	40	9x290x430	9x110x430	3x2	60	12x200x320	296	933	338	1200
H-298x299x9x14	297	392	22	4x1.5	150	40	9x290x430	9x110x430	3x2	60	9x200x320	326	700	340	1200
H-300x300x10x15	326	439	22	4x1.5	150	40	9x290x430	12x110x430	3x2	60	9x200x320	341	702	341	1200
H-300x305x15x15	349	658	22	4x1.5	150	40	9x290x430	12x110x430	3x3	60	14x200x470	349	1090	341	1800
H-304x301x11x17	374	489	22	4x1.5	150	40	9x290x430	12x110x430	3x2	60	12x200x320	374	855	343	1200
H-310x305x15x20	456	680	22	4x2.0	150	40	12x290x560	16x110x560	3x3	60	14x200x470	529	1090	463	1800
H-310x310x20x20	482	907	22	4x2.0	150	40	12x290x560	16x110x560	3x4	60	16x200x620	529	1480	463	2390
H-346x174x6x9	157	304	20	2x2	105	-	9x170x320	9x70x320	3x3	60	6x200x470	157	468	222	1480
H-350x175x7x11	190	358	20	2x2	105	-	9x170x320	9x70x320	3x3	60	9x200x470	194	702	224	1480
H-354x176x8x13	224	414	20	2x2	105	-	9x170x320	12x70x320	3x3	60	9x200x470	231	702	225	1480
H-336x249x8x12	261	393	20	2x3	160	-	9x240x470	9x90x470	3x3	60	9x200x470	307	702	320	1480
H-340x250x9x14	310	448	20	2x3	160	-	9x240x470	12x90x470	3x3	60	9x200x470	362	702	322	1480
H-338x351x13x13	368	643	22	4x3	150	60	9x340x470	12x140x470	3x3	60	12x200x470	440	936	778	1800
H-344x348x10x16	451	503	22	4x3	150	60	9x340x470	16x140x470	3x3	60	12x200x470	511	936	785	1800
H-344x354x16x16	486	805	22	4x3	150	60	9x340x470	16x140x470	3x4	60	16x200x620	511	1250	785	2390
H-350x350x12x19	558	614	22	4x3	150	60	12x340x470	19x140x470	3x3	60	12x200x470	650	936	792	1800
H-350x357x19x19	605	973	22	4x3	150	60	12x340x470	19x140x470	3x4	60	19x200x620	650	1480	792	2390

1) 휨좌굴을 고려하지 않은 볼트구멍이 없는 H형강단면의 설계휨강도와 설계전단강도
2) F10T, 표준크기구멍을 적용한 지압볼트이음의 설계강도로 강도하중에 대한 설계강도, 이 설계강도는 H형강의 설계강도와 이음판의 설계강도를 고려한 접합부의 설계강도이다.
3) F10T, 표준크기구멍을 적용한 마찰볼트이음의 설계미끄럼강도로 사용하중에 대한 설계미끄럼강도, 이 설계강도는 H형강의 설계강도 또는 이음판을 고려한 설계강도가 아니고 단순히 볼트의 설계미끄럼강도에 의한 접합부의 설계강도로 전단 면의 미끄럼을 확인하기 위한 설계강도이다. 고력볼트의 설계미끄럼강도의 강도감소계수 $\phi = 1.0$이다.

도움표 11.1-490 H형강 보의 볼트이음

F10T, SHN490(F_y = 325MPa), 75%부분 강도

H형강 치수	단면 설계강도[1]		이음부 일람표									이음부 설계강도			
			볼트	플랜지					웨브			지압접합[2]		마찰접합[3]	
	휨모멘트	전단력	직경	볼트열	게이지		외이음판	내이음판	볼트열		이음판	휨모멘트	전단력	휨모멘트	전단력
	kN.m	kN	mm	mxn	g_1	g_2	두께x폭x길이	두께x폭x길이	mxn	Pc	두께x춤x너비	kN.m	kN	kN.m	kN
H-396x199x7x11	247	405	20	2x3	130	-	9x195x470	12x70x470	3x2	90	6x260x320	314	608	381	989
H-400x200x8x13	291	468	20	2x3	130	-	9x195x470	12x70x470	4x2	60	9x260x320	345	876	383	1320
H-404x201x9x15	335	532	20	2x3	130	-	9x195x470	16x70x470	4x2	60	9x260x320	400	913	385	1320
H-386x299x9x14	410	508	22	4x1.5	150	40	9x290x430	9x110x430	3x2	90	9x260x320	427	913	445	1200
H-390x300x10x16	480	570	22	4x2.0	150	40	9x290x560	12x110x560	3x2	90	9x260x320	573	913	597	1200
H-388x402x15x15	558	851	22	4x3	160	80	9x390x470	12x160x470	4x2	60	14x260x320	648	1420	893	1600
H-394x398x11x18	660	634	22	4x3	160	80	9x390x470	12x160x470	3x2	90	9x260x320	714	913	900	1200
H-394x405x18x18	713	1040	22	4x3	160	80	12x390x470	12x160x470	4x3	60	16x260x470	792	1620	900	2390
H-400x400x13x21	806	761	22	4x3	160	80	12x390x470	16x160x470	4x3	60	12x260x470	916	1220	907	2390
H-400x408x21x21	872	1230	22	4x3	160	80	12x390x470	16x160x470	4x4	60	19x260x620	940	1930	907	3190
H-406x403x16x24	939	950	22	4x3	160	80	12x390x470	16x160x470	4x3	60	14x260x470	967	1420	914	2390
H-414x405x18x28	1100	1090	22	4x4	160	80	16x390x620	19x160x620	4x3	60	16x260x470	1230	1620	1230	2390
H-428x407x20x35	1380	1250	22	4x4	160	80	19x390x620	25x160x620	4x4	60	19x260x620	1430	1930	1250	3190
H-446x199x8x12	318	522	20	2x3	130	-	9x195x470	12x70x470	5x1	60	6x320x170	386	547	429	824
H-450x200x9x14	368	592	20	2x3	130	-	9x195x470	16x70x470	5x1	60	9x320x170	448	616	431	824
H-434x299x10x15	518	635	22	4x2.0	150	40	9x290x560	12x110x560	5x1	60	9x320x170	642	648	669	997
H-440x300x11x18	620	708	22	4x2.0	150	40	9x290x560	12x110x560	5x1	60	9x320x170	646	713	673	997
H-496x199x9x14	420	653	20	2x3	130	-	9x195x470	16x70x470	4x2	90	6x350x320	495	819	477	1320
H-500x200x10x16	477	731	20	2x3	130	-	12x195x470	16x70x470	4x2	90	9x350x320	547	1230	479	1320

1) 횡좌굴을 고려하지 않은 볼트구멍이 없는 H형강단면의 설계휨강도와 설계전단강도
2) F10T, 표준크기구멍을 적용한 지압볼트이음의 설계강도로 강도하중에 대한 설계강도, 이 설계강도는 H형강의 설계강도와 이음판의 설계강도를 고려한 접합부의 설계강도이다.
3) F10T, 표준크기구멍을 적용한 마찰볼트이음의 설계미끄럼강도로 사용하중에 대한 설계미끄럼강도, 이 설계강도는 H형강의 설계강도 또는 이음판을 고려한 설계강도가 아니고 단순히 볼트의 설계미끄럼강도에 의한 접합부의 설계강도로 전단 면의 미끄럼을 확인하기 위한 설계강도이다. 고력볼트의 설계미끄럼강도의 강도감소계수 $\phi = 1.0$이다.

도움표 11.1-490 H형강 보의 볼트이음

F10T, SHN490(F_y = 325MPa), 75%부분 강도

H형강 치수	단면 설계강도[1]		이음부 일람표									이음부 설계강도			
			볼트	플랜지					웨브			지압접합[2]		마찰접합[3]	
	휨모멘트	전단력	직경	볼트열	게이지		외이음판	내이음판	볼트열		이음판	휨모멘트	전단력	휨모멘트	전단력
	kN.m	kN	mm	mxn	g_1	g_2	두께x폭x길이	두께x폭x길이	mxn	Pc	두께x춤x너비	kN.m	kN	kN.m	kN
H-506x201x11x19	557	814	20	2x3	130	-	12x195x470	19x70x470	4x2	90	9x350x320	557	1230	482	1320
H-482x300x11x15	606	775	22	4x2.0	150	40	9x290x560	12x110x560	3x2	120	9x320x320	715	1120	745	1200
H-488x300x11x18	708	785	22	4x2.0	150	40	9x290x560	16x110x560	3x2	120	9x320x320	836	1120	750	1200
H-596x199x10x15	581	872	20	2x3	130	-	12x195x470	16x70x470	7x1	60	9x440x170	646	958	575	1150
H-600x200x11x17	653	965	20	2x3	130	-	12x195x470	19x70x470	7x1	60	9x440x170	659	1050	577	1150
H-606x201x12x20	753	1060	20	2x4	130	-	12x195x620	22x70x620	7x1	60	9x440x170	816	1150	773	1150
H-612x202x13x23	854	1160	20	2x4	130	-	16x195x620	22x70x620	5x2	90	9x440x320	888	1540	777	1650
H-582x300x12x17	869	1020	22	4x2.0	150	40	12x290x560	16x110x560	7x1	60	9x440x170	990	1090	902	1400
H-588x300x12x20	985	1030	22	4x2.0	150	40	12x290x560	16x110x560	7x1	60	12x440x170	1040	1090	906	1400
H-594x302x14x23	1140	1220	22	4x2.5	150	40	12x290x690	19x110x690	7x1	60	12x440x170	1270	1270	1140	1400
H-692x300x13x20	1230	1320	22	4x2.5	150	40	12x290x690	16x110x690	7x1	60	12x440x170	1370	1350	1340	1400
H-700x300x13x24	1420	1330	22	4x2.5	150	40	16x290x690	19x110x690	7x1	60	12x440x170	1540	1350	1350	1400
H-708x302x15x28	1660	1550	22	4x3.0	150	40	16x290x820	22x110x820	8x1	60	14x500x170	1860	1560	1630	1600
H-792x300x14x22	1600	1620	22	4x2.5	150	40	16x290x690	19x110x690	9x1	60	12x560x170	1760	1630	1540	1800
H-800x300x14x26	1810	1640	22	4x3.0	150	40	16x290x820	19x110x820	10x1	60	12x620x170	2000	1810	1850	1990
H-808x302x16x30	2090	1890	22	4x3.0	150	40	16x290x820	22x110x820	10x1	60	12x620x170	2130	2070	1860	1990
H-890x299x15x23	1960	1950	22	4x2.5	150	40	16x290x690	19x110x690	11x1	60	12x680x170	1980	2140	1730	2190
H-900x300x16x28	2290	2110	22	4x3.0	150	40	16x290x820	22x110x820	11x1	60	14x680x170	2390	2280	2090	2190
H-912x302x18x34	2740	2400	22	4x3.5	150	40	19x290x950	28x110x950	8x2	90	12x710x320	2800	3320	2450	3190
H-918x303x19x37	2970	2550	22	4x4.0	150	40	22x290x1080	28x110x1080	8x2	90	12x710x320	3210	3320	2810	3190

1) 횡좌굴을 고려하지 않은 볼트구멍이 없는 H형강단면의 설계휨강도와 설계전단강도
2) F10T, 표준크기구멍을 적용한 지압볼트이음의 설계강도로 강도하중에 대한 설계강도, 이 설계강도는 H형강의 설계강도와 이음판의 설계강도를 고려한 접합부의 설계강도이다.
3) F10T, 표준크기구멍을 적용한 마찰볼트이음의 설계미끄럼강도로 사용하중에 대한 설계미끄럼강도, 이 설계강도는 H형강의 설계강도 또는 이음판을 고려한 설계강도가 아니고 단순히 볼트의 설계미끄럼강도에 의한 접합부의 설계강도로 전단 면의 미끄럼을 확인하기 위한 설계강도이다. 고력볼트의 설계미끄럼강도의 강도감소계수 $\phi = 1.0$이다.

도움표 11.1-490 H형강 보의 볼트이음

F10T, SHN490(F_y = 325MPa), 50%부분 강도

H형강 치수	단면 설계강도[1]		이음부 일람표									이음부 설계강도			
			볼트	플랜지					웨브			지압접합[2]		마찰접합[3]	
	휨모멘트	전단력	직경	볼트열	게이지		외이음판	내이음판	볼트열		이음판	휨모멘트	전단력	휨모멘트	전단력
	kN.m	kN	mm	mxn	g_1	g_2	두께x폭x길이	두께x폭x길이	mxn	Pc	두께x춤x너비	kN.m	kN	kN.m	kN
H-100x100x6x8	10.1	58.5	16	2x1	56	-	9x100x170	-	1x3	-	6x60x530	12.1	140	10.6	317
H-125x125x6.5x9	22.5	79.2	16	2x2	75	-	9x125x320	-	1x3	-	6x80x530	30.1	187	26.4	317
H-148x100x6x9	18.3	86.6	16	2x2	56	-	9x100x320	-	1x4	-	6x80x620	29.4	187	31.2	422
H-150x150x7x10	36.0	102	20	2x2	90	-	9x150x320	9x60x320	1x3	-	6x80x530	69.2	187	92.3	495
H-198x99x4.5x7	21.0	86.9	16	2x1	56	-	9x100x170	-	2x2	60	6x140x320	23.9	254	20.9	422
H-200x100x5.5x8	24.4	107	16	2x2	56	-	9x100x320	-	2x2	60	6x140x320	39.7	310	42.2	422
H-194x150x6x9	45.1	113	20	2x2	90	-	9x150x320	9x60x320	2x1	60	6x140x230	82.4	164	122	330
H-200x200x8x12	76.9	156	20	2x2	130	-	9x195x320	9x70x320	2x1	60	6x140x230	117	219	124	330
H-200x204x12x12	82.7	234	20	2x2	130	-	9x195x320	9x70x320	2x2	60	6x140x380	119	328	124	659
H-208x202x10x16	104	203	20	2x2	130	-	9x195x320	9x70x320	2x2	60	6x140x380	145	328	127	659
H-248x124x5x8	46.7	121	16	2x2	75	-	9x125x320	-	3x1	60	6x200x170	59.8	212	52.3	317
H-250x125x6x9	53.5	146	16	2x2	75	-	9x125x320	-	3x1	60	6x200x170	60.3	254	52.8	317
H-244x175x7x11	81.7	167	20	2x2	105	-	9x170x320	9x70x320	3x1	60	6x200x170	133	287	154	495
H-244x252x11x11	112	262	20	2x2	160	-	9x240x320	9x90x320	3x1	60	9x200x170	147	451	154	495
H-248x249x8x13	129	193	20	2x2	160	-	9x240x320	9x90x320	3x1	60	6x200x170	167	328	155	495
H-250x250x9x14	140	219	20	2x2	160	-	9x240x320	9x90x320	3x1	60	6x200x170	173	369	156	495
H-250x255x14x14	152	341	20	2x2	160	-	9x240x320	9x90x320	3x1	60	9x200x170	173	565	156	495
H-298x149x5.5x8	69.5	160	20	2x2	90	-	9x150x320	9x60x320	3x1	60	6x200x170	114	226	191	495
H-300x150x6.5x9	79.3	190	20	2x2	90	-	9x150x320	9x60x320	3x1	60	6x200x170	130	267	192	495

1) 횡좌굴을 고려하지 않은 볼트구멍이 없는 H형강단면의 설계휨강도와 설계전단강도
2) F10T, 표준크기구멍을 적용한 지압볼트이음의 설계강도로 강도하중에 대한 설계강도, 이 설계강도는 H형강의 설계강도와 이음판의 설계강도를 고려한 접합부의 설계강도이다.
3) F10T, 표준크기구멍을 적용한 마찰볼트이음의 설계미끄럼강도로 사용하중에 대한 설계미끄럼강도, 이 설계강도는 H형강의 설계강도 또는 이음판을 고려한 설계강도가 아니고 단순히 볼트의 설계미끄럼강도에 의한 접합부의 설계강도로 전단 면의 미끄럼을 확인하기 위한 설계강도이다. 고력볼트의 설계미끄럼강도의 강도감소계수 $\phi = 1.0$이다.

도움표 11.1-490 H형강 보의 볼트이음

F10T, SHN490(F_y = 325MPa), 50%부분 강도

H형강 치수	단면 설계강도[1]		이음부 일람표									이음부 설계강도			
			볼트	플랜지					웨브			지압접합[2]		마찰접합[3]	
	휨모멘트	전단력	직경	볼트열	게이지		외이음판	내이음판	볼트열		이음판	휨모멘트	전단력	휨모멘트	전단력
	kN.m	kN	mm	mxn	g_1	g_2	두께x폭x길이	두께x폭x길이	mxn	Pc	두께x춤x너비	kN.m	kN	kN.m	kN
H-294x200x8x12	126	229	20	2x2	130	-	9x195x320	9x70x320	3x1	60	6x200x170	176	328	186	495
H-298x201x9x14	146	261	20	2x2	130	-	9x195x320	9x70x320	3x1	60	6x200x170	207	369	187	495
H-294x302x12x12	173	344	22	4x1.5	150	40	9x290x430	9x110x430	3x1	60	9x200x170	296	467	338	598
H-298x299x9x14	198	261	22	4x1.5	150	40	9x290x430	9x110x430	3x1	60	6x200x170	326	350	340	598
H-300x300x10x15	217	293	22	4x1.5	150	40	9x290x430	9x110x430	3x1	60	6x200x170	341	389	341	598
H-300x305x15x15	232	439	22	4x1.5	150	40	9x290x430	9x110x430	3x1	60	9x200x170	341	583	341	598
H-304x301x11x17	249	326	22	4x1.5	150	40	9x290x430	9x110x430	3x1	60	9x200x170	372	428	343	598
H-310x305x15x20	304	453	22	4x1.5	150	40	9x290x430	9x110x430	3x2	60	9x200x320	389	702	347	1200
H-310x310x20x20	322	605	22	4x1.5	150	40	9x290x430	9x110x430	3x2	60	12x200x320	389	936	347	1200
H-346x174x6x9	104	202	20	2x2	105	-	9x170x320	9x70x320	2x2	120	6x200x320	157	423	222	659
H-350x175x7x11	127	239	20	2x2	105	-	9x170x320	9x70x320	2x2	120	6x200x320	194	468	224	659
H-354x176x8x13	150	276	20	2x2	105	-	9x170x320	9x70x320	2x2	120	6x200x320	231	468	225	659
H-336x249x8x12	174	262	20	2x2	160	-	9x240x320	9x90x320	2x2	120	6x200x320	220	468	214	659
H-340x250x9x14	207	298	20	2x2	160	-	9x240x320	9x90x320	2x2	120	6x200x320	240	468	215	659
H-338x351x13x13	245	428	22	4x2	150	60	9x340x320	9x140x320	2x2	120	9x200x320	333	702	519	798
H-344x348x10x16	301	335	22	4x2	150	60	9x340x320	12x140x320	3x2	60	9x200x320	408	702	523	1200
H-344x354x16x16	324	537	22	4x2	150	60	9x340x320	12x140x320	3x2	60	12x200x320	420	936	523	1200
H-350x350x12x19	372	410	22	4x2	150	60	9x340x320	12x140x320	3x2	60	9x200x320	451	702	528	1200
H-350x357x19x19	404	648	22	4x2	150	60	9x340x320	16x140x320	3x3	60	14x200x470	510	1090	528	1800

1) 휨좌굴을 고려하지 않은 볼트구멍이 없는 H형강단면의 설계휨강도와 설계전단강도
2) F10T, 표준크기구멍을 적용한 지압볼트이음의 설계강도로 강도하중에 대한 설계강도, 이 설계강도는 H형강의 설계강도와 이음판의 설계강도를 고려한 접합부의 설계강도이다.
3) F10T, 표준크기구멍을 적용한 마찰볼트이음의 설계미끄럼강도로 사용하중에 대한 설계미끄럼강도, 이 설계강도는 H형강의 설계강도 또는 이음판을 고려한 설계강도가 아니고 단순히 볼트의 설계미끄럼강도에 의한 접합부의 설계강도로 전단 면의 미끄럼을 확인하기 위한 설계강도이다. 고력볼트의 설계미끄럼강도의 강도감소계수 $\phi = 1.0$이다.

도움표 11.1-490 H형강 보의 볼트이음

F10T, SHN490(F_y = 325MPa), 50%부분 강도

H형강 치수	단면 설계강도[1]		이음부 일람표										이음부 설계강도			
			볼트	플랜지					웨브				지압접합[2]		마찰접합[3]	
	휨모멘트	전단력	직경	볼트열	게이지		외이음판	내이음판	볼트열		이음판		휨모멘트	전단력	휨모멘트	전단력
	kN.m	kN	mm	mxn	g_1	g_2	두께x폭x길이	두께x폭x길이	mxn	Pc	두께x춤x너비		kN.m	kN	kN.m	kN
H-396x199x7x11	165	270	20	2x2	130	-	9x195x320	9x70x320	4x1	60	6x260x170		219	383	254	659
H-400x200x8x13	194	312	20	2x2	130	-	9x195x320	9x70x320	4x1	60	6x260x170		261	438	255	659
H-404x201x9x15	223	355	20	2x2	130	-	9x195x320	9x70x320	4x1	60	6x260x170		293	492	257	659
H-386x299x9x14	273	339	22	4x1.5	150	40	9x290x430	9x110x430	4x1	60	6x260x170		427	467	445	798
H-390x300x10x16	320	380	22	4x1.5	150	40	9x290x430	9x110x430	4x1	60	6x260x170		466	518	448	798
H-388x402x15x15	372	567	22	4x2	160	80	9x390x320	9x160x320	4x1	60	9x260x170		524	778	595	798
H-394x398x11x18	440	423	22	4x2	160	80	9x390x320	9x160x320	4x1	60	9x260x170		616	570	600	798
H-394x405x18x18	475	691	22	4x2	160	80	9x390x320	9x160x320	3x2	90	9x260x320		616	913	600	1200
H-400x400x13x21	537	507	22	4x2	160	80	9x390x320	9x160x320	4x1	60	9x260x170		621	674	605	798
H-400x408x21x21	581	819	22	4x2	160	80	9x390x320	12x160x320	4x2	60	12x260x320		691	1220	605	1600
H-406x403x16x24	626	633	22	4x2	160	80	9x390x320	12x160x320	4x1	60	12x260x170		697	829	610	798
H-414x405x18x28	735	727	22	4x3	160	80	12x390x470	12x160x470	3x2	90	12x260x320		855	1220	924	1200
H-428x407x20x35	923	835	22	4x3	160	80	12x390x470	16x160x470	4x2	60	14x260x320		995	1420	941	1600
H-446x199x8x12	212	348	20	2x2	130	-	9x195x320	9x70x320	5x1	60	6x320x170		269	547	286	824
H-450x200x9x14	246	395	20	2x2	130	-	9x195x320	9x70x320	5x1	60	6x320x170		317	616	287	824
H-434x299x10x15	345	423	22	4x1.5	150	40	9x290x430	9x110x430	5x1	60	6x320x170		501	648	501	997
H-440x300x11x18	413	472	22	4x1.5	150	40	9x290x430	9x110x430	5x1	60	6x320x170		567	713	505	997
H-496x199x9x14	280	435	20	2x2	130	-	9x195x320	9x70x320	5x1	60	6x320x170		349	616	318	824
H-500x200x10x16	318	488	20	2x2	130	-	9x195x320	12x70x320	5x1	60	6x320x170		365	684	319	824

1) 횡좌굴을 고려하지 않은 볼트구멍이 없는 H형강단면의 설계휨강도와 설계전단강도
2) F10T, 표준크기구멍을 적용한 지압볼트이음의 설계강도로 강도하중에 대한 설계강도, 이 설계강도는 H형강의 설계강도와 이음판의 설계강도를 고려한 접합부의 설계강도이다.
3) F10T, 표준크기구멍을 적용한 마찰볼트이음의 설계미끄럼강도로 사용하중에 대한 설계미끄럼강도, 이 설계강도는 H형강의 설계강도 또는 이음판을 고려한 설계강도가 아니고 단순히 볼트의 설계미끄럼강도에 의한 접합부의 설계강도로 전단 면의 미끄럼을 확인하기 위한 설계강도이다. 고력볼트의 설계미끄럼강도의 강도감소계수 $\phi = 1.0$이다.

도움표 11.1-490 H형강 보의 볼트이음

F10T, SHN490(F_y = 325MPa), 50%부분 강도

H형강 치수	단면 설계강도[1]		이음부 일람표										이음부 설계강도			
			볼트	플랜지					웨브				지압접합[2]		마찰접합[3]	
	휨모멘트	전단력	직경	볼트열	게이지		외이음판	내이음판	볼트열		이음판		휨모멘트	전단력	휨모멘트	전단력
	kN.m	kN	mm	mxn	g_1	g_2	두께x폭x길이	두께x폭x길이	mxn	Pc	두께x춤x너비		kN.m	kN	kN.m	kN
H-506x201x11x19	372	543	20	2x3	130	-	9x195x470	12x70x470	5x1	60	9x320x170		434	752	482	824
H-482x300x11x15	404	517	22	4x1.5	150	40	9x290x430	9x110x430	5x1	60	9x320x170		559	713	559	997
H-488x300x11x18	472	523	22	4x1.5	150	40	9x290x430	9x110x430	5x1	60	9x320x170		631	713	563	997
H-596x199x10x15	388	581	20	2x2	130	-	9x195x320	12x70x320	6x1	60	6x380x170		438	821	383	989
H-600x200x11x17	436	644	20	2x2	130	-	9x195x320	12x70x320	6x1	60	9x380x170		439	903	384	989
H-606x201x12x20	502	709	20	2x3	130	-	9x195x470	16x70x470	6x1	60	9x380x170		602	985	580	989
H-612x202x13x23	569	776	20	2x3	130	-	9x195x470	16x70x470	6x1	60	9x380x170		605	1070	583	989
H-582x300x12x17	580	681	22	4x1.5	150	40	9x290x430	9x110x430	6x1	60	9x380x170		732	933	676	1200
H-588x300x12x20	657	688	22	4x1.5	150	40	9x290x430	12x110x430	6x1	60	9x380x170		777	933	680	1200
H-594x302x14x23	760	811	22	4x1.5	150	40	9x290x430	12x110x430	6x1	60	9x380x170		781	1090	683	1200
H-692x300x13x20	823	877	22	4x1.5	150	40	9x290x430	12x110x430	7x1	60	9x440x170		919	1180	804	1400
H-700x300x13x24	945	887	22	4x2.0	150	40	9x290x560	12x110x560	7x1	60	9x440x170		1040	1180	1080	1400
H-708x302x15x28	1110	1040	22	4x2.0	150	40	12x290x560	16x110x560	7x1	60	12x440x170		1240	1360	1090	1400
H-792x300x14x22	1070	1080	22	4x2.0	150	40	9x290x560	12x110x560	8x1	60	9x500x170		1180	1450	1230	1600
H-800x300x14x26	1210	1090	22	4x2.0	150	40	12x290x560	16x110x560	8x1	60	9x500x170		1410	1450	1240	1600
H-808x302x16x30	1390	1260	22	4x2.0	150	40	12x290x560	16x110x560	8x1	60	12x500x170		1420	1660	1240	1600
H-890x299x15x23	1300	1300	22	4x2.0	150	40	9x290x560	16x110x560	9x1	60	12x560x170		1540	1750	1380	1800
H-900x300x16x28	1530	1400	22	4x2.0	150	40	12x290x560	16x110x560	9x1	60	12x560x170		1590	1870	1390	1800
H-912x302x18x34	1830	1600	22	4x2.5	150	40	16x290x690	19x110x690	9x1	60	12x560x170		2000	2050	1750	1800
H-918x303x19x37	1980	1700	22	4x2.5	150	40	16x290x690	19x110x690	9x1	60	12x560x170		2010	2050	1760	1800

1) 횡좌굴을 고려하지 않은 볼트구멍이 없는 H형강단면의 설계휨강도와 설계전단강도
2) F10T, 표준크기구멍을 적용한 지압볼트이음의 설계강도로 강도하중에 대한 설계강도, 이 설계강도는 H형강의 설계강도와 이음판의 설계강도를 고려한 접합부의 설계강도이다.
3) F10T, 표준크기구멍을 적용한 마찰볼트이음의 설계미끄럼강도로 사용하중에 대한 설계미끄럼강도, 이 설계강도는 H형강의 설계강도 또는 이음판을 고려한 설계강도가 아니고 단순히 볼트의 설계미끄럼강도에 의한 접합부의 설계강도로 전단 면의 미끄럼을 확인하기 위한 설계강도이다. 고력볼트의 설계미끄럼강도의 강도감소계수 $\phi = 1.0$이다.

도움표 11.2-400 H형강 기둥의 볼트이음

F10T, SHN400(F_y = 235MPa), 전강도

H형강 치수	단면 설계강도[1]		이음부 일람표									이음부 설계강도			
			볼트	플랜지					웨브			지압접합[2]		마찰접합[3]	
	플랜지	웨브	직경	볼트열	게이지		외이음판	내이음판	볼트열		이음판	플랜지	웨브	플랜지	웨브
	kN	kN	mm	mxn	g_1	g_2	두께x폭x길이	두께x폭x길이	mxn	Pc	두께x춤x너비	kN	kN	kN	kN
H-100x100x6x8	169	125	16	2x2	56	-	9x100x320	-	1x3	-	6x60x530	121	167	211	317
H-125x125x6.5x9	238	165	16	2x2	75	-	9x125x320	-	1x3	-	6x80x530	241	181	211	317
H-148x100x6x9	190	187	16	2x2	56	-	9x100x320	-	1x3	-	6x80x530	241	167	211	317
H-150x150x7x10	317	214	20	2x2	90	-	9x150x320	9x60x320	1x3	-	9x80x530	256	213	659	495
H-198x99x4.5x7	147	197	16	2x2	56	-	9x100x320	-	2x2	60	6x140x380	121	250	211	422
H-200x100x5.5x8	169	236	16	2x2	56	-	9x100x320	-	2x2	60	6x140x380	121	306	211	422
H-194x150x6x9	286	254	20	2x2	90	-	9x150x320	9x60x320	2x2	60	6x140x380	230	365	659	659
H-200x200x8x12	508	329	20	2x2	130	-	9x195x320	9x70x320	2x2	60	6x140x380	684	487	659	659
H-200x204x12x12	518	477	20	2x2	130	-	9x195x320	9x70x320	2x2	60	9x140x380	684	684	659	659
H-208x202x10x16	684	403	20	2x2	130	-	9x195x320	12x70x320	2x2	60	9x140x380	754	609	659	659
H-248x124x5x8	210	272	16	2x2	75	-	9x125x320	-	2x3	60	6x140x470	241	278	211	633
H-250x125x6x9	238	321	16	2x2	75	-	9x125x320	-	2x3	60	6x140x470	241	333	211	633
H-244x175x7x11	407	375	20	2x2	105	-	9x175x320	9x70x320	2x3	60	9x140x470	282	426	659	989
H-244x252x11x11	586	563	20	2x3	160	-	9x240x470	9x90x470	2x3	60	12x140x470	658	658	989	989
H-248x249x8x13	685	422	20	2x3	160	-	9x240x470	9x90x470	2x3	60	9x140x470	709	487	989	989
H-250x250x9x14	740	469	20	2x3	160	-	9x240x470	12x90x470	2x3	60	9x140x470	735	548	989	989
H-250x255x14x14	755	704	20	2x3	160	-	9x240x470	12x90x470	2x3	60	12x140x470	735	684	989	989
H-298x149x5.5x8	252	359	20	2x2	90	-	9x150x320	9x60x320	3x2	60	6x200x320	205	335	659	989
H-300x150x6.5x9	286	418	20	2x2	90	-	9x150x320	9x60x320	3x2	60	6x200x320	230	396	659	989

1) 횡좌굴을 고려하지 않은 볼트구멍이 없는 H형강단면의 설계휨강도와 설계전단강도
2) F10T, 표준크기구멍을 적용한 지압볼트이음의 설계강도로 강도하중에 대한 설계강도, 이 설계강도는 H형강의 설계강도와 이음판의 설계강도를 고려한 접합부의 설계강도이다.
3) F10T, 표준크기구멍을 적용한 마찰볼트이음의 설계미끄럼강도로 사용하중에 대한 설계미끄럼강도, 이 설계강도는 H형강의 설계강도 또는 이음판을 고려한 설계강도가 아니고 단순히 볼트의 설계미끄럼강도에 의한 접합부의 설계강도로 전단 면의 미끄럼을 확인하기 위한 설계강도이다. 고력볼트의 설계미끄럼강도의 강도감소계수 $\phi = 1.0$이다.

도움표 11.2-400 H형강 기둥의 볼트이음

F10T, SHN400(F_y = 235MPa), 전강도

H형강 치수	단면 설계강도[1]		이음부 일람표										이음부 설계강도			
			볼트	플랜지					웨브				지압접합[2]		마찰접합[3]	
	플랜지	웨브	직경	볼트열	게이지		외이음판	내이음판	볼트열		이음판		플랜지	웨브	플랜지	웨브
	kN	kN	mm	mxn	g_1	g_2	두께x폭x길이	두께x폭x길이	mxn	Pc	두께x춤x너비		kN	kN	kN	kN
H-294x200x8x12	508	516	20	2x2	130	-	9x195x320	9x70x320	3x2	60	9x200x320		684	487	659	989
H-298x201x9x14	595	573	20	2x2	130	-	9x195x320	12x70x320	3x2	60	9x200x320		735	548	659	989
H-294x302x12x12	766	744	22	4x1.5	150	40	9x290x430	9x110x430	3x2	60	9x200x320		593	752	1200	1200
H-298x299x9x14	885	573	22	4x1.5	150	40	9x290x430	12x110x430	3x2	60	9x200x320		691	572	1200	1200
H-300x300x10x15	952	630	22	4x1.5	150	40	9x290x430	12x110x430	3x2	60	9x200x320		741	635	1200	1200
H-300x305x15x15	968	916	22	4x1.5	150	40	9x290x430	12x110x430	3x2	60	12x200x320		741	752	1200	1200
H-304x301x11x17	1080	687	22	4x1.5	150	40	9x290x430	12x110x430	3x2	60	9x200x320		840	699	1200	1200
H-310x305x15x20	1290	916	22	4x2.0	150	40	12x290x560	16x110x560	3x2	60	12x200x320		912	752	1600	1200
H-310x310x20x20	1310	1200	22	4x2.0	150	40	12x290x560	16x110x560	3x2	60	16x200x320		912	900	1600	1200
H-346x174x6x9	331	452	20	2x2	105	-	9x175x320	9x70x320	3x2	60	6x200x320		230	365	659	989
H-350x175x7x11	407	521	20	2x2	105	-	9x175x320	9x70x320	3x2	60	9x200x320		282	426	659	989
H-354x176x8x13	484	591	20	2x2	105	-	9x175x320	9x70x320	3x2	60	9x200x320		335	487	659	989
H-336x249x8x12	632	601	20	2x3	160	-	9x240x470	9x90x470	3x2	60	9x200x320		684	487	989	989
H-340x250x9x14	740	667	20	2x3	160	-	9x240x470	12x90x470	3x2	60	9x200x320		735	548	989	989
H-338x351x13x13	965	931	22	4x2	150	60	9x340x320	9x140x320	3x2	60	12x200x320		1550	752	1600	1200
H-344x348x10x16	1180	733	22	4x2	150	60	9x340x320	12x140x320	3x2	60	9x200x320		1700	635	1600	1200
H-344x354x16x16	1200	1130	22	4x2	150	60	9x340x320	12x140x320	3x2	60	14x200x320		1700	851	1600	1200
H-350x350x12x19	1410	865	22	4x2	150	60	12x340x320	12x140x320	3x2	60	12x200x320		1820	752	1600	1200
H-350x357x19x19	1430	1330	22	4x2	150	60	12x340x320	16x140x320	3x3	60	16x200x470		1820	1350	1600	1800

1) 횡좌굴을 고려하지 않은 볼트구멍이 없는 H형강단면의 설계휨강도와 설계전단강도
2) F10T, 표준크기구멍을 적용한 지압볼트이음의 설계강도로 강도하중에 대한 설계강도, 이 설계강도는 H형강의 설계강도와 이음판의 설계강도를 고려한 접합부의 설계강도이다.
3) F10T, 표준크기구멍을 적용한 마찰볼트이음의 설계미끄럼강도로 사용하중에 대한 설계미끄럼강도, 이 설계강도는 H형강의 설계강도 또는 연결판을 고려한 설계강도가 아니고 단순히 볼트의 설계미끄럼강도에 의한 접합부의 설계강도로 전단 면의 미끄럼을 확인하기 위한 설계강도이다. 고력볼트의 설계미끄럼강도의 강도감소계수 $\phi = 1.0$이다.

도움표 11.2-400 H형강 기둥의 볼트이음

F10T, SHN400(F_y = 235MPa), 전강도

H형강 치수	단면 설계강도[1]		이음부 일람표									이음부 설계강도			
			볼트	플랜지					웨브			지압접합[2]		마찰접합[3]	
	플랜지	웨브	직경	볼트열	게이지		외이음판	내이음판	볼트열		이음판	플랜지	웨브	플랜지	웨브
	kN	kN	mm	mxn	g_1	g_2	두께x폭x길이	두께x폭x길이	mxn	Pc	두께x춤x너비	kN	kN	kN	kN
H-396x199x7x11	463	600	20	2x2	130	-	9x195x320	9x70x320	4x2	60	6x260x320	658	639	659	1320
H-400x200x8x13	550	679	20	2x2	130	-	9x195x320	12x70x320	4x2	60	9x260x320	709	730	659	1320
H-404x201x9x15	638	758	20	2x2	130	-	9x195x320	12x70x320	4x2	60	9x260x320	754	822	659	1320
H-386x299x9x14	885	769	22	4x1.5	150	40	9x290x430	12x110x430	4x2	60	9x260x320	691	857	1200	1600
H-390x300x10x16	1020	845	22	4x1.5	150	40	9x290x430	12x110x430	4x2	60	9x260x320	790	953	1200	1600
H-388x402x15x15	1280	1220	22	4x2	160	80	9x390x320	12x160x320	4x2	60	12x260x320	1650	1130	1600	1600
H-394x398x11x18	1520	921	22	4x2	160	80	12x390x320	12x160x320	4x2	60	9x260x320	1800	1050	1600	1600
H-394x405x18x18	1540	1450	22	4x2	160	80	12x390x320	12x160x320	4x2	60	14x260x320	1800	1350	1600	1600
H-400x400x13x21	1780	1070	22	4x3	160	80	12x390x470	16x160x470	4x2	60	12x260x320	1820	1130	2390	1600
H-400x408x21x21	1810	1680	22	4x3	160	80	12x390x470	16x160x470	4x2	60	16x260x320	1820	1350	2390	1600
H-406x403x16x24	2050	1300	22	4x3	160	80	16x390x470	16x160x470	4x2	60	12x260x320	1820	1130	2390	1600
H-414x405x18x28	2400	1450	22	4x3	160	80	16x390x470	19x160x470	4x2	60	14x260x320	1820	1350	2390	1600
H-428x407x20x35	3010	1600	22	4x4	160	80	19x390x620	25x160x620	4x2	60	16x260x320	2740	1350	3190	1600
H-446x199x8x12	505	773	20	2x2	130	-	9x195x320	9x70x320	4x2	60	9x260x320	684	730	659	1320
H-450x200x9x14	592	862	20	2x2	130	-	9x195x320	12x70x320	4x2	60	9x260x320	735	822	659	1320
H-434x299x10x15	949	959	22	4x1.5	150	40	9x290x430	12x110x430	4x2	60	9x260x320	741	953	1200	1600
H-440x300x11x18	1140	1040	22	4x1.5	150	40	12x290x430	16x110x430	4x2	60	12x260x320	889	1050	1200	1600
H-496x199x9x14	589	964	20	2x2	130	-	9x195x320	12x70x320	3x3	120	9x320x470	735	691	659	1480
H-500x200x10x16	677	1060	20	2x2	130	-	9x195x320	12x70x320	3x3	120	9x320x470	754	767	659	1480

1) 횡좌굴을 고려하지 않은 볼트구멍이 없는 H형강단면의 설계휨강도와 설계전단강도
2) F10T, 표준크기구멍을 적용한 지압볼트이음의 설계강도로 강도하중에 대한 설계강도, 이 설계강도는 H형강의 설계강도와 이음판의 설계강도를 고려한 접합부의 설계강도이다.
3) F10T, 표준크기구멍을 적용한 마찰볼트이음의 설계미끄럼강도로 사용하중에 대한 설계미끄럼강도, 이 설계강도는 H형강의 설계강도 또는 이음판을 고려한 설계강도가 아니고 단순히 볼트의 설계미끄럼강도에 의한 접합부의 설겨강도로 전단 면의 미끄럼을 확인하기 위한 설계강도이다. 고력볼트의 설계미끄럼강도의 강도감소계수 $\phi = 1.0$이다.

도움표 11.2-400 H형강 기둥의 볼트이음

F10T, SHN400(F_y = 235MPa), 전강도

H형강 치수	단면 설계강도[1]		이음부 일람표									이음부 설계강도			
			볼트	플랜지					웨브			지압접합[2]		마찰접합[3]	
	플랜지	웨브	직경	볼트열	게이지		외이음판	내이음판	볼트열		이음판	플랜지	웨브	플랜지	웨브
	kN	kN	mm	mxn	g_1	g_2	두께x폭x길이	두께x폭x길이	mxn	Pc	두께x춤x너비	kN	kN	kN	kN
H-506x201x11x19	808	1160	20	2x3	130	-	12x195x470	16x70x470	3x3	120	9x320x470	754	844	989	1480
H-482x300x11x15	952	1170	22	4x1.5	150	40	9x290x430	12x110x430	3x3	120	9x320x470	741	815	1200	1800
H-488x300x11x18	1140	1170	22	4x1.5	150	40	12x290x430	16x110x430	3x3	120	9x320x470	889	815	1200	1800
H-596x199x10x15	631	1290	20	2x2	130	-	9x195x320	12x70x320	6x2	60	9x380x320	754	895	659	1980
H-600x200x11x17	719	1400	20	2x2	130	-	9x195x320	16x70x320	6x2	60	9x380x320	754	985	659	1980
H-606x201x12x20	850	1520	20	2x3	130	-	12x195x470	16x70x470	6x2	60	12x380x320	754	1070	989	1980
H-612x202x13x23	983	1640	20	2x3	130	-	12x195x470	19x70x470	6x2	60	12x380x320	754	1370	989	1980
H-582x300x12x17	1080	1530	22	4x1.5	150	40	9x290x430	12x110x430	5x2	90	9x440x320	840	1500	1200	1990
H-588x300x12x20	1270	1530	22	4x1.5	150	40	12x290x430	16x110x430	5x2	90	9x440x320	912	1500	1200	1990
H-594x302x14x23	1470	1770	22	4x2.0	150	40	12x290x560	16x110x560	5x2	90	12x440x320	1370	1500	1600	1990
H-692x300x13x20	1270	1940	22	4x1.5	150	40	12x290x430	16x110x430	6x2	90	9x530x320	912	1500	1200	2390
H-700x300x13x24	1520	1940	22	4x2.0	150	40	16x290x560	19x110x560	6x2	90	9x530x320	1370	1500	1600	2390
H-708x302x15x28	1790	2210	22	4x2.0	150	40	16x290x560	22x110x560	6x2	90	12x530x320	1370	1880	1600	2390
H-792x300x14x22	1400	2360	22	4x2.0	150	40	12x290x560	16x110x560	7x2	90	9x620x320	1370	1880	1600	2790
H-800x300x14x26	1650	2360	22	4x2.0	150	40	16x290x560	19x110x560	7x2	90	9x620x320	1370	1880	1600	2790
H-808x302x16x30	1920	2670	22	4x2.5	150	40	16x290x690	22x110x690	7x2	90	12x620x320	1370	1880	1990	2790
H-890x299x15x23	1450	2820	22	4x2.0	150	40	12x290x560	16x110x560	8x2	90	12x710x320	1370	2260	1600	3190
H-900x300x16x28	1780	3000	22	4x2.0	150	40	16x290x560	22x110x560	8x2	90	12x710x320	1370	2260	1600	3190
H-912x302x18x34	2170	3360	22	4x2.5	150	40	19x290x690	25x110x690	9x2	60	16x560x320	1820	3150	1990	3590
H-918x303x19x37	2370	3530	22	4x3.0	150	40	22x290x820	28x110x820	9x2	60	16x560x320	1820	2700	2390	3590

1) 횡좌굴을 고려하지 않은 볼트구멍이 없는 H형강단면의 설계휨강도와 설계전단강도
2) F10T, 표준크기구멍을 적용한 지압볼트이음의 설계강도로 강도하중에 대한 설계강도, 이 설계강도는 H형강의 설계강도와 이음판의 설계강도를 고려한 접합부의 설계강도이다.
3) F10T, 표준크기구멍을 적용한 마찰볼트이음의 설계미끄럼강도로 사용하중에 대한 설계미끄럼강도, 이 설계강도는 H형강의 설계강도 또는 이음판을 고려한 설계강도가 아니고 단순히 볼트의 설계미끄럼강도에 의한 접합부의 설계강도로 전단 면의 미끄럼을 확인하기 위한 설계강도이다. 고력볼트의 설계미끄럼강도의 강도감소계수 $\phi = 1.0$이다.

도움표 11.2-400 H형강 기둥의 볼트이음

F10T, SHN400(F_y = 235MPa), 75%부분 강도

H형강 치수	단면 설계강도[1]		이음부 일람표									이음부 설계강도			
			볼트	플랜지					웨브			지압접합[2]		마찰접합[3]	
	플랜지	웨브	직경	볼트열	게이지		외이음판	내이음판	볼트열		이음판	플랜지	웨브	플랜지	웨브
	kN	kN	mm	mxn	g_1	g_2	두께x폭x길이	두께x폭x길이	mxn	Pc	두께x춤x너비	kN	kN	kN	kN
H-100x100x6x8	127	93.6	16	2x2	56	-	9x100x320	-	1x2	-	6x60x380	241	136	211	211
H-125x125x6.5x9	178	124	16	2x2	75	-	9x125x320	-	1x2	-	6x80x380	241	147	211	211
H-148x100x6x9	143	140	16	2x2	56	-	9x100x320	-	1x3	-	6x80x530	241	205	211	317
H-150x150x7x10	238	161	20	2x2	90	-	9x150x320	9x60x320	1x2	-	6x80x380	497	174	659	330
H-198x99x4.5x7	110	148	16	2x1	56	-	9x100x170	-	2x2	60	6x140x380	121	204	106	422
H-200x100x5.5x8	127	177	16	2x2	56	-	9x100x320	-	2x2	60	6x140x380	241	249	211	422
H-194x150x6x9	214	191	20	2x2	90	-	9x150x320	9x60x320	2x2	60	6x140x380	447	298	659	659
H-200x200x8x12	381	246	20	2x2	130	-	9x195x320	9x70x320	2x2	60	6x140x380	596	397	659	659
H-200x204x12x12	388	358	20	2x2	130	-	9x195x320	9x70x320	2x2	60	9x140x380	596	596	659	659
H-208x202x10x16	513	302	20	2x2	130	-	9x195x320	9x70x320	2x2	60	6x140x380	711	497	659	659
H-248x124x5x8	157	204	16	2x2	75	-	9x125x320	-	2x2	60	6x140x320	241	227	211	422
H-250x125x6x9	178	240	16	2x2	75	-	9x125x320	-	2x2	60	6x140x320	241	272	211	422
H-244x175x7x11	305	281	20	2x2	105	-	9x175x320	9x70x320	2x2	60	6x140x320	546	348	659	659
H-244x252x11x11	440	422	20	2x2	160	-	9x240x320	9x90x320	2x2	60	9x140x320	546	546	659	659
H-248x249x8x13	513	317	20	2x2	160	-	9x240x320	9x90x320	2x2	60	6x140x320	646	397	659	659
H-250x250x9x14	555	352	20	2x2	160	-	9x240x320	9x90x320	2x2	60	6x140x320	669	447	659	659
H-250x255x14x14	566	528	20	2x2	160	-	9x240x320	9x90x320	2x2	60	9x140x320	669	669	659	659
H-298x149x5.5x8	189	269	20	2x2	90	-	9x150x320	9x60x320	2x2	120	6x200x320	397	273	659	659
H-300x150x6.5x9	214	314	20	2x2	90	-	9x150x320	9x60x320	2x2	120	6x200x320	447	323	659	659

1) 횡좌굴을 고려하지 않은 볼트구멍이 없는 H형강단면의 설계휨강도와 설계전단강도

2) F10T, 표준크기구멍을 적용한 지압볼트이음의 설계강도로 강도하중에 대한 설계강도, 이 설계강도는 H형강의 설계강도와 이음판의 설계강도를 고려한 접합부의 설계강도이다.

3) F10T, 표준크기구멍을 적용한 마찰볼트이음의 설계미끄럼강도로 사용하중에 대한 설계미끄럼강도, 이 설계강도는 H형강의 설계강도 또는 이음판을 고려한 설계강도가 아니고 단순히 볼트의 설계미끄럼강도에 의한 접합부의 설계강도로 전단 면의 미끄럼을 확인하기 위한 설계강도이다. 고력볼트의 설계미끄럼강도의 강도감소계수 $\phi = 1.0$이다.

제11장

도움표 11.2-400 H형강 기둥의 볼트이음

F10T, SHN400(F_y = 235MPa), 75%부분 강도

H형강 치수	단면 설계강도[1]		이음부 일람표									이음부 설계강도			
			볼트	플랜지					웨브			지압접합[2]		마찰접합[3]	
	플랜지	웨브	직경	볼트열	게이지		외이음판	내이음판	볼트열		이음판	플랜지	웨브	플랜지	웨브
	kN	kN	mm	mxn	g_1	g_2	두께x폭x길이	두께x폭x길이	mxn	Pc	두께x춤x너비	kN	kN	kN	kN
H-294x200x8x12	381	387	20	2x2	130	-	9x195x320	9x70x320	2x2	120	6x200x320	596	397	659	659
H-298x201x9x14	446	430	20	2x2	130	-	9x195x320	9x70x320	2x2	120	6x200x320	669	447	659	659
H-294x302x12x12	575	558	22	4x1.5	150	40	9x290x430	9x110x430	2x2	120	9x200x320	864	622	1200	798
H-298x299x9x14	664	430	22	4x1.5	150	40	9x290x430	9x110x430	2x2	120	6x200x320	1010	467	1200	798
H-300x300x10x15	714	472	22	4x1.5	150	40	9x290x430	9x110x430	2x2	120	6x200x320	1060	518	1200	798
H-300x305x15x15	726	687	22	4x1.5	150	40	9x290x430	9x110x430	2x2	120	9x200x320	1060	758	1200	798
H-304x301x11x17	812	515	22	4x1.5	150	40	9x290x430	9x110x430	2x2	120	9x200x320	1140	570	1200	798
H-310x305x15x20	968	687	22	4x1.5	150	40	9x290x430	12x110x430	2x2	120	9x200x320	1260	758	1200	798
H-310x310x20x20	983	901	22	4x1.5	150	40	9x290x430	12x110x430	3x2	60	12x200x320	1260	1290	1200	1200
H-346x174x6x9	248	339	20	2x2	105	-	9x175x320	9x70x320	3x2	60	6x200x320	447	447	659	989
H-350x175x7x11	305	391	20	2x2	105	-	9x175x320	9x70x320	3x2	60	6x200x320	546	522	659	989
H-354x176x8x13	363	443	20	2x2	105	-	9x175x320	9x70x320	3x2	60	6x200x320	646	596	659	989
H-336x249x8x12	474	450	20	2x2	160	-	9x240x320	9x90x320	3x2	60	6x200x320	596	596	659	989
H-340x250x9x14	555	500	20	2x2	160	-	9x240x320	9x90x320	3x2	60	6x200x320	669	671	659	989
H-338x351x13x13	724	698	22	4x2	150	60	9x340x320	9x140x320	3x2	60	9x200x320	1350	1010	1600	1200
H-344x348x10x16	883	549	22	4x2	150	60	9x340x320	9x140x320	3x2	60	9x200x320	1560	778	1600	1200
H-344x354x16x16	898	846	22	4x2	150	60	9x340x320	9x140x320	3x2	60	12x200x320	1560	1170	1600	1200
H-350x350x12x19	1050	648	22	4x2	150	60	9x340x320	9x140x320	3x2	60	9x200x320	1640	933	1600	1200
H-350x357x19x19	1080	995	22	4x2	150	60	9x340x320	12x140x320	3x2	60	12x200x320	1680	1260	1600	1200

1) 횡좌굴을 고려하지 않은 볼트구멍이 없는 H형강단면의 설계휨강도와 설계전단강도
2) F10T, 표준크기구멍을 적용한 지압볼트이음의 설계강도로 강도하중에 대한 설계강도, 이 설계강도는 H형강의 설계강도와 이음판의 설계강도를 고려한 접합부의 설계강도이다.
3) F10T, 표준크기구멍을 적용한 마찰볼트이음의 설계미끄럼강도로 사용하중에 대한 설계미끄럼강도, 이 설계강도는 H형강의 설계강도 또는 이음판을 고려한 설계강도가 아니고 단순히 볼트의 설계미끄럼강도에 의한 접합부의 설계강도로 전단 면의 미끄럼을 확인하기 위한 설계강도이다. 고력볼트의 설계미끄럼강도의 강도감소계수 $\phi = 1.0$이다.

도움표 11.2-400 H형강 기둥의 볼트이음

F10T, SHN400(F_y = 235MPa), 75%부분 강도

H형강 치수	단면 설계강도[1]		이음부 일람표									이음부 설계강도			
			볼트	플랜지					웨브			지압접합[2]		마찰접합[3]	
	플랜지	웨브	직경	볼트열	게이지		외이음판	내이음판	볼트열		이음판	플랜지	웨브	플랜지	웨브
	kN	kN	mm	mxn	g_1	g_2	두께x폭x길이	두께x폭x길이	mxn	Pc	두께x춤x너비	kN	kN	kN	kN
H-396x199x7x11	347	450	20	2x2	130	-	9x195x320	9x70x320	3x2	90	6x260x320	546	522	659	989
H-400x200x8x13	412	510	20	2x2	130	-	9x195x320	9x70x320	3x2	90	6x260x320	646	596	659	989
H-404x201x9x15	478	569	20	2x2	130	-	9x195x320	9x70x320	3x2	90	6x260x320	690	671	659	989
H-386x299x9x14	664	577	22	4x1.5	150	40	9x290x430	9x110x430	3x2	90	6x260x320	1010	700	1200	1200
H-390x300x10x16	761	634	22	4x1.5	150	40	9x290x430	9x110x430	3x2	90	6x260x320	1100	778	1200	1200
H-388x402x15x15	957	918	22	4x2	160	80	9x390x320	9x160x320	3x2	90	9x260x320	1520	1140	1600	1200
H-394x398x11x18	1140	691	22	4x2	160	80	9x390x320	9x160x320	3x2	90	9x260x320	1640	855	1600	1200
H-394x405x18x18	1160	1090	22	4x2	160	80	9x390x320	9x160x320	3x2	90	12x260x320	1640	1230	1600	1200
H-400x400x13x21	1330	804	22	4x2	160	80	9x390x320	12x160x320	3x2	90	9x260x320	1760	1010	1600	1200
H-400x408x21x21	1360	1260	22	4x2	160	80	9x390x320	12x160x320	3x2	90	12x260x320	1760	1320	1600	1200
H-406x403x16x24	1530	975	22	4x2	160	80	12x390x320	12x160x320	3x2	90	9x260x320	1820	1170	1600	1200
H-414x405x18x28	1800	1090	22	4x2	160	80	12x390x320	16x160x320	3x2	90	12x260x320	1820	1230	1600	1200
H-428x407x20x35	2260	1200	22	4x3	160	80	16x390x470	19x160x470	3x2	90	12x260x320	2740	1290	2390	1200
H-446x199x8x12	379	580	20	2x2	130	-	9x195x320	9x70x320	3x2	90	6x260x320	596	596	659	989
H-450x200x9x14	444	647	20	2x2	130	-	9x195x320	9x70x320	3x2	90	6x260x320	669	671	659	989
H-434x299x10x15	711	719	22	4x1.5	150	40	9x290x430	9x110x430	3x2	90	9x260x320	1060	778	1200	1200
H-440x300x11x18	857	784	22	4x1.5	150	40	9x290x430	12x110x430	3x2	90	9x260x320	1180	855	1200	1200
H-496x199x9x14	442	723	20	2x2	130	-	9x195x320	9x70x320	4x2	90	6x350x320	669	894	659	1320
H-500x200x10x16	508	797	20	2x2	130	-	9x195x320	9x70x320	4x2	90	6x350x320	711	994	659	1320

1) 횡좌굴을 고려하지 않은 볼트구멍이 없는 H형강단면의 설계휨강도와 설계전단강도
2) F10T, 표준크기구멍을 적용한 지압볼트이음의 설계강도로 강도하중에 대한 설계강도, 이 설계강도는 H형강의 설계강도와 이음판의 설계강도를 고려한 접합부의 설계강도이다.
3) F10T, 표준크기구멍을 적용한 마찰볼트이음의 설계미끄럼강도로 사용하중에 대한 설계미끄럼강도, 이 설계강도는 H형강의 설계강도 또는 이음판을 고려한 설계강도가 아니고 단순히 볼트의 설계미끄럼강도에 의한 접합부의 설계강도로 전단 면의 미끄럼을 확인하기 위한 설계강도이다. 고력볼트의 설계미끄럼강도의 강도감소계수 $\phi = 1.0$이다.

도움표 11.2-400 H형강 기둥의 볼트이음

F10T, SHN400(F_y = 235MPa), 75%부분 강도

H형강 치수	단면 설계강도[1)		이음부 일람표									이음부 설계강도			
			볼트	플랜지					웨브			지압접합[2)		마찰접합[3)	
	플랜지	웨브	직경	볼트열	게이지		외이음판	내이음판	볼트열		이음판	플랜지	웨브	플랜지	웨브
	kN	kN	mm	mxn	g_1	g_2	두께x폭x길이	두께x폭x길이	mxn	Pc	두께x춤x너비	kN	kN	kN	kN
H-506x201x11x19	606	871	20	2x2	130	-	9x195x320	12x70x320	4x2	90	6x350x320	754	1090	659	1320
H-482x300x11x15	714	881	22	4x1.5	150	40	9x290x430	9x110x430	4x2	90	6x350x320	1060	1140	1200	1600
H-488x300x11x18	857	881	22	4x1.5	150	40	9x290x430	12x110x430	4x2	90	6x350x320	1180	1140	1200	1600
H-596x199x10x15	473	964	20	2x2	130	-	9x195x320	9x70x320	4x2	90	9x350x320	690	994	659	1320
H-600x200x11x17	539	1050	20	2x2	130	-	9x195x320	12x70x320	4x2	90	9x350x320	732	1090	659	1320
H-606x201x12x20	638	1140	20	2x2	130	-	9x195x320	12x70x320	4x2	90	9x350x320	754	1190	659	1320
H-612x202x13x23	737	1230	20	2x2	130	-	9x195x320	16x70x320	4x2	90	9x350x320	754	1290	659	1320
H-582x300x12x17	809	1150	22	4x1.5	150	40	9x290x430	9x110x430	4x2	90	9x350x320	1140	1240	1200	1600
H-588x300x12x20	952	1150	22	4x1.5	150	40	9x290x430	12x110x430	4x2	90	9x350x320	1260	1240	1200	1600
H-594x302x14x23	1100	1320	22	4x1.5	150	40	9x290x430	12x110x430	4x2	90	9x350x320	1300	1450	1200	1600
H-692x300x13x20	952	1450	22	4x1.5	150	40	9x290x430	12x110x430	5x2	90	9x440x320	1260	1680	1200	1990
H-700x300x13x24	1140	1450	22	4x1.5	150	40	12x290x430	16x110x430	5x2	90	9x440x320	1370	1680	1200	1990
H-708x302x15x28	1340	1660	22	4x1.5	150	40	12x290x430	16x110x430	5x2	90	9x440x320	1370	1900	1200	1990
H-792x300x14x22	1050	1770	22	4x1.5	150	40	9x290x430	12x110x430	5x2	120	9x560x320	1300	1810	1200	1990
H-800x300x14x26	1240	1770	22	4x1.5	150	40	12x290x430	16x110x430	5x2	120	9x560x320	1370	1810	1200	1990
H-808x302x16x30	1440	2010	22	4x2.0	150	40	12x290x560	16x110x560	6x2	90	9x530x320	1820	2340	1600	2390
H-890x299x15x23	1090	2120	22	4x1.5	150	40	9x290x430	12x110x430	6x2	90	12x530x320	1300	2270	1200	2390
H-900x300x16x28	1330	2250	22	4x1.5	150	40	12x290x430	16x110x430	6x2	90	12x530x320	1370	2340	1200	2390
H-912x302x18x34	1630	2520	22	4x2.0	150	40	16x290x560	19x110x560	7x2	90	12x620x320	1820	2870	1600	2790
H-918x303x19x37	1780	2650	22	4x2.0	150	40	16x290x560	22x110x560	7x2	90	12x620x320	1820	2940	1600	2790

1) 횡좌굴을 고려하지 않은 볼트구멍이 없는 H형강단면의 설계휨강도와 설계전단강도
2) F10T, 표준크기구멍을 적용한 지압볼트이음의 설계강도로 강도하중에 대한 설계강도, 이 설계강도는 H형강의 설계강도와 이음판의 설계강도를 고려한 접합부의 설계강도이다.
3) F10T, 표준크기구멍을 적용한 마찰볼트이음의 설계미끄럼강도로 사용하중에 대한 설계미끄럼강도, 이 설계강도는 H형강의 설계강도 또는 이음판을 고려한 설계강도가 아니고 단순히 볼트의 설계미끄럼강도에 의한 접합부의 설계강도로 전단 면의 미끄럼을 확인하기 위한 설계강도이다. 고력볼트의 설계미끄럼강도의 강도감소계수 $\phi = 1.0$이다.

도움표 11.2-400 H형강 기둥의 볼트이음

F10T, SHN400(F_y = 235MPa), 50%부분 강도

H형강 치수	단면 설계강도[1]		이음부 일람표										이음부 설계강도			
			볼트	플랜지					웨브				지압접합[2]		마찰접합[3]	
	플랜지	웨브	직경	볼트열	게이지		외이음판	내이음판	볼트열		이음판		플랜지	웨브	플랜지	웨브
	kN	kN	mm	mxn	g_1	g_2	두께x폭x길이	두께x폭x길이	mxn	Pc	두께x춤x너비		kN	kN	kN	kN
H-100x100x6x8	84.6	62.4	16	2x1	56	-	9x100x170	-	1x2	-	6x60x380		121	136	106	211
H-125x125x6.5x9	119	82.6	16	2x1	75	-	9x125x170	-	1x2	-	6x80x380		121	147	106	211
H-148x100x6x9	95.2	93.5	16	2x1	56	-	9x100x170	-	1x2	-	6x80x380		121	136	106	211
H-150x150x7x10	159	107	20	2x1	90	-	9x150x170	9x60x170	1x2	-	6x80x380		209	174	330	330
H-198x99x4.5x7	73.3	98.6	16	2x1	56	-	9x100x170	-	2x1	60	6x140x230		121	100	106	211
H-200x100x5.5x8	84.6	118	16	2x1	56	-	9x100x170	-	2x1	60	6x140x230		121	123	106	211
H-194x150x6x9	143	127	20	2x1	90	-	9x150x170	9x60x170	2x2	60	6x140x380		188	298	330	659
H-200x200x8x12	254	164	20	2x2	130	-	9x195x320	9x70x320	2x1	60	6x140x230		596	167	659	330
H-200x204x12x12	259	239	20	2x2	130	-	9x195x320	9x70x320	2x1	60	6x140x230		596	251	659	330
H-208x202x10x16	342	201	20	2x2	130	-	9x195x320	9x70x320	2x1	60	6x140x230		711	209	659	330
H-248x124x5x8	105	136	16	2x1	75	-	9x125x170	-	2x2	60	6x140x320		121	227	106	422
H-250x125x6x9	119	160	16	2x1	75	-	9x125x170	-	2x2	60	6x140x320		121	272	106	422
H-244x175x7x11	204	188	20	2x1	105	-	9x175x170	9x70x170	2x2	60	6x140x320		230	348	330	659
H-244x252x11x11	293	282	20	2x2	160	-	9x240x320	9x90x320	2x2	60	6x140x320		546	546	659	659
H-248x249x8x13	342	211	20	2x2	160	-	9x240x320	9x90x320	2x2	60	6x140x320		646	397	659	659
H-250x250x9x14	370	235	20	2x2	160	-	9x240x320	9x90x320	2x2	60	6x140x320		669	447	659	659
H-250x255x14x14	378	352	20	2x2	160	-	9x240x320	9x90x320	2x2	60	6x140x320		669	596	659	659
H-298x149x5.5x8	126	179	20	2x1	90	-	9x150x170	9x60x170	3x1	60	6x200x170		167	179	330	495
H-300x150x6.5x9	143	209	20	2x1	90	-	9x150x170	9x60x170	3x1	60	6x200x170		188	209	330	495

1) 횡좌굴을 고려하지 않은 볼트구멍이 없는 H형강단면의 설계휨강도와 설계전단강도
2) F10T, 표준크기구멍을 적용한 지압볼트이음의 설계강도로 강도하중에 대한 설계강도, 이 설계강도는 H형강의 설계강도와 이음판의 설계강도를 고려한 접합부의 설계강도이다.
3) F10T, 표준크기구멍을 적용한 마찰볼트이음의 설계미끄럼강도로 사용하중에 대한 설계미끄럼강도, 이 설계강도는 H형강의 설계강도 또는 이음판을 고려한 설계강도가 아니고 단순히 볼트의 설계미끄럼강도에 의한 접합부의 설계강도로 전단 면의 미끄럼을 확인하기 위한 설계강도이다. 고력볼트의 설계미끄럼강도의 강도감소계수 $\phi = 1.0$이다.

제11장

도움표 11.2-400 H형강 기둥의 볼트이음

F10T, SHN400(F_y = 235MPa), 50%부분 강도

H형강 치수	단면 설계강도[1]		이음부 일람표										이음부 설계강도			
			볼트	플랜지					웨브				지압접합[2]		마찰접합[3]	
	플랜지	웨브	직경	볼트열	게이지		외이음판	내이음판	볼트열		이음판		플랜지	웨브	플랜지	웨브
	kN	kN	mm	mxn	g_1	g_2	두께x폭x길이	두께x폭x길이	mxn	Pc	두께x춤x너비		kN	kN	kN	kN
H-294x200x8x12	254	258	20	2x2	130	-	9x195x320	9x70x320	3x1	60	6x200x170		596	258	659	495
H-298x201x9x14	298	286	20	2x2	130	-	9x195x320	9x70x320	3x1	60	6x200x170		669	286	659	495
H-294x302x12x12	383	372	22	4x1.0	150	40	9x290x300	9x110x300	3x1	60	6x200x170		484	372	798	598
H-298x299x9x14	443	286	22	4x1.0	150	40	9x290x300	9x110x300	3x1	60	6x200x170		564	286	798	598
H-300x300x10x15	476	315	22	4x1.0	150	40	9x290x300	9x110x300	3x1	60	6x200x170		605	315	798	598
H-300x305x15x15	484	458	22	4x1.0	150	40	9x290x300	9x110x300	3x1	60	6x200x170		605	458	798	598
H-304x301x11x17	541	344	22	4x1.0	150	40	9x290x300	9x110x300	3x1	60	6x200x170		685	344	798	598
H-310x305x15x20	645	458	22	4x1.0	150	40	9x290x300	9x110x300	3x1	60	6x200x170		726	458	798	598
H-310x310x20x20	656	601	22	4x1.0	150	40	9x290x300	9x110x300	3x1	60	9x200x170		726	601	798	598
H-346x174x6x9	166	226	20	2x1	105	-	9x175x170	9x70x170	2x2	120	6x200x320		188	298	330	659
H-350x175x7x11	204	261	20	2x1	105	-	9x175x170	9x70x170	2x2	120	6x200x320		230	348	330	659
H-354x176x8x13	242	295	20	2x1	105	-	9x175x170	9x70x170	2x2	120	6x200x320		271	397	330	659
H-336x249x8x12	316	300	20	2x2	160	-	9x240x320	9x90x320	2x2	120	6x200x320		596	397	659	659
H-340x250x9x14	370	333	20	2x2	160	-	9x240x320	9x90x320	2x2	120	6x200x320		669	447	659	659
H-338x351x13x13	483	465	22	4x1	150	60	9x340x170	9x140x170	2x2	120	6x200x320		524	622	798	798
H-344x348x10x16	589	366	22	4x1	150	60	9x340x170	9x140x170	2x2	120	6x200x320		645	518	798	798
H-344x354x16x16	599	564	22	4x1	150	60	9x340x170	9x140x170	2x2	120	9x200x320		645	778	798	798
H-350x350x12x19	703	432	22	4x1	150	60	9x340x170	9x140x170	2x2	120	6x200x320		726	622	798	798
H-350x357x19x19	717	663	22	4x1	150	60	9x340x170	9x140x170	2x2	120	9x200x320		726	819	798	798

1) 횡좌굴을 고려하지 않은 볼트구멍이 없는 H형강단면의 설계휨강도와 설계전단강도
2) F10T, 표준크기구멍을 적용한 지압볼트이음의 설계강도로 강도하중에 대한 설계강도, 이 설계강도는 H형강의 설계강도와 이음판의 설계강도를 고려한 접합부의 설계강도이다.
3) F10T, 표준크기구멍을 적용한 마찰볼트이음의 설계미끄럼강도로 사용하중에 대한 설계미끄럼강도, 이 설계강도는 H형강의 설계강도 또는 이음판을 고려한 설계강도가 아니고 단순히 볼트의 설계미끄럼강도에 의한 접합부의 설계강도로 전단 면의 미끄럼을 확인하기 위한 설계강도이다. 고력볼트의 설계미끄럼강도의 강도감소계수 $\phi = 1.0$이다.

도움표 11.2-400 H형강 기둥의 볼트이음

F10T, SHN400(F_y = 235MPa), 50%부분 강도

H형강 치수	단면 설계강도[1]		이음부 일람표										이음부 설계강도			
			볼트	플랜지					웨브				지압접합[2]		마찰접합[3]	
	플랜지	웨브	직경	볼트열	게이지		외이음판	내이음판	볼트열		이음판		플랜지	웨브	플랜지	웨브
	kN	kN	mm	mxn	g_1	g_2	두께x폭x길이	두께x폭x길이	mxn	Pc	두께x춤x너비		kN	kN	kN	kN
H-396x199x7x11	231	300	20	2x2	130	-	9x195x320	9x70x320	4x1	60	6x260x170		546	522	659	659
H-400x200x8x13	275	340	20	2x2	130	-	9x195x320	9x70x320	4x1	60	6x260x170		646	596	659	659
H-404x201x9x15	319	379	20	2x2	130	-	9x195x320	9x70x320	4x1	60	6x260x170		690	671	659	659
H-386x299x9x14	443	385	22	4x1.0	150	40	9x290x300	9x110x300	4x1	60	6x260x170		564	700	798	798
H-390x300x10x16	508	423	22	4x1.0	150	40	9x290x300	9x110x300	4x1	60	6x260x170		645	778	798	798
H-388x402x15x15	638	612	22	4x2	160	80	9x390x320	9x160x320	4x1	60	6x260x170		1520	933	1600	798
H-394x398x11x18	758	460	22	4x2	160	80	9x390x320	9x160x320	4x1	60	6x260x170		1640	855	1600	798
H-394x405x18x18	771	725	22	4x2	160	80	9x390x320	9x160x320	4x1	60	9x260x170		1640	726	1600	798
H-400x400x13x21	888	536	22	4x2	160	80	9x390x320	9x160x320	4x1	60	6x260x170		1640	933	1600	798
H-400x408x21x21	906	839	22	4x2	160	80	9x390x320	9x160x320	4x1	60	9x260x170		1640	1230	1600	798
H-406x403x16x24	1020	650	22	4x2	160	80	9x390x320	9x160x320	4x1	60	6x260x170		1640	933	1600	798
H-414x405x18x28	1200	725	22	4x2	160	80	9x390x320	9x160x320	4x1	60	9x260x170		1640	726	1600	798
H-428x407x20x35	1510	801	22	4x2	160	80	12x390x320	12x160x320	4x1	60	9x260x170		1820	1230	1600	798
H-446x199x8x12	253	386	20	2x2	130	-	9x195x320	9x70x320	5x1	60	6x320x170		596	418	659	824
H-450x200x9x14	296	431	20	2x2	130	-	9x195x320	9x70x320	5x1	60	6x320x170		669	470	659	824
H-434x299x10x15	474	480	22	4x1.0	150	40	9x290x300	9x110x300	5x1	60	6x320x170		605	504	798	997
H-440x300x11x18	571	522	22	4x1.0	150	40	9x290x300	9x110x300	5x1	60	6x320x170		726	554	798	997
H-496x199x9x14	295	482	20	2x2	130	-	9x195x320	9x70x320	6x1	60	6x380x170		669	564	659	989
H-500x200x10x16	338	531	20	2x2	130	-	9x195x320	9x70x320	6x1	60	6x380x170		711	626	659	989

1) 횡좌굴을 고려하지 잖은 볼트구멍이 없는 H형강단면의 설계휨강도와 설계전단강도
2) F10T, 표준크기구멍을 적용한 지압볼트이음의 설계강도로 강도하중에 대한 설계강도, 이 설계강도는 H형강의 설계강도와 이음판의 설계강도를 고려한 접합부의 설계강도이다.
3) F10T, 표준크기구멍을 적용한 마찰볼트이음의 설계미끄럼강도로 사용하중에 대한 설계미끄럼강도, 이 설계강도는 H형강의 설계강도 또는 이음판을 고려한 설계강도가 아니고 단순히 볼트의 설계미끄럼강도에 의한 접합부의 설계강도로 전단 면의 미끄럼을 확인하기 위한 설계강도이다. 고력볼트의 설계미끄럼강도의 강도감소계수 $\phi = 1.0$이다.

제11장

도움표 11.2-400 H형강 기둥의 볼트이음

F10T, SHN400(F_y = 235MPa), 50%부분 강도

H형강 치수	단면 설계강도[1]		이음부 일람표									이음부 설계강도			
			볼트	플랜지					웨브			지압접합[2]		마찰접합[3]	
	플랜지	웨브	직경	볼트열	게이지		외이음판	내이음판	볼트열		이음판	플랜지	웨브	플랜지	웨브
	kN	kN	mm	mxn	g_1	g_2	두께x폭x길이	두께x폭x길이	mxn	Pc	두께x춤x너비	kN	kN	kN	kN
H-506x201x11x19	404	581	20	2x2	130	-	9x195x320	9x70x320	6x1	60	6x380x170	753	689	659	989
H-482x300x11x15	476	587	22	4x1.0	150	40	9x290x300	9x110x300	6x1	60	6x380x170	605	665	798	1200
H-488x300x11x18	571	587	22	4x1.0	150	40	9x290x300	9x110x300	6x1	60	6x380x170	726	665	798	1200
H-596x199x10x15	316	643	20	2x2	130	-	9x195x320	9x70x320	7x1	60	6x440x170	690	731	659	1150
H-600x200x11x17	360	702	20	2x2	130	-	9x195x320	9x70x320	7x1	60	6x440x170	732	804	659	1150
H-606x201x12x20	425	762	20	2x2	130	-	9x195x320	9x70x320	7x1	60	6x440x170	753	877	659	1150
H-612x202x13x23	491	822	20	2x2	130	-	9x195x320	9x70x320	7x1	60	6x440x170	753	877	659	1150
H-582x300x12x17	539	767	22	4x1.0	150	40	9x290x300	9x110x300	7x1	60	6x440x170	685	847	798	1400
H-588x300x12x20	635	767	22	4x1.0	150	40	9x290x300	9x110x300	7x1	60	6x440x170	726	847	798	1400
H-594x302x14x23	735	883	22	4x1.0	150	40	9x290x300	9x110x300	7x1	60	6x440x170	735	1240	798	1400
H-692x300x13x20	635	968	22	4x1.0	150	40	9x290x300	9x110x300	8x1	60	6x500x170	726	968	798	1600
H-700x300x13x24	761	968	22	4x1.5	150	40	9x290x430	9x110x430	8x1	60	6x500x170	1180	968	1200	1600
H-708x302x15x28	894	1110	22	4x1.5	150	40	9x290x430	12x110x430	8x1	60	6x500x170	1300	1560	1200	1600
H-792x300x14x22	698	1180	22	4x1.5	150	40	9x290x430	9x110x430	9x1	60	6x560x170	1180	1560	1200	1800
H-800x300x14x26	825	1180	22	4x1.5	150	40	9x290x430	9x110x430	9x1	60	6x560x170	1180	1560	1200	1800
H-808x302x16x30	958	1340	22	4x1.5	150	40	9x290x430	12x110x430	9x1	60	6x560x170	1300	1560	1200	1800
H-890x299x15x23	727	1410	22	4x1.5	150	40	9x290x430	9x110x430	10x1	60	6x620x170	1180	1870	1200	1990
H-900x300x16x28	888	1500	22	4x1.5	150	40	9x290x430	12x110x430	10x1	60	6x620x170	1300	1870	1200	1990
H-912x302x18x34	1090	1680	22	4x1.5	150	40	9x290x430	12x110x430	10x1	60	9x620x170	1300	1810	1200	1990
H-918x303x19x37	1190	1770	22	4x1.5	150	40	12x290x430	16x110x430	10x1	60	9x620x170	1370	1810	1200	1990

1) 횡좌굴을 고려하지 않은 볼트구멍이 없는 H형강단면의 설계휨강도와 설계전단강도
2) F10T, 표준크기구멍을 적용한 지압볼트이음의 설계강도로 강도하중에 대한 설계강도, 이 설계강도는 H형강의 설계강도와 이음판의 설계강도를 고려한 접합부의 설계강도이다.
3) F10T, 표준크기구멍을 적용한 마찰볼트이음의 설계미끄럼강도로 사용하중에 대한 설계미끄럼강도, 이 설계강도는 H형강의 설계강도 또는 이음판을 고려한 설계강도가 아니고 단순히 볼트의 설계미끄럼강도에 의한 접합부의 설계강도로 전단 면의 미끄럼을 확인하기 위한 설계강도이다. 고력볼트의 설계미끄럼강도의 강도감소계수 $\phi = 1.0$이다.

도움표 11.2-490 H형강 기둥의 볼트이음

F10T, SHN490(F_y = 325MPa), 전강도

H형강 치수	단면 설계강도[1]		이음부 일람표									이음부 설계강도			
			볼트	플랜지					웨브			지압접합[2]		마찰접합[3]	
	플랜지	웨브	직경	볼트열	게이지		외이음판	내이음판	볼트열		이음판	플랜지	웨브	플랜지	웨브
	kN	kN	mm	mxn	g_1	g_2	두께x폭x길이	두께x폭x길이	mxn	Pc	두께x춤x너비	kN	kN	kN	kN
H-100x100x6x8	234	173	16	2x2	56	-	9x100x320	-	1x3	-	6x60x530	241	251	211	317
H-125x125x6.5x9	329	229	16	2x3	75	-	9x125x470	-	1x3	-	6x80x530	362	272	317	317
H-148x100x6x9	263	259	16	2x3	56	-	9x100x470	-	1x4	-	6x80x680	362	336	317	422
H-150x150x7x10	439	297	20	2x2	90	-	9x150x320	9x60x320	1x3	-	9x80x530	609	336	659	495
H-198x99x4.5x7	203	273	16	2x2	56	-	9x100x320	-	2x3	60	6x140x530	241	377	211	633
H-200x100x5.5x8	234	326	16	2x2	56	-	9x100x320	-	2x3	60	6x140x530	241	461	211	633
H-194x150x6x9	395	351	20	2x2	90	-	9x150x320	9x60x320	2x2	60	6x140x380	548	365	659	659
H-200x200x8x12	702	454	20	2x3	130	-	9x195x470	9x70x470	2x2	60	6x140x380	1060	487	989	659
H-200x204x12x12	716	660	20	2x3	130	-	9x195x470	9x70x470	2x2	60	9x140x380	1060	684	989	659
H-208x202x10x16	945	557	20	2x3	130	-	9x195x470	12x70x470	2x2	60	9x140x380	1130	609	989	659
H-248x124x5x8	290	376	16	2x3	75	-	9x125x470	-	2x3	60	6x140x470	362	419	317	633
H-250x125x6x9	329	443	16	2x3	75	-	9x125x470	-	2x3	60	6x140x470	362	503	317	633
H-244x175x7x11	563	519	20	2x2	105	-	9x175x320	9x70x320	2x3	60	9x140x470	658	673	659	989
H-244x252x11x11	811	779	20	2x3	160	-	9x240x470	9x90x470	2x3	60	12x140x470	1030	1030	989	989
H-248x249x8x13	947	584	20	2x3	160	-	9x240x470	9x90x470	2x3	60	9x140x470	1090	769	989	989
H-250x250x9x14	1020	649	20	2x3	160	-	9x240x470	12x90x470	2x3	60	9x140x470	1110	865	989	989
H-250x255x14x14	1040	973	20	2x3	160	-	9x240x470	12x90x470	2x3	60	12x140x470	1110	1110	989	989
H-298x149x5.5x8	349	496	20	2x2	90	-	9x150x320	9x60x320	3x2	60	6x200x320	487	502	659	989
H-300x150x6.5x9	395	579	20	2x2	90	-	9x150x320	9x60x320	3x2	60	6x200x320	548	593	659	989

1) 횡좌굴을 고려하지 않은 볼트구멍이 없는 H형강단면의 설계휨강도와 설계전단강도
2) F10T, 표준크기구멍을 적용한 지압볼트이음의 설계강도로 강도하중에 대한 설계강도, 이 설계강도는 H형강의 설계강도와 이음판의 설계강도를 고려한 접합부의 설계강도이다.
3) F10T, 표준크기구멍을 적용한 마찰볼트이음의 설계미끄럼강도로 사용하중에 대한 설계미끄럼강도, 이 설계강도는 H형강의 설계강도 또는 이음판을 고려한 설계강도가 아니고 단순히 볼트의 설계미끄럼강도에 의한 접합부의 설계강도로 전단 면의 미끄럼을 확인하기 위한 설계강도이다. 고력볼트의 설계미끄럼강도의 강도감소계수 $\phi = 1.0$이다.

제11장

도움표 11.2-490 H형강 기둥의 볼트이음

F10T, SHN490(F_y = 325MPa), 전강도

H형강 치수	단면 설계강도[1]		이음부 일람표										이음부 설계강도			
			볼트	플랜지					웨브				지압접합[2]		마찰접합[3]	
	플랜지	웨브	직경	볼트열	게이지		외이음판	내이음판	볼트열		이음판		플랜지	웨브	플랜지	웨브
	kN	kN	mm	mxn	g_1	g_2	두께x폭x길이	두께x폭x길이	mxn	Pc	두께x춤x너비		kN	kN	kN	kN
H-294x200x8x12	702	713	20	2x3	130	-	9x195x470	9x70x470	3x2	60	9x200x320		1060	730	989	989
H-298x201x9x14	823	792	20	2x3	130	-	9x195x470	12x70x470	3x2	60	9x200x320		1110	822	989	989
H-294x302x12x12	1060	1030	22	4x2.0	150	40	9x290x560	9x110x560	3x2	60	9x200x320		1500	1130	1600	1200
H-298x299x9x14	1220	792	22	4x2.0	150	40	9x290x560	12x110x560	3x2	60	9x200x320		1600	857	1600	1200
H-300x300x10x15	1320	871	22	4x2.0	150	40	9x290x560	12x110x560	3x2	60	9x200x320		1650	953	1600	1200
H-300x305x15x15	1340	1270	22	4x2.0	150	40	9x290x560	12x110x560	3x3	60	12x200x470		1650	1920	1600	1800
H-304x301x11x17	1500	950	22	4x2.0	150	40	9x290x560	12x110x560	3x2	60	9x200x320		1750	1050	1600	1200
H-310x305x15x20	1780	1270	22	4x2.0	150	40	12x290x560	16x110x560	3x3	60	12x200x470		1820	1920	1600	1800
H-310x310x20x20	1810	1660	22	4x2.0	150	40	12x290x560	16x110x560	3x3	60	16x200x470		1820	2050	1600	1800
H-346x174x6x9	458	625	20	2x2	105	-	9x175x320	9x70x320	4x2	60	6x260x320		548	730	659	1320
H-350x175x7x11	563	721	20	2x2	105	-	9x175x320	9x70x320	4x2	60	6x260x320		658	852	659	1320
H-354x176x8x13	669	817	20	2x2	105	-	9x175x320	9x70x320	4x2	60	6x260x320		709	974	659	1320
H-336x249x8x12	874	831	20	2x3	160	-	9x240x470	9x90x470	3x3	60	9x200x470		1060	1150	989	1480
H-340x250x9x14	1020	922	20	2x3	160	-	9x240x470	12x90x470	3x3	60	9x200x470		1110	1300	989	1480
H-338x351x13x13	1330	1290	22	4x2	150	60	9x340x320	9x140x320	3x3	60	12x200x470		1550	1850	1600	1800
H-344x348x10x16	1630	1010	22	4x2	150	60	9x340x320	12x140x320	3x3	60	9x200x470		1700	1530	1600	1800
H-344x354x16x16	1660	1560	22	4x2	150	60	9x340x320	12x140x320	3x3	60	14x200x470		1700	1960	1600	1800
H-350x350x12x19	1950	1200	22	4x3	150	60	12x340x470	12x140x470	3x3	60	12x200x470		2740	1810	2390	1800
H-350x357x19x19	1980	1830	22	4x3	150	60	12x340x470	16x140x470	3x3	60	16x200x470		2740	2050	2390	1800

1) 횡좌굴을 고려하지 않은 볼트구멍이 없는 H형강단면의 설계휨강도와 설계전단강도
2) F10T, 표준크기구멍을 적용한 지압볼트이음의 설계강도로 강도하중에 대한 설계강도, 이 설계강도는 H형강의 설계강도와 이음판의 설계강도를 고려한 접합부의 설계강도이다.
3) F10T, 표준크기구멍을 적용한 마찰볼트이음의 설계미끄럼강도로 사용하중에 대한 설계미끄럼강도, 이 설계강도는 H형강의 설계강도 또는 이음판을 고려한 설계강도가 아니고 단순히 볼트의 설계미끄럼강도에 의한 접합부의 설계강도로 전단 면의 미끄럼을 확인하기 위한 설계강도이다. 고력볼트의 설계미끄럼강도의 강도감소계수 $\phi = 1.0$이다.

도움표 11.2-490 H형강 기둥의 볼트이음

F10T, SHN490(F_y = 325MPa), 전강도

H형강 치수	단면 설계강도[1]		이음부 일람표									이음부 설계강도			
			볼트	플랜지					웨브			지압접합[2]		마찰접합[3]	
	플랜지	웨브	직경	볼트열	게이지		외이음판	내이음판	볼트열		이음판	플랜지	웨브	플랜지	웨브
	kN	kN	mm	mxn	g_1	g_2	두께x폭x길이	두께x폭x길이	mxn	Pc	두께x춤x너비	kN	kN	kN	kN
H-396x199x7x11	640	830	20	2x2	130	-	9x195x320	9x70x320	4x2	60	6x260x320	658	852	659	1320
H-400x200x8x13	761	940	20	2x3	130	-	9x195x470	12x70x470	4x2	60	9x260x320	1090	974	989	1320
H-404x201x9x15	882	1050	20	2x3	130	-	9x195x470	12x70x470	4x2	60	9x260x320	1130	1100	989	1320
H-386x299x9x14	1220	1060	22	4x2.0	150	40	9x290x560	12x110x560	4x2	60	9x260x320	1600	1140	1600	1600
H-390x300x10x16	1400	1170	22	4x2.0	150	40	9x290x560	12x110x560	4x2	60	9x260x320	1700	1270	1600	1600
H-388x402x15x15	1760	1690	22	4x3	160	80	9x390x470	12x160x470	3x3	90	12x260x470	2560	1920	2390	1800
H-394x398x11x18	2100	1270	22	4x3	160	80	12x390x470	12x160x470	4x2	60	9x260x320	2710	1400	2390	1600
H-394x405x18x18	2130	2010	22	4x3	160	80	12x390x470	12x160x470	3x3	90	14x260x470	2710	2030	2390	1800
H-400x400x13x21	2460	1480	22	4x3	160	80	12x390x470	16x160x470	4x2	60	12x260x320	2740	1550	2390	1600
H-400x408x21x21	2510	2320	22	4x3	160	80	12x390x470	16x160x470	4x3	60	16x260x470	2740	2740	2390	2390
H-406x403x16x24	2830	1800	22	4x4	160	80	16x390x620	16x160x620	3x3	90	12x260x470	3650	1960	3190	1800
H-414x405x18x28	3320	2010	22	4x4	160	80	16x390x620	19x160x620	3x3	90	14x260x470	3650	2030	3190	1800
H-428x407x20x35	4170	2220	22	4x5	160	80	19x390x770	25x160x770	4x3	60	16x260x470	4560	2740	3990	2390
H-446x199x8x12	698	1070	20	2x3	130	-	9x195x470	9x70x470	3x3	90	9x260x470	1060	1150	989	1480
H-450x200x9x14	819	1190	20	2x3	130	-	9x195x470	12x70x470	3x3	90	9x260x470	1110	1300	989	1480
H-434x299x10x15	1310	1330	22	4x2.0	150	40	9x290x560	12x110x560	3x3	90	9x260x470	1650	1530	1600	1800
H-440x300x11x18	1580	1440	22	4x2.0	150	40	12x290x560	16x110x560	3x3	90	12x260x470	1800	1690	1600	1800
H-496x199x9x14	815	1330	20	2x3	130	-	9x195x470	12x70x470	5x2	60	9x320x320	1110	1370	989	1650
H-500x200x10x16	936	1470	20	2x3	130	-	9x195x470	12x70x470	5x2	60	9x320x320	1130	1520	989	1650

1) 횡좌굴을 고려하지 않은 볼트구멍이 없는 H형강단면의 설계휨강도와 설계전단강도
2) F10T, 표준크기구멍을 적용한 지압볼트이음의 설계강도로 강도하중에 대한 설계강도, 이 설계강도는 H형강의 설계강도와 이음판의 설계강도를 고려한 접합부의 설계강도이다.
3) F10T, 표준크기구멍을 적용한 마찰볼트이음의 설계미끄럼강도로 사용하중에 대한 설계미끄럼강도, 이 설계강도는 H형강의 설계강도 또는 이음판을 고려한 설계강도가 아니고 단순히 볼트의 설계미끄럼강도에 의한 접합부의 설계강도로 전단 면의 미끄럼을 확인하기 위한 설계강도이다. 고력볼트의 설계미끄럼강도의 강도감소계수 $\phi = 1.0$이다.

제11장

도움표 11.2-490 H형강 기둥의 볼트이음

F10T, SHN490(F_y = 325MPa), 전강도

H형강 치수	단면 설계강도[1]		이음부 일람표									이음부 설계강도			
			볼트	플랜지					웨브			지압접합[2]		마찰접합[3]	
	플랜지	웨브	직경	볼트열	게이지		외이음판	내이음판	볼트열		이음판	플랜지	웨브	플랜지	웨브
	kN	kN	mm	mxn	g_1	g_2	두께x폭x길이	두께x폭x길이	mxn	Pc	두께x춤x너비	kN	kN	kN	kN
H-506x201x11x19	1120	1610	20	2x3	130	-	12x195x470	16x70x470	5x2	60	9x320x320	1130	1650	989	1650
H-482x300x11x15	1320	1620	22	4x2.0	150	40	9x290x560	12x110x560	5x2	60	9x320x320	1650	1750	1600	1990
H-488x300x11x18	1580	1620	22	4x2.0	150	40	12x290x560	16x110x560	5x2	60	9x320x320	1800	1750	1600	1990
H-596x199x10x15	873	1780	20	2x3	130	-	9x195x470	12x70x470	6x2	60	9x380x320	1130	1830	989	1980
H-600x200x11x17	995	1940	20	2x3	130	-	9x195x470	16x70x470	6x2	60	9x380x320	1130	1970	989	1980
H-606x201x12x20	1180	2110	20	2x4	130	-	12x195x620	16x70x620	7x2	60	9x440x320	1510	2390	1320	2310
H-612x202x13x23	1360	2270	20	2x4	130	-	12x195x620	19x70x620	7x2	60	9x440x320	1510	2480	1320	2310
H-582x300x12x17	1490	2120	22	4x2.0	150	40	9x290x560	12x110x560	6x2	60	12x380x320	1750	2260	1600	2390
H-588x300x12x20	1760	2120	22	4x2.0	150	40	12x290x560	16x110x560	6x2	60	12x380x320	1820	2260	1600	2390
H-594x302x14x23	2030	2440	22	4x2.5	150	40	12x290x690	16x110x690	7x2	60	12x440x320	2280	2810	1990	2790
H-692x300x13x20	1760	2680	22	4x2.0	150	40	12x290x560	16x110x560	7x2	60	12x440x320	1820	2720	1600	2790
H-700x300x13x24	2110	2680	22	4x2.5	150	40	16x290x690	19x110x690	7x2	60	12x440x320	2280	2720	1990	2790
H-708x302x15x28	2470	3060	22	4x3.0	150	40	16x290x820	22x110x820	8x2	60	12x500x320	2740	3310	2390	3190
H-792x300x14x22	1930	3260	22	4x2.5	150	40	12x290x690	16x110x690	9x2	60	12x560x320	2280	3610	1990	3590
H-800x300x14x26	2280	3260	22	4x2.5	150	40	16x290x690	19x110x690	9x2	60	12x560x320	2280	3610	1990	3590
H-808x302x16x30	2650	3700	22	4x3.0	150	40	16x290x820	22x110x820	9x2	60	12x560x320	2740	3830	2390	3590
H-890x299x15x23	2010	3900	22	4x2.5	150	40	12x290x690	16x110x690	10x2	60	12x620x320	2280	4130	1990	3990
H-900x300x16x28	2460	4150	22	4x3.0	150	40	16x290x820	22x110x820	10x2	60	12x620x320	2740	4260	2390	3990
H-912x302x18x34	3000	4640	22	4x3.5	150	40	19x290x950	25x110x950	11x2	60	12x680x320	3190	4950	2790	4390
H-918x303x19x37	3280	4890	22	4x4.0	150	40	22x290x1080	28x110x1080	11x2	60	14x680x320	3650	5020	3190	4390

1) 횡좌굴을 고려하지 않은 볼트구멍이 없는 H형강단면의 설계휨강도와 설계전단강도
2) F10T, 표준크기구멍을 적용한 지압볼트이음의 설계강도로 강도하중에 대한 설계강도, 이 설계강도는 H형강의 설계강도와 이음판의 설계강도를 고려한 접합부의 설계강도이다.
3) F10T, 표준크기구멍을 적용한 마찰볼트이음의 설계미끄럼강도로 사용하중에 대한 설계미끄럼강도, 이 설계강도는 H형강의 설계강도 또는 이음판을 고려한 설계강도가 아니고 단순히 볼트의 설계미끄럼강도에 의한 접합부의 설계강도로 전단 면의 미끄럼을 확인하기 위한 설계강도이다. 고력볼트의 설계미끄럼강도의 강도감소계수 $\phi = 1.0$이다.

도움표 11.2-490　H형강 기둥의 볼트이음

F10T, SHN490(F_y = 325MPa), 75%부분 강도

H형강 치수	단면 설계강도[1]		이음부 일람표									이음부 설계강도			
			볼트	플랜지					웨브			지압접합[2]		마찰접합[3]	
	플랜지	웨브	직경	볼트열	게이지		외이음판	내이음판	볼트열		이음판	플랜지	웨브	플랜지	웨브
	kN	kN	mm	mxn	g_1	g_2	두께x폭x길이	두께x폭x길이	mxn	Pc	두께x춤x너비	kN	kN	kN	kN
H-100x100x6x8	176	129	16	2x2	56	-	9x100x320	-	1x2	-	6x60x380	241	167	211	211
H-125x125x6.5x9	247	171	16	2x3	75	-	9x125x470	-	1x2	-	6x80x380	362	181	317	211
H-148x100x6x9	197	194	16	2x2	56	-	9x100x320	-	1x3	-	6x80x530	241	251	211	317
H-150x150x7x10	329	222	20	2x2	90	-	9x150x320	9x60x320	1x3	-	6x80x530	609	336	659	495
H-198x99x4.5x7	152	204	16	2x2	56	-	9x100x320	-	2x2	60	6x140x380	241	250	211	422
H-200x100x5.5x8	176	245	16	2x2	56	-	9x100x320	-	2x2	60	6x140x380	241	306	211	422
H-194x150x6x9	296	264	20	2x2	90	-	9x150x320	9x60x320	2x2	60	6x140x380	548	365	659	659
H-200x200x8x12	527	341	20	2x2	130	-	9x195x320	9x70x320	2x2	60	6x140x380	684	487	659	659
H-200x204x12x12	537	495	20	2x2	130	-	9x195x320	9x70x320	2x2	60	9x140x380	684	684	659	659
H-208x202x10x16	709	418	20	2x2	130	-	9x195x320	9x70x320	2x2	60	6x140x380	754	609	659	659
H-248x124x5x8	218	282	16	2x2	75	-	9x125x320	-	2x2	60	6x140x320	241	282	211	422
H-250x125x6x9	247	333	16	2x3	75	-	9x125x470	-	2x2	60	6x140x320	362	333	317	422
H-244x175x7x11	422	389	20	2x2	105	-	9x175x320	9x70x320	2x2	60	6x140x320	658	426	659	659
H-244x252x11x11	608	584	20	2x2	160	-	9x240x320	9x90x320	2x2	60	9x140x320	658	658	659	659
H-248x249x8x13	710	438	20	2x2	160	-	9x240x320	9x90x320	2x2	60	6x140x320	710	487	659	659
H-250x250x9x14	768	487	20	2x3	160	-	9x240x470	9x90x470	2x2	60	6x140x320	1110	548	989	659
H-250x255x14x14	783	730	20	2x3	160	-	9x240x470	9x90x470	2x2	60	9x140x320	1110	735	989	659
H-298x149x5.5x8	261	372	20	2x2	90	-	9x150x320	9x60x320	3x2	60	6x200x320	487	502	659	989
H-300x150x6.5x9	296	434	20	2x2	90	-	9x150x320	9x60x320	3x2	60	6x200x320	548	593	659	989

1) 횡좌굴을 고려하지 않은 볼트구멍이 없는 H형강단면의 설계휨강도와 설계전단강도
2) F10T, 표준크기구멍을 적용한 지압볼트이음의 설계강도로 강도하중에 대한 설계강도, 이 설계강도는 H형강의 설계강도와 이음판의 설계강도를 고려한 접합부의 설계강도이다.
3) F10T, 표준크기구멍을 적용한 마찰볼트이음의 설계미끄럼강도로 사용하중에 대한 설계미끄럼강도, 이 설계강도는 H형강의 설계강도 또는 이음판을 고려한 설계강도가 아니고 단순히 볼트의 설계미끄럼강도에 의한 접합부의 설계강도로 전단 면의 미끄럼을 확인하기 위한 설계강도이다. 고력볼트의 설계미끄럼강도의 강도감소계수 $\phi = 1.0$이다.

도움표 11.2-490 H형강 기둥의 볼트이음

F10T, SHN490(F_y = 325MPa), 75%부분 강도

H형강 치수	단면 설계강도[1]		이음부 일람표									이음부 설계강도			
			볼트	플랜지					웨브			지압접합[2]		마찰접합[3]	
	플랜지	웨브	직경	볼트열	게이지		외이음판	내이음판	볼트열		이음판	플랜지	웨브	플랜지	웨브
	kN	kN	mm	mxn	g_1	g_2	두께x폭x길이	두께x폭x길이	mxn	Pc	두께x춤x너비	kN	kN	kN	kN
H-294x200x8x12	527	535	20	2x2	130	-	9x195x320	9x70x320	3x2	60	6x200x320	684	730	659	989
H-298x201x9x14	617	594	20	2x2	130	-	9x195x320	9x70x320	3x2	60	6x200x320	735	822	659	989
H-294x302x12x12	795	772	22	4x1.5	150	40	9x290x430	9x110x430	3x2	60	9x200x320	1050	1130	1200	1200
H-298x299x9x14	918	594	22	4x1.5	150	40	9x290x430	9x110x430	3x2	60	6x200x320	1150	857	1200	1200
H-300x300x10x15	987	653	22	4x1.5	150	40	9x290x430	9x110x430	3x2	60	6x200x320	1200	953	1200	1200
H-300x305x15x15	1000	950	22	4x1.5	150	40	9x290x430	9x110x430	3x2	60	9x200x320	1200	1240	1200	1200
H-304x301x11x17	1120	713	22	4x1.5	150	40	9x290x430	9x110x430	3x2	60	9x200x320	1300	1050	1200	1200
H-310x305x15x20	1340	950	22	4x1.5	150	40	9x290x430	12x110x430	3x2	60	9x200x320	1370	1240	1200	1200
H-310x310x20x20	1360	1250	22	4x1.5	150	40	9x290x430	12x110x430	3x2	60	12x200x320	1370	1370	1200	1200
H-346x174x6x9	344	469	20	2x2	105	-	9x175x320	9x70x320	3x2	60	6x200x320	548	548	659	989
H-350x175x7x11	422	541	20	2x2	105	-	9x175x320	9x70x320	3x2	60	6x200x320	658	639	659	989
H-354x176x8x13	502	613	20	2x2	105	-	9x175x320	9x70x320	3x2	60	6x200x320	709	730	659	989
H-336x249x8x12	655	623	20	2x2	160	-	9x240x320	9x90x320	3x2	60	6x200x320	684	730	659	989
H-340x250x9x14	768	691	20	2x3	160	-	9x240x470	9x90x470	3x2	60	6x200x320	1110	822	989	989
H-338x351x13x13	1000	965	22	4x2	150	60	9x340x320	9x140x320	3x2	60	9x200x320	1550	1170	1600	1200
H-344x348x10x16	1220	760	22	4x2	150	60	9x340x320	9x140x320	3x2	60	9x200x320	1700	953	1600	1200
H-344x354x16x16	1240	1170	22	4x2	150	60	9x340x320	9x140x320	3x2	60	12x200x320	1700	1280	1600	1200
H-350x350x12x19	1460	897	22	4x2	150	60	9x340x320	9x140x320	3x2	60	9x200x320	1800	1130	1600	1200
H-350x357x19x19	1490	1380	22	4x2	150	60	9x340x320	12x140x320	3x2	60	12x200x320	1820	2050	1600	1200

1) 횡좌굴을 고려하지 않은 볼트구멍이 없는 H형강단면의 설계휨강도와 설계전단강도
2) F10T, 표준크기구멍을 적용한 지압볼트이음의 설계강도로 강도하중에 대한 설계강도, 이 설계강도는 H형강의 설계강도와 이음판의 설계강도를 고려한 접합부의 설계강도이다.
3) F10T, 표준크기구멍을 적용한 마찰볼트이음의 설계미끄럼강도로 사용하중에 대한 설계미끄럼강도, 이 설계강도는 H형강의 설계강도 또는 이음판을 고려한 설계강도가 아니고 단순히 볼트의 설계미끄럼강도에 의한 접합부의 설계강도로 전단 면의 미끄럼을 확인하기 위한 설계강도이다. 고력볼트의 설계미끄럼강도의 강도감소계수 $\phi = 1.0$이다.

도움표 11.2-490 H형강 기둥의 볼트이음

F10T, SHN490(F_y = 325MPa), 75%부분 강도

H형강 치수	단면 설계강도[1)		이음부 일람표									이음부 설계강도			
			볼트	플랜지					웨브			지압접합[2)		마찰접합[3)	
	플랜지	웨브	직경	볼트열	게이지		외이음판	내이음판	볼트열		이음판	플랜지	웨브	플랜지	웨브
	kN	kN	mm	mxn	g_1	g_2	두께x폭x길이	두께x폭x길이	mxn	Pc	두께x춤x너비	kN	kN	kN	kN
H-396x199x7x11	480	623	20	2x2	130	-	9x195x320	9x70x320	3x2	90	6x260x320	658	639	659	989
H-400x200x8x13	570	705	20	2x2	130	-	9x195x320	9x70x320	3x2	90	6x260x320	709	730	659	989
H-404x201x9x15	661	787	20	2x2	130	-	9x195x320	9x70x320	3x2	90	6x260x320	754	822	659	989
H-386x299x9x14	918	798	22	4x1.5	150	40	9x290x430	9x110x430	3x2	90	6x260x320	1150	857	1200	1200
H-390x300x10x16	1050	877	22	4x1.5	150	40	9x290x430	9x110x430	3x2	90	6x260x320	1250	953	1200	1200
H-388x402x15x15	1320	1270	22	4x2	160	80	9x390x320	9x160x320	4x2	60	9x260x320	1650	1650	1600	1600
H-394x398x11x18	1570	955	22	4x2	160	80	9x390x320	9x160x320	4x2	60	9x260x320	1800	1400	1600	1600
H-394x405x18x18	1600	1500	22	4x2	160	80	9x390x320	9x160x320	4x2	60	12x260x320	1800	1800	1600	1600
H-400x400x13x21	1840	1110	22	4x3	160	80	9x390x470	12x160x470	4x2	60	9x260x320	2740	1550	2390	1600
H-400x408x21x21	1880	1740	22	4x3	160	80	9x390x470	12x160x470	4x2	60	12x260x320	2740	1820	2390	1600
H-406x403x16x24	2120	1350	22	4x3	160	80	12x390x470	12x160x470	4x2	60	9x260x320	2740	1700	2390	1600
H-414x405x18x28	2490	1500	22	4x3	160	80	12x390x470	16x160x470	4x2	60	12x260x320	2740	1800	2390	1600
H-428x407x20x35	3120	1660	22	4x4	160	80	16x390x620	19x160x620	4x2	60	12x260x320	3650	1820	3190	1600
H-446x199x8x12	524	802	20	2x2	130	-	9x195x320	9x70x320	4x2	60	6x260x320	684	974	659	1320
H-450x200x9x14	614	894	20	2x2	130	-	9x195x320	9x70x320	4x2	60	6x260x320	735	1100	659	1320
H-434x299x10x15	984	995	22	4x1.5	150	40	9x290x430	9x110x430	4x2	60	9x260x320	1200	1270	1200	1600
H-440x300x11x18	1180	1080	22	4x1.5	150	40	9x290x430	12x110x430	4x2	60	9x260x320	1340	1400	1200	1600
H-496x199x9x14	611	999	20	2x2	130	-	9x195x320	9x70x320	4x2	90	6x350x320	735	1100	659	1320
H-500x200x10x16	702	1100	20	2x2	130	-	9x195x320	9x70x320	4x2	90	6x350x320	754	1220	659	1320

1) 횡좌굴을 고려하지 않은 볼트구멍이 없는 H형강단면의 설계휨강도와 설계전단강도
2) F10T, 표준크기구멍을 적용한 지압볼트이음의 설계강도로 강도하중에 대한 설계강도, 이 설계강도는 H형강의 설계강도와 이음판의 설계강도를 고려한 접합부의 설계강도이다.
3) F10T, 표준크기구멍을 적용한 마찰볼트이음의 설계미끄럼강도로 사용하중에 대한 설계미끄럼강도, 이 설계강도는 H형강의 설계강도 또는 이음판을 고려한 설계강도가 아니고 단순히 볼트의 설계미끄럼강도에 의한 접합부의 설계강도로 전단 면의 미끄럼을 확인하기 위한 설계강도이다. 고력볼트의 설계미끄럼강도의 강도감소계수 $\phi = 1.0$이다.

도움표 11.2-490 H형강 기둥의 볼트이음

F10T, SHN490(F_y = 325MPa), 75%부분 강도

H형강 치수	단면 설계강도[1]		이음부 일람표									이음부 설계강도			
			볼트	플랜지					웨브			지압접합[2]		마찰접합[3]	
	플랜지	웨브	직경	볼트열	게이지		외이음판	내이음판	볼트열		이음판	플랜지	웨브	플랜지	웨브
	kN	kN	mm	mxn	g_1	g_2	두께x폭x길이	두께x폭x길이	mxn	Pc	두께x춤x너비	kN	kN	kN	kN
H-506x201x11x19	838	1200	20	2x3	130	-	9x195x470	12x70x470	4x2	90	6x350x320	1130	1320	989	1320
H-482x300x11x15	987	1220	22	4x1.5	150	40	9x290x430	9x110x430	4x2	90	6x350x320	1200	1400	1200	1600
H-488x300x11x18	1180	1220	22	4x1.5	150	40	9x290x430	12x110x430	4x2	90	6x350x320	1340	1400	1200	1600
H-596x199x10x15	655	1330	20	2x2	130	-	9x195x320	9x70x320	5x2	90	6x440x320	754	1520	659	1650
H-600x200x11x17	746	1460	20	2x2	130	-	9x195x320	12x70x320	5x2	90	6x440x320	754	1650	659	1650
H-606x201x12x20	882	1580	20	2x3	130	-	9x195x470	12x70x470	5x2	90	9x440x320	1130	1710	989	1650
H-612x202x13x23	1020	1710	20	2x3	130	-	9x195x470	16x70x470	5x2	90	9x440x320	1130	1770	989	1650
H-582x300x12x17	1120	1590	22	4x1.5	150	40	9x290x430	9x110x430	5x2	90	9x440x320	1300	1880	1200	1990
H-588x300x12x20	1320	1590	22	4x1.5	150	40	9x290x430	12x110x430	5x2	90	9x440x320	1370	1880	1200	1990
H-594x302x14x23	1520	1830	22	4x2.0	150	40	9x290x560	12x110x560	5x2	90	9x440x320	1820	2000	1600	1990
H-692x300x13x20	1320	2010	22	4x1.5	150	40	9x290x430	12x110x430	6x2	90	9x530x320	1370	2330	1200	2390
H-700x300x13x24	1580	2010	22	4x2.0	150	40	12x290x560	16x110x560	6x2	90	9x530x320	1820	2330	1600	2390
H-708x302x15x28	1860	2290	22	4x2.0	150	40	12x290x560	16x110x560	6x2	90	9x530x320	1860	2480	1600	2390
H-792x300x14x22	1450	2450	22	4x2.0	150	40	9x290x560	12x110x560	7x2	90	9x620x320	1820	2810	1600	2790
H-800x300x14x26	1710	2450	22	4x2.0	150	40	12x290x560	16x110x560	7x2	90	9x620x320	1820	2810	1600	2790
H-808x302x16x30	1990	2770	22	4x2.5	150	40	12x290x690	16x110x690	7x2	90	9x620x320	2280	2980	1990	2790
H-890x299x15x23	1510	2930	22	4x2.0	150	40	9x290x560	12x110x560	8x2	90	9x710x320	1820	3310	1600	3190
H-900x300x16x28	1840	3110	22	4x2.0	150	40	12x290x560	16x110x560	8x2	90	9x710x320	1840	3400	1600	3190
H-912x302x18x34	2250	3480	22	4x2.5	150	40	16x290x690	19x110x690	8x2	90	9x710x320	2280	3600	1990	3190
H-918x303x19x37	2460	3670	22	4x3.0	150	40	16x290x820	22x110x820	9x2	60	12x560x320	2740	4100	2390	3590

1) 횡좌굴을 고려하지 않은 볼트구멍이 없는 H형강단면의 설계휨강도와 설계전단강도
2) F10T, 표준크기구멍을 적용한 지압볼트이음의 설계강도로 강도하중에 대한 설계강도, 이 설계강도는 H형강의 설계강도와 이음판의 설계강도를 고려한 접합부의 설계강도이다.
3) F10T, 표준크기구멍을 적용한 마찰볼트이음의 설계미끄럼강도로 사용하중에 대한 설계미끄럼강도, 이 설계강도는 H형강의 설계강도 또는 이음판을 고려한 설계강도가 아니고 단순히 볼트의 설계미끄럼강도에 의한 접합부의 설계강도로 전단 면의 미끄럼을 확인하기 위한 설계강도이다. 고력볼트의 설계미끄럼강도의 강도감소계수 $\phi = 1.0$이다.

도움표 11.2-490 H형강 기둥의 볼트이음

F10T, SHN490(F_y = 325MPa), 50%부분 강도

H형강 치수	단면 설계강도[1]		이음부 일람표									이음부 설계강도			
			볼트	플랜지					웨브			지압접합[2]		마찰접합[3]	
	플랜지	웨브	직경	볼트열	게이지		외이음판	내이음판	볼트열		이음판	플랜지	웨브	플랜지	웨브
	kN	kN	mm	mxn	g_1	g_2	두께x폭x길이	두께x폭x길이	mxn	Pc	두께x춤x너비	kN	kN	kN	kN
H-100x100x6x8	117	86.3	16	2x1	56	-	9x100x170	-	1x2	-	6x60x380	121	167	106	211
H-125x125x6.5x9	165	114	16	2x2	75	-	9x125x320	-	1x2	-	6x80x380	241	181	211	211
H-148x100x6x9	132	129	16	2x2	56	-	9x100x320	-	1x2	-	6x80x380	241	167	211	211
H-150x150x7x10	219	148	20	2x1	90	-	9x150x170	9x60x170	1x2	-	6x80x380	256	213	330	330
H-198x99x4.5x7	101	136	16	2x1	56	-	9x100x170	-	2x2	60	6x140x380	121	250	106	422
H-200x100x5.5x8	117	163	16	2x1	56	-	9x100x170	-	2x2	60	6x140x380	121	306	106	422
H-194x150x6x9	197	176	20	2x1	90	-	9x150x170	9x60x170	2x2	60	6x140x380	230	365	330	659
H-200x200x8x12	351	227	20	2x2	130	-	9x195x320	9x70x320	2x2	60	6x140x380	684	487	659	659
H-200x204x12x12	358	330	20	2x2	130	-	9x195x320	9x70x320	2x2	60	6x140x380	684	684	659	659
H-208x202x10x16	473	279	20	2x2	130	-	9x195x320	9x70x320	2x2	60	6x140x380	754	609	659	659
H-248x124x5x8	145	188	16	2x2	75	-	9x125x320	-	2x2	60	6x140x320	241	278	211	422
H-250x125x6x9	165	222	16	2x2	75	-	9x125x320	-	2x2	60	6x140x320	241	333	211	422
H-244x175x7x11	282	259	20	2x1	105	-	9x175x170	9x70x170	2x2	60	6x140x320	282	426	330	659
H-244x252x11x11	405	389	20	2x2	160	-	9x240x320	9x90x320	2x2	60	6x140x320	658	658	659	659
H-248x249x8x13	473	292	20	2x2	160	-	9x240x320	9x90x320	2x2	60	6x140x320	709	487	659	659
H-250x250x9x14	512	324	20	2x2	160	-	9x240x320	9x90x320	2x2	60	6x140x320	735	548	659	659
H-250x255x14x14	522	487	20	2x2	160	-	9x240x320	9x90x320	2x2	60	6x140x320	735	684	659	659
H-298x149x5.5x8	174	248	20	2x1	90	-	9x150x170	9x60x170	2x2	120	6x200x320	205	335	330	659
H-300x150x6.5x9	197	289	20	2x1	90	-	9x150x170	9x60x170	2x2	120	6x200x320	230	396	330	659

1) 횡좌굴을 고려하지 않은 볼트구멍이 없는 H형강단면의 설계휨강도와 설계전단강도
2) F10T, 표준크기구멍을 적용한 지압볼트이음의 설계강도로 강도하중에 대한 설계강도, 이 설계강도는 H형강의 설계강도와 이음판의 설계강도를 고려한 접합부의 설계강도이다.
3) F10T, 표준크기구멍을 적용한 마찰볼트이음의 설계미끄럼강도로 사용하중에 대한 설계미끄럼강도, 이 설계강도는 H형강의 설계강도 또는 이음판을 고려한 설계강도가 아니고 단순히 볼트의 설계미끄럼강도에 의한 접합부의 설계강도로 전단 면의 미끄럼을 확인하기 위한 설계강도이다. 고력볼트의 설계미끄럼강도의 강도감소계수 $\phi = 1.0$이다.

제11장

도움표 11.2-490 H형강 기둥의 볼트이음

F10T, SHN490(F_y = 325MPa), 50%부분 강도

H형강 치수	단면 설계강도[1]		이음부 일람표									이음부 설계강도			
			볼트	플랜지					웨브			지압접합[2]		마찰접합[3]	
	플랜지	웨브	직경	볼트열	게이지		외이음판	내이음판	볼트열		이음판	플랜지	웨브	플랜지	웨브
	kN	kN	mm	mxn	g_1	g_2	두께x폭x길이	두께x폭x길이	mxn	Pc	두께x춤x너비	kN	kN	kN	kN
H-294x200x8x12	351	357	20	2x2	130	-	9x195x320	9x70x320	2x2	120	6x200x320	684	487	659	659
H-298x201x9x14	412	396	20	2x2	130	-	9x195x320	9x70x320	2x2	120	6x200x320	735	548	659	659
H-294x302x12x12	530	515	22	4x1.0	150	40	9x290x300	9x110x300	2x2	120	6x200x320	593	752	798	798
H-298x299x9x14	612	396	22	4x1.0	150	40	9x290x300	9x110x300	2x2	120	6x200x320	691	572	798	798
H-300x300x10x15	658	436	22	4x1.0	150	40	9x290x300	9x110x300	2x2	120	6x200x320	741	635	798	798
H-300x305x15x15	669	633	22	4x1.0	150	40	9x290x300	9x110x300	2x2	120	6x200x320	741	752	798	798
H-304x301x11x17	748	475	22	4x1.0	150	40	9x290x300	9x110x300	2x2	120	6x200x320	840	699	798	798
H-310x305x15x20	892	633	22	4x1.0	150	40	9x290x300	9x110x300	2x2	120	6x200x320	912	752	798	798
H-310x310x20x20	907	831	22	4x1.0	150	40	9x290x300	9x110x300	2x2	120	9x200x320	912	900	798	798
H-346x174x6x9	229	312	20	2x1	105	-	9x175x170	9x70x170	2x2	120	6x200x320	230	365	330	659
H-350x175x7x11	282	360	20	2x1	105	-	9x175x170	9x70x170	2x2	120	6x200x320	282	426	330	659
H-354x176x8x13	335	408	20	2x1	105	-	9x175x170	9x70x170	2x2	120	6x200x320	335	487	330	659
H-336x249x8x12	437	415	20	2x2	160	-	9x240x320	9x90x320	2x2	120	6x200x320	684	487	659	659
H-340x250x9x14	512	461	20	2x2	160	-	9x240x320	9x90x320	2x2	120	6x200x320	735	548	659	659
H-338x351x13x13	667	644	22	4x2	150	60	9x340x320	9x140x320	2x2	120	6x200x320	1550	752	1600	798
H-344x348x10x16	814	507	22	4x2	150	60	9x340x320	9x140x320	2x2	120	6x200x320	1700	635	1600	798
H-344x354x16x16	828	780	22	4x2	150	60	9x340x320	9x140x320	2x2	120	9x200x320	1700	851	1600	798
H-350x350x12x19	973	598	22	4x2	150	60	9x340x320	9x140x320	2x2	120	6x200x320	1820	752	1600	798
H-350x357x19x19	992	917	22	4x2	150	60	9x340x320	9x140x320	2x2	120	9x200x320	1820	1350	1600	798

1) 횡좌굴을 고려하지 않은 볼트구멍이 없는 H형강단면의 설계휨강도와 설계전단강도
2) F10T, 표준크기구멍을 적용한 지압볼트이음의 설계강도로 강도하중에 대한 설계강도, 이 설계강도는 H형강의 설계강도와 이음판의 설계강도를 고려한 접합부의 설계강도이다.
3) F10T, 표준크기구멍을 적용한 마찰볼트이음의 설계미끄럼강도로 사용하중에 대한 설계미끄럼강도, 이 설계강도는 H형강의 설계강도 또는 이음판을 고려한 설계강도가 아니고 단순히 볼트의 설계미끄럼강도에 의한 접합부의 설계강도로 전단 면의 미끄럼을 확인하기 위한 설계강도이다. 고력볼트의 설계미끄럼강도의 강도감소계수 $\phi = 1.0$이다.

도움표 11.2-490 H형강 기둥의 볼트이음

F10T, SHN490(F_y = 325MPa), 50%부분 강도

H형강 치수	단면 설계강도[1]		이음부 일람표									이음부 설계강도			
			볼트	플랜지					웨브			지압접합[2]		마찰접합[3]	
	플랜지	웨브	직경	볼트열	게이지		외이음판	내이음판	볼트열		이음판	플랜지	웨브	플랜지	웨브
	kN	kN	mm	mxn	g_1	g_2	두께x폭x길이	두께x폭x길이	mxn	Pc	두께x춤x너비	kN	kN	kN	kN
H-396x199x7x11	320	415	20	2x2	130	-	9x195x320	9x70x320	3x2	90	6x260x320	658	639	659	989
H-400x200x8x13	380	470	20	2x2	130	-	9x195x320	9x70x320	3x2	90	6x260x320	709	730	659	989
H-404x201x9x15	441	524	20	2x2	130	-	9x195x320	9x70x320	3x2	90	6x260x320	754	822	659	989
H-386x299x9x14	612	532	22	4x1.0	150	40	9x290x300	9x110x300	3x2	90	6x260x320	691	857	798	1200
H-390x300x10x16	702	584	22	4x1.0	150	40	9x290x300	9x110x300	3x2	90	6x260x320	790	953	798	1200
H-388x402x15x15	882	846	22	4x2	160	80	9x390x320	9x160x320	3x2	90	6x260x320	1650	1130	1600	1200
H-394x398x11x18	1050	637	22	4x2	160	80	9x390x320	9x160x320	3x2	90	6x260x320	1800	1050	1600	1200
H-394x405x18x18	1070	1000	22	4x2	160	80	9x390x320	9x160x320	3x2	90	9x260x320	1800	1350	1600	1200
H-400x400x13x21	1230	742	22	4x2	160	80	9x390x320	9x160x320	3x2	90	6x260x320	1820	1130	1600	1200
H-400x408x21x21	1250	1160	22	4x2	160	80	9x390x320	9x160x320	3x2	90	9x260x320	1820	1350	1600	1200
H-406x403x16x24	1410	899	22	4x2	160	80	9x390x320	9x160x320	3x2	90	6x260x320	1820	1130	1600	1200
H-414x405x18x28	1660	1000	22	4x2	160	80	9x390x320	9x160x320	3x2	90	9x260x320	1820	1350	1600	1200
H-428x407x20x35	2080	1110	22	4x3	160	80	12x390x470	12x160x470	3x2	90	9x260x320	2740	1350	2390	1200
H-446x199x8x12	349	534	20	2x2	130	-	9x195x320	9x70x320	3x2	90	6x260x320	684	730	659	989
H-450x200x9x14	410	596	20	2x2	130	-	9x195x320	9x70x320	3x2	90	6x260x320	735	822	659	989
H-434x299x10x15	656	663	22	4x1.0	150	40	9x290x300	9x110x300	3x2	90	6x260x320	741	953	798	1200
H-440x300x11x18	790	722	22	4x1.0	150	40	9x290x300	9x110x300	3x2	90	6x260x320	889	1050	798	1200
H-496x199x9x14	407	666	20	2x2	130	-	9x195x320	9x70x320	6x1	60	6x380x170	735	691	659	989
H-500x200x10x16	468	735	20	2x2	130	-	9x195x320	9x70x320	6x1	60	6x380x170	754	767	659	989

1) 횡좌굴을 고려하지 않은 볼트구멍이 없는 H형강단면의 설계휨강도와 설계전단강도
2) F10T, 표준크기구멍을 적용한 지압볼트이음의 설계강도로 강도하중에 대한 설계강도, 이 설계강도는 H형강의 설계강도와 이음판의 설계강도를 고려한 접합부의 설계강도이다.
3) F10T, 표준크기구멍을 적용한 마찰볼트이음의 설계미끄럼강도로 사용하중에 대한 설계미끄럼강도, 이 설계강도는 H형강의 설계강도 또는 이음판을 고려한 설계강도가 아니고 단순히 볼트의 설계미끄럼강도에 의한 접합부의 설계강도로 전단 면의 미끄럼을 확인하기 위한 설계강도이다. 고력볼트의 설계미끄럼강도의 강도감소계수 $\phi = 1.0$이다.

도움표 11.2-490 H형강 기둥의 볼트이음

F10T, SHN490(F_y = 325MPa), 50%부분 강도

H형강 치수	단면 설계강도[1]		이음부 일람표									이음부 설계강도			
			볼트	플랜지					웨브			지압접합[2]		마찰접합[3]	
	플랜지	웨브	직경	볼트열	게이지		외이음판	내이음판	볼트열		이음판	플랜지	웨브	플랜지	웨브
	kN	kN	mm	mxn	g_1	g_2	두께x폭x길이	두께x폭x길이	mxn	Pc	두께x춤x너비	kN	kN	kN	kN
H-506x201x11x19	559	803	20	2x2	130	-	9x195x320	9x70x320	6x1	60	6x380x170	754	844	659	989
H-482x300x11x15	658	812	22	4x1.0	150	40	9x290x300	9x110x300	6x1	60	6x380x170	741	815	798	1200
H-488x300x11x18	790	812	22	4x1.0	150	40	9x290x300	9x110x300	6x1	60	6x380x170	889	815	798	1200
H-596x199x10x15	437	889	20	2x2	130	-	9x195x320	9x70x320	7x1	60	6x440x170	754	895	659	1150
H-600x200x11x17	497	971	20	2x2	130	-	9x195x320	9x70x320	7x1	60	6x440x170	754	985	659	1150
H-606x201x12x20	588	1050	20	2x2	130	-	9x195x320	9x70x320	7x1	60	6x440x170	754	1070	659	1150
H-612x202x13x23	679	1140	20	2x2	130	-	9x195x320	9x70x320	7x1	60	6x440x170	754	1370	659	1150
H-582x300x12x17	746	1060	22	4x1.0	150	40	9x290x300	9x110x300	7x1	60	6x440x170	840	1500	798	1400
H-588x300x12x20	878	1060	22	4x1.0	150	40	9x290x300	9x110x300	7x1	60	6x440x170	912	1500	798	1400
H-594x302x14x23	1020	1220	22	4x1.5	150	40	9x290x430	9x110x430	7x1	60	6x440x170	1370	1500	1200	1400
H-692x300x13x20	878	1340	22	4x1.0	150	40	9x290x300	9x110x300	4x2	120	6x440x320	912	1500	798	1600
H-700x300x13x24	1050	1340	22	4x1.5	150	40	9x290x430	9x110x430	4x2	120	6x440x320	1370	1500	1200	1600
H-708x302x15x28	1240	1530	22	4x1.5	150	40	9x290x430	12x110x430	4x2	120	6x440x320	1370	1880	1200	1600
H-792x300x14x22	965	1630	22	4x1.5	150	40	9x290x430	9x110x430	5x2	120	6x560x320	1370	1880	1200	1990
H-800x300x14x26	1140	1630	22	4x1.5	150	40	9x290x430	9x110x430	5x2	120	6x560x320	1370	1880	1200	1990
H-808x302x16x30	1330	1850	22	4x1.5	150	40	9x290x430	12x110x430	5x2	120	6x560x320	1370	1880	1200	1990
H-890x299x15x23	1010	1950	22	4x1.5	150	40	9x290x430	9x110x430	11x1	60	6x680x170	1370	2260	1200	2190
H-900x300x16x28	1230	2070	22	4x1.5	150	40	9x290x430	12x110x430	11x1	60	6x680x170	1370	2260	1200	2190
H-912x302x18x34	1500	2320	22	4x2.0	150	40	9x290x560	12x110x560	11x1	60	6x680x170	1820	3150	1600	2190
H-918x303x19x37	1640	2440	22	4x2.0	150	40	12x290x560	16x110x560	11x1	60	9x680x170	1820	2700	1600	2190

1) 횡좌굴을 고려하지 않은 볼트구멍이 없는 H형강단면의 설계휨강도와 설계전단강도
2) F10T, 표준크기구멍을 적용한 지압볼트이음의 설계강도로 강도하중에 대한 설계강도, 이 설계강도는 H형강의 설계강도와 이음판의 설계강도를 고려한 접합부의 설계강도이다.
3) F10T, 표준크기구멍을 적용한 마찰볼트이음의 설계미끄럼강도로 사용하중에 대한 설계미끄럼강도, 이 설계강도는 H형강의 설계강도 또는 이음판을 고려한 설계강도가 아니고 단순히 볼트의 설계미끄럼강도에 의한 접합부의 설계강도로 전단 면의 미끄럼을 확인하기 위한 설계강도이다. 고력볼트의 설계미끄럼강도의 강도감소계수 $\phi = 1.0$이다.

도움표 11.3-400(M16)-1 단일판 접합부 설계강도 ϕR_n (kN)

F10T, SN400 (F_y = 235MPa) : 볼트, 용접 및 단일판의 강도

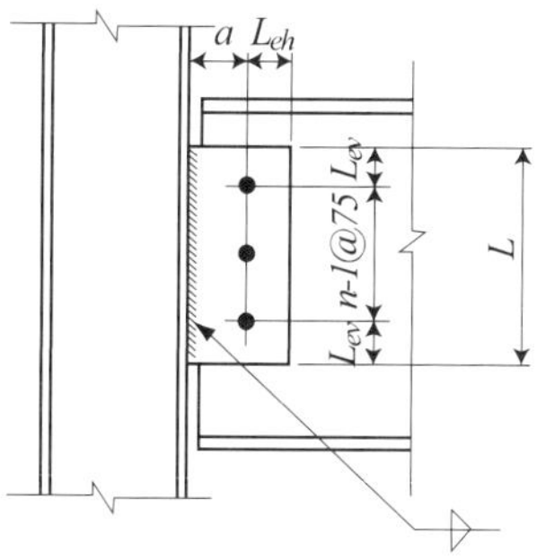

S = 75mm
L_{ev} = 40mm
L_{eh} = 35mm
a ≤ 75mm

볼트수 n_b	판길이 L (mm)	나사부 포함 여부	구멍 형태	판두께 t_p (mm) 6	7	8	9	10	12
2	155	N	STD	118	121	121	121	121	—
			SSLT	114	121	121	121	121	
		X	STD	118	138	151	151	151	
			SSLT	114	133	151	151	151	
3	230	N	STD	166	181	181	181	181	—
			SSLT	162	181	181	181	181	
		X	STD	166	193	221	226	226	
			SSLT	162	189	216	226	226	
4	305	N	STD	213	241	241	241	241	—
			SSLT	210	241	241	241	241	
		X	STD	213	249	284	302	302	
			SSLT	210	244	279	302	302	
5	380	N	STD	261	302	302	302	302	—
			SSLT	257	300	302	302	302	
		X	STD	261	304	348	377	377	
			SSLT	257	300	343	377	377	
6	455	N	STD	308	360	362	362	362	—
			SSLT	305	356	362	362	362	
		X	STD	308	360	411	452	452	
			SSLT	305	356	406	452	452	
7	530	N	STD	356	415	422	422	422	—
			SSLT	352	411	422	422	422	
		X	STD	356	415	475	528	528	
			SSLT	352	411	470	528	528	
모살용접 치수(mm)				5	5	6	7	8	—

강도저감계수 ; $\phi = 0.75$ (LRFD)
N ; 나사부가 전단면(shear plane)에 포함되는 경우
X ; 나사부가 전단면(shear plane)에 포함되지 않는 경우
STD ; 표준볼트구멍
SSLT ; 하중방향에 직각인 단슬롯구멍
— ; 판두께가 $d_b/2+2$ 보다 큰 경우

도움표 11.3-400(M16)-2 단일판 접합부 설계강도 ϕR_n (kN)

F10T, SN400 (F_y = 235MPa) : 볼트, 용접 및 단일판의 강도

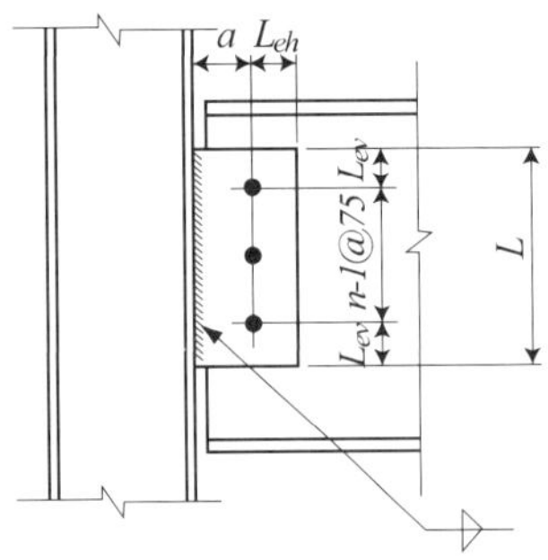

S = 75mm
L_{ev} = 40mm
L_{eh} = 35mm
a ≤ 75mm

볼트수 n_b	판길이 L (mm)	나사부 포함 여부	구멍 형태	판두께 t_p (mm) 6	7	8	9	10	12
8	605	N	STD	403	471	483	483	483	—
			SSLT	400	467	483	483	483	
		X	STD	403	471	538	603	603	
			SSLT	400	467	533	600	603	
9	680	N	STD	451	526	543	543	543	—
			SSLT	447	522	543	543	543	
		X	STD	451	526	601	677	679	
			SSLT	447	522	597	671	679	
10	755	N	STD	499	582	584	584	584	—
			SSLT	495	578	603	603	603	
		X	STD	499	582	665	729	729	
			SSLT	495	578	660	743	754	
11	830	N	STD	546	626	626	626	626	—
			SSLT	543	633	664	664	664	
		X	STD	546	637	728	782	782	
			SSLT	543	633	724	814	829	
12	905	N	STD	594	668	668	668	668	—
			SSLT	590	689	724	724	724	
		X	STD	594	693	792	835	835	
			SSLT	590	689	787	885	905	
모살용접 치수(mm)				5	5	6	7	8	—

강도저감계수 ; $\phi = 0.75$ (LRFD)
N ; 나사부가 전단면(shear plane)에 포함되는 경우
X ; 나사부가 전단면(shear plane)에 포함되지 않는 경우
STD ; 표준볼트구멍
SSLT ; 하중방향에 직각인 단슬롯구멍
— ; 판두께가 $d_b/2+2$ 보다 큰 경우

도움표 11.3-400(M20)-1 단일판 접합부 설계강도 ϕR_n (kN)

F10T, SN400 (F_y = 235MPa) : 볼트, 용접 및 단일판의 강도

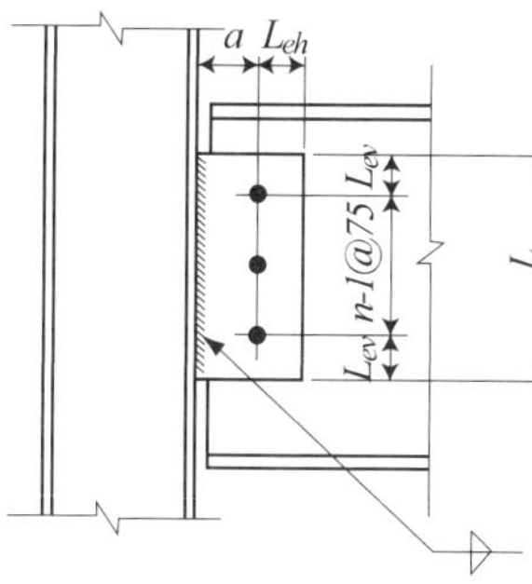

S = 75mm
L_{ev} = 40mm
L_{eh} = 40mm
a ≤ 75mm

볼트수 n_b	판길이 L (mm)	나사부 포함 여부	구멍 형태	판두께 t_p (mm)					
				7	8	9	10	12	13
2	155	N	STD, SSLT	135	154	173	188	188	—
		X	STD, SSLT				193	231	
3	230	N	STD	199	228	256	283	283	—
			SSLT	195	223	251	279	283	
		X	STD	199	228	256	284	341	
			SSLT	195	223	251	279	335	
4	305	N	STD	255	291	328	364	377	—
			SSLT	251	287	322	358	377	
		X	STD	255	291	328	364	437	
			SSLT	251	287	322	358	430	
5	380	N	STD	310	355	399	444	471	—
			SSLT	306	350	394	438	471	
		X	STD	310	355	399	444	532	
			SSLT	306	350	394	438	525	
6	455	N	STD	366	418	471	523	565	—
			SSLT	362	413	465	517	565	
		X	STD	366	418	471	523	627	
			SSLT	362	413	465	517	620	
7	530	N	STD	422	482	542	602	660	—
			SSLT	417	477	537	596	660	
		X	STD	422	482	542	602	723	
			SSLT	417	477	537	596	715	
모살용접 치수(mm)				5	6	7	8	9	—

강도저감계수 ; $\phi = 0.75$ (LRFD)
N ; 나사부가 전단면(shear plane)에 포함되는 경우
X ; 나사부가 전단면(shear plane)에 포함되지 않는 경우
STD ; 표준볼트구멍
SSLT ; 하중방향에 직각인 단슬롯구멍
— ; 판두께가 $d_b/2+2$ 보다 큰 경우

도움표 11.3-400(M20)-2 단일판 접합부 설계강도 ϕR_n (kN)

F10T, SN400 (F_y = 235MPa) : 볼트, 용접 및 단일판의 강도

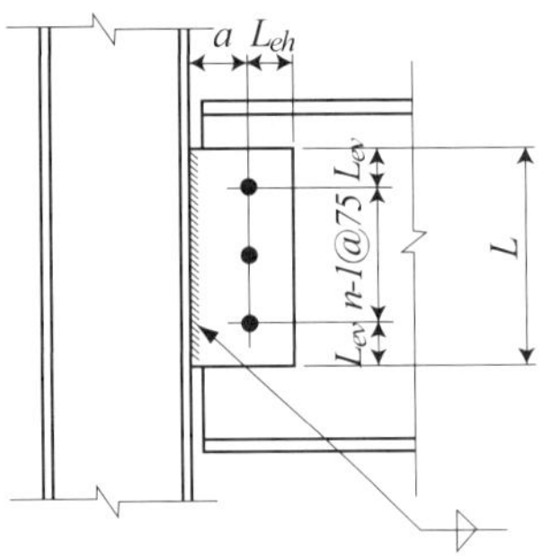

S = 75mm
L_{ev} = 40mm
L_{eh} = 40mm
a ≤ 75mm

볼트수 n_b	판길이 L (mm)	나사부 포함 여부	구멍 형태	판두께 t_p (mm)					
				7	8	9	10	12	13
8	605	N	STD	477	545	613	681	754	—
			SSLT	473	540	608	675	754	
		X	STD	477	545	613	681	818	
			SSLT	473	540	608	675	811	
9	680	N	STD	533	609	685	761	848	—
			SSLT	528	604	679	755	848	
		X	STD	533	609	685	761	913	
			SSLT	528	604	679	755	906	
10	755	N	STD	588	672	756	840	912	—
			SSLT	584	667	751	834	942	
		X	STD	588	672	756	840	1010	
			SSLT	584	667	751	834	1000	
11	830	N	STD	644	736	827	919	978	—
			SSLT	639	731	822	913	1040	
		X	STD	644	736	827	919	1100	
			SSLT	639	731	822	913	1100	
12	905	N	STD	699	799	899	999	1040	—
			SSLT	695	794	893	993	1130	
		X	STD	699	799	899	999	1200	
			SSLT	695	794	893	993	1190	
모살용접 치수(mm)				5	6	7	8	9	—

강도저감계수 ; $\phi = 0.75$ (LRFD)
N ; 나사부가 전단면(shear plane)에 포함되는 경우
X ; 나사부가 전단면(shear plane)에 포함되지 않는 경우
STD ; 표준볼트구멍
SSLT ; 하중방향에 직각인 단슬롯구멍
— ; 판두께가 $d_b/2+2$ 보다 큰 경우

제11장

도움표 11.3-400(M22) 단일판 접합부 설계강도 ϕR_n (kN)

F10T, SN400 (F_y = 235MPa) : 볼트, 용접 및 단일판의 강도

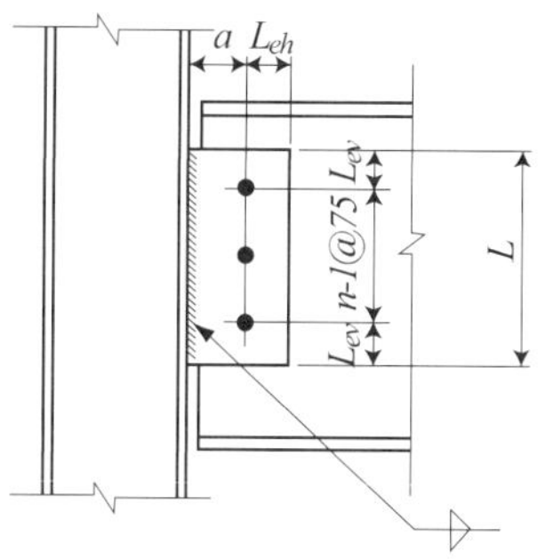

S = 75mm
L_{ev} = 40mm
L_{eh} = 45mm
a ≤ 75mm

볼트수 n_b	판길이 L (mm)	나사부 포함 여부	구멍 형태	판두께 t_p (mm)					
				7	8	9	10	12	13
2	155	N	STD, SSLT	130	148	167	185	222	—
		X	STD, SSLT						
3	230	N	STD, SSLT	192	219	246	274	328	—
		X	STD, SSLT						
4	305	N	STD, SSLT	253	289	326	362	434	—
		X	STD, SSLT						
5	380	N, X	STD	315	360	405	450	540	—
		N, X	SSLT	313	357	402	447	536	—
6	455	N, X	STD	374	428	481	535	642	—
		N, X	SSLT	368	421	473	526	631	—
7	530	N, X	STD	430	491	553	614	737	—
		N, X	SSLT	424	484	545	605	726	—
8	605	N, X	STD	485	555	624	693	832	—
		N, X	SSLT	479	548	616	684	821	—
9	605	N, X	STD	541	618	696	773	927	—
		N, X	SSLT	535	611	687	764	917	—
10	605	N, X	STD	596	682	767	852	1020	—
		N, X	SSLT	590	674	759	843	1010	—
11	605	N, X	STD	652	745	838	931	1120	—
		N, X	SSLT	646	738	830	922	1110	—
12	605	N, X	STD	708	809	910	1010	1210	—
		N, X	SSLT	701	801	902	1000	1200	—
모살용접 치수(mm)				5	6	7	8	9	—

강도저감계수 ; $\phi = 0.75$ (LRFD)
N ; 나사부가 전단면(shear plane)에 포함되는 경우
X ; 나사부가 전단면(shear plane)에 포함되지 않는 경우
STD ; 표준볼트구멍
SSLT ; 하중방향에 직각인 단슬롯구멍
— ; 판두께가 $d_b/2+2$ 보다 큰 경우

제11장

도움표 11.3-490(M16)-1 단일판 접합부 설계강도 ϕR_n (kN)

F10T, SN490 (F_y = 325MPa) : 볼트, 용접 및 단일판의 강도

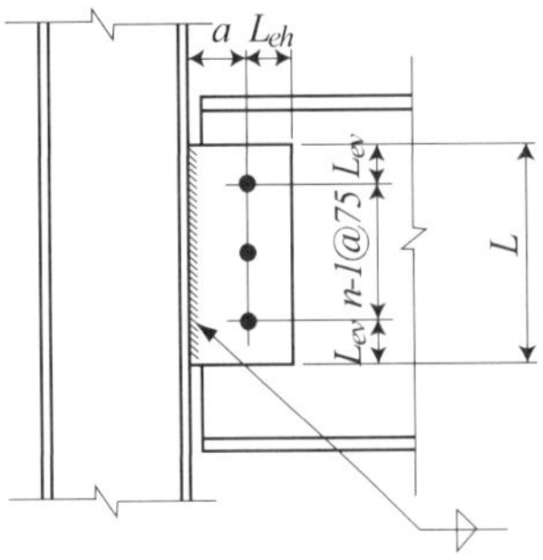

S = 75mm
L_{ev} = 40mm
L_{eh} = 35mm
a ≤ 75mm

볼트수 n_b	판길이 L (mm)	나사부 포함 여부	구멍 형태	판두께 t_p (mm) 6	7	8	9	10	12
2	155	N	STD, SSLT	121	121	121	121	121	—
		X	STD, SSLT	151	151	151	151	151	
3	230	N	STD, SSLT	181	181	181	181	181	—
		X	STD	222	226	226	226	226	
			SSLT	217					
4	305	N	STD, SSLT	241	241	241	241	241	—
		X	STD	288	302	302	302	302	
			SSLT	283					
5	380	N	STD, SSLT	302	302	302	302	302	—
		X	STD	353	377	377	377	377	
			SSLT	349					
6	455	N	STD, SSLT	362	362	362	362	362	—
		X	STD	419	452	452	452	452	
			SSLT	415					
7	530	N	STD, SSLT	422	422	422	422	422	—
		X	STD	485	528	528	528	528	
			SSLT	481					
모살용접 치수(mm)				5	5	6	7	8	—

강도저감계수 ; $\phi = 0.75$ (LRFD)
N ; 나사부가 전단면(shear plane)에 포함되는 경우
X ; 나사부가 전단면(shear plane)에 포함되지 않는 경우
STD ; 표준볼트구멍
SSLT ; 하중방향에 직각인 단슬롯구멍
— ; 판두께가 $d_b/2+2$ 보다 큰 경우

도움표 11.3-490(M16)-2 단일판 접합부 설계강도 ϕR_n (kN)

F10T, SN490 (F_y = 325MPa) : 볼트, 용접 및 단일판의 강도

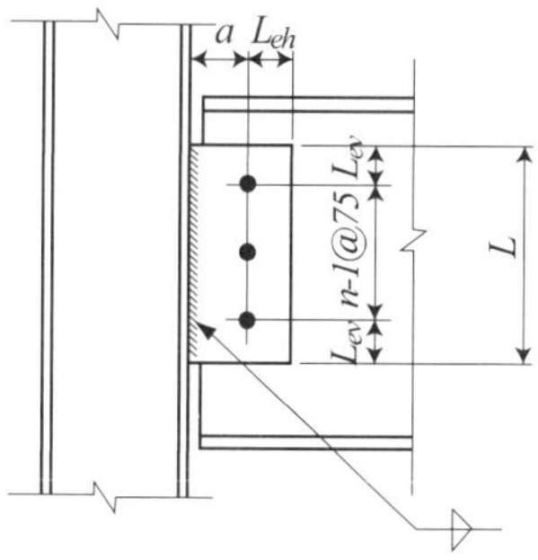

S = 75mm
L_{ev} = 40mm
L_{eh} = 35mm
a ≤ 75mm

볼트수 n_b	판길이 L (mm)	나사부 포함 여부	구멍 형태	판두께 t_p (mm)					
				6	7	8	9	10	12
8	605	N	STD, SSLT	483	483	483	483	483	—
		X	STD	551	603	603	603	603	
			SSLT	547					
9	680	N	STD, SSLT	543	543	543	543	543	—
		X	STD	617	679	679	677	679	
			SSLT	612					
10	755	N	STD	584	584	584	584	584	—
			SSLT	603	603	603	603	603	
		X	STD	683	729	729	729	729	
			SSLT	678	754	754	754	754	
11	830	N	STD	626	626	626	626	626	—
			SSLT	664	664	664	664	664	
		X	STD	748	782	782	782	782	
			SSLT	744	829	829	829	829	
12	905	N	STD	668	668	668	668	668	—
			SSLT	724	724	724	724	724	
		X	STD	814	835	835	835	835	
			SSLT	810	905	905	905	905	
모살용접 치수(mm)				5	5	6	7	8	—

강도저감계수 ; $\phi = 0.75$ (LRFD)
N ; 나사부가 전단면(shear plane)에 포함되는 경우
X ; 나사부가 전단면(shear plane)에 포함되지 않는 경우
STD ; 표준볼트구멍
SSLT ; 하중방향에 직각인 단슬롯구멍
— ; 판두께가 $d_b/2+2$ 보다 큰 경우

제11장

도움표 11.3-490(M20)-1 단일판 접합부 설계강도 ϕR_n (kN)

F10T, SN490 (F_y = 325MPa) : 볼트, 용접 및 단일판의 강도

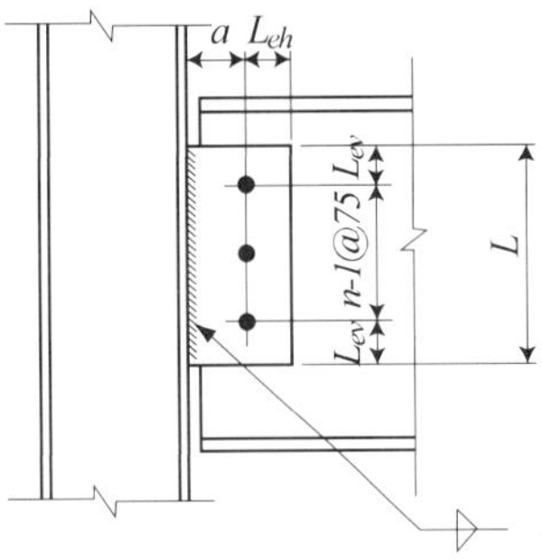

S = 75mm
L_{ev} = 40mm
L_{eh} = 40mm
a ≤ 75mm

볼트수 n_b	판길이 L (mm)	나사부 포함 여부	구멍 형태	판두께 t_p (mm)					
				7	8	9	10	12	13
2	155	N	STD, SSLT	165	188	188	188	188	—
		X	STD, SSLT	165	189	212	236	236	
3	230	N	STD, SSLT	244	279	283	283	283	—
		X	STD, SSLT	244	279	314	348	353	
4	305	N	STD, SSLT	323	369	377	377	377	—
		X	STD, SSLT	323	369	415	461	471	
5	380	N	STD, SSLT	401	459	471	471	471	—
		X	STD, SSLT	401	459	516	573	589	
6	455	N	STD, SSLT	480	549	565	565	565	—
		X	STD, SSLT	480	549	617	686	707	
7	530	N	STD, SSLT	559	639	660	660	660	—
		X	STD, SSLT	559	639	718	798	825	
모살용접 치수(mm)				5	6	7	8	9	—

강도저감계수 ; $\phi = 0.75$ (LRFD)
N ; 나사부가 전단면(shear plane)에 포함되는 경우
X ; 나사부가 전단면(shear plane)에 포함되지 않는 경우
STD ; 표준볼트구멍
SSLT ; 하중방향에 직각인 단슬롯구멍
— ; 판두께가 $d_b/2+2$ 보다 큰 경우

도움표 11.3-490(M20)-2 단일판 접합부 설계강도 ϕR_n (kN)

F10T, SN490 (F_y = 325MPa) : 볼트, 용접 및 단일판의 강도

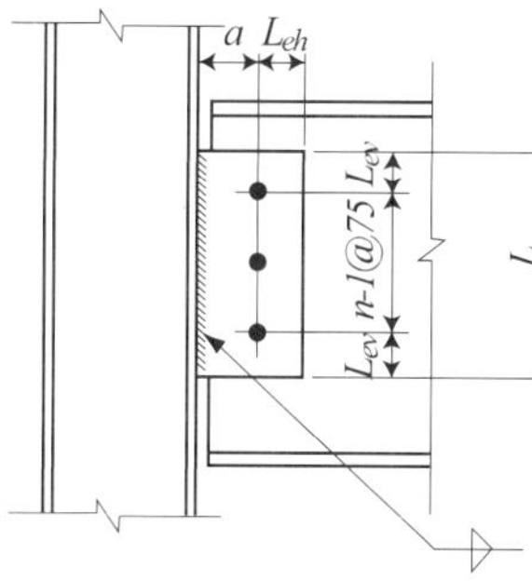

S = 75mm
L_{ev} = 40mm
L_{eh} = 40mm
a ≤ 75mm

볼트수 n_b	판길이 L (mm)	나사부 포함 여부	구멍 형태	판두께 t_p (mm) 7	8	9	10	12	13
8	605	N	STD, SSLT	637	729	754	754	754	—
		X	STD, SSLT	637	729	820	911	942	
9	680	N	STD, SSLT	716	818	848	848	848	—
		X	STD, SSLT	716	818	921	1020	1060	
10	755	N	STD	795	908	912	912	912	—
			SSLT	795	908	942	942	942	
		X	STD	795	908	1022	1140	1140	
			SSLT	795	908	1022	1140	1180	
11	830	N	STD	874	978	978	978	978	—
			SSLT	874	998	1040	1040	1040	
		X	STD	874	998	1120	1220	1220	
			SSLT	874	998	1120	1250	1300	
12	905	N	STD	952	1040	1040	1040	1040	—
			SSLT	952	1090	1130	1130	1130	
		X	STD	952	1090	1220	1310	1310	
			SSLT	952	1090	1220	1360	1410	
모살용접 치수(mm)				5	6	7	8	9	—

강도저감계수 ; $\phi = 0.75$ (LRFD)
N ; 나사부가 전단면(shear plane)에 포함되는 경우
X ; 나사부가 전단면(shear plane)에 포함되지 않는 경우
STD ; 표준볼트구멍
SSLT ; 하중방향에 직각인 단슬롯구멍
— ; 판두께가 $d_b/2+2$ 보다 큰 경우

제11장

도움표 11.3-490(M22)-1 단일판 접합부 설계강도 ϕR_n (kN)

F10T, SN490 (F_y = 325MPa) : 볼트, 용접 및 단일판의 강도

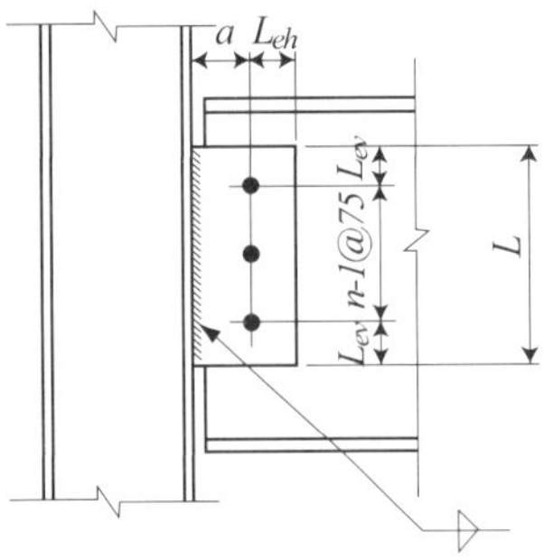

S = 75mm
L_{ev} = 40mm
L_{eh} = 45mm
a ≤ 75mm

볼트수 n_b	판길이 L (mm)	나사부 포함 여부	구멍 형태	판두께 t_p (mm)					
				7	8	9	10	12	13
2	155	N	STD, SSLT	159	182	204	227	228	—
		X	STD, SSLT					273	
3	230	N	STD, SSLT	235	268	302	335	342	—
		X	STD, SSLT					402	
4	305	N	STD, SSLT	310	355	399	443	456	—
		X	STD, SSLT					532	
5	380	N	STD, SSLT	386	441	496	551	570	—
		X	STD, SSLT					662	
6	455	N	STD, SSLT	462	527	593	659	684	—
		X	STD, SSLT					791	
7	530	N	STD, SSLT	537	614	691	767	798	—
		X	STD, SSLT					921	
모살용접 치수(mm)				5	6	7	8	9	—

강도저감계수 ; $\phi = 0.75$ (LRFD)
N ; 나사부가 전단면(shear plane)에 포함되는 경우
X ; 나사부가 전단면(shear plane)에 포함되지 않는 경우
STD ; 표준볼트구멍
SSLT ; 하중방향에 직각인 단슬롯구멍
— ; 판두께가 $d_b/2+2$ 보다 큰 경우

도움표 11.3-490(M22)-2 단일판 접합부 설계강도 ϕR_n (kN)

F10T, SN490 (F_y = 325MPa) : 볼트, 용접 및 단일판의 강도

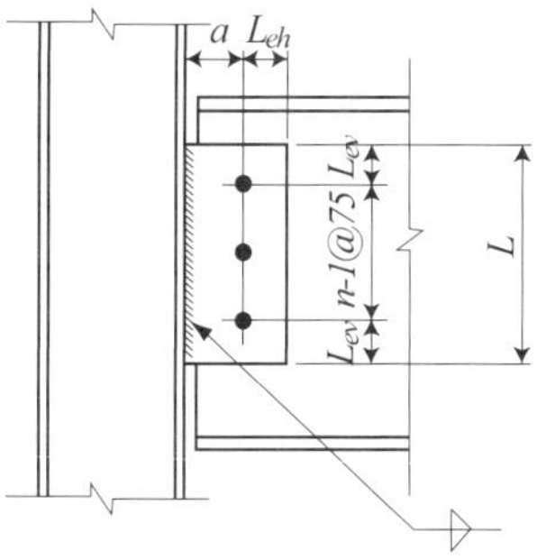

S = 75mm
L_{ev} = 40mm
L_{eh} = 45mm
a ≤ 75mm

볼트수 n_b	판길이 L (mm)	나사부 포함 여부	구멍 형태	판두께 t_p (mm)					
				7	8	9	10	12	13
8	605	N	STD, SSLT	613	700	788	875	912	—
		X	STD, SSLT					1050	
9	680	N	STD, SSLT	688	787	885	983	1030	—
		X	STD, SSLT					1180	
10	755	N	STD	764	873	982	1090	1100	—
			SSLT					1140	
		X	STD, SSLT					1310	—
11	830	N	STD	840	960	1080	1180	1180	—
			SSLT				1200	1250	
		X	STD, SSLT				1200	1440	—
12	905	N	STD	915	1050	1180	1260	1260	—
			SSLT				1310	1370	
		X	STD, SSLT				1310	1570	—
모살용접 치수(mm)				5	6	7	8	9	—

강도저감계수 ; $\phi = 0.75$ (LRFD)
N ; 나사부가 전단면(shear plane)에 포함되는 경우
X ; 나사부가 전단면(shear plane)에 포함되지 않는 경우
STD ; 표준볼트구멍
SSLT ; 하중방향에 직각인 단슬롯구멍
— ; 판두께가 $d_b/2+2$ 보다 큰 경우

도움표 11.4 ㄷ형 용접군의 편심하중계수 C_e (θ = 0°)

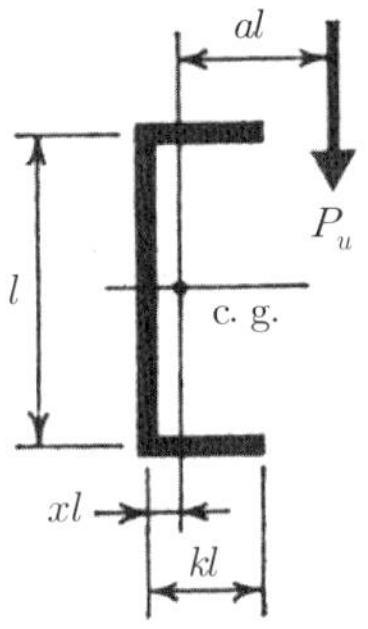

$P_u = \phi r_w C_e s l$;

소요 최소 $C_e = P_u/(\phi r_w s l)$
소요 최소 $s = P_u/(\phi r_w C_e l)$
소요 최소 $l = P_u/(\phi r_w C_e s)$

P_u =설계 편심력 하중, N
$l = P_u$와 평행한 용접길이, mm
s =모살용접 치수, mm
C_e =아래 표의 값(편심하중계수)
xl =용접군의 중심거리
ϕr_w =용접부의 설계강도, N/mm^2
$kl = P_u$와 수직인 용접길이, mm

a	k															
	0.0	**0.1**	**0.2**	**0.3**	**0.4**	**0.5**	**0.6**	**0.7**	**0.8**	**0.9**	**1.0**	**1.2**	**1.4**	**1.6**	**1.8**	**2.0**
0.0	1.00	1.20	1.40	1.60	1.80	2.00	2.20	2.40	2.60	2.80	3.00	3.40	3.80	4.20	4.60	5.00
0.1	0.857	1.02	1.18	1.33	1.48	1.64	1.79	1.95	2.11	2.27	2.44	2.78	3.13	3.48	3.84	4.20
0.2	0.640	0.817	0.958	1.09	1.22	1.35	1.48	1.61	1.75	1.89	2.04	2.33	2.64	2.96	3.28	3.62
0.3	0.486	0.655	0.786	0.905	1.02	1.13	1.25	1.37	1.49	1.61	1.74	2.00	2.28	2.57	2.86	3.17
0.4	0.385	0.538	0.659	0.767	0.869	0.971	1.07	1.18	1.29	1.40	1.51	1.75	2.00	2.26	2.54	2.82
0.5	0.316	0.453	0.563	0.662	0.755	0.847	0.940	1.03	1.13	1.23	1.34	1.55	1.78	2.02	2.27	2.54
0.6	0.268	0.390	0.491	0.580	0.665	0.749	0.834	0.921	1.01	1.10	1.20	1.39	1.60	1.83	2.06	2.30
0.7	0.232	0.342	0.434	0.516	0.594	0.671	0.749	0.828	0.910	0.994	1.08	1.26	1.46	1.67	1.88	2.11
0.8	0.204	0.304	0.388	0.464	0.536	0.607	0.679	0.752	0.828	0.906	0.986	1.16	1.34	1.53	1.73	1.95
0.9	0.182	0.273	0.351	0.421	0.488	0.554	0.621	0.689	0.759	0.831	0.907	1.06	1.23	1.41	1.61	1.81
1.0	0.164	0.248	0.320	0.385	0.448	0.509	0.572	0.635	0.701	0.768	0.838	0.987	1.15	1.32	1.49	1.68
1.2	0.138	0.209	0.272	0.329	0.384	0.438	0.493	0.549	0.607	0.667	0.729	0.860	1.00	1.15	1.31	1.48
1.4	0.118	0.181	0.236	0.287	0.336	0.384	0.433	0.483	0.535	0.589	0.644	0.762	0.889	1.03	1.17	1.33
1.6	0.104	0.159	0.209	0.255	0.299	0.342	0.386	0.432	0.478	0.527	0.577	0.684	0.800	0.924	1.06	1.20
1.8	0.092	0.142	0.187	0.229	0.269	0.308	0.348	0.390	0.432	0.477	0.523	0.620	0.726	0.840	0.963	1.09
2.0	0.083	0.128	0.169	0.207	0.244	0.280	0.317	0.355	0.394	0.435	0.477	0.568	0.665	0.771	0.884	1.00
2.2	0.076	0.117	0.155	0.190	0.224	0.257	0.291	0.326	0.363	0.400	0.439	0.523	0.614	0.712	0.817	0.929
2.4	0.069	0.108	0.142	0.175	0.206	0.237	0.269	0.302	0.335	0.371	0.407	0.485	0.570	0.661	0.759	0.864
2.6	0.064	0.099	0.132	0.162	0.191	0.221	0.250	0.281	0.312	0.345	0.379	0.452	0.531	0.617	0.709	0.808
2.8	0.059	0.093	0.123	0.151	0.179	0.206	0.234	0.262	0.294	0.323	0.355	0.423	0.498	0.578	0.665	0.758
3.0	0.055	0.086	0.115	0.141	0.167	0.193	0.219	0.246	0.274	0.303	0.333	0.398	0.468	0.545	0.627	0.715
3.2	0.052	0.081	0.108	0.133	0.157	0.182	0.206	0.232	0.258	0.286	0.314	0.375	0.442	0.514	0.592	0.676
3.4	0.049	0.076	0.102	0.125	0.149	0.172	0.195	0.219	0.244	0.270	0.297	0.355	0.419	0.487	0.561	0.641
3.6	0.046	0.072	0.096	0.119	0.141	0.163	0.185	0.208	0.232	0.256	0.282	0.337	0.398	0.463	0.533	0.609
3.8	0.044	0.069	0.091	0.113	0.134	0.154	0.176	0.197	0.220	0.244	0.268	0.321	0.378	0.441	0.508	0.581
4.0	0.042	0.065	0.087	0.107	0.127	0.147	0.167	0.188	0.210	0.232	0.256	0.306	0.361	0.421	0.485	0.555
x	-	0.008	0.029	0.056	0.089	0.125	0.164	0.204	0.246	0.289	0.333	0.424	0.516	0.610	0.704	0.800

1) 이 도움표는 탄성법(EVM)으로 작성되었음.
2) 용접부의 설계강도
KBC2009(LRFD) ; $\phi r_w = 0.9(0.6F_y)(0.7) = 0.378F_y$
AISC(LRFD) ; $\phi r_w = 0.75(0.6F_{EXX})/\sqrt{2} = 0.318F_{EXX}$
(여기서, F_{EXX} =용접재의 인장강도, MPa)

H형강 구조설계매뉴얼 – 설계도움표

2012년 12월 20일 1판 1쇄 인쇄

2012년 12월 26일 1판 1쇄 발행

저 자	사단법인 한국건축구조기술사회
발행인	강 해 작
발행처	기 문 당
주 소	서울시 성동구 무학봉 28길 4-1 (왕십리동 966-22)
전 화	02)2295-6171(代)~5
팩 스	02)2296-8188
출판등록	1976. 10. 7(1-44)
홈페이지	http://기문당 http://www.kimoondang.com
I S B N	978-89-6225-452-5 93540 978-89-6225-459-4 세트

정 가 45,000원